# 생 명

L I F E

# 생명

하영일

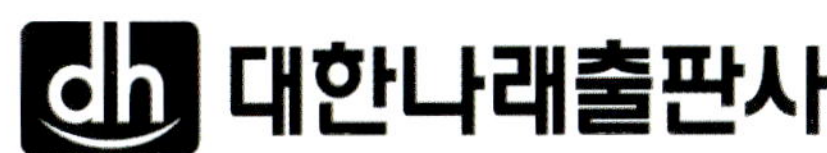

**DaehanNarae Publishing, Inc.**

SK V1 Tower 1507
Younmujang 5 gagil 25, Sungdong-gu
Seoul 04782, Korea
TEL: +82-2-922-7080
FAX: +82-2-922-0841
E-mail: nrpub@naver.com
Website: www.nrbooks.kr

# 생명

Life

발행일 2021년 5월 1일
저자 하영일
발행인 최용원
편집디자인 장순임
표지디자인 장순임
교정·교열 윤수현
일러스트 박동진·김도하
발행처 **대한나래출판사** (등록 제2012-000051호/1994.6.10)
주소 서울시 성동구 연무장 5가길 25, 성수역 SK V1 Tower 1507호 (성수동 2가 315-61)
전화 (02) 922-7080
팩스 (02) 922-0841
이메일 nrpub@naver.com
홈페이지 www.nrbooks.kr



ISBN 978-89-5741-772-0

**정가 60,000원**

Printed in Korea

저자

# 하 영 일

한양의대 졸업
신경외과 전문의
의학박사
일본 Shinshu대학교 의과대학 병원, Clinical fellowship
영국 런던대학교 신경연구소, Research fellowship
미국 메이요 클리닉, Clinical fellowship
하버드대학교 의과대학, Visiting physician
미국 의사면허(USMLE) 자격 취득
Northwestern Memorial Hospital, Visiting Professor
Loyola University Hospital, Research consultant
건양대학교 의과대학장 역임
건양대학교 병원장 및 의료원장 역임
건양대학교 의무 부총장 역임
사립 의료원장협의회 부회장 역임
(사) 메디컬 R&D 포럼 회장 역임
시카고 중앙일보 칼럼니스트 역임
건양대학교 의과대학 명예교수

# 머리말

이 지구상에 살다가 먼저 떠난 선조들은 약 천억 명으로 추산된다. 그렇다면 그들이 이곳에 살았을 적에 가장 풀기 어려웠던 숙제는 과연 무엇이었을까? 아마도 추위나 배고픔보다 더 극복할 수 없었던 것은 태어나서 병들고 늙어서 죽는 일이 아니었을까? 우리는 태어나서(生) 목숨(命)이 다하는 존재를 생명체라고 부른다. 그러나 우리는 불행히도 생명이 무엇인지를 잘 모른다. 필자에게 가장 난감한 일 중 하나가 다짜고짜로 물어 오는 '생명이란 무엇인가?'라는 질문이다. 뇌 수술만을 업으로 삼고 살아온 필자에게 가장 정곡을 찌르는 질문처럼 들리기도 한다. 특히나 생명의 종료를 선언해야 하는 의사들에게는 이 질문에 대한 준비는 꼭 필요하다. 그렇지만 현실은 결코 만만치 않다. 왜냐하면 생명을 속속들이 알기 위해서는 너무나 방대한 지식과 자료가 요구된다는 것을 잘 알고 있기 때문이다. 과연 생명이란 무엇일까? 우리는 그 해답을 얻을 수 있을까? 이 해답을 찾아 떠나는 길이 책 속에서 그려질 것이다.

인간을 포함하여 거의 모든 생명체를 구성하고 있는 재료들은 의외로 단순하다. 수소, 탄소, 질소, 산소, 인, 황이 98%를 차지한다. 그렇다면 이 생명의 재료는 도대체 어디에서 만들어졌을까?

제1장은 이 질문에 대한 대답으로 채워져 있다. 그래서 우리는 수소와 헬륨이 만들어지는 빅뱅을 논할 것이며, 별들의 탄생과 죽음을 다룰 것이다. 현재의 생물권을 형성하고 있는 모든 생명체의 공통 조상, 즉 루카(last universal common ancestor; LUCA)가 이 지구상에 등장한 것은 약 38억 년 전으로 추정된다. 이들이 현재까지 도달하는 기나긴 생명의 역사가 제2장에 그려질 것이다. 그리고 제3장에서는 이러한 최초의 생명체가 어떻게 탄생하였는지를 추정해 볼 것이다.

인간은 계통수의 끝 가지에 매달려 있는 생명체의 한 종에 불과하다. 따라서 인간의 삶과 죽음을 이해하기 위해서는 계통수를 구성하는 전 생명체의 운명을 전반적으로 살펴보아야만 한다. 제4장은 모든 생명체를 분류하고, 이들을 세균계, 고세균계, 원생생물계, 식물계, 균계 및 동물계의 6계로 구분하였다. 또한 이들이 각기 어떻게 생겼고(제5장), 어떻게 성장하며(제6장), 어떻게 먹고 사는지(제7장)를 알아볼 것이다.

그뿐만 아니라 죽을 운명을 가지고 태어난 생명체가 이를 극복할 방법의 하나인 번식(제8장)은 세균에서부터 인간에 이르기까지 다양한 방법으로 행하여진다는 것을 알게 될 것이다. 그리고 번식을 통하여 일어나는 유전 현상은 핵산의 기본구조와 함께 제9장에서 다루어질 것이다. 또한 맨눈으로는 보이지도 않는 작은 세균에 불과했던 최초의 생명체가 어떻게 190톤이 넘는 대왕고래나 100m가 넘는 미국 삼나무로 전개되어 나갔는지를 제10장 '생명의 진화' 편에서 자세히 다룰 것이다.

모든 생명체는 늙고 병든다. 그렇다면 왜 이런 현상이 보편적으로 일어나야만 할까? 그리고 우리에게 이를 극복할 수 있는 가능성은 남아 있을까? 우리가 현재 알고 있는 대답들이 제11장 '생명의 노화' 편에서 다루어질 것이다. 드디어 우리는 생명의 끝자락으로 내몰리게 된다. 제12장은 생명이 소멸되어 사라지는 과정을 그릴 것이다. 모든 생명체는 단세포에서 출발하여 다세포인 고등생물로 진화해 왔지만, 다세포 생물은 한 개의 배우자(配偶子, gamete)만을 남기고 모두 다 사라지는 운명에 처한다. 이들은 다시 다세포에서 단세포인 수정란으로 되돌아가서 새로운 생명을 이어 갈 것이다.

# 머리말

마지막으로 제13장 '생명의 미래' 편에서는 생물권에 가해지는 위험요소들을 다룰 것이다. 먼저 유전공학과 줄기세포 이용의 위험성을 경고할 것이며, 인공지능과 핵무기 및 기후변화에 의한 생물권의 위태로운 상황을 예측해 볼 것이다. 마지막으로 언젠가 우리에게 나타날 수도 있는 외계 생명체에 대한 가능성을 점쳐 볼 것이다.

지난 3년간 '생명의 이해'라는 강좌를 개설하여 교양과목으로 만났던 학생들의 얼굴이 떠오른다. 그들은 모두 의과대학이나 간호대학 및 의과학 대학생들로 장차 의료인이 될 재목들이었다. 그들에게 강의를 진행하면서 약속했던 교재를 뒤늦게 완성하게 되어서 송구한 마음이다. 부디 이 책이 학생들뿐 아니라 '생명이란 무엇인가?' 혹은 '삶과 죽음이란 무엇인가?' 등의 근본적인 질문에 목말라하는 일반인에게도 도움이 되길 기대한다. 그리고 산책길에서 만나는 풀 한 포기에도 생명의 의미를 되새겨 볼 수 있는 즐거움이 솟아나길 고대해 본다.

이 책의 표지는 가장 핵심적인 '생명이란 무엇인가'라는 물음을 던지는 것으로 묘사하였다. 먼저 우리 은하에 자리잡고 있는 이 지구에서만 출발한 생명은 그 뿌리를 우주의 원소에 두고 있음을 우리는 잘 알고 있다. 따라서 원소와 분자, 그리고 유전자의 출현을 알리고, 그 뒤를 이어서 바이러스, 박테리아, 원생생물 순으로 물음표를 타고 인간까지 올라갈 것이다. 또한 이 책에서는 가급적이면 처음 등장하는 용어는 볼드체를 사용하여 눈에 잘 띄도록 하였고, 한문과 영어를 넣어서 이해력을 높이도록 노력하였다. 그리고 인명 뒤에는 출생 및 사망 연도를 넣어서 혼돈을 미리 막아 두었다. 이와 더불어 한글과 영문 색인(index)을 필자가 직접 뽑아냄으로써 보다 더 쉽게 책 내용을 찾아볼 수 있도록 하였다.

이 책은 천문학, 지리학, 물리학, 철학, 기상학, 분류학에서부터 고생물학, 종교학, 식물학, 분자생물학, 컴퓨터 공학까지 수많은 전공 분야들이 관여되어야 집필 가능한 소재들로 이루어져 있다. 따라서 학문의 경계를 넘어갈 수밖에 없는 태생적 한계를 가지고 있다. 그리하여 필자의 천학(淺學)과 비재(非才)로 인하여 타 학문에 대한 기술이 부실할 수 있다는 점을 밝혀 두고 싶다.

아인슈타인은 "당신이 만약 무언가를 쉽게 설명할 수 없다면, 그것을 이해하고 있다고 말할 수 없다"는 명언을 남기고 있다. 이 책의 각 장은 한 권의 책으로 꾸밀 수 있는 주제들이다. 만약 필자에게 힘이 남아 있다면, 다시 더 쉬운 책으로 독자분들께 다가갈 기회를 가질 것이다.

끝으로 이 책의 출판에 도움을 주신 분들에 대한 감사를 표하고 싶다. 먼저 New Mexico 대학 생물학 교실의 Christopher Witt 교수에게 감사를 드린다. 그는 꽃과 벌새의 공진화를 알려 주는 멋진 사진을 게재할 수 있게 허락해 주었다. 그리고 California Institute of Technology 문서보관소의 Loma Karklins에게도 감사를 드린다. 그녀가 1931년 윌슨산 천문대에서 아인슈타인과 허블이 만나는 장면을 담은 오래된 사진을 원본과 함께 제공해 준 덕분에 제1장을 수월하게 출발할 수 있었다. 또한 이 책의 출판을 결정해 주신 대한나래출판사의 최용원 사장님, 그림 작업에 힘써 주신 박동진 차장님과 김도하 선생님, 까다로운 표지 그림 수정을 잘 참아내 준 장순임 차장님, 그리고 끝까지 교정에 매달려 주신 윤수현 과장님께 감사의 말씀을 드린다. 마지막으로 그들의 세포를 아낌없이 내게 전해 준 돌아가신 아버님과 어머님, 이제 나의 세포를 다시 다음 세대로 함께 전해 준 최정연 원장, 그리고 하정, 하진, 한지윤과 7월에 만나게 될 손녀에게도 감사와 고마운 마음을 전한다.

2021년 4월 매봉산 밑에서

저자 **하영일**

# 목차

# 목차

## 목차

# 목차

## 제12장 생명의 소멸 491

Chapter 01

# 모든 것의 시작

## 제1절 우주의 탄생

정월 대보름날 동네 꼬마들이 나락을 베어 낸 논바닥에다 불 집을 만든다. 안에다 짚단을 넣고 밖으로 청솔가지를 둘러서 인디언 텐트처럼 생긴 불놀이 집을 만든 것이다. 곧 보름달이 야산 위로 얼굴을 내밀 것이다. 이 꼬마들 중 제일 먼저 보름달을 본 사람이 짚단에다 불을 붙이고, 활활 타오르는 청솔가지 연기로 보름달을 그을릴 것이다. 시꺼먼 연기가 별이 쏟아지는 밤하늘로 피어오른다. 아이들은 더 신이 나서 이번에는 논두렁에다 불을 붙이며 들판을 돌아다닌다. 밤하늘로 두둥실 솟아오른 보름달은 연기에 그을려 군데군데 검은 숯검댕이 반점들이 묻어 있다. 꼬마들은 청솔가지의 위력을 실감이나 한 듯 서로의 얼굴을 쳐다보며 즐거워한다. 그러나 누구 하나도 실제 달까지의 거리가 얼마인지 의문스럽게 생각한 꼬마들은 없어 보였다. 이런 풍경은 우리가 만들어 낸 어린 시절의 동화 속 그림들이다.

실제 지구에서 달까지 평균 거리는 얼마나 될까? 만약 강의용 레이저 포인트로 달을 가리킨다면, 레이저가 달까지 도달하는 데는 시간이 얼마나 걸릴까? 이런 질문을 던지기 시작한 것은 청솔가지를 태우기 시작하고 약 40년이나 지난 후의 일이다.

레이저 빔이 달에 도달하는 시간은 약 1초(더 정확히는 1.33초) 정도 걸린다. 그렇다면 레이저를 태양에다 쏜다면 레이저가 태양에 도달하는 시간은 얼마나 걸릴까? 약 8분 정도 소요된다. 이는 우리가 지금 이 빛을 이용하여 물체를 보고 있지만, 그 빛은 실제 8분 전에 태양에서 출발한 빛이란 뜻이다. 빛은 1초에 약 30만 km를 달린다. 30만 km라니? 서울에서 미국 LA까지 거리는 약 만 km 정도 된다. 그러나 비행기를 타고 반 km를 지겨워하지 않고 태평양을 건너는 승객이 몇 사람이나 될까? 빛은 비행기로 10시간 이상 가야 할 거리를 0.03초 만에 가 버린다.

빛이 달리는 시간과 거리를 광초(光秒, light second), 광분, 광시, 광년으로 표시한다. 우주에서 기본으로 사용되는 거리 개념은 **광년**(光年, light year)으로, 빛의 속도로 1년간을 달려야 도달할 수 있는 거리를 의미한다. 예를 들면, 태양계에서 가장 가까운 별은 **프록시마 센타우리**(Proxima centauri)이다. 지구에서 이 별까지 가는 데 걸리는 시간은 약 4광년이다. 빛의 속도로 4년을 가야 한다는 계산이다. 우리와 가까운 은하 중의 하나인 **안드로메다 은하**(Andromeda galaxy)는 약 250만 광년이 소요된다. 안드로메다 은하는 육안으로도 볼 수 있다. 만약 오늘밤 안드로메다 은하에서 온 별빛을 당신이 보았다면, 그 빛은 약 250만 년 전에 안드로메다 은하에서 출발한 빛일 것이다[36]. 그 당시 지구에는 인간이란 찾아볼 수도 없었고 단지 원숭이들만 우글거리며 살고 있었을 것이다. 이번에는 2012년 허블우주망원을 이용한 **더 익스트림 딥 필드**(the extreme deep field; XDF, 후에 자세히 설명함) 프로젝트에서 찾아 낸 132억 년 전의 은하는 어떤 의미일까? 허블망원경이 찾아낸 그 빛이 지구를 향해 출발했을 때는 지구도 태양도 이 우주에 없던 시절이었다는 것을 뜻한다[19]. 과연 인류는 우주라는 하늘에 대하여 무엇을 생각하고 있었을까? 이 과정을 함축적으로 추적해 보기로 하자.

2세기경 폴란드 천문학자 **클라우디오스 프톨레마이오스**(Claudius Ptolemaeus, 83~168경)는 고대 그리스부터 이어져 오던 천동설, 즉 지구 중심설을 보다 더 체계화시킨다. 태양계의 중심은 지구라는 뜻이다. 이는 바로 로마 가톨릭교회의 지지를 받아 사회적으로 공인된 천문학적 지식이 된다. 이러한 **천동설**(天動說, geocentrism)이 태양 중심설인 **지동설**(地動說, heliocentrism)로 바뀌기까지는 약 1,500년이 걸려야 했다. 결국 천문학의 발전은 중세 암흑기 동안 제자리걸음을 하고 있었던 셈이다.

천동설에 반기를 들고 나선 첫 번째 인물은 바로 폴란드 천문학자인 **니콜라우스 코페르니쿠스**(Nicolaus Copernicus, 1473~1543)이다. 그는 1543년 "천구의 회전에 관하여"라는 서적을 출판하여 중세의 우주관을 뿌리째 뒤흔들게 된다. 지구가 중심이 아니라 태양이 중심이라는 주장이다. 그는 이 책을 출판한 바로 그해에 뇌출혈로 사망하였다. 그가 종교로부터 박해를 받지 않은 이유는 출판 후에 더이상 오래 살지 못한 것이 중요 원인이 되었을 것이다. 그러나 후세의 **조르다노 브루노**(Giordano Bruno, 1548~1600)는 가톨릭교회의 우주관과 맞지 않는다는 이유로 화형을 당하였고, 다른 이탈리아 사람인 **갈릴레오 갈릴레이**(Galileo Galilei, 1564~1642)는 지동설을 주장하다가 가택 연금을 당하여 말년을 비참하게 마감하게 된다. 결국 논쟁의 중심에는 태양계 정도가 핵심이었던 시절이었다.

우주의 기원에 대한 논의에 물꼬를 튼 사람으로는 아무래도 **에드윈 허블**(Edwin Hubble, 1889~1953)을 먼저 소개해야 할 것 같다. 허블은 태양계가 속해 있는 **우리 은하**(Milky Way Galaxy)가 우주 전체라고 생각하던 시절에 우리 은하 밖에도 다른 은하들이 많이 있다는 것을 처음으로 알아챈 과학자이다[29]. 허블이 별들에 대한 궁금증을 키웠던 것은 그가 어릴 적 미주리주에 살 때, 할아버지의 영향을 많이 받은 것으로 전해진다. 할아버지는 그를 데리고 한적한 길을 걸으면서 밤하늘에 쏟아지는 별들에 대한 호기심을 자극했을지도 모른다. 그는 만능 운동선수였고 시카고대학에 진학하여 아버지의 뜻에 따라 법학을 전공하였다. 그렇지만 결국 그가 받은 박사 학위는 천문학이었다. 그가 대학원생으로 천문학을 연구하던 천문대는 시카고 북쪽에 있는 레이크 제네바(Lake Geneva) 호수의 윌리엄스 베이(Williams Bay)에 있는 여키스 천문대(Yerkes Observatory)였다. 누구나 시카고 지역을 여행할 사람이라면 한 번쯤 찾아볼 만한 멋진 장소이기도 하다. 허블은 1차 세계대전에 참전한 후, 1919년 미국 LA의 패서디나(Pasadena)시를 북쪽에서 둘러싸고 있는 윌슨산 천문대(Mount Wilson Observatory)에서 근무를 시작하게 된다.

허블이 이룩한 업적 중에서 가장 괄목할 만한 것 중 하나가 바로 1929년 발표된 **우주팽창설**(宇宙膨脹說, cosmic expansion theory)이다. 우주가 팽창한다는 것은 우주가 마치 고무풍선처럼 계속 부풀어진다는 의미이다. 이는 지금까지 인류가 생각해 왔던 우주와는 완전히 동떨어진 주장인 것이다. 인류가 생각해 왔던 우주는 팽창하는 것이 아니라, 항상 변하지 않으며 시작도 끝도 없는 시공간으로 생각돼 왔다. 이러한 **정상 우주론**(定常宇宙論, steady state theory)은 당대의 최고 과학자인 **알베르트 아인슈타인**(Albert Einstein, 1879~1955)의 적극적인 지지를 받고 있었다. 아인슈타인은 1905년에 발표한 **특수 상대성이론**(特殊相對性理論, theory of special relativity)에 이어서, 1915년 발표된 **일반 상대성이론**(一般相對性理論, theory of general relativity)에서 우주가 중력에 의하여 수축되는 것을 막기 위하여 이미 우주 상수를 도입해 놓은 상태였다. 그렇다면 허블은 어떻게 우주가 팽창한다는 사실을 알게 되었을까?

허블이 윌슨산 천문대에서 관찰한 별들은 별빛을 분석하는 분광기 속에서 그 유명한 **적색편이**(赤色偏移, red shift) 현상을 일으킨다는 것이다. 적색편이 현상이란 동일한 빛이 시간이 지남에 따라 그 파장이 길어져서 적색 쪽으로 이동한다는 것을 말한다. 보라색보다 적색이 파장이 길다는 것은 누구나 다 알고 있는 사실이다. 즉, 파장이 길어진다는 것은 그 빛을 내는 천체가 관찰자로부터 멀어져 간다는 것을 의미한다. 이런 현상은 **도플러 효과**(Doppler effect)로 확연히 설명된다. 그렇다면 도플러 효과가 무엇인지도 자세히 알아보도록 하자.

도플러 효과는 1842년 오스트리아 물리학자였던 **크리스티안 도플러**(Christian Doppler, 1803~1853)에 의하여 밝혀진 물리현상이다. 도플러는 한때 비엔나대학에서 유전학의 아버지로 불리는 **그레고어 멘델**(Gregor Mendel, 1822~1884)을 가르치기도 하였다. 도플러 효과는 파동을 만들어 내는 **파동원**(波動源, wave source)이 관찰자의 위치에 따라 진동수와 파장이 바뀌는 현상을 말한다. 이 현상은 우리 주위에서도 쉽게 관찰할 수 있다. 한여름 밤 양재천 산책길을 걷는다고 하자. 저 멀리 다리 밑에서 음악회가 열린다. 산책자가 음악회가 열리는 곳으로 가까이 갈수록 음악 소리가 더 크게 들린다. 그러나 음악회가 열리는 장소를 지나가면 음악 소리는 급격하게 작아진다. 이번에는 파동원이 움직이는 경우를 상정해 보자. 우리 곁으로 구급차가 사이렌을 울리며 지나간다. 구급차가 우리에게 다가올 경우는 소리가 점차 커지다가, 우리 곁을 지나치면 소리가 급격히 작아지는 것과 동일한 현상이다. 다시 정리하면 파동이 관찰자 쪽으로 다가오면 파장이 짧아지는 **청색편이**(青色偏移, blue shift)가 일어나고, 관찰자로부터 멀어지면 파장이 길어지는 적색편이가 일어나는 것을 말한다. 차량의 속도를 측정하는 스피드 건(speed gun)도 이와 같은 원리를 이용한다. 심장 초음파도 혈류가 검사자 쪽으로 오는 경우와 멀어지는 경우를 측정함으로써, 심혈류가 정상적인 흐름인지 혹은 역류하는지를 보는 것과 동일한 현상이다. 결과적으로 허블이 우주가 팽창한다는 사실을 증명한 방법은 그렇게 어려운 방법이 아니란 것을 우리는 쉽게 알 수 있다.

허블은 구체적으로 별들이 멀어져 가는 거리를 **허블 상수**로 계산하였다. 허블 상수는 70km/sec/Mpc를 말한다. Mpc

는 메가파섹(mega parsec)을 의미하고 1파섹은 약 3광년이다. 따라서 1메가파섹은 약 300만 광년을 의미한다. 만약 한 별이 약 300만 광년 떨어져 있다면 그 별은 초속 70km의 속도로 멀어져 간다는 뜻이다. 다른 별이 약 3,000만 광년 떨어져 있다면 그 별은 초속 700km의 속도로 멀어져 갈 것이다[41]. 즉, 멀리 떨어져 있는 별일수록 더 빨리 멀어져 간다는 것을 발견한 것이다. 그러나 실제로 별들이 이동하는 것은 아니다. 이는 마치 고무풍선에 두 점을 그려 넣고 바람을 불어넣으면 실제 점들은 가만히 있지만 고무풍선이 늘어나서 두 점이 멀어지는 것과 동일한 현상이다.

우주가 팽창한다는 사실은 과학계에 던져진 엄청난 충격이었다. 내가 좋아하는 오래된 사진 한 장을 소개하고자 한다. 그림 1-1은 캘리포니아 공과대학이 소장하고 있는 사진이다. 허블이 우주가 팽창한다는 사실을 공포하자, 아인슈타인이 직접 윌슨산 천문대를 방문하여 망원경을 보면서 우주가 팽창한다는 사실을 확인하는 장면이다. 아인슈타인이 망원경을 보고 있고, 파이프를 물고 있는 사람이 허블이다. 아인슈타인은 나중에 정적인 우주, 즉 정상 우주론을 지지하기 위하여 억지로 우주 상수를 넣었던 것이 일생 최대 실수라고 인정하고 이를 철회하였다.

우주의 기원을 추적해 가는 데 공헌한 두 번째 과학자를 소개하고자 한다. **조지 가모프**(George Gamow, 1904~1968)는 흑해의 진주라 불리는 오데사(Odessa)에서 태어났다. 오데사는 우크라이나에 속해 있지만, 가모프가 태어난 시기에는 우크라이나가 제정 러시아에 점령당하고 있던 시절이었다. 따라서 그는 러시아 과학자로 불리기도 한다. 가모프가 레닌그라드대학에서 공부할 당시 그는 **알렉산더 프리드만**(Alexander Friedman, 1888~1925)의 지도를 받기도 하였다. 프리드만은 그 당시 프리드만 방정식을 도입하여 허블이 우주가 팽창한다는 사실을 발표하기 전에 이미 우주가 팽창한다는 사실을 주장한 바 있었다. 그러나 그는 크림반도로 신혼여행을 떠났다가 장염에 걸려 결국 요절하고 말았다. 그의 운명은 거기까지인가 보다. 조지 가모프는 스탈린의 폭정에 못 이겨서 러시아를 탈출하기 위하여 유대인인 그의 아내와 흑해에서 카약을 타고 터키로 망명을 시도해 보기도 하였다. 그러나 날씨는 가모프를 도와주지 않았다. 그런 그가 우여곡절 끝에 마지막으로 정착한 곳은 미국의 조지워싱턴대학이었다. 가모프는 컴퓨터가 없던 시절, 수학에 능통한 **랄프 앨퍼**(Ralph Alpher, 1921~2007)를 대학원생으로 받아들이면서 많은 업적을 발표하기 시작하였다.

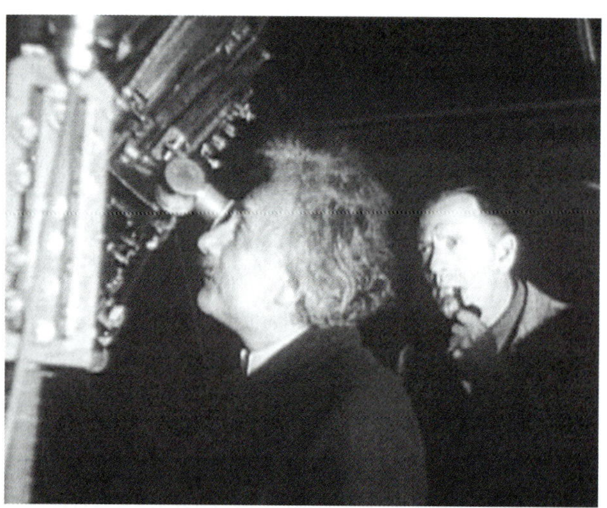

그림 1-1. 윌슨산 천문대에서 허블(우)과 아이슈타인(좌). (출처: Caltech 문서보관소 제공[1-1])

가모프는 프리드만과 허블의 영향을 받아 우주가 팽창한다는 사실에 고무되어 있었다. 또한 그는 팽창하는 우주를 역으로 추적해 간다면, 그림 1-2처럼 한 점으로 모일 것으로 생각한 과학자 중의 한 사람이기도 하였다. 그가 앨퍼와 함께 1948년 발표한 우주의 탄생에 관한 예측들은 다음과 같다. 첫 번째 예측은 **우주 대폭발**, 즉 **빅뱅**(big bang) 이후 수분 안에 수소와 헬륨 핵이 만들어졌을 것이고, 두 번째는 그 당시 폭발했던 빛이 아직도 어디엔가 있을 것이라고 추정한 것이다. 그뿐만 아니라 그 빛은 이미 식어서 아마도 절대온도(부피가 0이 되는 가상의 온도, 단위 K)인 5K(−268℃) 정도의 온도를 가질 것으로 예측하였다. 그를 우주의 탄생 분야에서 중요한 과학자로 소개하는 이유는 그의 추측들이 모두 다 맞아떨어진다는 것이 밝혀졌기 때문이다. 빅뱅이란 용어는 빅뱅을 지지하는 학자들이 만든 것이 아니고, 이를 반대하고 정상 우주론을 주장하던 **프레드 호일**(Fred Hoyle, 1915~2001)이 지어준 이름이다. 호일이 케임브리지대학 교수로서 당대 최고 천문학자로 대접받던 시절, 그가 1949년 BBC 라디오에 출연하여 생명의 기원에 대하여 설명하던 중, 미국 쪽에서 불고 있는 우주 대폭발론을 의식하고 비아냥거리는 말투로 이를 빅뱅이

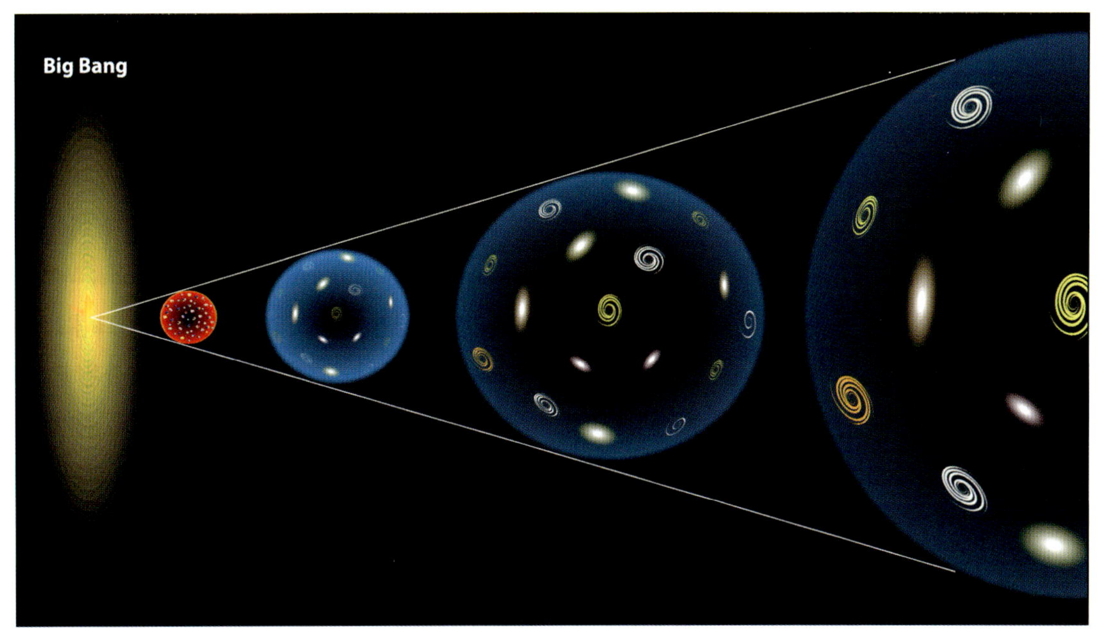


그림 1-2. 우주 팽창 모식도. (출처: Designua[1-2])

라고 부른 것에서 연유된 것이다. 이미 대서양을 사이에 두고 빅뱅 이론과 정상 우주론이 첨예한 과학적 논쟁거리로 등장하고 있었다는 증거이기도 하다[1].

호일은 또다시 빅뱅 이론이 해결하지 못했던 큰 난제를 대신 해결해 주어서, 오히려 빅뱅 이론이 우뚝 서게 해 준 일등 공신이 되기도 하였다. 빅뱅 이후 수소와 헬륨 원소가 만들어지지만, 우주가 팽창하면서 급격히 식어서 더 무거운 원소를 만들지는 못하였다. 그렇다면 더 무거운 원소들은 어떻게 만들어졌을까? 빅뱅 이론이 그 해답을 찾지 못하던 시절이었다. 호일은 무거운 원소가 만들어지기 위해서는 엄청난 고열이 필요하다는 것을 알았지만, 이런 고열을 발생시킬 장소를 우주에서 찾아야만 했다. 1967년 호일이 발표한 **별의 핵합성**(stellar nucleosynthesis, 항성 핵합성)은 별 속의 엄청난 고열이 무거운 원소를 만들어 내는 장소임을 알려 주었다. 이 사실은 다시 한번 빅뱅 이론을 수렁에서 건져 올려 준 셈이 되었다. 자세한 내용은 우주의 역사 및 별의 탄생 편에서 다시 다룰 것이다.

별의 핵합성이 발표되기 2년 전인 1965년, 빅뱅을 지지할 결정적인 사건이 또다시 발생한다. 우리는 한밤에 TV를 보다가 정규 방송이 끝나면 화면에 이상한 줄이 그어지면서 지직거리는 소리를 들어본 적이 누구나 한 번쯤 있을 것이다. 이 소리는 우주의 기원과 직결된 엄청난 비밀을 간직하고 있는 보물의 소리이다.

다시 무대를 미국 뉴저지주로 옮겨 보자. 이 시대는 1961년부터 시작된 미국의 아폴로 계획에 따라 미국과 소련 간의 우주탐사 경쟁이 불꽃을 튀기던 시절이었다. 밤하늘의 별을 쳐다보면 심심치 않게 움직이는 별들을 볼 수 있었던 때이다. 어느 나라의 인공위성인지는 알 수 없었지만 밤하늘을 가르며 날아가는 별들을 볼 수 있었다.

그 당시 벨 연구소에 근무하던 **아노 펜지어스**(Arno Penzias, 1933~)와 **로버트 윌슨**(Robert Wilson, 1936~)은 인공위성과 교신 중에 발생하는 지직거리는 잡음을 없애 보라는 과제를 받았다. 그들은 그림 1-3에서 보는 안테나를 집중적으로 점검해 보았다. 통신장비뿐만 아니라 안테나에 올라가 비둘기 배설물까지 청소했지만, 계속되는 잡음을 제거할 방법이 없었다. 더구나 그 잡음은 안테나를 어떤 쪽으로 돌려 보아도 들리는 **등방성**(等方性, isotropy)을 가지고 있었고, 어떤 쪽에서도 크기가 비슷하게 들리는 **균등성**(均等性, unifromity)까지 가지고 있었다. 이들은 이 소리가 심상치 않음을 직감적으로 느끼며 얼마 떨어지지 않은 프린스턴대학의 **로버트 디케**(Robert Dicke, 1916~1997) 교수에게 자문을 구하였다. 디케도 마침 이 소리를 찾기 위하여 대학원생을 동원하여 고물상에서 안테

01

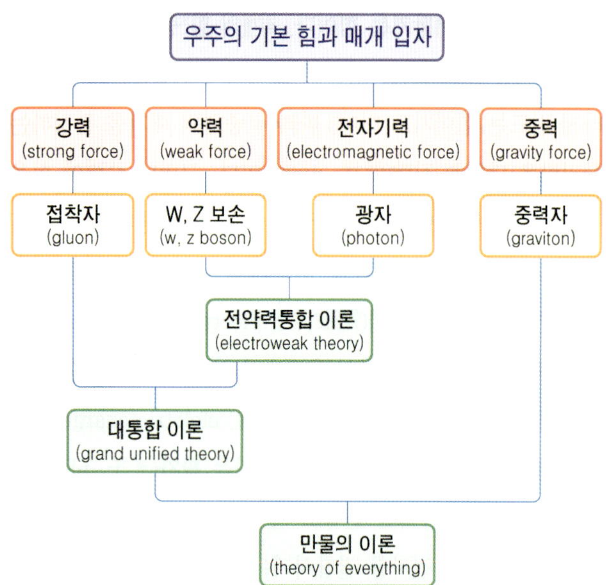


그림 1-6. 기본 힘을 설명하는 이론 및 매개 입자.

중력까지 더해진다면, 이를 우리는 **만물의 이론**(theory of everything)이라고 부를 수 있을 것이다.

## 2. 표준모형

우리는 다시 그림 1-5의 표준모형으로 돌아가서 이 우주를 형성하고 있는 가장 기본적인 물질에 대하여 알아볼 것이다[40]. 분자는 원자로 구성되어 있고, 원자는 원자핵과 전자로 구성되어 있다. 다시 원자핵은 **양성자**와 **중성자**로 구성되어 있다는 것은 누구나 잘 알고 있다. 양성자는 전기적으로 1이라는 양의 전하를 가지고 있고, 중성자는 전기적으로 중성이다. 따라서 양성자는 전기적으로 −1이라는 음의 전하를 가진 전자와 같이 하나의 원자를 이루고 있다. 그렇다면 양성자와 중성자는 어떻게 구성되었으며, 이들은 어떻게 전기적으로 양성이 되고 중성이 될 수 있을까?

양성자와 중성자는 **쿼크**(quark)라는 것으로 구성되어 있고, 이들은 **업 쿼크**(up quark)와 **다운 쿼크**(down quark)들로 구성되어 있다. 업쿼크는 2/3의 전하를 가지며 다운쿼크는 −1/3의 전하를 가진다. 양성자는 업쿼크 2개와 다운쿼크 1개로 구성되어 있다. 따라서 전하는 2/3+2/3−1/3=3/3, 즉 1이라는 양의 전하를 가진다. 대신 중성자는 업쿼크 1개와 다운쿼크 2개로 구성된다. 따라서 전하는 2/3−1/3−1/3=0, 즉 0이라는 중성의 전하를 가질 수밖에 없다. 우리를 둘러싸고 있는 세상 만물은 모두 쿼크와 전자로 구성되어 있다고 해도 과언이 아니다. 표준모형에 들어 있는 기본 입자는 17가지이다. 2013년에 발견된 힉스 입자는 신의 입자라고 불리기도 한다[24]. 힉스 입자는 모든 소립자에 질량을 부여하는 역할을 담당한다. 이 17가지 입자 중에서 업쿼크, 다운쿼크 및 전자를 빼고 나머지 소립자들은 모두 우주에 존재하거나 가속기 속에서 잠시 생성되었다가 사라지는 입자들이다. 나머지 입자들은 곧이어 설명할 것이다. 그럼 이제 우주의 시작점을 찾아갈 준비가 대충 끝난 것 같다.

## 3. 우주의 시작

허블이 주장한 우주 팽창은 그 역으로 되돌아가면 한 점으로 수축할 것이다. 이 한 점이 무엇인가? 한 점에서 시간, 공간, 물질 및 에너지가 만들어졌다는 것은 무엇을 의미하는가? 이 한 점을 찾아 들어가 보자(그림 1-7)[9,10,42].

### 1) 플랑크 시대(Planck epoch)

플랑크 시대는 빅뱅 이후 0초~$10^{-43}$초 시간대를 의미한다. 우리가 이 시간을 표시해 본다면 아마도 거의 **무한소**(無限小, near infinitesimal)에 가깝지 않을까 생각된다. 이 시점은 상상할 수 없는 고열과 밀도를 가지고 있는 한 점이었을 것이다. 우리는 이 점을 일반 상대성 원리가 알려 주는 **중력 특이점**(重力特異點, gravitational singularity)이라고 부른다. $10^{-43}$초는 얼마나 짧은 순간일까? 소수점 밑에 0이 43개나 붙어야 하는 찰나이다. 이 시간을 우리는 **플랑크 시간**(planck time)이라고 한다. 이 시간은 현대 물리학이 정의할 수 있는 시간의 한계점으로도 볼 수 있다. 이때의 우주 크기는 $10^{-35}$m 정도였고, 이를 **플랑크 길이**(planck length)라 부른다. 또한 이 낭시의 온도인 $10^{32}$K를 **플랑크 온도**(planck temperature)라 부르기도 한다. 이때는 4개의 기본 힘들이 모두 한군데 모여 있는 상태여서 만물 이론 상태를 유지하고 있었을 것이다. 또한 **암흑물질**(暗黑物質, dark matter), **암흑에너지**(dark energy)가 이때 나왔을 것으로 추정한다[7].

### 2) 대통일 시대(Grand unification epoch)

대통일 시대는 우주 나이 $10^{-43}$초~$10^{-36}$초 사이를 말한다.

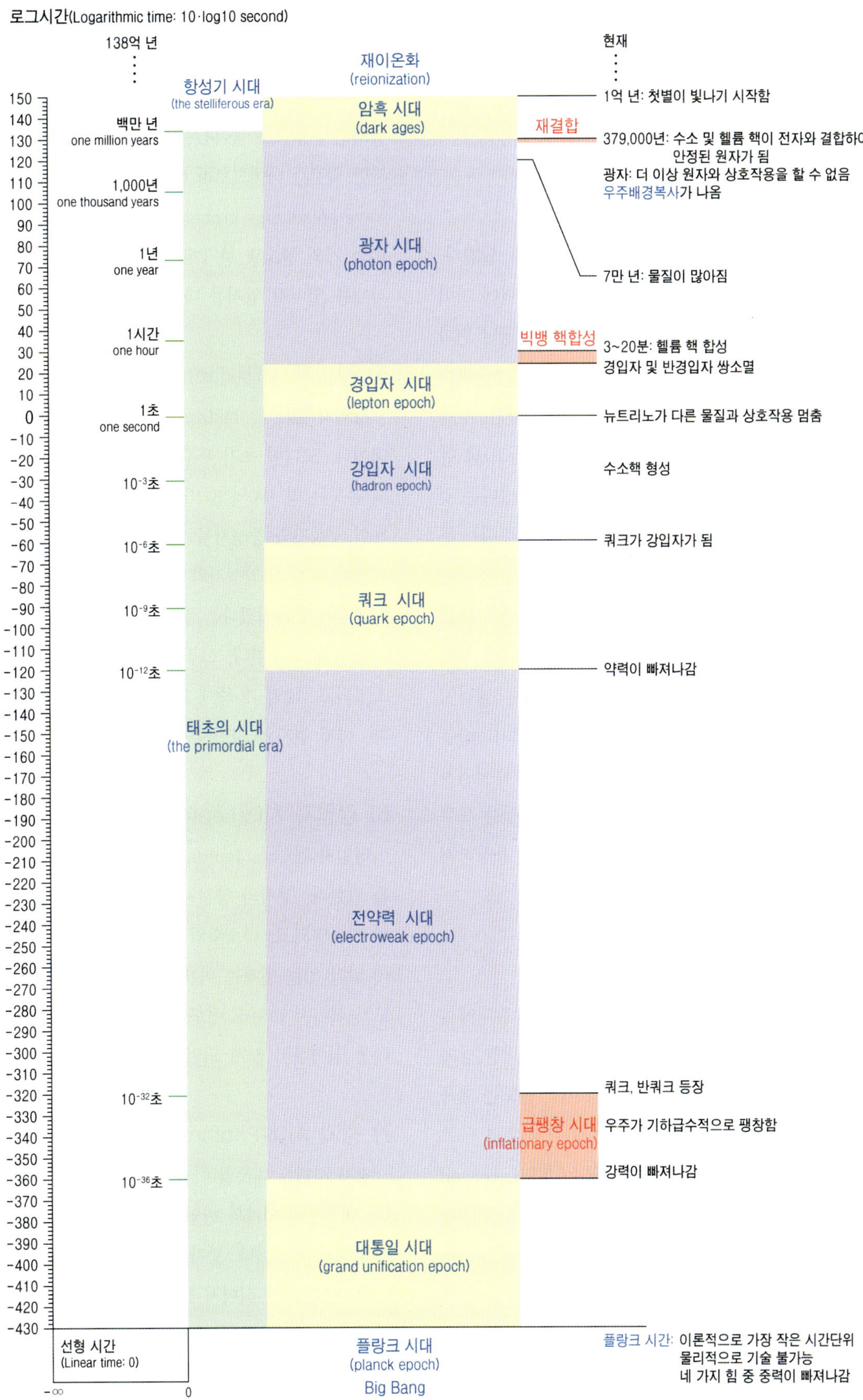


그림 1-7. 우주 탄생 순간의 시간대별 구분에 관한 모식도. (출처: Wikipedia[1-7])

이 시기가 시작되면서 4개의 기본 힘 중에서 **중력**이 빠져나가게 된다. 중력이 빠져나간 기본 힘은 대통일 이론이 될 것이다. 온도는 하강하여 $10^{27}$K까지 떨어졌지만, 온도가 너무 높아 빛과 입자가 모두 한 덩어리가 되어 있었을 것이다.

### 3) 전약력 시대(Electroweak epoch)

전약력 시대는 $10^{-36}$초~$10^{-12}$초 사이의 시간대를 말한다. 전약력 시대가 시작되자마자 4개의 기본 힘 중 중력에 이어 **강력**이 떨어져 나간다. 강력 분리는 초기 우주에 엄청난 변화를 초래하는 계기를 제공하였다. 1980년 매사추세츠공과대학의 **알란 구스**(Alan Guth, 1947~)의 발표에 의하면, 강력 분리는 **상전이**(相轉移, phase transition, 13장 참고)를 유발하여 엄청난 에너지가 방출되면서 급팽창이 일어났다는 것이다. 그의 계산에 따르면 우주의 지름은 약 $10^{43}$배, 부피는 무려 $10^{128}$배나 팽창하였다. 여기서 상전이는 물에서 나타나는 것과 같이 얼음에서 물로, 다시 물에서 기체로 변할 때 **잠열**(潛熱, latent heat)이 발생한다. 이 잠열은 상전이가 일어날 때마다 필요하기도 하고, 다시 방열되기도 하는 에너지다. 이러한 **우주 급팽창**(宇宙急膨脹, cosmic inflation)은 $10^{-36}$초에서 $10^{-32}$초 사이에 일어나고, 온도는 점차 식어서 $10^{22}$K 정도로 떨어진다. 표준모형에 등장하는 입자들은 모두 플라스마 상태를 유지하여 아직도 독립된 입자로 등장하지 못하고 있던 시절이다.

### 4) 쿼크 시대(Quark epoch)

쿼크 시대는 $10^{-12}$초~$10^{-6}$초 시간대이다. 이 시간대에서 비로소 약력이 전약력에서 떨어져 나가고, 전자기력만 남게 되어 현재와 같은 4개의 기본 힘으로 완성된다. 온도는 계속 떨어져서 $10^{15}$K로 떨어졌다. 현재 인간이 만든 최고의 구조물은 스위스 제네바의 **유럽입자물리학연구소**(CERN, conseil européen pour la recherche nucléaire, european council for nuclear research)에 있는 거대강입자 충돌기(large hadron collider; LHC)이다. 이 충돌기가 만들어 내는 가장 높은 에너지 상태가 $10^{12}$K라는 사실은 인간이 우주 대폭발의 어느 지점까지 접근하고 있는지를 말해 주는 좋은 징표라 할 수 있다. 또한 이 시기는 입자들이 뭉쳐 있는 플라스마 상태에서 물질의 가장 기본이 되는 쿼크 등이 형성되는 시기이기도 하다. 이 쿼크는 쌍생성으로 반쿼크와 동시에 만들어진다. 그리고 이렇게 만들어진 쿼크와 반쿼크는 동시에 결합하여 쌍소멸되면서 빛으로 돌아갔을 것이다. 그러나 2001년 미국이 발사한 윌킨슨 마이크로파 비등방성 탐색기(Wilkinson microwave anisotropy probe; WMAP) 위성이 알려 주었듯이, 약 10억 개의 쌍소멸 중 1개 정도의 쿼크가 살아남아서 강입자 시대를 열어갈 입지를 마련해 주었다.

### 5) 강입자 시대(Hadron epoch)

**강입자**(强粒子, hadron) 시대는 $10^{-6}$초~1초 사이의 시간대이다. 드디어 초기 우주가 1초대에 도달하게 되었다. 이때의 온도는 약 100억 K($10^{10}$K) 정도로 떨어져서, 쿼크가 강입자인 양성자와 중성자를 형성할 수 있을 정도로 충분히 식게 되었다. 드디어 양성자와 중성자가 그 모습을 드러낸 것이다. 양성자가 만들어졌다는 것은 수소 원자의 원자핵이 만들어졌다는 것을 의미한다. 그러나 강입자와 반강입자들은 다시 쌍소멸되고, 10억 개 중에 1개 정도의 강입자가 살아남은 것이다. 이제 전자와 양전자만이 남아 있게 되었다.

### 6) 경입자 시대(Lepton epoch)

**경입자**(輕粒子, lepton) 시대는 1초~10초 사이의 시간대를 말한다. 전자와 양전자(陽電子, positron)도 서로 충돌하여 쌍소멸되고, 극소수의 전자만이 살아남는다. 따라서 우주에 남아 있는 입자는 이제 광자뿐일 것이다. 이때는 우주 온도가 식어서 10억 K 정도로 떨어져서, 대규모의 쌍소멸은 더 이상 일어나지 않게 되었다.

### 7) 광자 시대(Photon epoch)

광자 시대는 대폭발 이후 10초에서 380,000년 사이를 말한다. 대부분의 입자와 반입자는 사라지고 광자가 지배적인 시대에 도달한 것이다. 광자 시대가 시작된 지 약 **3분** 정도 지나 우주 온도는 더 식어서 10억 K 이하로 떨어지자, 양성자와 중성자가 결합하여 원자핵을 만들기 시작하였다. 우리는 이 시기를 우주 대폭발에 의한 **핵융합 시대**(Big Bang nucleosynthesis, 빅뱅 핵합성)라고 부른다. 빅뱅이 붙은 이유는 핵융합 반응이 별에서도 일어나기 때문에 이것과 구분하기 위하여 붙은 이름이다. 이때 만들어진 원자핵은 양성자 1개로 구성된 수소와 양성자 4개로 형성된 헬륨 핵, 중수소와 극소수의 리튬(lithium) 등이다. 그러나 20분이 경과하자 우주 온도가 1천만 K 이하로 떨어지면서 더이상의 핵융합은 일어나지 않게 되었다(이 1천만 K를 기억해 두자).

원래 양성자와 중성자가 형성된 비율은 8:1의 비율로 양성자가 많았다. 만약 양성자 16개와 중성자 2개가 있다면, 수소 원자핵 14개와 헬륨 원자핵 1개가 형성될 것이다. 따라서 질량비로 비교한다면, 수소 원자핵 대비 헬륨 원자핵이 차지하는 비율은 약 22%(4/14) 정도가 된다. 그러나 아직도 우주 온도가 여전히 높아서 원자핵이 전자와 결합하기에는 우주 에너지가 너무 큰 편이었다. 원자핵과 전자 그리고 광자는 서로 엉켜서 플라스마 상태로 존재하여 광자가 빠져나올 수 없는 상태에 놓여 있었다.

드디어 우주 온도가 약 3천 K에 도달하자 양전하를 띤 원자핵이 음전하를 띤 전자를 포획하여 원자를 만들기 시작하였다. 마침내 수소 원자와 헬륨 원자가 이 우주에 등장하는 순간이었다. 원자핵과 전자가 결합하자 전하로 꽉 차 있던 플라스마 상태는 맑아지고, 광자는 투명해진 우주를 드디어 빠져나올 수 있었다. 우리는 이와 같이 원자핵이 전자와 결합하는 것을 **재결합**(再結合, recombination)이라고 부른다. 재결합이란 의미는 원래 물질과 반물질이 한 덩어리로 있었다는 것을 의미한다. 또한 이때 빠져나와 광활한 우주로 흩어진 최초의 빛을 우리는 우주배경복사라고 부른다. 펜지어스와 윌슨이 찾아내고 COBE 및 WMAP 위성이 사진을 찍은 그 우주배경복사는 이렇게 등장한 것이다. 우리는 원자핵과 전자에서 빛이 분리되는 과정을 **대분리**(大分離, decoupling)라고 부르고, 빅뱅에서 대분리 기간까지를 **초기 우주**(初期 宇宙, early universe)라 부른다[3].

### 8) 암흑 시대(Dark Age)

인류 역사에서도 중세 암흑기가 존재하듯이 우주의 역사에도 암흑 시대라 부르는 기간이 존재한다. 이 기간은 우주 대폭발 후 약 38만 년에서 1억5천만 년의 기간이다. 즉, 원자핵과 전자가 원자를 만들고, 투명해진 초기 우주에서 대분리가 일어나면서, 광자가 모두 빠져나간 우주 공간은 어둠 속에 잠기게 된다. 아무도 빛을 내는 물체가 없었기 때문이다. 이 암흑 시대는 첫 별이 등장하기까지 지속될 수밖에 없었다. 약 1억5천만 년이 지나자 드디어 첫 번째 별이 우주에 탄생하였다. 우주가 다시 밝아지면서 곧 별들의 시대가 도래할 것이다.



## 제3절 별의 탄생

### 1. 별의 역사

별들의 시대가 도래하는 데는 많은 진통이 따른다. 처음 등장하는 최초의 별은 오로지 수소와 헬륨과 같은 가벼운 원소들로 이루어진 별이었을 것이다. 따라서 이들은 엄청나게 큰 별이지만, 짧은 시간 안에 타 버려서 모두 초신성으로 폭발해 버렸을 것이다. 우주에 다시 밝은 불들이 일시적으로 켜졌지만, 식어 가던 우주가 이들 별들이 쏟아 내는 고열의 에너지로 다시 달구어지기 시작하였다. 수소 원자는 다시 양성자와 전자로 나누어져 **재이온화**(reinoisation)가 되어 버렸다. 그러나 지속해서 팽창하는 우주는 점차 온도를 낮추어서 다시 별들이 등장하고, 최초의 은하가 생기기 시작하였을 것이다. 최초의 은하가 생긴 시점은 우주 대폭발 이후 약 10억 년이 지나서이다. 약 30억 년경에 **은하단**(銀河團, galaxy cluster)이 형성되고, 다시 50억 년이 경과될 무렵에 **초은하단**(超銀河團, galaxy supercluster)이 형성되었다. 태양계는 어떨까? 태양계의 나이는 46억 년이다. 그렇다면 태양계 속에 들어 있는 지구는 우주 대폭발 이후 92억 년 후에 만들어진 것이다. 따라서 우주 역사의 2/3 정도에서 우리의 지구는 존재하지도 않았다.

우리의 목적지는 '생명이란 무엇인가?'라는 질문에 대한 해답을 들려 주는 장소이다. 그런데도 불구하고 우리는 이 문제들을 해결하기 위하여 많은 시간을 우주의 기원과 별의 일생에 대하여 소비해야만 한다. 왜 이것이 생명을 이해하는 데 필수적인지에 대한 의문은 시간이 지나면서 점차 이해하게 될 것이다.

그림 1-8은 새로운 별이 탄생하는 과정을 나타내 주는 사진이다. 2014년 허블우주망원경이 촬영한 이 **독수리 성운**(Eagle Nebula, 혹은 M16)은 별들 사이에 있는 먼지와 가스 덩어리에서 별들이 만들어지는 장면을 보여 준다. 지구에서 약 7천

그림 1-8. 독수리 성운의 창조기둥. [출처: NASA, ESA, and the Hubble Heritage Team(STScI/AURA)[1-8]]

광년 떨어져 있는 곳에서 **창조의 기둥**(Pillars of Creation) 사이로 별들이 탄생하는 광경은 보는 이를 숙연하게 만든다.

## 2. 별들의 일생

이제 별들이 만들어지는 과정과 그 별의 일생에 관하여 알아보도록 하자. 그림 1-9는 NASA에서 만든 별의 일생 주기를 다소 변형시킨 그림이다. 누군가 인간은 흙에서 태어나 흙으로 돌아간다고들 말한다. 창세기에 등장하는 아담도 흙이라는 말에서 기원하고 있다. 흙으로 사람을 만든다. 그럼 별들은 어떨까? 별들은 앞서 살다 간 별들이 죽어서 남긴 잔해 속에서 다시 태어난다(그림 1-8). 이 잔해가 가스이고 먼지 덩어리임을 우리는 알고 있다. 그리고 이 가스와 먼지는 애초에 우주 내폭발에서 만들어진 수소와 헬륨 원소가 밑알이 되었다는 것도 잘 알고 있어야 한다.

별이 최후를 맞이한다는 뜻은 별이 붕괴되어 가스와 먼지로 돌아간다는 것을 의미한다. 가스와 먼지구름을 우리는 **성운**(星雲, nebula)이라고 부른다. 이런 성운은 만유인력인 중력에 의하여 서로 뭉치기 시작할 것이다. 이는 마치 눈덩어리가 불어나듯 주위의 성운을 빨아들여서 점점 커질 것이다. 덩치가 커지면 커질수록 중력에 의한 수축은 더 강하게 일어나고, 질량이 커진 부스러기들이 중심부로 밀려들어 가면서 중력 에너지가 열에너지로 바뀌기 시작할 것이다. 따라서 중심부의 온도는 서서히 증가한다. 이로 인하여 이번에는 중심부에서 밖으로 밀어내는 압력이 생겨난다. 이 압력이 안으로 밀고 들어오는 중력을 막아 내는 것이다. 즉, 안으로 밀고 들어오는 힘(중력)과 중심부의 높은 온도에 의하여 생기는 밖으로 밀어내는 힘(기체압)이 균형을 이루게 된 셈이다(그림 1-10). 이러한 힘의 균형이 별의 형태를 유지해 주는 비결이 된다. 우리는 이런 단계에 있는 별을 **원시별**(原始-, protostar)이라고 부른다. 앞으로 보게 되겠지만, 만약 중력이 더 강해지면 별은 붕괴되어 사라질 것이고, 밖으로 뿜어내는 압력이 더 강해지면 별은 폭발할 것이다.

이 원시별은 얼마나 많은 가스와 먼지가 모이는지에 따라 운명이 달라진다. 즉, 별의 질량에 따라 미래가 바뀐다는 뜻이다. 여기서 중요한 포인트가 바로 중심부 온도이다. 덩치가 커서 온도가 1천만 K 이상에 도달해야만 핵융합 반응이 일어날 수 있다. 따라서 온도가 이 정도까지 올라갈 만한 질량이 되어야 한다는 의미이다. 여기서 잠깐 **핵융합 반응**에 대하여 알아보자.

핵융합 반응이 일어나기 위해서는 우선 별의 중심부 온도가 최소한 1천만 K 이상 올라가야 한다. 만약 이 책을 꼼꼼하게 읽었다면, 아마도 이 1천만 K 온도가 어디에서 등장했는지를 기억할 것이다. '우주의 역사' 편에서 등장했다. 광자의 시대가 시작되고 핵융합이 일어나서 수소와 헬륨 원소가 만들어지던 시절로 돌아가야 한다. 우주가 계속 팽창하여 온도가 1천만 K 이하로 떨어지면, 빅뱅에 의한 핵융합은 멈추고 만다. 이번에는 역으로 별의 중심부 온도가 1천만 K 이상으로 올라가면, 다시 핵융합이 일어난다는 뜻이다.

핵융합 반응이 일어나면 어떤 일이 벌어질까? 수소 원자핵을 만든 양성자 4개가 합쳐져서 헬륨 원자핵 1개를 만들 것이다. 이때 질량의 감소가 일어난다. 수소 원자핵 4개의 질량이 헬륨 원자핵이 되면서 0.7%가량 질량의 결손이 일어나게 된다. 이 결손된 질량은 아인슈타인의 특수 상대성 원리에 바탕을 둔 질량-에너지 등가 원리에 의하여 엄청난 열을 발생시킨다. 이것이 유명한 아인슈타인의 $E=mc^2$(E: 에너지, m: 질량, c: 광속) 공식이다. 이렇게 수소를 태워서 생긴 엄청난 에

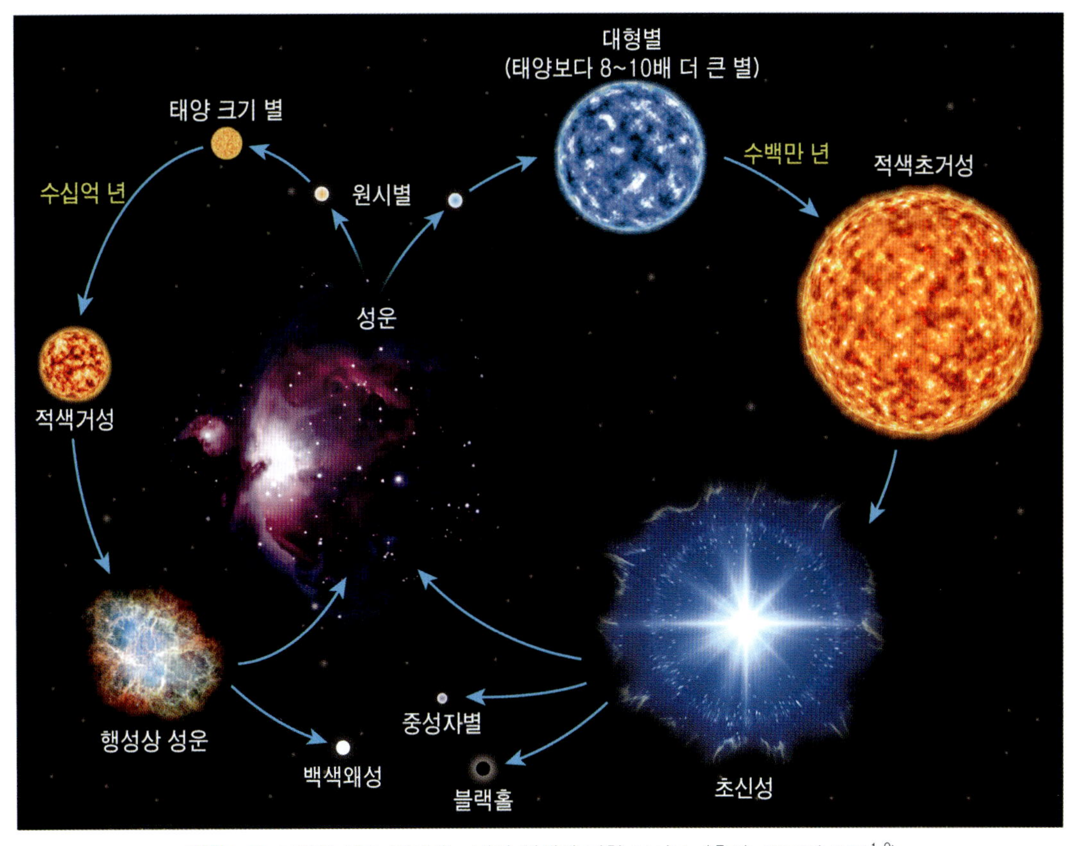


그림 1-9. 크기에 따라 달라지는 별의 일생에 관한 모식도. (출처: GSFC/NASA[1-9])

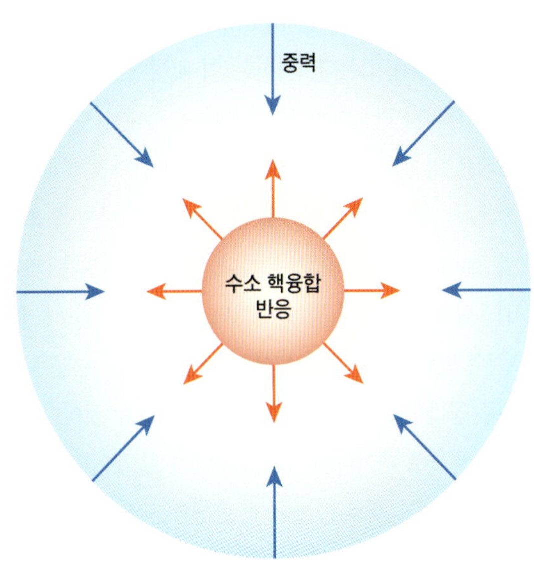


그림 1-10. 별이 형태를 유지하는 힘의 균형.

너지는 중력에 맞서서 별의 형태를 유지하면서 밝게 빛날 것이다(제13장 참고). 다시 본론으로 돌아가자.

만약 주위의 가스와 먼지가 부족하여 큰 질량은 만들지 못한 경우는 1천만 K까지 중심부 온도를 올릴 수가 없다. 이렇게 되면 수소 핵융합 반응은 일어나지 않아 빛나지 못할 것이다. 이런 천체는 별이라 할 수 없고 단지 질량이 큰 행성에 불과하다. 이런 천체를 **갈색왜성**(褐色矮星, brown dwarf)이라고 부른다. 따라서 갈색왜성은 가장 무거운 가스행성과 가장 가벼운 항성 사이에 존재하는 준항성체라고 볼 수 있다.

수소 핵융합 반응이 일어날 수 있는 최소한의 크기는 태양 질량의 0.1~0.5배 정도 되어야 가능하다. 우리는 이런 별을 **적색왜성**(赤色矮星, red dwarf)이라고 부른다. 그러나 이런 적색왜성이 실제로 전 우주에 있는 별들의 90% 이상을 차지하고 있다. 이 별들은 수소를 태워서 헬륨으로 핵융합하면서 생긴 에너지로 중력에 대응하며 생명을 유지한다. 따라서 수소가 고갈되면 별의 생명도 끝난다. 적색왜성은 **백색왜성**(白色矮星, white dwarf)이 되어 점차 식으면서 다시 성운으로 돌아갈 것이다. 이것이 작은 크기의 별이 가야 할 운명이다. 그렇다면 중간크기의 별의 운명은 어떻게 될까?

태양 질량의 7배 정도까지에 해당하는 중간크기의 별들은 수소가 고갈되어 헬륨으로 끝나지 않는다. 수소가 고갈되어 중력에 의한 수축이 일어나면, 질량이 크기 때문에 중심부 온도가 다시 올라가기 시작한다. 이 정도의 별은 중심온도가 충분히 2억 K를 넘어서게 되어서, 이번에는 헬륨이 핵융합 반응을 일으켜 **탄소**로 변한다. 따라서 이 과정에서 생긴 열과 압력으로 중간크기의 별은 당분간 중력에 대항할 힘을 얻게 될 것이다. 그러나 중심부를 벗어난 지역에서는 다른 변화가 일어난다. 중심부 온도가 2억 K를 넘으면 중심부 주위도 충분히 1천만 K를 넘어서게 될 것이다. 따라서 중심부에 있는 수소는 고갈되어 헬륨으로 바뀌었지만, 중심부 주위의 수소가 핵융합 반응을 일으켜 팽창하는 힘을 얻게 된다. 이 팽창하는 힘은 별의 변두리를 부풀게 만들어서 별은 급속도로 커지게 된다. 우리는 이런 상태를 **적색거성**(赤色巨星, red giant)이라고 부른다. 또한 이 상태를 별이 **주계열성**(主系列星, main sequence star)에서 벗어났다고 말하기도 한다. 주계열성은 별이 수소를 태워 헬륨이 되는 핵융합 반응을 하고 있는 별을 말하며, 별은 일생 중 대부분을 주계열성으로 보낸다[30].

다시 적색거성은 자신의 일부인 부풀어진 변두리 부분을 우주 속으로 날려보내면서까지 질량을 줄여서 별의 붕괴를 막으려고 하지만, 결국 별은 생명을 다하고 만다. 중간크기의 별이 소진되고 난 뒤에는 그 잔해물들이 모여서 백색왜성을 형성한다. 백색왜성은 **전자 축퇴압**(電子縮退壓, electron degeneracy pressure)에 의하여 일정 기간 형태를 유지할 수 있을 것이다. 전자 축퇴압이란 원자들이 중력에 의하여 엄청난 힘으로 압축되면, 원자 속의 전자들이 서로 밀착되고 부딪히면서 충돌하게 된다. 전자들은 음전기를 띄고 있다. 이 음전하가 만들어 내는 척력, 즉 밀어내는 힘으로 별은 근근이 명맥을 유지할 수 있게 된다. 그러나 이것도 한계가 있을 것이다. 드디어 최후를 맞이하고 다시 가스와 먼지가 되어 우주 공간으로 흩어질 것이다.

여기서 잠시 태양계에 대하여 생각해 보자. 태양계의 중심에는 태양이 자리잡고 있다. 태양은 태양계 총 질량의 99.9%를 차지한다. 태양을 돌고 있는 나머지 행성들은 그저 0.1%를 나누어 가지면서 태양을 중심으로 돌고 있는 셈이다. 초창기 태양계는 가스와 먼지가 만유인력에 의하여 한군데로 모인 것이다. 태양도 표면은 수소와 헬륨으로 구성된 천체이다. 헬륨이란 어원은 그리스 태양신인 헬리오스(Helios)에서 유래한다. 지구보다 태양에서 먼저 발견되어 붙여진 이름이다. 중간크기에 해당하는 태양도 결국은 적색거성이 되어 엄청나게 부풀어오를 것이다. 지금은 지구와 태양의 거리가 약 1억5천만 km(이 거리를 1천문단위, AU, astronomical unit이라 부름)에 이르지만, 태양이 부풀어오를 때가 되면, 지구는 그 화염 속으로 빨려 들어가고 말 것이다. 그러나 시간은 있다. 태양이 수소를 소모하기 시작한 것이 약 50억 년이 지나갔고, 적색거성 단계로 접어들려면 앞으로 다시 50억 년이 더 소요되기 때문이다. 50억 년? 누가 지금 이후의 50억 년을 알 수 있겠는가?

그렇다면 태양보다 7배 이상 더 큰 대규모 크기의 별은 어떻게 될까? 이 별들은 더 극적인 삶을 산다. 이들의 중앙부는 더 엄청난 고온을 발생시킬 수 있어서 6억 K 정도에서는 탄소가 네온으로, 12억 K에서는 네온이 산소나 마그네슘으로 융합된다. 다시 15억 K 정도의 온도에서는 산소가 규소로 바뀌고, 27억 K가 되면 규소가 철로 바뀌게 된다. 이런 무거운 원소가 만들어지는 과정을 S-과정이라 부르고 여기에는 중성자가 관여한다. R-과정도 중성자가 관여하지만(초신성 핵합성에서 일어남), 더 자세히 다루기에는 비전공자들의 흥미를 잃을 것 같은 예감이 든다. 여하튼 이 과정에서 가장 안정적인 철 원소까지가 만들어진다. 그러나 이 거대한 별들은 급속히 진행되는 엄청난 핵융합 에너지 의하여 견디지 못하고, 드디어 빛으로 폭발하고 만다. 우리는 이 별의 폭발을 **초신성**(超新星, supernova)이라고 부른다. 초신성 폭발은 거대한 별에서도 만들지 못하던 철 원소보다 더 무거운 원소들을 만들어 낼 수 있다. 또한 이미 별에서 만들어 놓은 수많은 원소들을 우주 공간 속으로 흩뿌리는 역할도 담당할 것이다. 이들은 새로운 별들로 태어나는 가스와 먼지가 될 것이다. 별의 장렬한 죽음은 다시 새로운 별들이 탄생하는 요람이 된다.

몇 가지만 더 추가해야 할 것 같다. 우선 태양보다 7~20배 정도 더 큰 거대한 별은 초신성 폭발 이후 **중성자별**(中性子-, neutron star)이 된다. 별이 이보다 더 커서 태양보다 20배 이상 큰 거대 별은 초신성 폭발 이후 **블랙홀**(black hole)로 변한다. 만약 중력 수축이 아주 커져서 전자 축퇴압을 넘어서면 양성자가 전자를 흡수하여 중성자로 변한다. 즉, 중성자들로 압축되고 밀집되어 형성되는 **중성자 축퇴압**(中性子縮退壓, neutron degeneracy pressure)이 근근이 중성자별의 모양을 지켜 주는 힘이 될 것이다. 그러나 중력이 더욱 세져서 중성자조차도 견디지 못하고 완전히 붕괴되면, 우리는 이런 상태를 블랙홀이라 부른다. 블랙홀은 빛이 휘는 정도가 아니라 한번 들어가면 아예 빠져나오지도 못하는 엄청난 물리현상을 말한다[21].

우리가 보는 밤하늘에는 얼마나 많은 별들이 있을까? 이 우주에는 약 1천억 개의 은하가 있고, 다시 각 은하는 약 1천억 개의 별을 가지고 있다고 추정한다. 그렇다면 우주에 있는 별은 1천억 개에 1천억 개를 곱해 약 $10^{22}$개의 별들이 있을 것이다. 우리는 그저 우주의 별들을 그렇게 계산하고 있을 뿐이다. 누구도 몇 개의 별이 하늘에서 빛나고 있는지 모른다. 1995년 NASA에서 시행한 허블 딥 필드 프로젝트(Hubble Deep Field project)는 우리에게 새로운 감동을 선사한다. 밤하늘에 별이 없는 빈 공간만을 찾아서 들어가 본 결과, 2012년에는 화로자리 근처에서 132억 년 전의 은하를 발견하게 되었다. 우주의 역사가 138억 년이라면 우리가 역으로 찾아서 올라간 시간이 빅뱅의 코밑에까지 도달해 있다는 뜻이다[20].

## 제4절 물질의 탄생

세상 만물을 구성하는 기본 물질들은 무엇인가? 무엇이 이 세상을 만드는 물질들인가? **암흑에너지**(暗黑–, dark energy)나 **암흑물질**(暗黑物質, dark matter)은 다루지 않겠지만, 최소한 거시세계에서 볼 수 있는 물질들의 기원을 찾아 나서 보자. 그 이전에 인간은 이 물질에 대하여 어떻게 생각하고 있었을까? 약 2,500년 전의 역사 속으로 들어가 보자.

### 1. 물질의 역사

기원전 7세기경 학문의 시조라 할 수 있는 **탈레스**(Thales, 기원전 624~기원전 546경)는 소아시아의 이오니아 지방에 있는 밀레토스에서 태어났다. 소아시아(Asia Minor)는 에게해(Aegean Sea)의 동쪽에 있는 현재의 터키 지방을 두고 그리스인들이 불렀던 땅 이름이다. 탈레스는 만물이 무엇으로 구성되었는지에 대한 해답을 찾아 나선 첫 번째 학자라고 볼 수 있다. 탈레스는 만물의 기본 물질은 **물**이라고 생각하였고, 땅도 물 위에 떠 있다고 보았다. 이런 개념은 밀레토스 학파 혹은 이오니아 학파의 주된 사상이 되었다. 기원전 6세기경 같은 밀레토스 학파인 **아낙시메네스**(Anaximenes, 기원전 585~기원전 523)는 만물의 근원을 **공기**로 보았고, **헤라클레이토스**(Heraclitus, 기원전 540년~기원전 475)는 **불**이라고 주장하였다. 마침내 기원전 5세기경 시칠리아(Sicily)섬의 그리스 도시였던 아크라가스(Acragas)에서 태어난 **엠페도클레스**(Empedocles, 기원전 490~기원전 430)는 이런 생각들을 정리하여 **4원소설**(四元素說, theory of four elements)을 주장하였다. 즉, 만물은 그림 1-11과 같이 물, 공기, 불 및 흙으로 구성되었다고 생각한 것이다.

여기에서 주목할 점은 사람들이 생각하는 방식이 닮아서인지, 서양이나 동양에서 만물을 구성하는 기본 물질을 비슷하게 보고 있었다는 점이다. 그리스, 인도 및 중국도 불, 물, 흙, 공기에서 해답을 찾고 있었다. 인도는 힌두교나 불교를 통하여 이런 개념이 종교 속으로 녹아들었고, 중국은 음양오행설로 발전해 나갔다. 모든 기운은 양(陽)과 음(陰)으로 구성되고 이들은 다시 물, 불, 흙, 나무 및 쇠의 기본 물질로 나타난다고 본 것이다. 이들은 다시 상생상극(相生相剋) 과정을 통해 서로 조화롭게 운용된다는 뜻이다. 이런 생각은 우리

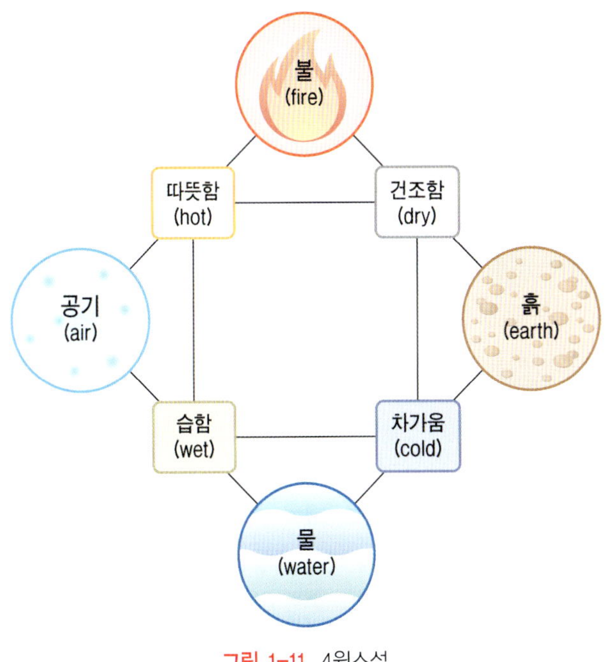


그림 1-11. 4원소설.

01

의 요일(曜日) 속으로 들어와 월요일부터 일요일까지의 이름 속에 고스란히 숨어 있기도 하고, 심지어 태극기 속에도 숨어서 그 위용을 뽐내고 있다.

기원전 4세기로 접어들면서 **아리스토텔레스**(Aristotle, 기원전 384~기원전 322)는 엠페도클레스가 주장한 4원소설을 받아들인다. 그는 더 나아가 각각의 원소에 따뜻함(熱, hot), 건조함(乾, dry), 습함(濕, wet) 및 차가움(冷, cold)의 성질을 부여하였다. 그뿐만 아니라 한때 공기의 매질로 에테르를 추가로 생각하기도 하였다. 그러나 아리스토텔레스는 **데모크리토스**(Democritus, 기원전 470~기원전 380)가 주장하였던 원자론을 배척하는 우를 범하게 되었다. 데모크리토스는 이미 모든 물질은 더이상 쪼갤 수 없는 작은 물질인 **원자**(原子, atom)로 구성되어 있다고 주장하였다. 원자를 뜻하는 atom이라는 의미는 고대 그리스어로 tomos, 즉 쪼갠다는 의미에다가 부정적인 의미의 a가 더해져서 더이상 쪼갤 수 없는 물질이라는 의미를 갖고 있다. 그러나 아리스토텔레스에 의하여 배척된 그의 주장은 1803년 영국의 과학자 **존 돌턴**(John Dalton, 1766~1844)에 의하여 다시 살아날 때까지 약 2,000년 동안이나 도서관 뒷방의 먼지 속에 방치되어 있어야만 했다.

또한 4원소설은 다시 **히포크라테스**(Hippocrates, 기원전 460~기원전 370)에 의하여 의학에 접목되었다(그림 1-12). 공기는 피와 연결되면서 쾌활한 성질을 가지고, 물은 점액과 연결되면서 차분한 성질을 가진다. 불은 황담즙이 되어 다혈질적인 성질이 되고, 흙은 흑담즙이 되어 우울한 성질을 가진다고 보았다. 우리는 이것을 **4체액설**(四體液說, theory of four humors)이라 부른다. 히포크라테스는 이러한 체액이 불균형을 이룰 때 질병이 생긴다고 보았다. 따라서 병을 고치는 방법은 당연히 체액이 균형을 이루게 만드는 것이었다. 체액이 부족한 경우는 식이요법으로 이를 보충하고, 체액이 많은 경우는 이를 빼내는 사혈, 구토, 설사 등이 치료의 주된 이론이 되었다.

2세기경에 등장하는 **갈레누스**(Claudius Galenus, 129~210, Galen으로 부르기도 함)는 4명의 로마 황제의 주치의를 지낼 정도로 의학 및 기독교에 지대한 영향을 미친 학자이다[5]. 그는 당시 사체 해부가 금지된 시대에 동물 해부를 통하여 현대 의학에 상당히 근접한 사실들을 밝혀내었다. 그는 히포크라테스의 4체액설을 바탕으로 내장, 간, 심장, 폐 및 뇌라는 인체 기관을 설정하였다. 그는 **자연 정기**(自然精氣, natural spirit)가 내장에서 흡수되어 혈액을 타고 간으로 운반된 다음 심장에 도달한 후, 폐를 통하여 들어온 **생명 정기**(生命精氣, vital spirit)와 합쳐져서, 뇌로 올라가 **동물 정기**(動物精氣, animal spirit)가 되어 인간을 통제한다고 생각하였다. 그는 체액이 순환한다는 생각을 했던 것이다. 그러나 이러한 그의 생각은 더이상 발전하지 못하고 주저앉게 되었다. 왜냐하면 서양의학은 중세 암흑기 시대의 **수도원 의학**(修道院醫學, monastic medicine)이 되어 교회나 수도원 속에 갇히고 말았기 때문이다. 서양의학은 다행히도 기독교 선교사에 의하여 아랍 세계로 스며들어 가서 **아랍 의학** 시대를 열어 주는 계기가 만들어졌다[26]. 갈렌의 **체액 운동설**은 영국의 **윌리엄 하비**(William Harvey, 1578~1657)가 등장할 때까지 약 1,500년을 다시 기다려야만 했다. 윌리엄 하비는 케임브리지대학 의대생들 앞에서 팔뚝에 생 고무줄을 묶고 혈액이 순환한다는 사실을 역설하였다. 고무줄에 묶인 자신의 팔에서 정맥은 튀어나오고 동맥의 맥박은 줄어들거나 없어지는 것을 확인시키면서 혈액 순환설을 주장하였다[13]. 현대 순환생리학이 탄생하는 순간인 셈이다. 다시 본론으로 돌아가자.

데모크리토스와 아리스토텔레스에 의해서 제기된 4원소설, 즉 물, 불, 공기 및 흙은 약 2,000년이 흐른 17세기에 접어들

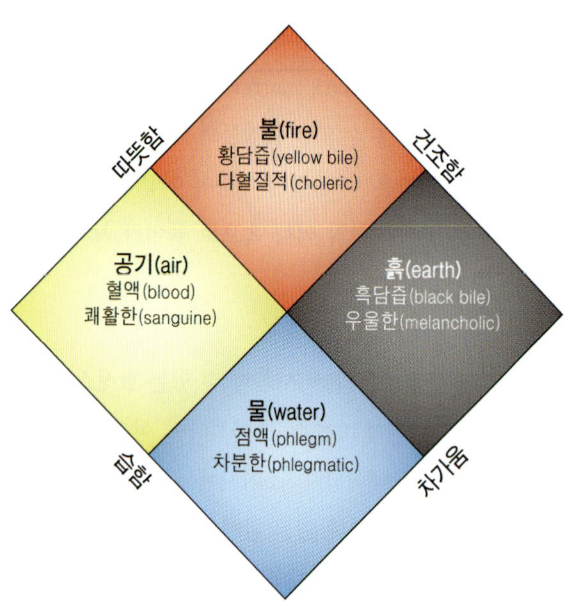


그림 1-12. 히포크라테스에 의한 4체액설.

면서 점차 여러 가지 도전에 직면하게 되었다. 영국의 화학자였던 **로버트 보일**(Robert Boyle, 1627~1691)은 만물을 구성하는 기본 원소가 4가지뿐이라는 데 의문을 품는다. 그는 원소가 4개보다 더 많을 것으로 생각하였고, 이들이 결합해서 새로운 물질, 즉 화합물을 만든다고 생각하였다. 그는 더 나아가서 공기는 원소가 아니라 여러 가지 기체가 섞인 혼합물이라고 주장하였고 불조차도 원소로 볼 수 없다고 주장하였다. 또한 그는 온도가 일정한 경우 기체의 부피는 압력과 반비례한다는 보일의 법칙을 1661년 발표하기도 하였다. 그가 실험실 조수로 고용한 옥스퍼드 대학생 **로버트 훅**(Robert Hooke, 1635~1703)은 **세포**(細胞, cell)라는 말을 처음으로 만들어 낸 학자로서 영국왕립학회를 끌고 갈 인물로 성장하게 된다.

이어서 약 100년 후인 1766년에 처음으로 수소가 발견되었다. **헨리 캐번디시**(Henry Cavendish, 1731~1810)는 철이나 아연 등의 금속에 산을 가하면 가연성 기체가 발생한다는 사실을 알게 되었다. 이 가연성 기체를 공기 중에 태우면 산소와 결합하여 물이 생긴다는 사실도 발견하게 된 것이다. 그러나 이 가연성 기체를 수소라고 이름 지은 사람은 프랑스 화학자 **라부아지에**(Antoine-Laurent de Lavoisier, 1743~1794)였다. 그는 물이 생긴다는 의미로 이 원소를 hydrogen이라고 불렀다. 즉, hydro는 물을 뜻하고 gen은 generating이라는 말에서 온 것으로 무언가를 만든다는 뜻이다. 따라서 수소(水素)라는 의미에는 물을 만드는 원소라는 의미가 숨어 있다. 이렇게 하여 처음으로 수소 원자가 인류 역사에 등장하게 되었다. 캐번디시는 여러 가지 업적을 인정받아 케임브리지대학 연구소에 자기 이름이 올라가는 영광을 안게 되었다. 캐번디시 연구소는 **왓슨**(James D. Watson, 1928~)과 **크릭**(Francis Crick, 1916~2004)이 DNA 구조를 밝혀낸 장소이기도 하다.

연이어 1774년에는 영국의 화학자이자 성직자였던 **조셉 프리스틀리**(Joseph Priestley, 1733~1804)에 의하여 산소가 발견되었다. 그는 렌즈를 이용하여 태양열로 산화수은(HgO)을 가열하면 이상한 기체가 나온다는 사실을 알아내었다. 그러나 실제로 산소를 발견한 학자는 2년 전 스웨덴 화학자 **칼 셸레**(Carl Wilhelm Scheele, 1742~1786)였다. 그가 쓴 저서가 출판사 사정으로 1777년에야 출판되는 바람에 산소의 발견자를 정하는 데 혼선이 생긴 것이다. 그는 이 기체를 '불공기'라고 불렀다. 이 기체 역시 **산소**(酸素, oxygen)라는 이름을 붙인 학자는 라부아지에였다. 그는 이 기체가 산(酸, acid)을 잘 만든다는 사실을 알고 산(acid)을 잘 만드는(gen) 원소라는 의미를 부여한 것이다.

이렇게 하여 다시 약 100년이 지난 1869년경 인류 역사에 등장한 원소의 종류는 63종에 달하게 되었다. **드미트리 멘델레예프**(Dmitri Ivanovich Mendeleev, 1834~1907)는 우랄산맥 동쪽 시베리아 지방에서 태어났지만 상트페테르부르크에서 연구 생활을 하게 되었다. 그는 지금까지 발견된 63종의 원소를 마치 화투짝을 맞추듯이 그 성질에 따라 원소들을 나열해 본 결과 현재 우리가 사용하는 **주기율표**(週期律表, periodic table)의 기원을 만들어 내게 되었다. 따라서 기원전 5세기경에 등장한 물, 불, 공기 및 흙이 원소로 구성된 주기율표로 바뀌는 데 약 2,000년이라는 진통의 세월이 흘러야만 했다[22]. 주기율표에 대한 자세한 설명은 '생명의 재료' 편에서 다시 언급할 것이다. 그렇다면 현대의 주기율표에 등장하는 원소들은 어떻게 만들어졌을까? 이 이야기를 하기 위하여 우리는 먼 우주의 기원에서 별의 탄생까지의 여행을 알 듯 모를 듯하면서 여기까지 왔다고 할 수 있다.

## 2. 물질의 출현

원소가 만들어지는 과정을 4가지 정도로 요약해 보기로 하자.

첫째, 수소와 헬륨 원자는 **빅뱅 핵합성**(Big Bang nucleosynthesis) 과정에서 만들어진다. 이 과정에 대한 설명은 '우주의 역사' 편에 자세히 기술하였다. 대폭발 이후 우주가 급격히 식으면서 수소와 헬륨 및 극소수의 리튬 등이 만들어지지만, 더이상의 무거운 원소는 만들 수 없을 정도로 우주는 차가워져 버렸다. 그렇다면 그 나머지 원소들은 어떻게 만들어졌을까?

둘째, **우주선 파쇄**(宇宙線破碎, cosmic ray spallation)에 의하여 생성되는 **우주선 핵융합**(cosmogenic nucleosynthesis)이다. 고에너지를 가진 우주선이 고속으로 물질에 충돌하는 과정에서 일어나는 핵융합으로 주로 가벼운 리튬(lithium), 베릴륨(beryllium) 및 붕소(boron) 원소가 일부 만들어진다[12].

셋째, 별의 핵합성 과정이다. 헬륨 이상의 원소를 만들어 내기 위해서는 다시 엄청난 고열이 필요하다. 어디서 이런 엄청난 고열을 구할 수 있을까? 이 문제는 빅뱅, 즉 우주 대폭발 이론이 해결할 수 없었던 과제였다. 왜냐하면 빅뱅은 수소와 헬륨을 만든 후 급속히 식었기 때문이다. 이러한 빅뱅의 난제를 해결해 준 과학자가 빅뱅 우주론을 반대하고 정상 우주론을 지지했던 호일이었다는 것도 이미 언급한 바 있다. 호일은 이런 고열을 얻을 수 있는 장소를 별에서 찾았다. 우리는 이런 과정을 **항성 핵합성**(stellar nucleosynthesis)이라고 부른다. 태양 정도 되는 크기의 별들은 **탄소**(炭素, carbon) 정도까지밖에 만들 수 없다. 그러나 별의 크기가 태양의 7배 정도 가까이 되면 그 열기가 충분하여 **철**(鐵, ion)까지 만들어 낼 수 있게 된다. 여기서 우리는 철 원소에 주목하여야 한다. 철 원자는 원소 중에서 핵 결합력이 제일 높아서 가장 안정적인 원소이다. 따라서 철보다 가벼운 원소들은 가장 안정적인 철 원자가 되는 쪽으로 핵합성이 진행된다. 그러나 철보다 무거운 원소들은 반대로 가장 안정적인 철 원자 쪽으로 핵분열이 일어난다. 철 원소가 주목받은 이유가 여기에 있다. **항성**(恒星, fixed star)은 붙박이별이다. 스스로 핵융합을 일으켜 그 에너지로 빛을 발한다. **행성**(行星, planet)은 스스로 빛을 내지 못하고 항성의 빛을 받아 이를 반사하여 빛을 내는 천체에 불과하다. 따라서 태양은 항성이자 별이지만 지구는 태양 주위를 도는 행성에 불과하다. 천동설이 무색해지는 이유이다. **위성**(衛星, satellite)은 말 그대로 행성 주위를 돌면서 행성을 호위한다. 달은 지구의 위성인 셈이다. 인간이 만들어 쏘아 올린 것은 당연히 **인공위성**(人工衛星, artificial satellite)이라 불러야 할 것이다. 그렇다면 철 이상의 무거운 원소들은 어떻게 만들어질까?

넷째, **초신성 핵합성**(supernova nucleosynthesis) 과정이다. 철은 가장 안정적인 핵을 가지고 있다. 따라서 철 이상의 무거운 원소를 만들기 위해서는 태양 질량의 7배 이상 무거운 별이어야 가능하다. 이 정도 질량을 가진 별은 적색거성으로 부풀어져서 백색왜성으로 사라지는 것이 아니라 엄청난 고열을 동반하는 초신성 폭발로 이어진다. 이런 초신성 폭발이 철보다 무거운 원소들을 만들어서 우주에 흩뿌리게 된다[28].

그렇다면 결론적으로 우리는 물질의 탄생을 어떻게 정리하여야 할까? 대우주 폭발에 의하여 만들어진 수소와 헬륨이 결국 최초의 별들이 되었을 것이다. 질량을 가진 별들은 중력의 힘을 받아 점점 수축하게 된다. 수축된 별들의 내부는 압축되고 밀착되어 고온의 열이 발생할 것이다. 자연적으로 수소가 헬륨으로 바뀌는 핵융합이 일어나면서 엄청난 힘이 생긴다. 이 힘이 안으로 밀고 들어오는 중력 수축에 대항하여 밖으로 밀어내면서 별은 생존을 유지하게 될 것이다. 그러나 수소에서 출발한 핵융합은 점차 무거운 원소가 만들어지면서 에너지를 만들어 내지만, 끝까지 중력 수축을 막을 방법은 없다. 중력은 마치 별들에게 저승사자와 같은 역할을 한다. 결국 별은 붕괴되거나 급속한 핵융합으로 생기는 엄청난 힘에 의하여 폭발하면서 장엄한 최후를 맞이하게 된다. 따라서 원소들은 별들이 생존하기 위하여 만들어 낸 핵융합의 산물이며, 최후의 폭발로 인하여 만들어진 별들이 죽은 잔해물이다. 생명체를 구성하는 원소들은 빅뱅과 별에서 태어났다. 그래서 우리는 모두 별들의 자식이라고 해도 과언이 아니다. 아마도 이런 이유로 밤하늘의 별들은 우리의 가슴에 연인처럼 다가와 속삭이고 있는지도 모른다. 너희들은 나를 잊어서는 안 된다고.

## 제5절 생명의 재료

### 1. 주기율표

생명을 만들어 내는 기본 재료는 어떤 것이 있는지, 혹은 생명은 무엇으로 만들어지는지에 대한 해답을 구하기 위해서는 역시 주기율표(그림 1-13)로 다시 돌아가야만 한다. 지금까지 발견되어 주기율표에 올라가 있는 원소는 총 118개이다[17]. 이들은 2016년 11월 28일 국제 순수 및 응용화학 연맹(international union of pure and applied chemistry; IUPAC)이 승인한 원소의 총 개수이기도 하다. 이 중 92개만이 천연 원소에 속한다. 나머지 원소들은 입자 가속기 속에서 인공적으로 합성되었다가 금방 사라지는 원소들이다. 92개 천연 원소 중에서 원자번호 43번인 테크네튬(technetium)과 61번인 프로메튬(promethium)은 반감기가 너무 짧아 자연에서 발견되지 않는다. 따라서 방사성 동위원소(放射性同位元素, radioactive isotope)가 붕괴되어 만들어지는 원소를 제외한다면 자연에서 발견되는 원소는 **90**가지이다. 이 중 가장 가벼운 원자는 원자번호 1번인 수소가 차지하고, 가장 무거운 원소는 92번

01

## 주 기 율 표

Periodic Table of the Elements

원자 번호
원자 기호
원자량

□ 6개 원소. 대부분 생명체 질량의 98%를 차지함
□ 다수의 생명체에 소량 존재함

| 1 | 2 | 3 | 4 | 5 | 6 | 7 | 8 | 9 | 10 | 11 | 12 | 13 | 14 | 15 | 16 | 17 | 18 |
|---|---|---|---|---|---|---|---|---|---|---|---|---|---|---|---|---|---|
| 1<br>**H**<br>수소<br>hydrogen<br>1.008 | | | | | | | | | | | | | | | | | 2<br>**He**<br>헬륨<br>helium<br>4.0026 |
| 3<br>**Li**<br>리튬<br>lithium<br>6.94 | 4<br>**Be**<br>베릴륨<br>beryllium<br>9.0122 | | | | | | | | | | | 5<br>**B**<br>붕소<br>boron<br>10.81 | 6<br>**C**<br>탄소<br>carbon<br>12.011 | 7<br>**N**<br>질소<br>nitrogen<br>14.007 | 8<br>**O**<br>산소<br>oxygen<br>15.999 | 9<br>**F**<br>플루오린<br>fluorine<br>18.998 | 10<br>**Ne**<br>네온<br>neon<br>20.180 |
| 11<br>**Na**<br>소듐<br>sodium<br>22.990 | 12<br>**Mg**<br>마그네슘<br>magnesium<br>24.305<br>[24.304, 24.307] | | | | | | | | | | | 13<br>**Al**<br>알루미늄<br>aluminium<br>26.982 | 14<br>**Si**<br>규소<br>silicon<br>28.085<br>[28.084, 28.086] | 15<br>**P**<br>인<br>phosphorus<br>30.974 | 16<br>**S**<br>황<br>sulfur<br>32.06<br>[32.059, 32.076] | 17<br>**Cl**<br>염소<br>chlorine<br>35.45<br>[35.446, 35.457] | 18<br>**Ar**<br>아르곤<br>argon<br>39.948 |
| 19<br>**K**<br>포타슘<br>potassium<br>39.098 | 20<br>**Ca**<br>칼슘<br>calcium<br>40.078(4) | 21<br>**Sc**<br>스칸듐<br>scandium<br>44.956 | 22<br>**Ti**<br>타이타늄<br>titanium<br>47.867 | 23<br>**V**<br>바나듐<br>vanadium<br>50.942 | 24<br>**Cr**<br>크로뮴<br>chromium<br>51.996 | 25<br>**Mn**<br>망가니즈<br>manganese<br>54.938 | 26<br>**Fe**<br>철<br>iron<br>55.845(2) | 27<br>**Co**<br>코발트<br>cobalt<br>58.933 | 28<br>**Ni**<br>니켈<br>nickel<br>58.693 | 29<br>**Cu**<br>구리<br>copper<br>63.546(3) | 30<br>**Zn**<br>아연<br>zinc<br>65.38(2) | 31<br>**Ga**<br>갈륨<br>gallium<br>69.723 | 32<br>**Ge**<br>저마늄<br>germanium<br>72.630(8) | 33<br>**As**<br>비소<br>arsenic<br>74.922 | 34<br>**Se**<br>셀레늄<br>selenium<br>78.971(8) | 35<br>**Br**<br>브로민<br>bromine<br>79.904<br>[79.901, 79.907] | 36<br>**Kr**<br>크립톤<br>krypton<br>83.798(2) |
| 37<br>**Rb**<br>루비듐<br>rubidium<br>85.468 | 38<br>**Sr**<br>스트론튬<br>strontium<br>87.62 | 39<br>**Y**<br>이트륨<br>yttrium<br>88.906 | 40<br>**Zr**<br>지르코늄<br>zirconium<br>91.224(2) | 41<br>**Nb**<br>나이오븀<br>niobium<br>92.906 | 42<br>**Mo**<br>몰리브데넘<br>molybdenum<br>95.95 | 43<br>**Tc**<br>테크네튬<br>technetium | 44<br>**Ru**<br>루테늄<br>ruthenium<br>101.07(2) | 45<br>**Rh**<br>로듐<br>rhodium<br>102.91 | 46<br>**Pd**<br>팔라듐<br>palladium<br>106.42 | 47<br>**Ag**<br>은<br>silver<br>107.87 | 48<br>**Cd**<br>카드뮴<br>cadmium<br>112.41 | 49<br>**In**<br>인듐<br>indium<br>114.82 | 50<br>**Sn**<br>주석<br>tin<br>118.71 | 51<br>**Sb**<br>안티모니<br>antimony<br>121.76 | 52<br>**Te**<br>텔루륨<br>tellurium<br>127.60(3) | 53<br>**I**<br>아이오딘<br>iodine<br>126.90 | 54<br>**Xe**<br>제논<br>xenon<br>131.29 |
| 55<br>**Cs**<br>세슘<br>caesium<br>132.91 | 56<br>**Ba**<br>바륨<br>barium<br>137.33 | 57-71<br>란타넘족<br>lanthanoids | 72<br>**Hf**<br>하프늄<br>hafnium<br>178.49(2) | 73<br>**Ta**<br>탄탈럼<br>tantalum<br>180.95 | 74<br>**W**<br>텅스텐<br>tungsten<br>183.84 | 75<br>**Re**<br>레늄<br>rhenium<br>186.21 | 76<br>**Os**<br>오스뮴<br>osmium<br>190.23(3) | 77<br>**Ir**<br>이리듐<br>iridium<br>192.22 | 78<br>**Pt**<br>백금<br>platinum<br>195.08 | 79<br>**Au**<br>금<br>gold<br>196.97 | 80<br>**Hg**<br>수은<br>mercury<br>200.59 | 81<br>**Tl**<br>탈륨<br>thallium<br>204.38<br>[204.38, 204.39] | 82<br>**Pb**<br>납<br>lead<br>207.2 | 83<br>**Bi**<br>비스무트<br>bismuth<br>208.98 | 84<br>**Po**<br>폴로늄<br>polonium | 85<br>**At**<br>아스타틴<br>astatine | 86<br>**Rn**<br>라돈<br>radon |
| 87<br>**Fr**<br>프랑슘<br>francium | 88<br>**Ra**<br>라듐<br>radium | 89-103<br>악티늄족<br>actinoids | 104<br>**Rf**<br>러더포듐<br>rutherfordium | 105<br>**Db**<br>두브늄<br>dubnium | 106<br>**Sg**<br>시보귬<br>seaborgium | 107<br>**Bh**<br>보륨<br>bohrium | 108<br>**Hs**<br>하슘<br>hassium | 109<br>**Mt**<br>마이트너륨<br>meitnerium | 110<br>**Ds**<br>다름슈타튬<br>darmstadtium | 111<br>**Rg**<br>뢴트게늄<br>roentgenium | 112<br>**Cn**<br>코페르니슘<br>copernicium | 113<br>**Nh**<br>니호늄<br>nihonium | 114<br>**Fl**<br>플레로븀<br>flerovium | 115<br>**Mc**<br>모스코븀<br>moscovium | 116<br>**Lv**<br>리버모륨<br>livermorium | 117<br>**Ts**<br>테네신<br>tennessine | 118<br>**Og**<br>오가네손<br>oganesson |
| | | 57<br>**La**<br>란타넘<br>lanthanum<br>138.91 | 58<br>**Ce**<br>세륨<br>cerium<br>140.12 | 59<br>**Pr**<br>프라세오디뮴<br>praseodymium<br>140.91 | 60<br>**Nd**<br>네오디뮴<br>neodymium<br>144.24 | 61<br>**Pm**<br>프로메튬<br>promethium | 62<br>**Sm**<br>사마륨<br>samarium<br>150.36(2) | 63<br>**Eu**<br>유로퓸<br>europium<br>151.96 | 64<br>**Gd**<br>가돌리늄<br>gadolinium<br>157.25(3) | 65<br>**Tb**<br>터븀<br>terbium<br>158.93 | 66<br>**Dy**<br>디스프로슘<br>dysprosium<br>162.50 | 67<br>**Ho**<br>홀뮴<br>holmium<br>164.93 | 68<br>**Er**<br>어븀<br>erbium<br>167.26 | 69<br>**Tm**<br>툴륨<br>thulium<br>168.93 | 70<br>**Yb**<br>이터븀<br>ytterbium<br>173.05 | 71<br>**Lu**<br>루테튬<br>lutetium<br>174.97 | |
| | | 89<br>**Ac**<br>악티늄<br>actinium | 90<br>**Th**<br>토륨<br>thorium<br>232.04 | 91<br>**Pa**<br>프로트악티늄<br>protactinium<br>231.04 | 92<br>**U**<br>우라늄<br>uranium<br>238.03 | 93<br>**Np**<br>넵투늄<br>neptunium | 94<br>**Pu**<br>플루토늄<br>plutonium | 95<br>**Am**<br>아메리슘<br>americium | 96<br>**Cm**<br>퀴륨<br>curium | 97<br>**Bk**<br>버클륨<br>berkelium | 98<br>**Cf**<br>캘리포늄<br>californium | 99<br>**Es**<br>아인슈타이늄<br>einsteinium | 100<br>**Fm**<br>페르뮴<br>fermium | 101<br>**Md**<br>멘델레븀<br>mendelevium | 102<br>**No**<br>노벨륨<br>nobelium | 103<br>**Lr**<br>로렌슘<br>lawrencium | |

그림 1-13. 주기율표 및 생명체를 구성하는 원소.

우라늄이 된다.

생명현상을 이해하기 위해서는 우선 주기율표에서 몇 가지 짚고 넘어가야 할 기본적인 요점들이 있다. 주기율표의 세로줄을 우리는 **족**(族, group)이라 부르고, 가로줄을 **주기**(週期, period)라고 부른다. 같은 족에 속하는 원소들은 **원자가 전자**(原子價電子, valence electron) **수**가 같기 때문에 그 화학적 성질이 유사하다. 원자가 전자 수는 실제 화학반응에 참여하는 전자 수를 말한다. 따라서 원자가 전자 수가 같다는 것은 이들이 일으키는 화학반응이 유사하다는 것을 뜻하게 된다. 주기는 1~7주기까지 있으며 같은 주기에 있다는 것은 **전자 껍질**(electron shell)의 수가 같다는 뜻이다. 따라서 주기가 변하면 물리적 성질이 달라진다. 1주기는 전자껍질이 1개 있다는 뜻이며, 7주기는 전자껍질이 7개 있다는 의미이다.

예를 들어, **라돈**(Radon, Rn)은 원자번호가 86번이면서 무색무취한 방사성 비활성 기체이다. 만약 라돈이 지하실에서 새어 나온다면 큰 문제가 된다. 이 원소에 장기간 노출되는 경우 폐암 등의 암 발생이 예상되기 때문이다. 따라서 북미에서는 집을 사고 팔 때 반드시 라돈 농도를 측정해야 한다. 라돈은 주기율표상 18족 6주기에 속한다. 이 라돈의 원자번호가 86이란 뜻은 전자가 86개 있다는 뜻이다. 그렇다면 86개의 전자가 6개의 전자껍질 안에 어떤 순서대로 들어가 있을까? 이들은 **전자 배치원칙** 혹은 축조원칙이라 할 수 있는 **아우프바우 원리**(aufbau principle)에 따라 배치되어 있다. 기본적으로 제1 전자껍질에 2개의 전자가, 제2 전자껍질에는 8개의 전자가 들어간다.

또 다른 원리를 하나 더 소개하고자 한다. 원자가 전자 수와

**최외각 전자**(最外殼電子, outermost electron) **수**는 다르다. 이들은 실제 **옥텟 규칙**(octet rule) 혹은 **8전자 규칙**과 관련이 있다. 이 규칙은 최외각에 있는 전자 수가 8개가 되도록 채우는 규칙이다. 물론 헬륨은 최외각 전자 수가 2개면 되지만, 나머지 18족 원소[헬륨(He), 네온(Ne), 아르곤(Ar), 크립톤(Kr), 제논(Xe)]들은 모두 최외각 전자 수가 8개가 된다. 왜 꼭 8개가 되어야 할까? 최외각 전자 수가 8개가 되어야 비로소 원소는 안정되고 불활성화되기 때문이다. 따라서 18족의 원소들은 안정화되어 화학반응이 잘 일어나지 않는다. 따라서 최외각 전자 수는 8개지만 원자가 전자 수는 0이 된다. 만약 17족 원소들이라면 최외각 전자 수와 원자가 전자 수가 각기 7개로 같을 것이다[여기서 **전이원소**(transition element) 혹은 전이금속(transition metal)은 다루지 않겠다][8].

다시 라돈의 예를 들어 보자. 전자가 86개인 라돈은 제1 전자껍질에서 제6 전자껍질까지 각각 들어가 있는 전자 수는 2, 8, 18, 32, 18, 8이다. 이 나열은 아우프바우 원리와 옥텟 규칙을 동시에 설명하고 있다. 마지막 최외각 전자 수는 어김없이 8개로 되어 있다. 왜 꼭 8개가 되어야만 안정되는지 나는 모른다. 그게 바로 자연법칙인 셈이다.

이 8이라는 숫자의 옥텟 규칙은 **원자**가 **분자**를 만들어 내는 중요한 대자연 법칙이다. 예를 들어, 최외각 전자가 7개라면, 1개의 전자를 받거나 1개의 전자를 서로 공유하게 되면, 자연적으로 8개가 되어 안정된다. 나트륨(natrium/sodium, Na)은 원자번호 11번으로 최외각 전자가 1개이다. 만약 나트륨이 안정되기 위해서는 7개의 전자를 받아들이기보다 1개의 전자를 내보내는 것이 더 편할 것이다. 원자번호 17번인 염소(鹽素, chlorine)는 최외각 전자가 7개이다. 따라서 나트륨은 전자 하나를 내놓고 양이온이 되고(전자가 음이온이므로), 염소는 전자 하나를 받아들여서 8개를 채우면서 음이온이 된다. 이 둘은 자연적으로 양전하와 음전하에 의하여 NaCl, 즉 소금을 만들어 낸다. 우리는 이런 형태의 결합을 **이온결합**(ionic bond)이라고 한다(그림 1-14).

이번에는 **공유결합**(共有結合, covalent bond)에 대한 예를 들어 보자. 물은 수소 2개와 산소 1개가 결합된 $H_2O$라는 구조를 갖고 있다(그림 1-15). 산소는 원자번호 8이다. 따라서 제1 전자껍질에 2개의 전자가 들어가고 제2 전자껍질에 6개가 남는다. 따라서 제2 전자껍질에 전자가 2개 더 들어가야 산소는 안정될 것이다. 수소는 제1 껍질에 1개가 있다. 따라서 제1 껍질에 1개의 전자가 추가되어야 비로소 안정될 것이다. 이 둘의 관계, 즉 산소와 수소는 서로가 전자를 쌍으로 만들

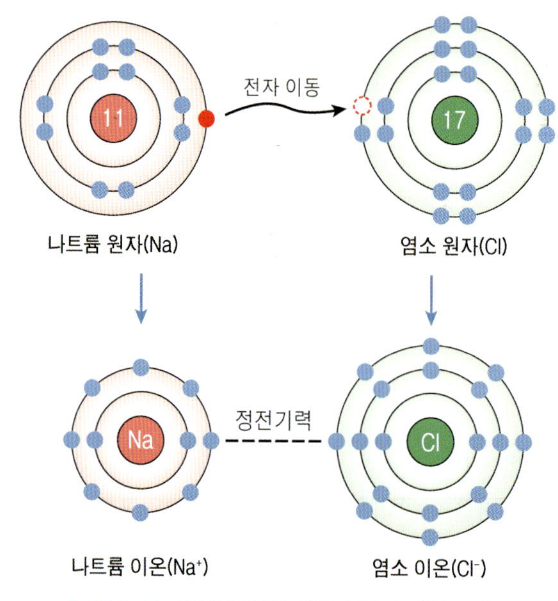

그림 1-14. 염화나트륨의 이온 결합에 대한 도해.

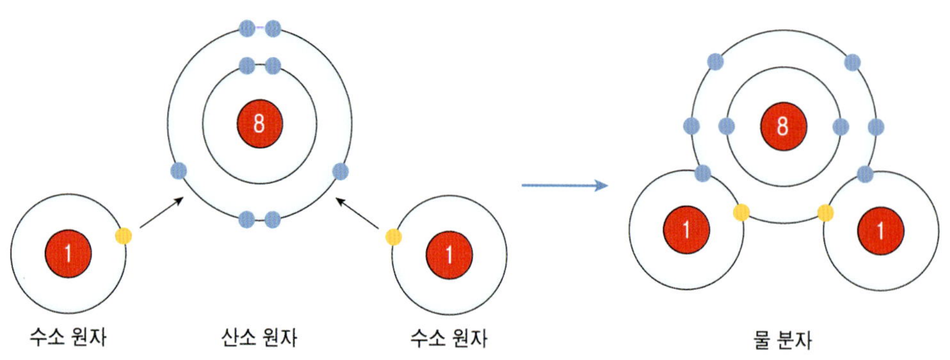

그림 1-15. 물 분자의 공유결합을 나타낸 도해.

어 공유함으로써 산소는 8개로, 수소도 2개의 전자를 다 채움으로써 비로소 안정된다. 그 산물이 바로 물($H_2O$)이다. 물은 모든 생명체에 가장 필수적인 분자이다. 물은 이렇게 해서 태어난다. 더 정확히 말하면 이렇게 태어난 물을 생명체가 가져다 이용했다고 해야 할 것이다. 설명이 장황해진 이유는 결국 원자에서 분자가 만들어지는 과정을 설명하기 위함이다.

그렇다면 산소와 수소가 합쳐져 만들어진 **산화이수소**(酸化二水素, $H_2O$), 즉 물은 무엇인가? 또한 산소는 무엇인가? 말할 필요도 없이 생명체에게는 중요한 원소들이다. 그러나 산소는 쇠를 용접할 때 쓰는 파란 불빛을 내는 원소이다. 잘못 다루면 폭발한다. 수소는 또한 어떠한가? 수소 역시 폭발하는 성질을 가지고 있다. 수소는 가벼워서 하늘로 잘 올라간다. 수소를 고무풍선에 넣으면 하늘로 잘 올라갈 것이다. 그러나 항상 폭발의 위험이 있다. 이러한 폭발의 성질을 가진 산소와 수소가 결합하면 완전히 다른 성질을 가진 물이 탄생한다. 이건 무엇인가? 이게 바로 자연이자 자연법칙이다. 우리는 이런 성질을 **창발성**(創發性, emergence)이라고 부른다. 더 자세한 내용은 '생명의 탄생' 편에서 다룰 것이다.

주기율표에서 언급하고 지나가야 할 중요한 원소 중 하나가 **탄소**이다. 생명체는 주로 유기화합물로 구성되어 있기 때문에 탄소의 역할은 대단히 중요하다. 탄소를 carbon이라 부르는데 이는 라틴어의 숯이라는 carbo에서 온 말이다. 우리가 쓰는 탄소에도 실제 숯(炭)이라는 의미가 들어 있다. 탄소는 원자번호가 6번이다. 따라서 제1 전자껍질에 2개의 전자가 들어가고 제2 전자껍질에 4개의 전자가 남아 있다. 따라서 4개의 전자를 추가로 공유해야 비로소 안정된다. 이 뜻은 4개의 팔을 가지고 각각의 팔에 다른 구조물을 하나씩 붙일 수 있다는 계산이다. 만약 수소가 붙게 되면 이것이 바로 천연가스의 주성분인 **메탄**($CH_4$, methane)이 된다. 탄소가 가지고 있는 4개의 팔은 아주 다양한 분자들과 손을 잡을 수가 있다. 따라서 탄소는 수많은 탄소 화합물을 만들어 낼 수 있는 적임자가 되어서, 생명체를 구성하는 중요 성분이 될 자격을 갖추었다고 할 수 있다[23].

## 2. 생명의 원소

그렇다면 생명체를 구성하는 원소들은 어떤 것들이 있을까? 다시 그림 1-13으로 돌아가 보자. 그림 1-13에서 파란색으로 표시된 원소들은 **수소**(H), **탄소**(C), **질소**(N), **산소**(O), **인**(P), **황**(S)이다. 이들이 바로 대부분의 생명체 몸무게의 98%를 차지하는 원소들이다. 또한 노란색으로 표시된 나트륨(Na), 마그네슘(Mg), 규소(Si), 염소(Cl), 칼륨(K), 칼슘(Ca), 망간(Mn), 철(Fe), 코발트(Co), 구리(Cu), 아연(Zn) 원소는 생명체에 극히 소량으로 들어 있는 원소들이다[35].

이 중에서 특히 인간을 구성하는 원소들은 다시 그림 1-16에 모아 보았다. 인체에 들어 있는 원소 중 비율이 높은 것은 산소(65%), 탄소(18.5%), 수소(9.5%)가 차지하며 이들의 총합은 93% 정도가 된다. 따라서 인간은 산소, 탄소, 수소 원자가 주를 이룬다고 말할 수 있다[11]. 만약 인간 체중을 70kg으로 보고 이 3대 원소를 화학 재료상에서 구입한다면 그 가격은 얼마나 될까? 아마도 몇만 원만 주어도 거뜬히 다 사 모을 것이다[37]. 슬그머니 웃음이 나온다. 그러나 어쩔 수 없는 일이다. 또한 인간의 몸속에 들어 있는 수소의 나이는 도대체 얼마나 될까? 수소는 빅뱅에서 생겨났으므로 약 138억 년은 되었을 것이다. 100년도 못 사는 인간에게 138억 년짜리 재료가 사용되고 있다는 것은 무엇을 의미할까? 수소는 새것으로 인간을 만들지 않는다. 이 수소는 이미 어느 생명체를 구성했던 재료가 분해되어 다시 재활용된 것이 틀림없다. 나를 구성하고 있는 이 수소도 과거에는 어느 박테리아나 원생생물의 것이었는지 혹은 식물이나 아인슈타인의 것이었는지는 아무도 모른다. 수소 원자에 딱지가 붙어 있지 않는 한 우리는 알 길이 없다.

우리는 왜 이렇게 소수의 원소로만 만들어졌을까? 더불어 쇠나 구리, 아연과 같은 금속들은 왜 생명체의 몸속에 들어와 있을까? 우리는 그들이 우리 몸 안에서 무슨 역할을 하는지는 알고 있지만 '왜 꼭 그들이어야 하는가'에는 대답이 궁색해진다.

이번에는 다른 예를 들어 보자. 탄소는 유기물의 골격을 제공하는 핵심적인 원소이다. 그렇다면 같은 족에 있는 규소는 이 역할을 담당하지 못할까? 규소도 탄소와 마찬가지로 4개의 원자가 전자를 가지고 있어서 다양한 화합물을 만들 수 있는 능력이 있지 않은가? 단지 탄소가 규소보다 가볍기 때문이라고 하기에는 어쩐지 대답이 옹졸하다. 실제 규소가 많

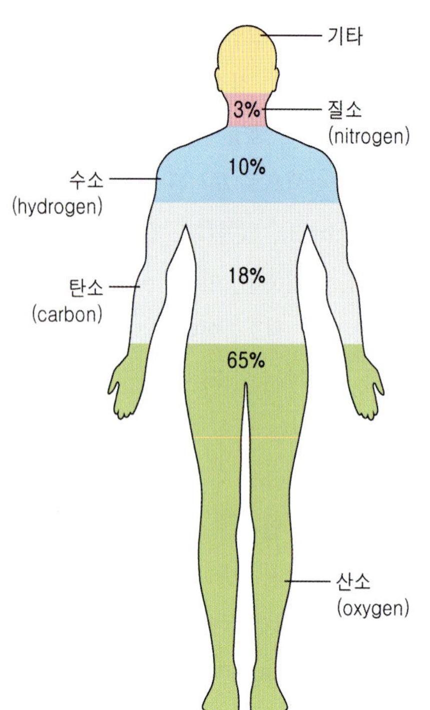


| 원소 (Element) | 기호 (Symbol) | % (Percentage in body) |
|---|---|---|
| 산소(oxygen) | O | 65.0 |
| 탄소(carbon) | C | 18.5 |
| 수소(hydrogen) | H | 9.5 |
| 질소(nitrogen) | N | 3.2 |
| 칼슘(calcium) | Ca | 1.5 |
| 인(phosphorus) | P | 1.0 |
| 칼륨, 포타슘(potassium) | K | 0.4 |
| 황(sulfur) | S | 0.3 |
| 나트륨(sodium) | Na | 0.2 |
| 염소(chlorine) | Cl | 0.2 |
| 마그네슘(magnesium) | Mg | 0.1 |
| 붕소(boron), 크롬(chromium), 코발트(cobalt), 구리(copper), 플루오린(fluorine), 요오드(iodine), 철(iron), 망간(manganese), 몰리브데넘(molybdenum), 셀레늄(selenium), 규소(silicon), 주석(tin), 바나듐(vanadium), 아연(zinc) | | 1.0 이하 |

**그림 1-16.** 인체를 구성하는 원소 비율(물 포함). (출처: Wikipedia[1-16])

이 발견되는 곳은 우리가 밟고 있는 땅이다. 지구의 지각은 전체 질량의 27.7%가 규소로 구성되어 있어서 산소 다음으로 많다. 규소는 산소와 결합하여 규산염을 형성하여 암석이나 토양의 주된 성분이 되어 있다. 심지어 지구에 떨어지는 운석도 대부분이 규소이다. 인간을 흙으로 만들었다면 당연히 탄소 생명체가 아니라 규소 생명체여야 마땅할 것이다. 그렇다면 규소 생명체는 불가능할까? 혹은 다른 원소를 사용하는 생명체가 이 우주 어디엔가 있을 수 있단 말인가?

2010년 12월 사이언스 잡지에 아무도 예상하지 못했던 생명체가 처음으로 보고되었다. 이 박테리아가 발견된 곳은 우리에게 잘 알려진 미국 캘리포니아주 요세미티국립공원에 인접한 모노 호수(Mono Lake)였다. 이 호수는 염도가 높은 고알칼리성 호수여서 여기에 사는 박테리아는 **극한생물**(極限生物, extremophile)에 속한다고 할 수 있다. 이 박테리아가 세간의 이목을 집중시킨 것은 **인**(燐, phosphorus) 대신 **비소**(砒素, arsenic)를 이용할 수 있는 능력이 발견되었기 때문이다. 인은 생명체에서 DNA나 RNA 같은 물질이나 에너지를 담당하는 ATP, 세포막이나 뼈를 단단하게 하는 주된 원소이다. 그러나 비소는 사람을 죽일 때 쓰는 사약이나 농약, 살충제 등에 쓰이는 독성이 아주 강한 물질이기도 하다. 이렇게 독성이 강한 물질을 생명체가 인 대신 이용할 수 있다는 것이 그 놀라움의 주된 이유였다. 주기율표에서 비소를 찾아보면 비소는 원자번호 33번으로 인과는 같은 족에 속해 있다는 것을 쉽게 알아낼 수 있다. 따라서 주기율표는 인 대신 비소를 쓸 수 있는 가능성이 열려 있다는 것을 알려 준다. 이를 발견한 NASA의 펠로우였던 우주생물학자 **펠리사 울프-사이먼**(Felisa Wolfe-Simon)은 이 박테리아에 GFAJ-1이라는 이름을 붙였다. 이 약자를 풀어 보면 'Get Felisa A Job'이라는 뜻이 된다. 이 책을 읽는 독자분들은 이 대목에서 한번쯤 웃고 지나가길 바란다. 왜냐하면 그녀가 임시직으로 얼마나 설움을 받았는지를 알 수 있는 이름이기 때문이다. 그러나 우리의 상상력을 풍부하게 해 주었고 외계 생명체의 가능성을 높여 주었던 이 발표는 2년 후에 실험의 오류로 판명되어 우리를 크게 실망시켰다[15,32,44]. 과연 우리는 상식적인 과학을 뛰어넘을 수 있는 생명체를 발견할 수 있을까? 그 해답은 아직은 '없다'이다. 이는 다시 제13장 외계 생명체에서 다룰 것이다.

## 제6절 생명의 정의

### 1. 생명이란 무엇인가?

'생명이란 무엇인가'라는 질문에 대한 해답을 찾기 위해서는 '무엇이 생명인가'라는 직선적인 대답이 선행되어야 한다. 무엇이 생명인가? 생명의 정의는 무엇인가? 이런 의문은 철학과 종교, 과학과 예술이 줄기차게 물어 온 전 학문적인 공통 질문이지만 그 대답은 그렇게 간단하지가 않다. 수많은 생명의 정의가 발표되었지만 모든 학자를 만족시킬 수 있는 정의는 아직도 없고, 심지어 불가능한 것으로 생각되기도 한다. 그러나 무엇이 생명인지를 정의하기보다는 인식하기가 훨씬 쉬운 것이 생명이라고 할 수 있다.

가령 바위 위에 다람쥐 한 마리가 앉아 있다고 하자. 누구나 다람쥐는 살아 있고, 바위는 살아 있지 않다고 말할 수 있을 것이다. 따라서 우리는 생명이라는 것을 학술적 정의보다 인식이나 관념적으로 더 쉽게 받아들인다. 마치 대머리를 머리카락 몇 개 이하로 정의할 것인지를 고민하기보다 그냥 보면 우리는 금방 대머리를 알아차릴 수 있다. 이는 현실적으로 더 극명히 나타난다. 1964년 미국에서 예술과 외설의 경계에 대한 논쟁이 심화되었다. 어디까지가 예술인지, 그 경계는 어디인지를 정의하기란 쉬운 일이 아니다. 그 당시 연방 대법관이었던 **포터 스튜어트**(Justice Potter Stewart, 대법관의 공식 명칭이 justice인 점을 생각해 보기 바란다)는 오하이오주 판결에 대한 보충의견에서 "외설이 무엇인지를 정의하기는 어렵지만 일단 보면 안다(I know it when I see it)"라는 유명한 판결문을 남겼다[45]. 이 역시 언어적 정의보다 관념적인 부분이 많이 작용한다는 의미일 것이다. 그렇다면 생명의 정의를 해결하기 위하여 인류가 매달려 온 노력들을 추적해 보도록 하자.

생명의 정의가 가장 시급해진 곳은 외계인 문제를 다루어야 하는 미국항공우주국, 즉 NASA였다. 왜냐하면 외계 생명체를 다루기 위해서는 생명이 무엇인지를 먼저 정의할 필요가 있었기 때문이다. 그러나 1994년 우주생물학자들이 NASA에 모여 정리한 생명의 정의는 단 7개 단어로 구성되었다. 즉, 생명이란 '다윈식 진화를 수행할 수 있는 자가 유지 시스템(a self-sustaining system capable of Darwinian evolution)'이라는 것이다. 다윈식 진화를 할 수 있다는 것은 너무나 지구중심적인 사고일 수 있다. 자기 스스로 먹고살아야 한다는 의미도 너무 피상적일 수 있다. 모든 생물체는 극히 일부를 제외하고 자기 스스로 살 수가 없다. 태양에너지가 있어야 하고, 이 열에너지를 자유에너지 형태로 바꿀 수 있는 중간 산물을 누군가 만들어 주어야 한다. 동물과 균류는 식물이 만들어 준 에너지 덩어리가 없으면 하루도 살 수가 없다. 그렇다면 과연 이 정의가 모든 학자를 만족시키고, 전 우주에 공통적으로 적용할 수 있는 포괄적인 것인가? 물론 대답은 '아니다'이다.

또 자주 인용되는 생명의 정의 중 하나가 "브리태니커 백과사전"에 등장하는 내용들이다. 이 정의를 집필한 학자는 "코스모스"를 저술한 **칼 세이건**(Carl Sagan, 1934~1996)과 '내부공생설(emdosymbiosis)'을 주장한 **린 마굴리스**(Lynn Margulis, 1938~2011)의 아들인 **도리언 세이건**(Dorion Sagan, 1959~)이다. 이들은 생명의 정의를 생명의 특징적 소견에 따라 6가지로 요약하였다. 즉, 대사적 정의, 생리적 정의, 생화학적 정의, 유전적 정의, 열역학적(熱力學的, thermodynamic) 정의 및 자체생성적(自體生成的, autopoietic) 정의로 구분하였다[27,38]. **열역학적 정의**는 엔트로피(entropy)와 연관되는 열역학 제2 법칙이 관여한다. 엔트로피는 무질서의 척도이다. 자연현상은 엔트로피가 낮은 곳에서 높은 곳으로, 즉 질서에서 무질서 쪽으로 흘러간다. 에너지의 방향성을 나타낸 것이다. 생명이란 무엇인가? 생명은 끊임없이 열역학 제2 법칙을 위반하여 무질서에서 질서 쪽으로 흐른다. 이런 개념을 **부엔트로피**(negentropy)라 부르는데, 이를 처음으로 주장한 학자는 '슈뢰딩거의 고양이'로 유명한 **에르윈 슈뢰딩거**(Erwin Schrödinger, 1887~1961)였다[39]. 이 내용은 제12장 '생명의 소멸' 편에서 자세히 다룰 것이다. **자체생성적 정의**는 생명체란 외부의 물질이나 에너지를 내부의 세포로 끌고 와서 자신을 구성하는 성분을 스스로 만들고 유지할 수 있는 개체를 말한다. 다른 정의들은 생명의 특징에서 다룰 것이다.

또 다른 생명의 정의가 단순한 일이 아님을 알려 주는 논문 하나를 더 소개하고자 한다. 2011년 이스라엘 하이퍼대학 명예교수인 **에드워드 트리포노프**(Edward Trifonov, 1937~)는 이미 발표된 123개의 생명의 정의와 관련된 자료를 찾아내고 이 정의 속에 들어 있는 키워드를 분석해 보았다. 즉, 무슨 단어가 제일 많이 사용되고 있는지를 본 것이다[43].

그는 유사한 단어들을 모아 9개의 표제어로 구분해 본 결과 시스템(system), 물질(matter), 화학적(chemical), 복잡성(complexity), 생식(reproduction), 진화(evolution), 환경(environment), 에너지(energy), 능력(ability) 순으로 나타났다. 여기에 동원된 키워드가 무엇인지를 유추해 보면 생명이라는 그림이 그려질 수도 있다. 따라서 생명을 몇 줄로 요약하여 정의한다는 것은 불가능할 뿐만 아니라 무의미해 보이기도 한다. 그 대신 생명의 특성을 파악해 보는 것이 생명을 이해하는 데 더 도움이 되지 않을까?

## 2. 생명의 특징

생명은 어떤 특성을 가지고 있을까?

첫째, 생명은 조직화된 계층 구조로써 고도로 **체계화**되어 있다. 우리는 생명체를 'organism'이라고 부른다. 이 말의 의미 속에는 조직화되어 있다는 뜻이 숨어 있다. 생명은 고도로 조직화된 구조물이라는 의미이다. 생명체의 기본단위는 세포이다. 세포는 막으로 둘러싸여 있어 주위와 분리되고, 세포 안은 다양한 생물 분자들이 들어 있는 복잡한 화학계이기도 하다. 잠시 세포로 눈을 돌려 보자. 세포라는 이름을 맨 처음 붙인 사람은 1665년 로버트 보일의 실험실 조수였던 로버트 훅이다. 그러나 동시대의 네덜란드 직물상이었던 **안톤 레벤후크**(Antonie van Leeuwenhoek, 1632~1723)는 개량된 현미경을 이용하여 많은 단세포 미생물을 기술하기 시작하였다. 그 당시 눈에 보이지도 않는 세계에서 움직이는 생명체가 살고 있다는 것은 대단한 충격이 아닐 수 없었다. 나중에 러시아 제국을 건설한 **표트르 대제**(Peter the Great, 1672~1725)도 선진 문물을 습득하기 위하여 그의 연구실을 방문할 정도였으니 그 당시 사회적 관심을 짐작해 볼 수 있을 것이다. 그러나 진작 모든 생명체가 세포로 구성되었다는 **세포설**(細胞說, cell theory)은 1838년에야 등장하였다. 독일의 식물학자 **마티아스 슐라이덴**(Matthias Schleiden, 1804~1881)과 동물학자였던 **테오도어 슈반**[Theodor Schwann, 1810~1881, 신경세포에 있는 슈반세포(Schwann cell)의 발견자로도 유명함]은 우연한 저녁 식사 자리에서 서로의 의견을 나누다가 하나의 일치점에 도달하였다. 즉, 동물과 식물 모두 구조적·생리적으로 같은 기능을 수행하는 생물의 조립단위(building block)가 세포라는 것이었다. 따라서 세포는 생명현상이 처음으로 나타나는 가장 낮은 개체임을 알게 되었다[34].

그렇다면 세포를 다시 환원적으로 분해해 보자. 세포를 쪼개면 분자로 나누어지고, 분자는 다시 원자로 갈라질 것이다. 원자를 분해하면 **양자**(量子, quantum)의 세계인 쿼크와 전자로 구분될 것이다. 여기까지의 과정은 이미 설명한 바 있다. 그렇다면 다시 세포에서 상위단계로 출발해 보자. 세포가 많이 모이면 다세포 생물이 된다. 다세포 생물이 되어야 비로소 인간이 맨눈으로 볼 수 있는 크기가 된다. 다시 다세포생물은 개체를 형성하고, 각 개체들이 모여서 집단을 형성하게 될 것이다. 또한 여러 집단들이 모여서 군집으로, 여러 군집들이 모인 것이 생태계가 될 것이다. 여러 생태계가 모인 전체를 우리는 생물권이라고 부른다. 따라서 생명의 계층 구조를 종합하면 쿼크/전자→원자→분자→세포→다세포→개체→**집단**(集團, population)→**군집**(群集, community)→**생태계**(生態系, ecosystem)→**생물권**(生物圈, biosphere)으로 체계화시킬 수 있다. 집단은 같은 종류의 생명체가 같은 시기·장소에 서식하는 계층을 말하고, 같은 장소에 다른 생명체와 같이 서식하는 경우가 군집에 해당된다. 만약 군집과 군집이 모이면서 무생물적 환경요인이 추가되면 우리는 이를 생태계라 부른다. 예를 들면, 남극에 서식하는 펭귄 무리는 집단이 될 것이고, 여기에 바다표범이나 물고기 등이 같이 포함된다면 우리는 이를 군집으로 불러야 할 것이다. 이러한 생명의 계층 구조에서 생명현상이 처음으로 등장하는 곳이 바로 세포 단계이다. 따라서 우리는 세포가 생명체의 조립단위가 된다는 것은 지극히 타당한 이치로 받아들인다. 생명현상이 세포 단계에서 나타나는 것을 창발적 특성으로 이해하기도 한다. **창발성**(創發性, emergence)은 하위계층에서는 없던 성질이 상위 단계에서 생겨나는 특징을 말한다[25].

생물권은 생물이 사는 세계를 말한다고 할 수 있다. 그렇다면 지구 전체를 생각하면 어떻게 정리해야 할까? 지구계는 다시 생물권을 포함하여 **수권**(水圈, hydrosphere), **지권**(地圈, lithosphere, 암석권) 및 **기권**(氣圈, Atmosphere)으로 나눌 수 있다. 생물권 밖의 내용들은 다시 제13장 '생명의 미래' 편에서 다룰 것이다.

둘째, 생명은 **물질대사**(物質代謝, metabolism)를 통하여 에너지를 얻는다. 이렇게 얻게 된 에너지는 생명체를 구동시키고 열역학 제2 법칙에 대항하는 원동력이 된다. 그렇지만 그림 1-17에서 보는 멋진 스포츠카를 우리는 생명체라고 말하지 않는다. 그러나 이 스포츠카는 외부로부터 물질(기름, 수소 등)을 통해 에너지를 얻고 찌꺼기를 배설한다. 자동차를 나의 분신이라고 말하는 사람은 있을지 몰라도 차를 생명체라고 부르는 사람은 아마도 없을 것이다. 물질대사는 제7장 '생명의 대사' 편에서 자세히 다룰 것이다.

셋째, 생명은 **핵산**(核酸, nucleic acid, DNA, RNA)이라는 화학 지령에 의하여 **유전**과 **진화**가 일어난다. 또한 생명체는 일종의 **생명주기**(生命週期, life cycle)를 가지고 있다. 즉, **수정**(受精, fertilization) → **배발생**(胚發生, embryogenesis) → **성장**(成長, growth) → **생식**(生殖, reproduction) → **죽음**이라는 과정을 순환한다. 핵산으로 구성된 유전자의 위력은 대단하여 생명주기의 처음부터 죽음에 도달하기까지 생명체를 완전히 지배한다. 유전자는 수정에 의하여 만들어진 단세포 수정란에서 아기를 만들어 내는 마술을 펼친다. 핵산은 오탄당, 인 및 염기로 구성된 일종의 무생물 분자이다. 그렇다면 이 무생물이 완벽하게 생물을 만들어 낼 뿐만 아니라, 일생 동안 생명체를 완전히 지배하는 셈이 된다. 무생물이 생물을 다스리는 역설적인 일이 벌어진 것이다. 그러나 이 또한 자연의 순리임을 부정할 수는 없다(유전과 진화는 각각 제9장 및 10장에서 자세히 다룰 것이다). 그림 1-17의 좌측 하단에서 보는 바이러스가 생명체인가에 대한 논쟁이 끊이지 않는다. 바이러스는 단지 DNA나 RNA 같은 핵산과 그것을 둘러싸는 단백질 껍질(capsid)만을 가지고 있다. 따라서 바이러스는 독립적으로 살 수가 없다. 바이러스가 살 수 있는 유일한 방법은 동물이나 식물세포 혹은 세균 속에 들어가서 그들의 독립적인 시스템을 이용하는 것이다. 따라서 바이러스는 생명체

그림 1-17. 생물과 무생물의 차이점[1-17].

라고 할 수 없고, 생물과 무생물의 경계 부위에 있다고 할 수 있다.

넷째, 생명은 생명주기에 나타나듯이 스스로 번식하고 발생하며 성장한다. 생식은 자신을 닮은 자손을 만드는 현상이다. 단세포는 자신을 쪼개어 자손을 만들지만, 다세포는 생식세포를 만들어 수정 단계를 거쳐서 자손을 만든다. 생명의 번식은 제8장에서 자세히 다룰 것이다. 그림 1-17 오른쪽에 노새가 등장한다. 노새는 암말과 수탕나귀 사이에서 태어난 종간 잡종이다. 노새는 아무 말 없이 무거운 짐을 지고 히말라야 산맥을 오르내린다. 그러나 노새는 번식력이 없다. 그렇다면 번식이 생명의 조건에 필수적이라면 노새는 무생물이어야 하는가? 또한 산불은 어떤가? 스스로 번식하고 성장하는 데 불만큼 신속한 물체는 없을 것이다. 그러나 우리는 이런 불을 생명체라고 부르지는 않는다. 따라서 생명이 무엇인지를 꼭 집어 정의하는 것이 쉽지 않다는 뜻이다.

다섯 번째, 생명체는 자극에 반응하고, 항상성(恒常性, homeostasis)을 유지한다. 환경은 항상 변화한다. 환경변화는 생명체에게 자극이 되어 감각기관을 통하여 생명체 안으로 들어온다. 생명체는 이 감각 정보를 이용하여 적절한 반응을 일으킨다. 생명체에 분포하는 수용체들은 이 감각 정보를 채집하는 말초기관들이다. 눈은 빛의 변화를 받아들이는 말초감각기관이고, 귀는 소리의 변화를 받아들이는 말초기관인 셈이다[18,31,33].

생물과 무생물의 차이는 무엇인가? 살아 있음과 살아 있지 않음은 무엇을 의미하는가? 이런 질문에 대한 대답이 쉬울 것 같지만 막상 그 해답은 수월하지가 않다. 생명현상이 나타나는 세포 수준에서는 생물과 무생물의 차이는 뚜렷이 나타난다. 그러나 분자나 원자 수준으로 내려가면 우리는 생물과 무생물의 차이를 인징하기 어려워진다. 따라서 우리가 실험실에서 살아 있지 않은 물질에서 완전한 생명체를 만들어 내지 못한다면, 우리가 생명체에 대하여 결코 다 안다고 말할 수는 없을 것이다.

## 참고문헌


1. 이강환. *빅뱅의 메아리*. 서울: 마음산책, pp.29-41, 2017.
2. 이석영. *모든 사람을 위한 백뱅 우주론 강의*. 서울: 사이언스북스, pp.70-73, 2009.
3. 이석영. *모든 사람을 위한 백뱅 우주론 강의*. 서울: 사이언스북스, pp.79-91, 2009.
4. 조용민. *우주와 나*. 서울: 도서출판 솔과학, pp.147-154, 2015.
5. 황상익. *인물로 보는 의학의 역사*. 서울: 도서출판 여문각, pp.31-36, 2004.
6. Atkins, P. W. *The Periodic Kingdom*. (김동광 역. *원소의 왕국*. 서울: 사이언스북스, pp.179-215, 1995)
7. Big Bang. Wikipedia. Available at: https://simple.wikipedia.org/wiki/Big_Bang (접속일 2020년 7월 6일)
8. Bilow, Uta. *Auf der Spur der Elemente*. (이상희 역. *원소를 찾아서: 화학입문*. 서울: 자음과모음, pp.30-61, 2010)
9. Chow, D. *The universe: Big Bang to now in 10 easy steps*. Space. Available at: https://www.space.com/13320-big-bang-universe-10-steps-explainer.html (접속일 2020년 7월 17일)
10. Chronology of the Universe. Wikipedia. Available at: https://en.wikipedia.org/wiki/Chronology_of_the_universe (접속일 2020년 7월 17일)
11. Composition of the human body. Wikipedia. Available at: https://en.wikipedia.org/wiki/Composition_of_the_human_body (접속일 2020년 7월 7일)
12. Cosmic ray spallation. Wikipedia. Available at: https://en.wikipedia.org/wiki/Cosmic_ray_spallation (접속일 2020년 7월 17일)
13. Fenster, J. M. *Mavericks, Miracles and Medicine*. (이경식 역. *의학사의 이단자들*. 서울: Human & Books, pp.327-436, 2003)
14. Hawking, S., Mlodinow, L. *The Grand Design*. (전대호 역. *위대한 설계*. 서울: 까치글방, pp.12-133, 2010)
15. Hayden, E. C. *Study challenges existence of arsenic-based life*. Nature/News. DOI:10.1038/nature.2012.9861
16. Hedman, M. *The age of everything*. (박병철 역. *모든 것의 나이*. 서울: 살림출판사, pp.289-317, 2010)
17. Helmenstine, A. M. *List of naturally occurring elements*. ThoughtCo. Available at: https://www.thoughtco.com/how-many-elements-found-in-nature-606635 (접속일 2020년 7월 17일)
18. Hoefnagels, M. *Biology: Concepts and investigations, 2nd ed*. (대학생명과학교재연구회 역. *생명과학의 이해*. 서울: 라이프사이언스, pp.2-7, 2013)
19. Hubble Space Telescope. NASA. Available at: https://www.nasa.gov/mission_pages/hubble/science/xdf.html (접속일 2020년 7월 6일)
20. Hubble Deep Field. Wikipedia. Available at: https://en.wikipedia.org/wiki/Hubble_Deep_Field (접속일 2020년 7월 6일)
21. Imagine the Universe. NASA. Available at: https://en.wikipedia.org/wiki/Standard_Model (접속일 2020년 7월 6일)
22. Jackson, T. *The Periodic Table: A visual guide to the elements*. (장정문 역. *주기율표: 인포그래픽으로 만나는 원소의 세계*. 서울: 소우주출판사, pp.10-11, 2017)

23. Jackson, T. *The Periodic Table: A visual guide to the elements.* (장정문 역. *주기율표: 인포그래픽으로 만나는 원소의 세계.* 서울: 소우주출판사, pp.80-89, 2017)
24. Lederman, L., Terresi, D. *The god particle.* (박병철 역. *신의 입자.* 서울: 휴머니스터 출판사, pp.593-660, 2017)
25. Luisi, P. L. *The Emergence of Life: From chemical origins to synthetic biology.* New York: Cambridge University Press, pp.112-128, 2006.
26. Lyons A. S., Petrucelli R. J. II. *Medicine: An illustrated history.* New York: Abrams, pp.255-318, 1978. (황상익 외 역. *세계의학의 역사.* 서울: 도서출판 한울, pp.272-311, 1994)
27. Margulis, L., Sagan, D. *What is life?* University of California Press, pp.213-244, 1995. (황현숙 역. *생명이란 무엇인가?* 서울: 지호, pp.311-352, 1995)
28. Nucleosynthesis. Wikipedia. Available at: https://en.wikipedia.org/wiki/Nucleosynthesis (접속일 2020년 7월 7일)
29. Rees, M., Dinwiddie, R., Eales, P., et al. *Universe.* (윤홍식 외 역. *우주: 대폭발에서 블랙홀까지 모든 것을 담은 우주 백과사전.* 서울: 사이언스북스, pp.42-43, 2009)
30. Rees, M., Dinwiddie, R., Eales, P., et al. *Universe.* (윤홍식 외 역. *우주: 대폭발에서 블랙홀까지 모든 것을 담은 우주 백과사전.* 서울: 사이언스북스, pp.232-291, 2009)
31. Raven, P., Johnson, G., Mason, K., et al. *Biology, 9th ed.* (방재욱 외 역. *생명과학의 이해.* 서울: 녹문당, pp.2-3, 2013)
32. Reaves, M. L., Sinha, S., Rabinowitz, J. D., et al. *Absence of detectable arsenate in DNA from arsenate-grown GFAJ-1 cells.* Science, 337(6093), pp.470-473, 2012. DOI:10.1126/science.1219861
33. Russel P. J., Wolfe, S. L., Hertz, P. E., et al. *Biology: The dynamic science, 1st ed.* (홍영남 외 역. *생명과학: 현상의 이해.* 서울: 라이프사이언스, pp.2-7, 2010)
34. Sadava, D., Hills, D., Heller, C., et al. *Life: The science of biology, 9th ed.* (강해묵 외 역. *생명: 생물의 과학.* 서울: 라이프사이언스, pp.3-9, 2012)
35. Sadava, D., Hills, D., Heller, C., et al. *Life: The science of biology, 9th ed.* (강해묵 외 역. *생명: 생물의 과학.* 서울: 라이프사이언스, pp.22-28, 2012)
36. Sagan, C. *Cosmos.* New York: Ballantine books, pp.2-6, 1980. (홍승수 역. *코스모스.* 서울: 사이언스북스, pp.23-34, 2004)
37. Sagan, C. *Cosmos.* New York: Ballantine books, pp.134-135, 1980. (홍승수 역. *코스모스.* 서울: 사이언스북스, pp.214-216, 2004)
38. Sagan, D., *Life: definition of life.* Encyclopaedia Britanica. Available at: https://global.britannica.com/science/life (접속일 2020년 7월 7일)
39. Schrödinger, E. *What is life? With Mind and Matter.* Cambridge University Press, pp.67-75, 1967. (서인석 외 역. *생명이란 무엇인가?* 서울: 한울, pp.137-152, 1993)
40. Standard Model. Wikipedia. Available at: https://en.wikipedia.org/wiki/Standard_Model (접속일 2020년 7월 6일)
41. Stein, J. D. *Cosmic numbers.* (전대호 역. *우주는 수학이다: 우주의 은밀한 숫자들.* 서울: 까치, pp.223-245, 2011)
42. Timeline of the Big Bang. The physics of the universe. Available at: https://www.physicsoftheuniverse.com/topics_bigbang_timeline.html (접속일 2020년 7월 17일)
43. Trifonov, E. N. *Vocabulary of definitions of life suggests a definition.* J Biomol Struct Dyn, 29 (2), pp.259-266, 2011. DOI: 10.1080/073911011010524992
44. Wolfe-Simon, F., Blum J. S., Kulp, T. R., et al. *A bacterium that can grow by using arsenic instead of phosphorus.* Science, 332 (6034), pp.1161-1166, 2011. DOI: 10.1126/science.1197258
45. Yockey, H. P. *Information theory, Evolution, and the origin of life.* New York: Cambridge University Press, pp.2-5, 2005, Available at: https://books.google.co.kr/books?id=dBKOpEq-eY8C&pg=PA2&lpg=PA2&dq=Justice+Potter+Stewart+definition+of+life&source=bl&ots=RMNe5PlYCl&sig=ACfU3U2BG9tXFZGLuoFCMZWs9rZNXk8pxQ&hl=ko&sa=X&ved=2ahUKEwiurdKU9rnqAhXMaN4KHd3eCMEQ6AEwDXoECDYQAQ#v=onepage&q=Justice%20Potter%20Stewart%20definition%20of%20life&f=false (접속일 2020년 7월 7일)

## 그림 인용 및 Links

그림 1-1. https://calisphere.org/item/fd35e8ad31a475d70f234e58d3855c5b/ California Institute of Technology 문서 보관소 제공

그림 1-2. https://www.shutterstock.com/ko/image-vector/universe-ever-since-big-bang-has-136829804 (접속일 2020년 9월 29일)

그림 1-3. https://commons.wikimedia.org/wiki/File:Horn_Antenna-in_Holmdel,_New_Jersey_-_restoration1.jpg (접속일 2020년 9월 11일)

그림 1-4. https://commons.wikimedia.org/wiki/File:WMAP_2010.png (접속일 2020년 11월 6일)

그림 1-5. https://commons.wikimedia.org/wiki/File:Standard_Model_of_Elementary_Particles.svg (접속일 2020년 11월 6일)

그림 1-7. https://en.wikipedia.org/wiki/Graphical_timeline_of_the_Big_Bang (접속일 2020년 11월 11일), https://en.wikipedia.org/wiki/Chronology_of_the_universe#Speculative_%22habitable_epoch%22 (접속일 2020년 11월 11일)에 근거하여 구성함

그림 1-8. https://commons.wikimedia.org/wiki/File:Pillars_of_creation_2014_HST_WFC3-UVIS_full-res_denoised.jpg (접속일 2020년 11월 13일)

그림 1-9. https://imagine.gsfc.nasa.gov/science/objects/stars1.html (접속일 2020년 11월 13일)에 근거하여 새롭게 구성함

그림 1-16. https://en.wikipedia.org/wiki/Composition_of_the_human_body (접속일 2020년 9월 11일)

그림 1-17. Bing 및 Shutterstock 자료 모음

Chapter

# 02

# 생명의 역사

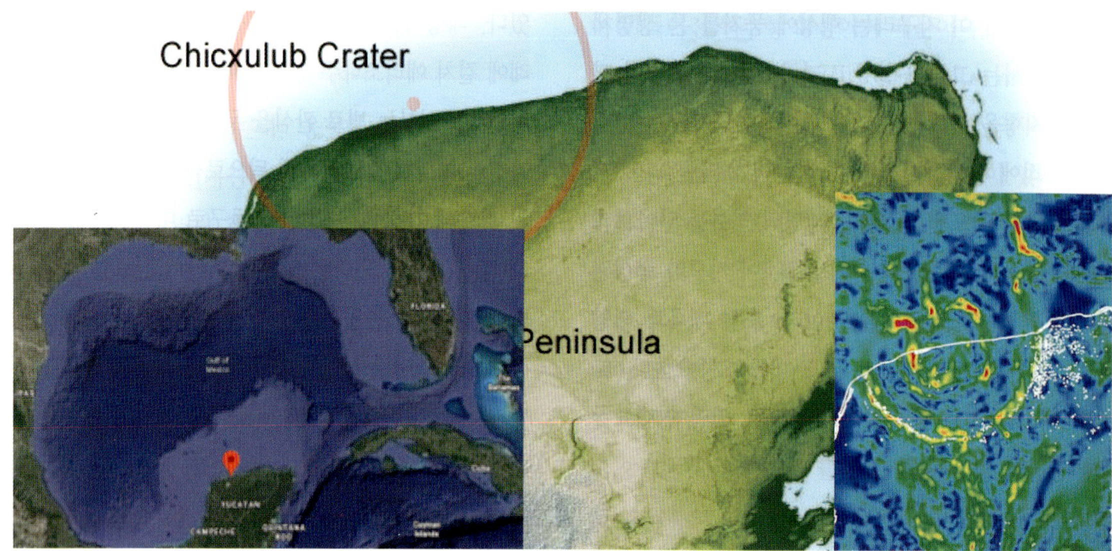


그림 2-3. 칙술루브 충돌구[좌측 하단: 유카탄반도의 지도상 위치를 나타냄. 우측 하단: 중력도(gravity map)로 표시한 것, 하얀 선은 해안선을 나타냄]. (출처: NASA/JPL-Caltech, USGS[2-3], Google map)

알려 주기 때문이다. 이 시기에 공룡을 포함하여 지구상에 생존하였던 50~70%의 종들이 사라져 버렸다. 그 당시 만들어진 지층에는 **이리듐**(iridium, 원자번호 77)이라는 무거운 원소가 대량 발견된다. 원래 지구의 지각에는 이리듐이라는 원소가 거의 없다. 이는 원시 지구의 암석들이 모두 마그마 상태였을 당시 무거운 원소들은 모두 중력에 의하여 내핵 쪽으로 가라앉아 버렸기 때문이다. 따라서 어떤 지층에서 이리듐이 대량 발견된다는 것은 외계에서 유입되었다는 것을 말해준다고 할 수 있다. 그렇다면 이런 거대한 소행성의 충돌이 공룡을 포함한 지구상의 생명체를 죽게 만든 원인이라고 할 수 있을까? 대답은 '그렇다'이다. 적어도 부분적인 원인이 되었음은 분명해 보인다.

그렇다면 보다 더 큰 운석 충돌구는 지구상에 없을까? 남아프리카 공화국에 위치한 **브레드포트 충돌구**(Vredefort Crater, 그림 2-4)는 시름이 무려 300km가 넘는다. 이는 약 20억 년 전에 생긴 충돌구로서 지금까지 확인된 것 중에서 제일 큰 것으로 밝혀졌다. 그러나 이 충돌구는 위성사진이 나오기 전까지는 아무도 이것이 운석 충돌구인지를 알지 못하였다. 마치 옐로스톤 국립공원(Yellowstone National Park)의 중앙부가 화산 분화구였다는 것을 처음에는 몰랐던 것처럼. 브레드포트 충돌구를 만든 소행성의 직경도 지름의 1/10에 해당하는 약 30km에 육박할 것으로 추정된다. 그러나 최근 NASA에서는 호주 서부에서 발견된 **야라부바 충돌구**(Yarrabuba Impact)가 약 22억 년 된 것으로 측정되어 가장 오래된 충돌구로 발표하였다[34]. 현재까지 전 지구에서 확인된 충돌구만 약 200여 개에 달하고 있다.

브레드포트 충돌구는 20억 년의 풍화작용으로 인하여 원래의 모습을 간직하고 있기가 힘들었을 것이다. 그렇다면 대기가 거의 없어서 풍화작용이 일어나지 않는 달은 어떤 모습일까?

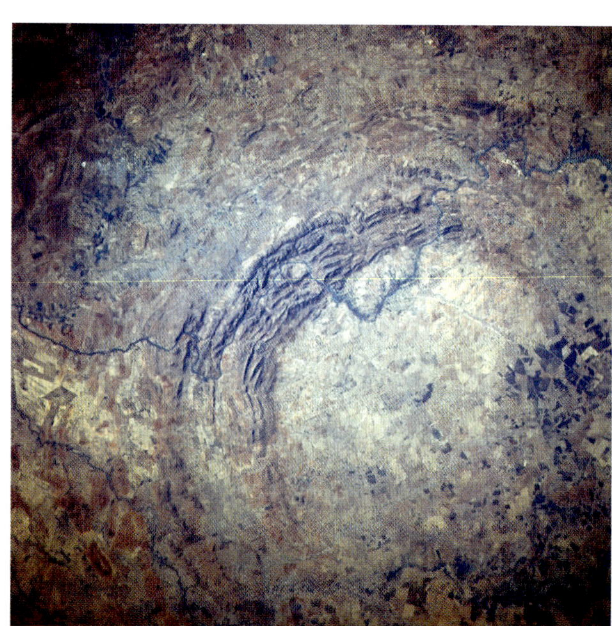

그림 2-4. 브레드포트 충돌구의 인공위성사진. (출처: Júlio Reis/NASA[2-4])

내가 처음으로 400불짜리 망원경을 사서 쳐다본 달은 어릴 때 달집으로 그을린 달의 모습이 아니었다. 달 표면 전체가 온통 운석 충돌에 의하여 생긴 곰보 자국투성이였다. 그중에서도 달 표면 하단에 자리잡은 **타이코 충돌구**(Tycho Crater)는 충돌 당시의 파괴력을 말해 주듯이, 그 파편이 튕겨 나간 자리(광조, 光條, crater ray)가 마치 부챗살처럼 퍼져 있었다(그림 2-5)[45]. 특히나 '**비의 바다**'(Mare Imbrium)라고 불리는 구덩이는 약 38억 년 전에 생긴 것으로 추정되며 그 길이만 해도 1,200km에 달한다. 따라서 이만한 구덩이를 팔 수 있는 소행성은 적어도 직경이 250km 이상의 크기여야 가능할 것이다. 이렇게 파진 구덩이는 나중에 용암이 흘러나와 현재와 같은 모양으로 변했을 것이다. 달 표면에 있는 이러한 대형 구덩이는 그 형성 시기가 대개 38억 년경이다. 따라서 지구에서도 동일한 운석 충돌이 이 시대에 있었을 것으로 추정되어 이를 **후기 대폭격기**(Late Heavy Bombardment)라고 부른다. 이렇게 40억~38억 년 전의 지구 환경은 대단히 불안정하여 생명체가 생겨나기에는 불가능한 시기로 본다. 따라서 38억 년 이후 지구가 안정된 뒤, 생명체가 등장하였다는 것은 상당히 설득력이 있어 보인다. 이는 '생명 연대표'에서 자세히 설명할 것이다. 지금까지 지구의 지질학적 변화를 운석 충돌구를 통하여 조명해 보고, 다시 달을 통하여 지구의 변화를 유추해 보았다[51]. 지금부터 지구와 달이 소속되어 있는 **태양계**가 이 우주에 모습을 드러내는 과정을 간단히 다루고자 한다(제1장의 '별의 탄생' 편 참고).

## 2. 원시 태양계와 지구

**우리 은하**(은하수, 銀河水, Milky Way Galaxy)의 나이는 100억 년이 넘는다. 원시 태양계 탄생의 시발점은 우리 은하의 나선팔 어딘가에서 터져 나온 초신성 폭발에서부터 찾아야 할 것이다.

초신성 폭발은 하나의 은하에서 100년마다 한 번씩 일어나는 엄청난 불꽃놀이이다. 우리 은하의 나이를 100억 년으로 본다면 적어도 약 1억 개의 초신성 폭발이 있었을 것이다. 초신성 폭발은 엄청난 에너지와 충격파를 퍼트리며 지금까지 축적해 두었던 온갖 원소들을 우주 공간 속으로 쏟아 낼 것이다. 성간을 떠돌던 먼지와 가스들은 초신성 폭발의 충격파를 받아서 점점 뭉치면서 회전하기 시작할 것이다. 이렇게 시작된 성운은 점차 중력의 힘을 받아 중심으로 모여들게 된다.

그림 2-5. 달의 표면. (출처: Peter Freiman, Cmglee, Background photograph by Gregory H. Revera[2-5])

한번 회전하기 시작한 성운 덩어리는 수평으로 뻗어 가려는 **각운동량**(角運動量, angular momentum)과 수직으로 작용하는 중력에 의하여 마치 피자처럼 납작한 모양으로 변하게 될 것이다. 여기서 각운동량은 회전하는 물체가 가지는 운동량을 말한다. 또한 중력이 작용하면서 점차 크기가 작아지면 각운동량 보존법칙에 의하여 회전 원반은 더 빨리 돌게 된다. 이는 마치 피겨 스케이트 선수가 팔을 움츠리면 더 빨리 돌게 되는 현상과 동일하다. 중심에서 떨어진 외곽부 성운은 그들끼리 중력에 의하여 뭉치고, 서로 충돌하면서 행성과 위성으로 발전해 갔을 것이다[22].



동시에 덩치가 커진 중심부는 중력 수축에 의하여 온도가 올라가기 시작할 것이다. 중심부 온도가 1천만 K 이상으로 올라가면, 비로소 수소가 헬륨으로 변하는 핵융합 반응이 일어난다. 따라서 엄청난 에너지가 쏟아져 나오면서 드디어 스스로 빛을 낼 수 있는 별(항성)이 탄생하게 된다. 우리는 이 별을 태양이라고 부른다. 실제 태양은 태양계 전체 질량의 99.9%를 독차지하고 있다. 나머지 0.1%의 질량만이 지구를 비롯한 행성들과 태양계의 제일 바깥을 둘러싸고 있는 카이퍼 벨트(Kuiper Belt)와 오르트 구름(Oort Cloud)의 몫이 될 것이다. 이 중에서 무거운 물질이 많이 들어 있는 **지구형 행성**(terrestrial planet, 암석형 행성)인 수성, 금성, 지구, 화성이 태양 가까이에서 줄을 서고, 기체나 얼음으로 구성된 **목성형 행성**(jovian planet, 가스형 행성)은 목성, 토성, 천왕성, 해왕성이 되어 그다음으로 줄을 서서 돌고 있을 것이다. 그렇다면 원시 태양계 원반에서 태양과 동시에 행성들이 만들어졌다면, 그들이 돌고 있는 모습은 어떻게 보일까? 실제 태양의 자전 방향과 행성들이 태양을 돌고 있는 공전 방향은 모두 똑같다. 그렇지만 행성마다 태양을 도는 공전 속도는 모두 다르다. 수성의 공전 속도는 88일이고, 해왕성의 공전 속도는 165년이다. 이는 태양에 가까울수록 빨리 돌아야 중력에 대항할 수 있는 원심력을 얻을 수 있기 때문이다. 우리는 이를 처음 발견한 사람의 이름을 따서 **케플러 법칙**(Kepler's law)이라고 부른다.

태양계 중에서 인간이 처음으로 발을 디딘 곳은 달이었다. 아폴로 11호가 달에 착륙한 날은 1969년 7월 20일이다. 그리고 인간이 무인탐사선인 바이킹 1호를 화성에 착륙시킨 것은 그 후 7년이 지난 1976년 7월 20일이었다. 화성은 지구로부터 가장 가까운 거리에 있을 때가 약 5천5백만 km 정도 떨어져 있고, 가장 멀리 있을 때는 약 4억100만 km나 된다. 과연 화성은 어떻게 생겼을까?

1996년 7월 4일 NASA에서 쏘아 올린 화성 무인탐사선인 **마스 패스파인더**(Mars Pathfinder)가 화성에 착륙하여 보내온 고화질 사진은 우리들을 한동안 생각에 잠기게 만든다(그림 2-6)[31]. 만약 우리가 화성이라는 설명을 보지 않고 이 사진을 본다면, 우리는 지구의 어느 낯선 사막지대라고 생각할 수도 있지 않을까? 누가 이 사진을 화성의 땅이라고 믿을 수가 있을까? 이는 다시 제13장 '생명의 미래' 편에서 다룰 것이다.

## 3. 연대측정법과 지구의 나이

다음 질문은 '생명체가 태어나서 번창하고 있는 이 지구는

그림 2-6. 1997년 화성 무인탐사선 마스 패스파인더가 보내온 화성 표면 사진. (출처: JPL/Caltech/NASA[2-6])

도대체 몇 살이나 되었을까?'이다. 과연 인류는 이 질문에 대하여 어떻게 생각해 왔을까? 맨 처음 이 질문에 대한 답변은 1654년 아일랜드 대주교였던 **제임스 어셔**(James Ussher, 1581~1656)로부터 나왔다. 어셔는 구약성서에 나타나는 연대표를 바탕으로 하여 지구의 나이를 계산해 본 결과 지구의 나이는 약 6천 년이며, 정확히는 기원전 4004년 10월 23일 아침 10시로 추정하였다. 그러나 시간이 지나면서 6천 년은 많은 사람들을 만족시키지 못하였다. 특이 화석이나 지층을 다루는 지질학자들에게 이 기간은 너무도 터무니없이 짧다는 것이 공통된 의견이었다. 지질 현상이란 과거나 현재에도 비슷한 형태로 일어난다는 **동일과정설**(同一過程說, uniformitarianism)을 주장한 **제임스 허턴**(James Hutton, 1726~1797)이나, "지질학 원리"를 저술하여 지질학의 아버지라고 불리는 **찰스 라이엘**(Charles Lyell, 1797~1875) 등은 지구의 나이가 상상할 수 없을 만큼 길어야 한다고 생각했던 학자들이었다[21,24]. **윌리엄 톰슨**(William Tomson, 1824~1907)은 켈빈 남작으로 알려져 있지만 절대온도 단위인 켈빈으로 더 잘 알려져 있다. 그는 지구가 점차 식어 왔다는 근거하에 지구의 나이를 2천만 년에서 4천만 년 사이로 계산하기도 하였다[3].

그러나 정작 지구의 나이를 정확하게 측정해 낸 학자는 캘리포니아 공과대학 교수를 역임한 **클레어 패터슨**(Clair C. Patterson, 1922~1995)이었다. 그는 **방사성 연대측정법**(Radiometric dating, 곧이어 설명함) 중 하나인 우라늄-납법을 이용하여 지구의 나이를 측정해 냈다. 그는 납과 우라늄이 들어 있으면서 지구와 같은 나이일 것으로 추정되는 운석을 시카고에 있는 아르곤 국립 연구소(Argonne National Laboratory)로 가져가서 질량 분석법으로 지구의 나이를 측정하였다. 그가 얻은 지구의 나이는 45.50억 년±7천만 년이었다. 그가 이 데이터를 발표한 해가 1956년이었고, 분석한 운석은 앞에서 설명한 베링거 충돌구에서 회수한 운석이었다. 현재 밝혀진 정확한 지구의 나이는 45억4천만 년±5천만 년이다. 따라서 지구의 나이를 때에 따라 45억 년 혹은 46억 년으로 부르는 이유도 여기에 있다[10]. 지구의 나이가 정확하게 밝혀진 것이 인류 역사상 70년 정도밖에 되지 않는다. 드디어 우리는 지구의 생일날 케이크 위에 꽂아야 할 양초 숫자를 정확히 알게 된 것이다.

그렇다면 도대체 1억 년이란 세월은 얼마나 긴 시간일까? 수학적으로는 계산이 될지 몰라도 금방 피부에 와닿지는 않는다. 이렇게 생각을 바꾸어 보자. 만약 1년을 1원으로 치고 1억 년을 1억 원으로 친다면, 1억 년을 가늠해 볼 수 있을까? 그러나 보통 사람들은 1억 원이라는 현금을 세어 본 적도 없고 그 많은 돈을 직접 본 적도 없으므로(나만 그럴 수도 있다) 이런 방법으로도 금방 감이 오지 않을 수 있다. 이번에는 1년을 1원짜리 크기로 계산해 보자. 1원짜리의 지름은 17.2mm이다. 1년을 1원짜리 크기에 대응시키면 1억 년은 1,720km라는 계산이 나온다. 즉, 1원짜리를 1,720km만큼 쭉 늘어놓아야 1억 년이 된다는 계산이다. 서울에서 일본 도쿄까지가 약 1,155km이다. 따라서 1억 년은 서울에서 1원짜리 동전을 쭉 늘어놓아서 도쿄를 돌아 다시 반쯤 서울로 오는 길이에 해당할 것이다. 100년도 제대로 살지 못하는 인간에게 1억 년은 어마어마한 세월임에는 틀림이 없다.

이제 지구의 나이를 알아낸 방사성 연대측정법에 대하여 알아볼 차례이다. 방사성 동위원소는 동위원소 중 방사능을 가지고 있는 원소를 말한다. **동위원소**(同位元素, isotope)는 말 그대로 원자번호가 동일하여, 주기율표상 같은 위치에 있다는 의미이다(iso는 같다는 equal을 뜻하고, topos는 장소라는 place를 의미함). 이들은 원자번호가 동일하여 양성자 수는 같지만 중성자 수에서는 차이가 난다. 따라서 질량이 다를 수밖에 없다. 이런 차이점으로 인하여 결국 화학적 성질은 동일하지만 물리적 성질이 다르게 나타난다. 참고로 질량이 동일한 원소는 **동중원소**(同重元素, isobar)라고 부른다. 이들은 당연히 원자번호는 다르지만 양성자 수와 중성자 수를 합친 질량수는 동일할 것이다. 동위원소의 예를 들어 보자. 탄소 동위원소는 탄소-12(98.9% 차지), 탄소-13, 탄소-14가 주종을 이룬다. 탄소-12는 양성자 6개, 중성자 6개를 가지고 있는 반면, 탄소-13은 중성자 7개, 탄소-14는 중성자 8개를 가지고 있다. 이 중 방사성 동위원소는 탄소-14이다. 탄소-14는 베타 붕괴($\beta$-decay)를 일으켜 질소-14로 변한다. 탄소-14가 가지고 있던 중성자 8개 중 한 개가 전자를 방출하면서 양성자로 변했기 때문에 원자번호가 7번인 질소-14($^{14}N$)로 변한 것이다. 여기서 주목할 것은 원자들은 나이를 먹지 않는다. 즉, 탄소-14가 질소-14로 변해 갈 때 이들은 **반감기**(半減

期, half-life)라는 규칙성을 가지게 된다. 반감기란 탄소-14가 질소-14로 변하여 그 양이 반으로 줄어드는 기간을 의미한다. 탄소-14의 반감기는 정확히 5,730년이다. 따라서 어떤 화석의 탄소-14 양이 반으로 줄어들고 나머지 반이 질소-14로 변하였다면, 이 화석의 나이는 5,730년이라 할 수 있다. 이런 방사성 동위원소를 이용하여 나이를 측정하는 방사성 연대측정법은 1907년 미국 방사성 화학자 **버트람 볼트우드**(Bertram Boltwood, 1870~1927)가 알아내었다[4].

02

탄소-14는 고고학 분야에서 집중적으로 나이를 측정하는 방법으로 이용되기 때문에 좀 더 깊이 다루고자 한다. 대부분 탄소는 탄소-12일 것이다. 그러나 이 중에서 천억 개 중 한 개는 방사성 동위원소인 탄소-14가 차지하고 있다. 탄소-12와 탄소-14는 산소와 결합하여 이산화탄소가 되어 광합성으로 식물에 흡수될 것이다. 즉, 대기에 있던 탄소-12와 탄소-14가 동일한 비율로 식물에 흡수되고 이를 먹은 동물에도 동일한 비율로 존재하게 된다. 비록 동물이나 식물에 들어온 탄소-14가 질소-14로 변해 가더라도 그 비율은 동일하게 유지될 것이다. 또한 대기 중에 풍부한 질소-14가 우주에서 날아온 복사선과 충돌하여 지속적으로 탄소-14로 바뀔 것이다. 따라서 탄소-14가 질소-14로 붕괴되더라도 계속해서 광합성으로 이용되는 탄소-14가 공급된다. 그러나 일단 생명체가 죽게 되면 더이상 이산화탄소는 공급되지 않을 것이다. 그렇다면 탄소-14의 공급은 중단되고 탄소-14는 서서히 질소-14로 변해 갈 것이다. 이런 원리를 이용하여 우리는 검사하고 싶은 화석 속에서 탄소-14와 질소-14의 비율을 측정함으로써 이 화석의 절대 나이를 측정할 수 있게 된다. 현재 화석이나 암석의 절대 나이를 측정하는 데 자주 이용되는 방사성 동위원소와 그 반감기는 표 2-1과 같다[41,50]. 포타슘-40이 아르곤-40으로 변하는 반감기는 약 13억 년이다. 우라늄-238이 납-206으로 변하는 반감기는 45억 년이다. 나이를 알고 싶은 검체에 따라 우리는 다양한 방사성 동위원소를 이용할 수 있다는 의미이다[28]. 이제 **지구의 역사**를 구분하여 설명할 수 있는 기본 지식들이 갖추어진 것 같다.

## 4. 지질 연대표

**인간의 역사**는 보편적으로 문자로 쓰여진 기록 유·무에 따라 크게 **선사시대**(先史時代, prehistory)와 **역사시대**(歷史時代, recorded history)로 나누어진다. 기록을 가지고 있는 역사시대를 우리는 약 6천 년 정도로 보고 있다. 그렇다면 선사시대는 어떨까? 지역에 따라 다르게 나타나지만, 구석기 시대를 약 250만 년 전부터 시작하여 홍적세(洪積世, Pleistocene) 말기인 약 1만 년 전까지로 본다. 구석기 시대에 **뗀석기**(타제석기, 打製石器, chipped stone)를 사용하였다면 신석기 시대에 접어들면서 **간석기**(마제석기, 磨製石器, ground stone)를 사용했을 것이다. 그렇다면 인간의 역사를 본다면 그저 지구 역사 중 최근의 아주 짧은 순간에 불과하다는 뜻이다.

지구의 역사는 인간의 역사와는 달리 **화석**(化石, fossil)으로 구분 지을 수밖에 없다. 화석기록의 변화를 토대로 구분하는 것을 **지질시대**(地質時代, geologic age)라 할 수 있다. 표 2-2는 **국제층서위원회**(International Commission on Stratigraphy; ICS)에서 현재 제시하고 있는 **지질 연대표**(地質年代表, geologic time scale)를 축소판으로 재정리한 것이다[26]. 이 지질 연대표는 큰 단위인 **누대**(累代, eon)에서부터 **대**(代, era), **기**(紀, period), **세**(世, epoch), **절**(節, age) 등

표 2-1. 방사성 동위원소와 연대측정

| 방사성 동위원소 | | 모원소 반감기 (Half life of parent) | 측정 범위 (Effective dating range) |
|---|---|---|---|
| 모원소(Parent) | 자원소(Daughter) | | |
| 탄소 14($^{14}C$) | 질소 14($^{14}N$) | 5,730년 | 5만 년까지 |
| 포타슘 40($^{40}K$) | 아르곤 40($^{40}Ar$) | 13억 년 | 1만 년~30억 년 |
| 우라늄 235($^{235}U$) | 납 207($^{207}Pb$) | 7억천만 년 | 천만 년~46억 년 |
| 우라늄 238($^{238}U$) | 납 206($^{206}Pb$) | 45억 년 | |
| 루비듐 87($^{87}Rb$) | 스트론튬 87($^{87}Sr$) | 470억 년 | 천만 년~45억 년 |

표 2-2. 지질 연대표(Geologic time scale)

| 누대(Eon) | | 대(Era) | 기(Period) | | 세(Epoch) | 46억 년(4600) |
|---|---|---|---|---|---|---|
| 선캄브리아 시대 (Precambrian) | 명왕누대(Hadean) | | | | | 40억 년(4000) |
| | 시생누대 (Archean) | 초시생대 | | | | |
| | | 고시생대 | | | | |
| | | 중시생대 | | | | |
| | | 신시생대 | | | | 25억 년(2500) |
| | 원생누대 (Proterozoic) | 고원생대 | | | | |
| | | 중원생대 | | | | |
| | | 신원생대 | | | | 5억4천만 년(540) |
| 현생누대(Phanerozoic) | | 고생대 (Paleozoic) | 캄브리아기(Cambrian) | | | |
| | | | 오르도비스기(Ordovician) | | | |
| | | | 실루리아기(Silurian) | | | |
| | | | 데본기(Devonian) | | | |
| | | | 석탄기(Carboniferous) | 미시시피기(Mississippian) | | |
| | | | | 펜실베니아기(Pennsylvanian) | | |
| | | | 페름기(Permian) | | | 2억5천만 년(250) |
| | | 중생대 (Mesozoic) | 트라이아스기(Triassic) | | | |
| | | | 쥐라기(Jurassic) | | | |
| | | | 백악기(Cretaceous) | | | 6천6백만 년(66) |
| | | 신생대 (Cenozoic) | 고제3기=팔레오기(Paleogene) | | 팔레오세(Paleocene, 팔레오세) | |
| | | | | | 에오세(Eocene, 시신세) | |
| | | | | | 올리고세(Oligocene, 점신세) | |
| | | | 신제3기=네오기(Neogene) | | 마이오세(Miocene, 중신세) | |
| | | | | | 플라이오세(Pliocene, 선신세) | 2,6 |
| | | | 4기(Quaternary) | | 플라이스토세(Pleistocene, 홍적세) | |
| | | | | | 홀로세(Holocene, 충적세) | present |

의 작은 단위로 세분된다[18].

처음 등장하는 **명왕누대**(冥王累代, Hadean Eon)는 지구가 등장한 46억 년 전부터 40억 년까지의 기간을 의미한다. 이 기간을 명왕누대라고 부르는 이유는 **하데스**(冥王, Hades)라는 그리스 신화에서 유래한다. 하데스는 크로노스(Cronos)와 레아(Rhea) 사이에 태어나 제우스(Zeus)와는 형제지간이다. 그러나 그의 이름이 의미하듯이 하데스는 망치로 두드리는 모루가 무려 아흐레 밤낮을 떨어져야 도달할 수 있는 깊고도 깊은 지하에 산다. 그는 죽은 자들의 신이자 저승과 지옥을 다스리는 신이기도 하다. 하데스 신전을 지키는 괴물 뱀이 바로 **히드라**(Hydra)이다. 히드라는 자포동물의 이름이 되어서 제4장 '생명의 분류' 편에서 등장할 것이다. 이러한 신화가 말해 주듯이 이 시대는 어둡고 무시무시하여 생명체가 생겨날 수도, 살 수도 없던 시절이었다는 것을 암시한다[42].

이 시대는 지구가 형성되는 초창기이다. 태양계가 만들어지는 과정 중에서 태양으로 모이지 못한 먼지와 가스가 지구를 만들어 냈을 것이다. 이렇게 태어난 지구는 수많은 **미행성체**(微行星體, planetesimal)들의 충돌을 겪으면서 점차 지각과 지구 핵이 형성되고, 대기와 대양이 만들어졌을 것이다. 지구 표면은 화산폭발과 미행성체의 충돌에 의한 고열로 마그마 상태가 되었고, 대류 현상으로 인해 철을 포함한 차갑고 무거운 암석 덩어리는 밑으로 가라앉아 지구 핵을 구성했을 것이다. 대신 규소와 같은 가벼운 원소를 포함한 암석 덩어리는 지각을 구성하는 주요 물질이 되었을 것이다. 그러나 이때 생성된 지각은 모두 땅속 깊이 **섭입**(攝入, subduction, 지각판끼리 충돌하여 다른 판 밑으로 들어가는 현상)되어서, 그 시대에 만들어진 암석들은 현재 찾아보기가 대단히 힘들다. 그러나 2008년 캐나다 퀘벡(Quebec)주 허드슨만(Hudson Bay) 동부 해안에서 발견된 **누부아기투크 녹색 암대**(Nuvvuagittuq greenstone belt)의 모조 각섬암(faux amphibolite) 나이가 약 43억 년으로 알려지면서 세상을 놀라게 하였다(그림 2-7)[20,36]. 그러나 후속 연구에서 이 나이대가 약 38억 년으로 내려가면서 아직까지 논란의 여지를 남겨 두고 있다. 더군다나 2017년에는 열수 분출공(hydrothermal vent)의 침전물로 생각되는 이 암석 부분에서 미생물 화석이 발견되면서 최초의 생명체가 등장한 시기에 대한 논란도 현재 진행 중이다. 지금까지는 1989년 캐나다 서북부 아카스타강에서 발견된 **아카스타 편마암**(Acasta gneiss)이 40억 년의 나이로 가장 오래된 암석으로 알려져 있었다(곧이어 '생명의 출현' 편에서 다시 다룰 것이다).

암석을 떠나 광물의 입장에서는 발견 연대가 다소 앞으로 당겨진다. 2014년 호주 서부 잭 힐스(Jack Hills)에서 발견된 **지르콘**(Zircon, $ZrSiO_4$) 결정의 나이가 44억 년임이 밝혀졌기 때문이다. 이 지르콘 안에 있는 산소 동위원소 비율을 확인한 결과, 그 당시 지구에 물이 있었다는 증거가 밝혀지기도 하였다. 그뿐만 아니라 지르콘은 화강암질 마그마에서 잘 형성되고 나아가 화강암은 대륙지각의 주 암석이기 때문에, 44억 년 전에 이미 바다와 대륙이 있었다는 증거를 제시해 주기도 한다. 지구의 역사에서 원시 지구 대기의 변화, 대륙과 대양의 변화 등은 제2절과 제3절인 '지구의 환경변화'와 '대륙과 대양의 변화'에서 다룰 것이다.

그림 2-7. 누부아기투크 변성암의 노출 지역. (출처: NASA[2-7])

명왕누대에서 집고 넘어가야 할 것이 또 하나 있다. 바로 달의 탄생이다. 달이 만들어지는 과정을 설명하는 주장들은 많이 있지만 주로 지지를 받고 있는 것은 **대충돌설**이다. 즉, 화성만 한 크기의 행성이 지구와 충돌하여 다수는 지구와 합쳐지고 일부가 튕겨 나가 달이 되었다는 주장이다. 우리는 이 화성만 한 크기의 행성을 **테이아**(Theia, Thea)라고 부르는데 테이아는 그리스 티탄 12신 중의 하나로 달의 여신이다.

**시생누대**(始生累代, Archean Eon)는 40억 년에서 25억 년까지 약 15억 년간의 지구 역사를 말한다. 시생누대는 시작과 더불어 **후기 대폭격기**(Late Heavy Bombardment)에 접어든다. 약 40억 년에서 38억 년 전까지 지속되었을 것으로 추정되는 이 운석 충돌 기간은 지구에서는 그 흔적을 남기지 않았다. 그러나 인간이 달을 탐험한 이후 달에는 이 기간 동안에 엄청난 소행성의 충돌이 있었다는 것을 알게 되었다. 이미 언급되었던 '비의 바다'가 대표적인 사례일 것이다. 따라서 지구에는 그 흔적이 남아 있지 않지만, 같은 기간에 수많은 운석 폭격이 지구에도 있었을 것으로 추정한다. 지구도 이 기간이 지나야만 안정기로 접어들었을 것이다. 1996년 그린란드 서남쪽 지방의 **이수아 퇴적암**(Isua sediment)에서 발견된 **스트로마톨라이트**(stromatolite)의 **미화석**(微化石, microfossil, 육안으로는 볼 수 없는 화석)은 38억 년 전의 것으로 확인되었다. 스트로마톨라이트는 남세균(藍細菌, cyanobacteria)이 만들어 낸 구조물이다. 이 미화석은 다소의 논란은 남아 있지만 현재 가장 오래된 생물 미화석으로 대접받고 있다. 그 다음으로 오래된 화석은 1983년 호주 서부의 **와라우나 층군**(Warrawoona Group)에서 발견된 남세균 미화석이다. 이 미화석의 나이는 35억 년으로 밝혀졌다. 스트로마톨라이트는 남세균이 깔려 있는 끈끈한 층 위로 물에 떠다니는 모래 입자들이 달라붙어서 층층이 자라나는 구조물을 말한다. 현재 호주 서부 샤크만(Shark Bay) 자연보호구역에 있는 스트로마톨라이트의 모습은 그림 2-8과 같다. 특히나 남세균의 등장은 지구의 대기 환경이 완전히 바뀌고 생물체의 생존 방식이 달라지는 엄청난 변화를 일으키는 동기가 되었다. 이는 다음에 나올 '지구의 환경변화' 편에서 자세히 다룰 것이다. 시생누대

그림 2-8. 호주 서부 샤크만에 있는 스트로마톨라이트. (출처: Paul Harrison[2-8])

에 생성된 암석층은 현재의 대륙에서 약 7% 정도를 차지하고 있다. 이들 암석은 주로 그린란드, 시베리아, 캐나다 순상지, 와이오밍주 등에서 발견된다. 시생누대는 생명이 출현하는 시기임을 그 시대 이름이 말해 준다고 할 수 있다.

**원생누대**(原生累代, Proterozoic Eon)는 25억 년에서 5억4천만 년 전까지의 기간을 말한다. 그리스 말로 초기(early)라는 의미의 protero와 동물이라는 zoic이 합쳐진 뜻이다. 이 시대에 지구상에서 벌어진 특이한 변화는 대기 내 산소가 축적되고 지구가 눈덩이로 변했다는 것이다. 그뿐만 아니라 시생누대에 출현했던 **원핵세포**(原核細胞, prokaryote)는 그 덩치가 10배 정도로 커지면서 **진핵세포**(眞核細胞, eukaryote)로 진화했다는 사실이다. 또한 이 시기는 세포 사이에서 일어나는 **공생**(共生, symbiosis)이 활발하게 진행된 시기이기도 하다. 즉, 미토콘드리아와 엽록체가 세포 안으로 들어온 때이다. 이러한 과정은 제3장의 '생명의 기원' 편에서 자세히 다룰 것이다. 생명은 이러한 과정을 거치면서 드디어 원생누대 말기인 **에디아카라기**(Ediacaran Period)에 도달하게 된다. 에디아카라 동물군에 속하는 다세포 생물들이 이 지구상에 그 모습을 드러내게 된 것이다. 지금까지 살펴본 명왕누대, 시생누대 및 원생누대를 합쳐서 우리는 **선캄브리아 시대**(Precambrian Time)라 부르기도 한다. 또한 이 시대의 생물들은 골격이 없었기 때문에 생물 화석을 거의 남기지 않은 시대이어서 **은생누대**((隱生累代, cryptozoic eon)라 부르기도 한다. 선캄브리아 시대는 지구가 탄생한 46억 년 전부터 5억4천만 년 전 현생누대가 시작되기 전까지, 약 40억 년의 기간을 말한다. 따라서 선캄브리아 시대는 전 지구 역사의 약 90%를 차지하고 있다고 볼 수 있다.

드디어 우리에게 비교적 잘 알려진 **현생누대**(顯生累代, Phanerozoic Eon)에 접어들었다. 현생누대는 약 5억4천백만 년 전부터 현재까지의 기간을 말한다. 이 시대는 말 그대로 생명체가 실제로 시야에 나타난 시대(visible life)라는 의미를 담고 있다. 현생누대는 다시 3개의 시간대로 구분한다.

**고생대**(古生代, Paleozoic Era)는 약 5억4천만 년에서 2억5천만 년 사이 기간을 의미한다. 고생대의 약 2억 년은 다시 세분되어 크게 6개의 **기**(紀, period)로 구분된다. 앞선 시대부터 **캄브리아기**(Cambrian P.), **오르도비스기**(Ordovician P.), **실루리아기**(Silurian P.), **데본기**(Devonian P.), **석탄기**(石炭紀, Carboniferous P.), **페름기**(Permian P.)가 그것이다. 이들은 각기 특징적인 화석들이 발견된 지명(地名)을 따서 붙여진 이름들이다. 단지 석탄기만 탄소가 석탄으로 대량 매장되어 나타나는 암석의 특징에 따라 유래한 이름이다.

**중생대**(中生代, Mesozoic Era)는 2억5천만 년 전부터 6천6백만 년 전까지를 의미한다. 중생대도 앞선 시대부터 **트라이아스기**(Triassic P.), **쥐라기**(Jurassic P.), **백악기**(白堊紀, Cretaceous P.)로 구분한다. 트라이아스기는 **삼첩기**(三疊紀)라고 불리기도 한다. 이는 이 시대의 대표 지층이라 할 수 있는 독일과 유럽 북서지방의 지층이 뚜렷하게 3개로 구분되었기 때문이다.

**신생대**(新生代, Cenozoic Era)는 6천6백만 년 전부터 현재까지의 기간을 말한다. 신생대는 말 그대로 '새로운 생명'이 살게 된 시대이다. 새로운 생명이란 무슨 뜻일까? 중생대에도 많은 생명체가 살았다. 그렇다면 새로운 생명이란 의미는 식물들이 화려한 꽃을 피우고 진화된 포유동물들이 살고 있는 지구를 뜻한다고 볼 수 있다. 신생대는 다시 3개의 기와 7개의 세로 구분된다. 앞선 시대부터 **팔레오기(고제3기**, Paleogene), **네오기(신제3기**, Neogene) 및 **4기**(Quaternary)로 부른다. 이러한 분류의 근거는 1833년 '지질학의 아버지'라고 불리는 찰스 라이엘 시대로 올라간다. 찰스 라이엘은 지질시대의 지층을 제1기~제4기로 분류했다. 그러나 동물화석에 의하여 현생누대가 고생대, 중생대, 신생대로 구분된 이후 제1기와 제2기는 각각 고생대와 중생대가 되었고, 제3기와 제4기만이 신생대를 구분하는 기로 자리잡았다. 이후 국제층서위원회는 2009년 제3기를 다시 팔레오기와 네오기로 구분하여 현재에 이르고 있다.

팔레오기는 다시 시대순으로 **팔레오세**(Paleocene), **에오세**(Eocene, 시신세, 始新世), **올리고세**(Oligocene, 점신세, 漸新世)로 구분한다. 또한 네오기도 **마이오세**(Miocene, 중신세, 中新世)와 **플라이오세**(Pliocene, 선신세, 鮮新世)로 나누어진다. 제4기는 앞으로 자주 등장하게 될 최근의 세로서 **플라이스토세**(Pleistocene, 홍적세, 洪積世)와 **홀로세**(Holocene, 충적세, 沖積世)로 나누어진다. 플라이스토세는 2백5십만 년 전에서 1만 년 사이를 의미한다. 이 시기는 지구가 넓게 빙하로 덮여 있었지만, 말기에는 고고학적으로 구석기 시대가 끝나면서 마지막 빙하 시기도 끝을 맺게 된다. 홀로세인 충적세는 우리가 현재 살고 있고 가까운 미래도 이 기간에 포함될 것이다[17].



## 제2절 지구의 환경변화

지구의 환경변화를 편의상 수권, 기권, 지권, 생물권으로 구분하여 설명하고자 한다. 우선 기권은 여기에서 다루고, 수권은 '빙하기와 해수면 변화'에서, 지권은 '대륙이동설'에서, 생물권은 제4절의 '생명 연대표'에서 주로 다루고자 한다.

### 1. 대기와 기온의 변화

현재 지구 대기를 구성하고 있는 성분들은 **질소** 78%와 **산소** 21%가 주종을 이루고 있고 우리에게 주목받고 있는 이산화탄소의 농도는 0.04% 정도밖에 안 된다(그림 2-9). 그렇다면 지구 역사 46억 년 동안 대기는 어떻게 변화되어 왔을까? 지금에 와서 명왕누대의 초기 지구 대기를 정확히 예측하기란 결코 쉬운 일은 아니다. 그러나 지구가 출현했던 당시에도 원시대기는 존재했을 것이다.

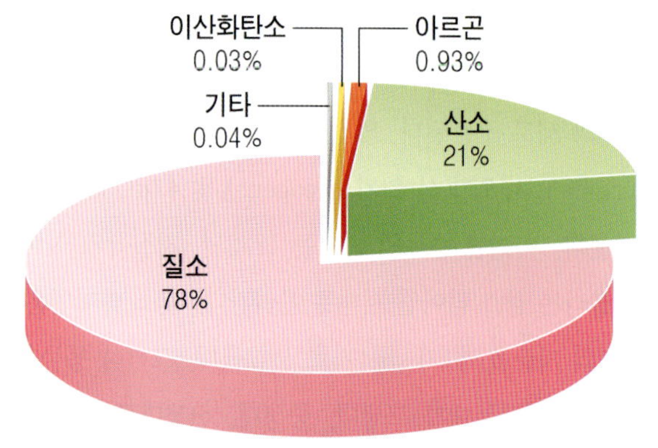


그림 2-9. 대기의 성분 구성비.

그 당시에는 원시 태양계가 형성되면서 주위에 남아 있던 수소($H_2$), 헬륨(He) 메탄($CH_4$), 암모니아($NH_3$)가 주성분을 이루는 강한 환원성 대기였을 것이다. 이러한 대기를 **1차 대기**(一次大氣, primary atmosphere, **원시대기**, primordial atmosphere)라고 부른다. 그러나 이 대기는 태양의 핵융합 반응으로 발생한 강력한 태양풍에 의하여 바깥쪽으로 날아가 버렸을 것이다. 그렇지만 이미 언급했듯이 초창기 지구는 엄청난 미행성의 충돌과 화산폭발로 인하여 대기는 다른 양상으로 바뀌게 되었다. 즉, 이때의 대기는 대부분이 수증기(83%), 이산화탄소(12%)와 나머지는 질소, 황, 염소 등이 차지하고 있었다. 이런 구성 비율은 현재 화산에서 폭발하는 휘발성 성분의 상대적 비율과 비슷하다. 우리는 이러한 대기를 **2차 대기**(二次大氣, secondary atmosphere)라고 부른다[8]. 2차 대기 속에 있던 수증기는 점차 지구가 식으면서 구름이 되고, 구름은 비가 되어 지구에 대양을 형성했을 것이다(그림 2-10). 그러나 미행성이나 혜성이 지구에 물을 실어 온 천체로 추정되기도 한다. 이렇게 형성된 대양은 이산화탄소의 농도에 직접 영향을 미치게 되었다. 왜냐하면 이산화탄소가 대양 속으로 녹아들어 가기 때문이다. 대기 성분 중에서 제일 관심의 대상이 되는 기체는 아마도 **이산화탄소**와 **산소**일 것이다.

이산화탄소는 그 **온실효과**(溫室效果, greenhouse effect) 때문에 초미의 관심사가 되었다. 여기서 잠시 온실효과에 대해서 알아보자. 온실은 어떤 목적을 위하여 열이 밖으로 나가지 못하게 막아 놓은 공간이다. 여기서 열을 막고 있는 장벽이 비닐이 아니라 이산화탄소, 메탄, 아산화질소($N_2O$)나 프레온가스(CFCs)와 같은 온실가스가 열을 막고 있다는 뜻이다. 메탄은 주로 가축 사육, 음식 쓰레기, 습지 등에서 생긴다. 아산화질소는 석탄이나 화학비료 및 폐기물 소각 시 대량으로 발생한다. 냉매로 쓰이는 프레온가스는 오존층을 파괴하는 성질 때문에 사용이 엄격히 제한되었다. 그러나 이 프레온가스 대체용으로 나온 수소불화탄소($HFC_5$)도 온실가스로 분류됨에 따라 지구 온난화를 촉진시키고 있다.

그러나 만약 이런 온실가스가 대기에 없다면, 지구는 흡수한 태양에너지를 모두 지구 밖으로 날려 보낼 수밖에 없을 것이다. 따라서 지구의 평균온도는 영하 18℃ 정도로 떨어질 수밖에 없게 된다. 만약 금성과 같이 대기의 이산화탄소가 96% 정도가 되면, 오히려 열 배출을 철저히 막아서 지표의 온도가 420℃까지 올라갈 것이다. 이런 현상을 지구에 적용하면 빙하시대의 도래와 해수면 변화를 쉽게 유추해 볼 수 있다. 지구는 현재와 같은 산업화 현상이 일어나기 훨씬 이전에는 이산화탄소가 지구를 데워 주는 주된 역할을 수행했을 것이다. 만약 대기 중 이산화탄소가 감소하면, 지표의 온도가 떨어져서 빙하시대가 도래하고 해수면은 내려갔을 것이다. 반대로 대기 중 이산화탄소가 증가하면, 지표의 온도가 올라가서 빙하가 녹고 해수면은 올라갔을 것이다. 이런 이유로 이산화탄소는 지속적으로 적정 수준을 유지하는 쪽으로 변동되고 있다. 자세한 내용은 제13장의 '생물과 기후변화' 편에서 다시 다룰 것이다.

지구는 초창기 불안정한 상태를 지나 시생대로 넘어가면서 점차 안정세로 돌아섰지만, 대기 중 이산화탄소는 약 35억 년 경 대기 비율이 35% 정도로 최고도에 도달하였다(그림 2-10). 이렇게 많은 이산화탄소는 어디로 사라졌을까? 일단 이산화탄소는 해양 속으로 녹아들어 갔을 것이다. 대기에 이산화탄소가 많으면 바닷물 속으로 더 많은 이산화탄소가 녹아들어갈 것은 당연하다. 바닷물 속으로 들어간 이산화탄소는 물과 결합하여 **탄산**(炭酸, carbonic acid, $H_2CO_3$)을 만들 것이다. 그래서 우리는 이산화탄소를 탄산가스라 부르기도 한다. 다시 탄산은 **중탄산 이온**(重炭酸-, bicarbonate, $HCO_3^-$)으로 분해되고 이 중탄산 이온은 대양에 녹아 있는 칼슘이온과 결합하여 **탄산칼슘**(calcium carbonate, $CaCO_3$)을 만들 것이다. 이와 같이 무거워진 탄산칼슘은 바다 밑으로 층층이 가라앉게 된다. 이렇게 쌓여 퇴적된 암석이 바로 **석회암**(石灰岩, limestone)이다. 즉, 대기 중의 이산화탄소가 석회암이 되어 땅 밑 깊숙이 숨어 버린 것이다. 이 바다 밑 석회암이 융기하여 육지로 변하면, 우리는 이 석회암을 파내어서 시멘트를 만든다. 이 시멘트는 다시 콘크리트가 되어 대도시의 빌딩숲을 이룰 것이다. 또한 석회암은 땅 밑의 지열을 받아서 재결정화되어 **대리석**(大理石, Marble)이라는 변성암이 된다. 우리는 비싼 대리석으로 둘러싸인 건축물을 좋아하고, 석회암으로 구성된 지형이 물에 녹아 석회동굴과 종유석을 이룬 곳으로 즐겨 관광을 다닌다. 그뿐만 아니라 석회암으로 만든 분필로 칠판에 글씨를 적고 있는 것은 어쩌면 탄산가스를 잊지 못해 그러는 것인지도 모를 일이다.



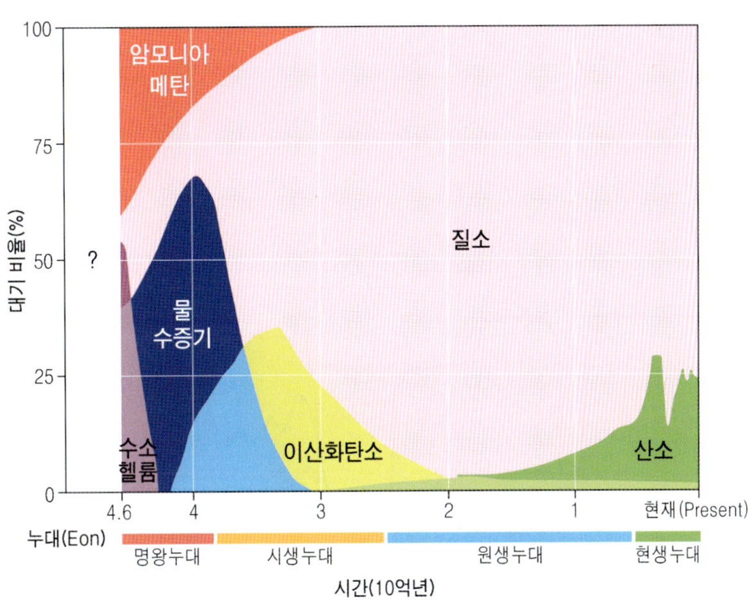


그림 2-10. 지구 대기 구성성분의 누대별 변동 상황.

02

대기 중의 이산화탄소가 줄어든 다른 이유를 우리는 광합성에서도 찾을 수 있다. 대기 중 이산화탄소는 38억 년경에 출현한 남세균에 의하여 광합성 과정을 거치면서 유기물 속으로 들어갔을 것이다. 이러한 유기물을 함유한 플랑크톤이나 식물들이 대량으로 지하에 매몰되면서 석유나 석탄 및 천연가스로 변했을 것이다. 우리는 이러한 연료를 **화석연료**(化石燃料, fossil fuel)라고 부른다. 따라서 석탄이나 석유는 이산화탄소를 지하 속으로 숨어 버리게 만들었다. 그렇지만 우리가 다시 이들을 태우게 되면 어떻게 될까? 숨겨져 있던 이산화탄소를 다시 대기 속으로 복귀시키는 결과를 초래하게 된다. 그러나 이산화탄소를 단지 이런 관점에서만 보아서는 안 될 것이다. 점차 시간이 지나서 현생누대에 접어들면 많은 생명체들이 폭발적으로 출현한다. 이때 바닷물 속의 탄산칼슘은 생물체의 튼튼한 골격이 되어 뼈가 되고 이빨이 되기도 하며 게나 조개, 산호 등의 단단한 껍질이 되어 준다. 그리고 이런 생물체가 대량으로 퇴적되어 만들어진 석회암을 **화학적 퇴적암**(化學的堆積岩, chemical sedimentary rock)과 구분하여 **유기적 퇴적암**(有機的堆積岩, organic sedimentary rock)이라 부르고 있다[9]. 따라서 대기의 이산화탄소는 기권, 수권, 생물권과 밀접하게 관련되어 있다는 것을 알 수 있을 것이다(제13장의 '탄소의 순환' 편 참고). 그렇다면 이산화탄소가 지구의 기온에 얼마나 영향을 미치고 있는지를 알아보자. 그림 2-11은 현생누대의 이산화탄소와 지구 평균기온과의 상관관계를 나타낸 것이다. 이 그림이 보여 주는 결과는 이산화탄소와 지구 평균기온이 항상 일치하지 않는다는 것을 말해 준다. 따라서 지구의 기온은 단일 요인에 의존하지 않고, 다양한 요인들이 관여한다는 것을 우리는 알 수 있을 것이다. 그러나 석탄기에 지구 기온이 떨어진 것은 대기 이산화탄소의 감소 현상과 맞아떨어진다. 왜냐하면 이 시기에 식물들이 대량으로 지하에 매장됨으로써 탄소가 석탄으로 변하여 땅속에 묻혔기 때문이다. 그리하여 대기의 이산화탄소는 점차 줄어들고 대기의 온실효과가 감소됨으로써 기온이 급격히 떨어지게 되었다. 이러한 지구 온도변화로 인하여 고생대 후기 빙하시대가 초래되고 생물의 대멸종을 불러오게 된 것이다.

## 2. 빙하기와 해수면 변화

여러 요인에 의하여 지구의 온도가 하강하면 지구는 빙하시대에 돌입하게 된다. 지구 역사상 최소한 5차례의 빙하기(氷

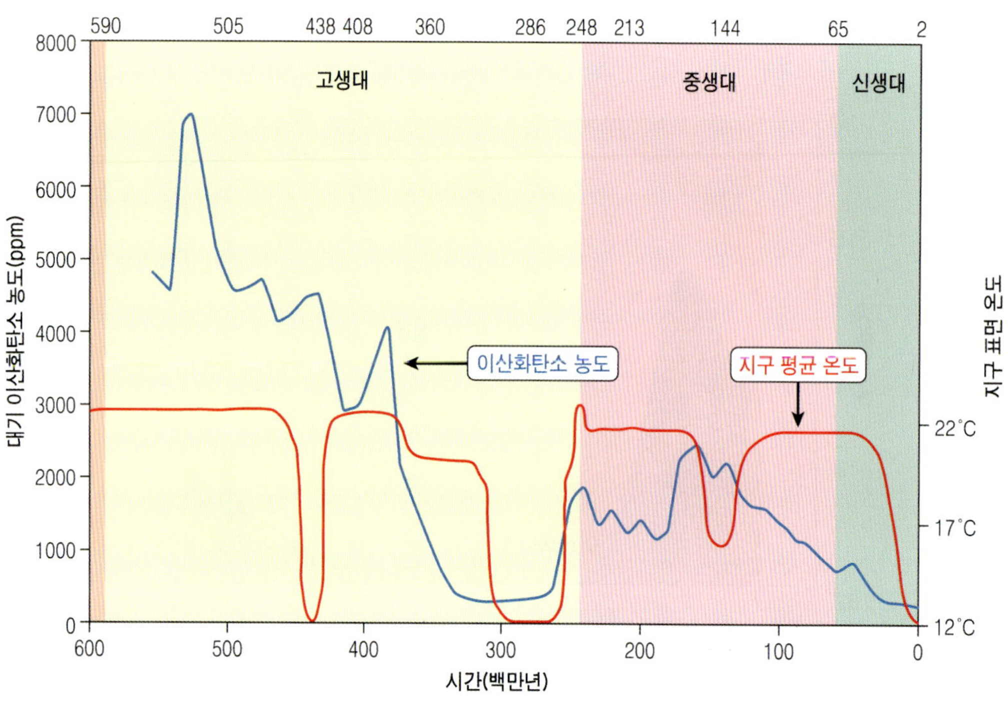


그림 2-11. 현생누대의 이산화탄소와 지구 평균기온과의 상관관계.

河期, ice age)가 보고되어 있다. 가장 오래된 빙하기는 원생누대 초기인 24억 년에서 21억 년 사이에 발생한 **휴론 빙하기**(Huronian glaciation)이다(그림 2-12)[25]. 이 빙하의 퇴적층은 북아메리카의 오대호 중 휴론(Huron) 호수 주변과 위스콘신주, 미시간주 등에 발달해 있다. 휴론 빙하기는 대기의 산소 증가와 밀접한 관련이 있다. 이 빙하기가 시작된 시기는 바로 남세균에 의하여 생성된 산소가 대기 중에 급격히 증가하여 온실가스로 작용하던 메탄의 농도를 떨어트려서 기온이 내려가게 된 것이다. 왜냐하면 산소는 메탄과 작용하여 이산화탄소와 물을 만들기 때문이다. 이렇게 만들어진 이산화탄소는 메탄보다 온실 지표가 현저히 낮기 때문에 기온은 하강하게 된다. 이 빙하기는 무려 3억 년이나 지속된 것으로 추정된다.

두 번째 빙하기는 원생누대 말기인 신원생대(Neoproterozoic Era) **크라이오제니아기**(Cryogenian Period)에 일어난다. 크라이오제니아기는 뜻 그대로 대단히 추운 기후였음을 짐작하게 한다. 지구가 적도까지 얼어붙어서 마치 지구 전체가 눈덩어리가 된 것처럼 보였다. 우리는 이러한 지구를 **눈덩이 지구**(snowball earth)라고 부른다. 크라이오제니아기는 7억2천만 년에서 6억3천5백만 년 전까지를 가리키지만, 실제로 이 기간 내에 2개의 연속적인 빙하기가 나타난다. 그중 하나는 7억천7백만 년에서 6억8천만 년까지 진행된 **스터트 빙하기**(Sturtian glaciation)이고, 다른 하나는 **마리노** 혹은 **바랑거 빙하기**(Marinoan or Varanger glaciation)로서 6억5천만 년에서 6억3천5백만 년 사이에 존재하였다. 마리노 빙하기가 끝나자마자 원생누대의 마지막 기인 **에디아카라기**(Ediacaran Period)로 접어들면서 다세포 생명체가 본격적으로 등장하게 되었다. 6억3천5백만 년 전에 시작된 에디아카라기는 5억4천백만 년에 끝이 나고, 곧바로 현생누대인 캄브리아기로 넘어가게 된다.

세 번째 빙하기는 현생누대인 오르도비스기와 실루리아기 사이에 발생한 **안데스-사하라 빙하기**(Andean-Saharan glaciation)이다. 이 빙하기는 4억5천만 년에서 4억2천만 년 사이의 고생대에서 발생한다. 이 시대에 발생한 대멸종 사건은 잠시 후 다시 기술할 것이다[23].

네 번째 빙하기는 고생대에서 두 번째로 큰 **카루 빙하기**(Karoo glaciation)이다. 이 빙하기는 3억6천만 년에 시작하여 2억6천만 년까지 약 1억 년 동안 지속되었으며 석탄기와 페름기에 걸쳐 형성되었다. 카루 빙하기가 생성된 이유는 데본기에 시작된 육상식물의 번성에서 찾아야 할 것이다. 20m가 넘는 양치류들은 활발한 광합성을 수행하여 대기 중 산소는 증가하고 이산화탄소는 급격히 줄어들었다. 더군다나 이런 육상식물들이 땅속으로 파묻혀 석탄으로 변하면서 이산화탄소는 땅 밑에 갇히는 신세가 되었던 것이다. 더군다나 대지가 눈이나 얼음으로 덮이면 빛의 반사율을 결정하는 **알베도**(albedo)가 증가하여, 태양에너지가 지표에 흡수되는 것을 방해해 대지는 점점 더 얼어붙게 된다. 그러나 한편으로는 대양이 얼어붙으면 대기의 이산화탄소가 해양으로 녹아들지 못하게 되어 대기의 이산화탄소는 점차 증가할 것이다. 또한 이산화탄소는 지표의 화산폭발에 의해서도 대기에 쌓일 것이고, 대기 중의 높은 산소 농도는 화산폭발에 의하여 죽은 식물들을 태워서 다시 이산화탄소를 대기 중으로 돌려보낼 것이다. 이렇게 대기 중 이산화탄소의 농도가 회복되고 증가되어서 눈과 얼음을 녹이고 알베도는 다시 감소세로 돌아서서 태양

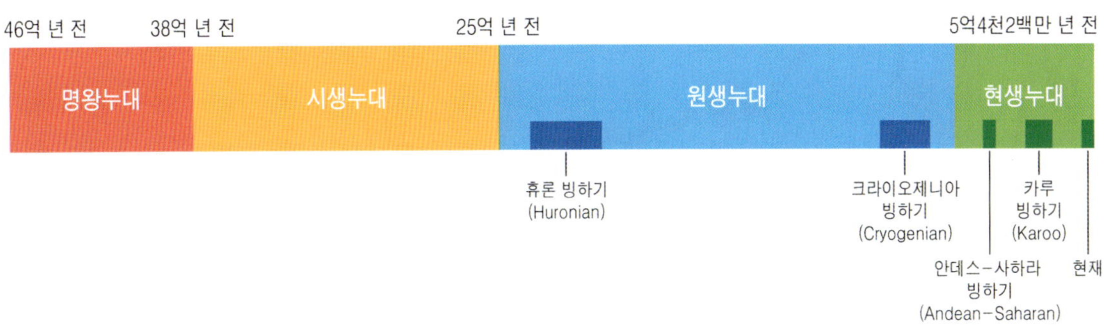


그림 2-12. 지구 역사에 나타나는 빙하기에 대한 시대적 발생. (출처: William M. Connolley[2-12])

02

에너지는 지표에 더 많이 흡수될 것이다. 이런 과정이 일반적으로 빙하기가 형성되고 다시 해빙되는 현상을 설명해 준다.

마지막으로 가장 최근에 일어났던 빙기는 **4기 빙하기**(Quaternary glaciation, **Pleistocene glaciation**)라고 부른다. 이 빙하기는 최근에 일어난 빙하기여서 가장 잘 연구된 빙하라고 할 수 있다. 4기 빙하기는 2백6십만 년 전부터 시작하여 현재까지 진행되고 있다. 신생대에 접어들면서 기온은 점차 하강하다가 약 만천 년 전인 충적세에 접어들면서 약간 상승세로 돌아서는 경향을 보인다. 그림 2-13은 다수의 학자가 추정한 기온변화를 도표로 나타낸 그림이다. 그러나 우리는 빙하기를 정확히 정의하는 데 어려움을 겪고 있다. 따라서 빙하기란 지구의 양극과 높은 산악지대에 빙상이 깔려 있으면 빙하기라 볼 수 있다. 또한 빙하가 적도까지 내려온 크라이오제니아 빙하를 눈덩이 지구라고 불러도 이상할 것이 전혀 없다. 따라서 우리는 현재의 지구를 빙하기에 있다고 말할 수 있다. 그러나 기온변화를 확대해 보면 기온의 상승과 하강이 반복되는 모습을 보인다. 이 중에서 기온이 일시적으로 상승한 시기를 **간빙기**(間氷期, interglacial period)라 부른다. 빙기와 간빙기가 교대로 나타나는 원인 중 하나로 **밀란코비치 주기**(Milankovitch cycle)를 들기도 한다(그림 13-48 참고)[43]. 이 주기를 이해하기 위해서는 세 가지의 자연현상을 동시에 생각해 보아야 한다. 먼저 지구 **자전축의 기울기**(tilting)이다. 이 기울기가 변화되면 극지방에서 받는 태양에너지가 변할 것은 당연하다. 이 기울기는 4만천 년을 주기로 21.5°에서 24.5° 사이로 변하고 있다. 둘째는 지구가 태양을 공전하는 **이심률**(離心率, eccentricity)의 변화이다. 이심률이 커진다는 것은 지구가 원형으로 공전하는 것이 아니라 타원형으로 돈다는 의미이다. 타원형으로 돌게 되면 태양으로부터 멀어지는 기간에는 태양열을 훨씬 적게 받게 될 것이다. 이러한 이심률 변동 주기는 약 10만 년으로 알려져 있다. 마지막으로 **세차운동**(歲差運動, precession)이다. 세차운동은 팽이가 도는 모습을 연상하면 된다. 팽이가 도는 경사면에 따라 태양열을 받는 각도가 변하기 때문이다. 이러한 요소가 복합적으로 작용하게 되면 주기적으로 지구의 기온에 영향을 줄 수 있게 된다(제13장 '생물과 기후변화' 편 참고).

4기 빙하기는 현재 우리가 보고 있는 이 지구에 많은 지형적 변화를 불러왔다. 미국의 오대호는 이러한 빙하가 만들어 낸 걸작품이다. 나이아가라 폭포의 웅장한 소리와 물보라는 이들 빙하가 만들어 낸 볼거리라는 것을 한번 생각해 볼 필요가 있다. 또한 육지와 바다를 점령한 빙하는 지구의 해류를 바꾸어 놓고 바람의 방향을 틀어 놓았을 것이다. 빙하기에 얼어붙은 베링해는 손쉽게 아시아인이 북미 쪽으로 넘어갈 수 있는 길을 만들어 주었고, 호모 사피엔스가 남미 아르헨티나 남쪽 끝에 도달하는 데 걸린 시간은 천 년이면 충분하였다.

빙하기와 더불어 생각해야 할 중요한 지리적 변화는 또 있다. 바로 **해수면**(海水面, sea level)의 높낮이 변화이다[46]. 빙하 세력이 확장되면 해수면은 낮아질 것이고, 반대로 빙하가 물러가면 해수면은 높아질 것이다. 그러나 해수면의 변화를 지질학적으로 이해하기 위해서는 다양한 요인들을 살펴보아야 한다. 해수면의 변화는 육지가 바다가 되고 바다가 육지가 되

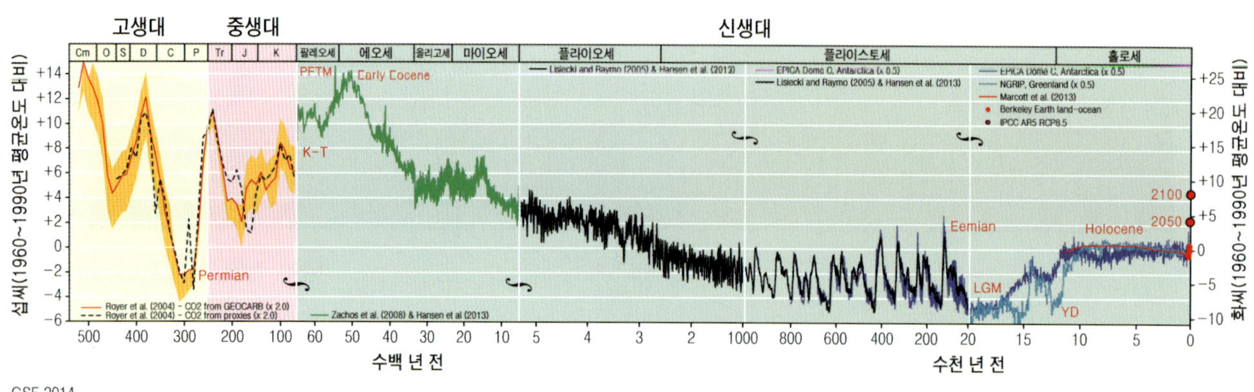


그림 2-13. 현생누대 중에서 신생대의 기온변화를 자세히 나타낸 그래프. (출처: Glen Fergus[2-13])

게 만든다. 우리나라 서해의 평균 깊이는 45m 정도로 보고되어 있다[6,52]. 그렇다면 해수면이 지금보다 50m만 더 내려간다면 서해는 육지가 되어 버릴 것이다. 우리는 약 500km 떨어진 산둥반도까지 걸어서도 갈 수 있게 될 것이다. 그림 2-14는 영국지질연구소(British Geological Survey; BGS)에서 발표한 현생누대의 해수면 변화에 근거하여 종합적으로 재작성해 보았다. 또한 여러 보고자의 결과를 종합해 보면 해수면은 현재 높이를 기준으로 -130m에서 +400m 사이를 오간 것을 알 수 있다. 이런 변화는 수백만 년에 걸쳐서 서서히 일어나므로 현재 해안가에 풍광 좋은 집에 살고 있다고 해서 지금 당장 걱정할 일은 아닐 성싶다.

## 3. 산소의 출현

현재 거의 모든 생명체는 산소에 의존하여 살고 있다. 따라서 지구에서 산소의 발자취를 추적해 보는 것은 대단히 중요한 일이다. 왜냐하면 산소가 없으면 **세포호흡**(細胞呼吸, cellular respiration)에 의하여 에너지를 생산해 낼 수 없기 때문이다. 또한 산소는 활동성이 매우 높아 다른 물질과 쉽게 반응해 다 버린다. 산소는 철과 만나 쇠를 녹슬게 하고(산화철) 탄소와 만나 이산화탄소를 만든다. 그렇다면 산소는 어떻게, 언제부터 이 지구 대기에 나타났을까? 이미 기술한 대로 초기 대기에는 자유산소가 거의 없었다(그림 2-15).

산소는 자외선이 물 분자와 충돌하여 발생하는 **광전리**(光電離, photolysis) 현상에 의하여 극소량이 물에서 분해되었을 것이다. 그러나 산소의 등장은 생명체의 출현과 밀접한 관련이 있다. 최초의 생명체들은 **황화수소**(黃化水素, hydrogen sulfide, $H_2S$)와 같은 무기질에서 전자를 얻어서 광합성을 했기 때문에 대사 과정에서 산소가 발생하지 않는다. 우리는 이러한 광합성을 **무산소성 광합성**(anoxygenic photosynthesis)이라 부른다. 그러나 산소가 대기 중에 조금씩 나타나기 시작한 것은 바로 남세균에 의하여 생겨난 광합성 현상 때문이다(광합성에 대해서는 제7장 '생명의 대사' 편에서 자세히 다룰 것이다). 이들은 물을 분해하여 광합성 과정 중에 산소를 발생시킨다. 남세균이 언제 출현했는지는 논란의 여지가 남아 있지만, 약 38억 년 전으로 거슬러 올라간다(그러나 그림 2-15는 남세균의 출현 시기를 32억 년 전으로 낮게 보고 있다)[19]. 남세균이 산소를 발생시킬 때마다 대기에 산소가 차곡차곡 쌓여 가는 것은 아니다. 남세균이 생성시키는 산소는 대양으로 녹아들어서 물속에 녹아 있는 철과 먼저 결합하게 될 것이다. 이렇게 산소가 결합한 철 성분은 자철석($Fe_3O_4$)이나 적철석($Fe_2O_3$)이 되어 바다 밑으로 가라앉게 되었다. 우리는 이런 지층 구조물을 **호상 철광층**[縞狀鐵鉱層, banded iron formation; BIF)이라 부른다(그림 2-16). 여러분은 어느 나라 자연사 박물관을 찾아가든, 이 호상 철광석을 쉽게 만나 볼



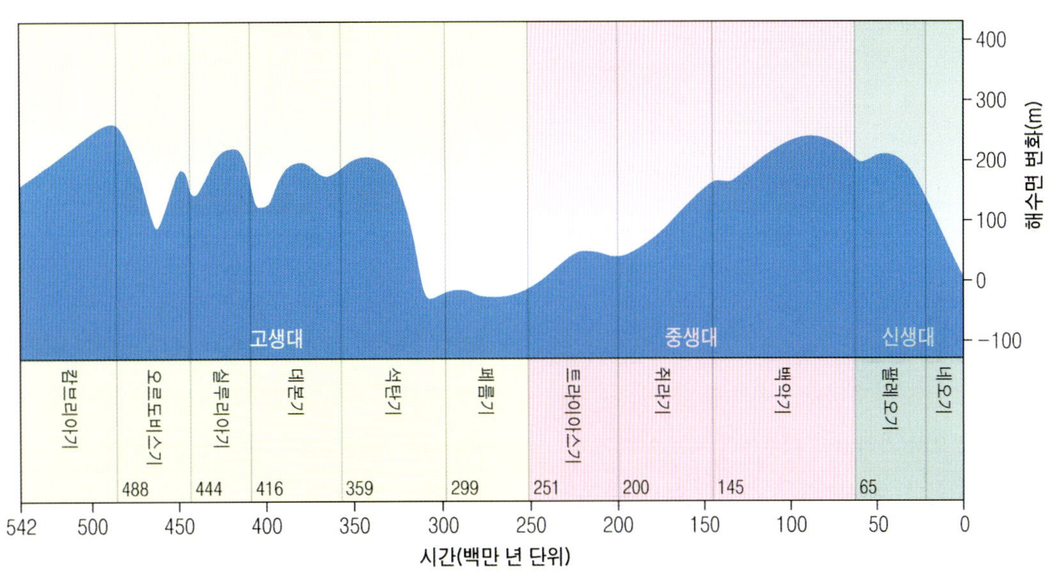


그림 2-14. 현생누대에서 일어난 해수면 변화.

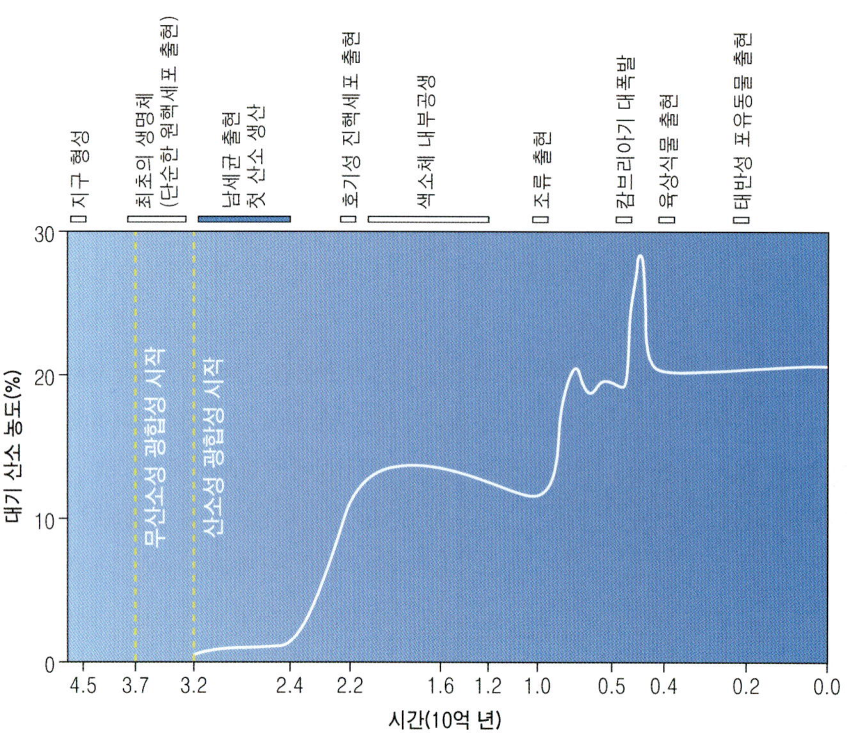


그림 2-15. 지구 대기 중 산소의 출현과 농도 변화. (출처: Govindjee & Dmitrriy Shevela[2-15])

그림 2-16. 호주 서부 카리지니국립공원의 호상 철광층. (출처: Graeme Churchard[2-16])

수 있을 것이다.

남세균이 만든 산소는 이렇게 바닷물 속의 활성도가 높은 철 성분을 모두 바다 밑으로 가라앉힌 이후에야 비로소 대기 속에 점점 쌓여 가게 되었다. 이 시기를 우리는 약 24억 년 전으로 보며, 이때를 **산소 대재앙**(oxygen catastrophe, oxygen crisis, Great Oxygen Event; GOE)이라고 부르고 있다. 왜냐하면 이렇게 등장한 산소는 모든 생명체에게 독이 되어서 지구 역사상 최대의 대기 오염사건이 벌어졌기 때문이다. 이러한 사건은 생명체의 진화에 큰 영향을 미치게 되었다(제3장 '생명의 탄생' 편 참고). 또한 산소 농도의 증가에 의하여 대기 중에는 오존층이 만들어짐으로써 해양식물이나 동물이 육상으로 올라갈 수 있는 기반을 마련해 주기도 하였다. 산소는 캄브리아 대폭발기에 또 한 번 증가하였지만 마침내 대기의 21% 정도를 차지하게 된 것은 약 4억 년 전부터이다. 따라서 전체적으로 보면 대기는 약 29억 년경에 환원성에서 점차 중성으로 돌아서고 17억 년부터 서서히 산화성으로 바뀌는 계기가 되었다[39].

## 4. 대멸종

이러한 지구의 환경변화는 생명체에게 번성할 좋은 기회를 주었던 동시에 혹독한 시련기도 주었다. 특히 생명체의 **대멸종**(大滅種, mass extinction) 사건은 우리에게 큰 경종을 울리는 지구 역사이다. 과학자들은 지구에 등장한 생물 종 가운데 99.9%는 이미 사라지고 없으며, 겨우 1%도 안 되는 종만이 현재까지 살아남았다고 말한다. 현생누대에 접어들어서 일어난 크고 작은 멸종 사건들은 20여 건이 넘지만, 이 중에서 50% 이상의 종이 멸종한 것은 다섯 번으로 기록되어 있다. 우리는 이것을 종의 **대멸종** 혹은 **대멸절**(大滅絶, mass extinction)이라고 부른다[16,40].

종의 대멸종이 처음 벌어진 시기는 4억5천만 년에서 4억4천만 년 사이에 일어난 **오르도비스 후기 대멸종**(late Ordovician extinction) 사건이다. 오르도비스기와 실루리아기 사이에서 일어난 이 대멸종은 86%의 종이 사라지는 결과를 낳아 5대 대멸종 사건 중 2위를 차지할 정도로 큰 피해를 남겼다(그림 2-17). 이 시기에는 대부분의 생물이 바다에서 살았기 때문에 해양생물인 삼엽충(三葉蟲, trilobite), 완족류(腕族類, brachiopod) 등이 제일 많은 피해를 보았다.

두 번째 대멸종은 데본기 후반부에 발생한다. **데본기 후기 대멸종**(late Devonian extinction) 사건은 3억7천5백만 년부터 약 천5백만 년 동안 진행되었고 75%의 종이 사라졌다. 세 번째 대멸종인 **페름기 후기 대멸종**(late Permian extinction)은 2억5천만 년 전에 발생하여 종의 96%가 사라져서 생명체는 지상 최대의 위기를 맞게 되었다. 특히 이 중에는 곤충과 파충류를 포함하여 육상생물 종도 약 70%가량이 사라졌다. 이 시기에 캄브리아기를 호령하던 삼엽충은 완전히 지구상에서 사라져 버렸다. 페름기 대멸종을 초래한 원인은 시베리아에서 폭발한 화산이 그 원인 중 하나로 추정되고 있다. 재앙 수준의 화산폭발은 이산화탄소를 대기 중으로 쏟아 내었고, 창궐한 메탄 생성균까지 메탄가스를 대기 속으로 뿜어내면서 지구 대기 온도는 급상승하게 되었다. 또한 이산화탄소에 의하여 바닷물은 산성화되고 정체되어 유독가스인 황화수소를 내뿜었을 것이다. 이 멸종은 화석의 기록을 바꾸어서 고생대가 중생대로 넘어가는 역할을 수행하기도 하였다. 우리는 96%가 사라지고 난 후 살아남은 4%의 후손들임에 분명하다.

4번째 멸종은 **삼첩기 후기 대멸종**(late Triassic extinction)이다. 2억천만 년 전에 발생한 이 시대의 멸종은 공룡을 제외한 조룡류(祖龍類, archosaurs)나 수궁류(獸弓類, therapsid) 등이 멸종함으로써 공룡과 상대할 수 있는 거대 생물체들이

02

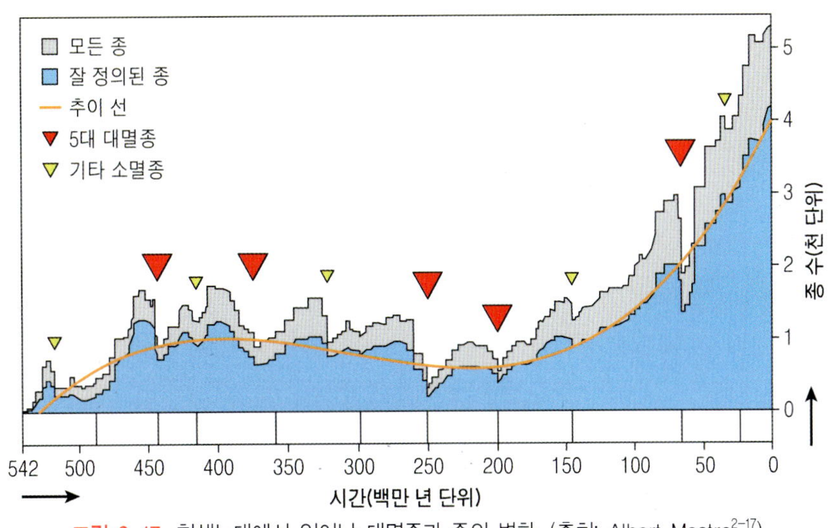


그림 2-17. 현생누대에서 일어난 대멸종과 종의 변화. (출처: Albert Mestre[2-17])

모두 제거된 상태가 되었다. 중생대가 공룡의 시대로 접어들 수 있는 계기가 만들어진 셈이다. 따라서 한 생물 종의 몰락은 다른 생물 종에게는 기회로 찾아오는 것이다.

마지막으로 최근에 일어난 멸종은 **백악기 후기 대멸종**(late Cretaceous extinction)으로 6천6백만 년 전에 일어났다. 이 멸종은 백악기와 신생대 팔레오기 사이에 발생하여서 K-Pg extinction이라 부르기도 한다. 약 75%의 종이 사라졌는데 특히 공룡이 사라진 것으로 유명하다. 공룡이 사라진 것은 신생대가 포유류의 세상이 된다는 예고와도 같다. 그렇다면 과연 제6의 대멸종은 가까운 시일 내에 인간에 의해서 일어날 것인가? 과학자들의 우려의 목소리가 점점 커지고 있는 것도 귀담아들어야 할 것이다. 이는 다시 제13장 '생명의 미래' 편에서 다룰 것이다.



전반적으로 이러한 재앙을 몰고 오는 대멸종의 원인은 무엇일까? 제일 먼저 거대한 화산폭발을 들지 않을 수 없다. 화산폭발은 용암의 홍수를 몰고 오고 이산화탄소에 의한 지속적인 기온 상승, 바닷물의 산성화 등 엄청난 환경변화를 초래할 것이다. 미행성체가 지구에 충돌할 경우 발생하는 재난의 정도도 이미 잘 설명된 바와 같이 중요한 원인이 될 수 있다. 그뿐만 아니라 해수면 변화, 빙하기 및 판구조론적 재앙 등 많은 원인들이 제시될 수 있을 것이다.

## 제3절 대륙과 대양의 변화

이번에는 지구의 지권과 수권에서 주로 일어나는 변화를 알아볼 차례이다. 만약 현재 우리가 알고 있는 지구의 형태가 과거에는 완전히 다른 모습의 지구였다면 어떤 생각이 들까? 또는 이러한 변화들이 지구에 살았던 생명체에게는 어떤 영향을 미쳤을까? 이 이야기는 그림 2-18의 지도를 보면서 차근차근 풀어 나가 보기로 하자.

### 1. 대륙이동설

그림 2-18은 대서양을 사이에 두고 아메리카 대륙과 아프리카 대륙이 놓인 위치를 잘 보여 준다. 누군가 관찰력이 있는 독자라면 마주보는 양 대륙의 해안선을 따라 두 대륙을 합치면 퍼즐을 맞추듯이 꼭 들어맞는다는 사실을 쉽게 알아챌 수 있을 것이다. 아메리카 대륙과 아프리카 대륙이 마치 한 덩어리처럼 잘 맞아떨어진다는 것을 처음으로 알아차린 사람은 1596년 벨기에 지도 제작자인 **아브라함 오르텔리우스**(Abraham Ortelius, 1527~1598)였다. 그는 그의 첫 번째 세계지도를

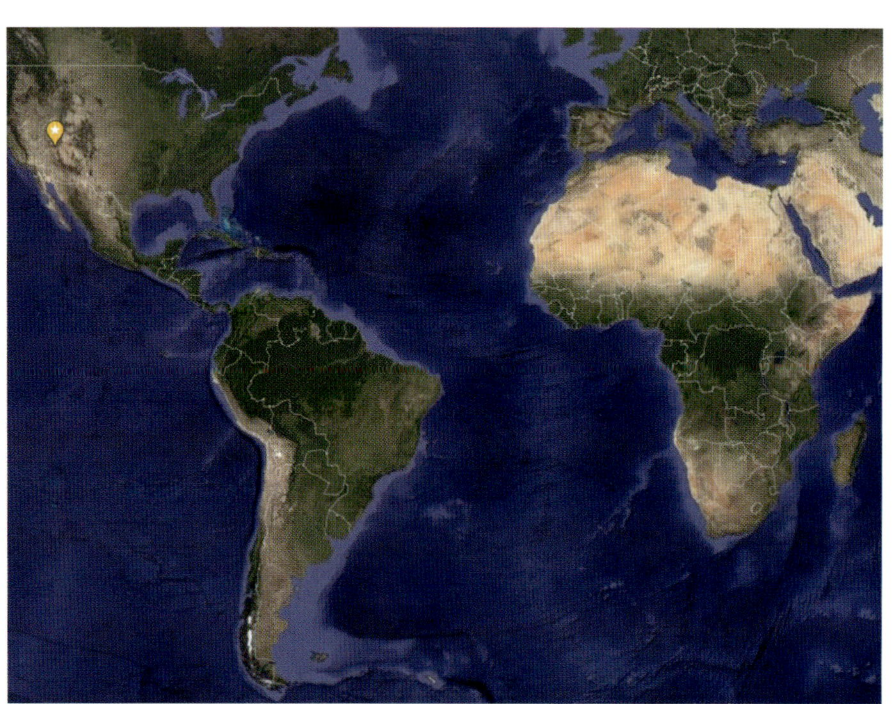

그림 2-18. 아메리카 대륙과 아프리카 대륙의 지형적 위치. (출처: Google map[2-18])

1564년에 제작하여 출판하면서 이 사실을 눈여겨보았을지도 모른다[7]. 1620년에는 영국의 철학자이자 과학자였던 **프랜시스 베이컨**(Francis Bacon, 1561~1626)도 이 사실에 주목하였다. 그는 "아는 것이 힘이다(라틴어: Scientia protentia est, 영어: Knowledge is power)"라는 말로 우리에게 잘 알려진 인물이기도 하다. 그러나 이 사실에 대하여 학문적으로 끈질기게 접근한 학자는 독일의 기상학자인 **알프레드 베게너**(Alfred Wegner, 1880~1930)였다. 그 당시에는 마치 사과를 오래 두면 쭈글쭈글해지는 것과 같이 지구가 점차 식어서 지표면에 산맥과 바다가 생겨났다고 생각하던 시절이었다. 우리는 이런 학설을 **수축설**(收縮說, contraction theory)이라고 부른다. 그러나 남미와 아프리카에서 멸종된 메소사우루스(Mesosaurus)나 키노그나투스(Cynognathus)라는 파충류 화석이 서로 연결되어 대량으로 발견되는 현상을 그 당시에는 설명할 뾰족한 방법이 없었다. 설마 그 넓은 대서양을 메소사우루스나 키노그나투스가 헤엄쳐 건너가지는 않았을 것이기 때문이다. 이러한 현상을 설명하기 위하여 등장한 이론이 두 대륙 사이가 서로 연결되어 있었다는 **육교설**(陸橋說, land bridge theory)이다. 이러한 시대적 배경 속에서 베게너는 모든 대륙이 한 덩어리로 모여서 초대륙을 형성한 후, 각기 분리되어 현재와 같은 지형을 만들었다고 주장하였다.

베게너가 주장한 한 덩어리 초대륙을 그는 **판게아**(Pangaea, Pangea, 그림 2-19)라고 불렀다. 판게아에서 pan은 그리스어로 all을 뜻하고, gaia는 그리스 신화에 나오는 하늘의 신인 우라노스의 아내이자 대지의 여신을 뜻한다. 즉, 한 덩어리가 된 초대륙이 아메리카와 아프리카처럼 서로 분리되어 떨어져 나갔다는 것이 1912년 베게너가 주장한 **대륙이동설**(大陸移動說, continental drift)이다[11]. 과연 그의 주장은 그 당시 학계에서 온전히 받아들여졌을까?

그렇다면 베게너는 무슨 근거로 이런 주장을 하게 되었을까? 베게너가 생각한 판게아와 대륙이동설은 화석에서 그 근거가 먼저 나타났다. 이미 언급한 메소사우루스나 키노그나투스 이외에도 글로소프테리스(Glossopteris)라는 양치식물 화석도 남미 대륙, 아프리카, 인도, 남극 대륙 및 호주에서 발견되었다(그림 2-20). 이 식물 화석이 발견되는 지역들이 지금은 수천 km 떨어져 있는 장소임을 고려할 때, 베게너는 지구가 그림 2-19처럼 초대륙으로 뭉쳐 있었다고 생각했다. 이런 현상은 빙하 퇴적물이 발견되는 지역에서도 동일하게 나타나 있었다. 지금은 한대 지방이 아니지만 아프리카나 인도, 호주 등에 빙하 퇴적물이 쌓여 있다는 것은 옛날에 이 지역들이 남극 쪽에서 한군데 모여 있었다는 것을 의미한다. 그뿐만 아니라 나이가 동일하고 같은 형태의 암석층들이 브라질 남동쪽 지역과 아프리카 서부지역에 분포한다는 사실도 이를 뒷받침한다고 할 수 있다.

그가 주창한 대륙이동설을 좀 더 자세히 알아보자(그림 2-21). 약 2억5천만 년 전 고생대 후기 페름기 때에는 모든 대륙이 한곳으로 모여서 초대륙을 형성하고 있었다. 그 이후 약 5천만 년이 흐른 2억 년 전인 중생대 삼첩기 때부터 판게아가 분리되기 시작하여, 북미와 유럽 및 아시아가 한 덩어리인 **로라시아 대륙**(Laurasia)과 남미와 아프리카, 호주, 인도

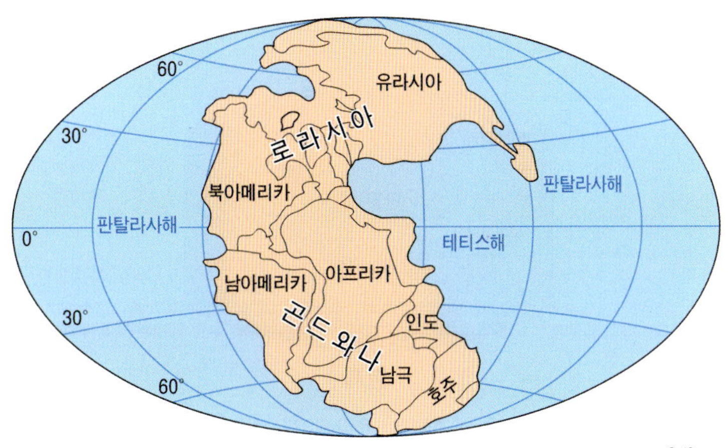


그림 2-19. 2억5천만 년 전 초대륙이었던 판게아 지도. (출처: Tinkivinki[2-19])

02

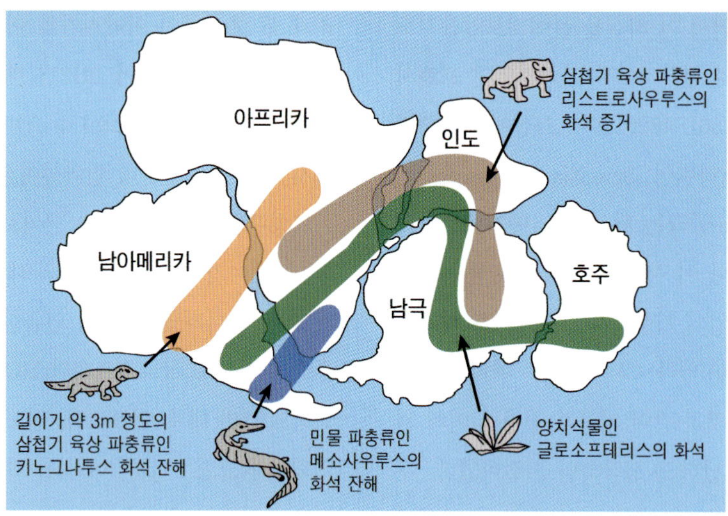


그림 2-20. 각 대륙에서 동일 종의 화석이 발견되는 지역 표시. (출처: jmwatson@usgs.gov[2-20])

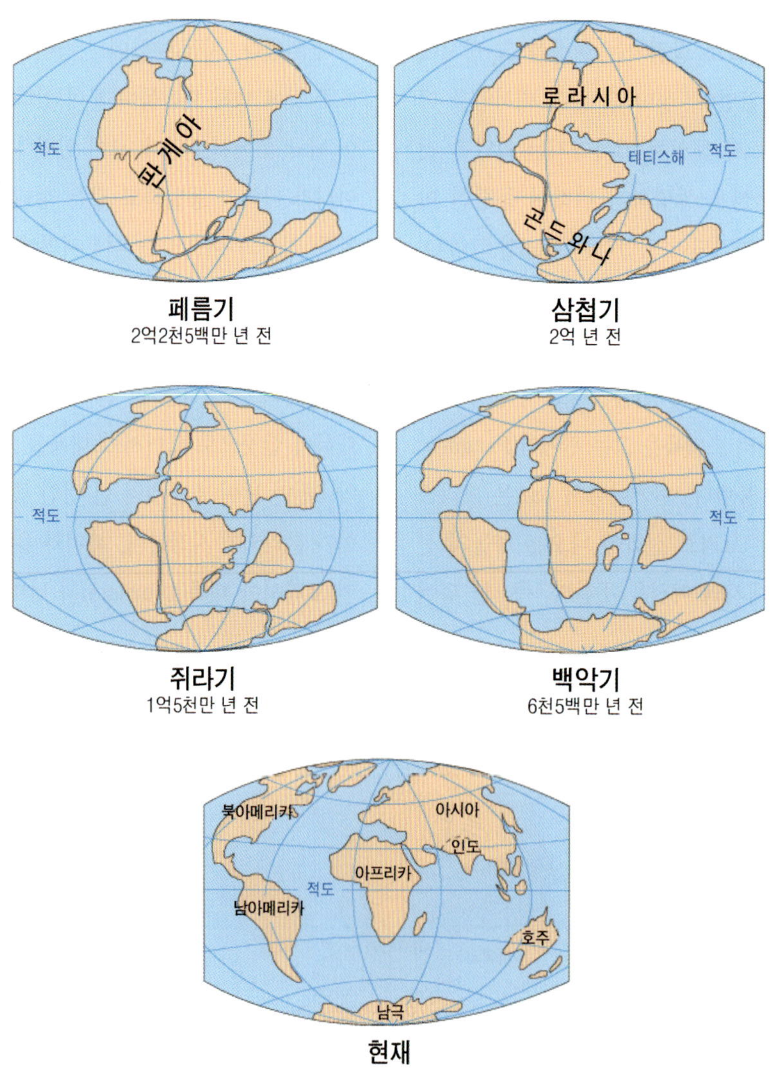


그림 2-21. 판게아 초대륙의 이동 과정 및 연대. (출처: Kious, Jacquelyne; Tilling, Robert I.; Kiger, Martha, Russel, Jane[2-21])

및 남극 대륙이 함께 모여 있었던 **곤드와나 대륙**(Gondwana)으로 점차 나누어지기 시작하였다. 다시 약 5천만 년이 지난 쥐라기 시절에는 인도 대륙이 점차 아시아 대륙 쪽으로 북상하기 시작하였다. 신생대가 시작될 무렵에는 남미와 아프리카가 분리되고 아프리카와 인도가 아시아 대륙 쪽으로 더욱 접근하게 되었다. 마침내 인도는 아시아 대륙과 충돌하고 아시아와 유럽이 분리되면서 현재와 같은 지형을 만들게 된 것이다.

베게너는 그의 화석 연구와 빙하나 석탄 매장지, 암염 분포 등에 관한 **고기후**(古氣候, paleoclimate) 연구에서 얻은 지식을 바탕으로 대륙이동설에 대하여 확신을 가지고 있었다[2]. 하지만 베게너에게는 풀어야 할 마지막 난제가 남아 있었다. 그것은 상상할 수 없을 정도로 무거운 대륙이 어떻게 움직이는지에 대한 설명이었다. 도대체 이러한 엄청난 힘이 어디에서 나온단 말인가? 베게너는 지구 자전에 의한 원심력과 태양과 달의 인력이 만드는 조석력에 의하여 움직일 것이라고 주장하였다. 그러나 이런 주장은 영국의 지구물리학자이자 이 분야의 최고 전문가였던 **헤럴드 제프리스**(Harold Jefferys, 1891~1989)에 의하여 거부당하면서 위기에 봉착하게 되었다. 더군다나 그는 1930년 50세의 나이로 그린란드 탐험 길에 나섰다가 불행히도 조난을 당하여 사망하게 되었다. 이러한 베게너의 위대한 학문적 업적은 그의 조난과 함께 눈 속에 파묻혀 20년 이상을 더 기다려야만 하였다.

베게너가 조난을 당하던 그 무렵, 영국의 지질학자였던 **아서 홈즈**(Arthur Holmes, 1890~1965)에 의하여 대륙이 움직일 수 있는 힘이 어디에서 오는지에 대한 근거들이 차츰 제시되기 시작하였다. 홈즈는 지구 내부의 열에 의하여 데워진 마그마는 밀도가 낮아져 위로 솟아올랐다가 지각에 다다르면 식어서 다시 지구 핵 쪽으로 가라앉는 대류 현상이 대륙을 움직인다고 제안하였다. 이것이 홈즈가 제안한 **맨틀 대류설**(mantle convection theory)이다. 특히 1950년대에 활발히 연구된 **고지자기**(古地磁氣, paleomagnetism)는 대륙이 이동한다는 사실을 정확히 보여 주었다. 고지자기는 암석이 형성될 당시 암석에 들어 있던 광물이 그 당시의 지구 자기장 방향에 따라 배열된 기록을 말한다. 따라서 암석에 기록된 자기장을 분석하면, 당시의 극 위치나 고위도를 알아낼 수 있게 될 것이다. 영국의 지질학자였던 **스탠리 런컨**(Stanley K. Runcorn, 1922~1995)은 지질시대에 따라 유럽과 북아메리카 암석이 보여 주는 고지자기의 기록이 전혀 다르다는 사실을 발견하였다. 그렇지만 동일 시대에 지자기에 나타나는 북극이 두 개일 수는 없을 것이다. 그는 유럽과 북아메리카 대륙이 서로 붙어 있게 되면 이 고지자기가 일치한다는 것을 발견해 내었다. 마침내 베게너의 대륙이동설이 다시 화려하게 부활하는 순간이 찾아온 것이다.

다시 1960대로 넘어가 보자. 이번에 소개할 학자는 **해리 헤스**(Harry H. Hess, 1906~1969)이다. 그는 제2차 세계대전 당시 미국 해군 수송선과 잠수함 함장을 지내면서 수중 초음파 탐지기에 익숙해져 있었다. 그가 세계대전이 끝나고 본격적으로 해저 탐사에 나서게 된 것은 너무나 자연스러운 일이었을 것이다. 그가 발견한 것은 대서양 해저에 누워 있는 **대서양 중앙해령**(大西洋中央海嶺, Mid-Atlantic Ridge)이었다. 수중 초음파를 이용해서 찾아낸 것은 독일 잠수함이 아니라 산맥처럼 뻗어 있는 해저 산맥이었는데, 정상부가 파여서 열곡을 형성하고 이곳을 통하여 마그마가 분출되면서 대서양 바닥이 동서로 벌어지는 것을 처음으로 발견한 것이다. 대서양 바닥이 벌어진다고? 그는 이 현상을 **해저 확장설**(海底擴張說, sea floor spreading)이라고 불렀다. 지금도 대서양 중앙해령이 동서로 갈라지고 있기 때문에 아메리카 대륙과 유럽 및 아프리카 대륙은 하루에 머리카락만큼씩 멀어져 가고 있다. 그의 해저 확장설은 판구조론이 인정받을 수 있는 시금석이 되었다[5].

## 2. 판구조론

**판구조론**(板構造論, plate tectonics, tectonics는 구조물이라는 의미를 담고 있음)은 1968년 **윌리엄 모건**(William J. Morgan, 1935~)에게 그 공이 돌아가야 할 것 같다. 미국 프린스턴대학 명예교수로 은퇴한 모건은 지구의 표면을 형성하고 있는 지각이 몇 개의 큰 판과 작은 판으로 쪼개져 있다는 사실을 알게 되었다. 큰 판은 대개 9개 정도로 태평양판을 포함하여 북미판, 유라시아판, 아프리카판, 인도-호주판, 남미판, 남극판 등이 있다. 이 중 가장 큰 판은 태평양판으로 1년에 7cm씩 북서쪽으로 이동하고 있다. 즉, 지구를 수박에 비유하면 수박 껍질이 온전하지 못하고 여러 갈래로 쪼개져 있는 것과 유사하다. 그렇다면 이 쪼개진 판들은 서로 어떻게 지내 왔을까? 판과 판이 만나는 경계 부위는 어떻게 될까?

그림 2-22는 이러한 지질학적 변화를 잘 보여 준다. 먼저 판과 판 사이의 경계가 대서양 중앙해령처럼 벌어지는 경우를 볼 수 있다. 이렇게 벌어지는 경계를 우리는 **발산 경계**(發散境界, divergent boundary)라고 부른다. 해양판과 해양판 사이에 마그마가 밀고 올라와 양쪽 판을 옆으로 밀어내면, 각각의 해양판은 반대 방향으로 벌어지면서 밀려 나가게 될 것이다. 이렇게 벌어진 해양판이 대륙판과 부딪치면 얇은 해양판이 대륙판 밑으로 파고들면서 깊숙한 땅속 상부 맨틀 속으로 들어갈 것이다. 이렇게 다른 판 밑으로 밀려들어 가는 것을 **섭입**(攝入, subduction)이라고 부른다.

이렇게 해양판이 대륙판 밑으로 파고들어 가면 그 자리에는 수심이 아주 깊은 **해구**(海溝, trench, 그림 2-23에서 태평양판 주위를 둘러싸고 있는 검은 줄 모양)가 자연적으로 만들어지고, 해양판에 의하여 위로 밀려 올라간 대륙판에는 커다란 산맥이 형성될 것이다. 이렇게 형성된 대표적인 산맥이 북아메리카 서부의 로키산맥(Rocky Mountains)과 남아메리카의 안데스산맥(Andes Mountains)이다. 우리는 이와 같이 섭입에 의하여 산맥이 만들어지는 것을 **조산운동**(造山運動, orogeny)이라고 부른다. 또한 밀려난 해양판이 다른 해양판 밑으로 섭입되면 그 엄청난 마찰에 의하여 마그마가 분출되어 활 모양의 **호상열도**(弧狀列島, island arc)를 형성할 것이다. 이렇게 생겨난 호상열도는 북태평양 고위도에서부터 **알류샨 열도**(Aleutian Arc), **쿠릴 열도**(Kuril Arc), **일본 열도**(Japan Arc), **류큐 열도**(Ryukyu Arc), **필리핀 열도**(Philippine Arc) 등이 된다. 그뿐만 아니라 판들이 섭입되는 지역은 그 마찰과 에너지에 의하여 화산폭발과 지진이 상습적으로 발생하게 된다. 특히나 태평양판을 중심으로 하여 태평양 연안에서 발생하는 화산폭발과 지진 발생지역을 우리는 **환태평양 화산대**(지진대, Circum-Pacific belt) 또는 **불의 고리**(Ring of Fire)라고 부른다. 우리는 이곳에서 지진의 90%가 발생하는 이유를 쉽게 이해할 수 있을 것이다.

이번에는 해양판이 아니라 대륙판과 대륙판이 벌어지면 어떻게 될까? 대륙판이 벌어지는 곳을 우리는 **열곡대**(裂谷帶, rift valley)라고 부른다. 만약 대륙판과 대륙판이 충돌하여 어느 한쪽 판이 다른 판 밑으로 밀려들어 간다면 해양판보다 더 두꺼운 대륙판은 보다 더 큰 **습곡 산맥**(褶曲山脈, folded mountains)을 형성할 것이다. 습곡 산맥이란 접히고 주름져서 생긴 산맥이란 의미이다.

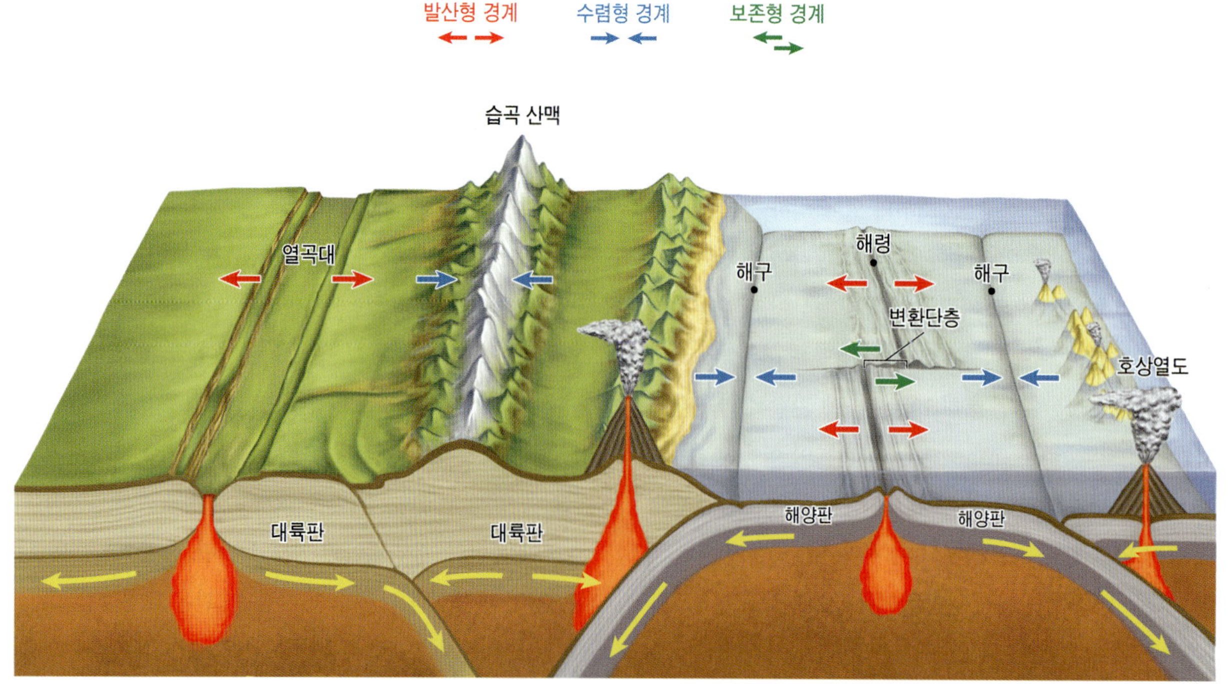


그림 2-22. 대륙판과 해양판 각각의 경계 부위에서 일어나는 지각변동[2-22].

그림 2-23. 태평양판 주위의 조산운동, 해구 및 호상열도. (출처: Google map[2-23])

대륙판과 대륙판이 충돌하는 예를 들어 보자. 약 2억5천만 년 전 남극 대륙 쪽에 있던 인도 대륙이 점차 북쪽으로 이동하여, 약 1천만 년 전에 유라시아 대륙과 마침내 충돌하게 되었다. 이 두 대륙의 충돌로 인하여 세계의 지붕이라고 일컬어지는 **히말라야산맥**(Himalayas)이 만들어졌다. 따라서 히말라야산맥은 유라시아판과 인도-호주판이 충돌하면서 생긴 결과물이다(그림 2-24). 혹시 독자 여러분이 히말라야산맥의 항공사진을 본다면, 왜 우리가 히말라야산맥을 습곡 산맥이라 부르는지 금방 알 수 있을 것이다. 이런 대륙판의 충돌은 지금도 지속적으로 일어나서 히말라야산맥은 1년에 1cm씩 키가 커지고 있는 중이다.

또한 이때 밀려 올라간 유라시아 대륙은 히말라야산맥 너머로 광활하고 평균 고도가 4,000m가 넘는 **티베트 고원**(Tibet Plat)을 만들어 냈을 것이다. 높이가 8,000m가 넘고, 길이가 2,400km나 되는 히말라야산맥은 인도양의 더운 바람을 줄줄이 막아서 습한 바람은 비가 되어 한동안 인도 지역에 쏟아질 것이다. 우리는 이를 **몬순기후**(monsoon)라 부르며, 이것은 인간의 역사에 중요한 기후 요건으로 자리매김하고 있다. 그뿐만 아니라 이렇게 건조해진 바람은 티베트 고원을 넘어서, 이 지역들을 사막으로 변화시켰을 것이다. 그림 2-24는 이런 사실을 여과 없이 보여 주고 있다. 그리고 아프리카와 아라비아반도 및 인도의 북상으로 인하여 판게아 시절에 존재하였던 **테티스해**(Tethys Sea)는 점점 찌부러져서, 현재는 제일 동쪽에서부터 **아랄해**(Aral Sea), **카스피해**(Caspian Sea), **흑해**(黑海, Black Sea) 및 **지중해**(地中海, Mediterranean Sea) 형태로 남아 있게 되었다. 아랄해는 소멸 직전에 몰려 있고, 카스피해는 **코카서스산맥**(Caucasus Mountains)을 사이에 두고 흑해와 분리되어 바다 호수가 되어 버렸다. 흑해는 다행히도 아직은 **보스포루스 해협**(Bosporus Strait)으로 지중해와 연결되어 있다. 이 보스포루스 해협은 지리적으로 인간에게 동양과 서양 문명이 충돌하고, 기독교와 이슬람교가 충돌하는 역사의 현장을 제공해 주고 있다. 지중해는 어떤가? 인간이 만든 운하(수에즈 운하, Suez Canal)를 제외하면 폭이 겨우 14km밖에 안 되는 좁은 **지브롤터 해협**(Strait of Gibraltar)으로 근근이 대서양과 연결되어 있을 뿐이다. 지중해는 이러한 지형학적 특징 때문에 특이한 기후를 나타낸다. 즉, 여름에는 기온이 높고 건조한 건기가 지속되고, 오히려 겨울에는 비가 내려 습하고 따뜻한 우기가 지속되는 지중해성

그림 2-24. 알프스-히말라야 조산대, 지중해, 흑해, 카스피해 및 아랄해의 지형학적 위치. (출처: Google map[2-24])



기후를 만들어 내었다. 지중해 연안은 서양사와 인류에게 막대한 영향을 미치고 있는 지역이지만, 지리학적 시간대로 본다면 이들이 지구상에서 사라질 날도 얼마 남지 않은 것 같다.

다시 발산 경계로 돌아가자. 판들이 벌어지는 발산 경계는 새로운 지각물질과 암석이 생겨나는 장소이다. 예를 들면, 해양판과 해양판이 벌어지는 경우는 대서양 중앙해령이다. 대륙판과 대륙판이 현재 벌어지고 있는 곳은 **동아프리카 지구대** 혹은 **열곡대**(地溝帶, 裂谷帶, East African Rift Valley)를 들 수 있다. 동아프리카 지구대는 땅이 갈라지는 지질학적 특성으로 인하여 침팬지와 인간을 유전학적으로 갈라놓은 중요한 지리적 장벽 역할을 해 주었다.

해구나 조산대는 섭입이나 충돌에 의하여 생겨나는 지형학적 변형으로서 우리는 이런 판의 경계를 **수렴 경계**(收斂境界, convergent boundary)라 부른다. 따라서 수렴 경계는 물질들이 사라지는 부위가 된다. 발산 경계는 새로운 암석이 탄생하는 곳이라면, 수렴 경계는 그 암석이 상부 맨틀로 녹아서 사라지는 곳이다. 따라서 지구의 표면을 덮고 있는 지각도 생겨나고 다시 사라지는 생사 순환을 어김없이 되풀이하고 있는 셈이다. 우리가 현재 지구상에서 오래된 암석을 찾기가 어려운 이유도 여기에 있다.

그러나 이러한 관점을 종합적으로 지구 전체에 적용시키면, 지구의 대륙들은 한 덩어리가 되었다가 다시 분리 이동하고 다시 뭉치는 주기를 반복하고 있다. 이런 과정을 주장한 학자는 캐나다 지질학자 **존 윌슨**(John Tuzo Wilson, 1908~1993)이었다. 그가 주장한 **윌슨 주기**(Wilson cycle)는 현재 아프리카에서 일어나는 동아프리카 지구대가 그 시발점이 된다고 보고 있다[38]. 이 사이로 바닷물이 들어오면 마치 현재의 대서양과 같이 벌어지면서, 대륙들은 다시 해양이나 대륙들과 충돌하거나 섭입될 것이다. 그러면 마치 현재의 지중해처럼 해양은 축소되고 대륙은 다시 판게아처럼 한군데로 뭉쳐질 것이다. 그렇다면 판게아 이전에는 초대륙이 없었을까? 분명히 있었을 것으로 보인다. 그중 하나가 **로디니아**(Rodinia) 초대륙이다. 로디니아는 약 10억 년 전 원생누대 후반에 형성되어서 약 7억 년 전에 분리되기 시작하였다. 이 로디니아는 분리된 후 약 5억7천만 년 전에 다시 **파노티아**(Pannotia) 초대륙으로 뭉쳐졌다. 파노티아 대륙은 다시 분리되어 판게아로 뭉쳐졌다고 보고 있다. 그렇다면 우리가 사는 현재의 지형들도 2억 년에서 3억 년이 지나면 판게아와 비슷하게 또 다른 초대륙으로 뭉쳐질 것이다. 태평양도 대서양도 사라지고 마치 판게아를 둘러싸고 있었던 **판탈라사 대양**(Panthalassa Ocean)처럼 새로운 초대륙과 대양으로 나아갈 것이다.

## 제4절 생명 연대표

지구의 탄생과 함께 진행되어 온 환경변화 속에서 과연 생명체는 언제 이 지구상에 어떤 순서로 등장하게 되었을까? 생명체가 어떻게 출현했는지에 대한 추적은 제3장 '생명의 탄생'에서 자세히 다루어질 것이다. 생명체의 출현을 찾아 나선다는 것은 흥분되는 일이기도 하지만, 수십억 년이 흐른 현재에 과거의 흔적을 찾는다는 것은 결코 쉬운 일이 아니다.

따라서 많은 논란이 진행 중이어서 그 개요만을 설명할 수밖에 없는 실정을 이해하여야 한다.

## 1. 화석

생명이 언제 출현했는지를 찾아 나서기 위해서는 우선 **화석**(化石, fossil)에 관하여 눈을 돌려 보아야 할 것이다. 화석은 말 그대로 생명체의 전부나 혹은 일부가 매몰되어 돌로 변한 것이다. 또 fossil이라는 뜻 속에는 '땅속에서 파낸 물건'이라는 뜻을 함유하고 있다. 그렇다고 땅속에서 파낸 생물체의 유해를 모두 다 화석이라고는 할 수 없다. 최소한 1만 년 이상 되어서 충적세 초기 이전의 지질시대에 매몰된 것이어야 화석으로 불릴 수 있다[29].

예를 들어 보자(그림 2-25). 삼엽충(三葉蟲, trilobite)은 고생대 초기를 주름잡던 생물체이어서 흔히 볼 수 있는 화석 중 하나이다. 마치 생김새가 세 개의 잎이 모여 있는 모양이어서 붙여진 이름이다. 우리는 이렇게 육안으로 생명체의 형태나 특징을 볼 수 있는 화석을 **대형화석**(大型化石, macrofossil)이라고 부른다. 또한 몸체가 보존되어 있어서 이를 **체화석**(體化石, body fossil)이라 부르기도 한다. 만약 몸체가 보존되어 있지 않고 생명체가 남긴 발자국이나 기어간 흔적들은 **생흔화석**(生痕化石, trace fossil)이라고 부른다. 원핵세포인 진정세균이나 고세균 및 대부분의 원생생물은 단세포로 구성되어 있어서 당연히 육안으로는 보이지 않는다. 그래서 암석 속에 든 내용물을 현미경으로 보아야 비로소 보이는 화석들이다. 우리는 이런 화석을 **미화석**(微化石, microfossil)이라고 부른다. 만약 미생물을 구성하는 일부 화학물질이나 분자가 암석 속에서 나타난다면 우리는 이를 어떻게 해석해야 할까? 우리는 이런 화석을 따로 **화학화석**(化學化石, chemofossil)이나 **분자화석**(分子化石, molecular fossil)으로 불러야 할 것이다. 화석으로 남기 위해서는 먼저 생물체가 매몰되면서 연속적인 변형 과정을 겪어야만 한다. 그럼 지금부터 화석이 알려 주는 생명의 출현 시기를 찾아서 떠나 보자.

그림 2-25. 삼엽충(*Ogygopsis klotzi*) 화석. (출처: Wilson44691[2-25])

## 2. 생명의 출현

지구의 나이는 이미 밝혔듯이 약 45억5천만 년 전부터 계단을 내려오듯 현재에 이르고 있다[37]. 지구가 만들어지고 곧이어 화성 크기만 한 운석의 충돌로 달이 만들어졌을 것이다. 달의 등장은 생명체에게, 특히 인간의 생리와 문화에 지대한 영향을 미치게 되었다.

'지질 연대표' 편에서 이미 다루었지만, 생명체의 출현과 연계하여 시간순으로 다시 정리해 보기로 하자. 현재 지구상에서 발견된 가장 오래된 광물(鑛物, mineral)은 이미 기술한 대로 2014년 서부 호주의 잭 힐스에서 발견된 44억 년 전의 **지르콘**(Zircon, $ZrSiO_4$)이다. 이 지르콘의 발견 덕분에 이미 44억 년 전부터 초기 바다와 대륙이 존재했다는 사실을 알게 되었다. 그렇다면 지구가 생긴 후 약 1억5천만 년이 흐른 후 바다와 육지가 생겼다는 뜻이다.

지각을 형성하는 암석권은 이미 설명한 것처럼 지속적으로 생성되고 다시 녹아서 마그마 상태로 돌아가기 때문에, 오래된 암석을 찾기가 결코 쉬운 일은 아니다. 그러나 다행히도 2008년 캐나다 허드슨만(Hudson Bay) 동부 해안에 있는 **누부아기투크**(Nuvvuagittuq greenstone belt) 암석대에서 43억 년 된 **각섬암**(角閃岩, amphibolite)을 찾아내는 데 성공하였다. 2008년 이전까지는 같은 캐나다의 북서쪽에 있는 아카스타강(Acasta River)에서 1989년에 발견된 **아카스타 편마암**(Acasta gneiss)이 40억 년 된 것으로 알려져, 가장 오래된 암석으로 대접을 받고 있었다.

그렇다면 생명체는 언제쯤 나타났을까? 2017년 영국 리즈대학의 **매튜 도드**(Matthew S. Dodd) 등은 누부아기투크 암석대에서 최소 37억7천만 년에서 최대 42억8천만 년 전의 생명체 미화석을 발견했다고 "네이처" 잡지에 보고하였다[14]. 이는 생명체 등장을 42억 년으로 끌어올리는 보고라고 할 수 있을 것이다. 종전에는 1996년 그린란드 남서부지역에 있는 **이수아 암석대**(Isua Greenstone Belt)에서 발견된 스트로마톨라이트(Stromatolite)가 약 38억 년 전의 것으로 가장 오래된 생명체의 미화석으로 여겨져 왔다. 스트로마톨라이트는 **남세균**(藍細菌, cyanobacteria)이 만들어 놓은 암석 구조물이다. 이는 시생대 초반에 시작된 후기 운석 폭격기가 어느 정도 진정되고, 지구가 환경적으로 안정되기 시작한 시기에 생명체가 등장한다는 것은 극히 자연스러운 일로 여겨졌다. 하지만 도드의 발표로 생명의 출현 시기가 42억 년까지 올라가는 것은 의외로 받아들여졌다[35]. 그러나 아직도 교과서에 많이 등장하는 최초의 생명체는 1993년 서부 호주에서 발견된 **와라우나 층군**(Warrawoona Group)의 **에이펙스 처트**(Apex Chert)에서 발견된 남세균 미화석으로 약 35억 년 전의 것이다[13]. 위와 같은 배경을 종합해 보면 적어도 35억~38억 년 전에 원핵세포가 출현하였고, 그 출현 연도는 3억 년 정도 더 올라갈 가능성이 있다고 판단하는 것이 합리적일 것 같다(그림 2-26)[33,37].

그렇다면 진핵세포의 등장은 언제쯤일까? 진핵세포의 출현 시기 또한 광범위하여 그 시기를 특정하기가 쉽지 않다. 1999년 호주 시드니대학의 **조친 브룩스**(Jochen J. Brocks)는 원핵세포의 세포막에는 없지만 진핵세포의 세포막에 들어 있는 **스테란**(sterane, 콜레스테롤에서 만들어짐)이라는 분자를 화석에서 찾아내고, 진핵세포의 출현을 27억 년 전으로 추정하였다. 또한 미국 미시간주 이쉬페밍(Ishpeming) 근처의 광산에서 발견된 그리파니아(*Grypania spiralis*)는 조류의 일종으로서 21억 년 된 진핵생물로 밝혀지기도 하였다[15]. 이들은 코일처럼 꼬여 있지만 이를 풀어 보면 9cm 정도의 길이를 가질 만큼 큰 해양생물로 추정되었다. 그러나 2006년 하버드대학 **놀**(A. H. Knoll) 등[27]이 발표한 논문에서는 진핵세포의 등장을 16억 년에서 21억 년 전으로 보고 있다. 따라서 진핵세포의 출현을 20억 년 전후로 보는 시각이 많다[32]. 그렇다면 진핵세포가 모여서 다세포를 형성한 시기는 언제로 보아야 할까? 이 시기는 분자시계를 이용하여 측정된 결과 약 15억 년 전으로 본다. 또한 감수분열에 의한 **성**(性, sex)의 출현은 화석기록으로 보아 약 12억 년 전으로 판단하고 있다. 원생누대 말기에 접어들면서 특이한 다세포동물군, 즉 **에디아카라 생물군**(Ediacaran biota)이 나타난 것은 누구나 다 아는 사실이다. 이들은 1947년 호주 남부 에디아카라 언덕에서 발견된 화석군으로 그 형태가 아주 특이하다. 이들이 살았던 시기는 약 6억 년에서 5억4천만 년 전으로 현생누대가 시작되기 전까지이다. 이 시기는 이미 언급된 바와 같이 눈덩이 지구라 불렸던 크라이오제니아 빙하기가 끝나고, 에디아카라 생물군이 번성했다는 것을 의미한다. 에디아카라 생물상은 비록 다세포였지만 조직적이고 체계화되어 있던 생물체들은 아니었다. 표 2-3은 선캄브리아기에서 일어난 생물의 출현과 지구의 지질 변화를 시대적으로 나열한 것이다[48,49].

5억4천만 년 전부터 시작된 현생누대는 고생대 캄브리아기로부터 시작한다. **캄브리아 대폭발**은 우리가 잘 알고 있는 바와 같이 갑자기 아주 다양한 동물화석이 폭발적으로 늘어난 지질학적 사건이다. 그러나 실제로 우리에게 캄브리아기의 동물상을 자세히 알게 해 준 사람은 1907년부터 20년간 스미스소니언박물관 관장을 맡았던 **찰스 월컷**(Charles D. Walcott, 1850~1927)이다. 월컷은 어린 시절 가난한 집안 형편 때문에 겨우 고등학교를 졸업했지만, 삼엽충 화석을 주워서 하버드대학 박물관에 7만 불을 받고 팔 정도로 삼엽충 전문가가

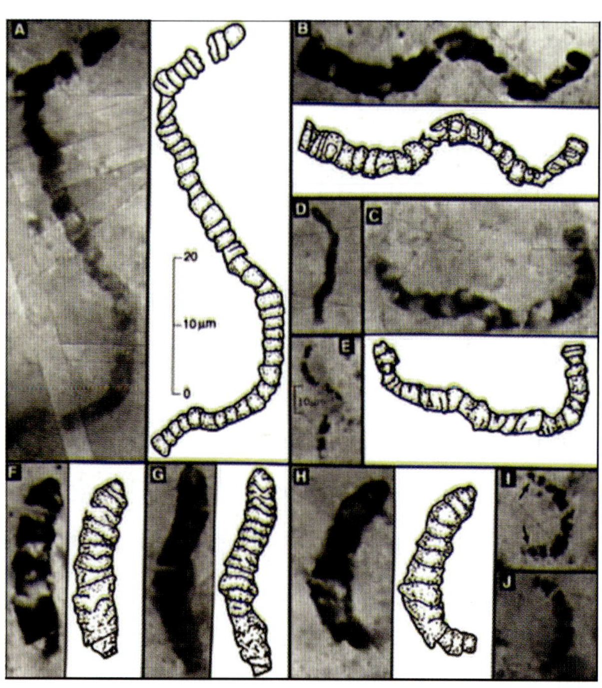


그림 2-26. 호주 서부 에이펙스 처트에서 발견된 남세균 미화석. (출처: William Schopf, UCLA[2-26], 게재 허가)

표 2-3. 생명체의 출현과 지질학적 변화(선캄브리아 시대)

| | |
|---|---|
| 46억 년 전 | 지구의 탄생, 은생누대 시작 |
| 45억 년 전 | 달의 출현 |
| 44억 년 전 | 가장 오래된 광물(지르콘) 발견, 원시 해양 및 대륙 형성, 운석 충돌기 |
| 43억 년 전 | 가장 오래된 암석(누부아기투크 암석대) 발견 |
| 42억 년 전 | 누부아기투크 암석대에서 가장 오래된 생명체 발견(42억 년~37억 년) |
| 40억 년 전 | 시생누대 시작, 후기 운석 폭격기 시작(40억 년~38억 년), 아카스타 편마암 발견, 대기가 강한 환원적 상태 |
| 38억 년 전 | 이수아 암석대에서 남세균 미화석 발견 |
| 37억 년 전 | 최초의 호상 철광층 나타남 |
| 35억 년 전 | 와라우나 층군의 에이펙스 처트에서 스트로마톨라이트 발견, 대기의 환원적 상태가 약해짐 |
| 29억 년 전 | 대기가 중성적으로 변함 |
| 25억 년 전 | 원생누대 시작 |
| 24억 년 전 | 대기에 산소 기체가 축적되기 시작함(산소 대재앙 초래), 최초의 초대륙 형성, 휴론 빙하기 시작(21억 년까지) |
| 22억 년 전 | 오존층 증가, 대기가 산화적으로 바뀜 |
| 20억 년 전 | 진핵세포 출현, 미토콘드리아와 공생 시작, 호기성 생물 등장 |
| 17억 년 전 | 원생생물 등장 |
| 15억 년 전 | 다세포 출현 |
| 12억 년 전 | 성의 출현, 엽록체와 공생, 원시 녹조류/홍조류 출현 |
| 10억 년 전 | 원시 균류 출현, 현재의 대기 상태가 됨, 로디니아 초대륙 형성 |
| 7억 년 전 | 크라이오제니아 빙하기 |
| 6억 년 전 | 에디아카라 생물군 등장, 최초의 껍질을 가진 동물 출현 |
| 5억4천만 년 전 | 현생누대 시작, 캄브리아 대폭발 |



되었다. 캐나다 로키산맥의 밴프(Banff)에서 멀지 않은 곳에 조그마한 필드(Field)라는 도시가 있고 그 근처에 **버제스산**(Mt. Burgess)이 있었다. 밴프는 캐나다 로키산맥을 대표하는 소문난 관광지이다. 그가 1909년 그의 아내와 같이 말을 타고 이 산을 오르지 않았다면 캄브리아 대폭발 흔적은 쉽게 그 모습을 드러내지 않았을지도 모른다. 그의 아내가 탄 말이 돌밭에서 미끄러지자, 그 말굽에 낀 이판암(셰일) 조각을 본 월컷은 그 속에 들어 있는 이제껏 보지 못한 화석을 그냥 놓칠 수는 없었을 것이다. 드디어 캄브리아 대폭발을 알리는 동물상이 세상에 그 모습을 드러내는 순간이었다. 동양에서는 약 70년이 지난 1984년에 중국 원난성 청장현에서 발견된 **청장**(澄江, Chengjiang) 화석이 대표적인 캄브리아 화석으로 떠올랐다.

그렇다면 어떻게 캄브리아 대폭발이 일어난 것일까? 대폭발의 원인에 대해서는 아주 다양하게 추정되고 있다. 심지어 아예 대폭발은 없었고, 화석화가 되는 일만 폭발적으로 늘어났다는 주장도 있다. 여기서는 캄브리아 대폭발의 원인으로 추정되는 몇 가지 요인들을 간단히 소개해 보자. 먼저 대기의 자유산소 농도의 급격한 상승이나 오존층의 생성이 대폭발을 유도했다는 주장이 있다. 그뿐만 아니라 원생누대 말기에 일어난 눈덩이 지구를 만든 혹독한 빙하기가 물러난 이후 갑자기 대폭발이 일어났다고 생각하기도 한다. 다른 한편으로는 동물상 중 갑자기 포식자가 등장했기 때문에 이에 대한 무기 경쟁으로 껍질이나 다른 방어체계를 만들어 내면서 다양해졌다는 의견도 있다. 최근 들어 진화발생 생물학인 **이보디보**(Evo-devo: evolutionary developmental biology)의 발달로 인하여 **혹스 유전자**(Hox gene, 생물의 형태나 모양을 만들어 주는 유전자, 제10장 '생명의 진화' 편에서 다룰 것임)의 변형에 의하여 대폭발이 일어났다는 증거들도 제시되고 있다. 고생대를 필두로 등장한 생명체의 실체와 이에 따른 지질학적 변화를 표 2-4에 정리하였다. 이후 현생누대는 우리에

**표 2-4.** 현생누대의 생명체 출현과 지질학적 변화

| | | |
|---|---|---|
| 고생대 (5억4천만 년 전~2억5천만 년 전) | 캄브리아기 | 캄브리아 대폭발, 삼엽충 등장, 최초의 어류 등장 |
| | 오르도비스기 | 최초의 육상식물(선태식물) 등장, 안데스-사하라 빙하기, 오르도비스 후기 대멸종 발생 |
| | 실루리아기 | 어류 번성, 산호 출현 |
| | 데본기 | 최초의 숲 형성, 최초의 사지동물 출현, 최초의 곤충 출현, 최초의 양서류 등장, 데본기 후기 대멸종 발생 |
| | 석탄기 | 최초의 파충류 등장, 최초의 종자식물 출현, 최초의 날개 가진 곤충 출현, 최초의 양막류 등장, 나무형 양치류 번성, 카루 빙하기 |
| | 페름기 | 침엽수 출현, 판게아 형성, 페름기 후기 대멸종 |
| 중생대 (2억5천만 년 전~6천5백만 년 전) | 트라이아스기 | 최초의 공룡 출현, 최초의 포유류 등장, 겉씨식물 번성, 삼첩기 후기 대멸종 발생, 판게아가 분리되기 시작 |
| | 쥐라기 | 최초의 조류(bird) 등장 |
| | 백악기 | 최초의 현화(꽃)식물 등장, 알프스·안데스·히말라야·로키 산맥 융기, 공룡의 멸종, 백악기 후기 대멸종 발생 |
| 신생대 (6천5백만 년 전~현재) | 최초의 영장류 출현, 4기 빙하기, *Homo sapiens* 등장 | |

02

게 다소 익숙한 지질시대로서 고생대와 중생대 그리고 신생대로 이어지면서 현재에 이르고 있다. 고생대 초기는 삼엽충의 시대라 할 수 있다. 삼엽충은 캄브리아기, 오르도비스기를 통하여 1억 년 이상 해양동물로 그 위용을 자랑하고 있었지만 데본기 후기 대멸종에서 살아남지 못하고 절멸하였다. 우리는 실루리아기와 데본기를 어류의 시대라 불러도 무리는 없을 것이다. 이 시대는 어류가 가장 번성한 생물체였기 때문이다. 또한 석탄기와 페름기는 양서류의 시대라 불러도 좋을 것이다. 따라서 고생대에서 가장 번창한 생물체는 삼엽충, 어류, 양서류순으로 정해야 할 것이다. 그러나 중생대의 삼첩기, 쥐라기, 백악기는 압도적으로 공룡을 비롯한 파충류 시대였다고 해도 과언이 아니다. 삼첩기 말기에 태어난 우리들의 선조인 최초의 포유류는 공룡의 위세에 눌려서 땅에도 내려오지 못하고 밤에만 먹이 사냥을 하던 초라한 신세였다. 하지만 이 포유류에게도 기회는 남아 있었다. 세상을 지배하던 공룡이 중생대 말 백악기 후기 대멸종 사건으로 완전히 사라지자 신생대는 포유류의 세상으로 바뀌었다. 세상은 돌고 도는가? 양지가 음지 되고 음지가 양지 되는 순환 원리는 지구 땅덩어리에도 어김없이 일어나고 있었다.

지구의 역사는 무려 46억 년이라는 장구한 세월을 품고 있다. 46억 년을 한 달 치 달력으로 압축하여 생각해 보면 어떨까? 이를 계산해 보면 달력에 나타난 하루는 약 1억5천만 년이 될 것이다. 즉, 정월 초하루가 시작되는 0시가 지구가 탄생한 순간이 된다. 생명체가 처음으로 이 지구상에 출현한 시기가 약 40억 년 전으로 본다면, 한 달 치 달력에서 5일경에 해당될 것이다. 또한 가장 오래된 화석이 발견된 시간은 8일경이고 광합성이 시작된 시기는 13일경이다. 진핵생물이 나타난 것은 20일경일 것이고 다세포가 등장한 것은 24일경일 것이다. 따라서 현재 우리가 보고 있는 생물상은 빨라야 27일 이후에나 볼 수 있다. 그렇다면 인간(*Homo sapiens*)이 이 지구상에서 어슬렁거리기 시작한 것은 한 달 치 달력에서 어느 정도에 해당할까? 이는 한 달 30일의 마지막 5분 정도에 지나지 않는다. 그렇다면 인간이 가지고 있는 6천 년 역사는 마지막 30일의 어느 정도에 해당할까? 고작 수초에 불과하다는 사실을 인간은 마음속으로 겸허히 받아들여야 할 것이다[44]. 최초의 생명체가 이 세상에 등장한 것은 약 40억 년 전으로 추정된다. 그렇다면 현재 살아남아 있는 생명체들은 이 장구한 세월의 흔적들을 고스란히 몸안에 간직하고 있는 셈이다. 따라서 인간을 비롯한 어떠한 생명체를 다룰 때에도 우리는 항상 경건한 마음으로 이를 수행하여야 할 것이다.

그렇다면 이번에는 우주의 역사 속으로 지구와 태양계를 대비시켜 보면 어떨까? 우주의 역사는 138억 년이다. 따라서 이 138억 년을 1년으로 압축시킨다면, 우리는 어떤 그림을 그릴 수 있을까? 그림 2-27은 **우주력**(宇宙歷, cosmic calendar)을 잘 보여 주고 있다[12]. 먼저 우주력에서 나타나는 1개월은 11억3천6백만 년을 대신하고, 1일은 3,786만 년을 의미한다.

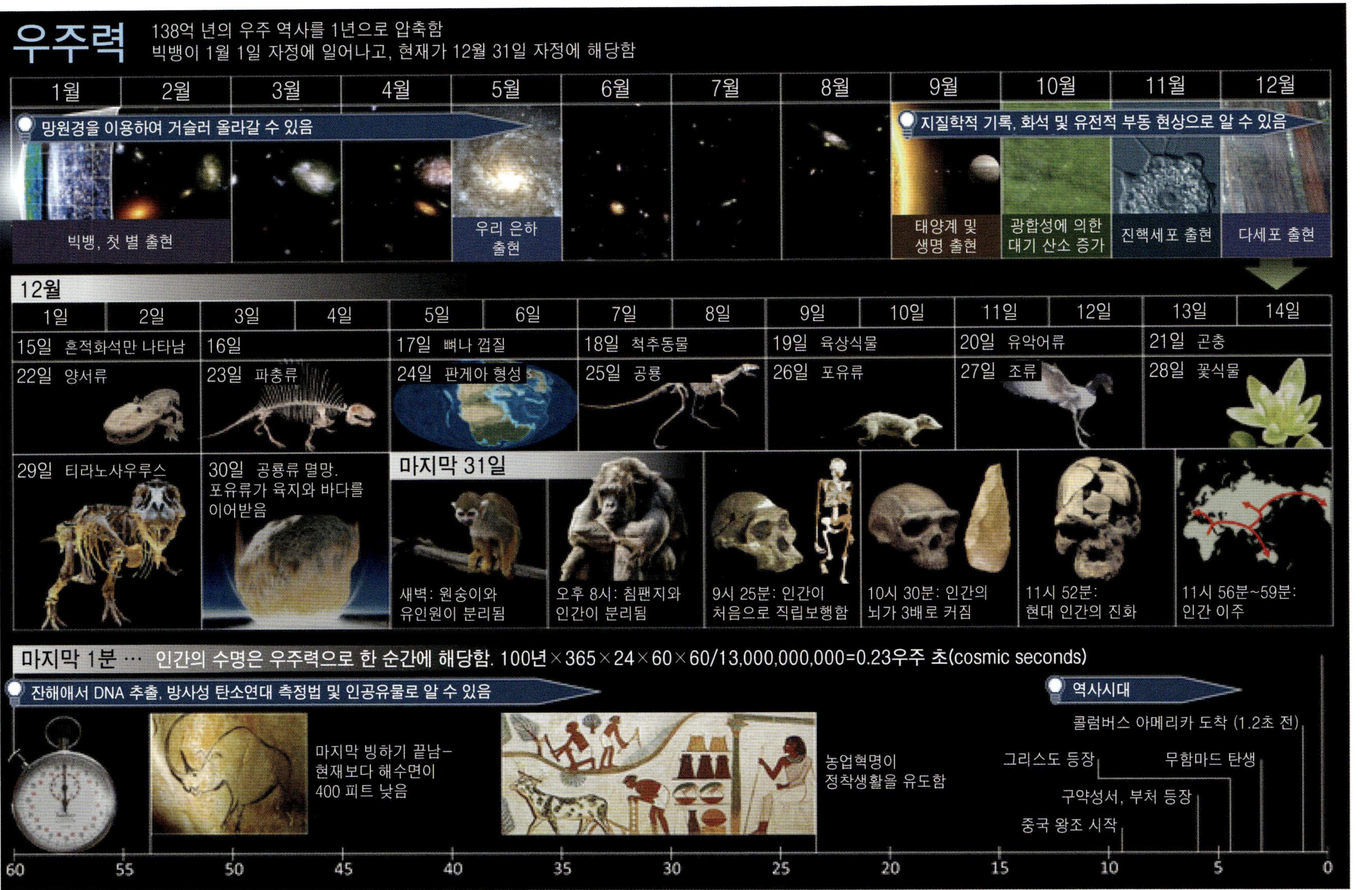


그림 2-27. 우주 나이 138억 년을 1년으로 압축한 우주력. (출처: Efbrazil[2-27])

02

또한 1시간은 157만8천 년, 1분은 2만6,294년, 1초는 438.23년을 말해 준다고 할 수 있다. 그렇다면 인간이 살 수 있는 100년을 우주력으로 계산하면 얼마나 될까? 그저 0.23초에 불과할 뿐이다. 우주력에서 최초의 출발점은 정월 초하루가 시작되는 0시에서 빅뱅(Big Bang)으로 출발할 것이다. 처음으로 우리 은하가 우주에 등장한 시기는 5월이고, 지구와 태양계 및 생명체가 나타난 것은 우주력으로 7월경이다. 실제로 현재의 인간이 진화한 시기는 12월 31일 자정이 가까운 11시 52분으로 계산되고, 콜럼버스가 아메리카 대륙을 발견한 것이 단지 1.2초 전일 뿐이다. 우리는 우리의 상상력을 어디까지 끌고 올라가야 할 것인가? 우리는 한번쯤 모든 잡념을 훌훌 털어 버리고, 별들이 쏟아지는 밤하늘 속으로 훨훨 날아가 볼 필요가 있다.



## 참고문헌


1. 전용문 외. *바람의 언덕, 수월봉.* 제주특별자치도 세계자연유산 관리단, pp.57-59, 2011.
2. 정창희, 김정률, 이용일. *지질학.* 서울: 박영사, pp.292-303, 2011.
3. 정창희, 김정률, 이용일. *지질학.* 서울: 박영사, pp.371-380, 2011.
4. 최덕근. *지구의 이해.* 서울: 서울대학교 출판부, pp.136-138, 2003.
5. 최덕근. *내가 사랑한 지구: 판구조론, 지질학자들이 밝혀낸 지구의 움직임.* 서울: 휴머니스트 출판그룹, pp.143-204, 2015.
6. 최몽룡 외. *고고학 연구방법론? 자연과학의 응용.* 서울: 서울대학교 출판부, pp.203-256, 1998.
7. Abraham Ortelius. Wikipedia. Available at: https://en.wikipedia.org/wiki/Abraham_Ortelius (접속일 2020년 7월 17일)
8. Atmospheric composition of the earth. Scientific Psychic. Available at: https://www.scientificpsychic.com/etc/timeline/atmosphere-composition.html (접속일 2020년 7월 14일)
9. Brennan, J. *Organic sedimentary vs. chemical sedimentary rock.* Sciencing.com. Available at: https://sciencing.com/organic-sedimentary-vs-chemical-sedimentary-rock-5124.html (접속일 2020년 7월 14일)
10. Patterson, C. C. Wikipedia. Available at: https://en.wikipedia.org/wiki/Clair_Cameron_Patterson (접속일 2020년 7월 17일)
11. Continental drift. Encyclopaedia Britanica. Available at: https://www.britannica.com/science/continental-drift-geology (접속일 2020년 7월 15일)
12. Cosmic calendar. Wikipedia. Available at: https://en.wikipedia.org/wiki/Cosmic_Calendar (접속일 2020년 7월 17일)
13. Paul, D. *The fifth miracle: The search for the origin and meaning of life.* (고문수 역. *제5의 기적: 생명의 기원.* 서울: 도서출판 북힐스, pp.70-73, 1998)
14. Dodd, M. S., Papineau, D., Grenne T., et al. *Evidence for early life in earth's oldest hydrothermal vent precipitates.* Nature, 543(7643), pp.60-64, 2017. DOI:10.1038/nature21377. PMID 28252057
15. Eukaryotes- 2.7 billion years ago. Utexas. Edu. Available at: http://kitto.cm.utexas.edu/courses/ch395g/fall2009/MOL190/Eukaryotes27.pdf (접속일 2020년 7월 15일)
16. Extinction event. Wikipedia. Available at: https://en.wikipedia.org/wiki/Extinction_event (접속일 2020년 7월 17일)
17. Geologic and biological timeline of the earth. Scientific Psychic. Available at: https://www.scientificpsychic.com/etc/timeline/timeline.html (접속일 2020년 7월 14일)
18. Geologic time scale. Wikipedia. Available at: https://en.wikipedia.org/wiki/Geologic_time_scale (접속일 2020년 7월 14일)
19. Shevela, G., Shevela, D. *Adventures with cyanobacteria: a personal perspective.* Front. Plant Sci. review article, pp.1-5, 2011. https://doi.org/10.3389/fpls.2011.00028 (접속일 2020년 7월 17일)
20. Griffiths, J., Vonberg, J. *World's oldest microfossils found, researchers claim.* Available at: https://edition.cnn.com/2017/03/01/world/oldest-microfossils-canada/index.html (접속일 2020년 7월 17일)
21. Hart-Davis, A., Gribbin, J., Cherfas, J., et al. *Science.* (강윤재 역. *사이언스.* 서울: 북하우스, pp.190-200, 2010)
22. Hazon, R. M. *The story of earth: The first 4.5 billion years, from stardust to living planet.* (김미선 역. *지구이야기.* 서울: 도서출판 뿌리와 이파리, pp.15-42, 2014)
23. Hoffman, P. F., Abbot, D. S., Ashkenazy, Y. *Snowball earth climate dynamics and Cryogenian geology-geobiology.* Science advances, 3(11), pp.2-13, 2017. DOI: 10.1126/sciadv.1600983
24. Huxley, R. *The great naturalists.* (곽명단 역. *위대한 박물학자.* 서울: 21세기북스, pp.246-249, 2009)
25. Ice age. Wikipedia. Available at: https://en.wikipedia.org/wiki/Ice_age (접속일 2020년 7월 17일)
26. International chronostratigraphic chart. International Commission on Stratigraphy. Available at: https://stratigraphy.org/timescale/ (접속일 2020년 7월 14일)
27. Knoll, A. H., Javaux, E. J., Cohen, P. *Eukaryotic organism in proterozoic oceans.* Philos Trans Soc Lond B Biol Sci, 361(1470), pp.1023-1038, 2006. DOI: 10.1098/rstb.2006.1843
28. Lambert, D. *The field guide to geology.* New York: Checkmark Books, pp.170-178, 2007.
29. Life. Wikipedia. Available at: https://en.wikipedia.org/wiki/Life (접속일 2020년 7월 17일)
30. Luhr, J. F., Buckingham, C., Cashman, K., et al. *Earth.* London: Dorling Kindersley Books, pp.120-125, 2003.
31. Mars Pathfinder. NASA Science: Mars exploration program. Available at: https://spaceplace.nasa.gov/craters/en/ (접속일 2020년 7월 14일)

32. McDaniel, J. *What are the first eukaryotic fossils?* Sciencing. Available at: https://sciencing.com/first-eukaryotic-fossils-8163415.html (접속일 2020년 7월 17일)

33. Newly discovered microfossils are the earliest evidence yet of life on earth. Researchgate. Available at: https://www.researchgate.net/blog/post/newly-discovered-microfossils-are-the-earliest-evidence-yet-of-life-on-earth (접속일 2020년 7월 17일)

34. Michelsohn, N. *NASA determines Australian meteor crater is the oldest known*. NASA. Available at: https://www.nasa.gov/feature/nasa-determines-australian-meteor-crater-is-the-oldest-known (접속일 2020년 7월 14일)

35. Mojzsis, S. J., Arrhenius, G., Kckeegan, K. D., et al. *Evidence for life on earth before 3,800 million years ago*. Nature 384 (7), pp.55-59, 1996. DOI: 10.1038/384055a0

36. Nuvvuagittug greenstone belt. Wikipedia. Available at: https://en.wikipedia.org/wiki/Nuvvuagittuq_Greenstone_Belt#cite_note-nature-4 (접속일 2020년 7월 14일)

37. Pallab, G. *Earliest evidence of life on earth 'found'*. BBC News. Available at: https://www.bbc.com/news/science-environment-39117523 (접속일 2020년 7월 17일)

38. Plate tectonics. The Geological Society. Available at: https://www.geolsoc.org.uk/Plate-Tectonics/Chap1-Pioneers-of-Plate-Tectonics/John-Tuzo-Wilson (접속일 2020년 7월 15일)

39. Plimer, I. *A short history of planet earth*. (김소정 역. *지구의 기억: 행성지구, 46억 년의 역사*. 서울: 삼인, pp.87-104, 2008)

40. Plimer, I. *A short history of planet earth*. (김소정 역. *지구의 기억: 행성지구, 46억 년의 역사*. 서울: 삼인, pp.131-178, 2008)

41. Radionuclide. Wikipedia. Available at: https://en.wikipedia.org/wiki/Radionuclide (접속일 2020년 7월 14일)

42. Rafferty, J. P. *Hadean eon*. Encyclopaedia Britanica. Available at: https://www.britannica.com/science/Hadean-Eon (접속일 2020년 7월 17일)

43. Ross, R. *What are the Milankovitch Cycles?* Livescience. Available at: https://www.livescience.com/64813-milankovitch-cycles.html

44. Sadava, D., Hills, D. M., Heller, H. C., et al. *Life: The science of biology, 11th ed*. (정종우 외 역. *생명: 생물의 과학, 11판*. 서울: 라이프사이언스, pp.2-3, 2018)

45. Sagan, C. *Cosmos*. New York: Ballantine books, pp.87-91, 1980.

46. Schneider, S. H. *Laboratory earth: The planetary gamble we can't afford to lose*. (임태훈 역. *실험실 지구*. 사이언스북스, pp.81-88, 1997)

47. Smith, C. R., Sara, B. B. *Meteorites*. New York: Firefly Books, pp.28-41, 2011.

48. Timeline of natural history. Wikipedia. Available at: https://en.wikipedia.org/wiki/Timeline_of_natural_history (접속일 2020년 7월 15일)

49. Timeline of the evolutionary history of life. Wikipedia. Available at: https://en.wikipedia.org/wiki/Timeline_of_the_evolutionary_history_of_life (접속일 2020년 7월 15일)

50. Watson, J. *The numeric time scale*. USGX. Available at: https://pubs.usgs.gov/gip/fossils/numeric.html (접속일 2020년 7월 14일)

51. Why does the moon have craters? NASA Space Place. Available at: https://spaceplace.nasa.gov/craters/en/ (접속일 2020년 7월 14일)

52. Yellow Sea. Wikipedia. Available at: https://en.wikipedia.org/wiki/Yellow_Sea (접속일 2020년 7월 17일)

## 그림 인용 및 Links

그림 2-2. https://commons.wikimedia.org/wiki/File:Meteorcrater.jpg (접속일 2020년 11월 13일)

그림 2-3. https://commons.wikimedia.org/wiki/File:Yucatan_chix_crater.jpg, https://commons.wikimedia.org/wiki/File:Chicxulub-Anomaly.jpg (접속일 2020년 9월 13일), Google map capture 사진을 근거로 하여 새롭게 구성함

그림 2-4. https://commons.wikimedia.org/wiki/File:Vredefort_Dome_STS51I-33-56AA.jpg (접속일 2020년 9월 12일)

그림 2-5. https://ko.wikipedia.org/wiki/%EB%8B%AC%EC%9D%98_%EB%B0%94%EB%8B%A4_%EB%AA%A9%EB%A1%9D (접속일 2020년 9월 13일)

그림 2-6. https://photojournal.jpl.nasa.gov/catalog/PIA02406 (접속일 2020년 9월 13일)

그림 2-7. https://commons.wikimedia.org/wiki/File:Nuvvuagittuq_belt_rocks.jpg (접속일 2020년 9월 13일)

그림 2-8. https://commons.wikimedia.org/wiki/File:Stromatolites_in_Sharkbay.jpg (접속일 2020년 9월 13일)

그림 2-12. https://commons.wikimedia.org/wiki/File:GlaciationsinEarthExistancelicenced_annotated.jpg (접속일 2020년 9월 13일)

그림 2-13. https://commons.wikimedia.org/wiki/File:All_palaeotemps.svg (접속일 2020년 9월 13일)

그림 2-15. Govindjee & Dmitriy Shevela. "Adventures with cyanobacteria: A personal perspective". Front Plant Sci, 2(28), published online 2011. DOI: 10.3389/fpls.2011.00028, PMCID: PMC3355777, PMID: 22645530 (접속일 2020년 9월 26일)

그림 2-16. https://commons.wikimedia.org/wiki/File:Banded_iron_formation_Dales_Gorge.jpg (접속일 2020년 9월 13일)

그림 2-17. https://commons.wikimedia.org/wiki/File:Phanerozoic_biodiversity_blank_01.png (접속일 2020년 9월 13일)

그림 2-18. Google map에서 캡처한 사진

그림 2-19. https://www.shutterstock.com/ko/image-vector/pangaea-pangea-vector-illustration-supercontinent-that-1014647983 (접속일 2021년 2월 20일)에 근거하여 새롭게 구성함

그림 2-20. https://commons.wikimedia.org/wiki/File:Snider-Pellegrini_Wegener_fossil_map.gif (접속일 2020년 9월 13일)

그림 2-21. https://commons.wikimedia.org/wiki/File:Pangaea_to_present.gif (접속일 2020년 9월 13일)

그림 2-22. https://www.shutterstock.com/ko/image-illustration/plate-tectonics-tectonic-processes-interactions-plates-1096195778 (접속일 2020년 12월 27일)에 근거하여 새롭게 구성함

그림 2-23. Google map에서 캡처한 사진

그림 2-24. Google map에서 캡처한 사진

그림 2-25. https://commons.wikimedia.org/wiki/File:Cambrian_Trilobite_Olenoides_Mt._Stephen.jpg (접속일 2020년 9월 13일)

그림 2-26. Schopf, J. W. *Microfossils of the early Archean Apex Chert: New evidence of the ntiquity of life.* Science, 260 (5108), pp.640-646, 1993. 게재 허가됨. https://www.jstor.org/stable/2881249?seq=1 (접속일 2020년 11월 15일)

그림 2-27. https://commons.wikimedia.org/wiki/File:Cosmic_Calendar.png (접속일 2020년 9월 13일)

Chapter

# 03

# 생명의 탄생

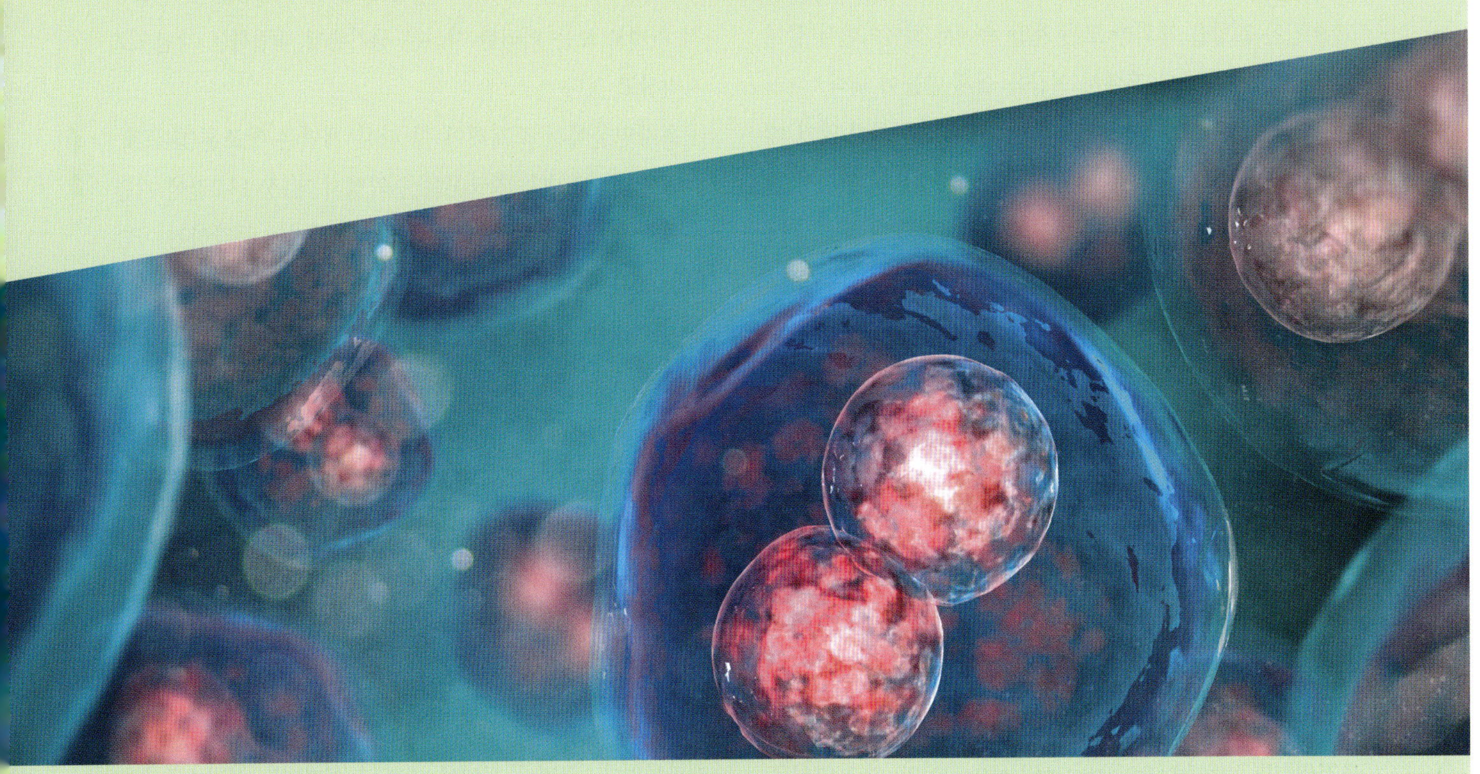

그리스 신화에 등장하는 **프로메테우스**(Prometheus)는 티탄족에 속하는 신이다. 그가 인간과 밀접한 관계를 갖게 된 것은 바로 인간을 처음으로 만들었기 때문이다. 그는 흙에다 물을 부어 인간을 빚은 다음 이레 동안 햇볕에 말린다. 그가 흙으로 만든 인간에게 생명을 불어넣으려고 할 때, 마침 지나가던 지혜의 여신인 **아테나**(Athena)가 나비 한 마리를 날려 보낸다. 나비는 날아서 흙으로 빚은 인간의 콧구멍 속으로 들어간다. 이 나비는 그리스 말로 **프시케**(Psyche), 즉 마음이나 영혼을 뜻한다. 의료 종사자들은 프시케라는 말에 익숙하다. 정신과를 Psychiatry라고 부르고 심리학을 Psychology라고 부르기 때문이다. **판도라**(Pandora)도 신이 만든 첫 번째 여자이다. 인간에게 재앙을 내리기 위하여 **제우스**(Zeus, Jupiter)가 그의 아들인 **헤파이스토스**(Hephaistus)에게 명하여 판도라를 빚어내게 만든다. 제우스의 뜻대로 판도라 상자는 열리고 인간은 희망을 제외한 모든 재앙 속에서 허덕이면서 살게 된다. 신화는 언제나 흙에서 인간을 쉽게 만들어 낸다. 그러나 실제 생명은 그렇게 쉽게 만들어지거나 출현하지 않기 때문에 생명이 언제, 어떻게, 어디에서 탄생하였는지 정확히 짚어 낼 도리가 없다. 그렇지만 생명의 기원에 대하여 우리가 어떻게 생각해 왔고 어느 정도 알아냈는지에 대한 정리는 꼭 필요하다. 이를 위해 상향식(보텀업 방식, bottom-up approach)이 아닌 하향식(톱다운 방식, top-down approach) 접근법을 기본으로 하여 탐구해 나가기로 한다[39]. 그럼 지금부터 그 여정을 떠나 보기로 하자.

## 제1절 생명의 기원

### 1. 초자연설

생명의 기원을 추적하는 네 세일 번서 소개해야 할 내용은 **초자연설**(超自然說, supernatural event)이다. 초자연설은 물리나 화학 등 과학으로서는 설명할 수 없는 초자연적인 혹은 초경험적인 힘에 의하여 생명이 탄생하였다는 생각이다. 이 초자연적인 힘이 언제 어떻게 어디서 생겨났는지를 물을 수는 없다. 그저 믿을 뿐이다. 따라서 신앙이 되고 종교가 되어 나타난다. 애니미즘 혹은 정령신앙(精靈信仰)으로 알려진 **물활론**(物活論, animism, hylozoism)은 자연계에 있는 모든 사물에 생명이 있다고 보는 생각이다[8]. 따라서 영혼과 신이 천지 만물에 다 깃들어 있어서 물질 그 자체가 생명이고 활력이 된다는 사고 방법이다. 이러한 생각은 원시 종교나 토속신앙이 되기도 하고, 숭상하는 대상은 해나 달에서부터 마을 앞 당산(堂山)에 이르기까지 민족에 따라 다양하게 나타난다.

이에 비교하여 **생기론**(生氣說, vitalism) 혹은 **활력론**(活力說)은 물활론에 비하여 다소 제한적이다. 생기론도 물활론과 마찬가지로 물리나 화학적으로 설명되지 않는 독특한 초자연적인 **생명력**(生命力, vital force)이 존재한다고 믿는다[46]. 그러나 이러한 생명력이 물활론에서는 모든 사물이나 물체에 존재한다고 생각하는 반면, 생기론은 모든 생물체에만 존재한다고 보는 것이다. 생기론이 초자연적인 생명력에 의지한다면, **기계론**(機械論, mechanism)은 생명현상을 자연의 법칙에 의하여 설명해 내고자 하는 이론이다. 생명을 물리 화학적 기계로 보는 이러한 사상은 생기론에 대립하는 개념으로 자리잡고 있다.

초자연설에서 소개해야 할 다른 개념은 **창조론**(創造論, creationism)이다. 창조론은 구약성서 제1장 1~2절에 기반하여 만들어진 생명 기원설이다[45]. 창세기에 등장하는 아담(Adam)은 히브리어로 아다마(adamah)에서 나온다. 아다마도 흙이라는 뜻을 가지고 있다. 그러나 창조론은 19세기 중반에 등장한 **진화론**(進化論, evolutionary theory)과 갈등 관계에 놓이게 되었다. 1925년 미국 테네시주에서 열린 일명 **원숭이 재판**(The Monkey Trial)은 그 당시의 창조론에 대한 사회적 인식을 엿볼 수 있는 기회를 제공해 준다. 테네시주는 공립학교에서 진화론을 가르치지 못하게 하는 법령을 제정하였지만, 생물 교사 존 스코퍼스(John Scopes)는 진화론을 가르친 혐의로 재판에 회부되어 결국 유죄판결을 받고 벌금형에 처해졌다. 미국의 강한 종교성이 과학을 압도하는 역사적 재판이었다. 그러나 뒤이어 1928년 이번에는 아칸소주에서 진화론이 담긴 교과서를 사용하지 못하게 하는 법률을 제정하면서 교육자들의 반발을 불러일으켰다. 이 재판은 결국 연방대법원까지 올라갔지만, 특정 종교관을 보호할 목적이 있다는 이유로 위헌결정을 받게 되었다. 다시 약 60년이 흐른 1987년 루이지애나주에서도 두 이론은 법정 다툼을 벌이게 되었다. 공립학교에서 진화론을 교육할 때 창조이론도 함께 가르쳐서 균형을 맞추라는 법령이 제정되었기 때문이다. 이 결정은 학술단체들의 반발을 불러왔고 결국 이번에도 연방대법원은 위헌결정을 내림으로써 세기의 대결은 일단락되었다. 결국 초자연설은 자연계에서 일어나는 현상이 아니라 자연을 뛰어넘어서 일어나는 생명의 기원을 설명한다고 할 수 있다.

## 2. 자연발생설

부모 없이 무생물에서 자연적으로 생명체가 생겨난다는 **자연발생설**(自然發生說, spontaneous generation, abiogenesis)은 기원전 **아리스토텔레스**(Aristotle, 기원전 384~기원전 322)까지 거슬러 올라간다[44]. 자연발생설은 고인 웅덩이에서 곤충이 자연적으로 생겨나고, 썩은 고기에서 구더기가 나오는 것을 그 내용으로 하고 있다. 이러한 이론은 중세 암흑기가 끝나고 17세기에 접어들 때까지 2천 년 이상 인류를 지배하고 있었던 사상이다. 더구나 이 자연발생설은 신이 생명을 창조했다는 교리에 어긋나는 이론이었지만, 교회의 박해를 받지 않고 인류 문화에 깊숙이 남아 있었다.

자연발생설에 대한 한 예를 들어 보자. 17세기 벨기에 과학자였던 **헬몬트**(Van Helmont, 1579~1644)는 그의 예리한 관찰력을 보여 주는 실험을 진행하였다. 헬몬트는 먼저 화분에 다 나무를 심으면서, 화분 속에 들어 있는 토양의 무게와 나무의 무게를 각기 기록해 두었다. 그는 5년간 나무에 물을 주고 난 뒤 무게를 다시 측정한 결과, 토양의 무게는 거의 변함이 없는데도 불구하고 나무의 무게는 30배 이상 늘어난 것을 관찰하였다. 그렇다면 나무의 무게가 늘어난 것은 무엇 때문이었을까? 토양의 무게는 변함이 없으므로 결국 물에 의하여 나무의 무게가 늘어난 것으로 판단하였다. 즉, 그는 현재의 광합성을 미리 예측하기도 하였고 기체라는 용어를 처음 만들어 내기도 한 과학자였다. 그런 그가 또 다른 실험으로도 유명세를 타기도 하였다. 그는 쥐를 만들어 내는 처방전이라는 실험에서 더러운 옷에 밀을 섞어서 21일 동안 보관해 두면, 자연적으로 쥐가 생겨난다는 실험 결과를 발표하기도 하였다. 이 실험 결과는 그 당시 생명의 기원에 대한 인류의 지식 정도를 보여 주는 좋은 예라고 할 수 있다[4]. 그러나 이 자연발생설은 곧이어 심각한 도전에 직면하게 되었고, 한번 잘못 제시된 이론이 얼마나 오랫동안 인류의 문화에 큰 영향을 미치는지를 보여 주는 좋은 사례라고 할 수 있다.

## 3. 생물속생설

**생물속생설**(生物續生說, biogenesis)은 부모가 있어야 자식이 태어난다는 개념이다. 이는 자연발생설과는 정반대의 생각이기도 하다. 즉, 모든 생명체는 그 이전에 있었던 생명체로부터 태어난다는(Omne vivum ex vivo, all life from life) 의미를 가지고 있다. 2천 년 이상 인류를 지배했던 자연발생설은 17세기에 접어들면서 서서히 붕괴 조짐이 나타나기 시작하였다.

실험 생물학의 창시자라고 불리는 **프란체스코 레디**(Francesco Redi, 1626~1697)는 1668년 생물은 자연적으로 발생하지 않는다는 것을 증명하기 위한 실험을 처음으로 시행하였다(그림 3-1)[43]. 먼저 실험 용기 안에 고깃덩어리를 넣고 각기 개방한 것, 뚜껑을 씌워서 밀봉한 것, 거즈로 막아 놓은 것으로 관찰을 시작하였다. 실험 결과 입구를 개방한 곳에서만 구더기가 생겨났다. 밀봉한 용기에는 구더기가 생겨나지 않았고, 거즈로 막은 용기에서는 구더기가 거즈 위에 생겨났

03

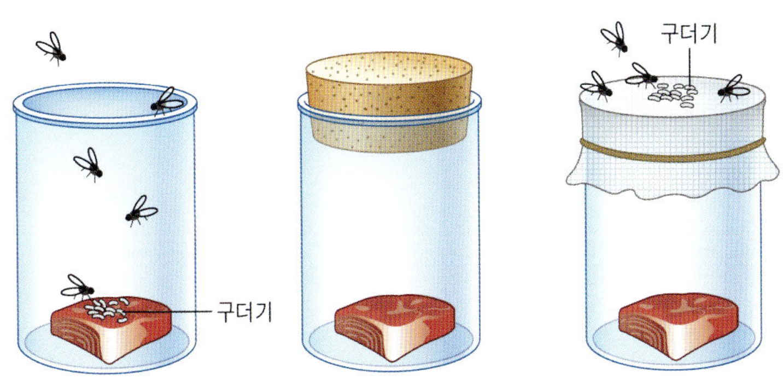

그림 3-1. 레디의 실험 과정 및 결과.

다. 왜 그랬을까? 현대를 살고 있는 우리들은 이러한 결과를 쉽게 이해할 수 있지만, 그 당시의 인식으로는 이 결과를 제대로 설명하기가 곤란하였다. 레디는 이 실험 결과를 가지고 구더기가 고깃덩어리에서 자연적으로 생겨난 것이 아니고, 파리가 알을 낳았기 때문에 구더기가 생겼다고 주장하게 되었다. 그러나 이 구더기를 제외하고 다른 모든 생명체에도 그의 주장이 맞다는 구체적인 증거가 부족하였기 때문에 폭넓은 지지를 받지는 못하였다. 레디는 이탈리아 출신의 의사로서 최초로 대조실험을 시행한 학자이기도 하다.

그러나 이번에는 자연발생설 지지자의 환호를 받을 수 있는 실험 결과가 영국에서 나왔다. 1745년 생기론자이자 자연발생설 지지자인 영국의 성직자였던 **존 니담**(John Needham, 1713~1781)은 평소에도 눈에 보이지 않는 작은 미생물은 무생물에서 생길 것이라는 생각을 가지고 있었다. 그는 이를 증명하기 위하여 우선 육즙이 들어 있는 배양액을 가열하여 기존의 미생물을 죽게 만든 다음, 용기를 마개로 밀봉하여 관찰하였다. 수일이 지난 후 배양액을 관찰하자 멸균된 배양액에서 작은 미생물이 발견되었다. 이 실험 결과는 배양액 속에서 미생물이 자연적으로 발생하였다는 이론을 뒷받침하기 충분하였기에 자연발생설 지지자들이 환호한 것이었다. 그러나 이 결과는 20년 후인 1765년 이탈리아의 **라차로 스팔란차니**(Lazzaro Spallanzani, 1729~1799)에 의하여 도전을 받게 되었다[42]. 그가 니담의 실험 방법에 이의를 제기한 것이다. 실험 과정에서 배양액을 충분히 가열하지 않아서 완전히 살균되지 않았거나, 밀봉이 완전하지 않았을 것으로 추정한 스팔란차니는 보다 정교한 방법으로 실험을 진행하였다(그림 3-2). 먼저 육즙을 끓인 후 식혀서 뚜껑을 닫지 않은 경우 미생물이 생겨났다. 그러나 끓인 후 뚜껑을 닫은 경우에는 미생물을 볼 수 없었고 다시 뚜껑을 개방하자 미생물이 생긴 것이다. 그는 이 실험을 통해 미생물은 배양액에서 자연적으로 생긴 것이 아니라 공기를 통해서 생명체가 들어갔다는 결론을 내리게 되었다. 그러나 니담은 스팔란차니의 실험에 대해 용기를 밀봉하였기 때문에 공기 속의 **생명력**(生命力, vital force)이 들어가지 못하여 미생물이 발견되지 않았다고 반박하였다.

이러한 논란의 종지부를 찍을 수 있는 실험이 1864년 프랑스의 **루이 파스퇴르**(Louis Pasteur, 1822~1895)에 의하여 진행되었다. 루이 파스퇴르는 스팔란차니의 실험을 응용하여 밀봉하지 않은 채 배양액에서 미생물이 검출되지 않을 방법을 생각하였다. 즉, 실험 용기를 막아서 공기 중의 생명력이 들어가지 못하였다는 반론을 잠재우기 위하여 고안해 낸 실험 방법이었다(그림 3-3). 먼저 플라스크에 멸균되지 않은 배양액을 넣고 입구 부분을 가열하여 백조의 목처럼 S자로 구부러지도록 길게 잡아 늘어트린다(swan neck flask experiment)[3]. 그다음 플라스크를 가열하여 배양액을 멸균시킨다. 이렇게 가열된 플라스크는 점차 식으면서 S자로 구부러진 부위에 응축으로 인하여 생긴 물이 고이게 될 것이다. 결국 이 플라스크

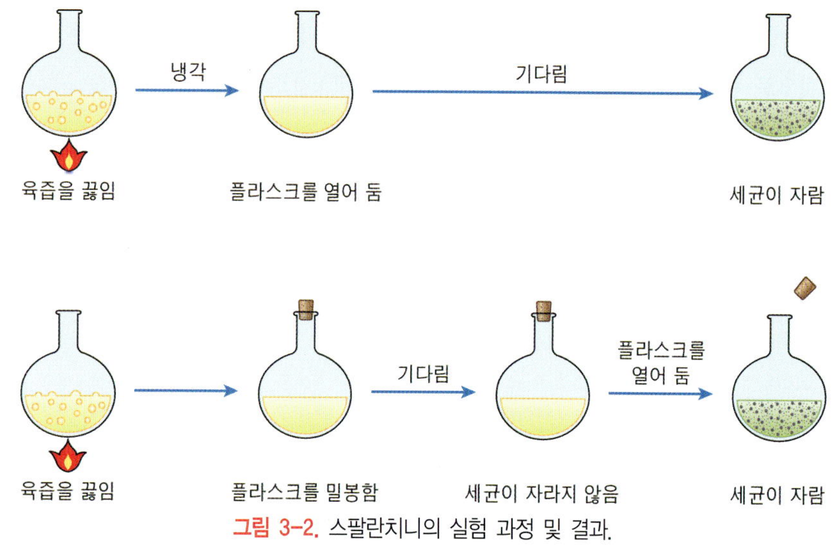


그림 3-2. 스팔란치니의 실험 과정 및 결과.

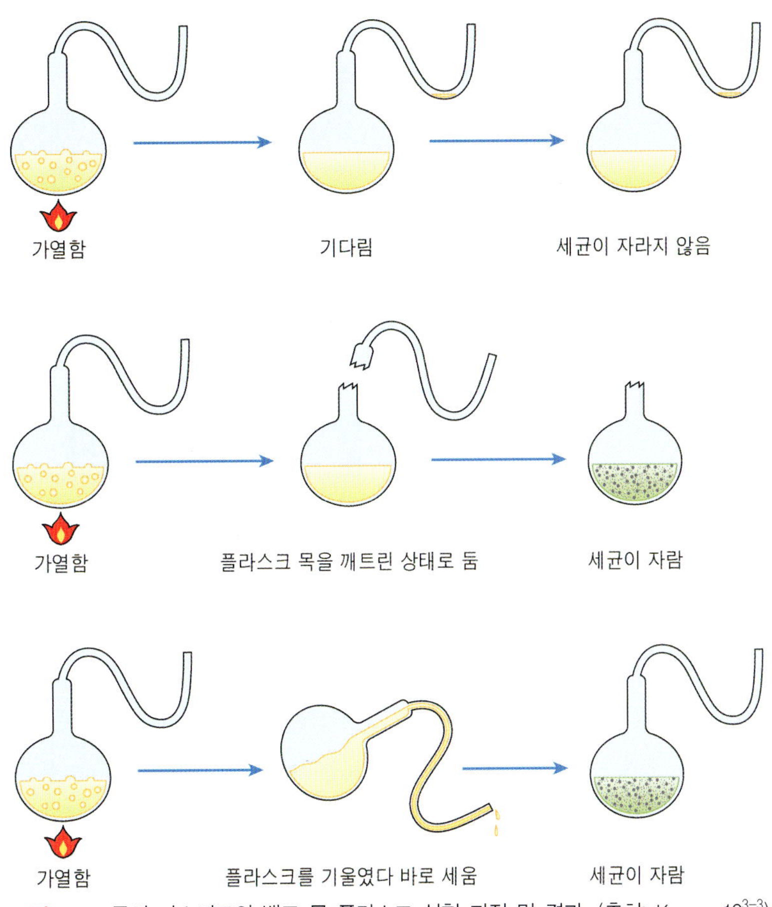

**그림 3-3.** 루이 파스퇴르의 백조 목 플라스크 실험 과정 및 결과. (출처: Kgerow16[3-3])

에서는 미생물이 생겨나지 않았다. 왜냐하면 물이 고여서 공기 중의 미생물이나 포자가 들어가지 못했기 때문이다. 그러나 그림에서처럼 S자 목을 부러트리거나 플라스크를 뉘어서 배양액이 조금 흘러나온 다음에 바로 세운 것에서는 미생물이 자라기 시작하였다. 이 실험의 결론은 배양액에서 발견되는 미생물은 배양액에서 자연적으로 생긴 것이 아니라 공기 중에 있는 미생물에 의해 생겼다는 것이다. 이 위대한 실험은 결국 생물은 무생물에서 자연적으로 생겨나지 않는다는 생물속생설을 확증하면서, 2,000년 이상 지속된 자연발생설과의 논란에 종지부를 찍을 수 있게 되었다. 이것은 단지 자연발생설을 부정할 뿐만 아니라 인류의 건강증진과 인간의 역사에도 막대한 영향력을 미치게 되었다.

생물은 생물에서부터 나온다는 생각은 인간 질병에도 그대로 적용되어 인간의 몸에서 미생물이 자연적으로 생겨나는 것이 아니라, 외부에서 침입해 들어왔을 것이라는 **세균설**(細菌說, germ theory)이 더욱 지지를 받게 되었다. 이와 함께 등장한 의사가 영국의 **조지프 리스터**(Joseph Lister, 1827~1912)이었다. 그는 외과 의사로서 수술 후 상처를 덮음으로써(dressing) 파리나 공기 중의 미생물로부터 상처를 보호받게 해 주었다. 결국 루이 파스퇴르의 실험은 수술 상처에서 구더기를 몰아내고 고름이 나오는 것을 막아 주는 이론을 제공해, 진정한 외과 의사로서의 역할을 찾아 주었다고 볼 수 있다. 리스터가 석탄산인 페놀을 이용하여 상처를 소독함으로써 현대 외과 수술을 지탱해 주는 무균 수술법을 찾아내게 되었던 것이다[22].

세균학의 아버지라고도 불리는 루이 파스퇴르의 업적은 자연발생설에 대한 부정뿐만 아니라 음식의 살균법, 광견병이나 탄저병의 백신 개발로 의사보다도 더 많은 인명을 살려 내는 업적을 이루었다. 하지만 그는 다윈의 진화론을 지지하지 않는 학문적 성향을 보이기도 하였다.

## 4. 우주 기원설

**우주 기원설**(宇宙起源說, cosmogenic theory)은 생명의 기원을 지구가 아닌 우주에서 찾고 있다. 따라서 우주 기원설은 **외계유입설**(外界流入說, extraterrestrial origin), **생물 도래설**(生物到來說, cosmozoa theory), **범종설**(汎種說, panspermia) 혹은 **포자범재설**(胞子汎在說) 등의 다양한 용어로 불린다[14].

1969년 9월 28일 인류 최초로 **닐 암스트롱**(Neil Armstrong, 1930~2012)이 아폴로 11호를 타고 달에 도착하자, 온 인류는 달 착륙이라는 열기에 휩싸여 있었다. 그러나 약 두 달 후 이 열기가 채 가시기도 전에 호주 멜버른(Melbourne)에서 멀지 않은 빅토리아주 머치슨(Murchison) 지역에 여러 조각의 운석이 떨어졌다. 이 조각들을 모아 본 결과 약 100kg에 달하는 큰 운석이었다. 우주에서 날아온 이 운석은 인류에게 새로운 숙제를 안겨 주었다. 왜냐하면 이 운석 속에는 핵산을 구성하는 염기가 들어 있었고, 100종류가 넘는 아미노산이 포함되어 있었기 때문이다. 이 아미노산 중 지구에 존재하는 것은 19종류로 밝혀졌다. 즉, 나머지는 지구에 없는 아미노산이라는 뜻이다. 그뿐만 아니라 지구에서 발견되는 아미노산은 좌수형(L형) 아미노산이다. 그러나 이 운석에서 발견된 아미노산에는 좌수형과 우수형(R형)이 동일한 비율로 섞여 있었다. 이러한 차이점은 이 운석이 지구에 떨어지면서 지구 환경에 오염되지 않았다는 사실도 함께 알려 주게 되었다. 좌수형이나 우수형은 아미노산의 거울상 **이성질체**(異性質體, isomer)에서 나타나는 특징을 말해 준다. 이성질체는 화학식은 같지만 원자 배열구조가 다른 것을 말한다[12]. 아미노산에 편광을 비추어 왼쪽으로 도는 경우를 좌수형, 오른쪽으로 돌면 우수형으로 표시한다. 이렇게 운석에 포함된 핵산이나 아미노산은 생명의 기원을 외계에서 찾으려는 욕망을 불러일으키기에 충분한 증거들이었다. 그렇다면 얼마나 많은 외계 물질이 운석이나 혜성 또는 행성 간 먼지 알갱이 형태로 지구에 유입되었을까? 지구가 형성된 이후 10억 년간 지구로 들어온 유기화합물의 총량은 약 $4.5 \times 10^{16}$kg으로 추정된다. 이는 현재 전체 생물권에 있는 유기화합물의 총량인 $6 \times 10^{14}$kg보다 더 많다는 보고도 있다.

1953년 **제임스 왓슨**(James Watson, 1928~)과 함께 DNA 구조를 규명하여 노벨상을 받은 **프랜시스 크릭**(Francis Crick, 1916~2004)도 **유전암호**(遺傳暗號, genetic code)를 연구하던 중, 생명의 기원에 관한 심도 있는 이론을 제시하고 있던 **레슬리 오겔**(Leslie Orgel, 1927~2007)을 만나 이 분야에도 관심을 갖게 되었다. 그들은 생명이 외계에서 기원하여 지구로 보내졌다고 믿는 과학자들이었다. 우주 기원설은 생명이 언제 어떻게 기원했는지를 추적하는 과정을 지구에서 우주로 돌리는 결과가 됨으로써 다시 새로운 미궁 속으로 빠져드는 기분이 들 것이다.



# 제2절 화학적 진화

## 1. 분자 탄생

**화학적 진화**(化學的進化, chemical evolution)는 생명의 기원을 보는 관점에서 가장 최근에 등장한 이론이기 때문에 따로 분리해서 설명하고자 한다. 화학적 진화 이론은 **빅뱅**에서부터 **생물학적 진화**(生物學的進化, biological evolution)에 이르는 과정 중의 중요한 부분을 차지하고 있다(표 3-1)[2,9]. 이는

표 3-1. 빅뱅에서 생명체 출현까지의 과정

| 빅뱅(Big Bang) | | |
|---|---|---|
| 입자의 진화<br>Evolution of particle<br><br>별의 진화<br>Stellar evolution | 쿼크 Quark → 원자핵 Atomic nucleus<br>전자 Electron<br>→ 원자 Atom | 원자적 행위<br><br>원자내 상호작용<br>Intra-atomic interaction |
| 화학적 진화<br>Chemical evolution | ↓<br>분자 Molecule<br>↓<br>거대분자 Macromolecule<br>↓<br>최초 세포 LUCA | 화학적 행위<br><br>원자 간 상호작용<br>Inter-atomic reaction |
| 생물학적 진화<br>Biological evolution | ↓<br>진핵세포 Eukaryote<br>↓<br>다세포 생물 Multicellular organism<br>↓<br>동물·식물·균류 (인간) | 생물학적 행위<br><br>분자 간 상호작용<br>Inter-molecule reaction |

화학적 진화가 **최초의 생명체**(LUCA, last universal common ancestor, **루카**)를 탄생시키는 과정에서 결정적 역할을 하고 있기 때문이다. 루카는 최종적으로 모든 생물체의 공통조상이라는 의미를 가진다[13,51].

빅뱅에 의하여 진행된 **입자의 진화**(evolution of particle)는 결국 수소와 헬륨 원자를 낳는다[35]. 이는 다시 별들의 핵융합 과정을 겪으면서 현재 확인되는 118개의 **원자**(原子, atom)로 진화하였다. 우리는 이런 과정을 **별의 진화**(stellar evolution)라고 부른다. 이들은 모두 **원자적 행위**에 속하며 구체적으로는 원자내 상호작용이다. 즉, 쿼크나 양성자, 중성자, 전자 등의 상호작용으로 볼 수 있다. 다시 원자가 **분자**(分子, molecule)로 이행되는 과정은 **화학적 행위**로 불러야 한다. 화학적 행위는 원자 간 상호작용이다. 이는 주로 전자가 매개하는 상호작용으로 보기 때문에 화학적 행위라고 불린다[34].

이렇게 등장한 원자가 분자로 이행되는 것은 궤도(orbit)를 채우는 전자의 수와 밀접한 관련이 있다. 여기에 등장하는 원칙이 **옥텟 규칙**(octet rule) 혹은 **8전자 규칙**이다. 이들에 관한 내용은 제1장 '모든 것의 시작' 편에서 자세히 다루었다. 이제는 이미 형성된 분자가 어떻게 **거대분자**(巨大分子, macromolecule), 이 중에서도 거대생물분자(biological macromolecule)가 되는지를 알아볼 차례이다.

## 2. 거대생물분자 탄생

대부분 생명체는 물이 체중의 약 70%를 차지한다(그림 3-4)[40]. 그 이외의 나머지 부분은 대다수가 거대생물분자들이다. 이 거대분자들은 **단백질**, **핵산**, **탄수화물**, **지방** 순으로 구성비를 차지한다[1]. 이러한 비율은 대부분의 생명체에서 비슷하게 나타나고 있다. 그렇다면 이런 거대생물분자는 어떻게 만들어졌을까? 이 과정은 제7장 '생명의 대사' 편에서 자세히 다룰 것이다.

다시 역사의 시간을 약 200년 전으로 되돌아가 보자. 그 당시 화학자들은 생기론을 믿고 있었다. 생기론은 '생명의 기원'에서 이미 설명한 이론이다. **유기화합물**(有機化合物, organic compound)은 탄소화합물의 화학으로 불린다. 유기화합물은 용어 속의 'organic'이 'from life'(생명으로부터)라는 의미를 함축하고 있듯이, 동물이나 식물 등 생명체만이 만들어 낼 수 있는 물질로 생각했었다. 왜냐하면 이들 생명체에는 초자연적인 생명력이 깃들어 있기 때문이다. 자연히 **무기화합물**(無機化合物, inorganic compound)은 생명력이 없는 광물 등으로부터 만들어지는 물질이라고 생각하였다. 그러나 이러한 당시의 개념은 당대 최고 화학자였던 독일의 **프리드리히 뵐러**(Friedrich Wöhler, 1800~1882)에 의하여 깨지게 되었다. 뵐러가 1828년 인간의 힘으로는 만들 수 없을 거라고 믿었던 유기화합물을 무기물질에서 합성해 내었기 때문이다. 무기화합물인 시안산암모늄(ammoniun cyanide, $NH_4OCN$)의 수용액을 가열하여 유기물질인 **요소**(尿素, $H_2NCONH_2$)를 합성하는 데 성공한 것이다. 요소는 탄소를 사이에 두고 암모니아가 양쪽에 붙어 있는 형상이다. 따라서 요소의 인공합성은 유기화합물이 반드시 생명력이 깃들어 있는 생명체에서만 만들어진다는 생기론을 부정하는 결과를 낳게 되었다[25]. 그뿐만 아

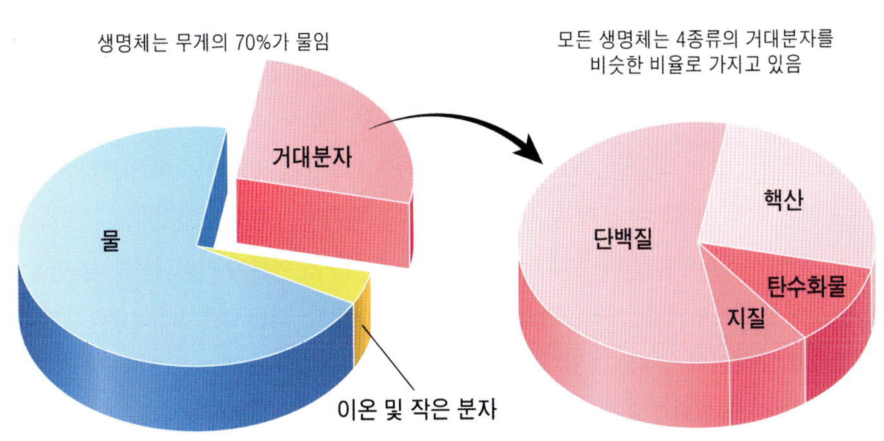


그림 3-4. 생명체를 구성하고 있는 거대분자 비율.

니라 이를 계기로 1850년 독일의 화학자 **아돌프 스트레커**(Adolph Strecker, 1822~1871)에 의하여 아미노산 중 알라닌(alanine)이 합성되었고, 1900년도에는 글리신(glycine) 등이 합성되었다.

암모니아와 이산화탄소를 섞어서 만든 요소는 농부들에게 대단히 유용한 질소비료일 뿐만 아니라, 발뒤꿈치가 갈라지는 각피증을 치료하는 보습제로 쓰이기도 한다. 그러나 요소는 인간을 포함한 생명체에게는 아주 중요한 화학물질이기도 하다. 몸속에 들어 있는 아미노산이나 핵산이 파괴되면 질소 성분이 나와 암모니아를 형성한다. 이 암모니아는 생명체에 대단히 위협적이어서 빠르게 체외로 배출시켜야만 한다. 체내에서 생성된 암모니아를 체외로 배출하기 위해서는 다량의 물이 필요하다. 따라서 수생생물은 쉽게 체내의 암모니아를 몸밖의 물속으로 빼내 버릴 수 있다. 그러나 육상생물은 수생생물과는 다르다. 암모니아를 배출해 내기 위하여 몸속의 물을 대량으로 쓸 여유가 없기 때문이다. 따라서 암모니아를 독성이 덜한 물질로 전환시켜서 적은 양의 물로도 배출할 수 있도록 만들어야 한다. 암모니아 배출 방법은 생명을 계통발생학적으로 연구하는 데 좋은 단서를 제공한다. 이에 관한 자세한 설명은 제10장 '생명의 진화' 편에서 자세히 다룰 것이다. 다시 거대생물분자의 탄생으로 돌아가자.

생명의 기원을 다루면서 빠트릴 수 없는 생화학자는 **알렉산더 오파린**(Alexander Oparin, 1894~1980)이다. 그는 볼가강 유역의 우글리치(Uglich)에서 태어나 모스크바주립대학을 졸업하고, 그곳에서 대학교수로 재직하게 되었다. 오파린은 스탈린의 러시아에서 레닌 훈장을 4차례나 수상할 정도로 철저한 공산주의자이기도 하였다. 그는 1924년 "생명의 기원(The origin of life)"을 출간하면서 생명은 초기 지구의 **원시수프**(primodial soap)에서부터 단계적인 화학적 진화를 거치면서 탄생하였을 것으로 추정하였다. 그 당시 소련의 무신론적 사회 분위기 덕분에 그는 서양 세계보다 쉽게 종교적 제한에서 벗어날 수 있었을 것이다. 오파린은 먼저 초기 지구의 원시대기는 산소가 없는 환원성 대기로 질소, 수소, 황, 수증기, 시안화수소(HCN) 등으로 구성되어 있다고 보았다. 환원성 대기여야 하는 이유는 반응이 진행되기 위해서는 환원력이 필요했기 때문이다[26,29]. 또한 원시지구는 오존층이 없어서 고에너지 파가 여과 없이 지구에 쏟아져 들어오고, 수많은 운석이 날아들었으며, 번개가 하늘을 수놓고 있었을 것이다. 이로 인해 지구 표면은 반쯤 녹은 암석으로 뒤덮여 있어 고열과 에너지가 넘쳐나고 있었다. 이러한 환경에서 무기물은 에너지를 이용하여 간단한 유기물로 변하게 되고, 지구가 냉각되자 초기 바다로 흘러들어 갔을 것이다. 이렇게 생성된 유기물은 물속에서 세포막과 유사한 비눗방울 같은 구조물을 만들게 되었다. 그는 이것을 **코아세르베이트**(coacervate)라고 불렀다.

오파린은 생명이 출현한 장소를 바다라고 추정하였고, 처음 출현한 생명체는 **종속영양생물**(從屬營養生物, heterotroph)이라고 생각하였다. 왜냐하면 먹을거리가 되는 유기물이 주위에 널려 있었기 때문이다. 그러나 이러한 종속영양생물도 얼마 지나지 않아 식량 고갈로 위기에 처하게 되자 **독립영양생물**(獨立營養生物, autotroph)이 진화했을 것으로 보았다. 이어서 산소가 등장하고 다시 이 산소를 이용한 **세포호흡**(細胞呼吸, cellular respiration)이 가능해졌을 것이다. 이러한 일련의 진화 과정을 통해 최종적으로 진핵세포가 등장하게 되었다는 것이 그가 주장한 생명의 기원에 관한 시나리오이다. 그러다 1929년 각각 독립적으로 연구를 해 왔던 영국의 **홀데인**(John B. S. Haldane)도 비슷한 과정을 제안하게 되었다. 오파린의 가설이 가치 있는 것은 인류 역사상 처음으로 생명이 신의 선물이 아니라 지구라는 환경에서 만들어질 수 있다는 가능성을 제시했기 때문이다. 그러나 이러한 그의 가설이 실제 실험으로 이어지기 위해서는 다시 약 30년을 더 기다려야만 했다.

시카고대학의 **해럴드 유리**(Harold Urey, 1893~1981)는 **중수소**(重水素, $^{2}H$, deuterium)를 발견한 업적으로 1934년 이미 노벨 화학상을 수상하였다. 그는 제2차 세계대전 중 원자폭탄을 개발하는 맨해튼 계획(Manhattan Project)에도 참여하여 연합군이 승리하는 데 일조하기도 하였다. 또한 초창기 지구 대기에는 산소가 없었다고 주장하여 오파린이나 홀데인의 원시수프 이론에 아이디어를 줄 만큼 생명의 기원에도 관심이 높았다. 그는 같은 시카고대학의 **제러드 카이퍼**(Gerad P. Kuiper, 1905~1973)와는 앙숙 관계로 그들의 제자인 칼 세이건의 입장을 난처하게 만들기도 한 장본인들이다. 카이퍼는 네덜란드계 미국인으로 현대 행성 과학의 아버지로 불리기

03

도 하며, 그의 이름은 해왕성 궤도의 밖에 있는 카이퍼 벨트(Kuiper belt)로도 잘 알려져 있다.

해럴드 유리가 약관 22살의 **스탠리 밀러**(Stanley Miller, 1930~2007)를 대학원생으로 받아들여서 오파린이 제시한 생명의 기원에 대한 가설을 실제 실험적으로 증명해 보려 한 것은 결코 우연한 일이 아니었다. 1953년 밀러와 유리는 그림 3-5와 같은 실험 장치를 만들고, 과연 유기물질이 원시대기에서 만들어지는지를 실험하게 되었다. 이 실험은 뵐러가 요소를 인공합성한 것과는 다른 의미로 생명의 기원을 찾아가는 최초의 실험이라는 점에서 그 의의가 크다고 할 수 있다. 밀러는 원형 플라스크에 원시의 환원성 대기를 형성하고 있었을 것으로 추정되는 물질인 메탄($CH_4$), 암모니아($NH_3$), 수소($H_2$) 및 수증기를 넣고 전극을 꽂아 스파크를 유발시켜 에너지를 공급하였다. 전극의 스파크는 원시대기의 번개를 모방한 것이다. 또 다른 원형 플라스크에는 물을 끓여서 수증기가 공급될 수 있는 구조를 만들고, 다시 전극이 꽂힌 플라스크에서 떨어지는 액체를 냉각시켜서 중간에 생성물을 채취할 수 있게 만들었다. 하루가 지나자 플라스크에 있던 물이 핑크색으로 변하였고, 일주일 후에는 탁하고 짙은 적색으로 변하였다. 이 생성물을 분석한 결과 그들은 글리신, 알라닌 등을 포함한 7개의 아미노산과 당, 핵산, 염기 등을 확인할 수 있었다. 이 발견은 무기물이 아무런 효소의 도움 없이 에너지만으로 유기물을 만든다는 것을 증명하는 획기적인 사건이었다. 유리는 1953년 자신의 이름을 빼고 제자인 밀러의 이름 단독으로 사이언스 잡지에 이 사실을 발표하였다. 실험의 모든 공을 제자에게 돌린 셈이다. 나중에 이들이 한 실험에서 이산화탄소가 빠져 있다는 사실이 밝혀졌지만, 이산화탄소를 첨가해도 실험 결과는 비슷하게 나타났다. 더욱 흥미



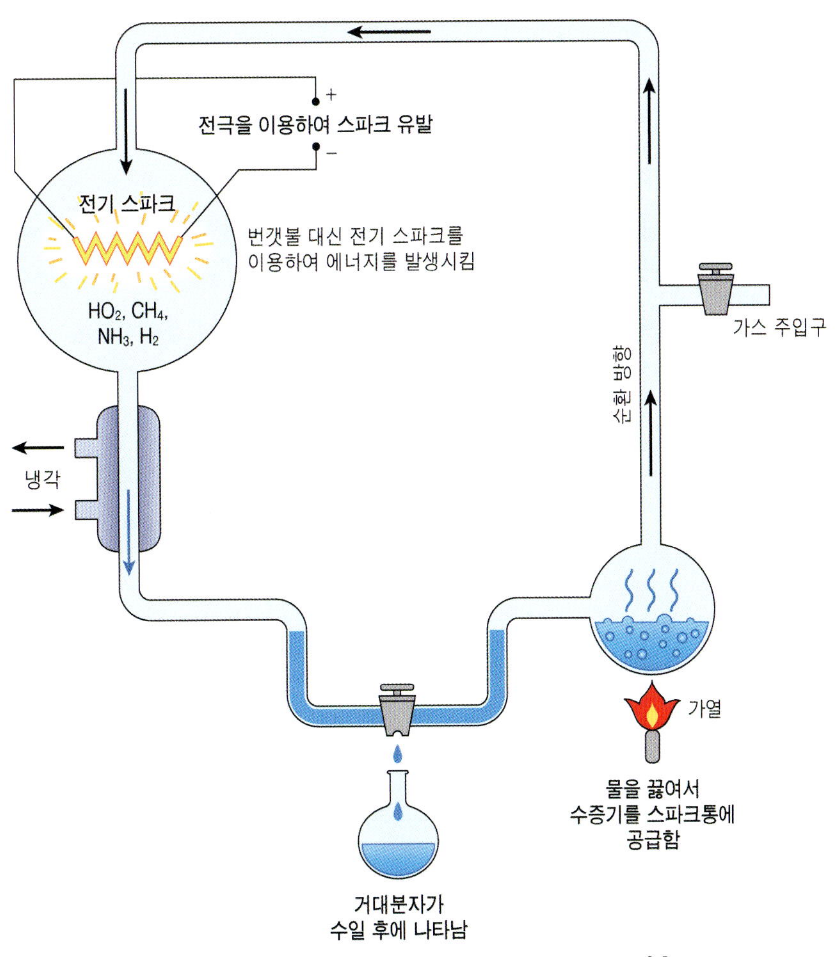


그림 3-5. 밀러-유리가 시행한 실험 과정. (출처: Carny[3-5])

로운 사실은 밀러가 사망한 1년 후인 2008년에 밀러의 제자인 **제프리 베다**(Jeffrey Bada, 1942~)가 밀러의 실험 장치에 남아 있던 샘플을 50년 뒤에 채취하여 현대식 기법으로 다시 분석한 결과, 생물학적 아미노산 20개가 모두 검출되었다는 사실이다. 밀러-유리의 실험에 의한 이들의 업적은 인간이 생명의 기원을 찾아가는 중요한 계기를 제공해 주었다는 데 큰 의미가 있다[23]. 또한 이들의 실험 결과가 발표된 1953년은 **왓슨**(James Watson)과 **크릭**(Francis Crick)에 의하여 인류 최초로 DNA 구조가 발표된 해이기도 하다. 바야흐로 난제 중의 하나인 생명의 기원에 대하여 학자들의 관심이 증가할 것은 당연해 보인다.

자연에서 아미노산과 같은 **단량체**(單量體, monomer)가 단백질 같은 **다량체**(多量體, polymer)로 전환되는 과정을 알아낸 학자는 미국 아이오와주립대학의 교수였던 **시드니 폭스**(Sidney Fox, 1912~1998)였다. 1959년 폭스는 아미노산을 150~180℃로 4~6시간 가열하면 촉매제 없이도 펩티드 결합이 생기면서 단백질이 형성되는 것을 발견하게 되었다. 그는 이렇게 형성된 단백질을 물에 넣으면, 세균 크기만 한 2㎛ 정도의 비눗방울 같은 막이 생기는 것을 알아내었다. 그는 이 세포막 같은 비눗방울을 **미구형체**(微球形體, microsphere)라고 불렀다. 초창기 지구는 용암이 흘러넘치고 화산 근처의 고온 지역에서 형성된 단백질이 빗물에 씻겨 연못으로 흘러내려 가 세포막처럼 보이는 미구형체를 형성했다고 보는 것이다[18]. 무엇인가 거대생물분자가 자연에서 만들어지고 세포 구조의 기본이 되는 세포막의 유사 구조가 서서히 모습을 드러내는 순간을 우리는 보고 있는 중이다[6].

03

## 3. 최초의 세포 탄생

최초에 얼마나 많은 생명체가 출현했는지는 아무도 모른다. 그러나 그중에서 끝까지 살아남아 모든 생물체의 공통 조상이 된 최후의 생명체를 말 그대로 LUCA(last universal common ancestor)라 부른다는 것은 이미 언급한 바 있다. 과연 이 최초이자 최후의 생명체는 언제, 어디서, 어떻게 출현했을까? 모든 학문의 공통 질문이자 쉽게 풀리지 않는 문제를 다룬다는 것은 쉬운 일이 아니다. 그러나 이러한 난제를 현재까지 알려진 수준에서 정리해 보는 것도 큰 의미가 있다고 할 수 있다.

### 1) 언제?

그렇다면 최초의 생명체는 언제 출현하였을까? 이는 제2장 '생명의 역사' 편에 자세히 기술한 바 있다.

1993년 호주 서부에서 발견된 **와라우나 층군**의 에이펙스 처트에서 발견된 남세균 미화석은 약 35억 년 전을 가리킨다. 그러나 1996년 그린란드 **이수아 암석대**에서 발견된 스트로마톨라이트는 그 연대가 38억 년으로 더 올라간다. 더군다나 2017년 캐나다 허드슨만에서 발견된 **누부아기투크 암석대**에서 발견된 생명체는 다시 최대 42억 년 전까지 올라갈 수 있는 여지를 남겨 놓고 있다[33]. 그러나 현재 상황으로는 최초의 생명체가 출현한 시기를 약 38억 년 전으로 보는 것이 타당할 것으로 보인다. 그렇다면 최초의 생명체는 어디에서 생겨났을까?

### 2) 어디서?

처음으로 생명이 탄생한 장소를 구체적으로 언급한 학자는 찰스 다윈이다. 다윈은 1871년 그의 가장 친한 친구인 식물학자 **조셉 후커**(Joseph Dalton Hooker, 1817~1911)에게 보낸 편지에서 생명의 기원은 자연에서 일어나는 일종의 과정에 의하여 생겨났을 것이며, 생명은 따뜻하고 **작은 연못**(warm little pond)에서 태어났을 것으로 추정하였다. 오파린이나 홀데인은 **원시수프**에서 생명이 기원하였을 것으로 보았으며, 특히 원시수프에서 형성된 유기물이 바다로 흘러들어 감으로써 궁극적으로 바다에서 생명체가 탄생한 것으로 보았다. 최근에 알려진 심해 **열수구**(熱水口, hydrothermal vent)는 생명이 출현한 가장 유력한 장소 중의 하나로 손꼽히고 있다. 심해 열수구에 관한 이야기는 **대사 우선설**(代謝于先說, metabolism-first theory)에서 다룰 것이다.

화산재가 풍화작용을 받아 만들어진 진흙 종류인 **몬모릴로나이트**(montmorillonite, 점토광물의 일종)도 그 진흙 표면이 마치 효소처럼 촉매 역할을 하여 화학반응을 촉진시키는 역할이 알려져 있다[20]. 그뿐만 아니라 뜨거운 열을 가지고 있는 용암이나 암석, 화산 온천, 운석 충돌구 등도 생명체가 탄생한 장소로 거론되기도 하며, 심지어 지구가 아닌 외계에서 생명체가 유입되었다고 주장하는 범종설도 있다.

### 3) 어떻게?

최초의 생명체는 어떻게 탄생하였을까? 생명의 기원에서 가장 핵심적인 질문이기도 하다. 1940년대에는 유전물질이 DNA인지 단백질인지 혹은 지방인지조차도 확인되지 않았던 시절이었다. 이 문제는 1944년 록펠러대학의 **오스월드 에이버리**(Oswald Avery, 1877~1955)의 실험에 의하여 유전물질은 DNA라는 것이 밝혀지게 되었고, 이는 다시 1952년 미시간주립대학의 **앨프리드 허시**(Alfred Hershey, 1908~1997)와 **마사 체이스**(Martha Chase, 1927~2003)에 의하여 다시 한번 재확인되었다. 이들은 방사성 동위원소를 박테리오파지의 핵과 **협막**(莢膜, capsule)에 붙여서 어떤 부분이 세균 안으로 들어가는지를 확인함으로써 DNA가 유전물질임을 확신하게 해 주었다. 이 부분은 제9장 '생명의 유전' 편에서 자세히 다룰 것이다.

1950년대는 왓슨-크릭이 밝혀낸 DNA 구조와 밀러-유리의 실험으로 점차 생명의 속살과 기원에 관한 관심이 고조되기 시작한 시기로 보인다. 1960년대에 접어들면서 오겔과 크릭은 최초의 생명체는 DNA나 단백질을 가지고 있지 않고, 오직 RNA만 가지고 있었을 것으로 추정하였다. 이것이 RNA world의 시초이자 **복제 우선설**(複製于先說, replication-first theory)의 서막으로 보인다[32]. 그러나 이런 복제나 유전이 우선이라는 주장은 대사 우선설의 실질적인 저항에 부딪히게 된다. 왜냐하면 복제나 유전은 우선 에너지를 생산해서 생존해야 가능해지기 때문이다. 그러나 대사 우선설은 다시 **구획 우선설**(區劃于先說, compartmentalization-first theory)과 논쟁을 벌여야 한다. 즉, 에너지가 생산되는 부위는 다름 아닌 세포막이기 때문에, 세포막이라는 비눗방울이 생기지 않으면 에너지 대사가 일어날 수 없다는 것이다. 이러한 최초 생명체의 기원에 대한 논란은 각기 이론적 정당성을 가지면서 상호 발전해 나가고 있는 중이다. 그렇다면 이들 각각에 대하여 자세히 알아보도록 하자.

#### (1) 복제 우선설

1968년 NASA의 바이킹 계획에 참여했던 **오겔**과 DNA 구조를 밝힌 **크릭**은 상호 협업하여 DNA, RNA 및 단백질의 관계에 대한 견해를 밝혔다. 즉, RNA는 단일 가닥으로 골격은 인산과 오탄당으로 만들어져 있고 여기에 염기가 붙어 있는 형태이다(그림 3-6). RNA는 비록 한 가닥이지만 염기가 상보적으로 서로 붙으면 두 가닥이 될 수도 있다. 염기의 서열 속에 유전정보가 들어 있으므로 단일 가닥인 RNA보다 두 가닥



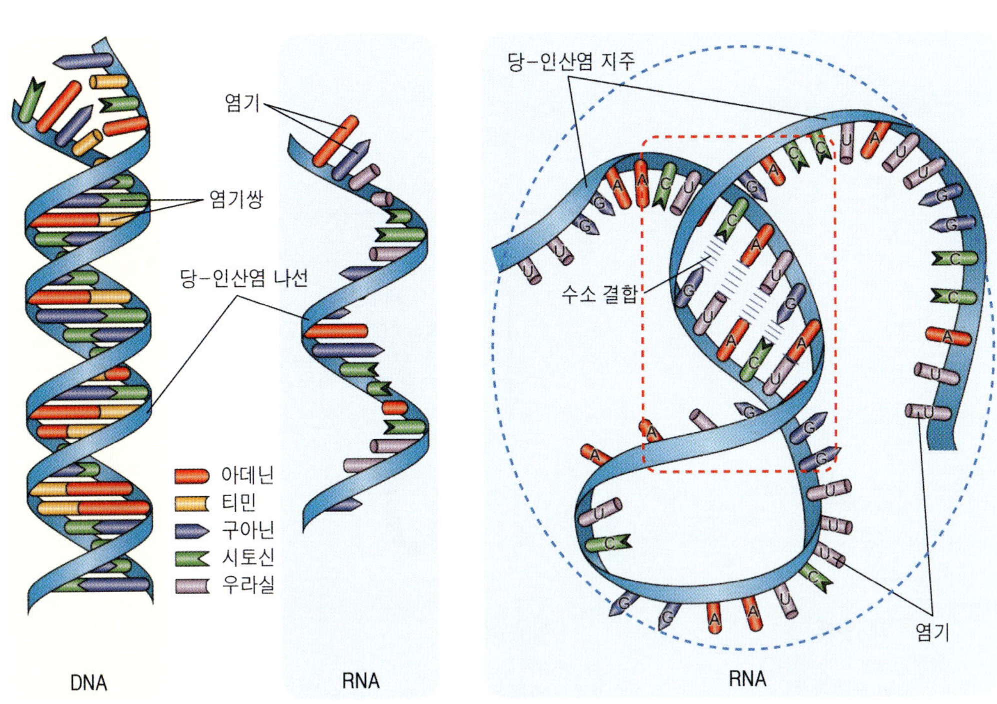


그림 3-6. DNA와 RNA의 구조에 대한 도해. (출처: Lumen Learning[3-6])

인 DNA가 유전정보를 보존하는 데는 훨씬 더 효율적일 것은 당연하다. 또한 단백질은 20개의 아미노산이 연결되어 다량체를 이루고 있는데, 이 아미노산의 순서를 결정해 주는 정보가 바로 DNA 속에 담겨져 있다(자세한 내용은 제9장 '생명의 유전' 편에서 다시 자세히 다룰 것이다). 서로 다른 아미노산들은 상호 전기적 힘에 의하여 서로 접히게 되어서, 일차원적 아미노산의 순서가 이차원 및 삼차원적 아미노산의 구조로 바뀌게 된다. 이 삼차원적 구조가 바로 효소로서 기능하게 되는데, 어떤 단백질도 동일한 모양을 하게 될 가능성은 거의 없다. 이러한 내용을 종합하여 두 사람은 최초의 세포에 등장한 것은 DNA나 단백질이 아니라 RNA였을 것으로 추정하였다. 그러나 이런 가정은 10년 넘게 증명되지 않은 채 남아 있었다.



콜로라도대학의 **토머스 체크**(Thomas R. Cech, 1947~)가 **리보자임**(ribozyme)을 발견하여 학회에 보고한 것은 1982년이었다. 그는 섬모충류에 속하는 **원생동물**(原生動物, protozoa)인 *Tetrahymena thermophilia*를 연구하던 중 세포 속의 RNA가 다른 어떤 효소도 없는 상태에서 짧은 조각으로 잘려 나가는 것을 관찰하게 되었다. 다시 말해서 그가 발견한 것은 RNA 자체가 효소처럼 자기 RNA를 자를 수 있다는 것이었다. 그는 이것을 RNA(**Ribo**nucleic acid)와 효소(en**zyme**)의 이름을 섞어서 리보자임(ribozyme)이라고 명명하였다. 단백질을 만들기 위해서는 DNA가 있어야 하고, DNA를 만들기 위해서는 많은 효소 역할을 하는 단백질이 있어야만 한다. 이러한 상황에서 리보자임의 발견은 지금까지 풀지 못했던 '닭이 먼저냐, 달걀이 먼저냐'(chicken-and-egg dilemma)에 대한 과학적 난처함을 한 번에 해결해 주는 쾌거라 할 만하다[41]. 즉, RNA 자체가 유전정보도 가질 수 있고, 단백질인 효소의 기능도 할 수 있다는 것이 밝혀진 것이다[52]. 그림 3-6에서 빨간색 점선으로 표시된 부분은 RNA가 DNA의 유전정보 기능을 대신할 수 있는 특징을 보여 주며, 하늘색 점선으로 표시된 부분은 염기들이 서로 결합해서 접힐 수 있는 가능성을 보여 주어 효소로서 기능할 수 있는 구조적 형태를 보여 준다고 할 수 있다. 그러나 현재 유전정보에 대한 기능은 RNA보다 두 가닥인 DNA가 더 효율적이고, 효소의 기능은 RNA보다 단백질이 더 우수하여, 결국 RNA는 이들 중간에서 전달책 정도의 역할을 한다고 보고 있다. 1986년 하버드대학의 **월터 길버트**(Walter Gilbert, 1932~)는 이러한 세계를 일컬어 **RNA 세계**(RNA world)라고 하였다(그림 3-7)[5,38]. 토머스 체크는 1989년 노벨 화학상을 공동 수상하였다[11].

그러나 RNA 세계라는 이론도 모든 과학자의 궁금함을 풀

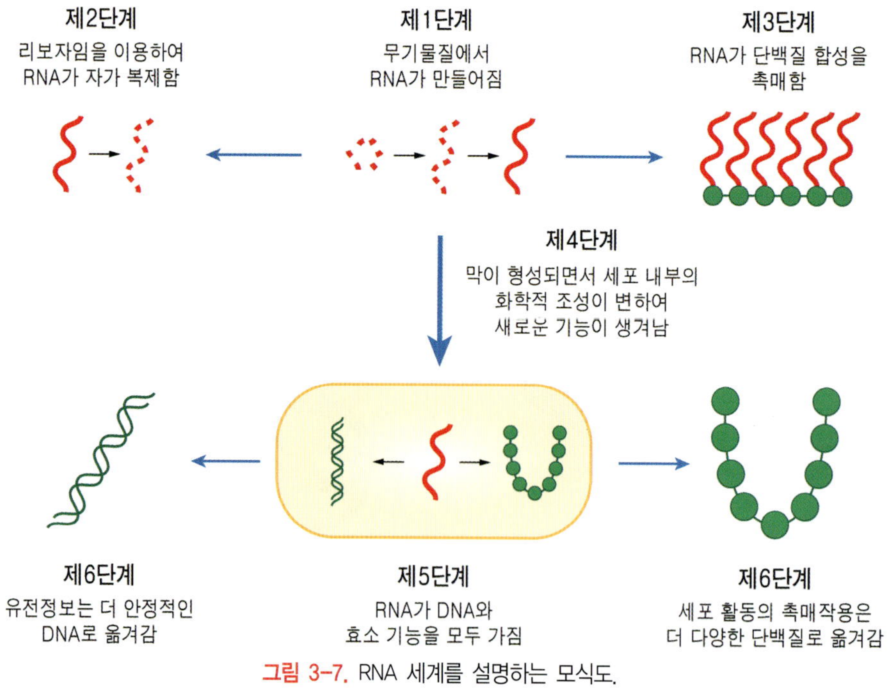


그림 3-7. RNA 세계를 설명하는 모식도.

어 줄 수는 없다. 왜냐하면 RNA 자체가 복제되기 위해서도 많은 효소의 도움이 필요하기 때문이다. 그뿐만 아니라 실제 원시대기 상태에서는 RNA 자체가 합성되지 않을뿐더러 RNA 복제도 일어나지 않는다. 즉, 오탄당과 염기는 쉽게 합성되지만 RNA를 합성하지 못하는 난제를 남겨 놓고 있다. 이런 분위기는 1980년 후반을 거치면서 생명체가 RNA에서 시작한 것이 아니라, 에너지를 만들어서 우선 생존부터 해야 한다는 대사 우선설이 설득력을 얻기 시작하였다.

### (2) 대사 우선설

대사 우선설에 군불을 지핀 학자는 국제특허변호사가 주업이었던 **군터 바흐터스하우저**(Günter Wächtershäuser, 1938~)였다. 1980년대 후반 바흐터스하우저는 복제나 유전이 우선인 RNA 세계는 너무나 복잡하고 지속 가능성이 낮은 것으로 보고 단순하면서도 가능성이 높은 대사 쪽으로 과감히 생각을 바꾸었다. 우선 최초의 생명체가 살아남기 위해서는 무엇보다 에너지기 필요하다는 대사 우선설을 들고나온 것이다[47]. 그가 주목한 것은 실제 금처럼 보이지만, 금이 아니라 바보 금(Fool's Gold)이라 불리는 **황철석**(黃鐵石, pyrite, $FeS_2$, iron sulfide)이었다(그림 3-8). 화학식이 말해 주듯이 황철석은 철과 황이 섞여 있는 화합물이다. 이런 암석은 산화-환원반응을 촉매하여 에너지를 얻을 수도 있고 아미노산을 단백질로 만들어 주기도 한다. 실제 생물체에서 일어나는 화학반응에 관여하는 효소들에는 철과 황 같은 금속들이 많이 포함되어 있다[17]. 특히 생명체가 에너지로 사용할 ATP를 생산하는데 직접 관여하는 **전자전달계**(電子傳達界, electric transport system)에도 철과 황이 중심 역할을 하고 있다(이 내용은 제7장 '생명의 대사' 편에서 자세히 다룰 것이다).

그림 3-8. 황철석. (출처: Robert M. Lavinsky[3-8])

이와 같이 황철석은 실제 세포 내에서 일어나는 생화학적 반응을 촉매하는 것이 관찰되었다. 따라서 최초의 생명체는 RNA를 먼저 가지고 있었던 것이 아니라, 심해 **열수구**(熱水口, hydrothermal vent)와 같은 곳에 있던 황철석의 표면에서 무기질을 대사시킬 수 있는 과정이 먼저 일어났을 것으로 추정하였다. 즉, 열수구에서 나온 **황화수소**(黃化水素, hydrogen sulfide, $H_2S$)는 마치 식물이 물을 분해하여 전자를 얻듯이, 황화수소가 분해되어 전자를 제공한다. 이 전자는 철 화합물을 통하여 전달되면서 에너지를 얻어서 유기물질을 만들어 내는 대사 순환이 일어날 것이다. 따라서 바흐터스하우저는 이런 과정을 RNA 세계와 대비되게 **철-황산 세계**(Iron-Sulfur world)라고 불렀다[7]. 결국 황화수소에서 나온 전자는 에너지를 만들어 내고 물속에 녹아 있는 산소와 결합해서 물로 돌아갔을 것이다.

처음으로 심해 열수구가 체계적으로 관찰된 것은 1977년 오리건주립대학의 **잭 콜리스**(Jack Corliss, 1936~)였다. 그는 엘빈 잠수정을 타고 동태평양 갈라파고스의 해저 2.5km 지점에 있는 열수구를 직접 보게 되었다. 그가 관찰한 것은 해저에 솟아오른 기다란 대롱이나 굴뚝을 통하여 화산이 피어오르는 모습이었다. 그뿐만 아니라 이 화산 분출공 주위에는 삿갓조개(limpet), 홍합, 서관충(tubeworm) 등 많은 생명체가 모여 사는 광경도 목격하게 되었다[15]. 여기서 뿜어져 나오는 온천물에도 많은 세균이 살고 있었다. 그는 1981년 이런 분출공에서 생명이 탄생했을 것이라고 주장하게 되었다. 심해 열수구가 생명의 탄생지로 각광받기 시작한 시점이다(그림 3-9).

해저 열수구의 굴뚝에 황석철이 많이 함유되어 있다는 사실을 알아낸 학자는 지질학자인 영국의 **마이클 러셀**(Michael J. Russell)이었다. 그는 열수 분출공에서 화석 흔적을 발견하고 그 화석 속에 황철석이 포함되어 있다는 사실을 확인하게 되었다. 만약 열수구가 에너지를 만들어 내는 발전소가 되기 위해서는 어디선가 **양성자 구배**(陽性子勾配, proton

03

그림 3-9. 심해 열수구에서 피어오르는 블랙 스모커와 주위 생명체. (출처: Theworldsbestever[3-9])



gradient)가 형성되는 구조를 발견해야만 했다. 양성자 구배란 구조물을 사이에 두고 양성자 농도가 차이가 나는 형태를 말한다. 이 양성자 농도의 차이는 **화학삼투작용**(化學滲透作用, chemiosmosis)을 일으켜 ATP라는 에너지를 만들어 내게 된다[27](이는 제7장 '생명의 대사' 편에서 자세히 다룰 것이다). 이런 과정은 이미 1960년대 영국의 화학자인 **피터 미첼**(Peter D. Mitchell, 1920~1992)에 의하여 이미 밝혀졌고, 미첼은 1978년 ATP 합성 경로를 밝힌 공로로 노벨 화학상을 수상하였다. 미첼이 밝힌 에너지 합성과정은 지구의 모든 생명체가 다 이용하는 방법이기도 하다. 그렇다면 어떻게 열수 분출구에서 ATP가 생성될 수 있다고 추정할 수 있을까?

바다 밑 열수 분출구가 있는 주위를 살펴보자. 차가운 바닷물이 해저의 갈라진 틈을 따라 땅속으로 스며든다. 이렇게 스며든 바닷물은 마그마의 열기를 받아서 400℃ 정도로 가열되면서 주위 암석과 반응을 일으킨다. 즉, 산소, 망간 및 칼륨은 빠져나가고 물은 점점 산성화되면서 철, 황, 구리 등 금속 성분이 바닷물 속에 녹아들 것이다. 이어서 다시 이 뜨거워진 바닷물이 해저 쪽으로 상승하면서 서서히 식어지고, 이러한 금속 성분이 떨어져 나와 주위에 쌓이면서 굴뚝을 형성할 것이다[28]. 이렇게 빠져나온 바닷물이 금속과 광물 성분의 침전물로 변하여 마치 검은 연기처럼 보이는 것을 우리는 **블랙 스모커**(Black smoker)라고 부른다(그림 3-9). 블랙 스모커보다 수온이 더 낮은 편으로 유산염이나 실리카가 주성분인 하얀 온수와 가스가 뿜어져 나오는 것을 **백색 스모커**(White smoker)라고 말한다. 이렇게 바닷물이 산성이라는 것은 수소이온, 즉 양성자가 많이 떠 있다는 의미이다. 그렇다면 어떻게 양성자 구배가 형성될 수 있을까?

2000년 워싱턴대학교 해양대학 교수인 **데보라 켈리**(Deborah Kelly)가 대서양 중앙 해령에서 발견한 심해 열수구는 1977년 잭 콜리스가 발견한 열수구와는 다른 양상을 보여 주었다. 잭 콜리스가 발견한 열수구는 너무 뜨겁고 산성인 데 반해, 데보라가 발견한 것은 40~75℃ 정도이면서 알칼리성이었던 것이다. 이 알칼리성 열수구의 발견에 제일 환호한 사람은 이미 소개한 지질학자 러셀이었다. 데보라의 알칼리 굴뚝 발견은 자연적으로 에너지를 만들어 낼 수 있는 양성자 구배 지역을 찾아낸 셈이 되기 때문이다[24,37]. 그는 지질학자로서의 한계를 벗어나기 위하여 독일의 생물학자인 **윌리엄 마틴**(William Martin)과 합류하게 된다. 그들은 알칼리성 열수구에서 황철석이 들어 있는 작은 주머니 같은 포켓 속에서 최초의 에너지가 만들어지고, 이 에너지는 RNA 분자와 같은 물질들을 만들었을 것으로 추정하였다. 이런 과정을 통하여 세포막으로 형성된 진정한 세포가 암석 구멍에서 만들어져 물속으로 흘러나오면서 최초의 생명체가 등장했다는 설명이다. 그림 3-10은 최초의 생명체가 등장하는 모습을 그린 상상도이다. 이렇게 하여 가장 설득력 있는 생명의 기원에 대한 가설이 등장하게 되었다. 그렇다면 열수구에서 생명체가 대사기능을 앞세워 출현했다는 이론은 과연 모든 과학자의 질문에 답을 내놓을 수 있을까? 물론 그렇지 않다. 깊은 바닷속에 있는 열수구도 효소가 없으면 RNA를 만들 수 없고, RNA가 없으면 단백질이 만들어지지 않는다는 문제는 여전히 남아 있다[10,36].

### (3) 구획 우선설

복제와 유전을 우선으로 하는 RNA 세계와 대사를 우선으로 하는 철-황 세계가 완벽한 이론으로 등장하지 못하자 로마 트레대학의 **피에르 루이지 루이시**(Pier Liugi Liusi)는 2000년대 초반 모든 세포는 세포막이라는 주머니 속에 들어 있으므로 세포막이 우선 만들어져야 한다는 구획 우선설을 들고 나왔다[30,48]. 구획 우선설은 1920년대의 오파린이나 1950년대의 폭스와 연결되어 있다. 오파린이 주장한 **원세포**

그림 3-10. 최초의 생명체가 해저 열수구에서 출현하는 상상도.



(原細胞, protocell, protobiont)는 코아세르베이트로 불렸고, 폭스가 주장한 것은 미세구형체로 알려져 왔다[21]. 일단 막이 형성되어서 주위 공간과 격리되어 안정적인 화학반응이 일어날 수 있는 환경 조성이 생명체 탄생에 제일 먼저 일어나야 할 사건으로 본 것이다. 원래 세포막은 **지질이중층**(脂質二重層, lipid bilayer)으로 구성되어 있기 때문에 다른 세계와 구분해서 **지방세계**(脂肪世界, lipid world)라 부르기도 한다. 더구나 2009년 텔로미어(telomere)에 관한 공적으로 노벨상을 공동 수상한 하버드 의대 유전학 교수인 **잭 쇼스택**(Jack W. Szostak, 1952~)과 그 동료들은 그의 연구실에서 RNA 복제효소(RNA replicase)와 지방산으로 원세포를 만들고 원세포 안에 들어 있는 RNA 복제효소가 복제해 가는 과정을 재현해 보였다. 또한 이 원세포에 지방산을 더해 주면 원세포의 막이 성장하고 점점 늘어나 두 개의 딸세포로 갈라지는 모습도 관찰하였다. 이들은 구획과 복제가 동시에 일어나는 과정을 본 것이다.

### (4) 동시설

**동시설**(同時說, everything-at-once theory)은 앞에서 설명한 이론들이 초기 지구에서 수분 안에 동시에 일어났을 것으로 추정하는 개념이다[32]. RNA 세계에서 해결되지 않았던 RNA 합성 문제는 화학반응 중 어느 시점에 생성되었다가 그 반응이 진행되는 동안 사라졌다고 생각할 수도 있다. 밀러가 했던 실험에서도 어느 순간 RNA가 만들어졌다가 없어진 것으로 본 것이다. 즉, 반응이 적당해야 생명에 필요한 구성성분이 만들어진다는 개념이다. 그뿐만 아니라 자외선은 화학작용에 많은 영향을 미친다. 그러나 자외선은 햇빛 속에 들어 있으므로 심해 열수구까지는 도달하지 못한다. 따라서 생명이 태어난 곳은 깊은 바닷속이 아니라 자외선을 많이 쪼일 수 있는 화산 온천이나 옐로스톤 같은 화산지대에 있는 얕은 열수구가 될 가능성도 제시되었다.

생명의 기원을 밝혀내어서 실험적으로 생명을 탄생시킬 수 있는 시대가 도래할 수 있을까? 지금까지 그 가능성과 진척 상황을 대강 훑어보았다. 약 6천 년의 인간 역사 속에서 생명의 기원에 관해 인류가 적극적으로 탐사 노력을 기울인 것은 겨우 100년 정도밖에 지나지 않았지만, 그 가능성은 항상 열려 있다는 기분이 든다. 이제는 일단 탄생한 생명체가 어떻게 그다음 단계로 진행되어 가는지를 살펴볼 차례이다.

## 제3절 생물학적 진화

### 1. 내부공생설

**공생**(共生, symbiosis)은 말 그대로 같이 사는(living together) 것을 말한다. 생명체가 한 지붕 밑에서 같이 살게 되

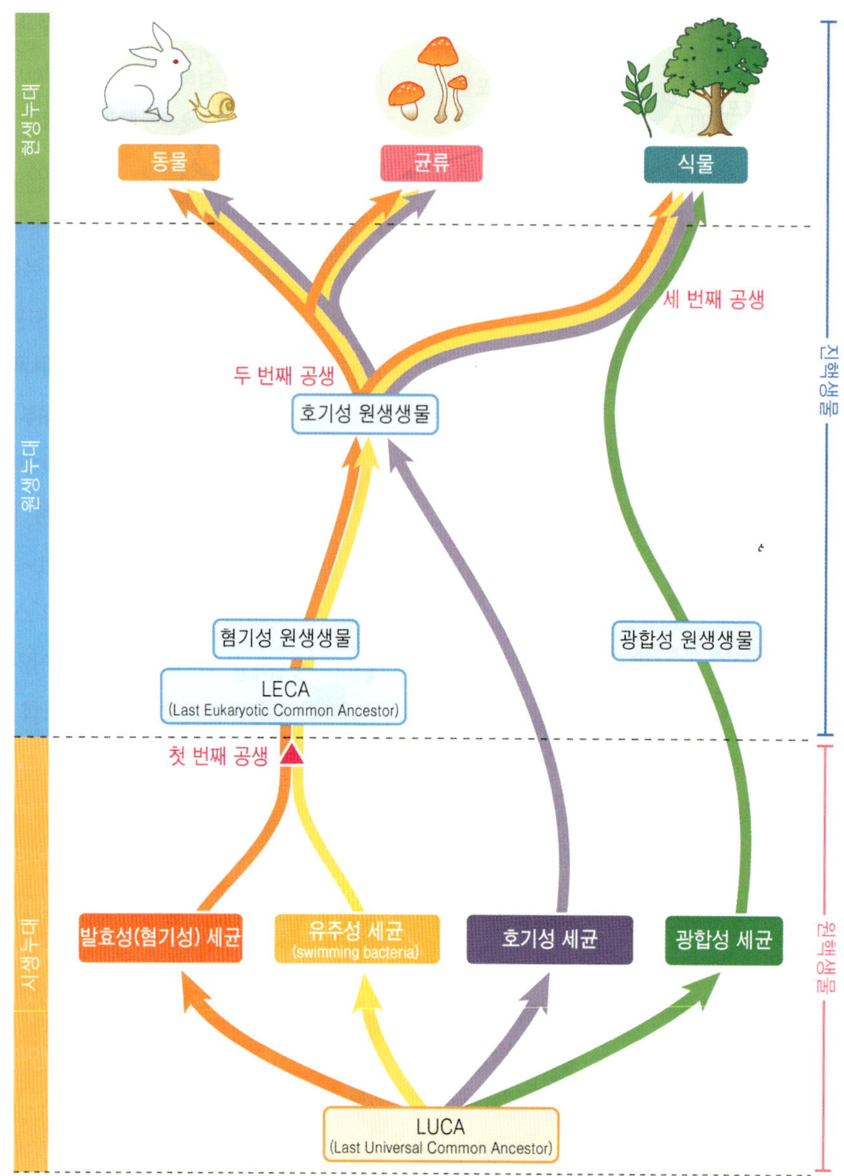


그림 3-12. 린 마굴리스가 제안한 연속 세포내 공생이론의 도해.

광합성 세균과 **3차 공생**(三次共生, tertiary endosymbiosis)을 이루면서 결국 독립영양생물인 식물이 탄생하게 된 것이다. 공생관계의 발전은 생명의 탄생 초기에 종의 다양화를 이룰 수 있었던 한 방법이었던 셈이다[19]. 우리는 이러한 마굴리스의 제안을 **연속 세포내 공생이론**(serial endosymbiotic theory; SET)이라고 부른다.

## 2. 다세포 생명체 탄생

1907년 노스캐롤라이나대학 생리학 교수였던 **헨리 윌슨**(Henry V. P. Wilson, 1863~1939)은 **해면동물**(海綿動物, sponges)을 이용한 실험 결과를 실험동물학회지에 발표하였다[50]. 즉, 해면동물은 현존하는 가장 원시적인 다세포 동물인 **털납작벌레**(trichoplax)보다는 한 단계 높은 동물이지만, 발생 과정 중 포배 상태에 머물면서 더이상 조직의 분화가 일어나지 않은 무배엽 동물이다. 따라서 해면동물을 원생동물에서 **후생동물**(後生動物, metazoa)로 진화해 가는 과정 중에 옆으로 가지를 친 동물이라고 하여 **측생동물**(側生動物, parazoa)이라고 부르기도 한다. 윌슨은 이 해면동물을 실크로 만든 거름망으로 걸러서 세포 하나씩 쪼갤 수 있었다. 이 쪼개진 각 세포를 바닷물이 담긴 접시에 풀어 놓자, 아메바처럼 기어다니다가 서로 합쳐지면서 한군데로 모여 다시 세포 덩어리를 형성하였다. 이 덩어리는 계속 자라서 마침내 새로운 해면동물로 재조립되었다. 이러한 일련의 과정은 단세포 생물들이 모여서 다세포 생물로 변해 가는 변천사를 이야기해 준다고 할 수 있다. 그렇다면 단세포가 어떻게 다세포 생물로 변해 갔을까?

단세포들은 각자가 뭉치기 시작하여 **군체**(群體, colony)를 형성하였지만, 아직은 기능적으로 분화되지 않은 상태에 놓여 있었을 것이다. 그러다 점차 기능적으로 분화가 일어나면서 **조직**(組織, tissue) 단계로 이행될 것이다. 이 단계까지는 바닷속에서 일어났다. 이런 초기 다세포 생명체는 산소가 대기 중에 나타나고 오존층이 만들어진 덕분에 육상으로 진출하면서 식물, 균류, 동물이라는 다세포 개체로 발전해 나갔을 것이다. 그러나 이러한 생명체들이 세포 단계에 머물러 있는 것, 조직 단계에서 생활하고 있는 것, 기관 단계에서 더 나아가지 못한 채 생존하고 있는 개체들을 우리는 차례로 만나볼 것이다. 이들은 '생명의 분류' 편이나 '성장' 편에서 자세히 다룰 예정이다.

## 제4절 생명의 탄생 과정

이제부터 지금까지의 과정을 도표로 그려 보면서 생명의 탄생 과정을 복기해 볼 차례이다(그림 3-13). 그러나 여기에 표시된 내용이 전부 옳다고 할 수는 없다. 누구도 이 문제에 대한 정답을 현재로서는 제시하기 어려운 상태이기 때문이다. 그렇지만 지금까지 알려져 온 생명의 탄생 과정에 대하여 시나리오를 그려 본다는 것은 사고 정리를 위해서 필요한 작업이라고 생각된다.

우선 **쿼크**(quark)나 **경입자**(輕粒子, lepton)로 구성된 원자는 분자를 형성하고 이는 다시 유기물을 만들어 낼 것이다. 이 과정은 제1장 '모든 것의 시작' 편에서부터 설명한 내용들이다. 이러한 유기물의 거대분자에서 생명이 탄생하는 과정은 쉽게 기술하기 어려운 부분이다. 그렇지만 이와 관련하여 현재까지 진행된 연구 업적에 대하여 개략적으로 소개를 한 바가 있다. 즉, 복제 우선설, 대사 우선설, 구획 우선설 등을 설명하였고, 그림 3-13은 이런 복잡성을 바탕에 두고 원세포를 거쳐서 최초의 세포로 진화해 가는 과정을 정리해 보았다.

일반적으로 최초의 생명체는 혐기성 세균으로 종속영양 생물이었을 것으로 추정되어 왔다. 이 혐기성 세균이 이미 주위에 생성되어 있었던 유기물들을 다 먹어 치우자 본격적인 기아 상태를 맞이했을 것이다. 따라서 이러한 기아 상태를 극복하기 위해서는 자체적으로 식량을 조달하는 방법을 찾을 수밖에 없었고, 이때 최초의 독립영양생물인 **메탄 생성균**(methanogen)이나 **황세균**(sulfur bacteria) 같은 원핵세포가 등장했을 것이다. 메탄 생성균은 이산화탄소와 수소를 이용하고, 황세균은 이산화탄소와 황화수소를 이용하여 에너지를 얻었을 것이다. 즉, 수소와 황화수소에서 전자를 얻고 대사산물로 메탄과 유황을 뱉어 내었을 것이다. 그러나 그림 3-13에서 보는 대로 광합성 세균이 다른 초기 독립영양생물보다 더 두드러지게 나타나게 된다. 왜냐하면 남세균은 수소나 황화수소 대신 주위에서 구하기 쉬운 물을 이용하였기 때문이다. 즉, 물에서 전자를 얻어 에너지를 만들어 냈던 것이다. 따라서 광합성 세균이 메탄 생성균이나 황세균보다 훨씬 더 번창하였다.

그러자 이번에는 생각지도 못한 산소가 분출되는 사상 최대의 대기오염 사태가 발생하였다(2장 2절 참고). 자유산소의 대기 증가는 혐기성 세균에게는 치명적인 독이 되어 그들은 지구라는 무대 위에서 점점 사라져 갔을 것이다. 지금도 이들은 산소가 없는 땅속이나 동물의 내장 속에서 명맥을 겨우 유지하며 근근이 살아가고 있다. 그러나 이러한 절대위기 상황에서 다시 유기호흡을 하는 호기성 세균이 등장하면서 지구상에서 주류 세력이 재편되는 결과가 초래되었다. 한편으로는 그렇게 위협적이던 산소는 오히려 전화위복이 되어, 오존층을 만들어서 생명체가 바다에서 육지로 올라와 활동 범위를 넓힐 수 있는 기회를 제공해 주었다. 더 나아가 산소를 이용하여 식량에서 더 많은 에너지를 뽑아내는 기술이 이 지구상에 등장하게 되었다(제7장 '생명의 대사' 편 참고). 우리는 이런 사실을 알게 되면서 자연으로부터 절대적 위기가 기회로 변할 수 있다는 교훈을 얻게 되었다.

현재 생명체는 대부분 산소에 의존하여 살아간다. 그런데 만약 원시지구의 대기에 자유산소가 많아서 산화성 대기였다면 과연 생명체가 탄생할 수 있었을까? 대답은 물론 '아니다'이다. 자유산소가 많았다면, 거대생물분자가 합성되기 전에

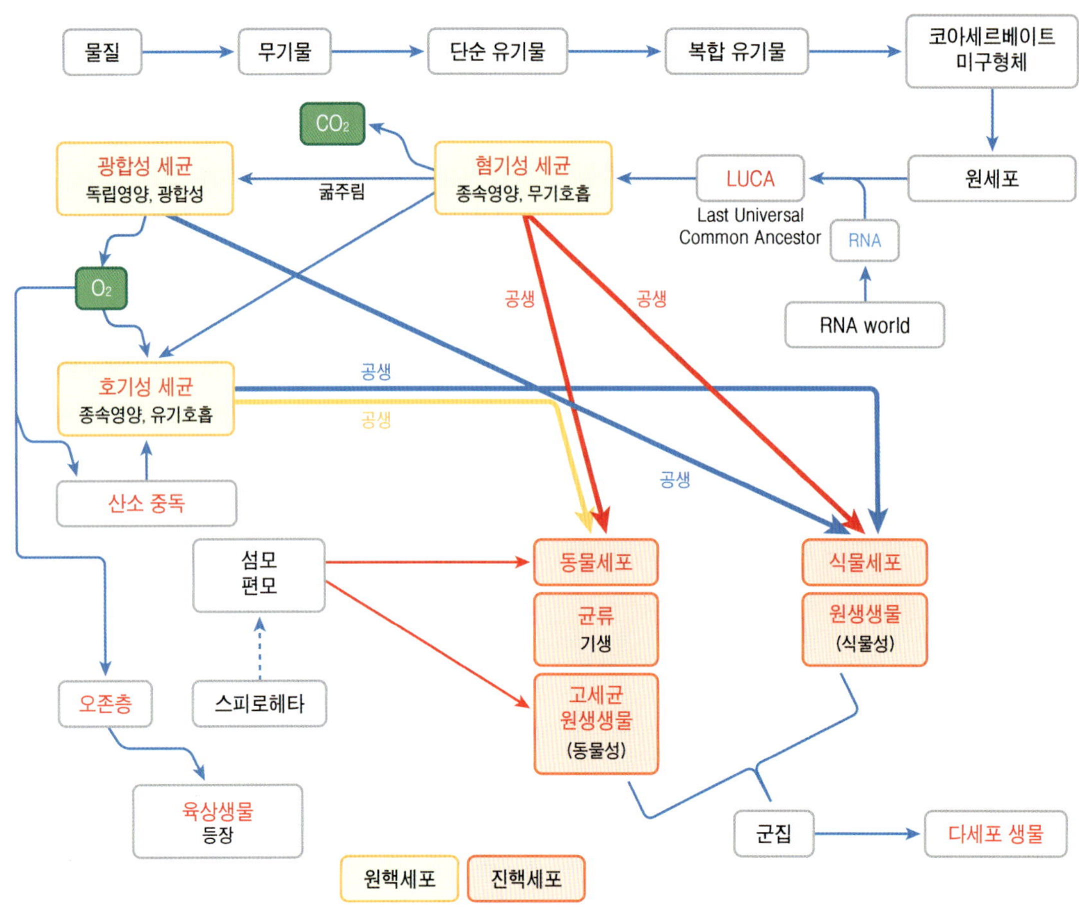


그림 3-13. 생명체의 탄생과 진화 과정에 대한 도해.

이미 타 버리고 말았을 것이기 때문이다. 여기에서 우리는 내부공생이라는 공정이 등장한다. 혐기성 세균이나 초기 종속영양성 진핵세포와 호기성 세균의 2차 공생은 동물성 원생생물, 균류 및 동물세포로 나아갈 것이고, 호기성 세균과 광합성 세균 및 혐기성 세균의 3차 공생은 식물성 원생생물이나 식물세포로 나아갈 것이다. 이렇게 형성된 세포들은 다시 군집을 이루고 기능적 분화를 거쳐 다세포 생물 시대로 넘어가게 된 것이다. 그림 3-13은 과학의 발전이 멈추어 서지 않는 한 수정과 보완을 거치면서 마지막 대망의 종착지를 향해서 점점 변화되며 나아갈 것이다.

최근 발표된 논문 하나를 소개하면서 이 장을 끝내고자 한다. 지질학자 레셀과 합류했던 윌리엄 마틴은 2016년 발표한 논문에서 최초의 세포가 가지고 있었던 유전자를 찾아가는 작업을 시도하였다. 그림 10-29에서 보는 것과 같이 생명체를 2개의 영역으로 나누어서 진정세균과 고세균에서 공통으로 들어 있다고 추정되는 355개의 유전자를 찾아낸 것이다. 그들은 이 유전자들이 가지고 있는 기능을 조사하여 최초의 생명체가 어떤 것이었는지를 역으로 추정해 보았다. 그들이 내린 결론은 최초의 생명체는 혐기성이지만, 독립영양생물이었고, 이산화탄소를 고정하는 능력을 갖추고 있었다는 것이다. 그뿐만 아니라 수소에 종속적이면서 질소를 고정할 줄 알았고, 호열성 성질을 가지고 있었다고 추정하였다[13,49]. 이것을 종합하면 결국 이들이 살았을 가능성이 가장 높은 곳은 열수구였으며, 최초의 생명체는 혐기성이지만 독립영양생물이라고 주장하는 것이다. 벌써 그림 3-13에 표시된 최초의 생명체가 종속영양생물인지 독립영양생물인지에 대한 논쟁이 가열될 듯하다.

## 참고문헌

1. 권오식, 유민. *생명의 기원*. 대구: 계명대학교 출판부, pp.37-55,

2011.
2. 김희준 외. *기원: The origin*. 서울: 휴머니스트 출판그룹, pp.84-85, 2016.
3. 루이 파스퇴르. *자연발생설 비판*. (김학현 역. 서울: 도서출판 서해문집, pp.49-56, 1998)
4. 박인원. *생명의 기원: 지구에서 최초의 생명체가 생길 때까지*. 서울: 서울대학교 출판부, pp.13-37, 1996.
5. 야나가와 히로시. *RNA 이야기: 생명의 시작에서 리보자임, 에이즈까지*. (김우호 역. 서울: 전파과학사, pp.45-50, 2016)
6. 이영록. *생명의 기원과 진화*. 서울: 고려대학교 출판부, pp.155-162, 1989.
7. Abiogenesis. Wikipedia. Available at: https://en.wikipedia.org/wiki/Abiogenesis (접속일 2020년 7월 19일)
8. Animism. Wikipedia. Available at: https://en.wikipedia.org/wiki/Animism (접속일 2020년 7월 19일)
9. Brack, A., Hornheck, G., Cockell, C. S., et al. *Origin and evolution of life on terrestrial*. Astrobiology, 10(1), 2010. Available at: https://www.liebertpub.com/doi/full/10.1089/ast.2009.0374 (접속일 2020년 7월 19일)
10. Brazil, R. *Chemistry: Life's origins by land or sea? Debate gets hoe: Volcanic springs and deep-oecan get new evidence*. Scientific America. Available at: https://www.scientificamerican.com/article/lifes-origins-by-land-or-sea-debate-gets-hot/ (접속일 2020년 7월 19일)
11. Cech, T. R. *Exploring the new RNA World*. NoblePrize.org. Available at: https://www.nobelprize.org/prizes/chemistry/1989/cech/article/
12. Chirality (chemistry). Wikipedia. Available at: https://en.wikipedia.org/wiki/Chirality_(chemistry) (접속일 2020년 7월 19일)
13. Cooper, K. *Looking for LUCA, the last universal common ancestor*. Available at: https://phys.org/news/2018-12-luca-universal-common-ancestor.html (접속일 2020년 7월 19일)
14. Davies, P. *The fifth miracle: The search for the origin and meaning of life*. (고문수 역. *제5의 기적: 생명의 기원*. 서울: 도서출판 북힐스, pp.257-286, 1998)
15. Discovering hydrothermal vent, 1977- Astounding discoveries. Woods Hole Oceanographic Institution. Available at: https://www.whoi.edu/feature/history-hydrothermal-vents/discovery/1977.html (접속일 2020년 7월 20일)
16. Endosymbiosis. Mysciencesquardclasses. Available at: https://mysciencesquad.weebly.com/ib-hl-15u3.html (접속일 2020년 7월 20일)
17. Fortey, R. *Life: An unauthorised biography*. (이한음 역. *생명: 40억 년의 비밀*. 서울: 까치글방, pp.66-69, 2007)
18. Fox, S. W. *Molecular evolution to the first cells*. Pure Appl chem, 34(3), pp.641-649, 1973. DOI: 10.1351/pac197334030641 Available at: http://citeseerx.ist.psu.edu/viewdoc/download?doi=10.1.1.530.2369&rep=rep1&type=pdf (접속일 2020년 7월 20일)
19. Gray, M. W. *Lynn Margulis and the endosymbiont hypothesis: 50 years later*. Mol biol cell, 28(10), pp.1285-1287, 2017. Available at: https://www.molbiolcell.org/doi/full/10.1091/mbc.e16-07-0509 (접속일 2020년 7월 20일)
20. Hashizume, H. *Role of Clay Minerals in Chemical Evolution and the Origins of Life*. DOI: 10.5772/50172. Available at: https://www.intechopen.com/books/clay-minerals-in-nature-their-characterization-modification-and-application/role-of-clay-minerals-in-chemical-evolution-and-the-origin-of-life (접속일 2020년 7월 20일)
21. Impey, C. *The living cosmos: Our search for life in universe*. (전대호 역. *우주생명 오딧세이*. 서울: 까치글방, pp.114-125, 2009)
22. Joseph Lister's antiseptis system. ScienceMuseum. Available at: https://www.sciencemuseum.org.uk/objects-and-stories/medicine/listers-antisepsis-system (접속일 2020년 7월 19일)
23. Israel, B. *Stanley Miller's forgotten experiments, analyzed*. Georgia Institute of Technology. Available at: https://www.news.gatech.edu/2014/06/25/stanley-miller%E2%80%99s-forgotten-experiments-analyzed (접속일 2020년 7월 20일)
24. Kelly, D. S., Karson, J. A., Blackman, D. K., et al. *An off-axis hydrothermal vent field near the Mid-Atlantic Ridge at 30 degrees N*. Nature, 412(6843), pp.145-149, 2001. DOI: 10.1038/35084000
25. Kinner-Saffran, E., Kinne, R. K. *Vitalism and synthesis of urea, From Freidrich Wohler to Hans A. Krebs*. Am J Nephrol, 19(2), pp.290-294, 1999. DOI: 10.1159/000013463
26. Kitadai, N., Maruyama, S. *Origins of building blocks of life: A review*. ScienceDirect. https://doi.org/10.1016/j.gsf.2017.07.007
27. Lane, N., Martin, W. F. *The origin of membrane bioenergetics*. Cell, 151(7), pp.1406-1416, 2012. Available at: https://www.sciencedirect.com/science/article/pii/S0092867412014389 (접속일 2020년 7월 20일)
28. Lane, N. *The vital question: Energy, evolution, and the origin of complex life*. (김정은 역. *바이털 퀘스천: 생명은 어떻게 탄생했는가*. 서울: 까치글방, pp.133-156, 2015)
29. Lazcano, A. *Historical development of origins research*. Cold Spring Harb Perspect Biol, 2(11), 2010. DOI: 10.1101/cshperspect.a002089 Available at: https://pubmed.ncbi.nlm.nih.gov/20534710/ (접속일 2020년 7월 19일)
30. Luisi, P. L. *The Emergence of Life: From chemical origins to synthetic biology*. New York: Cambridge University Press, pp.182-213, 2006.
31. Margulis, L., Sagan, D. *What is life?* Los Angeles: A Peter N. Nevraumont Book, pp.113-144, 1995. (황현숙 역. *생명이란 무엇인가?* 서울: 출판사 지호, pp.165-208, 1995)
32. Marshall, M. *Earth: The secret of how life on earth began*. BBC. Available at: http://www.bbc.com/earth/story/20161026-

the-secret-of-how-life-on-earth-began (접속일 2020년 7월 19일)

33. Nuvvuagittug greenstone belt. Wikipedia. Available at: https://en.wikipedia.org/wiki/Nuvvuagittuq_Greenstone_Belt#cite_note-nature-4 (접속일 2020년 7월 14일)

34. Organic chemical evolution. NASA. Available at: https://history.nasa.gov/CP-2156/ch1.2.htm (접속일 2020년 7월 19일)

35. Particle evolution. Center for astrophysics. Available at: https://www.cfa.harvard.edu/~ejchaisson/advanced_track_part.pdf (접속일 2020년 7월 19일)

36. Pross, A. *What is life? How chemistry becomes biology*. Oxford University Press, pp.104-110, 2012.

37. Protocell hydrothermal vents, artwork. Sciencephotolibrary. Available at: https://www.sciencephoto.com/media/518682/view/protocell-hydrothermal-vents-artwork (접속일 2020년 7월 19일)

38. RNA world hypothesis. Bioninza. Available at: http://ib.bioninja.com.au/standard-level/topic-1-cell-biology/15-the-origin-of-cells/rna-world-hypothesis.html (접속일 2020년 7월 19일)

39. Roston, E. *The carbon age: How life's core element has become civilization's greatest threat*. New York: Walker Publishing Company, pp.26-48, 2008.

40. Sadava, D., Hills, D. M., Heller, H. C., et al. *Life: The science of biology, 11th ed.* (정종우 역. *생명: 생물의 과학, 11판*. 서울: 라이프사이언스, p.42, 2018)

41. Shapiro, R. *Origins: A skeptic's guide to the creation of life on earth*. (홍동선 역. *닭이냐 달걀이냐? 한 회의론자의 생명의 기원 탐구*. 서울: 책세상, pp.153-177, 1990)

42. Spontaneous generation: Redi's experiment with learning objective. Pasteur Brewing. Available at: http://www.pasteurbrewing.com/spontaneous-generation-redis-experiment-learning-objectives/ (접속일 2020년 7월 19일)

43. Spontaneous generation. Wikipedia. Available at: https://en.wikipedia.org/wiki/Spontaneous_generation (접속일 2020년 7월 19일)

44. The beginnings of life. The physics of the universe. Available at: https://www.physicsoftheuniverse.com/topics_life.html (접속일 2020년 7월 19일)

45. The origin of life: Hypothesis of origins. Encyclopaedia Britannica. Available at: https://www.britannica.com/science/life/The-origin-of-life#ref320874 (접속일 2020년 7월 19일)

46. Vitalism. Wikipedia. Available at: https://en.wikipedia.org/wiki/Vitalism (접속일 2020년 7월 19일)

47. Wächtershäuser, G. *Before enzymes and templates: Theory of surface metabolism*. Microbiol Rev, 52(4), pp.452-484, 1988. Available at: https://www.ncbi.nlm.nih.gov/pmc/articles/PMC373159/pdf/microrev00047-0066.pdf (접속일 2020년 7월 20일)

48. Walde, P., Wick, R., Fresta, M., et al. *Autopoietic self-reproduction of fatty acid vesicles*. J Am Chem soc, 116(26), pp.11649-11654, 1994. Available at: https://pubs.acs.org/doi/pdf/10.1021/ja00105a004 (접속일 2020년 7월 20일)

49. Weiss, M. C., Sousa, F. L., Mrnjavac, N., et al. *The physiology and habitat of the last universal common ancestor*. Nat Microbiol, 1(9), 16116, 2016. Available at: https://www.nature.com/articles/nmicrobiol2016116 (접속일 2020년 7월 20일)

50. Wilson, H. V. *On some phenomena of coalescence and re-generation in sponge*. J Exp Zoo, 5(2), pp.161-174, 1907. Available at: https://www.jstor.org/stable/24330883?seq=14#metadata_info_tab_contents (접속일 2020년 7월 20일)

51. Zaikowski, L., Wilkens, R. T., Fisher, K. *Science and the concept of evolution: From the big bang to the origin and evolution of life*. Evolution: Education and outreach, 1, pp.65-73, 2008. Available at: https://link.springer.com/article/10.1007/s12052-007-0008-5 (접속일 2020년 7월 19일)

52. Yarus, M. *Life from an RNA world*. (곽노태 역. *RNA 세상에서 온 생명 이야기*. 서울: 한국외국어대학교 출판부, pp.171-177, 2012)

## 그림 인용 및 Links

그림 3-3. https://commons.wikimedia.org/wiki/File:Louis_Pasteur_Experiment.svg (접속일 2020년 9월 14일)에 근거하여 재구성함

그림 3-5. https://commons.wikimedia.org/wiki/File:MUexperiment.png (접속일 2020년 9월 14일)에 근거하여 재작성함

그림 3-6. https://courses.lumenlearning.com/microbiology/chapter/structure-and-function-of-rna/ (접속일 2020년 9월 14일)에 의거하여 보완함

그림 3-8. https://commons.wikimedia.org/wiki/File:Pyrite-278315.jpg (접속일 2020년 9월 14일)

그림 3-9. http://theworldsbestever.com/category/nature-2/ (접속일 2020년 9월 14일)

그림 3-11. https://commons.wikimedia.org/wiki/File:Serial_endosymbiosis.svg#/media/File:Serial_endosymbiosis.svg (접속일 2020년 11월 17일)

Chapter

# 04

# 생명의 분류

세계적으로 크다는 국제공항에 들어서면 우선 사람이 많고, 그 사람들이 모두 다 각양각색이어서 인종 전시장에 온 것 같은 느낌이 든다. 그것은 실제 필자가 젊은 시절 유학길에서 느낀 첫 번째 신기함이자 외로움이기도 하였다. 그러나 우리는 인간이 인간을 알아보는 과정에서 조금만 벗어나면, 온 천지가 종의 전시장으로 꾸며져 있다는 사실을 금방 알아차릴 것이다. 우리 몸의 껍질에서부터 내장까지 모두 다 신기한 생물 종으로 뒤덮여 있고, 우리가 걸어 다니는 산책길에서 만나는 보이거나 보이지 않는 종들은 또 얼마나 많을까? 이들은 서로 어떤 관계에 있고 또 어떤 관계를 구축하면서 살고 있을까? 또한 우리는 이들을 어떻게 불러야 하고, 이들의 유연관계를 따져서 어떻게 구분하여야 할까?

**분류학**(分類學, taxonomy)은 그리스 어원으로 taxis, 즉 배열(arrangement)이라는 의미와 nomia라는 방법(method)을 뜻하는 합성어다. 즉, 어떤 기준에 따라 배열하는 방법이라는 의미를 내포하고 있다. 인류는 이런 문제를 해결하기 위하여 어떻게 노력해 왔을까?

우선 '아름다운 눈'이라는 뜻을 가진 **유글레나**(연두벌레, euglena)를 생각해 보자. 유글레나는 민물이나 바닷물에 상관없이 잘 사는 단세포 편모충류로 최소 800종 이상이 존재한다. 이들은 종에 따라 크기가 달라서 대략 25~100㎛ 정도의 크기이다. 이들은 그림 4-1에서 보는 바와 같이 빛을 감지하는 외눈박이 **안점**(眼點, eyespot)을 가지고 있어서 유글레나라는 이름이 붙었다. 그뿐만 아니라 편모를 가지고 운동을 할 수 있어서, 동물의 특징을 가지고 있다. 그런데 유글레나는 엽록체를 가지면서 세포벽이 없다. 따라서 이들은 광합성을 할 수 있어서 영양분을 스스로 만들어 낼 수 있는 자가영양생물이다. 유글레나는 빛이 있는 경우 광합성을 하고, 빛이 없는 경우는 편모를 움직여서 플랑크톤이나 세균을 잡아먹는다. 그렇다면 유글레나는 동물일까 아니면 식물일까?

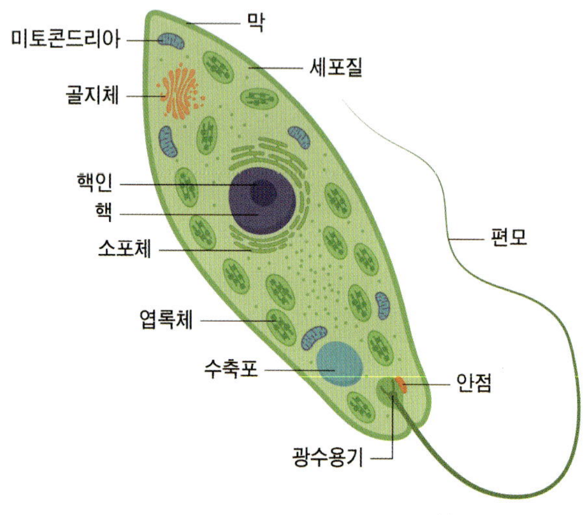


그림 4-1. 연두벌레. (출처: LDarin[4-1])

우리는 이러한 특성들을 이용하여 이들을 분류해 내야만 한다. 이제 생명을 어떻게 분류해 낼 것인지에 대한 여정을 떠나 보기로 하자.

## 제 1 절 종이란 무엇인가?

### 1. 종의 정의

생물을 분류하는 데 가장 중요한 단위는 **종**(種, species)이다[52]. 그렇다면 종이 무엇인지에 대한 정의가 필요할 것이다. 종을 어떻게 정의해야 할까? 생명이란 무엇인지에 대한 정의가 힘들듯이, 종에 대한 정의도 결코 간단하지 않다.

우리가 흔히 알고 있는 교과서적 의미의 종은 자연 상태에서 **교배**(交配, inbreed)가 가능하고, 태어난 자손이 생식능력을 가질 수 있는 생물을 같은 종으로 간주한다. 이는 **생물학적 종**(生物學的種, biological specie)의 개념을 말한 것이다. 즉 상호교배가 불가능하거나 교배 후 태어난 자손이 생식능력을 갖추지 못할 경우는 같은 종으로 볼 수 없다는 생각이다. 따라서 생식적 격리를 종의 중요한 기준으로 삼은 것이다. 이를 처음 주장한 학자는 1942년 진화생물학의 선두주자이자 하버드대학 명예교수였던 **에른스트 마이어**(Ernst Mayr, 1904~2005)였다. 예를 들어 보자. 말과 당나귀는 서로 다른 종이다. 암말과 수탕나귀가 교배하여 **종간 잡종**(種間雜種, interspecific hybrid)으로 **노새**(mule)가 태어나도 말과 당나귀는 같은 종이 아니다. 왜냐하면 말과 당나귀는 염색체 수가 각기 다르기 때문에 그의 자손인 노새는 생식능력을 갖추지 못하기 때문이다. 생명이란 무엇인지에 대한 논의에서도 노새가 등장한다. 노새는 생식능력이라는 생명의 특징을 가지지 못하였기 때문에 생명이라고 할 수 없다는 모순점을 드러내었다. 그렇다면 마이어가 주장한 생물학적 종의 정의는 모든 경우에 적용될 수 있을까? 대답은 물론 '그렇지 않다'이다. 제일 큰 문제는 무성생식을 하는 세균 등의 원핵생물이나, 처녀생식을 하는 다세포 생물에서 발생한다. 이들은 이분법에 의하여 번식이 이루어지거나, 교배가 없는 상태에서 번식이 이루어지기 때문이다. 그뿐만 아니라 실제 생물집단 간의 교배를 확인할 수 없는 경우나, 화석종에서는 교배 자체를 실험적으로 확인할 수 없다는 문제점을 가지고 있다. **윤상종**(輪狀種, ring species)에서도 생물학적 종의 한계가 드러난다. 가령 윤상종에서 가까운 위치에 있는 종들에서는 교배가 성공적으로 일어나지만, 첫 위치와 최종 위치에 있는 종들은 중간 종들에 의하여 유전적으로 연결되어 있다고 하더라도 교배가 실제 일어나지 않는다[46]. 그렇다면 종의 형태나 생김새가 유사한 점에 착안하여 종을 정의하면 어떨까?

형태학적 차이점에 기초하여 정의되는 **형태학적 종**(形態學的種, morphological species)은 고전적으로 **칼 폰 린네**(Carl von Linne, 1707~1778) 이전부터 이용되어 왔던 것으로, 종의 개념으로 가장 많이 쓰이는 방법이기도 하다. 그러나 각각의 생명체는 그 형태가 성별 및 성장 과정에 따라 다르게 나타나는 경우도 많다. 따라서 모양만 보고 같은 종으로 인식한다면 큰 착오를 일으킬 수도 있다는 뜻이다. 예를 들어 보자. 그림 4-2는 우리가 흔히 보는 돌고래이다. 돌고래는 관광객에게는 인기가 좋지만, 낚시꾼한테는 그렇게 반갑지 않은 손님이다. 돌고래가 물을 내뿜으면서 숨 쉬는 소리는 주위의 큰 물고기들을 혼비백산하게 만든다. 도망가는 물고기를 좋아할 낚시꾼은 없을 것이다. 독자분들은 돌고래가 아가미가 아닌 허파로 호흡을 하고, 새끼를 낳아 젖을 먹이는 포유류라는 것을 잘 알고 있을 것이다. 만약 이런 선입견을 버리고 돌고래를 본다면 어떻게 보일까? 몸집은 날씬한 유선형이며, 앞뒤의 지느러미가 마치 어류를 닮았다고 생각할 수도 있을 것이다. 그러나 돌고래는 늑대와 비슷한 **파키케투스**(pakicetus)라는 육상동물이 그의 조상이다. 이 파키케투스는 소나 말과 같이 발굽을 가진 **유제류**(有蹄類, ungulate)이다. 따라서 형태를 보고 생물의 종을 결정하는 것도 합리적이지 못하다는 사례를 보여 준다. 돌고래가 육상동물에서 수서생활에 적응해 나가기 위한 과정을 우리는 **수렴진화**(收斂進化, convergent evolution)라고 부른다. 이는 제10장 '생명의 진화' 편에서 자세히 다룰 것이다. 그렇다면 소나 말을 닮은 유제류가 돌고래의 선조였다는 사실을 어떻게 알아내었을까? 당연히 DNA 분석 결과가 돌고래의 조상을 알려 주는 중요한 무기가 될 것이다. 우리는 이렇게 생김새나 형태를 보고 종을 분석하는 시대를 지나, 유전적 유사성을 보고 종을 분류하는 시대에 살고 있다. 이렇게 분류되는 종을 **유전학적 종**(遺傳學的種, genetic species)이라 부른다. 유전학적 분석은 생명의 종을 분석하는 데 더 많은 정보를 제공해 준다. 특히나 분자시계에 관한 내용은 곧이어 기술할 것이다. 이렇게 유전학적 종의 정의는 현재 가장 광범위하게 이용되는 분류의 방법이 되었다[22].

그림 4-2. 돌고래 전경. (출처: Capecharleswave.com[4-2])

더 나아가 각종 생물의 특징과 유연관계를 종합하여 생명의 **계통수**(系統樹, Phylogenetic tree)를 만들어 볼 수 있게 되었다. 마치 생물의 진화 과정을 나무의 줄기와 가지의 관계로 전환시켜 본 것이다[1]. 이런 계통수는 생명의 진화 관계를 일목요연하게 추정해 볼 수 있으며, 이렇게 정의된 종을 **계통학적 종**(系統學的種, phylogenetic species)이라 부른다. 따라서 계통학적 각 종은 계통수 가지의 끝에 위치해 있고, 그 공통조상은 마디(node)라 불리는 분기점에 있게 된다. 즉 계통학적 종은 형태와 분자적 특징이 그대로 녹아 있다고 할 수 있다(그림 4-3).

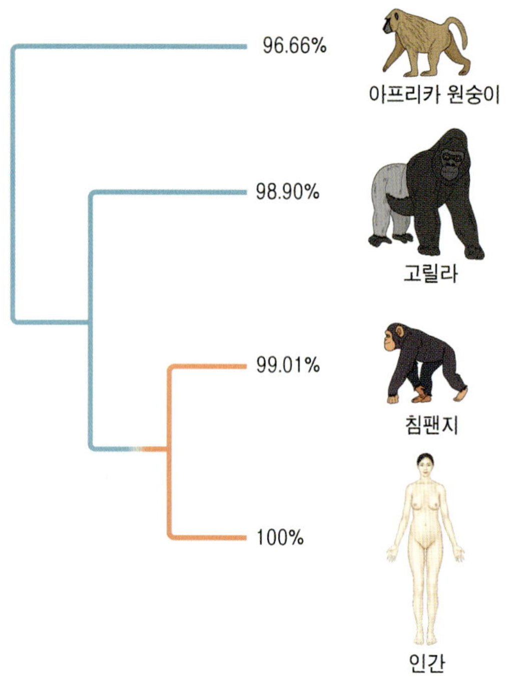


그림 4-3. 인간과 유인원 DNA 염기서열에 대한 동일성 비교.



## 2. 종의 수

우리가 살고 있는 이 지구라는 행성에는 과연 얼마나 많은 종들이 있을까? 우리들은 불행하게도 이 질문에 쉽게 대답을 내어놓을 수가 없다. 정확히 얼마나 많은 종들이 이 지구상에 살고 있는지 모르기 때문이다. 또한 보고자마다 그 차이가 엄청나서 대강이라도 짐작하기가 쉽지 않다. 현재 학회에 보고된 생명의 종 수는 약 150만에서 200만 종 정도로 보고 있다. 그러나 기술된 종보다 실제 미발견된 종의 수가 더 많은 것으로 추산되어, 전체적으로 약 800만 종 정도가 있을 것으로 보고 있다[26,36]. 이렇게 보고된 종 중에는 동물군이 약 95만 종으로 압도적으로 많다(그림 4-4)[51]. 동물 중에는 75% 이상이 체절에 다리가 달린 **절지동물**(節肢動物, arthropod)이 차지한다. 왜 동물과 식물 종이 종의 대다수를 차지하고 있을까? 이들은 특히 맨눈으로 볼 수 있는 편리함 때문에 더 많이 기술된 것은 아닐까? 2017년 애리조나대학에서 발표한 내용은 완전히 다른 소식을 전하고 있다. 즉, 이 지구상에 존재할 것으로 추산되는 종의 수는 최소 10억에서 60억 종이 있을 것으로 발표하였다. 특히나 이 중에서 박테리아가 차지하는 비율이 약 70~90%일 것으로 계산하고 있다. 더구나 2016년도에 발표된 보고서는 종의 수가 약 1조 종에 육박할 것이라는 사실을 예고하고, 생명의 종 가운데 99.9%는 아직 발견되지 않고 있다고 주장하기도 한다[39].

그렇다면 교양 과학 측면에서 종의 수를 어떻게 알고 있는 것이 좋을까? 대략 학계에 보고된 종의 총수를 현재 약 180만 종으로 보는 것은 비교적 타당해 보인다. 또한 미발견 종의 추정 종 수는 약 1천만 종에서 1억 종 정도로 보기도 한다. 그렇지만 현재 보고된 180만 종과 화석으로 확인된 약 20만 종을 합치면 약 200만 종의 생명체가 확인된 셈이다.

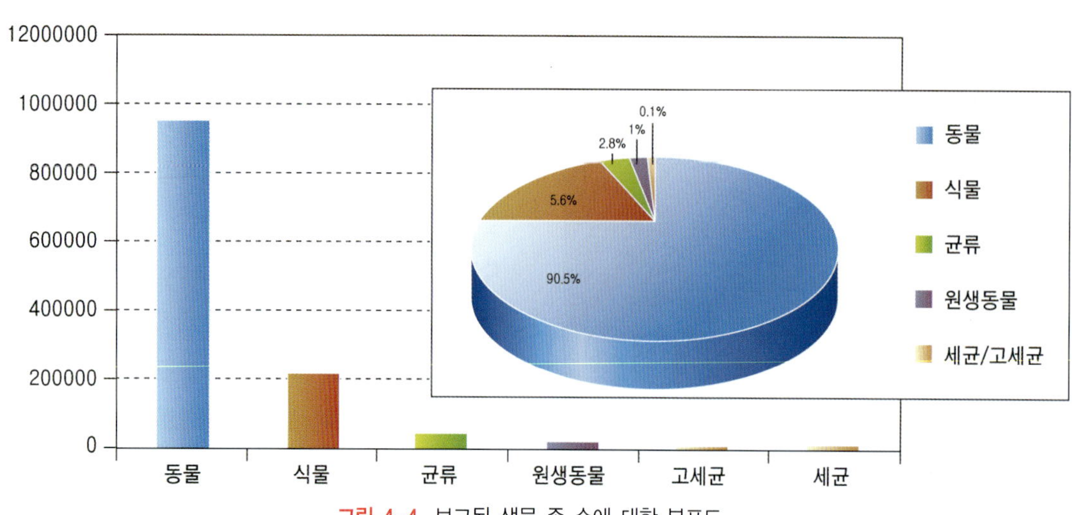


그림 4-4. 보고된 생물 종 수에 대한 분포도.

## 3. 분자시계

**분자시계**(分子時計, molecular clock) 혹은 **진화시계**(進化時計, evolutionary clock)라는 개념은 1962년 **에밀 주커캔들**(Emile Zuckerkandl, 1922~2013)과 **라이너스 폴링**(Linus C. Pauling, 1901~1994)에 의하여 처음으로 소개되었다. 그들은 적혈구 속에 들어 있는 베타 헤모글로빈의 아미노산 서열이 동물에 따라 차이가 난다는 것을 알게 되었다. 인간의 헤모글로빈은 146개의 아미노산으로 구성되어 있는 데 반해, 인간의 혈액형 중 Rh형을 결정하는 데 중요한 도움을 주는 붉은털원숭이(*Maccus rhesus*)는 아미노산 서열에서 8개만이 차이가 난다. 그러나 점차 하등 척추동물로 내려가면 생쥐에서는 27개, 닭에서는 45개, 개구리에서는 67개로 아미노산이 차이를 보이게 된다. 이런 사실은 진화의 단계를 설명하는 중요한 증거가 될 수 있다. 즉, 인간과 멀어질수록 헤모글로빈의 아미노산 서열의 차이가 커진다는 뜻이다. 그런데 더 중요한 사실은 이러한 아미노산의 서열 변화는 시간이 지남에 따라 일정한 간격을 두고 변화되어 간다는 사실이다[11]. 마치 방사성 물질이 반감기가 지남에 따라 일정하게 붕괴되어 가는 양상과 비슷하다. 따라서 아미노산 1개가 변하는 데 걸리는 시간을 계산해 낸다면, 우리는 쉽게 생쥐나 닭이 인간으로부터 얼마나 먼 과거에 분지해 나갔다는 것을 쉽게 알아낼 수 있을 것이다. 이런 현상은 아미노산에만 적용되는 것이 아니라 DNA 염기의 변화, 즉 돌연변이에도 그대로 적용해 볼 수 있다. 만약 인간과 침팬지의 미토콘드리아 DNA에서 염기의 변화, 즉 65개의 돌연변이가 발생하였다면 1개의 돌연변이가 일어나는 데 걸리는 시간은 얼마나 될까? 약간의 보정을 거치면 7만7천 년마다 미토콘드리아 염기가 한 개씩 바뀐다는 것을 알 수 있을 것이다. 왜냐하면 이미 화석연구를 통하여 인간과 침팬지가 갈려져 나간 시점이 약 5백만 년 전이라는 것을 알고 있기 때문이다(5,000,0000÷65≒77,000). 따라서 분자시계는 화석연대와 더불어서 생명의 계통수를 만드는 데 필요한 수단 중 하나이다[49].

## 4. 바이러스

바이러스가 생물인지 혹은 무생물인지에 대한 논의는 제1장 제6절 '생명이란 무엇인가?' 편에서 일부 다루었다. 바이러스는 생물적 특성과 무생물적 특성을 동시에 가지고 있다. 생물적 특성은 다른 생물체와 마찬가지로 핵산이나 단백질을 가지고 있다는 점이다. 또한 숙주세포 내에서 물질대사와 증식이 일어나고, 이 과정 중에 유전 현상과 돌연변이가 나타난다. 무생물적 특징들은 세포라는 기본단위로 구성되어 있지 않고, 숙주 밖에서는 단지 핵산과 단백질 결정체로만 존재할 뿐이라는 것이다. 또한 세포막 없이 단순한 단백질 껍질로 싸여 있을 뿐이며, 숙주 밖에서는 물질대사와 증식이 일어나지 않는다. 생명체에 가장 기본적인 유전자와 최소 단백질만을 가지면서 자체적으로는 생존할 수가 없고, 다른 생물체인 숙주 속에서만 생존이 가능하다. 따라서 바이러스를 생물과 무생물의 중간쯤에 있는 존재로 간주하기도 한다[38,54].

바이러스가 인간의 눈에 처음으로 띈 시기는 1892년이다. 러시아 식물학자였던 **드미트리 이바노프스키**(Dmitri Ivanovsky, 1864~1920)는 담배 농장을 황폐화시키는 담배모자이크병을 연구할 기회를 가졌다. 그는 병에 걸린 담뱃잎을 갈아서 즙을 낸 후 이를 세균 여과기에 통과시켰다. 그런 다음 이 여과액을 건강한 담뱃잎에 발라 준 결과, 건강한 담뱃잎이 병에 걸리는 것을 발견하였다. 세균은 세균 여과기를 통과하지 못한다. 그렇다면 세균보다 더 작은 어떤 물질이 담배모자이크병을 유발하는 것으로 그는 추정하였다. 실제 바이러스는 세균보다 10~100배 정도 작아서, 세균이 마이크론(㎛) 단위에 산다면, 바이러스는 나노미터(nm) 세계에 살고 있다. 따라서 우리는 광학 현미경으로는 바이러스를 볼 수가 없다.

바이러스는 단독으로는 생존할 수 없으므로 반드시 숙주세포가 필요하다. 따라서 바이러스의 분류는 숙주세포에 따라 간단히 나눌 수 있다. 소아마비나 천연두와 같이 동물세포를 숙주로 하는 바이러스를 **동물성 바이러스**(動物性-, animal virus)라고 부른다. 식물 세포를 숙주로 하는 담배모자이크바이러스나 감자위축병바이러스 등은 **식물성 바이러스**(植物性-, plant virus)라 한다. 그러나 세균이나 고세균에 들어가 사는 바이러스는 **세균성 바이러스**(細菌性-, bacterial virus)라 하지만, 이들은 처음부터 **박테리오파지**(bacteriophage)라 불렸다. 원래 박테리오파지는 박테리아를 잡아먹는다는 뜻을 내포하고 있다[53]. 이 박테리오파지는 대부분 올챙이처럼 꼬리가 달린 모습을 하고, 마치 인공위성의 착륙선처럼 보이

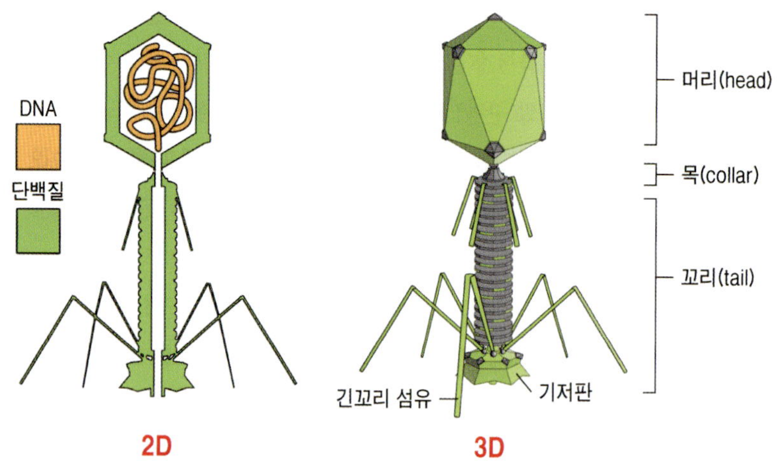


그림 4-5. Myovirus 박테리오파지 구조. [출처: Adenosine(original); en:User:Pbroks13(redraw)[4-5]]

기도 한다(그림 4-5). 이 착륙선이 어떻게 동물세포인 인간의 세포에 착륙하여 바이러스의 유전물질을 인간 세포 안으로 들어가게 하고, 세포 안에 들어간 유전물질이 어떻게 필요한 부품들을 만들어서 새로운 바이러스를 만들어 가는지를 밝혀내는 것이 현대 의학이다.

04

바이러스 유전물질이 숙주세포 안으로 들어가면, 이들은 두 가지 갈림길에 서게 된다. 첫 번째는 우리는 바이러스가 숙주세포 안으로 들어가서 새로운 바이러스를 만들어 증식한 후, 숙주세포를 파괴하고 다시 밖으로 나오는 과정을 **용균성 회로**(溶菌性回路, lytic cycle)라고 한다. T2 바이러스의 경우, 좋은 환경에서는 10~20분 만에 400마리의 새로운 새끼 바이러스로 증식하여 세포 밖으로 나올 수 있다. 두 번째 길은 숙주세포 안으로 들어간 바이러스 유전물질이 숙주세포 핵과 융합되어, 숙주세포가 분열할 때마다 같이 증식한다. 이런 과정을 우리는 **용원성 회로**(溶原性回路, lysogenic cycle)라고 부른다. 용원성 회로를 거치는 바이러스 핵은 적당한 시기가 도래하면 다시 용균성 회로로 바꾸어 타고, 사신을 증식시킨 후 숙주세포를 죽이고 세상 밖으로 다시 나오게 될 것이다. 우리는 이러한 바이러스의 용원성 특징을 이용하여, 바이러스로 하여금 우리가 원하는 유전자를 바이러스에 실어서 세균의 핵 속으로 전달하도록 만든다. 인간이 바이러스보다 나을지는 몰라도, 바이러스 없이는 유전자를 세균의 핵에다 심을 재주는 없을 것이다(그림 13-4 참고). 이러한 과정은 제13장 '생명의 미래' 편에서 다시 다룰 것이다. 다시 본론으로 돌아가기로 하자.

바이러스를 구분하는 방법으로는 바이러스가 어떤 핵산을 가지는지에 따라 달라진다. 소아마비나 담배모자이크바이러스와 같이 RNA를 핵산으로 가지고 있는 바이러스를 **RNA 바이러스**라 부른다. 이와 마찬가지로 천연두와 같이 DNA를 핵산으로 가지고 있는 바이러스를 **DNA 바이러스**라 부르는 것은 당연할 것이다. 그렇다면 핵산과 일부 단백질만 가지고 있는 바이러스는 어떻게 태어났을까? 바이러스는 세균의 유전자만을 가지고 있는 것처럼 보인다. 그렇다면 박테리아에서 핵만이 탈출해서 바이러스가 되었을까? 아니면 박테리아가 퇴화하여서 핵만이 남았을까? 아직도 그 결과는 오리무중이다. 그러나 아마도 박테리아의 DNA나 RNA가 분리되면서 독립한 것이 아닌가 추측한다.

## 제2절 생명의 분류

### 1. 이명법

인간은 이 지구상에 살고 있는 수백만 종의 생명체 중 하나이다. 그러나 우리는 이런 사실을 잘 인지하지 못하고 산다. 인간은 하늘을 새보다 빨리 날고, 잠수정을 타고 해저 바닥을 훑고 다닌다. 우주선을 타고 달나라를 거닐고, 앉아서 미사일로 전쟁 놀음을 하는 특이한 종이다. 그렇지만 우리도 스웨덴의 의사이자 식물학자였던 **칼 폰 린네**(Carl von Linne, 1707~1778)[27]가 만들었던 학명을 가지고 있다. 그는 1735년

"자연의 계통(Systema naturae)"이라는 저서에서 인간을 호모 사피엔스(*Homo sapiens*)라고 이름 지었다. 호모(Homo)는 라틴어인 후무스(humus, 흙이라는 뜻)라는 말에서 기원한다. 인간은 흙에서 나온 것인가? 그래서 후무스는 인간을 human이라 부르게 만들고, 겸손하다는 의미의 humble이라는 말이 되기도 한다. 흙으로 만들었으니 그렇게 도도할 이유가 없다는 뜻이다. **린네**가 생각한 똑똑하고 현명한(sapiens) 인간은 스스로 만든 스마트 폰 기계에 빠져서 호모 사피엔스가 아닌 호모 모빌리쿠스(Homo mobilicus)로 변해 가는 것은 아닌가(Homo mobilicus는 학명이 아니어서 이탤릭체로 쓰지 않았다)? 길거리나 지하철 어디에서도 인간의 손에 들려 있는 것은 책이나 신문이 아니라 전화기여서 해 본 말이다.

분류학의 아버지라고 불리는 린네가 등장하기 이전에도, 인류는 눈에 보이는 생명체를 집단으로 구분해 보려고 노력하고 있었다. 그리스 철학자 **아리스토텔레스**(Aristotle, 기원전 384~기원전 322)는 살아 있는 생명체를 운동성 여부에 따라 동물과 식물로 분류하였다. 특히 그는 동물을 다시 혈액이 있는 척추동물과 혈액이 없는 무척추동물로 세분하였다[48]. 그러나 이러한 노력이 절실한 현실로 다가오기는 한참을 기다려야 했다. 구미의 역사에서 아메리카 대륙의 발견은 경제나 사회적으로 엄청난 영향을 미쳤다. 18세기로 접어들면서 아메리카에서 알려지기 시작한 다양한 동물과 식물 등에 대한 관심이 고조되고, 이들이 무엇인지에 대한 호기심이 증폭되기 시작하던 시기에 린네가 등장하게 되었다. 린네는 우선 생명체의 이름을 짓는 것이 최우선인 것으로 보았다. 아기가 태어나면 제일 먼저 이름부터 짓는다. 이름을 짓는 이유가 무엇인가? 종이 분류학의 기본인 것처럼 분류는 종의 이름 짓기가 첫 번째 할 일이기 때문이다. 그렇다고 종의 이름을 아무렇게나 어떤 규칙도 없이 지을 수는 없다. 그는 생명체의 이름 짓기와 이를 이용하여 집단으로 분류하는 방법을 생각했을 것이다.

우리는 린네가 만든 작명법을 **이명법**(二名法, binominal nomenclature)이라 부르고, 전 세계에서 동일하게 부르고 있다. 린네가 만든 이명법에는 반드시 지켜야 할 몇 가지 규칙들이 있다. 먼저 학명은 **속**(屬, genus)명과 **종**(種, species)명의 두 이름으로 구성되어야 한다. 또한 속명은 반드시 대문자로 시작하여야 하고, 종명은 소문자로 써야 한다. 두 이름 모두 항상 이탤릭체로 쓰거나 밑줄을 그어 표시하여야 한다. 속명은 첫 글자의 약자를 쓸 수 있지만 종명은 약자로 쓸 수 없다. 만약 종명이 알려져 있지 않는 경우는 'sp.'로 표시하고 이탤릭체로 쓰지 않는다. 또한 속명에 포함된 다수의 종명을 표시하는 경우 'spp.'로 표시하지만 역시 이탤릭체로 쓰지 않는다. 예를 들면, 호모 사피엔스를 표시해야 하는 경우, 반드시 속명의 대문자와 종명의 소문자 및 이탤릭체인 *Homo sapiens*로 표시해야 한다는 의미이다[16].

린네는 이명법과 더불어 생명체의 유사한 형태학적 특징을 이용하여 집단으로 분류하고 이를 다시 **분류 서열**(分類序列, taxonomic rank)을 매겨 나가는 방법을 취했다. 분류 서열은 종부터 시작하여 영역까지 도달할 때까지 집단의 형태적 특징을 위계질서 있게 순위를 결정해 나간 것이다. 이들은 각기 **종**(種, species), **속**(屬, genus), **과**(科, family), **목**(目, order), **강**(綱, class), **문**(門, phylum), **계**(界, kingdom), **영역**(領域, domain, 역으로 부르기도 함)으로 서열이 매겨진다. 그뿐만 아니라 각 서열 사이에 작은 순위를 다시 넣어서 예를 들면, **상과**(上科, superfamily) 혹은 **아과**(亞科, subfamily)와 같이 순위를 세분화하기도 한다. 이런 분류법에 따라 홍길동이라는 인간을 분류 서열별로 표시해 나가면 그림 4-6과 같다.

04

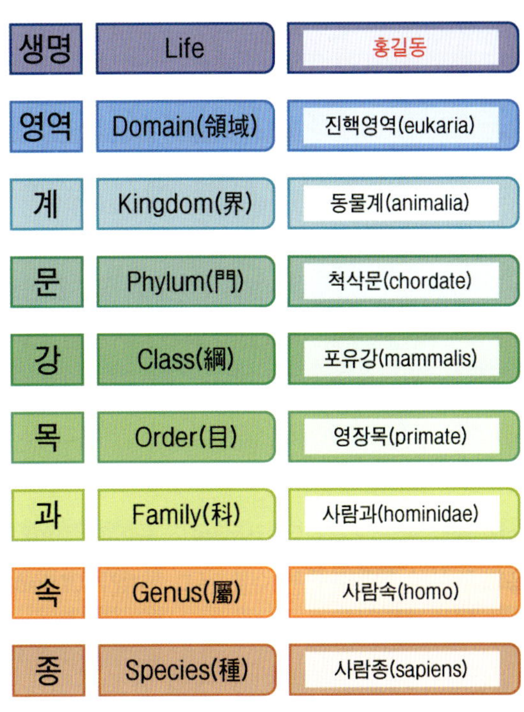


그림 4-6. 8개 주요 분류 서열과 인간의 예시[4-6].

그러나 린네가 처음부터 8개의 큰 서열로 분류하지는 않았다. 그는 3개의 계로 분류를 한 다음 목, 속, 종의 순으로만 분류해 나갔다(3계 중 한 개는 광물계, mineral kingdom임). 하지만 그의 분류개념은 지금도 생명 분류체계의 근간이 되어 인류 문명 속에 자리잡고 있다[42].

## 2. 3역 6계

린네가 실제로 2개의 계로 생명을 분류했던 시절에는 맨 눈으로는 보이지도 않는 미생물에 대한 관찰이나 정보가 부족한 편이었다. 네델란드의 **안톤 판 레벤후크**(Antonie van Leeuwenhoek, 1632~1723)가 개량된 현미경으로 미생물을 관찰하기 시작한 시기가 17세기 말엽이었다. 따라서 린네 시대를 뛰어넘어 19세기로 접어들면서 독일의 **에른스트 헤켈**(Ernst Haeckel, 1834~1919)에 의하여 동물과 식물계 이외에 **원생생물계**(原生生物界, kingdon protista)가 처음으로 추가되기 시작하였다(표 4-1). 20세기에 접어들면서 프랑스 생물학자 **에두아르 샤통**(Edouard Chatton, 1883~1947)은 모든 생명체를 원핵생물과 진핵생물로 구분하는 업적을 이루어 내었다. 또한 세균과 고세균이 구분되지 않은 모네라(monera)계가 혼재하다가 **칼 워즈**(Carl Woese, 1977~2012)에 의하여 자세히 구분되게 된다[55]. 칼 워즈는 시카고에서 남쪽으로 약 150마일 정도 떨어진 조용한 시골 마을인 어바나-샴페인에 있는 일리노이대학에서 16S rRNA를 이용하여 세균과 고세균이 다른 종이라는 사실을 밝혀냈다. 그가 rRNA 자료를 기반으로 하여 주장한 세균, 고세균 및 진핵생물의 3역(그림 4-7)은 1990년대에 가서야 인정을 받게 되었다. 따라서 3역은 **(진정)세균**(眞正細菌, eubacteria, 고세균과 구별하기 위하여 진정세균이라 부르기도 함), **고세균**(古細菌, archaeabacteria), **진핵생물**(眞核生物, eukarya)이며, 6계는 **세균**(細菌, bacteria), **고세균**(古細菌, archaea), **원생생물**(原生生物, protista), **균류**(菌類, fungi), **식물**(植物, plantae) 및 **동물**(動物, animalia)이 된다[8,21]. 현재 가장 많이 쓰이는 3역 6계는 워즈와 그 동료들이 만들어 낸 업적이며, 앞으로 이 분류에 따라 차례대로 설명해 나갈 것이다.

## 3. 계통수

린네의 이름 짓기와 분류법은 시간이 지나면서 서서히 문제점이 드러나기 시작하였다. 왜냐하면 린네 시절에는 유전

**표 4-1. 3역 6계의 분류 변천사.** (출처: Wikipedia[표4-1])

<table>
<tr><th>린네</th><th>헤켈</th><th>샤통</th><th>코플랜드</th><th>휘태커</th><th colspan="2">워즈</th><th colspan="2">캐빌리어 스미스</th></tr>
<tr><th>1735년<br>2계 분류</th><th>1866년<br>3계 분류</th><th>1925년<br>2계 분류</th><th>1938년<br>4계 분류</th><th>1969년<br>5계 분류</th><th>1977년<br>6계 분류</th><th>1990년<br>3역 분류</th><th>1993년<br>8계 분류</th><th>1998년<br>6계 분류</th></tr>
<tr><td rowspan="5">×</td><td rowspan="5">원생생물<br>(Protista)</td><td rowspan="2">원핵생물<br>(Prokaryota)</td><td rowspan="2">모네라<br>(Monera)</td><td rowspan="2">모네라<br>(Monera)</td><td>진정세균<br>(Eubacteria)</td><td>세균<br>(Bacteria)</td><td>진정세균<br>(Eubacteria)</td><td rowspan="2">세균<br>(Bacteria)</td></tr>
<tr><td>고세균<br>(Archaeabacteria)</td><td>고균<br>(Archaea)</td><td>고세균<br>(Archaeabacteria)</td></tr>
<tr><td rowspan="6">진핵생물<br>(Eukaryota)</td><td rowspan="3">원생생물<br>(Protista)</td><td rowspan="3">원생생물<br>(Protista)</td><td rowspan="3">원생생물<br>(Protista)</td><td rowspan="6">진핵생물<br>(Eukarya)</td><td>고동물<br>(Archezoa)</td><td rowspan="2">원생동물<br>(Protozoa)</td></tr>
<tr><td>원생동물<br>(Protozoa)</td></tr>
<tr><td>유색조식물<br>(Chromista)</td><td>유색조식물<br>(Chromista)</td></tr>
<tr><td rowspan="2">식물<br>(Vegetabilia)</td><td rowspan="2">식물<br>(Plantae)</td><td rowspan="2">식물<br>(Plantae)</td><td>식물<br>(Plantae)</td><td>식물<br>(Plantae)</td><td>식물<br>(Plantae)</td><td>식물<br>(Plantae)</td></tr>
<tr><td>균류<br>(Plantae)</td><td>균류<br>(Plantae)</td><td>균류<br>(Plantae)</td><td>균류<br>(Plantae)</td></tr>
<tr><td>동물<br>(Animalia)</td><td>동물<br>(Animalia)</td><td>동물<br>(Animalia)</td><td>동물<br>(Animalia)</td><td>동물<br>(Animalia)</td><td>동물<br>(Animalia)</td><td>동물<br>(Animalia)</td></tr>
</table>

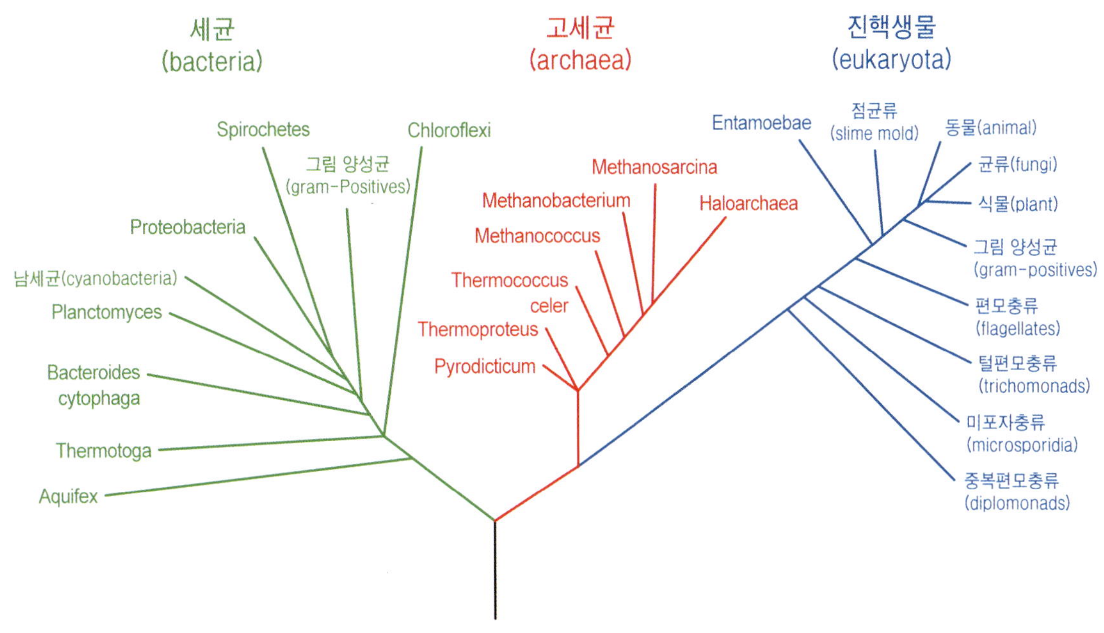


그림 4-7. 칼 워즈가 작성한 3영역의 계통수. (출처: Eric Gaba[4-7])

자라는 개념이 생겨나지 않았던 시절이었기 때문이다. 린네 시스템은 우선 피상적인 개체의 특징만을 이용한다는 점과 너무 자주 생명체를 집단화한다는 단점을 갖게 되었다. 그뿐만 아니라 생명체 상호 간의 유연관계를 정확하게 반영시킬 수 없고, DNA나 유전정보를 반영시키지 못하는 결점이 있었다. 따라서 이러한 문제점을 해결해 낼 방법이 **계통학적 분류**(系統學的分類, phylogenetic classification)이다. 계통 분류학의 주제는 **공통조상**(共通祖上, common ancestor)과 **후손종**(後孫種, descendant species)과의 관계에 있다(그림 4-8). 그림과 같이 종 1과 종 2의 유연관계는 종 3보다 더 가까운 것이다. 유연관계가 가깝다는 말은 DNA 속에 들어 있는 염기서

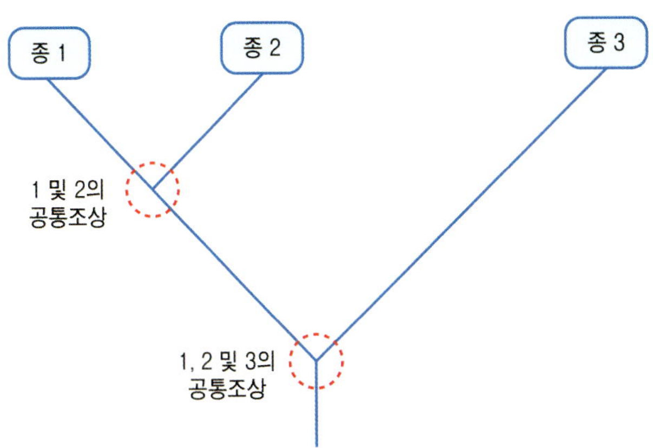


그림 4-8. 공통조상과 후손 종과의 유연관계를 나타내는 계통수.

열이 더 비슷하다는 것을 의미한다. 즉, 염기서열이 더 비슷할수록 더 가까운 친척이라는 것을 말해 주는 것이다[30,40]. 예를 들어 보자. 종마다 염기서열의 차이를 보여 주는 그림 4-9에서 종 1과 종 2는 2개의 염기에서 차이를 보인다. 그러나 종 2와 종 3은 염기서열의 변화가 무려 10개나 된다. 이들은 모두 서로 같은 조상을 두었다고 보기는 어렵다. 오히려 종 3은 종 4와 염기서열이 더 유사한 면을 가졌다. 따라서 우리는 이러한 염기서열 분석을 통하여 종 1과 종 2가 같은 공통조상을 가졌고, 종 3과 종 4가 같은 조상에서 나온 것으로 볼 수 있다[35]. 이렇게 각 종들이 어디에서 분기하는지를 알아내는 학문이 **분기학**(分岐學, cladistics)이다. 분기학은 계통수를 만들 수 있는 중요한 도구이기도 하다. 우리는 분기가 먼 곳에서 일어나면 일어날수록, 진화적으로 분기된 시간이 오래되었다는 것을 계통수에 표시할 수 있다. 같은 공통조상에서 분기한 종들은 그 공통조상들의 **형질**(形質, trait)들을 많이 공유하고 있게 된다. 우리는 이런 형질을 **공유파생형질**(公有波生形質, synapomorphy)이라고 부른다. 따라서 공유파생형질은 종들의 분기를 결정하는 중요한 요인으로 간주되고 있다.

그렇다면 생물 전체에 대한 계통수를 3역 6계에 의거하여 도식화한다면 그림 4-10과 같을 것이다. 우선 그림 왼쪽에 3영역을 표시하고, 각기 6계의 계통수를 나타내었다[3]. 세균계와

04

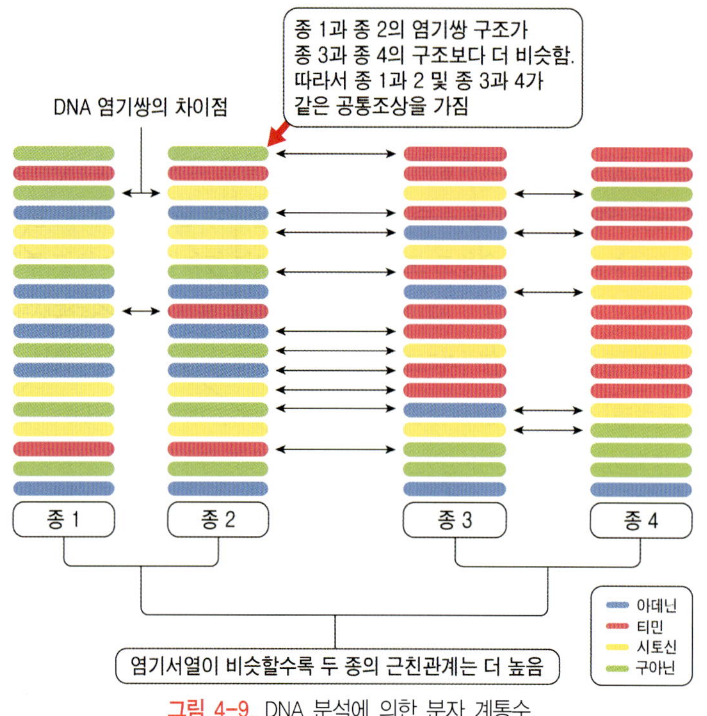


그림 4-9. DNA 분석에 의한 분자 계통수.

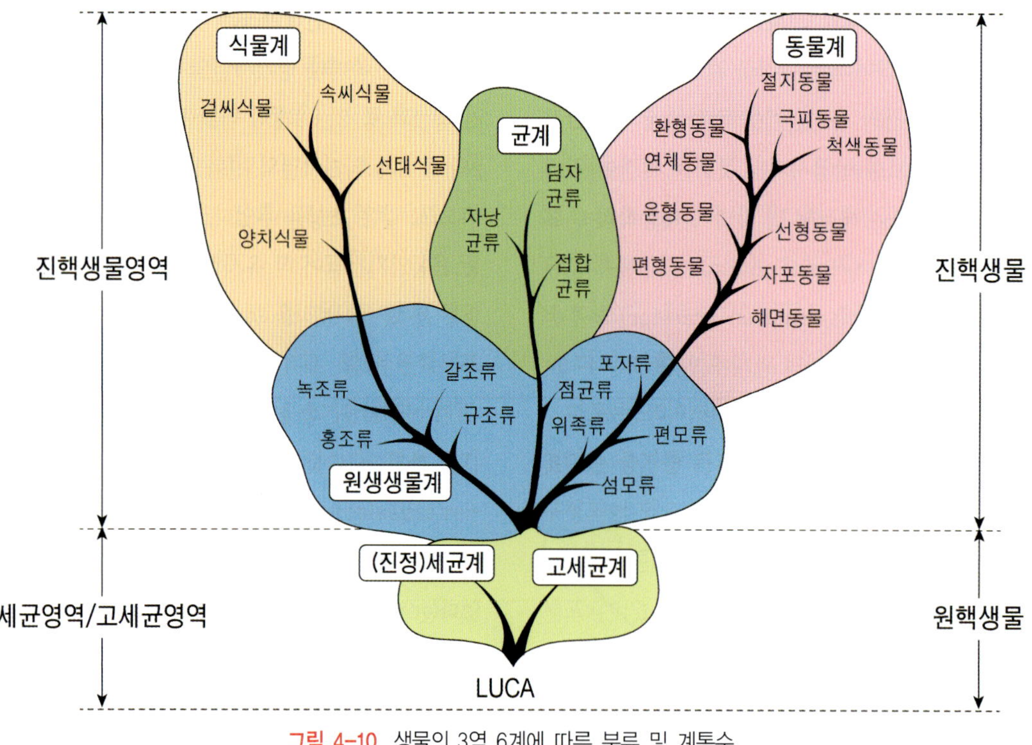


그림 4-10. 생물의 3역 6계에 따른 분류 및 계통수.

고세균계는 원핵생물에 속하고, 나머지 원생생물계, 식물계, 균계 및 동물계는 모두 진핵생물에 속한다. 이 계통수는 교양 과학 수준에서 일반적인 분류와 계통수를 도식화한 것으로 이를 근간으로 각 계에 대한 간단한 설명을 이어 갈 것이다. 그리고 각 영역과 계별로 각각의 특성이 무엇이며 이렇게 분류해야 하는 이유도 찾아볼 것이다(표 4-2). 먼저 진정세균과

표 4-2. 생명의 분류와 3역 6계의 특징 비교

| 영역 | 세균역 | 고세균역 | 진핵생물역 | | | |
|---|---|---|---|---|---|---|
| 계 | 세균계 | 고세균계 | 원생생물계 | 균류계 | 식물계 | 동물계 |
| 세포 형태 | 원핵세포 | 원핵세포 | 진핵세포 | 진핵세포 | 진핵세포 | 진핵세포 |
| 세포벽 | 있음, 펩티도글리칸 | 있음, 펩티도글리칸 없음 | 있음, 셀룰로스, 일부에서 엽록체 있음 | 있음, 키틴 | 있음, 셀룰로스, 엽록체 있음 | 세포벽/엽록체 없음 |
| 막지질 | 에스터 결합, 비분지형 | 에테르 결합, 분지형 | 에스터 결합, 비분지형 | | | |
| 세포 수 | 단세포 | 단세포 | 대부분 단세포, 일부 다세포 | 대부분 다세포, 일부 단세포 | 다세포 | 다세포 |
| 영양공급 | 독립영양/종속영양 | 독립영양/종속영양 | 독립영양/종속영양 | 종속영양 | 독립영양 | 종속영양 |
| 미토콘드리아 | 없음 | 없음 | 있음 | 있음 | 있음 | 있음 |
| 운동성 | 일부 있음 | 일부 있음 | 일부 있음 | 없음 | 없음 | 있음 |
| 신경조직 | 없음 | 없음 | 일부 원시적 자극반응 | 없음 | 일부 원시적 자극반응 | 있음 |

고세균의 제일 큰 차이는 세포벽이 둘 다 있지만, 고세균에서는 세포벽에 펩티도글리칸(peptidoglycan)이 없다는 것이다. 또한 세포벽만 비교하면, 원생생물은 세포벽이 식물과 같이 셀룰로스로 되지만, 균류에서는 키틴(chitin)으로 구성되어 있다. 그러나 동물에서는 아예 세포벽이 없다. 균류의 세포벽을 이루는 키틴은 게나 새우와 같은 갑각류나 곤충의 외피를 이루고 있는 다당류여서 더 흥미롭다. 영양공급 측면에서 보면 균류나 동물계는 종속영양생물이어서, 다른 생명체가 만들어 놓은 유기물이 없으면 생존할 수 없는 생명체들이다. 따라서 엽록체는 없지만 미토콘드리아는 가지고 있다. 이제 6계를 하나씩 찾아 나설 준비가 된 것 같다.

## 제3절 세균계의 분류

세균을 우리는 박테리아(bacteria)라고 부른다. 또한 고세균과 구별하기 위하여 그냥 세균이라 부르기보다는 **진정세균**(眞正細菌, eubacteria)이라 부르기도 한다. 본래 **박테리아**(bacteria, 단수형은 bacterium임)라는 말은 그리스 어원으로 막대기(cane)를 뜻한다[5]. 처음 발견된 박테리아가 막대기처럼 보였기 때문이다. 그러나 박테리아는 성적 생식을 하지 않아서 생물학적 종이 없기 때문에 위계적 계통수를 만들기가 쉽지 않다. 따라서 세균은 주로 리보솜 RNA(rRNA)의 분석 결과에 따라 분류된다(그림 4-11, 파란색은 세균, 녹색은 고세균, 적색은 진핵생물을 표시함)[12]. 세균도 린네식 분류에 따라 세균영역(domain), 세균계(kingdom), 세균문(phylum) 등으로 분류할 수 있지만, 세균의 분류체계에서는 세균계를 사용하지 않으므로 문이 바로 영역의 하위 위계 순서가 된다. 그렇다면 얼마나 많은 세균문이 있을까? 2017년 8월을 기준으로 보면 세균 영역은 30개의 문으로 구성되어 있다. 그러나 필요한 조건을 갖추지 못하여 후보 문(candidate phylum)에 올라 있는 것도 50개를 넘어서고 있다[2,6,44].

그렇다면 얼마나 많은 세균종들이 있을까? 보고자마다 추정치가 다르지만 대개 약 만6천여 종으로 보고 있다. 그러나 실제 예측되는 세균종은 무려 $10^7$~$10^9$종 정도로 추정된다. 따라서 우리는 극소수의 세균에 대한 정보만을 가지고 있다고 할 수 있다. 또한 현재 보고된 세균의 90% 정도는 4개의 문에 속해 있다. 따라서 많은 세균종을 거느리고 있는 세균문은 **프로테로박테리아**문(phylum Proteobacteria), **악티노박테리아**문(phylum Actinobacteria), **피르미쿠테스**문(phylum Firmicutes) 및 **박테로이데테스**문(phylum Bacteroidetes)이다. 특히 프로테로박테리아문은 가장 큰 세균 집단으로 대장균, 페스트균, 콜레라균, 살모넬라균 등이 여기에 포함된다. 또한 프로테오박테리아는 진핵생물의 미토콘드리아가 되어서 진핵생물이 에너지를 얻게 해 주는 공생관계를 유지하고 있다. 그러나 이러한 문의 이름은 실제 세균의 이름에는 적용되지 않는다. 왜냐하면 세균 이름을 명명하는 세균 분류 코드(the

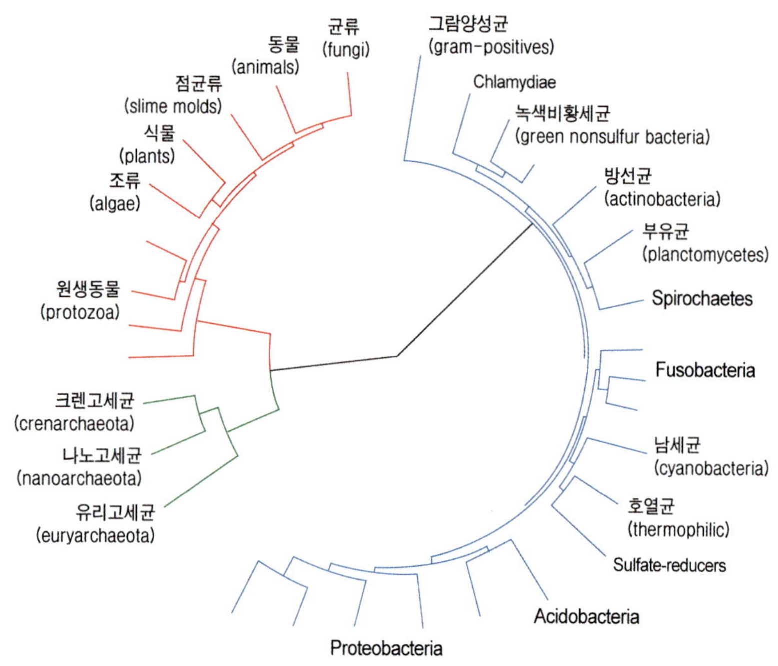


그림 4-11. 세균역(파란색), 고세균역(녹색), 진핵생물역(적색)의 계통수. (출처: TimVickers[4-11])



bacteriological code)에서는 문을 다루지 않기 때문이다.

그러나 인간은 세균을 구분하기 위해서 다소 간단한 방법을 자주 이용한다. 어떤 특정 세균이 그람 염색에 어떻게 염색되는지에 따라서 **그람 양성균**(Gram positive bacteria)과 **그람 음성균**(Gram negative bacteria)으로 나눈다(제5장 '생명의 구조' 편에서 다룰 것이다). 또한 산소를 좋아하는 **호기성**(好氣性, aerobic)과 싫어하는 **혐기성**(嫌氣性, anaerobic) 성질 여부나 아포(芽胞, spore) 형성 여부, 에너지를 얻는 방법이나 생긴 형태(**구균** 球菌 coccus, **간균** 杆菌 bacillus, **나선균** 螺旋菌 spirillum)에 따라 분류하기도 한다.

예를 들어 보자. 세균 중에서 가장 많이 연구된 **대장균**(大腸菌, *Escherichia coli*)은 주로 동물의 대장 속에 살고 있다. 이 대상균은 그람 음성이며 조건부 혐기성이고, 막대기 모양을 하는 간균의 특징을 갖는다. 즉, 대장균은 그람 염색에서 음성을 나타내어서 그람 음성균으로 분류할 수 있다는 뜻이다. 이 대장균의 이름은 이 세균을 처음 발견한 독일의 소아과 의사인 **테오도르 에쉐리히**(Theodor Escherich, 1857~1911)를 기념하기 위하여 붙인 이름이기도 하다[24]. 우리가 알고 있는 콜레라균의 학명은 *Vibrio cholera*이다. 비브리오는 속명이고 콜레라는 종명이다. 따라서 비브리오 속에는 많은 세균이 포함되어 있지만, 우리는 그중 한 세균의 종명을 따서 그저 콜레라라고 부르고 있다.

그렇다면 박테리아는 어디에 살고 있을까? 박테리아는 아무리 척박한 환경이라 하더라도 거의 모든 지구 표면에 둥지를 틀고 살고 있다. 동물의 내장 속에도 살고 있고 식물의 뿌리에 붙어서 살 수도 있다. 그뿐 아니라 해저 10km 밑에서도 살 수 있고 지상 55km 위에서도 발견된다. 세균은 고세균과 같이 극한적인 고온이나 저온 또는 높은 소금기 속에서도 살 수 있는 재주가 있다.

지구상에 살고 있는 박테리아 수는 얼마나 될까? 최근 보고에 의하면 $5\times10^{30}$개가 있을 것으로 추정한다. 이 숫자는 어마어마해서 1조에 1조를 곱하고 다시 5백만을 곱해 주어야 하는 숫자이다. 이 숫자는 우주에 있는 별의 수보다 더 많다[34]. 그러나 우리가 알고 있는 세균은 이 중에서 얼마나 될까? 아주 극소수만이 우리의 눈에 띌 뿐이다.

## 제4절 고세균계의 분류

고세균을 진정세균에서 분리해 낸 학자는 이미 기술하였던 칼 워즈이다. 고세균은 진정세균과 같은 단세포이자 원핵생물로 마치 진정세균과 사촌 정도로 보일지 모르나, 실제로는 3영역 중 하나를 차지할 정도로 진정세균과 진핵생물과는 차이가 있다. 그러나 모든 정황은 고세균이 같은 원핵생물인 진정세균보다 진핵생물 쪽에 더 가깝다는 사실을 말해 준다.

먼저 진정세균과의 차이는 세포벽의 성분에서 갈라진다. 진정세포의 세포벽은 표 4-2에서 보여 준 것처럼 펩티도글리칸(peptidoglycan)이라는 당단백질로 구성되어 있지만, 고세균은 완전히 다르다. 고세균의 세포벽 성분은 아주 다양하여 변형된 펩티도글리칸인 슈도펩티도글리칸(pseudopeptidoglycan)이나 S층(S-layer)이라고 하는 단백질막으로 구성되어 있다(그림 5-16 참고). 세균과 진핵생물의 막지질은 비분지형이면서 에스터 결합을 하고 있지만, 고세균은 분지형이면서 에테르 결합을 하고 있다(그림 5-15 참고). 그뿐 아니라 진정세균에는 없는 히스톤(histone) 단백질을 가지고 있기도 하고, 인트론(intron)이 들어 있어서 전령 RNA(mRNA)의 이어맞추기(splicing) 과정도 있어야만 한다. 또한 고세균의 DNA 중합효소나 RNA 중합효소의 구조도 진핵생물의 것과 유사하다. 더불어 진정세균의 펩티드는 N-formylmethionine으로 시작하지만, 고세균은 메티오닌(methionine)으로 시작한다. 그렇다면 진핵생물의 펩티드는 무엇으로 시작할까? 진핵생물은 고세균과 같은 메티오닌으로 시작한다(자세한 내용은 제9장 '생명의 유전' 편에서 기술할 것이다). 따라서 이런 사실은 고세균이 진정세균보다 진핵생물에 더 가깝다는 것을 의미한다고 할 수 있다. 그러나 고세균은 소금기가 많은 곳이나 온도가 높은 온천, 산소가 없는 늪지대와 같이 힘들고 열악한 환경에서 살아가기 때문에 배양하기가 힘들어서 실험실에서 연구하기도 쉽지 않은 미생물이다.

현재 원핵생물의 분류나 작명에 관여하는 원핵생물명 목록(list of prokaryotic names with standing nomenclature; LPSN)에서 승인된 고세균의 문은 5개이다. 이러한 분류기준은 리보솜의 16S 구조를 구성하는 rRNA 서열분석을 통하여 분류된다. 고세균의 5개 문은 가장 흔한 **유리고세균**(Euryarchaeota)에서부터 **크렌고세균**(Crenarchaeota), **코르고세균**(Korarchaeota), **나노고세균**(Nanoarchaeota) 및 **타움고세균**(Thaumarchaeota)이다. 그림 4-12는 고세균의 물리적 특성을 잘 보여 준다. 그림에서 붉은색일수록 90~100℃ 사이에서 잘 자란다는 것을 의미한다. 따라서 크랜고세균에는 **호열균**(好熱菌, thermophile)이 많이 분포되어 있다는 것을 알 수 있다. 또한 유리고세균문에는 **메탄 생성균**(methanogen)이 포함되어 있다는 것을 보여 준다. 강산성이나 소금에 내성이 강한 균도 유리고세균이나 크렌고세균 속에 들어 있다[23].

유리고세균에 속하는 메탄 생성균은 극히 환원적인 환경

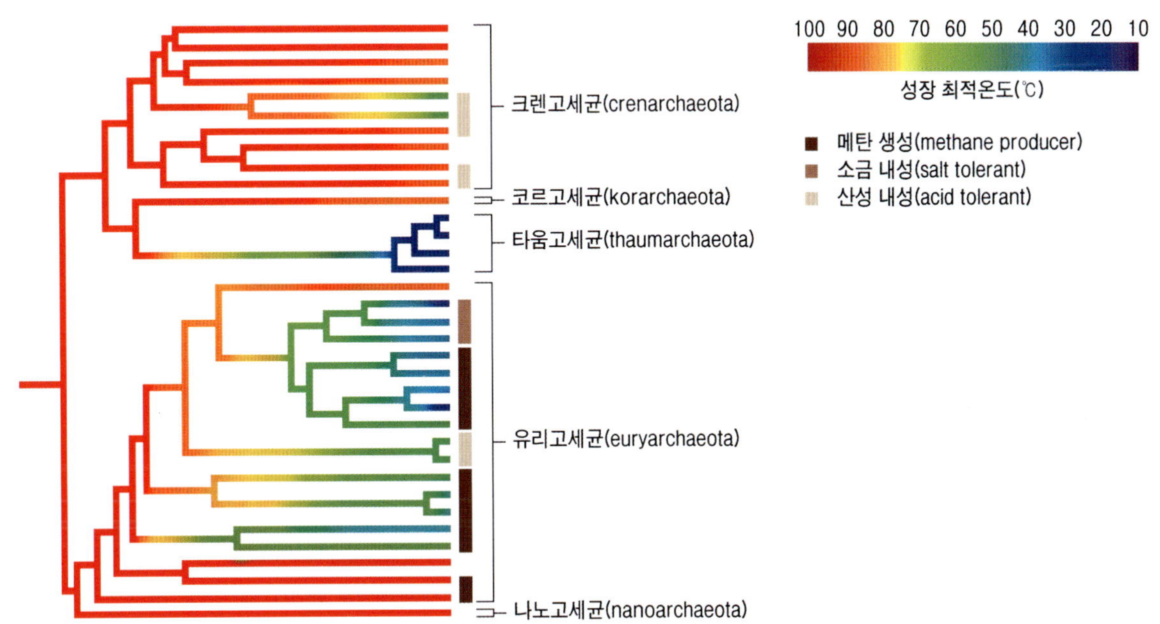


그림 4-12. 온도, 염, 산성 및 메탄 생성에 관한 특징을 보여 주는 고세균 계통수. (출처: Groussin, M. et al./Mol. Biol. Evol.[4-12], 게재 허가)

에서만 살아서 **절대 혐기성 생물**(絶對嫌氣性生物, obligate anaerobes)이라고 부른다. 메탄 생성균은 산소가 없는 늪지대(swamp)나 습지대(marsh)에 살면서, 수소에서 전자를 얻어 이산화탄소를 환원시키는 과정을 통하여 에너지를 얻는다. 따라서 이 과정에서 최종산물로 메탄가스가 배설된다. 이렇게 하여 메탄 생성균은 화학독립 영양생물(化學獨立營養生物, chemoautotroph)에 해당한다. 메탄 생성균은 산소가 없는 환경에서 무기질을 이용하여 에너지를 생산해 낼 수가 있기 때문에, **황세균**(sulfur bacteria, 이산화탄소와 황화수소를 이용함)과 함께 지구에 등장한 최초의 독립영양생물로 추정되기도 한다. 이러한 메탄 생성균은 늪지대뿐만 아니라 소나 양 등의 반추동물 위(胃, stomach)에서도 살고 있으며, 인간의 대장에서도 메탄가스를 생성하고 있다. 유리고세균의 **호염균**(好鹽菌, halophile)은 고농도의 염도에서만 살아갈 수 있고, 세포막에 박테리오로돕신이라는 색소를 가지고 있어서, 때때로 염전을 붉은색으로 물들이기도 한다.

크렌고세균은 극호열성에서부터 **호냉성**(好冷性, psychrophile)의 특징을 가지고 있어서, 113℃에서 사는 고세균이 있는가 하면, 호냉균은 −20℃에서도 잘 생존한다. 그뿐만 아니라 일부에서는 강한 산성을 좋아하는 **호산성**(好酸性, acidophile, pH2~3에서도 잘 삶) 세균까지 아주 다양하다. 따라서 이들은 남극이나 북극 해양뿐만 아니라 해저 열수구나 화산 온천 등에서도 발견된다. 이들은 황화물에서 전자를 구하여 이산화탄소를 환원시켜 에너지를 얻는다. 크렌고세균 중에서 특징 있는 세균은 **숲폴로부스 솔파타리쿠스**(*Sulfolobus solfataricus*)를 들 수 있다. 이 고세균은 최초로 이탈리아 나폴리 근처의 유황온천에서 발견된 고세균으로서, 이들이 살고 있는 온천의 온도는 70~75℃였고, pH도 2~3 정도였다. 이 고세균은 현재 크렌고세균 중 가장 많이 연구된 고세균이기도 하다.

코르고세균은 1996년 미국의 옐로스톤 국립공원의 온천에서 처음 발견되었다. 이 고세균에 대한 순수배양은 성공하지 못하였지만, 2008년 *Korahrchaeum cryptofilum*의 전체 게놈이 해독되어 보고되기도 하였다. 그러나 아직은 잘 알려지지 않은 고세균문이다.

나노고세균은 말 그대로 나노 크기의 고세균을 말하는데, *Nanoarchaeum equitans*라는 단 한 종만이 알려져 있다. 이 종은 대서양 해저와 옐로스톤 국립공원 내의 열수구에서 분리되었으며, 크렌고세균의 종인 이그니코쿠스(ignicoccus)에 기생하면서 살고 있다.

타움고세균은 2008년에 제시된 새로운 고세균문으로 암모니아를 산화하여 에너지를 얻어서 이산화탄소를 고정하여 생활하는 화학독립 영양생물이다.

이제 **극한생물**(極限生物, extremophile)에 대하여 이야기할 차례이다. 극한생물을 뜻하는 extremophile은 라틴어의 extremus(extreme, 극단의)와 그리스어 philia(love, 좋아함)가 합쳐진 말로서, 1974년 **맥엘로이**(R. D. MacElroy)에 의해서 제안된 이름이다. 극한생물이 뜻하는 말 그대로 이 미생물들은 초고온이나 저온, 고염도 및 극단적인 pH와 같이 극한적인 환경에서 살기를 좋아하는 생물체들이다. 이 미생물들은 세균이나 진핵생물에 속하는 것도 있지만, 대부분이 고세균에 속해 있다. 이러한 극한 환경에서 생존하는 생명체가 가지고 있는 효소나 유전자는 의학적으로나 산업적으로 이용 가치가 높다고 할 수 있다. 초고온이나 영하의 온도 혹은 강산성이나 강알칼리에서도 작동할 수 있는 효소를 가질 수 있다면, 그 이용 가치는 매우 높을 것이다. 이미 고온에서 살기를 좋아하는 세균인 **테르무스 아쿠아티쿠스**(*Thermus aquaticus*, 고세균이 아니고 세균임)의 DNA 중합효소인 Taq 중합효소는 75~80℃에서도 작동이 가능하다. 따라서 이 장점을 이용하여 **중합효소 연쇄반응**(polymerase chain reaction; PCR)이 태동하였다. 따라서 이러한 극한생물이 가지고 있는 효소의 덕택으로 우리는 범행을 저지른 진범을 찾아낼 수도 있고, 친자 확인이 가능한 세상이 만들어진 것이다[50]. 이렇게 본다면 미토콘드리아도 엽록체도 미생물이 아니었던가? 우리는 미생물들의 덕분에 우리가 생존해 있다는 것을 염두에 두고 살아야 할 것이다.

## 제5절 원생생물계의 분류

원생생물(原生生物, protists)로 접어들면서 우리는 원핵생물계에서 진핵생물계로 넘어오게 된다. 이것은 구조적 측면에서 대단히 획기적이다. 진핵세포는 원핵세포에 비하여 덩치면에서 10~100배 이상 크기 때문이다. 핵이 핵막에 의하여 쌓이고 막 구조로 된 세포 소기관들이 등장한다. 그러나 일부를 제외하고 대부분 원생생물은 아직도 단세포 수준이거나 군체를 형성하는 정도의 발전밖에 이루지 못하고 있다. 따라서 원생생물은 식물계, 동물계 및 균계로 구분이 되지 않고, 이들의 특징들이 섞여 있는 상태라 할 수 있다. 2001년에 조직된 생물 카탈로그(Catalogue of life) 분류에는 원생생물계를 20개 문으로 분류하지만, 영양분을 얻는 방식에 따라 **동물성 원생생물(원생동물)**, **식물성 원생생물(원생식물)** 및 **균류성 원생생물**로 구분하여 기술하고자 한다[10,45].

## 1. 원생동물

원생동물(animal like protists, protozoa)은 동물계와 마찬가지로 종속성 영양생물이다. 즉, 자체적으로 음식을 만들지 못하고, 어디서든 음식물을 구해서 먹어야만 살 수 있다. 따라서 이들은 동물계와 마찬가지로 움직이면서 돌아다녀야 한다. 그러나 이들은 동물계와는 다르게 단세포이지만, 세포벽이 없는 것은 동물계와 닮았다. 원생동물을 뜻하는 protozoa는 그리스 어원으로 'protos'라는 '처음(first) 혹은 원시적인(primitive)'이라는 뜻과 zoia, 즉 '동물'(animal)이라는 뜻을 함유하고 있다. 원생동물은 다시 운동기관의 종류에 따라 **편모류**, **위족류**, **섬모류** 및 **포자류**로 나누어진다(그림 4-13).

### 1) 편모류

**편모류**(鞭毛類, flagellates, mastigophora: 채찍을 가지고 있다는 의미)는 채찍 같은 모양의 편모를 가지고 운동하는 단세포 생물을 말한다. 편모류는 주로 담수에 서식하지만 동물의 몸속에서 기생 생활을 하기도 한다. 특히 인간의 몸속에 침범하여 심각한 질병을 초래하는 편모류는 트리파노소마(trypanosoma), 기아르디아(giardia), 트리코모나스(trichomonas), 리슈마니아(leishmania) 등이 있다. 특히 트리파노소마는 아프리카 수면병을 일으키고, 트리코모나스는 안질환이나 질염 등을 유발한다.



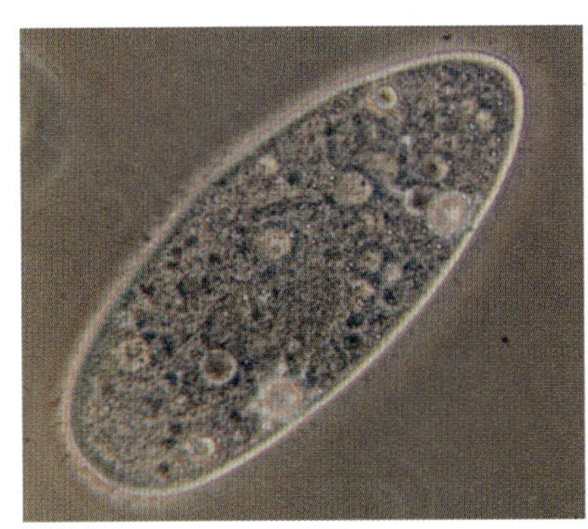
짚신벌레

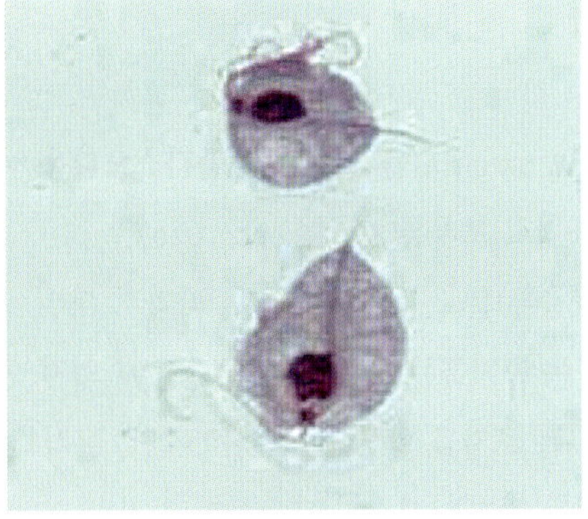
질 트리코모나스

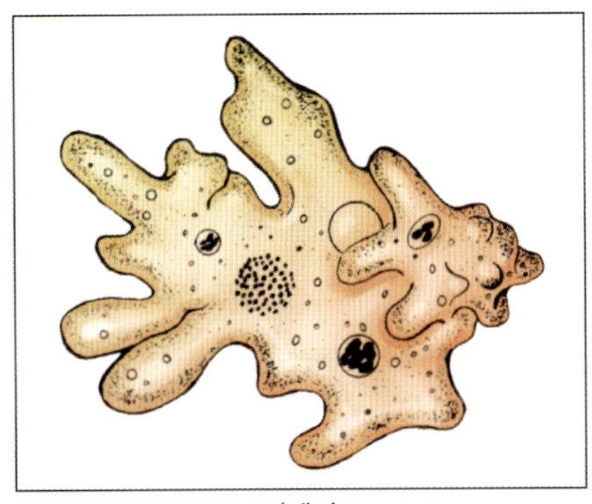
아메바

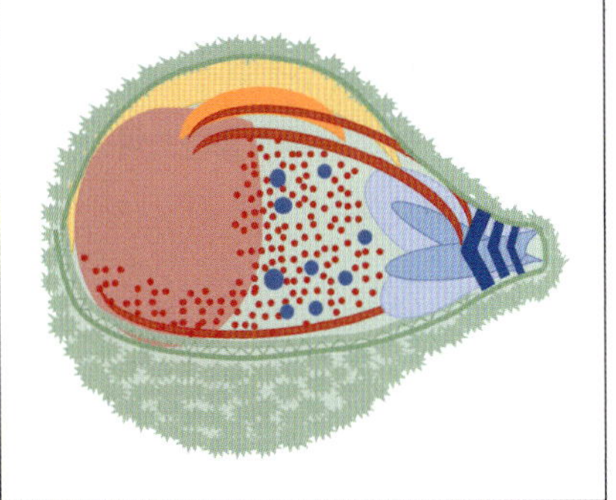
말라리아 원충

그림 4-13. 대표적인 원생동물[4-13].

### 2) 섬모류

**섬모류**(纖毛類, ciliates, cilophora)는 솜털 같은 수많은 섬모로 운동하는 단세포 동물이다. 대표적으로 잘 알려진 **짚신벌레**(paramecium)는 대핵과 소핵으로 된 2개의 핵을 가지고 있다. 대핵은 주로 세포의 대사기능을 조절하고 소핵은 유성생식 형태의 접합에 관여한다. 이들은 주로 편모류와 마찬가지로 분열법에 의한 무성생식으로 번식하지만, 환경이 열악해지면 접합을 통해 소핵을 교환하는 유성생식 형태를 취하기도 한다.

### 3) 위족류

**위족류**(僞足類, amoeba, sardine)는 **아메바**처럼 헛다리라고 불리는 **위족**(pseudopodia)을 만들어서 이동하거나 먹이를 잡는 데 이용한다. 위족류 중에서 아메바과에 속하는 **이질아메바**(*Entamoeba histolytica*)는 전염성을 띠며 아메바성 이질(amoebic dysentery)을 일으키기도 한다. 또한 **유공충**(有孔蟲, foraminifera), **방산충**(放散蟲, radiolarian), **태양충**(太陽蟲, sun animalcule)도 위족을 내지만, 위족 사이로 석회질이나 규산질의 단단한 껍데기가 있는 것이 특징이다.



### 4) 포자류

**말라리아**(학질, 瘧疾, malaria)를 일으키는 **플라스모디움**(Plasmodium)이 대표적인 **포자류**(胞子類, sporozoa, api-complexa: 정단복합체충류)는 운동기관이 없다. 따라서 대부분 척추동물에 기생하는 포자류는 숙주의 체액 운동에 의지하여 움직인다. 포자류는 포자를 형성하여 번식하지만, 유성생식과 무성생식 단계를 거치는 복잡한 생활사를 가지고 있다. 플라스모디움도 인간의 적혈구와 학질 모기를 오가며 유성생식과 포자형성을 해 나간다. 십고양이나 쥐가 숙주가 되어 돼지나 양을 거쳐 사람에게 전달되는 **톡소플라스마 곤디**(*Toxoplasma gondii*)도 포자류에 속한다.

## 2. 원생식물

식물성 원생생물은 **원생식물**(原生植物, protophyta) 혹은 **조류**(藻類, algae)로 불리는데 원생동물과 마찬가지로 대부분이 단세포이지만 다세포인 경우도 있다. 원생식물을 뜻하는 protophyta는 원시적인 식물(phyta, plant를 뜻하는 phytum의 복수형)이라는 의미를 가지고, 조류를 뜻하는 algae는 그 단수형 alga가 해초(seaweed)를 뜻한다. 원생식물은 모두 엽록소를 가지고 있지만, 우리가 산과 들에서 보는 육상식물은 엽록소 a와 b를 가지고 있다. 그러나 원생식물 중에서 엽록소 a와 b를 가지고 있는 것은 녹조류와 유글레나뿐이다. 그러나 유글레나는 편모를 가지고 있기 때문에 녹조류를 육상식물의 선조로 보는 것이 타당할 것이다. 원생식물은 다시 **유글레나류**, **규조류**, **쌍편모조류**, **갈조류**, **홍조류** 및 **녹조류**로 나눌 수 있다(그림 4-14).

### 1) 유글레나류

**유글레나류**(euglenophyta)는 이 장을 시작하면서 소개한 원생생물이다. 편모를 가지면서 광합성을 할 수 있다. 유글레나는 안점을 가지고 있고, 광합성을 주로 하여 자가영양생물의 범주에 속하기 때문에 원생식물로 분류하였다.

### 2) 규조류

**규조류**(硅藻類, diatom, chrysophyta, golden algae, 황갈조류)는 그 모양이 반으로 나누어진 것처럼 보여서 diatom이라는 이름이 붙었다. 규조류는 규소질이 포함된 단단한 세포벽을 가지고 있으며, 이 껍질에는 기하학적으로 아름다운 무늬들과 돌기들이 들어 있다. 규조류는 생태계에서 중요한 역할을 담당한다. 이들은 해양 생태계의 가장 많은 식물플랑크톤이 되어 먹이사슬에서 중요한 생산자 임무를 수행한다. 또한 이들은 광합성으로 인하여 지구상에서 생산되는 산소량의 20%를 만들어 내기도 하고, 이들이 대량으로 퇴적되면 규조토라는 토양환경을 만들어 내기도 한다. 이들은 생식 방법도 특이하다. 규소질의 단단한 세포벽 때문에 마치 벼루 상자의 뚜껑이 몸집을 덮고 있는 형태처럼 보인다. 그러나 이들은 각기 뚜껑과 몸집이 무성생식에 의하여 분열되고, 몸집의 안쪽에 뚜껑이 생기는 방법으로 진행되어서 개체들은 점점 작아지게 된다. 이렇게 작아진 규조류는 배우체를 만들고, **증대포자**(增大胞子, auxospore)를 만들어서 원래의 크기로 다시 돌아간다.

그림 4-14. 대표적인 원생식물[4-14].



### 3) 쌍편모조류

**쌍편모조류**(雙鞭毛藻類, **와편모조류**: dinoflagellates, 황적조류: pyrrophyta)는 각기 다른 운동을 하는 편모를 가지고 있어서 쌍편모조류 혹은 와편모조류라고 불린다. 와편모조류는 소용돌이를 뜻하는 dinos와 채찍을 뜻하는 flagellum이 만들어 낸 합성어이다. 이들은 대부분 광합성을 하는 독립영양생물이지만 공생이나 기생 생활을 하기도 한다. 대부분이 해양 플랑크톤이지만 규조류보다는 작은 편이다. 이들은 붉은색 광합성 색소를 가지고 있어서 **적조**(赤潮, red tide)를 형성하기도 한다.

### 4) 갈조류

**갈조류**(褐藻類, phaeophyta, brown algae)는 우리에게 익숙한 미역, 다시마(kelp), 모자반, 톳 등이 여기에 속한다. 이들은 엽록소 a, c 및 갈조소를 가지고 있어서 갈색을 띠는 다세포 생물이다. 이들은 비록 다세포이지만 크기는 현미경으로 볼 수 있는 것에서부터 60m에 이르는 거대한 다시마까지 아주 다양하다. 그러나 이들은 다세포가 기관으로 분화되어 있지 않고, **엽상체**(葉狀體, thallus) 모양의 형태를 지니며, 헛뿌리를 가지고 해저에 부착하여 생활한다. 일반적으로 조류는 광합성을 하기 때문에 식물과 혼동되기 쉽다. 그러나 조류는 식물과 달리 뿌리, 줄기 및 잎과 같이 기관으로 정확하게 분화되어 있지 않고 엽상체라는 형태로 되어 있다. 이 엽상체는 기능적으로 분화된 기관이 없고, 단순한 잎 모양의 구조가 약간씩 변형되어서 고착물에 붙어서 생활한다. 필요한 영양분의 흡수도 뿌리라는 기관을 통해서 하는 것이 아니라 잎 전체에서 영양분을 흡수하는 형태를 취한다. 갈조류는 육상식물의 번식 방법인 **세대교번**(世代交番, alternation of generation)을 한다. 그보다는 오히려 갈조류의 번식 방법을 육상식물이 따라 한다는 표현이 맞을 것이다. 성숙한 **포자체**(胞子體, sporophyte)는 우리가 보는 다시마이다. 이 다시마 뒷면에서 암수 **유주자**(遊走子, zoospore)가 만들어지고, 이 유주자가 각기 다세포 **배우체**(配偶體, gametophyte)가 된다. 이 다세포 배우체에서 각기 정자와 난자를 만들고,

정자가 헤엄쳐 난자와 수정란을 만들어서 결국 성체 포자체로 돌아가는 생활사를 지속한다(그림 8-34 참고). 또 일부에서는 무성생식으로 유주자가 바로 포자체로 바로 가기도 한다(제8장 '생명의 번식' 편에서 자세히 기술할 것이다). 갈조류는 요오드(iodine)를 많이 함유하고 있어 사람의 갑상선호르몬 생성과 관련이 깊다.

### 5) 홍조류

**홍조류**(紅藻類, rhodophyta, red algae)는 엽록소 a, d 및 홍조소를 가지고 있어서 붉은색으로 보인다. 홍조류를 뜻하는 rhodophyta도 그리스 어원인 rhodon, 즉 장미(rose)에서 온 말이다. 홍조류는 현재 7천여 종이 알려져 있지만, 우리에게 친숙한 것은 김, 우뭇가사리 등이다. 특히 이들은 번식 방법에서 갈조류나 녹조류와 다르다. 갈조류와 녹조류에서는 세대교번이 2차례에 걸쳐 일어나지만, 홍조류에서는 3차례에 걸쳐 일어난다. 배우체에서 만들어진 정자는 편모가 없기 때문에 운동성이 없어서 물결에 따라 이동하여, **수정모**(受精毛, trichogyne)가 붙어 있는 자성(雌性) 생식기인 **조과기**(造果器, carpogonium)에 접착하여 수정이 일어난다. 그다음 세대는 **과포자체**(果胞子體, carposporophyte) 단계로 이배체 **과포자**(果胞子, carpospores, 그리스어 karpos는 과일, fruit를 뜻함)를 형성한다. 이 과포자는 다시 **4분포자체**(tetrasporophyte)를 형성하고, 감수분열을 통하여 단상체인 **4분포자**(tetraspore)를 만들어 낸다. 이 4분포자는 배우체를 형성하면서 다시 생활사를 시작하게 된다. 대부분의 홍조류는 다세포이며 해양성이면서 주로 유성생식을 한다.

### 6) 녹조류

**녹조류**(綠藻類, chlorophyta, green algae)는 엽록소 a, b 및 카로티노이드를 가지고 광합성을 하는 독립영양생물이다. 이들은 단세포인 **클로렐라**(chlorella, 녹색의 작은 생명체라는 뜻)부터 다세포인 파래, 청각 등이 여기에 속하고, 수백 개가 모여 군체를 형성하는 **볼복스**(volvox) 형태도 있다. 클로렐라는 플랑크톤의 일종이지만, 단백질이나 비타민, 무기질 등이 많아서 식품으로도 관심을 끌고 있다. 더구나 NASA에서 이를 우주인의 식품으로 연구하면서 더욱 유명해진 녹조류이기도 하다. 볼복스는 담수에 사는 녹조류로서 2개의 편모를 가진 단세포들이 모여 구형을 이루는데, 많게는 5만 개의 세포가 모여 군집을 형성하기도 한다. 녹조류는 엽록소가 현재의 육상식물과 동일하고, 셀룰로스로 된 세포벽을 가지고 있어서, 육상식물과 근연관계가 깊다고 할 수 있다. 특히 **윤조강**(輪藻綱, charophyseae)에 속하는 **차축조류**(車軸藻類, stoneworts, 줄기에서 가지가 돌려나기 식으로 나와 있어서 붙은 이름)는 엽록소 a, b를 가지고 광합성을 하여 녹말을 만들지만, 관다발이나 배(胚, 육상식물은 **유배식물**, 有胚植物, embryophyte임)가 없고 포자를 만들지 않는다는 점에서 선태식물과 구별된다. 그러나 녹조류 중 육상식물과 가장 근연관계가 깊다고 할 수 있는 조류는 차축 조류이다. 녹조류도 다른 조류와 같이 세대교번을 한다. 이들은 각기 포자체와 배우체를 거치면서 단상체에서 이배체의 과정을 순환한다. 그뿐 아니라 유주자가 떨어져 나와 새로운 개체로 성장하는 무성생식적인 방법을 쓰기도 한다.



## 3. 균류성 원생생물

**균류성 원생생물**(菌類性-, fungus-like protist)은 말 그대로 **균류**(菌類, fungus)와 비슷하지만, 균류라고 할 수 없는 원생생물을 말한다. 이들은 동물과 같이 종속영양생물이다. 엽록체가 없어서 자체적으로 영양분을 생산할 수 없고, 동식물의 사체에서 영양분을 얻거나 기생 생활을 해야만 한다. 또한 이들은 세포벽을 가지고 있는데, 식물은 셀룰로스로 구성되어 있는 반면, 균류는 키틴으로 되어 있다(그러나 점균류는 세포벽이 없다). 균류성 원생생물도 식물이나 균류와 같이 포자를 형성하여 번식하지만 이들과 같이 운동성이 없는 것은 아니다. 이들은 생활사의 어느 시기에는 편모나 위족을 이용하여 이동할 수도 있다. 이들은 단세포이지만 다세포를 형성하기도 하고, 동물과 식물 또는 균류의 특징을 보이는 점으로 인해 균류로 진화하는 중요한 생명체로 주목을 받고 있다(그림 4-15). 균류성 원생생물은 **점균류**(粘菌類, mycetozoa, slime mold, myxomycete)와 **난균류**(卵菌類, oomycetes, water mold)로 나눌 수 있다.

점균류는 다시 **원형질성 점균류**(原形質性-, plasmodial slime mold)와 **세포성 점균류**(細胞性-, cellular slime mold)

그림 4-15. A, 점균류. B, 물곰팡이. (출처: Siga, TheAlphaWolf[4-15])

로 구분된다. 원형질성 점균류는 그들의 생활사에서 세포들이 서로 융합하여, 세포벽이나 세포막이 없는 다핵성의 원형질 덩어리인 **변형체**(變形體, plasmodium)를 만든다. 이 변형체는 다시 자실체를 만들어서 포자를 퍼트리게 될 것이다. 이 포자는 성숙하여 아메바 형태와 편모 형태의 배우자를 만들어 낸다. 이들 배우자가 먼저 **세포질 융합**(細胞質 融合, plasmogamy)을 하게 되어 **이핵상**(二核相, dikaryotic phase, n+n 상태)이 되고, 그다음 **핵융합**(核融合, karyogamy)이 일어나면서 수정이 완료된다. 이렇게 생성된 접합체는 다시 변형체를 만들면서 생활사를 이어 갈 것이다. 따라서 원형질성 점균류는 아메바형 시기, 포자형 시기 및 편모형 시기를 모두 거치는 셈이다(그림 8-35 참고).

세포성 점균류는 군체를 형성한 각 세포가 막으로 분리되어 있고, 원형질성 점균류와는 달리 편모형 시기를 거치지 않는다. 이들은 핵융합이나 세포질 융합과 같은 과정을 밟지 않고, 유성생식이나 무성생식을 통하여 포자를 만들고 이 포자들이 아메바와 유사한 세포를 만들어 낸다.

난균류는 엽록체가 없어서 종속영양생물이다. 또한 균류처럼 균사체로 구성되어 있어서, 동식물의 사체를 분해하여 먹고 사는 **부생생물**(腐生生物, saprophyte) 중 하나이다. 이들은 고등 균류와 달리 균사에 격벽이 없다. 그뿐만 아니라 균류의 세포벽은 키틴질로 구성되어 있지만, 난균류는 식물 세포벽의 주성분인 셀룰로스로 되어 있다. 주로 균사에서 만든 포자에 의하여 무성생식을 한다. 그러나 주위 환경이 열악해지면 균사의 접합에 의한 유성생식을 하기도 한다. 난균류에 속하는 것은 **물곰팡이**(water mold)와 **감자역병균**(*phytophthora infestans*)이 이에 속한다. 특히 감자역병균은 감자 마름병을 일으켜서 19세기 중반 아일랜드와 스코틀랜드의 대기근을 촉발시킨 주된 원인이 되었다. 미국에 아일랜드 후손이 많이 있는 이유는 감자역병균의 역할이 컸다고 할 수 있다.

## 제6절 식물계의 분류

같은 진핵생물계이지만 원생생물은 일부를 제외하고 단세포가 많아서 우리 눈에는 잘 보이지 않는다. 그러나 식물계나 균류 및 동물계로 올라오면, 드디어 우리는 이들을 알아볼 수가 있다. 따라서 이런 생물체들은 우리의 인지 범위 내에 있기 때문에 친숙한 편이다. 식물은 녹조류에서부터 육상식물로 진화해 왔다. 그렇다면 언제쯤 녹조류는 육상으로 진출하였을까? 녹조류의 육상 진출 시기는 지금까지 약 4억2천만 년 전으로 알려져 있었으나, 최근 조사에 의하면 약 1억 년 정도 더 위로 올라가서 캄브리아기 혹은 초기 오르도비스기(약 5억5천만 년~4억8천만 년 전)쯤 육지로 상륙했다는 보고도 있다[33].

그렇다면 이들은 왜 비교적 안정적인 수중 환경을 버리고 육지로 상륙했을까? 녹조류가 육상생활을 선택하게 된 이유는 햇빛과 이산화탄소 때문이다. 수중생활에서는 물은 쉽게 구할 수 있지만, 이산화탄소와 빛의 양은 육지에 비해 열등할 수밖에 없다. 그리하여 이들은 더욱더 효율적인 광합성을 하기 위하여 육지를 선택하였지만, 그 대가로 물 문제를 해결해야 하는 숙제를 안게 되었다. 따라서 이러한 물 문제의 극복은 **관다발**(管-, vascular bundle)이라는 구조를 개발해 내면서 해결의 실마리를 풀어 나간다. 그뿐만 아니라 빛을 더욱더 많이 소유하기 위해서는 키를 키워야 했는데, 이런 문제는 수중생활과 달리 중력에 저항해야 하는 새로운 문제에 직면하게 되었다. 또한 물이라는 환경을 벗어났기 때문에 번식을 위해서는 건조한 육상환경을 극복해야 하는 과제도 떠안게 되었다. 이런 관점들은 우리가 식물을 쉽게 분류해 볼 수 있는 기본개념을 제시해 준다고도 할 수 있다.

그렇다면 식물의 종 수는 얼마나 될까? 생명체의 종 수를 우리가 정확히 알 수가 없듯이 식물의 종 수도 정확히는 알 수가 없다. 그러나 최근 보도에 의하면 관다발 식물만 약 39만 종 정도 되고, 이 중에서 꽃이 피는 **현화식물**(顯花植物, flowering plant)이 약 95%를 차지하여 37만 종쯤 된다[17,37]. 따라서 현화식물이 식물 대다수를 차지한다고 볼 수 있다. 우리는 식물계를 10개의 **문**(門, phylum)으로 나눌 수 있지만, 주위에서 쉽게 볼 수 있는 식물들을 위주로 4개의 큰 집단으로 구분하려 한다. 이들은 각기 그림 4-16에서 보는 것처럼 정식 학명은 아니지만, **선태식물**, **양치식물**, **겉씨식물**, **속씨식물**로 나누어 부른다. 이들을 분류하는 기준은 **영양기관**(營養器官, vegetative organ, 생식기관인 꽃을 제외한 뿌리, 줄기, 잎 등을 말함)이 발달한 정도, 관다발 유·무, 포자와 종자, 꽃의 유·무, 씨방의 유·무, 떡잎의 수 등이다[43]. 이제 이들에 관하여 각기 기술해 보도록 하자.

04

## 1. 선태식물

**선태식물**(蘚苔植物, bryophyte, **이끼식물**, 라틴어로 bruon은 이끼를 뜻함)은 우리가 보통 이끼라고 부르는 생명체이다. 이 선태식물은 녹조류가 양치식물로 이행되는 중간 단계로 볼 수가 있어서, 아직도 수중환경을 완전히 벗어났다고 할 수 없다. 우리가 산천에서 볼 수 있는 이끼들도 물이 있는 습지에서나 찾아볼 수 있다. 이들은 땅속 깊은 곳에서 물을 빨아올릴 수 있는 관다발도 없을뿐더러 줄기나 뿌리도 없다. 겨우 헛뿌리를 내려 지상에 부착하고 있을 뿐이다. 이렇게 뿌리나 줄기 및 잎 등이 발달하지 않고, 원시적인 잎 형태로 생존하는 식물을 **엽상식물**(葉狀植物, thallophyte)이라고 부른다(그림 4-17). 이끼류는 단상체인 배우체에서 **장정기**(藏精器, antheridium)와 **장란기**(藏卵器, archegonium)가 발생하여 배우체 위에 이배체의 포자체를 형성한다. 이 포자체에서 감수분열이 일어나 포자를 형성하고, 이 포자가 분열하여 배우체를 만들게 된다. 배우체에서 장정기의 정자가 장란기의 난자로 이동할 때에는 반드시 물이 필요하다(그림 8-43 참고). 이들은 육상에 살고 있지만, 아직도 수중생활이라는 고향을 완전히 벗어나지 못하고 있는 셈이다. 선태식물은 **선태식물문**(솔이끼문, bryophyta, 선류, moss), **우산이끼문**(marchantiophyta, 태류, liverwort, 우산이끼) 및 **각태식물문**(anthocerotophyta, hornwort, 뿔이끼)으로 구분하기도 한다. 선태식물 중 선류와 태류가 대부분을 차지하기 때문에 선태식물이라고 불린다.

그림 4-16. A, 이끼식물, B, 양치식물, C, 나자식물, D, 피자식물[4-16].

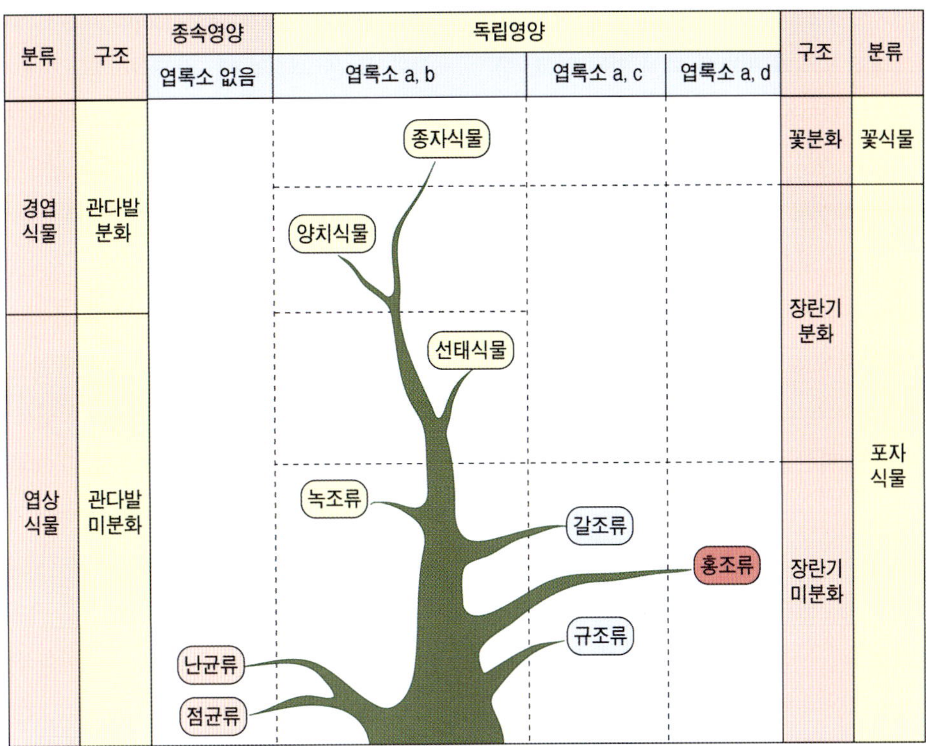


그림 4-17. 조류와 식물의 진화적 특징과 계통수.



## 2. 양치식물

**양치식물**(羊齒植物, pteridophyte)은 우리가 보는 고사리 종류이다. 마치 그 모양이 양의 이빨처럼 닮았다고 해서 양치식물이라고 부른다. 이 고사리는 이끼와 다르게 관다발이 형성되기 시작하고, 뿌리와 잎 그리고 줄기가 분화되는 모양을 하고 있다. 이끼에 비해서 조금 더 발전된 모습으로 물에서부터 한 발짝 멀어질 수 있게, 그 기능을 갖추기 시작하였다고 볼 수 있다. 이런 형태는 이끼류와 같은 엽상식물이 아니라 영양기관이 갖추어진 식물이기 때문에 **경엽식물**(莖葉植物, cormophyte)이라고 부른다. 양치식물은 한때 고생대 데본기 이후부터 석탄기까지 거대한 목본식물로 번성하여서, 이들의 화석이 현재 석탄이 되어 전기를 만들고 생선을 구워내기도 한다. 양치식물도 세대교번을 한다. 포자가 다세포 배우체인 **전엽체**(前葉體, prothallium)가 되고, 이 전엽체에서 정자와 난자를 만들어서 배를 형성한다. 이렇게 형성된 포자체는 자체적으로 광합성이 가능하여 배우체를 벗어나 단독으로 생활할 수 있다. 따라서 우리가 보는 고사리는 양치식물의 포자체이다. 배우체인 전엽체는 크기가 0.5cm 정도여서 우리 눈에는 잘 보이지 않는다(그림 8-44 참고). 양치식물에는 양치식물문(pteridophyta)과 석송문(Lycopodiophyta)이 있으나 대부분은 양치식물문에 속한다.

## 3. 겉씨식물

겉씨식물(**나자식물**, 裸子植物, gymnosperm)은 속씨식물과 더불어 **종자식물**(種子植物, spermatophyte)에 속한다. 이들은 종자를 만들기 때문이다. 겉씨식물에 속하는 소나무를 생각해 보자. 소나무는 수중생활이라는 고향을 완전히 극복하고 육지 생활에 적응했다고 볼 수 있다. 이들은 튼튼한 관다발을 형성하여 땅속 깊은 곳에서부터 높은 줄기의 잎까지 물을 공급해 줄 수 있다. 또한 번식을 위해 종자를 만들기 때문에, 정자가 물속을 헤엄쳐 난자로 가야 하는 수고에서 벗어날 수 있게 되었다. 그러나 물 대신 이번에는 바람이 중매역할을 해 주어야만 한다. 따라서 이들은 **풍매화**(風媒花, anemophilous flower)의 일종이라 할 수 있다. 종자는 겉씨식물이나 속씨식물이 번식을 위하여 만들어 낸 혁신적인 발명품이다. 이들에 관해서는 제8장 '생명의 번식' 편에서 다시 다를 것이다.

겉씨식물은 말 그대로 밑씨가 씨방에 싸여 있지 않고, 밖으로 드러나 있기 때문에 나자식물이라고도 한다. 나자식물은 gymnosperm이라 부르는 것도 씨가 겉으로 드러나 있기 때문이다. 우리가 체육관을 짐(gym, gymnasium)이라 부르는 것도 이곳에서는 웃통을 반쯤 벗고 운동을 하기 때문이다. 소나무는 아예 포자체에 배우체가 붙어 있다. 이들은 솔방울을 만들기 때문에 **구과식물**(毬果植物, conifer)이라 하기도 한다. 겉씨식물에는 **소철문**(Cycadophyta), **은행나무문**(Ginkgophyta), **구과식물문**(Pinophyta), **마황문**(Gnetophyta) 등이 있다.

## 4. 속씨식물

속씨식물(**피자식물**, 被子植物, angiosperm, magnoliophyta)은 말 그대로 밑씨가 씨방 속에 들어 있어서 종자가 밖으로 드러나지 않고 열매 안에 있게 된다. 이 열매는 곤충이나 새 또는 인간을 포함한 포유류의 먹이가 되어, 자신의 씨를 더 넓게 퍼트린다. 속씨식물은 겉씨식물이 이용하는 바람보다는 더 정확한 짐꾼을 이용하여 배우자를 확실하게 전달함으로써 더 효과적으로 번식을 할 수 있게 되었다. 우리는 이들을 **충매화**(蟲媒花, entomophilous flowers)라고 부른다. 속씨식물은 약 2억 년 전 트라이아스기에 이 지구상에 처음 등장하여 백악기 후반에 번성하기 시작한 식물이다. 그 이후 속씨식물은 식물계를 평정하고 현재 살아 있는 식물 종 가운데 90% 정도를 차지할 정도로 우점종으로 군림하고 있다.

속씨식물이 이렇게 우위를 점할 수 있었던 이유는 여러 가지를 들 수 있다. 우선 이들은 양치식물이나 겉씨식물이 가지고 있는 헛물관보다 더 성능이 좋은 물관을 가지고 있다. 또한 이들은 꽃이라는 생식기를 개발하면서 **이중수정**(二重受精, double fertilization)을 통하여 더 효과적으로 종자를 만드는 방법을 찾아냈다. 겉씨식물도 꽃을 가지지만 속씨식물과는 다르다. 따라서 현화식물이라고 하면 겉씨식물과 속씨식물을 총칭하는 경우도 있지만, 따로 속씨식물만 현화식물이라고 부르기도 한다(그림 4-18). 현화식물과 대응되는 용어로 **은화식물**(隱花植物, cryptogams, **민꽃식물**)이라는 호칭을 쓰기도 한다. 속씨식물은 다시 떡잎의 수에 따라 **외떡잎식물**(monocotyledoneae)과 **쌍떡잎식물**(dicotyledoneae)로 구분한다.

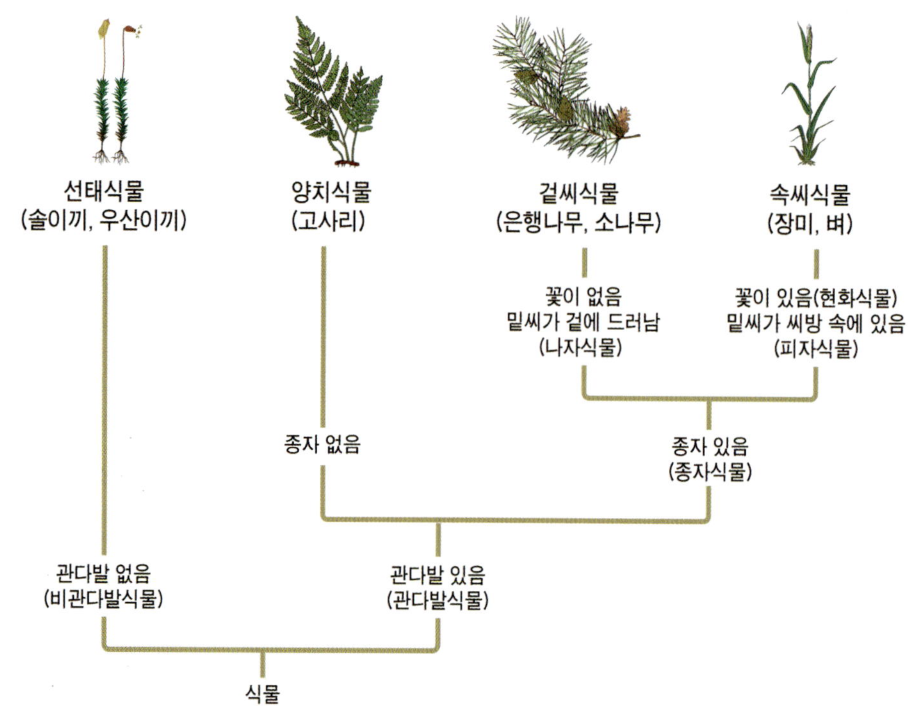


그림 4-18. 식물의 특징에 따른 분류.

## 제7절 균류계의 분류

곰팡이나 효모 및 버섯으로 대표되는 균류는 엄연한 독립적인 생물계(kingdom) 중의 하나이고 진핵생물영역에 속한다. 균류는 엽록체가 없고 종속영양생물이어서 식물보다는 동물 쪽에 더 가까운 근연관계를 나타낸다(그림 4-19)[15]. 이들은 대부분 다세포이지만, 효모와 같이 단세포로 구성된 균류도 있다. 대부분 균류는 산성 환경에 잘 자라고 건조에 내성을 가지는 특징이 있다. 그뿐만 아니라 세포벽이 키틴으로 구성되어 있고, 일부에서는 항생제를 만들어서 세균의 침입에 대비하기도 한다. 그러나 이들은 식물과 마찬가지로 운동성이 없고, 뿌리나 잎 및 줄기 같은 구조로 분화되어 있지 않다[31].

균류의 분류도 분자생물학적 발전에 따라 여러 가지로 변화되어 왔다[14]. 그림 4-19에서 **병꼴균류**(**호상균문**, 壺狀菌門, chytridiomycota, 작은 병처럼 생겼다는 의미)에 속하는 물곰팡이는 이미 균류성 원생생물의 난균류에서 다루었다. 이들은 키틴으로 된 세포벽은 가지고 있지만, 유주자는 채찍 같은 편모를 가지고 있고, 다핵 균사체로서 격벽이 없다. 이런 이유로 병꼴균류는 제일 먼저 갈라져 나간 초기 균류로 보고 있다.

**취균류**(聚菌類, glomeromycota, 함께 모은다는 뜻)는 **균근**(菌根, mycorrhiza)이라고도 불린다. 균근은 균류를 뜻하는 'myco-'와 식물의 뿌리를 뜻하는 'rhiz-'가 합쳐진 말이다. 즉 균류와 식물이 합쳐서 공생관계를 유지한다는 의미이다. 균류는 식물로부터 광합성에 의한 영양분을 공급받고, 식물은 곰팡이의 균사를 이용하여 식물뿌리가 들어갈 수 없는 좁은 공간으로 들어가서 수분과 무기물질을 흡수할 수 있다. 따라서 균사가 식물뿌리를 감싸면서 균사와 뿌리 세포 사이에서 물질교환이 일어난다. 이런 형태를 **외생균근**(外生菌根, ectomycorrhiza)이라고 한다. 이와 달리 균사가 아예 식물세포의 세포벽을 뚫고 들어가 세포막 주변에서 물질교환이 일어나는 형태를 **내생균근**(內生菌根, endomycorrhia)이라고 부른다. 그러나 두 세포가 합쳐지는 세포융합은 절대 일어나지 않는다. 외생균근 형태를 취하는 것은 참나무, 떡갈나무, 자작나무 등이며, 이들과 공생하는 균류는 접합균류, 자낭균류 및 담자균류가 포함된다. 내생균근은 난이나 진달래 등이 이에 해당한다. 따라서 취균류는 최근에 균류의 한 문으로 분류되었다. 이런 경우는 **지의류**(地衣類, lichens)에서도 나타난다. 지의류는 균류와 조류(藻類, algae)가 공생하는 관계이다. 균류는 조류가 광합성으로 만든 탄수화물을 이용하고, 조류는 균류의 균사가 흡수한 수분을 이용한다. 균류는 대개 자낭균류가 많고 조류에는 녹조류가 많다. 따라서 이들은 각자가 단독으로는 살 수가 없는 척박한 환경에서도 살아갈 수 있다. 균류 중 아직도 유성생식을 확인하지 못한 균류들을 묶어 **불완전균류**(不完全菌類, deuteromycetes)라고 부르기도 하지만 정식 분류군은 아니다. 이제 유연관계에 따라



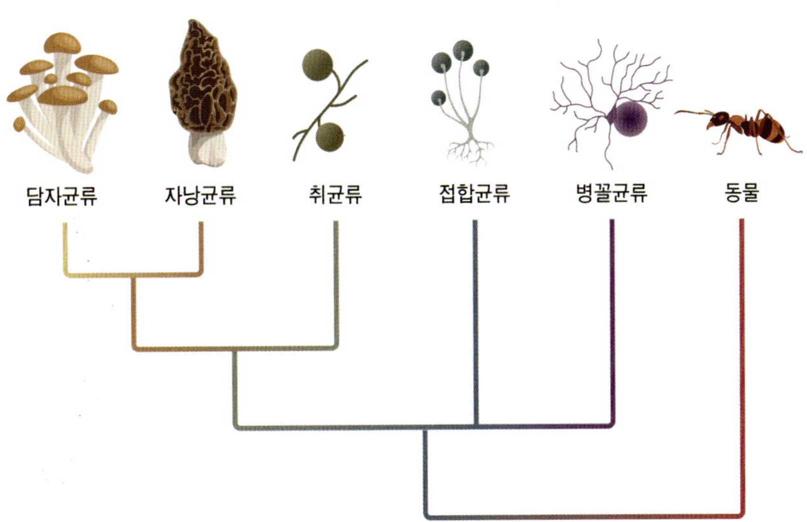


그림 4-19. 균류의 분류. (출처: BCcampus Open Textbooks[4-19])

접합균류, 자낭균류 및 담자균류에 대하여 알아보도록 하자.

## 1. 접합균류

**접합균류**(接合菌類, zygomycota)는 그림 4-20에서 보는 검은빵곰팡이, 오래된 딸기에 피는 털곰팡이, 거미줄곰팡이 등이 여기에 속한다. 접합균류는 균사에 격벽이 없고 균사체의 발달이 왕성하지 않다. 접합균류는 유성생식이나 무성생식을 통하여 번식할 수 있다. 유성생식인 경우는 두 개의 균사에서 나온 **배우자낭**(配偶子囊, gametangia)이 서로 만나 핵융합에 의해서 이배체인 **접합포자**(接合胞子, zygospore)를 만들고, 이 접합포자가 감수분열을 하여 반수체 포자를 만들어 낸다. 이 반수체 포자가 발아하여 무성적으로 균사체를 만들어 나간다. 이들은 광합성을 할 수 없기 때문에 **부생**(腐生, saprophytism) 생활이나 기생 생활로 영양분을 공급받는다. 따라서 유기물을 분해하는 분해자로서 중요한 역할을 수행하지만 과일이나 작물 등에도 피해를 줄 수 있다.



## 2. 자낭균류

**자낭균류**(子囊菌門, ascomycota, sac fungi)는 인간과 밀접한 연관 관계를 가지고 있다. 우선 푸른곰팡이에서 얻은 페니실린 항생제는 인류의 수명연장에 엄청난 공헌을 한 곰팡이다. 그뿐만 아니라 효모나 누룩곰팡이가 없다면 빵도 맛이 없을 것이고, 포도주나 막걸리가 우리를 즐겁게 해 줄 이유도 없을 것이다. 자낭균류는 말 그대로 주머니를 가지고 있는 균류, 즉 sac fungi(그림 4-21)이다. 자낭균류는 효모(단세포임)를 제외하고 균사에 격막이 있다. 이들은 유성생식과 무성생식을 통하여 번식한다. 유성생식에 의해 **자낭과**(子囊果, ascocarp)가 만들어지고, 여기서 만들어진 자낭에서 반수체 **자낭포자**(子囊胞子, ascospore)가 만들어진다. 무성생식은 균사세포가 **분생자 자루**(分生子-, conidiophore)를 형성한 후 이 자루의 끝이 떨어져 나가 분생자(conidium)가 되어 균사체를 형성한다.

그림 4-21. 자낭균류, *Sarcoscypha coccinea*. (출처: Velela[4-21])

## 3. 담자균류

담자균류(擔子菌類, basidiomycota, club fungi)는 우리가 알고 있는 버섯 대부분이 여기에 속한다(그림 4-22). 담자균류는 자낭균류와 마찬가지로 균사체에 격막이 있다. 자낭균

그림 4-20. 접합균류인 검은빵곰팡이. (출처: eczserapyilmaz[4-20])

그림 4-22. 담자균류, 광대버섯, *Amanita muscaria*. (출처: Onderwijsgek[4-22])

류가 자낭 속에서 자낭포자를 만들듯이, 담자균류는 외부로 돌출된 담자기(擔子器, basidium)에서 담자포자를 만든다. 또한 이 담자기가 마치 곤봉처럼 생겨서 club fungi라 부르기도 한다. 담자포자는 자낭포자와 같이 유성생식으로 만들어지며, 무성생식으로는 출아나 분생자에 의해서 번식한다. 현재 만6천여 종이 보고되어 있다.

## 제8절 동물계의 분류

### 1. 동물계의 공통조상

원생생물 편에서 우리는 동물성 원생생물, 즉 원생동물에 대하여 알아보았다. 원생동물은 단세포 동물이다. 이제 동물계로 넘어오면서 다세포 단계로 넘어갈 것이다. 그렇다면 모든 동물의 공통조상은 무엇이었을까?

1883년 독일의 동물학자 **슐츠**(Franz E. Schulze, 1840~1921)는 오스트리아 해수 수족관에서 2~3mm 정도의 아주 납작하고 털이 나 있는 판 모양의 생명체를 발견하였다. 이 생명체가 바로 지금까지 남아 있는 유일한 **판형동물**(板形動物, placozoa)인 **털납작벌레**(*Trichoplax adhaerens*)이다. 판형동물은 말 그대로 판처럼 납작하다는 뜻이다. 털납작벌레는 신경도 근육도 없고 아메바와 비슷하게 생겼으며, 전후 방향성도 대칭성도 없는 아주 원시적인 동물이다. 그러나 2009년 독일 하노버의 **쉬에르버터**(Bernd Schierwater, 1958~) 교수는 이 두 층으로 된 생명체를 유전자 검사를 통하여 동물의 공통조상으로 "네이처" 지에 발표하게 되었다[47]. 동물의 공통조상은 어쩐지 우리의 관심을 끌 수 있는 주제가 되지 않을까?

이번에는 2017년 발표된 보고에 의하면 동물의 공통조상으로 유력했던 털납작벌레는 뒷전으로 밀려나고, **해면**(海綿, porifera, sponges)이나 **빗해파리**(comb jelly)가 공통조상으로 다시 떠오르고 있다. 해면은 바다 밑에 부착하여 사는 동물로서 편모가 있는 **동정세포**(**깃세포**, choanocyte, collar cell)들이 통 모양을 한 분화되지 않은 원시적인 세포 덩어리다. 빗해파리는 **유즐동물**(有櫛動物, ctenophora, 빗을 가지고 있다는 뜻)이라 불리면서 빗판을 가지고 있다(그림 4-23). 따라서 동물계는 공통조상에서부터 명쾌한 출발이 이루어지지 않는다. 동물을 분류하는 것이 순탄치 않을 것이란 예감이 들 것이다. 그렇다면 우리는 동물을 어떤 기준으로 분류해 나가는 것이 타당할까?

### 2. 분류기준

동물을 분류하기 위해서는 여러 가지를 비교 분석해야 한다. 첫 번째는 대칭성이다. 동물의 대칭성은 대칭성이 없는 것에서부터 점차 **방사대칭**(放射對稱, radial symmetry), **좌우대칭**(左右對稱, bilateral symmetry)으로 발전하면서 나누어진다. 그림 4-24의 왼쪽은 해면동물을 보여 주지만 어떤 대칭성도 찾아볼 수 없다. 이에 반하여 중앙의 해파리는 **중앙축**(中央軸, central axis)을 지나는 어떤 면을 잘라도 모두 대칭이다. 이런 형태는 불가사리에게도 나타나며, 방사대칭이라 부른다. 따라서 방사대칭은 앞뒤(전·후, 前後, anterior-posterior)나 좌·우(左右, left-right)는 없지만, 위아래(상·하, 上下, superior-inferior, 등배, dorsal-ventral)는 있다. 오른쪽에 보이는 염소는 중앙축을 따라 좌우대칭이다. 이



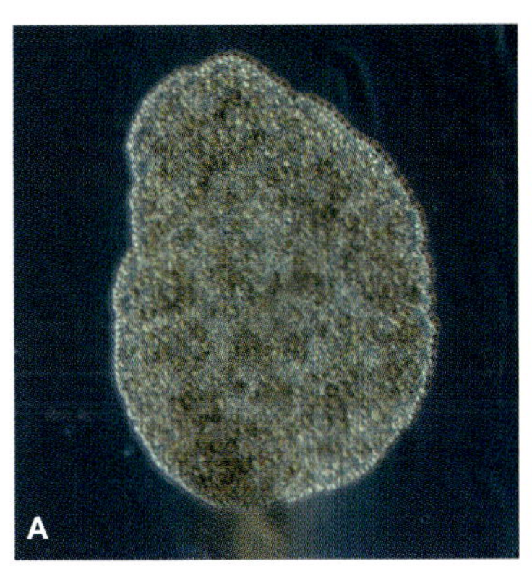

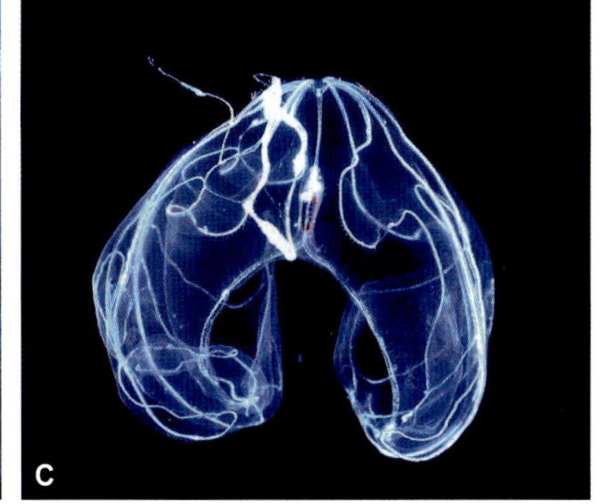


그림 4-23. A, 털납작벌레, B, 해면, C, 빗해파리[4-23].

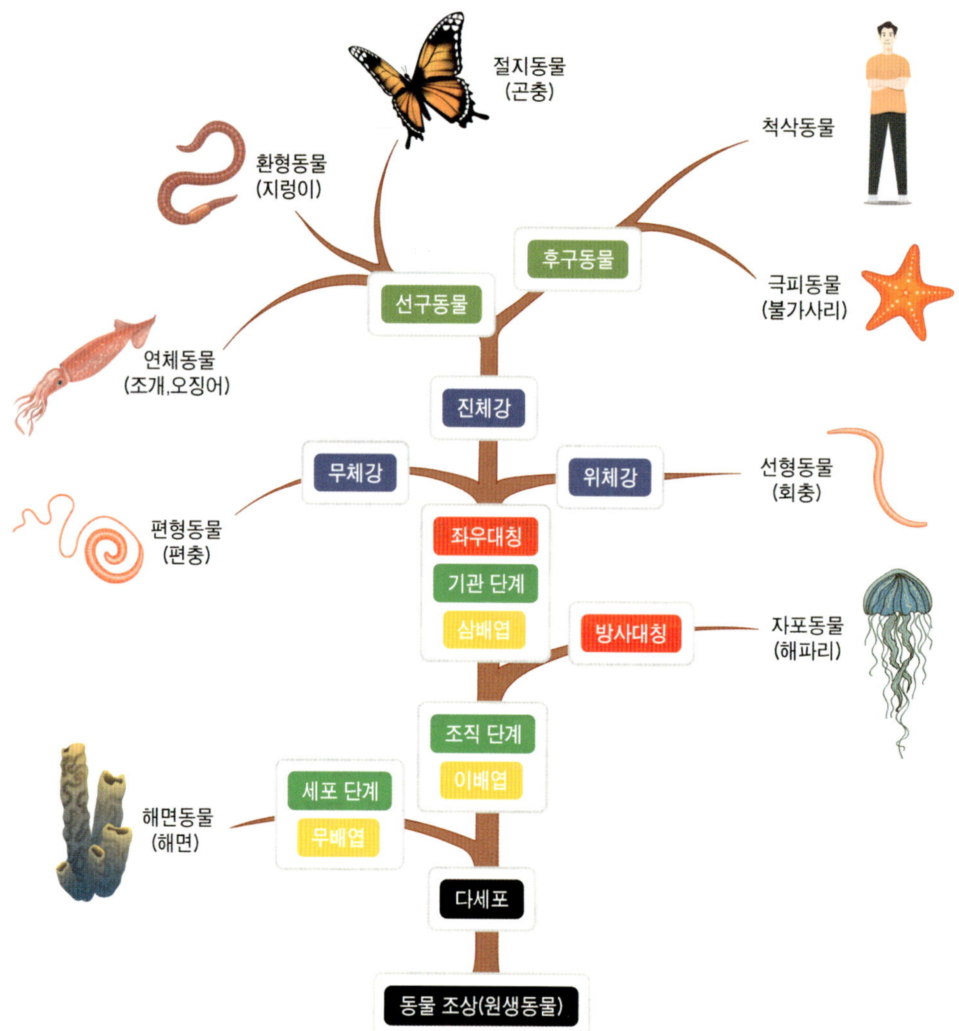


그림 4-29. 동물의 계통수와 분류 기준.

生動物, eumetazoa)이라 부르기도 한다[29]. 원생동물은 이미 다루었고 나머지 해면동물과 진정후생동물 중에서 그림 4-29에 나와 있는 동물을 중심으로 기술하고자 한다.

### 1) 해면동물

**해면동물**(海綿動物, sponges, porifera)은 가장 원시적인 동물군 중 하나이다. 해면동물은 무배엽 동물로 세포 수준에 머물러 있는 동물이다. 또한 원생동물이 후생동물로 진화하는 도중에 분화하지 못하고 옆길로 빠져나간 동물로 추정되어서 측생동물이라 부르기도 한다.

해면동물은 벽 쪽에 병 모양처럼 생긴 많은 구멍이 나 있고, 이 벽에 늘어선 **동정세포**(**깃세포**, choanocyte, collar cell, 그림 4-30)가 편모를 움직여서 바닷물이 구멍 안으로 들어오게 만든다. 이때 같이 딸려 들어온 먹잇감이 깃세포의 점액에 묻어서 세포 안으로 들어와 소화된다. 또한 이렇게 들어온 물은 다시 배수공을 통하여 밖으로 나가게 된다. 해면동물은 해저에서 고착생활을 하기 때문에 처음에는 식물로 오해받기도 하였다. 그러나 동정세포의 편모가 발견된 이후에는 동물로 취급되고 있다. 동정세포를 닮은 단세포 생물이 있다. 편모를 한 개만 가지고 있는 **동정편모충류**(choanoflagellate) 혹은 깃편모충류가 그 주인공이다[18]. 이들은 원생생물이지만 동물의 하등 구조에 등장하는 해면동물의 주된 세포인 동정세포와 닮았다는 것은 무엇을 뜻할까? 그것은 해면동물도 원생생물에 그 바탕을 두고 있다는 상징적인 의미가 있다. 해면동물에는 목욕해면, 석회해면, 화산해면 등이 있다.

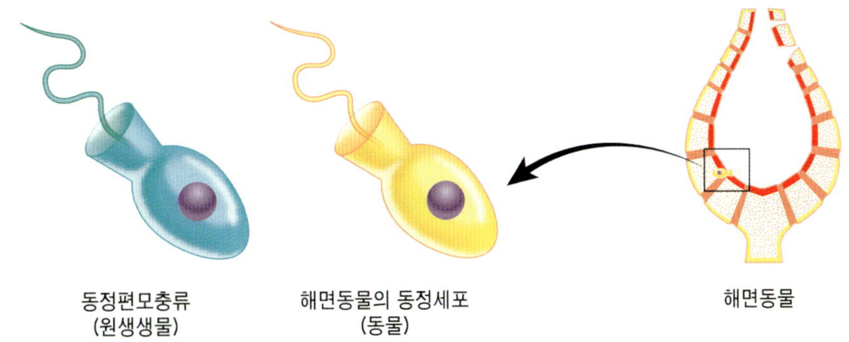


그림 4-30. 원생생물의 동정편모세포와 해면동물의 동정세포가 유사함. (출처: Clark MA, Choi J and Douglas M[4-30])

## 2) 자포동물

**자포동물**(刺胞動物, cnidarian)은 우리에게도 익숙한 해파리, 말미잘, 산호, 히드라 등이 여기에 속한다. 우리는 이 자포동물의 입에서 체내로 이어지는 빈 공간을 **강장**(腔腸, coelenteron)이라 불렀다. 따라서 예전에는 유즐동물(무자포류)과 함께 강장동물로 분류되기도 하였다. 자포동물은 이배엽 동물로 방사대칭의 구조로 되어 있다. 자포동물이 이배엽 동물이라는 것은 낭배 상태에서 더 진행되지 않고 멈추었다는 뜻이다. 따라서 이들은 입과 항문이 같아서 입으로 들어간 바닷물이 다시 같은 구멍으로 나오는 구조로 되어 있다. 이들은 **자포**(刺胞, nematocyst)를 가지고 있어서 이것을 이용하여 먹잇감을 사냥하고 자신도 보호받고 있다. 그러나 이 자포는 여름철 해수욕장에서 인간을 응급차에 실어서 병원으로 보낼 만큼 독성을 가지고 있다.

## 3) 편형동물

**편형동물**(扁形動物, flatworms, Platyhelminthes, 평평한 벌레라는 뜻)은 플라나리아(planarian), 흡충류 및 촌충류와 같이 등배가 구별되지 않는 평평한 구조로 되어 있다. 편형동물은 삼배엽 동물이고, 좌우대칭이지만 체강이 없다. 체강이 없다는 것은 중배엽이 없다는 의미가 아니다. 내장과 체벽을 중배엽이 채우고 있다는 의미이다. 편형동물은 대개 기생 생활을 한다.

## 4) 선형동물

**선형동물**(線形動物, roundworms, nematode)은 의체강을 가지고 있는 삼배엽 동물로 회충, 십이지장충, 요충 등이 여기에 속한다. 이들은 주로 척추동물의 소화관에 기생하는 기생충이다. 그러나 선형동물에 속하는 선충은 사막이나 온천 혹은 열대지방에서 극지방까지 아주 광범위한 서식 범위를 가지고 있다. 회충이나 십이지장충은 뼈는 없지만, 외부에 숙주의 소화 효소에 견딜 수 있는 구조물인 **큐티클**(cuticle, 각피)층을 가지고 있다. 따라서 선형동물이 성장함에 따라 허물을 벗고 새로운 큐티클층을 만들어 내는 **탈피**(脫皮, ecdysis)를 해야만 한다. 큐티클은 식물 잎의 외부를 둘러싸고 있는 막 성분으로 수분 증발을 막아 주는 역할을 한다. 식물 잎의 큐티클이 회충의 껍데기가 되어 있는 셈이다.

## 5) 연체동물

**연체동물**(軟體動物, mollusca, 부드럽다는 뜻을 가짐)은 우리들 식탁에 자주 오르는 동물이다. 문어, 오징어, 조개, 달팽이 등이 이들이다. 이들은 환형동물과 함께 **트로코포라**(trochophora) 유생 시기를 갖는다. 또한 이들은 모세혈관이 없는 개방혈관계를 가지고 있다. 고등동물이 가지고 있는 헤모글로빈 대신에 이들은 **헤모시아닌**(hemocyanin)을 가지고 있다. 헤모시아닌은 산소와 결합하면 청색을 띤다. 이것은 헤모글로빈이 붉은색을 띠는 것과는 대조적이다. 헤모시아닌이 청색을 띠는 것은 헤모글로빈이 철을 가지고 있는 반면에 헤모시아닌은 구리를 가지고 있기 때문이다. 간혹 살아 있는 조개나 오징어에서 보는 청색 액체는 바로 그들의 혈액이라는 것을 의미한다[32]. 연체동물은 **외투막**(外套膜, mantle)을 가지고 있다. 이 외투막은 등쪽에 붙어서 내장을 보호하고, 외투막의 외피에서 탄산칼슘 등을 분비하여 조개껍데기를 만들기도 한다. 따라서 조개는 두 개의 껍데기를 가지게 된다.

04

우리는 이런 조개를 **이매패류**(二枚貝類, bivalve)라 부르기도 하고 **부족류**(斧足類, pelecypod, 도끼 발이라는 뜻)라 부르기도 한다. 부족류라는 이름은 조개껍데기에서 빠져나온 다리가 마치 도끼를 닮았다고 해서 붙여진 이름이다. **두족류**(頭足類, cephalopod)는 문어나 오징어처럼 머리 밑에 다리가 붙어 있는 형태라서 두족류라고 부른다. **복족류**(腹足類, gastropod)는 달팽이처럼 배 밑에 다리가 나와 있는 무리를 말한다. 복족류는 달팽이 외에도 전복, 소라, 다슬기 등이 여기에 속한다.

### 6) 환형동물

**환형동물**(環形動物, annelid, ringed worm, 고리라는 뜻)은 말 그대로 고리라는 체절로 이루어져 있다. 체절을 가지는 동물은 인간을 포함한 척추동물과 절지동물 및 환형동물뿐이다. 또한 환형동물은 연체동물과 같이 유생 시기를 트로코포라 시기로 지난다. 지렁이로 대표되는 환형동물은 폐쇄혈관계를 가지고 있다. 이 지렁이는 등쪽으로 지나는 혈관과 배쪽으로 지나는 혈관 사이를 횡행 혈관이 이어 주면서 폐쇄혈관계를 구성한다(그림 4-28). 환형동물이 폐쇄 혈관을 가지는 것은 동물계에서 진화된 혈관계를 가진다는 의미가 있다.

### 7) 절지동물

**절지동물**(節肢動物, arthropod, arthro는 관절을 뜻하고 podos는 다리를 뜻함)은 모든 생물 종의 80%를 차지할 정도로 성공적인 생물 종이다. 절지동물은 **키틴**(chitin)이 주성분인 외골격을 가지고 있다. 키틴은 덮개를 뜻하는 chiton에서 유래된 것으로 보아 게 등의 껍데기를 보고 부른 것으로 보인다. 또한 키틴은 균류의 세포벽을 이루는 주성분이기도 하다. 이렇게 자연은 한 물질을 여러 가지 용도로 이용하는 재주를 가지고 있다. 그러나 이 외골격은 몸의 성장에 맞추어 더 커지지 못한다. 따라서 옷이 작은 외투는 성장함에 따라 새것으로 바꾸어 입어야만 하기 때문에 선형동물과 같이 탈피 현상이 일어나야만 한다. 절지동물은 말 그대로 마디에 다리가 붙어 있다는 의미이다. 다리가 체절마다 한 쌍씩 붙어 있는 **다지류**(多脂류, myriapod)는 170쌍의 다리가 붙어 있는 경우도 있다. 곤충은 체절이 뭉쳐져서 머리, 가슴, 배로 구분되고, 가슴의 좌우에 각각 3개의 다리가 붙어 있다. 메뚜기, 귀뚜라미, 개미, 사마귀 등이 여기에 속한다. 거미는 머리와 가슴이 붙어서 배와 구분된다. 그리고 머리와 가슴이 붙은 부위에 4쌍의 다리가 달린다. 갑각류는 머리와 가슴이 붙은 곳에서 한 쌍의 다리(집게발, claw)가 추가로 붙어서 5쌍이 된다. 바닷가재의 집게발이 미식가의 표적이 될 수 있었던 것은 갑각강에 다리가 하나 더 추가되었기 때문이다. 절지동물은 연체동물과 같이 개방성 혈관계를 가지고 있다.

### 8) 극피동물

**극피동물**(棘皮動物, echinoderm, 고슴도치와 같은 피부를 가졌다는 뜻)은 우리가 잘 아는 불가시리, 성게, 해삼 등이 여기에 속한다. 이들은 고슴도치처럼 피부에 가시가 돋아 있다. 극피동물은 좌우대칭 동물이어야 하지만, 실제 성체의 모습은 방사대칭이다. 그러나 이들은 유생 시절에는 모두 좌우대칭성을 가지고 있다. 이 중 불가사리(不可殺伊, seastar)는 어부들에게는 천덕꾸러기지만 과학자들에게는 인기 있는 연구 대상이다. 불가사리는 말 그대로 죽이기가 무척 힘든 동물이다. 왜냐하면 잘려 나간 신체 부위는 곧바로 재생되어 원형을 되찾기 때문이다. 이러한 재생능력의 이해는 노화나 암 등을 이해하는 데 많은 도움을 줄 수 있을 것이다.

### 9) 척삭동물

**척삭동물**(脊索動物, chordates)은 척삭의 유·무에 달려 있다. 이미 기술한 바와 같이 **척삭**(脊索, notochord)은 몸을 지탱해 주는 가장 중요한 구조물이다. 집으로 말하면 대들보와 같은 역할을 한다. 이것은 몸의 등쪽 중앙에 있는 신경관 바로 밑에 뻗어 있는 막대 모양의 지지대를 말한다. 척삭동물은 척삭이 동물이 발생하는 기간 동안 어떻게 변하는지에 따라 분류된다. 따라서 척삭의 발생 형태에 따라 **척삭동물문**에는 **아문**(亞門, subphylum)으로 **미삭동물아문**, **두삭동물아문**, **척추동물아문**으로 구분할 수 있다.

#### (1) 미삭동물

**미삭동물**(尾索動物, urochordata, 꼬리라는 뜻)은 **피낭동물**(被囊動物, tunicate)이라고도 알려져 있다. 왜냐하면 성체는 셀룰로스가 포함된 피낭에 싸여 있기 때문이다. 미삭동물은 우선 멍게(sea squirt)를 생각하면 쉽게 풀린다. 멍게 유생은 올챙이 모양으로 꼬리 부분에 척삭이 만들어지다가 바로 퇴화하여 버린다(그림 10-53 참고). 따라서 멍게는 척삭동물의 아문에 속할 자격이 있다.

### (2) 두삭동물

**두삭동물**(頭索動物, cephalochordata)은 미삭동물과 달리 꼬리에서부터 머리 부분까지 생긴 척삭이 퇴화되지 않고, 일생 동안 남아 있으면서 몸을 지탱해 주는 동물을 말한다. **창고기**(lancelet)는 대표적인 두삭동물이다. 창고기는 창처럼 생겼다고 해서 붙여진 이름으로, **활유어**(蛞蝓魚, amphioxus, 양쪽 끝이 뾰족하다는 뜻)라고 불리기도 한다. 창고기는 어류는 아니지만 별미 요리로 식탁에 오르기도 한다.

### (3) 척추동물

**척추동물**(脊椎動物, vertebrata)은 연골성의 척삭이 사라지고 대신 튼튼한 골조직의 척추가 신경을 감싸고 있는 동물을 말한다. 척추동물의 성체에서는 모든 척삭은 사라지고, 극히 일부만 척추와 척추 사이에 있는 추간판의 **수핵**(髓核, nucleus pulposus)으로 남아 있다. 척삭인 수핵은 찐빵의 팥소와 같아서, 이 수핵이 주위를 둘러싸고 있는 **섬유테**(annulun fibrosus)를 뚫고 밖으로 돌출하여 신경을 누르는 경우, 우리는 이를 허리 디스크 혹은 목 디스크라고 부른다. 척추동물아문을 다시 **상강**(上綱, superclass)으로 **무악동물**(無顎動物, agnatha, jawless vertebrates)상강과 **유악동물**(有顎動物, gnathostomata, jawed vertebrate)상강으로 분류할 수 있다. 턱의 발생은 섭생에 막대한 영향을 주기 때문에 대단히 중요한 진화적 사건이다(그림 10-58 참고).

턱이 없는 무악동물은 먹장어(hagfish)와 칠성장어(lamprey)가 대표적이다. 이들은 턱이 없기 때문에 씹을 수가 없어서, 빨대처럼 생긴 주둥이를 다른 어류의 몸에다 부착시켜서 영양분을 빨아 먹는다. 먹장어는 우리들에게도 잘 알려져 있다. 먹장어의 껍질을 벗겨 놓으면 꼼지락거린다고 하여 꼼장어라 부르기도 하고, 일부 지역에서는 꾀장어라 부르기도 한다. 이 먹장어는 경골어류인 뱀장어, 갯장어, 붕장어와 달리 무악동물이다. 또한 먹장어와 칠성장어를 합쳐서 **원구류**(圓口類, cyclostomata)라 부르기도 한다. 이것은 이들의 입이 빨대처럼 둥글기 때문에 붙은 이름이다. 원구류는 척추동물 중에서 유일하게 척추를 만들지만, 척삭도 퇴화하지 않고 그대로 남아 있는 동물이기도 하다[28].

턱이 있는 유악동물은 어떨까? 점점 우리와 가까워지는 느낌이 들 것이다. 유악동물은 다시 **연골어류**(軟骨魚類, chondrichthyes)강, **경골어류**(硬骨魚類, osteichthyes)강, **양서류**(兩棲類, amphibia)강, **파충류**(爬蟲類, reptilia)강, **조류**(鳥類, aves)강, **포유류**(哺乳類, mammalia)강으로 분류된다. 유악동물의 구조와 기능이 점차 다양해지는 진화적 과정은 제10장 '생명의 진화' 편에서 다시 다룰 것이다.

## 참고문헌


1. 이영록. *생명의 기원과 진화*. 서울: 고려대학교 출판부, pp.208-220, 1989.
2. 이하나. *세균역의 문*. 미생물학백과. Available at: https://terms.naver.com/entry.nhn?docId=5145006&cid=60401&categoryId=60401 (접속일 2020년 7월 26일)
3. 분류의 실제. 다니엘 생명과학 이야기. Available at: https://genetic2002.blog.me/30035483181 (접속일 2020년 7월 26일)
4. 하기와라 기요후미. *분자생물학: 내 몸 안의 작은 우주*. 황소연 역. 서울: 도서출판 전나무 숲, pp.215-218, 2010.
5. Bacteria. Wikipedia. Available at: https://en.wikipedia.org/wiki/Bacteria#Classification_and_identification (접속일 2020년 7월 26일)
6. Bacterial phyla. Wikipedia. Available at: https://en.wikipedia.org/wiki/Bacterial_phyla (접속일 2020년 7월 26일)
7. Basis of classification. Brainkart. Available at: http://www.brainkart.com/article/Basis-of-classification_33160/ (접속일 2020년 7월 26일)
8. Bidlack, J. E., Jansky S. H. *Stern's introductory plant biology, 12th ed.* (김성하 외 역. *식물학*. 서울: 라이프사이언스, pp.279-287, 2014)
9. Brief review and difference between open and closed circulatory system. Simplebiology. Available at: https://simplebiologyy.blogspot.com/2014/10/brief-review-and-difference-between.html (접속일 2020년 7월 26일)
10. Campbell, N. A., Reece, J. B., Taylor, M. R., et al. *Biology: Concepts and connections, 6th ed.* (김영원 외 역. *생명과학: 개념과 현상의 이해*. 서울: 바이오사이언스, pp.254-255, 2010)
11. Campbell, N. A., Reece, J. B., Taylor, M. R., et al. *Biology: Concepts and connections, 6th ed.* (김영원 외 역. *생명과학: 개념과 현상의 이해*. 서울: 바이오사이언스, pp.287-288, 2010)

12. Ciccarelli, F. D., Doerks, T., Mering, C., et al. *Toward automatic reconstruction of a highly resolved tree of life*. Science, 3:311 (5765), pp.1283-1287, 2006. DOI: 10.1126/science.1123061. Available at: https://pubmed.ncbi.nlm.nih.gov/16513982/ (접속일 2020년 7월 26일)
13. Classification of animal kingdom (Animalia). PMF IAS. Available at: https://www.pmfias.com/classification-animalia-animal-kingdom/ (접속일 2020년 7월 26일)
14. Classification of fungi. Lumenlearning. Available at: https://courses.lumenlearning.com/biology2xmaster/chapter/classification-of-fungi/ (접속일 2020년 7월 26일)
15. Classification of fungi. Openstar. Available at: https://cnx.org/contents/2lHfHYDY@3/Classifications-of-Fungi (접속일 2020년 7월 26일)
16. Classification of life. University of Hawaii at Manoa. Available at: https://manoa.hawaii.edu/exploringourfluidearth/biological/what-alive/classification-life (접속일 2020년 7월 26일)
17. Dasgupta, S. *How many plant species are there in the world? Scientists now have an answer*. Mongabay. Available at: https://news.mongabay.com/2016/05/many-plants-world-scientists-may-now-answer/ (접속일 2020년 7월 26일)
18. Dawkins, R. *The ancestor's tale: A pilgrimage to the dawn of life*. (이한음 역. *조상이야기: 생명의 기원을 찾아서*. 서울: 까치글방, pp.539-543, 2004)
19. Developmental biology. Utah.edu. Availiable at: https://bastiani.biology.utah.edu/courses/3230/DB%20Lecture/Lectures/a6Cleav.html (접속일 2020년 7월 26일)
20. Embryological origin of the mouth and anus. Wikipedia. Available at: https://en.wikipedia.org/wiki/Embryological_origins_of_the_mouth_and_anus (접속일 2020년 7월 26일)
21. Evolution. BBC. Available at: https://www.bbc.co.uk/bitesize/guides/zsqydxs/revision/8 (접속일 2020년 7월 26일)
22. Freeman, S. *Biological science, 4th ed*. (김재근 외. *프리드만 생명과학*. 서울: 바이오사이언스, pp.458-462, 2011)
23. Groussin, M., Gouy, M. *Adaptation to environmental temperature is a major determinant of molecular evolutionary rates in archae*. Mol biol evol, vol. 28(9), pp.2661-2674, 2011. https://doi.org/10.1093/molbev/msr098 (접속일 2020년 7월 26일)
24. Hacker, J., Blum-Oehler, G. *In appreciation of Theodor Escherich*. Nat Rev Microbiol, 5, p.902, 2007. https://doi.org/10.1038/nrmicro1810
25. Helmenstine, A. M. *Cephalization: Definition and Examples*. ThoughtCo. https://www.thoughtco.com/cephalization-definition-4587794 (접속일 2020년 7월 26일)
26. How many species on earth? California academy of science. Available at: https://www.calacademy.org/explore-science/how-many-species-on-earth (접속일 2020년 7월 26일)
27. Huxley, R. *The great naturalists*. (곽명단 역. *위대한 박물학자*. 서울: 21세기북스, pp.133-139, 2009)
28. Introduction to Animals. Mrpowner. Available at: http://www.mr.powner.org/b/downloads/unit07_invertebrates_24-27.pdf (접속일 2020년 7월 26일)
29. Jain, K. *Difference between protozoan and metazoan*. Biologydiscussion. Available at: https://www.biologydiscussion.com/animals-2/difference-between-protozoa-and-metazoa/32415 (접속일 2020년 7월 26일)
30. Kapli, P., Yang, Z., Telford, M. J. *Phylogenetic tree building in the genomic age*. Nat Rev Genet, 21, pp.428-444, 2020.
31. Karki, G. *Fungi: Characteristics and classification*. Onlinebiology. Available at: https://courses.lumenlearning.com/biology2xmaster/chapter/classification-of-fungi/ (접속일 2020년 7월 26일)
32. Kato, S., Matsui, T., Gatsogiannis C., et al. *Molluscan hemocyanin: Structure, evolution, and physiology*. Biophys Rev, 10(2), pp.191-202, 2018.
33. Land plant evolved 100 million years earlier than we thought. Valuewalk. Available at: https://www.valuewalk.com/2018/02/land-plants-evolved-100-million-years/ (접속일 2020년 7월 26일)
34. Lehman, C. *How many bacteria live on earth*. Sciencing. Available at: https://sciencing.com/how-many-bacteria-live-earth-4674401.html (접속일 2020년 7월 26일)
35. Molecular phylogeny. Nicerweb. Available at: http://bio1100.nicerweb.com/Locked/media/ch12/DNA.html (접속일 2020년 7월 26일)
36. Mora, C., Tittensor, D. P., Adl, S., et al. *How many species are there on earth and in the ocean?* PLos Biol, 9(8), e1001127, 2011. DOI: 10.1371/journal.pbio.1001127
37. Morelle, R. *Kew report makes new tally for number of world's plants*. BBC. Available at: https://www.bbc.com/news/science-environment-36230858 (접속일 2020년 7월 26일)
38. Murray, P. R., Rosenthal K. S., Pfaller M. A. *Medical microbiology, 6th ed*. Philadelphia: Mosby, pp.57-63, 2009.
39. Pappas, S. *There might be 1 trillion species on earth*. Livescience. Available at: https://www.livescience.com/54660-1-trillion-species-on-earth.html (접속일 2020년 7월 26일)
40. Phylogenetic trees. Berkeley edu. Available at: https://evolution.berkeley.edu/evolibrary/article/phylogenetics_02 (접속일 2020년 7월 26일)
41. Phylogenetic tree of animal. Georgia State University. Available at: https://www.studyblue.com/notes/note/n/bio-lab-exam-study-guide-ecology/deck/1273759 (접속일 2020년 7월 26일)
42. Phyum. Wikipedia. Available at: https://en.wikipedia.org/wiki/Phylum (접속일 2020년 7월 26일)
43. Plant biology. Weebly.com. Available at: https://meyeremma.weebly.com/kingdom-plantae.html (접속일 2020년 7월 26일)
44. Schloss, P. D., Handelsman, J. *Status of the microbial census*. Microbiol Mol Biol Rev, 68(4), pp.686-691, 2004. DOI: 10.1128/MMBR.68.4.686-691.2004
45. Simon, E. J., Dickey, J. L, Reece, J. B., et al. *Campbell essential with physiology, 5th ed*. (고상균 외 역. *캠벨 생명과학, 5판*. 서울:


04

바이오사이언스. pp.245-251. 2017)

46. Species. Wikipedia. Available at: https://en.wikipedia.org/wiki/Species (접속일 2020년 7월 26일)
47. Srivastava, M., Begovic E., Chapman, J., et al. *The Trichoplax genome and the nature of placozoans.* Nature, 21:454(7207), pp.955-960. 2008. DOI: 10.1038/nature07191
48. Taxonomy (biology). Wikipedia. https://en.wikipedia.org/wiki/Taxonomy_(biology) (접속일 2020년 7월 26일)
49. The Mitochondrial clock is the clock speed faster than we thought? Molecular history research center. Available at: http://www.mhrc.net/mitochondrial.htm (접속일 2020년 7월 26일)
50. Thermus aquaticus. Wikipedia. Available at: https://en.wikipedia.org/wiki/Thermus_aquaticus (접속일 2020년 7월 26일)
51. University of Chicago. A new estimate of biodiversity on earth. Phys.org. Available at: https://phys.org/news/2017-08-biodiversity-earth.html (접속일 2020년 7월 26일)
52. Urry, L. A., Cain, M. L., Wasserman, S. A., et al. *Campbell biology in focus, 2nd ed.* (전상학 외 역. *캠벨 생명과학 포커스.* 서울: 바이오사이언스. pp.434-438. 2017)
53. Virus. Wikipedia. Available at: https://en.wikipedia.org/wiki/Virus#cite_note-Dimmock-3 (접속일 2020년 7월 26일)
54. Willey, J. M., Sherwood, L. M., Woolverton, C. J. *Prescott's microbiology, $7^{th}$ ed.* (김영민 외 역. *미생물학.* 서울: 라이프사이언스. pp.389-454. 2008)
55. Woese, C. R., Kandler, O., Wheelis, M. L. *Towards a natural system of organisms: Proposal for the domains Archaea, Bacteria, and Eucarya.* Proc Natl Acad Sci, vol. 87, pp.4576-4579. 1990. Available at: https://www.pnas.org/content/pnas/87/12/4576.full.pdf (접속일 2020년 7월 26일)

## 그림/도표 인용 및 Links

그림 4-1. https://www.shutterstock.com/ko/image-vector/vector-anatomy-euglena-educational-illustration-1712011054 (접속일 2020년 9월 30일)

그림 4-2. https://capecharleswave.com/2013/08/letter-save-the-bottlenose-dolphins/ (접속일 2020년 9월 30일)

그림 4-5. https://commons.wikimedia.org/wiki/File:Tevenphage.svg (접속일 2020년 9월 15일)

그림 4-6. https://ko.wikipedia.org/wiki/%EC%83%9D%EB%AC%BC_%EB%B6%84%EB%A5%98 (접속일 2021년 2월 21일)에 근거하여 재작성함

그림 4-7. https://en.wikipedia.org/wiki/File:Phylogenetic_tree.svg (접속일 2021년 1월 22일)

그림 4-11. https://commons.wikimedia.org/wiki/File:Collapsed_tree_labels_simplified.png (접속일 2021년 2월 21일)

그림 4-12. Groussin, M., Gouy, M.. *Adaptation to environmental temperature is a major determinant of molecular evolutionary rates in archaea.* Mol Biol Evol, 28 (9), pp.2661-2674, 2011. https://doi.org/10.1093/molbev/msr098. 게재 허가됨

그림 4-13. https://www.flickr.com/photos/92708411@N07/8579634560, https://commons.wikimedia.org/wiki/File:Paramecium.jpg, https://commons.wikimedia.org/wiki/File:Amoeba_(PSF).svg, https://commons.wikimedia.org/wiki/File:Plasmodium.png (접속일 2020년 9월 15일)의 그림을 종합함

그림 4-14. https://www.shutterstock.com/ko/image-vector/euglena-1081051064, https://www.shutterstock.com/ko/image-vector/diatom-gomphonema-sp-on-white-background-1660641247, https://www.shutterstock.com/ko/image-photo/ceratium-tripose-dinoflagellate-1230507322, https://commons.wikimedia.org/wiki/File:Kelp-forest-Monterey.jpg, https://www.shutterstock.com/ko/image-photo/gigartina-pistillata-edible-red-seaweed-family-1078278380, https://www.shutterstock.com/ko/image-photo/green-chuka-seaweed-salad-isolated-on-1686521380 (접속일 2020년 9월 15일)의 그림을 종합함

그림 4-15. https://commons.wikimedia.org/wiki/File:Fuligo_septica_bl1.JPG, https://commons.wikimedia.org/wiki/File:Water_mold.JPG (접속일 2020년 9월 15일)

그림 4-16. https://www.shutterstock.com/ko/image-photo/beautiful-bright-green-moss-grown-cover-1702545367, https://www.shutterstock.com/ko/image-photo/pteridophyte-dryopteris-fern-botanical-sample-1614833164, https://www.shutterstock.com/ko/image-photo/forrest-green-pine-trees-on-mountainside-210284521, https://www.shutterstock.com/ko/image-photo/ornamental-garden-majestically-blossoming-large-cherry-128544167 (접속일 2020년 9월 15일)의 그림을 종합함

그림 4-19. https://opentextbc.ca/biology2eopenstax/chapter/classifications-of-fungi/ (접속일 2021년 1월 22일)

그림 4-20. https://www.shutterstock.com/ko/image-photo/moldy-bread-slices-placed-on-wicker-1773033044 (접속일 2020년 9월 15일)

그림 4-21. https://commons.wikimedia.org/wiki/File:Scarlet_elf_cap_cadnant_dingle.jpg (접속일 2020년 9월 15일)

그림 4-22. https://commons.wikimedia.org/wiki/File:2006-10-25_Amanita_muscaria_crop.jpg (접속일 2020년 9월 15일)

그림 4-23. https://commons.wikimedia.org/wiki/File:Trichoplax_adhaerens_photograph.png, https://commons.wikimedia.org/wiki/File:Reef3859_-_Flickr_-_NOAA_Photo_Library.jpg, https://commons.wikimedia.org/wiki/File:Bathocyroe_fosteri.jpg (접속일 2020년 9월 15일)의 그림을 종합함

그림 4-24. https://opentextbc.ca/biology/chapter/14-1-animal-form-and-function/ (접속일 2021년 1월 22일)

그림 4-26. https://commons.wikimedia.org/wiki/File:Protovsdeuterostomes.svg (접속일 2020년 9월 15일)

그림 4-30. https://commons.wikimedia.org/wiki/File:Choanoflagellate_and_choanocyte.png (접속일 2020년 9월 15일)

표 4-1. https://ko.wikipedia.org/wiki/%EC%83%9D%EB%AC%BC_%EB%B6%84%EB%A5%98 (접속일 2021년 2월 21일)

Chapter

# 05

# 생명의 구조

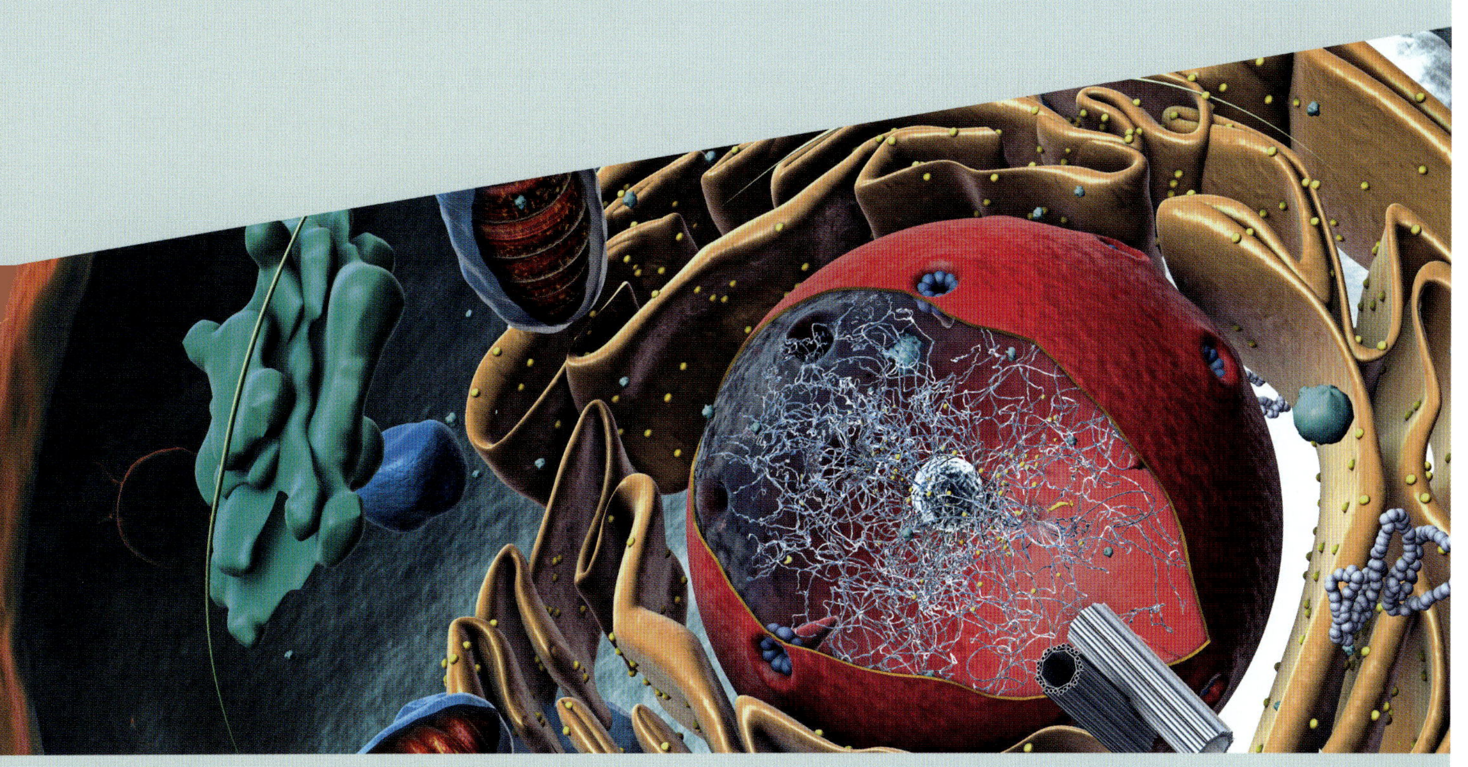

생명체는 과연 어떻게 생겼을까? 우리가 알고 있는 생물의 모습들이 그 전부일까? 생물은 서로 닮은 점이나 다른 점들이 있을까? 고등생물로 진화하면서 이들 구조는 어떻게 변화되어 왔을까? 이런 의문은 생명이란 무엇인지에 대한 해답을 찾아가는 여정에서 반드시 거쳐야 하는 정거장 같은 곳이다. 우선 생명의 구조를 쉽게 이해하기 위하여 크기에 대한 측정 단위부터 익숙해질 필요가 있다. 또한 세균과 고세균이 포함되는 원핵생물을 기본구조에서부터 먼저 다루고, 원생생물부터 식물, 균류, 동물의 구조에 이르기까지 차례로 다루어 나갈 계획이다. 마지막으로 이러한 3역 6계를 통합적으로 비교하는 기회도 가지게 될 것이다.

## 제1절 모든 것의 크기

### 1. 미시세계

우리는 대개 눈에 보이는 것에 익숙해져 있다. 안 보이면 잘 모른다. 여기서 말하는 **미시세계**(微視世界, microscopic world)와 **거시세계**(巨視世界, macroscopic world)는 양자물리학이 제시하는 입자 세계를 기준으로 하는 것이 아니라 단지 맨눈으로 볼 수 있는 여부에 따라 구분해 본 세계이다. 우리가 평소에 사용하는 미터(meter, metre) 단위는 여러 번의 변천을 거쳐 1983년 제17차 국제도량형 총회(General Conference on Weights and Measure)에서 결정된 길이에 대한 국제 단위이다. 이 단위는 빛이 진공 상태에서 299,792,458분의 1초 동안 진행한 경로의 거리로 정하였다.

그렇다면 우리는 맨눈으로 가장 작은 물체를 어디까지 볼 수 있을까? 대개 머리카락 정도인 0.1mm이다. 1밀리미터(milimeter)는 1미터를 천으로 나눈 것 중 하나이다. 다시 말하면 $10^{-3}$m인 셈이다. 따라서 접두사 밀리(milli-)는 $10^{-3}$을 뜻한다. 만약 1mm를 다시 천으로 나눈다면 이는 $10^{-6}$m가 될 것이다(1미터의 백만분의 1에 해당). 우리는 이 단위를 **마이크론**(micron, ㎛)이라고 부른다.

마이크론 단위는 생명의 구조에서 대단히 중요한 개념이다. 왜냐하면 대개의 기본 생명체 크기가 여기에서 시작하기 때문이다(그림 5-1)[44]. 이렇게 기본 생명체가 마이크론 단위로 작아야 하는 이유는 조금 뒤에 살펴볼 것이다. 우리가 다루는 원핵세포인 세균은 주로 1~10㎛ 사이에 존재한다. 반면에 진핵세포에 해당하는 동물세포나 식물세포는 약 10~100㎛의 크기를 가진다. 따라서 진핵세포가 원핵세포에 비하여 약 10~100배 정도 더 크다고 볼 수 있다. 그렇다면 인간의 세포 중에서 제일 큰 것은 무슨 세포일까? 여성이 만들어 내는 **난자**(卵子, ovum)이다. 이 난자의 크기는 130㎛, 즉 0.13mm이기 때문에 머리카락을 주울 수 있는 사람이라면 맨눈으로 인간의 난자를 볼 수 있다는 뜻이다. 그렇다면 인간의 세포 중에서 제일 작은 것은 무슨 세포일까? 흥미롭게도 **정자**(精子, sperm)가 차지한다. 정자는 긴 꼬리를 가지고 있지만, 실제 핵을 가지고 있는 머리 부분은 4㎛ 정도밖에 되지 않기 때문이다. 무게로 따지면 17만5천 개의 정자가 모여야 겨우 난자 한 개의 무게가 된다. 난자는 수정 후 자궁에 착상할 때까지의 에너지를 조달하기 위하여 영양분이 가득한 세포질을 가지고 있기 때문에 무거우면서도 크다. 그러나 난생 동물인 닭이나 타조는 **난황**(卵黃, yolk, 노른자위)으로 가득 찬 알을 낳는다. 인간의 난자가 왜 가장 큰 세포가 된 이유를 이들이 설명해 준다고 할 수 있다.

마이크론의 세상에서 다시 더 미시세계로 내려가면 우리는 나노 세계를 만난다. **나노미터**(nanometer, nm)는 마이크로미터를 다시 천 개로 쪼갠 것 중의 하나이다. 즉, 1나노미터는 $10^{-9}$m인 셈이다(1미터의 10억분의 1에 해당). 이 나노미터의 세상은 얼마나 작을까? 우리가 맨눈으로 볼 수 있는 세상이 0.1mm라면, 광학 현미경으로 볼 수 있는 세상은 겨우 마이크론 정도이다. 그러나 대부분의 나노 세계는 광학 현미경으로는 볼 수 없고, 전자 현미경으로밖에 볼 수가 없다. 이 나노 세계에 바이러스가 살고, 단백질과 분자들이 이즈음에 있게 된다. 바이러스는 대개 10~100nm 크기 범위에 속해 있다.

다시 한 단계 더 내려가자. 우리는 피코 세계를 만날 것이다. **피코미터**(picometer, pm)는 $10^{-12}$m로 나노미터를 천 개로 쪼갠 것 중의 하나이다(1미터의 1조분의 1에 해당). 이 세계는 어떤 세상일까? 나노 세계에서 분자까지 내려갔으니 대부분의 독자분들도 이제는 여기부터 원자의 세계로 접어들 것이라는 것은 쉽게 추측할 수 있을 것이다. 원자의 세계로 들어가는 입구는 $10^{-10}$m, 즉 0.1나노미터 혹은 100피코미터이다. 0.1nm의 크기는 원자번호 1번인 수소 원자의 지름과

05

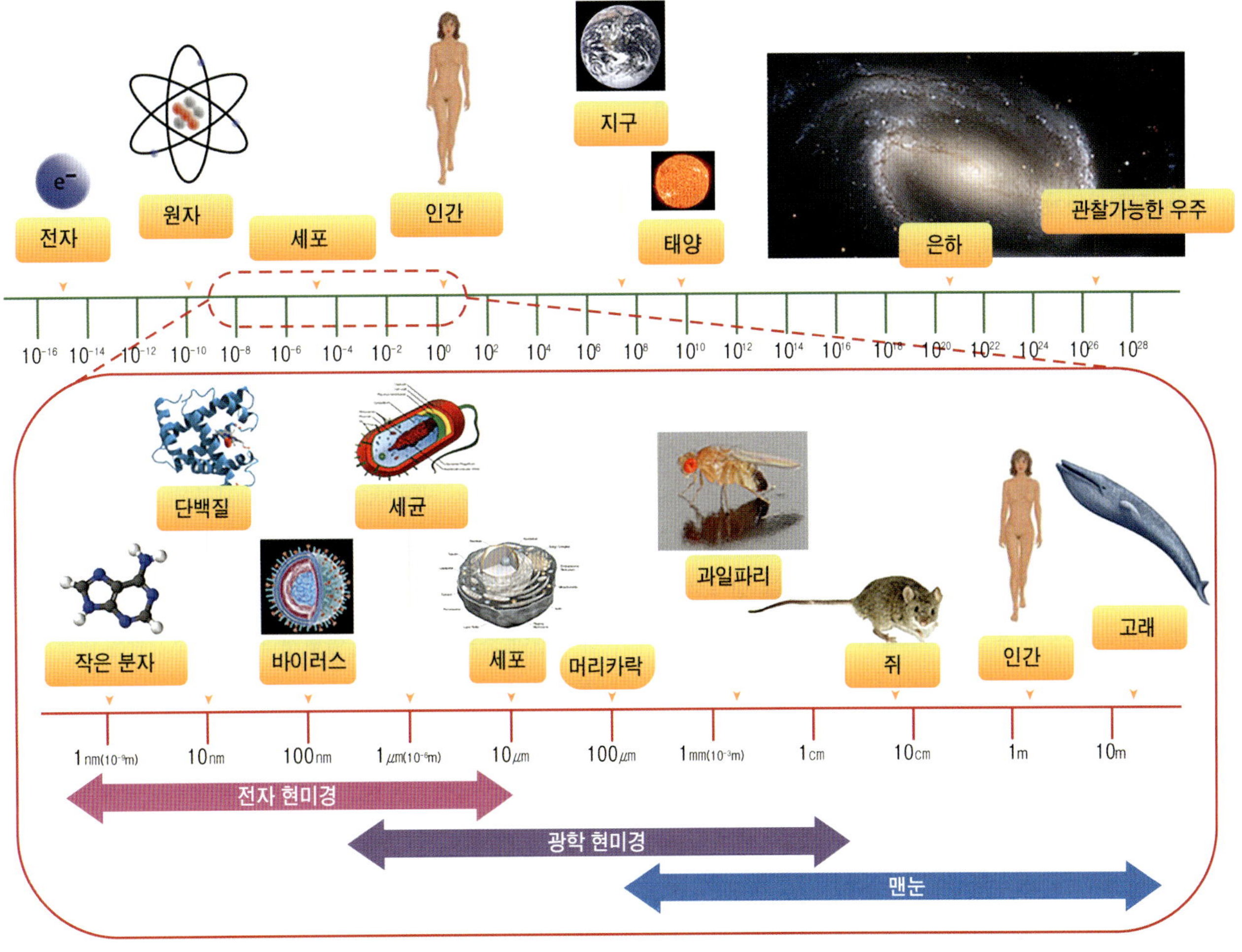


그림 5-1. 미시세계와 거시세계의 크기.

같아진다. 이번에는 이 0.1nm의 단위를 따로 **옹스트롬**(Å, Ångström)이라고 부른다. 옹스트롬은 스웨덴 물리학자인 **안데르스 요나스 옹스트롬**(Anders Jonas Ångström, 1814~1874)의 이름에서 따온 단위이다. 만약 3Å의 크기라면 수소 원자보다 3배 정도 더 클 것이라고 우리는 쉽게 추정해 볼 수 있다. 3Å의 크기에 있는 원자가 바로 철 원자이다. 이제부터 우리는 입자물리학의 세계로 들어왔다고 할 수 있다[41].

원자는 다시 전자와 원자핵으로 나누어질 것이고, 원자핵은 다시 양성자와 중성자로 갈라질 것이다. 양성자와 중성자는 다시 업 쿼크(up quark)와 다운 쿼크(down quark)로 갈라질 것이다. 따라서 만물의 재료는 모두 다 똑같다. 다만 이들이 어떻게 섞이는지에 따라 다른 물질이 생길 뿐이다. 그렇다면 이들은 얼마나 작을까?

우리는 다시 펨토의 세계로 들어설 것이다. **펨토미터**(femtometer, fm)는 $10^{-15}$m이다. 이 펨토의 세계에 접어들면 비로소 원자핵(약 10fm, $10^{-14}$m)을 만나고 양성자와 중성자(1fm, $10^{-15}$m)를 만나게 된다. 그렇다면 전자나 쿼크의 크기는 얼마나 될까? 이들을 만나기 위해서는 다시 한 세상을 더 내려가야 한다. 이 세계가 바로 아토의 세계이다. **아토미터**(attometer, am)는 무려 $10^{-18}$m를 의미한다[18]. 그렇다면 젭토미터(zeptometer, zm, $10^{-21}$m)나 욕토미터(yoctometer, ym, $10^{-24}$m)의 세상이 존재할 수 있을까? 현재로서는 대답해 줄 사람이 아무도 없을 것 같다.

## 2. 거시세계

가장 기본적인 생물의 크기가 시작되는 구간이 마이크로미터(micrometer, ㎛)라면 가장 큰 생명체는 누가 차지할까? 이 지구상에서 가장 큰 단일 생물체를 꼽으라면 아마도 미국

서부에 서식하는 삼나무(giant sequoia)를 꼽아야 할 것 같다. 미국 서부를 여행하는 사람들을 놀라게 하는 이 삼나무는 높이가 무려 100m가 넘는다. 인간이 지은 아파트에 비교한다면 30층이 넘는 높이이다. 이 삼나무 밑동은 차가 지나다닐 정도로 크다. 그렇다면 동물 중에서 가장 큰 것은 어떤 동물이 차지할까? 아마도 대왕고래(blue whale)가 차지할 것 같다. 대왕고래는 그 길이가 무려 30m를 넘어서 농구코트보다도 더 길다. 물론 무성생식으로 한 나무에서 가지를 친 콜로라도주의 사시나무 숲인 **판도**(pando, *Populus tremuloides*)와 같은 생명체는 예외로 했을 경우이다. 퍼져 나간다는 뜻을 가진 판도 숲은 그 넓이가 무려 106에이커(acres, 약 13만 평)에 달하고 전체 무게가 6천6백 톤이나 된다. 나이를 따져도 8만 년이나 되어서 살아 있는 생명체 중에서는 가장 오래되었다고 할 수 있다. 그러나 판도는 똑같은 클론들이 모인 군집일 뿐이다.

다시 그림 5-1로 돌아가자. 인간은 미터법의 출발점인 1m 단위에 묶여 있다. 농구선수나 누구나 할 것 없이 도토리 키 재기에 불과하다는 의미이다. 서울과 부산 간의 거리가 천 리 길이니까 그저 400km 정도 될 것이다. 그렇다면 지구의 크기는 얼마나 될까? 지구 적도의 지름이 약 12,700km이니까 약 $10^7$m 범위 안에 있다. 태양은 지구보다 약 100배 정도 더 크니까 $10^9$m 범위에 있을 것이다. 즉, 태양의 크기가 $10^9$m이면, 그 대칭적인 미시세계에 있는 물질은 분자 정도가 될 것이다. 밤하늘을 수놓는 은하의 크기가 $10^{20}$m이며 우리가 관측 가능한 거리가 $10^{26}$m이다. 그렇다면 우리가 상상할 수 있는 가장 큰 수치는 무엇일까? 무한대일까? $10^{100}$이란 숫자는 얼마만 할까? 무려 1 밑에 0이 100개가 달려야 하는 숫자이다. 우리는 이 숫자를 구골(googol)이라고 한다. 우리가 쓰는 검색엔진 구글(google)은 구골의 철자를 잘못 쓴 실수 때문에 등장한 이름이다[28].

## 3. 세포가 작아야 하는 이유

생명의 기본단위인 세포는 맨눈으로는 보이지 않고 현미경으로 보아야만 보인다. 그렇다면 왜 이렇게 세포는 작아야 하는가? 생명체를 구성하는 모든 세포가 이렇게 작은 이유는 무엇일까? 코끼리의 세포들은 인간을 구성하는 세포들보다 더 큰 것일까? 그러나 해답은 코끼리가 큰 것은 세포가 사람보다 많아서 큰 것이지 세포 자체가 사람보다 크기 때문에 큰 것은 아니다. 이제 세포가 작아야 하는 이유를 찾아 나서 보자[16,36].

원핵세포는 대개 1~10㎛의 크기를 가지고 동물세포나 식물세포는 10~100㎛ 정도의 크기를 가진다. 이렇게 세포가 작아야 하는 이유를 3가지 정도로 요약해 볼 수 있다. 첫째는 **확산**(擴散, diffusion)이라는 물리적 현상을 들 수가 있다. 확산은 농도나 밀도가 높은 쪽에서 낮은 곳으로 분자가 퍼져 나가는 현상을 말한다. 예를 들면, 영양분이 높은 곳에서 낮은 곳으로 이동하는 현상과 같다. 왜 이것이 세포가 작아야 하는 이유와 연관이 있을까? 만약 직경이 20㎛인 세포의 가운데에 있는 소기관은 세포막으로 들어온 보급품(영양분)을 1초도 안 되는 시간 안에 받을 수 있다. 그러나 직경이 20cm인 세포가 있다면, 이 중앙에 있는 소기관이 보급품을 받는 데는 수개월이 소요될 것이다. 이렇게 되면 이 소기관은 어떻게 될까? 분명히 고사하여 죽고 말 것이다. 두 번째는 DNA 문제이다. 세포가 커지면 커질수록 더 많은 단백질이 필요해질 것이다. 그러나 이 단백질은 유전자의 지시를 받아서 만들어진다. 따라서 세포가 커질수록 유전자도 더 커져야 하지만, 여분의 유전자를 계속 만들어 내기가 쉽지 않을 것이다. 이는 마치 작은 동네에서는 도서관의 책이 많지 않아도 되지만, 마을이 점점 커지면 도서관에 더 많은 책이 필요해지는 것과 같은 이치이다. 세 번째는 **체적**(體積, volume, 부피)과 **표면적**(表面積, surface area)의 문제이다. 체적은 어떤 물체가 차지하는 공간의 크기이다. 그림 5-2는 정육면체와 구형의 체적과 표면적을 각각 비교한 그림이다. 정육면체에서 크기가 배로 증가할 때마다 표면적 대 체적의 비율은 6:1, 3:1, 1.5:1로 점점 줄어 간다. 이것은 구형일 때에도 마찬가지이다. 체적이 늘어나는 데 비하여 표면적은 상대적으로 줄어든다. 이것은 무슨 의미일까? 체적이 늘어난 만큼 표면적이 상대적으로 줄어든다는 것은 원핵생물한테는 치명적이다. 왜냐하면 세균에서 ATP는 세포막을 경계로 하여 일어나기 때문이다. 표면적이 줄어들면 ATP의 생산량이 수요를 따라갈 수 없게 된다. 즉, 에너지 효율이 급격히 떨어지게 된다. 과연 그렇다면 생명은 이런 상황을 어떻게 극복해 낼 수 있을까? 이들은 **세포분열**(細胞分裂, cell division)을 통하여 이 3가지 문제를 동시에 해결해 낸다(그림 5-3). 가령 한 면이 30㎛인 정

생명체가 커질수록 부피에 비해
표면적이 상대적으로 대폭 줄어듦

| | 1mm | 2mm | 4mm |
|---|---|---|---|
| 표면적 | 1×1×6 =6mm$^2$ | 2×2×6 =24mm$^2$ | 4×4×6 =96mm$^2$ |
| 부피 | $1^3$=1mm$^3$ | $2^3$=8mm$^3$ | $4^3$=64mm$^3$ |
| 표면적 대 부피 비율 | 6:1 | 3:1 | 1.5:1 |

A. 정육면체

| | 1㎛ | 2㎛ | 4㎛ |
|---|---|---|---|
| 표면적 $4\pi r^2$ | 3.14㎛$^2$ | 12.56㎛$^2$ | 28.26㎛$^2$ |
| 부피 $4/3\pi r^2$ | 0.52㎛$^3$ | 4.19㎛$^3$ | 14.18㎛$^3$ |
| 표면적 대 부피 비율 | 6:1 | 3:1 | 1.5:1 |

B. 구체

그림 5-2. 체적과 표면적의 상관관계.

세포 크기의 한계

부피 대비 표면적의 비율이 너무 작아지면 → 물질교환 속도가 감소하여 → 세포가 죽게 됨

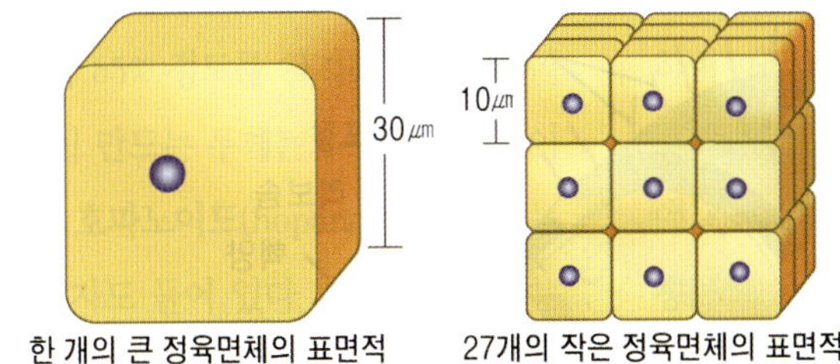


같은 크기지만 쪼개면
표면적이 현저히 늘어남
→ 세포 생존
따라서 큰 생명체를 만들기
위해서는 작은 세포 단위로
만들 수밖에 없음

한 개의 큰 정육면체의 표면적
= 30×30×6=5,400㎛$^2$

27개의 작은 정육면체의 표면적
= 10×10×6×27=16,200㎛$^2$

그림 5-3. 세포분열에 의한 표면적 증가 방법.

육면체의 표면적은 5,400㎛$^2$(30㎛×30㎛×6)이다. 그러나 이것을 10㎛짜리 정육면체로 나누면, 표면적은 16,200㎛$^3$(10㎛×10㎛×6×27)로 늘어난다는 것을 쉽게 발견할 것이다. 이것이 세포 자체를 키우지 못하고 세포분열을 통하여 세포가 늘어나는 전략을 택한 이유라 할 수 있다[51].

그렇다면 원핵세포보다 10~100배 정도 큰 진핵세포는 어떻게 덩치를 키웠을까? 여기에는 미토콘드리아라는 소기관의 비밀이 숨어 있다. 즉, 진핵세포는 미토콘드리아와 공생관계를 갖게 되어서, ATP 생산이 세포막이 아니라 세포 안의 소기관에서 일어나게 됨으로써 덩치를 키울 수 있는 길이 열리게 되었다.

05

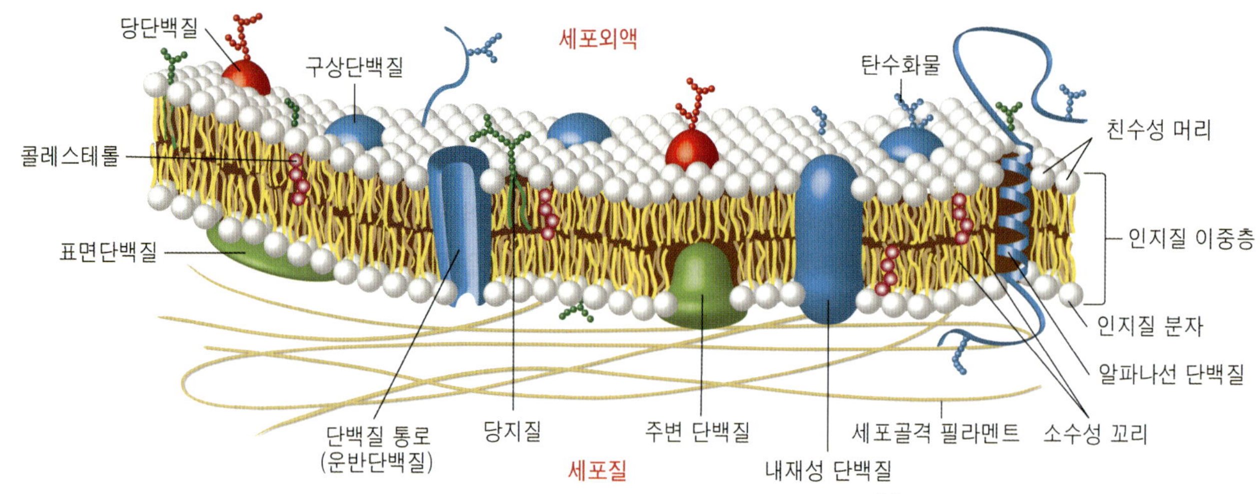


그림 5-5. 세포막 구조. (출처: LadyofHats Mariana Ruiz[5-5])

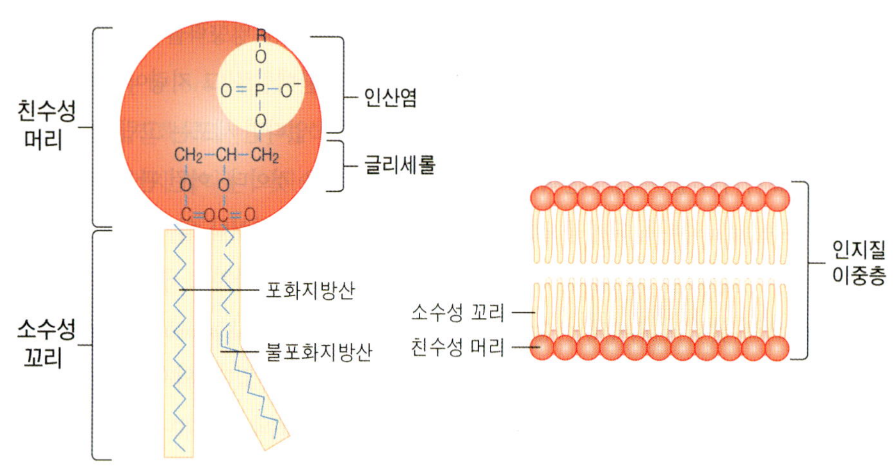


그림 5-6. 인지질 이중층 구조. (출처: Lumen Learning[5-6])



送, active transport)이라고 부른다. 또한 혼자 들어가는 경우도 있고(uniport), 누구를 데리고 들어가는 경우도 있다(symport). 때로는 하나가 들어가면 안에서 다른 하나가 밖으로 나오는 맞바꾸기가 일어나기도 한다(antiport)[5].

다음은 신호전달체계에 막단백질이 관여한다. 이들이 **수용체**(受容體, receptor)의 역할을 담당하고 있기 때문이다. 수용체는 말 그대로 정보를 받아들이는 장소이다. 예를 들어, 자동차를 생각해 보자. 자동차의 시동을 걸기 위해서는 차 열쇠를 열쇠 구멍에 꽂아야 한다. 그렇지 않고 차 키를 차의 문짝이나 좌석 등에 아무리 접촉시켜 보아도 차의 시동은 걸리지 않을 것이다. 여기서 자동차 열쇠 구멍이 수용체에 해당한다. 그렇다면 자동차 열쇠는 어디에 해당할까? 바로 화학물질이다. 이 화학물질은 호르몬일 수도 있고 신경전달물질(neurotransmitter)일 수도 있다. 호르몬은 이것이 분비된 장소에서 혈류를 타고 세포까지 도달할 것이다. 결국 호르몬은 세포 안이나 밖에 있는 수용체와 결합하여 정보가 전달되고, 따라서 어떤 반응이 세포 안에서 일어나게 된다. 신경은 아예 신경 줄을 타고 세포 근처까지 가서 직접 화학물질을 운반해 준다. 따라서 호르몬의 작용보다 훨씬 신속하고 정확하게 일어나는 장점이 있다. 그뿐만 아니라 막단백질은 효소의 기능을 발휘하여 물질을 분해하기도 하고 세포와 세포를 서로 묶는 역할을 하기도 한다.

지금까지 설명한 세포막은 그 구조가 세균과 인간을 포함하여 모두 다 유사하다. 이런 사실은 우리에게 '생명이란 무엇인가'라는 근본적인 질문을 하게 만든다. 그렇지만 인지질 이중층에 대한 화학적 구조는 고세균과 세균 및 진핵생물에서 약간씩 차이가 난다. 이는 고세균 편에서 다시 다룰 것이다.

## 2) 세포벽

세포벽은 세포막을 싸고 있는 구조물이다. 그림 5-7에서 보는 바와 같이 세포막을 제외하면 첫눈에 띄는 것이 **펩티도글리칸**(peptidoglycan)이라는 구조물이다[20]. 세포벽은 동물세포에서는 아예 없어져 버렸다. 그러나 원생생물과 식물들은 세포벽이 펩티도글리칸 대신 셀룰로스로 구성되어 있고, 고세균에서는 세포벽은 있지만 그 구성성분이 아주 다르다. 따라서 세포벽은 생물계를 분류하는 데 중요한 역할을 수행한다. 그뿐만 아니라 많은 항생제들은 이 세균의 세포벽을 공략하여 세균을 죽게 만든다. 먼저 펩티도글리칸의 구조부터 살펴보자.

펩티도글리칸은 일명 **뮤레인**(murein)으로도 알려져 있고 그 성분은 두 종류의 당과 아미노산으로 구성되어 있다. 두 종류의 당은 그림 5-8에서 보는 것처럼 **N-acetylglucosamine**(NAG)과 **N-acetylmuramic acid**(NAM)가 **글리코사이드 결합**(glycoside bone)으로 서로 연결된 다당류 사슬이다(제7장 '생명의 대사' 편에서 다시 기술할 것이다). 이 중에서 N-acetylmuramic acid에는 4~5개의 아미노산이 붙어 있고, 여기에 붙어 있는 아미노산 중에는 D-아미노산이 들어 있다. D-아미노산은 L-아미노산의 거울형(mirror image)으로 생

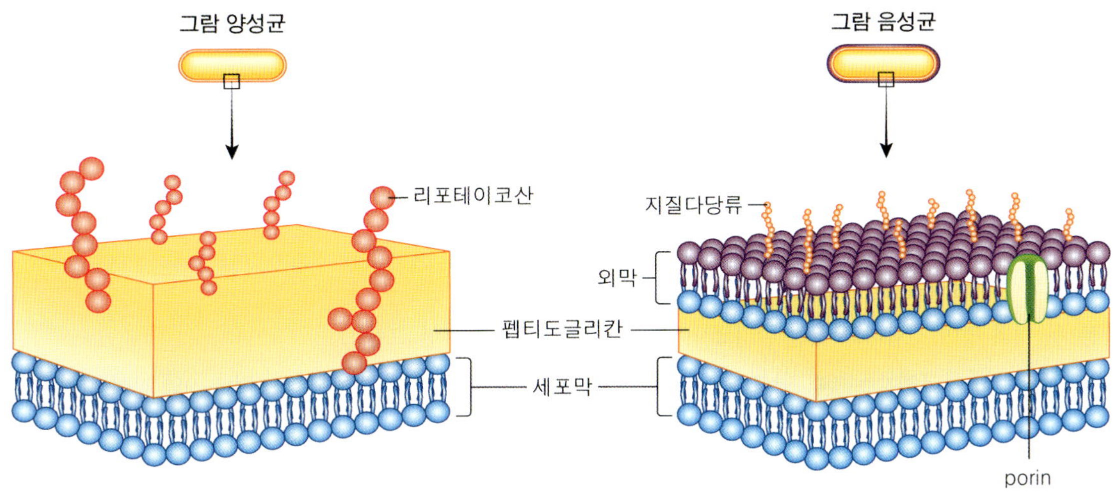


그림 5-7. 그람 양성균과 그람 음성균의 세포막과 세포벽 구조.

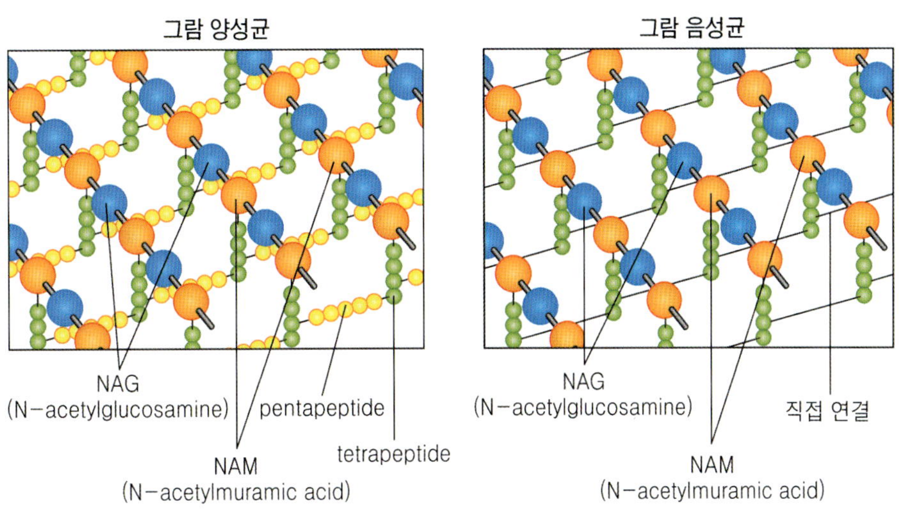


그림 5-8. 그람 양성균과 그람 음성균에서 펩티도글리칸의 구조. (출처: Lumen Learning[5-8])

05

명체에서는 보기가 매우 힘들다. 왜냐하면 대부분 생명체를 구성하는 아미노산은 L형이기 때문이다. 이렇게 붙어 있는 아미노산들은 다시 **교차결합**(交差結合, crosslink)에 의하여 서로 연결된다. 포도상 구균에서는 5개의 글리신(glycine)이 이 교차결합을 형성한다. 이 교차결합을 담당하는 아미노산들은 세균의 종마다 달라서 약 100가지 이상의 펩티도글리칸이 알려져 있다. 따라서 결과적으로 당들은 글리코사이드 결합으로 뭉쳐지고 다시 이들은 교차결합으로 연결되어 그물 구조의 아주 단단한 세포벽이 되게 된다[10]. 또한 테이코산(teichoic acid)이 지방과 결합하여 리포테이코산(lipoteichoic acid)이 되어서 이 단단한 구조물을 다시 세포막에 부착시켜 준다[2].

세포 안은 여러 가지 물질이 들어 있기 때문에 삼투압이 높다. 만약 이 단단한 세포벽이 없다면, 세균은 외부의 물이 세포 안으로 들어가서 세포는 점점 부풀어 오르고 결국은 터져서 죽고 말 것이다. 따라서 세포의 모양을 잡아 주고 그 강직성을 유지할 수 있는 것은 바로 이 세포막 덕분이다. 그렇다면 인체를 공격하는 세균을 퇴치하려면 이 세포벽을 파괴하면 되지 않을까? 동물의 몸에는 **라이소자임**(lysozyme)이라는 가수분해효소가 눈물이나 침 속에 진을 치고 있다. 이 라이소자임은 두 개의 당이 결합하고 있는 글리코사이드 결합을 파괴해서 세포벽이 단단해지는 것을 막고 나선다. 따라서 이들은 인간을 포함한 동물들을 세균으로부터 지켜 내는 일차 방어선 역할을 톡톡히 해 준다고 할 수 있다. 그뿐만 아니라 인류가 감염병에 제대로 대항할 방법을 알아내게 해 준 페니실린은 세포벽의 교차결합을 방해함으로써 세포벽이 온전히 만들어지지 못하게 만든다. 페니실린은 인간이 만든 발명품이 아니라, 푸른곰팡이가 세균에 대항하기 위하여 만들어 놓은 무기를 인간이 단지 차용하여 이용하고 있을 뿐이다.

다시 그림 5-7로 돌아가자. 펩티도글리칸은 **그람 양성균**(Gram positive bacteria)과 **그람 음성균**(Gram negative bacteria)에서 그 두께가 완전히 다르다는 것을 알아챌 수 있을 것이다. 그람 양성균에서 펩티도글리칸의 두께는 20~80㎛인 반면 그람 음성균은 7~8㎛ 정도밖에 안 된다. 그람 양성균에서는 세포벽의 90%를 펩티도글리칸이 차지하고 나머지는 테이코산이 들어 있는 반면, 그람 음성균은 세포벽의 10% 정도만 펩티도글리칸이 차지하고, 그람 양성균에는 없는 **외막**(外膜, outer membrane)이 더 존재한다. 이런 구조적인 차이 때문에 페니실린은 그람 음성균보다 그람 양성균에 더 치명적이다. 또한 동물은 아예 세포벽이 없기 때문에 동물세포에는 해가 없는 장점도 있다. 자 이제는 **그람 염색법**(-染色法, Gram staining)에 대하여 알아보도록 하자.

그람 염색법은 일단 세균을 두 종류로 구분할 수 있는 강력한 도구이다. 이 염색법은 1884년 덴마크 미생물학자 **한스 크리스티안 그람**(Hans Christian Gram, 1853~1938)에 의하여 개발된 염색법이다. 그림 5-9와 같이 그람 양성균과 음성균은 그 구조에 차이가 있다. 이미 언급한 바와 같이 제일 큰 차이점은 음성균에서는 외막이 있고 펩티도글리칸이 얇다는 것이다. 먼저 시료를 고정시킨다. 그다음 **크리스탈 바이**

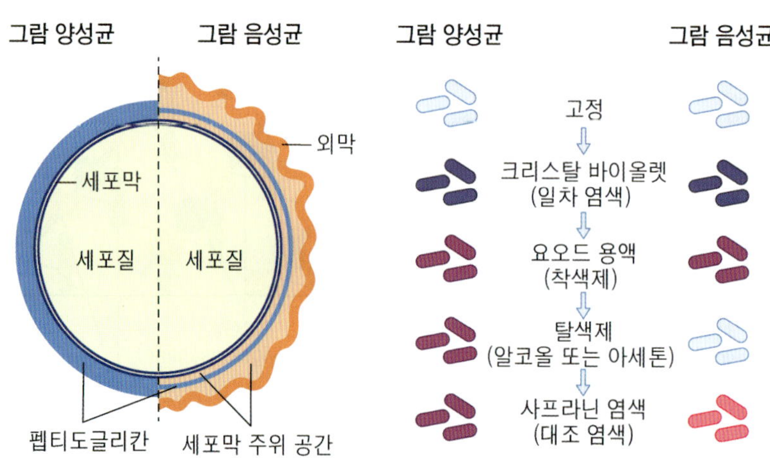


그림 5-9. 세포 구조와 그람염색 반응.

**올렛**(crystal violet)으로 염색을 한 후, 요오드 용액으로 이 색소를 착색시킨다. 그다음 알코올 등으로 탈색을 시키면 펩티도글리칸층이 두꺼운 양성균은 탈색이 안 되는 반면, 지방으로 된 외막과 얇은 펩티도글리칸으로 되어 있는 음성균에서는 탈색이 일어난다. 다시 **대비염색**(對比染色, counter stain)으로 붉은색의 **사프라닌**(safranin)을 사용하면 음성균은 붉은색으로 물들 것이다. 그러나 그람 양성균은 여전히 보라색을 유지하게 된다. 그람 염색법은 의학에서 임상병리 검사 중 가장 많이 이용되는 방법 중 하나이기도 하다[3,43]. 다음은 그람 음성균의 세포벽 구조에 대하여 좀 더 자세히 알아보도록 하자.

다시 그림 5-7을 참조하여 그람 음성균의 세포벽 특징을 살펴보면 이미 기술한 대로 얇은 펩티도글리칸과 그 바깥쪽에 외막이 있다는 점이다. 이 부위를 좀 더 자세히 들여다보면 그림 5-10과 같다. 특히 외막의 안쪽은 인지질로 구성되지만, 바깥쪽은 **지질다당류**(脂質多糖類, lipopolysaccharide)로 되어 있다는 점이다[32]. 또한 지방단백질(lipoprotein)이 외막과 펩티도글리칸을 연결해 주고 있다.

### 3) 협막

협막(莢膜, capsule)은 주로 다당류로 이루어진 끈적끈적한 점액이 세포벽 바깥을 싸고 있는 막을 말한다(그림 5-4). 협막과 같이 일정한 형태를 유지하면서 세포를 싸고 있는 대신에 일정한 윤곽 없이 엉성하게 세포를 싸고 있는 형태는 **점액층**(粘液層, slime layer)이라고 따로 부른다. 또한 협막과 점액층을 합쳐서 **당피질**(糖皮質, glycocalyx)이라 부르기도 한다. 이러한 협막은 세포를 보호하는 역할을 할 뿐만 아니라 숙주의 면역세포가 **식균작용**(食菌作用, phagocytosis)을 할 때에도 그에 대하여 저항성을 가지게 된다. 그뿐만 아니라 물을 많이 함유하고 있어서 세포가 건조해지는 것을 막기도 하고, 세균이 다른 숙주세포에 접촉할 때 잘 부착될 수 있게 도와주기도 한다. 따라서 이러한 협막을 가지고 있는 세균은 **발병력**(發病力, virulenc)이 훨씬 더 높다. 즉, 독성이 더 강하다는 의미이다. 의사들이 이러한 세균에 대하여 특별한 관심을 가지는 이유가 바로 여기에 있다. 대표적인 협막을 가지는 세균들은 폐렴구균(*Streptococcus pneumonia*), 인플루엔자균(*Haemophilus influenzae*), 녹농균(*Pseudomonas aerugi-nisa*), 수막구균(*Nisseria meningitides*), 폐렴간균(*Kebsiella pneumonia*) 등이다[11]. 세포벽을 싸고 있는 또 하나의 층은 **S층**(surface-layer)이다. 이 S층은 당단백질로 구성되어 있고 대부분 고세균에서 발견된다. 그러나 일부 세균에서도 S층이 나타난다. 그람 음성균에서는 이 S층이 지질다당류와 연결되어 있으며 그람 양성균에서는 펩티도글리칸과 연결된다. 이들도 협막과 비슷한 기능을 가지고 있다.

05

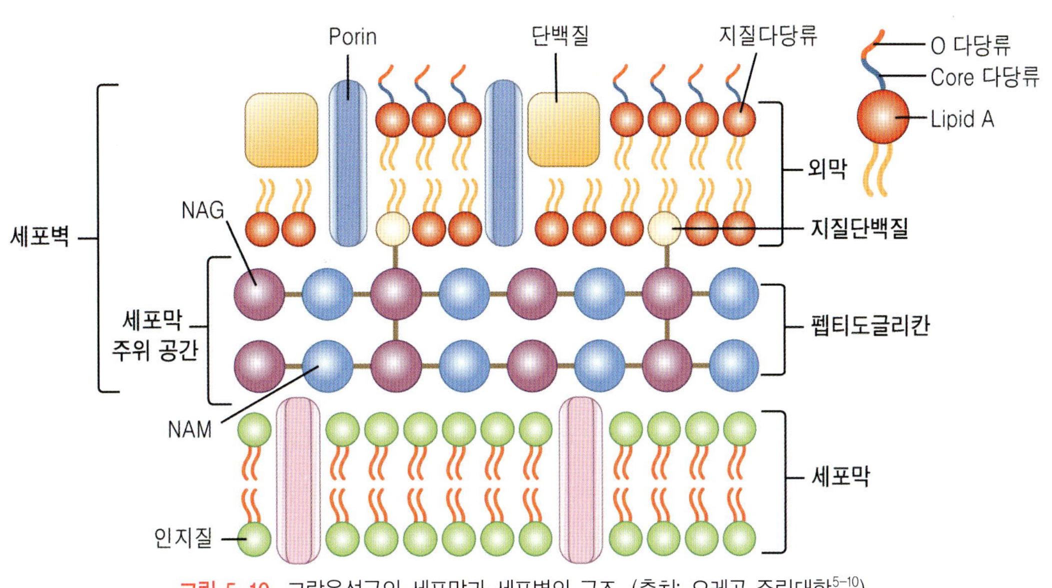


그림 5-10. 그람음성균의 세포막과 세포벽의 구조. (출처: 오레곤 주립대학[5-10])

### 4) 세포질

세포질은 세포막이 싸고 있는 젤과 같은 물질을 말하며 주로 물로 구성되어 있다. 이 세포질 속에는 다양한 효소, 세포 내용물 및 여러 종류의 유기물질들이 들어 있다. 이 세포질은 진핵세포보다 원핵세포에서 더 중요한 역할을 한다고 볼 수 있다. 왜냐하면 모든 화학반응이 여기에서 일어나기 때문이다. 따라서 세포 성장이나 대사 및 복제가 모두 세포질에서 일어난다. 원핵세포의 세포질에 포함된 핵양체, 플라스미드, 염색체, 리보솜 등을 차례대로 설명해 나가 보도록 하자.

### 5) 핵양체

그림 5-11은 원핵세포에서 핵양체 구조를 보여 준다. 원핵세포의 특징은 한 개이며, **원형**(圓形, circular)인 염색체를 가지고 있다는 점이다. 따라서 염색체가 한 개의 복사본만 있기 때문에 유전적으로는 **반수체**(半數體, haploid)에 해당한다. 원핵세포의 염색체는 이미 언급한 대로 막으로 싸여 있지 않고 세포질에 풀어져 있다. 즉, 원핵세포에는 핵이 없다는 의미이다. 원핵세포의 유전체는 진핵세포에 비하여 훨씬 작다. 예를 들어, 대장균의 유전체는 같은 단세포지만 진핵세포인 효모 유전체의 반 정도밖에 안 되며, 인간 유전체보다는 700배나 작다. 핵양체에 들어 있는 염색체에는 진핵세포에서 볼 수 있는 히스톤 단백질은 보이지 않는다. 또한 진핵세포와 달리 유전자의 전사 및 번역이 세포질에서 같이 일어난다. 이는 진핵세포에서 유전자 전사가 핵 안에서 일어나고 번역은 전령 RNA에 의하여 세포질에서 일어나는 것과는 차이가 있다.

### 6) 플라스미드

**플라스미드**(plasmid)는 염색체 이외에 작은 원형의 DNA 분자를 총칭하는 말이다(그림 5-11). 따라서 이들을 **염색체 외 유전자**(染色體外遺傳子, extrachromosomal gene)라고 불러도 무방하다. 이들은 한 세포에 여러 개가 들어 있을 수도 있고 세균의 생존에 필수적이지는 않다. 그러나 플라스미드는 세균의 발병력이나 항생제에 대한 **내성**(耐性, resistance) 및 중금속의 내성에 관한 유전정보를 가지고 있다. 따라서 이러한 정보가 다음에 소개할 **성선모**(性腺毛, sex pili)

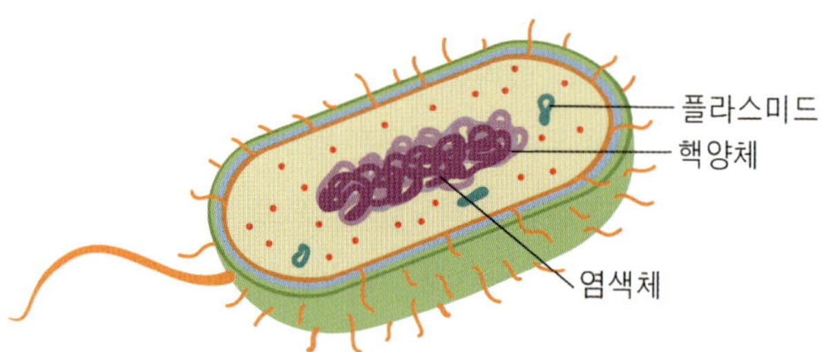


그림 5-11. 원핵세포의 염색체, 플라스미드 및 핵양체 구조.

를 통하여 다른 세균에 전달되면, 그 정보를 전달받은 세균들은 그 항생제나 중금속에 대하여 내성을 가지게 될 것이다. 이런 현상은 의사나 환자에게는 대단히 불리한 상황이 될 수도 있다. 즉, 항생제나 중금속에 대한 내성이 없던 세균이 이에 대하여 내성을 갖게 되기 때문이다. 따라서 독성이나 발병력이 높아질 것은 당연하다. 성선모를 통하여 유전정보가 전달되는 것을 **접합**(接合, conjugation)이라고 부른다. 이는 제8장 '생명의 번식' 편에서 자세히 소개할 것이다. 또한 플라스미드가 독자적으로 복제되는 성질을 이용하여 유전자 재조합 기술을 응용하는 유전공학에도 플라스미드가 유용한 도구로 사용되기도 한다.

### 7) 리보솜

**리보솜**(ribosome)은 단백질을 만드는 공장이다. 모든 생물체에는 단백질이 꼭 있어야 한다. 따라서 리보솜은 어떤 생명체라도 다 가지고 있다. 이런 사실은 리보솜 연구를 통하여 생명이 흘러온 과거를 돌아볼 수 있는 좋은 실마리를 제공해 주기도 한다. 그림 5-4에서 보는 것처럼 리보솜은 세포질 안에 흩어져 있다. 리보솜을 형성하는 물질은 **리보솜 RNA**(ribosomal RNA, rRNA)와 **리보솜 단백질**(ribosomal protein)이다. 이 중 리보솜 RNA가 차지하는 비율이 65%, 단백질이 차지하는 비율이 35%이다. 또한 리보솜 RNA는 세포 내에 있는 전 RNA의 약 80%를 차지한다. 생명체 내의 RNA는 리보솜에 대다수가 있다고도 말할 수 있다. 그러나 이 리보솜은 원핵세포와 진핵세포에서 약간씩 차이가 난다. 원핵세포의 리보솜이 70S인 반면 진핵세포는 80S로 되어 있다. 여기서 'S'의 단위는 입자의 침전속도를 나타내는 단위이다. 이는 스웨덴 화학자였던 **테오도르 스베드베리**(Theodor Svedberg,

1884~1971)의 이름에서 유래한 단위이다. 즉, 초원심분리기를 이용하여 원핵세포의 리보솜과 진핵세포의 리보솜을 분리시키면, 80S인 진핵세포 리보솜이 더 빨리 가라앉는다는 뜻이다.

원핵세포의 리보솜 RNA(70S)는 다시 2개의 **소단위**(小段位, subunit)로 구성된다. 이들은 각기 50S와 30S이다. 이 중에서 50S를 **큰 소단위체**(large subunit; LSU), 30S를 **작은 소단위체**(small subunit; SSU)라고 부른다(그림 5-12). 작은 소단위체는 **전령 RNA**(傳令-, messenger RNA, mRNA)와 결합하고, 큰 소단위체는 아미노산과 결합하여 단백질을 만든다. 전령 RNA의 정보에 따라 **운반 RNA**(運搬-, transfer RNA, tRNA)가 번역 과정을 거쳐서 상응하는 아미노산을 끌고 오는 자리가 **A 자리**(aminoacyl site, A site)이고, 다시 운반 RNA 끝에서 폴리펩티드 결합을 만들어 내는 장소를 **P 자리**(peptidyl site, P site)라고 한다. 마지막으로 운반 RNA가 빠져나가는 자리를 **E 자리**(Exit site, E site)라고 부른다. 너무 복잡하다고 생각되지만 그냥 공장에서 단백질을 만드는 하나의 공정으로 보면 될 것이다[45]. 이 과정은 다시 제9장 '생명의 진화' 편에서 자세히 다룰 것이다.

리보솜 RNA가 리보솜의 65%를 차지하고 있는데 과연 이들의 역할은 무엇일까? 이들의 기능은 제3장 '생명의 탄생' 편에서 다룬 **리보자임**(ribozyme)과 연결되어 있다. 이 리보솜 RNA가 바로 펩티드 결합을 만들어 내는 **펩티드 전달효소**(peptidyl transferase)의 역할을 하고 있기 때문이다. 이 사실이 처음 밝혀졌을 때, 생명의 기원에서 나온 RNA 세계가 더 각광을 받게 된 이유가 되었을 것이다. 또한 흥미로운 것은 미토콘드리아의 리보솜 RNA가 원핵생물의 리보솜 RNA와 닮았다는 점이다. 이는 제3장에서 지적한 리토콘드리아의 **공생설**(共生說, endosymbiosis)을 뒷받침해 주는 강력한 증거라고도 할 수 있다.

## 8) 편모 및 선모

**편모**(鞭毛, flagella, 단수 flagellum)는 그림 5-13과 같이 채찍처럼 생긴 부속지이다. 세균의 편모는 **플라젤린**(flagellin)이라는 단백질로 구성되어 있고, 직경은 10~30nm이지만 길이는 5~20㎛가 된다. 이 편모는 가늘고 빳빳한 구조를 가지고 있어서 세균이 움직일 수 있게 도와준다. 편모가 만들어 내는 운동은 느리면서 파도가 치는 형태를 보여 준다. 진핵세포에만 있는 **섬모**(纖毛, cilia)와는 다른 형태이다. 그러나 이 섬모는 편모에 비하여 짧고 개수가 많으며 마치 노를 젓는 것처럼 운동을 한다. 또한 진핵세포에 있는 편모는 특이하게 **미세소관**(微小管, microtubule)이 9+2 형태를 보이지만, 원핵



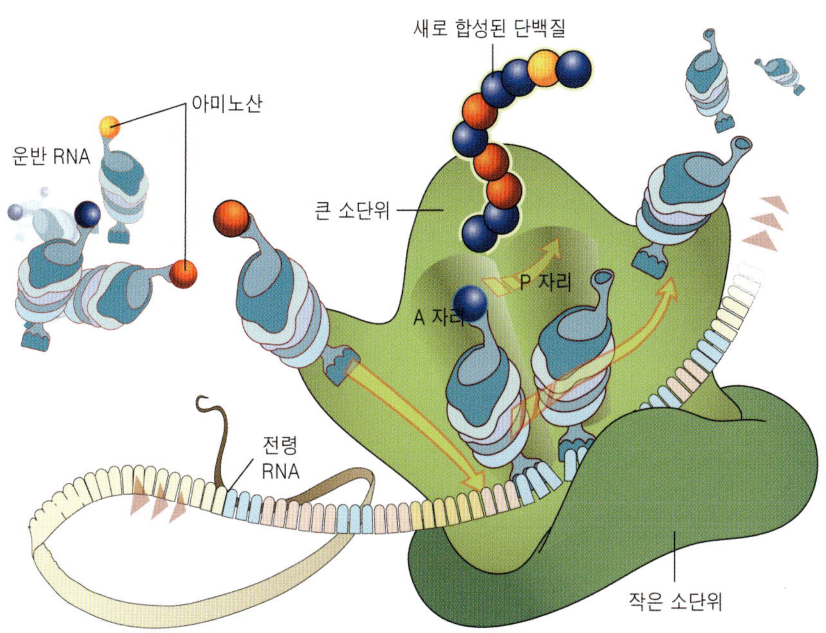


그림 5-12. 리보솜에서 단백질이 합성되는 과정. (출처: LadyofHats[5-12])

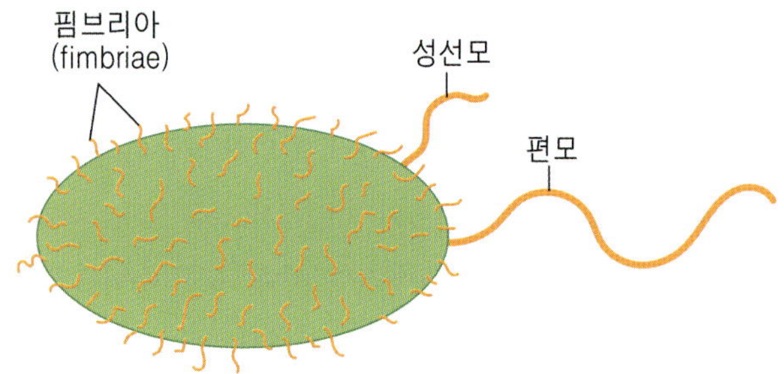


그림 5-13. 원핵세포의 편모 및 선모.

세포에서는 이러한 모양이 보이지 않는다(진핵세포 편에서 설명할 것이다). 그뿐만 아니라 편모가 나 있는 형태에 따라 여러 가지로 구분하여 부르기도 한다(그림 5-14).

예를 들어, 편모가 한쪽으로만 나 있는 것을 **단모성**(單毛性, monotrichous), 한쪽으로 여러 개가 말총 모양으로 나 있는 경우를 **총모성** 혹은 **군모성**(叢毛性, 群毛性, lophotrichous)이라 부른다. 또한 편모가 세균 표면에 균일하게 퍼져 있는 경우는 **주모성**(周毛性, peritrichous)이라 부르고, 편모가 양쪽 끝에 붙어 있는 경우를 **양모성**(兩毛性, amphitrichous) 편모라 부르고 있다[4]. 그리고 원핵세포에서의 편모는 양성자 구배에 의하여 움직이지만, 진핵세포의 편모는 ATP를 사용하여 움직인다는 차이점이 있다.

**선모**(腺毛, pili, 단수 pilus)는 세포 표면에 난 털 같은 구조이다. 선모는 **핌브리아**(fimbriae, 단수 fimbria)보다 약간 길면서 두꺼운 편이다. 또한 선모는 세포당 1~10개 정도 나 있지만 핌브리아는 200~400개 정도로 많이 나 있다. 선모 중에도 특이한 것은 **성선모**(性腺毛, sex pili)이다. 성선모는 세균에서 유전자를 교환할 수 있는 **접합**(接合, conjugation)을 유도한다. 이들은 제8장 '생명의 번식' 편에서 자세히 기술할 것이다. 핌브리아는 세포 운동에 관여하기보다는 세균이 숙주의 상피조직에 잘 붙을 수 있도록 도와주는 역할을 담당한다. 예를 들면, 세균성 이질균이 내장의 점막에 잘 들러붙어서 설사를 유발하게 해 주는 역할을 핌브리아가 도와준다.

### 9) 저장과립

**저장과립**(貯藏顆粒, storage granule)은 세포가 대사나 성장을 위하여 필요한 유기물질을 세포질 내에 저장해 두는 창고 같은 역할을 담당한다. 또한 잉여 대사 산물을 저장해 두기도 하지만, 세포가 기아 상태에 빠지면 줄어들거나 없어지기도 한다. 이들은 주로 다당류 과립이나 지방과립 또는 인산염을 함유하고 있는 **볼루틴 과립**(volutin granule) 등이 있다. 특히 볼루틴 과립은 메틸렌 블루에 자색으로 염색되어 **이염성 과립**(異鹽性顆粒, metachromatic granule)이라고 불리기도 한다. 이염성이란 어떤 색소로 조직을 염색하면 그 조직이 색소의 본래 색과는 다른 색조로 염색되는 성질을 말한다.

### 10) 세포골격

원핵세포에서는 **세포골격**(細胞骨格, cytoskeleton)이 없는 것으로 알려져 있지만, 최근 보고에 의하면 진핵세포에 있는 세포골격과 상동한 세포골격이 원핵세포에도 존재하는 것이 밝혀졌다. 이들은 진핵세포와 동일하게 세포분열이나 세포 보호 및 세포 형태를 만드는 데 중요한 역할을 담당한다. 세포골격에 관해서는 진핵세포에서 자세히 알아보도록 하자.

## 3. 고세균의 구조

**고세균**(古細菌, archaea)은 단세포 원핵생물에 속하면서

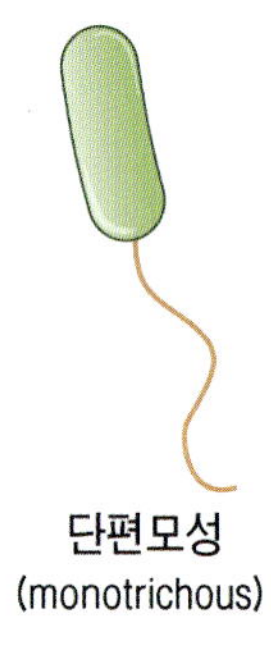
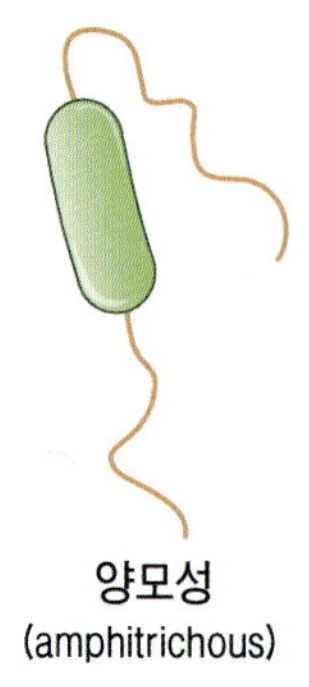
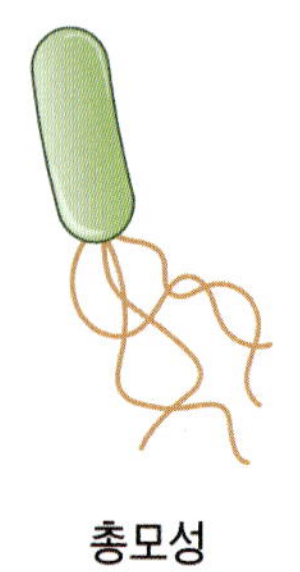
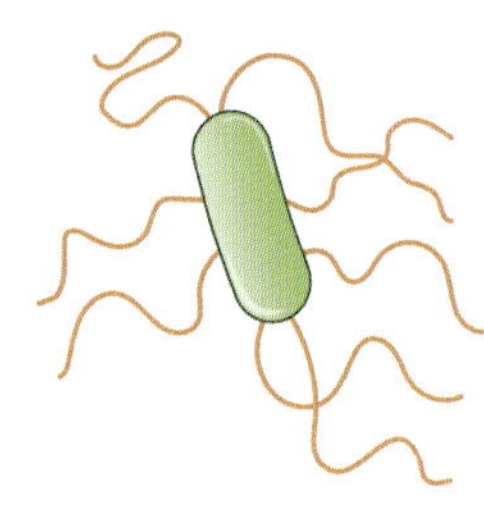

단편모성 (monotrichous) | 양모성 (amphitrichous) | 총모성 (lophotrichous) | 주모성 (peritrichous)

그림 5-14. 편모의 형태에 따른 분류[5-14].

생물의 3영역 중의 하나를 차지할 정도로 독특하다. 원시세포로도 불리는 고세균이 독립된 **영역**(領域, domain)으로 자리잡게 된 것은 일리노이대학의 칼 워즈의 공이 크다는 것은 이미 제4장 '생명의 분류' 편에서 자세히 기술한 바 있다. 고세균은 세균과 진핵생물과는 어떤 차이로 인하여 특정한 영역으로 분류될 수 있었을까? 또한 고세균은 이들에 비하여 어떤 특징적인 구조를 가지고 있을까? 이런 궁금증을 하나씩 풀어 보기로 하자.

고세균의 생김새는 그림 5-4에서 보는 바와 같이 세균과 크게 다를 게 없다. 오히려 고세균은 진정세균에 비하여 다소 작은 편에 속한다. 따라서 대부분이 전자 현미경으로 보아야 할 정도이다. 그리고 고세균의 생김새도 세균에 비하여 더 다양한 편이다. 둥근형이나 막대기형 또는 나선형 이외에도 특이하게 고세균에서는 삼각형이나 우편엽서 같은 사각형의 세포도 발견된다. 이들은 고온이나 고염도 환경에서도 살 수 있는 극한생물이 많다. 고세균은 세균과 같이 원핵세포여서 당연히 핵이 없고 소기관도 거의 없다. 그러나 이들은 같은 원핵세포인 세균과는 다른 특징을 보여 준다. 즉, 생명체를 형성하고 있는 구조가 형태적으로는 비슷하지만, 화학적 구성 성분으로 보아서는 아주 다르다. 이들이 어떻게 다른지를 알아보자.

먼저 **세포막**에서부터 출발하자. 세포막은 그림 5-15에서 보는 것처럼 **인지질**(燐脂質, phospholipid)의 구조적 측면에서 4가지가 다르다고 할 수 있다(그림 5-6 참고). 첫째는 꼬리 부분이 고세균에서는 **이소프렌**(isoprene)으로 구성되어 있지만 세균이나 진핵생물은 **지방산**(脂肪酸, fatty acid)으로 되어 있다는 점이다. 둘째는 이 고세균의 이소프렌에는 측쇄(側鎖, side chain)가 붙을 가지를 가지고 있는 반면, 세균이나 진핵생물은 지방산에 가지가 없다는 점이다. 셋째는 이소프렌이 글리세롤(glycerol)과 결합할 때 **에테르 결합**(ether linkage)을 하는 반면, 세균 및 진핵생물은 **에스테르 결합**(ester linkage)을 한다는 차이가 있다. 마지막으로 글리세롤의 **손성**(chirality)이 고세균에서는 좌손성인(L-glycerol) 반면 세균이나 진핵생물은 우손성(D-glycerol)이라는 점이다. 손성이란 거울상 **이성질체**(異性質體, isomer)를 말한다[6,52]. 또한 이러한 인지질이 세균이나 진핵생물에서는 이중층을 이루고 있는 반면, 일부 고세균에서는 단일층을 이루고 있는 경우도 있다.

다음 **세포벽**은 어떨까? 세균의 세포벽은 그림 5-8처럼 주로 두 종류의 당과 아미노산으로 구성된 펩티도글리칸으로

05

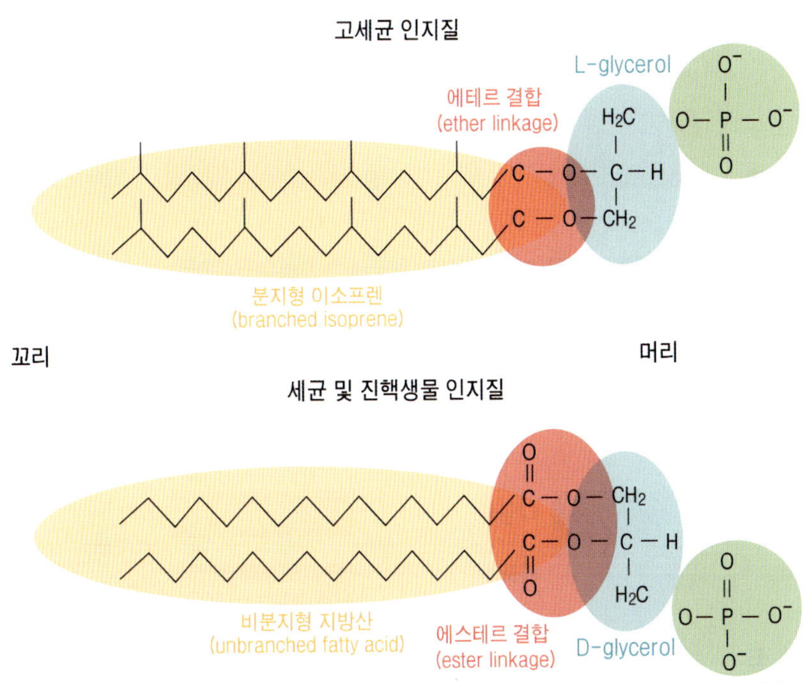


그림 5-15. 세균, 고세균 및 진핵세포의 세포막 구조 차이점. (출처: Lumen Learning[5-15])

구성되어 있다. 그러나 고세균의 세포벽은 펩티도글리칸으로 구성되어 있지 않다는 것이 세균과 큰 차이점이다. 고세균의 세포벽 구성은 아주 다양하고 종마다 다 다르다. 그러나 가장 흔한 구성성분은 단백질이나 당단백질로 구성된 **S층**(surface layer)이다. 이 S층은 마치 쇠사슬로 만들어진 갑옷처럼 세포막 바깥을 감싸면서 세포를 보호한다(일부 세균에서도 S층이 있다). 그러나 단순히 S층만 있는 것이 아니다. 그림 5-16에서 보는 것처럼 아주 다양하다[8]. S층이 아예 없는 고세균도 있다. 이들은 세포막 바깥에 다당류의 세포벽을 가지고 있어서, 마치 그람 양성균의 세포막과 유사하기도 하다. 그래서 종종 그람 양성으로 염색되기도 한다. 그뿐만 아니라 S층 바깥에 단백질 싸개(protein sheath)로 덮여 있는 경우도 있고, 메타노콘드로이틴(methanochondroitin)이 싸고 있는 경우도 있다. 또한 **슈도뮤레인**(pseudomurein) 혹은 **슈도펩티도글리칸**(pseudopeptidoglycan)이 세포막과 S층 사이에 들어 있기도 하다. 슈도펩티도글리칸은 N-acetylmuramic acid 대신에 N-acetyltalosaminuronic acid가 들어가고, 교차결합에서 D-아미노산 대신에 L-아미노산이 들어가며 글리코시드 결합이 일어나는 부위가 달라지기 때문에 슈도펩티도글리칸이라 부른다. 이러한 세포벽 구성은 세균뿐만이 아니라 셀룰로스로 구성된 원생생물이나 식물과도 다르며, 키틴으로 구성된 균류와도 완전히 다르다. 물론 세포벽이 아예 없는 동물세포와도 다를 수밖에 없다. 이렇게 세포벽의 성분이 다름으로써 세균에 잘 듣는 항생제가 고세균에서는 잘 듣지 않게 될 것은 당연한 일이다.

고세균의 **핵양체**도 다른 생물계와는 차이가 난다. 고세균도 핵이 없고 단일 원형의 염색체를 가지며, 플라스미드를 갖고 접합을 통해서 유전자를 다른 고세균과 교환할 수 있는 것은 세균과 동일하다. 그러나 고세균은 세균이 갖고 있지 않은 히스톤(histone)과 인트론(intron)을 가지고 있다. 그뿐만 아니라 고세균의 DNA 중합효소나 RNA 중합효소는 진핵생물과 더 유사하다. 또한 새로운 단백질 형성 시 세균은 N-포밀메티오닌(N-formylmethionine)으로 시작하지만, 고세균은 진핵세포와 같이 메티오닌(methionine)으로 시작한다. 이러한 정황으로 보아 고세균은 비록 원핵세포이지만 진핵세포에 더 가깝다는 것을 암시한다고 할 수 있다.

고세균의 편모도 고세균을 움직이는 주된 역할을 수행한다. 이 편모를 움직이는 힘도 세균과 마찬가지로 양성자 구배에 의해서 얻어진다. 고세균에서도 편모가 여러 개 있을 수도 있지만, 이 경우는 주로 한 곳에 몰려 있는 경우가 많다. 편



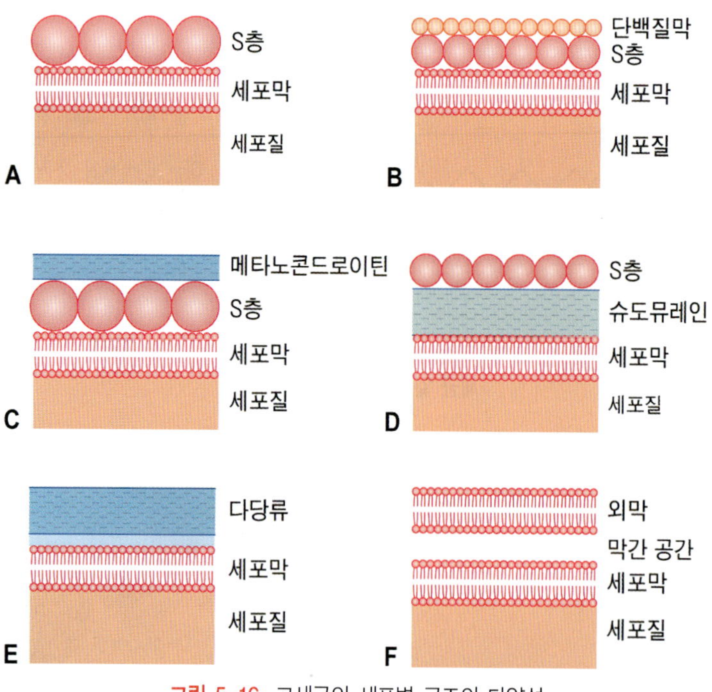


그림 5-16. 고세균의 세포벽 구조의 다양성.

모를 고세균에서는 따로 **아킬룸**(archaellum)이라고 부르기도 한다.

## 제3절 진핵세포의 구조

### 1. 진핵세포의 기본구조

진핵세포는 원핵세포에 비하여 우선 크기 면에서 확연히 다르다. 원핵세포에 비하여 진핵세포가 10~100배 정도 크기 때문이다. 이렇게 상대적으로 덩치가 크다는 것은 원핵세포에 비하여 내용물이 많이 들어 있다는 뜻이다. 진핵세포는 세포 **소기관**(小器官, organelles, little organ이라는 뜻)을 많이 가지고 있다. 소기관들은 세포 내에서 다양한 기능을 수행하는 작은 구조물을 말한다. 또한 막으로 둘러싸인 진짜 핵을 가지고 있어서 원핵세포와는 확실히 구별된다(그림 5-17). 그뿐만 아니라 원핵세포와는 다르게 다수의 선 모양의 염색체를 가지고 있다[25,30,50]. 진핵세포로 구성된 생물체는 원생생물, 식물, 균류 및 동물들이다. 이들은 진핵세포의 기본구조를 이해한 다음 각각의 특징과 차이점을 기술해 나갈 것이다.

#### 1) 세포막

진핵세포의 세포막은 세균의 세포막과 구조상 거의 동일하다(그림 5-5 및 5-6 참고). 진핵세포의 세포막은 인지질 이중층으로 구성되어 있고, 막단백질과 콜레스테롤과 같은 지질도 포함되어 있다. 막단백질의 종류와 역할에 대해서도 원핵세포의 세포막 구조에서 이미 기술한 바 있다. 그뿐만 아니라 인지질의 머리와 꼬리의 성분 때문에 나타나는 친수성과 소수성의 성질은 세포막을 물리적으로 **반투과성**(半透過性, semipermeable) 특징을 만들어 낸다. 따라서 물에 잘 녹는 포도당과 아미노산 및 전해질 등은 지방산으로 구성된 중간 지역을 통과할 수 없다. 따라서 이들이 세포 안으로 들어가기 위해서는 다른 도움을 받아야만 한다. 자연히 **막 수송**(膜輸送, membrane transport)이라는 시스템이 생겨나게 된 이유이다. 그러나 지방에 잘 녹는 호르몬이나 산소, 이산화탄소 및 알코올 등은 쉽게 세포막을 통하여 세포 안으로 들어갈 수 있다. 우리가 음주 시 알코올의 흡수가 빠른 이유도 세포막의 통과가 용이하기 때문이다.

진핵세포의 세포막에서 일어나는 현상 중 **세포내유입**(細胞

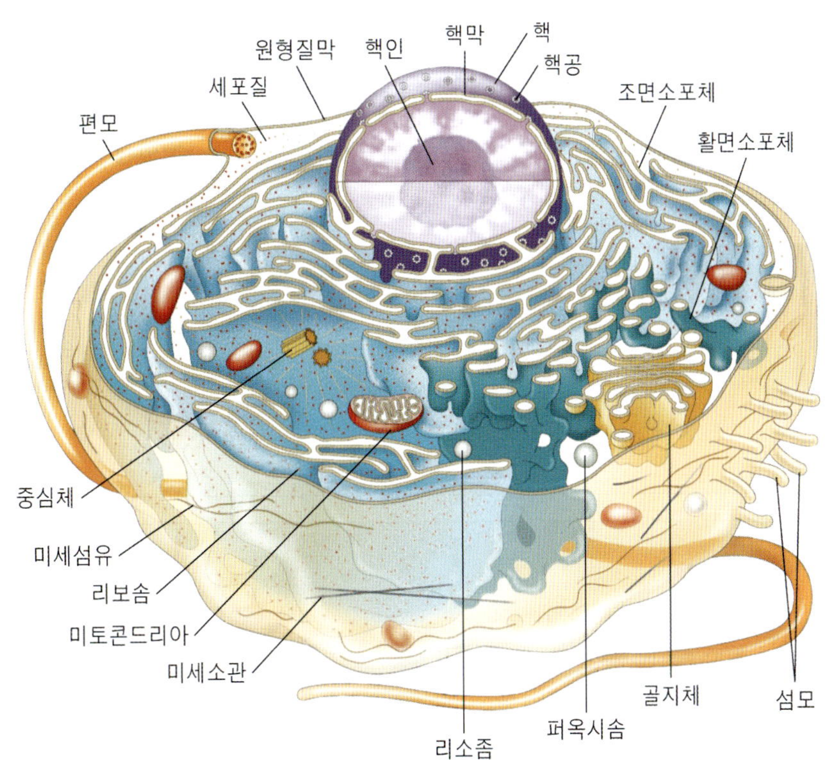


그림 5-17. 진핵세포(동물)의 기본구조. (출처: Lumen Learning[5-17])

內流入, endocytosis)과 **세포외유출**(細胞外流出, exocytosis)은 특이한 작용을 한다(그림 5-18). **내포작용**(內包作用)이라고 불리기도 하는 세포내유입은 외부의 물질 중 덩치가 커서 세포막을 통하여 세포 안으로 끌어들이기가 힘든 경우, 직접 세포막이 이 물질을 보자기처럼 둘러싸서 세포 안으로 끌고 들어오는 과정을 말한다. 세포내유입은 다시 **식세포작용**(食細胞作用, phagocytosis, cell eating이라는 뜻)과 **음세포작용**(飮細胞作用, pinocytosis, cell drinking이라는 뜻)으로 나눌 수 있다. 식세포작용은 크고 딱딱한 입자를 세포 안으로 끌고 들어오는 과정을 말하고, 음세포작용은 세포 외부의 액체에 녹아 있는 물질을 세포 안으로 끌어들이는 과정을 말한다. 식세포작용은 아메바 같은 원생생물이 먹이를 섭취하는 중요한 수단이 되기도 하고, 고등동물에서는 면역세포가 미생물이나 이물질을 잡아서 분해하는 방법이기도 하다. 음세포작용은 주로 모세혈관 세포에서 일어나는 현상으로 호르몬이나 항체 등의 큰 분자를 세포 안으로 끌어들이는 방법으로 사용된다[54].

세포 내에 존재하는 소기관들은 막으로 둘러싸인 **막성 소기관**(膜性-, membranous organelles)과 막으로 둘러싸이지 않은 **무막성 소기관**(無膜性-, non-membranous organelles)으로 나눌 수 있다. 막성 소기관은 이중막으로 둘러싸인 소기관으로 핵, 엽록체, 미토콘드리아 등을 들 수 있고, 단일막으로 둘러싸인 소기관은 소포체, 골지체, 리소좀, 퍼옥시솜 등을 들 수 있다. 또한 무막성 소기관들은 리보솜, 방추체, 미소관 등이 있다.

보통 **세포막**(細胞膜, cell membrane, cytoplasmic membrane)은 **원형질막**(原形質膜, plasma membrane)과 혼용하여 사용하기도 한다. 그러나 원형질막은 세포막을 포함하여 소기관을 싸고 있는 막까지를 포함해서 부르는 용어로 사용된다. 따라서 세포막은 원형질막의 일부가 되는 셈이다. 그렇다면 원핵세포는 어떻게 될까? 원핵세포는 아예 막성 소기관이 없기 때문에 세포막이나 원형질막이나 구분해 부를 이유가 없을 것이다.

## 2) 세포벽

원핵세포의 세포벽에 관한 구성과 성분은 이미 기술한 바 있다. 그러나 진핵세포로 접어들면서 세포벽의 성분은 더욱 다양성을 띠게 된다. 원생생물은 종에 따라 세포벽이 없기도 하고, 조류에서는 식물과 비슷한 셀룰로스로 된 세포벽을 가지기도 한다. 이들은 원생생물에서 자세히 다룰 것이다. 균류는 세포벽이 주로 키틴으로 구성되어 있고, 식물은 셀룰로스로 구성되어 있다. 그러나 동물세포에서는 세포벽이 아예 없다. 동물세포에서 세포벽이 없다는 것은 뜻밖에도 세포의 기능을 다양화시키는 결과를 가져왔다. 세포벽이 없음으로 세포가 여러 가지 형태를 유연하게 만들 수 있게 되어서 다양한 동물세포를 만들 수 있게 된 것이다. 예를 들어, 인간을

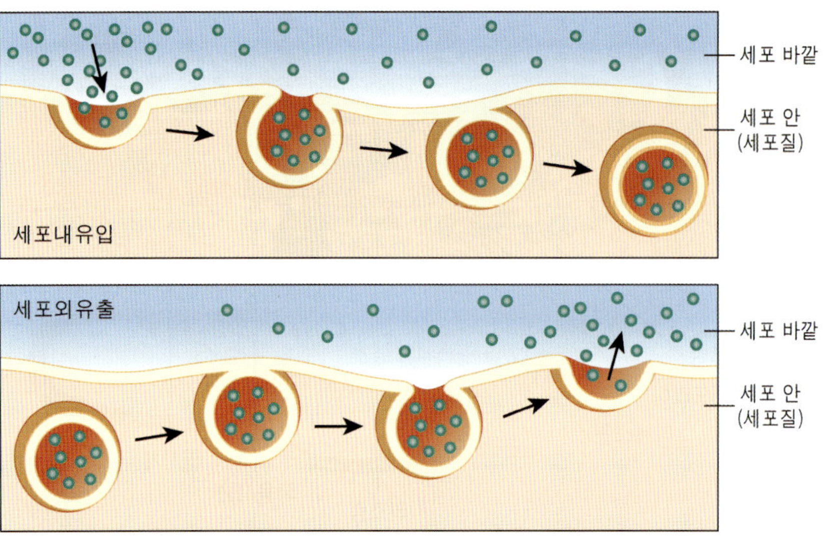


그림 5-18. 세포내유입 및 세포외유출 과정에 대한 도해.

05

구성하고 있는 세포의 종류가 약 270여 가지에 달할 수 있게 된 것도 세포막이 없어서 가능한 일일 것이다.

### 3) 세포질

우선 몇 가지 용어들을 정리해 볼 필요가 있다. 그림 5-17에서 보는 것처럼 세포는 세포막으로 둘러싸인 구조물이다. 우리는 이 세포막으로 둘러싸인 전체를 **원형질**(原形質, protoplasm)이라 부른다. 이 원형질 중에서 제일 눈에 띄는 구조물이 **핵**(核, nucleus)이다. 따라서 우리는 원형질을 다시 **핵질**(核質, nucleoplasm, karyoplasm)과 **세포질**(細胞質, cytoplasm)로 구분할 수 있다. 그래서 원형질에서 핵질을 제외한 부분들이 바로 세포질에 해당한다. 그러나 세포질 속에는 많은 소기관과 **봉입체** 혹은 함유물(封入體, 含有物, inclusion body)들이 들어 있다. 따라서 세포질 속에서 이런 구조물을 제외한 물 성분을 **세포기질**(細胞基質, cytosol)이라고 따로 부른다. 이 세포기질이 **세포내액**(細胞內液, intrecellular fliud)이 되는 셈이다. 몸안에 들어 있는 수분의 2/3가 여기에 들어 있다. 그렇다면 핵을 뺀 나머지 부분은 어떻게 부를 수 있을까? 핵을 빼면 세포질과 세포막만이 남게 된다[42]. 우리는 이것을 **세포질체**(細胞質體, cytoplast)라고 한다. 만약 원형질과 세포막을 함께 부르고 싶다면 **원형질체**(原形質體, protoplast)라 부르면 될 것이다. 세포벽이 싸고 있는 세포에서 세포벽을 제거해 내면 무엇이 남을까? 바로 원형질체가 남게 된다. 세포질에 포함된 소기관들의 기능과 역할은 차차 기술할 것이다.

### 4) 핵

핵은 세포 안에서 제일 먼저 눈에 띄는 막성 구조물이다. 핵은 유전물질인 **염색질**(染色質, chromatin)이 들어 있는 장소로서 세포의 관리센터 역할을 맡고 있다. 따라서 세포의 분열과 성장, 단백질 합성, 생식기능 발현 등 모든 생명현상을 통제 관리하는 곳이다.

세포질을 세포막이 싸고 있는 것과 같이 핵질도 **핵막**(核膜, nuclear membrane, nuclear envelope)이 둘러싸고 있다. 이 핵막은 그림 5-19와 같이 2층의 **인지질 이중층**(phospholipid bilayer)으로 구성되어 있으면서 세포질과 구분되고 있다[23]. 그러나 이 핵막에는 작은 **핵공**(核孔, nuclear pores)이 뚫려 있어서 이온이나 분자 및 RNA가 세포질로 출입할 수 있는 장소가 된다. 그뿐만 아니라 핵막은 조금 후에 소개될 소포체와도 연결되어 있다. 또한 핵질 안에 있는 **핵인**(核仁, nucleolus)은 염색질이 응축된 장소로서 리보솜 RNA(rRNA)를 합성하는 장소이다. 이들은 DNA 지시에 따라 세포질에서 단백질을 끌고 들어와 리보솜 RNA를 합성한 후, 핵공을 통하여 내보내어 세포질에서 리보솜의 조립이 이루어지게 만든다.

05

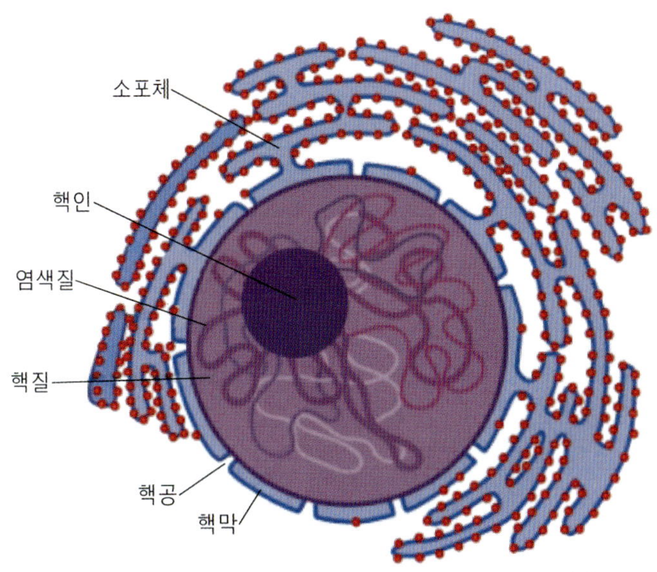


그림 5-19. 진핵세포의 핵 구조. (출처: Lumen Learning[5-19])

핵에서 일어나는 DNA 복제나 전사 및 단백질 생산과정 등은 제9장 '생명과 유전' 편에서 자세히 다룰 것이다.

### 5) 리보솜

리보솜은 원핵세포의 기본구조에서 비교적 소상히 소개한 바 있다(그림 5-12). 원래 리보솜은 리보솜 RNA(rRNA)와 단백질로 구성되어 있다. 원핵세포 리보솜 RNA는 70S인 반면 진핵세포 리보솜 RNA는 80S이다. 리보솜 RNA는 다시 2개의 소단위로 구성된다. 원핵세포의 소단위는 각각 50S와 30S이다. 그러나 진핵세포에서는 이들 소단위가 60S와 40S로 차이가 난다. 그러나 리보솜에서 전령RNA가 전사해 온 정보를 번역하는 기능은 모두 동일하다. 진핵세포에서는 원핵세포와 같이 세포질에 떠 있는 **자유 리보솜**(free ribosome)뿐만 아니라 소포체에 붙어 있는(bound ribosome) 리보솜 형태로도 존재한다. 그러나 대부분의 단백질 합성은 자유 리보솜에서 일어난다. 하지만 소포체에 붙어 있는 리보솜은 막단백질이나 분비 단백질 등을 주로 합성해 낸다. 핵에서 일어나는 DNA 복제나 전사 및 세포질에서 일어나는 번역 및 단백질 생산과정 등은 제9장 '생명과 유전' 편에서 자세히 다룰 것이다.

### 6) 소포체

소포체(小胞體, endoplasmic reticulum)는 진핵세포의 세포질에 존재하는 막성 소기관이다. 이 소포체는 단일막으로 둘러싸여 있으면서 핵막의 외막과 연결되어 있다. 소포체는 다시 **조면소포체**(粗面-, rough endoplasmic reticulum, RER)와 **활면소포체**(滑面-, smooth endoplasmic reticulum)로 나누어진다(그림 5-20). 이렇게 분류하는 이유는 소포체 표면에 리보솜이 붙어 있는 경우는 표면이 거칠어서 조면소포체로 불리고, 리보솜이 붙어 있지 않아서 표면이 매끈한 경우는 활면소포체로 불리기 때문이다. 이들은 표면의 차이뿐만 아니라 기능이나 역할도 각기 다르다. 조면소포체는 표면에 붙어 있는 리보솜에서 합성된 단백질이 막 구조 안으로 들어와서 접히게 되고, 다시 **운반소낭**(運搬小囊, transport vesicle)에 넣어져서 주로 골지체로 들어간다. 그러나 활면소포체의 역할은 다르다. 이들은 지질을 포함하여 스테로이드나 인지질을 합성하고 탄수화물의 대사나 저장에 관여한다. 그뿐만 아니라 약물이나 독성에 대한 해독작용과 칼슘이온의 저장 등의 기능을 담당한다. 특히 간세포에서 활면소포체는 약물이나 독성에 **수산기**(水酸基, hydroxyl group, -OH)를 붙여



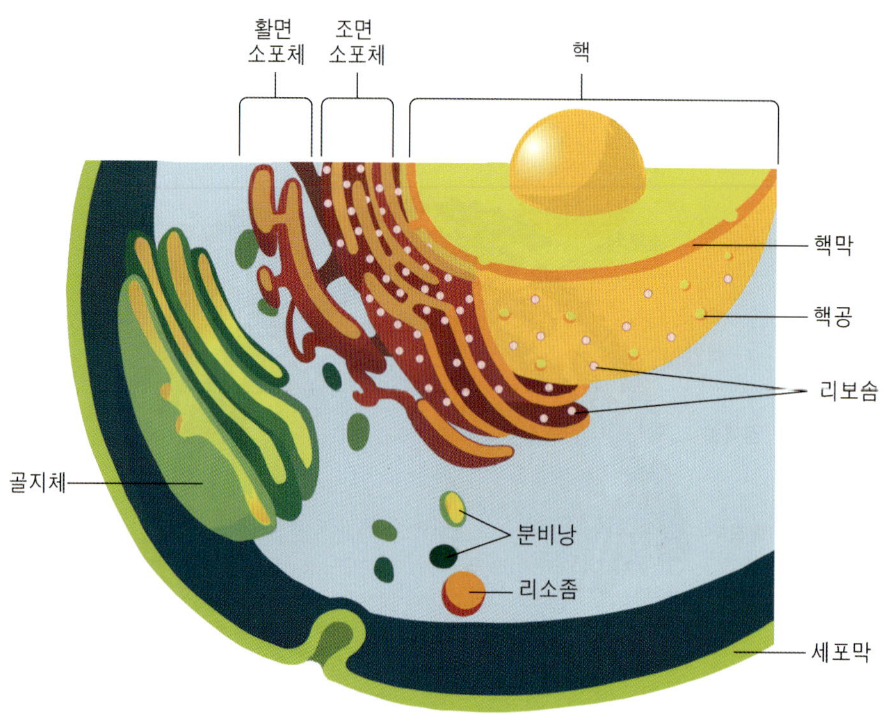


그림 5-20. 내막계를 구성하는 소기관. (출처: Mariana Ruiz Villarreal LadyofHats[5-20])

서 물에 잘 녹게 만들어서 체외로 빼내는 역할을 담당한다. 또한 근육세포의 활면소포체는 세포기질 속의 칼슘이온을 막 내부로 집어넣었다가, 신경을 타고 전기자극이 전달되면 다시 칼슘이온을 세포기질 쪽으로 내놓아서 근육이 수축하게 만들어 주기도 한다. 따라서 소포체는 단백질과 지질의 합성 및 변형, 해독작용, 칼슘이온의 저장 등의 중요한 역할을 수행한다고 할 수 있다.

## 7) 골지체

**골지체**(Golgi apparatus)는 그림 5-20에서 보는 것과 같이 막으로 구성된 평평한 소낭들이 포개져 있는 모양을 하고 있다. 이 골지체는 1898년 이탈리아 생물학자인 **카밀로 골지**(Camillo Golgi, 1843~1926)가 발견한 소기관이다. 카밀로 골지는 그 당시 신경세포를 염색하는 방법을 찾아내었을 뿐만 아니라 의사들이 고무망치로 무릎 인대를 두드려 보게 만든 장본인이기도 하다. 그가 발견한 **골지건 기관**(Golgi tendon organ)이나 **골지건반사**(Golgi tendon reflex)에도 그의 이름이 남겨졌고, 1906년 노벨 생리의학상을 받게 되었다. 골지체는 세포 안에 있는 우체국으로 불린다. 왜냐하면 소포체에서 만들어진 단백질과 지질을 받아서 이들을 분류하여 표지를 달고 포장을 하여 필요한 각 부서로 배달을 하기 때문이다. 이들은 배달부를 이용하는 것이 아니라 작은 우편 소낭을 이용해서 세포기질에 띄어서 리소좀이나 퍼옥시솜 혹은 세포막으로 가서 세포 밖으로 전달해 주는 역할을 한다. 또한 골지체는 운반소낭을 받아들이는 쪽을 **시스면**(cis Golgi)이라 부르고, **분비소낭**(分泌小囊, secretary vesicle)이 떨어져 나가는 쪽을 **트랜스면**(trans Golgi)이라 부른다.

골지체는 세포 **내막계**(內膜界, endomembrane system)의 한 부분이다[22]. 세포 안에는 막으로 둘러싸인 막성 소기관들이 많이 있다는 것은 이미 기술한 바 있다. 이 막성 소기관들은 핵막에서부터 조면소포체, 활면소포체, 골지체 및 세포막이 운반소낭이나 분비소낭과 한 시스템을 이루어서 필요한 제품을 생산하고 배달하는 과정이 체계적으로 이루어져 있는 구조로서 그림 5-20에서도 잘 나타나 있다. 그러나 같은 막성 소기관인 미토콘드리아나 엽록체는 내막계에 속하지 않는다. 왜냐하면 이들은 자신들의 DNA를 가지고 있어서 필요한 단백질을 자신의 세포 안에 있는 리보솜에서 직접 생산해 낼 수 있기 때문이다.

## 8) 미토콘드리아

**미토콘드리아**(mitochondria, 사립체, 絲粒體)는 이미 제3장 '생명의 탄생' 편에서 기술한 바 있다. 이들은 원래 알파 프로테오박테리아의 일종으로, 다른 혐기성 세균이나 고세균과 내부공생관계가 일어나서 진핵생물의 소기관이 되었다고 보고 있다. 따라서 이들은 자신의 DNA나 리보솜을 가지고 있다. 미토콘드리아가 처음 발견된 것은 1890년 독일의 병리학자였던 **리처드 알츠만**(Richard Altmann, 1852~1900)에 의해서였다. 그러나 현재 우리가 부르고 있는 미토콘드리아라는 이름은 1897년 미생물학자였던 **칼 벤다**(Carl Benda, 1857~1932)에 의해서 명명되었다. 그는 그리스 어원에서 mitos는 실(thread)을 뜻하고 chondrion은 과립(granules)을 의미하는 말을 모아서 미토콘드리아라고 불렀고, 이런 의미가 사립체에 그대로 담겨져 있다.

미토콘드리아는 그림 5-21에서 보는 바와 같이 직경이 0.5~1.0㎛ 정도의 막성 소기관이다. 이들은 외막과 내막으로 둘러싸이고, 이 막 사이 공간을 **막간 공간**(膜間空間, inter-membrane space)이라 부른다. 다시 내막은 꾸불꾸불하게 능처럼 생긴 크리스타(cristae)를 이루고, 이 안에는 **기질**(基質, matrix)과 DNA나 리보솜 등이 들어 있다. 이들은 잘 알려진 바와 같이 세포의 에너지(ATP)를 만들어 내는 발전소와 같다. 따라서 미토콘드리아의 구조는 제7장 '생명의 대사' 편

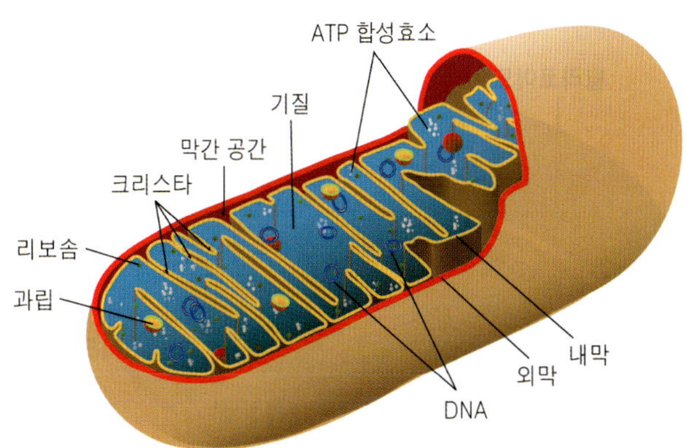


그림 5-21. 미토콘드리아의 구조. (출처: Mariana Ruiz Villarreal LadyofHats[5-21])

그뿐만 아니라 동물세포에서 중심체를 제거해 버려도 세포분열이 일어나기도 한다. 따라서 중심체와 미세소관의 기능에 대해서는 아직도 풀리지 않은 의문들이 남아 있는 상태이다.

### 13) 액포 및 소낭

**액포**(液胞, vacuole)는 **소낭**(小囊, vesicle)과 같이 막으로 둘러싸인 주머니 모양을 하는 세포 소기관이다. 이들은 주로 물이나 노폐물 또는 세포에 필요한 물질들을 저장하거나 운반하는 역할을 담당한다. 액포는 소낭보다 다소 크기도 하지만 그 기능 면에서도 차이가 난다. 소낭의 막은 세포막이나 다른 막과 융합을 할 수 있지만, 액포는 이런 기능을 가지고 있지 않다. 따라서 소낭은 세포내유입이나 세포외유출에 관여한다. 그러나 식물세포에 있는 **중심액포**(中心液胞, central vacuole)의 기능은 이와는 달라서 식물의 구조 편에서 다룰 것이다.

### 14) 세포골격

우리가 사는 집이 형태를 유지하기 위해서는 대들보나 서까래 같은 구조물이 반드시 필요하다. 마찬가지로 세포가 어떤 형태를 유지하기 위해서는 반드시 이들을 지탱해 줄 구조물이 있어야 할 것이다. 우리는 세포에서 이런 구조물을 **세포골격**(細胞骨格, cytoskeleton)이라고 부른다. 세포골격은 세포의 형태를 유지해 주는 역할뿐만 아니라, 그림 5-24에서 보는 것처럼 소기관을 세포 내에서 고정해 주기도 하고, 세포나 소기관이 움직일 수 있게 해 주기도 한다. 또한 **세포외기질**(細胞外基質, extracellular matrix)과 상호작용하여 세포가 제 위치에 있을 수 있도록 도와주기도 한다. 이 세포골격은 3가지 구조물인 **미세섬유**(微細纖維, microfilament), **중간섬유**(中間纖維, intermediate filament) 및 **미세소관**(微細小管, microtubule)으로 구성되어 있다. 이들의 크기는 미세섬유가 7nm 정도이고, 중간섬유 8~12nm, 미세소관은 25nm이다.

먼저 미세섬유는 가늘고 긴 유연한 섬유로서 다발이나 그물 모양이다. 이들은 두 개의 **액틴**(actin) 단백질이 나선 모양으로 꼬여 있는 모습을 하고 있다. 이 액틴 섬유는 세포의 형태를 잡아 주기도 하고, **분자 모터**(分子-, molecular motor)와 상호작용하여 세포의 운동에 관여하기도 한다. 분자 모터는 에너지를 이용하여 소기관이나 소낭을 움직일 수 있는 단백질들이다. 또한 액틴이 근육세포에서 **미오신**(myosin)과 작용하여 근육을 수축시키는 기능은 이미 잘 알려져 있다.

중간섬유는 섬유성 폴리펩티드가 새끼줄같이 조립된 모양을 하고 있다. 이런 단백질에는 라민(lamin), 케라틴(keratin), 콜라겐(collagen) 등이 포함된다. 이들은 주로 세포를 삼차원적 구조로 만드는 데 중요한 역할을 담당한다.

미세소관은 직선형으로 생긴 원통형 모양으로 세포골격의 주된 구성성분이다. 이 미세소관은 **튜불린**(tubulin) **이합체**

05

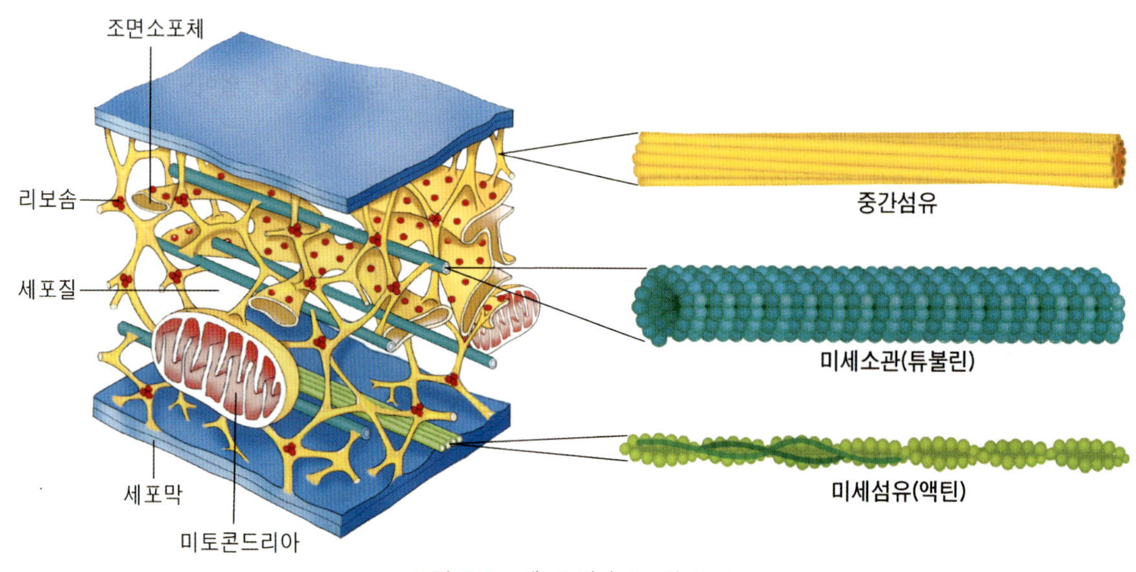


그림 5-24. 세포골격의 종류와 구조.

(二合體, dimer)로서 알파 튜불린과 베타 튜불린이라는 구형의 단백질로 구성되어 있다. 미세소관은 중심체에서 이미 언급한 바와 같이 미세소관 조직센터의 조절하에 조립된다. 이 미세소관은 중립체에서 사방으로 퍼져 나가 세포의 모양을 유지하고, 소기관이 움직일 수 있는 선로 역할을 담당하기도 한다. 이들은 **키네신**(kinesin)이나 **디네인**(dynein)과 같은 분자 모터와 작용하여 소기관을 움직인다. 또한 미세포관은 방추사가 되어 세포분열에서 염색체를 양쪽으로 끌어당기기도 하고 섬모나 편모를 형성하기도 한다. 예전에는 세포골격이 진핵세포에만 있는 것으로 생각되었지만, 최근에는 원핵세포에도 세포골격이 발견되었다. 본래의 이름이 아주 긴 **FtsZ 단백질**은 진핵세포의 튜불린과 상동 단백질이며, **Mreb 단백질**은 진핵세포의 액틴과 상동 단백질이다[31].

## 15) 편모 및 섬모

**편모**(鞭毛, flagella, 단수 flagellum)나 **섬모**(纖毛, cilia, 단수 cilium)는 세포가 움직일 수 있게 해 주는 소기관이다. 편모는 채찍(whip)이라는 뜻을 가지고 있고, 섬모는 속눈썹(eyelash)이라는 뜻이 있다. 편모는 원핵세포에서 이미 소개한 바가 있다(그림 5-4, 5-13). 그러나 섬모는 여기에서 처음 소개한다(원핵세포에 있는 선모와는 다르다). 왜냐하면 섬모는 원핵세포에서는 없기 때문이다. 진핵세포를 움직이는 편모나 섬모는 그 구조가 아주 비슷하다. 이들은 그림 5-25에서 보는 것처럼 미세소관이 특이한 형태로 배열되어 있다. 세포막으로 싸여 있는 **축사**(軸絲, axoneme, axial filament)는 **9+2**의 형태를 가지고 있다. 이 형태는 2개로 된 미세소관이 가운데 있고, 다시 2개로 구성된 미세소관 9개가 이 주위를 감싸고 있다. 우리는 이런 형태를 **9+2**(9 doublets+2)라고 부른다[40]. 이런 구조는 그 자체로도 중요하지만, 또 다른 의미를 가지고 있다. 원생생물이나 동물, 더 나아가서 인간의 정자나 호흡상피에 붙어 있는 섬모도 똑같은 9+2의 형태를 가지고 있기 때문이다. 이 사실은 무엇을 뜻한다고 할 수

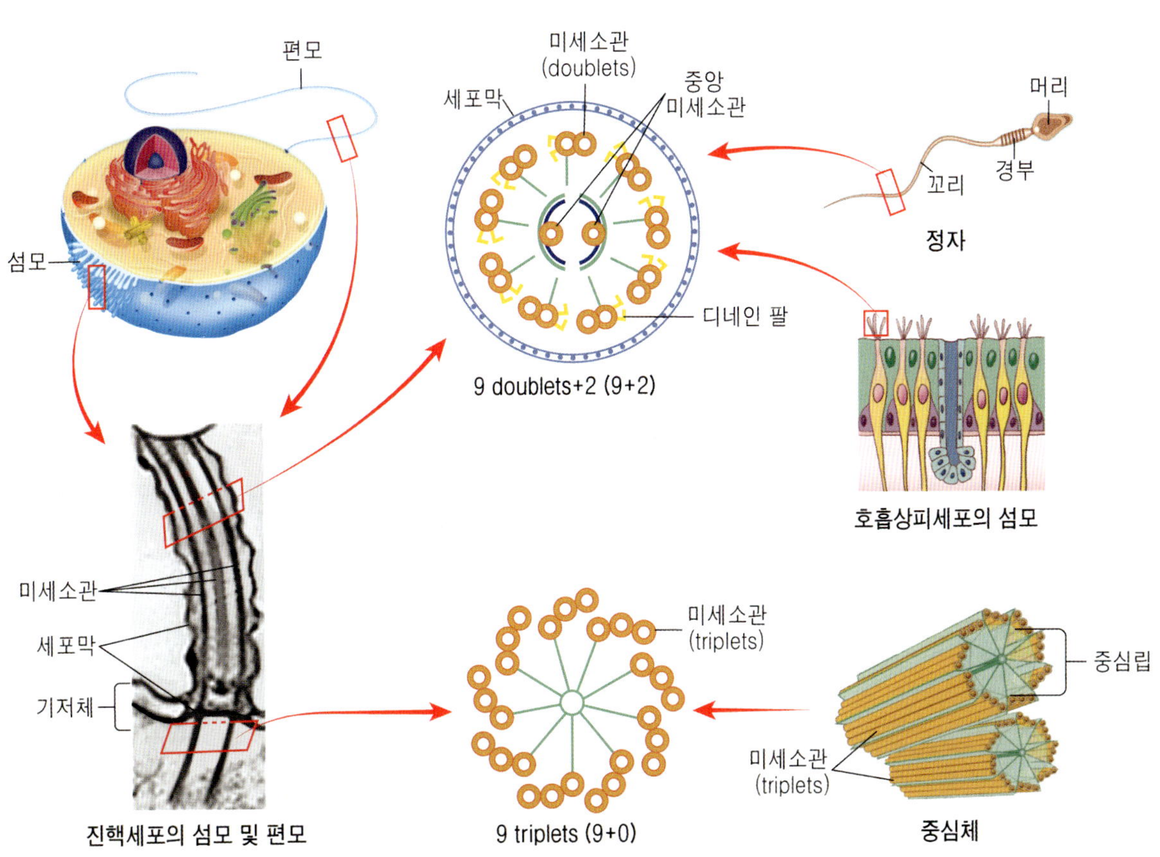


그림 5-25. 각 세포에 존재하는 미세소관의 특징적 구조.

05

있을까? 즉, 세균이나 원생동물이 가지고 있는 편모가 인간의 몸속에 있는 정자의 꼬리와 똑같다는 뜻이다. 그렇다면 만물의 영장이라는 인간은 도대체 누구란 말인가?

그러나 축사가 나오는 **기저체**(基底體, basal body, basal granule, kinetosome, blepharoplasty, 이름이 많음)는 그 구조가 약간 다르다. 이들은 가운데에는 미세소관이 없고 주위에 있는 미세소관이 3개씩 모여서 9개를 형성하고 있다. 우리는 이런 형태를 **9+0** 혹은 **9 triplets**라고 부른다. 이런 형태가 기저체에만 있는 것이 아니라, 중심립에서도 똑같은 모양을 하고 있다. 결국 염색체의 이동에 관여하는 중심립도 결국 세포의 이동에 관여하는 섬모나 편모와 연관되어 있다는 것을 의미한다.

편모와 섬모의 구조는 비슷하지만 여러 가지 면에서 서로 다르다. 우선 편모는 섬모보다 더 길고 개수가 적다. 편모가 한 세포당 10개 미만인 데 반해 섬모는 수백 개나 된다. 그뿐만 아니라 미세소관을 연결해 주는 넥신(nexin)이 편모에는 없다. 이들이 운동하는 양상도 다르다. 섬모가 회전운동을 하는 반면 편모는 파도가 치듯이 운동을 한다. 이들 미세소관에 붙어 있는 분자 모터인 디네인은 편모나 섬모의 운동에 모두 관여한다.

세균에 있는 편모는 진핵세포에 있는 편모와 구조가 같을까? 이들은 서로 구조가 같지 않다. 세균의 편모는 플라젤린(flagellin)이라는 단백질로 구성되어 있지만, 9+2와 같은 형태는 보이지 않는다. 반면에 진핵세포의 편모는 튜불린(tubulin)으로 구성된 미세소관으로 9+2의 형태를 보인다. 그리고 세균의 편모가 양성자 구배에 의하여 구동되는 데 비하여, 진핵세포 편모는 ATP에 의하여 작동한다(제7장 '생명의 대사' 편 참고).

이상은 진핵세포에 있는 기본구조에 대하여 알아보았다. 다음은 진핵세포로 되어 있는 원생생물, 식물, 균류, 동물들에서 각각 구조적 차이에 대하여 알아볼 차례이다.

## 2. 원생생물의 구조

**원생생물**(原生生物, protists)이란 무엇인가? 이런 간단한 질문이 의외로 대답하기가 쉽지 않다. 원생생물은 동물도 아니고 식물도 아니면서, 그렇다고 곰팡이나 버섯 종류인 균류도 아니다. 그렇다면 원생생물은 도대체 무엇이란 말인가? 이러한 고등 생물체들이 섞여 있는 하나의 커다란 몸통이자 근원지라고 할 수 있다. 따라서 식물이나 동물 또는 균류는 원생생물의 한 가지에 불과할 뿐이다. 이런 관점은 제4장 '생명의 분류'에서 이미 기술한 바 있다. 따라서 원생생물의 특징은 우리가 알고 있는 식물, 동물, 균류의 특징들이 다 섞여 있어서 믿을 수 없을 정도로 매우 다양하다[17].

일단 원생생물은 대부분이 단세포이자 진핵생물이다. 따라서 핵과 소기관을 가지고 있는 것은 당연하다. 핵막으로 둘러싸인 핵과 핵질, 핵공 및 염색질이 있고, 미토콘드리아, 골지체, 소포체, 리보솜 등이 들어 있을 것이다. 원생생물은 대부분이 단세포여서 우리 눈에는 보이지 않는다. 그러나 원생생물 중 일부는 다세포이기도 하여, 다시마과에 속하는 대형 갈조류인 **자이언트 켈프**(giant kelp)는 30m가 넘기도 한다. 따라서 원생생물은 크기 면에서 대개 5㎛에서부터 수십 미터에 이른다고 볼 수 있다. 핵도 우리가 알고 있는 전형적인 단일핵에서부터 다수의 핵을 가지고 있기도 하고, 이들은 각각 크기도 다를 뿐 아니라 맡은 역할도 다 다르다. 그림 5-26에서 보는 짚신벌레는 **대핵**(大核, macronucleus)과 **소핵**(小核, micronucleus)을 가지고 있다. 대핵은 짚신벌레의 대사 활동을 조절하고 소핵은 생식 활동에 관여한다. 짚신벌레는 비록

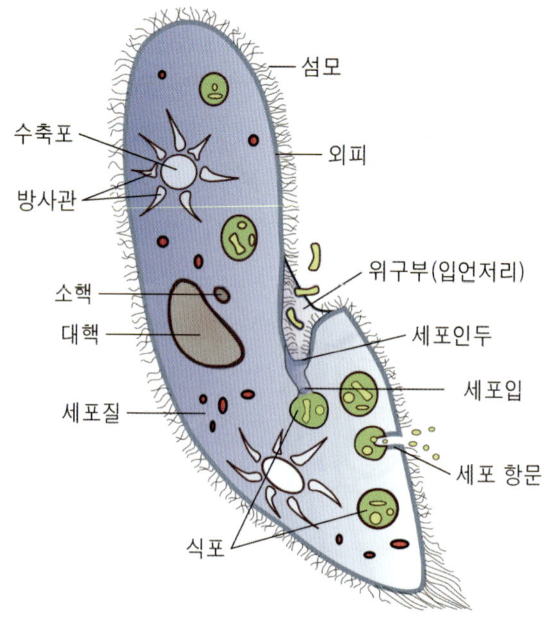


그림 5-26. 짚신벌레의 구조. (출처: Deuterostome[5-26])

단세포 섬모충류이지만 입과 항문과 같이 유사한 구조물들이 등장한다. 원생생물도 세포막에 의하여 세포질이 둘러싸이고 세포막 밖에 세포벽을 가지고 있다. 이 세포벽 구성물질도 다양하여 셀룰로스, **각피**(角皮, cuticle), **팩틴**(pectin), **규토**(硅土, silica)와 **피막**(皮膜, pellicle)이라 불리는 구조물이 세포막을 감싸고 있다. 이 피막은 유연한 갑옷처럼 운동 제한이 없는 범위 내에서 외부로부터 자신을 보호해 준다.

특히 원생생물 중 엽록체를 가지고 있어서 식물을 닮은 조류는 자이언트 켈프처럼 수십 미터까지 수중에서 자랄 수 있다(그림 6-11 참고). 그러나 이들은 다세포이지만, 이 세포들이 뿌리나 줄기 및 잎 등으로 분화되지 못하고 단순한 잎 형태인 **엽상체**(葉狀體, thallus) 형태로 살고 있다. 그렇지만 이들이 우려내는 맛은 모든 요리의 기본 재료가 될 정도로 우리의 입맛을 사로잡는다. 이들이 먹고사는 방법도 아주 다양하다. 햇빛과 엽록체를 이용하여 탄수화물을 만들어 내는 독립영양생물이 있는 반면, 주위에서 유기물질을 얻어야 살 수 있는 종속영양생물도 있다. 이 종속영양생물은 아메바와 같이 주위의 음식물 조각을 세포내유입 방법으로 세포질로 끌고 들어와서 가수분해효소를 가진 리소좀과 결합하여 소화시킨다. 이렇게 효소에 의하여 작은 분자로 쪼개진 영양분은 확산에 의하여 세포질로 나가게 되고, 남은 찌꺼기는 세포외유출 작용에 의해 세포 밖으로 내보내진다. 우리는 이런 형태를 **포식영양생물**(飽食榮養生物, phagotrophs)이라고 부른다. 한편으로 단지 주위 환경에서 영양분을 흡수하는 생물을 **삼투영양생물**(滲透營養生物, osmotrophs)이라고 부른다. 따라서 종속영양생물을 포식 및 삼투 영양생물로 구분해 볼 수 있다. 그러나 유글레나나 와편모충류 등은 **혼합영양생물**(混合營養生物, mixotrophs)이라 불린다. 이들은 햇빛이 비칠 때는 독립영양생물이 되었다가, 햇빛이 없는 날에는 주위에서 영양을 얻은 혼합형태의 영양 생활을 하는 원생생물들이다[55]. 이들은 제7장 '생명의 대사' 편에서 자세히 기술할 것이다.

대부분 원생생물은 운동성을 가지고 있다. 유글레나는 1~2개의 편모를 가지고, 짚신벌레는 수많은 섬모를 거느리고 있다. 또한 아메바는 단순히 세포질이 확장된 형태인 **위족**(僞足, pseudopodi)을 가지고 움직이기도 하고 먹이를 잡기도 한다. 또한 원생생물은 대부분 **주성**(走性, taxis)을 가진다. 주성이란 원생생물들이 어떤 자극을 받으면, 그쪽 방향으로 이동하거나 혹은 반대 방향으로 달아나는 운동성을 말한다. 우리는 주성을 일으키는 자극의 종류에 따라 **주광성**(走光性, phototaxis), **주화성**(走化性, chemotaxis), **주기성**(走氣性, aerotaxis), **주수성**(走水性, hydrotaxis), **주지성**(走地性, geotaxis) 등으로 부를 수 있다[53]. 이들이 어떤 자극에 달려가거나 달아나는지에 관해서는 독자분들의 상상력에 맡기겠다. 예를 들면, 주광성은 빛을 보고 달려가는 성질을 말한다. 그렇다면 이런 주성이 원생생물에만 나타나는가? 아니다. 고등식물에서도 이런 성질은 여전히 간직되어 있다. 싹은 빛을 향하여 하늘로 솟아오르고, 뿌리는 빛을 피해 땅속으로 들어가는 성질도 원생생물이 가르쳐 준 것일까? 이 이야기는 다시 제6장 '생명의 성장' 편에서 다룰 것이다.

원생생물은 생태계에서 어떤 위치를 차지할까? 먹이사슬의 가장 밑바닥인 플랑크톤은 원생생물이 대부분 차지하고 있다. 또한 이들이 뱉어 내는 산소가 대기 산소의 1/3을 차지한다. 이것만으로도 이들이 얼마나 소중한지를 우리는 알고 있어야 할 것이다.

## 3. 식물의 구조



식물세포는 진핵생물로서 다세포이며 핵과 막으로 둘러싸인 소기관들이 세포막에 싸여 있다. 그러나 식물세포에는 동물세포에 있는 중심체나 중심립 및 리소좀이 없다. 대신에 특징적인 세포벽, 중심액포, 색소체를 포함한 엽록체, 원형질 연락사 등이 있다. 따라서 식물의 구조를 살펴보기 위하여 식물에 특이적인 구조를 먼저 소개하는 것이 좋을 것 같다.

먼저 그림 5-27에서 보는 식물세포는 처음 세포막과 세포벽이 상자처럼 뚜렷하게 보이고, 세포 안에는 첫눈에 **중심액포**(中心液胞, central vacuole)가 제일 먼저 보인다. 성숙한 식물세포에서는 한 개의 커다란 중심액포가 세포 한가운데를 차지하고 있다[46]. 이 중심액포는 전 세포 부피의 30~80%를 차지할 정도로 크다. 우리는 이 중심액포를 싸고 있는 인지질 이중층으로 된 막을 **액포막**(液包膜, tonoplast)이라 부르며, 중심액포는 물로 채워져 있다. 중심액포의 제일 중요한 기능은 세포의 **팽압**(膨壓, turgor)을 유지하는 것이다. 팽압은 액

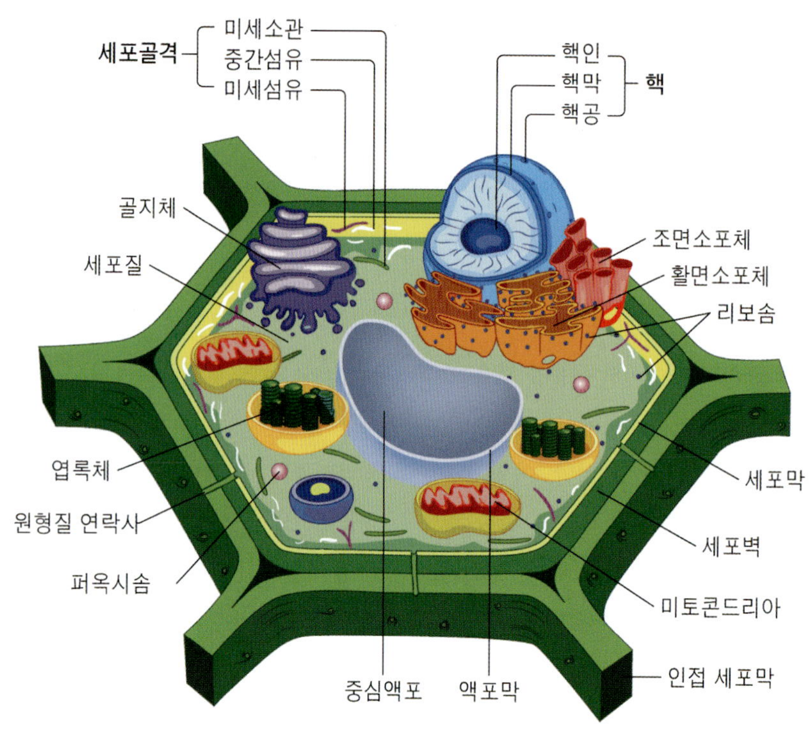

그림 5-27. 식물세포의 구조. (출처: Vecton[5-27])

포에 들어 있는 물이 세포벽 쪽으로 밀어내는 압력으로서 팽창하려는 힘을 말한다. 만약 토양의 물 농도가 식물세포보다 낮으면, 중심액포의 물이 토양 쪽으로 빠져나가면서 잎이 시들 것이다. 이것이 덥고 비가 오지 않는 여름철에 농작물이 시드는 이유를 설명해 준다. 그뿐만 아니라 중심액포는 동물세포의 리소좀의 역할도 동시에 수행하여 노폐물을 분해시키기도 하고 유용한 영양분을 저장하는 기능도 가지고 있다.

**세포벽**(細胞-, cell wall)도 식물세포의 특징 중 하나이다. 세포벽은 세균이나 고세균 또는 원생생물 및 균류도 가지고 있지만, 식물세포만큼 특이하지는 않다. 우선 식물세포의 세포벽은 그림 5-28에서 보는 것처럼 세포막 바깥을 철근들이 엉켜 있는 것처럼 **일차 세포벽**(一次細胞膜, primary cell wall)을 형성하고 있다. 이들은 식물 섬유를 구성하는 **섬유소**(纖維素, cellulose), **헤미셀룰로스**(hemicellulose), **펙틴**(pectin) 및 당단백질로 구성되어 있다. 이들 일차 세포벽은 모든 식물세포에 있으면서 성장 기간 동안에 생긴다. 즉, 활발히 자

그림 5-28. 식물세포의 세포막, 일차 세포벽 및 중층의 구조. (출처: LadyofHats[5-28])

라는 분열기에 생겨서 세포벽 역할을 수행한다. 또한 일차 세포벽 밖에 있는 **중층**(中層, middle lamella)은 펙틴이 풍부한 얇은 막으로 이웃 세포의 일차 세포벽과 결합시키는 접착제 역할을 한다. 많은 식물이 일차 세포벽만을 가지고 있지만, 목재 식물에서는 일차 세포벽 안에 **이차 세포벽**(二次細胞壁, secondary cell wall)이 다시 생겨난다. 이 이차 세포벽은 일차 세포벽보다 섬유소가 더 많을 뿐만 아니라 **목질소**(木質素, lignin)와 **목전소**(木栓素, suberin, 코르크질)가 추가된다. 특히 목질소는 세포벽을 견고하게 해 주는 기계적 작용을 한다. 따라서 이러한 구조가 목본식물로 하여금 중력에 대항하여 지상부로 뻗어 올라갈 수 있는 능력을 부여할 것이다. 이런 이차 세포벽은 성숙한 세포나 세포분열이 더이상 일어나지 않는 세포에서 생긴다. 또한 이들은 주로 물관부를 구성하는 죽은 세포의 세포벽을 강화해 주는 주요한 요소가 되어 준다. 그뿐만 아니라 목질소는 지방성이기 때문에 방수성 성질을 가지고 있어서 나무의 부패를 막아 주는 기능을 하고 있다. 한편 목전소는 이차 보호 조직인 코르크 조직에도 많이 들어 있어서 역시 물이 스며들지 못하게 막고 있다. 또한 열대 및 아열대 지역의 갯벌이나 하구에서 자라는 맹그로브(mangrove) 나무에서는 바닷물의 소금 성분이 세포 안으로 들어오는 것을 막아 주기도 한다[47].

이렇게 세포벽으로 둘러싸인 식물세포는 **원형질 연락사**(原形質連絡絲, plasmodesma, 복수 plasmodesmata)라는 구조물을 통해서 이웃 세포와 물질을 교환할 수도 있고, 세포간에 교통수단으로 이용하기도 한다. 보통 한 개의 식물세포에는 1천~10만 개의 원형질 연락사가 연결되어 있다. 따라서 이러한 원형질 연락사를 통하여 세포질로 물질이 이동하는 것을 우리는 **전원형질 경로**(symplastic pathway)라 부르고, 세포막 바깥의 세포벽으로 물질이 이동하는 것을 **전세포벽 경로**(apoplastic pathway)라고 부른다(그림 5-29).

식물에 있는 **색소체**(色素體, plastid)는 **엽록체**(葉綠體, chloroplast), **유색체**(有色體, chromoplast, 혹은 잡색체, 雜色體) 및 **백색체**(白色體, leucoplast)로 구분된다. 이들은 진핵세포의 기본구조에서 이미 설명한 바 있다. 이러한 엽록체, 유색체, 백색체는 **전색소체**(前色素體, proplastid)에서 유래한다. 전색소체는 분열조직에 있는 작은 소포체로 무색의 미

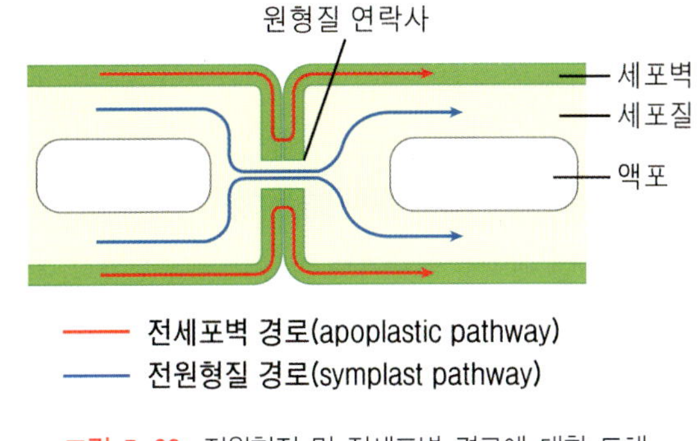


그림 5-29. 전원형질 및 전세포벽 경로에 대한 도해.
(출처: Jackacon[5-29])

성숙 색소체이다(그림 5-30).

식물세포에도 퍼옥시솜이 있지만, 지방을 포도당으로 바꾸어 주는 식물세포의 특화된 퍼옥시솜인 **글리옥시솜**(glyoxysome)과 **올레오솜**(oleosome)을 소개할까 한다. 올레오솜은 옥수수, 콩, 해바라기, 땅콩, 호박, 목화씨처럼 종자 속에 많이 들어 있으면서 지방을 함유하고 있는 **미소체**(微小體, microbody)이다. 이들은 **중성지방**(中性脂肪, triglyceride, 식물에서는 트리아실글리세롤, triacylglycerol, TAG라 부름)인 트라이글리세라이드를 지방산으로 바꿀 수 있다. 이 지방산을 글리옥시솜이 미토콘드리아와 합동으로 **포도당 신재생**(葡萄糖新再生, gluconeogenesis) 과정을 거쳐서 포도당으로 만들어 준다. 이렇게 만들어진 포도당은 씨앗이 발아하여 광합성을



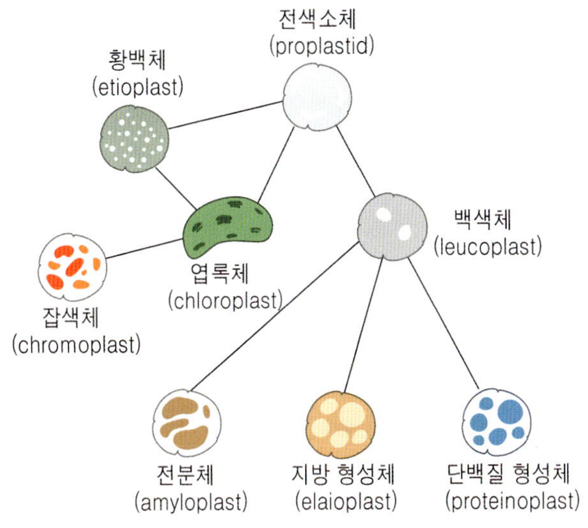


그림 5-30. 색소체 종류.
(출처: LadyofHats, modified by Kelvinsong[5-30])

할 때까지 어린싹이 살아갈 수 있는 에너지를 제공해 줄 것이다. 이런 기능들은 동물에서는 어떤 기관에서 일어날까? 우리는 동물의 간에서 일어나는 반응의 일부가 식물에서는 글리옥시솜과 올레오솜에서 일어난다는 것을 알 수 있다[27]. 또한 우리는 이런 씨앗을 압축기로 짜서 기름을 만들고, 이 기름을 이용하여 닭고기를 튀기고, 참기름으로 시금치를 무칠 것이다.

마지막으로 식물에는 운동 소기관인 편모가 없을까? 육상식물 중 편모를 가진 세포들이 있다. 이는 이끼류인 선태식물, 고사리류의 양치식물, 소철류나 은행나무의 정자가 유일하게 편모를 가지고 있다. 이들 정자는 편모를 가지고 움직이면서 수영을 하여 난자로 달려갈 것이다. 그러나 소나무와 같은 구과식물이나 꽃식물은 편모를 가진 정자가 없다. 그렇다면 이들은 어떻게 수분이 될까? 제8장 '생명의 번식' 편에서 다시 다룰 것이다.

## 4. 균류의 구조

**균류**(菌類, fungus)는 여러 가지 정황으로 보아 식물보다는 동물에 더 가깝다. 물론 엽록체가 없기 때문에 광합성을 하지 못하여 동물과 마찬가지로 종속영양생물이다. 균류는 진핵생물로서 핵을 가지고 막성 소기관들이 세포질을 채우고 있다. 대부분이 다세포이지만 우리에게 잘 알려진 **효모**(酵母, yeast)는 단세포이다.

그러나 균류의 가장 기본적인 구조는 그림 5-31에서 보는 것처럼 **균사**(菌絲, hypha, 복수 hyphae)이다[15,39]. 균사를 뜻하는 hypha는 거미줄이라는 의미를 가지는 web을 뜻한다. 우리가 인터넷에서 쓰는 웹 사이트의 웹도 같은 의미이다. 이 균사는 가늘고 긴 세포가 일렬로 길게 늘어선 실 모양의 **사상체**(絲狀體, filament) 모양을 하고 있다. 굵기는 5~10㎛ 정도여서 우리 눈에는 보이지 않는다. 그러나 이런 균사는 균류의 종류에 따라 일정 길이만큼 자라면 가지를 치고, 이들이 계속 늘어나서 결국 부채나 방사상 모양의 **균사체**(菌絲體, mycelium, 그림 5-32)를 형성한다. 이러한 균사체는 균류의 영양분을 흡수하는 영양기관이 된다. 마치 식물의 뿌리, 줄기, 잎이 영양기관에 속하는 것과 동일하다. 또한 **자실체**(自實體, fruit body)는 균사가 쌓아 올린 생식기관이 되어 유성생식 단계의 포자를 만들어 낼 것이다. 균사는 단순히 일차 균사에서 끝나지 않는다. 일차 균사는 핵을 1개만 가지고 있지만, 이들이 서로 만나서 이번에는 2개의 핵을 가지는 이차 균사를 형성한다. 우리는 이 상태를 n+n 상태, 즉 **이핵 균사체**(二核-, dikaryotic mycelium)라고 부른다. 이 과정은 제8장 '생명의 번식' 편에서 자세히 다룰 것이다.



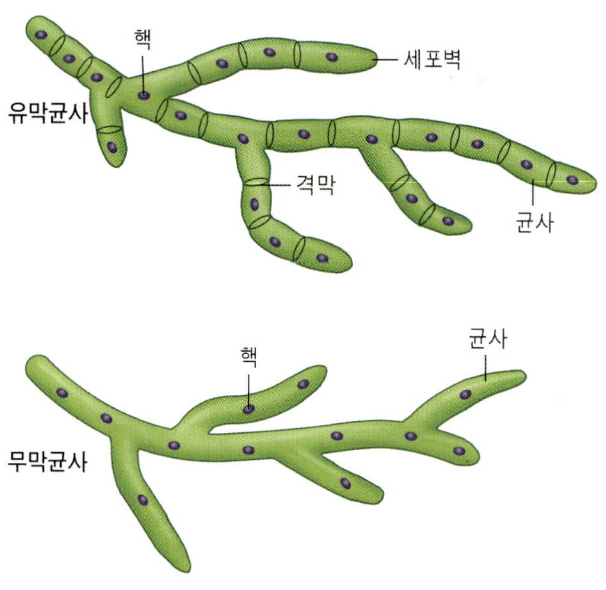


그림 5-31. 균류의 기본구조. (출처: Designua[5-31])

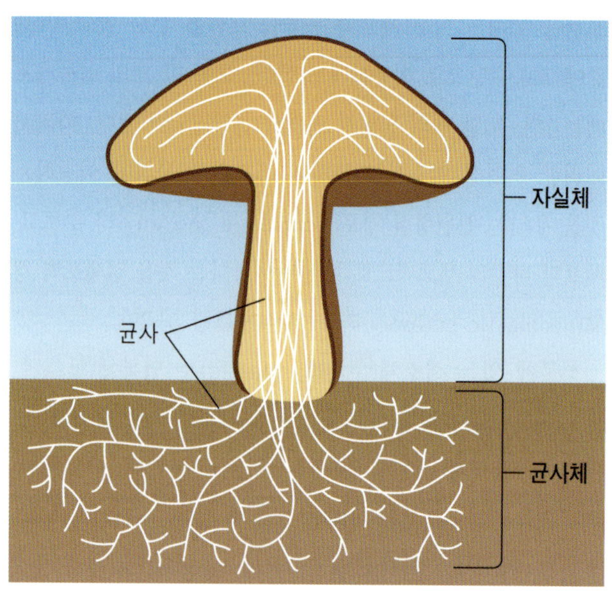


그림 5-32. 담자균류의 구조.

균사의 세포벽은 이미 여러 번 언급한 대로 세균이나 고세균 혹은 식물의 세포벽과는 다른 성분인 키틴과 다당류의 일종인 글루칸(glucan)이 주성분을 이루고 있다. 그러나 하등균류로 보기도 하고, 여기서는 균류성 원생생물로 분류된 **난균류**(卵菌類, Ooomyceter)의 세포벽은 셀룰로스로 되어 있다. 그리고 균사는 그림 5-31과 같이 세포 사이가 **격막**(膈膜, septum)으로 분리되어 있다. 이렇게 격막으로 분리된 균류는 자낭균류와 담자균류이다. 따라서 우리는 이들은 **유막균사**(有膜菌絲, spectate hypha)라 부른다. 그러나 접합균류는 격막이 없다. 따라서 이들은 다핵세포를 이루고 있고, **무막균사**(無膜菌絲, non-septate hypha, coenocytic hypha)라고 부르기도 한다. 또한 격막이 있지만 자낭균류는 격막에 구멍이 뚫려 있는 단순한 구조로 되어 있다. 그러나 담자균류는 **술통형 격막**(유연공격벽, 有緣孔隔壁, dolipore spetum)이라는 복잡한 구조로 되어 있는데, 이것은 세포막과 세포벽이 안으로 자라 들어와 술통처럼 양쪽에 만들어지고, 이 사이로 격막공이 뚫려 있는 형태를 가지고 있다(그림 5-33). 그리고 다시 이 전체를 괄호 모양의 **파렌테솜**(parenthesome)이 둘러싸고 있다[19].

그렇다면 균사가 균류에만 있을까? 이런 균사의 구조를 가지는 생물은 세균 중 **방선균**(放線菌, actinobacteria)에서도 관찰된다. 방선균은 실 모양을 하고 있고 가지를 치기도 할 뿐만 아니라 포자를 만들기 때문에 균류로 생각될 수도 있지만, 세포가 원핵세포이기 때문에 세균으로 보아야 한다. 주제를 약간 벗어나지만 좀 더 기술해 보기로 하자. 방선균은 균류처럼 행동하기 때문에 토양의 유기물을 분해하여 식물이 흡수하기 좋게 해 준다. 따라서 이들은 농사나 산림육성에 중요한 역할을 수행한다고 할 수 있다. 또한 방선균문 중에서 가장 큰 속(genus)에 속에 속하는 스트렙토마이세스(streptomyces)는 이 세균에서 이름을 딴 스트렙토마이신(streptomycin)을 인류에 선사한 세균이기도 하다.

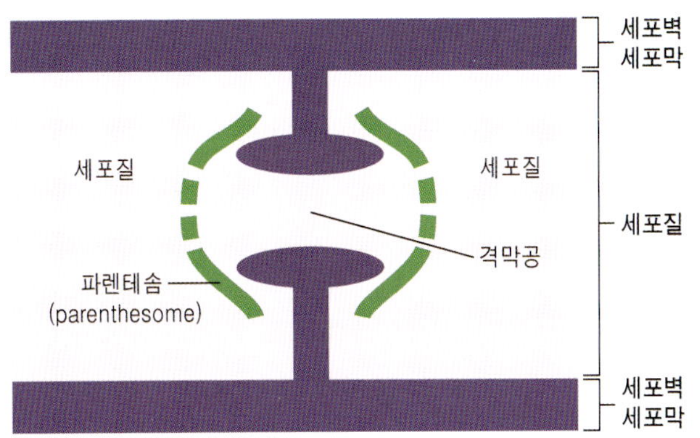


그림 5-33. 담자균류의 술통형 격막 구조. (출처: Miguelferig[5-33])

또한 균류는 운동성이 없는가? 편모는 고등 균류의 어떤 생활사 단계에서도 나타나지 않아서 운동성이 없다. 그러나 균류성 원생생물에 속하는 난균류를 포함하는 **조균류**(藻菌類, phycomyetes)는 그 생식세포에 편모를 가지고 있다.

균류의 성장은 균사의 끝부분(hyphal tip)에서 길이의 성장이 일어난다. 이는 마치 식물에서 정단분열조직(頂端分裂組織, apical meristem)에서 식물이 위로 크는 것과 동일하다. 담자균류의 이차 균사에서 세포분열이 일어나는 경우는 다소 특이한 방법으로 세포분열과 핵의 이동이 일어난다. 이들은 세포분열 시 격막 부위에 꺽쇠돌기가 튀어나와서 분열된 핵이 다음 세포로 넘어가는 과정을 거친다. 우리는 이런 과정을 **꺽쇠연결**(clamp connection)이라 부르며, 일종의 다양한 성적 형태로서 유전적 다양성을 추구한다고 볼 수 있다.

또한 균사는 여러 가지 형태의 변형이 일어나기도 한다. 균사들이 서로 얽히고 뭉쳐져서 딱딱한 덩어리를 형성한 경우에 우리는 이를 **균핵**(菌核, sclerotium)이라 부른다. 이들은 열이나 추위 및 건조 등 열악한 환경에 대하여 내성을 가진다. 그뿐만 아니라 균사들이 뭉쳐서 두툼한 실 다발을 형성하는 **균사다발**(균사속, 菌絲束, rhizomorph)이나, 균사가 숙주 내부에 쉽게 침입하기 위한 원반형의 특수 기관을 만들기도 한다[38]. 우리는 이런 변형을 **기생뿌리**(흡기, 吸器, haustoria)라 부른다. 균류는 우리가 생각하는 것보다 훨씬 더 큰 광활한 세상을 펼치며 살고 있는 셈이다.

05

## 5. 동물의 구조

동물세포는 그림 5-17에서 보는 것처럼 '진핵세포의 기본 구조' 편에서 대부분 자세히 다루었기 때문에 더 많이 추가될 것이 없을 것 같다. 우선 동물세포는 진핵세포여서 핵막으로 둘러싸인 핵이 있고 세포질을 감싸고 있는 세포막이 있다. 이 세포질 속에는 막성 소기관들도 들어 있을 것이다. 동물세포에는 식물이나, 균류, 세균 등에 있는 세포벽이 없다. 따라서 모양과 크기가 다양하다. 이런 특징은 여러 가지 형태의 세포를 만들어 낼 수 있는 유연성을 제공해 준다. 만약 아주 딱딱한 세포벽이 있었다면, 이렇게 다양한 세포들을 만들어 낼 수는 없었을 것이다. 인체에는 약 260여 종류의 세포가 있고 60조가량의 다세포가 인간을 형성하고 있다. 원자의 개수로 따지면 $10^{28}$개의 원자로 구성되어 있다고 할 수 있다. 그러나 동물세포는 대개 크기가 10~100㎛ 정도여서 현미경으로만 볼 수 있다. 동물세포에는 식물과 다르게 커다란 액포가 세포 가운데 들어 있지도 않고 엽록체를 포함한 색소체도 들어 있지 않다. 따라서 동물세포는 스스로 먹이를 찾아야 하는 종속영양생물이다.

## 제4절 3역 6계의 구조적 차이점

이제까지 원핵세포와 진핵세포의 기본구조에 대하여 다루었고, 이어서 각 계(界, kingdom)별로 특징적인 구조를 기술해 왔다. 하지만 너무 방대하고 지루할 수도 있기 때문에 이들의 차이를 도표로 압축하여 구별해 보기로 하자. 이것도 간단한 작업은 아니지만, 보는 각도에 따라서 생명의 전체적인 개념을 파악하는 데 도움이 될 것으로 판단된다. 일부 염색체에 관한 부분은 다시 제9장 '생명의 유전' 편에서 자세히 다룰 것이다. 따라서 먼저 원핵세포와 진핵세포를 크게 비교해 보고 그다음 3영역인 세균, 고세균 및 진핵생물을 도표화할 것이다. 이어서 6계의 구조적 차이점과 식물과 동물세포의 차이점을 분석해 볼 것이다.

### 1. 원핵세포와 진핵세포의 차이점

원핵세포와 진핵세포의 구조적 차이점을 비교해 본다는 것은 생명의 진화 과정을 이해하는 데 큰 도움이 될 것이다. 왜냐하면 생명의 출현은 원핵세포에서 출발했기 때문이다. 우리는 원핵세포인 세균과 고세균 및 진핵세포인 원생생물, 식물, 균류, 동물을 크게 두 종류로 구분해 보는 기회를 가질 것이다(표 5-1)[1,14,24].

### 2. 3영역의 구조적 차이점

모든 생명체를 3가지 영역으로 구분해 보는 것은 생명체를 계통 발생학적으로 크게 나누어 본다는 의미가 있다. 특히 원핵세포로 분류되는 (진정)세균과 고세균의 구분은 우리가 생명체 전체를 3영역으로 나누어야 하는 이유를 설명해 준다고 할 수 있다. 세균과 고세균은 서로가 원핵세포이지만, 고세균은 오히려 진핵세포 쪽에 더 가까운 형태를 지닌다는 것도 분기학적으로 의미가 깊다고 할 수 있다(표 5-2)[7,33].

### 3. 6계의 구조적 차이점

이번에는 3영역을 다시 6계로 나누어서 비교해 보면 각 생물계의 구조적 차이를 더 구체적으로 알아볼 기회가 될 것이다(표 5-3). 또한 이러한 생물계가 어떤 구조적 특징이 있고, 이들은 어떻게 이 지구라는 생태계 속에서 서로 어울려 먹이사슬을 이루면서 공존할 수 있는지를 생각해 볼 수 있을 것이다[26,49].

### 4. 식물세포와 동물세포의 차이점

식물세포와 동물세포의 구분은 더욱 현실적으로 다가온다. 동물과 식물의 관계는 상호 의존적이라기보다는 동물은 식물에 기생 생활을 하고 있다고 보는 것이 더 정확하다. 왜냐하면 식물은 광합성을 이용하여 독립적인 생활을 할 수 있는 데 반하여 동물은 광합성을 할 수 있는 재주가 없기 때문이다. 따라서 동물은 식물이 만들어 놓은 광합성 산물을 이용할 수밖에 없는 처지이다[21,34]. 이런 이유로 동물은 음식을 구하기 위하여 운동성이 필수적이지만 식물은 운동성이 요구되지 않는다(표 5-4). 동물보다 식물이 이 지구를 점령하고 있는 이유를 알아내는 것이 생명을 이해하는 데 아주 중요한 일이다. 이는 앞으로 새로운 장을 거듭할수록 여기에 숨겨진 비밀을 알아 가는 재미를 느낄 수 있을 것이다.

표 5-1. 원핵세포와 진핵세포의 구조적 차이점

| | 원핵세포 | 진핵세포 |
|---|---|---|
| 출현 시기 | 35억 년 전 | 20억 년 전 |
| 세포 수 | 단세포 | 다세포(극히 일부만 단세포) |
| 크기 | 1~10㎛ | 10~100㎛ |
| 소기관 | 막성 소기관 없음 | 20여 종, 막성 소기관 있음 |
| 핵 | 핵양체, 핵이 없음 | 핵막이 있는 핵이 있음 |
| DNA | 단일·원형 염색체 / 세포벽에 붙어 있음 / 세포기질에 있음 | 다수의 선형 염색체가 핵 안에 있음 |
| DNA 전사 및 번역 | 세포질에서 동시에 일어남 | 전사는 핵에서, 번역은 세포기질에서 일어남 |
| 세포막 | 수용체로 작용하는 sterol / 탄수화물 없음 | 수용체로 작용하는 sterol / 탄수화물 있음 |
| 세포벽 | 화학적으로 복잡함<br>예: 펩티도글리칸 | 화학적으로 단순함<br>예: 식물 셀룰로스, 균류 키틴 |
| 당피질(glycocalyx) | 있음(협막, 점액층) | 세포벽이 없는 경우 있음 |
| 부속지 | 편모, 선모, 핌브리아 가짐(섬모 없음) | 편모, 섬모 가짐 |
| 유전체 | 반수체 | 배수체 |
| 플라스미드 | 있음 | 흔하지 않음 |
| 리보솜 | 작음(70S) | 큼(80S) / 미토콘드리아, 색소체(70S) |
| 히스톤 | 없음 | 있음 |
| 세포골격 | FtsZ, Mreb | 액틴, 중간섬유, 미세소관 |
| 세포 구조 지지 방법 | 외부에 있는 세포벽 | 내부에 있는 세포골격 |
| 세포분열 시 방추사 형성 | 없음 | 있음 |
| 생식 | 무성생식(이분법), 감수분열 없음 / 접합 등으로 유전자 전달 | 유성생식(감수분열, 유사분열) / 일부 무성생식 |
| 봉입체 | 있음 | 있음 |
| 내생포자 | 일부 있음 | 없음 |
| 질소 고정 | 가능 | 불가능 |
| 산소 필요성 | 혐기성, 일부 호기성 | 호기성, 일부 혐기성 |
| 세포내유입, 세포외유출 | 없음 | 있음 |
| 에너지를 얻기 위한 전자전달계 | 세포막에 있음 | 미토콘드리아에 있음 |
| 생물체 | 세균, 고세균 | 원생생물, 식물, 균류, 동물 |

표 5-2. 3영역(domain)의 구조적 차이점

| | 원핵세포 | | 진핵세포 |
|---|---|---|---|
| | (진정)세균 | 고세균 | |
| 크기 | 1~10㎛ | 1~10㎛ | 10~100㎛ |
| 세포 수 | 단세포 | 단세포 | 다세포(일부 원생생물 제외) |
| 핵, 핵막 | 없음 | 없음 | 있음 |
| 플라스미드 | 있음 | 있음 | 없음 |
| 염색체 구조 | 원형 | 원형 | 선형 |
| 유전체 | 반수체 | 반수체 | 배수체 |
| 전령 RNA에서 인트론 | 없음 | 없음 | 있음 |
| 히스톤 | 없음 | 있음 | 있음 |
| 막성 소기관 | 없음 | 없음 | 있음 |
| 세포벽의 펩티도글리칸 | 있음 | 없음 | 없음 |
| 세포벽 구성물질 | 펩티도글리칸 | 아주 다양함. 펩티도글리칸 없음 | 원생생물 일부 셀룰로스. 식물 셀룰로스. 균류 키틴. 동물 세포벽 없음 |
| 막지질 | ester 결합. 분지 없음 | ether 결합. 분지 있음 | ester 결합. 분지 없음 |
| 리보솜 크기와 단백질 개수 | 70S. 55개 단백질 | 70S. 65개 단백질 | 80S. 78개 단백질 |
| 색소체 | 있음 | 있음 | 다수(식물, 원생생물)에 있음 |
| 엽록소에 기초한 광합성 | 일부에 있음 | 없음 | 식물에 있음 |
| 단백질 합성 시 처음 시작하는 아미노산 | formylmethionine | methionine | methionine |
| 전령 RNA의 splicing/capping/poly A tailing | 없음 | 없음 | 있음 |
| 오페론 | 있음 | 있음 | 거의 없음 |
| 텔로미어(telomere) | 없음 | 없음 | 있음 |
| 세포내유입(endocytosis), 세포외유출(exocytosis) | 없음 | 없음 | 있음 |
| 메탄 형성 | 없음 | 있음 | 없음 |
| 질소 고정 | 있음 | 없음 | 없음 |
| 화학무기 영양생물, 황화수소($H_2S$) 이용 | 있음 | 있음 | 없음 |
| 클로람페니콜/스트렙토마이신/가나마이신에 대한 리보솜 민감성 | 있음 | 없음 | 없음 |
| 디프테리아 독소에 대한 리보솜 민감성 | 없음 | 있음 | 있음 |
| RNA 중합효소 개수 및 종류 | 1개(Ⅰ) | 1개(Ⅱ) | 3개(Ⅲ) |
| 세포분열 방법 | 무성생식(이분법) | 무성생식(이분법) | 유성생식(감수분열, 유사분열) |
| 운동성 | 편모 | 편모 | 편모, 섬모 |
| 80℃ 이상에서 살 수 있는 능력 | 일부에 있음 | 대부분 있음 | 없음 |
| 서식지 | 광범위한 환경 | 주로 극한 환경 | 광범위한 환경 |
| 생물체 | 장세균, 남세균 | 메탄 생성균, 호염균, 호열균 | 원생생물, 식물, 균류, 동물 |

표 5-3. 6계(kingdom)의 구조적 차이점

| 영역(domain) | 세균 | 고세균 | 진핵생물 | | | |
|---|---|---|---|---|---|---|
| 계(kingdom) | (진정)세균 | 고세균 | 원생생물 | 균류 | 식물 | 동물 |
| 핵 형태 | 원생생물 | | 진핵생물 | | | |
| 핵/핵막 | 없음 | 없음 | 있음 | 있음 | 있음 | 있음 |
| 세포 수 | 단세포 | 단세포 | 다세포(일부 단세포) | 다세포(일부 단세포) | 다세포 | 다세포 |
| 세포벽 유·무 | 있음 | 있음 | 있음 | 있음 | 있음 | 없음 |
| 세포벽 성분 | 펩티도글리칸 | 다양함. 펩티도글리칸 없음 | 셀룰로스, 펙틴 | 키틴 | 셀룰로스 | |
| 미토콘드리아 | 없음 | 없음 | 있음 | 있음 | 있음 | 있음 |
| 세포의 분화 단계 | 세포 단계 | 세포 단계 | 대부분 세포 단계 | 대부분 조직 단계 | 기관 단계 | 기관 단계 |
| 운동성 | 일부 운동성 | 비운동성 | 운동성/비운동성 | 대부분 비운동성 | 비운동성 | 운동성 |
| 번식 방법 | 무성생식 | 무성생식 | 유성생식/무성생식 | 무성생식/유성생식 | 유성생식/무성생식 | 유성생식/무성생식 |
| 생태학적 중요성 | 질소 고정, 분해자 | 분해자 | 조류: 산소 생산, 주된 플랑크톤 | 분해자 | 광합성, 영양분 제공, 산소공급 | 소비자, 포식자 |
| 서식지 | 어느 곳에서나 | 극한 환경 | 호수, 바다 | 습하고 그늘진 곳 | 햇빛이 드는 곳 | 어느 곳이나 |
| 생물체 | 대장균, 남세균 | 메탄 생성균, 호열균 | 아메바, 짚신벌레 | 효모, 버섯 | 이끼, 고사리, 소나무, 백합 | 해면동물, 곤충, 호유류 |

표 5-4. 식물세포와 동물세포의 차이점

| | 식물세포 | 동물세포 |
|---|---|---|
| 세포 크기 | 더 큼 | 더 작음 |
| 세포 모양 및 배열 | 규칙적 | 불규칙적 |
| 세포벽 | 있음(셀룰로스로 구성) | 없음 |
| 세포막의 콜레스테롤 | 없음 | 있음 |
| 액포 | 큰 중심액포 존재. 팽압 유지 | 작은 액포 |
| 색소체 | 있음 | 없음 |
| 중심체 | 없음 | 있음 |
| 리소좀 | 없음 | 있음 |
| 글리옥시솜(glyoxysome) | 있음 | 없음 |
| 여분의 포도당 저장 형태 | 전분(starch) 및 지방 | 글리코겐(glycogen) 및 지방 |
| 세포 사이 교통 방법 | 원형질 연락사 | 간극연접(jap junction) |

## 참고문헌


1. 대한미생물학회. *의학미생물학: Medical microbiology*. 서울: 엘스비코리아. pp.21-22. 2007.
2. 대한미생물학회. *의학미생물학: Medical microbiology*. 서울: 엘스비코리아. pp.25-33. 2007.
3. 대한임상병리학회. *임상병리학, 3판*. 서울: 고려의학. pp.316-317. 2001.
4. 원핵세포. 네이버 지식백과. Available at: https://en.wikipedia.org/wiki/Ribosome (접속일 2020년 7월 29일)
5. Ahern, K., Rajagopal, I., Tan, T. *Transport in membrane*. LibreTexts. Available at: https://bio.libretexts.org/Bookshelves/Biochemistry/Book%3A_Biochemistry_Free_For_All_(Ahern_Rajagopal_and_Tan)/03%3A_Membranes/3.02%3A_Transport_in_Membranes (접속일 2020년 7월 29일)
6. Archaea: Morphology. UCMP Berkley. Available at: https://ucmp.berkeley.edu/archaea/archaeamm.html (접속일 2020년 7월 29일)
7. Archaea vs. Bacteria. Diffen. Available at: https://www.diffen.com/difference/Archaea_vs_Bacteria (접속일 2020년 7월 29일)

8. Archaeal cell structure. Bellarmine University. Available at: https://www.bellarmine.edu/faculty/dobbins/Secret%20Readings/Lecture%20Notes%20313/Ch04_.pdf (접속일 2020년 7월 28일)
9. Aryal, S. *Differences between cilia and flagella*. Microbiologyinfo. Available at: https://microbiologyinfo.com/differences-between-cilia-and-flagella/ (접속일 2020년 7월 29일)
10. Bacteria: Cell wall. Oregon State University. Available at: https://open.oregonstate.education/generalmicrobiology/chapter/bacteria-cell-walls/ (접속일 2020년 7월 28일)
11. bacterial capsule. Wikipedia. Available at: https://en.wikipedia.org/wiki/Bacterial_capsule (접속일 2020년 7월 29일)
12. Bacteriochlorophyll. Wikipedia. Available at: https://en.wikipedia.org/wiki/Bacteriochlorophyll (접속일 2020년 7월 29일
13. Baker, R. *Prokaryotic cell structure: A visual guide*. Owlocation. Available at: https://owlcation.com/stem/What-Are-Cells-Made-Of-Prokaryotic-Cell-Structure-Part-3-of-3 (접속일 2020년 7월 29일)
14. Biology. Oxford University Press. Available at: https://www.oup.com.au/__data/assets/pdf_file/0026/119168/Biology-for-QLD_An-Aust-Persp_3E_Units1-2_sample-chapt_digital.pdf (접속일 2020년 7월 29일)
15. Campbell, N. A., Reece, J. B., Taylor, M. R., et al. *Biology: Concepts and connections*, *6th ed*. (김영원 외 역. *생명과학: 개념과 현상의 이해*. 서울: 바이오사이언스, pp.602-604, 2010)
16. Cell size and diffusion. Georgia virtual school. Available at: https://students.ga.desire2learn.com/d2l/lor/viewer/viewFile.d2lfile/1798/12843/cells11.html (접속일 2020년 7월 29일)
17. Characteristics of protists. Lumenlearning. Available at: https://courses.lumenlearning.com/boundless-biology/chapter/characteristics-of-protists-2/ (접속일 2020년, 7월 29일)
18. Crease, R. T. *World in the balance*. (노승영 역. *측정의 역사*. 서울: 에이도스, pp.244-249, 2011)
19. Deacon, J. *Fungal biology*, *4th ed*. (균류생물학 번역위원회 역. *균류 생물학*. 서울: 월드사이언스, pp.56-61, 2006)
20. Difference between Gram positive and Gram negative bacterial cell wall. Botanystudies. Available at: http://botanystudies.com/difference-between-gram-positive-and-gram-negative-bacterial-cell-wall/ (접속일 2020년 7월 28일)
21. Difference between plant and animal cell. Brainkart. Available at: http://www.brainkart.com/article/Difference-between-plant-and-animal-cells_33004/ (접속일 2020년 7월 31일)
22. Endomembrane system. Wikipedia. Available at: https://en.wikipedia.org/wiki/Endomembrane_system (접속일 2020년 7월 29일)
23. Eukaryotic cell. Lumenlearning. Available at: https://courses.lumenlearning.com/boundless-biology/chapter/eukaryotic-cells/ (접속일 2020년 7월 29일)
24. Eukaryotic cell vs. prokaryotic cell. Diffen. Available at: https://www.diffen.com/difference/Eukaryotic_Cell_vs_Prokaryotic_Cell (접속일 2020년 7월 31일)
25. Freeman, S. *Biological science*, *4th ed*. (김재근 외. *프리드만 생명과학*. 서울: 바이오사이언스, pp.105-114, 2011)
26. Gillespie, M. *Characteristics of the six kingdoms of organisms*. Sciencing. Available at: https://sciencing.com/characteristics-six-kingdoms-organisms-8242194.html (접속일 2020년 7월 31일)
27. Glyoxysome. Wikipedia. Available at: https://en.wikipedia.org/wiki/Glyoxysome (접속일 2020년 7월 29일)
28. Googol. Wikipedia. Available at: https://en.wikipedia.org/wiki/Googol (접속일 2020년 7월 29일)
29. Gupta, H. *Morphology and ultrastructure of a bacterial cell*. Biologydiscussion. Available at: https://www.biologydiscussion.com/micro-biology/morphology-and-ultrastructure-of-a-bacterial-cell-with-diagram/17901 (접속일 2020년, 7월 29일)
30. Guyton, A. C., Hall, J. E., *Textbook of medical physiology*, *9th ed* Philadelphia: W. B. Saunders, pp.11-18, 1996.
31. Jacob-Wagner, C. *Bacterial tubulin (FtsZ) and Actin (MreB) homologues: The spatial organization of bacterial cells*. iBiology. Available at: https://www.ibiology.org/microbiology/bacterial-tubulin-ftsz-actin-mreb-homologues-spatial-organization-bacterial-cells/ (접속일 2020년 7월 29일)
32. Koneman, E. W., Allen, S. D., Janda, W. M., et al. *Color atlas and textbook of diagnostic microbiology*, *5th ed*. Philadelphia: Lippincott-Raven Phblishers, pp.11-16, 1992.
33. Krasner, R. I. *The microbial challenge: Human-microbe infections*. (권명희 외 역. *미생물의 도전: 병원미생물과 사람*. 서울: 라이프사이언스, pp.34-44, 2006)
34. Lakna. *Difference between plant and animal cells*. Pediaa. Available at: https://pediaa.com/difference-between-plant-and-animal-cells/ (접속일 2020년 7월 31일)
35. Lane, N. *Power, sex, suicide: Mitochondria and the meaning of life*. (김정은 역. *미토콘드리아: 박테리아에서 인간으로, 진화의 숨은 지배자*. 서울: 뿌리와 이파리, pp.12-38, 2005)
36. Levin, P. A., Angert, E. R. *Small but mighty: Cell size and bacteria*. Cold Spring Harb Perspect Biol, 7(7), a019216, 2015. DOI: 10.1101/cshperspect.a019216
37. Lipid. Lumenlearning. Available at: https://courses.lumenlearning.com/wm-nmbiology1/chapter/reading-lipids-2/ (접속일 2020년 7월 28일) → phospholipid bilayer 구조
38. Kritartha, S. *Modification of hyphae: 7 types*. Biologydiscussion. Available at: https://www.biologydiscussion.com/fungi/modification-of-hyphae-7-types-with-diagram-fungi/63039 (접속일 2020년 7월 31일)
39. Kritartha, S. *Structure of fungal cell*. Biologydiscussion. Available at: https://www.biologydiscussion.com/fungi/structure-of-fungal-cell-with-diagram-fungi/63013 (접속일 2020년 7월 29일)
40. Mitchell, D. *Speculations on the evolution of 9+2 organelles*

*and the role of central pair microtubule*. Biol Cell, 96(9), pp.691-696, 2004. DOI: 10.1016/j.biolcel.2004.07.004

41. Morrison, P., Morrison, P. *Powers of tens*. (박진희 역. *10의 제곱수*. 서울: 사이언스북스, pp.102-104, 1994)
42. Rachna, C. *Difference between cytoplasm and protoplasm*. Biodifferences. Available at: https://biodifferences.com/difference-between-cytoplasm-and-protoplasm.html (접속일 2020년 7월 29일)
43. Rao, T. V. *Bacterial staining: Basic method*. Slideshare. Available at: https://www.slideshare.net/doctorrao/bacterial-staining-methods (접속일 2020년 7월 28일)
44. Research. Gould Research Lab, Bates University. Available at: https://www.bates.edu/gould-research-lab/research/ (접속일 2020년 7월 29일)
45. Ribosome. Wikipedia. Available at: https://en.wikipedia.org/wiki/Ribosome (접속일 2020년 7월 29일)
46. Plant cell structure and parts explained with a labeled diagram. BiologyWise. Available at: https://biologywise.com/plant-cell-structure-parts (접속일 2020년 7월 29일)
47. Plant cell structure. Ivyroses. Available at: https://www.ivyroses.com/Biology/Cells/Plant-Cell-Structure.php (접속일 2020년 7월 29일)
48. Prokaryote. Wikipedia. Available at: https://en.wikipedia.org/wiki/Prokaryote (접속일 2020년 7월 29일)
49. Russel, P. J., Wolfe, S. L., Hertz, P. E., et al. *Biology: The dynamic science, 1st ed*. (홍영남 외 역. *생명과학: 현상의 이해*. 서울: 라이프사이언스, pp.74-79, 2010)
50. Russel, P. J., Wolfe, S. L., Hertz, P. E., et al. *Biology: The dynamic science, 1st ed*. (홍영남 외 역. *생명과학: 현상의 이해*. 서울: 라이프사이언스, pp.79-99, 2010)
51. Sadava, D., Hills, D., Heller, C., et al. *Life: The science of biology, 9th ed*. (강해묵 외 역. *생명: 생물의 과학*. 서울: 라이프사이언스, pp.78-79, 2012)
52. Structure of prokaryote. Lumenlearning. Available at: https://courses.lumenlearning.com/boundless-biology/chapter/structure-of-prokaryotes/ (접속일 2021년 2월 22일)
53. Taxis. Wikipedia. Available at: https://en.wikipedia.org/wiki/Taxis (접속일 2020년 7월 31일)
54. Urry, L. A., Cain, M. L., Wasserman, S. A., et al. *Campbell biology in focus, 2nd ed*. (전상학 외 역. *캠벨 생명과학 포커스*. 서울: 바이오사이언스, pp.112-113, 2017)
55. Vidyasagar, A. *What are protists?* Livescience. Available at: https://www.livescience.com/54242-protists.html (접속일 2020년 7월 29일)

## 그림 인용 및 Links

그림 5-4. https://courses.lumenlearning.com/microbiology/chapter/unique-characteristics-of-prokaryotic-cells/ (접속일 2020년 9월 18일)

그림 5-5. https://commons.wikimedia.org/wiki/File:Cell_membrane_detailed_diagram_en.svg (접속일 2020년 11월 21일)에 근거하여 재작성함

그림 5-6. https://courses.lumenlearning.com/wm-nmbiology1/chapter/reading-lipids-2/ (접속일 2020년 9월 18일)

그림 5-8. https://courses.lumenlearning.com/microbiology/chapter/unique-characteristics-of-prokaryotic-cells/ (접속일 2020년 9월 18일)

그림 5-10. https://open.oregonstate.education/generalmicrobiology/chapter/bacteria-cell-walls/ (접속일 2020년 11월 22일)에 근거하여 작성함

그림 5-12. https://commons.wikimedia.org/wiki/File:Ribosome_mRNA_translation_en.svg (접속일 2020년 9월 18일)

그림 5-14. https://upload.wikimedia.org/wikipedia/commons/9/9e/OSC_Microbio_03_03_FlagellaAr.jpg (접속일 2020년 11월 22일)

그림 5-15. https://courses.lumenlearning.com/wm-biology2/chapter/archaea-vs-bacteria/ (접속일 2020년 9월 18일)

그림 5-17. https://courses.lumenlearning.com/microbiology/chapter/unique-characteristics-of-eukaryotic-cells/ (접속일 2021년 2월 22일)

그림 5-19. https://courses.lumenlearning.com/boundless-biology/chapter/eukaryotic-cells/ (접속일 2020년 11월 22일)

그림 5-20. https://en.wikipedia.org/wiki/File:Endomembrane_system_diagram_en_(edit).svg (접속일 2020년 11월 22일)

그림 5-21. https://commons.wikimedia.org/wiki/File:Animal_mitochondrion_diagram_en_(edit).svg(접속일 2020년 11월 22일)

그림 5-22. https://courses.lumenlearning.com/microbiology/chapter/unique-characteristics-of-eukaryotic-cells/ (접속일 2020년 11월 22일)

그림 5-23. https://courses.lumenlearning.com/microbiology/chapter/unique-characteristics-of-eukaryotic-cells/ (접속일 2021년 1월 31일)

그림 5-26. https://commons.wikimedia.org/wiki/File:Paramecium_diagram.png (접속일 2020년 9월 18일)

그림 5-27. https://www.shutterstock.com/ko/image-vector/education-chart-biology-plant-cell-diagram-661087549 (접속일 2021년 1월 31일)

그림 5-28. https://commons.wikimedia.org/wiki/File:Plant_cell_wall_diagram-en.svg (접속일 2020년 11월 23일)

그림 5-29. https://commons.wikimedia.org/wiki/File:Apoplast_and_symplast_pathways.png (접속일 2020년 11월 23일)

그림 5-30. https://en.wikipedia.org/wiki/File:Plastids_types_flat.svg (접속일 2021년 2월 22일)

그림 5-31. https://www.shutterstock.com/ko/image-vector/fungi-classification-based-on-cell-division-250905847 (접속일 2020년 11월 23일)

그림 5-33. https://commons.wikimedia.org/wiki/File:Parenthesome_miguelferig.jpg (접속일 2021년 2월 22일)

Chapter

# 06

# 생명의 성장

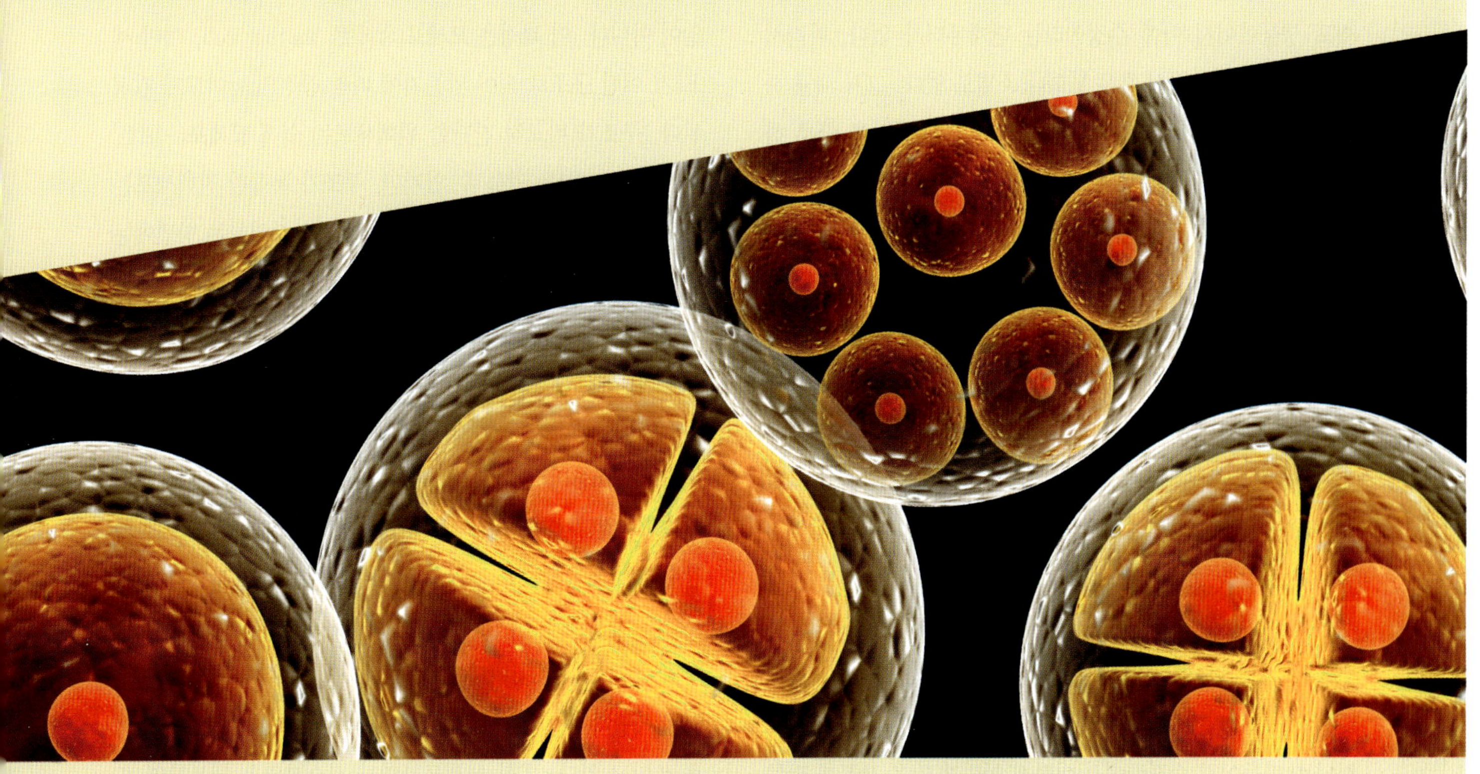

제1절 세포분열 총론
제2절 각 영역별 세포분열
제3절 발생과 성장

# 제1절 세포분열 총론

## 1. 일반론

모든 생물은 각자가 살아가는 방법은 달라도 전 과정을 종합해 보면 모두 다 똑같다(그림 6-1). 약간의 변형만 있을 뿐이다. 진핵생물은 모두 **수정란**(受精卵, fertilized egg)이라는 단세포에서 출발한다. 이 단세포는 세포분열과 분화 과정을 거쳐서 성체로 성장하고, 또다시 자신의 자식을 만드는 번식 활동을 시작할 것이다. 그런 다음 생식이 끝난 생명체는 노화의 과정을 거쳐서 소멸의 단계로 넘어간다. 그러나 생물은 그 종에 따라 이러한 진행 과정이 일부 생략되기도 하고, 한 단계의 기간이 길어지기도 한다. 예를 들면, 태평양 연어는 생식 활동이 끝나면 노화의 단계를 거치지 않고 바로 소멸 단계로 이어진다. 그러나 원핵생물인 세균이나 고세균은 단세포 생물이어서 아예 수정이라는 단계부터가 없다. 따라서 이들은 성장이나 번식 혹은 노화나 소멸도 없다. 그저 세균 하나가 똑같은 다른 하나를 만들어 낼 뿐이다. 똑같은 다른 하나를 만들어 내는 것이 바로 성장이자 번식이 되는 셈이다. 그뿐만 아니라 똑같은 다수가 존재한다면 이들 중 하나가 사라졌다고 해서 모두가 소멸하였다고 할 수도 없다. 여전히 똑같은 개체가 남아 있기 때문이다. 그렇다면 같은 단세포 생물인 원생생물은 어떠할까? 원생생물은 세균과는 다르게 진핵생물이다. 이들 중 일부는 수정란이라는 단세포를 만들기도 한다. 그것으로 끝이다. 그들은 수정란인 채로 그저 살고 있을 뿐이다. 이 장에서는 수정란에서 시작하여 그다음 단계인 발생과 성장을 집중적으로 다룰 것이다. 수정이 일어나는 과정은 따로 제8장 '생명의 번식' 편에서 자세히 다루고 노화나 소멸은 각각 제11장 및 12장에서 다룰 것이다.

인간은 약 100조 개의 세포로 구성되어 있다. 그렇다면 세포 하나로 만들어진 수정란에서 어떻게 이렇게 많은 세포를 만들어 낼 수 있을까? 바로 **세포분열**(細胞分裂, cell division)이라는 과정이 있기 때문에 가능한 일이다. 세포분열은 새로운 세포를 만들어 내는 작업이다. 이들이 만든 새로운 세포는 생명체의 낡은 세포를 새로운 세포로 교체하기도 하고 손상된 세포를 보수하기도 한다. 또한 생명체의 성장이나 생식에도 필요한 세포를 만들어 준다. 인간의 경우 일생 동안 일어나는 세포분열은 과연 몇 회나 될까? 무려 1경(京), 즉 $10^{16}$번에 이른다는 보고가 있다. 그러나 모든 세포가 무한정으로 세포분열이 일어나지는 않는다. 인간 세포의 경우 대략 평균 52회 정도로 분열한 후에는 더이상 분열하지 않고 노화되어 소멸한다. 우리는 이런 현상을 **헤이플릭 분열한계**(Hayflick limit)라고 부른다. 여기에는 **텔로미어**(telomere)라는 유전자 구조물이 등장한다. 만약 어떤 세포가 끝없이 분열을 계속한다면, 우리는 이런 조직을 **암**(癌, cancer)이라고 부를 것이다.

한 세포가 또 다른 새로운 세포를 만들어 낸다는 것은 쉬운 일이 아니다. 이 과정은 **모세포**(母細胞, mother cell, 어미 세포)가 어떤 구조로 되어 있는지에 따라 공정의 난이도가 결정된다. 구조가 비교적 간단한 원핵세포는 쉽게 **딸세포**(-細胞, daughter cell)를 만들 수 있지만, 구조가 복잡한 진핵세포는 그 공정이 더 복잡할 수밖에 없다. 세포가 분열하는 방법에는 3가지 종류가 있다. 첫째는 **이분법**(二分法, binary fission)이다. 이분법은 주로 원핵세포인 세균이나 고세균에서 일어나는 주된 세포분열법이다. 이들은 세포분열 과정에서 **방추사**(紡錘絲, spindle fiber)가 관여하지 않아서 **무사분열**(無絲分裂, amitosis)이라 부르기도 한다. 두 번째와 세 번째는 각각 **체세포분열**(體細胞分裂, somatic cell division, mitosis)과 **감수분열**(減數分裂, meiosis)이다. 이들 체세포분열과 감수분열은 세포분열 과정 중에 방추사가 관여하므로 **유사분열**(有絲分裂, mitosis)이라고 한다[2]. 그러나 감수분열도 유사분열에 해당하지만, 대개 유사분열은 체세포분열과 동일한 의미로 쓰이고 있다. 또한 체세포분열과 감수분열은 세포분열 후 가지고 있는 염색체 수에 따라 구분된다. 체세포분열은 복상체가 되지만 감수분열 후의 염색체는 단상체가 된다. 그리고 감수분열은 세포분열이 2회에 걸쳐서 진행된다는 특징이 있다. 체세포분열은 개체의 성장이나 유지 및 보수를 담당하고, 감수분열은 번식을 위하여 **배우자**(配偶子, gamete)인 정자나 난자를 만드는 역할을 수행한다. 이렇게 감수분열은 수정

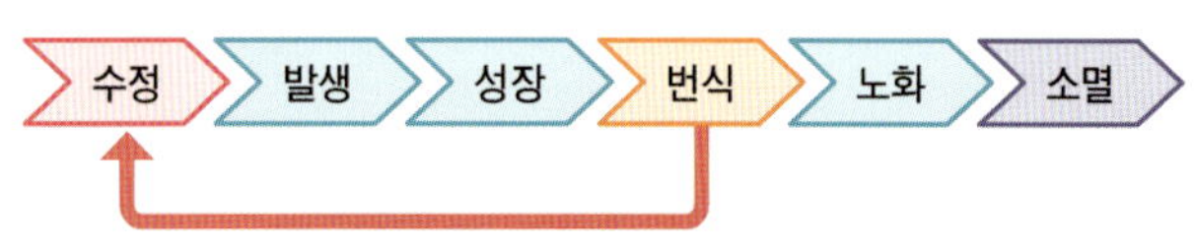


그림 6-1. 진핵세포의 생물주기.

과 연관되어 있어서, 제8장 '생명의 번식' 편에서 자세히 다룰 것이고, 여기서는 이분법과 체세포분열인 유사분열을 중심으로 각 생명체의 특징적인 소견을 기술할 것이다.

## 2. 세포주기

**세포주기**(細胞週期, cell cycle)는 진핵생물이 새로운 세포를 만들어 내는 방법이다. 우선 진화상 생물의 정점에 있는 인간에서 일어나는 새로운 세포 만들기를 살펴보자. 인간의 몸에는 분당 약 3억 개의 세포가 죽어 나가고, 대신 새로운 세포를 만들어서 이를 대체해야만 한다. 자신도 모르는 사이에 많은 일들이 우리 몸안에서 일어나고 있는 것이다. 우리의 외부를 덮고 있는 피부세포나 내장의 안쪽을 덮고 있는 상피세포 또는 골수조직이나 간세포 등 수많은 세포가 죽어 나간다. 일단 세포가 죽게 되면, 면역세포들이 달려들어서 이들을 분해하여 제거해 버린다. 이렇게 만들어진 빈자리는 바로 이웃 세포의 세포막에 있는 수용체에 전달되고, 이 정보는 다시 핵으로 전달되면서 세포주기가 시작된다(그림 6-2). 세포주기는 5단계로 진행된다. 처음 시작되는 단계는 **세포 성장기**(細胞成長期, **G1기**)이다. 이 세포 성장기에는 옆의 세포가 죽어서 그 공간이 비었다는 신호에 의하여, 이웃 세포가 성장하면서 그 크기가 약 20%가량 증가한다. 세포 성장기에서 두 번째 단계인 **DNA 합성기**(-合成期, **S기**)로 넘어가기 전에, 이 세포는 **1차 검문소**(G1/S checkpoint)를 통과하여야만 한다. 이 검문소에서는 주로 세포 크기가 다음 주기로 넘어갈 수 있을 만큼 성장하였는지, 현재의 유전물질에 손상이 없는지에 관하여 점검을 받게 된다. 이렇게 1차 검문소를 통과한 세포는 그다음 단계로 여벌의 염색체를 복제하게 된다. 이렇게 DNA를 복제한 세포는 다시 **분열 준비기**(分裂準備期, **G2기**)로 접어든다. 분열 준비기는 말 그대로 세포분열을 준비하는 기간이다. 세포의 덩치를 다시 키우고 모든 염색체가 제대로 복사되었는지, 복사된 유전자에 손상은 없는지를 집중적으로 조사받게 된다. 이것이 **2차 검문소**(G2/S checkpoint)이다. 만약 유전자에 손상이 발견되면, 세포주기는 여기서 멈추고 유전자 수선에 나서게 된다. 유전자 손상이 있는 세포를 분열시킬 수 없기 때문이다. 따라서 유전자 교정이 끝난 세포만이 **핵분열**(核分裂, nuclear division, karyokinesis)이 일어나는 **분열기**(分裂期, **M기**, mitosis)로 넘어가게 된다. 우리는 세포 성장기-DNA 합성기-분열 준비기를 합하여 **간기**(間期, interphase)라고 부른다. 실제 세포주기에서 간기가 차지하는 비율이 대략 90% 정도가 된다. 분열기는 다시 핵분열과

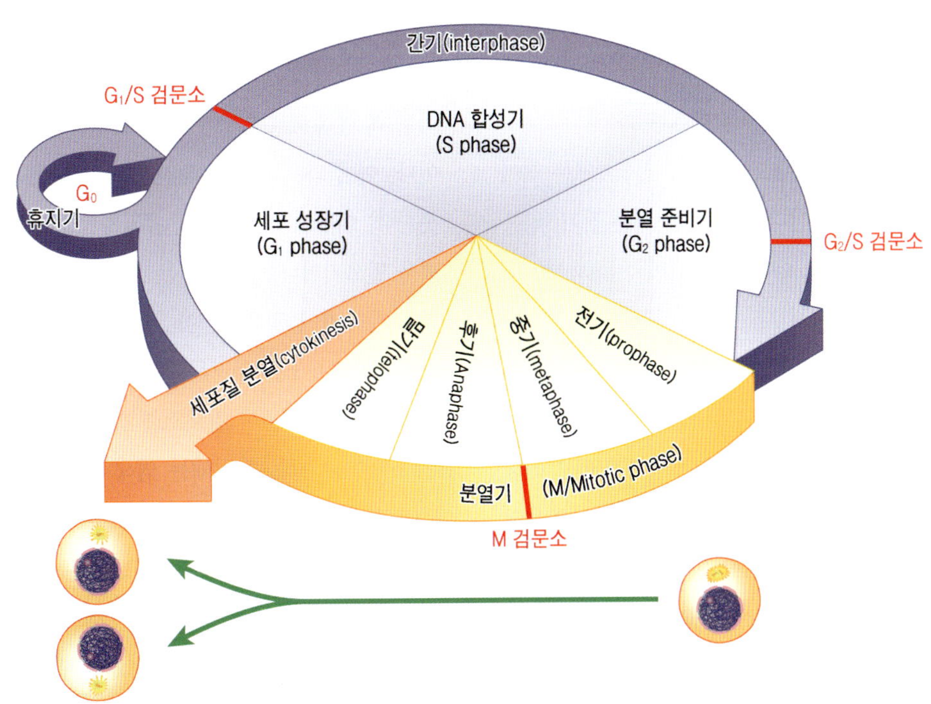


그림 6-2. 진핵세포의 세포주기.

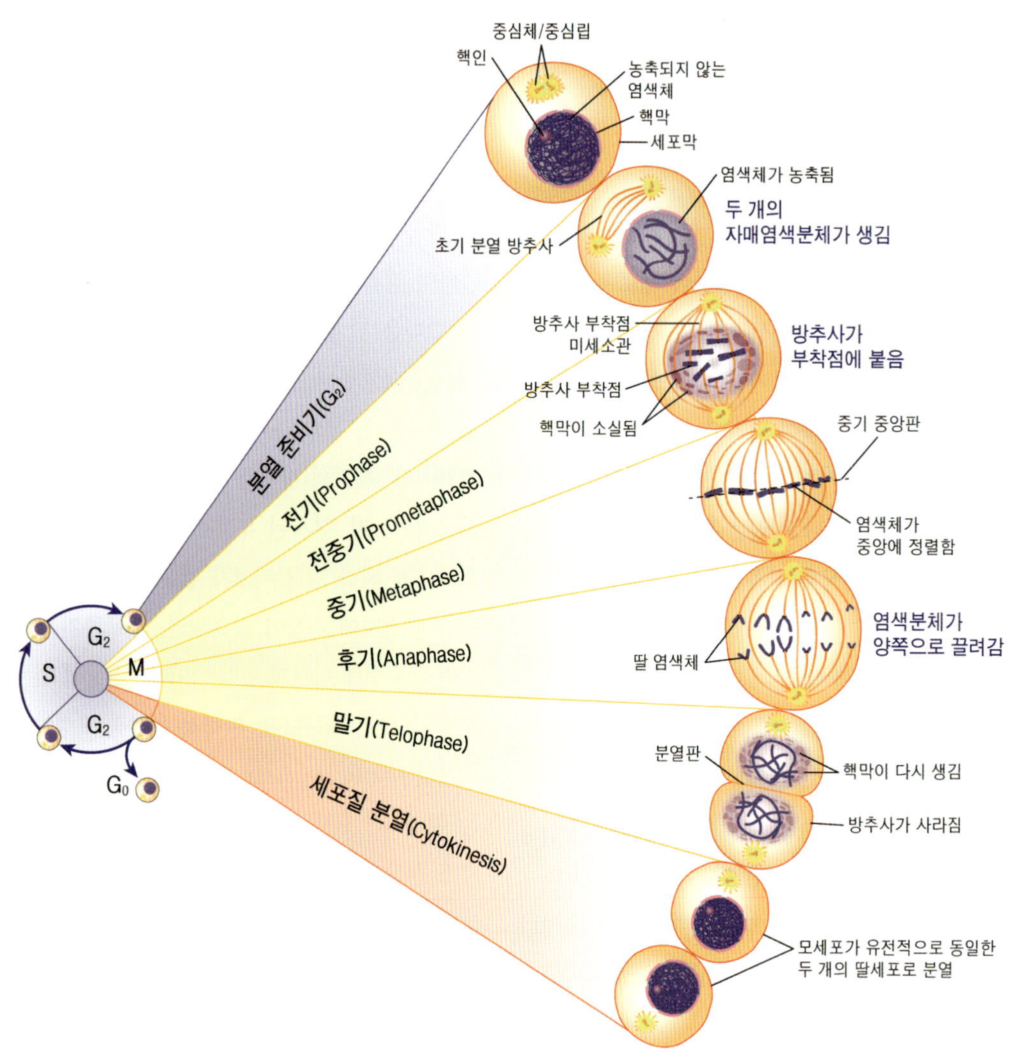


그림 6-3. 세포주기 중 분열기 진행 과정.

**세포질 분열**(細胞質分裂, cytokinesis)로 나뉜다[13,43].

먼저 핵분열 순서부터 살펴보자(그림 6-3). 진핵세포는 핵이 있으므로 핵부터 분열해야만 한다. 핵분열 순서는 **전기**(前期, prophase), **중기**(中期, metaphase), **후기**(後期, anaphase), **말기**(末期, telophase)로 구분한다. 전기는 핵막이 소실되면서 염색질이 응축하고 염색체가 나타나기 시작하는 시기이다. 이미 2개로 분리된 **중심체**(中心體, centrosome)가 양극으로 자리잡으면서 방추사를 뻗기 시작하는 시기를 따로 **전중기**(前中期, prometaphase)라 부르기도 한다. 중기는 염색체들이 중앙으로 이동하여 일렬로 배열된 상태에서 방추사가 염색체의 **동원체**(動原體, centromere)에 있는 **방추사 부착점**(紡錘絲附着點, kinetochore)에 가서 붙게 된다. 만약에 방추사 부착점에 방추사가 정확히 붙지 않는다면, 염색체가 분리될 때 양쪽으로 유전자가 정확하게 나누어질 수 없게 될 것이다. 이 결과는 동일한 유전자를 가진 생명체를 만들어 내지 못한다. 이렇게 비정상적인 유전자를 가진 새 생명체는 큰 질병을 일으키거나 암 등 큰 문제를 야기할 것이다. 따라서 제3의 검문소가 등장한다. 이것이 **분열 검문소**(M checkpoint)이다. 이 검문소는 철저히 방추사가 방추사 부착점에 잘 붙었는지를 점검한다. 이 검문소를 통과한 세포만이 다음 단계인 후기로 넘어간다. 후기에는 염색체가 동원체 부위에서 분리되어 각각의 염색분체들이 양극으로 끌려가게 된다. 말기에는 다시 핵막과 핵인이 나타나고, 액틴과 미오신 고리가 가운데를 수축시켜서 양쪽이 갈라지는 세포질 분열이 일어나게 된다. 이런 과정을 거치면 드디어 모세포와 유전적으로 동일한 또 다른 새로운 한 개의 세포가 이 세상에 등장하게 될 것이다. 우리의 몸은 분당 수억 개의 생명체가 죽어 나가고, 수억 개의 생명체가 또다시 태어나는 아주 역동적인 공간에 놓여 있는 셈이다. 이렇게 태어난 세포는 또 다른 세포주기에 참여하기도 하고, 세포분열에 참여하지 않는 **휴지기**(休止期, G0)에 들어가기도 한다[7,11].

한 세포가 등장하기 위해서는 3개의 엄격한 검문소를 통과해야만 한다. 그러나 이런 검문소와 세포주기를 전반적으로 조정 관리하는 감독관이 있다. 이것이 **사이클린**(cyclin)과 **사이클린의존성 인산화효소**(cylin-dependent kinase; CDK)이다. 이 둘의 관계도 상호보완적이다. 어느 일방의 힘으로 이 거대한 세포주기를 독단적으로 마음대로 돌릴 수가 없다. 사이클린은 조절 기능을 가지고 있고, 사이클린의존성 인산화효소는 촉매의 기능을 가지고 있기 때문이다. 그러나 사이클린 없이는 사이클린의존성 인산화효소는 작용할 수가 없다. 이 둘이 결합했을 때, 비로소 사이클린의존성 인산화효소가 인산화 작용을 일으켜서, 불활성 효소를 활성 효소로 바꾸어 주게 된다. 이렇게 활성화된 효소는 다시 세포주기가 진행될 수 있도록 허락해 줄 것이다. 사이클린의존성 인산화효소에서 '의존성'이라는 의미를 독자들은 알아차렸을 것이다. 사이클린의존성 인산화효소는 세포주기에서 계속적 나타나지만, 사이클린은 여러 분자의 신호에 따라 세포주기의 특별한 단계에서만 합성된다[12,42]. **사이클린**과 사이클린의존성 인산화효소에 관한 내용은 여기서 마무리하겠지만, 이 둘의 관계는 암이나 노화를 이해하는 데 결정적인 단서를 제공해 준다. 이들에 영향을 미치는 어떤 화학물질이나 호르몬 등을 찾기 위하여 전 세계 학자들은 밤에도 불을 밝혀 놓고 실험실에서 머리를 싸매고 있을 것이다.

## 제2절 각 영역별 세포분열

### 1. 세균 및 고세균

세포분열의 3가지 방법 중 하나가 이분법이다. 이 이분법은 원핵세포인 세균이나 고세균에서 주로 일어난다. 즉, 핵이 없는 비교적 간단한 구조로 되어 있는 세포에서 일어나는 세포분열 방법이다. 다세포 생명체들이 세포분열에 의하여 새로운 세포를 계속 만들어 내야 하는 이유는 이미 설명한 바 있다. 그러나 자신의 성장이나 유지 및 보수를 위하여 새로운 세포를 만들어 낼 필요가 없는 단세포인 세균과 고세균이 자신과 똑같은 새로운 세포를 만들어 낸다는 것은 무슨 의미를 가질까? 이들의 세포분열은 어떤 목적이 있을까? 이들의 세포분열은 바로 번식을 뜻한다. 예를 들면, 하나의 건빵이 똑같은 건빵을 하나를 더 만들어 내는 것이다. 건빵은 계속 늘어날 것이다. 이 중 건빵 하나를 누군가 먹어 치웠다고 하자. 그렇다고 건빵이라는 종이 사라졌거나 소멸하였다고 말할 수 없다. 왜냐하면 그와 똑같은 건빵이 많이 있기 때문이다. 이제 건빵이 만들어지는 과정을 살펴볼 차례이다(그림 6-4).

원핵세포는 원형의 염색체를 한 개만 가지고 있다. 세포가 분열하기 위해서는 진핵세포와 마찬가지로 이 염색체가 복제되어야 한다(이 과정을 진핵세포의 세포주기에서 설명한 방법과 비교해 보기 바란다). 염색체는 **복제기점**(複製起點, origin of replication)에서 시작하여 양방향으로 복제해 나간다. 이때 **FtsZ 단백질**은 세포질에 흩어져 있다. 염색체가 복제됨과 동시에 세포는 옆으로 길어지면서 커지고, FtsZ 단백질은 세포 중앙으로 몰려든다. 복제된 염색체가 양끝으로 이동하고, FtsZ 단백질이 중앙에서 양 세포 사이의 벽을 만든다. 이 벽은 세포막과 세포벽이 될 것이다[38]. 이렇게 FtsZ 단백질이 유도한 물질들에 의하여 벽이 완성되면, 세포질 분열이 일어나면서 동일한 새로운 한 개의 세포가 새롭게 태어난다. 이들은 모세포와 모양이나 유전자도 모두 동일한 복제품인 딸세포이다. FtsZ 단백질은 이미 제5장 '생명의 구조' 편에서 등장했던 단백질이다. 이 FtsZ 단백질은 진핵세포에서 방추사를 구성하는 **튜불린**(tubulin)과 기능적으로나 구조적으로 대단히 유사하다. 이들은 공교롭게도 둘 다 GTP라는 에너지를 사용한다. 원핵세포에서 나타나는 이분법에는 방추사가 없다. 그런데도 방추사와 유사한 구조를 가지고 있는 FtsZ 단백질이 있다는 것은 무슨 의미일까? 우리는 쉽게 FtsZ 단백질이 튜불린의 선조 단백질이며, 이들이 진화적으로 연결되어 있다는 것을 쉽게 유추해 볼 수 있을 것이다. 따라서 이분법과 유사분열은 그 과정은 다소 다를지라도 동일한 딸세포를 만든다거나 무성적으로 딸세포를 만든다는 점에서는 서로 닮았다고 할 수 있다.

그렇다면 세균 한 마리가 두 마리로 분열하는 데는 시간이 얼마나 걸릴까? 전형적인 인간의 세포는 세포주기를 거쳐 완전히 두 개의 세포가 만들어지는 데 약 24시간이 걸린다. 그

유사분열 없이 다시 다수의 다핵을 가진 딸세포를 만들어 내는 것을 말한다. 원핵생물과 진핵생물의 진화적 길목에 자리 잡고 있는 원생생물의 세포분열 방법이 원시적이지만 다양하고 복잡하리라는 것은 충분히 예상되는 일이기도 하다.

## 3. 균류

균류는 진핵생물이면서 다세포 생물이다. 물론 관다발도 없다. 우리가 보는 곰팡이나 버섯 종류가 모두 여기에 속한다. 균류라고 해서 모두 다세포인 것은 아니다. 예외적으로 우리와 밀접한 관련이 있는 **효모**(酵母, yeast)는 단세포 진핵생물이다. 효모라는 눈에도 보이지 않는 작은 생명체가 없다면, 우리는 식빵이나 포도주를 제대로 먹지도, 마시지도 못할 것이다.

균류도 마찬가지로 체세포와 생식세포인 포자를 가지고 있다. 이들도 식물의 생활사에서 나타나는 **세대교번**(世代交番, alternation of generation)을 한다. 따라서 균류도 세포분열이 왕성하게 일어나야만 할 것이다. 이미 세포주기에서 기술한 것처럼 체세포분열인 유사분열이 일어나야 한다는 뜻이다. 생식을 위한 감수분열은 제8장 '생명의 번식' 편에서 알아보기로 하고, 우선 단세포 균류인 효모에 대하여 자세히 알아보자.

효모는 현재 약 1,500종 정도가 알려져 있고, 대부분 출아법에 의하여 세포분열이 일어난다[35]. 따라서 이 자체가 번식 행위가 될 것이다. 그림 6-7에서 보는 것처럼 간기를 거쳐 분열기와 세포질 분열 과정이 잘 나타나 있다. 그러나 여기서 주목할 것은 동물과 식물에서와 달리 분열기에 핵막이 사라지지 않는다는 점이다. 이런 현상은 대부분의 균류 유사분열에서 나타나는 현상이다. 이렇게 핵막이 사라지지 않는 경우를 **폐쇄형 유사분열**(閉鎖形有絲分裂, closed mitosis)이라고 부른다. 이와 반대로 식물이나 동물은 핵막이 완전히 분해된다. 따라서 이러한 형태를 **개방형 유사분열**(開放形有絲分裂, open mitosis)이라고 한다. 이러한 형태를 관찰하다 보면 우리는 무슨 생각이 들까? 생명이 살아가는 데 절대적으로 요구되는 유사분열이 어떻게 진화되어 왔는지를 알게 해 주는 좋은 예라고 할 수 있다. 균류도 체세포분열에 의하여 균사를 만들고, 무성적인 방법으로 포자를 만들기도 할 것이다. 또한 상위 생명체에 속하는 특징을 보여서, 포자도 유성생식 방법으로 제조하여 균류의 다양성을 이어 갈 것이다.

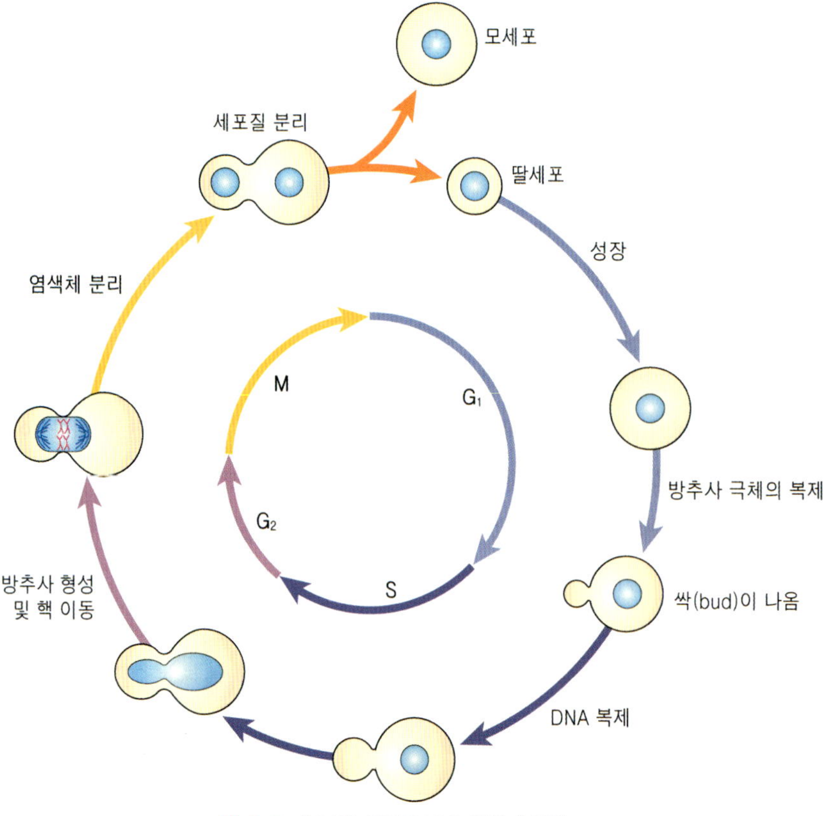


그림 6-7. 효모의 세포주기에 의한 출아법.

## 4. 식물

식물은 다세포 생물이면서 진핵생물이다. 식물은 동물과 더불어 이 지구상에 살고 있는 생명체의 양대 산맥처럼 군림하고 있다. 그러나 분포도를 따진다면 동물보다 더 우점종이라고 할 수도 있다. 식물도 동물과 같이 세포주기를 통하여 세포분열이 일어난다. 이미 기술한 대로 식물도 동물과 같이 네 단계의 세포주기를 가진다. 분열기에는 전기에서 말기까지 진행된 다음 세포질 분열이 일어난다. 또한 동물과 같이 검문소(checkpoint)가 있고, 세포주기를 관리하는 사이클린과 사이클린의존성 인산화효소도 있다. 그러나 식물세포는 세포벽을 가지고 있어서, 세포의 유동성이나 세포분열에 대하여 막대한 영향을 미치게 된다. 이들은 어떻게 경직된 세포벽을 뚫고 세포분열이 일어날 수 있을까? 염색체가 세포분열 시 양극으로 끌려가는 미세소관을 만드는 중심체에는 차이가 없을까? 우선 세포벽이 만들어지는 과정부터 알아보자.

식물의 세포벽이 형성되는 과정에는 몇 가지 요소들이 관여되어 있다. 첫째는 **전기전속**(前期前束, 전기전 다발, pre-prophase band)이다[9]. 이 전기전 다발은 **세포판**(細胞板, cell plate)이 형성될 자리를 미리 알려 주고 사라지는 미세소관과 액틴으로 구성된 다발이다. 이 다발이 고리 모양으로 식물세포 둘레를 감싼 후, 유사분열에 의하여 핵분열이 일어날 것이다. 그다음 세포판을 만들어서 세포막과 세포벽을 만들어 내는 중요한 구조가 **격벽형성체**(隔壁形成體, phragmoplast, '울타리 모양'을 한 구조라는 의미)이다. 격벽형성체는 **미세소관**(微細小管, microtubule)과 **골지소낭**(-小囊, Golgi vesicle)으로 구성되어 있다. 세포분열 후기에 남아 있던 방추사가 격벽형성체의 미세소관이 되고, 골지소낭은 골지체에서 분비된 소낭이다. 미세소관은 그림 6-8처럼 분열 면에 대하여 수직으로 생선을 잡는 통발 모양을 하면서 중앙에서 바깥쪽인 세포벽 쪽으로 이동해 간다. 골지소낭에는 세포벽의 구성성분인 셀룰로스나 펙틴 등의 전구체들이 잔뜩 들어 있다. 미세소관에 인접해 있는 골지소낭은 중앙으로 움직이면서 서로 융합하여 세포판을 형성해 나간다. 이렇게 융합된 골지소낭의 막은 장차 식물세포의 세포막이 될 것이고, 융합된 골지소낭 사이의 간격은 **원형질 연락사**(原形質連絡絲, plasmodesma, 복수 plasmodesmata)가 될 것이다. 이렇게 격벽형성체가 만든 세포판이 기존의 세포벽에 도달하면, 드디어 세포질 분열이 일어나면서 세포 분열이 완성될 것이다. 격벽형성체는 동물세포의 세포질 분열 단계에서 나타나는 **중앙체**(中央體, midbody)와 유사한 것으로 보고 있다[36,50].

격벽형성체와 비교되는 형태는 **조판형성체**(藻瓣形成體, phycoplast)이다. 일부 녹조류에서 형성되는 조판형성체는 **미세소관으로** 분열 면이 형성되면서 **분열구**(分裂溝, cleavage furrow)에 의하여 갈라지기도 하고, 세포판이 만들어져서 갈라지기도 한다. 이 조판형성체의 미세소관은 분열 면에 대하여 평행이라는 차이점이 있다.

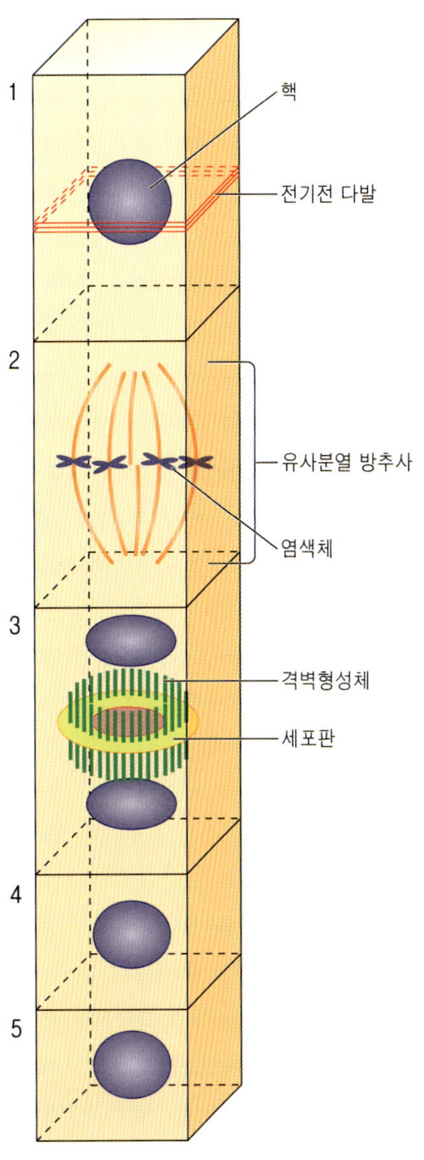


그림 6-8. 격벽형성체에 의하여 세포벽이 만들어지는 과정. (출처: Tameeria[6-8])

식물세포의 또 다른 특이점은 육상식물에는 **중심체**(中心體, centrosome)가 없다는 사실이다. 중심체가 없다는 뜻은 **중심립**(中心粒, centriole)도 없다는 뜻이다. 그러나 방추사가 없다는 뜻은 아니다. 식물세포의 중기에도 방추사에 의해서 염색체가 양극으로 이동하여 세포분열이 일어나기 때문이다. 그렇다면 중심체가 없는데 식물세포의 미세소관은 어디에서 생성될까? 이 문제는 아직도 풀어야 할 과제로 남아 있다. 예를 들면, 우산이끼는 중심체와 유사한 **극조직체**(劇組織체, polar organizer)에서 미세소관을 만들어 낸다. 이 문제는 조금 후에 다시 다룰 것이다. 격벽형성체에 의하여 세포분열이 일어나는 윤조류나 육상식물에는 중심체가 없는 것으로 보아, 격벽형성체와 중심체 소실은 유전적으로 서로 밀접한 관련이 있을 것으로 추정된다.

## 5. 동물

동물세포의 세포분열은 제1절의 '세포주기' 편에서 대표적으로 이미 다루었다. 다세포 진핵생물의 세포주기에서 유사분열은 중요한 의미를 가진다. 이 유사분열은 체세포분열과 같은 의미로 생명체의 성장, 유지 및 보수 등을 위하여 새로운 세포를 만들어 내는 방법이기 때문이다. 그렇다면 유사분열은 어떤 진화적 선조를 가지고 있을까? 혹은 유사분열 방법이 고등생물로 진화하면서 어떻게 변화되어 왔을까? 새로운 세포를 만들어 내는 작업이 그만큼 중요하다면, 유사분열의 진화적 변화도 흥미로운 일일 것이다. '동물의 세포분열' 편에서는 유사분열의 진화적 변천사를 살펴볼까 한다.

무엇보다도 유사분열의 선조는 원핵생물이나 원생생물에서 일어나는 이분법이다. 왜냐하면 이분법이나 유사분열은 모두 한 개의 모세포에서 두 개의 딸세포가 생겨나기 때문이다. 이분법이 핵이 없는 원핵생물에서 주로 일어나는 새로운 '세포 만들기'라면, 유사분열은 핵이 있고 더 복잡한 구조로 되어 있는 진핵생물에서 주로 일어나는 '세포 만들기'이다. 세균이나 고세균은 한 개의 원형의 염색체를 가지고 있어서, 이들이 복제된 후에 양극으로 갈라진다. 이때 양극으로 유전물질이 분리되는 기전에 대해서는 명확히 알려지지 않았다. 이렇게 갈려진 세포는 FtsZ 단백질이 고리 모양을 형성하면서 세포질 분열이 일어나면서 세포는 두 개로 갈라진다.

진핵세포에서 일어나는 유사분열 과정도 비슷한 양상을 보이지만 3가지 측면에서 구분된다[34]. 먼저 유사분열 시 핵막의 존재 여부이다. **개방형**(開放形, open)은 핵막이 사라지면서 핵분열이 일어나지만, **폐쇄형**(閉鎖形, closed)은 핵분열이 일어나는 동안 핵막이 그대로 있다. 그리고 일부에서는 핵막 일부가 사라지는 **준개방형**(準開放形, semiopen)도 있다(그림 6-9). 그다음 고려 사항은 중기에서 보는 방추사의 대칭성에 따라 구분해 볼 수 있다. 방추사가 중앙축에 대하여 대칭적인 경우를 **정중 유사분열**(正中有絲分裂, orthomitosis)이라 부르고, 측방으로 밀려나 있는 것을 **측중 유사분열**(側中有絲分裂, pleuromitosis)이라고 한다. 마지막으로 방추사의 위치가 핵 안에 있는지, 핵 밖의 세포질에도 있는지에 따라 구분한다. 먼저 그림 6-9 중에서 ①은 **폐쇄형 핵내 측중 유사분열**(closed intranuclear pleuromitosis) 형태라 할 수 있다. 이 형태가 유사분열 형태 중에서 가장 원시형으로 본다. 석회질이나 규산질을 가지고 있는 원생동물인 **유공충**(有孔蟲, foraminifera)이나 접합균류 및 자낭균류 등이 이런 형태의 유사분열을 한다. ②의 형태는 **폐쇄형 핵외 측중 유사분열형**(closed extranuclear pleuromitosis)이다. 이런 형태의 유사분열을 하는 생물체는 원생생물인 트리코모나스(trichomonas)와 와편모충류(dinoflagellate) 등을 들 수 있다. ③은 **폐쇄형 정중 유사분열**(closed orthomitisos) 형태이다. 이런 형태의 유사분열을 하는 생명체는 규조류(diatom), 섬모충류(ciliate), 효모 및 일부 균류들이다. ④는 **준개방 측중 유사분열**(semiopen pleuromitosis) 형태이다. 핵막의 측면이 녹으면서 방추사가 세포질에도 놓여 있는 형태이며, 이것은 말라리아 원충이 사용하는 방법이다. ⑤는 **준개방 정중 유사분열**(semiopen orthomitosis)로 일부 아메바나 녹조류지만 편모를 가지고 있고 군체 생활을 하는 볼복스(Volvox)가 여기에 속한다. 마지막으로 ⑥의 방식은 인간을 포함한 포유류, 육상식물과 일부 원생생물에서 일어난다[8,41].

세포주기에서 유전물질의 정확한 복제가 대단히 중요한 문제이기 때문에, 두 번의 검문소에서 철저히 조사를 받는다. 그러나 유사분열에 의하여 염색체가 정확히 분리되는 것도 또한 중요한 문제이다. 이 분리의 정확도를 검사하는 장소가 분열기에 있다는 것도 이미 설명하였다. 만약 방추사의 역할이

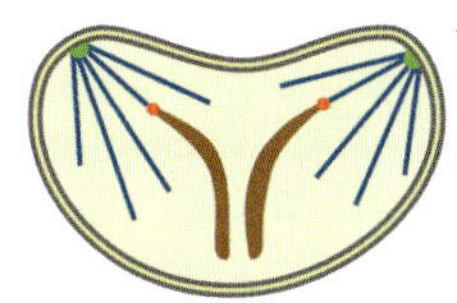

① 폐쇄형 핵내 측중 유사분열형
(Closed intranuclear pleuromitosis)

예: 유공충(foraminifera), 미포자충류(microsporodians), 일부 균류

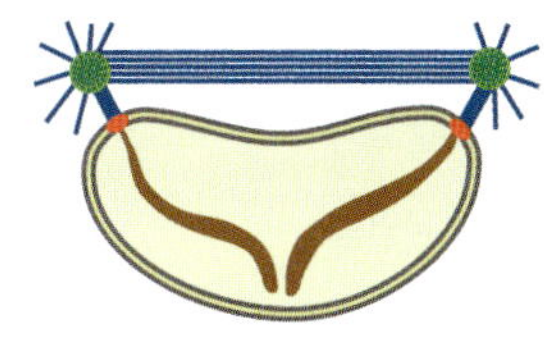

② 폐쇄형 핵외 측중 유사분열형
(Closed extranuclear pleuromitosis)

예: 질편모충(tricomonas vaginalis), 와편모충류(dinoflagellate)

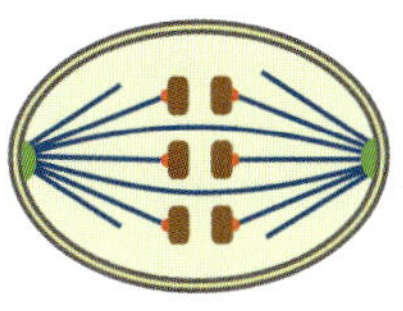

③ 폐쇄형 정중 유사분열형
(Closed orthomitosis)

예: 효모(S. cerevisae), 트리파노소마(trypanosome), 섬모충류 (ciliates), 규조류, 일부 균류

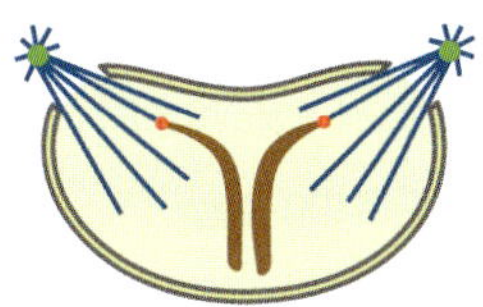

④ 준개방 측중 유사분열형
(Semiopen pleuromitosis)

예: 말라리아 원충(plasmodium)

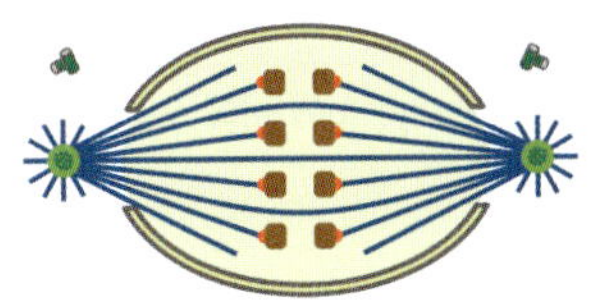

⑤ 준개방 정중 유사분열형
(Semiopen orthomitosis)

예: 볼복스(volvox), 일부 아메바

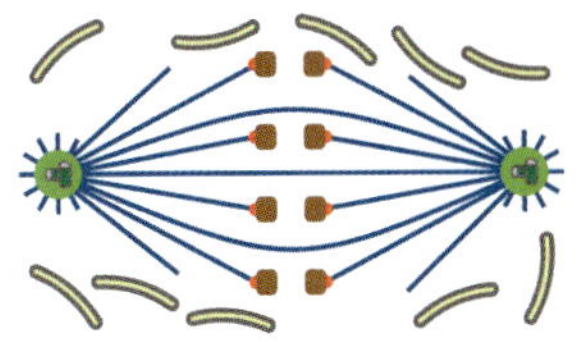

⑥ 개방형 정중 유사분열형
(Open orthomitosis)

예: 포유동물, 육상식물, 다른 후생동물(metazoan), 일부 원생생물

그림 6-9. 다양한 유사분열 형태에 관한 모식도. (출처: Baba66[6-9])

미흡하여 유전물질이 정확히 분리되지 않았다면 어떤 결과가 초래될까? 염색체의 **비분리**(非分離, non-disjunction), **이수체**(異數體, aneuploidy) 또는 **다배수체**(多胚數體, polyploidy) 등의 유전질환이 인간을 포함한 전 생명체에 나타나게 될 것이다. 유사분열은 유전물질의 복제와 분리가 정확히 일어나고, 이들을 철저히 검증하는 방향으로 진화되어 왔다고 할 수 있다.

## 6. 동물과 식물의 세포분열 차이점

새로운 세포를 만든다는 것은 생명체에게 대단히 중요한 일이다. 번식이란 성을 통하여 새로운 세포를 만들어 내는 것인 데 반해, 성을 통하지 않고 무성적으로 새로운 생명체를 만들어 내는 과정이 유사분열이다. 동물과 식물의 세포분열에서 가장 주목받는 차이점은 세포벽과 미세소관일 것이다. 세포벽은 식물 편에서 격벽형성체를 통하여 만들어지는 과정을 이미 설명하였다. 그렇다면 유사분열에서 꼭 필요한 미세소관은 어떻게 만들어질까? 한 번 더 정리해 보자. 왜냐하면 식물에는 중심체나 중심립이 없지만, 핵분열이 일어나면서 새로운 세포가 만들어지기 때문이다[53].

먼저 방추사는 미세소관으로 형성된다. 미세소관은 알파 튜불린과 베타 튜불린의 **이량체**(二量體, dimer)가 기본구조로 관 모양을 이루고 있다. 미세소관의 역할은 다양하다. 세포 소기관의 이동에 관여하거나 유사분열에서 방추사로서 핵의 이동을 유도한다. 그뿐만 아니라 섬모나 편모의 구성 요소가 되고 세포골격의 역할도 담당한다. 동물세포에서는 중심체에서 나온 방추사가 마치 별 모양을 하고 있어서 이를 **성상체**(星狀體, aster)라 부르고 있다.

미세소관이 조립되고 조직화되는 부위를 우리는 **미세소관 조직센터**(microtubule organizing center; MTOCs)라고 부른다. 동물세포에서는 이러한 미세소관 조직센터에 해당되는 부위가 중심체와 **기저체**(基底體, basal body)가 된다. 중심체는 방추사를 내고 기저체는 섬모와 편모를 만들어 낸다. 그러나 단세포 균류인 효모나 다수의 균류에서는 중심체 대신 **방추극체**(紡錘極體, spindle pole body)에서 미세소관이 만들어진다. 효모에서 방추극체가 중심체 역할을 하는 셈이다. 그러나 효모에 있는 방추극체에는 중심립이 없다. 이 방추극체는 동물세포의 중심체처럼 소기관으로 자리잡고 있지 않고, 그저

표 6-1. 동·식물 세포의 구조 및 유사분열의 차이점

| | 동물세포 | 식물세포 |
|---|---|---|
| 세포분열 전 모양 | 작음, 둥긂, 유연함 | 큼, 사각형, 고정되어 있음 |
| 세포분열을 유도하는 특이 호르몬 | 호르몬은 있지만 특이하지 않음 | 사이토키닌(cytokinin) |
| 중심체(centrosome) | 있음 | 없음 |
| 중심립(centriole) | 있음 | 없음 |
| 방추사 생성 | 있음 | 있음 |
| 성상체(aster formation) | 쌍성상체(amphiastral) | 없음 |
| 세포질 분열 후 방추사 | 소실됨 | 남아서 격벽형성체(phragmoplast)가 됨 |
| 중앙체(midbody) | 형성됨 | 형성되지 않고 격벽형성체로 됨 |
| 세포질 분열 | 분열구(cleavage furrow)에 의함 | 세포판(cell plate)에 의함 |
| 미세섬유(microfilament)의 세포질 분열 관여 | 관여함 | 거의 관여하지 않음 |
| 세포질 분열 방향 | 밖에서 안으로 | 안에서 밖으로 |
| 유사분열 발생 장소 | 거의 대부분 조직(신경, 근육세포 제외) | 분열조직(meristem)에서만 일어남 |
| 분열 후 딸세포 사이의 공간 | 있음 | 중층(middle lamella)에 의하여 밀착됨 |
| 세포벽 | 없음 | 있음 |
| 액포(vacuole) | 작음 | 아주 큼 |
| 엽록체 | 없음 | 있음 |
| 원형질 연락사(plasmodesmata) | 없음(유사조직, 간극연접 gap junction) | 있음 |
| 리소좀(lysosome), 퍼옥시솜(peroxisome) | 있음 | 없음 |
| 음식물 저장 형태(glucose) | 글리코겐(glycogen) | 전분/녹말(starch) |
| 미토콘드리아 수 | 많음 | 적음 |
| 핵의 위치 | 비교적 중앙 | 변두리 |

핵막 속에 파묻혀 있다. 따라서 효모나 균류가 핵분열이 제대로 일어나기 위해서는 분열하는 동안 핵막이 사라지지 않고 그대로 있어 주어야 할 것이다. 이 방추극체는 디스크 모양을 하고 있으면서 3개의 판으로 구성되어 있다. 안쪽에 있는 **내판**(內板, inner plaque)은 방추사를 핵 내로 뻗어서 유사분열이 잘 일어날 수 있도록 해 주고, **외판**(外板, outer plaque)은 세포질 쪽으로 미세소관을 내보내어서 세포골격의 역할을 수행할 수 있도록 해 주며, 그 사이에 있는 **중판**(中板, middle plaque)은 외판과 내판을 지지해 주는 역할을 할 것이다. 구과식물이나 꽃식물은 중심립도 없을 뿐만 아니라 방추극체도 없다. 그렇다면 어떻게 유사분열을 위한 미세소관을 조립해 낼 수 있을까? 이 과정은 아직도 연구과제로 남아 있으며, 다만 효모나 일부 균류와 같이 핵막 속에 있을 것으로 추정하고 있다.

각 편에서 설명한 동물세포와 식물세포의 유사분열에 대한 조각 지식을 한군데 모아서 도표로 만든 것이 표 6-1이다. 동식물세포의 일부 구조적 차이와 유사분열 방법에 대한 차이를 비교하였으니 참고 바란다[16,46,57].

## 제3절 발생과 성장

### 1. 일반론

'생명이란 무엇인가'라는 대명제의 해답을 찾아간다는 것은 이들 생명체가 어떻게 구성되어 있고, 어떤 방식으로 체계화되어 있는지를 파악하는 일에서부터 출발하여야 한다. 다음의 내용은 제1절에서 간략하게 소개되었지만, 다시 한번 재정리해 볼 필요가 있다. 생명은 그림 6-10처럼 의외로 철저

히 조직화되어 움직인다. 쿼크나 경입자와 같은 소립자에서 출발한 생명의 근원은 원자와 분자 그리고 거대분자를 거쳐서 **세포**(細胞, cell)까지 이르게 된다. 이 과정을 이해하는 데 제1장 '모든 것의 시작' 편에서부터 제5장 '생명의 구조' 편까지를 할애하였다.

세포 단계가 주목받는 이유는 이 단계부터 처음으로 생명현상이 나타난다는 점 때문이다. 생명현상이 무엇인지에 관해서는 이미 기술하였다. 그뿐만 아니라 모든 생명체는 세포라는 기본단위로 구성되어 있다는 사실이 세포 자체에 관심이 쏠리는 이유이기도 하다. 세포는 다시 비슷한 세포끼리 모여서 어떤 한 기능을 수행하는 **조직**(組織, tissue)이 되고, 이 조직은 다시 비슷한 조직과 서로 협동하여 **기관**(器官, organ)을 만들어서 특정한 일을 해낸다. 이 기관들은 서로 모여서 **기관계**(器官系, organ system)가 되어 더욱 복잡한 일을 수행하게 되고, 다시 복잡한 기관계가 모여서 드디어 한 **개체**(個體, organism)가 만들어진다[51]. 왜 개체를 organism으로 표시할까? 이는 생명체가 철저히 조직화되어 있다는 뜻을 담고 있다.

이제 인간이라는 생물체에서 일어나는 조직 구조를 한번 살펴보자. 인간을 구성하고 있는 세포는 과연 몇 종류나 될까? 확정적인 숫자를 말하기는 어렵지만 대략 260여 종으로 보고 있다. 참고로 소기관은 약 20여 종이 된다. 세포로 구성된 조직은 4개의 종류로 구분된다. **상피조직**(上皮組織, epithelial tissue), **결합조직**(結合組織, connective tissue), **근육조직**(筋肉組織, muscle tissue) 및 **신경조직**(神經組織, nervous tissue)이 그것들이다. 이들 4개의 조직이 만들어 내는 기관은 무려 78개나 되는데, 심장, 폐, 콩팥, 간, 위장 등을 들 수 있다. 또한 이들이 만들어 내는 기관계는 12개로 요약된다. 심장과 혈관이 모여서 만든 심혈관계, 폐나 기관지 및 입 등이 만들어 낸 호흡기계, 소화기계 등이 이에 해당한다. 인간은 약 100조 개의 세포로 구성되어 있지만, 최종적으로 12개의 기관계로 만들어져 있다. 이들이 어떻게 조화롭게 운용되는지에 따라 인간이라는 개체의 운명이 달려 있을 것이다. 다시 개체 상태로 돌아가 보자.

그렇다면 이 개체는 어떻게 조직화되어 있을까? 동일한 개체는 같은 종에 속할 것이다. 따라서 같은 종이 모여 사는 형태를 **집단**(集團, population) 혹은 **개체군**(個體群)으로 부른다. 만약 한 종으로 구성된 집단이 같은 장소에서 서로 모여 산다면, 우리는 이를 **군집**(群集, community)이라고 부른다. 군집과 군집이 만나고 이들과 상호작용하는 무생물적 환경요인이 더해지면, 우리는 이 상태를 **생태계**(生態界, ecosystem)라고 부른다. 모든 생태계가 서로 만나서 이루어 내는 세계가 바로 **생물권**(生物圈, biosphere)이다. 생물권은 단지 지구의 한 부분만을 형성할 뿐이다. 지구는 **기권**(氣圈, atmosphere), **수권**(水圈, hydrosphere), **지권**(地券, lithosphere)이 모여 지구라는 행성을 구성하고 있다(그림 6-10).

이 장에서 우리는 지금까지 새로운 세포가 어떻게 생겨나

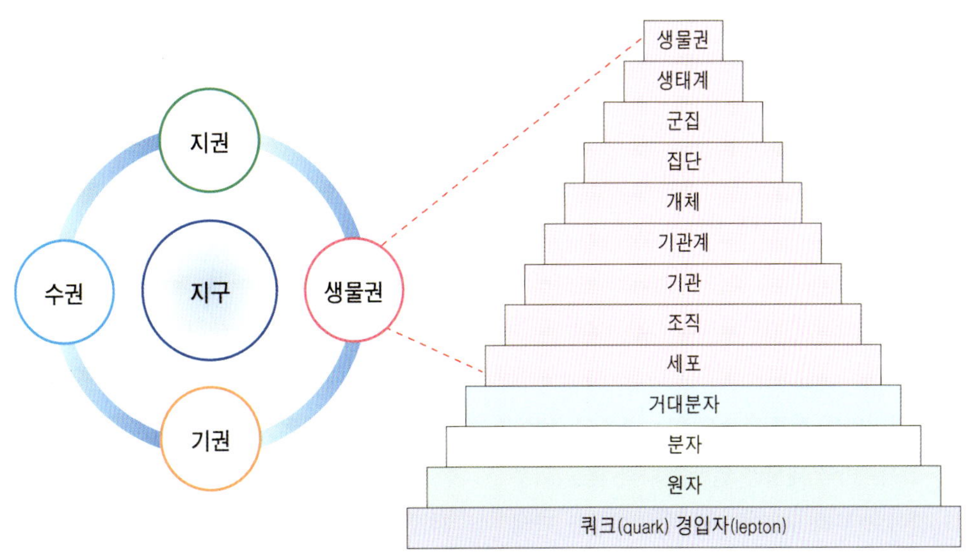


그림 6-10. 생명의 계층적 조직 구도.

06

는지를 집중적으로 살펴보았다. 이제 여기서 다룰 부분은 **수정란**(受精卵, fertilized egg, 접합체, zygote)이 **발생**(發生, development)이라는 과정을 통하여 쪼개지는 **난할**(卵割, cleavage)과 **배엽형성**(胚葉形成, formation of germ layer) 및 **기관형성**(器官形成, organogenesis)에 대하여 알아볼 것이다. 즉, 세포에서 개체까지의 형성 과정을 훑어보게 될 것이다. 이런 과정은 적어도 균류, 식물 및 동물에만 해당하는 사항이다. 세균이나 고세균이 포함된 원핵생물과 비록 진핵생물이지만 단세포인 원생생물에는 해당 사항이 없기 때문이다. 그렇다면 세균과 고세균을 어떤 시각으로 보아야 할까?

세균과 고세균은 핵이 없고 성(性)도 없다. 당연히 생식세포도 없을 것이다. 그들은 이미 설명한 대로 그저 모세포가 딸세포로 갈라져 버린다. 그렇다면 딸세포는 덜 성숙한 아기세포인가? 이들에게 아기 세균은 없다. 즉, 이들은 미성숙 단계도 없고, 성장이라는 단계도 필요가 없다. 그저 한 개체가 두 개체로 갈라져 버린 단세포에 불과하다. 이렇게 새로 생긴 세포가 바로 유사분열인 세포분열이자 번식이 된다. 그들은 성이라는 개념이 없고 죽음이라는 현상도 보이지 않는다. 이들은 이미 어마어마한 세월인 38억 년의 전통을 고수하면서 지금도 지구의 도처에서 잘 살고 있다. 어떤 열악한 환경에서도 살아갈 수 있는 저력을 가지고 있기도 하다.

이들을 뛰어넘어 원생생물로 접어들면 사정이 다소 달라진다. 원생생물은 진핵생물로 핵을 가지고 있다. 그리고 이들은 단세포이지만 성을 가지고 있다. 즉, **감수분열**(減數分裂, meiosis)을 한다는 이야기다. 이들은 암수가 결합하여 **접합체**(接合體, zygote)를 만든다(수정란이라고 부르기보다는 접합체라고 잘 부른다). 그런 다음 수정란이 분열하는 난할이나 배엽형성을 하지 않는다. 이들은 그저 수정란인 단세포로 살아갈 뿐이다. 그렇다고 이들이 곤경에 처해 있다는 증거는 보이지 않는다. 약 20만 종에 달하는 원생생물은 아직도 지구 곳곳에서 왕성하게 잘 살아가고 있다. 그러나 원생생물 모두가 다 단세포인 것은 아니다. **갈조류**(褐藻類, brown algae)에 속하는 다시마과의 **자이언트 켈프**(giant kelp, *Macrocystis pyrifera*, 그림 6-11)는 미국 태평양 연안을 따라 숲을 이루며 살고 있고 그 길이도 무려 50m가 넘는다[32]. 이들을 단세포라고 말할 사람은 아무도 없을 것이다. 이들은 다세포로 이루어져 있지만, 이 세포들이 **분화**(分化, differentiation)하여 조직이나 기관으로 발달하지는 않는다. 그저 세포 덩어리로 이루어져 있을 뿐이다. 자이언트 켈프는 뿌리와 비슷한 **부착기**(附着器, holdfast)로 바다 밑 암석에 붙어서 잎 모양의 칼날처럼 생긴 구조물(blade)로 바다에 떠 있다. 이런 다세포 **조류**(藻類, algae)들은 김이 되어 인간의 밥상에 오르고, 다시마는 냄비 속으로 들어가 우리들의 입맛을 돋워 줄 것이다. 생명체의 발생과 성장은 균류에서부터 시작할 것이다.

그림 6-11. 자이언트 켈프(*Macrocystis pyrifera*). (출처: Claire Fackler, CINMS, NOAA[6-11])

## 2. 균류

균류의 발생과 성장을 이해하기 위해서는 우선 우리가 잘 알고 있는 버섯을 머릿속에 그리면서 살펴 나가기로 하자(그림 4-22 참고). 포자나 균사는 우리 눈에 띄지 않는다. 그러나 수많은 균사로 만들어진 **자실체**(子實體, fruiting body)는 산과 들에서 우리를 맞이할 것이다. 우리가 식용으로도 먹는 버섯이 바로 자실체이다. 자실체는 우산이나 모자처럼 생긴 **균산**(菌傘, 균모, 菌帽, pileus, cap)이 있고, 그 밑에는 다시 생선의 아가미처럼 생긴 **균습**(菌褶, gill, 버섯살)이 있다. 마치 꽃식물의 꽃이 생식기관이듯이 담자균류에서도 버섯이 생식기관이다. 버섯 모자가 꽃과 같이 생기지 않았는가?

균류의 생활사에서 시작점이 되는 포자가 바로 이 균습에서 만들어진다. 이 버섯살에서 감수분열에 의하여 생성된 **포자**(胞子, spore)는 바람에 날려 땅에 떨어질 것이다. 이 포자

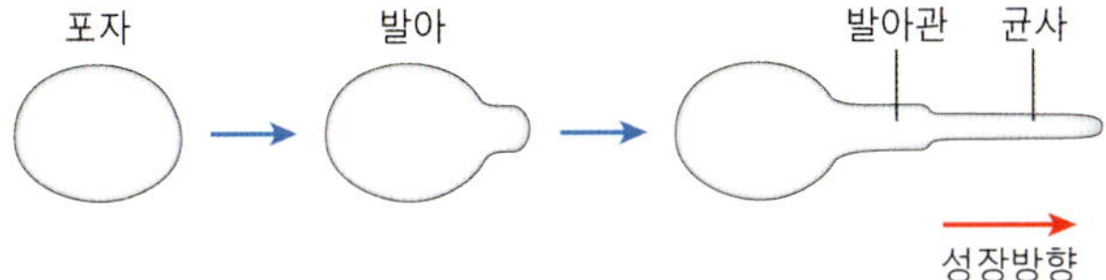

그림 6-12. 포자에서 발아관이 생기는 모식도.

는 땅에 떨어져서 물기를 빨아들이고 세포질이 활성화되기 시작할 것이다. 이것이 포자에서 세포분열이 일어나기 시작하는 순간일 것이다. 그림 6-12에서 보는 바와 같이 포자는 마치 싹이 나듯이 한 개 이상의 **발아관**(發芽管, germ tube)이 포자에서 솟아나기 시작한다. 이들은 계속하여 세포분열을 일으켜서 실 모양의 균사(菌絲, hyphae)를 만들어 낼 것이다. 따라서 균사는 균류의 가장 기본적인 구조가 된다. 균사가 커 가는 **생장점**(生長點, growing point)은 균사의 맨 앞에 있는 **첨단부**(尖端部, hyphal tip)에 있다. 이것은 마치 식물의 길이 생장점이 **정단분열조직**(頂端分裂組織, apical meristem)에 있는 것과 같다. 정단분열조직은 곧이어 식물 편에서 소개할 것이다.

세포분열과 성장이 왕성히 일어나는 균사 첨단부에는 특이한 점들이 보인다. 그중 하나가 그 발견자인 독일인의 이름을 따서 **스피첸코파**(Spitzenkörper)라고 부르기도 하고, 단순히 **첨체**(尖體, apical body)라 부르기도 하는 것이다[23]. 스피첸코파는 그림 6-13에서 보는 바와 같이 균사 첨단부에 많은 **소낭**(小囊, vesicle)들과 액틴 미세섬유 및 미세소관들이 밀집된 장소이다. 또한 이 소낭들을 생산해 내는 골지체들도 근접해 있다. 이 소낭들은 키틴과 같은 새로운 세포벽을 만들어 낼 수 있는 합성효소와 그 재료 등을 가득 가지고 있다. 따라서 이들은 주로 포자가 발아하는 지점이나 성장 및 가지를 치는 부위에 주로 있게 된다. 그뿐만 아니라 이들은 세포로의 유입과 유출이 활발히 일어나서 대사작용이 원활해지도록 도와주기도 한다. 이런 소낭이 밀집해 있는 스피첸코파는 제5장 '생명의 구조' 편에서 이미 소개한 **내막계**(內膜界, endomembrane system)의 일부라는 것을 우리는 쉽게 이해할 수 있을 것이다. 이렇게 균사 첨단부가 성장하고 가지를 치게 만드는 신호로서 **활성산소종**(活性酸素種, reactive oxygen species)과 칼슘이온이 작용한다는 것도 매우 흥미로운 일이다. 활성산소종은 제11장 '생명의 노화' 편에서도 다루어질 것이다. 균사들은 가지를 쳐서 **균사체**(菌絲體, mycelium)가 되는가 하면, 이들이 모여서 **균사조직**(菌絲組織, plectenchyma)을 만들기도 한다. 버섯과 같이 균사들이 느슨하게 얽혀 그 원형을 알아볼 수 있는 조직을 **섬유균사조직**(纖維菌絲組織, prosenchyma)이라 부른다. 이와 반대로 너무 밀접하게 얽혀서 그 원형을 알아볼 수 없는 경우도 있는데, 이들이 마치 식물의 유조직과 비슷한 형태를 가지고 있어서 **위유조직**(僞柔組織, pseudoparenchyma)이라고 부른다. 따라서 우리는 균류에서도 세포들이 모여서 하나의 조직을 이루고 있다는 것

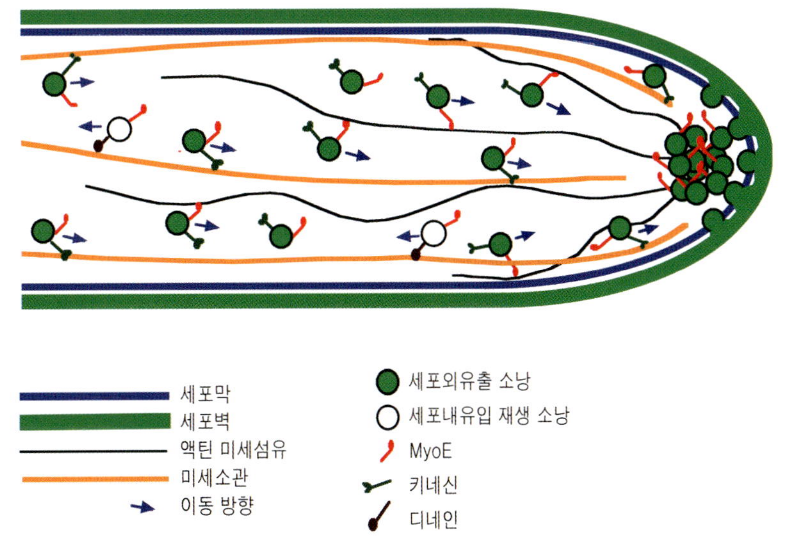

그림 6-13. 균사 첨단부(spitzenkörper) 구조. (출처: Taheri-Talesh N, Xiong Y, Oakley BR[6-13])

그림 6-14. 담자균류가 만든 요정 반지. (출처: Mrs skippy[6-14])

을 알 수 있다.

땅 밑에 있는 균사는 어떤 특징을 가지고 있을까? 균사는 균사체의 영양기관이므로 땅 밑에서 수많은 균사를 내어서 필요한 물과 영양분을 흡수할 것이다. 그러나 이들이 뻗어 나갈 때, 어떤 장벽을 만나면 그 자리에서 자실체를 만들어 낸다. 우리가 흔히 아스팔트나 시멘트로 된 산책길을 걷다가 유독 길옆으로만 얼굴을 내밀고 있는 버섯을 만날 수 있는 것은 이런 이유 때문이다. 왜 그럴까? 위기의식을 느껴서 그럴까? 그뿐만 아니라 일정한 거리를 뻗어 나가도 자실체를 만들어 낸다. 그림 6-14는 일정한 거리를 반경으로 하여 솟아난 자실체를 보여 주고 있다. 이것은 중세 유럽 사람들이 요정의 반지라고 생각했던 이유를 잘 설명해 준다. 결국 이렇게 둥그런 원으로 된 자실체는 마치 요정이 춤을 추면서 만들어 낸 버섯들이 아니라 균사들이 만들어 낸 조각품인 셈이다[21].

균사들은 쉽게 죽지 않는 불사신과 같다. 비록 액포로만 가득 찬 오래된 균사는 죽어서 분해되고 질소나 영양분이 되어 결국 토양으로 돌아갈 것이다. 하지만 균사의 첨단부에 있는 새로운 세대는 그 솟아나는 팽압으로 앞부분의 얇은 세포벽을 힘차게 밀어내면서 몇 천 년을 살아갈 수 있는 능력을 가지고 있을 것이다.

## 3. 식물

식물 세계에서 **수분**(受粉, pollination) 이외의 전 과정을 다루는 것은 쉬운 일이 아니다. 왜냐하면 식물이란 이 지구를 점령하고 있는 우점종 중의 하나이기 때문이다. 따라서 식물의 발생과 성장에 관해서는 먼저 수분에 의하여 만들어진 **포자**(胞子, spore)와 **종자**(鍾子, seed)에서부터 시작해 보기로 하자.

육상식물 중 포자를 만들어서 발생 및 성장을 하는 종은 **이끼식물**(선태식물, 蘚苔植物, bryophyte)과 **양치식물**(羊齒植物, pteridophyte)이다. 따라서 우리는 이들을 **포자식물**(胞子植物, spore plant)이라고 부른다. 이들은 갈조류나 녹조류 등과는 다르게 **장란기**(藏卵器, 조란기, 造卵器, archegonium)가 발달하여 있다. 장란기란 포자식물이 난자를 만들고 보관하여 실제 수분이 일어나는 장소가 되는 생식기관을 말한다. 이는 꽃식물의 수분이 꽃에서 일어나는 것과 차이점이 있다. 이렇게 수분된 포자식물은 포자체를 만들고, 이들이 감수분열에 의하여 다시 포자를 만들어 공중으로 흩뿌릴 것이다. 이 포자는 **단상체**(單相體, 반수체, 半數體, haploid)이지만, 다세포 개체를 만들기 때문에 순수한 우리말로는 **홑씨**라고 부른다. 포자식물에 반하여 종자를 만드는 식물을 우리는 **종자식물**(種子植物, spermatophyte, 원래 정자를 뜻하는 sperm은 종자라는 의미가 있음)이라고 부른다. 이 종자식물에는 **겉씨식물**(나자식물, 裸子植物, gymnosperm)과 **속씨식물**(피자식물, 被子植物, angiosperm)이 여기에 속한다. 이들은 포자가 아니라 종자를 만들어 낸다. 그렇다면 이 둘의 차이점은 무엇일까? 우리가 쉽게 추측할 수 있는 것은 종자가 고등식물에서 만들어 내는 것으로 보아서 포자보다 그 기능이 나을 것으로 생각해 볼 수 있다. 포자가 생존하기 위해서는 영양분과 수분이 있어야 가능할 것이다. 이에 비하여 종자는 수분만 있으면 발아하여 개체발생을 계속해 갈 수 있다. 왜냐하면 이들은 이미 종자 속에 영양분을 담고 있기 때문이다[55]. 따라서 우리는 종자식물이 포자식불보다 우리 눈에 훨씬 더 잘 띄는 이유를 짐작할 수 있을 것이다(표 6-2).

식물의 발생과 성장에서 제일 먼저 다루어야 할 부분이 **배발생**(胚發生, embryogenesis)이다. 배 발생을 다루는 데 있어서 우선 가장 고등식물인 꽃식물의 배 발생을 중점적으로 기술하고자 한다. 먼저 **암술머리**(주두, 柱頭, stigma)에 도달한 화분이 **암술대**(화주, 花柱, style)를 타고 **씨방**(자방, 子房, ovary)으로 내려와서, **주공**(珠孔, micropyle)을 거쳐 **배주**(胚

표 6-2. 포자와 종자의 차이점

| | 포자 | 종자 |
|---|---|---|
| 크기 | 아주 작음. 현미경적 크기 | 큼 |
| 세포 수 | 단세포 | 다세포 |
| 염색체 수 | 단상체 | 복상체 |
| 번식 방법 | 무성생식 | 유성생식 |
| 생산하는 식물 | 균류 및 은화식물 | 현화식물 |
| 생산하는 장소 | 잎 밑 부위 | 꽃 |
| 파종 방법 | 잎에서 떨어지면서 바람에 날림 | 동물에 먹혀서 배설물로 이동 |
| 생산 수 | 많음 | 적음 |
| 생존 가능성 | 악조건에서 생존하기 힘듦 | 악조건 속에서도 잘 견딤 |
| 영양분 저장 | 없음 | 종자 속에 저장하고 있음 |
| 발아 조건 | 물이 더 많이 필요함 | 물이 덜 필요함 |

珠, 밑씨, ovule)로 들어간다(그림 6-15). 그러나 겉씨식물은 씨방이 없고 배주가 밖으로 드러나 있다. 이런 모양이 겉씨식물이나 나자식물이라는 이름이 생겨난 이유이다. 이러한 **심피**(心皮, carpel)의 구조는 포유동물의 생식구조와 비슷한 점들이 많다. 주공은 마치 자궁의 입구인 자궁경부(cervix)와 유사하고, 배주는 마치 탯줄(**주병**, 珠柄, funiculus)에 매여 있는 자궁 속의 태아와도 같을 것이다. **화분관**(花粉管, pollen tube)을 타고 내려와 주공을 통하여 배주로 들어간 정자는 난자와 수분하고, 또 다른 정자는 극핵과 결합하여 3핵의 세포를 만든다. 즉, 한 개의 정자는 난자와 결합하여 **배**(胚,

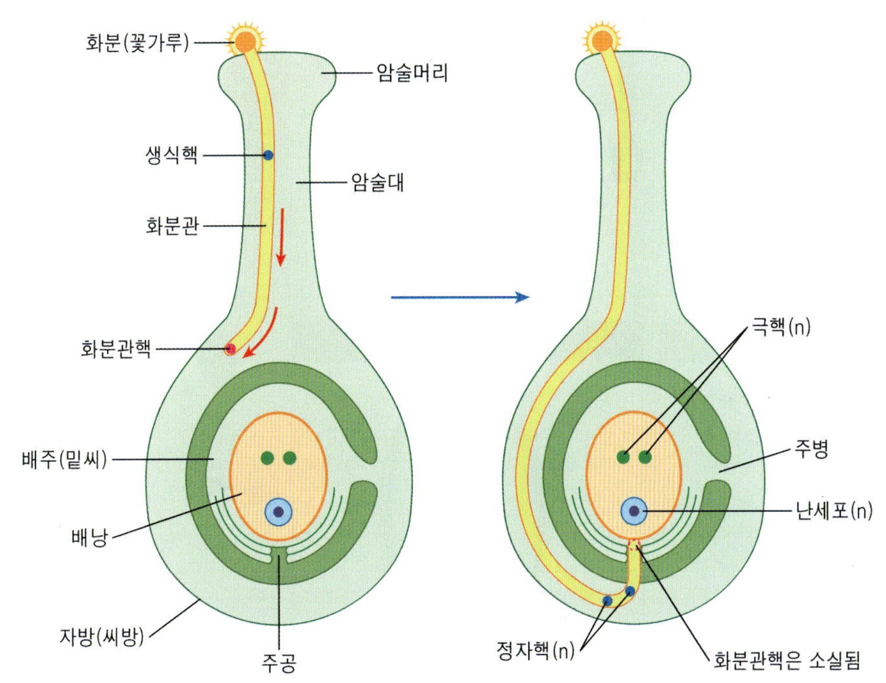


그림 6-15. 심피의 해부학적 구조 및 화분의 수분 과정.

embryo)로 발전해 나가고, 다른 3핵의 세포는 분열하여 **배젖**(배유, 胚乳, endosperm, albumen)으로 발달할 것이다[48]. 이러한 **이중수정**(二重受精, double fertilization)은 제8장 '생명의 번식' 편에서 자세히 다룰 것이고, 여기서는 배의 발생을 집중적으로 기술하고자 한다.

정자가 알세포(난자)를 만나 **수분**(受粉, pollination)된 단세포 **접합체**(接合體, zygote)는 세상으로 나아가는 첫 번째 세포분열을 시작할 것이다. 아무리 아름드리 큰 **노거수**(老巨樹)라 할지라도 그 출발은 항상 하나의 세포에서 시작한다. 첫 번째 세포분열은 비대칭적이다. 즉, 두 개의 세포가 모두 같은 크기를 가지지 않는다는 의미이다. 이 중 다소 작은 한 개는 **정단세포**(頂端細胞, apical cell, terminal cell)로 불린다(그림 6-16). 이 정단세포가 배로 발생할 것이다. 다소 큰 다른 세포는 **기저세포**(基底細胞, basal cell)가 된다. 이 기저세포에서 **배병**(胚柄, suspensor)이 나와 배를 고정하고 배젖의 통로가 되어 줄 것이다. 배의 발생은 그 모양에 따라 몇 단계로 구분하기도 한다. 먼저 정단세포와 기저세포로 분리된 상태에서 **8세포 단계**(octant stage)로 넘어간다. 이 8세포 단계에 오면 배와 배병이 확실히 구별된다. 이때 나타나는 배를 **전배**(前胚, proembryo)라고 부른다. 이 전배는 **구형체 단계**(球形體段階, globular stage)에 접어들면 배병과 연결된 부위에 뚜렷이 자리를 잡게 된다. 또한 이 단계에서 식물의 **분열조직**(分裂組織, meristem)인 **원표피**(原表皮, protoderm), **전형성층**(前形成層, 원시부름켜, procambium) 및 **기본분열조직**(基本分裂組織, ground meristem)이 나타난다. 우리는 이들을 **일차 분열조직**(一次分裂組織, primary meristem)이라고 부르고, 길이가 늘어나는 역할을 수행할 것이다. 이는 동물의 배 발생에서 나타나는 삼배엽이 등장하는 것과 유사하다고 할 수 있다. 그러나 동물에서처럼 세포 사이로 다른 세포들이 끼어들거나 **원구**(原口, blastopore)가 생기면서 배엽이 생기지는 않는다. 마치 움직이지 못하는 식물의 특징처럼 세포분열 방식이 다소 정적이다. 이렇게 등장한 원표피는 식물의 **표피**(epidermis)가 될 것이고, 전형성층은 **일차 물관**(목질부, 木質部, primary xylem)과 **체관**(사부,

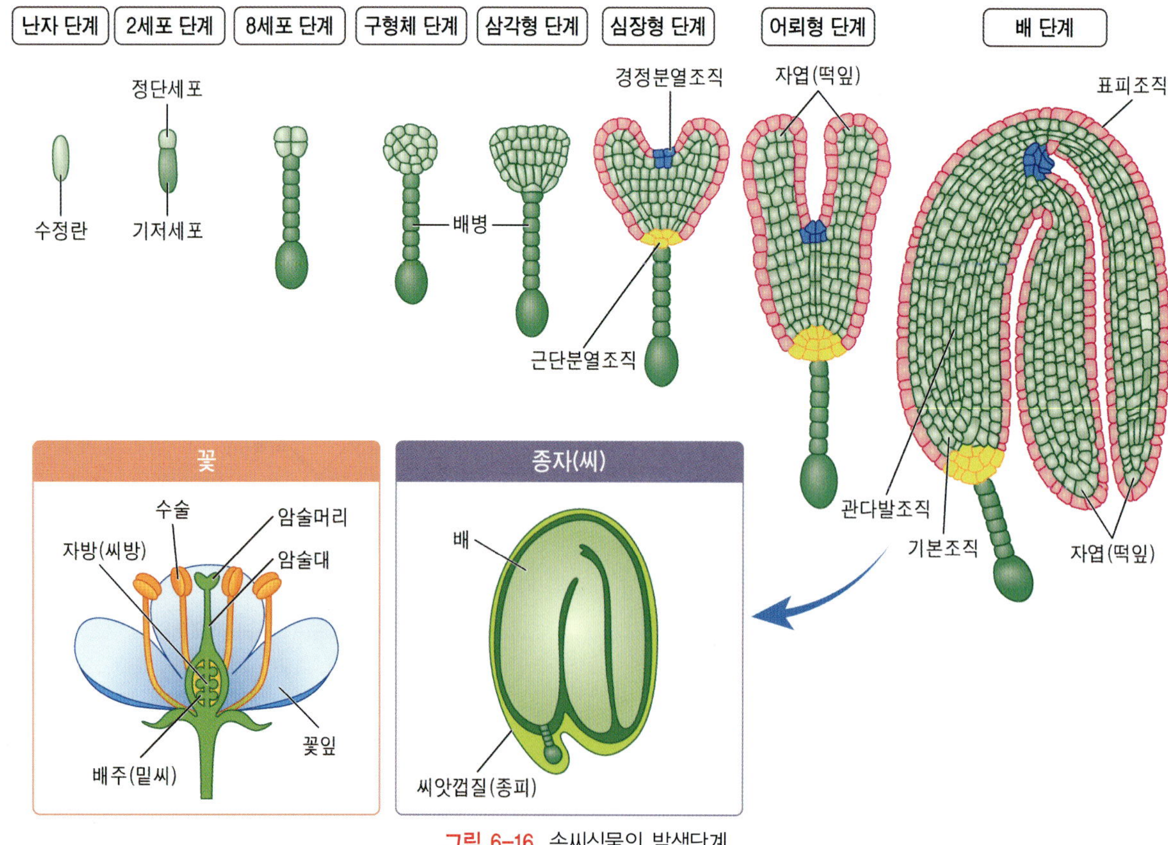


그림 6-16. 속씨식물의 발생단계.

篩部, phloem)이 될 것이다. 그뿐만 아니라 이 전형성층은 **측부분열조직**(測夫分裂組織, lateral meristem)을 만들어서 **관다발 형성층**(vascular cambium)과 **코르크 형성층**(cork cambium)을 만들 것이다. 다시 관다발 형성층은 **이차 물관**과 **체관**을 만들어 내고, 코르크 형성층은 **주피**(周皮, periderm)를 만들 것이다. 이들을 우리는 **이차분열조직**이라 부르고, 이 조직은 부피가 늘어나는 역할을 수행할 것이다[31]. 이 내용은 조금 후에 다시 설명하기로 하자.

그다음 **심장형 단계**(heart stage)로 접어들면 **배축**(胚軸, embryonal axis)의 양측으로 돌출부가 형성된다. 이 돌출부는 **어뢰형 단계**(torpedo stage)로 넘어가면, 확실하게 두 개의 **떡잎**(자엽, 子葉, cotyledon)으로 그 모양을 드러낸다. 만약 떡잎이 두 개로 나타나면 **쌍떡잎식물**(雙子葉植物, dicotyledone, dicot)이라 부르고, 한 개로 나타나면 **외떡잎식물**(單子葉植物, monocotyledon, monocot)이라고 부른다. 쌍떡잎 모양을 취하는 식물은 강낭콩, 녹두, 배추, 상추, 감나무, 고구마 등이 있고, 벼, 보리, 옥수수, 강아지풀 등은 외떡잎식물에 속한다. 어뢰형 단계에서 눈여겨보아야 할 발생 요점은 일차 분열조직이 나타나서 상·하로 키가 클 준비를 한다는 것이다. 즉, **정단분열조직**(頂端分裂組織, apical meristem)이 나타난다는 의미이다. 정단분열조직은 배축을 따라 다시 **경정분열조직**(莖頂分裂組織, shoot apical meristem)과 **근단분열조직**(根端分裂組織, root apical meristem)으로 나누어진다. 경정분열조직은 앞으로 식물의 기관계인 **지상계**(地上界, shoot system)로 발전할 것이고, 근단분열조직은 **근계**(根界, 뿌리계)로 발전할 것이다. 이로써 식물이 살아가는 데 갖추어야 할 기본적인 구조물이 생겨날 수 있는 바탕이 마련된 셈이다[25,37,47].

배가 성숙단계로 들어가면 식물을 구성하는 기본 조직인 **표피조직**(表皮組織, epidermis), **관다발조직**(vascular tissue) 및 **기본조직**(基本組織, ground tissue)이 모두 갖추어진다. 이 단계에서 우리는 전혀 예상하지 못한 반전이 식물 세계에서 일어난다. 즉, 배 발생을 진행하다가 배가 기본적인 구조를 갖추게 되면, 발생을 중단하고 휴면단계로 들어간다는 점이다. 배는 더이상 발생을 멈추고 종자가 되어 새롭게 일생을 시작할 기회를 엿볼 수 있게 된다는 뜻이다(그림 6-17). 이런 형태는 동물에서는 절대 나타나지 않는다. 즉, 배 속의 아이가 어느 정도 크다가 성장을 멈추고, 수십 년 혹은 수백 년을 기다린 다음에 다시 일생을 시작하는 일은 동물 세계에서는 일어날 수 없는 일이다. 식물은 움직이지 못하는 치명적인 단점을 가지고 있다. 따라서 이 기간 동안 자연의 힘을 빌리거나(바람, 물결 등), 과육을 만들어 동물의 힘을 빌려서 종을 퍼트릴 기회를 가질 수 있을 것이다. 이는 달콤한 열매에 이끌린 동물이 과육을 먹을 수는 있지만, 종자까지 소화할 수는 없기 때문에 가능하다. 배를 발생시키기 위해서는 많은 영양분이 필요하다. 알을 낳는 동물은 알 속의 난황에 영양분이 저장되어 있고, 식물은 씨의 배젖에 영양분을 가득 담고 있다(그림 6-17). 고등동물들은 참깨의 배젖에 들어 있는 영양분을 짜서 참기름을 만들고, 땅콩을 구워서 맥주의 안주용으로 상 위에 올리기도 하며, 피마자기름을 짜서 머리에 바르고 다니기도 한다. 식물들은 이런 모습을 어떻게 생각하고 있을까?

휴면상태에 들어간 종자가 다시 일생을 시작하는 것이 **발아**



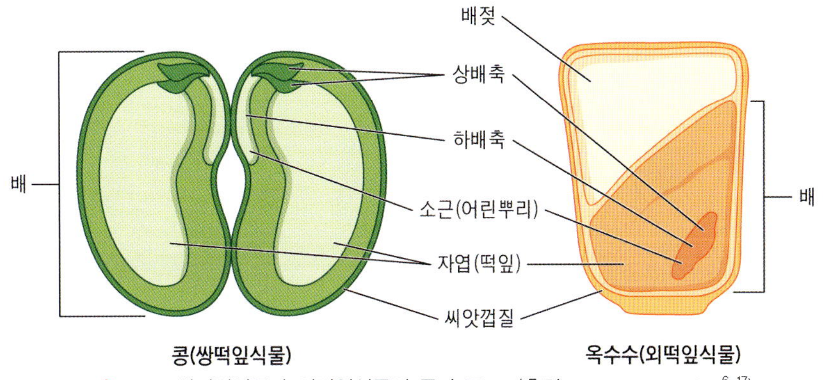


그림 6-17. 쌍떡잎식물과 외떡잎식물의 종자 구조. (출처: Lumen Learning[6-17])

(發芽, germination)이다. 싹이 트는 과정은 그림 6-18에 모식화 되어 있다. 먼저 종자의 배에 물이 흡수되면 배에서 **지베렐린**(gibberellin)이라는 식물호르몬이 분비된다. 우리는 이 과정을 **침윤**(浸潤, imbibition)이라고 부른다. 침윤 과정에서 생긴 지베렐린은 종자를 싸고 있는 **호분층**(糊粉層, aleurone layer)으로 가서 단백질을 녹여 아미노산으로 바꾸어 준다. 이 아미노산이 소화효소가 되어 배젖으로 스며들고, 이 효소에 의하여 배젖의 전분이 분해되어 세포분열을 위한 에너지원이 만들어진다. 따라서 이 에너지를 이용하여 먼저 근단분열조직이 **어린뿌리**(유근, 幼根, radicle)를 만들어 낼 것이고, 이어서 경정분열조직이 **어린싹**(유아, 幼芽, plumule)을 지상으로 밀어 올릴 것이다[24]. 먼저 쌍떡잎식물은 그림 6-19와 같이 **씨앗껍질**(종피, 種皮, seed coat, testa)이 터져서 벗겨지면서 떡잎이 지상으로 올라온다. 양양분을 가득 담고 있

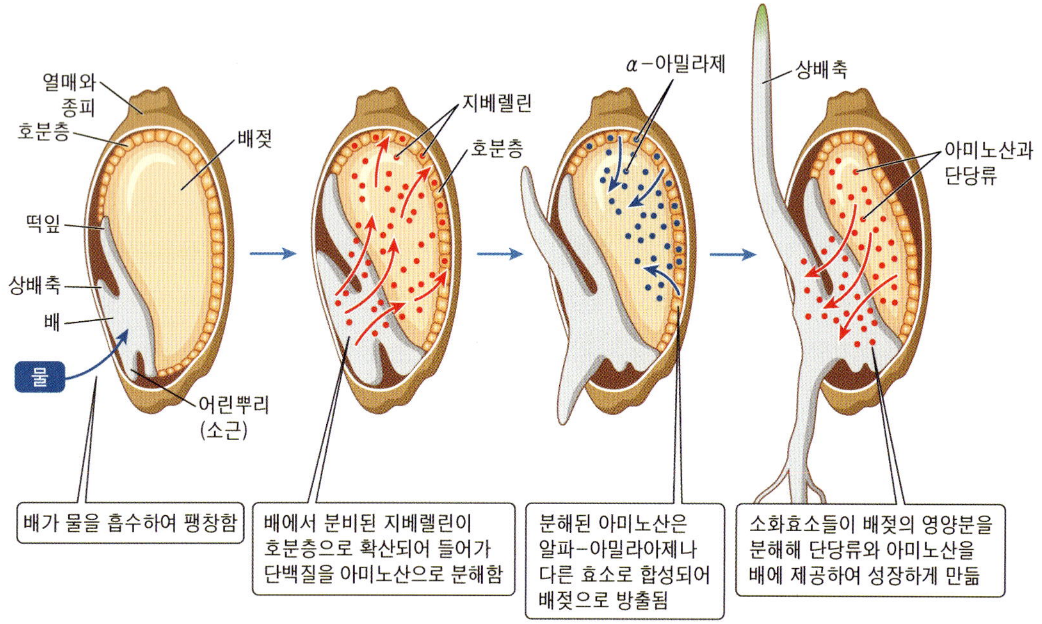


그림 6-18. 종자의 초기 발아 과정에 관한 모식도.

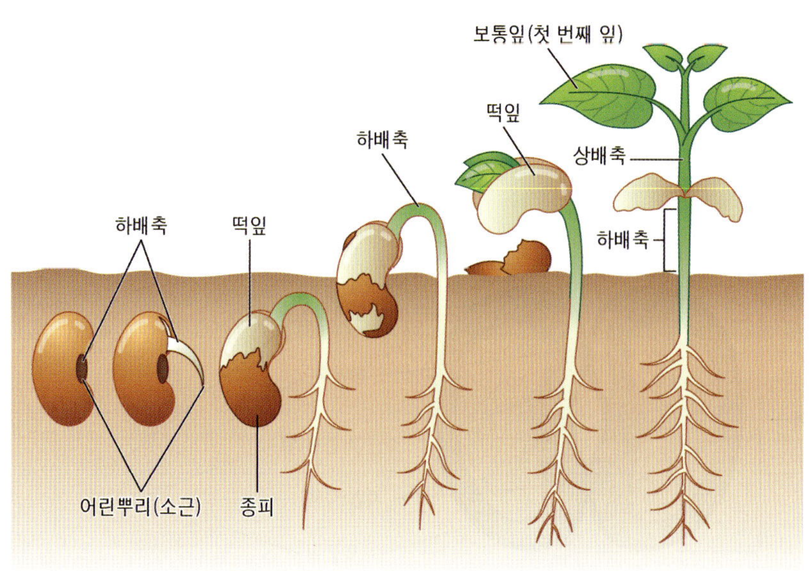


그림 6-19. 쌍떡잎식물(콩)의 종자 발아에서 기관형성 과정.

는 떡잎은 이를 이용하여 첫 번째 잎을 만들어서 지상에 얼굴을 내밀고, 이 첫 잎이 광합성을 시작하면서 떡잎은 점차 사라져 버린다. 이렇게 떡잎이 그림 6-19와 같이 지상에 있는 것을 **자엽 지상형**(子葉地上型, epigeal type)이라고 부른다(콩, 해바라기 등). 그러나 떡잎이 지하에 있게 되면 상황이 좀 달라진다. 이러한 경우 첫 번째 잎이 지상으로 올라와서 광합성을 할 때까지 떡잎이 지속해서 영양공급을 해 주어야 하므로, 자엽 지상형에 비하여 종자가 크다. 이런 **자엽 지하형**(子葉地下型, hypogeal type)에는 쌍떡잎식물인 배나 망고, 외떡잎식물인 벼, 밀 등이 여기에 속한다. 또한 우리는 이 떡잎을 중심으로 배축에서 떡잎 밑을 **하배축**(下胚軸, hypocotyl), 떡잎 위를 **상배축**(上胚軸, epicotyl)이라고 부른다. 우리는 처음으로 등장한 어린 생명인 **묘목**(苗木) 혹은 **유식물**(幼植物, seedling)을 보게 된 것이다[1,54].

이에 반하여 외떡잎식물의 떡잎은 떡잎이 영양분을 저장하지 않고, 배젖과 어린 식물을 연결해 주는 역할을 한다. 이 중에서도 **볏과**(화본과, 禾本科)식물인 벼, 밀, 옥수수, 보리 등은 첫 번째 잎을 싸고 있는 구조물이 떡잎이 아니고 **자엽초**(子葉鞘, coleoptile)라는 구조물이다. 땅 위로 먼저 얼굴을 내미는 것이 자엽초이며, 이 칼집같이 생긴 자엽초 안에서 첫 번째 잎이 나올 것이다. 자엽초는 통 모양을 하고 있어서 어린싹을 보호해 주는 역할을 담당한다. 또한 한 개 있는 떡잎도 **배반**(胚盤, scutellum)이라는 이름을 가지고 있고, 자엽초와 같이 어린뿌리를 감싸는 구조를 **근초**(根鞘, coleorhiza)라고 부른다.

발아 단계를 지난 어린 식물은 살아가기 위하여 필요한 기관들을 형성해야만 한다. 이것이 **기관형성**(器官形成, organogenesis)이라는 과정이다. 식물도 다른 생명체와 마찬가지로 조직화되어 있다. 식물에서 나타나는 3개의 조직은 이미 기술하였듯이 표피조직, 관다발조직, 기본조직이다. 표피조직은 유식물의 표피가 될 것이고, 관다발조직은 일차 물관이나 체관을 형성할 것이다. 기본조직은 그 외의 몸을 구성하고 있다고 보면 된다. 이 기본조직은 다시 **유조직**(柔組織, parenchyma), **후각조직**(厚角組織, collenchyma), **후벽조직**(厚壁組織, sclenchyma)으로 구성된다. 이들은 모두 식물의 기본조직이 되어서 광합성, 영양분 저장, 지지 등의 역할을 담당할 것이다. 그렇다면 이들이 만들어 내는 기관에는 어떤 것들이 있을까?

식물에 나타나는 기관들은 6개 정도로, **뿌리**(root), **줄기**(stem), **잎**(leave), **꽃**(flower), **종자**(seed), **과일**(fruit)이 여기에 속한다. 이들 중 뿌리, 줄기, 잎을 우리는 **영양기관**(營養器官, vegetative organ)이라 부르고, 꽃, 종자, 과일은 **생식기관**(生殖器官, reproductive organ)이라고 부른다. 그렇다면 식물에서 기관계는 어떤 것이 있을까? 이 해답은 이미 기술한 바 있다. 즉, 지상계와 뿌리인 근계가 그것이다. 그렇다면 이들은 어디서 어떻게 만들어질까?

우선 고등동물에서처럼 삼배엽을 먼저 생각해 보자. 식물에서는 이미 배 발생 과정 중 구형체 단계에서 배의 조직이 원표피, 전형성층 및 기본분열조직으로 갈라졌다는 것을 기억할 것이다. 이 중에서 전형성층으로부터 정단분열조직이 먼저 생겨나고 나중에 측부분열조직이 생겨난다(그림 6-20, 6-21). 먼저 정단분열조직은 경정분열조직에 의하여 **끝눈**(정아, 頂芽, terminal bud)이 생겨나서 지상으로 뻗어 갈 수 있다. 또한 근단분열조직은 뿌리를 키워서 땅속으로 파고든다. 따라서 정단분열조직은 일차분열조직이면서 유식물을 지상과 지하 쪽으로 키를 키우는 역할을 담당한다. 그러나 **곁눈**(액아, 腋芽, 겨드랑이 눈, axillary bud)은 정단분열조직에서 만들어지지 않고 줄기의 외측에 있는 **피층**(皮層, cortex)에서 기원한다. 끝눈과 곁눈은 여러 가지 식물호르몬의 영향을 받는다. 예를 들면, 옥신은 끝눈의 발달을 자극하고 곁눈의 발달을 억제시킨다. 따라서 끝눈이 충분히 발달하여 나무가 커지면 비로소 곁눈이 작동할 것이다[3]. 이런 과정이 산책길에서 만나는 삼각형의 위풍당당한 삼나무를 만들어 내는 기전이다.

측부분열조직은 어떻게 작동할까? 그림 6-21은 측부분열조직이 어떻게 부피를 키우는지를 잘 보여 주고 있다. 즉, 일차분열조직에 의하여 키가 커지면, 뒤이어서 이차분열조직이 작동하여 관다발 형성층과 코르크 형성층을 만들어 낸다. 이 관다발 형성층은 일차 물관과 체관이 형성된 사이에 생겨나서, 새롭게 이차 물관과 체관을 만들어 낸다. 그렇다면 이 결과는 어떻게 될까? 새로 생겨난 이차 물관과 체관은 일차 물관과 체관을 각각 안과 밖으로 밀어낼 것이다. 안쪽에 있는 물관은 점차 더 안쪽으로 밀려서 그 압력으로 죽게 되고, 일차 체관도 점차 표피 쪽으로 밀려날 것이다. 이런 과정이 반복되면 그림 6-21처럼 식물의 몸은 점차 부피가 늘어 비대해

## 4. 동물

개구리 울음소리가 한여름 밤을 달군다. 개구리는 알에서 먼저 올챙이로 태어난다. 그리고 뒷다리가 나오고 이어서 앞다리가 따라 나온다. 이윽고 꼬리가 사라지면서 개구리 성체가 된다. 이런 관찰은 우리가 어릴 적 방학 동안에 어김없이 등장하던 숙제이기도 하였다. 또한 이 개구리는 인류 역사상 처음으로 **발생학**(發生學, embryology)이라는 연구 업적으로 노벨상을 타게 해 준 고마운 존재이기도 하다. 알에서 태어난 올챙이는 어떻게 개구리로 변해 가는가? 이런 신기한 현상을 그냥 지나치지 않고 그 비밀을 찾아 고민을 거듭한 학자는 독일의 동물발생학자 **한스 슈페만**(Hans Spemann, 1869~1941)이었다[14].

그는 우선 어린 딸의 가느다란 머리카락을 이용하여 개구리(정확히는 영원, newt) 알을 그림 6-26처럼 묶어 보았다. 그러자 **회색신월환**(灰色新月環, 회색초승달환, gray crescent)을 가로질러 나누어진 알은 두 개의 개구리로 잘 성장하였다. 하지만 회색신월환이 포함되지 않은 알은 올챙이로 성장하지 못하고 분화되지 않은 살덩어리로만 남아 있었다. 왜 이런 현상이 생길까? 그렇다면 회색신월환은 어떤 역할을 한다는 것인가? **슈페만**은 그의 대학원생 조수였던 **힐데 맨골드**(Hilde Mangold, 1898~1924)와 함께 이 수수께끼에 흥미를 느낀 것은 당연한 일이었을 것이다. 우리는 개구리 알에서 **난황**(卵黃, yolk)이 적고 세포분열이 빠르게 일어나는 쪽을 말 그대로 **동물극**(動物極, animal pole)이라 부르고, 반대로 난황이 많고 세포분열이 천천히 일어나는 쪽을 **식물극**(植物極, vegetal pole)이라 부른다. 개구리는 **교미기**(交尾器, copulatory organ)를 가지고 있지 않다. 따라서 이들은 **체외수정**(體外受精, internal fertilization)을 한다. 수컷 개구리가 암컷 개구리를 힘껏 뒤에서 붙잡고 있다. 우리는 개구리와 같은 짝짓기를 **포접**(抱接, amplexus, 포옹한다는 뜻)이라고 한다(나는 어릴 때 이것을 큰 개구리가 작은 개구리를 업어 주는 것으로 보았다). 따라서 이 방법은 수정 확률을 한층 더 높여 줄 것

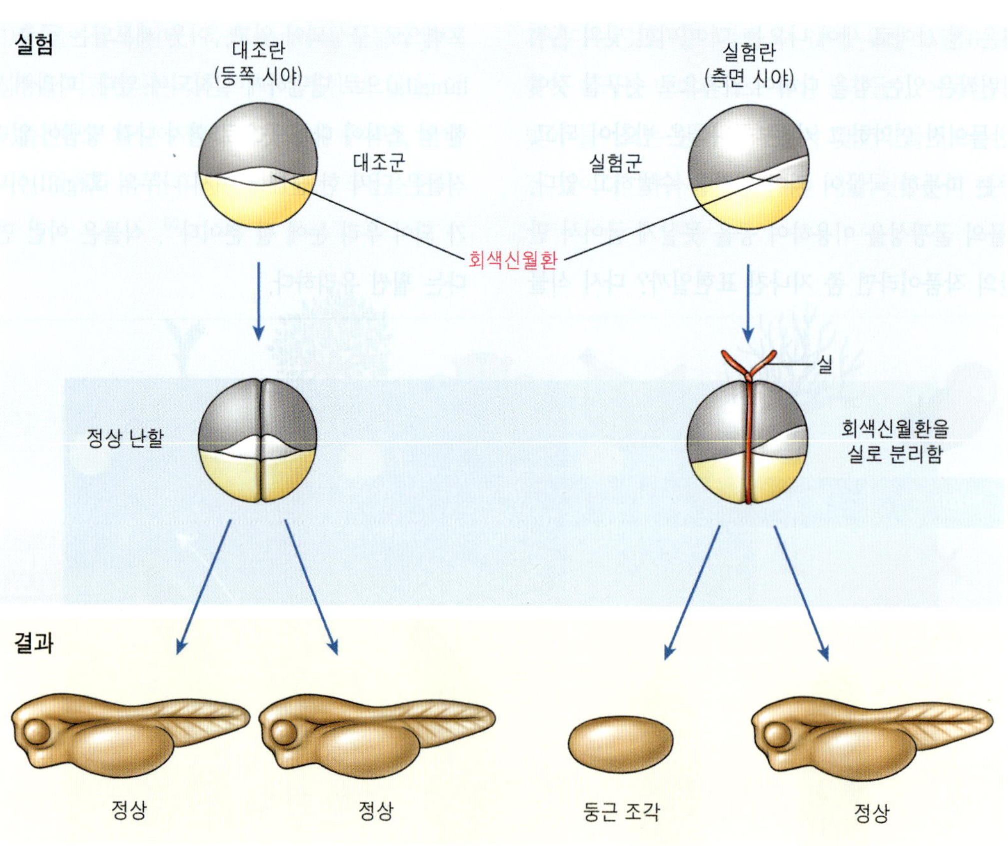


그림 6-26. 1903년 한스 슈페만의 개구리 실험.

이다. 왜냐하면 암컷 개구리가 산란할 때 수컷 개구리도 동시에 정자를 뿌려서 수정시키기 때문이다. 이때 정자가 개구리 알에 도달하면 개구리 알의 동물극이 정자가 들어온 입구 쪽으로 회전하면서 그 반대 측에 회색신월환이 생기게 된다. 슈페만과 맨골드는 회색신월환의 역할을 알아내기 위하여 여러 가지 방법을 사용해 보았다. 우선 수정란의 일부를 제거하기도 하고, 일부를 떼어 내 다른 수정란에 이식하는 방법 등을 이용하였다. 이렇게 하여 그들이 알아낸 결론은 회색신월환이 생긴 부위가 나중에 **원구**(原口, blastopore)가 형성될 자리가 되고, 이 부위가 등쪽이 된다는 것이다. 그뿐만 아니라 원구 입구에 있는 **원구배순부**(原口背脣部, dorsal blastopore lip)가 있어야 **낭배형성**(囊胚形成, 장배형성, 腸胚形成, 원장형성, 原腸形成, gastrulation)이 일어나 성체로 발전한다는 사실도 발견하게 되었다. 그들은 이 원구배순부를 **형성체**(形成體, organizer)라고 부른다. 한스 슈페만은 1935년 발생학자로는 처음으로 노벨상을 받았다.

이처럼 동물의 발생과 성장은 **수정**(受精, fertilization)이라는 과정을 통하여 만들어진 **수정란**(受精卵, fertilized egg, **접합체**, 接合體, zygote)에서부터 첫걸음을 내디딘다. 일단 수정이 일어나면 수정란은 쪼개지면서 **난할기**(卵割期, cleavage stage)로 들어간다. 이 난할기는 **상실기**(桑實期, morula stage)를 거쳐서 **포배기**(胞胚期, blastula stage)에 도달한다. 인간의 경우 이 포배기에 도달하는 기간이 약 일주일이 걸리고 이 시기에 자궁에 착상하게 된다. 포배기는 다시 **낭배기**(囊胚期, 腸胚期, 原腸期, gastrula stage)를 지나면서 이배엽에서 삼배엽으로 바뀌고, 드디어 **기관형성기**(器官形成期, organogenic stage)에 도달하게 된다. 기관형성기에서 처음으로 나타나는 **신경관 형성**(神經管形成, neurulation)은 신경계를 발달시킨다. 이러한 신경계의 발달을 시작으로 각 기관이 들어서면서 성체로 성장하게 될 것이다. 이런 일련의 과정을 차례대로 기술해 보자.

일단 수정되기 직전의 미수정란은 어떤 상태로 존재할까? 이 미수정란에는 모계의 유전자에 의해서 만들어진 단백질이나 전령 RNA(mRNA)가 골고루 분포되어 있지 않다. 우리는 이런 물질을 **세포질 결정인자**(細胞質決定因子, cytoplasmic determinant)라고 부른다. 이렇게 부르는 이유는 이 물질의 유·무가 그 세포의 운명을 가르기 때문이다. 즉, 그림 6-27과 같이 분리된 세포 속에 들어 있는 세포질 결정인자의 분포가 세포마다 달라진다. 이들 결정인자들은 다시 **유도인자**(誘導因子, inducing factor)를 방출하여 주위 세포를 유도하여 새로운 세포로 만들어 갈 것이다. 따라서 초기 발생의 주축은 모계의 세포질 결정인자에 의하여 좌우된다고 할 수 있다. 왜냐하면 새로운 생명체의 유전자가 작동하기 위해서는 최소한 포배기 중반을 넘어서야 가능하기 때문이다[29].

난황이 알 속에 어떻게 분포하고 얼마나 많은 양이 존재하는지는 종에 따라 아주 다양하다. 난황은 식물의 배에서 배젖과 같은 기능을 한다. 만약 동물의 새끼가 자궁 속에서 어미로부터 직접 영양분을 공급받을 수 있다면, 그 동물의 난자 속에는 많은 난황이 있을 필요가 없을 것이다. 만약 **난생**(卵生, oviparity)이어서 외부에서 생명체로 태어나는 경우라면 당연히 난황이 많이 있어야 할 것이다. 따라서 우리는 난황에 따라 알을 구분해 볼 필요가 있다. 이는 난황의 양이나 분포에 따라 난할이 일어나는 방법이 달라지기도 하고, 태어나자마자 살아가는 방법도 달라지기 때문이다. 먼저 난황의 양에 따라 구분해 보기로 하자. 이미 설명한 바와 같이 난황이 거의 없는 **무황란**(無黃卵, alecithal egg, 그리스어로 lekithos는 난황을 뜻함)이나 아주 소량이 있는 **소황란**(小卵黃, oligolecithal

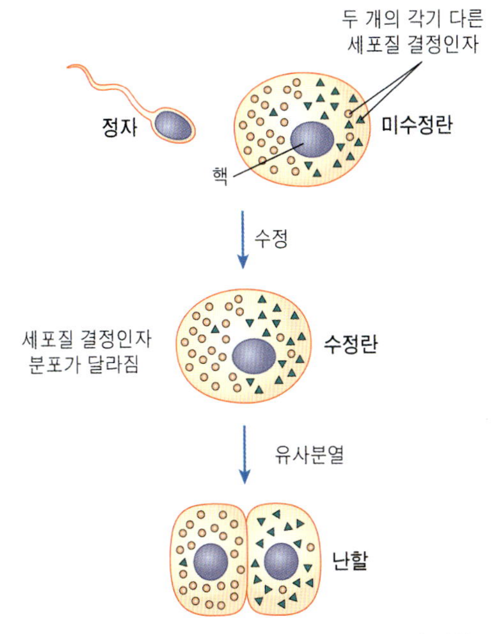

그림 6-27. 세포질 결정인자의 분포 및 역할.

06

egg, microlecithal egg)인 경우는 태어나자마자 자기 스스로 영양을 해결해야 하므로 빨리 부화된다. 이런 경우에 해당되는 동물은 불가사리, 성게, 인간을 포함한 포유류인데, 다행히도 포유류는 태어나자마자 모유에 의하여 성장할 수 있는 특권을 누릴 수 있다. **중황란**(中黃卵, mesolecithal egg)은 중등도의 난황이 식물극에 모여 있다. 이런 형태는 대표적으로 개구리에서 볼 수 있으며, 올챙이와 같은 어린 개체로 태어나서 성장하면서 성체인 개구리가 된다. 즉, 처음부터 개구리로 태어날 만큼 난황이 없다는 뜻이다. 그러나 난황이 세포질의 50% 이상을 차지하는 **다황란**(多黃卵, polylecithal egg, macrolecithal egg)은 어린 개체가 완전한 상태로 부화된다. 여기에 해당하는 동물이 대표적으로 닭을 포함한 조류들이다. 이들이 다황란을 만들기 때문에 달걀은 우리의 식탁에 자주 오르는 메뉴가 되기도 한다.

이번에는 난황이 있는 위치에 따라 구분해 보기로 하자. 난황이 알 전체에 균일하게 퍼져 있는 경우를 **등황란**(等黃卵, isolecithal egg, homolecithla egg)이라 부른다. 등황란에는 대개 난황이 없거나 적게 들어 있다. 이와 달리 다량의 난황이 식물극에 몰려 있는 경우를 **단황란**(端黃卵, telolecithal egg)이라고 부른다. 이 단황란에 닭, 어류, 파충류의 알이 포함되는 것은 당연할 것이다. **중심황란**(中心黃卵, centrolecithal egg)도 있다. 이는 난황이 가운데에 몰려 있고, 곤충이나 갑각류에서 볼 수 있다.

이제 알의 입장에서는 정자만 있으면 새로운 생명체로 출발할 준비를 다 갖춘 셈이다. 드디어 어떤 과정을 거쳐서 정자가 난자에 도달한다. 정자의 끝에 있는 뾰족한 **첨체**(尖體, acrosome)에서 분비된 가수분해효소가 난자의 **투명대**(透明帶, zona pellucida, 혹은 성게 알의 젤리층, jelly coat)를 녹이면서 세포막에 도달할 것이다. 이때 포유류의 난자는 최후의 감수분열을 끝내고 완벽한 난자가 되어 정자를 맞이할 것이다. 이어서 난자의 세포막과 정자의 세포막이 융합되면서 정자의 핵이 난자 안으로 들어간다. 그다음은 주위의 **피질과립**(皮質顆粒, cortical granule)이 작용하여 정자가 더이상 들어오지 못하도록 담을 쌓아 버린다(그림 6-28). 드디어 난자와 정자의 핵이 융합되면서 단상체를 벗어나 복상체로서의 첫 번째 발걸음을 내디딜 것이다[10,44].

수정란의 첫 번째 변화는 **난할**(卵割, cleavage)이 일어나는 것이다. 수정란은 단세포이기 때문에 난할이라는 과정을

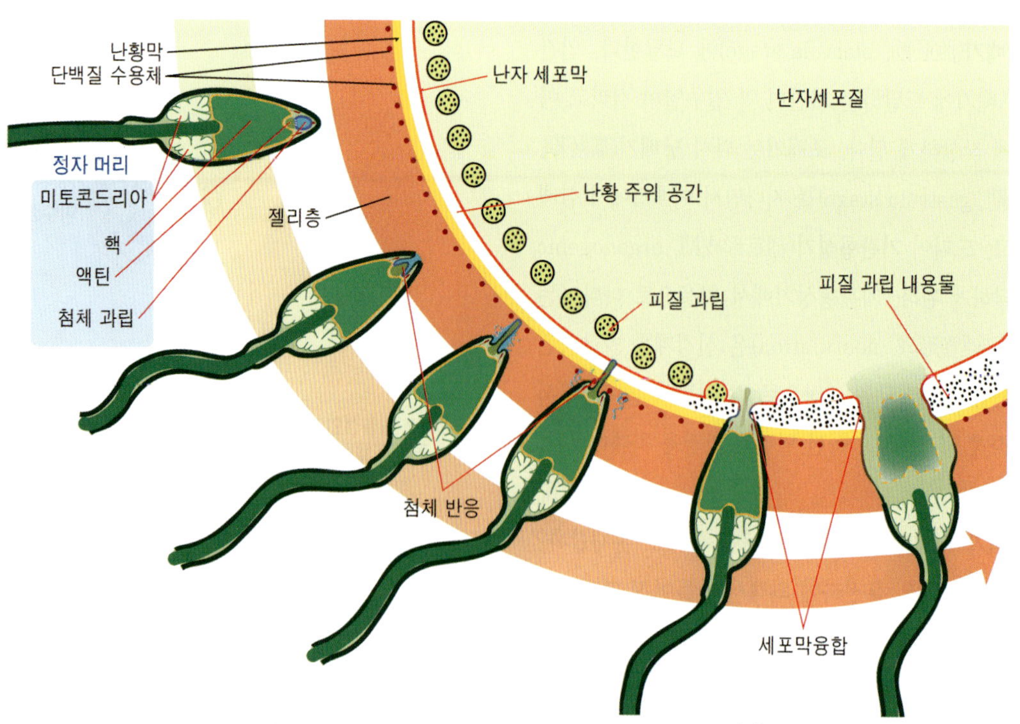


그림 6-28. 수정 과정에 대한 모식도. (출처: LadyofHats[6-28])

06

통하여 다세포로 변해 간다. 그렇다면 난할과 세포분열, 즉 **유사분열**(有絲分裂, mitosis)과는 무엇이 다를까? 이 둘은 몇 가지 점에서 확연히 다르다(표 6-3). 우선 유사분열에서는 모세포에서 딸세포가 생긴다. 그러나 난할에서는 세포가 두 개로 갈라진 것을 **할구**(割球, blastomere)라고 따로 부른다. 따라서 할구가 많아질수록 그 할구의 크기는 작아진다. 그뿐만 아니라 난할은 속도가 빨라서 세포주기(그림 6-2)에서 오로지 DNA 합성기와 분열기만 존재한다. 따라서 난할이 계속될수록 세포질은 당연히 감소하게 될 것이다. 이렇게 하여 핵과 세포질 비율은 증가할 수밖에 없다. 이 핵 대 세포질 비율이 6:1 정도가 되는 포배기 중간 정도에서 비로소 할구에 있는 유전자에서 전사가 일어나기 시작한다. 즉, 수정란의 유전자가 작동하기 시작한다는 뜻이다. 또한 비태생동물에서 난할이 아주 빠른 것은 방어력이 아주 약한 시기를 최소화해서 조기에 개체발생을 끝내고자 하는 의도도 숨어 있다고 할 수 있다[58].

그렇다면 수정란이 쪼개지는 난할은 어떤 방법으로 일어날까? 먼저 난할을 이해하기 위하여 **완전난할**(完全卵割, 전난할, 全卵割, holoblastic cleavage)과 **부분난할**(部分卵割, meroblastic cleavage)을 이해할 필요가 있다. 먼저 완전난할은 마치 사과를 자르듯이 알 전체가 다 갈라지는 형태를 말하고, 부분난할은 알이 부분적으로 난할을 한다는 의미이다. 이는 난황이 식물극에 얼마나 있느냐에 따라서 난할이 완전히 일어날 수도 있고, 난할이 식물극을 완전히 가르지 못하는 부분난할이 생길 수도 있다는 뜻이다. 따라서 완전난할은 난황이 아주 적거나 중간 정도인 등황란이나 중황란에서 일어난다. 그러나 난황이 식물극에 많이 있는 단황란이나 가운데 있는 중심황란인 경우는 부분난할이 일어날 수밖에 없다(그림 6-29). 완전난할은 다시 4가지 유형으로 나누어진다. 환형동물, 연체동물이나 편형동물에서 일어나는 **나선형 난할**(螺旋形卵割, spiral cleavage)은 체축에 대하여 비스듬하게 난할이 일어난다. 그러나 극피동물이나 창고기는 체축에 대하여 직각이나 평행으로 잘리는 **방사형 난할**(放射形卵割, radial cleavage)이 일어난다. 인간을 포함한 포유류는 좀 더 특이한 난할 형태를 지니고 있다. 이들은 그림 6-30과 같이 **회전형 난할**(回轉型卵割, rotational cleavage)이 일어난다.

여기서 잠깐 용어에 대한 정리가 필요할 것 같다. 우선 둥근 알을 분할할 경우 **경할**(經割, 세로분할, 날줄분할, meridian cleavage)과 **위할**(緯割, 가로분할, 씨줄분할, latitude cleavage)로 나눌 수 있다. 이는 마치 지구를 나누는 방법과 유사하다. 포유류의 알은 분할 속도가 매우 느린 편이다. 처음 나팔관에서 난할이 시작하여 자궁에 착상할 때까지 난할이 24시간에 1회 정도 일어난다. 그뿐만 아니라 난할이 동시에 일어나지도 않는다. 포유류의 회전형 난할의 첫 번째 분할은 경할이 먼저 일어난다. 그다음 두 번째 분할부터 회전형으로 일어난다. 즉, 첫 번째 분할에 의하여 생긴 두 개의 할구가 각기 다른 방법으로 분할된다. 두 번째 IIA는 경할에 의하여 분할되고 IIB는 적도 면으로 분할이 이루어진다. 따라서 난할이 진행됨에 따라 할구가 회전하는 듯한 모습을 보이게 된다. 개구리 알로 대표되는 중황란도 방사형 난할을 한다. 그러나 난황이 식물극에 모여 있어서 세포질을 동일하게 나누기 위해서 난할면이 동물극으로 약간 치우쳐서 일어나게 된다.



표 6-3. 난할과 유사분열의 차이점

| 난할 | 유사분열 |
|---|---|
| 접합체나 처녀생식에서 일어남 | 대부분 체세포에서 일어남 |
| 간기가 아주 짧고, 할구가 간기 동안 성장하지 않음 | 간기가 길고, 딸세포는 이 기간 동안 정상 크기로 성장함 |
| 세포주기 중 G1/G2가 생략되고 S/M기만 빠르게 순환함 | 정상적인 세포주기를 따라감 |
| 할구의 수는 증가하지만 크기는 감소함 | 딸세포의 크기는 성장함에 따라 거의 일정함 |
| 할구의 수가 증가할 때 할구의 전체 양은 감소 | 딸세포의 전체 양은 모세포의 전체 양보다 많음 |
| 새로운 할구에 필요한 염색체를 만들기 위하여 DNA 합성이 아주 빠름 | DNA 합성은 정상적으로 일어남 |
| 할구가 진행될수록 핵/세포질 비율은 증가함 | 핵/세포질 비율은 변하지 않음 |

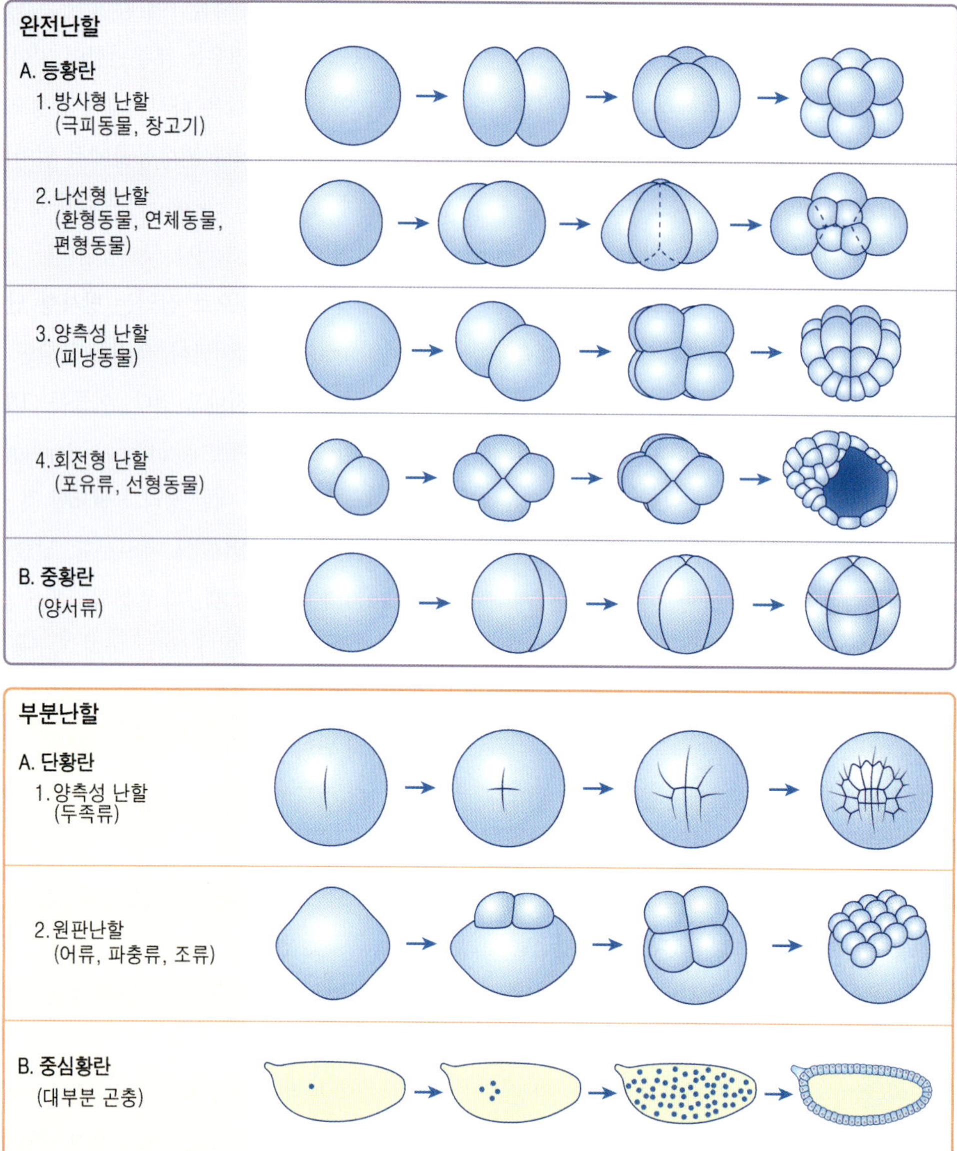


그림 6-29. 완전난할과 부분난할에 대한 모식도. (출처: Emre Terim[6-29])

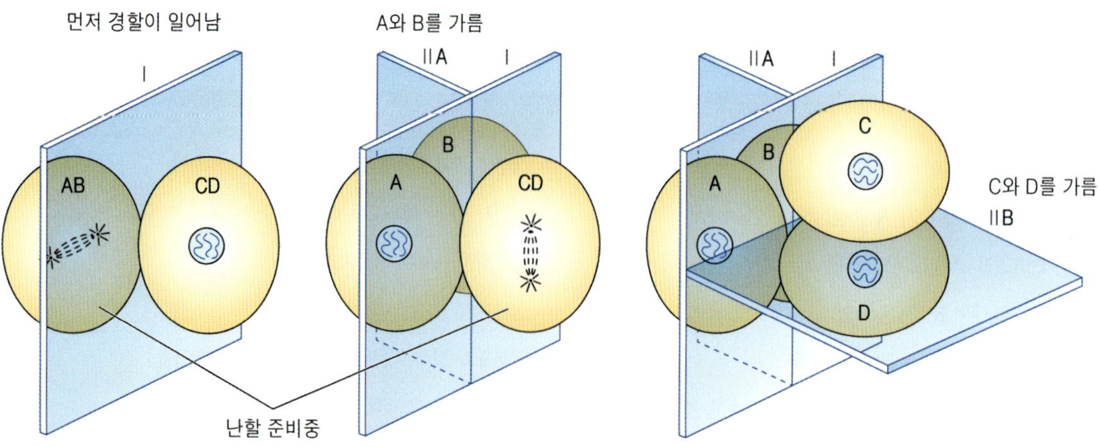


그림 6-30. 포유류의 회전형 난할에 대한 모식도.

부분난할은 난황이 많은 단황란이나 중심황란에서 일어난다. 이들도 난할이 일어나는 형태에 따라 **원반형 난할**(圓盤形卵割, discoidal cleavage)과 **표할형 난할**(表割刑卵割, superficial cleavage)로 나누어진다. 원반형 난할은 주로 단황란에서 일어나는 형태로 조류, 파충류 및 어류에서 볼 수 있는 할구 형태이다. 이들은 식물극에 있는 다량의 난황 때문에 난황 위에서만 제한적으로 난할이 일어난다. 따라서 우리는 이런 형태의 배를 **배반**(胚盤, blastodisc, blastoderm)이라고 부른다. 이는 포유동물의 **내세포괴**(內細胞塊, inner cell mass; ICM)와 유사한 구조이다. 표할형 난할은 곤충에서 흔히 보는 중심황란에서 일어난다. 표할은 유사분열이 일어나 많은 핵이 만들어졌지만, 세포분열이 일어나지 않는 다핵세포가 된다. 이렇게 늘어난 핵들이 변두리로 이동하여 세포막을 형성하는 형태를 표할이라고 한다. 이러한 난할 과정은 포배 단계에서 끝나고, 그 이후부터는 각 할구가 성장하면서 배가 커지기 시작한다[15].

난할이 6회 정도 일어나면 세포는 64개로 불어난다. 이 세포들이 공처럼 모여서 마치 뽕나무 열매인 오디 모양이 된다. 우리는 이 시기를 상실기라고 부른다. 그러나 상실기가 나타나기 위해서는 등황란이나 중황란이어서 전할이 일어나는 수정란에서만 볼 수 있다. 다시 수정란이 128세포기에 들어서면 세포들은 바깥쪽으로 몰리면서 가운데가 텅 빈 공간이 생기게 된다. 이 상태를 우리는 **포배**(胞胚, 주머니배, blastula, 그리스어 blastos는 sprout 싹이라는 뜻을 가지고 있음)라고 부른다. 또한 이때 생긴 안쪽의 공간을 **포배강**(胞胚腔, 난할강, 卵割腔, blastocoel)이라고 한다. 그림 6-31은 **창고기**(활유어, 蛞蝓魚, lancelet, amphioxus)의 발생을 도식화하고 있다. 창고기의 수정란은 등황란이자 방사성 난할을 하는 동물이다. 또한 창고기는 척추동물과는 사촌 간으로 두삭동물(頭索動物, cephalochordata)이라 불리기도 한다.

포배가 낭배기에 접어들면, 식물극이 안으로 말려들어 가면서 **원구**(原口, blastopore)가 형성된다. 이 원구는 동물의 분류에서도 중요한 구조물 중의 하나로, 말려들어 간 부분은 장차 내장이 될 부분으로서 **원장**(原腸, archeteron)이라 부른다. 우리는 원구가 입이 되는 동물을 **선구동물**(先口動物, protostome)이라고 구분하고, 편형동물, 선형동물, 연체동물, 절지동물이 여기에 속한다. 또한 원구가 항문이 되는 동물을 **후구동물**(後口動物, deuterostome)이라고 부르며 극피동물과 척삭동물이 여기에 속한다.

이 시점에서 다시 점검해 보아야 할 점은 동물의 발생 정도이다. 즉, 모든 동물이 이러한 발생 과정을 끝까지 거쳐서 성체로 태어나는 것이 아니다(그림 4-29 참고). 예를 들면, 원생생물인 짚신벌레는 단세포인 수정란 단계에서 그냥 살아간다. 이들에게 발생 과정은 없는 것이다. 그렇다면 배엽이 생

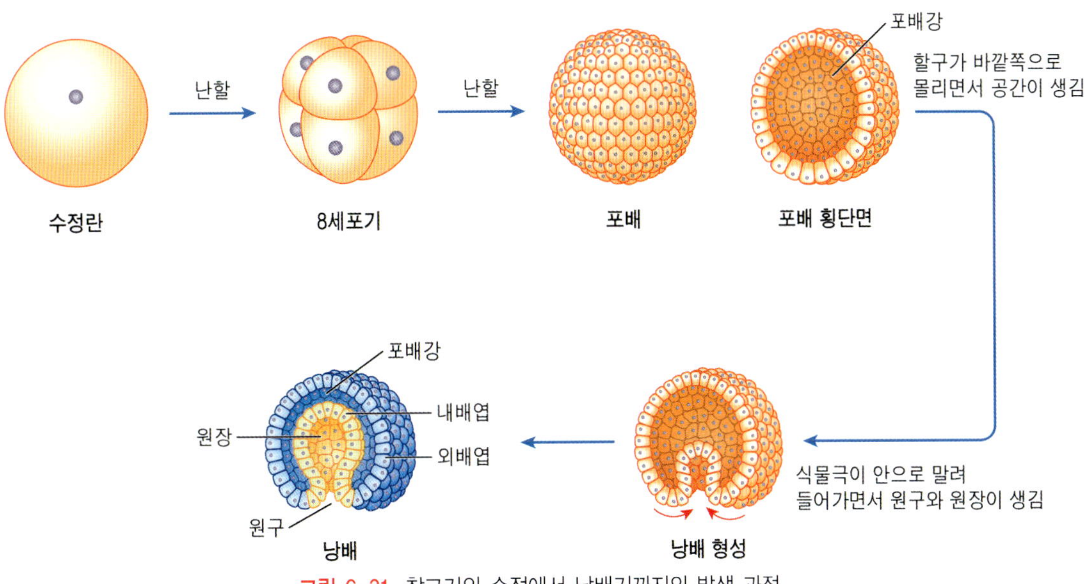


그림 6-31. 창고기의 수정에서 낭배기까지의 발생 과정.

기지 않는 포배 상태로 살아가는 동물은 없을까? 그들이 바로 해면동물이다. 이들은 그저 세포 덩어리에 불과하지만, 그들 나름대로 해저에 부착하여 잘 살고 있다. 우리는 이들을 **무배엽 동물**이라 부른다. 그다음 단계를 지나면 낭배기에 들어서면서 생긴 원구에 의하여 세포층이 2개의 층을 형성한다. 즉, 외배엽과 내배엽이 구성된 시점이다. 이런 상태로 살아가는 동물이 바로 자포동물이다. 따라서 해파리는 입과 항문이 동일한 동물이다. 또한 우리들은 이런 동물을 **이배엽 동물**이라 부를 수 있다. 자포동물을 넘어서서 편형동물 이상으로 올라가면 모든 동물은 삼배엽으로 구성된다. 그렇다면 중배엽은 어떻게 생겨날까? 이를 알기 위해서는 그림 4-26으로 되돌아가야 한다. 우선 중배엽이 생기는 길은 2가지가 있다. 먼저 선구동물은 외배엽과 내배엽 사이에 중배엽이 생겨난다. 우리는 이런 중배엽을 **외배엽성 중배엽**이라고 부른다. 또 다른 방법은 원장이 부풀어 올라와서 중배엽을 만든다. 따라서 이러한 중배엽을 **내배엽성 중배엽**이라 부르고 후구동물이 여기에 속한다[26,40].

그렇다면 인간이 포함된 포유류의 수정란은 과연 어떤 발생 과정을 거쳐서 성체로 태어날까? 인간의 수정란이 등황란이자 회전난할을 한다는 것은 이미 언급한 바 있다. 이 수정란이 64세포기에 도달하면 뽕나무의 오디처럼 상실기를 맞이한다. 이 상실기를 지나면서 바깥쪽으로 나가는 세포와 안에 남아 있는 두 가지 세포로 갈라지기 시작한다. 바깥쪽으로 나간 세포는 **영양막**(營養膜, trophoblast)이 되고, 안쪽에 있는 세포는 **내세포괴**(內細胞塊, 속세포덩이, inner cell mass, embryoblast)가 된다(그림 6-32). 영양막은 장차 태반조직

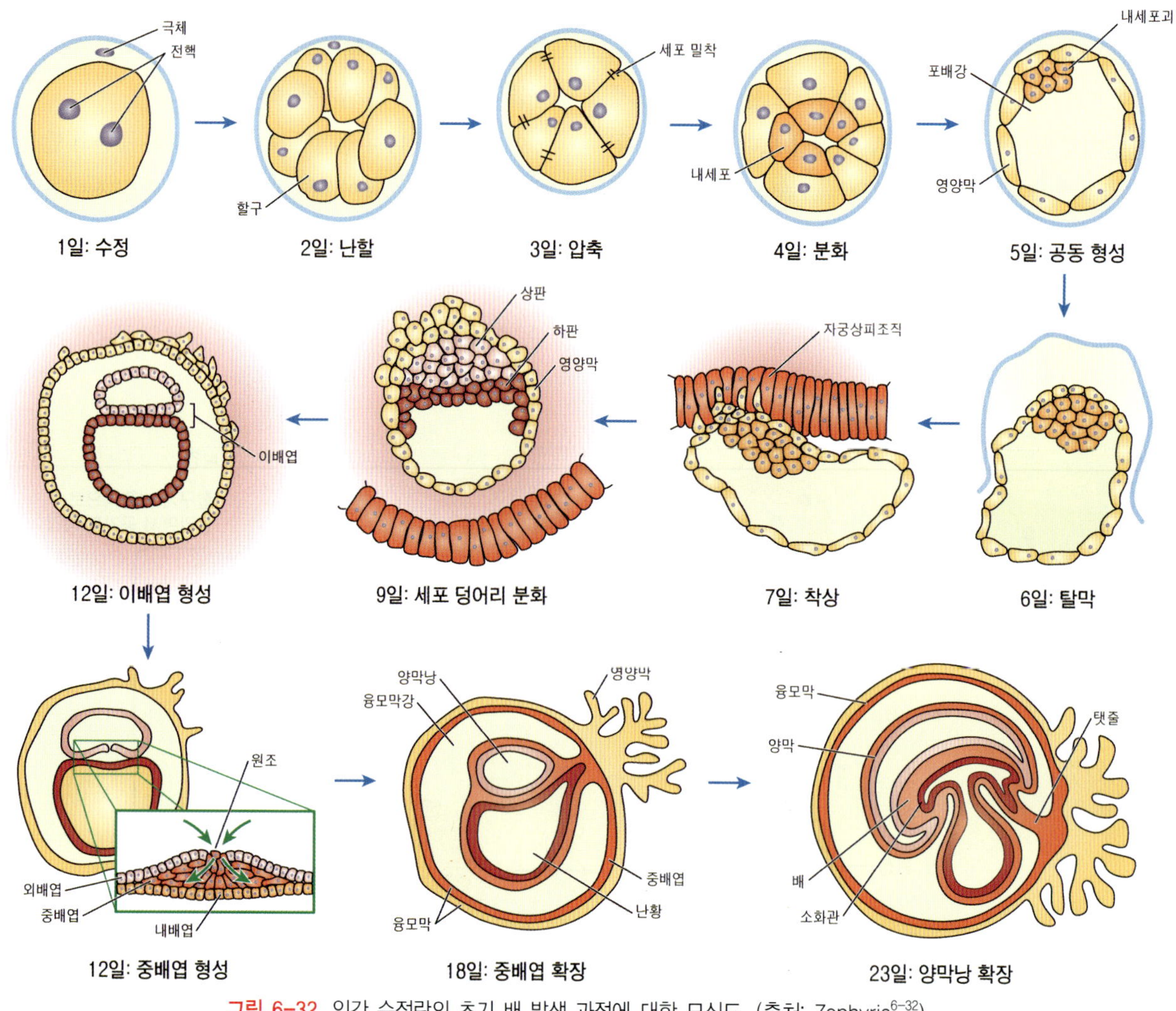


그림 6-32. 인간 수정란의 초기 배 발생 과정에 대한 모식도. (출처: Zephyris[6-32])

이 되어 태아에 영양공급과 노폐물 제거를 담당할 것이고, 안쪽에 있는 내세포괴는 장차 태아조직으로 발생할 것이다[15]. 이 내세포괴가 단황란에서 나타나는 배반과 유사하고, 식물의 종자에서 나타나는 배와 같은 구조물이다. 내세포괴는 앞으로 개체의 모든 조직과 기관을 만들어 낼 수 있는 능력을 갖추고 있다. 만약 이 내세포괴를 뜯어 내어 배양시킨다면, 우리가 충분히 예상할 수 있듯이 인간 배아 줄기세포가 되는 셈이다. 이는 제13장 '생명의 미래' 편에서 자세히 다룰 것이다.

영양막과 내세포괴가 구별되면서 난할강을 만들고 있는 이 시기를 **배반포**(胚盤胞, blastocyst)라고 부른다. 배반포는 창고기에서 불렀던 포배를 포유류에서는 배반포라고 부른다. 실제 이 배반포 단계에서 자궁에 착상하게 된다. 자궁에 착상한 배반포 속의 내세포괴는 그 속 덩어리가 위아래 두 줄로 나누어진다. 우리는 위에 것을 **상판**(上板, 배반엽 상층, epiblast)이라 부르고, 이 층은 장차 외배엽으로 발전할 것이다. 또한 아래에 위치한 것은 **하판**(下版, 배반엽 하층, hypoblast)이라 칭하며, 이들은 장차 내배엽으로 발전할 것이다. 이렇게 상판과 하판, 즉 외배엽과 내배엽이 있는 것을 **이배엽**(二胚葉, bilaminar layer) 상태라고 할 수 있다. 이 단계를 우리는 낭배기라고 부른다. 이배엽을 만든 낭배기는 다시 중배엽을 만들어서 **삼배엽**(三胚葉, trilaminar layer)을 만들어 낸다[30]. 중배엽의 기원은 그림 6-33에서 보는 것처럼 상판 위에 생긴 **원조**(原條, primitive streak)에서 상판세포의 일부가 원조를 통하여 상판과 하판 사이로 이동해 가면서 생긴다. 이런 과정을 거쳐 드디어 완성된 삼배엽은 이제 기관형성기로 접어들 것이다. 포유류의 기관 중에서 제일 먼저 만들어지는 기관은 신경계이다. 이 신경계는 먼저 중배엽이 시동을 건다. 즉, 중배엽에서 생긴 **척삭**(脊索, notochord)이 척삭 위쪽에 있는 외배엽을 유도하여 **신경판**(神經板, neural plate)을 먼저 만든다. 이 신경판은 좌·우가 먼저 길어나 중앙에서 합쳐지면서 통처럼 생긴 **신경관**(神經管, neural tube)을 형성하게 될 것이다. 마치 옷의 지퍼가 양쪽을 합쳐 주듯이, 형성된 신경관은 앞과 뒤에 구멍을 남긴 채 봉합된다. 이 신경관은 앞에서부터 전뇌, 중뇌, 후뇌를 만들고 척수를 만들어 나갈 것이다. 이런 과정을 우리는 **신경관 형성**(神經管形成, neurulation)이라고 부른다. 또한 앞뒤로 남아 있던 신경관의 구멍은 점차 막히게 된다[33]. 만약 앞쪽에 있는 구멍이 막히지 않으면 어떻게 될까? 이는 두개골이 완전히 닫히지 않는 상태의 아기가 태어난다. 우리는 이런 상태의 아이를 **무뇌아**(無腦兒, anencephaly)라고 부른다. 뒤에 있던 구멍이 제대로 막히지 않으면, 태어난 아이의 허리 뒤에 척수신경 다발이 밖으로 튀어나와 있는 선천성 기형을 만날 것이다. 이런 질환을 우리는 **척수수막탈출증**(脊髓髓膜脫出症, myelomeningocele)이라고 부른다. 신경관 형성과 더불어 앞쪽으로는

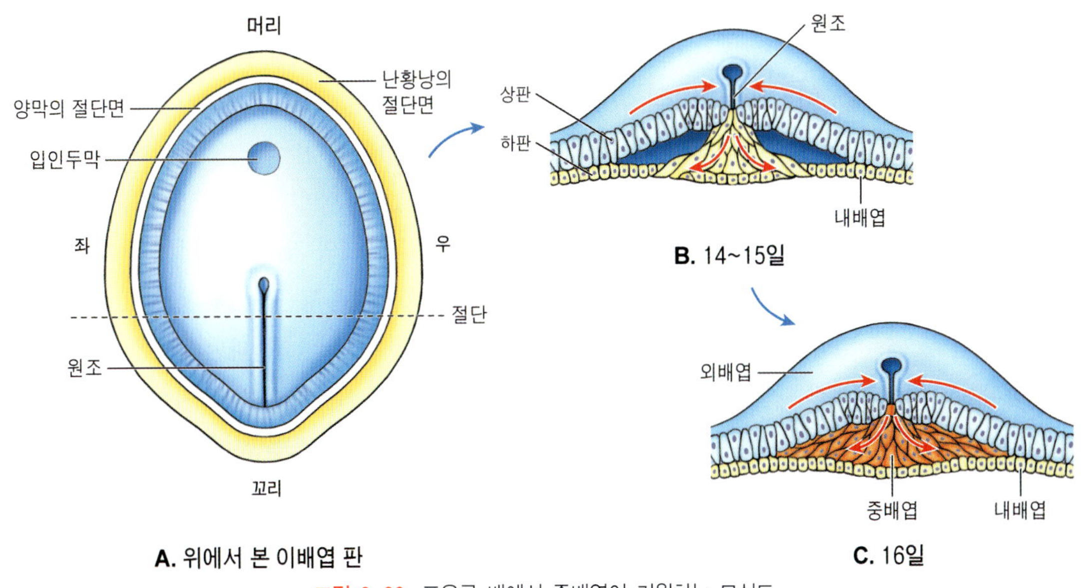


그림 6-33. 포유류 배에서 중배엽이 기원하는 모식도.

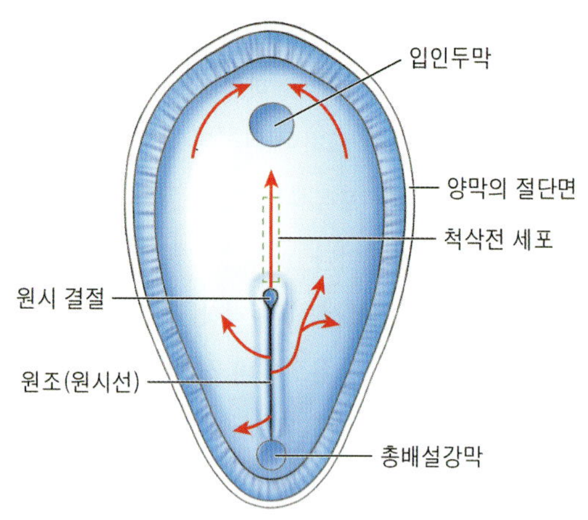


그림 6-34. 포유류에서 원조와 입과 항문의 기원.

심장이 만들어질 준비를 하고 있고 내배엽은 내장을 만들면서 폐와 간, 췌장 등을 만들어 갈 것이다.

이제까지 원구동물과 후구동물에 대한 내용을 살펴보았다. 그러나 포유류에서는 원구가 나타나지 않는데도 불구하고 어떻게 후구동물로 분류되어야 하는지에 대한 의문점이 생길 것이다. 즉, '어떻게 원구가 항문이 된다는 것인가?' 하는 것이다. 자세히 살펴보면 배가 처음으로 홈이 파이는 곳이 창고기에서는 원구였다면 포유류에서는 원조이다. 인간은 입이 약 4주경에 먼저 생겨난다. 그런 다음 다시 약 4주를 기다리면 항문이 생긴다[18,45,59]. 그러나 처음에 원구와 비슷한 원조가 나중에는 항문으로 끝난다는 사실이 인간을 후구동물에 넣을 가능성이 있는 유일한 설명이다(그림 6-34).

## 5. 동물과 식물의 발생 및 성장의 차이점

생물체에서 **성장**(成長, growth)이란 어떤 개체에서 물을 제외한 유기물의 총량, 즉 **생물량**(生物量, biomass)이 증가하는 것을 말한다. 그렇다면 세균과 고세균에서 성장이란 개념이 있을 수 있을까? 우리는 세균이 이분법에 의하여 정확히 일란성 쌍둥이처럼 두 개로 갈라진다는 것을 알고 있다. 이것은 원핵생물에서는 적어도 어린 세균이 없다는 의미이다. 따라서 성장은 원핵생물과 맞지 않는 말이다. 그러면 우리가 일상에서 자주 만나는 동물과 식물은 발생과 성장 면에서 궁극적으로 어떤 차이점이 있을까? 이는 생명체를 이해하는 데 중요한 관전 포인트가 될 것이다. 우선 그림 6-35는 동물과 식물의 출발점이 나타나 있다. 이들이 어떤 차이점이 있는지를 하나씩 찾아보기로 하자.

동물과 식물이 새로운 개체로 나아가는 출발점은 수정란으로 모두 똑같다. 수정란이 난할을 일으켜 세포 수가 늘어나는 것도 동일하다. 그러나 가장 중요한 차이점 중 하나가 바로 식물은 종자나 포자를 만들 수 있다는 점이다. 동물은 발생이 한번 시작되면 중간에 멈출 수가 없다. 그러나 식물은 기본구조를 만든 다음, 종자나 포자를 만들어서 발생 단계를 정지시키고 기다릴 수 있다. 이것은 둘 사이에 존재하는 엄청난 차이점이다. 그러나 좀 더 내용을 자세히 들여다보면, 식물은 움직일 수 없다는 사실에 초점이 맞추어진다. 이들은 종자나 포자를 보다 멀리 파종시켜야 하는 목적이 있어서, 결국 바람이나 움직이는 동물을 이용하여 종자나 포자를 멀리 퍼트리려고 할 것이다. 그뿐만 아니라 이 종자나 포자는 수천 년이나 버티면서 호의적인 환경이 찾아올 때까지 기다릴 수 있는 여력도 가지고 있다. 그리고 식물은 구조 자체가 아주 단순하여 유지 비용이 적게 드는 데 반하여, 동물은 복잡한 조직으로 인해 유지 비용이 많이 든다는 단점이 있다. 그 대신 동물의 운동성은 장점이 될 수 있을 것이다. 붙박이 식물은 그 구조를 유지하기 위하여 많은 세포가 죽은 세포로 구성되어 있지만, 동물은 대부분 살아 있는 세포로 구성되어 있다. 또한 동물은 일단 성숙해지면 더이상 성장이 일어나지 않지만, 식물은 살아 있는 동안에는 언제나 성장할 수 있는 저력을 가지고 있다. 그렇지만 일부 특정한 부위, 즉 형성층에서만 성장이 일어나는 제한성을 가지고 있다. 식물이 가지고 있는 또 하나의 큰 장점은 식물의 배세포가 분화해서 한 조직이나 기관으로 발달하였다 하더라도, 언제나 다시 배세포 상태로 되돌아갈 수 있다는 점이다. 고구마 줄기를 끊어서 다시 땅에다 묻으면 뿌리, 줄기와 잎이 다시 생겨나고, 당근의 세포 하나를 배양해서 새로운 당근을 키워 낼 수 있는 능력이 식물세포에는 있는 것이다[17,19]. 그렇다면 식물에 있는 이러한 줄기세포 능력이 동물에는 왜 없을까? 사실 동물세포에도 그 능력이 있지만 단지 숨어 있을 뿐이다. 어떻게 숨어 있는 것인지에 대해서는 제13장 '생명의 미래' 편에서 다시 다루어 볼 것이다.

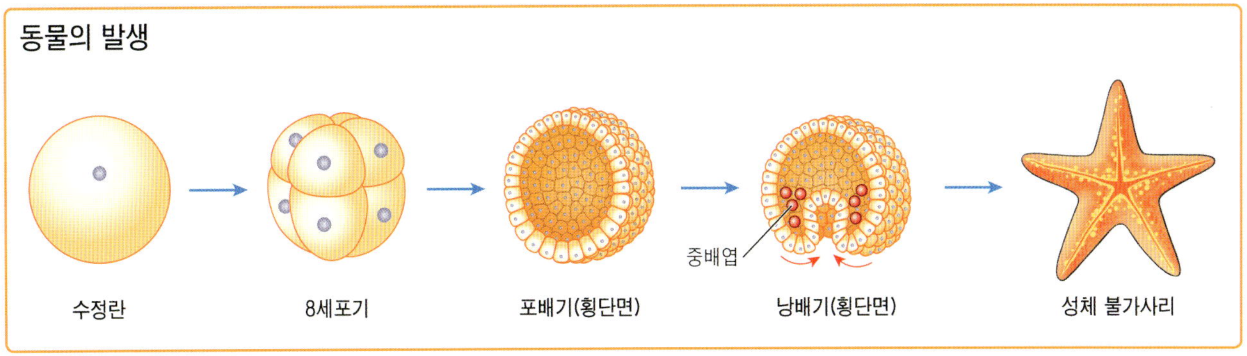


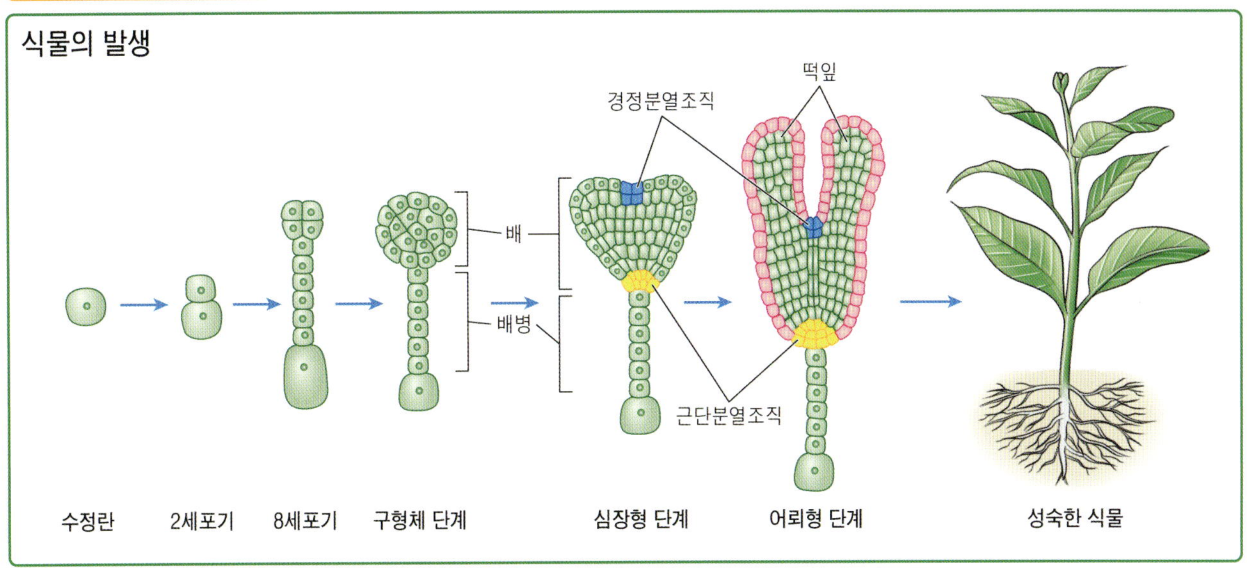


그림 6-35. 동물과 식물의 발생 과정의 차이점.

## 참고문헌


1. 이경준. *수목 생리학. 2차 수정판.* 서울: 서울대학교 출판부, pp.313-340, 1997.
2. Amitosis. Wikipedia. Available at: https://en.wikipedia.org/wiki/Amitosis (접속일 2020년 8월 3일)
3. Apical meristem build the primary plant body. Macmillan Learning for Instructors. https://www.macmillanhighered.com/BrainHoney/Resource/6716/digital_first_content/trunk/test/hillis2e/hillis2e_ch24_3.html (접속일 2020년 8월 4일)
4. Asexual reproduction in Amoeba and yeast. Olabs. Available at: https://amrita.olabs.edu.in/?sub=79&brch=16&sim=134&cnt=1 (접속일 2020년 8월 3일)
5. Bacterial growth and regulation. Cronodon. Available at: https://cronodon.com/BioTech/Bacteria_Growth.html (접속일 2020년 8월 3일)
6. Bidlack, J. E., Jansky, S. H. *Stern's introductory plant biology. 12th ed.* (김성하 외 역. *식물학.* 서울: 라이프사이언스, pp.188-196, 2014)
7. Biology: Cell cycle and cell division. Topperlearning. Available at: https://images.topperlearning.com/topper/revisionnotes/2282_Topper_21_101_3_1_7503_15609_Cell_Cycle_up201506291449_1435569573_0878.pdf?v=0.0.1 (접속일 2020년 8월 3일)
8. Boettcher, B., Garral, Y. *The cell biology of open and closed mitosis.* Nucleus, 4(3), pp.160-165, 2012. DOI: 10.4161/nucl.24676
9. Campbell, N. A., Reece, J. B. *Biology.* (전상학 외 역. *생명과학. 7판.* 서울: 라이프사이언스, pp.724-730, 2006)
10. Carlson, B. M. *Human embryology & developmental biology. 2nd ed.* St. Louis: Mosby, pp.28-32, 1999.
11. Cell cycle. Wikipedia. Available at: https://en.wikipedia.org/wiki/Cell_cycle (접속일 2020년 8월 3일)
12. Cell division. Wikipedia. Available at: https://en.wikipedia.org/wiki/Cell_division (접속일 2020년 8월 3일)
13. Control of cell cycle. The Nobel Prize. Available at: https://educationalgames.nobelprize.org/educational/medicine/2001/ (접속일 2020년 8월 3일)
14. Developmental biology. Utah. Edu. Available at: https://bastiani.biology.utah.edu/courses/3230/DB%20Lecture/Lectures/a2Concepts.html (접속일 2020년 8월 3일)
15. Developmental biology. Wikipedia. Available at: https://en.wikipedia.org/wiki/Developmental_biology (접속일 2020년

8월 3일)

16. Difference between animal cell mitosis and plant cell mitosis. Majordifferences. Available at: https://www.majordifferences.com/2013/08/difference-between-animal-cell-mitosis.html#.XyfmC-R7nx4 (접속일 2020년 8월 3일)
17. Difference between plants and animals. Biodifferences. Available at: https://biodifferences.com/difference-between-plants-and-animals.html (접속일 2020년 8월 4일)
18. Embryological origin of the mouth and anus. Wikipedia. Available at: https://en.wikipedia.org/wiki/Embryological_origins_of_the_mouth_and_anus (접속일 2020년 8월 4일)
19. Embryology: Plant and animal. Antrovista. Available at: http://tomvangelder.antrovista.com/plant-and-animal-152m71.html (접속일 2020년 8월 4일)
20. Engber, D. *Ask anything: Do plants get cancer?* Popular Science. Available at: https://www.popsci.com/article/science/ask-anything-do-plants-get-cancer/ (접속일 2020년 8월 3일)
21. Fairy rings. Utah State University. Available at: https://herbarium.usu.edu/fun-with-fungi/fairy-rings (접속일 2020년 8월 4일)
22. Fission (biology). Wikipedia. Available at: https://en.wikipedia.org/wiki/Fission_(biology) (접속일 2020년 8월 3일)
23. Fungus: Growth. Britanica. Available at: https://www.britannica.com/science/fungus/Growth (접속일 2020년 8월 3일)
24. Gibberellins and auxin have diverse effects but a similar mechanism on action. Macmillan Learning for Instructors. Available at: https://www.macmillanhighered.com/BrainHoney/Resource/6716/digital_first_content/trunk/test/hillis2e/hillis2e_ch26_3.html (접속일 2020년 8월 4일)
25. Goldberg, R. B., Paiva, G. D., Yadegari, R. *Plant embryogenesis: Zygote to seed.* Science, 28: 266(5185), pp.605-614, 1994. DOI: 10.1126/science.266.5185.605
26. Hochberg, R. *What is a protostome?* Encyclopedia. Available at: https://www.encyclopedia.com/environment/encyclopedias-almanacs-transcripts-and-maps/what-protostome (접속일 2020년 8월 4일)
27. Holland, J. J., Emmanuel Liscum, D. R. *Understanding phototropism: from Darwin to today.* J Exp Bot, 60(7), pp.1969-1978, 2009. https://doi.org/10.1093/jxb/erp113
28. How microbes grow? Lumenlearning. Available at: https://courses.lumenlearning.com/microbiology/chapter/how-microbes-grow/ (접속일 2020년 8월 3일)
29. Johnson, M. H., Chisholm, J. C., Fleming, T. P., et al. *A role for cytoplasmic determinants in the development of the mouse early embryo?* J Embriol exp Morph, 97 supplement, pp.97-121, 1986.
30. Larsen, W. J. *Human embryology, 2nd ed.* New York: Churchill Livingstone, pp.49-54 1997.
31. Lateral growth. Bioninja. Available at: https://ib.bioninja.com.au/higher-level/topic-9-plant-biology/untitled-2/lateral-growth.html (접속일 2020년 8월 24일)
32. Macrocystis pyrifera. Wikipedia. Available at: https://en.wikipedia.org/wiki/Macrocystis_pyrifera
33. Mitchell, B., Sharma, R. *Embryology: An illustrated colour text.* (박경환 외 역. *간추린 발생학.* 서울: E*Public, pp.8-11, 2005)
34. Mitosis. Wikipedia. Available at: https://en.wikipedia.org/wiki/Mitosis (접속일 2020년 8월 4일)
35. Modeling the budding yeast cell cycle. Virginia Tech. Available at: http://mpf.biol.vt.edu/research/budding_yeast_model/pp/intro.php (접속일 2020년 8월 3일)
36. Phragmoplast. Wikipedia. Available at: https://en.wikipedia.org/wiki/Phragmoplast (접속일 2020년 8월 4일)
37. Plant embryogenesis. University of Nairobi. Available at: https://learning.uonbi.ac.ke/courses/SBT403/scormPackages/path_2/lecture_3_plant_embryogenesis.html (접속일 2020년 8월 4일)
38. Prokaryotic cell division. Lumen learning. Available at: https://courses.lumenlearning.com/suny-biology1/chapter/missing-prokaryotic-cell-division-ch-6-4/ (접속일 2020년 8월 3일)
39. Protist: Reproduction and life cycle. Britanica. Available at: https://www.britannica.com/science/protist/Reproduction-and-life-cycles (접속일 2020년 8월 3일)
40. Protostomes vs. deuterostomes: 14 major differences with examples. Vivadifferences. Available at: https://vivadifferences.com/difference-between-protostomes-and-deuterostomes-with-examples/ (접속일 2020년 8월 4일)
41. Raikow, I. B. *The diversity of forms of mitosis in protozoa: a comperative review.* Eur J Protistol, 30(3), pp.253-269, 1994. DOI: 10.1016/S0932-4739(11)80072-6
42. Russel, P. J., Wolfe, S. L., Hertz P. E., et al. *Biology: The dynamic science, 1st ed.* (홍영남 외 역. *생명과학: 현상의 이해.* 서울: 라이프사이언스, pp.156-159, 2010)
43. Sadava, D., Hills, D. M., Heller, H. C., et al. *Life: The science of biology, 11th ed.* (정종우 역. *생명: 생물의 과학.* 서울: 라이프사이언스, pp.216-224, 2018)
44. Sadler, T. W. *Langman's medical embryology, 10th ed.* (황영일 외 역. *사람발생학.* 서울: E*Public, pp.35-43, 2007)
45. Sadler, T. W. *Langman's medical embryology, 10th ed.* (황영일 외 역. *사람발생학.* 서울: E*Public, pp.61-71, 2007)
46. Samiksha, S. *Plants growth and development.* Yourarticlelibary. Available at: https://www.yourarticlelibrary.com/biology/plants/plants-growth-and-development-explained-with-diagram/29741 (접속일 2020년 8월 3일)
47. Scott, P. *Physiology and behavior of Plants.* (김명원 역. *식물생리학: 식물의 삶과 행동.* 서울: 라이프사이언스, pp.151-154, 2012)
48. Sexual reproduction in flowering plants. CBSE Tutorials. Available at: http://cbse.myindialist.com/cbse-class-10-biology-reproduction-sexual-reproduction/ (접속일 2020년 8월 4일)
49. Sezonov, G., Joseleau-Petit, D., D'Ari, R. *Escheichia coli physiology in Luria-Bertani Broth.* J Bacteriol, 189(23), pp.8746-8749, 2007. DOI: 10.1128/JB.01368-07, PMC 2168

924

50. Smertenko, A., Hewitt, S. L., Jacques, C. N., et al. *Phragmoplast microtubule dynamics– a game of zone*. J Cell Sci, 131: jcs203331, 2018. DOI: 10.1242/jcs.203331
51. Structural organization of the human body. Lumen learning. Available at: https://courses.lumenlearning.com/suny-ap1/chapter/structural-organization-of-the-human-body/ (접속일 2020년 8월 4일)
52. Taylor, L. *How do protists reproduce?* Sciencing. Available at: https://sciencing.com/protists-reproduce-4566859.html (접속일 2020년 8월 3일)
53. Taylor, S. *Differecen between plant and animal cell division*. Sciencing. Available at: https://sciencing.com/protists-reproduce-4566859.html (접속일 2020년 8월 3일)
54. Tillich, H. J. *Seedling diversity and the homologies of seedling organs in the order Poales (monocotyledons)*. Ann. Bot, 100(7), pp.1413–1429, 2007. https://doi.org/10.1093/aob/mcm238 (접속일 2020년 8월 4일)
55. Tolbert, J. *The difference between seeds and spores*. Sciencing. Available at: https://sciencing.com/the-difference-between-seeds-and-spores-12523322.html (접속일 2020년 8월 4일)
56. Understanding plant hormones. Untamed Science. Available at: https://untamedscience.com/biology/plants/plant-growth-hormones/ (접속일 2020년 8월 4일)
57. White, J. *Difference between animal cell mitosis and plant cell mitosis*. Difference Wiki. Available at: https://www.difference.wiki/animal-cell-mitosis-vs-plant-cell-mitosis/ (접속일 2020년 8월 3일)
58. White, J. *Difference between cleavage and mitosis*. Difference Wiki. https://www.difference.wiki/cleavage-vs-mitosis/ (접속일 2020년 8월 4일)
59. Why are humans considered to be deuterostomes? Quora. Available at: https://www.quora.com/Why-are-humans-considered-to-be-deuterostomes (접속일 2020년 8월 3일)

## 그림 인용 및 Links

그림 6-4. https://opentextbc.ca/biology/chapter/6-4-prokaryotic-cell-division/ (접속일 2020년 9월 20일)

그림 6-8. https://commons.wikimedia.org/wiki/File:Preprophase band.png (접속일 2020년 9월 20일)

그림 6-9. https://en.wikipedia.org/wiki/Mitosis (접속일 2020년 11월 24일)에 근거하여 재작성함

그림 6-11. https://commons.wikimedia.org/wiki/File:Sanc0063_-_Flickr_-_NOAA_Photo_Library.jpg (접속일 2020년 9월 20일)

그림 6-13. https://commons.wikimedia.org/wiki/File:A_simplified_model_for_myosin_V_(MyoE)_function_at_the_hyphal_tip_in_Aspergillus_nidulans_-_journal.pone.0031218.g009B.png (접속일 2020년 9월 20일)

그림 6-14. https://commons.wikimedia.org/wiki/File:Fairy_ring_on_a_suburban_lawn_100_1851.jpg (접속일 2020년 9월 20일)

그림 6-17. https://courses.lumenlearning.com/wm-biology2/chapter/development-seeds-and-fruit/ (접속일 2020년 9월 20일)

그림 6-20. https://www.shutterstock.com/ko/image-vector/meristematic-tissue-vector-illustration-labeled-educational-1748663747 (접속일 2020년 11월 24일)에 근거하여 보완 수정함

그림 6-22. https://www.shutterstock.com/ko/image-vector/wood-stem-vector-illustration-educational-labeled-1330013300 (접속일 2020년 11월 25일)

그림 6-23. https://commons.wikimedia.org/wiki/File:%E0%B2%AA%E0%B2%B0%E0%B2%BF%E0%B2%B8%E0%B2%B0_%E0%B2%B5%E0%B2%BF%E0%B2%9C%E0%B3%8D%E0%B2%9E%E0%B2%BE%E0%B2%A8_%E0%B2%B5%E0%B2%BF%E0%B2%95%E0%B2%B8%E0%B2%A8_%E0%B2%AE%E0%B2%A4%E0%B3%8D%E0%B2%A4%E0%B3%81_%E0%B2%B8%E0%B2%BF%E0%B2%B8%E0%B3%8D%E0%B2%9F%E0%B2%AE%E0%B3%8D%E0%B2%AF%E0%B2%BE%E0%B2%9F%E0%B2%BF%E0%B2%95%E0%B3%8D%E0%B2%B8%E0%B3%8D.jpg (접속일 2020년 11월 25일)

그림 6-25. https://courses.lumenlearning.com/boundless-biology/chapter/plant-sensory-systems-and-responses/ (접속일 2020년 9월 21일)

그림 6-28. https://commons.wikimedia.org/wiki/File:Acrosome_reaction_diagram_en.svg (접속일 2020년 9월 21일)

그림 6-29. https://www.shutterstock.com/ko/image-vector/biology-holoblastic-complate-cleavage-initial-period-1459533440, https://www.shutterstock.com/ko/image-vector/biology-meroblastic-incomplete-cleavage-initial-period-1459533926 을 재편집함

그림 6-32. https://commons.wikimedia.org/wiki/File:HumanEmbryogenesis.svg (접속일 2020년 9월 21일)

Chapter

# 07

# 생명의 대사

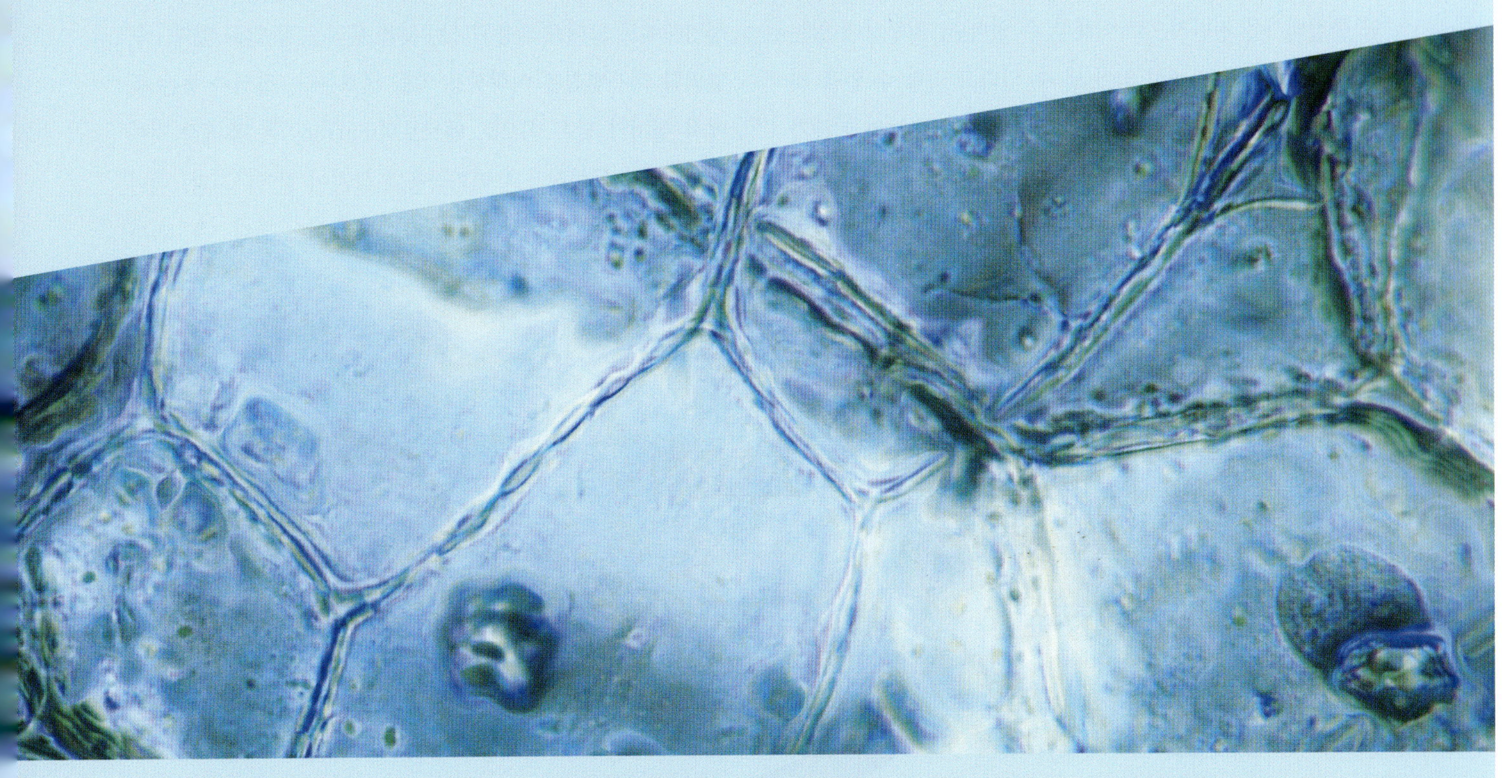

07

## 제1절 서론

생명체가 그 생명 혹은 살아 있음을 유지하기 위해서는 무엇보다도 에너지가 필요하다. 우리가 흔히 '살기 위해서 먹는 것인지, 먹기 위해서 사는 것인지?'라는 푸념은 생명체에게 에너지가 절대적이라는 것을 시사하는 우스갯소리라고도 할 수 있다. 우리는 이러한 에너지를 **물질대사**(物質代謝, metabolism, 줄여서 **대사**라고 부름)라는 화학반응에서 얻어낸다. 그러나 물질대사는 단순히 에너지만을 얻어내는 화학반응이 아니다. 이들은 생물체 안에서 일어나는 총체적인 화학반응으로써 음식이나 연료로부터 생명체에 필요한 단백질이나 지방, 다당류, 핵산 등을 만들어 내기도 한다. 또한 그 최종산물이 생명체에 유해하거나 재사용이 불가능한 경우는 이를 신속히 몸밖으로 배출시켜야 하는 역할도 맡고 있다. 만약 물질대사를 전반적으로 이해할 수 없다면, 지구상에 있는 생명체의 속살을 자세히 읽어 낼 수 있다고 말할 수 없을 것이다. 따라서 생명을 이해하기 위해서는 물질대사의 이해가 필수적이라 할 수 있다.

우선 대사는 그 어원(metabolism)이 가지고 있는 뜻처럼 무언가의 변화나 전환을 의미한다. 그림 7-1은 생명체에서 가장 중요한 화학반응 중의 하나이다. 즉, 이산화탄소나 물과 같은 분자들이 태양에너지의 힘을 받아서 **고분자**(高分子, macromolecule)인 포도당과 산소를 만들어 내는 것이다. 이렇게 분자들이 더 복잡한 분자인 고분자로 진행되는 과정을 **동화작용**(同化作用, anabolism)이라 부르고, 반드시 에너지가 들어가야만 한다. 우리는 이러한 화학 공정을 **광합성**(光合成, photosynthesis)이라고 부른다. 이에 반하여 고분자인 포도당이 간단한 분자로 분해될 때는 에너지와 열이 방출된다. 우리는 이런 화학 공정을 **이화작용**(異化作用, catabolism)이라고 부른다. 따라서 **세포호흡**(細胞呼吸, cellular respiration) 과정은 이화작용이자 에너지를 뽑아내는 과정이다[27].

그림 7-1을 단순한 화학 방정식으로 이해하기에는 무언가 부족함이 느껴진다. 이 우주를 지배하고 있는 물리법칙들이 생명체에도 그대로 적용된다는 것을 우리는 잘 알고 있다. 즉, 열역학 제2 법칙은 이화작용 쪽을 선호한다. 질서가 높은 곳에서 질서가 낮은 쪽으로 **엔트로피**(entropy)는 흘러갈 것이다. 그러나 동화작용은 이화작용과 짝지어 일어나지만, 에너지가 들어가야 한다는 사실을 기억해 두어야 한다. 즉, 이화

그림 7-1. 광합성과 세포호흡에서 나타나는 물질대사.

작용은 자발적으로 일어나지만, 동화작용은 자발적으로 일어나지 않고 반드시 에너지가 들어가야만 일어나는 반응이다. 이들은 다시 제12장 '생명의 소멸' 편에서 다룰 것이다.

햇빛을 이용하여 포도당을 만드는 광합성은 모든 생물에서 일어날 수 있는 화학반응이 아니다. 오직 세균만이 가지고 있는 전용 기술이다. 인간은 핵무기를 사용하여 이 지구를 통째로 날려 버릴 수는 있어도, 세균이 가지고 있는 이 기술을 아직까지는 배우지 못하고 있다. 오직 이 기술을 가지고 있는 생물은 남세균, 광합성 세균, 일부 원생생물과 이들을 합병한 식물이나 조류뿐이다. 우리는 이들을 **독립영양생물**(獨立營養生物, autotroph)이라고 부른다. 인간을 포함한 동물이나 균류 등은 스스로 포도당을 만들 수 없다. 따라서 이들은 독립영양생물이 만들어 놓은 포도당을 빼앗아 먹을 도리밖에 없다. 따라서 우리는 이들을 **종속영양생물**(從屬營養生物, heterotroph)이라고 부른다. 만약 "인간을 포함한 모든 동물은 식물의 기생충이다"라고 연두벌레가 빈정거린다 해도 우리는 반박할 근거가 없다. 그렇다고 모든 생명체가 햇빛을 주된 에너지원으로 이용하는 것도 아니고, 탄소원으로 이산화탄소만을 이용하는 것도 아니다. 따라서 생명체는 아주 다양한 **영양방식**(營養方式, mode of nutrition)을 가지고 있다. 이것은 제6절에서 집중적으로 다룰 것이다.

그림 7-1에서 보는 세포호흡은 포도당에서 에너지를 추출해 내는 과정이다. 이 화학 공정은 진핵생물에서는 미토콘드리아에서 일어난다. 미토콘드리아의 조상은 누구인가? 바로 세균이다. 과연 진핵생물인 원생생물부터 식물, 균류 및 동물은 포도당으로부터 직접 에너지를 뽑아낼 수 있을까? 물론 우리는 무기호흡 방법을 제외하고는 그런 기술을 가지고 있지 않다. 이것 또한 광합성과 마찬가지로 세균만이 가지고 있는 독점기술이다. 따라서 가장 중요하다고 판단되는 그림 7-1의 과정에서 인간을 포함한 고등생물체는 아무런 기여를 하지 못한다. 그저 세균의 독과점적 기술만 쳐다보고 있다면 지나친 표현일까? 그러나 우리는 이 사실을 진심으로 받아들여야만 한다.

우리는 제1장에서 물질이 어떻게 생성되는지를 살펴보았다. 또한 소립자에서 원자가 생겨나고 원자에서 분자가 만들어지는 과정을 이미 알아보았다. 제2절에서는 분자에서 어떻게 거대분자가 생겨나는지를 알아볼 것이다. 그리고 제3절에서는 잎의 구조와 광합성이 일어나는 명반응과 캘빈 회로에 대하여 알아볼 것이다. 그런 다음 제4절에서 모든 생물체가 어떤 방법으로 에너지를 얻게 되는지를 순차적으로 알아보고, 이어서 5절에서는 광합성과 세포호흡의 차이점을 살펴보는 시간을 가질 것이다. 마지막으로 각 생명체의 다양한 영양방식을 기술하면서, 물질대사가 어떤 과정을 거쳐 현재의 대사경로로 진화되어 왔는지를 추적함과 동시에, 식물의 대사적 진화 과정에 대해서도 알아볼 것이다.

## 제2절 거대분자 구조

### 1. 축합 및 가수분해반응

그림 3-4는 생명체가 어떤 종류의 거대분자로 구성되어 있는지를 잘 보여 준다. 우리가 이미 알고 있듯이 생물은 체중의 70%가 물로 구성되어 있다. 그 나머지는 대다수가 거대분자로 되어 있다. 이 거대분자는 단백질, 핵산, 탄수화물, 지질이 주성분을 이루고, 이런 구조는 모든 생물체에서 동일한 비율로 나타난다. 따라서 우리가 이러한 거대분자의 구조를 알아야 하는 것은 너무나 당연하다. 이들에 대한 화학적 구조와 특징을 알아보기 전에, 먼저 두 가지 화학반응에 대하여 익숙해질 필요가 있다. 이들은 바로 **축합반응**(縮合反應, condensation reaction) 혹은 **탈수반응**(脫水反應, hydrolysis reaction)과 **가수분해반응**(加水分解反應, hydrolysis reaction)이다(그림 7-2)[41]. 이 반응들은 **단량체** 혹은 **단위체**(單量體, 單位體, monomer)가 어떻게 **다량체**(多量體, polymer)로 전환되며, 다시 다량체가 단량체로 전환되는지를 쉽게 보여 준다. 단량체는 어떤 성질을 가지고 있으면서 분자량이 최소인 물질이라고 할 수 있다. 예를 들어 보자. 단백질은 아미노산으로 구성되어 있다. 따라서 아미노산은 단량체 혹은 단위체라고 부르고 단백질은 다량체가 되는 셈이다.

먼저 축합반응은 두 단량체에서 물이 떨어져 나가면서 서로 연결된다. 물은 한쪽 단량체에 있는 수산기(水酸基, -OH, hydroxyl group)와 다른 쪽의 단량체에 있는 수소가 결합하여 형성된다. 이렇게 형성된 **이량체**(二量體, dimer)는 다시 다른 단량체와 동일한 방법으로 물이 떨어져 나가면서 결합하여 점차 그 숫자를 늘려 나갈 것이다. 이러한 과정에 에너지가 들어가는 것은 당연하다. 우리는 이러한 화학 과정을 축합반응 혹은 탈수반응이라고 부른다. 이런 화학 과정은 동화작용에 속할 것이다. 그러나 이번에는 역으로 다량체에 물이 들어가면서 단량체가 떨어져 나가는 경우이다. 당연히 이런 화학반응에서는 에너지가 방출되면서 **공유결합**(共有結合, covalent bond)이 깨어진다. 우리는 이런 과정을 가수분해반응이라고 부른다. 이런 가수분해반응은 당연히 이화작용에 속할 것이다.

모든 생명체를 구성하는 성분 물질에 대한 비율이 동일하다는 점은 매우 인상적이다. 더군다나 물이 체중의 70%를 차지하고 나머지 대부분을 차지하는 거대분자의 생성과 분해가 이 물과 밀접한 연관성을 가진다는 것도 매우 의미 있는 일이라 할 수 있다.

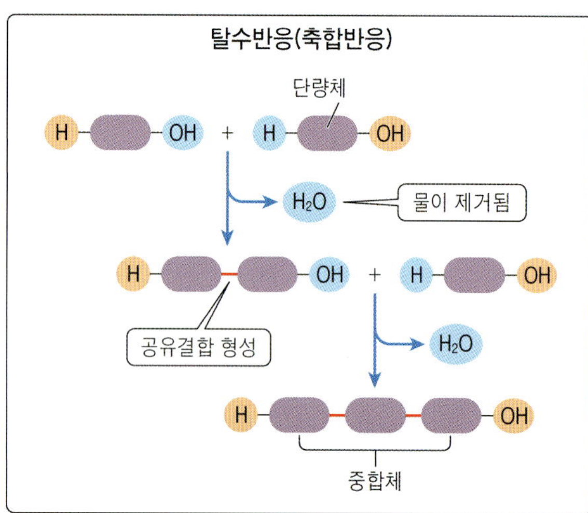


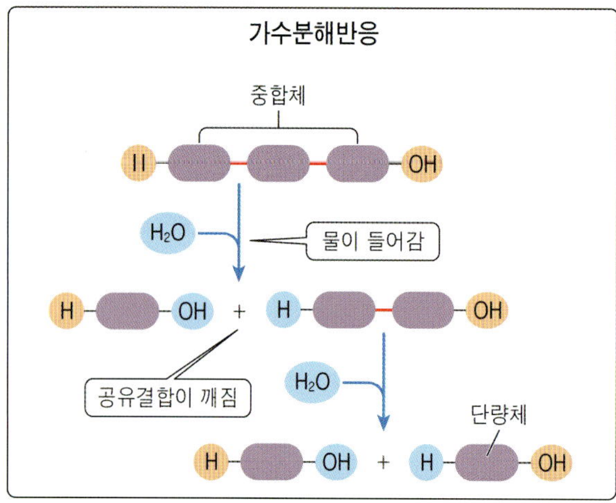


그림 7-2. 탈수반응과 가수분해반응에 관한 도해.

## 2. 탄수화물

**탄수화물**(炭水化物, carbohydrate)은 에너지를 저장하는 중요한 역할 이외에도 생물체의 구조적 역할을 수행하고 있다. 식물의 세포벽을 구성하는 물질인 셀룰로스나 동물의 외골격을 형성하는 키틴 또는 **갑각소**(甲殼素, chitin)가 모두 다당류이기 때문이다. 탄수화물은 말 그대로 탄소와 물을 합쳐 놓은 것이다. 이는 **포도당**(葡萄糖, glucose)의 분자식을 보면 쉽게 알아차릴 수 있다. 포도당의 분자식은 $C_6H_{12}O_6$이지만 이를 쉽게 풀어 보면 $CH_2O$이다(그림 7-3). 즉, 탄소에 물이 붙은 형태로서 탄수화물이 된다. 탄소에 물을 붙이는 역할은 엽록체가 담당한다. 엽록체에 들어 있는 **엽록소**(葉綠素, chlorophyll)는 일부 원핵생물(세균 엽록소) 및 원생생물이나 식물에 들어 있다. 그러나 종속영양생물인 균류나 동물에는 이 색소가 없다. 식물들이 엽록체를 이용하여 포도당을 만들어 내는 광합성 과정은 곧이어 설명할 것이다.

포도당과 포도당이 결합하면 **맥아당** 혹은 **엿당**(麥芽糖, maltose)이 된다. 이들은 어떻게 서로 결합할까? 각각의 포도당에서 수산기와 수소가 합쳐져서 물이 빠져나가면 **이당류**(二糖類, disaccharide)인 맥아당이 생겨난다. 이렇게 포도당과 포도당 사이에 생긴 결합은 축합반응이 되고, 우리는 이런 결합을 **글리코사이드 결합**(glycosidic bond)이라고 부른다(그림 7-4). 이렇게 포도당이 계속 붙어 나가서 다수의 포도당이 연결되면 우리는 이를 **덱스트린**(dextrin)이라 부른다. 만약 포도당이 300개에서 1,000개 정도 붙으면 우리는 이런 거대분자를 **전분** 혹은 **녹말**(澱粉, 綠末, starch)이라 하는데, 주로 식물의 종자나 뿌리에 많이 저장되어 있다. 또한 포도당이 최대 12만 개까지 붙어 있는 형태는 동물의 체내에서 발견된다. 이들은 단기 에너지 저장 용도로 사용되어서 **동물성 녹말** 혹은 **글리코겐**(glycogen)으로 불린다. 아예 포도당 수십만 개

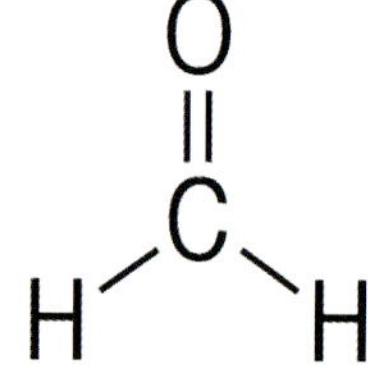


그림 7-3. 포도당 분자의 단순 구조식.

가 글리코사이드 결합으로 연결된 거대분자를 우리는 **셀룰로스**(cellulose)라고 한다. 위를 4개나 가지고 있는 반추동물인 소가 되새김질을 하면서 셀룰로스를 분해하는 것은 대단히 인상적이다. 원래 반추동물은 셀룰로스를 분해할 수 있는 효소가 내장에 들어 있지 않아서, 이 포도당 덩어리인 셀룰로스를 분해해 주는 것은 반추동물의 위에 공생하는 세균들이다.

이렇게 만들어진 거대분자들은 다시 물이 들어가면서 가수분해반응을 일으켜서 포도당이 차례로 떨어져 나갈 것이다. 우리의 음식물로 자주 등장하는 녹말은 포도당이 실처럼 연결된 형태의 **아밀로오스**(amylose)와 포도당이 가지를 치면서 만들어져 있는 **아밀로펙틴**(amylopectin)으로 구분한다. 이들은 **아밀라아제**(amylase)에 의하여 포도당으로 분해되고, 마침내 맥아당은 **말타아제**(maltase)에 의하여 두 개의 포도당으로 분해될 것이다[18]. 따라서 녹말이라는 거대분자의 단량체는 포도당이 될 것이고 거대분자인 녹말은 다량체가 될 것이다.

그러나 **단당류**(單糖類, monosaccharide)에는 포도당만 있는 것이 아니다. 포도당 이외에도 **과당**(果糖, fructose, 과일 속에 많이 있음)과 **갈락토스**(galactose, 대개 젖당 형태로 존재함)가 있다. 이들 단당류는 포도당과 분자식은 같으나 구조식이 다르다. 우리는 이런 물질을 **이성질체**(異性質體, isomer)라고 부른다. 포도당과 포도당이 합쳐진 이당류를 엿당이라고 한다면, 포도당과 과당이 합쳐진 이당류를 **설탕** 혹은 **자당**(雪糖, 蔗糖, sucrose)이라고 한다. 설탕은 좁은 의미의 자당을 의미하지만 넓은 의미로는 단당류와 이당류를 포함하고 있다. 포도당과 갈락토스가 합쳐진 이당류는 **젖당** 혹은 **유당**(乳糖, lactose)이라고 부른다. 한국인에게 흔한 **유당불내증**(乳糖不耐症, lactose intolerance)은 유당을 분해하는 유당분해효소(lactase)가 부족하거나 없어서 오는 질환이다.

그림 7-4. 글리코사이드 결합.

## 3. 단백질

**단백질**(蛋白質, protein)이란 말의 의미는 알 속에 들어 있는 흰색의 물질이라는 뜻이다. 그러나 protein이라는 의미는 그리스의 'protos', 즉 '첫 번째'라는 의미를 담고 있다. 다른 무엇보다도 중요하다는 뜻이다. 이는 양성자를 뜻하는 proton 속에도 동일하게 들어 있는 의미이기도 하다. 단백질이 생명체에 미치는 역할은 말 그대로 첫 번째이다. 유전자가 암호화하는 물질도 탄수화물이나 지방이 아닌 단백질이기 때문이다. 우선 단백질은 효소의 기능을 담당한다. 효소가 없다면 모든 화학반응을 촉매할 물질이 없기 때문에, 생명체에 필요한 물질의 생성과 분해는 제때 일어날 수가 없다. 그뿐만 아니라 세포의 형태를 유지하는 세포골격이나 물질의 운반 및 세포 신호전달에도 필수적이다. 또한 포도당이 고갈될 경우 탄소원으로 제공되어 제일 마지막으로 에너지원으로 이용되기도 한다. 그렇다면 단백질은 어떤 구조를 하고 있을까? 단백질을 이해하기 위해서 아미노산에서부터 시작해 보자.

아미노산은 그림 7-5에서 보는 것처럼 알파 탄소(아미노기가 첫 번째 탄소에 붙어 있는 경우를 말함)를 중심으로 **아미노기**($-NH_2$, amino group)와 **카르복실산기**($-COOH$, carboxylic acid group) 및 다양한 물질이 붙을 수 있는 **측쇄**(側鎖, 곁사슬, side chain)로 구성되어 있다. 이러한 구조는 먼저 생명

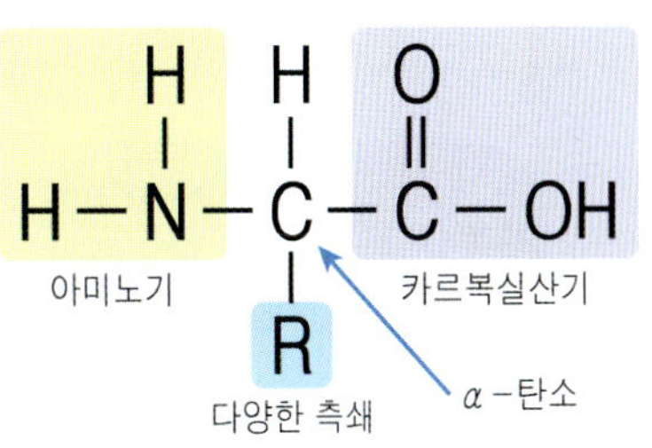


그림 7-5. 아미노산의 일반적인 구조.

체의 **산염기**(山鹽基, acid-base) 조절에 아주 중요한 역할을 담당한다. 만약 카르복실산기의 수소이온($H^+$)이 떨어져 나가면($-COO^-$), 이 아미노산은 산으로 작용할 것이다. 반면에 아미노기에 수소이온이 붙으면($-NH_3^+$) 이 아미노산은 염기, 즉 알칼리로 작용할 것이다. 따라서 아미노산은 산으로 기능할 수도 있고 염기로 작용할 수도 있다. 우리는 이런 성질을 가지고 있는 물질을 **양성이온, 쌍성이온** 혹은 **쯔비터이온**(兩性-, amphoteric ion, zwitterion)이라고 부른다. 아미노산의 이러한 성질은 혈액 속의 산-염기도를 일정하게 유지할 수 있는 **완충지대**(緩衝地帶, buffer zone)로서의 역할을 해낼 수 있는 기본이 되기도 한다[34].

녹말은 포도당이 연결된 구조라면, 단백질은 아미노산이 연결된 물질이다. 그렇다면 아미노산을 어떻게 서로 연결될까? 그림 7-6은 아미노산이 어떻게 결합하는지를 잘 보여 주고 있다. 한쪽의 아미노산에 있는 카르복실산기의 수산기와 다른 쪽에 있는 아미노산의 아미노기에 있는 수소가 결합하여 물이 떨어져 나간다. 이렇게 하여 형성된 결합을 우리는 **펩타이드 결합**(peptide bond)이라 부른다. 이는 탄수화물에서 보았던 축합반응과 동일하다. 이렇게 아미노산이 꼬리를 물고 실처럼 늘어선 것이 단백질이다. 이런 구조를 우리는 단백질의 **일차 구조**(一次構造, primary structure)라고 한다. 이 책을 꼼꼼히 읽고 있는 독자분들은 왜 이 절이 시작되면서 축합반응과 가수분해반응을 먼저 기술하였는지를 알아차리고 있을 것이다.

그렇다면 아미노산은 몇 가지 종류나 있을까? 자연에 존재

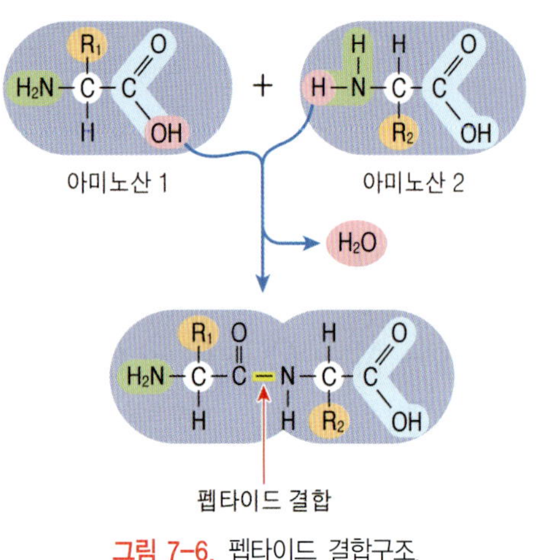

그림 7-6. 펩타이드 결합구조.

하는 아미노산은 700가지가 넘는다. 그러나 극히 일부의 종을 제외하고(이들은 22개임) 인간을 포함한 대부분의 생명체는 20개의 아미노산만이 단백질을 만든다. 그뿐만 아니라 이들 20개의 아미노산은 유전적으로 암호화되어 있다. 즉, 아미노산의 연결 순서가 유전자에 의해서 결정된다. 이 과정에 관한 자세한 내용은 제9장 '생명과 유전' 편에서 기술할 것이다.

20개의 아미노산은 합성 능력에도 종마다 차이를 보인다. 대부분의 세균이나 식물은 20개의 아미노산을 전부 합성해 낼 수 있지만, 인간을 포함한 포유류는 11개밖에 합성할 수 없다. 따라서 나머지 9개는 필수아미노산으로서 반드시 외부에서 섭취해야 하는 부담을 안고 있다. 그러나 마이코플라스마(Mycoplasma)와 같은 세균은 아예 20개 전부를 합성할 수 없다. 이 세균은 지금까지 발견된 세균 중에서 제일 작고 세포벽을 가지고 있지 않은 특징 때문에 잘 알려진 세균이다. 하지만 이들은 필요한 아미노산을 숙주로부터 얻지 못하면 생존할 수 없는 의존성을 가지고 있는 셈이다.

그렇다면 20개의 아미노산이 만들어 낼 수 있는 단백질의 종류는 얼마나 될까? 이는 누구나 쉽게 생각해 낼 수 있는 해답으로 무한대이다. 그러나 실제 인간에서 발견되는 단백질은 약 2백만 개 정도로 추산된다. 단백질에서 제일 중요한 관건은 그 구조에 있다고 할 수 있다. 이미 언급한 바와 같이 일차구조는 아미노산이 실처럼 연결된 구조이다. 예를 들면, 성인 혈색소인 헤모글로빈(hemoglobin)의 알파글로빈 시슬($\alpha$-globin chain)은 141개의 아미노산이 연결되어 있는 구조이다. 이렇게 많은 아미노산이 서로 연결되면 이들 사이에 어떤 변화가 일어날까? 그림 7-7은 이런 변화를 도식으로 잘 나타낸다고 할 수 있다. 먼저 단백질의 이차 구조는 **수소결합**(水素結合, hydrogen bond)에 의해서 생겨난다. 이 수소결합은 이웃한 산소와 수소 사이에 발생하는데, 덩치가 큰 산소에 작은 수소가 끌려가면서 생기는 약한 결합이다. 즉, 전기음성도가 높은 산소에 수소가 끌려가면서 생기는 정전기적 인력으로 볼 수 있다. 이런 반응은 물에서도 여실히 나타난다. 물 분자들 사이에 있는 산소와 수소에 작용하는 이러한 수소결합이 물방개가 물 위를 걸어갈 수 있는 **응집력**(凝集力, cohesion)을 만들어 내는 것이다.

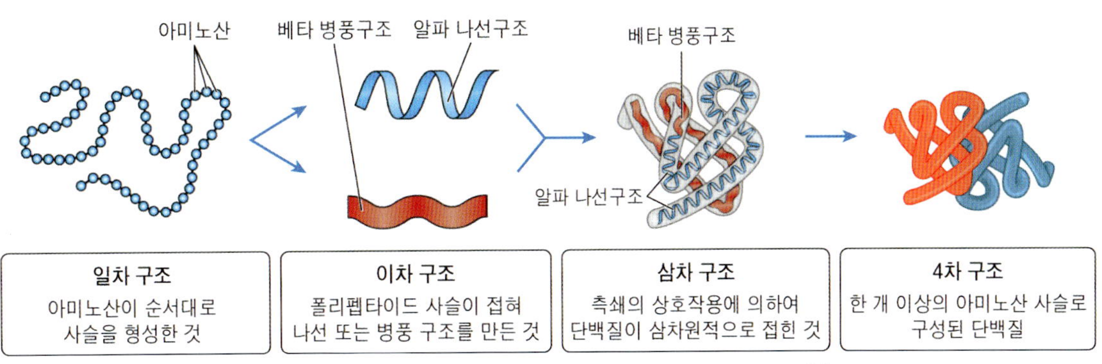


그림 7-7. 단백질 구조에 대한 도식표. (출처: CNX OpenStax[7-7])

아미노산 사이에 있는 산소와 수소에 생기는 수소결합은 실 같은 아미노산의 배열을 꼬이게 만든다. 즉, 이들이 **알파 나선구조**($\alpha$-helix)나 **베타 병풍구조**($\beta$-pleated sheet)와 같은 **이차 구조**(二次構造, secondary structure)를 만들어 낸다. 이렇게 꼬인 이차 구조는 다시 측쇄에 붙어 있는 구조물에 따라서 다시 접히게 된다. 이렇게 하여 단백질의 **삼차 구조**(三次構造, tertiary structure)가 만들어진다. 이런 삼차 구조들이 한 개 이상 모여 있는 형태를 우리는 단백질의 **4차 구조**(四次構造, quaternary structure)라고 부른다. 예를 들면, 혈액 속에 들어 있는 혈색소는 4개의 아미노산 사슬(chain)이 모여 있는 구조물이다. 그러나 만약 아미노산을 암호화하는 유전자에 돌연변이가 생기면 어떤 변화가 일어날까? 정해진 아미노산이 다른 아미노산으로 바뀌면 그 구조가 바뀔 것은 너무나 당연하다[15,42]. 따라서 그 구조가 바뀌면 기능도 달라진다는 것은 쉽게 이해할 수 있다. 이들도 제9장 '생명과 유전' 편에서 자세히 기술할 것이다.

아미노산에 포함된 질소는 중요한 의미를 가진다. 만약 세포가 죽어서 질소가 발생하면 암모니아가 만들어진다. 이 암모니아는 뇌세포에 아주 치명적이다. 따라서 이 암모니아는 생물 종에 따라 독특한 방법으로 신속히 체외로 배출시켜야만 한다. 인간을 포함한 포유류는 이 암모니아를 요소로 변화시켜 소변으로 배출시킨다. 이 요소 배출 과정을 밝혀낸 학자도 앞으로 설명할 세포호흡 단계를 설명한 **핸스 크레브스**(Hans Krebs, 1900~1981)이다. 배출도 문제지만 이 질소를 생명체가 어떻게 획득하는지도 의미가 깊다. 고등 생명체도 대기 속의 주된 성분인 질소를 직접 이용할 수가 없다. 이들을 공기 중에서 붙잡아서 유기물로 만들어 주는 것은 바로 세균이다. 이것은 세균이 없으면 고등생물이 살 수 없다기보다는 세균들의 화학 공정에 고등생물들이 의존해 있다는 표현이 더 정확할 것이다.

## 4. 지질

**지질**(脂質, lipid)과 **지방**(脂肪, fat)은 같은 뜻으로 쓰이기도 하지만, 지질은 더욱 포괄적인 의미를 가진다. 지방은 중성지방 중의 하나인 **트라이글리세라이드**(triglyceride, **triacylglycerol**도 동의어임)만을 지칭하는 경우가 많다. 따라서 지질이라 부르는 경우는 지방을 뜻하는 트라이글리세라이드를 포함하여 광범위한 의미를 가진다. 우선 지질을 이해하기 위해서는 지질의 조립단위인 **지방산**(脂肪酸, fatty acid)을 이해하여야 한다. 지방산은 **탄화수소**(炭化水素, hydrocarbon)가 쇠사슬처럼 연결되고, 그 한쪽 끝에는 **메틸기**(methyl group, $-CH_3$)가 붙어 있으며, 다른 한쪽에는 카르복실산기가 붙어 있는 구조를 하고 있다(그림 7-8). 이 구조를 자세히 들여다보면 탄수화물과 같이 탄소, 수소 및 산소로 구성되어 있지만 수산기가 거의 보이지 않는다. 이는 탄화수소의 형태로서 에너지 저장 형태로 안성맞춤이라는 의미를 가지고 있다. 이 탄화수소 속에 에너지가 들어 있기 때문이다. 이들은 카르복실산기를 가지고 있어서 수소이온($H^+$)을 내보낼 수가 있다. 따라서 지방산이 산으로 불리는 이유를 우리는 쉽게 알 수가 있을 것이다. 그렇다면 지방산에 탄소는 몇 개 정도 들어 있을까? 최소 4개에서 많게는 36개의 탄소가 들어 있지만, 대개 14개에서 24개의 짝수 탄소 원자가 들어 있는

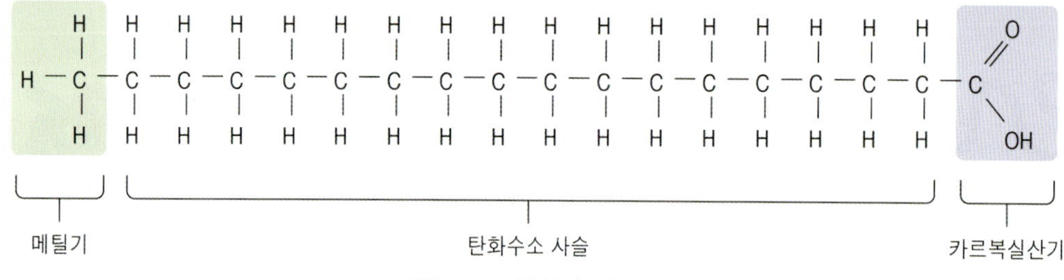


그림 7-8. 지방산의 기본구조.

경우가 많다. 그러나 가장 흔한 것은 16개와 18개가 들어 있는 팔미트산(palmitic acid)과 스테아르산(stearic acid)이다. 탄소의 수는 이 지방산이 분해될 때 몇 개의 아세틸조효소 A(acetyl CoA)가 나올 수 있는지를 알 수 있게 해 준다. 아세틸조효소 A는 탄소가 2개짜리이다. 지방산은 탄소 원자에 이중결합의 유·무에 따라 **포화지방산**(飽和脂肪酸, saturated fatty acid)과 **불포화지방산**(不飽和脂肪酸, unsaturated fatty acid)으로 구분하기도 한다.

지질의 종류는 아주 다양하다. 우선 **단순지질**(單純脂質, simple lipid)은 트라이글리세라이드와 **밀납** 혹은 왁스(wax)를 들 수 있다. 왁스는 양초가 되어 어두운 밤에 불을 밝혀 준다. 그러나 왁스는 **글리세롤**(glycerol)이 들어 있지 않고 단지 1가 알코올 지방산 에스터이다. **복합지질**(複合脂質, compound lipid)은 지방산에 다른 물질이 붙어서 형성된 것이다. **당지질**(糖脂質, glycolipid)은 글리세롤에 2개의 지방산과 한 개의 단당류인 탄수화물이 붙은 구조이다. 이들은 세포막에 붙어서 세포막을 안정시키고, 세포 인식이 빨리 될 수 있도록 도와주는 역할을 한다(그림 5-5). 또 적혈구 표면에 붙어서 당단백질(glycoprotein)과 함께 각 개인의 혈액형을 결정해 주는 항원으로 작용하기도 한다. **인지질**(燐脂質, phospholipid)은 글리세롤에 두 개의 지방산과 한 개의 인산기가 붙어 있는 지질을 말한다. 이 인지질은 그림 5-6에서 기술한 것처럼 세포막을 구성하는 중요한 구성물질이 된다. **지질단백질**(脂質蛋白質, lipoprotein)은 단백질과 인지질 및 트라이글리세라이드와 콜레스테롤(cholesterol)로 구성되어 있다. 따라서 지질단백질은 인체 내에서 지질을 운반하는 중요한 역할을 담당한다[10]. 이들의 주성분들은 트라이글리세라이드나 콜레스테롤의 혈중 농도에 따라 그 검사 수치가 중대한 의미를 가진다. 만약 정기 검진을 받는 수검자라면 지질단백질의 의미를 알아둘 필요가 있다.

생명체 내에서 가장 풍부한 지질은 95% 이상이 트라이글리세라이드이다. 이들은 주로 지방조직이나 간 및 골격근 속에 들어 있다. 따라서 트라이글리세라이드의 구조 및 기능을 파악하는 것은 대단히 중요하다. 트라이글리세라이드의 기본 구조는 한 개의 글리세롤(glycerol)에 세 개의 지방산이 붙어 있는 구조이다(그림 7-9). 이들은 서로 어떻게 결합되어 있을까? 먼저 3가 알코올인 글리세롤에 붙어 있는 수소와 지방산의 카르복실산기에 붙어 있는 수산기가 만나서 물을 만든다. 따라서 물이 떨어져 나가면서 3개의 지방산이 글리세롤에 가서 연결된다. 우리는 이런 결합을 **에스터 결합**(ester linkage)이라 부르고, 다른 거대분자에서 보아 왔던 또 다른 축합반응을 보게 되는 것이다. 이러한 트라이글리세라이드에 지방산 하나가 인산기로 대체되면, 이미 언급한 바와 같이 인지질이 된다는 것은 쉽게 알아차릴 수 있다. 콜레스테롤에서 만들어지는 스테로이드(steroid)도 지질의 한 분류이다. 그러나 스테로이드는 지방산이 없는 대신에 4개의 탄소 고리를 가지고 있다. 스테로이드는 세포막의 구성에 관여하기도 하고, 담즙산을 형성하는 데 공헌하기도 한다. 그러나 제일 중요한 역할은 스테로이드 호르몬으로서 대사나 전해질 및 생식기능을 조절하는 일이다. 생체 내에서 지질의 역할 중 하나는 에너지를 저장하고 있다는 점이다. 또 절연체나 방수 역할을 담당하기도 하고 지용성 비타민을 저장하는 일도 하고 있다.

지금까지 거대분자에서 일어나는 축합반응은 마지막 거대분자인 **핵산**(nucleic acid)에서도 어김없이 일어난다. 이 과정은 제9장 '생명의 진화' 편에서 다룰 것이다.

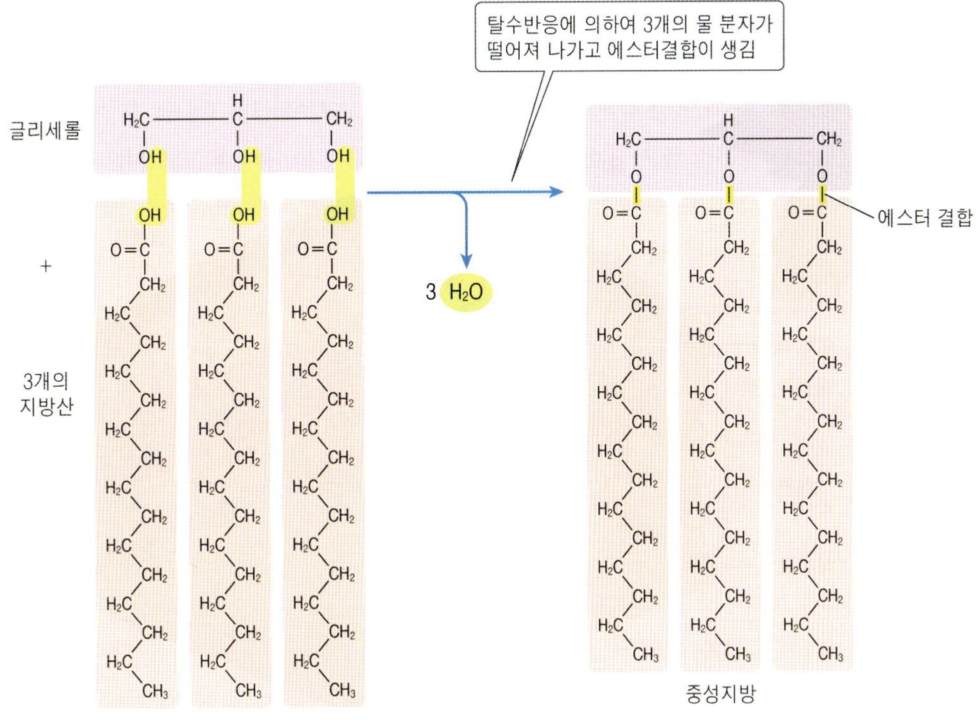


그림 7-9. 트라이글리세라이드의 구조와 에스터 결합.

## 제3절 광합성

### 1. 엽육세포 및 엽록체 구조

거의 모든 생명체를 먹여 살리는 과정이 바로 광합성이다. 광합성이라는 화학 공정이 사라진다면, 이 지구상에 살아남을 생명체는 극히 일부 세균들을 제외하고는 거의 없을 것이다. 따라서 광합성이라는 과정은 아무리 강조해도 과함이 없는 생물학적 업적이다. 그렇다면 이러한 광합성이 일어나는 장소는 어디일까? 우리는 모두 이 장소를 너무나 잘 알고 있다. 그러나 대기 중의 산소가 귀한 줄을 모르듯이 발길에 차이는 낙엽을 보면서 잠시 우울함을 느낄 뿐 그 대단함을 느끼지는 못한다. 겨울을 맞이하는 잎들이 소리 없이 진행하는 월동준비를 우리는 그저 단풍놀이로 즐기고 있는 것이다. 그림 7-10은 위키미디어 코먼스에서 누구한테나 제공하는 영상 사진이다. 왠지 이 그림을 넣고 싶어지는 마음을 이해해 주시기 바란다. 지금부터 이 연약한 나뭇잎에서 어떻게 광합성이라는 엄청난 일이 벌어지는지를 하나씩 추적해 나가 보기로 하자. 우선 잎이 어떤 미세구조로 되어 있는지부터 알아보아야 할 것 같다.

잎은 그림 7-11에서 보듯이 하늘을 바라보고 있는 윗면과 땅을 향해 있는 아랫면으로 구분해야 한다. 왜냐하면 윗면은 햇빛을 받아서 주로 광합성이 일어나는 장소가 되고, 아랫면은 **기공**(氣孔, stoma, 복수는 stomata, 그리스어로 '입'이라는 뜻이 숨어 있음. 위를 뜻하는 stomach도 입이라는 뜻이 들어 있음)을 통하여 기체교환이 일어나는 장소가 되기 때문이다. 우선 양쪽 면의 가장 외부 층은 **각피**(角皮, cuticle)라는

그림 7-10. 나뭇잎의 전경. (출처: Jon Sullivan[7-10])

## 2. 명반응

그림 7-13은 광합성이 일어나는 과정을 소상히 보여 주고 있다. 광합성이 일어나는 장소는 엽록체라는 공장이다. 엽록체는 직경이 평균 5마이크론 정도 되며, 잎의 제곱밀리미터당 약 5만 개가 들어 있다. 따라서 식물의 잎은 광합성이 일어나는 공장들이 들어 있는 거대한 산업단지라 할 수 있다. 지금부터 우리는 광합성이 일어나는 화학공장의 견학을 시작하려고 한다. 이 공장은 세부적으로 제1공장과 제2공장으로 구분되어 있다. 우리는 편리상 제1공장을 **명반응**(明反應, light reaction)이라 부르고 제2공장을 **암반응** 혹은 **캘빈 회로**(暗反應, Calvin cycle)라고 부를 것이다. 이 공장이 두 개로 나누어져 있는 이유는 제1공장에서 만든 에너지를 이용하여 제2공장에서 제품을 만들어 내기 때문이다. 바로 제1공장, 즉 명반응에서 만들어 내는 제품은 **ATP**(adenosine triphosphate)와 **NADPH**(nicotinamide adenine dinucleotide phosphate)라는 물질이다. 제2공장, 즉 암반응에서는 ATP를 에너지원으로 사용하고 NADPH라는 접착제를 이용하여 이산화탄소에서 탄소를 6탄당인 포도당이 되도록 지속적으로 붙여 나갈 것이다. 그렇다면 엽록체라는 공장으로 들어오는 동력원은 무엇일까? 그것은 여러분도 잘 아는 것처럼 발전소에서 송전된 전기가 아니라 맑은 하늘에서 쏟아지는 햇빛이 동력원이 된다. 그러나 태양에서 쏟아 내는 총 에너지의 22억분의 1 정도만이 지구에서 이용된다. 이 정도의 에너지라도 이를 대체하기 위해서는 초당 4억5천만 톤의 석탄을 태워야 얻을 수 있는 에너지이다. 태양계 전체 질량의 99.9%를 가지고 있는 태양의 위력을 우리가 실감할 수 있는 대목이다. 그렇다면 우선 이 태양의 복사에너지를 받아들이는 장치는 어디에 있는 것인가? 이 역할을 수행하는 부속품이 바로 **광합성 색소**(光合成色素, photosynthetic pigment)이다[5].

광합성 색소는 광합성이 일어나는 광영양생물들은 모두 가지고 있는 필수 장비이다. 따라서 광합성 색소는 세균이나 고세균, 조류 및 식물에서 다양한 종류가 있으며, 또한 이것들이 다양하게 구성되어 있다(그림 4-17 참고). 우선 광합성 색소를 크게 2가지로 구분하여 설명하고자 한다(그림 7-14, 각 광합성 색소의 색깔이 색소 이름과 같이 표시됨). 광합성 색소는 **주색소**(主色素, principal pigment)와 **보조색소**(輔助色素, accessory pigment)로 구분한다. 세균이나 고세균을 제외한 조류 및 식물의 주색소는 우리가 알고 있는 **엽록소 a**(葉綠素 a, chlorophyll a)를 말한다. 왜 엽록소 a를 주색소라고 하는지는 조금 후에 설명할 것이다. 엽록소에는 a부터

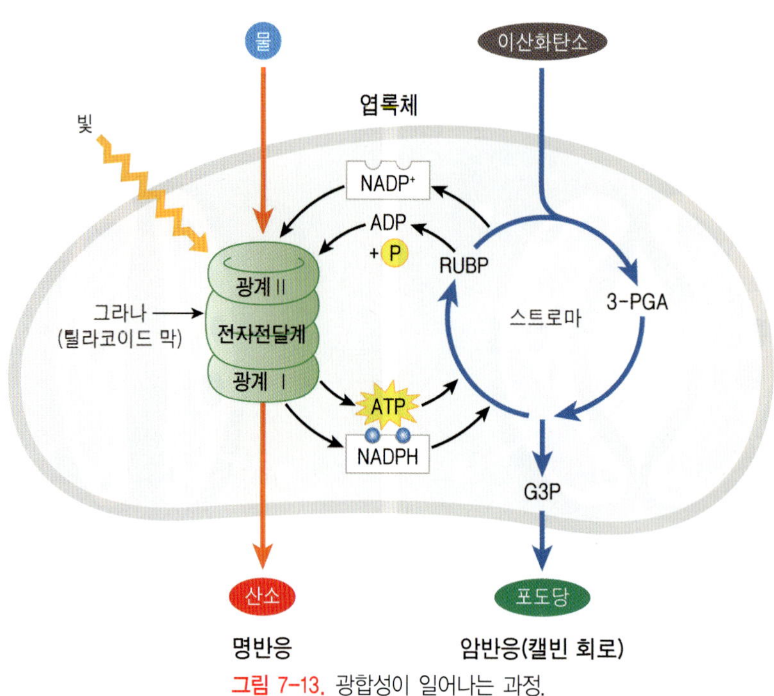


그림 7-13. 광합성이 일어나는 과정.

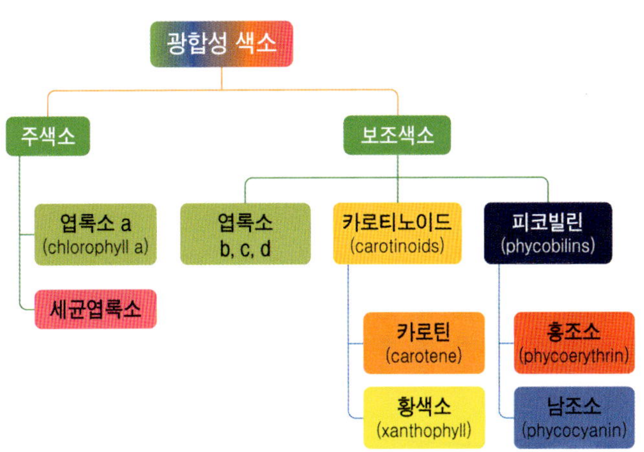


그림 7-14. 광합성 색소의 종류와 분류.

e까지 5개가 있다. 세균이나 고세균의 주색소는 **세균엽록소**(細菌葉綠素, bacteriochlorophyll)이다. 세균엽록소는 a~f까지 8개가 존재한다. 이들에 관해서는 다시 제7절에서 소개할 것이다. 주색소 다음으로는 보조색소를 들 수 있다. 보조색소는 말 그대로 주색소를 보조하는 역할을 담당한다. 즉, **가시광선**(可視光線, visible light)의 파장 속에서 주색소가 받지 못하는 파장의 에너지를 이 색소들이 받아들이는 역할을 맡고 있다. 이 보조색소는 마치 안테나처럼 배열하고 있어서 **안테나 색소**(antenna pigment)라 부르기도 한다. 엽록소에서 a를 제외한 나머지 엽록소, 즉 b~e까지는 모두 보조색소의 역할을 담당한다. 또 다른 보조색소는 **카로티노이드**(carotenoid)이다. 카로티노이드는 당근(carrot)에 많이 들어 있는 색소라는 뜻에서 유래한 이름이다. 카로티노이드에는 **카로틴**(carotene)과 **잔토필**(황색소, 黃色素, xanthophyll)이 존재한다. 잔토필은 노란색을, 카로틴은 주황색을 띠고 있다. **피코빌린**(phycobilin)은 주로 청색을 흡수하고 붉은색을 반사시킨다[30]. 피코빌린이 들어 있는 생물체 중에는 남세균과 홍조류를 들 수 있다. 홍조류가 깊은 물 속에서 살 수 있는 이유도 이 피코빌린이 중요한 역할을 하기 때문이다. 왜냐하면 바닷물이 깊어지면, 파장이 긴 색깔이 먼저 흡수되기 시작하고, 파장이 짧은 청색이 남아 있게 된다. 따라서 홍조류의 피코필린이 이 청색을 흡수하고, 붉은색을 반사하기 때문에 우리는 우뭇가사리, 김 등이 홍조류인 이유를 알 수 있다. 그뿐만 아니라 깊은 바닷물이 푸르게 보이는 이유도 결국 짧은 청색만이 남아 있기 때문이라는 것을 쉽게 이해할 수 있다. 그렇다면 우리가 보는 산천의 나무나 풀 등의 육상식물은 어떤 광합성 색소를 가지고 있을까?

우리와 친숙한 육상식물은 그 광합성 색소로서 엽록소 a, b 및 카로티노이드를 주로 가지고 있다. 그렇다면 이들은 가시광선의 파장 중에서 어떤 부분의 에너지를 흡수하여 광합성에 이용하고 있을까? 그림 7-15는 이 질문에 대한 해답을 제시해 준다. 엽록소 a는 주로 청색과 적색의 파장을 이용한다. 그러나 보조색소인 엽록소 b와 카로티노이드는 엽록소 a가 흡수하지 못하는 파장의 영역을 흡수하여, 엽록소 a를 보조하는 역할을 맡고 있다는 것을 알 수 있다. 또한 그림 7-15는 가시광선 중에서 흡수되지 않고 반사되는 부분이 가운데인 초록색이라는 것을 나타내고 있다. 이것이 우리가 산천에서 보는 식물이 초록색으로 보이는 이유이기도 하다[53]. 또한 이들이 가지고 있는 색소는 가을에 온 산을 물들이는 단풍과도 밀접한 연관이 있다. 겨울이 다가오면 식물들은 동파를 방지하기 위하여 잎들을 떨구어 낸다. 잎이 가지와 연결된 부분에 있는 이층(離層, abscission layer)에서 잎맥을 막아 버리면 제일 먼저 엽록소가 사라진다. 그다음에는 엽록소에 가려져 있던 카로틴과 잔토필의 색깔이 잎의 색으로 등장하면서 서서히 산 전체를 물들이는 것이다. 더구나 나뭇잎에서 생성된 **안토사이아닌**(anthocyanin)은 그 색깔이 붉어서 산은 더욱 형형색색의 단풍으로 물들어 갈 것이다. 안토사이아닌은 광합성 색소는 아니지만, 잎에서 만들어진 당분이 변해서 생긴 것으로 항산화 작용으로 잎을 보호해 주는 역할을 한다[28]. 결국 카로티노이드나 안토사이아닌도 마침내 사라지면, 마지

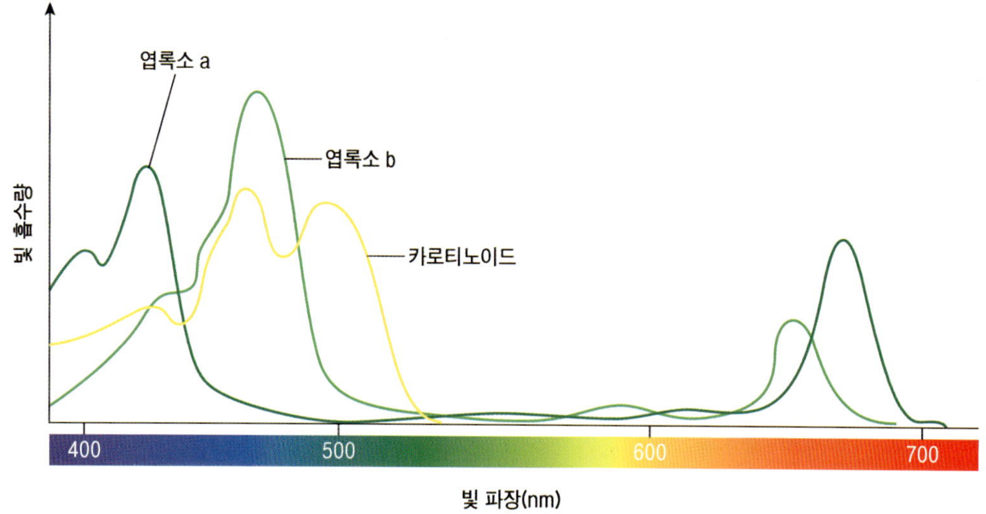


그림 7-15. 광합성 색소와 빛 흡수 파장과의 관계. (출처: Open Library Publishing Platform[7-15])

막으로 남아 있던 탄닌(tannin) 색소만이 남아 낙엽은 갈색으로 변하여 숲속을 헤매고 다닐 것이다.

그렇다면 일부 광합성 세균을 제외한 모든 생명체는 왜 가시광선(파장, 380~750nm)만을 광합성에 이용하고 있을까? 햇빛은 감마선에서부터 라디오파까지 광범위한 전자기파가 아닌가? 이 중에서 가시광선이 차지하는 비율은 파장 영역으로 본다면 약 2.3%밖에 되지 않는다. 만약 빛을 직선으로 늘어놓는다면 가시광선은 전체 전자기파 중에서 겨우 0.0035% 정도를 차지하고 있다. 이렇게 작은 영역을 차지하는 가시광선대를 이용하는 이유는 무엇인가? 그림 7-16은 지상에 도달하는 전자기파에 대한 정보를 제공해 준다. 우선 가장 파장이 짧고 에너지가 큰 감마선이나 X-선은 지상에 도달하지 못한다. 자외선도 청색에 가까운 일부만 지상에 도달한다. 가시광선 밑으로 내려가면 일부 **근적외선**(近赤外線, near infrared ray)과 라디오파가 지상에 도달한다. 따라서 가장 에너지가 높으면서 지상에 대거 도달하는 가시광선이 광합성에 이용되는 것은 당연할 것이다[47]. 가시광선은 말 그대로 우리가 볼 수 있는 빛이다. 따라서 살무사가 약간의 적외선 영역을 볼 수 있다거나 일벌이 약간의 자외선 영역을 볼 수 있다는 것도 우리는 쉽게 이해할 수 있게 된다. 특히나 추운 지방에 사는 침엽수가 겨울에는 열기를 가지는 근적외선을 흡수한다는 보고도 충분히 이해할 수 있는 사실이기도 하다. 자외선은 가시광선과는 다르게 전자에 광자를 충돌시켜서 세포에 해를 줄 수 있을 만큼 큰 에너지를 가지고 있다. 가시광선은 광합성의 기본에너지가 되는 전자의 **흥분상태**(興奮狀態, excited state)를 유발할 수 있으면서, 세포에는 해를 주지 않는 유일한 고에너지 전자기파라는 것을 추정해 볼 수 있다. 전자의 흥분상태는 곧이어서 설명할 것이다.

엽록소에서 우리들의 관심을 끄는 다른 요인은 그 구조 속에도 들어 있다. 엽록소와 구조가 비슷한 물질이 생물체의 혈액 안에 들어 있는 **혈색소**(血色素, hemoglobin)이기 때문이다. 이 두 물질은 그림 7-17과 같이 **포르피린**(porphyrin)이라고 하는 4개의 **피롤**(pyrrole) 고리가 모여 있는 모양을 하고 있다. 혈색소에는 4개의 피롤 고리 안에 철이 들어 있는 반면, 엽록소는 마그네슘이 들어 있고 피톨(phytol)이라는 측쇄가 연 꼬리처럼 붙어 있다는 차이가 있을 뿐이다[3]. 그렇다면 이들의 역할은 어떠할까? 엽록소는 이산화탄소와 물을 이용하여 탄수화물을 만드는 작용을 하는 반면, 혈색소는 산소를 운반하여 탄수화물이 분해되는 과정을 돕는다. 즉, 엽록소는 합성작용에 관여하고 혈색소는 분해과정에 관여하고 있다. 조금 더 확대해 보자. 만약 철 자리에 구리가 들어가면 **헤모시아닌**(hemocyanin)이 된다. 헤모시아닌은 갑각류나 연체동물의 혈색소가 되어서, 그 색깔도 포유류의 붉은색에서 파란색으로 바뀐다. 생오징어를 잡을 때 볼 수 있는 파란 피의 색깔은 이 때문이다[46,50]. 이제 이러한 엽록소에 대한 기본 지식을 바탕으로 다시 광합성 과정으로 되돌아가 보자.

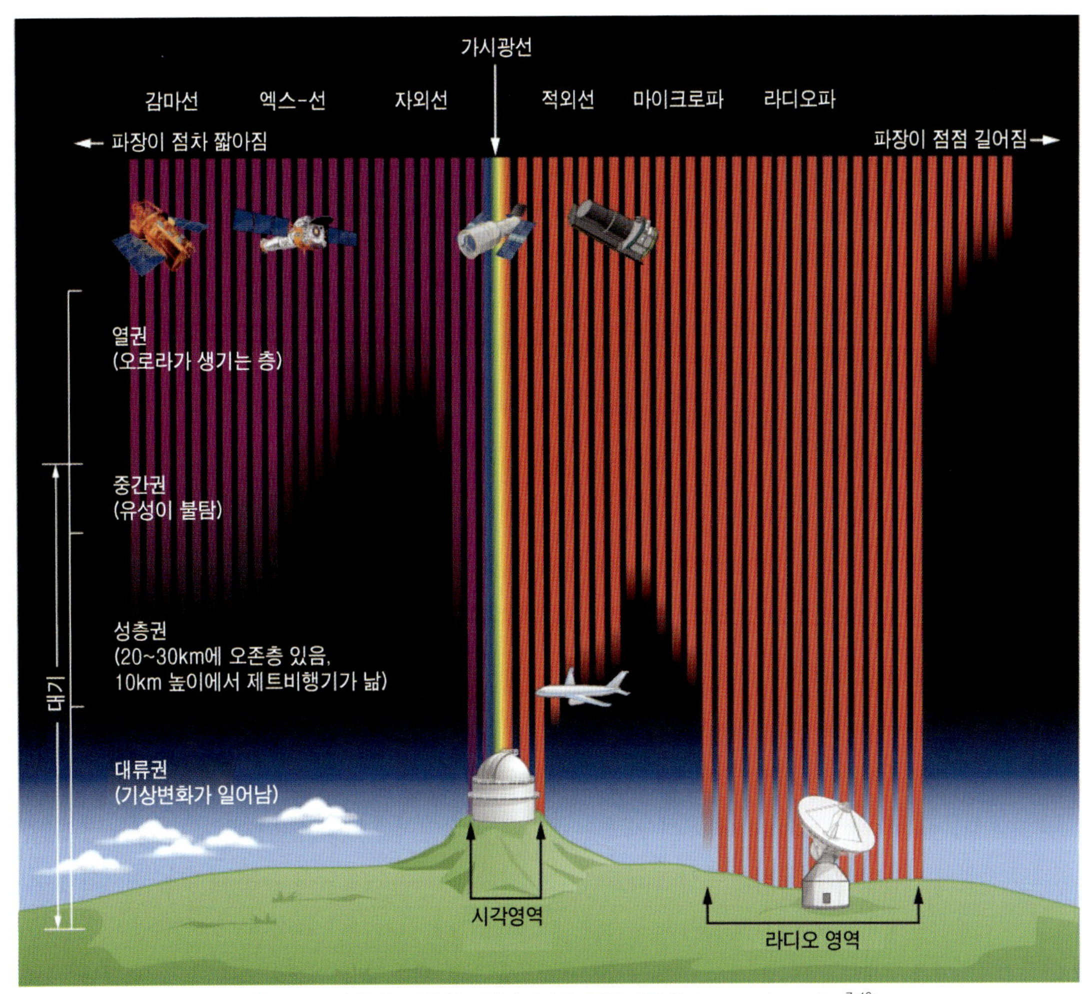


그림 7-16. 지상에 도달하는 전자기파의 종류. (출처: Lumen Learning[7-16])

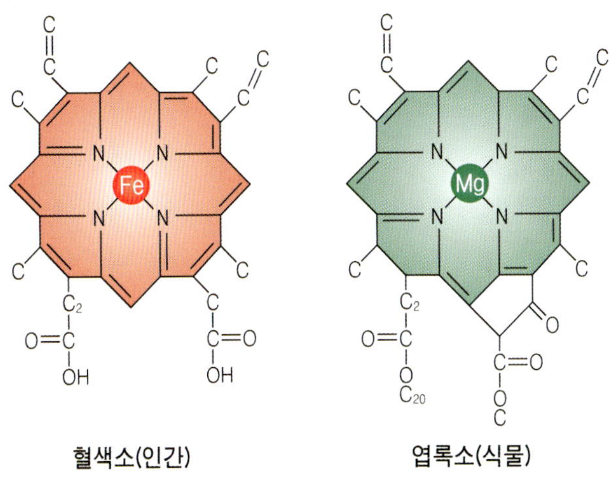


그림 7-17. 엽록소와 혈색소의 구조의 유사성.

광합성 공장의 견학에서 필수 코스는 엽록소뿐만 아니라 엽록소들과 보조색소들이 200개 이상 대거 몰려 있는 **광계**(光界, photosystem)이다. 이 광계는 틸라코이드 막에 들어 있고 틸라코이드는 그라나에 싸여 있으므로, 광합성 공장의 중요 기계는 그라나라고 할 수 있다. 그림 7-18은 광계를 형성하는 안테나 색소와 **반응중심**(反應中心, reaction center) 및 일차 **전자수용체**(電子受容體, electron acceptor)를 나타낸 그림으로, 마치 안테나를 연상시킨다. 우선 광자가 보조색소에 부딪치면, 보조색소의 분자에 있던 전자가 **기저상태**(基底狀態, ground state)에서 광자의 에너지를 받아 **흥분상태**(興奮狀態, excited state)로 변하면서 궤도를 이탈한다. 이렇게 흥분된 전자가 다시 원래의 궤도인 기저상태로 돌아가면서 그 에너지를 주위의 보조색소 분자에 전달한다. 이렇게 한곳으로 모인 강력한 에너지는 반응중심에 있는 엽록소 a에 전달되고, 이 엽록소 a의 분자에서 에너지를 가득 담은 전자가 일차 전자수용체로 전달된다. 이러한 과정이 일어나는 장소를 우리는 광계라고 부른다. 다시 광계는 광계 Ⅰ과 광계 Ⅱ로

07

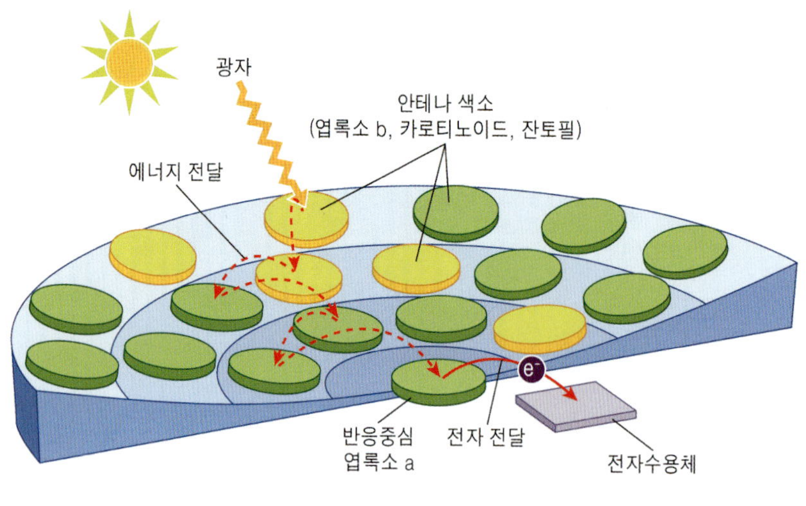


그림 7-18. 광계에서 광합성 색소의 기능 및 역할.

나눌 수 있다[20,45]. 먼저 광계 Ⅰ부터 알아보자. 광계 Ⅰ은 최대 흡수 파장이 700nm인 엽록소 a(P700)가 반응중심색소인 광계를 말한다. 그림 7-19에서는 광계 Ⅰ에서 일어나는 **광인산화 과정**(光燐酸化過程, photophosphorylation)으로 ATP라는 에너지 화폐를 만들어 낸다. 태양의 광자에 의하여 만들어진 에너지는 결국 반응중심에 전달되고, 이때 엽록소 분자에서 나온 전자는 **전자전달계**(電子傳達界, electron transport chain)를 거치면서 결국 ATP를 생산해 낸다. 즉, 햇빛과 엽록소 및 전자전달계만 있다면 ATP를 만들 수 있다는 계산이다. 이런 방법으로 ATP를 만들어 내는 초창기 광합성 세균들도 있었을 것이다. 전자전달계는 막을 중심으로 양성자 이온의 농도 차이를 만들어 내는 장치이다. 이 전자전달계에 대한 이해는 조금 후에 다시 다룰 것이다. 이러한 광계 Ⅰ을 기반으로 하여 광계 Ⅱ가 조성되면서 명반응이 완성되게 된다. 광계 Ⅰ과 광계 Ⅱ가 만들어 내는 과정은 그림 7-20에 나타나 있다. 광계 Ⅱ는 광계 Ⅰ과는 다른 점이 많이 있다. 먼저 광

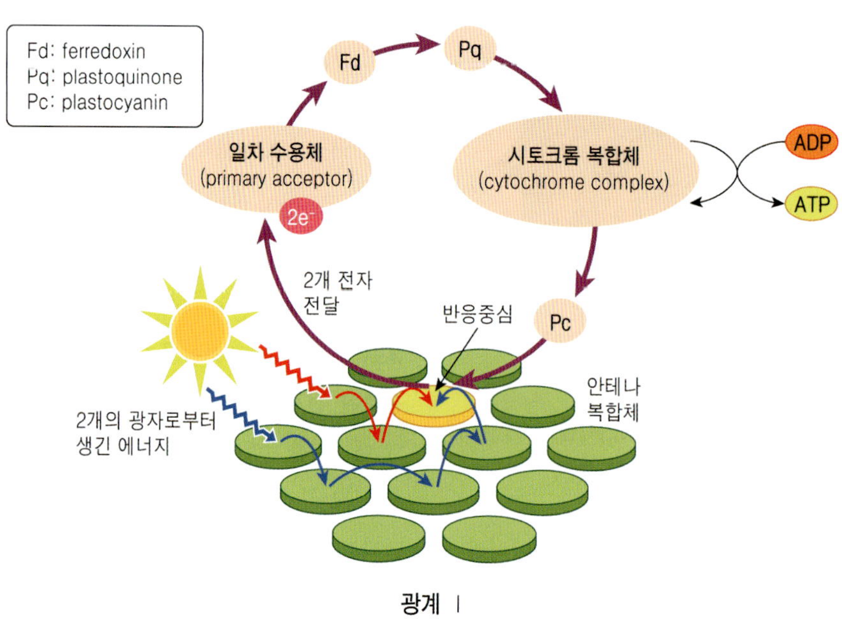


그림 7-19. 광계 Ⅰ에 의한 순환적 광인산화 과정.

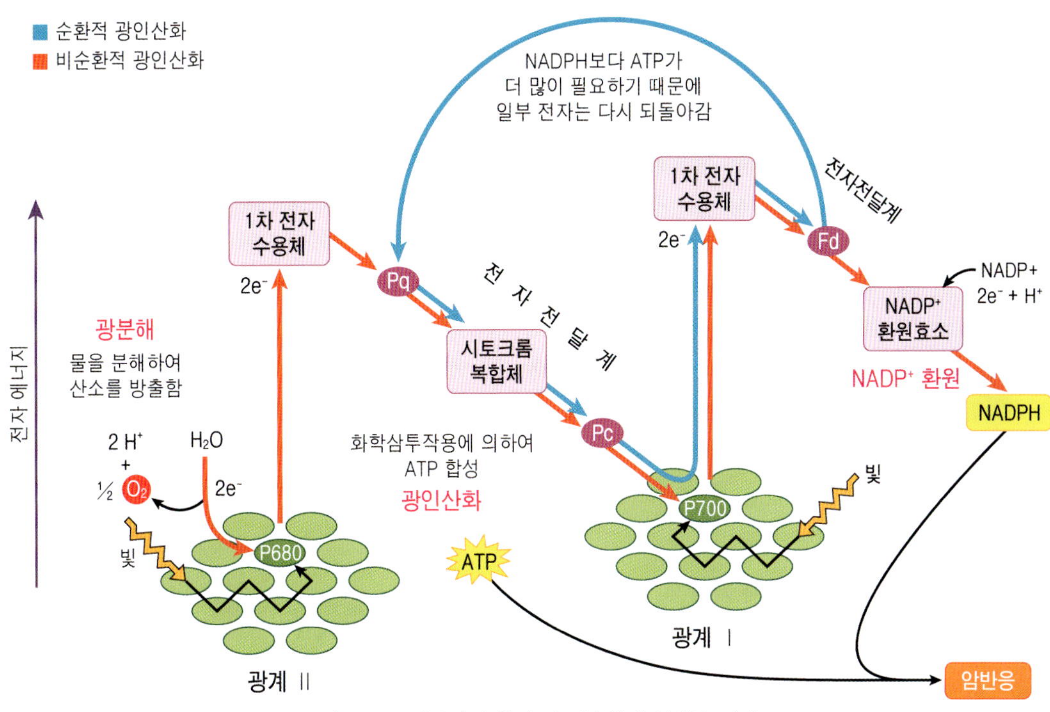


그림 7-20. 광계와 순환적 및 비순환적 인산화 과정.

계 Ⅱ는 최대 흡수 파장이 680nm인 엽록소 a(P680)가 반응중심색소인 광계를 말한다. 광계 Ⅰ에서는 전자가 엽록소 a의 분자에서 나왔다면, 광계 Ⅱ에서는 물 분자를 분해하여 전자를 얻고 그 부산물로 산소가 발생한다. 따라서 산소는 이산화탄소에서 나온 것이 아니라, 물에서부터 나온 것이란 것을 우리는 알 수가 있다. 이 사실을 처음으로 알아낸 사람은 미국 캘리포니아대학교 버클리 캠퍼스의 **사무엘 루빈**(Samuel Rubin, 1913~1943)이었다. 그가 산소 동위원소($^{18}O$)를 이용하여 이 사실을 밝혀냈지만, 이차대전 당시 독가스인 포스겐(phosgene)에 노출되면서 30세의 나이로 요절하고 말았다.

우선 광계 Ⅱ에서 반응중심에 모인 빛에너지는 물에서 얻은 전자에 힘을 잔뜩 실어서 일차 전자수용체로 보낸다. 이 전자는 전자전달계를 통과하면서 수소이온($H^+$) 혹은 양성자의 농도 차이를 유도하여 ATP를 만들어 내면서 에너지가 점차 바닥이 난다. 이 힘이 떨어진 전자는 다시 광계 Ⅰ에 의하여 재충전을 받아서 원기를 회복한 후, 다시 전자전달계를 통과하면서 이번에는 NADPH를 마지막으로 만들어 낸다. 이로써 암반응에 필요한 ATP와 NADPH 모두가 드디어 만들어진 셈이다. 광계 Ⅱ에서 시작된 전자는 광계 Ⅰ을 거쳐서 NADPH 속으로 들어가 버렸다. 따라서 우리는 이 과정을 **비순환적 광인산화**(非循環的光燐酸化, noncyclic photophosphorylation)라고 부른다. 그러나 광계 Ⅰ에서 출발한 전자는 전자전달계를 거쳐서 ATP를 만들어 낸 후 다시 광계 Ⅰ으로 돌아올 수도 있다. 따라서 우리는 이러한 과정을 **순환적 광인산화**(循環的光燐酸化, cyclic photophosphorylation)라고 부른다. 실제 암반응에 필요한 ATP와 NADPH가 1:1의 비율로 필요하지 않고, 3:2의 비율로 ATP가 더 많이 필요하다. 이것이 순환적 광인산화에 추가되는 역할인 것이다. 공변세포의 개폐에도 필요한 ATP를 이런 방식으로도 얻을 수 있는 장점이 있다[17,35]. 만약 순화적 광인산화와 비순환적 광인산화를 서로 비교해 본다면 좀 더 광계에 대한 이해가 확실해질 것이다(표 7-1).

광인산화에서 순환적이든 비순환적이든 ATP가 만들어진다. 이들은 어떻게 ATP를 만들 수 있을까?

우선 광계 Ⅰ이나 광계 Ⅱ를 불문하고 각 광계에서 생긴 전자는 전자전달계를 지나게 된다. 그림 7-21에서 보는 것처럼 전자가 전자전달계를 통과하면서 한 일은 수소이온($H^+$)을 엽록체 스트로마에서 틸리코이드 내강으로 끌어모은 일이다.

표 7-1. 광인산화 비교

| | 비순환적 광인산화 | 순환적 광인산화 |
|---|---|---|
| 광계 | 광계 Ⅰ 및 광계 Ⅱ가 관여함 | 광계 Ⅰ만 관여함 |
| 물의 광분해 | 일어남 | 일어나지 않음 |
| 첫 전자 공여자 | 물 | 광계 Ⅰ(P700) |
| 마지막 전자 수용자 | NADPH | 광계 Ⅰ |
| 전자의 회귀 | 전자가 반응중심으로 돌아오지 않음 | 전자가 반응중심으로 돌아옴 |
| 생성물 | ATP, NADPH 및 산소 | ATP |

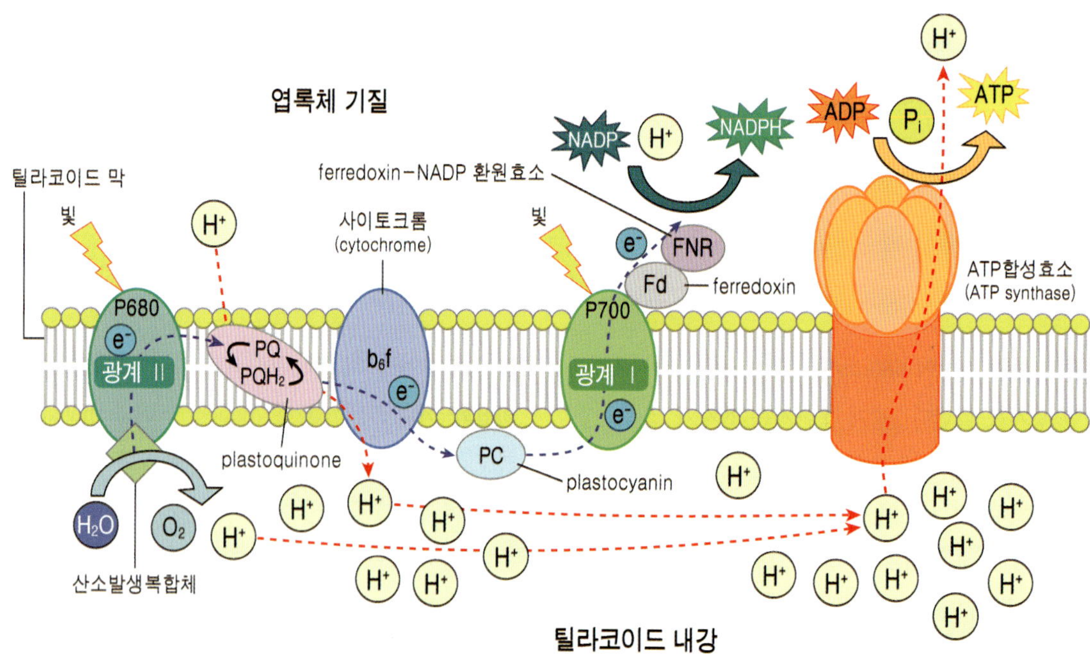


그림 7-21. ATP가 화학 삼투작용에 의하여 생성되는 과정. (출처: Somepics[7] [21])

이는 물질 수송에서 능동수송에 해당한다. 즉, 농도가 낮은 곳에서 농도가 높은 곳으로 양성자를 수송하는 것이다. 이러한 능동수송에는 에너지인 ATP가 필요하다. 그러나 이 과정에서 ATP가 소모된 흔적은 없다. 그 대신 전자가 이 일을 해낸 것이다. 다시 말하면 ATP가 소모된 것이 아니라, 오히려 ATP가 만들어졌다. ATP가 만들어지는 과정은 다시 **ATP 합성효소**(ATP synthase)를 이해하여야 한다. 이에 관한 설명은 제4절에서 다룰 것이다. 제1공장에서 ATP와 NADPH를 만드는 과정을 살펴보았으니, 이제 이들을 이용하여 탄수화물을 만들어 내는 제2공장으로 넘어가 보자.

## 3. 암반응

**암반응**(暗反應, dark reaction) 혹은 **캘빈 회로**(Calvin cycle)는 캘리포니아대학교 버클리 캠퍼스 **멜빈 캘빈**(Melvin Calvin, 1911~1997)과 동료였던 **앤드류 벤슨**(Andrew Benson, 1917~2015)과 **제임스 바샴**(James Bassham, 1922~2012)에 의하여 밝혀졌다. 이들이 탄소 동위원소($^{14}C$)를 이용하여 이 동위원소가 어떻게 사용되는지를 추적한 결과 암반응이 알려지게 된 것이다. 따라서 암반응을 캘빈 회로 이외에 **캘빈-벤슨-바샴 회로**(CBB cycle) 또는 **C3 회로**(C3 cycle)라고 부르기도 한다. 암반응은 틸라코이드의 스트로마에서 일어난다. 이러한 암반응을 알아보기 위하여 다시 그림 7-13으로 돌아가 보자.

우선 명반응은 햇빛에 의하여 유도되는 광반응이다. 이에 반하여 암반응은 이산화탄소를 모아서 이것보다 더 큰 분자를 만들어 내는 합성반응이다. 따라서 광반응과 합성반응을 합친 것이 광합성이라는 것을 우리는 쉽게 이해할 수 있다. 구체적으로 말하면 명반응에서 만든 ATP를 이용하여 이산화탄소($CO_2$) 속으로 NADPH의 수소를 집어넣는 과정을 말한다. 그림 7-22는 포도당이 만들어지는 과정을 소상히 보여주고 있다. 우선 오탄당인 **리불로오스 2인산**(ribulose bi-phosphate; RuBP) 3개가 **루비스코**(ribulose-1,5-biphos-phate carboxylase/oxygenase; RuBisCO) 효소의 도움을 받아서, 3개의 **이산화탄소**를 이용하여 6개의 탄소가 3개 있는 **3-포스포글리세르산**(3-phosphoglycerate; 3PG)을 만든다. 탄소 고정 과정에서 처음 등장한 물질이 바로 탄소 3개짜리 중간물질이다. 따라서 우리는 이를 **C3 회로**(C3 cycle)라고 부르기도 하며, 이 과정을 **탄소 고정단계**라 부른다.

그다음에는 3-포스포글리세르산 6개에 ATP와 NADPH가 들어가서 역시 6개의 탄소 3개짜리 중간물질인 **글리세르알데하이드 3인산**(glyceraldehyde 3-phosphate; G3P)을 만들어 낸다. 이 과정에서는 수소가 투입되었으므로 **환원단계**라 볼 수 있다. 이렇게 형성된 6개의 글리세르알데하이드 3인산 중에서 한 개의 글리세르알데하이드 3인산이 빠져나가고 나머지 5개의 글리세르알데하이드 3인산은 ATP를 소모하면서 3개의 리불로오스 2인산으로 돌아간다. 이 단계를 우리는 **재생단계**라고 부른다. 여기서 빠져나온 한 개의 글리세르알데하이드 3인산은 몇 단계의 과정을 거쳐서 드디어 **포도당**으로 탄생하게 된다[12]. 이 암반응에 사용된 ATP와 NADPH는 각각 9개와 6개가 소모되었다. 이렇게 소모된 ATP와 NADPH는 각기 ADP와 $NADP^+$가 되고, 다시 명반응으로 돌아가서 ATP와 NADPH가 되어 암반응으로 되돌아온다. 따라서 제1공장과 제2공장은 서로 밀접하게 톱니바퀴처럼 돌아가는 사이이다. 어느 한쪽이 제대로 돌지 못하면, 다른 쪽도 제대로 작동할 수 없는 회로를 구성하고 있는 셈이다. 드디어 우리는 돈 안 드는 햇빛과 물 그리고 이산화탄소를 이용하여 마침내 사탕을 만들어 내는 지상 최대의 마술을 구경하게 되었다. 그러나 자연환경이 항상 식물에 호의적이지만은 않다. 이들이 어떻게 열악한 환경에서 살아남아서 적응해 왔는지는 제7절 '식물의 변신'에서 다룰 것이다. 그렇다면 이런 암반응은 어느 날 갑자기 땅에서 솟아난 신기술로 이 세상에 등장한 것일까? 이것은 세포호흡 중에서 '해당과정'이라는 공정을 살펴보

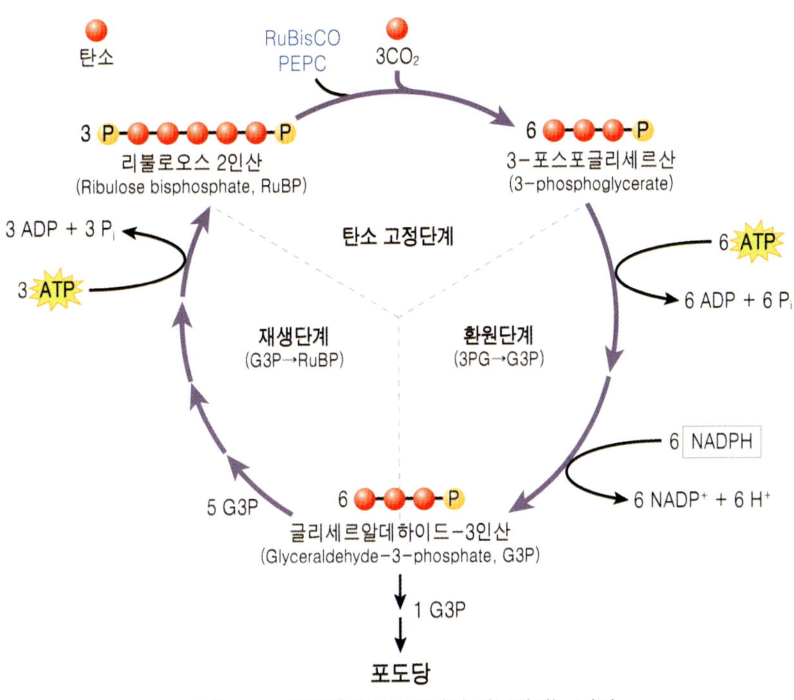


그림 7-22. 암반응에서 포도당이 만들어지는 과정.

면, 그 해답을 얻을 것이다.

## 제4절 세포호흡

세포호흡은 이미 그림 7-1에서 언급한 바와 같이 탄소동화 작용에 의하여 만들어진 포도당에서 에너지를 다시 뽑아내는 과정을 말한다. 세포호흡은 크게 나누어서 **유기호흡**(有氣呼吸, 산소호흡, aerobic respiration)과 **무기호흡**(無氣呼吸, 무산소호흡, anaerobic respiration)으로 나눌 수 있다. 즉, 산소의 관여 여부에 따라 세포호흡의 방법이 다르다는 의미이다. 따라서 산소가 지구상에 등장한 시기와 연관되어 있다. 이는 진화상 커다란 의미를 가진다(이에 관해서는 제7절에서 다시 다룰 것이다). 유기호흡은 최종 전자수용체가 산소이지만, 무기호흡은 산소가 아닌 다른 물질이 전자를 받아 낸다(이러한 무기호흡은 다시 전자전달계에서 다룰 것이다). 산소가 부족하거나 없는 환경에서 포도당으로부터 에너지를 뽑아내는 다른 방법은 **발효**(醱酵, fermentation)이다. 이 발효 과정은 전자전달계를 거치지 않기 때문에 세포호흡이라고는 할 수 없지만, 산소가 없었던 시절부터 있었던 에너지를 얻는 중요한 방법 중 하나라고 할 수 있다. 따라서 발효와 무기호흡을 분리하여 설명하는 것이 대사적 진화를 이해하는 데 도움이 될 것이다[19]. 이 발효에 관해서는 조금 후에 다시 설명이 뒤따를 것이다.

유기호흡을 자세히 들어다보면 3단계의 과정을 거친다는 것을 우리는 알 수가 있다(그림 7-23). 먼저 세포질에서 일어나는 **해당과정**(解糖過程, glycolysis)과 미토콘드리아 내에서 일어나는 **크렙스 회로**(Krebs cycle)와 **전자전달계**(電子傳達界, electron transport chain; ETC) 및 **산화적 인산화**(酸化的燐酸化, oxidative phosphorylation)과정으로 구분된다. 이런 과정을 거치는 유기호흡은 생명체에서 일어나는 가장 중추적인 회로로서 모든 대사가 이들과 연결되어 있다는 것을 기억해 두어야 한다. 자 그럼 지금부터 그 과정들을 하나씩 추적해 나가 보도록 하자.

### 1. 해당과정

녹말이 완전히 이산화탄소와 물로 분해되려면 약 30단계를 거쳐야 한다. 해당과정은 포도당이 **피루브산**(pyruvate)으로 변하는 과정을 말한다. 가장 흔한 해당과정은 잘 알려진 **EMP 경로**(Embden-Meyerhof-Parnas pathway; EMP pathway, 발견에 공헌한 학자들의 이름을 따서 부름)이다. 그러나 발효 과

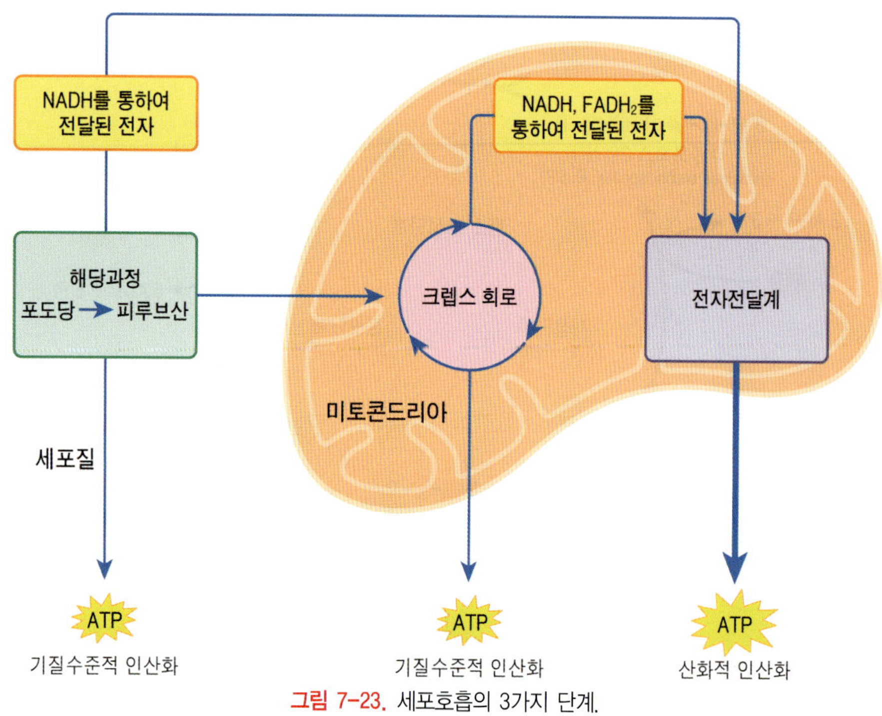


그림 7-23. 세포호흡의 3가지 단계.

정이나 **ED 경로**(Entner–Doudoroff pathway; ED pathway)를 통해서도 포도당이 피루브산으로 분해되기도 한다. 특히 ED 경로는 일부 세균이나 고세균 등에서 발견되는 해당과정이지만, 여기서는 주로 10개의 단계로 진행되는 EMP 경로에 대하여 설명하기로 한다(그림 7-24).

우선 포도당의 분해가 시작되기 위해서는 화학반응이 일어날 수 있는 활성 에너지가 필요하다. 따라서 처음에는 2개의 ATP가 들어가야 한다. 이어서 6탄당인 포도당이 ATP에 의하여 인산화되면서, 과당 1,6이인산(fructose 1,6-biphosphate)에서 2개의 중간물질로 갈라지게 된다. 이 중간물질들이 탄소가 3개 들어 있는 글리세르알데하이드 3인산(glyceraldehyde 3-phosphate; G3P)과 디하이드록시아세톤 인산(dihydroxyacetone phosphate; DHAP)이다. 이들은 각각 ATP를 2개씩 만들어 내면서 2개의 피루브산으로 산화되어 간다. 따라서 4개의 ATP가 만들어지지만, 처음 활성 에너지로 2개의 ATP가 소모되었으므로 전체적으로는 2개의 ATP가 만들어지는 셈이다[31]. 이렇게 만들어지는 ATP를 **기질수준적 인산화**(基質水準的燐酸化, substrate-level phosphorylation)라고 부른다. 기질수준적 인산화는 **광인산화**(光燐酸化, photophosphorylation)나 **산화적 인산화**(酸化的燐酸化, oxidative phosphorylation)와는 다르게 기질에 붙어 있는 인산을 떼어서 ADP에 붙여 줌으로써 만들어지는 ATP를 말한다. 이들은 다시 전자전달계에서 설명할 것이다.

이렇게 10단계를 거쳐서 포도당이 피루브산까지 분해되었다. 만약 여기에서 산소가 있는 경우는 유기호흡의 과정으로 진행될 것이다. 즉, 피루브산이 미토콘드리아 안으로 들어가서 크렙스 회로와 전자전달계 및 산화적 인산화 과정을 밟으면서 더 많은 ATP를 만들어 낼 것이다. 그러나 산소가 희박하거나 없는 경우에는 유기호흡 과정으로 진행되지 않고, 발효라는 과정을 거치면서 에너지를 만들어 낸다. **발효**(fermentation, 그리스어 boil이라는 뜻)라는 말에는 무언가가 끓을 때 생겨나는 거품이라는 뜻이 들어 있다. 발효 과정에서 이산화탄소가 나오기 때문이다. 발효 과정은 우리와도 대단히 밀접한 관련이 있다. 따라서 대표적인 **젖산발효**(lactic acid fermentation)와 **알코올 발효**(alcohol fermentation)를 소개하고자 한다.

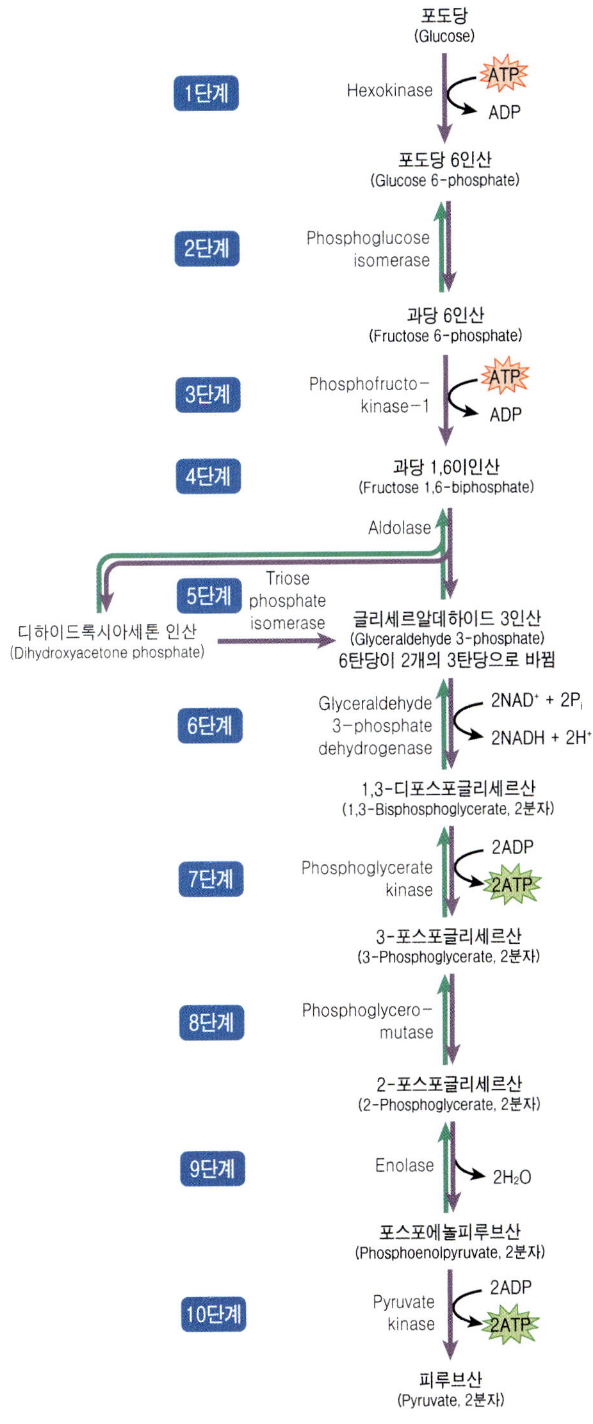


그림 7-24. 10단계 해당과정.

젖산발효는 포도당에서 피루브산까지 진행된 다음 산소가 희박하거나 없는 경우에 일어나는 과정이다(그림 7-25). 피루브산이 미토콘드리아로 들어가지 못하고 젖산으로 바뀌게 되는 것이다. 이때 NADH에서 나온 전자는 젖산이 받아 내면서 피루브산이 젖산으로 변한다. 이 과정에서도 기질수준적 인산

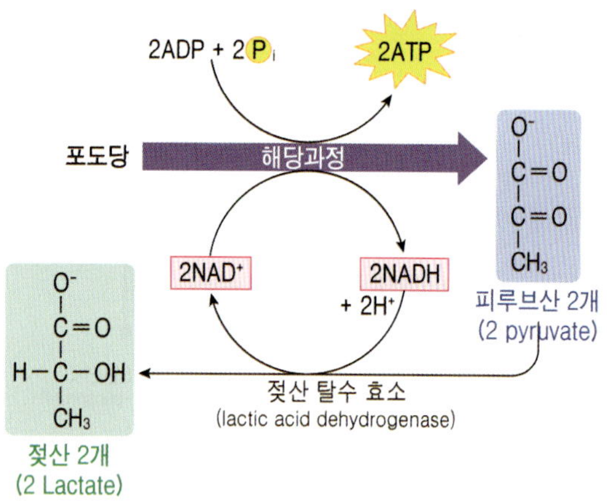


그림 7-25. 젖산 발효 과정.

화에 의하여 2개의 ATP가 나오면서 젖산은 세포 밖으로 내보내진다. 이런 과정을 통하여 에너지를 얻는 생명체 중 하나가 바로 **젖산균**(유산균, lactic acid bacteria)이다(그림 7-36 참고). 즉, 젖산균은 이런 방법으로 2개의 에너지를 얻고 아직도 에너지가 많이 남아 있는 젖산을 세포 밖으로 버린다[40]. 따라서 젖산은 젖산균이 먹고 버린 배설물이다. 우리는 이런 성질을 이용하여 젖산균이 내버린 젖산으로 김치 맛을 돋게 하고 요구르트를 만들어서 즐기고 있다. 젖산균이 하는 방법들은 신기하게도 우리 몸안에서도 일어난다. 세균이나 하는 일이 인간의 몸에서도 일어난다고 언짢아할 이유는 전혀 없다. 왜냐하면 젖산균이 하는 일보다 한 단계 업그레이드된 버전을 사용하고 있다고 볼 수 있기 때문이다(그림 7-26). 우리는 마라톤을 하거나 등산을 하고 난 이후, 걷거나 계단을 오를 때 다리에 통증을 느끼는 경우가 있다. 이런 상황이 바로 젖산균이 쓰는 방법이 우리 몸에도 남아 있다는 증거이다. 심한 운동은 근육이 필요로 하는 만큼 충분한 산소를 공급해 주지 못한다. 따라서 산소가 희박할 때 근육에서 대량으로 소모되는 에너지를 얻어내기 위하여, 할 수 없이 젖산균의 방법을 사용하는 것이다. 피루브산이 미토콘드리아로 들어가지 못하고 젖산으로 변하면서 2개의 ATP를 건질 수 있다. 이렇게 쌓인 젖산은 염증반응을 초래하여 통증을 유발한다. 그러나 이런 젖산은 다시 간으로 운반되어 피루브산으로 돌아가고, 다시 포도당으로 변해서 남아 있던 에너지를 다시 꺼내 쓸 수 있게 될 것이다. 젖산균은 젖산을 버리지만, 인간은 이를 다시 간으로 회수하여 재활용할 수 있게 만들어 놓은 셈이다. 우리는 이런 과정을 **포도당 신생과정**(葡萄糖新生過程, gluconeogenesis)이라고 부른다. 이 과정 전체는 체코계 미국인 코리 부부에 의하여 밝혀졌기 때문에 **코리 회로**(Cori cycle, 젖산 회로, lactic acid cycle)라고 부르기도 한다. 그러나 발효도 결국 부패와 다를 바 없다. 우리는 그저 인간에 좋은 과정은 발효라고 부르고, 독이 된다고 생각하면 부패라고 말한다. 따라서 생각은 종이 한 장 차이일 뿐이다. 이들 발효에 대한 자세한 설명은 제7절 '대사적 진화'에서 다시 설명할 것이다.

알코올 발효는 인간과 밀접한 관계를 가지고 있다(그림 7-27). 알코올 발효가 미생물에 의하여 일어나지 않는다면 인간이 즐기는 파티는 아마도 대단히 밋밋할 것이다. 알코올 발효도 포도당이 피루브산까지 진행된다. 그다음 산소가 희박하

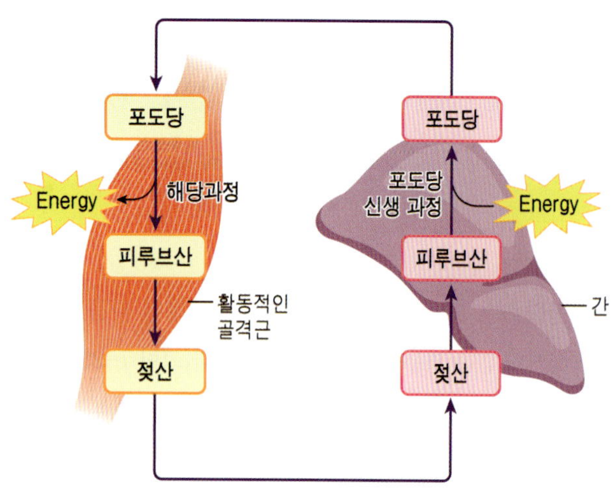


그림 7-26. 근육세포에서 젖산의 발생과 재사용 과정.

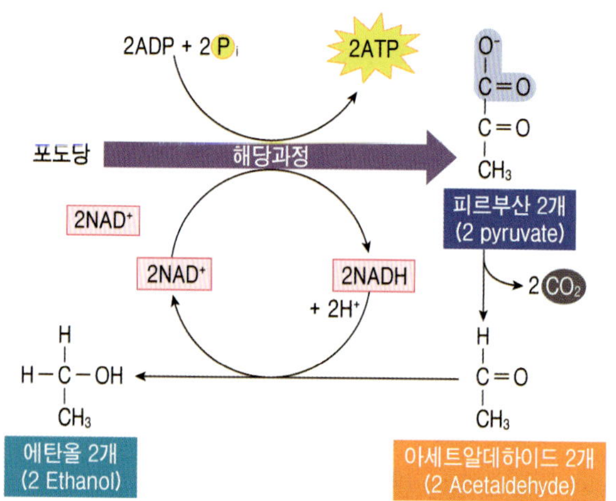


그림 7-27. 알코올 발효 과정. (출처: Stack Exchange[7-27])

거나 없으면 피루브산이 **아세트알데하이드**(acetaldehyde)로 변하면서 이산화탄소가 발생한다. 발효를 거품이 나면서 무엇인가가 끓는다고 생각했던 이유를 우리는 이산화탄소에서 그 원인을 찾을 수 있을 것이다. 이 아세트알데하이드는 다시 에탄올로 변한다. 알코올 발효를 통해서도 2개의 ATP를 얻을 수 있다. 이런 방법으로 에너지를 얻어서 살아가는 생명체가 바로 **효모**(酵母, yeast)이다. 효모는 아시다시피 단세포 균류이다. 따라서 우리의 파티를 즐겁게 해 주는 에틸알코올은 결국 곰팡이 종류인 효모가 먹다 버린 배설물에 불과하다. 효모의 배설물을 즐기는 대가로 엄청난 사회적 비용을 지불한다는 것은 아무래도 생각해 볼 문제가 아닐까? 기왕 말이 나온 김에 술에 대하여 좀 더 진행해 보자. 포도주는 포도 껍질에 자연적으로 묻어 있던 효모균에 의하여 생긴 술이다. 신이 만들었다고 생각하는 포도주는 효모를 모독하는 말일 수도 있다. 우리가 즐기는 막걸리는 어떤가? 인간은 막걸리를 얻기 위하여 아주 좋은 쌀밥을 만들어서 누룩과 섞어서 술을 만든다. 콩을 짓이겨 만든 누룩에는 수많은 누룩곰팡이와 효모가 들어 있을 것이다[2,6]. 누룩곰팡이는 잘 차려진 쌀밥(전분)을 분해하여 포도당으로 만들 것이다. 그다음 효모가 자신의 주특기를 발휘하여 포도당에서 에너지를 취하고 그 배설물로 에탄올을 버릴 것이다. 우리가 그토록 정성을 들여서 만든 고두밥은 결국 하찮은(?) 효모에게 바치는 공물인 셈인가? 에탄올은 그 분해과정에서 많은 활성산소를 만들어 낸다. 그뿐만 아니라 알코올은 많은 에너지를 가지고 있음에도 불구하고, 과음 후에는 당뇨병 환자의 혈당을 떨어트리는 재주를 부린다. 이는 혈당이 떨어져서 좋은 것이 아니라, 그만큼 화학적 대사작용을 술이 교란시켰다는 증거이다. 이제 산소가 있는 경우 피루브산이 어떻게 전개되어 나가는지를 살펴볼 차례이다.

## 2. 크렙스 회로

**크렙스 회로**(Krebs cycle)는 궁극적으로 포도당을 산화시켜 힘이 넘치는 전자를 전자운반체인 NADH와 $FADH_2$에 실어 주는 역할을 담당한다. 이렇게 형성된 전자운반체는 전자전달계를 통하여 우리가 원하는 ATP를 쏟아 낼 것이다. 우선 크렙스 회로에 등장하는 공헌자를 소개하고자 한다. 현대를 사는 대다수의 생명체들이 살아갈 수 있는 유기호흡의 한 과정을 밝혀낸 그 공로는 단지 노벨상 수상으로 보답할 일은 아닌 것 같다. **핸스 아돌프 크렙스**(Hans Adolf Krebs, 1900~1981)는 조상이 유대인인 죄로 인하여 독일의 히틀러 정권 밑에서 살지 못하고 영국으로 망명하였다. 독일계 영국인이 된 크렙스는 케임브리지와 옥스퍼드 대학에 근무하면서 1937년 크렙스 회로를 완성하고, 1953년 노벨상을 수상하게 되었다[24]. 우선 크렙스 회로는 다양한 이름을 가지고 있다. **시트르 회로**(citric acid cycle, **구연산 회로**)나 **TCA 회로**(**tricarboxylic acid cycle**)로도 불린다(그림 7-28). 이런 이름이 붙은 이유는 크렙스 회로를 구경하면 곧 이해가 될 것이다. 특히 구연산(枸櫞酸, citric acid)은 감귤에 많이 들어 있는 물질로 레몬이나 오렌지를 뜻하는 citrus에서 온 말이다. 크렙스 회로도 해당과정과 유사하게 10개의 단계로 구성되어 있다. 먼저 미토콘드리아로 들어온 탄소가 3개인 피루브산에서 이산화탄소가 떨어져 나가면서 탄소가 2개인 **아세틸조효소 A**(acetyl CoA)가 만들어진다. 크렙스 회로는 이 아세틸조효소 A에서



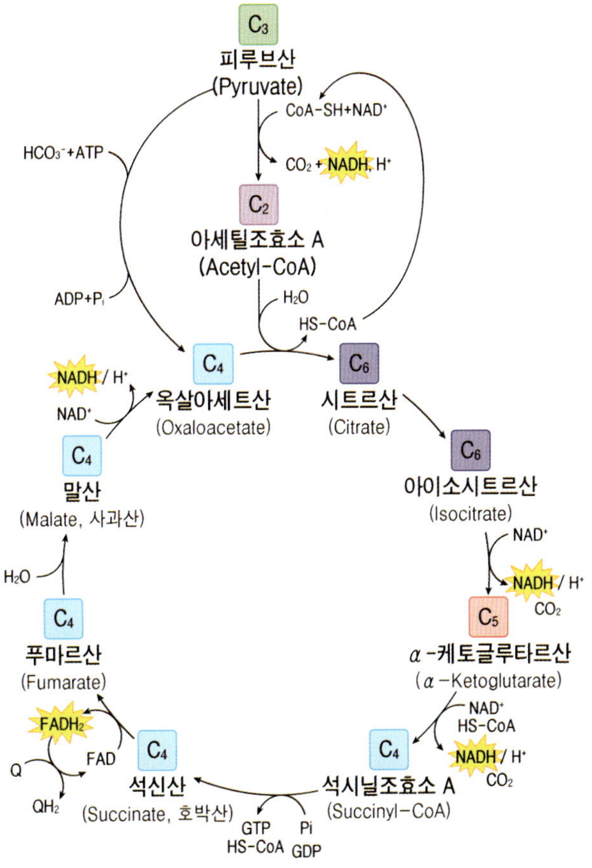


그림 7-28. 크렙스 회로. (출처: Yikrazuul[7-28])

부터 시작된다. 이때 아세틸조효소 A에서 떨어져 나간 조효소 A는 다시 피루브산을 아세틸조효소 A로 만드는 데 재사용될 것이다. 크렙스 회로로 들어온 아세틸조효소 A는 탄소가 4개인 **옥살아세트산**(oxaloacetate; OAA)과 결합하여 탄소가 6개인 **시트르산**, 즉 **구연산**이 된다. 따라서 왜 우리가 크렙스 회로를 시트르 회로나 구연산 회로로 부르는지를 알 수 있을 것이다. 이렇게 출발한 시트르산은 이산화탄소가 2개 떨어져 나가면서 **숙신산** 혹은 **호박산**(succinate)이 되고 이어서 **푸마르산**(fumarate), **말산** 혹은 **사과산**(malate)을 거쳐 옥살아세트산으로 되돌아간다. 이 옥살아세트산은 다시 아세틸조효소 A와 결합하여 시트르산으로 가면서 회로는 힘차게 돌게 된다. 지금까지 우리는 포도당이 해당과정을 거쳐서 크렙스 회로를 돌아가는 과정까지를 살펴보았다.

포도당만 에너지를 만들어 내는 것이 아니라 지방이나 단백질에서도 에너지를 만들어 낼 수 있다. 결핵균과 같이 에너지원으로 지질인 콜레스테롤만을 이용하는 생명체도 있다. 그렇다면 어떻게 지방이나 단백질은 분해되어 에너지원으로 사용될 수 있을까? 그림 7-29는 이에 대한 해답을 제시해 주고 있다. 포도당이 해당과정과 크렙스 회로를 지나 전자전달계로 연결되는 이 과정이 모든 대사의 주축이 된다는 것은 이미 언급한 바 있다. 지방은 분해되어서 글리세롤과 지방산이 된다. 이 중 글리세롤은 해당과정에서 디하이드록시아세톤 인산(dihydroxyacetone phosphate; DHAP)을 통하여 피루브산으로 가는 길이 열리게 되고, 지방산은 많은 아세틸조효소 A로 변하여 크렙스 회로로 직접 들어간다. 단백질은 아미노산으로 분해되어서 해당과정이나 크렙스 회로의 중간물질로 들어가서 에너지원으로 사용될 것이다.

## 3. 전자전달계 및 산화적 인산화

생명을 유지하기 위해서는 ATP 생산을 한시라도 멈출 수가 없다. 따라서 ATP는 생명체에게는 생사를 가르는 절대적인 물질인 셈이다. 생명체들은 이 필수적인 ATP를 만들어 내

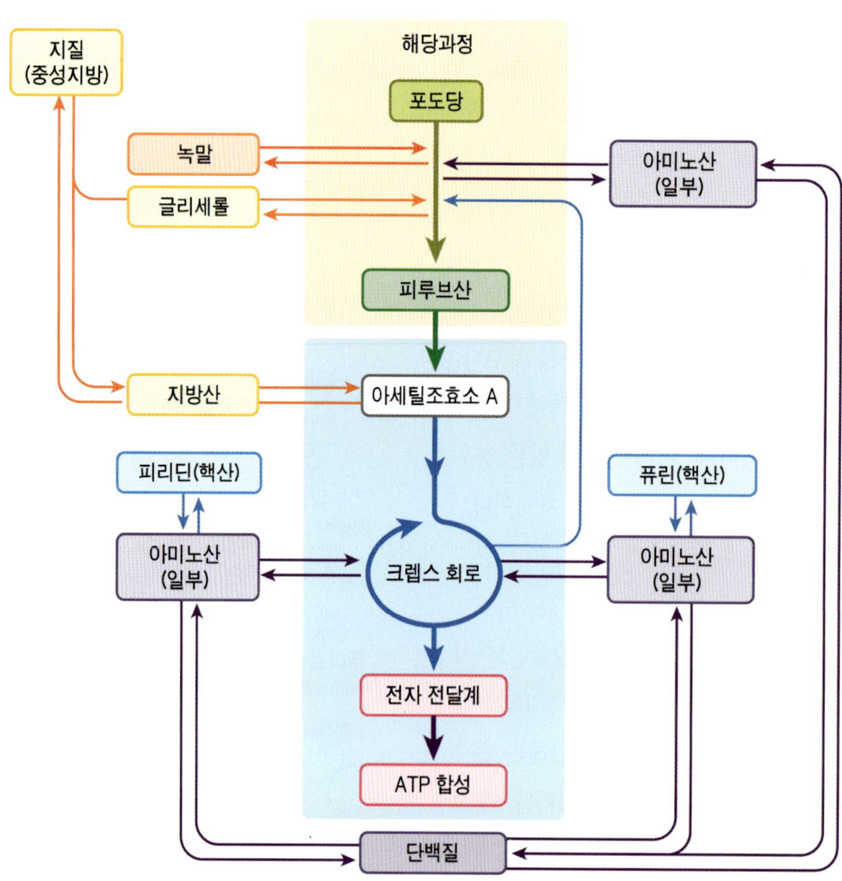


그림 7-29. 포도당, 아미노산 및 지방산의 에너지 대사.

기 위하여 몇 가지 방법을 동원한다. 우선 엽록체에서 일어나는 **광인산화**(光燐酸化, photophosphorylation)를 들 수 있다. 이 방법은 태양에너지를 이용하여 엽록체가 명반응으로 불리는 과정을 통하여 만들어 낸다. 그다음으로는 해당과정을 통하여 일어나는 **발효**(醱酵, fermentation)를 통해서도 ATP를 만들어 낼 수 있다. 또 해당과정이나 크렙스 회로를 통하여 얻어지는 **기질수준적 인산화**(基質的燐酸化, substrate-level phosphorylation) 과정에서도 ATP가 생산된다. 이러한 과정은 이미 자세히 설명하였다. 그 외에 또 다른 ATP를 만들어 내는 과정이 여기에서 설명할 바로 **산화적 인산화**(酸化的燐酸化, oxidative phosphorylation)이다[14]. 우리의 몸에서 만들어 내는 ATP의 약 80%는 이 방법으로 만들어진다. 따라서 산화적 인산화 과정이 무엇인지를 이해하는 것이 생명체의 대사를 이해하는 데 필수적이라고도 할 수 있다. 산화적 인산화를 이해하기 위하여 우선 **미토콘드리아**(mitochondria) 구조에 대하여 다시 알아볼 필요가 있다(그림 5-21). 크렙스 회로와 마찬가지로 산화적 인산화도 미토콘드리아 안에서 일어나기 때문이다. 미토콘드리아는 우선 내막과 외막의 이중막으로 구성되어 있고, 그 사이에 막간 공간이 존재한다. 내막 안의 내용물을 우리는 기질(Stroma)이라 부르고, 고유한 핵과 리보솜 등이 이 공간에 들어 있게 된다. 미토콘드리아 내막은 주름져 있어서 마치 닭의 볏처럼 보이는 구조인데 이를 **크리스타**(crista, 복수는 cristae)라고 부른다. 이렇게 주름진 이유는 내막의 표면적을 넓혀서 더 많은 단백질 효소가 들어갈 수 있는 공간을 만들어 주기 위해서다.

이 산화적 인산화 과정은 이 내막과 기질 및 막간 공간 사이에서 일어난다(그림 7-30). 먼저 **전자전달계**(電子傳達界, electron transport chain)부터 알아보자. 전자전달계는 단백질 복합체로서 **산화환원반응**(酸化還元反應, redox reaction)에 의하여 전자를 전달한다. 즉, 그 전자에 담겨 있는 에너지를 뽑아서 이용한 후, 산소와 결합하여 물로 변하는 일련의 연속적인 반응을 말한다고 할 수 있다. 즉, 포도당의 수소에 숨어 있던 전자를 전자수용체인 NADH나 $FADH_2$에 담아내는

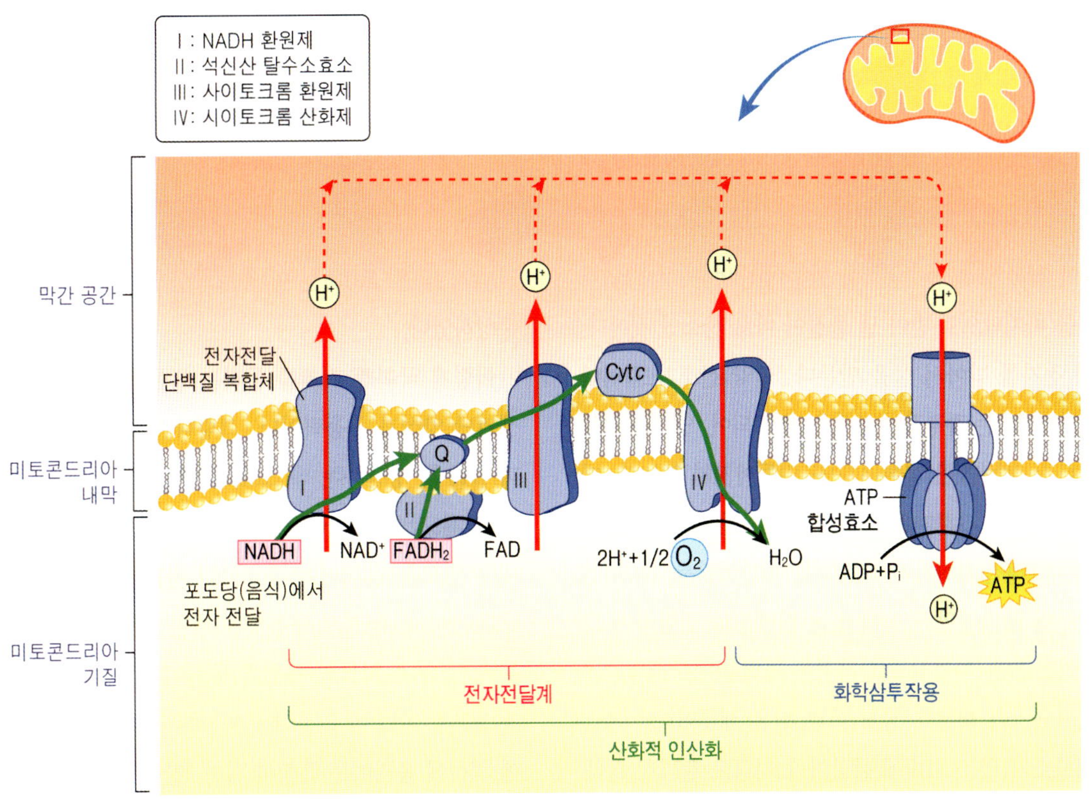


그림 7-30. 전자전달계, ATP 합성효소 및 산화적 인산화에 대한 과정.

shuttle)로 들어가게 되면 NADH가 $FADH_2$로 변화되어야 하므로 2개의 ATP를 잃게 된다. 따라서 NADH가 어떤 경로를 통해서 미토콘드리아로 들어가는지에 따라 ATP 생산 개수가 38개인지, 36개인지가 결정된다. 그러나 이런 경우는 이론적인 개수라고 볼 수 있다. 실제로는 피루브산이나 인산 및 ADP가 미토콘드리아 안으로 들어갈 때에도 에너지가 요구될 것이기 때문이다. 따라서 실제로 만들어지는 ATP 개수는 더 적어져서 최종 28~30개 혹은 30~32개 정도로 보고 있다.

## 제5절 광합성과 세포호흡의 차이

생물계 전체를 아우르는 계통수에 등장하는 모든 생명체는 과연 무엇을 먹고 살까? 먹거리를 공급해 주는 자는 누구이고 이를 소비하는 생명체는 누구일까? 이런 관점에서 먹거리 사슬을 쳐다보면 다시 한번 광합성과 세포호흡이 뜻하는 의미를 되새길 수 있게 된다. 따라서 지금까지 기술한 내용들을 종합적으로 정리할 필요가 있다. 그림 7-33은 이들 둘 간의 관계를 간단히 도식화한 것이다. 즉, 엽록체가 산소와 포도당을 만들어 내면 이를 바로 미토콘드리아가 사용한다. 그다음 미토콘드리아가 물과 이산화탄소를 내놓으면 이를 엽록체가 바로 이용한다. 이렇게 자연에서 볼 수 있는 먹이의 순환은 아주 특이하면서도 상호의존적이다. 이는 이미 작고한 미국의 천문학자 **칼 세이건**(Carl Sagan, 1934~1996)에 의하여 아주 적절하게 표현되어 있다. 식물은 이산화탄소를 섭취하고 산소를 내놓고, 동물은 산소를 섭취하고 이산화탄소를 내놓는 것을 마치 구강과 기공의 인공호흡에 비교해 놓았다[43]. 다시 말해서 동물과 식물이 각각 상대가 토해 놓은 것을 다시 들이마시는 구조로 만들어져 있다는 뜻이다.

광합성이란 생명체가 살 수 있는 먹이를 만들어 내는 과정이다. 우리가 쌀밥을 먹는 이유는 농부의 노력으로 쌀밥을 먹는다고 생각해서는 안 된다. 그뿐만 아니라 맛있는 생선회를 먹을 수 있다는 것을 어부의 수고만으로 생각할 수 없는 것과 마찬가지이다. 왜냐하면 광합성으로 먹이를 만들어 낼 수 있는 생명체는 바로 일부의 광합성 세균, 원생생물, 조류 및 식물들뿐이기 때문이다. 농부나 어부는 이들을 키워서 먹잇감으로 이용할 뿐이다. 이들이 사라지면 어떻게 될까? 천하 없는 인간도 생존해 낼 방법이 없다. 인간을 포함한 나머지 생명체 군들은 이들이 만들어 놓은 먹이를 먹고 살아야 하는 기생충적 생활을 하고 있을 뿐이다.

여기서 그림 7-21과 그림 7-30은 상징하는 바가 크다. 광합성은 탄소를 고정하여 포도당을 만들기 위하여 ATP를 만들어야 하고, 세포호흡은 이 포도당에서 ATP를 뽑아내야 하

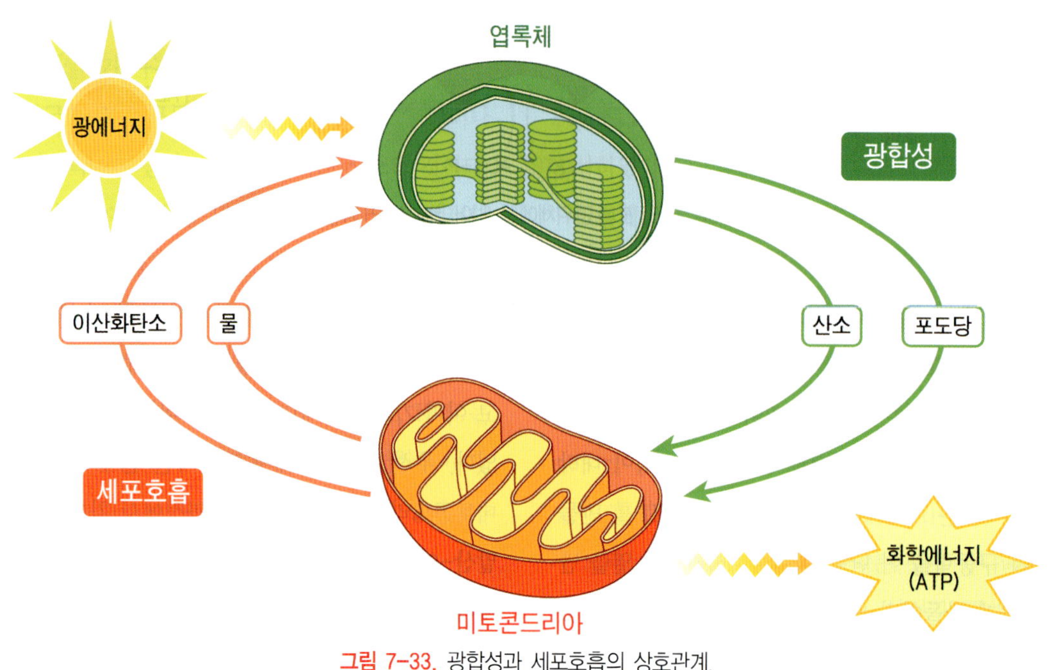


그림 7-33. 광합성과 세포호흡의 상호관계.

지만, 이 둘이 ATP를 뽑아내는 방법이 거의 유사하다는 특징이 있다[9]. 우여곡절 끝에 알아낸 전자전달계와 ATP 합성효소는 고스란히 광합성과 세포호흡 양쪽에서 그대로 이용되고 있고, 이때 사용되는 양성자 구동력도 모두 동일하다(그림 7-34). 단지 이러한 인산화가 일어나는 장소가 엽록체인지 미토콘드리아인지의 차이가 있을 뿐이다. 이 둘의 관계를 비교해 보면 광합성과 세포호흡에 대한 이해도가 더 높아질 것으로 판단되어 표 7-2에 다시 정리하였다.



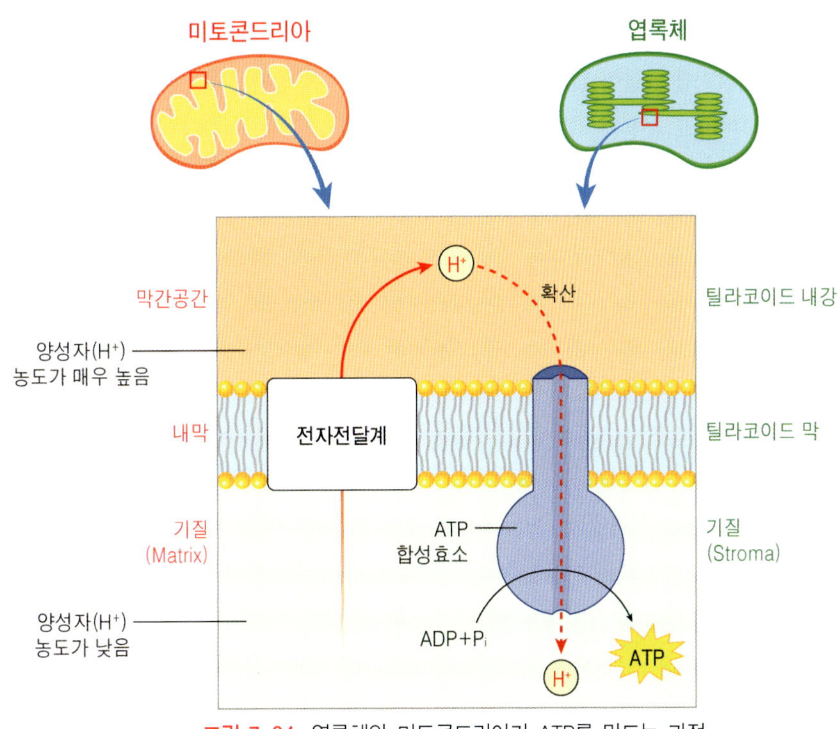


그림 7-34. 엽록체와 미토콘드리아가 ATP를 만드는 과정.

표 7-2. 광합성과 세포호흡의 비교

| | 광합성 | 세포호흡 |
|---|---|---|
| 일어나는 장소 | 엽록체(세균엽록소 포함) | 미토콘드리아 |
| 소기관 장소 | 명반응(틸라코이드), 암반응(기질) | 해당과정(세포질), 크렙스 회로 및 전자전달계(미토콘드리아) |
| 햇빛 | 필요함 | 필요 없음 |
| 일어나는 시기 | 주로 햇빛이 있는 시간 | 항상 일어남 |
| 유입물질 | 이산화탄소 및 물 | 포도당 및 산소 |
| 유출물질 | 포도당 및 산소 | 이산화탄소 및 물 |
| 포도당 | 생성 | 분해 |
| 대사적 특징 | 동화작용 | 이화작용 |
| 전자전달계 및 ATP 합성효소 | 이용함 | 이용함 |
| 에너지원 | 햇빛 | 음식물에 들어 있는 화학결합 |
| ATP를 만드는 방법 | 광인산화 | 기질수준적 인산화, 산화적 인산화 |
| 에너지 결과 | 에너지 저장(에너지 포획) | 에너지 방출 |
| 전자전달 물질 | NADPH | NADH, $FADH_2$ |
| 생명체 | 일부 광합성 세균, 원생생물 및 조류, 식물 | 전 생명체 |

## 제6절 생물의 영양방식

모든 생명체는 에너지를 필요로 한다. 만약 에너지가 없으면 우리의 심장이나 뇌, 근육이나 콩팥도 전혀 작동할 수가 없다. 에너지를 만드는 과정은 단순 작업이 아닌 상호 연계된 복합 작업이다. 우리는 이렇게 에너지를 만들어 내는 대사과정을 **영양**(營養, nutrition)이라 부르고, 에너지를 만들어 낼 수 있는 물질을 **영양분**(營養分, nutrients)이라고 부른다. 그렇다면 살아 있는 모든 생명체는 어떤 방식으로 에너지를 얻을 수 있을까? 지금부터 각각의 생명체들이 에너지를 획득하는 **영양방식**(營養方式, mode of nutrition)에 대하여 알아볼 차례이다.

일단 영양방식을 구분하기 위해서는 우선 3가지의 중요한 기준을 먼저 설명하여야 할 것 같다. 첫 번째는 **에너지원**(-源, energy source)이다. 이 지구상에 살고 있는 모든 생명체는 그 에너지원으로 햇빛과 화학물질의 결합 속에 들어 있는 에너지밖에 사용하지 못한다. 우리는 전기에너지나 소리 에너지, 더 나아가 위치에너지를 에너지원으로 이용할 수 있는 재주가 없다. 전기뱀장어는 전기를 만들어 자신을 보호할 수는 있지만 전기로 에너지를 만들어 낼 수는 없다. 따라서 에너지원의 종류에 따라 햇빛을 이용하는 **광영양생물**(光營養生物, phototroph)과 화학물질을 이용하는 **화학영양생물**(化學營養生物, chemotroph)로 크게 구분할 수 있다(표 7-3). 두 번째는 **전자원**(電子源, electron source)이다. 전자를 얻는 물질에 따라 구분하는 것이다. 즉, **전자 공여체**(電子供與體, electron donor)가 무기물인지 유기물인지에 따라 구분할 수 있다. 우리는 이미 전자가 전자전달계를 지나면서 만들어 내는 **양성자 구배**(陽性子勾配, proton gradient)가 어떤 기전으로 ATP를 만들어 내는지를 살펴보았다. 또한 전자를 최종적으로 받아 내는 **전자수용체**(電子受容體, electron acceptor)가 산소(유기)호흡에서는 산소라는 것도 이미 설명하였다. 마지막으로 고려되어야 할 요인은 **탄소원**(炭素源, carbon source)이다. 생명체에 필요한 유기물을 만들어 내기 위해서는 탄소가 필요하다. 우리는 이미 광합성의 캘빈 회로에서 포도당을 만들기 위하여 이산화탄소를 사용한다는 것을 배운 바 있다. 이렇게 대기 중의 이산화탄소를 탄소원으로 사용하는 생명체를 **독립(자가)영양생물**(獨立, 自家, 營養生物, autotroph)이라고 부른다. 왜냐하면 대기 중 이산화탄소는 각각의 생명체가 조건 없이 독립적으로 사용할 수 있기 때문이다. 이에 비하여 이산화탄소를 다른 유기물에서 얻어야 한다면 우리는 이런 생명체를 **종속영양생물**(從屬營養生

표 7-3. 영양방식에 따른 생명체 분류

| 에너지원 | 전자원 | 탄소원 | 이름 | 예 |
|---|---|---|---|---|
| 햇빛(광) photo- | 무기물질 litho- | 이산화탄소 독립영양(autotroph) | 광무기독립 영양생물 photolithoautotroph | 광합성 세균(홍색황세균, 녹색황세균), 남세균, 조류 및 육상식물 |
| | | 유기물질 종속영양(heterotroph) | 광무기종속 영양생물 photolithoheterotroph | |
| | 유기물질 organo- | 이산화탄소 독립영양(autotroph) | 광유기독립 영양생물 photoorganoautotroph | |
| | | 유기물질 종속영양(heterotroph) | 광유기종속 영양생물 photoorganoheterotroph | 광합성 세균(홍색비황세균, 녹색비황세균 및 Heliobacteria) 등 |
| 화학물질 chemo- | 무기물질 litho- | 이산화탄소 독립영양(autotroph) | 화학무기독립 영양생물 chemolithoautotroph | 황산화세균, 철산화세균, 질산화세균, 수소산화세균, 메탄 생성균 등 |
| | | 유기물질 종속영양(heterotroph) | 화학무기종속 영양생물 chemolithoheterotroph | 일부 Thiobacilus, 일부 Nitrobacter, *Oceanithermus profundus* |
| | 유기물질 organo- | 이산화탄소 독립영양(autotroph) | 화학유기독립 영양생물 chemoorganoautotroph | 일부 고세균(메탄 영양균) |
| | | 유기물질 종속영양(heterotroph) | 화학유기종속 영양생물 chemoorganoheterotroph | 대부분 세균, 원생생물, 균류, 동물 |

物, heterotroph)이라고 부른다. 탄소를 얻으려면 다른 생명체가 만들어 놓은 유기물을 섭취해야만 하기 때문이다. 즉, 자체적으로 대기 중 이산화탄소를 이용하여 유기물을 만들 수 없는 생물체를 말한다.

대부분 생명체는 독립영양생물이나 종속영양생물 혹은 광영양생물이나 화학영양생물 중 하나를 영양방식으로 택한다. 그러나 일부에서는 양쪽을 같이 이용하는 생물체도 있다. 우리는 이러한 생명체를 **혼합영양생물**(混合營養生物, mixotroph)이라고 부른다. 예를 들어 보자. 연두벌레 혹은 유글레나(euglena)라고 불리는 단세포 원생생물은 햇빛이 있는 경우는 광합성을 하고, 햇빛이 없는 경우는 다른 벌레를 잡아먹는다. 따라서 연두벌레는 광영양생물이자 화학영양생물이면서, 독립영양생물이자 종속영양생물의 영역을 넘나든다. **식충식물**(食蟲植物, carnivorous plant)은 또 어떤가? 파리지옥(flytrap)이나 끈끈이주걱(Drosera) 같은 식물은 햇빛을 이용하여 광합성을 할 뿐만 아니라, 동물의 흉내를 내면서 벌레를 잡아서 유기물질을 영양분으로 섭취할 수도 있다. 따라서 생물체는 아주 다양한 전략으로 영양방식을 택하고 있다. 표 7-3에서 보는 바와 같이 영양방식은 8가지 종류로 구분할 수 있지만, 주변에서 관찰 가능한 영양방식에 따라 하나씩 설명하고자 한다[7,22,25].

## 1. 광독립 영양생물

**광독립 영양생물**(光獨立營養生物, photoautotroph)은 에너지원으로 햇빛을 이용하고 탄소원으로는 대기 중의 이산화탄소를 이용하는데, 이들은 전자를 어디에서 얻는지에 따라 운명이 달라진다. 우선 물에서 전자를 얻는 경우와 황화수소($H_2S$)에서 전자를 얻는 경우를 생각해 보자. 이 둘은 모두 무기물에서 전자를 얻기 때문에 더 정확히 분류한다면 **광무기독립 영양생물**(光無機獨立營養生物, photolithoautotroph)이라고 할 수 있다(그림 7-35)[32]. 먼저 물을 분해하는 생명체는 우리가 잘 아는 남세균, 조류 및 육상식물이라 할 수 있다.

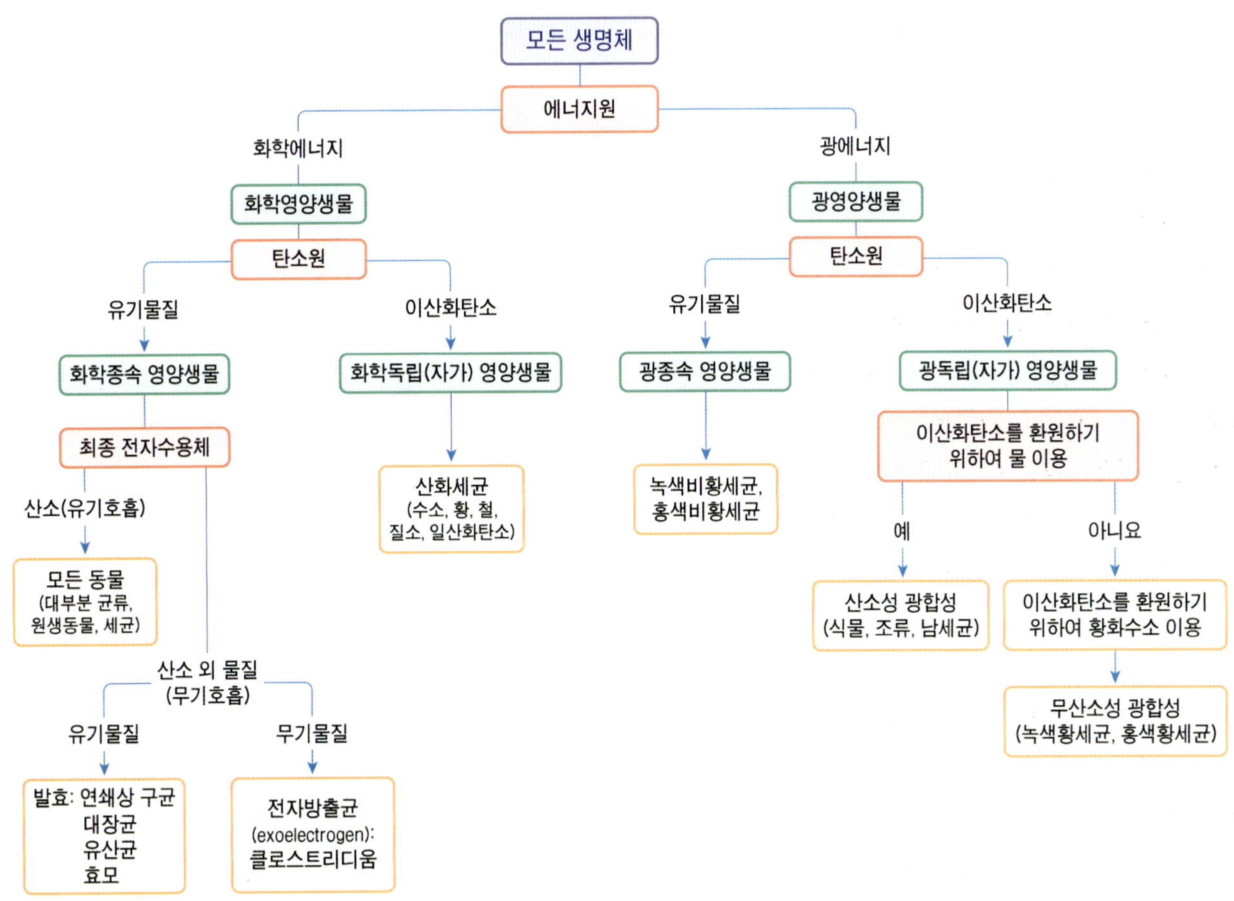


그림 7-35. 영양방식에 따른 생명체 분류 및 차이점.

이들은 물을 분해하여 전자를 얻고, 이 전자를 이용하여 ATP와 NADPH를 만들어서 캘빈 회로를 이용하여 포도당을 만들 뿐 아니라, 물을 분해함으로써 부산물로 산소를 생성시킨다. 실제로 지구상에서 남세균의 등장은 엄청난 파문을 초래하였다. 부산물로 등장한 산소는 지구의 생명체에게 커다란 지각변동을 유발하였기 때문이다. 그러나 황화수소를 분해하는 **녹색황세균**(green sulfur bacteria)이나 **홍색황세균**(purple sulfur bacteria)은 산소가 나오지 않고 황이 나오게 된다. 따라서 산소를 내뿜는 광합성 세균을 우리는 **산소성 광합성 세균**(酸素性光合成細菌, oxygenic photosynthetic bacteria)이라고 부르고, 녹색황세균처럼 산소가 나오지 않는 세균을 **무산소성 광합성 세균**(無酸素性光合成細菌, anoxygenic photosynthetic bacteria)이라고 부른다(그림 2-15 참고). 우리는 이러한 정황으로 판단하여 무산소성 광합성 세균이 산소성 광합성 세균보다 먼저 지구상에 등장했을 것으로 추정해 볼 수 있다. 초기의 지구 환경에는 산소가 없었기 때문이다. 무산소성 광합성 세균은 이미 언급된 녹색황세균, 홍색황세균을 포함하여 세균엽록소 g를 가지고 있는 헬리오박테리아(Heliobacteria), 조금 후에 언급할 녹색비황세균, 홍색비황세균 등이 여기에 속한다[36].

여기서 잠깐 세균에서 일어나는 광합성과 진핵생물, 즉 조류나 육상식물에서 일어나는 광합성에는 어떠한 차이점이 있을까? 또 이들은 서로 어떤 연관 관계가 있을까? 우리는 흔히 남세균과 엽록체의 관계에만 관심이 있지 않았을까? 우선 육상식물은 남세균을 합병하여 만들어진 엽록체를 가지고 있다. 그뿐 아니라 식물들은 광합성 주색소로 엽록소를 가지고 있지만, 세균은 제3절에서 언급한 **세균엽록소**(細菌葉綠素, bacteriochlorophyll)를 가지고 있다. 세균엽록소는 가시광선 범위의 빛을 흡수하기보다는 더 적외선 쪽으로 치우쳐져서 빛에너지를 흡수한다. 또한 명반응에서 언급한 바와 같이 식물에서는 광계 Ⅰ과 광계 Ⅱ가 있지만, 세균 광합성에는 광계 Ⅱ가 없다. 이들에 대한 차이점은 표 7-4에 정리해 보았다.

광합성에 관한 영양방식에서 의미심장한 동물을 하나 소개하고자 한다. 미국 동부 연안을 따라 서식하는 바다달팽이의 일종인 **푸른민달팽이**(*Elysia chlorotica*)는 식물처럼 광합성을 하는 동물이다. 이 달팽이는 황녹조류의 일종인 바우체리아(*Vaucheria litorea*)를 섭취한 후, 이들이 가지고 있는 엽록체를 소화시키지 않고 자신의 세포 속으로 이동시켜 광합성을 시키는 재주를 가지고 있다. 따라서 이들은 바우체리아 엽록체 덕분에 최장 9개월간은 먹이를 찾아 돌아다니는 수고를 하지 않아도 된다. 최근 발표에 의하면 바우체리아의 일부 유전자가 마치 세균들에서 일어나는 유전자 이동과정과 유사하게 푸른민달팽이 세포 속으로 들어가서 이 엽록체를 유지, 관리하는 데 도움을 주고 있다는 사실이 밝혀졌다. 따라서 이 2cm 정도 되는 푸른민달팽이는 종속영양생물이 독립영양생물을 고용하고 있는 형태를 가진다고 할 수 있다[38].

표 7-4. 세균과 식물 광합성에 대한 차이점

| | 식물 광합성 | 세균 광합성 |
|---|---|---|
| 엽록체 | 있음 | 없음 |
| 광합성 색소 | 엽록소 | 세균엽록소 |
| 보조색소 | 잔토필, 카로티노이드 | 카로티노이드 |
| Porphyrin 구조 | 있음 | 있음 |
| 광합성 색소 위치 | 틸라코이드 | 세포막 |
| 빛 흡수 | 400~700nm | 350~1,050nm |
| 환원제 | NADPH | NADH |
| 전자원 | 물 | 황화수소, 호박산, 젖산 등 |
| 최종 방출물질 | 산소 | 황 |
| 광계 Ⅰ(순환적 광인산화) | 있음 | 있음 |
| 광계 Ⅱ(비순환적 광인산화) | 있음 | 없음 |
| 생물체 | 육상식물, 조류, 남세균 | 홍색 및 녹색 세균 |

## 2. 광종속 영양생물

**광종속 영양생물**(光從屬營養生物, photoheterotroph)은 세균엽록소를 이용하여 빛에너지를 포획한다. 그런 다음 전자원과 탄소원을 유기물에서 얻어서 영양과 대사과정을 이어 가는 생물체를 말한다. 따라서 이들을 더 정확히 분류한다면 **광유기종속 영양생물**(光有機從屬營養生物, photoorganoheterotroph)이라고 할 수 있다. 여기에 속하는 생물체는 홍색비황세균이나 녹색비황세균이 여기에 속한다. 그러나 일부 종에서는 탄소원을 이산화탄소를 사용하는 세균들도 발견되어 혼합영양생물에 속하는 부류도 있다.

## 3. 화학독립 영양생물

**화학독립 영양생물**(化學獨立營養生物, chemoautotroph)은 무기물인 수소, 황, 암모니아 등을 산화시켜 에너지와 전자를 얻고, 탄소원으로 이산화탄소를 사용하는 생물군을 말한다. 따라서 이들을 더 정확히 분류한다면 **화학무기독립 영양생물**(化學無機獨立營養生物, chemolithoautotroph)이라 할 수 있다. 이 생물군 중에서 잘 알려진 세균은 **황산화세균**(sulfur-oxidizing bacteria), **철산화세균**(iron-oxidizing bacteria), **질산화세균**(nitrifying bacteria), **수소산화세균**(hydrogen-oxidizing bacteria) 등이다. 진핵생물에서는 이런 영양방식을 택하는 생물체는 찾아볼 수 없다.

황산화세균은 황화수소, 황, $S_2O_3^{2-}$, $SO_3^-$ 등을 먹이로 사용하여 산소와 결합시켜 에너지를 얻어낸다. 이들은 홍색 혹은 녹색황세균과는 다르게 세균엽록소가 없는 화학영양생물이다. 이러한 황산화세균은 황순환에 중요한 역할을 담당하고 있다.

철산화세균은 제1철(第一鐵, ferrous)인 $Fe^{2+}$ 혹은 철(Ⅱ)을 제2철(第二鐵, ferric)인 $Fe^{3+}$ 혹은 철(Ⅲ)로 산화시킴으로써 에너지를 얻게 된다. 따라서 이들은 당연히 철이 나오는 부근에 서식해야만 에너지를 얻어서 생존할 수 있을 것이다.

질산화세균 혹은 질화세균은 질소순환에서 대단히 중요한 역할을 담당한다. 질화세균은 암모니아($NH_3$)를 아질산염($NO_2^-$)으로 산화시키고, 다시 아질산염을 **질산염**(窒酸鹽, $NO_3^-$)으로 변화시킨다. 이런 **질화작용**(窒化作用, nitrification)에 의하여 생성된 질산염은 식물에 흡수되어 질소 공급원으로 사용되고, 일부는 **탈질화세균**(denitrifying bacteria)에 의하여 대기 중의 질소로 되돌아간다. 이렇게 대기 중의 질소는 다시 천둥, 번개나 질소고정 박테리아에 의하여 질산염으로 되돌아가고, 동물이나 식물이 죽어서 분해된 질소 성분은 암모니아가 되어서 다시 질화작용을 통하여 질산염으로 되돌아온다. 따라서 질화세균은 질소순환의 한 축을 담당하는 중요한 역할을 수행하고 있다고 할 수 있다[16].

수소세균은 수소를 산화시켜 물을 만들면서 에너지를 얻는 세균을 말한다. 이들은 이 에너지를 이용하여 이산화탄소를 고정하여 포도당을 만든다. 수소세균의 대사과정은 현재 주목받고 있는 수소차와 유사한 점이 많다. 수소차는 수소와 산소를 반응시켜 물을 만들면서, 이 과정에서 생겨나는 전자를 이용하여 전기를 만들어 내기 때문이다. 인간은 이 반응을 이용하여 전기를 만들 수는 있지만, 더 나아가 포도당을 만들어 내기에는 아직도 비교할 수 없을 정도로 역부족인 상태이다.

화학독립 영양생물 중에서 유기물에서 에너지와 전자를 얻어서 이산화탄소를 고정하는 생물군도 있다. 이들을 더 세분하여 구분하면 **화학유기독립 영양생물**(化學有機獨立營養生物, chemoorganoautotroph)이라 할 수 있다. 고세균의 일종인 **메탄 영양균**(methanotroph)은 메탄(methane, $CH_4$)을 순차적으로 산화시켜 이산화탄소로 만들면서 에너지를 얻는다. 따라서 메탄 영양생물은 모두 절대 호기성이라 할 수 있다. 그리고 메탄 영양균은 메틸 영양균(methyltroph) 중의 하나이다[1,52]. 왜냐하면 메틸 영양균은 1탄소를 에너지원으로 이용하기 때문이다. 메탄 영양균이 메탄을 음식으로 먹어 치운다면, **메탄 생성균**(methanogen)은 이산화탄소를 환원시켜 메탄으로 만드는 기술을 가지고 있다. 따라서 메탄 생성균은 메탄 영양균과는 다르게 화학무기독립 영양생물이라 할 수 있다. 이렇게 이산화탄소에서 메탄을 만들기 위해서는 산소가 있어서는 이 반응이 일어나지 않기 때문에 메탄 생성균은 절대 혐기성 상태에 있어야 한다. 이들은 초식동물의 내장이나 습지대 등에 존재하면서 최종 부산물로 메탄을 내놓게 되는데, 이러한 메탄가스는 온실효과를 유발하고, 숲속의 도깨비불이 되어 우리를 놀라게 한다. 따라서 메탄 생성균과 메탄 영양균은 메탄 순환에 중요한 역할을 담당한다고 할 수 있다.

## 4. 화학종속 영양생물

**화학종속 영양생물**(化學從屬營養生物, chemoheterotroph)은 다시 **화학무기종속 영양생물**(chemolithoheterotroph)과 **화학유기종속 영양생물**(chemoorganoheterotroph)로 구분할 수 있다. 화학무기종속 영양생물은 에너지원과 전자를 무기물에서 얻지만, 이산화탄소를 고정하지 못하는 생물체를 말한다. 이 생물군에 속하는 세균은 일부의 그람 음성균인 Thiobacilus나 Nitrobacter가 여기에 속한다. 화학유기종속

영양생물은 인간을 포함한 대부분의 종속영양생물이 여기에 속한다. 즉, 대부분의 세균, 원생생물, 균류 및 동물이 이에 속하고, 심지어 식물도 밤에는 종속영양생물이 되어서 낮에 합성해 놓은 유기물을 대사시킨다. 이들은 에너지와 전자를 모두 유기물에서 얻을 뿐만 아니라, 대기 중의 이산화탄소가 아닌 대사과정 중에 나오는 이산화탄소를 탄소원으로 이용한다. 따라서 종속영양생물은 유기물을 만들지 못하며, 독립영양생물인 생산자가 만들어 놓은 유기물을 소비하거나 분해하는 역할을 담당하고 있을 뿐이다[33].

화학종속 영양생물도 그림 7-35와 7-36에서 보는 바와 같이 전자전달계에서 마지막으로 전자를 받아 내는 물질에 따라 판도가 완전히 달라진다. **산소호흡**(酸素呼吸, 유기호흡, 有氣呼吸, aerobic respiration)을 하는 생물체는 전자전달계에서 산소가 최종적으로 전자를 받아서 물을 만들어 낸다. 그러나 산소가 없거나 희박한 경우는 해당과정에 의하여 기질수준적 인산화에 의해서 ATP가 만들어지고, 최종적으로 전자를 받는 물질은 산소가 아니라 유기물이다. 우리는 이런 과정을 **발효**(醱酵, fermentation)라고 부른다. 따라서 젖산발효인 경우는 최종적으로 전자를 받아 내는 물질이 젖산이 되고 알코올 발효인 경우는 에탄올이 된다. 그러나 발효를 **무기호흡**(無氣呼吸, 무산소호흡, 無酸素呼吸, anaerobic respiration)이라고 할 수는 없다. 무기호흡은 발효와 그 대사과정이 다르기 때문이다. 무기호흡은 세포질에서 일어나는 해당과정과 미토콘드리아에서 일어나는 크렙스 회로 및 전자전달계에서 모두 일어난다. 그러나 단지 산소가 전자를 받아 내는 것이 아니라 다른 물질들이 이 전자를 받아 낸다. 무기호흡을 하는 생물체에서 전자를 받아 내는 물질은 질산염($NO_3^-$), 황산염($SO_4^{2-}$), 탄산염($CO_3^{2-}$), 황, 철, 푸마레이트(fumarate) 등이 있다. 산소호흡에서 산소가 전자를 받아서 물을 만들어 내듯이, 질산염이 전자를 받아서 질소산화물을 만들어 내는 것을 우리는 **질산호흡**(窒酸呼吸, nitrate respiration)이라고 부른다. 질산호흡은 대장균(*Escherichia coli*) 등에서 볼 수 있다. 또한 황산염이 전자를 받아 낸다면 **황산호흡**(sulfate respiration)이 되고, 탄산염이 전자를 받아서 아세트산(acetic acid)이나 메탄을 만들어 내는 것은 **탄산호흡**(carbonate respiration)이라고 한다[21]. 그러나 산소가 전자를 받아 내는 경우에 비하여 에너지가 적게 나온다. 왜냐하면 산소는 고도의 산화물질로 철이나 질산염보다 **환원전위**(還元電位, reduction potential)가 높기 때문이다. 환원전위가 높다는 것은 전자를 받아들이는 경향이 크다는 것을 의미한다. 유기호흡과 무기호흡 및 발효에 대한 비교 차이점은 표 7-5에 기술하였다.

## 제7절 대사적 진화

### 1. 38억 년 전후

영양방식이나 대사적 진화 과정을 이해하기 위해서는 우선

표 7-5. 유기호흡, 무기호흡 및 발효의 차이점

| | 유기호흡 | 무기호흡 | 발효 |
|---|---|---|---|
| 산소 | 필요 | 불필요 | 불필요 |
| 일어나는 장소 | 세포질, 미토콘드리아 | 세포질, 미토콘드리아 | 세포질 |
| 진행 과정 | 해당과정, 크렙스 회로, 전자전달계 | 해당과정, 크렙스 회로, 전자전달계 | 해당과정 |
| 인산화 형태 | 기질수준적 및 산화적 인산화 | 기질수준적 및 산화적 인산화 | 기질수준적 인산화 |
| 최종 전자수용체 | 산소 | $NO_3^-$, $SO_4^{2-}$, $CO_3^{2-}$, 유기물 | 유기물 |
| 최종 부산물 | $H_2O$ | $NO_2^-$, $H_2S$, $CH_4$ | 에탄올, 젖산 등 |
| 포도당 분자당 ATP 생산 | 36~38 | 2~36(다양함) | 2 |
| 예 | 대부분 생명체 | 일부 세균, 고세균 | 일부 세균 및 효모 등 |

38억 년 전후를 주목해야 한다(표 2-2 및 2-3 참고). 이때 남세균이 지구상에 처음으로 등장하면서 산소를 내뿜는 광합성이 시작되었기 때문이다. 그러나 최근의 보고에 의하면 최초의 생명체가 등장한 시기는 약 41억 년 전으로 거슬러 올라가기도 한다. 이는 지구의 나이가 5억 년쯤 되었을 시기이기도 하다. 그렇다면 처음으로 등장한 생명체는 어떤 형태로 살았을까? 이들은 어디에서 먹거리를 찾았을까?

이들은 산소가 없는 초창기 지구 대기 환경 속에서 원시수프(primodial soup) 속에 들어 있는 유기물을 먹고 살았을 것이다. 따라서 이들은 **혐기성 종속영양생물**(嫌氣性從屬營養生物, anaerobic heterotroph)이라고 추정하고 있다. 이 유기물이 만들어지는 과정은 그림 3-5와 같이 밀러-유리 실험으로 이미 알려져 있다. 이들이 에너지를 만들어 내는 과정은 아마도 **발효**(醱酵, fermentation)이었을 것이다. 발효는 산소가 없는 환경에서 포도당이 피루브산으로 변해 가는 과정을 말하고, 이 과정에서 기질수준적 인산화에 의하여 ATP가 2개 생겨난다. 젖산균은 피루브산을 최종 부산물인 젖산으로 전환시키고 효모는 에탄올로 변화시키는데, 이 과정은 이미 그림 7-25와 7-27에서 자세히 설명한 바 있다. 여기서 대사의 진화적 관점을 살펴보기 위하여 발효 과정을 좀 더 확대해 볼 필요가 있다(그림 7-36)[51].

피루브산은 각각의 미생물에 따라 다양한 최종 부산물을 만들어 낸다. 이들 부산물은 포름산(formic acid, 개미산), 아세트산(acetic acid), 프로피온산(propionic acid), 부티르산(butyric acid), 이소프로판올(isopropanol) 등이다. 따라서 초기 생명체는 발효로 에너지를 얻는 대신, 세포 내 환경이 점차 **산성화**(酸性化, acidification)되어 가는 난관에 부딪히게 되었을 것이다. 이들은 수소이온($H^+$)을 세포 밖으로 빼내야 하는 숙제를 해결하기 위하여, 세포막에다 **ATP 소모성 수소이온 펌프**(ATP-consuming $H^+$ pump)를 만들기 시작하였을

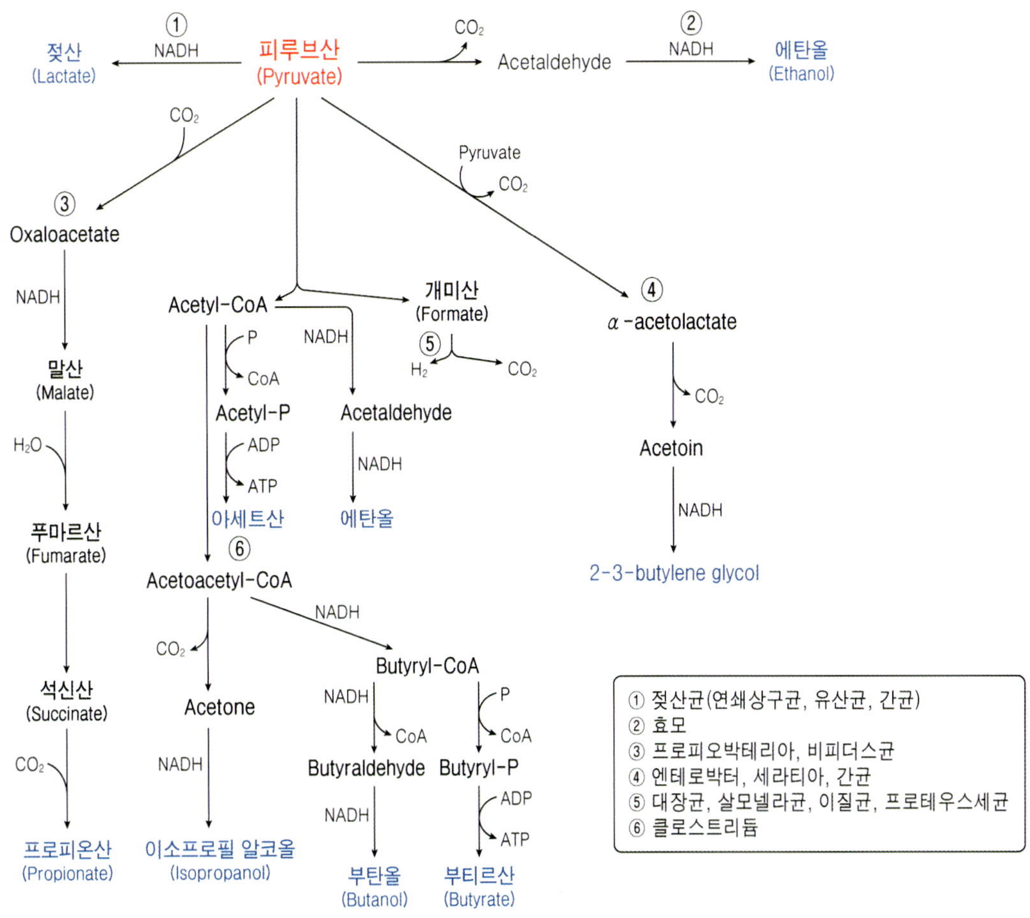

그림 7-36. 세균에 따른 발효 과정과 최종 부산물.

것이다. 이렇게 세포 내 산성 문제가 해결될 기미를 보이자 이번에는 또 다른 문제에 봉착하게 되었다. 점차 주위의 유기물이 줄어들면서, ATP를 절약하여 다른 기능에 투입해야 할 정도로 궁핍해지기 시작하였기 때문이다. 그러나 이번에도 아주 멋진 화학적 해결책을 찾아낸 것이 바로 **전자**(電子, electron)를 이용하는 방법이다. 이 방법이 바로 우리에게 익숙해진 **전자전달계**(電子傳達界, electron transport chain; ETC)의 유래가 된다. 즉, 전자를 이용하여 세포 안의 수소이온을 세포 밖으로 내보낸 것이다. 이렇게 해결된 세포 내 산성 문제는 또 다른 화학적 에너지를 발생시키는 요인으로 작용하게 된다. 세포막 밖으로 밀려 나간 수소이온, 즉 양성자의 농도가 세포 안보다 현저히 높아져서 세포 안과 밖에서 **양성자 구배**(陽性子勾配, proton gradient)가 자동적으로 형성된 것이다. 이렇게 형성된 **양성자 구동력**(陽性子驅動力, proton-motive force)은 오히려 ATP 소모성 수소이온 펌프를 역으로 돌려서, ATP를 소모하는 역할에서 ATP를 만들어 내는 ATP 합성효소(ATP synthase)의 역할로 변신하게 만들게 된다. 즉, ATP 소모성 수소이온 펌프는 ATP 합성효소의 조상이었던 셈이다[48]. 우리는 빅뱅에서 만들어진 전자와 양성자가 ATP를 만드는 최초의 연료로 쓰이는 순간을 즐기고 있는 중이다. 그러나 이들에게도 또 다시 커다란 시련이 기다리고 있었다. 왜냐하면 원시수프에 녹아 있던 유기물이 점차 고갈되기 시작했기 때문이었다. 결국 이들은 유기물을 만들어야 생존할 수 있는 절대적 위기에 봉착하게 되었다.

이 문제를 해결하기 위해 나타난 생명체가 바로 **화학독립 영양생물**(化學獨立營養生物, chemoautotroph)이다. 이들은 환원형 무기물인 황화수소, 수소, 암모니아, 이질산 등을 산화시켜서 얻은 에너지로 탄소를 고정하는 방법을 개발하게 되었다. 그림 7-22에서 보는 캘빈 회로는 이산화탄소에서 탄소를 얻어서 6탄당인 포도당을 만들어 나가는 과정이다. 그러나 그림 7-24에서 보는 해당과정은 6탄당인 포도당에서 이산화탄소를 떼어 내는 과정이다. 따라서 캘빈 회로는 해당과정을 거꾸로 돌리는 것과 유사하다. 즉, 초기 생명체가 에너지를 얻었던 발효 과정을 역으로 돌려 캘빈 회로를 만들어 내기는 그렇게 어려운 공정은 아닐 것이다. 따라서 진화라는 과정은 대단히 보수적이다. 현재 쓰이고 있는 자재나 공정을 이용하여 새로운 것을 찾아내는 방법을 택하고 있기 때문이다. 그리고 처음부터 캘빈 회로가 등장했다기보다는 오히려 2개의 이산화탄소를 이용하여 **아세틸조효소** A(Acetyl CoA)를 만들어 내는 **우드-륭달 회로**(Wood-Ljungdahl pathway)가 이용되었을 가능성이 높다(그림 7-37). 그러나 무기물에서 얻는 에너지로는 이산화탄소를 효과적으로 고정하기에는 환원력이 너무 약하다는 결함을 가지고 있었다[54]. 이들의 후손은 아직도 화학무기독립 영양생물로 그 명맥을 유지해 나가고 있을 것이다.

그다음으로 등장하는 생명체가 바로 **무산소성 광합성 세균**(無酸素性光合成細菌, anoxygenic photosynthetic bacteria)이다. 이들은 광합성 색소를 모아서 빛에너지를 대사에 이용하는 첫 번째 생명체였다. 이들은 광합성 색소인 세균엽록소를 모아 **광계**(光界, photosystem, 광계 Ⅰ)를 만들어서 빛에너지를 모았다. 이렇게 증폭된 빛에너지는 황화수소를 깨어서 전자를 얻고 최종 부산물로 황을 배설하였다. 즉, 광합성을 하지만 산소가 나오는 것이 아니라 황이 나오기 때문에 무산소성 광합성 세균이라고 부르게 되었다. 이때 등장하는 광계는 광계 Ⅰ이라고 부른다. 여기에 속하는 후손들은 지금도 홍색황세균, 녹색황세균이나 홍색비황세균, 녹색비황세균 및 헬리오박테리아 등으로 남아 있다. 따라서 이들은 광유기독립 영양생물 혹은 광무기독립 영양생물군에 속한다. 그러나 황화수소를 얻기는 쉽지 않기 때문에 이러한 생명체도 곧 한계에 부닥칠 것이다. 이런 문제는 **산소성 광합성 세균**(酸素性光合成細菌, oxygenic photosynthetic bacteria)의 등장을 예고한다고 할 수 있다. 이들은 빛에너지를 포획하는 방법으로 광계(광계 Ⅱ)를 하나 더 개발하여 강력한 방법으로 빛에너지를 대사에 이용하였고, 주위 어디에서나 쉽게 얻을 수 있는 물을 분해하여 전자를 얻고 산소를 방출하기 시작하였다. 따라서 이들을 우리는 산소성 광합성 세균이라 부르고, 세균 중 처음으로 이런 과정을 시작한 세포는 그람음성균인 **남세균**(藍細菌, cyanobacteria)이다. 남세균이 화석으로 발견된 기록은 38억 년 전으로 올라간다. 따라서 지금까지 설명한 다른 생명체들은 모두 38억 년 이전에 이미 생존하고 있었던 셈이다. 지구상에서 남세균의 등장은 엄청난 폭발력을 가진다. 남세균을 병합한 조류나 육상식물 덕분에 지구상의 모든 종속

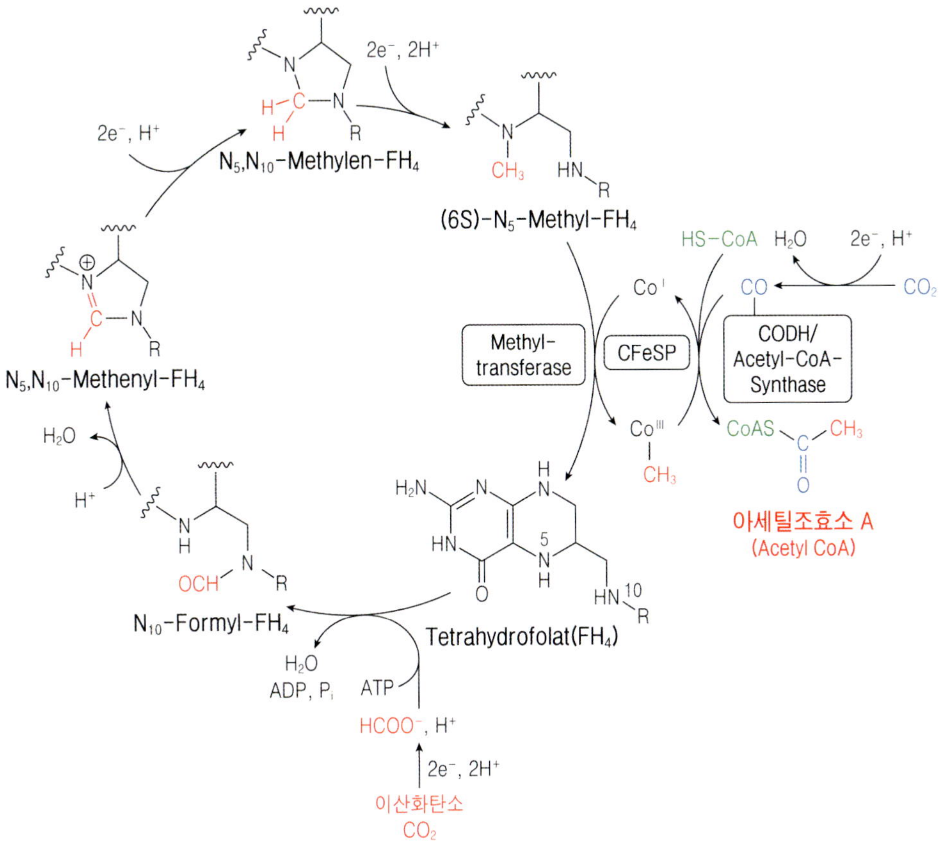

그림 7-37. 우드-륭달 회로. (출처: Yikrazuul[7-37])

영양생물, 즉 인간을 포함한 전 동물과 균류 및 대부분의 다른 세균들이 먹고 살 음식물이 만들어지기 때문이다. 이렇게 광합성에 의하여 유기물이 주위에 쌓이자, 현재도 살아 있는 대장균과 같은 세균들은 광합성 기술을 잊어버리고, 이 흔해 빠진 유기물을 즐기면서 살았을 것이다. 그들은 시련이 또다시 닥쳐올 것을 잠시 잊고 있었는지도 모른다. 이런 측면은 동물도 마찬가지라고 할 수밖에 없다.

앞에서 언급한 바와 같이 남세균의 등장은 뜻하지 않은 엄청난 문제를 일으키고 말았다. 이들이 방출하는 산소가 그 주범이다. 처음부터 산소가 대기 중에 나타난 것은 아니다. 이들은 해양 속에 녹아 있던 제1철($Fe^{2+}$)을 산화시켜 **호상철광층**(縞狀鉄鉱層, banded iron formation, BIF, 그림 2-16 참고)이 되어 물속으로 가라앉는다. 이렇게 소비되던 산소가 제1철을 바닥으로 다 가라앉힌 후, 드디어 서서히 대기 중으로 산소가 축적되기 시작하였다. 이 시기가 시생누대에서 원생누대로 넘어오던 약 25억 년 전쯤으로 추정된다. 이때부터 대기 중에 증가하기 시작한 산소는 이제까지 지구상에 살아온 다른 생명체에게는 독약이 되어 지상 최대의 오염사건이 벌어지게 된 것이다. 산소가 과산화물(superoxide)이나 과산화수소($H_2O_2$) 등의 **활성산소종**(活性酸素種, reactive oxygen species; ROS, '생명의 노화' 편 참고)을 만들어서 기존의 세포들을 죽였기 때문이다. 우리는 이때 일어난 사건을 **산소 대재앙**(酸素大災殃, oxygen catastrophe, oxygen crisis, great oxygen event, oxygen revolution, '생명의 역사' 편 참고)이라고 부른다. 그러나 이러한 재앙 속에서도 산소 독성을 제거할 수 있는 **과산화물 제거효소**(superoxide dismutase; SOD)나 **카탈라제**(catalase) 등을 개발한 생명체들은 이 재앙을 극복해 낼 수 있었다.

대자연은 이들이 일단 산소 대재앙을 극복한 대가라도 지불하듯, 산소를 이용하여 포도당을 태우는 새로운 **산소호흡**(酸素呼吸, 유기호흡, aerobic respiration) 방법을 선물하였다. 따라서 발효나 무기호흡에 의한 방법보다 훨씬 더 많은 에너지를 얻게 된 생명체는 20억 년경 진핵세포로 발전하고, 8억 년 전부터 다세포 생명체를 만든 후, 드디어 5억 년 전에는 우리가 잘 알고 있는 캄브리아 대폭발기로 나아가는 계기를 만들었다고 생각된다. 대기 중 산소 농도의 증가는 오존층의 생성으로 이어져서 수중생물이 육지로 진출하는 거주지 확장을 불러온 요인이 되기도 하였다.

그러나 여기에 등장하는 몇 가지 가정들은 앞으로의 연구 결과에 따라 다소 바뀔 가능성이 있다. 40억 년 전을 정확히 추정한다는 것은 결코 쉬운 일이 아니기 때문이다.

## 2. 식물의 변신

식물은 대사과정의 변화에서 우여곡절 없이 평탄하게 진화해 왔을까? 이들은 격변하는 환경에 대하여 어떻게 적응하며 살아왔을까? 우선 식물의 아주 먼 조상이라 할 수 있는 남세균에서부터 출발해 보자.

약 38억 년 전에 등장한 남세균은 생명체로서는 처음으로 빛과 물을 이용하여 유기물을 합성해 낸 최초의 생명체였다. 그 당시에는 산소도 없었지만, 이산화탄소의 대기 중 농도도 현재와는 비교가 안 될 정도로 높았다(그림 2-10 참고). 따라서 캘빈 회로를 돌리는 **루비스코**(RuBisCO) 효소의 기능에는 전혀 문제가 될 것이 없었다. 그러나 이산화탄소의 대기 중 농도는 급격히 떨어져서 현재에는 대기 중에서 0.03% 정도를 차지하고 있을 뿐이다. 따라서 현재의 지구는 식물들이 살기에는 너무나 척박한 환경이라고 말할 수 있다(남세균이 수많은 세월을 거치면서 육상식물로 진화해 왔던 과정은 '생명의 진화' 편에서 다시 다룰 것이다). 우리는 이런 식물들을 **C3 식물**이라고 부른다. 왜냐하면 그림 7-22처럼 루비스코 효소가 이산화탄소를 고정하여 처음으로 만드는 물질이 탄소가 3개인 **3-포스포글리세르산**(3-phosphoglycerate, 3PG)이기 때문이다.

고생대 중반에 등장한 C3 육상식물은 물과 이산화탄소를 구하는 작업이 매우 중요한 과제가 되었다. 물은 뿌리에서부터 관다발을 통하여 잎으로 공급된다. 관다발이 발달하지 못한 이끼류는 아예 물 근처를 벗어날 수가 없다. 따라서 땅속에서 퍼 올린 물은 낭비 없이 잘 이용해야만 한다. 그러나 이산화탄소는 어떠한가? 이산화탄소는 잎의 뒷면에 있는 기공을 통하여 엽육조직으로 들어온다. 이와 동시에 광합성에서 생산된 산소는 이 구멍을 통하여 밖으로 나간다. 우리는 비가 내리지 않는 무더운 여름날 밭에서 시들시들해지는 콩잎을 본 적이 있을 것이다. 외부 날씨가 너무 더운 경우 기공을 계속 열어 두면, 이산화탄소는 공급받을지 몰라도 수분을 잃어버려서 잎은 말라 버리고 그 기능을 상실할 것이다. 따라서 생존을 위해서는 기공을 닫아야만 한다. 만약 기공을 닫게 되면 물은 절약되지만, 이산화탄소는 줄어들고 대신 배출시키지 못하는 산소가 엽육조직 속에 증가하게 된다. 이때 C3 식물에 문제가 발생한다. 루비스코 효소가 이산화탄소 대신 산소와 결합하기 때문이다. 우리는 이런 과정을 **광호흡**(光呼吸, photorespiration)이라고 부른다. 광합성을 하는 데 이산화탄소를 이용하는 것이 아니라 산소를 이용하기 때문이다(그림 7-38). 따라서 광호흡이 일어나면 캘빈 회로를 통하여 포도당이 만들어지는 것이 아니라 이산화탄소가 만들어진다. 그뿐만 아니라 광호흡은 에너지 효율이 반으로 줄어드는 결과를 초래하게 된다. 남세균이 처음 등장했던 시기에는 산소도 없었고 이산화탄소는 대기 중에 풍부하였다. 따라서 그 당시에는 아무런 문제를 일으키지 않았던 루비스코 효소가 세월이 흘러, 대기 중 산소 농도가 높아지고 이산화탄소 농도가 아주 낮아진 최근에는 심각한 문제점으로 대두되게 되었다. 이러한 C3 식물에는 우리와 밀접한 벼나 밀 등이 여기에 속한다. 그렇다면 아열대나 열대지방에 사는 식물들은 어떻게 이 문제점을 해결할 수 있을까?

우선 이렇게 더운 지방에 사는 식물들은 따로 **C4 식물**이라고 부른다[44]. 그림 7-39에서 보는 C4 식물은 이산화탄소를 처음으로 받아들이는 물질이 탄소가 4개인 **옥살아세트산**(oxaloacetate)이기 때문에 붙은 이름이다. 이들은 이산화탄소를 처음으로 받아들이는 효소가 루비스코가 아닌, 긴 이름을 가진 **포스포에놀피루브산 카르복실화효소**(phosphoenolpyruvate carboxylase; PEPC)이다. 이 효소는 루비스코와 다르게 산소에 대한 친화력보다 이산화탄소에 대한 친화력이 훨씬 더 높다. 따라서 이 효소가 C3 식물처럼 산소와 결합할 기회가 훨씬 줄어든다. 이렇게 이산화탄소를 떠안은 옥살아세트산은 다시 사과산(malate)이 되어서 엽육세포에서 **유관속초 세포**(維管束稍細胞, bundle sheath cell, 그림 7-40 참고) 안으

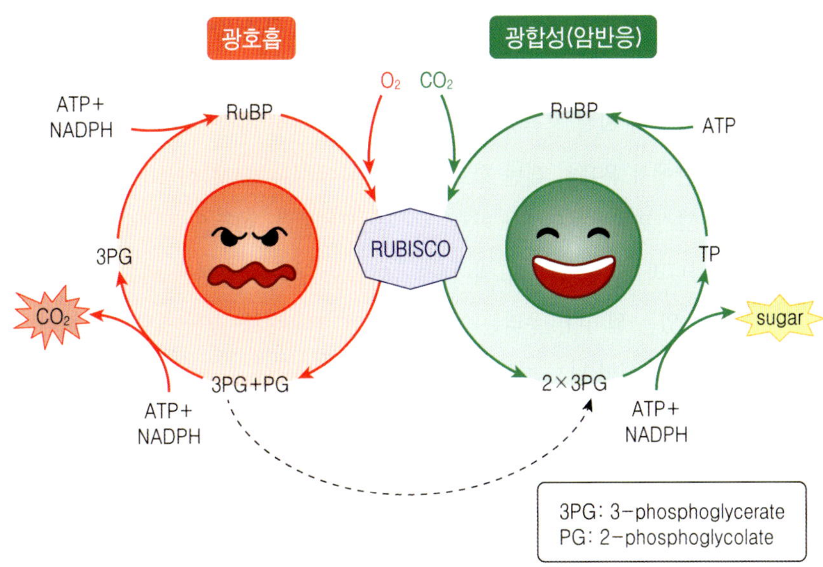


그림 7-38. 광합성과 광호흡의 차이점.

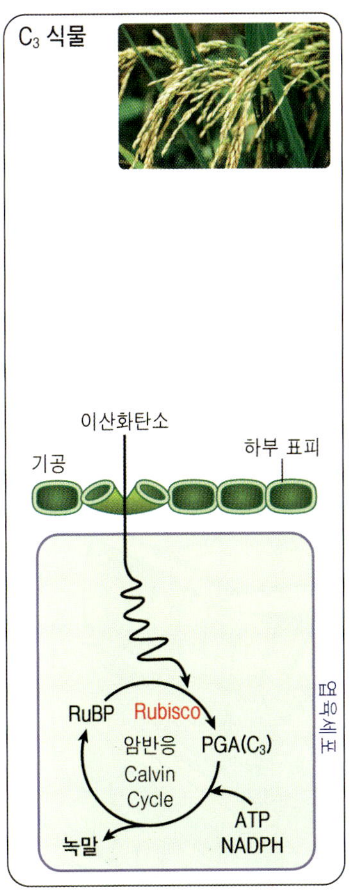


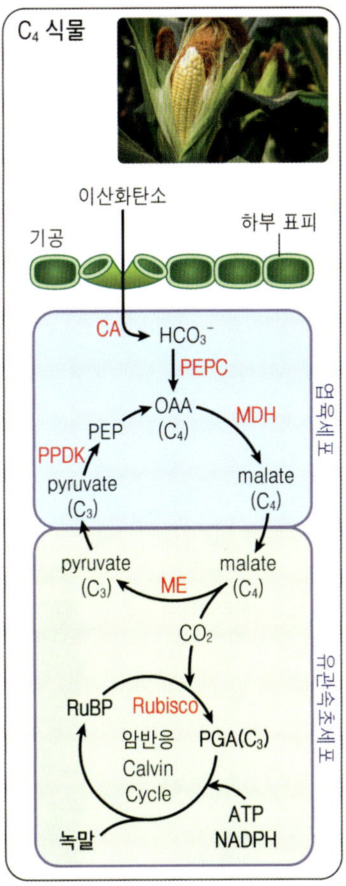


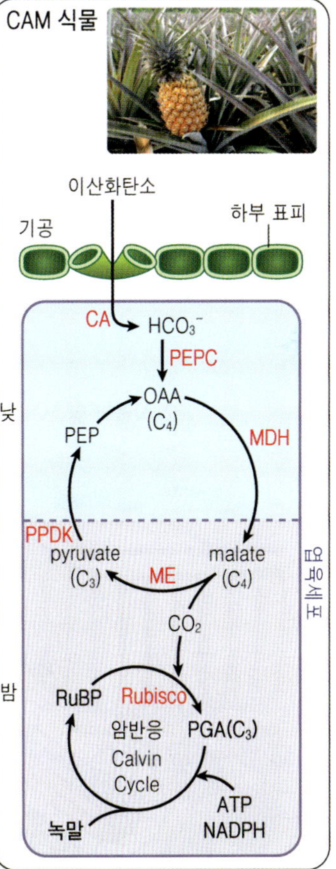


CA: carbonic anhydrase
OAA: oxaloacetate
PEP: phosphoenolpyruvate
PEPC: phosphoenolpyruvate carboxylase
PPDK: pyruvate, phosphate dikinase
ME: malic enzyme
MDH: malate dehydrogenase

그림 7-39. C3, C4 및 CAM 식물의 광합성 과정의 차이점.

로 들어가게 된다. 이렇게 유관속초 세포 안으로 들어간 사과산은 다시 피루브산으로 전환되면서 이산화탄소를 내놓게 된다. 이렇게 다시 나온 이산화탄소는 산소와 직접 접촉하는 엽육세포와는 다르게, 유관속초 세포 안에서 유유히 캘빈 회로를 돌리게 된다. 따라서 C4 식물은 포스포에놀피루브산 카르복실화효소의 친화력의 차이뿐만 아니라, 캘빈 회로가 일어나는 장소를 공간적으로 분리해 놓고 있는 셈이다. 우리는 이렇게 이산화탄소를 유관속초 세포 안으로 실어 나르는 과정을 **해치-슬랙**(Hatch-Slack) 경로라고 따로 부르기도 한다. 따라서 옥수수나 사탕수수와 같은 C4 식물은 더위 때문에 종종 기공을 닫아도 광호흡이 거의 일어나지 않을 뿐만 아니라, 생장 속도가 가장 빠른 편이다.

다시 유관속초 세포의 구조에 대하여 자세히 알아볼 필요가 있다. 그림 7-40은 C3 식물과 C4 식물의 잎 구조를 비교한 도해이다. 우선 C3 식물은 관다발인 잎맥이 해면조직에 들어 있으면서, 유관속초 세포 안에 엽록체가 보이지 않는다. 그러나 C4 식물은 유관속초 세포가 관다발을 두껍게 둘러싸면서 많은 엽록체를 가지고 있는 모습을 볼 수 있다. 이렇게 C4 식물에서 특이하게 보이는 관다발과 유관속초 세포 구조를 **크란츠 구조**(Kranz anatomy)라고 부른다. 이들이 C3 식물에서 진화한 시기는 대개 중생대 중반 정도로 보고 있다.

C3 식물이 사막지대에 살 수 있게 적응해 간 한 무리의 식물을 우리는 **CAM 식물**(crassulacean acid metabolism)이라고 부른다. 이들은 돌나물과(Crassulaceae)에서 잘 알려진 이유로 인하여 붙어진 이름이다. 이들은 그림 7-39에서 보는 것처럼 해치-슬랙 경로를 통하여 이산화탄소를 저장해 두었다가 나중에 이들을 사용한다[4,11,13]. 즉, CAM 식물은 시원한 밤에 기공을 열어서 이산화탄소를 저장해 두었다가, 덥고 건조한 한낮에 기공을 닫은 채로 저장해 둔 이산화탄소를 이용하여 캘빈 회로를 돌린다. 이들은 시간적으로 광호흡을 피하는 방법을 찾아낸 것이다. 그러나 이들은 이산화탄소를 저장할 유기산이 한정되어 있기 때문에 생장 속도는 가장 느린 편이다.

지금까지의 기술 내용을 바탕으로 이들 식물에 대한 비교를 종합한 것이 표 7-6이다. 우리는 식물들이 어떻게 대사과정을 통해 환경적 변화에 적응해 가는지를 진화적 관점에서 알아보았다.

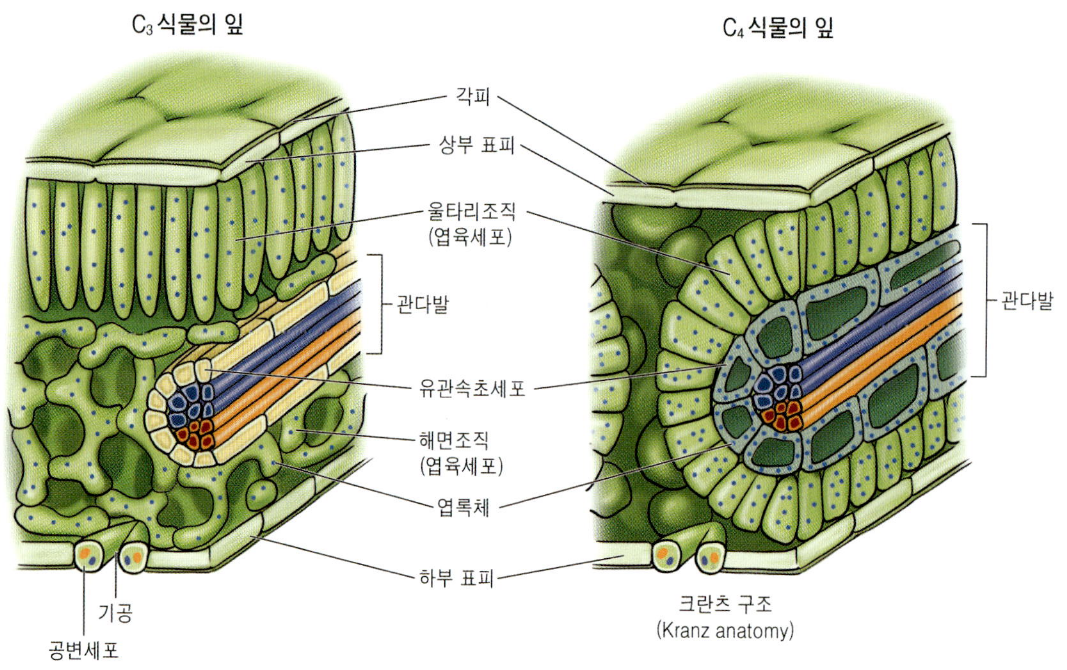


그림 7-40. C3 식물과 C4 식물에서 나타나는 크란츠 구조와의 차이점.

07

표 7-6. 식물의 광합성 방법에 대한 비교

| | C3 식물 | C4 식물 | CAM 식물 |
|---|---|---|---|
| 광합성 양식 | C3 광합성 | C4 광합성 | CAM 광합성 |
| 관련 세포 | 엽육세포 | 엽육세포, 유관속초 세포 | 엽육세포 |
| 이산화탄소 흡수 시기 | 낮 | 낮 | 밤 |
| 이산화탄소 저장 유·무 | 없음 | 있음 | 있음 |
| 이산화탄소 고정 방법 | C3 회로(Calvin cycle) | C3 회로(Calvin cycle),<br>C4(Hatch-Slack) 회로 | C3 회로(Calvin cycle),<br>C4(Hatch-Slack) 회로 |
| C3 회로가 일어나는 장소 | 엽육세포 | 유관속초 세포 | 엽육세포 |
| 이산화탄소 고정 시 공간적 분리 | 없음 | 있음 | 없음 |
| 이산화탄소 고정 시 시간적 분리 | 없음 | 없음 | 있음 |
| 주된 효소 | RuBisCO | PEPC, RuBisCO | PEPC, RuBisCO |
| 이산화탄소 고정 효소 | RuBisCO | PEPC | PEPC |
| 고정효소의 이산화 탄소에 대한 친화도 | 중간 | 높음 | 높음 |
| RuBisCO 효소가 있는 위치 | 엽육세포 | 유관속초 세포 | 엽육세포 |
| 용수효율 | 낮음 | 높음 | 매우 높음 |
| 광합성 능력 | 중간 | 높음 | 낮음 |
| 광호흡 발생 정도 | 높음 | 거의 없음 | 낮음 |
| 최초 이산화탄소 고정 물질 | 3-포스포글리세르산(탄소 3개) | 옥살아세트산(탄소 4개) | 옥살아세트산(탄소 4개) |
| 최초 이산화탄소 수용 물질 | RuPB | PEP | PEP |
| Kranz 해부구조 | 없음 | 있음 | 없음 |
| 광합성 최적 온도 | 15~25℃ | 30~40℃ | 40℃ 이상 |
| 식물종의 분포 | 약 85% 차지 | 약 3% 차지 | 약 8% 차지 |
| 식물 예 | 벼, 밀 등 | 옥수수, 사탕수수, 잡초 등 | 선인장, 파인애플, 돌나물 등 |

## 참고문헌


1. 김승범. *메틸 영양균(methylotroph)*. Naver 백과사전. Available at: https://terms.naver.com/entry.nhn?docId=5145156&cid=60401&categoryId=60401 (접속일 2020년 8월 9일)
2. 김준철. *술의 핵심원료 '누룩'이란 무엇일까?* Upkorea. Available at: http://www.upkorea.net/news/articleView.html?idxno=4109#07Pk (접속일 2020년 8월 9일)
3. 이경준. *수목 생리학. 2차 수정판.* 서울: 서울대학교 출판부, pp.69-75, 1997.
4. 이경준. *수목 생리학. 2차 수정판.* 서울: 서울대학교 출판부, pp.75-82, 1997.
5. 이와나미 요조. *광합성의 세계: 지구상의 생명을 지지하는 비밀.* (권영명 역. 서울: 아카데미 서적, pp.50-66, 2010)
6. 이종기. *이종기 교수의 술 이야기.* 서울: 다할 미디어, pp.263-267, 2009.
7. 이창로. *혼합영양생물(mixotroph)*. Naver 지식백과. Available at: https://terms.naver.com/entry.nhn?docId=5144956&cid=60401&categoryId=60401 (접속일 2020년 8월 9일)
7. Bai, C., Warshel, A. *Revisiting the protomotive vectoral motion of F0-ATPase.* PNAS, 116(39), pp.19484-19489, 2019.
8. Bidlack, J. E., Jansky, S. H. *Stern's introductory plant biology, 12th ed.* (김성하 외 역. *식물학.* 서울: 라이프사이언스, pp.104-110, 2014)
9. Bidlack, J. E., Jansky, S. H. *Stern's introductory plant biology, 12th ed.* (김성하 외 역. *식물학.* 서울: 라이프사이언스, pp.176-181, 2014)
10. Boudreaux, K. A. *Lipid.* Angelo State University. Available at: https://www.angelo.edu/faculty/kboudrea/index_2353/Chapter_08_2SPP.pdf (접속일2020년 8월 9일)
11. C4 carbon fixation. Wikipedia. Available at: https://en.wikipedia.org/wiki/C4_carbon_fixation (접속일 2020년 8월 8일)

Chapter 08

# 생명의 번식

# 제1절 번식이란 무엇인가?

## 1. 번식

**번식** 혹은 **생식**(繁殖, 生殖, reproduction)은 자식을 많이 낳아 널리 퍼트리는 과정을 말한다(그림 8-1). 그러나 번식에는 많은 자원과 에너지가 소요되고 심지어 생명의 위험까지 감수해야만 한다. 그렇다면 왜 아직도 번식이란 과정은 세균에서부터 인간에 이르기까지 모든 생명체에서 일어나는 가장 보편적인 현상일까? 이 질문에 대한 대답은 의외로 생뚱맞다. 왜냐하면 번식이 바로 죽음과 연계되어 있기 때문이다. 즉, 번식이 바로 불가피한 생명의 소멸을 피해 갈 수 있는 유일한 방법이라는 뜻이다(이들에 관해서는 제12장 '생명의 소멸' 편에서 자세히 다룰 것이다). 또한 모든 생명체에서 발견되는 본능적인 기본 요소는 **생존**(生存, survival)과 **번식**이라는 두 과정에 모여져 있다. 생존을 위한 가장 기본적인 욕망은 **식욕**(食慾, appetite)으로서 모든 에너지를 공급받는다. 번식을 위한 가장 기본적인 욕망은 독자들도 이미 눈치채고 있겠지만, 바로 **성욕**(性慾, sexual desire, libido)이라고 말할 수 있다. 그러나 모든 생물체가 번식을 위하여 섹스를 한다고 말할 수는 없다. 그렇지만 자식을 낳지 못해 불임 클리닉을 드나들 때가 되면, 우리는 번식이라는 의미에 서서히 접근하고 있을 것이다. 번식이 일어나는 방법은 크게 무성생식과 유성생식으로 나눌 수 있다. 하지만 생물체에서 일어나는 번식 방법은 너무나 다양하고 복잡하여, 이를 모두 다 이해한다는 것은 거의 불가능하다고 할 정도이다. 마치 양자론을 알고 있다고 생각하면, 양자론을 아직 이해하지 못한 것과 같이, 만약 여러분들이 성을 알고 있다고 생각하면, 아직도 성을 제대로 이해하지 못하고 있다는 의미이다. 그러나 큰 틀에서 번식을 이해한다는 것은 죽음을 이해하는 중요한 길목이기 때문에 대단히 중요한 요소이다. 번식 과정 중 수정 이후의 단계는 이미 제6장 '생명의 성장' 편에서 다루었으므로, 이 장에서는 주로 무성적 번식과 수정에 의한 유성적 번식에 대하여 설명할 것이다. 이와 함께 한 세대에서 다음 세대로 이어지는 **생활주기**(生活周期, life cycle)를 그려봄으로써 생명체가 죽음에 저항하여 살아가는 모습을 적나라하게 볼 수 있을 것이다.

그림 8-1. 해삼(*Pearsonothuria graeffei*)의 정자 방출 장면. (출처: ConserveMarine[8-1])

## 2. 체세포와 생식세포

식물의 구조를 크게 나눈다면 우선 **영양기관**(營養器官, vegetative organ)과 **생식기관**(生殖器官, reproductive organ)으로 구분할 수 있다. 우리가 모두 잘 알고 있는 바와 같이 영양기관에는 뿌리, 줄기, 잎 등이 포함되고, 생식기관에는 꽃과 열매가 여기에 속한다. 그렇다면 동물에서도 이런 구분이 가능할까? 물론 동물에서도 이런 구분은 정확히 들어맞는다. 우선 인간의 예를 들어 보자. 인간은 약 60조 개의 세포로 구성되어 있다. 그렇지만 이 많은 세포를 단 두 종류로 구분해야 한다면, 당연히 **체세포**(體細胞, somatic cell, soma는 body를 나타내는 그리스어)와 **생식세포**(生殖細胞, germ cell)로 나누어야 할 것이다. 체세포는 피부나 근육, 심장이나 내장 등의 몸을 만드는 세포이며, 생식세포는 나의 정보를 다음 세대에 전달하는 역할을 맡은 세포들이다. 이 둘은 수정 후 약 3주경에 서로 갈라져서 완전히 다른 길을 가게 된다. 따라서 우리는 체세포를 만드는 세포군을 **체세포 계열**(體細胞系列, somatic cell line)이라 부르고, 생식세포를 만드는 세포군을 **생식세포 계열**(生殖細胞系列, germ cell line)이라고 부른다. 예쁜꼬마선충(*Caenorhabditis elegans*)이나 초파리(drosophila)에서는 난자에 **생식세포 결정인자**(生殖細胞決定因子, germ cell determinants) 혹은 **생식질**(生殖質, germ plasm)이 있어서 이들이 발생 과정에서 생식세포로 발전한다. 우리는 이런 발생을 **전성설**(前成說, preformation)

이라고 부른다[28]. 그러나 인간을 포함한 대부분 동물에서는 이러한 생식질 없이 발생 과정에 생식세포 계열이 생겨난다. 우리는 이런 개념을 **후생설**(後生說, epigenesis)이라고 부른다. 체세포가 가는 길은 동물과 식물 및 균류에 따라서 이미 제6장 '생명의 성장' 편에서 자세히 설명된 바 있다. 그러나 생식세포 계열이 어떻게 발생과 성장을 해 나갈 것인지는 조금 후에 '암컷과 수컷' 편에서 자세히 설명할 것이다.

체세포와 생식세포는 여러 가지 측면에서 서로 다르다(표 8-1). 우선 생식세포에 문제가 생긴 경우는 당연히 다음 세대에 그 문제점을 넘겨줄 것이다. 그러나 설령 체세포에 돌연변이가 생긴다 하더라도 그 여파는 다음 세대에 넘어가지 않는다. 그렇다면 체세포의 염색체에 문제가 생기면 어떻게 될까? 그 결과는 바로 노화와 암 발생으로 연결된다. 이에 관해서는 제11장 '생명의 노화' 편에서 자세히 다룰 것이다.

체세포와 생식세포의 차이점 중에서 주목해야 할 부분 중 하나는 바로 유사분열과 감수분열이다. 감수분열은 바로 유성생식을 탄생시킨 생식세포를 만들어 내는 공정이기도 하다. 따라서 이 체세포의 유사분열과 생식세포의 감수분열을 자세히 다루어 보고자 한다.

## 3. 체세포분열과 감수분열

세포가 분열한다는 것은 한 개의 세포가 갈라져서 두 개의 세포로 불어난다는 의미이다. 따라서 분열은 바로 번식과 직결되어 있다. **모세포**(母細胞, mother cell, 어미세포)가 갈라져서 모세포와 동일한 세포를 만들거나 다른 종류의 세포를 만들거나 간에 분열은 그 자손을 늘리는 방법이다. 따라서 모세포와 같은 종류의 세포를 만들어 내는 과정이 **유사분열**(有絲分裂, mitosis)이자 **체세포분열**(體細胞分裂, somatic cell division)이고, 다른 종류의 세포를 만들어 내는 과정이 **감수분열**(減數分裂, meiosis)이다[27]. 그렇다면 왜 자기와 똑같은 세포를 만들지 않고 자기와 다른 종류의 자손을 만들어야 하는가? 이런 기본적인 의문은 여러 가지 측면에서 고려해 볼 점이 많다. 세포가 갈라지는 방법에는 이 두 가지만 있는 것이 아니다. 세균에서 일어나는 **이분법**(二分法, binary fission)은 방추사가 관여되지 않고 그저 한 개의 세포가 두 개로 갈라져 버린다. 그렇다면 이 방법은 무엇을 의미할까? 이분법은 바로 세균이나 일부 원생생물이 번식하는 방법이라는 뜻이다. 이분법은 이미 제6장 '생명의 성장' 편에서 자세히 다루었다.

그렇다면 감수분열은 어떻게 분열하는 것인가? 체세포분열 혹은 유사분열은 그림 8-2에서 보는 것처럼 분열이 한 번 일어나서 두 개의 자손 세포가 생겨난다. 이들은 모두 모세포와 구조가 동일하다. 이에 반하여 감수분열은 두 번에 걸쳐서 분열이 일어나고 염색체 수가 반으로 줄어든다. 즉, 모세포



표 8-1. 체세포와 생식세포의 차이점

| | 체세포 | 생식세포 |
|---|---|---|
| 배수성 | 이배체 | 반수체 |
| 다세포 생물체의 구성 | 생식세포를 제외한 전 세포 | 생식세포 |
| 주요 기능 | 개체의 몸을 구성함 | 자성 및 웅성 배우자를 형성함 |
| 구성 비율 | 대다수 | 극히 일부 |
| 분열 방법 | 유사분열 | 감수분열 |
| 번식 관여 종류 | 무성생식 | 유성생식 |
| 돌연변이 | 다음 세대에 전달되지 않음 | 다음 세대에 전달됨 |
| 돌연변이 영향 | 노화 및 암이 생길 수 있음 | 다음 세대에 영향이 나타날 수 있음 |
| 진화의 영향 | 영향 없음 | 영향 있음 |
| 예 | 근육, 신경 등의 대부분 기관 구조 | 정자 및 난자 |

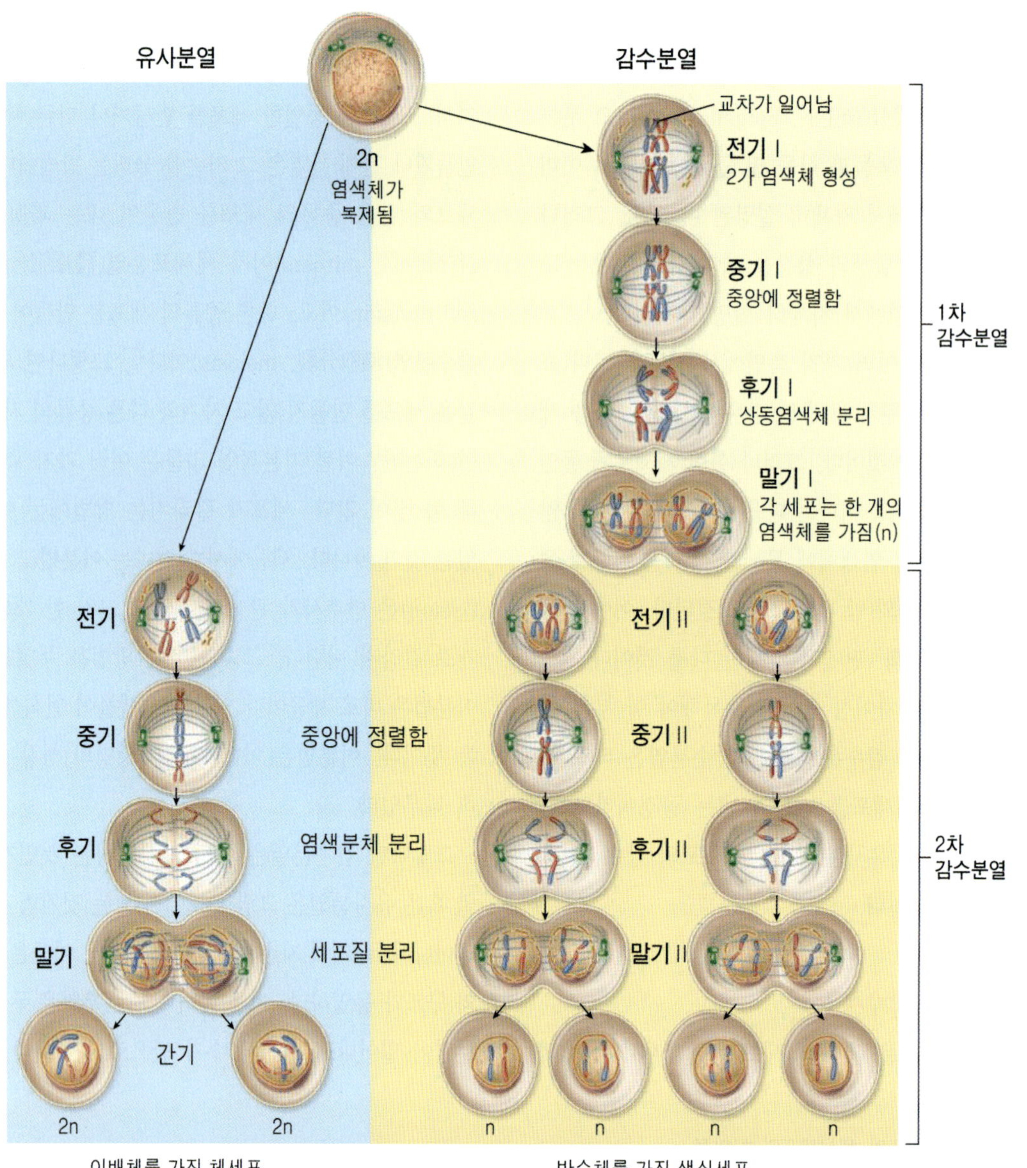


그림 8-2. 체세포분열과 감수분열의 차이점. (출처: Tortora, GJ[8-2])

와 다른 세포가 만들어진다. 이를 쉽게 고무신에 비교해 보자. 옛날 어릴 적 동네 꼬마들에게는 하얀 고무신 한 켤레는 감동을 주기에 충분한 장날 선물이었다. 우리 모두는 한 켤레(2n, 복상, 이배체)의 고무신을 신고 태어난다. 한 짝은 아버지로부터 물려받았고, 다른 한 짝은 어머니로부터 물려받았다. 이 고무신 한 짝에는 23개의 염색체가 들어 있다. 이 중에서 22개를 **상염색체**(常染色體, autosome)라 부르고, 나머지 한 개는 **성염색체**(性染色體, sex chromosome)라고 부른다. 체세포분열은 자신의 고무신 한 켤레를 자식에게 그대로 물려준다. 그러나 인간의 60조 세포 중 생식세포를 제외한 모든 세포는 모두 똑같은 한 켤레 신발을 신고 있다. 이에 반하여 감수분열은 양측 부모가 자신의 고무신 한 켤레에서 각기 한 짝을 떼어 내어서 **정자**(精子, sperm)나 **난자**(卵子, ovum, egg)라는 생식세포를 만들어 둔다. 이 생식세포가 수정이라는 과정을 통하여 만나게 되면, 다시 고무신은 다른 한 짝을 만나 한 켤레의 신발을 만들어서 평생 신고 다닐 밑천이 만들어지는 셈이 된다. 특히 감수분열에서는 **2가 염색체**(bivalent chromosome), 즉 모양과 크기가 같은 **상동염색체**(相同染色

표 8-2. 유사분열과 감수분열의 차이점

| | 유사분열 | 감수분열 |
|---|---|---|
| 분열이 일어나는 장소 | 모든 세포(예외: 신경세포, 근육세포) | 동식물 및 균류의 생식세포 |
| 번식 종류 | 무성생식 | 유성생식 |
| 유전적 차이 | 부모세포와 동일 | 부모세포와 다른 세포 만듦 |
| 교차 | 일어나지 않음 | 일어남 |
| 2가 염색체 형성 | 형성되지 않음 | 형성됨 |
| 분열 횟수 | 1회 | 2회 |
| 생성되는 딸세포 수 | 2개 | 4개 |
| 염색체 수 | 이배체, 변화 없음(2n→2n) | 반수체, 반으로 줄어듦(2n→n) |
| 기능 | 세포의 성장, 수선, 교체 등 | 유성생식용 |
| 분열 기간 | 아주 짧음 | 아주 길 |

體, homologous chromosome) 두 개가 서로 붙음으로써 **1차 감수분열**(first meiotic division) 후에 염색체 수는 반으로 줄어들게 된다. 따라서 유사분열은 체세포분열로서 생명체의 성장이나 세포 수선 및 교체 등에 이용되고, 감수분열은 유성생식을 이끌어 가는 중요한 역할을 수행하게 될 것이다[33]. 이러한 체세포분열과 감수분열에 대한 보다 구체적인 차이점은 표 8-2에 정리해 보았다.

## 4. 암컷과 수컷

암컷과 수컷은 과연 어떻게 탄생했을까? 암컷은 무엇을 말하고 수컷 또한 무엇을 뜻하는 것일까? 암컷과 수컷의 시작점을 찾아 올라가는 것은 잠시 미루기로 하자. 우선 그래도 제일 관심이 많은 인간에서 어떻게 암컷과 수컷(이렇게 표현하는 것을 독자분들은 이해해 주시기 바란다)이 만들어지는지를 살펴보기로 하자.

생식세포가 처음으로 모습을 드러내는 시기는 수정 후 약 3주경으로 **포배기**(胞胚期, blastula stage)에서 **낭배기**(囊胚期, gastrula stage)로 넘어가는 시기에 해당한다(그림 8-3). **난황낭**(卵黃囊, yolk sac)과 **요막**(尿膜, allantois) 부근에서 기원한 **원시생식세포**(原始生殖細胞, primodial germ cell)는 **후장**(後腸, hind gut)을 돌아서 **배측장간막**(背側腸間膜, dorsal mesentry)을 타고 **생식능선**(生殖稜線, genital rigde)에 도달한다[1,64]. 이렇게 생식능선에 도달한 원시생식세포는 점차 발생 과정을 거쳐서 장차 **고환**(睾丸, 정소, 精巢, testis)이나 **난소**(卵巢, ovary)로 발전할 **원시생식소**(元始生殖巢, primitive gonad)가 될 것이다. 그뿐만 아니라 원시생식소 주변을 감싸고 있는 **뮐러관**(mullerian duct 혹은 paramesonephric duct)과 **볼프관**(wolffian duct 혹은 mesonephric duct)은 고환이나 난소 이외의 생식기관을 만들어 내게 된다. 즉, 뮐러관은 **나팔관**(喇叭管, fallopian tube), **자궁**(子宮, uterus) 및 **질**(膣, vagina)의 상부를 만들어 내고, 볼프관은 **부고환**(副睾丸, epididymis), **정관**(精管, vas deferens), **정낭**(精囊, seminal vesicle) 및 **사정관**(射精管, ejaculatory duct)을 만들 것이다(그림 8-4). 이와 같은 형태는 무엇을 뜻한다고 할 수 있는가? 이것은 태아 시절에 나

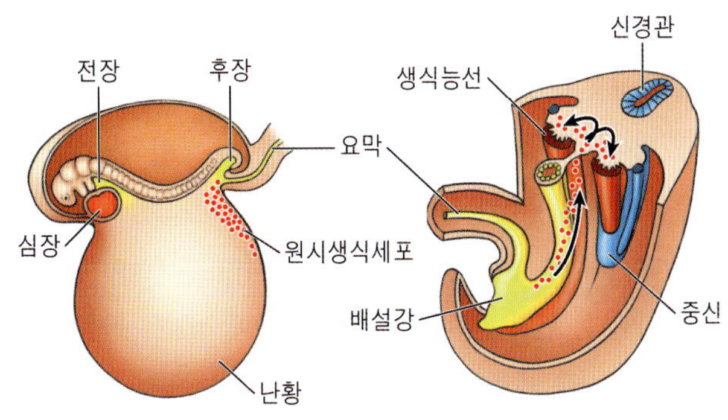


그림 8-3. 발생 3주차 배아에서 원시생식세포의 기원과 이동.

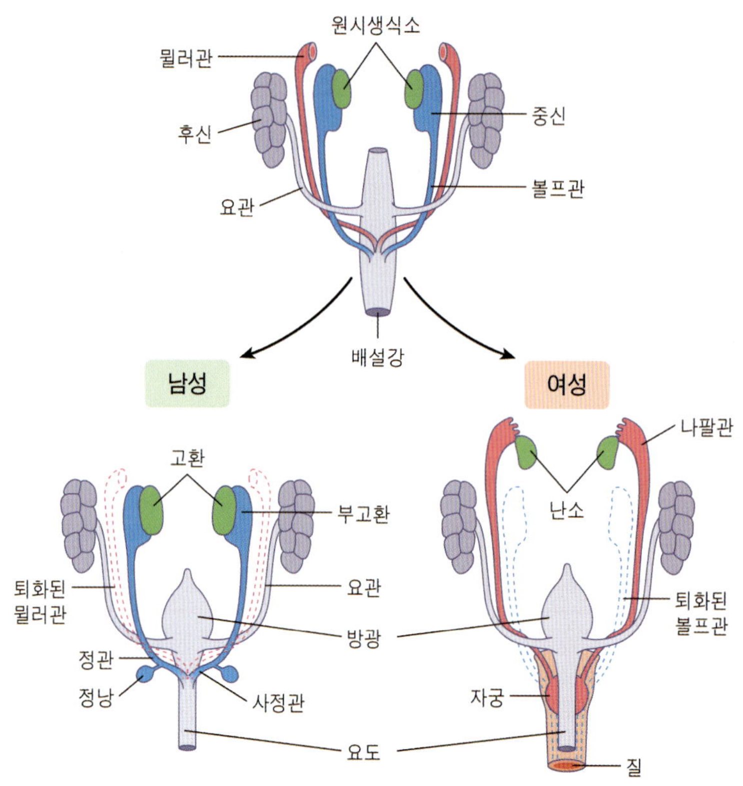


그림 8-4. 원시생식소에서 성별 성 기관의 발달 과정.

타나는 최초의 인간의 성은 **자웅동체**(雌雄同體, hermaphrodite)라는 의미를 지닌다. 인간에서 성의 출발은 원시 생명체와 같이 자웅동체에서 시작하는 셈이다. 이들은 다시 '번식의 종류' 편에서 다룰 것이다.

그렇다면 고환과 난소를 동시에 가지고 있는 원시생식소가 어떻게 남자는 고환이 되고 여자는 난소가 되어 태어날 수 있을까? 이것은 고무신 한 짝에 들어 있는 성염색체가 X인지 혹은 Y인지에 따라 운명이 달라진다. 즉, 고무신 한 켤레의 성염색체가 XY인 경우는 남성이 되고 XX가 되는 경우는 여성이 된다. 어떻게 이런 일이 벌어질 수 있을까? 이것은 원시생식소를 고환으로 만들어 주는 유전자인 SRY(sex-determining region of Y protein) 혹은 TDF(testis-determining factor)가 Y 염색체에 들어 있기 때문이다. 따라서 Y 염색체가 있는 경우는 원시생식소가 고환으로 바뀐다. 일단 고환이 만들어지면 고환 속에 들어 있는 3개의 특징적인 세포들이 활약하기 시작한다. 먼저 원시생식세포는 나중에 정자를 만들어 낼 것이다. 그다음 **세르톨리 세포**(Sertoli cell)는 정자 생산을 사춘기까지 억제시켜 주는 역할을 하기도 하지만, **항뮐러관 호르몬**(anti-Mullerian hormone)을 분비하여 뮐러관이 발달하지 못하게 막아 버린다. 즉, 여성 생식기관이 만들어지는 것을 봉쇄하는 것이다. 또한 **라이디히 세포**(Leydig cell)에서 분비되는 남성호르몬인 **테스토스테론**(testosterone)은 **외성기**(外性器, external genitalia)를 남성형으로 만들어 줄 것이다. 따라서 수컷으로 태어나기 위해서는 3가지 조건이 모두 맞아야 한다. 처음에는 Y 염색체를 가지고 있어야 하며, 그다음은 고환이 만들어져야 하며, 마지막으로 남성호르몬인 테스토스테론이 제대로 작동하여야 한다(그림 8-5)[35].

그렇다면 여성의 경우는 어떻게 될까? 만약 성염색체에 Y가 없고, 두 개 모두 XX인 경우는 자연적으로 원시생식소가 난소로 발달한다. 즉, 이 뜻은 원시생식소에 아무런 조치를 취하지 않으면, 자연적으로 모두 암컷이 된다는 의미를 가지고 있다. 난소 속에도 고환에서와 같이 특징적인 3개의 세포들이 기능을 발휘할 것이다. 먼저 원시생식세포는 장차 난자로 발달할 것이고, 남성의 세르톨리 세포와 동격인 **난포세포**(卵胞細胞, follicle cell)는 난자를 보호해 줄 것이다. 또한 난포세포를 밖에서 둘러싸고 있는 **난포막세포**(卵胞膜細胞,

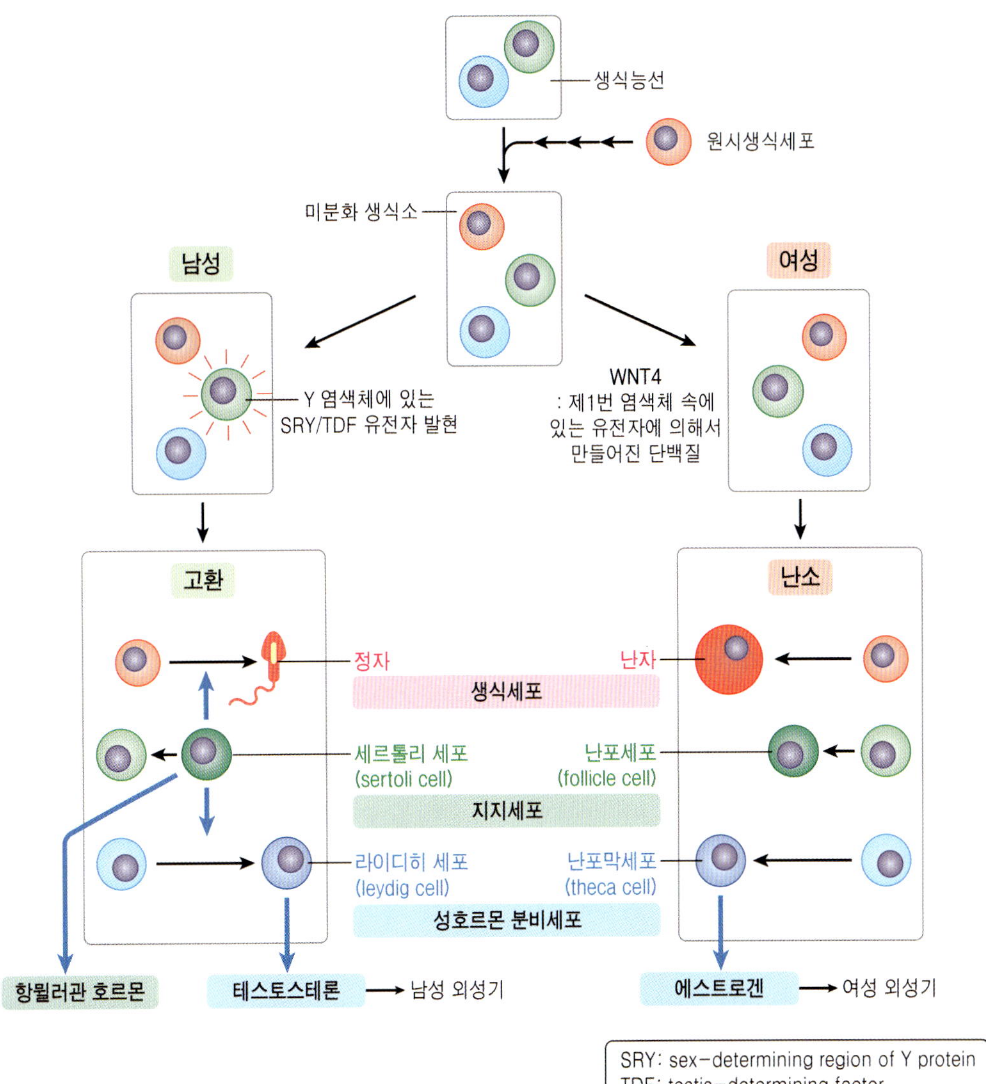


그림 8-5. 정소와 난소에 있는 세포들의 역할.

theca cell)는 여성호르몬의 전구체로 사용되는 안드로겐(androgen)을 만들어서, **과립막세포**(顆粒膜細胞, granulosa cell)에서 **에스트로겐**(estrogen)을 만들게 해 준다. 이 에스트로겐은 외성기를 여성형으로 만들어 줄 것이다. 지금까지 설명한 내용을 요약하면 그림 8-4와 그림 8-5와 같다. 여기에서 하나 더 추가해 볼 흥미로운 사실은 세르톨리 세포나 난포세포는 **뇌하수체**(腦下垂體, pituitary gland)의 **전엽**(前葉, anterior lobe)에서 분비되는 **난포자극호르몬**(卵胞刺戟-, follicle stimulating hormone; FSH)에 의하여 조절되고, 라이디히 세포나 난포막세포는 **황체호르몬**(黃體-, luteinizing hormone; LH)에 의하여 다 같이 조절된다는 사실이다(그림 8-5). 이러한 공통점들도 결국 인간의 성의 출발이 자웅동체였다는 것을 뒷받침한다고 할 수 있다.

인간의 남녀 성 결정은 X나 Y 염색체에 의하여 결정되므로 우리는 이런 형태의 성 결정을 **XY형**이라고 부른다. 이렇게 XY형은 인간뿐만 아니라 초파리 및 자웅이체인 뽕나무도 이런 방식으로 성을 결정한다. 그러나 모든 생명체가 Y 염색체로 수컷을 만들어 내지는 않는다. 오히려 Y 염색체가 없고 X 염색체만 있어서 X 염색체가 두 개 있는 XX는 암컷이 되지만, X가 한 개만 있는 XO가 수컷이 되는 경우도 있다. 이런 **XO형**에는 메뚜기, 여치, 고양이, 말, 쥐 등이 여기에 속한다. 그 이외에 **ZW형**을 가지는 누에나, **ZO형**에는 닭, 비둘기 등이 포함된다[21]. 이렇듯 생물 종에서 암컷과 수컷을 만드는 방법이 단순하지 않다는 것을 알려 준다고 할 수 있다.

## 5. 정자가 난자를 만나는 방법

정자나 난자는 각 개체의 1/2의 정보를 가지고 있다. 이 둘을 합치면 각기 다른 정보가 섞이므로 다른 개체가 만들어진다. 즉, 모계도 아니고, 부계도 아닌 제3의 자손이 만들어지는 것이다. 따라서 유성생식을 하는 생명체에서는 정자나 난자는 기필코 서로 만나야만 하는 숙명을 지닌 세포들이다. 이들은 과연 어떻게 만날 수 있을까? 가령 움직이지 못하는 식물부터 생각해 보자. 식물들은 이동성이 없는 만큼 움직이는 물체를 이용할 수밖에 없다. 누구나 잘 알다시피 바람을 이용하거나 곤충을 이용한다. 심지어 흘러가는 물을 이용하기도 한다. 그러나 이런 방법이 정자나 난자가 서로 만날 수 있는 가장 좋은 방법은 아닐 것이다. 따라서 이들의 전략은 경이롭기도 하지만 때때로 애처롭기조차 하다. 이렇게 식물에서 일어나는 정자와 난자의 만남을 우리는 **수분**(受粉, pollination)이라고 부른다. 왜냐하면 꽃가루를 암술이 받아들이기 때문이다. 이들에 관한 자세한 설명은 '식물의 번식' 편에서 자세히 다룰 것이다.



동물은 식물과 다르게 움직일 수 있는 장점이 있다. 이들은 과연 어떤 방법으로 정자가 난자를 만날 수 있을까? 도롱뇽이나 영원, 거미, 오징어 등은 **정포**(精包, spermatophore)라는 정자 꾸러미를 암컷 옆에다 갖다 놓는다. 암컷은 총배설강을 이용하여 이 정자를 받아들여서 수정을 시킬 것이다. **체외수정**(體外受精, external fertilization)은 흔히 정자와 난자가 만나는 방법이기도 하다. 이는 개구리에서 잘 볼 수 있다. 개구리에는 **교미기**(交尾器, copulatory organ)가 없다. 그러나 수컷이 뒤에서 암컷을 붙잡고 암컷이 산란할 때 동시에 정자를 뿌려서 수정시킨다. 개구리가 암컷을 붙잡고 있는 행위를 우리는 **포접**(抱接, amplexus)이라고 부른다. 이런 종류의 체외수정은 어류에서도 많이 볼 수 있는 현상이다. 일부 거미나 빈대(bedbug)에 볼 수 있는 보다 적극적인 방법은 **외상성 수정**(外傷性受精, traumatic insemination)이다. 그림 8-6에서 보는 바와 같이 빈대는 자신의 성기를 암컷의 복부에 찔러 넣어서 수정시키는 방법을 사용하고 있다. 그러나 이

그림 8-6. 빈대의 외상성 수정 장면. (출처: Rickard Ignell[8-6])

보다 더 엽기적인 정자와 난자의 만남은 거미나 사마귀에서 볼 수 있는 **성적 동족포식**(性的同族捕食, sexual cannibalism)이다[67]. 수컷 사마귀는 정자를 전달하는 대가로 자신을 암컷의 먹잇감으로 바치는 최후를 주저 없이 선택한다. 조류에서 흔히 볼 수 있는 **배설강 키스**(cloacal kiss, 똥꼬맞춤)은 총배설강을 서로 맞춤으로서 정자와 난자가 만나게 해 주는 방법이다. 총배설강은 생식기능과 소대변의 배설기능을 동시에 수행하는 기관이다. 고등동물에서는 총배설강이 분리되어 생식기능과 소변 배설기능은 겸하고 있지만, 대변 배설기능은 분리되어 있다. 고등동물에서 흔히 사용하는 생식세포의 만남은 **교미**(交尾, 성교, 性交, copulation)이다. 이는 교접기를 가지고 직접 자신의 정자를 암컷의 체내에 집어넣어 주는 확실한 방법을 택하고 있다. 인간을 제외한 대부분 포유류는 **음경뼈**(baculum)를 가지고 있어서 더 정확한 수정방법을 가지고 있다. 우리와 가까운 침팬지나 고릴라는 음경뼈를 가지고 있지만 인간에서는 없어졌다[74]. 왜 그럴까? 이것은 또 다른 문제이다. 다음은 정자와 난자가 만나서 일어나는 수정 과정에 대하여 알아보도록 하자.

## 6. 수정

유성생식을 하는 모든 생명체는 **수정란**(受精卵, zygote, fertilized egg)이라고 하는 하나의 단세포에서 출발한다. 인간의 경우 하나의 단세포인 수정란에서 60조 개가 넘는 다세포 개체가 만들어지는 셈이다. 그렇다면 '수정이란 무엇

인가'라는 근본적인 물음부터 시작해야 옳을 것 같다. 수정이란 **반수체**(半數體, haploid) **배우자**(配偶子, gamete)인 정자와 난자가 만나서 **이배체**(二倍體, diploid)인 **접합체**(接合體, zygote), 즉 수정란을 만드는 과정을 말한다. 따라서 이런 과정은 단지 **수정**(受精, fertilization)이라는 용어로만 불리는 것이 아니라, **수분**(受粉, pollination), **수태**(受胎, fecundation, insemination, impregnation) 및 **배우자 합체**(配偶子合體, syngamy) 등으로 불리고 있다. 일단 정자가 난자에 도달하여 난자 안으로 들어가는 과정은 이미 그림 6-28에 소개한 바 있다. 그리고 이렇게 시작된 수정란이 난할을 거쳐 이배엽과 삼배엽으로 발생하여 각 기관들이 만들어지는 과정도 제6장 '생명의 성장' 편에서 자세히 다루었다. 그러나 원시생식세포가 어떤 경로를 통하여 성숙한 정자나 난자로 발전해 가는지는 아직 소개하지 못하였다. 이들을 다루어야 하는 이유는 난자와 정자의 운명이 어머니 뱃속에서부터 서로 다르기 때문이다. 먼저 난자부터 살펴보도록 하자(그림 8-7).

일단 수정 3주경 약 300~1,300개의 원시생식세포가 생식능선에 도달하여 원시생식소를 만든다. 장차 성숙한 난자의 원조 격인 **난조세포**(卵祖細胞, 난원세포, 卵原細胞, oogonia)가 수정 후 약 5주경에 처음으로 난소에 나타난다. 이 난조세포는 유사분열에 의하여 급속히 증식하여 약 7개월경에는 260만 개 정도로 늘어난다. 유사분열이 끝나면 난조세포는 바로 일차 감수분열을 시작하여 전기까지만 발달하고, 태어나서 사춘기에 도달할 때까지 이 상태로 머물러 있게 된다. 우리는 이 상태에 있는 세포를 **일차 난모세포**(一次卵母細胞, primary oocyte)라고 부른다. 그러나 실제 일차 난모세포가 난소에 나타나는 시기는 수정 후 약 8주경에 처음으로 나타나서 5개월경에는 약 420만 개 정도로 불어난다. 따라서 임신 5개월경 난소에 있는 생식세포는 난조세포와 일차 난모세포를 합하여 약 700만 개 정도에 이르게 된다. 그러나 출생 시에는 난조세포는 모두 퇴화하여 버리고, 일차 난모세포만 약 200만 개 정도 남게 된다. 즉, 여성의 경우 아기가 태어나기도 전에 생식세포는 이미 일차 감수분열을 시작하여 전기까지 진행된 상태로 태어나서 사춘기까지 그대로 보존된다는



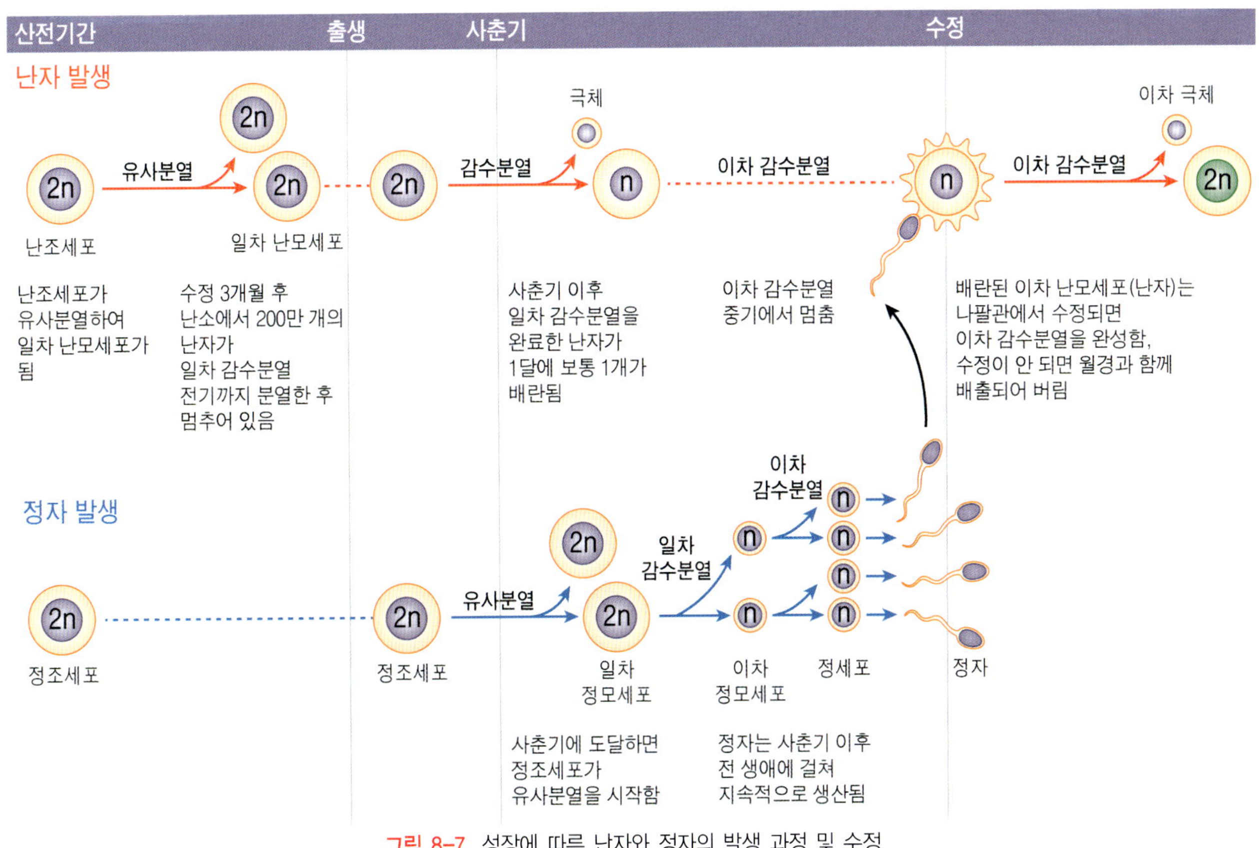


그림 8-7. 성장에 따른 난자와 정자의 발생 과정 및 수정.

달하여 단일 생명체로는 제일 무거운 것으로 나타나고 있다[53]. 그뿐만 아니라 이들의 추정 나이도 약 8만 년으로 계산되고 있어서 영양생식의 위력을 유감없이 발휘한다고 할 수 있다.

### 5) 분절법(分節法, fragmentation)

**편형동물문**(扁形動物門, Platyhelminthes)에 속하는 **플라나리아**(planaria)는 우리나라 하천에서도 볼 수 있는 1cm 정도의 길이를 가지고 있는 동물이다(그림 8-9). 우리는 이 플라나리아를 재생의 챔피언이라고 부른다. 왜냐하면 플라나리아는 몸의 1/279만 있어도 온몸이 새로 생겨나기 때문이다. 이렇게 작은 몸 일부가 다시 온전한 성체의 플라나리아로 재생될 수 있다는 것은 무엇을 뜻하는가? 그뿐만 아니라 극피동물인 **불가사리**(不可殺伊, star fish)도 이름 그대로 왕성한 재생력을 보여 준다. 불가사리의 재생력을 보여 주는 일화가 있다. 어느 어부가 귀중한 어패류를 잡아먹는 불가사리를 퇴치하기 위하여 바닷속으로 잠수하여 불가사리를 보는 즉시 여러 조각으로 잘라서 물속에 버렸다. 그러나 며칠 후 찾은 바닷속에는 더 많은 불가사리가 우글거리고 있었다. 이 어부가 조각낸 불가사리의 팔들이 다시 모두 각각의 새로운 개체가 되어 바닷속을 점령하고 있었기 때문이다. 이 불가사리는 그림 4-29에서 보는 것처럼 삼배엽 동물이면서 척추동물과 같은 후구동물에 속하기 때문에 인간의 노화를 연구하는 학자들에게는 이 불가사리의 재생력은 아주 매력적인 연구대상이 될 것이다. 그 이외에도 성게(sea urchin)나 해삼(sea cucumber) 등도 같은 방법으로 재생된다.

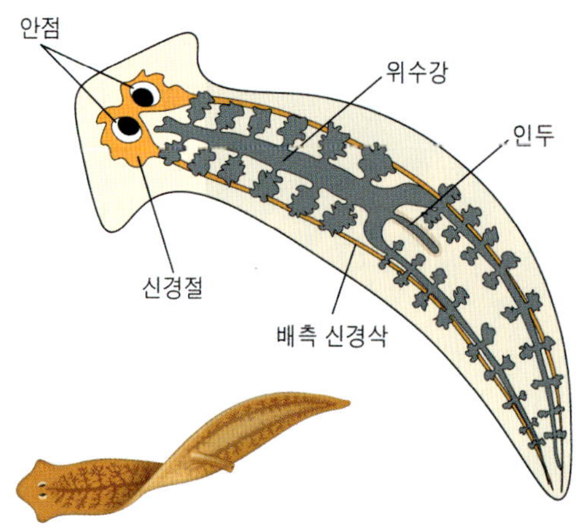


그림 8-9. 플라나리아 구조[8-9].

### 6) 처녀생식(處女生殖, parthenogenesis)

무성생식 편에서 특히 주목해야 할 분야가 처녀생식이다. **처녀생식**(parthenos는 그리스 말로 virgin 처녀, genesis는 creation 창조라는 의미)은 **단성생식**(單性生殖) 혹은 **단위생식**(單位生殖)으로도 불린다. 처녀생식은 말 그대로 난자, 즉 알이 수정이라는 과정 없이 배를 만들어 개체로 성장시키는 방법이다. 즉, 수컷이 없어도 번식을 할 수 있다는 의미는 수컷의 존재를 가늠해 보는 기회를 준다고 할 수 있다. 수컷을 만날 수 없거나 갑자기 위험한 환경에 빠진 경우에 자손을 남기는 방법으로 처녀생식은 아주 유용한 번식 방법이다.

처녀생식은 동물에서는 흔하지 않지만 식물에서는 흔한 생식 방법이다. 식물에서 일어나는 처녀생식은 더 복잡한 **무수정생식**(無修正生殖, apomixis)이 되어 그 과정도 아주 다양하다. 이 무수정생식은 따로 '제6절 식물의 번식' 편에서 자세히 다룰 것이다. 우리 주변에서 처녀생식으로 번식하는 동물들은 진딧물(aphid), 물벼룩(Daphnia), 꿀벌(honeybee), 채찍꼬리도마뱀(whiptail lizard), 코모도왕도마뱀(Komodo Dragon), 귀상어(Hammerhead shark) 등을 들 수 있다. 이 중 우리들의 호기심을 여러 각도에서 자극하는 채찍꼬리도마뱀 이야기부터 시작해 보기로 하자.

#### (1) 채찍꼬리도마뱀

독자들께서 미국 남부지방을 여행한다면 싸구려 호텔 벽면이나 수영장 근처에서 어김없이 도마뱀을 만나게 될 것이다. 눈알이 초롱초롱하면서 잽싸게 앞길을 가로질러 관목 사이로 사라지는 도마뱀의 환영 행사를 즐길 수 있을 때쯤에는 아마도 돌아오는 비행기 안에 있을는지도 모른다. 이 채찍꼬리도마뱀(whiptail lizard, *Cnemidophorus neomexicanus*)은 유난히 꼬리가 길어 마치 채찍처럼 보인다(그림 8-10). 이 도마뱀이 세간의 관심을 끈 것은 바로 이들 모두가 암컷만 있다는 사실이 알려졌기 때문이다. 왜 이들은 암컷만 있을까? 그렇다면 이들은 어떻게 자식을 만들 수 있을까? 이러한 기본적인 의문들이 쏟아질 것이다. 이들 세계에는 수컷이 없다. 이들은 수정되지 않은 알을 부화하여 자신과 똑같은 복제 자식을 만들어 낸다. 그러나 이들이 배란할 때에는 마치 암수가 교미하듯 암컷끼리 성행위의 흉내를 낸다. 그뿐만 아니라 성격도 달라

그림 8-10. 채찍꼬리도마뱀 모습. (출처: Charles T. Peden[8-10])

져서 배란 전 에스트로겐(estrogen)이 올라가는 시기에는 암컷과 같은 행동을 하고, 배란 후 프로게스테론(progesterone)이 올라가는 시기에는 수컷과 같은 행동을 한다[45]. 이들의 난자는 감수분열을 끝낸 반수체(半數體, haploid, 염색체가 n인 상태)들이다. 이들 반수체가 다시 염색체 중복이 일어나서 이배체(二倍體, diploid, 염색체가 2n인 상태, 고무신 이야기를 상기하시기 바란다)가 된다. 그렇다면 어떻게 반수체가 수컷의 도움 없이 이배체로 갈 수 있을까? 여기에서 다시 **자가접합**(自家接合, automixis)이라는 이배체 만들기 과정을 살펴볼 필요가 있다. 자가접합은 그림 8-11에서 보는 바와 같이 다른 생식세포와 섞이지 않고, 자신의 생식세포끼리 섞여서 이배체를 만들어 내는 경우를 말한다. **말단 융합**(末端融合, terminal fusion)은 제2 감수분열이 끝난 후, **자매염색분체**(姉妹染色分體, sister chromatid)끼리 융합하여 이배체 배를 만드는 경우이고, **중심 융합**(中心融合, central fusion)은 **상동염색분체**(相同染色分體, homologous chromatid)끼리 융합하는 경우를 말한다. **배우자 중복**(配偶子重複, gamete duplication)은 반수체 난자가 스스로 중복을 일으켜서 이배체가 되는 것을 말한다[55]. 그렇다면 채찍꼬리도마뱀이 이배체를 만드는 방법은 마지막 배우자 중복으로 이배체를 만든 것이다. 말단 융합에 의하여 처녀생식을 하는 동물 종은 일부 개미 종, 일벌, 새우 등에서 발견된다. 또한 중심 융합에 의한 경우는 물벼룩, 일부 보아뱀 등에서 관찰된다. 그런데 이들도 비록 자기들끼리 만나는 세포 재결합이지만, 섹스에 의한 유성생식이라고 불러야 한다는 학자들도 있다. 독자들은 어떻게 판단하고 계실까? 번식이 점점 어려워진다고 느끼는 독자들은 용기를 내시기 바란다. 처음부터 섹스란 쉬운 일이 아니라고 말씀드렸기 때문이다. 이제 다시 채찍꼬리도마뱀 이야기로 되돌아가자.

그렇다면 왜 이들은 이런 생식 방법을 택하고 있을까? 우선 이들은 모두 암컷이므로 모든 개체가 번식 활동에 참여할 수



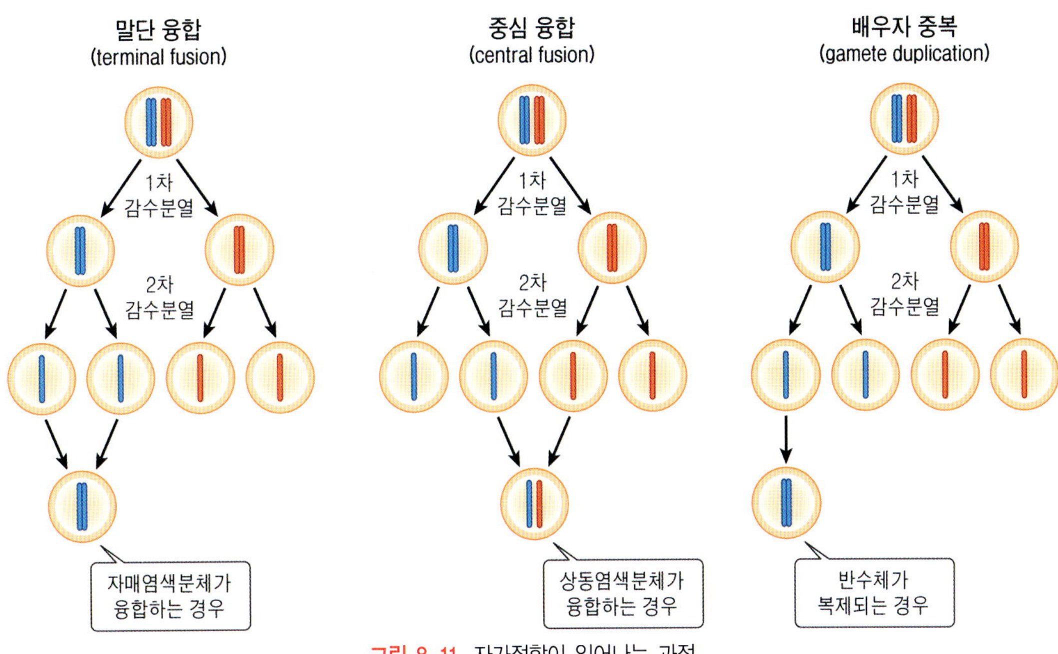


그림 8-11. 자가접합이 일어나는 과정.

있다는 가장 큰 장점이 있다. 즉, 모두가 새끼를 낳을 수 있다는 뜻이다. 우리가 아열대지방에서 쉽게 채찍꼬리도마뱀을 볼 수 있는 이유도 여기에 있다. 유전자의 손실 없이 온전히 부모의 유전자를 전달해 줄 뿐만 아니라, 교미 활동에 소비되는 에너지나 시간도 절약할 수 있는 좋은 방법이기 때문이다. 그렇다면 이들은 왜 성적 행동과 성행위를 흉내 낼까? 이들도 과거에는 유성생식을 하던 무리였을 것이다. 그러나 번식을 더 효과적으로 해내기 위해서 수컷을 없애 버리고, 유성생식에서 다시 무성생식으로 돌아간 유성생식의 후예들이기 때문이다. 비운의 수컷 역사는 앞으로도 계속될 것이다.



### (2) 반수체 처녀생식

처녀생식을 크게 두 가지로 나눌 수 있다. 먼저 **반수체** 혹은 **단상성 처녀생식**(單相性處女生殖, haploid parthenogenesis)과 **이배체** 혹은 **복상성 처녀생식**(複相性處女生殖, diploid parthenogenesis)이 그것이다[54]. 반수체 처녀생식은 개미나 벌과 같이 반수의 염색체, 즉 n을 가진 난자가 반수체 염색체를 가진 성체로 발생하는 경우를 말하고, 이배체 처녀생식은 진딧물이나 물벼룩처럼 배수, 즉 2n의 염색체를 가진 난자가 개체로 발생하는 경우를 말한다.

먼저 반수체 처녀생식을 하는 꿀벌의 예를 들어 보자. 꿀벌은 처녀생식뿐만 아니라 특이한 **근친도**(近親度, relatedness) 때문에 동물사회학자들의 많은 관심을 받는 동물이기도 하다. 먼저 그림 8-12에서 여왕벌은 감수분열에 의하여 난자, 즉 알을 낳는다. 이 알은 수벌의 정자와 수정하여 불임의 일벌을 만든다. 또한 수정된 이 암컷 알 중에서 로열젤리(royal jelly)를 먹여 키운 벌은 다시 여왕벌이 될 것이다. 그렇다면 수벌은 어떻게 만들어질까? 수벌은 특이하게 여왕벌의 난자, 즉 감수분열 되어 염색체 수가 절반으로 줄어든 알이 수정이라는 과정 없이 처녀생식에 의하여 수벌이 된다. 따라서 여왕벌의 난자에서 수벌이 생겨나는 과정 자체가 바로 꿀벌의 처녀생식이다. 반수체인 n에 의하여 만들어진 개체이기 때문에 우리는 이를 반수체 처녀생식이라고 부르게 된 것이다. 이런 이유로 수벌은 고무신 한 켤레가 아니라 한 짝만을 가지고 있다고 할 수 있다. 그러나 일벌이나 차세대 여왕벌은 수정이라는 과정을 거친다. 따라서 이러한 생식 방법을 따로 **반수이배체 생식**(半數二倍體生殖, haplodiploid reproduction)이라고 부르기도 한다.

기왕 꿀벌 이야기가 나온 김에 꿀벌들의 촌수를 살펴볼 필요가 있다. 왜냐하면 인간의 부모는 모두 한 켤레의 유전자를 각기 가지고 있지만, 꿀벌의 수컷은 한 짝의 유전자만 가지고 있기 때문이다. 그렇다면 어떻게 벌의 촌수를 따져볼 수 있을까? 먼저 손쉬운 인간의 근친도부터 알아보도록 하자. 나의 부모는 모두 각기 한 켤레의 고무신(2n)을 가지고 있다. 이들은 감수분열에 의하여 서로에게서 한 짝의 고무신(n)을 서로 내어 놓고서, 다시 나라고 하는 고무신 한 켤레를 만들었다. 따라서 나와 나의 남매들의 근친도는 각기 평균적으로 50%가 된다. 즉, 유전적으로 약 50%가 닮았다고 말할 수 있는 것이다. 그러나 그림 8-13처럼 일벌에서는 근친도 계산이 달라진다. 왜냐하면 애초에 수벌의 염색체가 고무신 한 짝만으로 구성되어 있기 때문이다. 따라서 일벌 자매의 근친도는, 여왕벌에서 받는 유전자 비율은 $1/2 \times 1/2 = 1/4$일 것이고, 아버지를 통하여 받는 유전 비율은 $1/2 \times 1 = 1/2$이 된다. 따라서 이들을 합치면 여왕벌의 딸인 일벌 자매의 근친도는 $0.25 + 0.5 = 0.75$

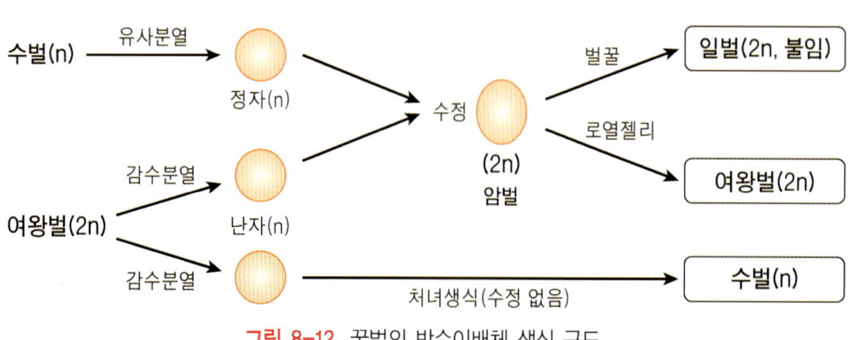

그림 8-12. 꿀벌의 반수이배체 생식 구도.

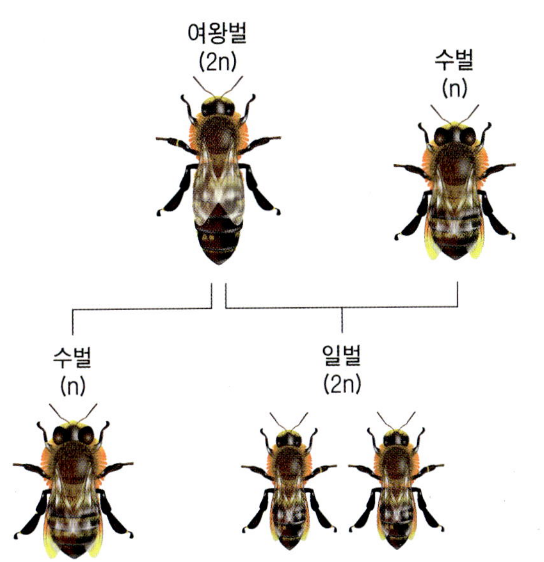

그림 8-13. 꿀벌의 성 결정 구조 및 근친도.

가 된다. 75%의 유전자가 같다는 의미는 인간 남매가 가지는 유전적 친화도인 50%보다 훨씬 높은 친화도를 갖는다는 뜻이다. 일벌 자매의 피는 인간의 피보다 훨씬 더 진하다는 의미이다. 우리는 이런 일벌 자매를 **초자매**(超姉妹, supersister)라고 부른다. 그렇다면 여왕벌 어머니가 낳은 아들인 오빠 혹은 남동생과의 근친도는 어떻게 될까? 당연히 근친도가 낮아져서 25%에 그치게 된다. 왜냐하면 이들 자매의 오빠는 단지 어머니로부터 처녀생식으로 만들어졌기 때문에 아버지가 없다. 또한 친할아버지도 없다. 그러나 여왕벌은 아버지가 있었기 때문에 오빠에게는 외할아버지만 있는 셈이다. 족보가 엄청나게 난해해진 느낌이다. 이런 족보에서 나타난 근친도는 가족관계에서 어떤 영향을 미치고 있을까? 일벌은 임신할 수가 없지만, 만약 임신이 된다고 하더라도 일벌이 낳은 자식과의 근친 관계는 인간과 같이 50%밖에 되지 않을 것이다. 그러나 어머니인 여왕벌을 도와서 자신의 동생을 여왕벌이 낳아 준다면, 이 동생들은 자신의 자식보다도 더 진한 혈연관계인 75%의 근친도를 가지게 될 것이다. 즉, 자기 자식보다 자기의 여동생들이 더 가까운 사이가 되는 것이다. 이것이 불임의 딸들이 어머니인 여왕벌을 헌신적으로 도와주는 이유라고 생각한다[4,15]. 이러한 유전적 근친도가 이타주의에 관여한다는 설명은 영국의 유명한 진화생물학자인 **윌리엄 해밀턴**(William Hamilton, 1936~2000)에 의하여 제기된 이론이다. 다시 처녀생식으로 되돌아가자.

### (3) 이배체 처녀생식

이배체 처녀생식은 반수체 처녀생식보다 더 흔하게 일어나는 현상이다. 이들은 이미 그림 8-11에서 설명한 대로 자가접합에 의하여 반수체 난자가 이배체 난자로 바뀌고, 이 이배체 알이 처녀생식에 의하여 이배체 성체로 발생하는 과정을 말한다. 이런 이배체 처녀생식을 볼 수 있는 생명체는 진딧물과 같은 곤충, 물벼룩 및 현화식물이다. 우선 물벼룩의 생활주기를 관찰하면서 이배체 처녀생식의 과정을 살펴보도록 하자.

여름철 수온이 높고 환경이 호전적인 경우, 물벼룩은 반수체 알이 자가접합 과정을 통하여 이배체 알이 되고, 이 알은 수정 과정 없이 이배체 암컷 성체 물벼룩이 된다. 이는 전형적인 이배체 처녀생식이다. 그러나 환경이 열악해지거나 기온이 떨어지는 가을이 되면, 물벼룩은 이배체 알에서 처녀생식에 의한 이배체 수컷을 만들어 내고, 이 수컷은 반수체 정자를 만들어 낸다. 또한 물벼룩은 반수체 알을 동시에 만들어서 정자와 수정시킨다. 이는 물벼룩의 유성생식 과정을 보여 주는 것이다. 이렇게 수정된 이배체 알은 **내구란**(耐久卵, ephippia)이 되어 물벼룩이 탈피하는 과정 중에 물속으로 나와서 겨울이나 혹독한 환경을 이겨 내고, 휴면기를 거쳐서 새로운 성체 물벼룩으로 다시 태어날 것이다(그림 8-14)[25].

### (4) 동정생식

**동정생식**(童貞生殖, androgenesis) 혹은 **웅성단위생식**(雄性單位生殖, male parthenogenesis)은 난자가 수정 없이 배를 형성하는 처녀생식과는 다르게, 정자 단독으로 분열하여 배를 형성하는 것을 말한다. 그러나 동정생식에는 반드시 핵이 불활성화되거나 제거된 상태의 난자가 필요하기 때문에, 엄격히 말해서 정자 혼자서 분열하여 배를 형성하는 일은 일어나지 않는다. 이들은 일부 달맞이꽃이나 진달래 종에서 나타나기도 한다[68]. 그렇다면 사람에서 핵이 제거된 난자에 정자가 들어가서 분열하면 어떤 결과가 나올까? 정자가 한 개 혹은 두 개가 동시에 난자에 들어가면 동정생식이 일어날 수 있을까? 인간에서는 동정생식이 아니라 **포상기태**(胞狀奇胎, hydatidiform mole)라는 엉뚱한 결과가 초래된다. 포상기태는 정상 태아의 발육은 기대할 수도 없고, 임신된 자궁 안은 포도송이와 같은 비정상적 구조물이 자궁을 가득 채우는 이상 임

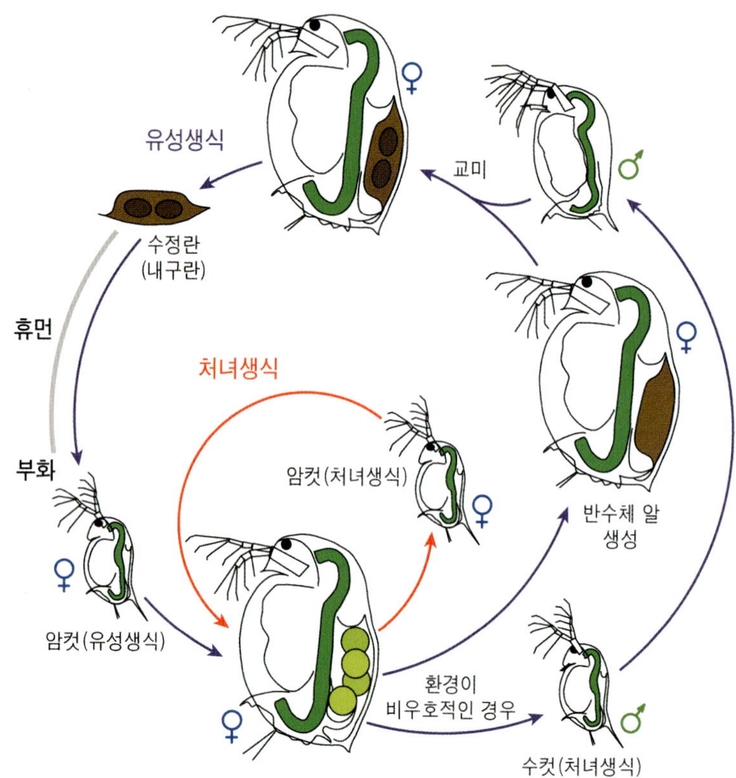


그림 8-14. 물벼룩의 처녀생식 및 유성생식 생활사. (출처: Dita Vizoso[8-14])

신을 초래하게 된다. 이런 포상기태는 악성 종양을 유발할 수도 있어서 산부인과적 치료가 요구되는 질환이기도 하다.

## 2. 유성생식

**유성생식**(有性生殖, sexual reproduction, **양성생식**, 兩性生殖 bisexual reproduction, **암수생식**, amphigony, gamogenesis)은 말 그대로 암수를 통하여 번식하는 방법을 말한다. 따라서 무성생식과는 다르게 암수 두 부모가 필요하다. 무성생식은 자신의 몸 일부를 이용하여 자식을 만들지만 모든 자식이 부모와 붕어빵이다. 즉, 같은 유전자를 가진 복제품만 만들어 지는 것이나. 그러나 유성생식은 생식세포라는 번식 전담 세포를 만들어서 자신과는 다른 자식을 만들어 낸다. 이렇게 자신과는 다른 자식을 만들어 내기 위하여 왜 그렇게 많은 에너지를 쏟아부어야 하는지는 조금 후에 다시 다룰 것이다. 그렇다면 이들은 어떻게 다른 자식을 만들 수 있을까? 여기서 다시 고무신 이야기를 꺼내야 할 것 같다. 유성생식의 암컷은 자신의 유전자를 반으로 쪼개서 한쪽을 내놓고 수컷의 반쪽을 받아들인다. 즉, 서로의 고무신 한 켤레 중 하나씩을 내놓아서 서로를 섞는다. 그 결과 태어난 자손은 양쪽을 반반씩 닮은 잡종이 태어나는 것이다. 이들은 양쪽 부모의 유전자를 50%씩 가지고 있다. 따라서 우리가 부르는 섹스는 **유전자 재조합**(遺傳子再組合, genetic recombination)을 시행하는 단순하고 손쉬운 기술이라고 할 수 있다. 우리는 암수가 태어난 아득한 시절부터 유전공학을 스스로 발전시켜 온 역군들이 아니던가? 따라서 유성생식은 반수체와 이배체 생활로 자연스럽게 나누어질 것이다. 어떤 생물체는 반수체 상태로 대부분을 살고 있을 것이고(haploid life cycle), 또 인간과 같은 생물체는 이배체 상태로 대부분을 살아가고 있을 것이다(diploid life cycle). 그뿐만 아니라 식물들은 아예 반수체와 이배체 상태를 교대로 사는 생물체도 있다(diplo-haploid life cycle, **세대교번**, 世代交番, alternation of generation). 이들은 제7절 '동물의 번식' 편에서 종합할 것이다.

### 1) 자웅동체

**자웅동체**((雌雄同體, **암수한몸**, hermaphrodite, **자웅동주**, 雌雄同株, monoecious)는 한 개체 안에 암수의 성 기관

을 모두 가지고 있는 생물체를 말한다. 이 자웅동체는 자웅이체에 대응하는 용어라고 할 수 있다. 동물의 자웅동체를 식물에서는 자웅동주라고 부른다. 식물은 다소 복잡하여 암수 성 기관인 암술과 수술을 모두 가지고 있는 **양성화**(兩性花, bisexual flower)나 수꽃과 암꽃이 따로 있는 **단성화**(單性花, unisexual flower)가 한 개체 안에 있는 경우도 있다[32]. 암수 단성화가 한 그루에 피는 식물은 시골의 담장 벽을 타고 도는 호박 덩굴에서 쉽게 볼 수 있다. 호박꽃 밑에 볼록한 씨방을 가지고 있는 꽃이 암꽃이다. 그러나 더 하등식물로 내려가면 한 개체 안에 **장정기**(藏精器, antheridium)와 **장난기**(臟卵器, archegonium)가 함께 있는 경우가 많이 있다. 따라서 자웅동체나 자웅동주는 **자가수정**(自家受精, self-fertilization)을 최대한 피하고, **타가수정**(他家受精, cross-fertilization)을 유도해 내어야 하는 숙제를 안게 된다. 앞으로 차츰 알아 가겠지만 동물이나 식물은 이러한 자가수정을 피하기 위한 교묘한 방법들을 개발해 놓고 있다. 그러나 수정을 하지 못하여 번식이 중단될 위기에 처하게 되면, 최후의 방법으로 자가수정이 등장하는 자연의 섭리도 알아볼 것이다. 본래 자웅동체를 뜻하는 헤르마프로디테(hermaphrodite)는 올림포스 12신 중의 하나인 전령의 신 헤르메스(Hermes)와 미의 여신 아프로디테(Aphrodite) 사이에 낳은 아들이다. 그러나 이 아들은 남성 성기와 여성 성기를 다 같이 가지고 있는 어지자지이다. 헤르마프로디테라는 이름도 헤르메스와 아프로디테를 합친 말이다. 왜 이들은 양성 성기를 모두 가진 기형의 아들을 낳게 되었을까? 이 신화가 암시하는 것은 따로 있다. 본래 아프로디테의 남편은 대장장이인 헤파이스토스(Hephaistus)이다. 따라서 헤르메스와의 사이에서 낳은 아들이 기형적이라면 이는 무엇을 뜻할까? 헤르마프로디테의 탄생은 불륜관계의 어두운 그림자를 대변한다고 할 수 있다.

### (1) 동시적 자웅동체

**동시적 자웅동체**(同時的雌雄同體, simultaneous hermaphrodite)는 말 그대로 동시에 자성기와 웅성기를 모두 가지고 있는 개체를 말한다. 이런 생명체는 주로 걸음이 아주 느리거나 개체 수가 적어서, 암수가 서로 만날 기회가 적은 개체에서 흔히 볼 수 있다. 즉, 어렵게 만난 상대가 같은 성이라면 수정의 기회는 사라질 것이다. 따라서 이들은 암수 성 기관을 모두 한 몸에 가지고 있다. 이런 번식을 이어 가는 종들은 이미 독자분들도 추측하고 있는 지렁이(그림 8-15)나 **복족류**(腹足類, gastropod)인 달팽이를 들 수 있다. 한 개체의 자성기는 상대 개체의 웅성기와 결합하고, 웅성기는 상대의 자성기와 결합하여 수정과 번식이 이루어질 것이다. 즉, 이들은 만나기만 하면 교미가 이루어질 수 있다는 뜻이다.

### (2) 순차적 자웅동체

**순차적 자웅동체**(順次的雌雄同體, sequential hermaphrodite)는 동시에 암수의 생식기관이 생기는 것이 아니고 시간에 따라 순차적으로 성이 나타난다는 것을 의미한다[40]. 따라서 처음에 암컷들만 있다가 나중에 수컷이 만들어지는 경우나 처음에는 수컷들만 있다가 나중에 암컷이 등장하는 개체들을 말한다. 이들은 왜 이런 전략을 쓰고 있을까?

#### ① 웅성선숙

**웅성선숙**(雄性先熟, protandry)은 말 그대로 처음에는 모두 수컷만 있다가 나중에 암컷으로 바뀌는 생명체를 말한다. 즉, 경비가 많이 드는 암컷보다 수컷이 먼저 되었다가 어느 정도 성숙하면 그때 암컷으로 바뀌는 전략을 택한 개체들이다. 이런 전략을 쓰는 생물체는 관상어로 인기가 좋은 흰동가리(anemone fish, clown fish, 그림 8-16)나 미국 플로리다 해안의 인기 어종인 스눅(snook) 또는 낚시꾼을 유혹하는 감성돔 등이 여기에 속한다. 광대고기라고도 알려져 있는 흰동가

그림 8-15. 지렁이의 자웅동체적 교미 장면. (출처: Jackhynes[8-15])

08

그림 8-16. 말미잘 속에 사는 흰동가리. (출처: Ritiks[8-16])



리는 촉수를 가지고 있는 말미잘 속에서 용케도 잘 공생한다. 먼저 광대고기는 처음에는 모두 수컷으로 태어난다. 이런 작은 수컷들이 점점 커지면 그중에서 제일 큰 개체가 암컷으로 변하고, 그다음으로 큰 수컷과 교미하게 된다. 이렇게 덩치가 큰 암컷이 알을 더 많이 낳을 수 있을 것이다. 이런 장점 때문에 웅성선숙이나 자성선숙이 나타난다고 알려진 이론이 바로 **크기 우선 모델**(size-advantage model)이다. 만약 제일 덩치가 큰 암컷이 죽으면 그다음 수컷이 암컷으로 변하고, 다음 순서의 수컷이 이 암컷의 교미 상대가 될 것이다. 서열이 낮은 수컷은 정신 생리적으로 거세된 상태가 유지된다. 그렇다면 이런 웅성선숙은 동물에만 나타나는 현상일까? 식물에서도 이런 현상이 똑같이 일어난다. 단지 용어를 바꾸어 **웅예선숙**(雄蘂先熟, protandrous flower)이라고 부를 뿐이다. 웅예선숙 식물들은 수술, 즉 웅성 생식기관이 먼저 성숙한 후에 자성 생식기관인 암술이 성숙한다. 식물들은 이 과정을 자가수분이 될 가능성을 줄이는 데 이용하고 있다. 웅예선숙을 하는 식물들은 국화, 봉숭아, 도라지, 담쟁이덩굴, 살비아 등이 있다.

### ② 자성선숙

**자성선숙**(雌性先熟, protogyny)은 웅성선숙에 대응하는 용어로 암컷이 나중에 수컷으로 바뀌는 경우를 말한다. 어류의 순차적 자웅동체에서 75% 정도가 자성선숙 전략을 취하고 있다. 이들은 처음 모두 암컷으로 태어나서 나중에 제일 몸집이 큰 암컷이 수컷으로 변한다. 이렇게 성전환된 수컷은 많은 암컷을 거느리는 하렘(harem)을 형성하게 될 것이다. 이런 전략은 단순히 번식 측면에서 본다면 웅성선숙보다 훨씬 우위에 있다고 할 수 있다. 실제로 2/3 정도가 이 방법을 택하는 이유이다. 덩치 큰 수컷은 지역방어에도 유리할 것이고 많은 정자를 생산하여 임신 가능한 암컷들을 수정시킬 수 있는 장점이 있다. 어류의 세계에서는 덩치가 한 몫을 단단히 하고 있다는 증거이다. 자성선숙이 나타나는 어류는 놀래기, 두동가리돔(angel fish), 돌돔(parrot fish), 농어(grouper) 등이 있다. 이런 현상은 식물에서도 똑같이 일어난다. **자예선숙**(雌蘂先熟, protogynous flower)은 암술이 수술보다 먼저 성숙하는 식물을 말한다(그림 8-17). 이들은 암술이 다른 꽃의 꽃가루에 의하여 수분된 다음에야 비로소 수술이 성숙한다[71]. 이런 전략을 채택하고 있는 식물들은 사과나무, 배나무, 현삼(figwort), 목련, 질경이 등이다.

### ③ 성전환

대다수 어류는 자웅이체, 즉 **암수딴몸**(gonochorism)으로 평생 암컷이나 수컷으로 지내지만, 산호초 주변에 사는 물고기들은 1/4 이상에서 암컷에서 수컷으로 혹은 수컷에서 암컷으로 성전환(性轉換, bidirectional sex changer)이 일어난다. 따라서 성의 경계선을 넘나드는 물고기가 많다는 것을 인지하고 있어야 한다. 이렇게 성전환이 이루어지는 대표적인 물고기는 카탈리나 고비(catalina goby, blue-banded goby)와 먹장어를 들 수 있다. 특히 먹장어는 매년 성을 바꾸어서 암컷에서 수컷으로 혹은 수컷에서 암컷으로 성전환이 이루어진다.

그림 8-17. 자예선숙이 일어나는 목련(*Magnolia grandiflora*). (출처: Josep Renalias[8-17])

### (3) 거짓남녀중간몸

**거짓남녀중간몸**(**가성반음양**, 假性半陰陽, **가성자웅동체**, 假性雌雄同體, pseudohermaphrodite)은 가성자웅동체나 가성반음양으로 불렸다. 우선 한 몸에 고환과 난소가 같이 있는 경우를 우리는 **진성자웅동체**(眞性雌雄同體, true hermaphrodite)라고 부른다. 그러나 이와는 달리 거짓남녀중간몸은 고환이 있는데 여성 외성기를 가졌거나, 난소를 가졌는데 남성 외성기를 가지고 있는 경우를 말한다. 이들은 그 정도에 따라 남녀 외성기가 미발달 상태로 서로 섞여 있는 경우도 허다하다. 남성 거짓남녀중간몸으로 알려진 유전질환 중 하나는 **안드로젠 무감증**(antrogen insensitivity syndrome, 정소여성화증후군 testicular feminization syndrome)으로 외형상 여성으로 보인다. 젖가슴이 발달하고 외성기가 여성이며 체모도 적다. 그러나 이 증후군을 가지고 있는 여성은 자궁이 없다. 왜냐하면 이 여성은 실제 XY 성염색체를 가진 남성이기 때문이다. 왜 이렇게 실제 남성이 여성으로 변했을까? 이들은 고환에서 남성호르몬인 테스토스테론(testosterone)은 정상적으로 잘 분비된다. 하지만 이 테스토스테론에 반응하는 수용체가 없기 때문에 테스토스테론이 제 기능을 발휘하지 못하여 생긴 유전질환이기 때문이다. 이번에는 여성 거짓남녀중간몸을 가진 **선천성 부신증식증**(先天性副腎增殖症, congenital adrenal hyperplasia)의 예를 들어 보자. 이 사람은 외형적으로 남성처럼 보인다. 근육질이면서 체모도 많다. 그러나 실제 난소를 가진 여성이다. 그렇다면 왜 이런 증상이 발생할까? 이는 **부신피질**(副腎皮質, adrenal cortex)에서 만들어지는 스테로이드 호르몬 제조 과정에서 21-hydroxylase라는 효소가 선천적으로 없거나 적게 만들어지기 때문이다. 이 효소가 부족하면 **코르티솔**(cortisol)이나 염분을 관리하는 **알도스테론**(aldosterone)으로 가는 경로가 막히고, 남성호르몬인 테스토스테론이 대량 생산된다. 따라서 본래 여성에서 그 외성기가 혼란을 겪으면서 남성 생식기와 여성 생식기가 성숙하지 않은 채로 같이 존재하게 된 것이다[43]. 따라서 겉으로는 암수가 같이 있는 것처럼 보이지만 실제로는 진성자웅동체가 아니다. 이들의 외성기 및 전체 외형을 그림으로 나타내고 싶지만, 이 책의 범위를 너무 벗어나는 것 같아서 이 정도에서 그칠까 한다.

### 2) 자웅이체

**자웅이체**(雌雄異體, **암수딴몸**, gonochorism, dioecy)는 말 그대로 암수딴몸을 말하고, 태어날 때의 성을 죽을 때까지 가지고 있는 개체를 말한다. 암수딴몸도 동물에서는 주로 자손이 떨어져 있다는 의미의 gonochorism이라는 용어를 사용하지만, 식물에서는 두 집이라는 뜻을 가지고 있는 dioecy라는 용어를 쓴다. 동물에서 자웅이체는 분명하지만 식물에서는 다소 복잡하다. 식물에서 암수딴그루는 속씨식물의 약 5% 정도를 차지하고 암꽃과 수꽃이 각각 다른 개체에서 피는 것을 말한다. 이런 암수딴그루에는 은행나무, 삼, 호프, 수영, 버드나무 등을 들 수 있다.



## 제3절 원핵생물의 번식

세균 및 고세균은 생명의 기원에서 가장 먼저 출발한 생명체들이다. 따라서 이들의 번식 방법을 이해하는 것은 나머지 생명체들의 번식을 이해할 수 있는 지름길이 될 수 있다. 왜냐하면 이들의 자손 만들기가 번식의 시초가 되었을 것이기 때문이다. 우리는 이런 관점에서 원핵생물의 번식에서 무성생식과 유성생식적 방법을 찾아볼 필요가 있다. 과연 현재 우리가 보고 있는 양대 생식 방법이 이들에게도 나타나고 있는가? 지금부터 찾아 나서 보자.

### 1. 무성생식

### 1) 이분법

**이분법**(二分法, binary fission)은 이미 그림 6-4에서 자세히 다루었다. 이 이분법은 세균이나 일부 원생생물에서 일어나는 제일 흔한 번식 방법이다. 한 세균이 덩치를 키워서 염색체와 세포질이 두 개로 갈라진다. 원핵생물에서는 이것이 기본 번식 방법이자 생식 방법인 셈이다. 이렇게 한 개가 두 개로 갈라지는 것은 비단 원핵생물에서만 일어나는 현상이 아니다. 이런 분리는 모든 생명체의 공통적인 생식 방법으로 남아 있다. 다만 어떻게 부모에서부터 분리하는지에 대한 차이만 있을 뿐이다. 이분법은 다세포 생명체에서 유사분열의 조상이 되어 그대로 계승되고 있다[19]. 그러나 이분법에 등장하는 FtsZ ring 단백질은 세균을 두 개로 쪼개는 역할만

하는 것이 아니라, 세포 안에서 자식을 만들어서 어미를 파괴하고 자손을 탄생시키는 새로운 역할을 담당하기도 한다(그림 8-18). 이 그림은 퍼미큐티스(*Firmicutes*)문에 속하는 에풀로피시움(*Epulopiscium* spp.) 세균이 그 주인공이다. 이 세균은 그람 양성균으로 쥐돔(surgeonfish)으로 알려진 어류의 내장 속에서 공생하며 지낸다. 이 세균의 끝에 발현한 FtsZ 단백질은 세포를 두 개로 분리하는 대신에 모체의 몸안에서 분리시켜서, 이들이 몸이라는 안정된 환경 속에서 성장할 수 있게 해 준다. 이들이 모체의 몸안에서 점차 성숙하면 어미를 파괴하고 새로운 개체로 세상에 나올 것이다. 이러한 세균에서 일어나는 일련의 번식법은 우리에게 무엇을 연상시켜 주는가? 차츰 그 수수께끼가 풀려 나갈 것이다.



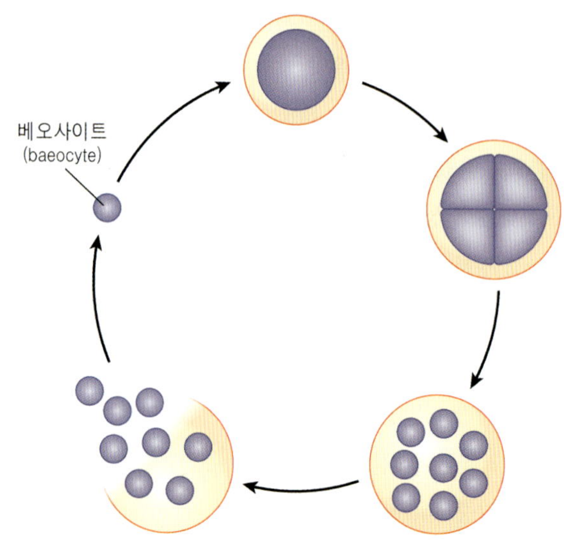

그림 8-19. *Stanieria* 세균의 다분법. (출처: Cornell University)

## 2) 다분법

특이하게도 시아노박테리아(Cyanobacteria)문에 속하는 스테니에리아(*Stanieria*) 세균은 이분법으로 세포가 늘어나지 않고 **다분법**(多分法, multiple fission)으로 분열한다(그림 8-19). 이들은 이분법보다 더 효과적으로 한 번에 여러 개의 자손을 만들어 낼 수 있다. 이들은 덩치를 수십 배로 키우면서 동시에 DNA를 지속적으로 복제시킨다. 그런 다음 세포질을 갈라서 한 번에 수십 개에서 수백 개의 자손을 만들어 낸다[19]. 이런 방법은 원생생물에 그대로 전달되어 그림 6-6에 잘 그려져 있다.

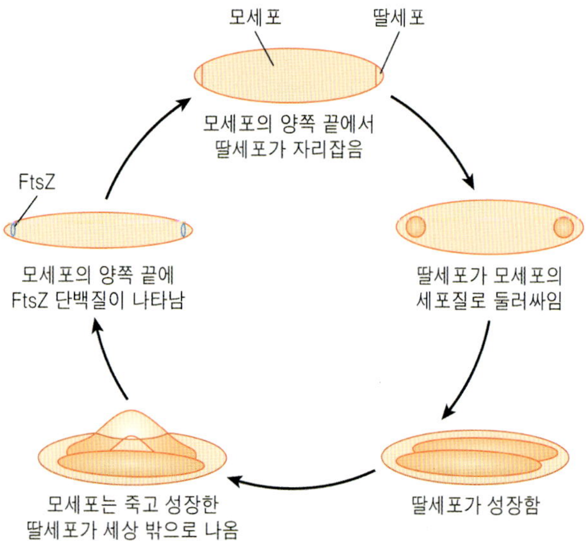

그림 8-18. *Epulopiscium* 세균의 번식 방법.

## 3) 출아법

**출아법**(出芽法, budding)은 균류인 효모(그림 6-7)나 자포동물인 히드라, 말미잘 등에서 잘 나타나는 번식 방법으로 잘 알려져 있지만, 실제 그 원조는 세균이다. 출아법은 부모의 몸에서 싹이 돋아 나와서 이것이 모체에서 분리되어 새로운 개체를 만드는 방법을 말한다. 출아법으로 번식하는 세균은 카울로박터(*Caulobacter* sp.), 히포마크로비움(*Hyphomicrobium vulgare*), 부유균문인 플랑크토마이세티스(*Planctomycetes*) 등이다.

## 4) 분생포자법

**분생포자**(分生胞子, **분생자**, conidia)는 곰팡이와 같은 진균류에서 흔한 생식 방법이지만, 이것 역시 그 원조는 세균에 있다. 스트렙토마이세스(streptomyces)는 방선균(actinobacteria)에 속하는 세균으로 몸이 실 모양으로 되어 있고 가지를 내기도 한다. 마치 그 모양이 곰팡이와 비슷하지만, 실제로 세포는 원핵세포이고 그람 양성이어서 세균에 속한다. 이들이 잘 알려진 것은 스트렙토마이신(streptomycin), 네오마이신(neomycin), 클로람페니콜(chloramphenicol) 등 임상적으로 이용하는 비합성 항생제의 2/3가량을 여기서 추출하고 있기 때문이다. 이들은 원조답게(그림 8-20) 포자를 만들어서 번식한다.

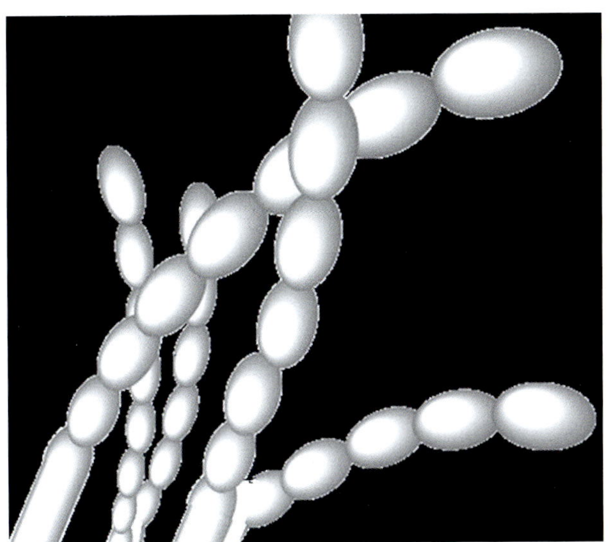

그림 8-20. *Streptomyces griseus* 포자. (출처: Wiki San Roze[8-20])

### 5) 내생포자법

위기에 처한 세균이 어떤 모습으로 변신하는지를 잘 보여 주는 방법이 **내생포자**(內生胞子, endospore) 방법이다. 만약 세균이 열악한 환경에 처하면 이들은 내생포자라는 형태로 삶을 바꾸어 버린다(그림 8-21). 즉, 모세포 안에서 유전자를 복제한 후 세포질과 분리된 어린 포자는 두꺼운 외투를 여러 겹으로 감싼 후 어미를 파괴하고 새로운 포자로서 살아남는다. 이들은 150℃가 넘는 물에서도 살아남을 수 있고, 자외선이나 화학물질 및 건조한 환경에서도 생명의 기운을 살려 나갈 수 있다. 기록에 의하면 이들은 만 년이 지난 후에도 생명체로 다시 태어날 힘을 가지고 있다. 세균들의 이러한 능력들이 모여서 이 지구상에서 가장 광범위한 서식지를 확보할 수 있는 바탕이 되었을 것이다. 내생포자를 만드는 세균들은 파상풍균(破傷風菌, *Clostridium tetani*)이나 보툴리누스균(*Clostridium botulinum*) 및 탄저균 등이 있다[14].

## 2. 박테리아 섹스

지금까지 무성적으로 세균이 번식하는 방법에 대하여 기술하였다. 이번에는 세균의 유성적인 번식 방법에 대하여 소개하고자 한다. 그러나 세균에서 유성번식이라고 하기에는 우리의 예측이 많이 벗어날 수 있기 때문에, 유성번식이라는 말 대신에 박테리아 섹스라는 제목으로 기술하고자 한다. 왜냐하면 박테리아는 암수가 뚜렷이 있는 것도 아니고, 생식세포를 만들어서 수정시키는 일도 없기 때문이다. 그렇다면 왜 박테리아 섹스라는 말을 사용할 수 있을까? 지금부터 그 이유를 찾아가 보자.

일반적으로 섹스는 유전자 교환을 통하여 유전자가 재조합되는 생물학적 행위라고 할 수 있다. 따라서 이는 무성생식과는 다르게 섹스 행위자가 있고 그 결과로 다른 종류의 자손이 만들어져야 한다. 즉, 똑같은 복제품이 아니라 상이한 자손을 만들기 위한 방법으로 섹스라는 유성생식 방법을 이용하는 것이다. 우리는 이러한 유전자 전달을 두 가지 개념으로

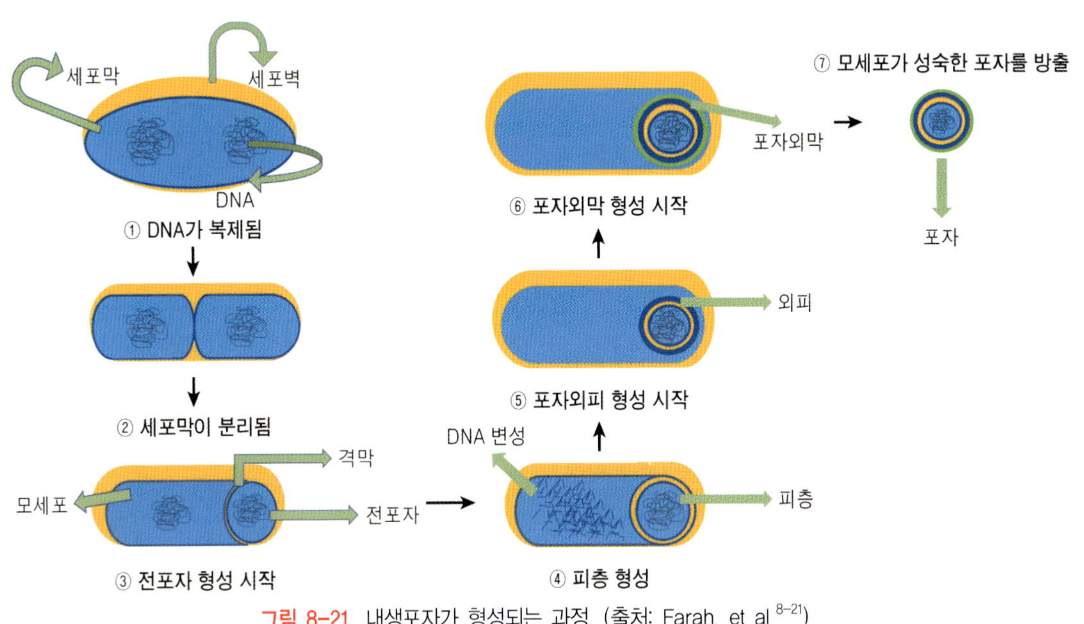


그림 8-21. 내생포자가 형성되는 과정. (출처: Farah, et al.[8-21])

받아들인다. 즉, 부모에서 자식으로 유전자가 전달되는 것을 **수직적 유전자 전달**(垂直的遺傳子傳達, vertical gene transfer)이라 하고, 같은 세대에서 같은 종이나 다른 종으로 유전자가 흘러가는 것을 **수평적 유전자 전달**(水平的遺傳子傳達, horizontal gene transfer)이라고 부른다[69]. 세균은 이미 알아본 바와 같이 자식을 만드는 가장 흔한 방법이 이분법이다. 즉, 어미의 유전자가 수직적 방법으로 그대로 자손에 전해진다. 자식은 바로 부모의 복제품인 셈이다. 그렇다면 박테리아는 전혀 유전자 교환이 일어나지 않는 것인가? 이 질문은 우리를 잠시 당혹하게 만들 수 있다. 그러나 세균도 가끔 수평적 유전자 전달 방식으로 유전자 교환이 일어난다. 즉, 박테리아에서도 섹스가 일어나는 것이다.



박테리아가 유전자를 교환하는 방법에는 네 가지가 있다. 첫째는 **트랜스포존**(transposon, 轉移因子, 전이인자, 이동성 유전자)이라는 유전자 서열에 의해서 유전자에 변화가 생긴다. 즉, 트랜스포존은 돌아다니는 유전자인 셈이다. 이 유전자는 미국의 여성 세포의학자인 **바버라 매클린톡**(Barbara McClintock, 1902~1992)에 의하여 발견되어, 그 업적으로 1983년 노벨 의학상이 주어진 유전자이기도 하다. 그러나 이 크랜스포존은 원핵생물뿐만 아니라 진핵생물에도 존재하여 광범위한 유전자 서열에 영향을 미친다. 따라서 이 트랜스포존은 이 장의 범위에서 너무 벗어나 있다. 그 이외에 박테리아가 유전자를 교환하는 방법에는 접합, 형질전환 및 형질도입을 들 수 있는데, 이들은 박테리아의 성에서 중요한 기능을 하고 있기 때문에 자세히 다루고자 한다.

## 1) 접합

박테리아는 두 종류의 유전자를 가지고 있다. 하나는 박테리아가 본래 가지고 있는 염색체이고, 다른 하나는 덤으로 있는 **플라스미드**(plasmid)라는 유전자이다. 이 플라스미드 유전자 안에는 **F인자**(F-factor, fertility factor)나 **R인자**(R-factor, resistance factor) 및 세균의 외독소에 대한 정보가 들어 있다. 이 F인자는 접합에 관여하고 R인자는 항생제 내성에 관여할 것이다. 물론 플라스미드가 모든 박테리아에 다 있는 것은 아니다. **접합**(接合, conjugation)이란 말 그대로 두 세균이 일단 몸을 맞대는 것을 말한다(그림 8-22).

두 박테리아가 서로 밀접하게 마주 보게 되면, 한쪽 세균에서 몸의 일부가 부풀어지면서 확장된다. 우리는 이렇게 생긴 구조물을 **성선모**(性腺毛, sex pili)라고 부른다. 이는 마치 박테리아의 성행동을 연상시키는 장면이기도 하다. 이 성선모는 플라스미드 유전자 안에 있는 F인자에 의하여 만들어진다. 따라서 F인자가 있는 세균을 **$F^+$ 세포**($F^+$ cell), 즉 수컷 세포처럼 생각하고, F인자가 없는 세균을 **$F^-$ 세포**($F^-$ cell)라고 부르면서 암컷 세포라고 부른다. 이렇게 성선모에 의하여 만들어진 통로를 통하여 $F^+$ 세포의 플라스미드가 $F^-$ 세포에 전달되면 두 세포는 다시 떨어진다. 이때 성선모를 통하여 F인자를 받은 $F^-$ 세포는 다시 $F^+$ 세포가 되어, 자신도 다른 세균에게 플라스미드를 전해줄 수 있는 능력을 갖추게 될 것이다. 단지 F인자만을 전해 주는 것이 아니라 항생제 내성에 대한 정보가 담겨 있는 R인자도 전해 주게 되어, 항생제 내성이 다른 세균에게 전달되는 역할도 하게 된다. 이런 과정을 보면 생명의 기원에서 제일 먼저 출발한 원핵생물에서부터 유성생식적 기미가 나타나 있다고 할 수 있다. 여기서 만약 플라스미드가 원래 박테리아의 염색체에 가서 붙어 버리면 어떤 현상이 생길까? 흔하지는 않지만, 플라스미드가 염색체에 가서 붙은 세포를 우리는 **Hfr 세포**(Hfr cell, High frequence

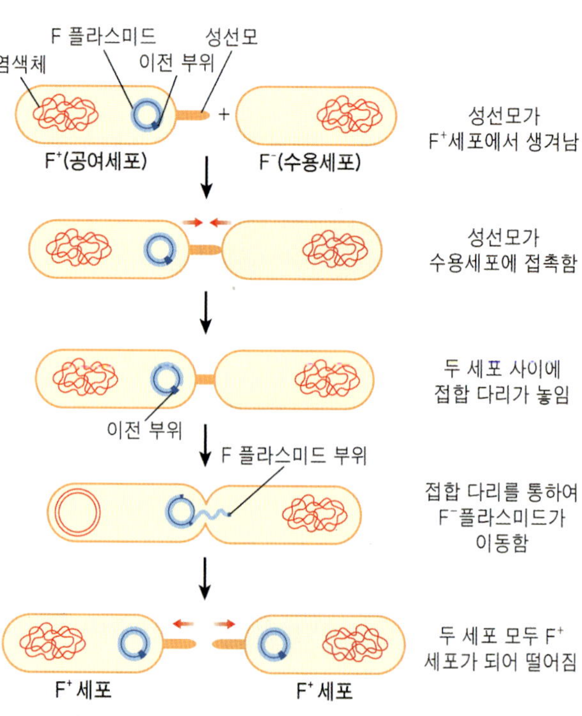


그림 8-22. 접합에 의하여 플라스미드가 이동하는 과정.

recombination cell)라고 따로 부른다. 이 세포도 F인자를 가지고 있어서 마치 수컷 박테리아처럼 성선모를 만들 것이다. 그러나 이 경우에는 염색체가 너무 크고 길어서 염색체와 F인자가 $F^-$ 세포에게 다 건너가기 전에 접합이 중단되어 버린다. 따라서 일부 유전자는 건너갔지만 $F^-$ 세포를 $F^+$ 세포로 바꾸기에는 역부족이 된다. 그래서 이들을 정리해 보면 세균의 교배형에는 $F^+$ 세포, $F^-$ 세포 및 Hfr 세포가 있다는 것을 알 수 있다. 또한 실제 접합이 일어나는 형태는 $F^+$ 세포와 $F^-$ 세포 및 Hfr 세포와 $F^-$ 세포 사이에 벌어진다는 것을 알 수 있다. 이러한 과정은 1946년 미국의 분자생물학자인 **조슈아 레더버그**(Edward L. Tatum, 1925~2008)와 **에드워드 테이텀**(Edward Tatum, 1909~1975)이 대장균을 이용한 연구에서 밝힌 내용이다[13]. 그들은 이런 공로를 인정받아 1958년 노벨 생리학 및 의학상을 수상하였다.

## 2) 형질전환

**형질전환**(形質轉換, transformation) 현상은 1928년 영국의 의사이자 세균학자였던 **프레더릭 그리피스**(Frederick Griffith, 1879~1941)의 연구에 의하여 이미 알려져 있었다. 특히 **폐렴구균**(肺炎球菌, *Streptococcus pneumonia*)은 그 위력이 대단하여 그리피스는 이에 대한 백신을 만들기 위한 실험을 진행하고 있었다. 그는 실험 과정에서 형질전환이라는 중대한 세균의 특성을 밝혀내었지만, 제2차 세계대전 중 독일의 영국 공습으로 인하여 사망하게 되었다[37]. 그러나 그의 실험은 미국의 **오즈월드 에이버리**(Oswald Avery, 1877~1955)에 의해 계승되어 DNA가 유전물질이라는 사실을 밝히는 데 결정적인 공헌을 하게 되었다. 이 내용은 제9장 '생명의 유전' 편에서 다시 다룰 것이다. 여기서 우선 그리피스가 한 실험을 정리해 볼 필요가 있다(그림 8-23). 그는 폐렴구균 중에서 **협막**(莢膜, capsule)이 있는 균주를 **S 균주**(S strain)라 부르고, 없는 균주를 **R 균주**(R strain)라고 불렀다. 왜냐하면 협막이 있는 균주는 표면이 매끈하고(smooth), 협막이 없는 균주는 거칠기(rough) 때문이었다. 그뿐만 아니라 협막이 있는 균주는 협막이 없는 균주에 비하여 훨씬 더 병원성이 강하다. 왜냐하면 폐렴구균의 세포벽 밖을 다시 협막이라는 구조물이 싸고 있어서, 항생제나 면역세포가 제대

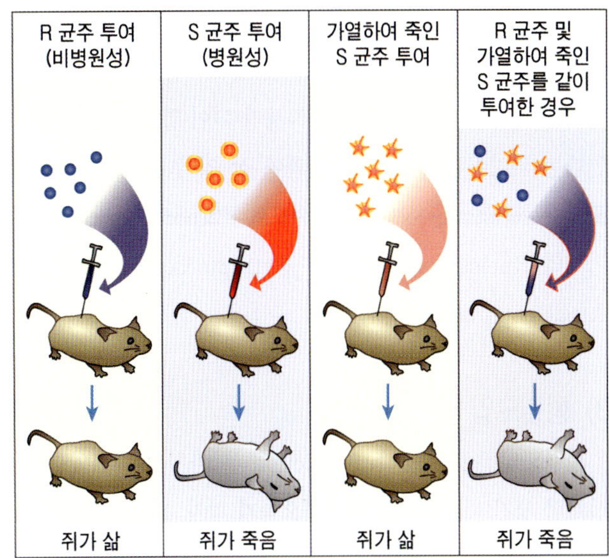


그림 8-23. 폐렴구균에서 형질전환의 발견 과정. (출처: Madprime[8-23])

로 작동하지 못하기 때문이다. 먼저 독성이 강한 S 균주를 쥐에 주사하면 당연히 쥐는 죽는다. 이에 반해 R 균주를 주사하면 쥐는 죽지 않을 것이다. 이번에는 독성이 강한 S 균주를 가열하여 죽인 후에 주사하면 쥐는 당연히 살 것이다. 마지막으로 S 균주를 죽인 후 R 균주와 같이 섞어 준 경우는 어떻게 될까? 우리의 예측으로는 쥐가 살아야 한다. 그러나 실험 결과 쥐는 죽었다. 왜 그랬을까? 이것이 바로 형질전환이 일어났다는 것을 알려 준다.

형질전환은 죽은 세포에서 흘러나온 유전물질을 살아 있는 세균이 받아들여서 자기의 염색체에 포함시키는 것을 말한다(그림 8-24). 그렇다면 그리피스의 실험에서 가열하여 죽인 S 균주와 독성이 없는 R 균주를 섞어서 주었을 때, 쥐가 죽은 이유가 설명될 것이다. 즉, 독성이 있는 S 균주가 비록 죽었지만, 그 유전물질을 독성이 없는 R 균주가 받아들여서 자신이 독성이 있는 균주로 변했다는 것을 의미한다. 이것이 형질전환이다. 그러나 세균이 항상 다른 유전물질을 받아들이는 것은

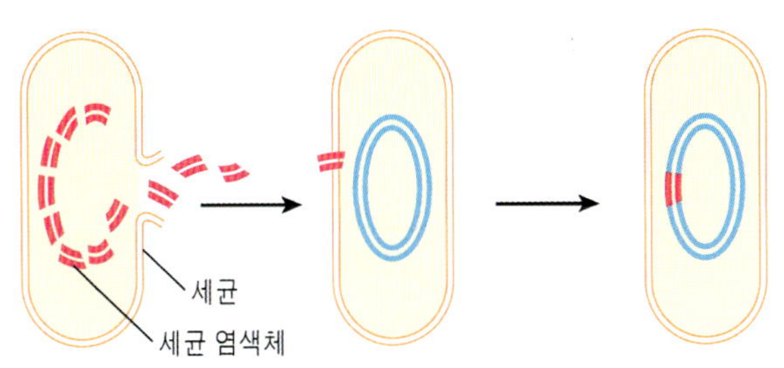


그림 8-24. 형질전환이 일어나는 과정. (출처: Lumen Learning[8-24])

08

아니다. 이 세균들이 **형질전환세포**(形質轉換細胞, competent cell)가 되어야 비로소 받아들일 수 있다. 즉, 아무때나 받아들이는 것이 아니라, 받아들일 자세가 되어 있을 때만 받아들인다는 의미이다. 이런 형질전환이 잘 일어나는 세균으로는 포도상구균(staphylococcus), 슈도모나스(pseudomonas), 나이제리아(neisseria), 연쇄상구균(streptococcus), 헤모필루스(haemophilus) 등이 있다.

### 3) 형질도입

08

**형질도입**(形質導入, transduction)은 마치 우주선의 착륙선처럼 생긴 바이러스인 **박테리오파지**(파지, bacteriophage)가 관여한다. 박테리오파지는 세균을 숙주 삼아 그 속에 들어가서 사는 바이러스를 말한다. 우선 형질도입을 기술하기 전에 박테리오파지가 박테리아 속에 들어가서 살아가는 생활주기를 이해할 필요가 있다(그림 13-4 참고). 우선 파지가 박테리아 속으로 들어가서 자신의 유전자를 이용하여 필요한 부속품들을 만든 후 증식하여 숙주인 세포를 파괴하고 다시 밖으로 나오는 경우를 **용균성 회로**(溶菌性回路, lytic cycle)라고 부른다. 또한 이들은 독성이 강하기 때문에 **독성파지**(毒性-, virulent phage)라고 불리기도 한다. 이에 반하여 **용원성 회로**(溶原性回路, lysogenic cycle)를 도는 파지는 박테리아 속으로 들어가서 자신을 박테리아 염색체 속에 포함시켜 버린다. 이렇게 박테리아 염색체 속에 들어간 파지를 **프로파지**(prophage)라고 부른다. 이 프로파지는 기회를 봐서 용균성 회로로 다시 넘어가서 증식한 후 세포 밖으로 나올 것이다. 그러나 이들은 용균성 회로를 도는 파지에 비하여 독성이 약하여 **약독파지**(弱毒-, temperate phage)라고 부르기도 한다(제13장 '생명의 미래' 편 참고). 자 이제 본격적으로 형질도입에 대하여 알아보도록 하자.

우선 형질도입은 **일반 형질도입**(一般形質導入, generalized transduction)과 **특수 형질도입**(特殊形質導入, specialized transduction)으로 나눌 수 있다(그림 8-25)[76]. 일반 형질도

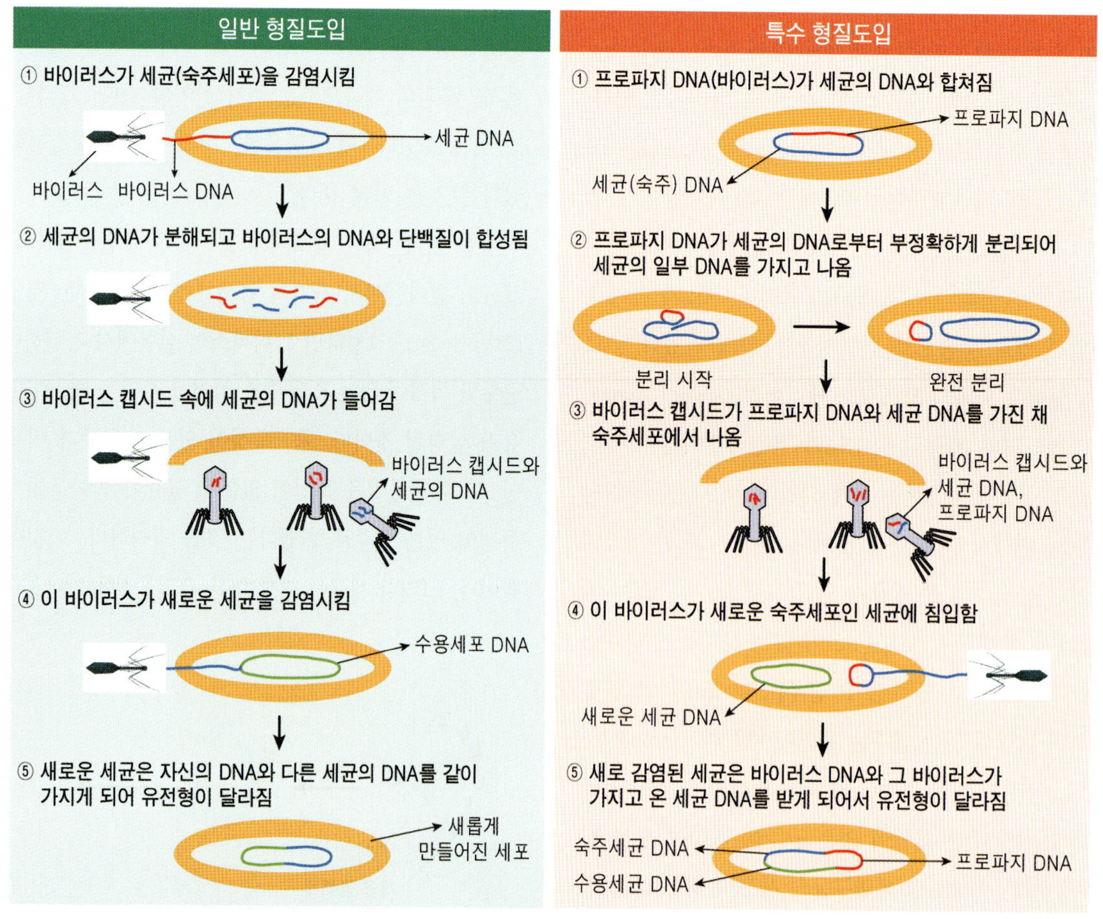


그림 8-25. 일반 형질도입과 특수 형질도입에 대한 도해. (출처: Momodou Bah[8-25])

표 8-3. 형질전환, 접합 및 형질도입의 차이점

| | 형질전환 | 접합 | 형질도입 |
|---|---|---|---|
| 세포 간 접촉이 필요한가? | 아니요 | 예 | 아니요 |
| 미리 phage에 의하여 감염되어야 하는가? | 아니요 | 아니요 | 예 |
| 형질전환세포가 필요한가? | 예 | 아니요 | 아니요 |
| Naked (free) DNA가 관여하는가? | 예 | 아니요 | 아니요 |
| 새로운 유전자를 안정시키기 위해 재조합이 필요한가? | 예 | $F^+$ cell × $F^-$ cell → 아니요<br>Hfr cell × $F^-$ cell → 예 | 예 |



입은 일단 파지가 박테리아 안으로 들어가서 유전자들이 분해되고 난 뒤, 다시 캡시드(capsid, 바이러스 유전자를 싸는 보자기)와 바이러스 DNA를 포장할 때 실수로 바이러스 DNA가 아닌 박테리아 DNA를 포장하게 된다. 이렇게 된 파지가 만약 다른 박테리아를 침범하여 박테리아 핵과 결합하게 되면, 자연적으로 한 세균의 유전자를 다른 세균에게 옮겨 준 역할을 한 셈이 된다. 이러한 형질도입은 어떤 DNA도 옮겨 줄 수 있기 때문에 일반 형질도입이라고 한다. 이에 반하여 특수 형질도입은 좀 다르다. 이들은 프로파지 상태에서 다시 파지 DNA가 분리되어 나올 때, 세균의 DNA를 잘못 잘라서 이를 달고 나오는 경우를 말한다. 따라서 이들이 옮겨 줄 수 있는 유전자는 프로파지 옆에 붙어 있는 DNA 조각만을 옮겨 줄 수 있게 된다. 따라서 이들에게는 특수 형질도입이라는 이름이 붙게 된 것이다. 그렇다면 결과적으로 일반 형질도입은 DNA 조립 단계에서의 실수로 인하여 발생하는 경우이고, 특수 형질도입은 프로파지가 분리될 때의 실수로 인하여 발생되었다고 할 수 있다. 이는 미국의 **노튼 진더**(Norton Zinder, 1928~2012)와 조슈아 레더버그가 살모넬라(*Salmonella typhimurium*)를 이용한 실험으로 알려지게 되었다. 따라서 종합적으로 접합, 형질전환 및 형질도입을 상호 비교한다면 표 8-3과 같을 것이다.

## 제4절 원생생물의 번식

### 1. 번식 방법

원생생물은 원핵생물에서 진핵생물로 넘어오는 첫 번째 관문에 자리잡고 있다. 현재 약 20만 종의 원생생물이 보고되어 있지만, 생물학에서 가장 잘 알려지지 않는 영역이기도 하다. 이들은 대부분 단세포로 되어 있지만, 일부에서는 분화되지 않은 조직 덩어리인 다세포로 구성되어 있기도 하다. 그뿐만 아니라 이들은 동물이라고 할 수도 없고 식물이라고 할 수도 없다. 그렇다고 곰팡이나 버섯과 같은 균류라고 말하기도 모호하다. 따라서 그저 이들이 가지고 있는 특성상 영양분을 얻는 방식에 따라 판단하여 **원생동물**(原生動物, protozoa), **원생식물**(原生植物, protophyte), **균류성 원생생물**(菌類性原生生物, fungus-like protist)이라고 부르고 있다. 따라서 이들이 어떤 방식으로 번식하는지는 고등생물인 균류나 식물, 더 나아가 동물의 번식을 이해하는 데 결정적 역할을 할 것이다. 우리는 이런 이유로 인하여 원생생물의 번식 방법들을 자세히 들여다 볼 필요가 있다. 앞으로 원생생물 분류에서 각각 대표 종의 번식 방법을 소개할 예정이다. 그렇다면 먼저 원생생물의 일반적인 번식 방법을 알아보도록 하자.

대부분 원생생물은 무성생식과 유성생식적 방법이 결합되어 있다. 우선 무성생식에 관하여 알아보자. 이 무성생식 방법은 이미 제6장 '생명의 성장' 편에서 기술하였다. 이들에서 일어나는 무성생식적 방법 중 가장 흔하게 볼 수 있는 **이분법**(二分法, binary fission), **출아법**(出芽法, budding) 및 **포자형성**(胞子形成, spore formation) 등은 박테리아에 일어나는 방법을 그대로 계승하고 있다. 그러나 핵분열에서는 무사분열적 방법보다 유사분열적 방법이 훨씬 더 많이 이용된다. 왜냐하면 박테리아는 대개 한 개의 원형 염색체이지만, 원생생물은 진핵생물이기 때문에 더 정교하게 핵이 분열될 필요가 있기 때문이다(그림 6-9 참고). 이는 다시 짚신벌레에서 자세히 다룰 것이다. 그 이외에 **다분법**(多分法, multiple fission)이나 **다핵분열**(多核分列, plasmotomy)도 원핵생물에 등장하는 번식 방법들이다[77].

박테리아에서는 유성생식이란 용어 대신에 박테리아 섹스라는 의미로 **접합**(接合, conjugation) 현상을 설명하였다. 그러나 원생생물에 접어들면, 접합이 일어나는 방법은 유사하지만, 유전자를 교환하는 측면에서 보면 보다 더 진화된 방법의 유성생식이라 할 수 있다. 왜냐하면 세균처럼 유전자 일부가 전해지는 것이 아니라 실제로 핵을 상호 교환하기 때문이다. 그뿐만 아니라 실제 **감수분열**(減數分裂, meiosis)이 일어나고 **배우자 합체**(配偶子合體, syngamy)가 일어나기 때문에 본격적인 유성생식의 시대가 열렸다고 볼 수 있다. 이제부터 실제 원생생물에서 일어나는 **생활주기**(生活周期, life cycle)를 보면서 알아보기로 하자.



## 2. 원생동물의 번식

원생동물은 이들이 가지고 있는 운동기관에 따라 편모류, 섬모류, 위족류 및 포자류로 나눌 수 있다. 이 중에서 대표적으로 아메바와 짚신벌레의 번식 방법을 예로 들어 보겠다. 먼저 **아메바**는 지구상에 태어난 생명체 중에서 가장 단순한 구조물 중의 하나이다. 이들은 모두 단세포로서 일정한 모양을 가지고 있지 않다. 이들은 우리가 모두 알고 있다시피 **위족**(僞足, 헛다리, pseudopod)을 이용하여 움직이기도 하고, 음식물을 삼키기도 한다. 그림 8-26은 아메바가 증식하는 방법을 잘 보여 주고 있다. 우선 아메바가 번식하기 위해서는 먼저 헛다리인 위족을 잡아당겨서 구형으로 만든다. 그런 다음 핵이 유사분열에 의하여 갈라지고, 이어서 세포질이 중앙에서 분리되면서 두 개의 딸세포가 만들어진다. 이 방법은 이미 설명된 이분법이자 박테리아에서도 일어나는 가장 단순한 세포분열 방법이기도 하다. 그러나 환경이 점차 열악해지면 아메바는 **피낭**(被囊, cyst)을 분비하여 자신을 감싸서 혹독한 환경을 극복할 준비를 하게 된다. 그뿐만 아니라 세포 안에서는 아메바 세포가 유사분열을 일으켜서 다수가 된 후 환경이 호전되면 피낭을 뚫고 딸세포들이 밖으로 쏟아져 나올 것이다[41].

**짚신벌레**는 단세포 원생생물로서 동물로 진화하기로 결정한 섬모류 중의 하나이다. 짚신벌레는 비록 단세포지만

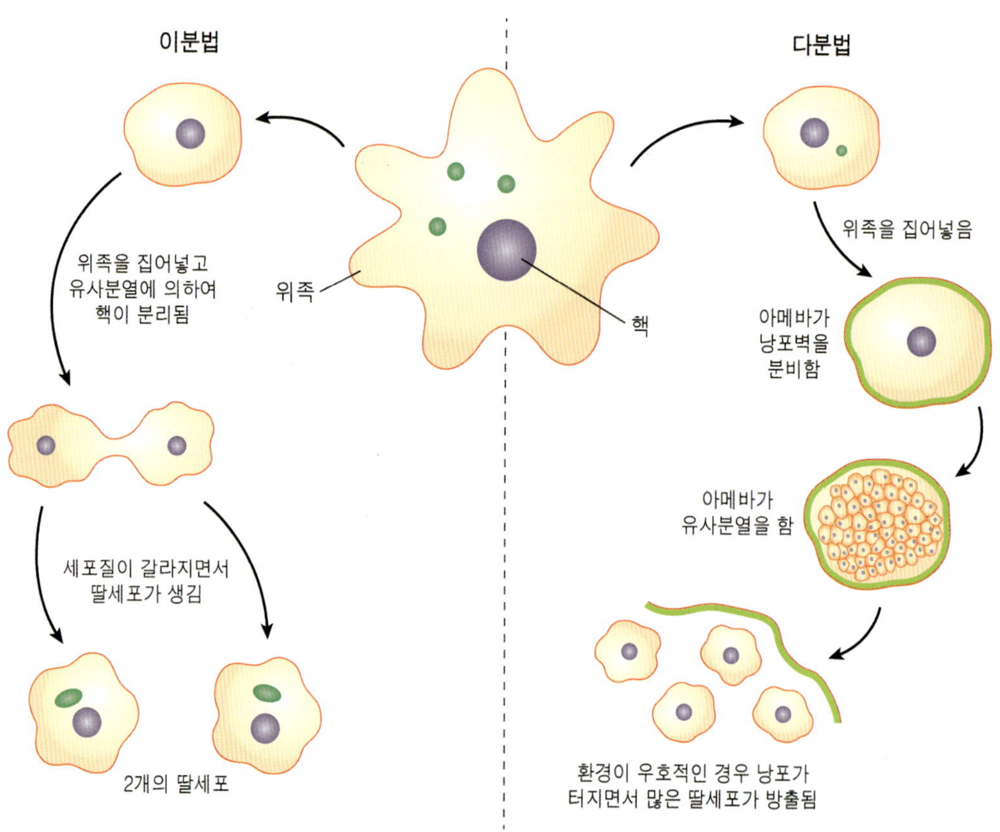


그림 8-26. 아메바의 생식 방법인 이분법과 다분법의 도해.

마치 다세포 동물처럼 필요한 기관들을 가지고 있다. 그림 5-26에서 보는 바와 같이 이들은 털북숭이처럼 섬모로 둘러싸이고 **구위**(口圍, oral groove)를 거쳐서 **세포구**(細胞口, cytostome)인 입으로 연결된다. 그뿐만 아니라 소화관과 항문도 가지고 있다. 이런 이유로 짚신벌레는 단세포로서는 진화의 정점에 있다고 볼 수 있다. 그래서 짚신벌레의 번식을 철저히 이해한다는 것은 전반적인 원생동물의 번식과 아울러 이런 방법이 어떻게 균류나 동물 및 식물로 이전되어 가는지를 이해하는 데 도움이 될 것이다. 먼저 짚신벌레에서 특이한 소견은 두 개의 **핵**(核, nucleus)을 가지고 있다는 사실이다. 먼저 덩치가 큰 **대핵**(大核, macronucleus)은 주로 영양분의 합성과 분해 등의 대사기능을 담당하고, 덩치가 작은 **소핵**(小核, micronucleus)은 주로 유성생식적인 접합과 생식에 관여한다. 이들은 고등동물에서 모든 세포가 체세포와 생식세포로 갈라지듯이 이미 원생동물 수준에서 담당 핵들이 갈라져 있는 상태라고 볼 수 있다. 그렇다면 아메바보다 10배 정도 더 커서 겨우 인간이 맨눈으로 볼 수도 있는 크기의 짚신벌레는 어떤 방법으로 번식을 이어 갈까? 이들도 우리가 예상하는 대로 무성생식과 유성생식을 둘 다 번식 방법으로 이용하고 있다. 주위 환경이 호의적인 경우는 주로 무성생식을 하다가 환경이 점차 나빠지면 이들은 서둘러 유성생식으로 돌아선다. 왜냐하면 우선적으로 유전적 다양성이 있는 자손을 남겨야 하기 때문이다.

그렇다면 먼저 무성생식 방법부터 알아보자. 그림 8-27은 짚신벌레가 잘 이용하는 무성생식 방법인 이분법을 잘 보여준다고 할 수 있다. 여기에서도 특이한 점은 대핵은 무사분열로 갈라지고, 소핵은 유사분열로 두 개로 쪼개진다는 것이다. 이 차이점은 대단히 중요하다. 대핵이 무사분열 방법으로 두 개의 세포로 갈라진다면, 세대를 거듭할수록 유전자의 분포에 불균형이 생길 것이다. 즉, 무사분열은 염색체를 정확히 두 쪽으로 나누지 않는 임의적 분리이기 때문이다. 따라서 이렇게 무사분열적으로 증식이 계속되면, 얼마 지나지 않아서 세대는 끝나고 말 것이다. 이런 이유가 유성생식이 필요한 근거가 된다. 우선 이분법은 대핵과 소핵이 핵분리를 시작하면, 동시에 짚신벌레는 섭생을 멈추고 구위 부위가 사라진다. 이렇게 분리된 핵을 중심으로 몸의 세로축에 대하여 직각으로 모세포가 두 개의 딸세포로 갈라진다. 그 이후 다시 구위가 생겨나고 세포 소기관들이 나타나면서 새로운 두 개의 딸 짚신벌레가 탄생할 것이다. 이것은 박테리아에서 보아 왔던 이분법과 크게 다를 바가 없다. 이러한 이분법의 전 과정은 환경이 호의적인 경우 2시간이면 끝난다. 또한 하루에 이러한 분열이 1~4회 정도 일어날 수도 있다. 그러나 음식이 부족해 기아 현상이 발생하고 기온이나 빛 또는 화학물질 등에 노출되면, 이들은 자손을 남기기 위하여 유성생식에 돌입하게 된다. 유성생식은 유전자를 섞어서 유전적 다양성을 만들어 내는 작업이다.

우선 짚신벌레가 이용하는 유성생식 방법은 4가지로 생각해 볼 수 있다. 먼저 접합(接合, conjugation)이다(그림 8-28)[58]. 접합은 박테리아에서 보았던 방식과 거의 닮았다. 그러나 박

08

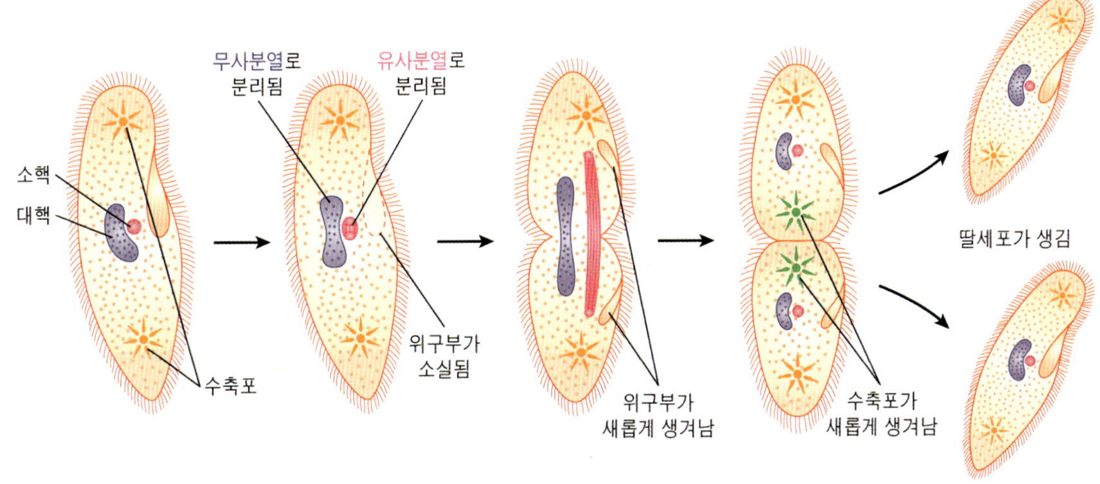


그림 8-27. 짚신벌레의 이분법(무성생식)에 의한 번식 과정.

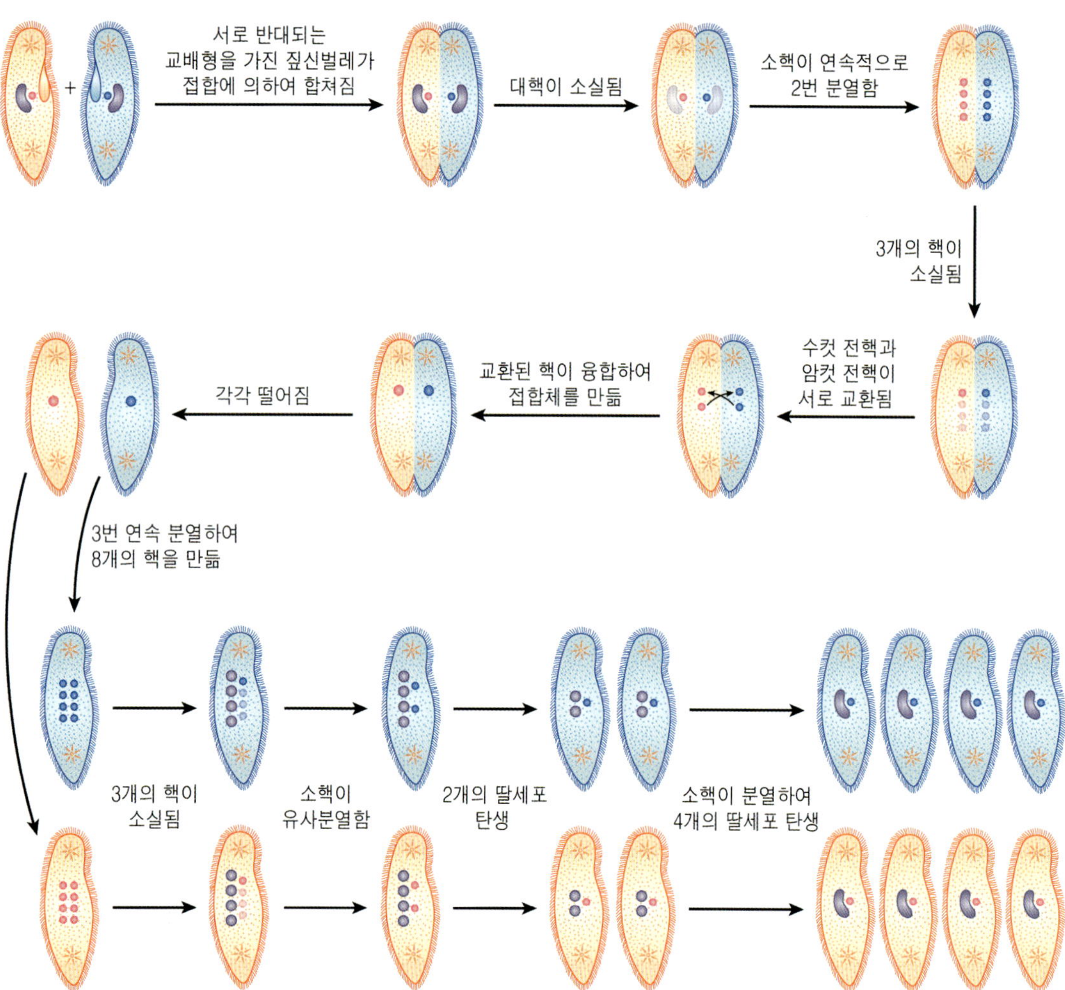


그림 8-28. 짚신벌레의 접합에 의한 유성생식 방법.



테리아에서는 접합을 통하여 플라스미드나 박테리아 자신의 일부 염색체를 넘겨주는 단순한 방식인 데 반해, 진핵생물인 짚신벌레에서는 실제로 유전자를 맞교환하는 성 활동이 전개된다. 이 과정을 자세히 추적해 보자. 우선 두 짚신벌레가 수영하는 동안 서로 구위 주변의 배쪽을 접촉함으로써 접합이 시작된다. 이렇게 두 개체가 접촉하면 섬모나 세포막이 변형되어 두 개체 사이에 세포질 다리(cytoplasmic bridge)가 놓이게 된다. 마치 박테리아에서 성선모가 불거져 나와 다리를 놓는 것과 비슷하다. 이렇게 접합이 시작되면 먼저 대핵이 쪼개지면서 분해된다. 그리고 남은 이배체 소핵이 감수분열에 의하여 4개의 핵을 만든 후 3개는 역시 퇴화한다. 이렇게 남은 한 개의 소핵은 유사분열에 의하여 2개의 **배우자 핵**(gamete nuclei)이 된다. 이 2개의 배우자 핵 중 작고 활동적인 **이동성 배우자 핵**(移動性-, migratory gamete nuclei)과 크고 수동적인 **정지성 배우자 핵**(停止性-, stationary gamete nuclei) 중에서 각각의 이동성 핵이 상호 반대 측으로 이동하여 **접합체 핵**(zygote nuclei)을 만들게 된다. 바로 두 짚신벌레가 핵을 상호 교환하는 순간이자 **양성생식**(兩性生殖, amphymixis)이 일어나는 순간이다. 이렇게 핵을 교환한 두 짚신벌레는 헤어질 차례가 다가온다. 이제 남은 이배체 접합체 핵은 세 번의 유사분열 끝에 8개의 핵이 되고, 이 중 3개는 또다시 퇴화한다. 이렇게 남은 소핵들은 결국 한 개의 대핵과 한 개의 소핵을 가진 4개의 짚신벌레로 태어날 것이다.

우리는 이 과정에서 핵들이 퇴화하고, 분열하며, 상호 교환되는 과정을 살펴보았다. 이 중에서 우리가 주목해야 할 부분은 바로 배우자 핵의 상호 맞교환이다. 그렇다고 짚신벌레는 단순히 자손이 4배로 늘었다는 의미만을 지니는 것이 아니다. 3가지 측면에서 살펴보아야 한다. 첫째는 소핵을 이용하여 대핵을 만들어 내었다. 이것은 **핵의 재조직화**(nuclear re-organization)를 통하여 만들어 낸 기술이다. 핵의 재조직화란 대핵과 같이 핵이 개조되는 현상을 말한다. 둘째는 소핵이 만든 대핵은 늙고 나약한 대핵이 아니라 새로운 힘을 가진 회춘한 대핵을 만들었다는 뜻이다. 즉, 무사분열에 의하여 유전적 불균형에 시달리는 대핵을 버리고 새로운 대핵을 만들었다는 의미이다. 마지막으로 상호 배우자 핵을 맞교환함으로써 유전자 재조합을 통하여 유전적 다양성까지 확보하는 역할을 해냈다고 볼 수 있다. 접합을 이용하여 유성생식을 하는 다른 원생동물은 우리에게도 잘 알려진 같은 섬모류인 **테트라하이메나**(*Tetrahymena thermophile*)에서도 볼 수 있다. 그러나 짚신벌레가 유성생식적 방법으로 접합만을 이용하는 것은 아니다. 다음에 소개할 **자가수정**(自家受精, autogamy), **자가혼합**(自家混合, endomixis) 및 **세포질 융합**(細胞質融合, cytogamy) 방법에 대해서도 알아보도록 하자[17,58].

**자가수정** 방법은 짚신벌레 중 *Paramecium aurelia*에서 보이는 현상이다. 이들은 원래 한 개의 대핵과 두 개의 소핵을 가지고 있다. 이 중에서 먼저 대핵이 퇴화한다. 이 방법은 그림 8-29와 같이 접합이 일어나는 것이 아니다. 이들은 2개의 배우자 핵이 생기면 이들의 데이트가 시작된다. 이 두 개의 배우자 핵은 구위 근처에 있는 임시 거처인 **원형질 고깔**(原形質-, protoplasmic cone) 속으로 들어가서 핵융합을 하게 된다. 이렇게 생긴 접합체 핵은 결국 두 번의 유사분열에 의하여 4개의 소핵으로 변하고 결국 2개의 개체가 만들어진다. 이 과정도 마찬가지로 대핵이 회춘하여 새로운 대핵을 가진 짚신벌레가 탄생하게 된 셈이다.

**자가혼합** 방법은 전형적으로 핵의 재조직화에 의하여 일어나는 현상이다. 이 과정에는 감수분열도 없고 핵융합도 일어



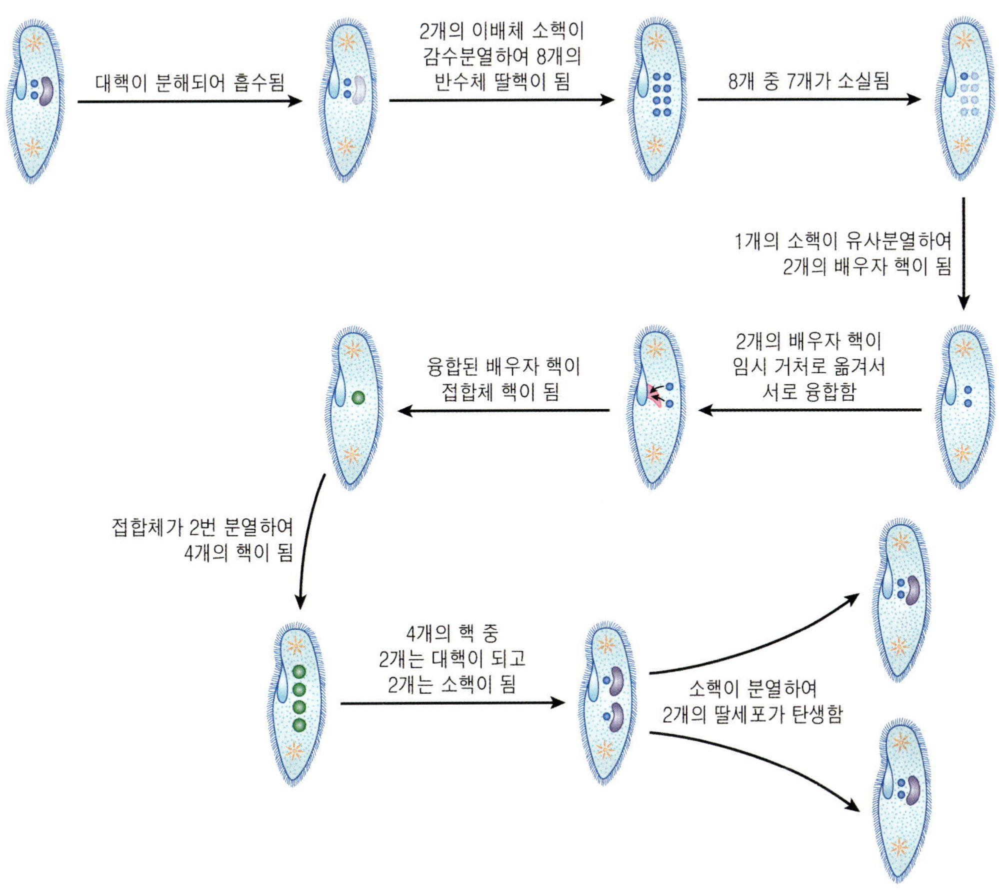


그림 8-29. 짚신벌레의 자가수정에 의한 유성생식 방법.

8-32는 동형배우자 중에서 운동성과 비운동성을 도식화한 그림이다. 이 중에서도 접합이 일어나는 **해캄**(sprirogyra, 그림 8-33)도 우리의 관심을 끈다. 이들은 녹조 담수조류의 일

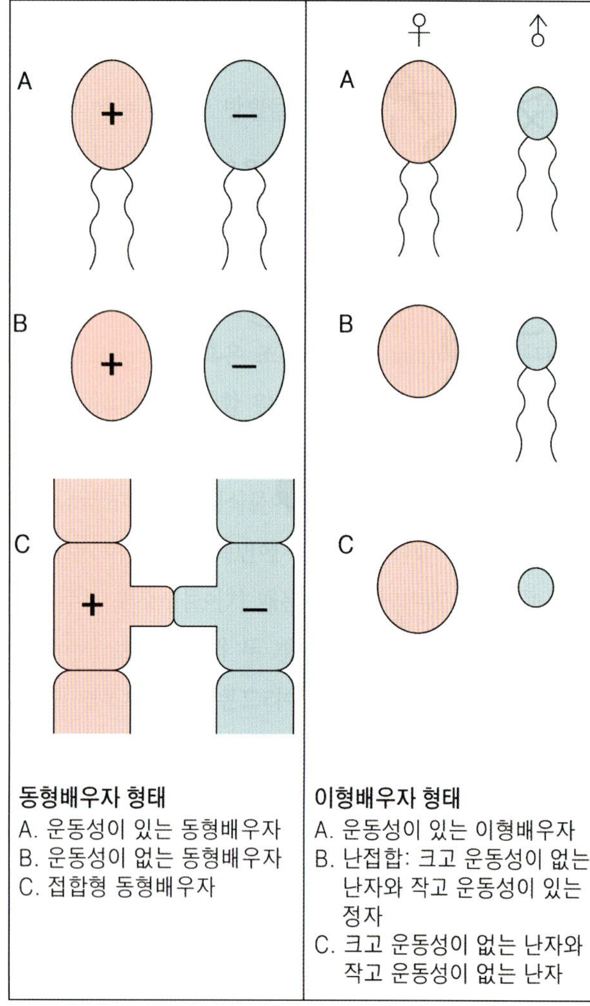


그림 8-32. 동형 및 이형 배우자 형태. (출처: Tameeria[8-32])

그림 8-33. 녹조 담수조류인 해캄. (출처: Phonon.b[8-33])

종으로 흐르는 물가의 자갈에 붙어 있는 머리카락 모양의 사상체이다. 이들이 생식기에 도달하면 접합현상이 일어나 +세포와 -세포 사이에 접합이 일어난다[18]. 그러나 다른 동형배우자에서 일어나는 형태보다 진일보한 유성생식의 특징이 나타난다. 즉, +세포의 모든 핵이 -세포로 이동해 가는 것이다. 이는 클라미도모나스에서 보는 형태와는 다른 모습이다. 따라서 우리는 이런 형태의 동형배우자를 특히 **생리적 동형배우자**(生理的同型配偶子, physiological isogamy)라고 부른다. 그다음은 배우자의 크기가 다른 형태의 생명체를 들 수 있다. 이들은 그림 8-32의 오른쪽 그림처럼 대개 난자가 크고 비활동성이 많으며, 정자는 작고 활동성인 경우가 많다. 이 중에서 유성생식 중에서 가장 진화된 형태는 **난접합**(卵接合, oogamy)이라고 부르는 형태이다. 이들은 난자가 크면서 움직이지 못하지만, 정자는 작아서 잘 움직이는 형태로 수정에 이른다[11].

이러한 난자나 정자는 이들을 만들어 내는 기관인 **장란기**(藏卵器, oogonium)와 **장정기**(藏精器, antheridium)를 가지고 있다. 따라서 유성생식에 대한 진화적 단계를 정리한다면 다음과 같다. 먼저 자가수정이 가장 원시적인 유성생식의 단계라면, 그다음 진화단계는 개체집합이다. 이 단계는 바로 동형배우자 형태로 진화하고, 이 중에서 해캄과 같은 형태의 +세포가 자신의 핵을 전부 -세포에게 전해 주는 형태로 발전한다. 그다음은 이형배우자 형태로 넘어간 다음, 현재 진화의 정점에 있는 형태인 난접합으로 발전한다. 이들에 관해서는 제9절 '성의 기원과 진화' 편에서 다시 다룰 것이다. 동형배우자와 이형배우자 및 난접합에 대한 비교는 표 8-4와 같다. 조류 중에서 가장 큰 키를 자랑하는 자이언트 켈프(giant kelp)가 속해 있는 **갈조류**(褐藻類, brown algae)는 식물에서 일어나는 전형적인 **세대교번**(世代交番, alternation of generation)을 보여 준다. 우리의 식탐을 해결해 주는 다시마(laminaria)의 번식 방법을 알아보는 것도 도움이 될 것 같다. 왜냐하면 이들이 직접적인 육상식물의 조상은 아닐지라도 그 번식 방법이 육상식물과 닮아 있기 때문이다. 먼저 다시마는 그림 8-34에서 보는 바와 같이 칼날같이 생긴 잎에 있는 **포자낭**(胞子囊, sporangia)에서 감수분열에 의하여 각기 암수의 **유주자**(遊走子, zoospore)를 만들어 낸다.

표 8-4. 배우자에 따른 상호 비교

| | 동형배우자 | 이형배우자 | 난접합 |
|---|---|---|---|
| 크기 | 동일함 | 다름 | 다름 |
| 암수 배우자 유·무 | 구분되지 않음 | 있음 | 있음 |
| 운동성 | 양쪽 모두 있음 | 양쪽 모두 있거나 혹은 없음 | 난세포는 없고 정세포는 있음 |
| 세포 구성 | 단세포 | 원시적인 다세포 | 다세포 |
| 진화단계 | 제1단계 | 제2단계 | 제3단계 |
| 예시 생물체 | 클라미도모나스, monocystis | 일부 균류, 고등 무척추동물, 척추동물 | 일부 원생생물, 균류, 식물, 동물 |



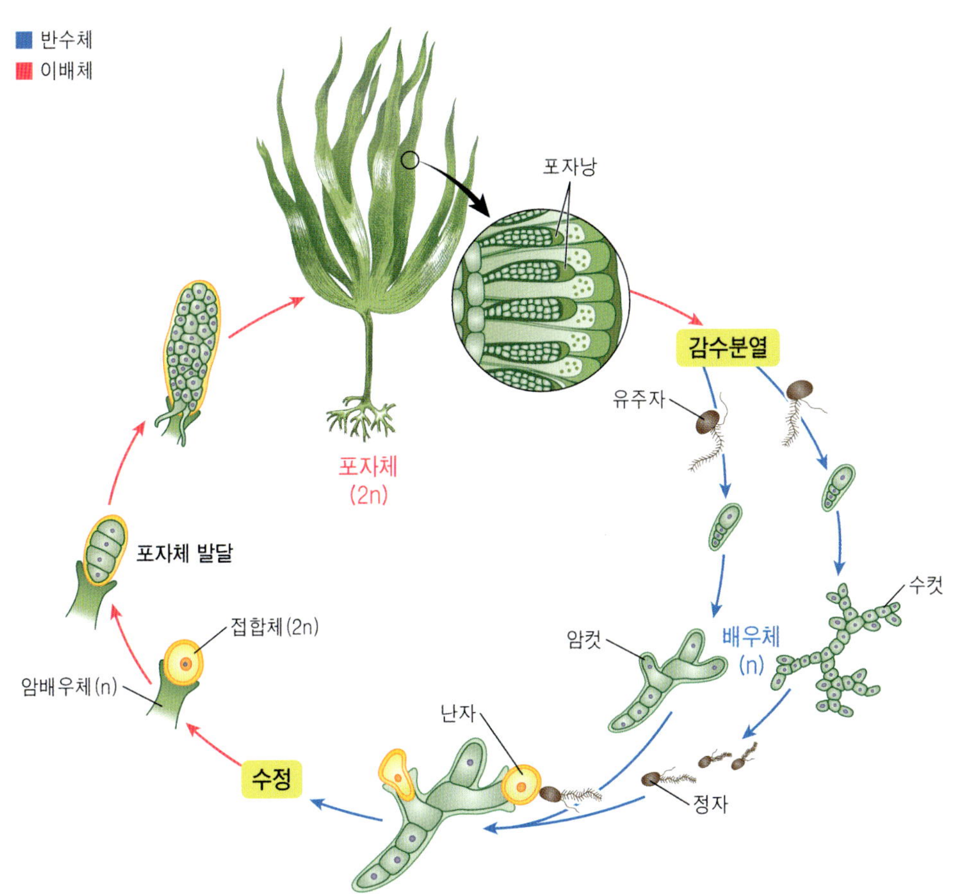


그림 8-34. 다시마의 세대교번을 보여 주는 생활사.

이들 유주자는 바다 밑 바위에 붙어서 단상의 **배우체**(配偶體, gametophyte)로 성장할 것이다. 이들이 만들어 낸 난자와 정자는 정자에 있는 모양이 다른 두 개의 편모에 의하여 수정이 일어난다[47]. 이 수정은 배우체 위에 붙어서 종속적인 관계로 일어난다. 비록 배우체 위에서 살림을 차렸다 하더라도 이 수정란은 광합성이 일어나면서 배우체와 독립적으로 **포자체**(胞子體, sporophyte)로 성장할 것이다. 줄기와 잎 사이에 있는 **기포체낭**(氣泡體囊, pneumatocyst, gas bladder)은 잎에 부력을 만들어서 잎을 물 위쪽으로 띄워서 햇빛을 잘 받을 수 있게 만들어 줄 것이다. 이런 과정은 식물의 이끼류에서 흔히 볼 수 있는 세대교번과 대단히 유사하다. 이들은 모두 '식물의 번식' 편에서 더 자세히 설명할 것이다.

## 4. 균류성 원생생물의 번식

균류성 원생생물 중에서는 대표적으로 **원형질성** 점균류(原形質性粘菌類, plasmodial slime mold)를 다루고자 한다[46,78]. 왜냐하면 이들은 아메바형 시기, 포자형 시기 및 편모형 시기를 모두 거치기 때문이다.

우선 복상의 배우체는 그림 8-35에서처럼 단일 세포가 세포질 분열 없이 다핵의 세포 덩어리로 구성된 **변형체**(變形體, plasmodium)를 만든다. 이 변형체가 성숙하면 **자실체**(子實體, fruiting body)에 해당하는 **포자낭**(胞子囊, sporangium)이 만들어질 것이다. 이렇게 성숙된 포자낭은 감수분열을 거쳐서 단상의 포자를 방출시키게 된다. 이렇게 세상에 등장한 포자들은 각기 아메바형 배우자나 편모형 배우자가 되어서 처음에는 **원형질 융합**(原形質融合, plasmogamy)이 일어나고, 뒤이어 **핵융합**(核融合, karyogamy)이 일어나면서 수정단계에 들어선다. 이렇게 수정된 복상의 접합체는 다시 변형체를 만들고, 다시 포자낭을 형성하면서 생활주기를 이어 갈 것이다. 그러나 이 변형체가 건조 등 주위 환경이 악화되면 **균핵**(菌核, sclerotia)을 만들어서 열악한 환경을 극복해 나가게 된다. 이런 형태의 원형질 융합과 핵융합은 균류에게 그대로 전해져서 '균류의 번식' 편에도 다시 등장하게 될 것이다.

## 제5절 균류의 번식

### 1. 번식 방법

3역 6계 중에서 **균계**(菌界, fungus, mycota, fungus는 라틴어로 버섯, mushroom이라는 말에서 직접 온 것)는 진핵생

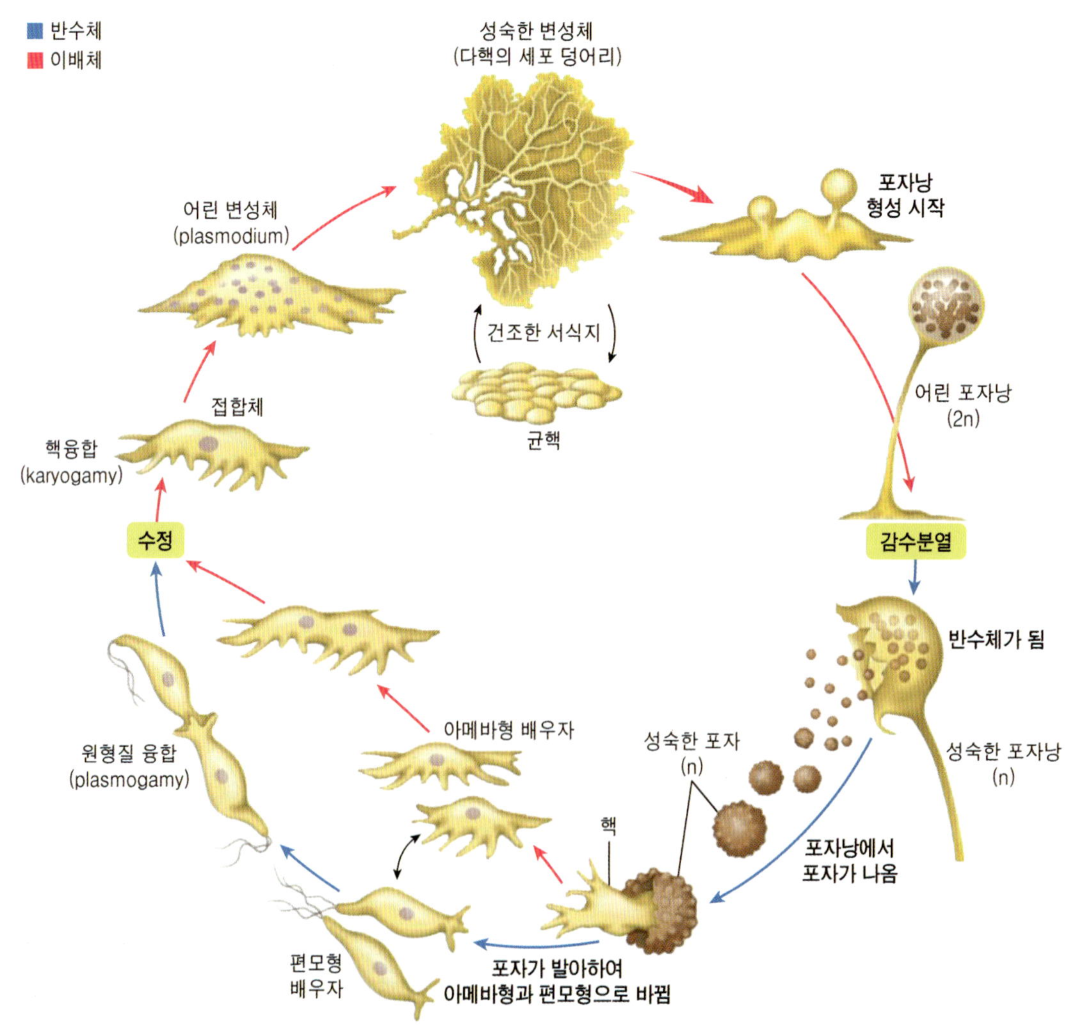


그림 8-35. 원형질성 점균류의 생활사. (출처: eCampus Ontario[8-35])

물균으로 동물 및 식물과 더불어 이 지구상을 장악하고 있는 생명체 중의 하나이다. 이 균계는 지금까지 약 12만 종 정도가 보고되어 있지만, 실제적으로는 2백만에서 4백만 종 정도가 존재할 것으로 추정하고 있다. 이들은 주로 대부분의 삶이 반수체 형태로 살아간다. 즉, 동물이나 식물과는 정반대로 단상 생활주기를 이어 간다. 그뿐만 아니라 이들은 조류와 동맹을 맺어서 **지의류**(地衣類, lichens) 형태로 공생생활을 하고, 식물뿌리와 결합하여 **균근**(菌根, mycorrhiza)으로 살아가기도 한다. 눈에 보이지도 않는 **균사**(菌絲, hypae)는 식물의 뿌리와 같은 기능을 하지만 광합성을 할 수 있는 재주는 없다. 따라서 이들은 종속영양생물 혹은 죽은 생명체를 먹고 사는 **부생생물**(腐生生物, saprophyte)이라 부르기도 한다. 과연 이들은 어떻게 번식을 통하여 자손을 만들어 대를 이어 갈 수 있을까?

균류의 번식 방법도 다를 바 없이 무성생식과 유성생식 방법을 이용한다. 그러나 모든 균류가 이 두 가지 방법을 다 이용하는 것은 아니다. 우리는 유성생식 없이 오로지 무성생식적 방법으로 번식하는 균류를 따로 **불완전균류**(不完全菌類, imperfect fungi)라고 부르기도 한다. 만약 균류들이 유성생식을 하기 위해서는 번식기관이 있어야 할 것이다. 마치 현화식물에서 번식기관이 꽃이듯이, 균류에서의 번식기관은 **자실체**(子實體, fruit body)이다. 자실체는 우리가 보는 버섯이다. 따라서 우리의 식탁에 오르는 버섯은 균류의 번식기관인 셈이다. 이렇게 영양기관인 균사체가 번식을 위하여 따로 자실체를 만드는 균류를 **분실성 균류**(分室成菌類, eucarpic fungus)라 부르고, 자실체를 만들지 못하고 영양체 전체가 자실체로 변하는 균류를 **전실성 균류**(全實成菌類, holocarpic fungus)라 부르기도 한다. 전실성 균류는 마치 원생생물인 클라미도모나스가 **개체접합**(個體接合, hologamy)을 하듯이 몸 전체가 번식기관으로 작용하는 셈이다.

균류는 주로 **포자**(胞子, spore)를 만들어서 번식 활동을 한다. 균류도 운동성이 없기 때문에 이 포자를 퍼트리는 방법은 도리 없이 자연에 의존할 수밖에 없다. 주로 바람을 이용하거나 곤충을 불러 모으기도 한다. 특히 버섯이 문어처럼 생겨서 마치 그 모양이 마귀의 손가락처럼 보이기도 하는 **바다말미잘버섯**(*Clathrus archeri*, octopus Stinkhorn)은 아주 고약한 냄새를 풍겨서 곤충을 불러 모을 것이다. 흔히 우리가 산책길에서 만나는 **말불버섯**(*Lycoperdon perlatum*, giant puffball)은 수조 개의 포자가 바람을 타고 허공으로 흩어질 것이다. 이렇게 포자를 형성하는 생명체는 균류뿐만이 아니다. 포자를 형성하는 생명체는 세균, 원생동물, 조류, 식물에서도 그 형태를 고스란히 가지고 있다. 이렇게 생명체는 번식 방법도 서로 섞여서 공유되고 있다는 사실은 무엇을 의미하고 있을까?

이제부터 균류에서 일어나는 무성생식 방법과 유성생식에 관해서 자세히 알아볼 차례이다(그림 8-36)[42]. 우선 무성생식으로 자손을 늘려 나가는 방법은 이미 각 생명체에서 소개한 바 있다. 즉, 하나의 세포가 두 개로 갈라지는 **이분법**(二分法, binary fission), 균사의 마디가 떨어져 나가는 **분절법**(分節法, fragmentation), 효모처럼 싹이 돋아서 떨어져 나가는 **출아법**(出芽法, budding) 등이 있다. 그러나 가장 흔한 무성적 번식 방법은 **포자형성**(胞子形成, spore formation)이다. 이런 방법들은 무성적이므로 한 개의 모세포만이 필요하지만, 유사분열에 의하여 만들어지므로 모두가 유전적으로 동일한 복제품에 해당한다. 그러나 이런 방법은 단순하지만 한 번에 많은 자손을 만들기에는 아주 유리한 방법이라고 할 수 있다. 이러한 **무성포자**(無性胞子, asexual spore)는 몇 가지 종류로 나누어 볼 수도 있다. 우선 **분생포자** 혹은 **분생자**(分生胞子, conidiospore)는 균사에서 나온 **분생포자경**(分生胞子梗, conidiophore, **분생포자 자루**)의 끝이나 옆에서 떨어져 나간 포자를 말한다. **포자낭포자**(胞子囊胞子, sporangiospore)는 거미줄곰팡이(rhizopus)와 같이 포자낭에서 만들어진 포자를 말하고, **분절포자**(分節胞子, arthrospore)는 트리코스포리움(trichosporium)에서 볼 수 있는 포자의 원시적 형태로 균사가 깨어져서 생기는 포자이다. **후막포자**(厚膜胞子, chlamydospore)는 환경이 악화되면 동면하기 위하여 세포벽이 두꺼워지는 포자를 말한다. 또한 **출아포자**(出芽胞子, blastospore)는 균사의 끝에 생기는 출아에 의해서 생기는 포자를 말한다. 그러나 이런 포자들은 포자낭 안에서 만들어지기 때문에 **내생포자**(內生胞子, endospore)라 부르기도 하고, 누룩곰팡이(Aspergillus)처럼 외부에서 만들어지는 포자를 **외생포자**(外生胞子, conidia, exogenous spore)라고 부르기도

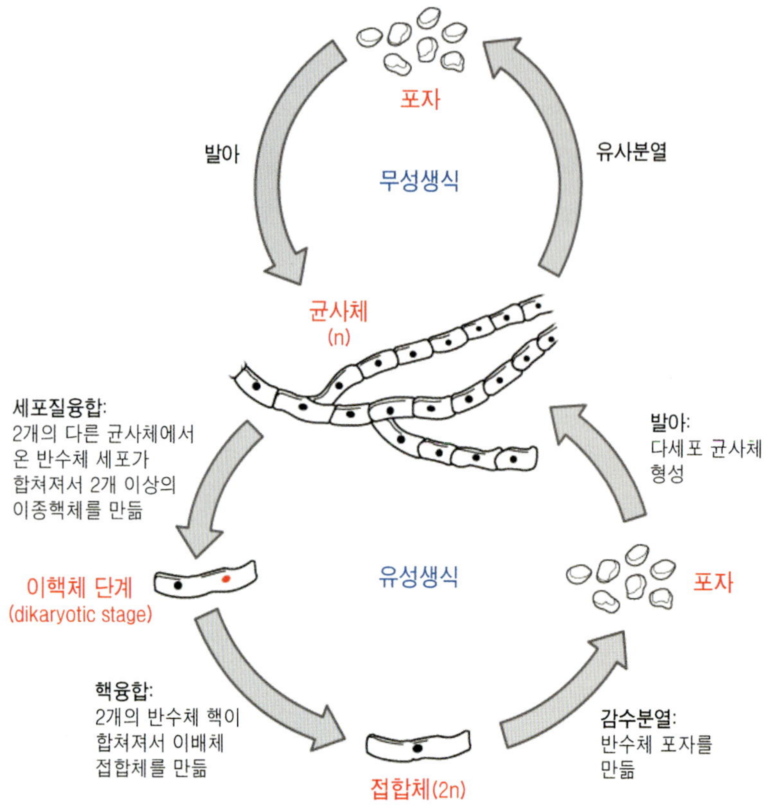


그림 8-36. 균류의 생활사. (출처: Lumen Learning[8-36])

한다. 또한 운동성이 있는 포자를 **유주자**(遊走子, zoospore)라 부르기도 하고, 털곰팡이나 거미줄 곰팡이와 같이 운동성이 없는 포자를 **비운동성포자**(非運動性胞子, aplanospore)라 부르기도 한다[73]. 이상에서 알아본 바와 같이 포자의 형태도 아주 다양하다는 것을 알 수 있다. 그렇다면 유성생식은 어떻게 진행되고 이들이 만들어 내는 포자는 어떤 형태들이 있을까?

우선 유성생식이 일어나는 경우는 환경이 비우호적으로 변하여 살기 어려워질 때이다. 이때에는 단순하고 효과적인 무성생식을 버리고 유선석 다양성이 나타나는 유성생식으로 방향을 바꾸게 된다. 즉, 유성생식에는 두 개의 균사들이 배우자 성격을 띠면서 서로 밀착한다. 우리는 이런 배우자를 간단히 **플러스 배우자**(+ gamete)와 **마이너스 배우자**(− gamete)라고 부른다. 이들이 서로 교접하면 **세포질 융합**(細胞質融合, plasmogamy)이 일어나고 이어서 핵들이 모이게 된다. 따라서 이렇게 핵이 두 개인 n+n 상태를 **이핵체**(二核體, dikaryotic)라고 부른다. 우리는 이런 상태의 균사를 이차 균사라고 한다. 이렇게 세포 안에 두 개의 핵이 들어 있는 기간이 고등균류일수록 길어진다. 즉, 하등 균류에서는 이핵체에서 곧바로 **핵융합**(核融合, karyogamy)이 일어나 버린다. 핵융합이 일어나면 균사는 어떻게 될까? 이들이 바로 복상의 **접합체**(接合體, zygote)가 될 것이다. 우리는 여기서의 핵융합을 **수정**(受精, fertilization)이라고 부르지 않는다. 왜냐하면 암수의 배우자가 만나서 만든 접합체가 아니기 때문이다. 이렇게 만들어진 접합체는 **감수분열**(減數分裂, meiosis)이 일어나면서 **유성포자**(有性胞子, sexual spore)를 만들어 낼 것이다. 따라서 균류에서 일어나는 유성생식을 단계별로 구분한다면, 먼저 세포질 융합 과정 이후 핵융합이 일어나고, 뒤따라서 감수분열이 일어나는 세 가지 단계이다. 여기에서 균류의 핵융합에는 아주 다양한 방법들이 동원된다. 어떻게 다른 핵들이 서로 만나 융합할 수 있을까?

먼저 핵이 합쳐지는 방법에는 다섯 개의 방법이 등장한다. 첫 번째로 **운동성 배우자 합체**(運動性配偶子合體, planogametic copulation) 방법을 들 수 있다. 이 방법은 배우자의 한쪽 혹은 양쪽이 모두 운동성이 있는 경우이다. 따라서 이들이 합체되는 것은 쉽게 이해할 수 있다. 호상균의 일종인 신키트리움(synchytrium)은 배우자의 모양이 서로 같은 **동형배우자**(同型配偶子, isogamy)이다. 그러나 **이형배우자**(異型配偶子, anisogamy)는 서로 모양이 달라서 단세포형 균류인 알로마이세스(allomyces)에서나 볼 수 있다. 이 알로마이세스의 자성 배우자는 **사이레닌**(sirenin)이라는 페로몬(sexual pheromone)을 분비하여 웅성 배우자가 헤엄쳐 오도록 유도하는 역할을 하기도 한다. 특히 인간과 같이 자성 배우자는 비운동성이고 웅성 배우자는 운동성을 가지는 균류는 모노블레파리스(monoblepharis)에서 볼 수 있다. 우리는 이런 형태를 **난접합**(卵接合, oogamy)이라고 부른다. 두 번째 방법은 **배우자낭 접촉**(配偶子囊接觸, gametangial contact)이다. 이 방법은 암수 배우자낭이 접촉하지만 융합하지는 않고, 둘 사이에 구멍이 뚫리거나 수정관이 만들어져서 이곳으로 웅성 배우자 핵이 자성 배우자 쪽으로 들어가는 방법을 말한다. 구멍을 통해서 들어가는 균류는 누룩곰팡이(aspergillus)나 푸른곰팡이(penicillium)가 여기에 속한다. 또한 수정관을 통해서 들어가는 균류는 흰녹균류(albugo)나 노균류(peronospora)가 여기에 포함된다. 이렇게 웅성의 핵이 자성 쪽으로 옮겨가면, 장정기는 소실되고 장란기만 성장하게 된다. 세 번째 방법은 **배우자낭 합체**(配偶子囊合體, gametangial copulation)로서 아예 배우자낭이 서로 융합해 버리는 경우이다. 이렇게 되면 배우자낭 사이에 **접합포자**(接合胞子, zygospore)가 만들어질 것이다. 이들은 곧이어 접합균류에서 보게 될 것이다. 네 번째 방법은 **체세포 합체**(體細胞合體, somatic copulation, somatogamy)이다. 이들은 체세포가 직접 결합하여 이배체 균사를 만들어 낸다. 즉, 특이한 번식기관을 만들어 내지 않는다. 따라서 이 경우는 앞에서 설명한 대로 전실성 균류라고 보아야 한다. 이들은 의외로 고등 균류에서 일어나는 유성생식 방법으로 곧이어 등장할 것이다. 마지막으로 **정자 합체**(精子合體, spermatization)이다. 이 경우는 자성 배우자낭에서 나온 실 모양의 돌기인 **수정모**(受精毛, trichogyne)에 웅성 배우자가 붙으면, 이 사이에 구멍이 생겨서 웅성 핵이 자성 쪽으로 옮겨가는 경우를 말한다. 이런 정자 합체는 자낭균류의 일종인 은빵곰팡이에서 볼 수 있다.

그렇다면 이렇게 유성생식에 의해서 만들어진 포자에는 어떤 종류들이 있을까? 우선 **유성포자**(有性胞子, sexual spore)는 만들어지는 수가 적을 뿐만 아니라 무성포자에 비해 간접적인 방법으로 만들어진다. 먼저 **자낭포자**(子囊胞子, ascospore)는 주머니(sac)처럼 생긴 **자낭**(子囊, ascus) 속에 든 포자를 말하고, **담자포자**(擔子胞子, basidiospore)는 곤봉(club)처럼 생긴 **담자기**(擔子器, basidium) 속에 든 포자를 말한다. **접합포자**(接合胞子, zygospore)는 두 개의 배우자낭이 결합하여 두꺼운 세포벽을 가진 포자를 말한다. 또한 **장란기**(藏卵器, oogonium) 속에서 수정에 의하여 만들어진 포자를 난포자(卵胞子, oospore)라 부르기도 한다. 이제부터 우리는 대표적인 균류의 종류에 따라 하나씩 그 번식 방법과 생활주기를 알아보도록 하자[22].



## 2. 접합균류의 번식

**접합균류**(接合菌類, Zygomycota, conjugation fungi)는 이름 그대로 플러스형 균사(+ mating hypae)와 마이너스형 균사(- mating hypae) 사이에 접합이 일어나서 포자를 형성하는 균류를 말한다. 이들 접합균류는 자낭균류나 담자균류와는 다르게 세포 사이에 **격벽**(隔壁, septum)이 없다. 그러나 이들도 다른 균류와 유사하게 무성생식과 유성생식에 의하여 포자를 형성한다(그림 8-37). 우선 접합균류는 두 개의 교배형을 가지고 있으며 **헛뿌리**(rhizoid), **포자낭자루**(sporangiophore)와 **포자낭**(sporangium) 그리고 기는 줄기인 **포복경**(匍匐莖, stolon)으로 구성되어 있다. 먼저 플러스 균사와 마이너스 균사가 인접하게 되면, 양쪽에서 **배우자낭**(配偶子囊, gametangia)이 불거져 나온다. 이어서 이들은 서로 만나 세포질이 융합되면서 **접합포자낭**(接合胞子囊, zygosporangium)을 만들게 된다[81]. 따라서 이 접합포자낭은 이핵형 핵을 가지고 있게 된다. 이렇게 형성된 접합포자낭은 핵융합이 일어나 이배체 접합체가 될 것이다. 다시 이배체 접합체는 감수분열이 일어나서, 접합포자낭에서 자라 나온 포자낭 자루 끝에 매달린 포자낭에서 반수체 포자를 지상으로 뿌리기 시작할 것이다. 만약 환경이 우호적인 경우는 무성생식적으로 포자를 만들어 자손을 늘려 나갈 것이고, 환경이 열악해지면 다시 유성생식 경로를 가동시켜 유전적 다양성이 있

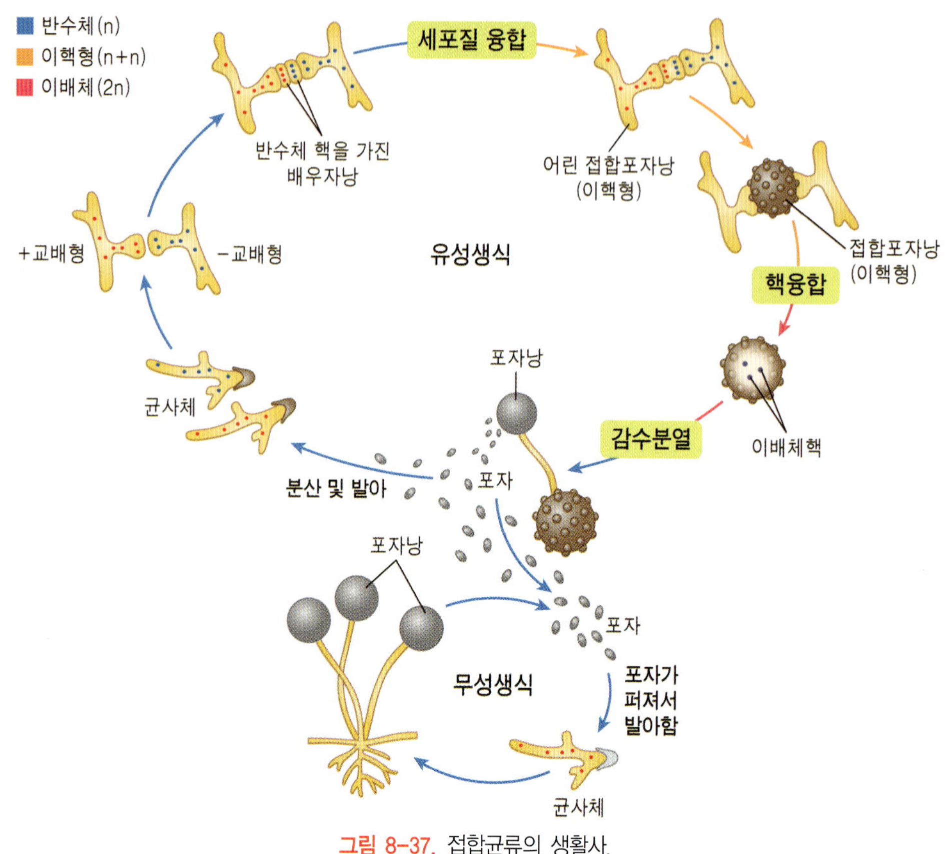

그림 8-37. 접합균류의 생활사.



는 접합포자를 만들어 낼 것이다. 이런 접합균에는 털곰팡이(Mucor)나 빵곰팡이가 여기에 속한다.

## 3. 자낭균류의 번식

**자낭균류**(子囊菌類, Ascomycota)는 자낭(ascus)이라는 주머니 속에서 포자를 생산하는 특징이 있다. 따라서 이런 방식으로 만들어지는 포자를 우리는 **자낭포자**(子囊胞子, ascospore)라고 부른다. 이 자낭균류에 속하는 생명체는 인간과 밀접한 연관성을 가지고 있다. 우선 **효모**(酵母, yeast)는 와인이나 술 또는 빵을 만드는 데 필수적인 역할을 담당한다. **푸른곰팡이**(penicillium)는 최초로 인간에게 항생제가 무엇인지를 알게 해 준 곰팡이이고, **누룩곰팡이**(aspergillus)는 술이나 된장을 만들어 내는 일등 공신이다. 우선 효모의 번식부터 알아보자.

효모는 단세포의 특징을 가지면서 약 1,200종 정도가 알려져 있다. 의학적으로 **진균증**(眞菌症, fungal infection, mycoses)을 일으키는 **칸디다 알비칸스**(*Candida albicans*)나 **크립토코커스 네오포르만스**(*Cryptococcus neoformans*)와 같은 효모 종도 있지만, 대장균처럼 효모 종 중에서 가장 잘 연구된 종은 **사카로미세스 세레비시아**(*Saccharomyces cerevisiae*)이다. 대다수의 효모균은 자낭을 형성하여 자낭균류에 속하기 때문에 이들을 중심으로 기술하고자 한다.

효모는 무성적 분열에 의하여 자손을 늘리기도 하지만, 주로 출아법에 의하여 번식한다. 이들은 환경이 우호적인 경우는 그림 8-38과 같이 출아에 의하여 번식이 이루어진다. 이들은 기본적으로 교배형이 a 세포(a cell)와 $\alpha$ 세포(alpha cell)로 나누어져 있다. 만약에 환경이 악화되면 이들 두 교배형이 상호 가까이 붙어서 접합이 일어난다. 이들이 서로를 쉽게 찾을 수 있는 방법은 페로몬을 분비해서 일어난다는 사실이 이미 잘 알려져 있다. a 세포는 a 인자(a factor)라고 불리는 교배용 페로몬을 분비하여 자신이 가까이에 있다는 사실을 알린다. 이렇게 a 인자를 인식한 $\alpha$ 세포는 다시 자신의 페로몬인 $\alpha$ 인자($\alpha$ factor)를 분비한다. 이렇게 분비된 상호 페로몬은 각각 a 세포와 $\alpha$ 세포에 작용하여, a 세포는 $\alpha$ 세포 쪽으로 마치 서양배처럼 생긴 슈모(shmoo) 모양의 돌기를 $\alpha$ 세포 쪽으로 뻗게 된다. 이에 대응하여 $\alpha$ 세포도 a 인자가 분비되는 쪽으로 슈모 모양의 돌기를 만들어서, 드디어 이 둘은 견우직녀처럼 만나 세포질 융합이 일어나면서 **접합**(接合, conjugation)이 일어날 것이다. 이 세포들은 다시 a 세포의 핵과 $\alpha$ 세포의 핵이 핵융합을 일으켜서 복상의 a/$\alpha$ 세포를 만들 것이다. 이들은 이 상태에서도 무성적 출아법에 의하여 증식할 수 있다. 그러나 환경이 더욱 악화되면, 효모는 감수분열이 일어나면서 자낭을 만들고 반수체 자낭포자를 만들어 낼 것이다. 만약 다시 환경이 호전된다면, 이 자낭포자낭은 다시 터지고 반수체 자낭포자가 세상으로 나와서 다시 효모의 대를 이어 갈 것이다[79].

그렇다면 자낭이라는 포자낭을 만드는 다세포 자낭균류는 어떻게 번식할 것인가? 자낭균류의 교배형에는 플러스 균사(+ hypae)와 마이너스 균사(− hypae)가 존재한다. 이들은 각기 분생포자 자루(conidiophore)를 만들어서 **분생자**(分生子, conidia)를 만들어 무성적으로 자손을 불려 나갈 것이다(그림 8-39). 그러나 환경이 악화되어 생존하기가 힘들어지면, 각각에서 생긴 **장정기**(藏精器, antheridium)와 **자낭기**(子囊器, ascogonium)가 수정모를 통하여 연결되면서 세포질 융합이 일어나 이핵체 균사를 만들어 낸다. 이 이핵체 균사는 성장하여 자실체인 **자낭과**(子囊果, ascocarp)를 만들고, 그 끝에 자낭이 만들어진다. 이 자낭 속에서 이핵체가 결합하여 이배체 핵을 만들고, 다시 이 핵은 감수분열을 일으켜서 반수체 핵을 가진 자낭포자를 만들어서 공중으로 뿌릴 것이다. 이렇게 지상으로 내려온 자낭포자는 다시 발아를 거쳐 새로운 균사로 태어날 것이다[34].

## 4. 담자균류의 번식

**담자균류**(擔子菌類, Basidiomycota)는 균류 중에서 우리에게 가장 익숙한 균류라 할 수 있다. 왜냐하면 비싼 값으로 우리의 식탁에 오르기도 하고, 등산길에 우연히 그 모습을 드러내는 생물체이기 때문이다. 담자균류도 반수체 균사가 플러스 교배형과 마이너스 교배형으로 구성되어 있다. 이들이 서로 만나면 마치 원생생물인 해캄에서 일어나는 현상과 비슷한 접합이 일어나면서 세포질 융합이 생긴다. 이에 따라 두 교배형에서 온 핵은 이핵체가 되어, 다시 이차 균사인 이핵체 균사를 성장시킬 것이다. 우리가 보는 버섯은 이러한 이핵체 균사가 형성한 자실체에 불과하다. 이 이핵체 핵으로 구성된 이차 균사는 **균모**(菌帽, pileus, 버섯 갓)의 밑에 있는 **균습**(菌褶, gill, 버섯 주름살)의 곤봉이나 물병처럼 생긴 **담자**(擔子, basidia)에서 핵융합이 일어나, 드디어 이배체 접합체가 된다(그림 8-40). 이 이배체 접합체는 다시 감수분열을 일으켜서 담자포자를 만들고, 이 포자는 바람에 의하여 지상으로 운반된 후, 다시 반수체 균사로 발아하여 다시 살아갈 것이다[44]. 결국 균류도 원생생물에서 보는 바와 같이 이핵체라는 특징을 그대로 보존하고 있는 셈이다.



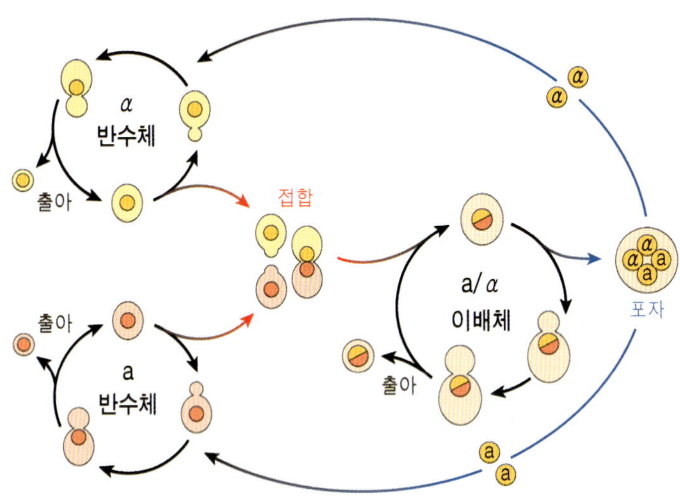


그림 8-38. 효모의 생활사. (출처: Wikimedia Commons[8-38])

08

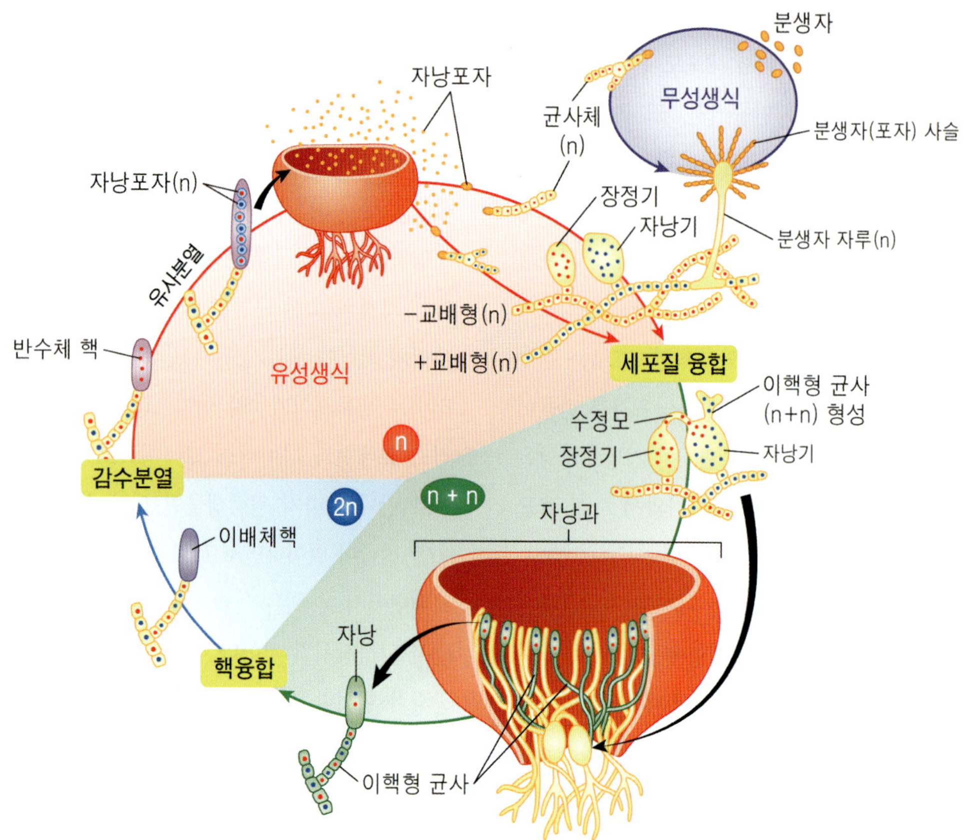


그림 8-39. 자낭균류의 생활사.

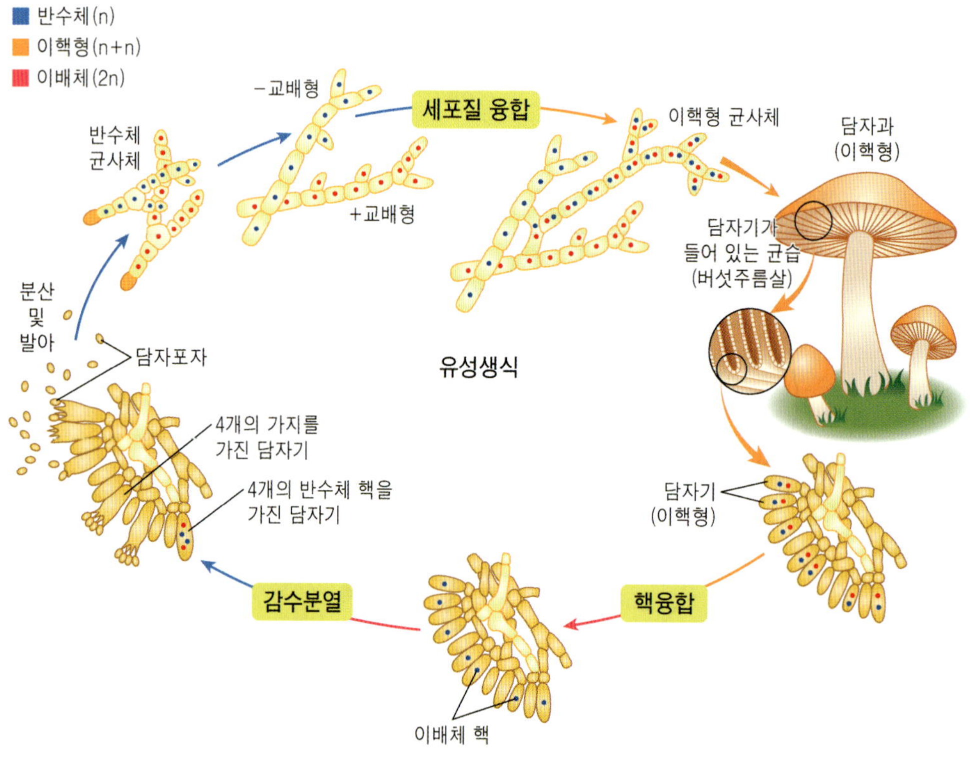


그림 8-40. 담자균류의 생활사.

# 제6절 식물의 번식

## 1. 번식 방법

식물들의 번식 방법도 크게는 다른 생명체와 같이 무성생식과 유성생식으로 나누어 생각해 볼 수 있다. 이들은 이미 제2절 '번식의 종류' 편에서 설명한 바 있다. 따라서 식물의 관점에 더 초점을 맞추어 무성생식과 유성생식을 간단히 소개하고자 한다.

### 1) 무성생식

먼저 무성생식은 크게 영양생식과 식물에서 흔히 일어나는 무수정생식으로 나누어진다.

#### (1) 영양생식

식물의 **영양생식**(營養生殖, vegetative reproduction)은 이미 기술한 내용으로 식물의 영양기관, 즉 뿌리, 줄기, 잎 등 식물의 몸 일부가 새로운 개체를 만드는 방법이다. 따라서 이들은 한 부모에서 태어난 자손들로서 모두가 동일한 유전자를 가지는 복제품들이다. 채송화나 국화처럼 가지를 잘라서 흙에 꽂아 두면 새로운 식물로 성장한다. 그뿐만 아니라 감자나 백합처럼 뿌리나 줄기를 나누어 심어 놓아도 새로운 개체로 자라나서 다시 꽃을 피울 것이다. 또한 식물에서 가장 흔하게 이용되는 포자생성은 앞으로 소개할 식물에서 자세히 보게 될 것이다. 그 이외에도 잎꽂이, 휘묻이나 접붙이기 등도 무성생식적 번식 방법으로 농업이나 화훼산업에 중요한 역할을 맡고 있다.

#### (2) 무수정생식

식물에서 흔히 나타나는 **무수정생식**(無受精生殖, 무수정종자형성, apomixis)은 말 그대로 수정이라는 과정 없이 **배**(胚, embryo)가 만들어져 종자가 형성되는 것을 말한다[70]. 즉, 웅성인 꽃가루가 없이도 배가 만들어지는 것을 말한다. 마치 알이 정자의 관여 없이 수정이 일어나 개체가 발생하는 처녀생식과 같은 이치이다. 그러나 식물에서 나타나는 무수정생식은 배낭의 구조가 더 복잡하여 여러 가지 경우를 생각해 볼 수 있게 된다. 먼저 무수정생식은 크게 **배우체 무수정생식**(配偶體–, gametophytic apomixis)과 **포자체 무수정생식**(胞子體–, sporophytic apomixis)으로 구분할 수 있다. 왜냐하면 무수정생식이 일어나는 세포가 어디에서 시작되는지에 따라 분류해 놓은 방법이기 때문이다. 먼저 배우체 무수정생식은 다시 **무포자생식**(無胞子生殖, apospory), **복상포자생식**(複相胞子生殖, diplospory) 및 **동정생식**(童貞生殖, androgenesis)으로 구분해 볼 수 있다. 동정생식은 이미 제2절 '번식의 종류' 편에서 설명하였다. 무포자생식은 **배낭**(胚囊, embryo sac)을 형성하지만, 이 배낭이 **주심**(柱心, nucellus)이나 **주피**(珠皮, integment) 또는 **대포자**(大胞子, megaspore)에서 만들어진 것이다. 이들이 바로 복상의 난세포가 되어 처녀생식에 의하여 복상의 배로 발전하는 경우이다. 이러한 무포자 생식이 고등식물에서 일어나는 무수정생식 중에서 가장 흔하게 일어나며 민들레 등에서 볼 수 있다(그림 8-41). 복상포자생식도 배낭을 형성하지만, 이배체인 **대포자모세포**(大胞子母細胞, megaspore mother cell)에 감수분열이 일어나지 못하거나 비정상적으로 분열하여 배가 형성되는 경우를 말한다. 따라서 이 두 가지 경우에는 배낭을 형성하는 특징이 있다. 그다음에는 포자체 무수정생식을 생각해 보자. 이 경우에는 우선 **부정배생식**(不定胚形成, adventitious embryony)과 **무배생식**(無配形成, apogamy)을 들 수 있다. 부정배생식은 배낭을 형성하지 않고 복상의 체세포인 배주의 주심이나 주피가 직접 배로 발전하는 경우를 말한다. 또한 양파의 일종인 *Allium cepa*처럼 무배생식은 난세포가 아닌 단상의 **조세포**(助細胞, synergid cell)나 **반족세포**(反足細胞, antipodal cell)에서 배가 생성되는 경우를 말한다[24,75]. 따라서 무수정생식은 식물에서 웅성인 화분의 역할을 다시 한번 생각해 볼 기회를 준다고 할 수 있다. 식물에서도 웅성 없이 배가 만들어진다는 것은 무엇을 의미할까? 이것은 웅성의 중요성이 미미하다는 점보다는 식물 각각의 세포들의 발생능력이 뛰어나다는 것을 말해 준다고 할 수 있다. 바로 당근세포 하나를 배양해서 새로운 당근을 키워낼 수 있는 것과 연결되어 있다. 이는 제13장 '생명의 미래' 편에서 다시 다룰 것이다.

### 2) 유성생식

유성생식은 다른 생명체에서 일어나는 것과 같이 자성 배

08

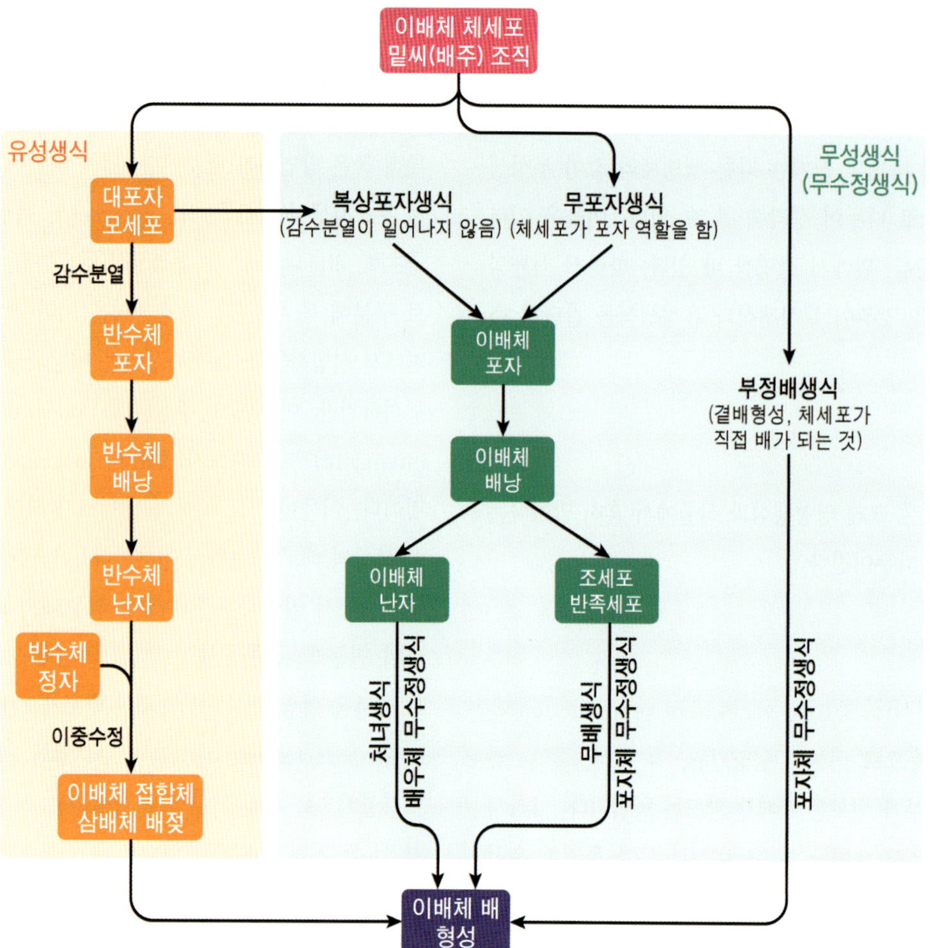


그림 8-41. 무수정생식의 종류와 발생 과정.

우자와 웅성 배우자가 만나 수정이라는 과정을 통해서 접합체를 형성한 후 개체로 발생하는 과정을 말한다. 따라서 유성생식은 무수정생식이나 처녀생식과 같은 무성생식과는 그 과정이 다르다. 이러한 유성생식은 배우자가 감수분열에 의하여 만들어지고, 이들이 서로 만나는 **수분**(受粉, pollination)이라는 과정에 의하여 일어난다. 감수분열과 수정은 이미 제1절 '번식이란 무엇인가' 편에서 설명한 바 있다.

### 3) 세대교번

**세대교번**(世代交番, alternation of generation, metagenesis)은 다세포 조류에서 그 모습을 드러내다가, 식물에서 전형적인 형태로 나타난다. 따라서 세대교번은 식물에서 일어나는 독특한 생활주기라 할 수 있다. 그림 8-42에서 볼 수 있는 세대교번은 우선 복상의 **포자체**(胞子體, sporophyte)와 단상의 **배우체**(配偶體, gametophyte)에 일단 주목해야 한다. 또한 포자와 배우자가 생성되는 과정에서 포자체는 포자를 생성하고, 배우체는 배우자, 즉 생식세포를 만들어 낸다. 따라서 우리는 왜 이들을 이렇게 이름 지어 부르게 된 그 이유를 알 수 있을 것이다. 여기에서 복상인 포자체가 다세포인 것은 쉽게 이해가 되지만, 단상의 배우체도 다세포라는 점을 이해하여야 한다. 그뿐만 아니라 포자를 정자나 난자로 부르지 않는 이유도 알고 있어야 한다. 왜냐하면 동물에서는 정자와 난자가 만나서 수정이 된 후에야 유사분열이 일어나지만, 포자는 혼자서도 유사분열이 일어나서 다세포 개체가 될 수 있기 때문이다. 따라서 우리는 포자를 홑씨라고 부르는 이유도 쉽게 이해할 수 있을 것이다. 포자와 종자의 차이는 표 6-2에 정리되어 있다. 따라서 이러한 세대교번은 다세포인 포자체와 역시 다세포인 배우체가 교대로 일어난다는 것을

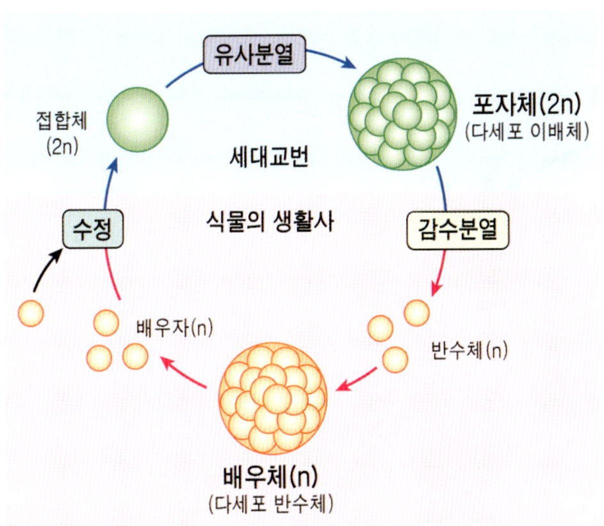


그림 8-42. 식물의 세대교번을 나타내는 생활사.

알 수 있다[9]. 그렇다면 동물에서는 이런 세대교번이 어떻게 진화적으로 단순화되었을까? 동물은 배우체라는 과정이 사라지고 단순히 배우자를 만나서 수정이라는 과정을 통해서만 유사분열이 일어나는 쪽으로 축소되었다고도 볼 수 있다. 그렇다면 양대 축을 형성하는 포자체와 배우체가 각각의 식물에 따라 생활주기에서 동등한 기회를 가지고 있을까? 아니면 식물이 진화해 가면서 이 양대 축이 어떤 쪽으로 치우쳐 가는 경향은 없을까? 이들은 각 식물의 생활주기를 관찰하면서 살펴볼 것이다.

## 2. 선태식물의 번식

물속에 사는 녹조류가 조직 수준에 머물고 있다면, 물에서 가까운 육지에 살기 시작한 **선태식물**(蘚苔植物, bryophyte)도 뿌리나 줄기로 기관 분화가 아직 일어나지 않은 하등식물에 불과하다. 그러면 이들은 어떻게 번식할 수 있을까? 그림 8-43과 같이 우선 선태식물은 세대교번에서 알아본 대로 반수체와 이배체 세대를 교대로 지낸다. 먼저 반수체인 배우체에는 **장란기**(藏卵器, archegonium)와 **장정기**(藏精器, antheridium)가 있어서 이곳에서 각기 난자와 정자를 만들어 낸다. 이렇게 만들어진 정자는 편모를 이용하여, 물이 만드는 막을 통하여 장란기 속에 들어 있는 난자를 향하여 헤엄쳐 달려갈 것이다. 우리는 시냇가 옆에서 자라는 이끼류에서 움직이는 정자가 있다는 사실에 경이로워할 것이다. 인간에서 볼 수 있는 꼬리 달린 정자가 하등식물에 속하는 이끼류에서도 생식을 유도한다는 것은 신비로운 일이다. 이런 움직이는 정자는 양치식물까지 이어진다. 이렇게 선태식물은 육상식물임에도 불구하고 모든 생명체의 고향인 물에서 아직도 벗어나지 못하고 있다. 따라서 우리가 사막에서 이끼를 본다는 것은 상상하기 힘든 일이다. 이렇게 장란기 안에서 수정된 수정란은 배우체 위에서 포자체를 만든다. 이 포자체가 형성되어 포자낭에서 감수분열이 일어나기 전까지가 바로 복상시기인 포자체 기간이다. 이 포자체는 보잘것없이 배우체에 의존하면서 영양분을 얻어먹고 산다[60,63]. 포자체에서 형성된 단상의 포자는 다시 발아하여 싹을 틔우고 매트와 같은 **원사체**(原絲體, protonema) 위에서 다시 배우체로 자라날 것이다. 따라서 선태식물에서는 단상의 배우체로 살아가는 기간이 훨씬 길어서 배우체가 지배적인 구조를 가지고 있다. 이들은 관다발도 없을 뿐만 아니라 꽃이나 씨도 없다.

## 3. 양치식물의 번식

**양치식물**(羊齒植物, fern, pteridophyte)은 선태식물에 비하여 관다발도 생겨나면서 뿌리와 줄기 및 잎이라는 기관이 생겨난다. 따라서 물을 뿌리에서 흡수할 수 있게 되면서, 선태식물보다는 물에서 다소 벗어날 기회를 가지게 되었다. 그렇다고 이들이 완전히 물에서부터 멀어져 살 수는 없다. 왜냐하면 충분한 물을 뿌리에서부터 흡수할 정도로 뿌리와 관다발이 발달된 것이 아니기 때문이다. 우선 양치식물에서 나타나는 배우체를 우리는 **전엽체**(前葉體, prothallium)라고 부른다. 이 전엽체는 크기가 작아서 우리들 눈에는 잘 띄지 않는다. 그러나 이 전엽체에 있는 장란기와 장정기에서 만든 난자와 정자에서 선태식물과 같은 수정 과정이 일어난다. 즉, 장정기에서 만들어진 편모를 가진 정자가 비가 오면, 이 틈을 이용하여 물속을 헤엄쳐서 장난기의 난자를 찾아 내달릴 것이다. 이렇게 수정된 수정란은 일단 배우체 위에 둥지를 틀게 된다. 그러나 선태식물과는 다르게 양치식물의 포자체는 광합성 능력을 갖추고 있기 때문에 배우체에서 떨어져 나와 단독 생활을 할 수 있게 되었다. 따라서 우리가 그늘진 산과 들에서 볼 수 있는 고사리는 실제 포자체인 셈이다. 이런 포자체는 잎(**엽상체**, 葉狀體, frond) 뒷면에 **포자낭군**(胞子囊群,

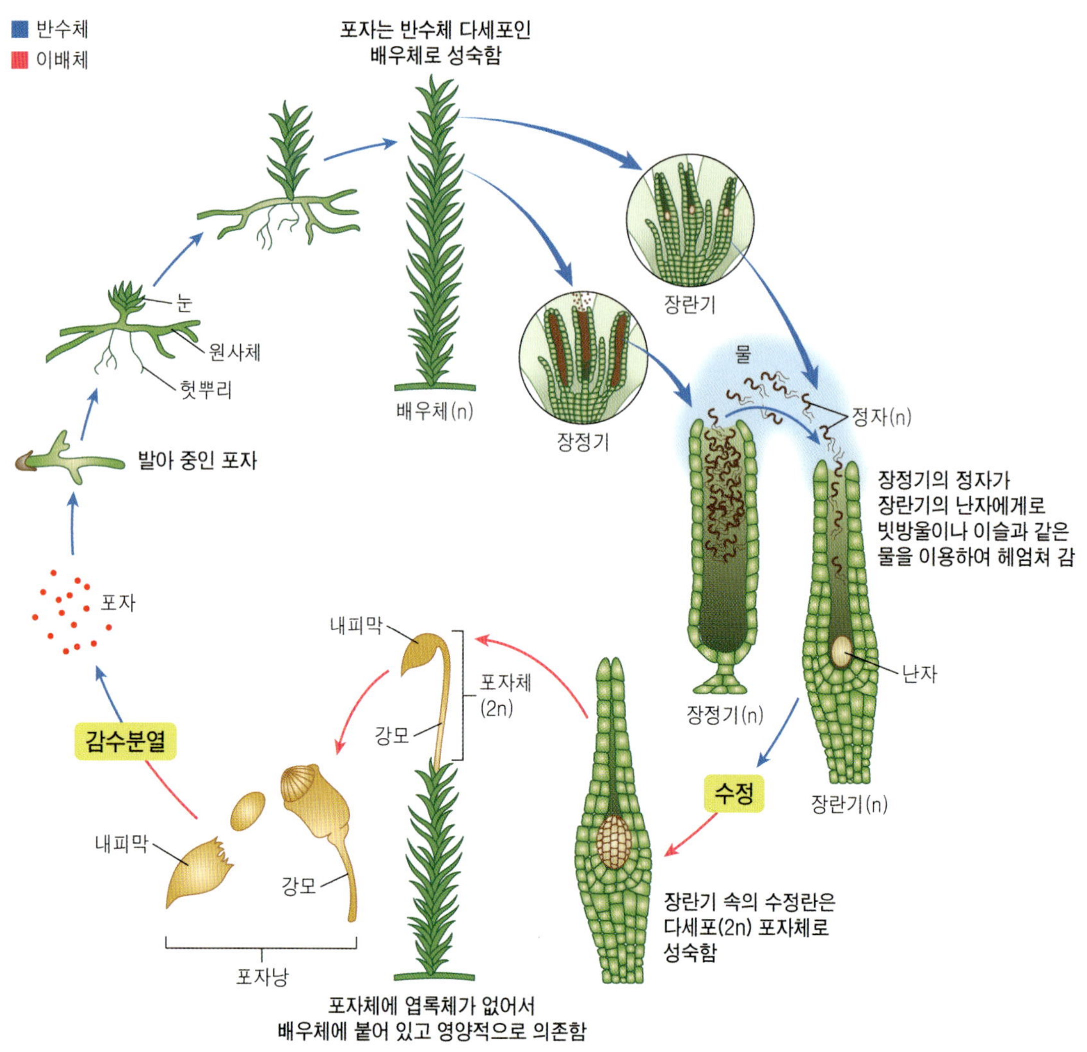


그림 8-43. 선태식물인 이끼류의 생활사.

sorus)이 있고 이 안에 포자낭이 있게 된다. 따라서 이 포자낭에서 감수분열에 의하여 만들어진 포자가 지상으로 쏟아져 나와 발아하여 새로운 전엽체를 형성할 것이다(그림 8-44)[30,63]. 양치식물이 선태식물보다 더 달라진 점은 무엇일까? 우선 포자체가 배우체에서 독립적으로 떨어져 나왔다는 사실이며, 점차 포자체 시기가 지배적인 생활주기로 변해 간다는 사실이다. 그러나 아직도 꽃이나 종자가 만들어지지는 않았다.

## 4. 나자식물의 번식

**나자식물**(裸子植物, 겉씨식물, gymnosperm)로 넘어가면 뿌리, 줄기 및 잎과 같은 기관이 잘 발달하여, 드디어 물에서 멀리 떨어진 육상에서도 살아갈 수 있는 기반이 마련되었다. 즉, 뿌리나 줄기를 이용하여 땅속 깊은 곳에 있는 물을 길어 올려 잎으로 운반할 수 있는 능력이 생겼다는 의미이다. 그뿐만 아니라 나자식물에서부터 종자를 만들기 시작한다. 이들은 속씨식물과 더불어 움직이는 정자가 아닌 가루로 된 정자를 만든다는 의미이다. 이 또한 물을 벗어나기 위한 기발한 발명품인 셈이다. 왜냐하면 이들은 수정에 물이 필요하지 않기 때문이다. 먼저 나자식물이라고 불리는 이유부터 알아보자. 나자식물은 그림 8-45와 같이 피자식물과 달리 **밑씨**(**배주**, 胚珠, ovule)가 **씨방**(**자방**, 子房, ovary)으로 싸여 있지 않다. 즉, 나자식물의 밑씨는 밖으로 노출되어 있다. 이것이 나자식물 혹은 겉씨식물로 불리는 이유이다. 그리고 속씨식물 혹은 피자식물은 씨방으로 둘러싸여 있기 때문에 이렇게 불리

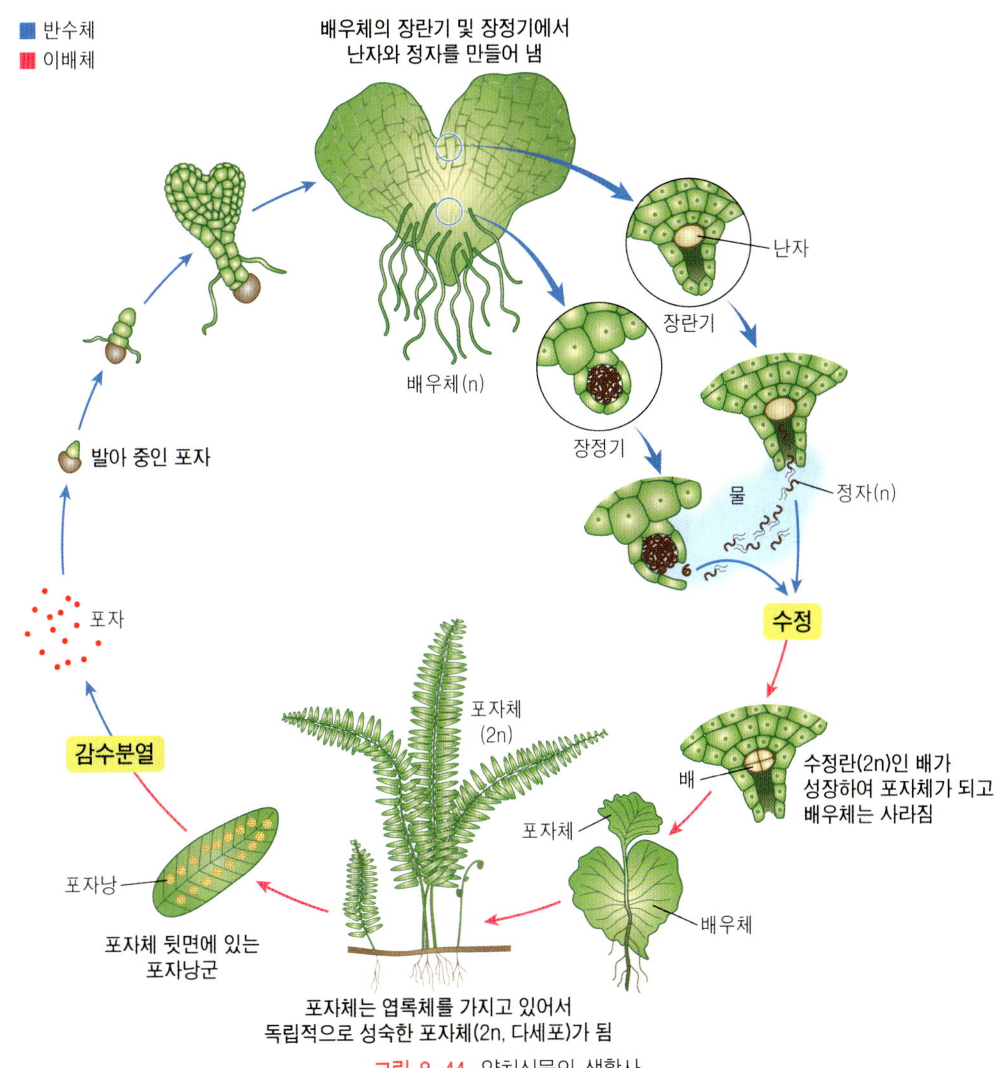


그림 8-44. 양치식물의 생활사.

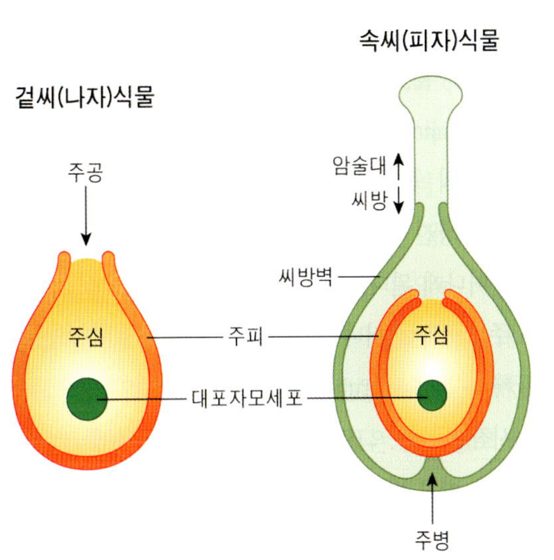


그림 8-45. 나자식물과 피자식물의 씨방 구조. (출처: Tameeria[8-45])

게 되었다. 그렇다면 이런 해부학적 차이는 수정 과정을 거쳐 종자를 만드는 데 어떤 차이점이 생겨날까? 이 과정을 우선 나자식물인 소나무의 생활주기를 통하여 살펴보도록 하자.

그림 8-46에서 보는 소나무는 그 자체가 포자체이다. 이 포자체에 있는 **암구과**(-毬果, female cone, seed cone, ovulated cone, 대포자수, 大胞子穗, megastrobilus)를 우리는 솔방울이라고 부른다. 민둥이 산에서 발끝에 차이는 솔방울이 암구과에 해당한다. 이 암구과를 그림처럼 횡단면으로 잘라 보면 안으로 **대포자체**(大胞子體, megasporocyte)인 **대포자모세포**(大胞子母細胞, megaspore mother cell)가 **대포자낭**(大胞子囊, megasporangium)에 싸여 있을 것이다. 이 대포자모세포를 둘러싸고 있는 조직이 **주심**(柱心, nucellus)이

또한 우리가 흔히 부르는 **암술**(자예, 雌蕊, pistil)은 **심피**(心皮, carpel)의 한 구조물이다. 심피 한 개가 암술을 만들기도 하고, 다수의 심피가 붙어서 한 개의 암술을 형성하기도 한다. 따라서 암술이 한 개의 심피로 구성된 경우를 **단자예**(單雌蕊, simple pistil)라 부르고, 두 개 이상인 경우를 **복자예**(複雌蕊, compound pistil)라 부를 것이다. 마찬가지로 심피가 서로 떨어져 있는 암술을 **이생자예**(離生雌蕊, apocarpous pistil)라 부르고, 심피가 붙어 있는 경우를 **합생자예**(合生雌蕊, syncarpous pistil)라 부르는 것은 쉽게 이해할 수 있다. 이렇게 꽃은 철저하게 자손을 번식시키기 위한 구조로 된 속씨식물의 **성기**(性器, sexual organ, genitals)인 셈이다. 그러나 꽃의 구조가 그렇게 획일적으로 간단한 것만은 아니다. 우선 그림 8-47에서 보는 꽃은 암술과 수술을 동시에 가지고 있는 식물의 자웅동체이다. 우리는 이런 꽃을 **양성화**(兩性花, bisexual flower)라고 부른다. 그렇다면 이와 반대되는 개념은 무엇일까? **암꽃**(자화, 雌花, female flower)과 **수꽃**(웅화, 雄花, male flower)이 각각 따로 피는 꽃을 생각해 볼 수 있다. 우리는 이런 꽃들을 **단성화**(單性花, unisexual flower)라고 부른다. 또한 암꽃과 수꽃이 동거하고 있는지 혹은 별거하고 있는지에 따라서 다시 **암수한그루**(자웅동주, 雌雄同株, monoecious)와 **암수딴그루**(자웅이주, 雌雄異株, diecious)로 구분할 수 있다.

호박이나 오이 및 옥수수는 암꽃과 수꽃이 한 그루에 같이 산다[61]. 그러나 은행나무, 호프, 수영 및 삼은 암수딴그루에 살고 있다. 이들은 왜 이렇게 별거를 하면서까지 살고 있을까? 이제부터 본격적으로 꽃식물의 생활주기를 견학해 보도록 하자.

꽃식물의 생활주기는 그림 8-48에서 보는 것처럼 단상과 복상의 주기가 교대로 일어나며, 꽃밥의 **소포자모세포**(小胞子母細胞, microsporocyte, 화분모세포)와 배주 안에 들어 있는 **대포자모세포**(大胞子母細胞, megasporocyte)에서 각기 정세포와 난세포를 만들 것이다. 이 중 소포자모세포는 각기 감수분열에 의하여 **소포자**(小胞子, microspore)를 만들어서 유사분열 끝에 꽃가루인 단상의 **화분**(花粉, pollen)을 만들어 낼 것이다. 이 하나의 화분 속에는 두 개의 세포가 들어 있다. 하나는 **관세포**(管細胞, tube cell)이며, 다른 하나는 정세포가 될 **생식세포**(生殖細胞, generative cell)이다. 또한 대포자모세포도 감수분열 끝에 4개의 **대포자**(大胞子, macrospore)를 만들어 내지만, 이 중에서 한 개만 살아남고 나머지 3개는 퇴화되어 버린다. 이어서 한 개의 대포자가 3번의 유사분열 끝에 8개의 세포로 불어난다. 이들이 만들어 내는 세포들은 배주에 들어 있는 한 개의 난세포, 2개의 **조세포**(助細胞, synergid), 3개의 **반족세포**(反足細胞, antipodal) 및 가운데에 있는 2개의 극핵을 가진 **중앙세포**(中央細胞, central cell)이다(그림 8-49)[56,63]. 그렇다면 어떻게 운동성이 없는 꽃식물의 꽃가루가 암술머리로 갈 수 있을까?

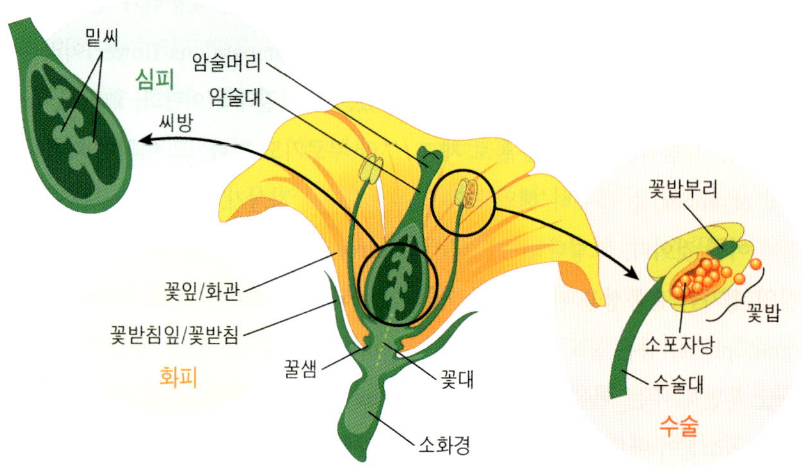


그림 8-47. 꽃의 해부학적 구조. (출처: Mariana Ruiz[8-47])

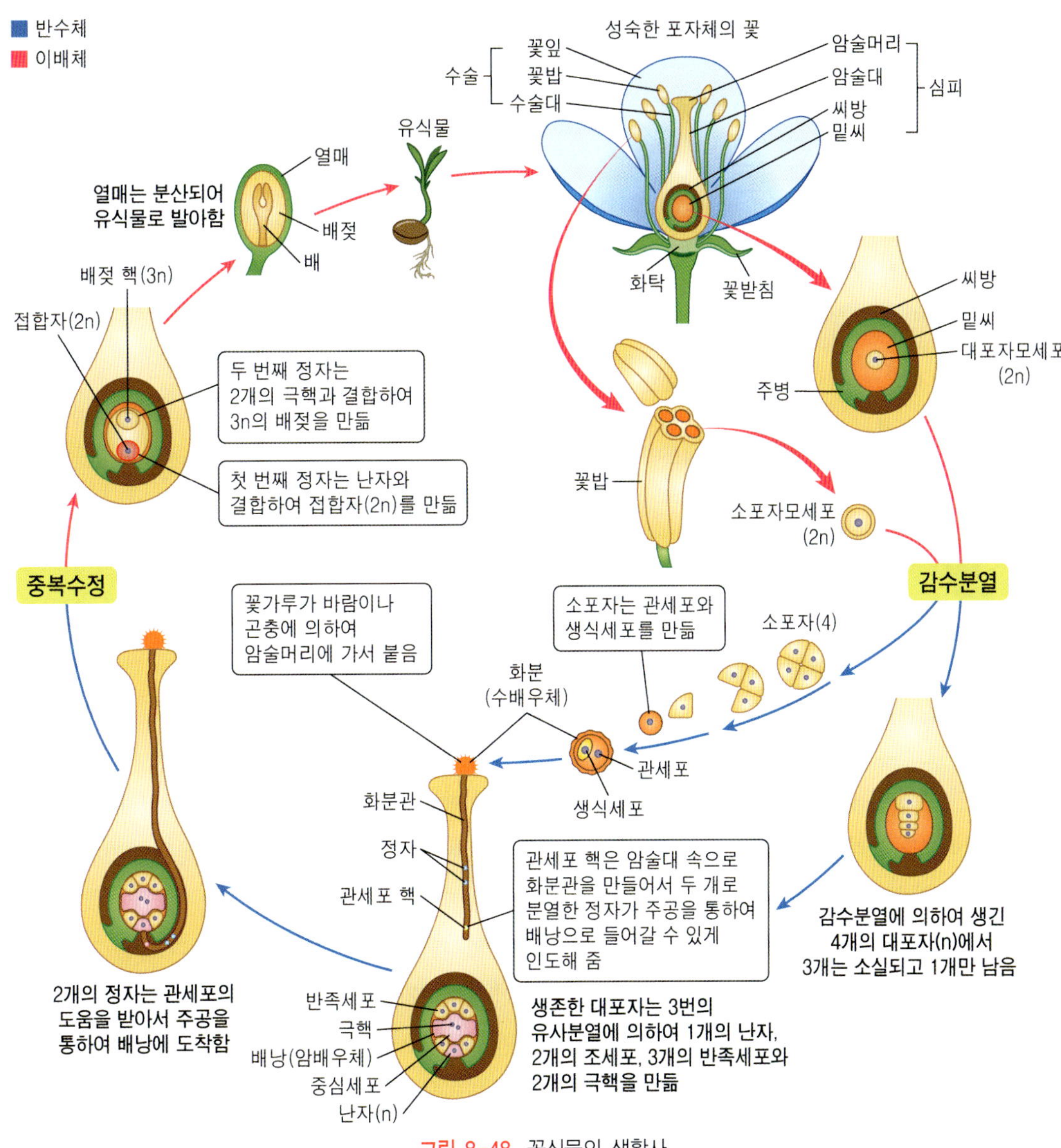

그림 8-48. 꽃식물의 생활사.

08

우리가 미리 짐작하고 있듯이 식물은 자연에서 움직이는 것들을 짐꾼으로 이용하여 꽃가루를 암술머리로 옮긴다. 먼저 **풍매화**(風媒花, anemophilous flower, '바람을 좋아하는'이라는 뜻이 있음)를 들 수 있다. 풍매화는 바람이 중매쟁이인 셈이다. 바람은 나자식물의 중매쟁이로도 유명하다. 물가나 물속에 사는 식물들은 **수매화**(水媒花, hydrophilous flower)라고 부른다. 이들은 물결에다 꽃가루를 실어 나르기도 하고, 아예 수꽃이 떨어져 나가 수면 위를 돌아다니면서 암꽃을 **수분**(受粉, pollination)시키기도 한다. 그다음은 **동물매화**(動物媒花, zoidiophilous flower)이다. 이들은 움직이면서 돌아다니는 동물을 이용한다. 먼저 **충매화**(蟲媒花, entomophilous flower)는 벌이나 나방, 파리 등의 곤충의 힘을 빌리고, 겨울에 붉게 피는 동백꽃은 동박새가 중매쟁이로 등장하는 **조매화**(鳥媒花, ornithophilous flower)이다. 그뿐만 아니라 박쥐나 인간도 알게 모르게 식물의 중매에 관여하고 있다. 이런 수분들은 모두 간접섹스라고 할 수 있다. 그렇다면 꽃식물에서 암술과 수술이 부딪치는 직접 섹스는 실제 일어나고 있는가? 관상용으로 많이 심는 분꽃은 수술대를 둥글게 구부려서 암술머리와 직접 접촉함으로써 꽃가루를 전달한다. 또한 우리들의 화단에 자주 등장하는 채송화는 한낮에 암

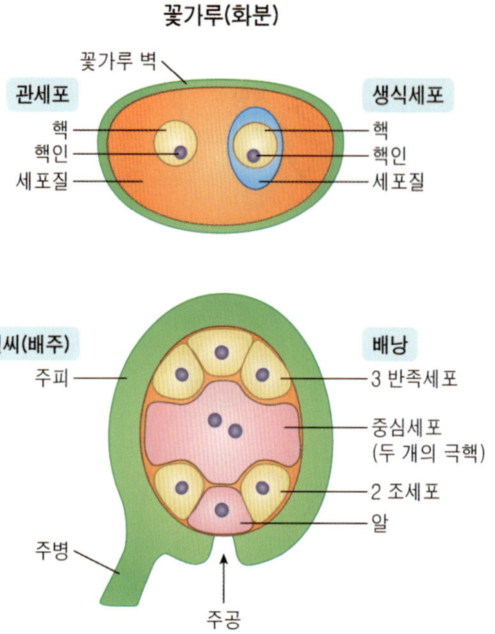

그림 8-49. 화분과 배낭의 세포 구조.

술대가 밑으로 처지면, 수술이 슬그머니 다가와 꽃가루를 묻혀 준다. 개불알꽃이라고도 불리는 요강꽃은 보다 더 과격하다. 수술이 일방적으로 암술에 다가가서 교접한 후 꽃가루를 전해 준다. 그러나 요정 같은 물달개비는 새침데기이다. 이 푸른색을 띠는 물달개비는 개화 전 봉오리 안에서 수술과 암술이 교접하여 화분을 묻히고, 다시 개화된 이후 한낮에도 다시 만나서 두 번째 교접을 한다. 그런 다음 아무 일도 없는 듯이 떨어져서 곤충을 기다린다[3].

그러나 어떤 방법을 이용하든 수분은 두 가지 종류로 구분할 수 있다. 먼저 **자가수분**(自家受粉, 동화수분, 同花受粉, 제꽃 가루받이, self pollination)이다. 자가수분에서 식물의 한 꽃 안에 있는 수술의 꽃가루가 같은 꽃의 암술에 수분 되는 경우를 **자화수분**(自花受粉, autogamy)이라 하고, 한 식물 안에서 한 꽃의 꽃가루가 다른 꽃의 암술을 수분시키는 것을 **인화수분**(隣花受粉, geitonogamy)이라고 한다. 그다음 **타가수분**(他家受粉, cross pollination, xenogamy, 딴꽃 가루받이)이다. 이는 중매쟁이에 의해서 한 식물의 꽃가루가 다른 식물의 암술에 수분시키는 경우를 말한다. 그러면 자가수분이 일어나면 어떤 일이 벌어질까? 우선 자가수분은 근친 수분으로 결코 바람직하지 않다. 따라서 가급적이면 근친 사이의 자손을 만들려고 하지 않을 것이다. 그러나 움직일 수 없는 식물의 입장에서는 기형아가 태어날지 모른다는 근심보다는 수분이 안 될지 모른다는 근심이 더 크다는 사실을 알고 있어야 한다. 따라서 자가수분은 최후의 수단이라는 의미이다. 그렇다면 꽃식물은 어떻게 자가수정을 피할 수 있을까?

먼저 이들은 암술과 수술의 위치에 변화를 준다. 대개 암술이 위에 있고 수술이 밑에 있는 전략을 취한다. 즉, 한쪽이 길고 다른 한쪽은 짧은 **이형꽃술현상**(이형예현상, 異型蕊現狀, heterostylism)이 나타난다. 따라서 바람이 밑에서 위로 불지 않는 한 수분은 잘 일어나지 않는다. 우리는 튤립이나 철쭉 혹은 백합을 관찰함으로써 이런 위치를 쉽게 알아볼 수 있다. 그다음 방법은 암술과 수술의 성숙 시기에 차이를 두는 방법이다. 즉, 암술이 성숙했을 때는 수술이 미성숙 단계이고, 수술이 성숙 단계일 때는 암술이 미성숙 단계에 있게 만든다. 우리는 이런 과정을 **자웅이숙**(雌雄異熟, dichogamy)이라 부른다. 예를 들면, 이미 설명한 대로 옥수수는 단성화로서 한 개체에 암꽃과 수꽃이 같이 있다. 수꽃은 주로 맨 위에 이삭 모양으로 모여 있고, 암꽃은 줄기 중간에 수염을 길게 늘어트리고 매달려 있다. 즉, 수꽃과 암꽃이 한 건물에 살고 있지만 기숙사처럼 사는 층이 다르다. 그렇다고 자가수분이 일어나지 않을 것인가? 이들은 사는 층을 분리해 두었지만 이중적으로 자웅이숙이 일어나서 자가수분이 일어나는 것을 방지하고 있다. 마지막으로 자가수분을 막는 방법은 수정 자체를 조절하는 방법이다. 이는 **자가불화합현상**(自家不和合現狀, self-incompatibility)이라 불리는 것으로 1876년 다윈에 의해서 발견되었다[36]. 이는 자가수분이 된 경우에는 배로 발전하지 않는다. 즉, 수분이 되어도 발생이 되지 않으면 근친결혼의 폐단을 피할 수 있는 방법이기 때문이다. 자 이제 다시 꽃식물의 생활주기로 되돌아가자.

꽃밥에서 형성된 꽃가루가 어떻게 암술머리로 옮겨가는지는 이미 자세히 설명하였다. 꽃이 성숙하면 암술머리는 굴곡이 생기면서 습하고 털이 나 있고, 꽃가루가 쉽게 붙을 수 있게 점액 분비가 증가한다. 이 점액은 색도 없고 냄새도 피우지 않으며, 수분된 화분에 수분과 영양분을 공급하는 역할을 한다. 특히 백합의 경우는 암술이 시들 때까지 약 50~60cc 정도의 점액을 분비하는 것으로 알려져 있다. 이렇게 암술머리에 꽃가루가 앉아서 수분이 일어나면 어떤 현상이 벌어질까? 먼저 화분이 발아하면서 화분 속에 든 관세포에서 가수분해효소를 분비하여 암술대를 뚫고 화분관을 만들기 시작한다. 이때 효소에 의해서 소화된 조직들은 화분관이 성장하는 데 필요한 영양분이 되어 줄 것이다. 이렇게 암술대 속으로 길을 만드는 과정 중에 화분관 속에 있는 생식세포는 분열하여 2개의 단상의 정핵으로 변하게 된다. 이런 과정은 결국 화분관이 주공을 지나 배주에 다다른 다음에야 끝난다. 그렇다면 화분이 만들어 내는 화분관은 얼마나 빨리 배주에 도달할 수 있을까? 예를 들어 보자. 봉선화는 암술대가 짧아서 수분 후 화분이 곧 발아하여, 1시간에서 1시간 30분 안에 배주에 도달할 수 있다. 호박은 5~6시간이 지난 후에 씨방에 도달할 것이다. 그러나 백합은 암술대가 길어서 화분관이 배주에 도달하는 데 걸리는 시간이 무려 이틀 정도이다. 이렇게 주공을 통과한 화분관이 배주를 만나면 어떤 일이 벌어질까? 먼저 2개의 정핵 중에 한 개는 난세포와 만나서 이배체 배를 형성할 것이다. 또한 남아 있던 한 개의 다른 정핵은 중앙 세포에 있는 두 개의 극핵과 합쳐져서 3핵의 세포가 된다. 이 3핵의 세포는 분열하여 장차 배를 키우기 위한 영양분으로 작용할 **배젖**(胚–, 배유, 胚乳, endosperm)이 될 것이다. 이렇게 두 개의 정핵이 각기 결합하는 형태를 우리는 **이중수정**(二中受精, double fertilization)이라고 부른다. 이 이중수정은 꽃식물에서만 일어나는 유일한 현상이다. 따라서 꽃식물에서 만들어지는 배젖은 수정 후에 생기면서 3핵을 가지고 있다. 그러나 소나무와 같은 겉씨식물의 배젖은 수정 전에 이미 생겨 있을 뿐만 아니라, 3핵이 아니라 2핵이라는 차이가 있다. 그러나 나리 종류이자 원시 현화식물인 *Nuphar polysepala*에서는 배젖이 아직도 이배체인 점은 눈여겨볼 만한 사실이다. 특히 배젖은 3핵의 세포에서 만들어진다. 인간에서 핵이 3개인 세포는 어디에서도 볼 수 없다. 배젖이 생긴다는 것은 어미로부터 성장 시에 영양공급이 필요 없다는 의미이다. 그렇다면 종자식물은 인간보다 더 나은 기능을 가지고 있다는 뜻인가? 이에 대한 판단은 여러분들의 몫이다.

이렇게 이중수정된 배와 배젖은 분열하여 **종자**(種子, 씨, 씨앗, seed)를 만들 것이다. 배주인 밑씨는 결국 종자가 되고, 배주를 둘러싼 씨방은 열매나 과일이 될 것이다. 과일은 사람이 먹을 수 있는 열매를 말한다. 이렇게 씨방이 열매가 된 것을 **참열매**(진과, 眞果, true fruit)라 부르고, 꽃받침이나 꽃턱이 열매가 된 것을 **헛열매**(위과, 僞果, 부과, 副果, pseudocarp)라고 부른다. 사과는 꽃턱이 변해서 열매가 된 과일이다. 그뿐만 아니라 열매는 **단과**(單果, simple fruit), **복합과**(複合果, compound fruit) 및 **집합과**(集合果, aggregated fruit)로 분류되기도 한다. 단과는 한 개의 꽃에서 한 개의 씨방과 한 개의 배주가 있는 형태로 만들어진 과일로서 복숭아나 앵두가 여기에 속한다. 단과 중에서 수박은 배주가 여러 개 있는 경우여서 씨가 아주 많다. 복합과는 여러 개의 꽃이 집단으로 서로 붙어 있어서 만들어진 과일로 파인애플이 전형적인 복합과이다. 집합과는 한 꽃에 여러 개의 심피가 붙어 있는 형태로서 딸기 종류가 여기에 속한다. 끝으로 지구상에서 최대의 꽃으로 불리는 지름이 1m가 넘는 라플레시아(rafflesia)를 소개하고자 한다. 이 라플레시아는 파리를 유혹하기 위하여 아주 고약한 시체 썩는 냄새를 풍긴다. 이런 이유로 이 꽃은 송장화 혹은 시체꽃이라는 달갑지 않은 별명을 가지고 있기도 하다. 이 꽃은 10kg 정도의 무게가 나가지만 잎도 줄기도 없이 다른 큰 나무의 뿌리에 기생하면서 살고 있다. 이들이 가지고 있는 것은 오로지 꽃뿐인 셈이다. 따라서 라플레시아는 광합성을 위한 귀찮은 일들에는 관심이 없고, 오로지 섹스에만 전념하는 가장 진화된 꽃 중의 하나로 평가받고 있다[57]. 라플레시아의 삶의 방식은 일상에 지친 호모 사피엔스의 로망이 될지 누가 알겠는가?

## 제7절 동물의 번식

생명체의 3역 6계 중에서 공통적인 두 가지 번식 방법은 무성생식과 유성생식이다. 그러나 세균, 고세균 및 원생생물의 경우에는 무성생식이 우세한 반면, 균류 쪽으로 올라오면 n+n이라는 이핵체 형태의 과도기를 거쳐서 식물과 동물에서는 유성생식이 더 우세한 경향으로 흘러간다. 동물의 번식법에도 여전히 무성생식이 중요한 번식 방법임에는 틀림없다. 무성생식은 한 부모의 몸을 잘라서 자식을 만든다. 따라서 이 방법은 간단하면서 대량으로 자손을 만들어 낼 수가 있는 장점이 있다. 그러나 유성생식은 두 부모가 있어야 하고, 각 부

08

모에서 생식을 담당하는 세포를 만들어서 이들이 결합해야 하는 과정이 매우 복잡하다. 그뿐만 아니라 실제 자손을 생산할 수 있는 개체는 암컷뿐이어서 자손의 생산능력도 무성생식에 비해 떨어진다. 그러나 한 가지 중요한 차이점은 바로 부모와는 다른 자손을 만들 수 있다는 점이다. 이제부터 동물에서 일어나는 번식 방법을 개략적으로 분석해 보기로 하자.



## 1. 무성생식

동물에서 일어나는 무성생식은 다른 생명체에서 일어나는 무성적 생식 방법과 다를 바가 없다. 즉, **분열법**(分裂法, fission)은 플라나리아나 불가사리처럼 몸이 두 개로 쪼개지면서 자손을 만드는 방법이고, 히드라나 산호처럼 모체에 생긴 싹이 떨어져 나가 자손이 만들어지는 **출아법**(出芽法, budding)도 있다. 그뿐만 아니라 분절 하나가 떨어져 나가서 자손이 만들어지는 **분절법**(分節法, fragmentation)은 자포동물이나 환형동물에서 흔히 볼 수 있는 생식 방법이다. 또한 제2절 '번식의 종류' 편에서 다룬 **처녀생식**(處女生殖, parthenogenesis)이나 제6절 '식물의 번식' 편에서 다룬 **무수정생식**(無修正生殖, apomixis)도 무성생식적 방법이다. 이들은 모두 웅성 배우자가 관여하지 않는, 즉 배우자 융합 없이 자손이 만들어지는 과정을 말한다. 따라서 이런 종류의 무성생식을 따로 Agamogenesis(a는 아님을 뜻함, gamos는 결혼을 의미함)라 부르기도 한다.

## 2. 유성생식

대부분 동물의 생식 방법은 유성적이다. 유성생식이 일어나기 위해서는 선행적으로 감수분열에 의한 생식세포가 만들어져야 하고, 그다음 수정이라는 과정이 뒤따라야 한다. 따라서 생식세포가 만들어지는 과정부터 우리는 잘 알고 있어야 한다. 즉, 인간에서 정자와 난자가 만들어지는 과정은 그림 8-7에서 자세히 설명하였고, 생식세포의 모양에 따른 분류와 의미는 그림 8-32에서 도식화하였다. 그렇다면 유성생식에 나타나는 암수의 성 결정은 어떻게 해서 만들어질까? 이에 대한 과정은 제1절의 '암컷과 수컷' 편에서 이미 기술하였지만, 다시 약간의 추가적 언급이 필요하다.

인간에서 성 결정 형태는 **XY형**이다. 따라서 성 염색체가 XX가 되면 암컷이 되고 XY가 되면 수컷이 된다. 이러한 XY형을 따르는 생명체는 사람을 포함한 포유류나 초파리뿐 아니라 식물에서는 삼, 호프, 종려나무, 시금치, 포플라 등이 있다. 그러나 **XO형**은 좀 다르다. 즉, XX가 암컷이 되지만 XO가 수컷이 된다. 이런 XO 형태의 성 결정 방식을 택하는 생명체는 메뚜기, 여치, 고양이, 말, 쥐 등이 여기에 속한다. 다른 형태는 **ZW형**이다. 이 형은 ZW가 암컷이 되고 ZZ가 수컷이 된다. 이런 형태는 누에, 새의 일부 및 곤충에서 볼 수 있다. **ZO형**은 닭이나 비둘기 및 일부 도마뱀에서 볼 수 있는 형태로 역시 ZZ가 수컷이 된다. 개미나 일벌에서 보는 **반수이배체**(haplodiploid)형은 그림 8-12에 기술되어 있다. 또한 식물에서는 **YXY형**이 나타나는데, 수컷이 YXY가 되고 암컷은 XX가 된다. 이런 형태의 성 결정이 일어나는 생명체는 수영, 율초 등에서 볼 수 있다. 그러나 성 결정이 꼭 성염색체에 의해서만 결정되는 것은 아니다. 거북이와 같은 일부 파충류의 성 결정은 알 주위의 온도에 따라 결정된다. 즉, 알이 있는 주위 온도가 아주 낮거나 높은 경우는 수컷이 되고, 중간 정도의 온도에서는 암컷이 된다. 또한 이미 기술한 바와 같이 산호초 근처에 사는 물고기는 약 1/4에서 성전환이 일어나서 환경변화에 따라서 암수의 성을 바꿀 수 있는 재주를 가지고 있다. 따라서 성이란 절대적 기준을 가진다고 보기에는 무리가 있다.

유성생식에서 일어나는 수정 방법은 다시 두 가지로 구분해서 생각해 볼 필요가 있다. 즉, 수정이 모체의 몸안에서 일어나는지 혹은 밖에서 일어나는지에 따라 **체외수정**(體外受精, external fertilization)과 **체내수정**(體內受精, internal fertilization)으로 나누어 볼 수 있다.

### 1) 체외수정

체외수정은 암컷과 수컷이 각각 난자와 정자를 물속에 뿌려서 수정시키는 방법이다. 우리는 이런 수정이 어류에서 일어난다는 것을 잘 알고 있다. 즉, 암컷이 알을 물속에 산란시키면 뒤따라서 수컷이 정자를 방출하여 수정시키는 방법이다. 이런 방법은 물속이어야만 가능한 일이다. 그러나 수정 확률은 체내수정만큼 높지는 않다. 그렇다면 체외수정은 꼭 물고기에서만 일어날까? 우리는 양서류인 개구리에서도 일어나는 것을 잘 알고 있다. 개구리는 더 나아가 **포접**(抱接, amplexus)이라고 불리는 방법으로 암컷을 붙잡고 체외수정을 보다 더 정교하게 진행시킨다. 어류에서 일어나는 수정 과정을 살펴보는 것은 어류 이상의 고등 생명체의 번식을 이해하는 데 많은 도움을 준다. 왜냐하면 어류의 번식 방법이 생각 외로 아주 다양하기 때문이다. 먼저 **심해 아귀**(deep-sea anglerfish)는 번식의 의미를 다시 한번 깨닫게 해 준다. 아귀는 우리들에게도 익숙한 생선이다. 이 아귀(餓鬼)는 불교적 의미도 가지고 있다. 생전에 탐욕스럽게 산 사람은 죽어서 아무리 먹어도 배가 고픈 아귀가 된다는 형벌적 의미가 있기 때문이다. 그러나 서양에서는 아귀를 낚시꾼 물고기라고 부른다. 왜냐하면 정수리 앞에 낚싯대처럼 생긴 돌출부가 나와 있고, 이 끝에 불이 들어와서 어두운 심해에서 이 불빛에 유인되어 온 물고기를 그 밑에 있는 큰 입으로 잡아먹기 때문이다. 그러나 이런 심해에서 수컷이 암컷을 찾을 가능성은 한밤에 축구장 안에서 축구공을 찾는 것과 비슷할 것이다. 따라서 암컷을 만나는 수컷은 보자마자 암컷에 찰싹 달라붙는다. 달라붙는 정도가 아니라 수컷은 아예 주둥이를 암컷의 몸에 박고 평생을 영양적으로 의존하면서 살아간다. 그렇지만 암컷 입장에서는 안정적으로 정자를 공급받을 수 있는 여유가 생길 것이다. 어떤 경우는 한 마리 암컷에 여러 마리의 수컷이 붙어서 자웅동체처럼 살아가기도 한다. 우리는 이런 형태를 **성적 기생**(性的寄生, sexual paratism)이라 부르기도 한다[10].

우리에게 익숙한 상어나 홍어 및 가오리는 배지느러미 근처에 **교접기**(交接器, clasper)를 가지고 있다. 이 교접기는 수컷의 정액이 파인 도관을 따라 암컷의 생식기로 쉽게 흘러 들어갈 수 있게 길을 놓아 준다. 그러나 고환과 연결되어 있지 않아서 **음경**(陰莖, penis)이라고 할 수는 없다. 그렇다면 실제 음경과 같은 삽입기관을 가지는 물고기는 없을까? 물고기 중에서 **프리아피움 피시**(priapium fish)는 수컷의 목구멍 아래에 근육과 뼈로 구성된 음경을 가지고 있다. 이 음경에는 종에 따라 고환이 달린 경우도 발견된다. 그렇다면 이들은 체외수정을 할까? 체내수정을 할까? 이들은 당연히 체내수정을 한다. 그렇다면 왜 교미 기관이 머리 쪽으로 이동했을까? "물고기는 알고 있다(What a fish knows)"를 쓴 저자 조너선 벨컴(Jonathan Balcombe)은 교미기관이 눈 근처에 있는 이유는 아마도 삽입 시에 정조준이 쉽기 때문이라고 추정하였다[16]. 뻐꾸기(Cuckoo)가 잘 이용하는 **탁란**(托卵, brood parasitism)도 물고기에서 과연 일어날 수 있을까? 그러나 사실 알고 보면 탁란은 물고기나 양서류 및 곤충에서도 쉽게 찾아볼 수 있는 번식 방법 중의 하나이다. 물고기에서 일어나는 탁란은 동아프리카 지구대에 있는 **탕가니카 호수**(Lake Tanganyika)에서 연구된 뻐꾸기 메기(cuckoo catfish)에서도 보고되고 있다. 그러나 체외수정의 단점과 번식의 의미를 한마디로 표현해 주는 장면이 바로 **구강포란**(口腔抱卵, mouthbrooding)이다(그림 8-50). 이 구강포란은 수정된 알을 수컷이 입속에 넣고 다니면서 새끼를 부화시키는 방법이다[51]. 그러나 이 기간이 3~4주 이상 지속되면 수컷 부모는 어떻게 될까? 그동안 입안의 새끼들은 먹을 수 있지만 정작 자신은 먹을 수가 없다. 비록 자식인 음식이 입안에 가득한데도 말이다. 아마도 이 수컷 아비가 기나긴 굶주림과 인내심의 한계를 넘어설 때쯤이면 입안의 새끼들은 새로운 세상으로 나아갈 것이다. 이렇게 물고기들이 하는 **방송산란**(放送産卵, broadcast spawing)은 많은 사연을 우리에게 교훈적으로 들려 주고 있다.

그림 8-50. 카디널피시의 구강포란 장면. (출처: Christian Gloor[8-50])

08

## 2) 체내수정

체내수정은 수정이 모체의 몸안에서 일어난다. 만약 생명체가 물을 떠난다면 어류와 같은 체외수정은 상상하기가 어려울 것이다. 왜냐하면 몸밖으로 배출된 정자나 난자는 곧바로 말라 죽어 버릴 것이기 때문이다. 따라서 물이 없는 환경에서는 수정이 몸안에서 일어날 수밖에 없다. 따라서 수컷의 배우자인 정자를 암컷의 몸안으로 넣어 주어야 한다. 그러나 잠자리나 일벌 및 개미 등은 **지연수정**(遲延受精, delayed fertilization)이 가능하여 한번 공급받은 정자를 두고두고 사용하는 경우도 있다. 여왕벌은 신혼 비행을 통하여 비축한 정자를 일생 동안 사용할 수 있는 재주를 가지고 있다.



이렇게 하여 수정된 이후 동물들의 운명은 3가지 방향으로 갈라질 것이다. 처음에 등장하는 형태는 **난생**(卵生, oviparity)이다. 즉, 알로 태어나는 번식 형태를 말한다. 그러나 난생은 다시 어류와 같은 체외수정의 형태를 취하는 것과 파충류나 새와 같이 체내수정을 통하여 만들어지는 난생으로 구별해야 할 것이다. 어류는 난생이지만 체외수정 형태를 취한다. 그러나 파충류나 새는 체내수정을 하지만 알을 낳는다. 이 수정란은 모체의 밖에서 부화가 되어야 새로운 생명체로 태어날 것이다. 만약 새가 새끼를 몸안에 가진다면 어떤 결과가 생길까? 아마도 새들은 하늘을 날아다니는 기술을 포기해야만 했을 것이다. 그뿐만 아니라 파충류나 새의 알에는 물속 환경을 재현해 주는 **양막**(羊膜, amnion)이 있어야 수정란이 부화할 수 있을 것이다. 따라서 육상생활을 하는 파충류나 조류 및 포유류는 양막을 가져야 하는 것은 필연적이다. 또 다른 형태의 번식 방법은 **난태생**(卵胎生, ovoviviparity)이다. 난태생은 말 그대로 수정란인 알이 모체 안에서 부화가 되지만, 태반이 없어서 영양공급을 알 속에 있는 **난황**(卵黃, yolk)에서 받는 경우를 말한다. 이렇게 성장한 어린 생명체는 어느 시기에 모체 밖으로 빠져나오게 된다. 이런 형태의 번식을 취하는 동물은 관상어인 구피, 망상어, 망치상어, 살무사 등이 있다. 난생보다는 한발 앞서 나간다는 느낌을 받을 것이다. 그다음으로 나타나는 번식 형태는 우리가 잘 알고 있는 **태생**(胎生, viviparity)이다. 태생도 뜻 그대로 살아 있는 새끼를 낳는 동물을 말한다. 태생은 새끼가 모체의 몸안에서 태반을 통하여 영양공급을 직접 받을 수 있는 장점이 있다. 따라서 태생이 난생이나 난태생보다 더 진화된 형태의 번식 방법이라는 것을 누구나 쉽게 알 수 있을 것이다[23]. 우리가 생각하는 인간을 포함한 모든 포유류가 모두 태생인 것은 아니다. 포유류 중에서 유일하게 알을 낳는 동물은 **단공류**(單孔類, monotreme)인 오리너구리와 바늘두더지를 들 수 있다. 이들은 알을 부화시킨 후 젖을 먹여서 자식을 키워 낸다. 이에 비하여 사람이나 고래처럼 태반 포유류는 우리가 잘 알고 있는 태생들이다.

## 3. 생활주기

생명체에서 **생활주기**(生活周期, life cycle)는 한 생명체의 어떤 단계에서 다음 세대의 동일한 단계로 돌아오는 일종의 주기를 말한다. 특히 유성생식 주기에서 감수분열과 수정이 일어나는 기간에 따라 우리는 생활주기를 3가지로 구분해 볼 수 있다(그림 8-51)[6,20]. 생활주기를 동물의 번식 편에서 다

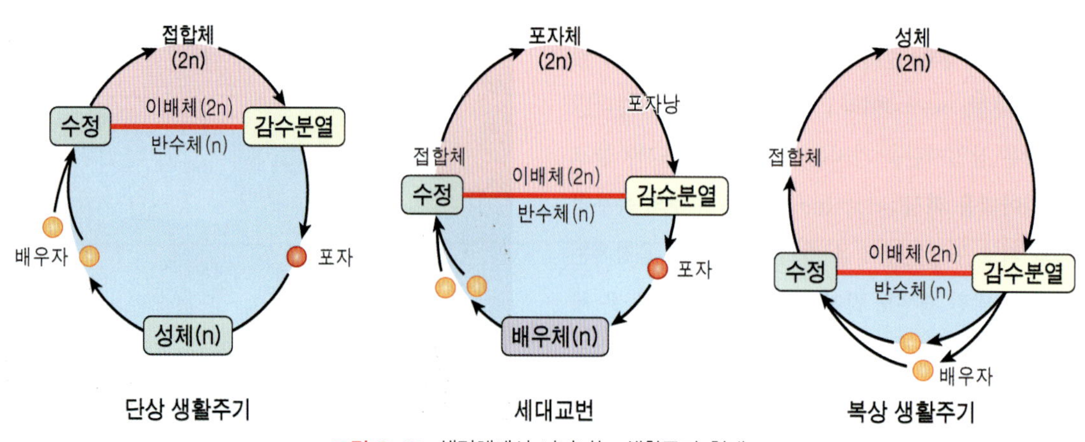


그림 8-51. 생명체에서 나타나는 생활주기 형태.

루는 이유는 3역 6계의 번식 방법을 모두 다 알아본 다음에 다루는 것이 중요하다고 판단되었기 때문이다. 우선 **단상 생활주기**(單相生活周期, haplontic life cycle)는 말 그대로 단상 혹은 반수체가 생활주기에서 주된 기간을 차지하는 형태이다. 즉, 반수체인 단세포가 유사분열을 일으켜서 다세포의 형태로 주로 산다는 이야기이다. 이들이 복상이 되는 시기는 단상의 개체가 만들어 낸 배우자가 결합하여 수정된 접합체만이 유일한 이배체이다. 그러나 이러한 이배체도 곧이어 감수분열이 동반되므로 이배체 시기는 아주 짧다. 이렇게 주로 단상 형태로 살아가는 생명체는 대부분 균류에서 볼 수 있다. 그러나 이러한 단상 생활주기는 균류뿐만이 아니라 쌍편모충류와 같은 다수의 원생동물이나 해캄과 같은 일부 조류에서도 볼 수 있는 현상이다. 단상 생활주기와 반대되는 형태가 **복상 생활주기**(複相生活周期, diplontic life cycle)이다. 이 복상 생활주기를 가지는 개체는 복상 형태가 일생의 주된 기간을 차지하고, 감수분열에 의하여 만든 배우자가 수정할 때까지의 짧은 기간이 단상 기간에 해당한다. 복상 생활주기를 가지는 생명체는 대표적으로 인간을 포함한 척추동물을 들 수 있다. 그러나 규조류와 같은 원생동물과 일부 균류들도 이런 형태의 삶을 살아가고 있다. 이러한 생활주기 이외에 마지막으로 나타나는 생활주기는 이 두 가지 형태가 교대로 나타나는 **단복상 생활주기**(單複相生活周期, haplodiplontic life cycle)이다. 눈치 빠른 독자분들은 이미 간파하고 있겠지만, 이러한 단복상 생활주기는 대표적으로 식물에서 나타난다. 즉, 이들은 다세포 단상기와 다세포 복상기가 교대로 나타나는 형태로서 세대교번이라고 부르기도 한다. 그러나 이런 단복상 주기도 이미 언급한 바와 같이, 선태식물에서는 단상인 배우체가 우세하다가 진화해 가면서 점차 복상인 포자체가 주도적으로 나타난다. 또한 단복상 생활주기는 **유공충**(有孔蟲, foraminifera)과 같은 원생동물 및 일부 조류에서도 나타난다. 따라서 생활주기는 원생생물에서는 다양하게 나타나다가 균류에서는 주로 단상 생활주기가 나타나고, 식물에서는 단복상 생활주기가 대세를 이루다가 동물에서는 복상 생활주기가 정착하는 경향을 보인다고 할 수 있다.

## 제8절 번식 방법의 장단점

모든 생명체가 자손을 번식시키는 두 가지 방법은 무성생식과 유성생식이다. 세균이나 고세균은 주로 무성생식에 의해서 자손을 번식시킨다. 그러나 진핵생물로 들어서면 무성생식과 유성생식을 필요에 따라 번식 방법을 바꾸는 투 트랙을 이용하는 경우가 많다. 그러나 고등동물로 접어들면 유성생식에 의한 번식이 주를 이룬다. 그렇지만 유성생식이란 어떤 것인가? 암컷과 수컷에서 감수분열에 의해서 만들어진 생식세포가 수정이라는 과정을 거쳐서 복상의 수정란을 만드는 과정을 말한다. 그러나 이 수정란은 다시 무성생식적 방법으로 그 수를 불려 나간다. 따라서 모든 생명체는 무성생식과 유성생식을 반복한다고 할 수밖에 없다. 그러므로 유성생식이 나타나게 된 성의 기원을 기술하기 전에, 우선 무성생식과 유성생식의 장단점을 정리해 보는 것이 좋을 것 같다[7,12].

무성생식의 장점은 무엇일까? 우선 무성생식은 한 부모만 필요하기 때문에 장점이 많다. 짝을 만나야 하는 부담이 없기 때문에 시간과 에너지가 절약될 것이다. 그뿐만 아니라 모든 개체가 번식에 참여할 수 있기 때문에 신속히 자손을 대량으로 만들어 낼 수 있다. 따라서 안정적인 환경에서는 좋은 번식 방법으로 채택될 만하다. 또한 번식 과정이 단순하여 번식으로 인한 실수가 적을 뿐만 아니라 신속히 **군체**(群體, colony)를 형성할 수 있는 이점이 있다. 유전적인 관점에서 본다면 부모의 좋은 형질을 자손에게 그대로 물려줄 수 있다는 이점도 있을 것이다. 그리고 부모의 보호가 덜 요구된다는 점도 장점이 될 수 있다. 무성생식이 아직도 건재한 이유 중 하나는 그 방법이 아주 다양하다는 점이다. 지금까지 기술한 무성생식 방법을 들어 본다면 이분법, 출아법, 분절법, 포자형성 등 다양한 방법들이 이용되고 있다.

그렇다면 무성생식의 단점은 무엇일까? 무성생식의 단점은 먼저 유전적 관점에서 살펴보아야 한다. 무성생식은 한 부모에서 전해지는 유전자를 받기 때문에 모든 자손이 모두 유전적으로 복제품, 즉 클론이 된다. 따라서 유전적 다양성이 없어서 변화되는 환경에 적응하기가 어렵다. 만약 내성이 없는 질병을 만나게 되면, 모든 자손이 동시에 멸종될 수도 있을 것이다. 그뿐만 아니라 부모의 해로운 유전자도 희석되지

08

않고 고스란히 자손에게 물려주게 된다. 따라서 유전적 재조합이 없으므로 진화의 속도는 매우 느려질 것이다. 그리고 모든 자손이 신속하게 대량으로 생산되기 때문에 이로 인하여 개체 밀도가 높아질 뿐만 아니라, 음식이나 공간을 두고 경쟁이 심해지는 결과를 초래하기도 한다.



그렇다면 유성생식은 어떤 장점들이 있을까? 유성생식은 무성생식의 단점을 보완하는 유전적 다양성이 보장된다는 점을 먼저 들어야 할 것이다. 유성생식에서 한 부모의 염색체는 감수분열에 의하여 23개의 염색체가 생식세포에 들어 있을 것이다. 이 중에서 교차반응이 일어나지 않는 성염색체를 제외하면 22개의 염색체가 있다. 따라서 이 중에서 2개가 만들어질 확률은 $2^{22}$이지만, 다시 다른 부모의 22개 염색체가 있으므로$(2^{22})^2$, 즉 $17.6\times10^{12}$의 확률로 나타날 것이다. 이것은 교차 반응이 한 군데도 일어나지 않았을 때, 자식이 부모와 유전적으로 같을 가능성은 대략 17조($10^{12}$은 1조에 해당) 중에 하나 정도 된다는 계산이다. 지구상에 존재하는 인간의 수가 현재 약 70억이라면, 이 중 어느 누구도 유전적 재조합이 똑같은 사람은 한 사람도 없다는 뜻이다. 더군다나 교차반응이 한 차례만 일어났다고 하더라도 그 가능성은 $309\times10^{24}$ 정도의 크기가 되므로, 이 지구상의 개인 하나하나는 모두가 유일무이한 유전적 구조로 되어 있다고 할 수 있다. 이 사실은 대단히 중요한 의미를 내포하고 있다[31,48,50,59]. 즉, '나'라는 개인이 죽는 것은 영원히 죽는 것이다. 그러나 무성생식에 의하여 만들어진 자손들은 모두가 똑같은 복제품이다. 따라서 그중 한 개체가 없어졌다고 그 개체가 사라졌다고 할 수는 없다. 왜냐하면 사라진 개체와 똑같은 동일한 개체가 수없이 많이 있기 때문이다(이 내용은 제12장 '생명의 소멸' 편에서 다시 다룰 것이다). 따라서 내 자식이 나와 다르다는 사실에 화를 내거나 서러워할 이유는 전혀 없다. 유성생식에 의한 자식은 부모와 유전적으로 다르다는 점을 기억해야 한다. 이러한 이유로 양친보다 더 우수한 자손이 생길 수도 있고, 질병에 더 저항적이거나 변화된 환경에 더 잘 적응할 수 있는 자손이 생길 수 있다는 뜻이다. 이와는 반대로 양친보다 못하거나 질병에 덜 저항적인 생명체가 태어난다는 것도 충분히 이해가 될 것이다. 또한 유전적 재조합은 해로운 돌연변이가 제거되거나 희석될 가능성이 높으며, 열성인 경우 질병이 나타나지 않을 수도 있게 된다. 이렇게 다양하게 나타나는 유전적 변이는 자연선택을 받아서 유용한 돌연변이는 급속하게 전파시킬 수 있게 되어서, 진화의 속도를 증진시키는 중요한 요인으로 작용하게 될 것이다. 그뿐만 아니라 두 개의 생식세포가 합쳐져서 수정란을 만든다는 것은 늙고 지친 세포를 젊고 활기찬 세포로 회생시킨다는 의미를 담고 있기도 하다.

그렇다면 유성생식은 꼭 좋은 점만 있을까? 유성생식은 단점도 눈에 많이 띈다. 먼저 유성생식은 암수가 만나서 수정란을 만들어야만 한다. 이렇게 암수의 만남은 많은 시간과 에너지가 소모되는 일이다. 짝짓기보다 처녀생식이나 이분법이 훨씬 더 경제적인 것은 두말할 나위도 없다. 더불어 그 과정이 복잡하여 실수가 자주 생길 수도 있고, 자손이 성숙하는 데 시간이 많이 소요되기도 한다. 또한 부모의 보호가 더 많이 요구되기도 하고, 암컷만이 자손을 낳을 수 있으므로 자손의 증가 속도가 느린 점이 있다. 유전적 관점에서 본다면 부모의 유익한 정보가 자손에게 전해지지 않을 수도 있고, 다양성의 증가로 인하여 바람직하지 않은 형질이 자손에서 나타날 수도 있을 것이다.

그렇다면 무성생식이나 유성생식 중에서 어느 것이 더 좋은 번식 방법일까? 우리는 유성생식이 더 유리할 것으로 쉽게 생각할 수 있지만, 결론적으로 말한다면 어느 쪽도 일방적으로 더 좋은 번식 방법이라고 말할 수는 없다. 예를 든다면, 델로이드 로티퍼(bdelloid rotifer)라는 담륜충은 무성생식만을 하지만 멸종하지 않고 8천만 년이나 잘 지내고 있다는 사실이 알려져 있기 때문이다[26,80].

## 제9절 성의 기원과 진화

### 1. 성의 기원

**성**(性, sex)이나 유성생식에 대한 기원을 찾아가는 길은 결코 쉽지 않다. 먼저 이에 관하여 수많은 질문과 의문들이 쏟아질 것이다. 과연 성은 어떤 생명체에서 처음으로 발생되었는가? 성은 언제, 어떻게 독립적으로 암컷과 수컷으로 갈라져 나왔는가? 고등생물에서 유성생식이 우세하게 된 이유는 무엇인가? 만약 유성생식이 더 효율적이라면, 왜 수십억 년 동안 살아온 박테리아는 유성생식을 발전시키지 않고 무성생식 방법을 고수하고 있는가? 아마도 진화생물학이 대답하기 어려운 난제 중의 하나가 성의 기원과 진화일 것이다[29,38].

우리는 지금까지 생명체들이 어떤 방법으로 번식하는지에 대하여 알아보았다. 그러나 성이란 것이 단지 번식이나 쾌락의 대상으로 기원하거나 진화되어 왔다는 증거는 아무데도 없다. 우리는 박테리아가 접합을 통해서 유전자를 섞는 방법을 그림 8-22에서 자세히 알아보았다. 접합이란 박테리아의 성적 행위라고 보는 시각에 이의를 제기하는 학자는 없다. 수정이라는 과정도 결국 생식세포의 융합에 의해서 수정란이 만들어지는 것이다. 그렇다면 접합이나 수정이 반드시 동반되어야만 세포융합이 일어날 수 있을까? 우리는 이런 방법 이외에도 인공적으로 세포융합을 유도하는 방법을 알고 있다.

식물세포에서 펙티나제(pectinase)나 셀룰라제(cellulase)를 투여하여 단단한 세포벽을 분해하면, 우리는 알몸의 식물세포를 만들 수 있을 것이다. 다시 여기에 세포막을 형성하는 지질을 일부 녹여 주면, 식물세포들은 저절로 세포융합이 일어난다. 만약 감자(potato)와 토마토(tomato)를 이런 방법으로 융합시키면 어떤 결과가 나올까? 우리를 놀라게 하는 사실은 이렇게 융합된 세포가 다른 생명체로 태어난다는 것이다. 우리는 이러한 방법으로 탄생한 생명체를 **포마토**(pomato, potato와 tomato를 섞은 말)라고 부른다. 즉, 줄기에는 토마토가 달리고 뿌리에는 감자가 달릴 것이다. 물론 기대만큼 성과가 좋은 것은 아니다. 이 과정은 1978년 독일 막스 플랑크 연구소의 **멜처스**(Georg Melchers, 1906~1997)에 의해서 이루어진 업적이다[49]. 종과 종 사이에 인공적으로 세포융합이 일어날 수 있다면, 과연 접합이나 수정이라는 과정은 어떤 의미를 지니게 될까? 해답은 점점 미궁 속으로 빠져들어 가는 느낌이다. 따라서 성의 기원과 이에 따라 수반되는 유성생식이 어떻게 등장하게 되었는지에 대한 몇 가지 이론을 추려서 먼저 알아보기로 하자[39].

유성생식의 기원에 관한 이론에서 제일 먼저 등장하는 것은 **복권원리**(福券原理, Lottery principle)이다. 이 복권원리는 미국의 진화생물학자인 **윌리엄스**(George C. Williams, 1926~2010)가 주장한 것으로, 우리가 알고 있는 복권을 구매하는 방식에 비유한 것이다. 무성생식은 유전적 다양성이 없다. 그래서 복권을 사는 방식이 마치 똑같은 번호를 대량으로 사는 것에 비유한다. 그러나 유성생식은 유전적 다양성이 많아서 다양한 번호를 소량으로 구매하는 것과 동일하다. 환경이 불안정해지거나 악화되면, 유전적 다양성이 높은 유성생식에 의하여 태어난 자손들이 살아남을 가능성이 높다는 것을 의미한다. 그러나 이 이론은 현재 잘 받아들여지지 않고 있다. 왜냐하면 지구상에서 성별 분포를 조사해 보면 열대지방과 같이 환경이 비교적 안정적인 지역에서 유성생식이 더 흔하고, 환경이 불안정한 고산지대와 같은 지역에서 무성생식이 흔하다는 사실이 알려졌기 때문이다.



**다윈**(Charles R. Darwin)이 주장한 **얽힌 방둑 가설**(tangled bank hypothesis)은 자손들이 이용할 자원에 초점을 맞추고 있다. 즉, 다양한 자손을 생산하면 서로 다른 자원을 이용할 가능성이 커진다는 것이다. 따라서 햇빛이나 먹이자원을 두고 부모와 자식 혹은 자식과 자식 간의 경쟁을 완화할 수 있다는 이론이다. 한편 **붉은 여왕 가설**(Red-Queen hypothesis)은 시카고대학 명예교수였던 **베일런**(Leigh V. Valen, 1935~2010)이 주장한 가설이다. 붉은 여왕은 영국의 동화작가인 **루이스 캐럴**(Lewis Carroll, 1832~1898)이 쓴 "이상한 나라의 앨리스(Alice's adventure in wonderland)"라는 소설의 속편에 등장하는 인물이다. 이 붉은 여왕은 주인공인 앨리스에게 "제자리에 있기 위해서는 끊임없이 뛰어야 한다"라고 말한 내용에서 유래된 이름이다. 즉, 주위 환경이 지속적으로 변하기 때문에 서 있지 말고 계속 뛰어야 변화되는 환경에 맞추어 갈 수 있다는 내용이다. 이의 속뜻은 포식자와 피식자 간의 군비경쟁을 의미한다. 이것은 마치 인간의 칼과 방패를 연상시킨다. 한쪽의 칼이 더 날카로워지면, 방패는 더 두꺼워져야 균형을 맞출 수 있다는 의미이다. 이런 붉은 여왕 가설은 경영학에도 자주 인용되는 이론이지만, 생물의 진화를 설명하는 데에도 자주 등장한다. 이를 숙주와 기생충의 관계에 대입해 보자. 기생충이 빠르게 숙주를 공격할 수 있는 무기를 만들어 낸다면, 숙주도 이에 맞서 새로운 무기에 대항하는 방법을 찾아야 할 것이다. 이런 관계는 이어서 설명할 기생충 가설과 연결된다. 따라서 이 가설은 유성생식의 다양성을 바탕으로 새로운 무기를 찾아낼 수 있기 때문에 성이 기원한다고 보는 견해이다.

또 다른 가설은 **DNA 수리 가설**(DNA repair hypothesis)

이다. 유성생식이 유리해진 이유는 DNA를 수리할 수 있다는 장점 때문이라는 가설이다. DNA는 그 복제 과정이나 방사능 및 화학물질에 의해서 얼마든지 손상될 수 있다. 이런 돌연변이를 해결하는 방법은 무성생식과 유성생식에서 현저한 차이가 나게 된다. 즉, 무성생식은 한 부모의 유전자를 그대로 자손에 물려준다. 한번 생긴 돌연변이는 그대로 자손에 물려주고, 그 자손 대에서 생긴 돌연변이도 계속 대물림되어 쌓여갈 것이다. 따라서 이렇게 축적된 돌연변이는 결국 깔축 톱니(그림 8-52)에 연결된 줄이 결국 터지듯, 어느 시점에 도달하면 생명체가 멸종해 버릴 것이다. 우리는 이런 현상을 **뮬러의 깔축톱니 이론**(Muller's Ratchet)이라고 부른다. 그러나 유성생식에서는 상황이 달라진다. 유성생식은 두 부모의 유전자를 섞는 작업이다. 따라서 유전자를 섞으면 어떻게 될까? 부모 대에서 생성된 돌연변이가 희석될 것이다. 이런 과정은 그다음 유성세대에서도 동일하게 나타난다. 따라서 이런 이유로 유성생식을 위한 성이 기원했다고 보는 견해이다.

마지막으로 가장 신뢰를 받고 있는 **기생충 가설**(寄生蟲假說, parasite hypothesis)을 소개하고자 한다. 이 기생충 가설은 붉은 여왕 가설을 기생충과 숙주라는 국한된 관계로 압축시켜서 성의 기원을 설명하고 있다. 이 가설을 주장한 영국의 **해밀턴**(W. D. Hamilton, 1936~2000)도 붉은 여왕 가설을 주장한 초창기 학자였다[5,29]. 숙주와 기생충의 관계는 상호 공진화의 관계에서 살펴보아야 한다. 이들 사이에 벌어지는 진화적 군비경쟁이 바로 공진화인 셈이다. 대부분 기생충은 세대가 짧고 무성생식을 하기 때문에 매우 빠른 속도로 숙주를 제압하는 무기를 개발할 수 있다. 따라서 이에 맞서는 숙

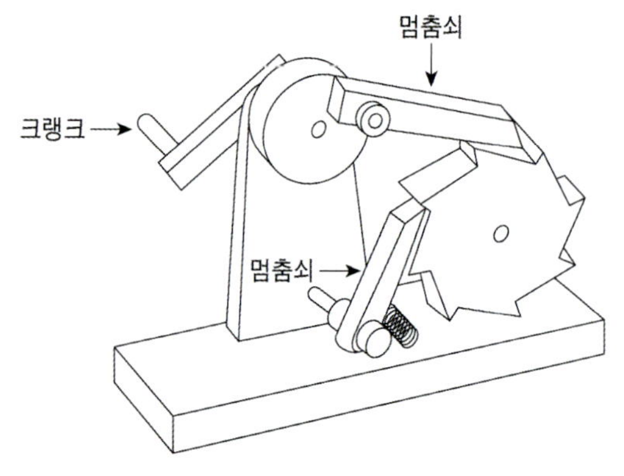

그림 8-52. 깔축톱 모양.

주의 입장에서도 성이란 방법을 개발하여, 유성생식적으로 다양한 자손을 만들어서 이에 대항해야 할 것이다. 이런 기생충 가설은 달팽이의 기생충을 연구하거나 쥐에 기생하는 기생충을 연구한 결과, 기생충이 많은 종에서 유성생식이 활발하다는 연구 결과물들에 의해 만들어졌다. 따라서 가장 설득력이 있는 이론 중 하나가 바로 기생충 가설이다. 또한 이 기생충 가설은 공작새의 화려한 깃털을 설명하는 다윈의 **성선택설**(性選擇說, sexual selection) 개념에도 그대로 적용된다. 현재 파악되고 있는 무성생식은 약 200만 종의 생명체 중에서 2천여 종이 무성생식에 의존하고 있고, 동물 중에서는 약 0.1% 정도에서 무성생식이 존재한다. 그러나 지금까지 설명한 이론만으로 유성생식을 모두 이해하기에는 한계가 있다는 것을 우리 모두가 잘 알고 있다. 다시 지금부터 성이 어떻게 나타나고 진화되어 왔는지를 알아보도록 하자.

## 2. 성의 진화

성의 진화를 기술하기 위해서는 우선 성의 기원에서부터 시작하는 것이 합리적일 것이다. 그렇다면 처음으로 이 지구상에 등장한 박테리아에서부터 시작해 보자. 과연 박테리아는 어떻게 섹스를 하고 번식을 할까? 박테리아의 번식법은 이미 제3절 '원핵생물의 번식' 편과 '박테리아 섹스'에서 자세히 기술하였다. 이를 다시 정리한다면 박테리아는 주로 이분법에 의하여 무성적으로 번식한다. 그러나 박테리아가 전혀 유전자를 교환하지 않는다는 뜻이 아니다. 박테리아도 형질전환이나 형질도입과 같은 방법으로 유전자를 새롭게 만들 수 있다. 이런 방법들은 그저 자연에서 일어나는 무성적 방법이다. 그러나 우리는 대장균과 같이 두 세균이 밀접하게 접촉하여 성 활동을 연상시키는 **접합**(接合, conjugation)에 주목하여야 한다. 이 중 한 세균의 신체 일부가 돌출되면서 다른 한쪽과 다리를 형성한다. 우리는 이 돌출부를 **성선모**(性腺毛, sex pili)라고 부른다는 것은 이미 기술한 바 있다. 이 성선모를 통해서 한쪽의 플라스미드(plasmid)라는 유전자와 일부 염색체가 다른 한쪽으로 전달된다. 이렇게 성선모를 만들 수 있는 박테리아를 우리는 그저 $F^+$ 세포로 부를 수밖에 없다. 이들을 수컷이라고 부르지 못하는 이유를 굳이 설명할 필요는 없을 것이다. 이러한 접합이라는 성 활동은 원생생물과 균

류, 더 나아가 동식물의 수정이라는 두 세포의 세포융합에 이르기까지 공통적으로 나타나는 현상이다. 그뿐만 아니라 세균에서 일어나는 이분법은 바로 진핵생물에서 볼 수 있는 유사분열의 조상이라고 할 수 있다. 우리는 이미 유사분열, 즉 체세포분열과 감수분열에 대하여 제1절에서 이미 설명한 바 있다. 따라서 유사분열의 다양한 변화에 의해서 감수분열이 탄생될 수 있다는 가능성을 우리는 인정하고 있다. 이렇듯 접합과 이분법이 성 기원의 출발점이 된다는 것을 먼저 알아 둘 필요가 있다.

그렇다면 원생생물로 올라가면 어떤 번식 방법이 등장하는가? 그림 8-29의 짚신벌레의 번식법은 상징하는 의미가 크다고 할 수 있다. 이 원생동물인 짚신벌레는 대핵이 소실되고 소핵이 분열한다. 다시 분열한 소핵 중 2개가 서로 융합하여 하나의 접합체를 형성한다. 이것은 무엇을 뜻하는가? 바로 **자가수정**(自家受精, autogamy)의 원시 형태를 감상하고 있는 것이다. 이렇게 합쳐진 접합체는 분열하여 낡고 병든 대핵을 다시 젊고 활기찬 대핵으로 바꾸어 줌과 동시에 소핵도 새것으로 바꾸어 놓는다. 그래서 이들은 그저 수정된 단세포 상태로 즐기면서 산다. 이들은 이배엽이나 삼배엽 생물에는 관심이 없어 보인다. 따라서 짚신벌레는 자기 핵으로 자기를 수정시키는 자가수정이 일어난 셈이다. 그렇다면 그다음 단계는 무엇일까? 그림 8-31에서 나타나는 단세포 녹조류인 클라미도모나스도 상징하는 바가 크다. 이들은 두 개의 편모를 가지고 있어서 서로가 이 편모를 이용하여 밀착하면서 접합이 일어난다. 이 과정을 통해서 만들어진 각각의 단세포 클라미도모나스는 다시 단상의 $M^+$형 세포와 $M^-$형 세포로 구분될 것이다. 이때 $M^+$형 세포도 성선모를 내는 쪽을 의미한다. 그러나 만약 환경이 악화되면, 이 똑같은 모양을 하고 있는 $M^+$ 세포와 $M^-$ 세포가 서로 접합하여 복상의 접합체를 만들 것이다. 여기서 $M^+$ 세포와 $M^-$ 세포를 배우자라고 볼 수는 있지만, 수컷과 암컷으로 부를 수는 없을 것이다. 이러한 $M^+$ 세포와 $M^-$ 세포와 같이 모양이 같은 형태의 배우자를 **동형배우자**(同型配偶子, isogamy)라고 이미 설명하였다. 동형배우자는 결과적으로 암수를 구별할 수가 없다. 그러나 해캄의 경우에는 좀 다르다. 즉, 배우자는 똑같이 생겼지만 플러스 쪽에서 마이너스 쪽으로 유전자가 넘어감으로써 형태적으로는 암수 구별이 안 되지만, 행동적으로는 암수를 구별할 수 있는 경우까지 발전하게 된다.

그렇다면 이 동형배우자는 어떤 의미를 가지는가? 실제 이 동형배우자에서 성의 분화가 시작된다고 볼 수 있다. 즉, 동형배우자 중에서 그래도 약간 크거나 작은 배우자가 있었을 것이다. 이 약간 크거나 작은 배우자는 무엇을 의미할까? 이는 제1장 '모든 것의 시작' 편에서 다룬 우주배경복사를 떠오르게 한다. 이 우주배경복사에서 약간의 비균등성이 오늘날 우주를 만들어 낸 것과 마찬가지로 이 동형배우자의 약간의 크고 작음이 오늘날 암컷과 수컷으로 발전하는 계기를 만들어 주었을 것이다. 즉, 이들은 마치 진화에서 나타나는 자연선택 중 **분단 선택**(分斷選擇, disruptive selection, 제10장 '생명의 진화' 편 참고)이 보여 주는 것처럼 그림 8-53이 잘 설명하고 있다[66,72]. 즉, 배우자 크기에서 작거나 큰 것이 선택되고 가운데 있는 중간 크기의 배우자가 도태되는 결과를 초래한다는 것이다. 왜냐하면 작은 배우자는 기동성을 가지게 되어 쉽게 다른 배우자를 찾을 수 있는 능력을 갖추게 되고, 더 큰 것은 수정이 되었을 때 자손을 양육하기에 충분한 영양분을 저장할 수 있는 능력을 가지고 있기 때문이다. 이에 반

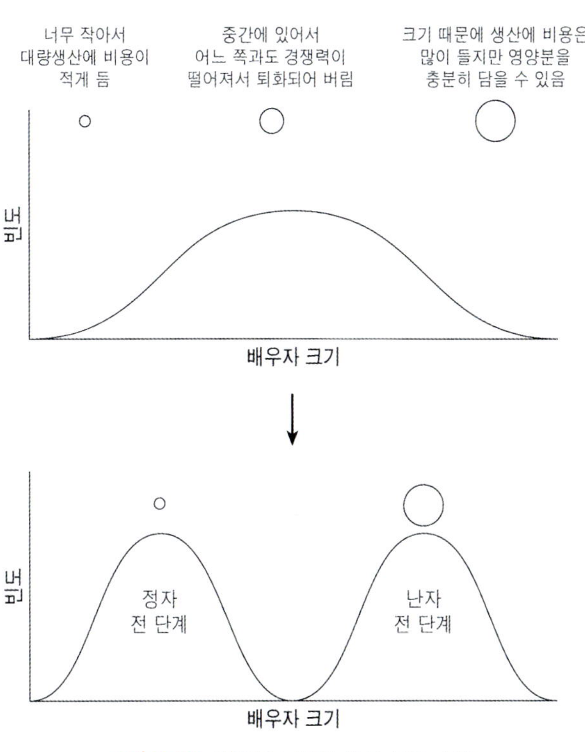

그림 8-53. 배우자 크기에 따른 분단 선택.

08

해 중간 크기는 어중간한 위치에 서 있기 때문에 결국 사라지게 될 것이다. 이렇게 등장한 작은 크기의 배우자는 앞으로 정자의 길을 걸을 것이고, 큰 것은 난자의 길로 나아가게 될 것이다. 우리는 이렇게 배우자의 크기가 다른 것을 **이형배우자**(異型配偶子, anisogamy)라고 부른다. 특히 이 이형배우자 중에서 난자가 운동성을 잃고 덩치를 키운 반면, 정자는 더욱더 작아져서 민첩해지는 경우를 **난접합**(卵接合, oogamy)이라고 부른다(그림 8-32 및 표 8-4 참고). 이러한 크기에 대한 핵의 이동은 그림 8-28의 짚신벌레의 접합에서 그 단서를 찾아볼 수 있다. 이 짚신벌레는 크고 수동적인 정지성 핵 대신 작고 능동적인 이동성 핵이 서로 교환되어 합쳐진다. 이것은 앞으로 배우자들이 어떻게 진화해 갈 것인지를 미리 보여 주는 좋은 사례라 할 수 있다.



우리는 이렇게 이형배우자를 만들어 내는 전문 기관, 즉 **장란기**(藏卵器, oogonium)나 **난소**(卵巢, ovary) 또는 **장정기**(藏精器, antheridium)나 **고환**(睾丸, testis)을 가지고 있는 생명체를 각기 암그루와 수그루 혹은 암컷과 수컷으로 부를 수 있을 것이다. 이렇게 등장한 성 분화는 유성생식이라는 번식법이 본격적으로 가동될 수 있는 기틀이 되어 주었다. 이 지구상에 나타난 성은 다시 다윈이 주장한 **성 선택**(性選擇, sexual selection)이라는 유전적 소용돌이가 기다리고 있었을 것이다. 이 성 선택은 수컷끼리 혹은 암컷끼리에서 발생하는 **성내 선택**(性內選擇, intrasexual selection)과 암컷과 수컷 사이에 일어나는 **성간 선택**(性間選擇, intersexual selection)으로 번지면서, 우리에게 많은 궁금증을 자아낸다. 이 성 선택을 더 자세히 다루기에는 유성생식이라는 본래의 취지에서 너무 벗어난다.

마지막으로 다시 '성이란 무엇인가'라는 기본 질문으로 돌아가 보자. 성의 목적이 과연 번식만을 위한 것인가? 번식만을 위한 목적이라면 짝짓기가 100~1,000배 이상 빈번히 일어나는 이유가 설명이 되지 않는다. 그뿐만 아니라 이렇게 비용이 많이 들고 유전자 손실이 많은 유성생식이 여전히 강세를 보이는 이유를 다 설명하기 위해서는 앞으로 진화생물학자들의 발길이 더 바빠져야 할 것 같다. 한 가지 분명한 것은 유성생식이 유전적 다양성을 만들어 내는 특징 때문에 '성이 진화를 촉진하고 다시 진화가 성을 촉진한다(Sex propels evolution and evolution propels sex)'는 말을 되새길 필요가 있다.

## 참고문헌


1. 대한산부인과학회. *산부인과학: 지침과 개요*. 서울: 군자출판사, pp. 22-23, 2008.
2. 이경준. *수목생리학, 2차 수정판*. 서울: 서울대학교 출판부, pp.292-298, 2009.
3. 이와나미 요조. *식물의 섹스: 알려지지 않은 성의 세계*. (반 옥 역. 서울: Blue Backs, pp.137-139, 1996)
4. 최재천. *최재천의 인간과 동물*. 서울: 궁리, pp.349-357, 2007.
5. 최재천. 성의 기원. 네이버 지식백과. Available at: https://terms.naver.com/entry.nhn?docId=3568634&cid=58943&categoryId=58965
6. 한국식물학회. *식물학백과: 생활주기(life cycle)*. 네이버 지식백과. Available at: https://terms.naver.com/entry.nhn?docId=5646835&cid=62861&categoryId=62861 (접속일 2020년 8월 16일)
7. 20 big advantages and disadvantages of asexual production. Green Garage. Available at: https://greengarageblog.org/20-big-advantages-and-disadvantages-of-asexual-reproduction (접속일 2020년 8월 17일)
8. About Chlamydomonas. Chlamydomonas Connection. Available at: https://www.chlamycollection.org/info.html (접속일 2020년 8월 16일)
9. Alternation of generation. McGill University. Available at: https://www.cs.mcgill.ca/~rwest/wikispeedia/wpcd/wp/a/Alternation_of_generations.htm (접속일 2020년 8월 17일)
10. Anglerfish. Wikipedia. Available at: https://en.wikipedia.org/wiki/Anglerfish#Evolution (접속일 2020년 8월 17일)
11. Anisogamy. Wikipedia. Available at: https://en.wikipedia.org/wiki/Anisogamy (접속일 2020년 8월 16일)
12. Asexual vs. sexual reproduction. Diffen. Available at: https://www.diffen.com/difference/Asexual_Reproduction_vs_Sexual_Reproduction (접속일 2020년 8월 17일)
13. Bacterial conjugation. Wikipedia. Available at: https://en.wikipedia.org/wiki/Bacterial_conjugation#cite_note-Baron-1 (접속일 2020년 8월 16일)
14. Bacterial endospores. University of Cornell, Department of Microbiology. Available at: https://micro.cornell.edu/research/epulopiscium/bacterial-endospores/ (접속일 2020년 8월 16일)
15. Badcock, C. *Epigenetic relatedness: The refutation of biological racism?* Psychology today. Available at: https://www.psychologytoday.com/us/blog/the-imprinted-brain/201810/epigenetic-relatedness-the-refutation-biological-racism (접속일 2020년 8월 16일)
16. Balcombe, J. *What a fish knows: The inner lives of our underwater cousins*. (양병찬 역. *물고기는 알고 있다*. 서울: 에이도스, pp.264-

265, 2016)

17. Berger, J. D. *Autogamy in paramecium. Cell cycle stage-specific commitment to meiosis.* Exp Cell Res, 166(2), pp.475-485, 1986. DOI: 10.1016/0014-4827(86)90492-1
18. Bidlack, J. E., Jansky, S. H. *Stern's introductory plant biology, 12th ed.* (김성하 외 역. *식물학.* 서울: 라이프사이언스, pp.316-323, 2014)
19. Binary fission and other forms of reproduction in bacteria. University of Cornell, Department of Microbiology. Available at: https://micro.cornell.edu/research/epulopiscium/binary-fission-and-other-forms-reproduction-bacteria/ (접속일 2020년 8월 16일)
20. Biological life cycle. Wikipedia. Available at: https://en.wikipedia.org/wiki/Biological_life_cycle (접속일 2020년 8월 17일)
21. Blackmon, H., Ross, L., Bachtrog, D. *Sex determination, sex chromosomes, and karyotype evolution in insects.* J Hered, 108: (1), pp.78-93, 2017. doi.org/10.1093/jhered/esw047
22. Campbell, N. A., Reece, J. B. *Biology, 7th ed.* (전상학 외 역. *생명과학, 7판.* 서울: 라이프사이언스, pp.602-618, 2006)
23. Conrath, C. L. *Reproductive biology.* Food and Agriculture Organization of the United Nations. Available at: http://www.fao.org/3/A0212E11.htm (접속일 2020년 8월 17일)
24. Crop improvement: Mode of reproduction. Tamil Nadu Agricultural University. Available at: http://agritech.tnau.ac.in/crop_improvement/crop_imprv_repmode.html (접속일 2020년 8월 16일)
25. Daphnia pulex (water flea). University of Wisconsin- La Crosse. Available at: http://bioweb.uwlax.edu/bio203/2010/carroll_chri/reproduction.htm (접속일 2020년 8월 16일)
26. Dawkins, R. *The ancestor's tale: A pilgrimage to the dawn of life.* (이한음 역. *조상이야기: 생명의 기원을 찾아서.* 서울: 까치글방, pp.468-478, 2007)
27. Differences between mitosis and meiosis. Microbiology information. Available at: https://microbiologyinfo.com/differences-between-mitosis-and-meiosis/ (접속일 2020년 8월 16일)
28. Epigenesis and preformationism. Stanford Encyclopedia of Philosophy. Available at: https://plato.stanford.edu/entries/epigenesis/ (접속일 2020년 8월 16일)
29. Evolution of sexual reproduction. Wikipedia. Available at: https://en.wikipedia.org/wiki/Evolution_of_sexual_reproduction (접속일 2020년 8월 17일)
30. Fern. Wikipedia. Available at: https://en.wikipedia.org/wiki/Fern (접속일 2020년 8월 16일)
31. Fertilization. Wikipedia. Available at: https://en.wikipedia.org/wiki/Fertilisation (접속일 2020년 8월 17일)
32. Flower anatomy: Reproductive structures in a flower. University of California Davis. Available at: http://fruitandnuteducation.ucdavis.edu/generaltopics/AnatomyPollination/Flower_Anatomy/ (접속일 2020년 8월 16일)
33. Freeman, S. *Biological science, 4th ed.* (안정선 외. *프리만 생명과학.* 서울: 바이오사이언스, pp.211-227, 2011)
34. Fungi. Augsburg University. Available at: https://web.augsburg.edu/~capman/bio152/fungi/ (접속일 2020년 8월 17일)
35. Genital embryology. University of New South Wales. Available at: https://embryology.med.unsw.edu.au/embryology/images/f/f6/2015ANAT2341_Lecture_16_-_Genital_Development.pdf (접속일 2020년 8월 16일)
36. Gill, R., MacAllister, C., Zhang, T. *Plant reproductive system.* University of Georgia. Available at: http://plantbreeding.coe.uga.edu/index.php?title=4._Plant_Reproductive_Systems (접속일 2020년 8월 17일)
37. Griffith's experiment. Wikipedia. Available at: https://en.wikipedia.org/wiki/Griffith%27s_experiment (접속일 2020년 8월 16일)
38. Gutin, J. *The origin of sex.* Discover Megazine. Available at: https://www.discovermagazine.com/planet-earth/the-origin-of-sex (접속일 2020년 8월 17일)
39. Harrub, B., thompson, T. *Evolutionary theories on gender and sexual reproduction.* The true origin archive. Available at: https://www.trueorigin.org/sex01.php (접속일 2020년 8월 16일)
40. Hermaphrodite. Wikipedia. Available at: https://en.wikipedia.org/wiki/Hermaphrodite (접속일 2020년 8월 16일)
41. How can amoeba die? Quora. Available at: https://www.quora.com/How-can-amoeba-die (접속일 2020년 8월 16일)
42. Karki, B. *Reproduction in fungi: Asexual and sexual methods.* Online biology Note. Available at: https://www.onlinebiologynotes.com/reproduction-in-fungi-asexual-and-sexual-methods/ (접속일 2020년 8월 17일)
43. Khanna, K., Sharma, S., Gupta, D. K. *A Clinical approach to diagnosis of ambiguous genitalia.* J Indian Asso Pediatr Surg, 24(3), pp.162-169, 2019. DOI: 10.4103/jiaps.JIAPS_70_18
44. Kingdom fungi. University of California Davis. Available at: http://www-plb.ucdavis.edu/courses/bis/1c/text/Chapter20nf.pdf (접속일 2020년 8월 17일)
45. Krentzel, A. *Who needs males after all? That's life.* Available at: http://thatslifesci.com.s3-website-us-east-1.amazonaws.com/2016-11-21-who-needs-males-after-all-akrentzel/ (접속일 2020년 8월 16일)
46. Margulis, L., Sagan, D. *What is sex?* (홍욱희 역. *섹스란 무엇인가?* 서울: 지호, pp.138-147, 1998)
47. Marine algae. Marine Education Society of Australasia. Available at: http://www.mesa.edu.au/marine_algae/ (접속일 2020년 8월 17일)
48. Meiosis and the formation of eggs and sperm. Indianan University-Purdue University Indianapolis. Available at: https://www.biology.iupui.edu/biocourses/N100/2k4ch9meiosisnotes.html (접속일 2020년 8월 17일)
49. Melchers, G., Sacristan, M. D., Holder, A. A. *Somatic hybrid plants of potato and tomato regenerated from fused*

*protoplasts*. Carlsberg Res. Commun., Vol. 43, pp.203-218, 1978.

50. Miko, I. *Mitosis, meiosis, and inheritance*. Nature education. Available at: https://www.nature.com/scitable/topicpage/mitosis-meiosis-and-inheritance-476/ (접속일 2020년 8월 17일)
51. Mouthbrooding fish bring child care to a new level. Ocean conservancy. Available at: https://oceanconservancy.org/blog/2020/03/26/mouthbrooding/ (접속일 2020년 8월 17일)
52. Oogenesis vs spermatogenesis. Google sites. Available at: https://sites.google.com/a/canacad.ac.jp/sl-hl-2-biology-8-ferguson/09-reproduction/11-4-reproduction (접속일 2020년 8월 16일)
53. Pando (trees). Wikipedia. https://en.wikipedia.org/wiki/Pando_(tree) (접속일 2020년 8월 16일)
54. Parthenogenesis. Encyclopedia Britannica. Available at: https://global.britannica.com/science/animal-reproductive-system/Parthenogenesis (접속일 2020년 8월 16일)
55. Pearcy, M., Hardy, O., Aron, S. *Thelytokous parthenogenesis and its consequences on inbreeding in an ant*. Heredity, 96, pp.377-382, 2006. doi.org/10.1038/sj.hdy.6800813
56. Plant reproduction. Georgia Institute of Technology. Available at: http://bio1520.biology.gatech.edu/growth-and-reproduction/plant-reproduction/ (접속일 2020년 8월 17일)
57. Rafflesia. Wikipedia. Available at: https://en.wikipedia.org/wiki/Rafflesia (접속일 2020년 8월 17일)
58. Rani, R. *Reproduction in Paramecium*. Allama Iqbal college. Available at: https://www.allamaiqbalcollege.edu.in/uploads/download_2004051131.pdf (접속일 2020년 8월 17일)
59. Recombination and linkage. Palomar College. Available at: https://www2.palomar.edu/anthro/biobasis/bio_3.htm (접속일 2020년 8월 17일)
60. Reproduction and dispersal. Australian National Botanic Garden. Available at: https://www.anbg.gov.au/bryophyte/reproduction-dispersal.html (접속일 2020년 8월 17일)
61. Reproduction: How does the *Citrillus lanatus* reproduce? University of Wisconsin La Crosse. Available at: http://bioweb.uwlax.edu/bio203/s2012/montesin_elis/reproduction.htm (접속일 2020년 8월 17일)
62. Reproduction of plants and animals. Desktop Class. Available at: https://www.desktopclass.com/biology/reproduction-f-sc-biology-chapter-7.html (접속일 2020년 8월 16일)
63. Sadava, D., Hills, D., Heller, C., et al. *Life: The science of biology, 9th ed.* (강해묵 외 역. *생명: 생물의 과학, 9판*. 서울: 라이프사이언스, pp.572-608, 2012)
64. Sadler, T. W. *Langman's medical embryology, 10th ed.* (황영일 외 역. 사람발생학. 서울: E*Public, pp.240-241, 2007)
65. Sasso, S., Stibor, H., Mittag, M., et al. *The natural history of model organisms: From molecular manipulation of domesticated Chlamydomonas reinhardtii to survival in nature*. eLife, 7: e39233, 2018. DOI: 10.7554/eLife.39233
66. Schärer, L. *Origin of Sexual reproduction*. University of Basel. Available at: http://www.evolution.unibas.ch/teaching/evol_fort/pdf/Origins.pdf (접속일 2020년 8월 16일)
67. Schneider, J. M. *Sexual cannivalism as a manifestation of sexual comflict*. Cshpersect. A01773, 2014. DOI: 10.1101/cshperspect.a017731
68. Schwander, T., Oldroyd, B. P. *Androgenesis: Where males hijack eggs to clone themselves*. Philos Trans R Soc Lond B Sci, 371(1706), 2016. DOI: 10.1098/rstb.2015.0534
69. Scientists discover the secret behind the power of bacterial sex. University of Oxford. Available at: https://www.ox.ac.uk/news/2015-11-23-scientists-discover-secret-behind-power-bacterial-sex (접속일 2020년 8월 16일)
70. Scott, P. *Physiology and behavior of Plants*. (김명원 역. *식물생리학: 식물의 삶과 행동*. 서울: 라이프사이언스, pp.130-132, 2012)
71. Sequential hermaphrodite. Wikipedia. Available at: https://en.wikipedia.org/wiki/Sequential_hermaphroditism (접속일 2020년 8월 16일)
72. Sexual conflict and selection. Eastern Kentucky University. Available at: http://people.eku.edu/ritchisong/RITCHISO/behavecolnotes5.htm (접속일 2020년 8월 16일)
73. Spore. Wikipedia. Available at: https://en.wikipedia.org/wiki/Spore (접속일 2020년 8월 17일)
74. Stockley, P. *The baculum*. Cell Press. Available at: https://www.cell.com/current-biology/pdf/S0960-9822(12)01308-5.pdf (접속일 2020년 8월 16일)
75. Taiz, L., Zeiger, E., Moller, I. M., et al. *Plant physiology and development, 6th ed*. Available at: http://6e.plantphys.net/topic21.05.html (접속일 2020년 8월 16일)
76. Transduction (genetics). Wikipedia. Available at: https://en.wikipedia.org/wiki/Transduction_(genetics) (접속일 2020년 8월 16일)
77. Types of protist reproduction. Study.com. Available at: https://study.com/academy/lesson/types-of-protist-reproduction.html (접속일 2020년 8월 17일)
78. Unicellular eukaryotic parasites. eCampus Ontario. Available at: https://ecampusontario.pressbooks.pub/microbio/chapter/unicellular-eukaryotic-parasites/ (접속일 2020년 8월 16일)
79. Yeast. Wikipedia. Available at: https://en.wikipedia.org/wiki/Yeast (접속일 2020년 8월 17일)
80. Yong, E. *Bdelloid rotifers*. National Geographic. Available at: https://www.nationalgeographic.com/science/phenomena/2009/09/30/bdelloid-rotifers-80-million-years-without-sex/ (접속일 2020년 8월 17일)
81. Zygomycota. Kenyon College. Available at: https://microbewiki.kenyon.edu/index.php/Zygomycota (접속일 2020년 8월 17일)

## 그림 인용 및 Links

그림 8-1. https://commons.wikimedia.org/wiki/File:Pearsonothuria_graeffei_spawning.jpg (접속일 2020년 9월 21일)

그림 8-2. https://biology.stackexchange.com/questions/41314/mitosis-versus-meiosis-i-whats-the-difference (접속일 2020년 11월 30일)

그림 8-6. https://commons.wikimedia.org/wiki/File:Traumatic_insemination_1_edit1.jpg (접속일 2020년 12월 1일)

그림 8-8. https://commons.wikimedia.org/wiki/File:FallPando02.jpg (접속일 2020년 9월 21일)

그림 8-9. https://www.shutterstock.com/ko/image-vector/anatomy-planarian-1229842270 https://www.shutterstock.com/ko/image-illustration/planarian-flatworm-tricladida-1150579598 (접속일 2020년 12월 1일)

그림 8-10. https://www.shutterstock.com/ko/image-photo/wild-brown-spotted-whiptail-lizards-sonoran-1231107304 (접속일 2020년 12월 1일)

그림 8-14. https://commons.wikimedia.org/wiki/File:DaphniaMagna_LifeCycle_DVizoso.svg (접속일 2020년 9월 21일)

그림 8-15. https://commons.wikimedia.org/wiki/File:Mating_earthworms.jpg (접속일 2020년 9월 21일)

그림 8-16. https://commons.wikimedia.org/wiki/File:Clown_fish_in_the_Andaman_Coral_Reef.jpg (접속일 2020년 9월 21일)

그림 8-17. https://commons.wikimedia.org/wiki/File:Magn%C3%B2lia_a_Verbania.JPG (접속일 2020년 9월 21일)

그림 8-20. https://en.wikipedia.org/wiki/File:Streptomyces_griseus.jpg (접속일 2020년 9월 21일)

그림 8-21. https://commons.wikimedia.org/wiki/File:Endospore_Formation.png (접속일 2020년 9월 21일)

그림 8-23. https://commons.wikimedia.org/wiki/File:Griffith_experiment.svg (접속일 2020년 9월 21일)

그림 8-24. https://courses.lumenlearning.com/boundless-microbiology/chapter/genetic-transfer-in-prokaryotes/ (접속일 2020년 9월 21일)

그림 8-25. https://pediaa.com/difference-between-transfection-and-transduction/ (접속일 2020년 9월 21일)

그림 8-30. https://commons.wikimedia.org/wiki/File:Chlamydomonas_reinhardtii_vector_scheme.svg (접속일 2020년 12월 2일)

그림 8-31. Sasso, S., Stibor, H., Mittag, M., et al. *The natural history of model organisms: From molecular manipulation of domesticated Chymydomonas reinhardtii to survival in nature.* eLife 2018;7:e39233 DOI: 10.7554/eLife.39233 (접속일 2020년 12월 2일)

그림 8-32. https://en.wikipedia.org/wiki/Anisogamy (접속일 2021년 1월 26일)

그림 8-33. https://ja.wikipedia.org/wiki/%E3%83%95%E3%82%A1%E3%82%A4%E3%83%AB:Spirogyra_water_surface_and_water_inside.jpg (접속일 2020년 9월 21일)

그림 8-35. https://ecampusontario.pressbooks.pub/microbio/chapter/unicellular-eukaryotic-parasites/ (접속일 2020년 9월 21일)

그림 8-36. https://courses.lumenlearning.com/wm-biology2/chapter/reproduction/ (접속일 2020년 9월 21일)

그림 8-38. https://commons.wikimedia.org/wiki/File:Budding_yeast_Lifecycle.png (접속일 2020년 12월 4일)

그림 8-45. https://commons.wikimedia.org/wiki/File:Ovule-Gymno-Angio-en.svg (접속일 2020년 12월 7일)

그림 8-47. https://commons.wikimedia.org/wiki/File:Mature_flower_diagram.svg (접속일 2021년 1월 26일)

그림 8-50. https://www.flickr.com/photos/76738608@N08/28966596471 (접속일 2020년 9월 27일)

그림 8-53. http://www.evolution.unibas.ch/teaching/evol_fort/pdf/Origins.pdf (접속일 20년 12월 7일)에 근거하여 재작성함

Chapter

# 09

# 생명의 유전

## 제1절 유전학의 역사

유전학은 생명을 이해하는 데 필수적인 지식이다. 그만큼 유전학은 생식의 기본을 형성하면서 의학이나 농업 및 생명공학에도 지대한 영향을 미치고 있기 때문이다. 우리는 번식이라는 과정을 통하여 자식을 낳을 때, 그 부모가 누구인지에 대한 정보를 자식에게 물려준다. 즉, 황새알은 황새가 되지 펠리컨이 되지 않는 것과 동일하다. 왜냐하면 우리가 물려준 그 유전정보에 따라 발생이라는 과정을 통하여 다세포 성체로 성장하기 때문이다. 그리하여 자식은 부모를 닮는다. 체형이나 목소리 혹은 걸음걸이도 닮아 간다. 인류는 이런 현상에 대하여 언제부터 호기심이 생겨났을까? 또 언제부터 우리는 유전이라는 구체적인 자연현상을 생명체 속에서 눈치챌 수 있었을까? 유전학의 역사는 현재 우리가 알고 있는 지식이 어떻게 축적되어 왔는지를 잘 알려 줄 것이다. 그리고 우리는 수많은 선각자들의 어깨 위에 앉아 있는 작은 존재에 불과하다는 사실도 점차 드러날 것이다. 먼저 인류의 초기 역사 속으로 찾아 올라가 보자.

### 1. 고대 유전 이론

유전학이 본격적으로 인류의 문명 속으로 들어오기 시작한 것은 인간이 수렵 채취기에서 정착기로 접어들 무렵으로 생각된다. 왜냐하면 인간의 정착은 농경의 시작에서 출발하기 때문에 좋은 종자는 농작물의 경작에 필수적이었고, 양질의 가축을 키워야 하는 문제에 봉착했기 때문이었다. 약 6천 년 전 바빌로니아 서판에서 발견된 말의 가계도는 이런 사실을 잘 설명한다고 할 수 있다. 따라서 품종 개량을 위한 육종가들의 관찰은 바로 유전 현상을 이해하기 위한 인류의 첫 번째 시도였다고 볼 수 있다. 우선 의학의 아버지라고 불리는 **히포크라테스**(Hippocrates, 기원전 460~기원전 375)는 유전에 대하여 어떻게 생각하고 있었을까? 히포크라테스는 부모의 몸에 있는 모든 기관에서 눈에 보이지 않는 **씨**(種子, seed)를 만들어서 성교 시에 전달되어 엄마의 자궁에서 아이가 만들어진다고 보았다. 이런 **범생설**(汎生說, pangenesis) 개념은 **다윈**(Chales R. Darwin, 1809~1882)에게까지 영향을 미쳤다. 다윈은 각 기관에서 만들어진 일종의 작은 입자를 **제뮬**(gemmule)이라고 부르면서 이 범생설을 받아들인다. 이리하여 히포크라테스가 생각한 바로는 **획득형질**(獲得形質, acquired character)도 자식에게 유전된다고 본 것이다[9]. 이러한 개념은 다윈이나 그 당시 **용불용설**(用不用說, theory of use and disuse)을 주장한 **장바티스트 라마르크**(Jean-Baptiste Lamarck, 1744~ 1829)에게도 전달되었다. 라마르크는 환경적인 요구에 의하여 몸의 일부가 발달하면 이것이 자손에 전달되고, 몇 세대가 지나면 짧은 목이 긴 목으로 변한다고 생각했던 것이다. 그러나 이런 개념은 폐기되어야 할 이론이라는 것이 조금 후에 밝혀질 것이다.

고대 유전 이론에서 소개해야 할 또 다른 선각자는 우리가 잘 아는 **아리스토텔레스**(Aristotle, 기원전 384~기원전 322)이다. 아리스토텔레스는 유전 현상을 이해하는 데 혈액을 중요한 매개체로 생각하였다. 즉, 남성의 정액은 혈액이 정화되어 만들어지는 것으로 보았고, 이에 상응하는 여성의 물질은 **생리혈**(生理血, menstrual blood)이라고 생각하였다. 그래서 그는 이 정액과 생리혈을 통하여 유전정보가 자손에게 전달되고, 이들이 만나서 자궁 속에서 아기를 만든다고 생각하였다. 그뿐만 아니라 아리스토텔레스는 이들 속에 장차 몸의 각 기관이 될 축소형들이 미리 들어 있다고 보았다. 따라서 발생이라는 것은 단지 이들 축소형들이 발전해서 개체가 된다고 생각한 것이다. 우리는 이런 개념을 **전성설**(前成說, preformation theory)이라 부른다. 따라서 아리스토텔레스는 전성설을 믿었던 학자 중에 한 사람이었다. 그러나 이와는 반대되는 개념인 **후성설**(後成說, epigenesis)은 처음부터 생겨 있는 것이 아니라 발생 과정에서 점차 기관들이 생겨난다는 생각이다[25]. 그러므로 전성설은 언젠가는 사라져야 할 운명을 안고 있었다고 할 수 있다. 에피쿠로스 학파를 창시한 소아시아의 사모아섬 출신인 **에피쿠로스**(Epicurus, 기원전 341~기원전 271)도 유전에 관한 주장이 기록되어 있다. 즉, 남성과 여성 모두에서 유전 형질을 자손에게 전달한다고 보았고, 우성 형질과 열성 형질에 대해서도 언급한 바가 있다. 그러나 아리스토텔레스에서 멘델까지 약 2천 년 동안 유전에 관해서 인류 역사에 새로운 이론이나 주장이 등장하지는 않았다. 우리는 유전학에서는 커다란 업적을 남겼지만, 불행한 삶을 살다 간 멘델을 만나게 될 것이다.

## 2. 멘델의 등장

**그레고어 멘델**(Gregor Mendel, 1822~1884, 그림 9-1)은 오스트리아 제국의 메렌 지방(현재는 체코)의 소작농 아들로 태어났다. 그가 가난한 농부의 아들로 태어났기 때문에 장차 그가 유전학의 아버지가 될 것이라고는 아무도 믿지 않았다. 멘델은 어린 시절 부모의 농사일을 거들면서 양봉을 공부하기도 하였다. 그러나 그가 경제적인 어려움으로 인하여 찾아간 곳은 로마 가톨릭교회였다. 그는 **수도사**(修道士, monk)로서 신학을 공부하면서 빈대학에서 물리학과 수학 및 식물학을 공부할 기회를 얻게 되었다.

그가 세인트 토마스 수도원 뒤뜰에서 완두콩 교배실험을 처음 시작한 것은 1856년의 일이다. 그는 7년간 무려 3만여 종의 완두콩을 재배하여 그 실험 결과를 정밀 분석하는 끈기를 보여 주었다. 그의 노력의 결과는 분리의 법칙, 독립의 법칙, 우열의 법칙으로 나타난다[5,40]. 그가 '식물의 교잡에 관한 실험'이라는 제목으로 논문을 발표한 시기는 1866년이다. 그는 상대적으로 잘 알려져 있지 않는 브르노에 있는 지방지인 "자연사 학회지"에 논문을 게재하였다. 더불어 그는 종교인이었기 때문에 식물에 관한 이 논문은 세인의 관심을 전혀 끌지 못하였다. 더군다나 그 당시 멘델이 다윈에게 보낸 그의 논문을 다윈이 읽지 않았다는 것이 밝혀졌다. 왜냐하면 멘델이 보낸 논문이 개봉되지 않은 채로 다윈 사후에 그의 서재에서 발견되었기 때문이다. 만약 다윈이 멘델의 논문을 그 당시에 읽어 보았다면, 다윈의 진화학은 어떻게 가속화되었을까? 여하튼 멘델은 1868년 수도원 원장이 되어 행정 업무에 매진하면서 그의 학문적 업적은 더이상 진행되지 못하였다. 그는 교회 과세법에 반대한 이유로 정부로부터 재산을 몰수당하고 만성 신장병으로 인하여 불우하게 세상을 떠난다. 그러나 그는 그가 연구한 유전에 관한 이론을 확인하면서 "나의 시대는 반드시 올 것이다(My time will come)"라는 유명한 말을 남기기도 하였다. 그의 말대로 멘델의 유전에 관한 이론이 다시 세상 밖으로 나오기 위해서는 40여 년간을 도서관에서 기다려야만 했다.

그림 9-1. 그레고어 멘델. (출처: Wikipedia[9-1])

인류 역사에서 실제 유전자의 정체가 현실적으로 모습을 드러내기 시작한 시기도 이 무렵이다. 세포 안에 들어 있는 핵을 보고 스위스 의사이자 생물학자인 **프리드리히 미셔**(Friedrich Miescher, 1844~1895)는 1869년 뉴클레인(nuclein)이라고 부르게 된다. 그는 크림 전쟁에서 부상당한 병사들의 고름 속에 들어 있는 백혈구를 관찰하고 이를 분리하여 그 특성을 조사해 보았다. 그는 이 물질이 약한 산성을 띠면서 인과 질소가 많이 들어 있다는 사실도 밝혀내었다.

독일의 진화생물학자인 **아우구스트 바이스만**(August Weismann, 1834~1914)은 1889년 **생식질 연속설**(生殖質連續說, germ plasm theory)을 주장하였다. 즉, 그는 생식질이라는 유전물질이 생식샘에 국한되어 나타나서 이들이 연속적으로 각 세대에 전달된다고 보았다. 그가 시행한 실험 중에서 인상적인 것은 쥐의 실험에서 나타난다. 그는 외과적으로 쥐의 꼬리를 제거한 후, 교배를 시켜서 그 자손을 관찰해 보았다. 그가 관찰한 것은 쥐의 꼬리를 잘라 버려도 자손에게는 전혀 영향을 주지 않는다는 사실이었다. 이는 무엇을 뜻하는 것인가? 이것은 바로 획득형질은 유전되지 않는다는 것을 보여 주는 실험이라고 할 수 있다. 따라서 바이스만의 실험은 이전에 설명한 범생설이나 용불용설이 설 자리를 빼어 버린 결과를 가져왔다. 라마르크의 용불용설은 점차 사라질 운명에 처한 것이다.

멘델이 예언한 자신의 시대는 1900년대 접어들면서 본격적으로 꽃을 피우기 시작하였다[18]. 네덜란드의 **휴고 드 브리스**(Hugo de Vries, 1848~1935), 독일의 **카를 코랜스**(Carl Correns, 1864~1933), 오스트리아의 **에리히 폰 체르마크**(Erich von Tschermak, 1871~1962) 등이 도서관에서 먼지를 뒤집어쓰고 있던 멘델의 논문을 각기 독자적으로 끄집어낸 장본인들이다. 이들은 그들의 실험 결과가 40년 전의 멘델의 결과

09

와 유사하다는 결론에 도달하였다. 특히나 미국의 의사이자 유전학자인 **월터 서턴**(Walter Sutton, 1877~1916)은 1903년 메뚜기 연구를 통해서 부모의 상동염색체가 감수분열 시 분리된다는 사실을 알게 되었다. 즉, 이 사실은 멘델의 분리 법칙이 상동염색체의 분리에 해당한다는 것을 의미한다. 따라서 서턴의 **염색체설**은 유전자가 염색체에 있다는 사실을 증명한다고 할 수 있다. 이어서 등장한 미국의 **토머스 모건**(Thomas Hunt Morgan, 1866~1945)은 1910년 **유전자설**을 주장하였다[41]. 그는 초파리 눈의 색깔을 연구하면서 **반성유전**(伴性遺傳, sex-linked inheritance)을 알아내게 되었다. 즉, 각각의 유전자는 염색체 위의 일정한 위치에 있으며, 대립 유전자도 상동염색체의 동일한 위치에 있다는 사실을 밝혀낸 것이다. 우리는 점점 유전자의 정체가 그 모습을 서서히 드러내고 있다는 느낌을 받을 것이다. 그렇다면 염색체상에 있는 단백질이 유전물질인지 혹은 DNA가 유전물질인지를 알기 위해서는 좀 더 기다려 봐야 결말이 날 것이다.

1926년 모건의 제자였던 **허먼 멀러**(Hermann J. Muller, 1890~1967)가 이번에는 초파리에 강한 방사선을 조사한 결과 돌연변이가 생긴다는 사실을 증명해 보였다. 이는 핵실험이나 핵전쟁의 위험을 알리는 중요한 연구 결과가 인류에게 던져진 셈이다. 그는 이런 공로로 1946년 노벨 생리의학상을 받게 되었다. 곧이어서 유전물질이 무엇인지에 대한 해답이 서서히 윤곽을 드러내기 시작하였다. 이번에는 제2차 세계대전이 한참이던 런던으로 자리를 옮겨 보자.

영국의 세균학자인 **프레더릭 그리피스**(Frederick Griffith, 1879~1941)는 1928년 폐렴균의 백신을 개발하는 과제에 매달려 있었다. 그리피스의 실험내용은 그림 8-23에 자세히 나와 있다. 이는 '박테리아의 섹스'라는 내용으로 제8장에 기술되어 있다. 즉, 병원성이 없는 R 균주와 병원성은 있지만 가열하여 죽인 S 균주를 쥐에 투여하면, 살아야 할 쥐가 죽는다는 사실에 그리피스는 고민에 빠졌다. 왜 이런 현상이 벌어질까? 이 해답은 이미 설명한 대로 **형질전환**(形質轉換, transformation)이 일어났다는 이야기이다. 따라서 병원성이 없는 폐렴균이 병원성이 있는 폐렴균으로 바뀌었다는 것이다. 즉, 무엇인가가 병원성이 있는 균에서 병원성이 없는 균으로 옮겨갔다는 것을 뜻한다고 할 수 있다. 그리피스는 이 무언가 옮겨간 것이 유전물질일 것이라고 생각하였다. 그러나 그의 운명은 여기까지인가 보다. 그는 독일군의 런던 공습으로 연구실에서 사망하게 되었다. 그러나 그의 연구도 누군가에게는 새로운 길이 되어 줄 것이다.

이어서 1941년에는 유전자와 단백질의 관계가 서서히 밝혀지기 시작하였다. **조지 비들**(George W. Beadle, 1903~1989)과 **에드워드 테이텀**(Edward L. Tatum, 1909~1975)이 그 주인공들이다. 이들은 *Neurospora crassa*라는 곰팡이를 연구하면서 유전자의 돌연변이가 대사 경로 중 특정 단계에서 이상을 초래한다는 사실을 알게 되었다. 즉, 유전자는 단백질을 암호화하고 있기 때문에 한 개의 유전자가 한 개의 효소와 연결된다는 one gene, one enzyme 이론을 발표하게 되었다. 따라서 이들의 발견은 실질적인 분자유전학 시대를 열어준 쾌거라 할 수 있다. 이들은 이런 공로를 인정받아 1958년 노벨 생리의학상을 받게 되었다.

드디어 우리는 유전물질이 단백질인지 혹은 DNA인지를 알게 되는 시점에 도달하고 있다. 1944년 이 실험을 진행한 학자는 캐나다 태생인 록펠러대학의 **오즈월드 에이버리**(Oswald Avery, 1877~1955)와 그의 동료들이었다[40]. 에이버리는 우선 프레더릭 그리피스가 형질전환을 밝힌 실험을 다시 들고나왔다(그림 9-2). 그는 가열하여 죽인 병원성 균주 속에서 지방과 탄수화물을 효소로 각기 녹여 낸 다음, 단백질과 RNA 및 DNA만 남겨 놓았다. 그런 다음 단백질 분해효소, RNA 분해효소 및 DNA 분해효소를 투여하여 각각의 성분을 제거한 후, R 균주와 섞어서 어떤 것에서 형질전환이 일어나는지를 살펴보았다. 이 실험의 결과는 DNA를 제거한 경우에만 형질전환이 일어나지 않았다. 이것은 무슨 의미일까? 바로 DNA가 유전물질이라는 것을 의미한다. 드디어 유전물질이 단백질이 아닌 DNA라는 사실이 밝혀진 순간이었다. 그러나 세간의 반응은 의외로 차가웠다. 왜냐하면 당시 학계 의견으로는 단백질이 유전물질일 것이라는 강한 믿음이 있었기 때문이었다. 따라서 에이버리의 실험 결과가 다시 인정받기 위해서는 몇 년을 더 기다려야만 했다.

이 사이 오스트리아 유대계인 **어윈 샤가프**(Erwin Chargaff, 1905~2002)는 나치의 박해를 피해서 미국 컬럼비아 의과대학에 정착하면서 DNA 구조를 알아맞힐 수 있는 중요한 발견

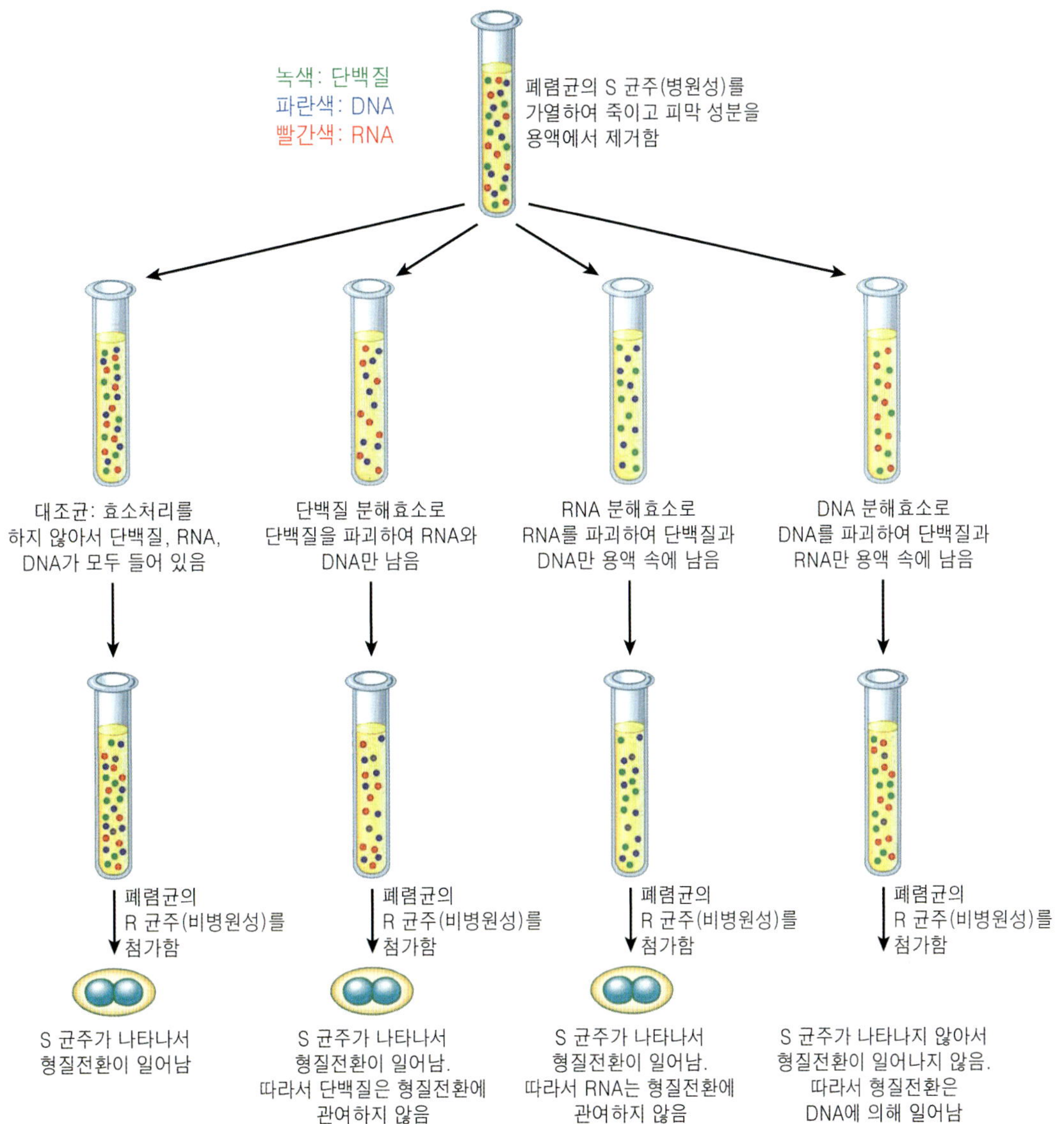

그림 9-2. 오즈월드 에이버리의 실험내용. (출처: Lumen Learning[9-2])



을 찾아내었다. 즉, 그는 1950년 염기쌍의 개수에서 아데닌(adenine)과 티민(thymine)의 수가 같고, 구아닌(guanine)과 시토신(cytosine)의 수가 같다는 샤가프 법칙을 발표하였다. 따라서 퓨린 계열의 염기와 피리미딘 계열의 염기도 같아진다는 계산이다. 이는 또 무엇을 뜻하는 말인가? 조금만 더 기다려 보자. 드디어 의문이 풀릴 날이 다가올 것이다.

에이버리가 밝힌 유전물질은 단백질이 아니고 DNA라는 사실이 재확인되는 순간이 찾아왔다. 1952년 미시간주립대학의 **앨프리드 허시**(Alfred Hershey, 1908~1997)와 **마사 체이스**(Martha Chase, 1927~2003)는 방사성 동위원소를 이용하여 박테리오파지를 관찰해 보기로 하였다(그림 9-3). 이들의 실험 주안점은 박테리오파지의 핵이 대장균 속으로 들어갈 것인지 혹은 캡슐의 단백질이 들어갈 것인지를 확인하는 작업이었다. 그들은 각각 바이러스 DNA 속에 들어 있는 **인**(燐, phosphorus)에다 방사성 동위원소를 붙이고, 캡슐의 단백질인 **황**(黃, sulphur)에다 방사성 동위원소를 붙여 넣었다. 과연 대장균 속으로 들어가는 물질은 무엇이었을까? 에이버리가 이미 밝혔듯이, DNA가 대장균 속으로 들어가는 것이 확인되었다. 따라서 허시와 체이스의 실험 결과로 우리는 유전물질이 DNA라는 것이 확증된 셈이다[40,51]. 그렇다면 이 DNA는 어떻게 생겼을까? 우리는 곧 새로운 분기점을 만나는 즐거움을 가질 것이다.

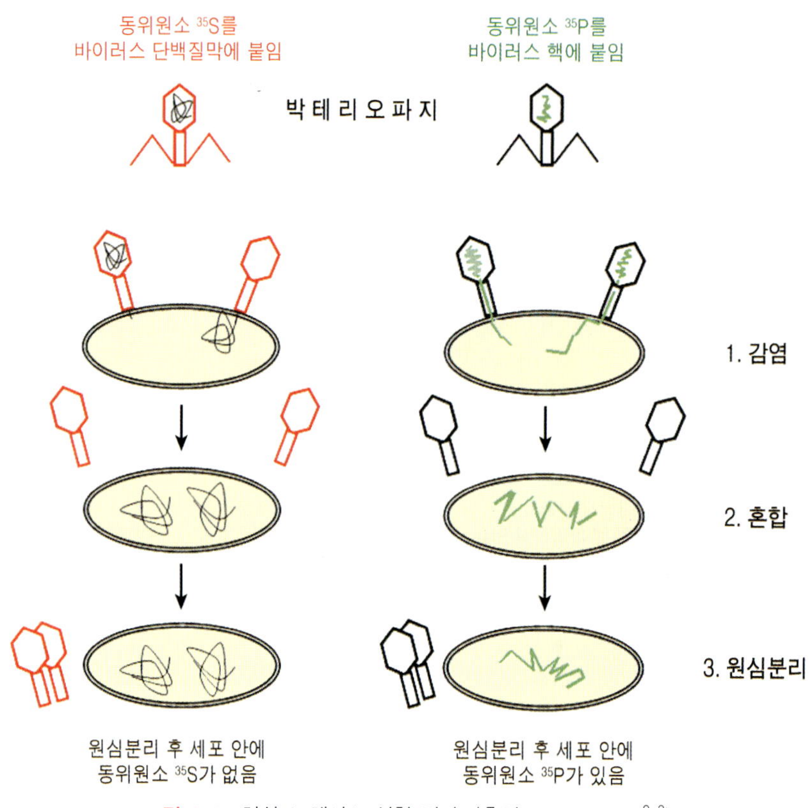


그림 9-3. 허쉬 & 체이스 실험 결과. (출처: Thomasione[9-3])

09

같은 해인 1952년 무대를 다시 영국 런던으로 옮겨가 보자. 킹스대학에서 X-선 회절 연구에 몰두하던 **로절린드 프랭클린**(Rosalind Franklin, 1920~1958)과 그녀의 대학원생이던 **레이몬드 고슬링**(Raymond Gosling, 1926~2015)은 회절 영상을 통하여 DNA가 이중나선 구조를 가지고 있다는 것을 알게 되었다[54]. 그러나 **제임스 왓슨**(James Watson, 1928~)의 부탁을 받은 **모리스 윌킨스**(Maurice Wilkins, 1916~2004)가 프랭클린의 허락도 없이 이 회절 영상을 왓슨에게 보여줌으로써, DNA 구조를 밝혀내는 영광은 왓슨과 **프랜시스 크릭**(Francis Crick, 1916~2004)에게 돌아가게 되었다. 프랭클린은 동료이자 상사인 윌킨스와 사이가 좋지 않아서 킹스대학에서 버크벡대학으로 자리를 옮겨간다. 그러나 왓슨과 크릭 그리고 윌킨스가 노벨상을 받기 4년 전 프랭클린은 37세의 나이로 난소암으로 사망하게 되었다. 너무나 많은 방사선을 조사받은 탓인가? 그녀의 운명도 결국 여기까지인가 보다.

## 3. 현대 유전학의 출현

현대 유전학의 출발점은 아무래도 DNA 구조가 밝혀진 1953년을 기준으로 하자는 의견이 많다. 왜냐하면 DNA 구조가 밝혀진다는 것은 그만큼 인류의 문명에 커다란 충격파를 던진 사건이라고 봐야 하기 때문이다. 1953년은 대한민국이 해방 후 터져 나온 비극적인 전쟁이 휴전으로 치닫기 시작하던 시점이기도 하다. 그해 4월 25일 자 "네이처" 지에 실린 900단어짜리 논문 한 편은 인류의 역사 시대상 가장 파격적인 자연현상의 한 단면이 드러나는 순간이기도 하였다. 이 논문의 주인공은 바로 우리에게 잘 알려진 제임스 왓슨과 프랜시스 크릭이다.

왓슨은 시카고 남부지방에서 태어나 시카고대학으로 진학하였다. 그가 흥미를 느낀 것은 아버지를 따라다니면서 보았던 새를 관찰하는 일이었다. 그러나 그가 노벨 물리학 수상자였던 **에르윈 슈뢰딩거**(Erwin Schrödinger, 1887~1961)가 쓴 "생명이란 무엇인가?(What is Life?)"라는 책을 읽은 것이 그의 전공을 분자생물학으로 바꾸는 계기가 되었다[17,52]. 그 당시 슈뢰딩거의 책은 그만큼 젊은이들에게 감동적인 내용이었다고 할 수 있다. 그는 인디애나대학으로 옮겨서 1950년 박사 학위를 받게 되었다. 이때 박사 학위를 도와준 교수는 이탈리아계 미국인으로 1969년에 앨프리드 허쉬와 더불어 노벨 생리의학상을 받게 되는 **살바도르 루리아**(Salvador E. Luria, 1912~1991)였다. 루리아는 바이러스의 유전자 구조와 복제에 관한 연구로 명성을 얻고 있었던 학자였다. 왓슨은 다시 박사과정을 끝내고 영국 케임브리지대학에 있는 캐번디시 연구소(Cavendish Laboratory)에서 물리학을 전공한 영국인 크릭을 만나게 된다. 이 둘은 모두 DNA 구조를 밝히고자 하는 야망에 불타고 있었던 청년들이었다. 그러나 실제 DNA 구조를 맞추는 게임에서 중요한 힌트들은 이미 다 나와 있었다 해도 과언이 아니다. 왜냐하면 프랭클린이 X-선 회절 실험에서 DNA 구조가 나선형이라는 사실을 이미 알고 있었고, 샤가프가 4개의 염기쌍 중에서 구아닌 수와 시토신 수가 같고 아데닌 수와 티민 수가 같다는 사실이 밝혀졌기 때문에, 이들이 끼워 맞출 수 있는 퍼즐은 의외로 간단했을 수도 있었다(그림 9-4)[50]. 그들이 이 수수께끼를 완성시켰을 때, 왓슨은 25살이었고 크릭은 37살이었다. 그리고 왓슨이 노벨상을 받았을 때는 그의 나이가 34살이었다는 것도 행운은 아무한테나 온다기보다 준비된 자에게 더 쉽게 다가간다는 사실을 알려 주고 있다. 드디어 인간 앞에 모든 생명체가 가지고 있는 비밀의 판도라 상자가 열린 셈이다. 이러한 DNA 발견이 앞으로 인류의 미래에 어떻게 작용할 것인지는 좀 더 지켜보도록 하자. 이들이 밝혀낸 DNA 구조는 따로 제2절에서 자세히 다룰 것이다.

그림 9-4. 제임스 왓슨(좌)과 프랜시스 크릭(우). (출처: philosophical anthropology[9-4])

우리가 알고 있는 인간의 염색체 수가 정확히 46개라는 사실이 알려진 것은 1955년이다. 이는 인도네시아계 미국인인 **조 힌 티지오**(Joe Hin Tjio, 1919~2001)였다. 그는 태아의 폐 조직에 대한 연구에서 인간의 염색체가 48개라고 알려져 있던 시절에 정확히 46개로 바로잡은 아시아계 세포유전학자였다. 또 같은 해에 케임브리지대학의 **프레더릭 생어**(Frederick Sanger, 1918~2013)는 인슐린이 51개의 아미노산으로 이루어져 있다는 사실을 알아내었고, 다시 DNA 염기서열을 알아내는 방법을 독자적으로 개발하여 2번에 걸쳐 노벨 화학상을 수상하는 영예를 안기도 하였다.

다시 3년이 흐른 1958년에는 DNA 복제 방식을 이해하는 데 중요한 발견이 이루어졌다. 캘리포니아 공과대학에 근무하던 **매튜 메셀슨**(Matthew Meselson, 1930~)과 **프랭클린 스탈**(Franklin W. Stahl, 1929~)은 질소 동위원소인 $^{15}$N 및 $^{14}$N를 이용하여 DNA가 반보존적인 방법(semiconservative method)으로 복제된다는 사실을 알아내게 되었다. 이 사실은 현재 분자생물학의 발전에 큰 보탬을 주게 되었다. 또한 같은 해에 미국의 **로버트 W. 홀리**(Robert W. Holley, 1922~1993)와 그 동료들에 의하여 **운반 RNA**(transfer RNA, tRNA)에 대한 수수께끼가 풀리고, 1961년에는 **시드니 브레너**(Sydney Brenner, 1927~)와 그 동료들에 의하여 **전령 RNA**(傳令-, messenger RNA, mRNA)의 기능이 밝혀지게 되었다. 그뿐만 아니라 1966년에는 미국의 **마셜 니런버그**(Marshall Nirenberg, 1927~2010)와 **하르 고빈드 코라나**(Har Gobind Khorana, 1922~2011)가 64개의 유전암호와 그에 상응하는 아미노산 관계를 모두 밝혀내는 쾌거를 이루었다. 이들은 1968년 노벨 생리의학상을 공동 수상하게 되었다. 우리는 점점 교과서에 등장하는 현대 유전학이 어떻게 발전해 왔는지를 눈치채고 있을 것이다.

이어서 1970년 유전공학의 출발을 알리는 신호가 터져 나왔다. 미국의 **다니엘 네이선스**(Daniel Nathans, 1928~1999)와 **해밀턴 스미스**(Hamilton O. Smith, 1931~)가 인플루엔자(*Haemophilus influenzae*)를 연구하다가 이들이 가지고 있는 **제한효소**(制限酵素, restriction enzyme)를 발견한 것이다. 이는 마치 푸른곰팡이에서 페니실린이라는 항생제가 발

09

견되었듯이, 제한효소는 세균이나 고세균이 바이러스의 침입을 막아 낼 수 있는 무기라는 사실이 밝혀진 것이다. 따라서 영특한 인간은 세균의 무기를 이용하여 다른 목적으로 DNA를 자를 수 있는 공구 하나를 가지게 되었다. 그리하여 특정한 염기서열을 자를 수도 있고, 다시 이를 다른 곳에 붙여 넣을 수도 있는 짜깁기 유전공학의 서막이 시작된 셈이다. 이들은 1978년 노벨 생리의학상을 공동 수상하였다. 곧이어서 1972년 스탠퍼드대학교의 **스탠리 노먼 코헨**(Stanley N. Cohen, 1935~)과 캘리포니아대학교 샌프란시스코 캠퍼스(UCSF)의 **허버트 보이어**(Herbert W. Boyer, 1936~)는 이 제한효소를 이용하여 유전자가 들어 있는 DNA를 플라스미드에 재조합시키고, 이를 다시 박테리아 속에 집어넣어서 자연적으로 복제시키는 데 성공하게 되었다. 즉, 분자유전학의 새로운 지평이 열린 셈이다. 이들은 곧 뒤이어 미국 최초의 특허를 획득하고 인간의 성장호르몬, 인슐린, 에리트로포이에틴(erythropoietin)과 같은 단백질을 세균을 통하여 만들어 냄으로써 엄청난 부를 축적할 수 있었다. 이렇게 하여 스탠퍼드대학교가 유전자 클로닝 특허권 사용료만으로 벌어들인 돈이 무려 약 3억 달러를 넘게 되었다.

09

1977년에는 하버드대학의 분자생물학자 **앨런 맥섬**(Allan Maxam, 1942~)과 **월터 길버트**(Walter Gilbert, 1932~), 그리고 이미 언급한 영국의 프레더릭 생어가 각기 다른 방법으로 DNA의 염기서열을 알아내는 방법을 개발하게 되었다. 1983년에는 연구소의 기본장비인 **중합효소 연쇄반응**(polymerase chain reaction; PCR) 기술이 **캐리 멀리스**(Kary B. Mullis, 1944~)에 의하여 개발되었다. 이 기술은 아주 미량의 DNA를 단시간 안에 증폭시킬 수 있는 방법이어서 친자 확인, 범죄 수사, 생물의 분류 및 분자생물학의 전반에 걸쳐서 중요한 역할을 담당하고 있다. 1985년에는 영국의 **알렉 제프리스**(Alec Jeffreys, 1950~)가 **DNA 지문분석법**(DNA fingerprinting)을 개발하였고, 1989년에는 RNA의 촉매작용을 보고한 **토머스 체크**(Thomas R. Cech, 1947~)가 노벨 화학상을 받기도 하였다[25].

1990년은 우여곡절 끝에 **인간 게놈 프로젝트**(Human Genome Project; HGP)가 시작된 해이다[47]. 즉, 인간의 약 32억 개의 염기쌍 순서를 알아내는 거대한 프로젝트가 10년 계획으로 시작된 것이다. 미국과 영국, 일본, 독일, 프랑스 및 중국이 참여하고, 미국의 셀레라 게노믹스(Celera Genomics)라는 민간단체가 후원하는 이 계획은 DNA 구조를 처음으로 밝힌 제임스 왓슨과 프랜시스 크릭이 각각 초대 소장과 부소장으로 임명되었다.

1993년에는 미국의 **필립 샤프**(Phillip A. Sharp, 1944~)와 **리처드 로버트**(Richard J. Roberts, 1943~)가 유전자는 인트론(intron)과 엑손(exon)으로 구성되어 있다는 것을 밝혀내었고, 스플라이싱(splicing)이라는 기전을 설명해 낸 공로로 노벨 생리의학상을 공동 수상하였다. 1994년에는 유방암 억제 유전자로 알려진 BRCA1과 BRCA2가 발견되었고, 1995년에는 인플루엔자 세균의 유전체 염기서열이 밝혀졌다. 생물체 중에서 염기서열이 밝혀진 것은 인플루엔자가 처음이다. 이어서 우리에게 잘 알려진 효모의 일종인 *Saccharomyces cerevisiae*의 유전체 염기서열이 밝혀지고, 예쁜꼬마선충(*Caenorhabditis elegans*)과 초파리(*Drosophila melanogaster*)의 염기서열도 분석되었다. 드디어 2003년에는 인간 게놈의 염기서열이 분석되어 인간 게놈 프로젝트가 성공적으로 완료된 시점이기도 하였다. 2010년에는 2세대 유전자 가위인 **탈렌**(TALENs)이 처음으로 사용되기 시작하였고, 2012년에는 3세대 유전자 가위인 **크리스퍼**(CRISPR)가 유전공학에 이용되기 시작하였다[12].

생명체가 지니고 있는 유전정보는 최소한 35억 년 이상 되는 세월의 흔적을 담고 있다고 할 수 있다. 우리는 그 흔적인 염기서열을 분석해 낼 줄 알게 됨으로써 그 생명의 존엄성을 담고 있는 정보들을 유용하게 이용해야 하는 의무감도 스스로 짊어졌다고 할 수 있다. 유전학의 역사를 추적하는 것은 지루한 일일지 몰라도, 현재 우리가 알고 있는 지식들은 과거의 거장들이 만들어 놓은 업적이라는 사실을 잊어서는 안 될 것이다.

## 제2절 핵산 구조

### 1. 기본구조

**핵산**(核酸, nucleus)은 **뉴클레오티드**(nucleotide)라는 **단량체**(單量體, monomer)가 모여서 **중합체**(重量體, polymer)를 이루고 있는 생명체에서 가장 크고 중요한 **생체분자**(生體分子, biomolecule) 중 하나라고 할 수 있다. 이것은 마치 탄수화물이 포도당이라는 단량체가 모여서 하나의 고분자 중합체가 되고, 아미노산이라는 단량체가 모여서 중합체인 단백질이 만들어지는 것과 같은 이치이다(제7장 2절 참고). 핵산을 구성하는 기본물질은 뉴클레오티드이다. 또한 뉴클레오티드로 구성된 핵산 중에서 생명체의 유전물질로 작용하는 것이 DNA와 RNA이다. 따라서 우리는 뉴클레오티드를 이해하는 것이 급선무이다.

우선 뉴클레오티드를 구성하는 기본 요소는 **오탄당**(五炭糖, 5-carbon sugar), **인산**(燐酸, phosphate) 및 **염기**(鹽基, base)이다(그림 9-5). 이 중에서 질소를 함유한 염기는 5가지 종류가 있다. 이들은 크게 **퓨린**(purine)과 **피리미딘**(pyrimidine)으로 구분된다. 퓨린 계열에는 **시토신**(cytosine, C), **티민**(thymine, T), **우라실**(uracil, U)이 있고, 피리미딘 계열에는 두 개의 링을 가진 **구아닌**(guanine, G)과 **아데닌**(adenine, A)이 있다. 이렇게 질소가 수소이온($H^+$)을 잘 흡수하여서 우리는 이들을 염기라고 부른다. 그렇다면 이들은 각기 어떻게 오탄당과 연결되어 있으며, 하나의 조립단위인 뉴클레오티드는 또 어떻게 서로 연결되어 있을까? 우선 염기

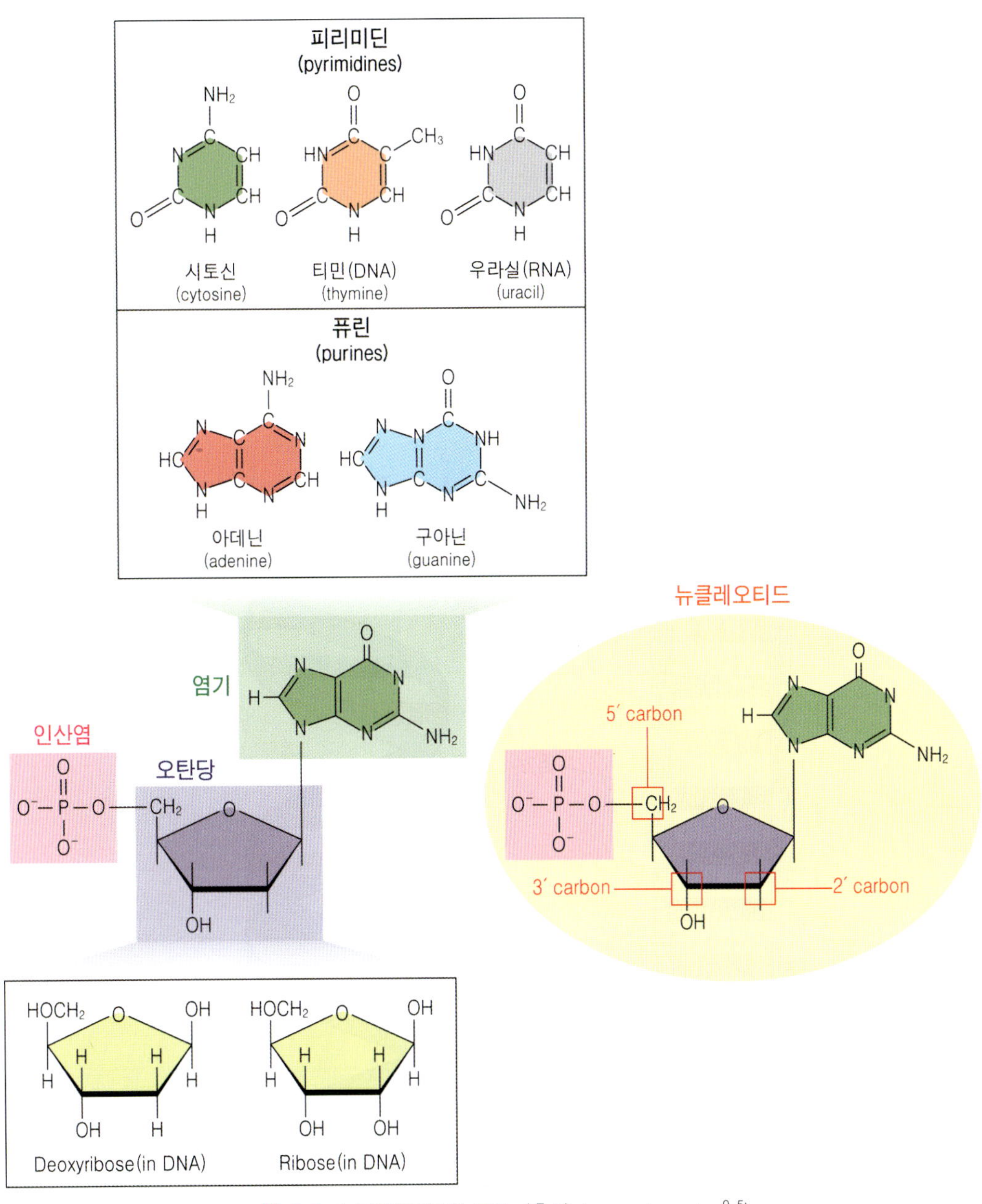


그림 9-5. 뉴클레오티드의 구조. (출처: Lumen Learning[9-5])

그림 9-6. 오탄당과 염기의 글리코사이드 결합.

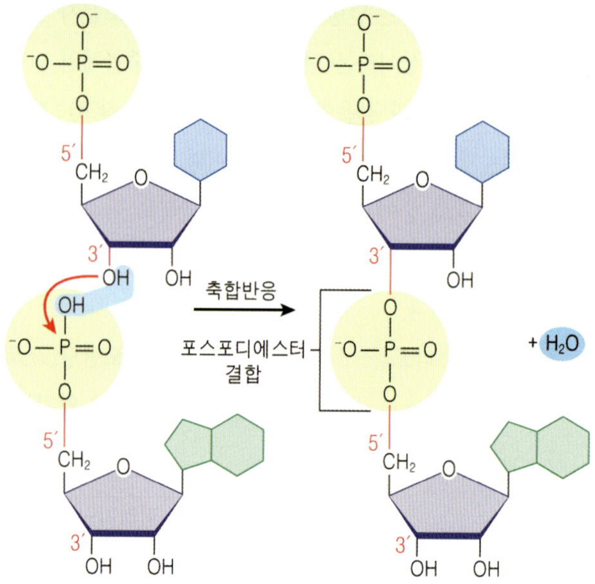


그림 9-7. 오탄당과 인산의 포스포디에스터 결합.



는 그림 9-6과 같이 오탄당의 수산기와 염기의 수소가 결합하여 물이 떨어져 나가면서 **글리코사이드 결합**(glycosidic bond)을 형성하여 염기가 오탄당의 제1 탄소에 연결된다. 또한 인산은 오탄당의 제5 탄소에 그림 9-7과 같이 연결된다. 이어서 이번에는 오탄당의 수소와 인산의 수산기가 결합하여 물이 떨어져 나가면서 서로 결합한다. 그러나 인산은 특이하게 한 개의 인산이 위아래에서 오탄당과 동일한 결합이 이루어지게 됨으로써 우리는 이 결합을 **포스포디에스터 결합**(phosphodiester bond)이라고 부른다. 왜냐하면 같은 에스터 결합이 상하에서 두 개가 만들어지기 때문이다. 이렇게 포스포디에스터 결합에 의해서 만들어진 오탄당과 인산은 어떤 역할을 하고 있을까? 우리는 흔히 DNA 구조를 사다리에 비유한다(그림 9-8). 오탄당과 인산은 사다리의 양 측면 구조

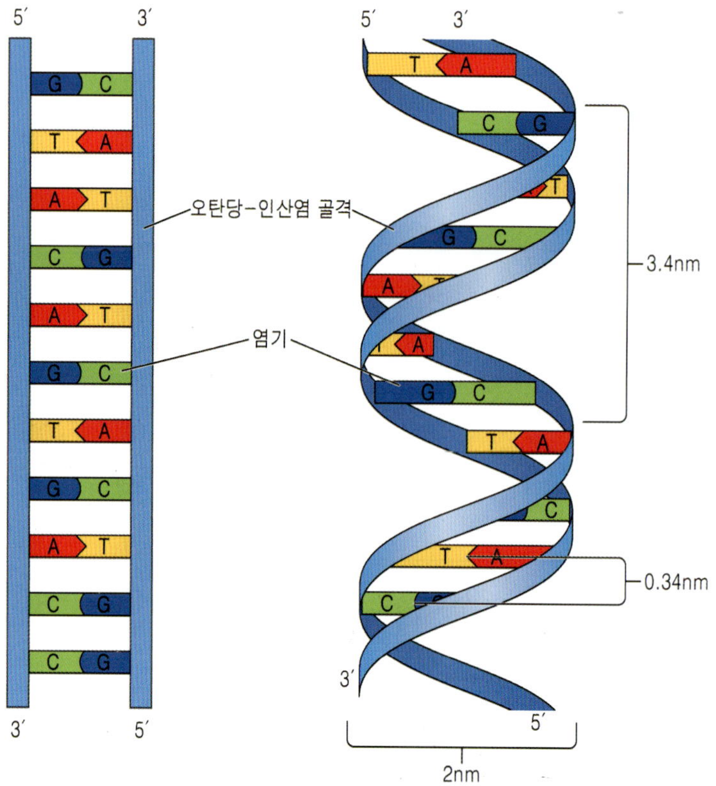


그림 9-8. DNA의 이중나선 구조.

물을 형성하는 주된 골격을 만든다. 따라서 우리는 이들 구조를 **당인산골격**(sugar-phosphate backbone)이라 부른다. 그렇다면 사다리 양측을 연결하는 발 받침대인 **가로대**는 어떻게 만들어질까? 이 가로대가 만들어지는 과정이 바로 염기들의 결합이다[40,50].

## 2. DNA

우선 DNA(deribonucleic acid)의 염기는 아데닌(A), 시토신(C), 구아닌(G), 티민(T)이다. 이들은 반드시 아데닌은 티민(A-T)과 시토신은 구아닌(C-G)과 결합해야만 한다. 왜 이럴까? 우선 퓨린(purine) 계열의 염기는 링을 두 개 가지고 있고, 피리미딘(pyrimidine)은 한 개를 가지고 있다. 따라서 퓨린끼리 만나면 가로대가 너무 길어지고 피리미딘끼리 만나면 가로대가 너무 짧아진다. 이런 이유로 퓨린 계열과 피리미딘 계열이 만나면 그 공간이 가로대에 딱 맞아 들어간다. 이 사실을 처음 알아낸 사람은 이미 제1절에서 언급된 컬럼비아대학의 어윈 사가프였다. 우리는 아데닌과 티민이 반드시 결합하고, 시토신이 구아닌과 결합하는 것을 **상보적**(相補的, complementary)이라는 용어를 사용하였다. 이 상보적 개념은 바로 DNA 복제와도 연결되는 중요한 개념이다. 그렇다면 아데닌과 티민, 또 시토신과 구아닌은 어떻게 결합할까? 우리는 또 다른 형태의 결합인 **수소결합**(水素結合, hydrogen bond)을 알아야 한다(그림 9-9). 수소결합은 전형적으로 물에서 일어난다. 즉, 한 개의 산소 원자와 두 개의 수소가 각기 한 개씩의 전자를 공유하면서 물 분자를 형성한다. 그러나 수소 원자는 산소와 공유결합을 하고 있지만, 실제로는 전기음성도가 큰 산소 쪽으로 약간 당겨지는 경향이 생긴다. 따라서 이 결합은 전기 차이가 만들어 내는 결합으로서 진짜 결합이라고는 할 수 없다. 이러한 수소결합이 DNA에서도 물에서와 같이 일어난다. 즉, 전기 음성도가 높은 질소와 산소 사이에 수소가 끼이게 되면 역시 수소결합이 만들어진다. 따라서 그림 9-9에서 보는 것처럼 아데닌과 구아닌 사이에는 두 개



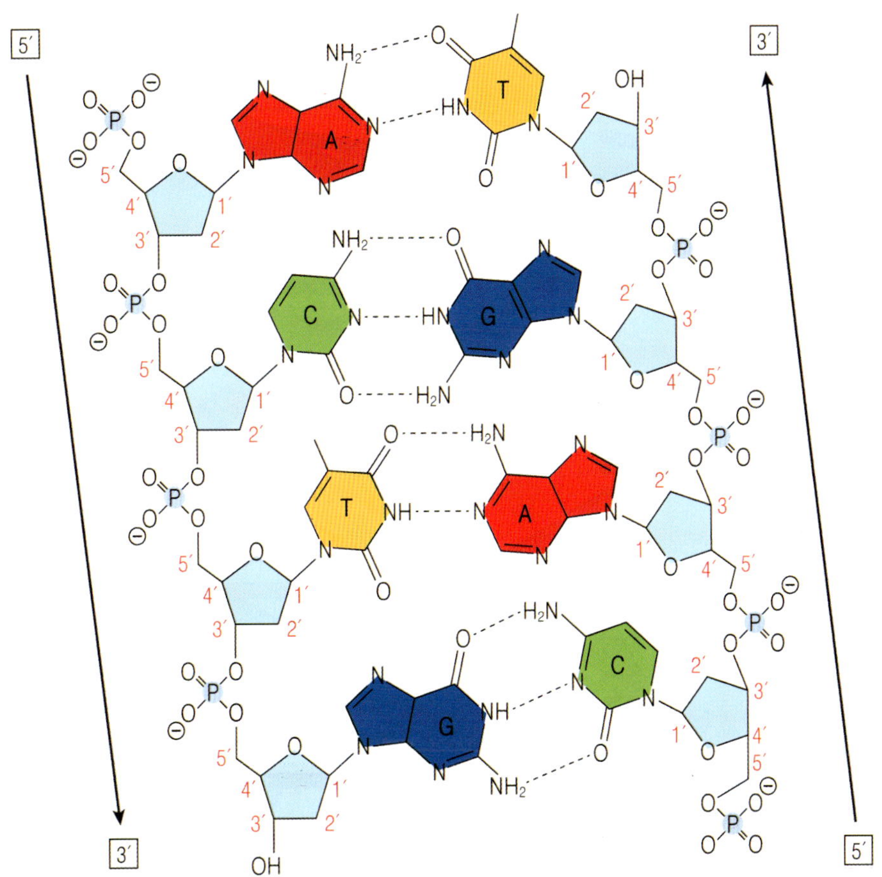


그림 9-9. DNA의 이중나선에서 수소결합 및 방향성. (출처: Lumen Learning[9-9])

의 수소결합이, 시토신과 구아닌 사이에는 세 개의 수소결합이 생겨나면서 가로대를 만들어 낸다[34]. 이리하여 우리는 글리코시드 결합, 포스포디에스터 결합 및 수소결합에 의해서 사다리 전체가 만들어졌다는 것을 이해할 수 있을 것이다.

그뿐만 아니라 DNA에는 방향성을 가지고 있다. 즉, 5'에서 3' 방향이라는 뜻은 첫 번째 시작하는 뉴클레오티드의 5번째 탄소에 인산기가 붙고, 마지막 뉴클레오티드에는 3번 탄소에 수산기가 붙는다는 의미를 가진다. 그러나 반대 측 방향은 항상 **역평행**(逆平行, antiparallel)으로 달릴 것이다. 실제로 사다리는 대개 10개의 염기쌍마다 한 바퀴씩 꼬여서 이중나선의 형태를 취하게 된다. 오탄당과 인산은 포도당 분해 과정에서 옆 가지로 일어나는 **오탄당 인산경로**(五炭糖燐酸經路, pentose phosphate pathway)에서 만들어진다. 그리고 오탄당과 염기만 결합된 상태를 **뉴클레오시드**(nucleoside)라 부른다. 그렇다면 이렇게 단순한 화학적 구조가 어떻게 수많은 유전정보를 가지고 있다는 말인가? 이러한 단순한 구조 속에서 콩을 심는 데 반드시 콩이 나오는 비결은 어디에 숨어 있단 말인가? 어떻게 보면 이러한 무생물적 화학구조인 뉴클레오티드가 생명체를 좌지우지하고 있다는 사실은 매우 우스꽝스럽기도 하다. 유전정보의 비밀은 제4절에서 밝혀질 것이다. 또한 이런 구조를 가지고 있는 DNA가 그냥 핵 속에 널려 있지는 않을 것이다. 이들이 다시 **염색질**(染色質, chromatin)이라는 구조로 조직화되는 과정은 제3절에서 자세히 다룰 것이다.

## 3. RNA

**RNA**(ribonucleic acid)는 DNA와는 구조적으로 몇 가지 부분에서 서로 다르다. 우선 그림 9-10에서 보는 바와 같이 DNA는 이중나선으로 되어 있는 반면, RNA는 단일 나선으로 되어 있다는 점이 다르다. 그뿐만 아니라 염기에서 티민 대신 우라실로 대체되어 있다는 점이다. 또한 그림 9-5에서 보는 바와 같이 DNA는 2번 탄소에 수소가 붙어 있는 반면, RNA는



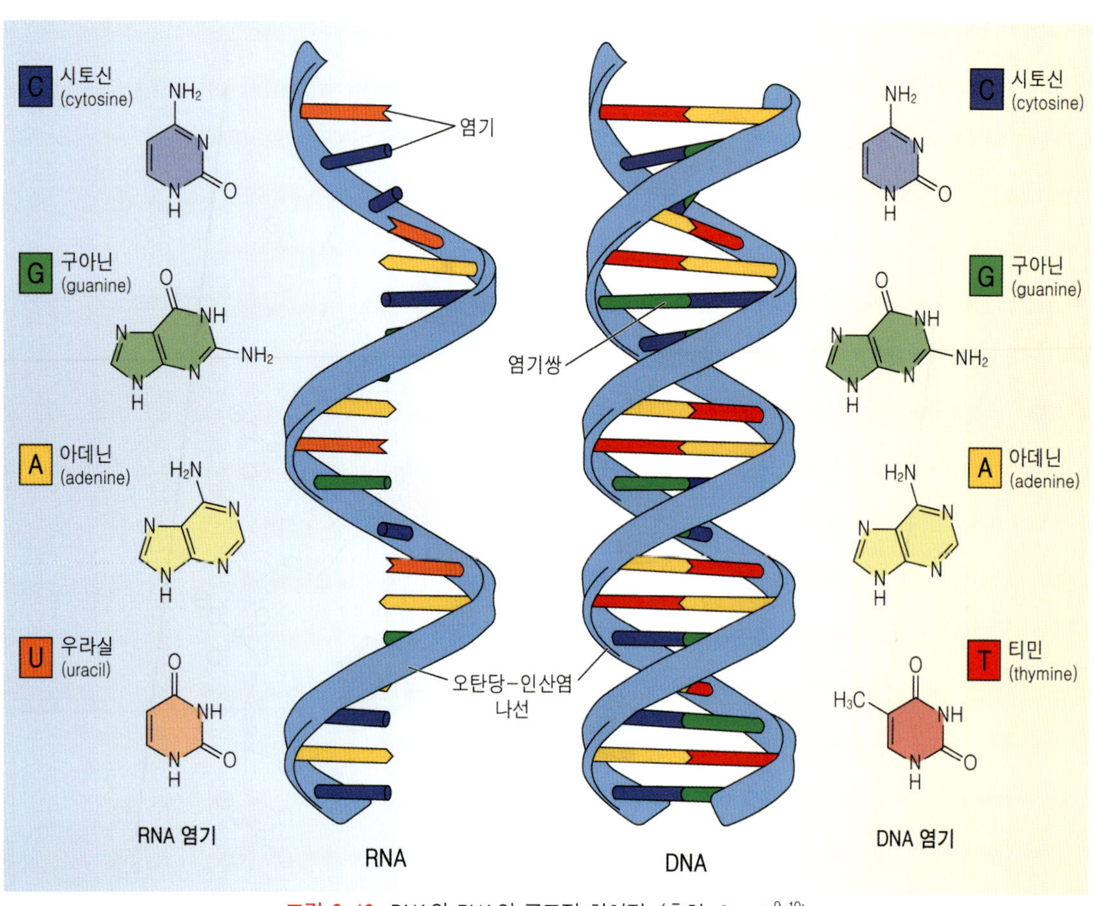


그림 9-10. DNA와 RNA의 구조적 차이점. (출처: Sponk[9-10])

수산기가 붙어 있다. 따라서 우리는 DNA를 산소가 하나 빠져 있다는 의미를 가진 'deoxyribonucleic acid'라고 부르는 이유를 알게 되었을 것이다[43]. RNA는 여러 가지 종류가 있다. 먼저 단백질 합성에 관여하는 **전령 RNA**(傳令-, messenger RNA; mRNA), **리보솜 RNA**(ribosomal RNA; rRNA) 및 **운반 RNA**(運搬-, transfer RNA; tRNA) 등을 들 수 있다. 특히 일부 리보솜 RNA에는 효소 기능을 가지고 있어서 **리보자임**(ribozyme)이라고 부르기도 한다. 그리고 이 리보자임에 의한 **RNA 세계**(RNA world)는 이미 제3장 '생명의 탄생' 편에서 기술한 바 있다. 더불어 전령 RNA나 운반 RNA 등은 제4절 중심원리 편에서 자세히 설명할 것이다. 그 이외에도 많은 RNA들이 발견되고 있다. 먼저 **miRNA**(microRNA)나 **siRNA**(small interfering RNA) 등은 전령 RNA와 결합하여 번역 작업을 방해하는 등 유전자 조절 기능이 있는 것으로 밝혀지고 있다. 또한 **snRNA**(small nuclear RNA)는 전령 RNA의 전사 과정에서 일어나는 **이어 맞추기**(splicing) 과정에 관여하고 있다.

지금까지 모든 생명체들이 가지고 있는 핵산에 대하여 알아보았다. 그러나 적혈구는 핵이 없다. 물론 골수 줄기세포에서 적혈구가 처음 만들어지기 시작할 무렵에는 핵이 있었지만, 성숙하여 더 많은 산소를 운반하고 좁은 모세혈관을 쉽게 통과하기 위하여 이들은 핵을 버린 셈이다. 우리가 알고 있는 모든 생명체는 DNA와 RNA를 가지고 있다. 그러나 생명체라고 부르기에는 논란의 여지가 많은 바이러스는 DNA나 RNA 중 하나를 가지고 있다. 그뿐만 아니라 바이러스는 단일가닥이나 이중가닥의 핵산을 가지고 있다. 이건 무슨 뜻인가? 유전자 입장에서 생명체를 바라본다면, 우리는 바이러스를 다시 생각해 보아야 할 것이다.

## 제3절 염색체

제2절 '핵산의 구조' 편에서는 DNA가 어떻게 **이중나선**(二重螺旋, double helix) 구조를 만드는지에 대하여 알아보았다. 우리가 흔히 말하는 이중나선 구조는 두 가닥의 아주 작은 줄을 서로 꼬아서 실로 만들어 놓은 것과 같다. 이 실의 직경이 약 2nm 정도 된다. 그렇다면 인간 세포의 핵 안에 들어 있는 이 실은 그 길이가 얼마나 될까? 보통 우리는 한 염색체에 들어 있는 이 실의 길이를 약 4cm 정도로 본다(그림 9-11). 그렇다면 한 세포 안에 46개의 염색체가 들어 있으므로 그 길이는 184cm, 즉 약 2m 길이의 실이 핵막으로 둘러싸인 핵 속에 들어 있는 셈이다. 그런데 동물세포의 크기가 보통 100㎛를 넘지 못하고, 이 속에 들어 있는 핵은 5㎛에서 10㎛ 정도의 크기를 가지고 있다. 그렇다면 무슨 재주로 2m 길이의 이 실을 이 작은 핵 속에 쑤셔 넣을 수 있을까? 이왕 DNA의 길이에 대한 언급이 나왔으므로 좀 더 이야기를 진행해 보기로 하자. 인간의 한 세포 안에 들어 있는 DNA의 길이가 약 2m가 되면, 인간 몸안에 들어 있는 DNA의 총 길이는 얼마나 될까? 이건 간단한 문제다. 즉, 2m에 인간의 몸을 구성하는 세포 수인 100조를 곱하면 될 것이다. 그렇다면 과연 그 길이는 얼마나 될까? 약 200조 m를 km로 바꾸면 무려 2천 억 km가 된다. 지구에서 태양까지의 길이를 약 1억5천만 km로 보면, 이 길이는 지구에서 태양까지 몇 번이나 왕복을 할 수 있는 거리가 될까? 그 결과는 독자 분들의 상상에 맡긴다. 2천 억 km의 DNA라는 실이 우리들의 몸속에 들어 있다는 것은 무슨 의미인가? 핵을 DNA라는 털실로 만들어진 공이라 해도 과언은 아닐 것이다[29,30]. 다시 이야기의 본론으로 돌아가자.

그렇다면 마이크론 단위의 핵 속에 2m의 DNA를 꼬이지 않고 질서 정연하게 보관해 두고, 필요할 때는 언제든지 그 내용을 복사해 낼 수 있는 방법은 과연 무엇일까? 그 비밀은 그림 9-11과 9-12에서 보는 것처럼 **히스톤**(histone)이라는 단백질 속에 들어 있다. 이 히스톤은 8개의 단백질이 모여서 유전자 실을 감는 실패 역할을 하고 있다. 우리는 이런 구조를 **히스톤 8량체**(histone octamer)라고 부른다. 이 히스톤 8량체는 양의 전기를 띠고 DNA 실은 인산으로 인하여 음의 전기를 띠기 때문에, 이 히스톤 8량체라는 실패에 DNA라는 실이 잘 감기게 되는 것이다. 이렇게 DNA와 히스톤 단백질이 감겨 있는 단위를 **뉴클레오솜**(nucleosome)이라고 부른다. 뉴클레오솜은 DNA라는 실에 붙어서 마치 **염주 모양**(bead-on-a-string)을 하고 있다[24]. 이렇게 염주 모양을 하고 있을 때의 직경은 약 11nm 정도 된다. 다시 6~7개의 뉴클레오솜이 모여서 한 바퀴를 돌면, 더 조밀하게 감기면서 그 직경이 약 30nm 정도에 달한다. 우리는 이런 구조를 **솔레노이드**

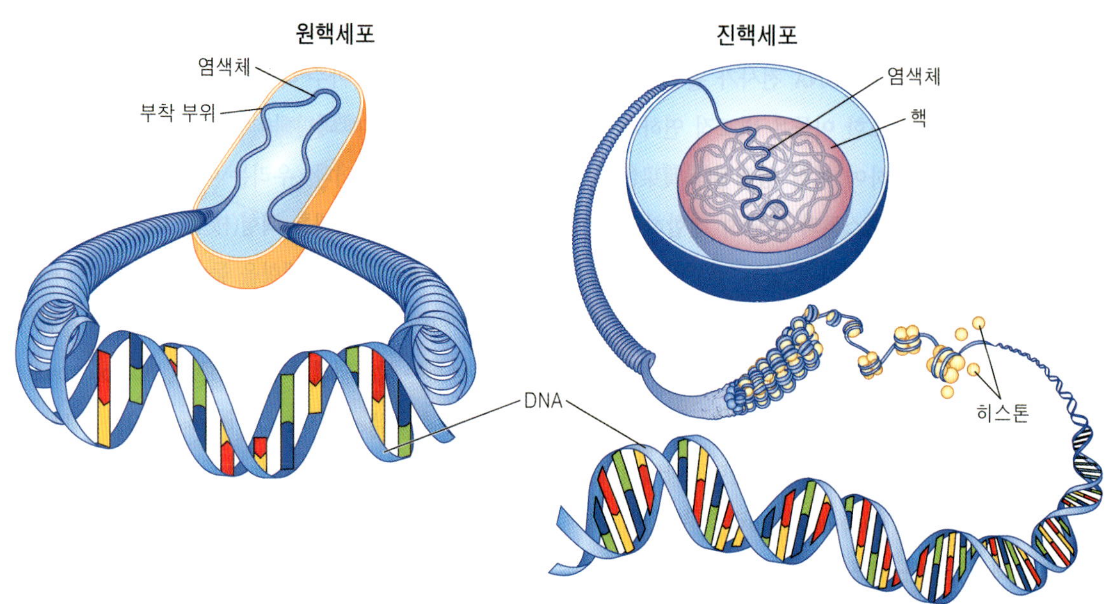


그림 9-14. 원핵세포와 진핵세포의 염색체 구조의 차이점.



기로 하자. 원핵세포는 염색체가 단지 한 개 있는 데 반하여, 진핵세포는 두 개 이상의 염색체를 가지고 있다. 그리고 진핵세포는 히스톤이라는 단백질로 DNA를 포장하지만, 원핵세포는 히스톤이 없을 뿐만 아니라 플라스미드(plasmid)라는 핵을 덤으로 가지고 있는 경우도 있다. 이 중에서 염색체가 다수인 진핵세포의 염색체가 어떻게 복제되는지 잠깐 살펴볼 필요가 있다(그림 9-15). 우선 한 개의 염색질이 세포분열 과정의 DNA **합성기**(-合成期, **S기**)나 **분열준비기**(分裂準備期, **G2기**)를 거치면서 복제되어, 두 개의 자매염색분체(sister chromatid)가 된다. 이렇게 만들어진 염색분체는 다시 분열기에 접어들면서 응축되어 X자 모양의 염색체를 만들게 된다. 이러한 염색체는 그림 9-16에 나와 있는 **동원체**(動原體, centromere)에 있는 **방추사 부착점**(紡錘絲附着點, kinetochore)과 연결된 **방추사**(紡錘絲, spindle fiber)에 의하여 세포분열의 후기나 말기에 세포의 양극으로 끌려가게 된다. 이 과정은 제6장 '생명의 성장'에서 '세포분열' 편을 참고하시기 바란다.

그렇다면 염색질에서 어떻게 유전자가 발현될 수 있을까? 즉, 단단하게 포장된 염색질을 풀어서 그 내용을 복사할 수 있도록 해 주는 방법은 무엇일까? 이는 의외로 간단해 보인다. 이들은 그림 9-17에 자세히 소개되어 있다[4,23].

만약 효소에 의하여 DNA 염기인 시토신(cytosine)에 메틸

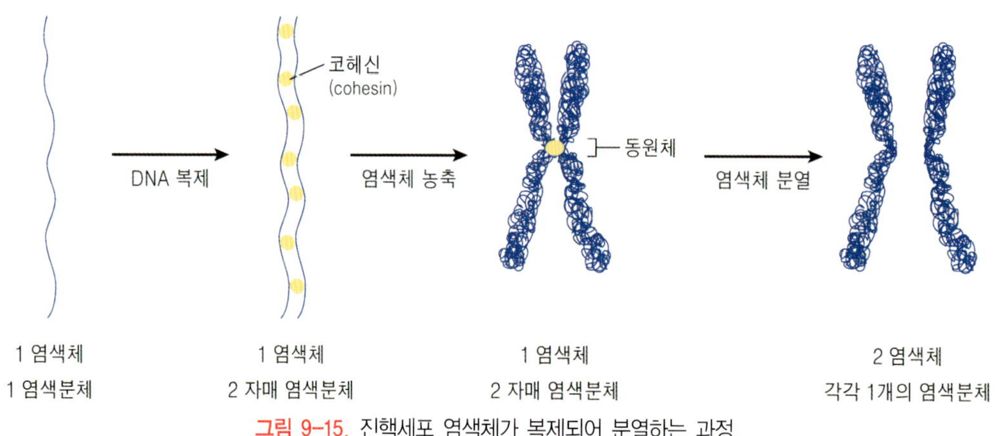


그림 9-15. 진핵세포 염색체가 복제되어 분열하는 과정.

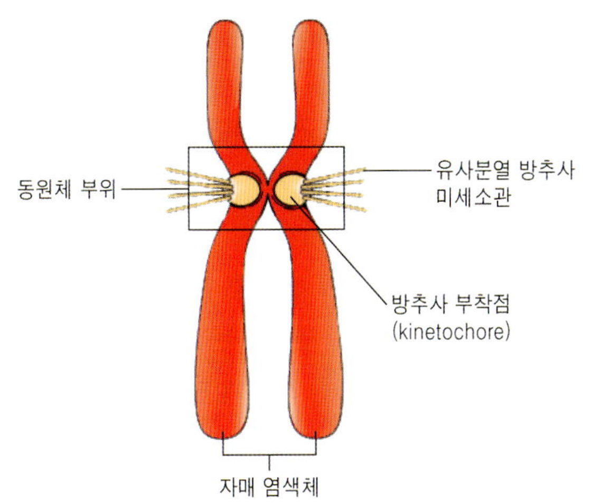


그림 9-16. 동원체와 방추사 주위 구조. (출처: Lumen Learning[9-16])

기가 붙어서 5-메틸시토신(5-methylcytosine)으로 변하면, 염색질은 아주 조밀하게 밀착되어서 DNA를 읽어 낼 수가 없다. 즉, DNA는 전사가 불가능해진다. 또한 히스톤에서 아세틸기를 떼어 내어도, 염색질이 밀착되어서 전사가 일어나지 못한다. 따라서 우리는 이런 상태를 유전자가 **꺼진 상태**(gene switch off)라고 말할 수 있다. 이에 반하여 시토신에 메틸기를 효소로 떼어 내거나 히스톤에 아세틸기를 붙이면, 염색질이 느슨해져서 전사가 활발히 일어날 수 있다. 따라서 우리는 이런 상태를 유전자가 **켜진 상태**(gene switch on)라고 말할 수 있다. 이러한 방법들이 유전자가 작동할지 혹은 작동을 멈출지를 조절하는 기본적인 기전이라 할 수 있다. 이제 제4절에서는 실제 어떻게 유전자 복제가 일어나고 단백질이 합성되는지를 알아볼 것이다. 지금까지의 설명은 결국 유전자의 복제와 단백질 합성을 이해하기 위한 기본 과정에 속한다고 할 수 있다.

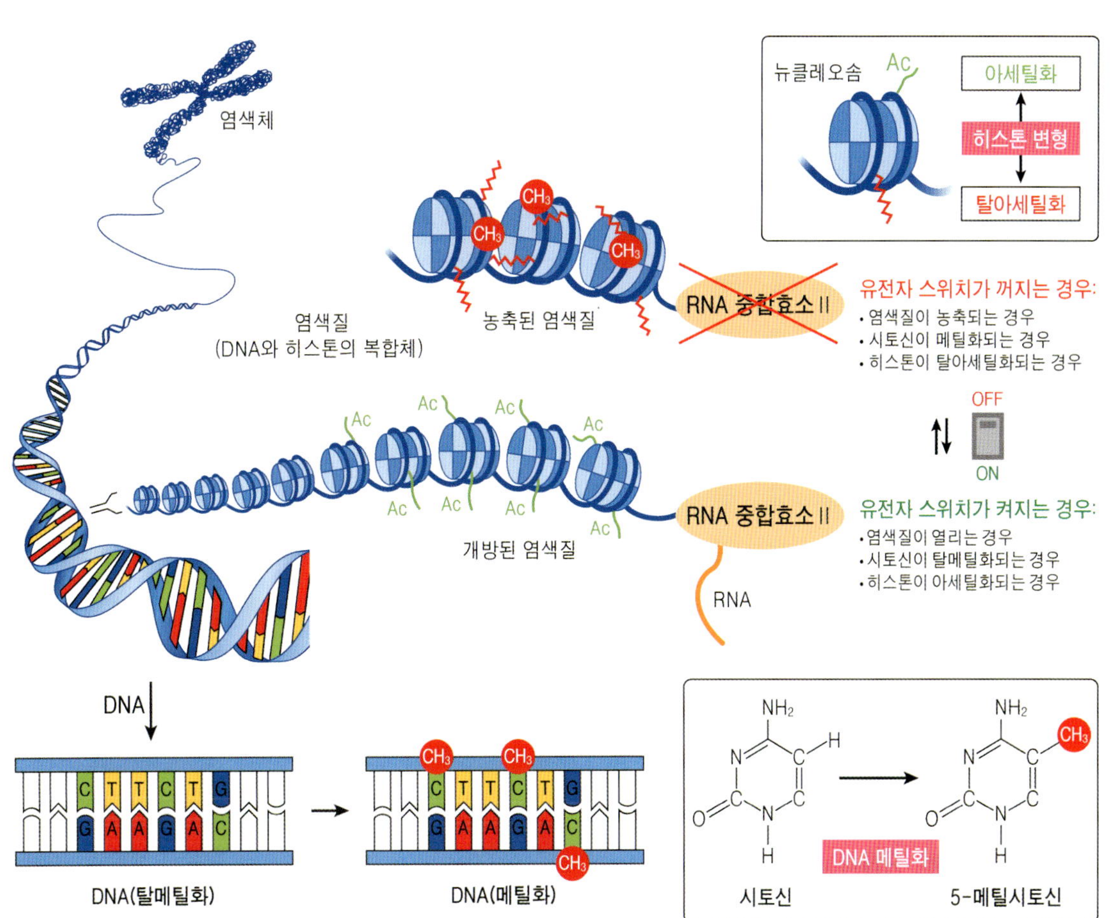


그림 9-17. 염색질의 활성화 조절에 관한 기전.

## 제4절 중심원리

대사적 관점에서 생명현상을 쳐다보면 수많은 화학반응들로 이루어진 통제된 하나의 복합체처럼 보인다. 이 수많은 화학반응들은 결국 효소라는 단백질에 의하여 신속히 일어나고, 이들을 통하여 조절된다는 것은 이미 제7장 '생명의 대사' 편에서 기술한 바 있다. 그렇다면 이 효소라는 단백질은 어떻게 만들어질까? 이런 개념이 바로 **중심원리**(中心原理, central dogma) 속에 녹아 있다[6]. 따라서 중심원리는 생명을 이해하는 데 매우 중요한 위치를 차지하고 있다. 이 원리는 1953년 DNA 구조가 왓슨과 크릭에 의하여 처음으로 알려진 후, 4년 뒤인 1957년 크릭이 제안한 이론이다. 즉, 어떻게 유전정보가 전달되어 단백질이 만들어지는지를 설명한다고 할 수 있다(그림 9-18). 우선 유전정보를 담고 있는 DNA는 스스로 복제되어 자손에 전달되어야 하고, 다시 이 DNA는 RNA를 통하여 수많은 단백질을 만들어 낼 것이다. 그러나 복제나 단백질 합성이 반드시 이런 경로를 통해서만 일어나는 것은 아니다. 예를 들면, **후천성 면역결핍증**(acquired immune deficiency syndrome; AIDS)을 일으키는 **인체 면역결핍 바이러스**(human immunodeficiency virus; HIV)나 조금 후에 기술할 **텔로머레이스**(telomerase) 등은 **역전사 효소**(逆轉寫酵素, reverse transcriptase)를 가지고 있어서 오히려 RNA에서 DNA를 만들기도 한다. 그뿐만 아니라 **광우병**(狂牛病, mad cow disease)을 유발하는 것으로 알려진 **프리온**(proteinaceous infectious particles; Prion)은 아무런 유전정보 없이도 형질을 전달하기도 한다. 그러나 여기에서는 주로 일반적으로 일어나는 DNA 복제와 단백질 합성과정을 원핵생물과 진핵생물로 나누어서 그 유사점과 차이점을 조명해 보도록 하겠다.

그림 9-18. 중심원리에 의한 유전정보의 흐름.

### 1. 복제

#### 1) 원핵생물

우리에게 잘 알려진 대장균은 20분마다 분열할 수 있다. 이 이야기는 20분마다 염색체 모두가 복제되어야 한다는 뜻이다. 그렇다면 어떻게 두 가닥으로 꼬여진 DNA가 똑같은 유전자를 만들어서 딸세포에 전해 줄 수 있을까? 원핵생물이 세포분열을 시작할 때, 제일 먼저 하는 일이 염색체를 복제하는 일이다. 먼저 그림 9-19를 보자. 일단 **복제기점**(複製起點, origin of replication)에서 복제가 시작되면, 먼저 이중으로 된 나선구조를 두 가닥으로 벌려야 할 것이다. 이 역할은 **나선효소**(helicase)가 사다리 가로대를 구성하는 수소결합을 풀어 버림으로써 이루어진다. 이렇게 이중나선이 풀어졌지만, 고무줄이 그렇듯이 다시 꼬이는 성질이 남아 있을 것이다. 따라서 양쪽 가닥에 **단일가닥 결합단백질**(single strand binding protein; SSBP)이 붙어서 다시 꼬이지 못하게 만든다. 우리는 이렇게 생긴 양쪽 사이를 **복제 분기점**(複製分岐點, replication fork)이라고 부른다. 그리고 양쪽 가닥을 분리해 나가면 복제 분기점 앞은 어떤 현상이 생겨날까? 당연히 이중나선은 더 꼬여 있을 것이다. 이러한 꼬임을 해결해 주는 효소가 바로 DNA **회전효소**(topoisomerase)이다. 일반적으로 원핵생물은 **회전효소 Ⅱ**(topoisomerase Ⅱ, **DNA gyrase**)가 두 가닥을 잘라서 꼬인 것을 풀고 난 뒤에 다시 붙여 주어서 이 문제를 해결해 준다. 우리가 병원에서 흔히 사용하는 퀴놀론 제제의 항생제는 이 회전효소인 자이레이스 효소를 억제함으로써 그 목적을 달성하고 있다. 그러나 대부분의 진핵생물은 **회전효소 Ⅰ**이 작용하여 한 가닥을 자른 후 꼬인 가닥을 푼 뒤에 다시 붙여 준다.

이렇게 그림처럼 풀어진 DNA는 어떻게 복제가 될까? 복제원리는 제2절 '핵산구조'에서 기술한 대로 아데닌은 티민과, 시토신은 구아닌과 상보적으로 짝을 맞추어 반보존적으로 새로운 가닥을 만들게 된다. 우리는 이렇게 새로 만들어지는 가닥을 두 가지로 나누어 부른다. **선도사슬**(先導-, leading strand)과 **지연사슬**(遲延-, lagging strand)이 이들이다. 왜냐하면 이들이 새로운 사슬을 만드는 방법이 다르기 때문이다. 방법이 달라야 하는 이유는 새로운 사슬에 뉴클레오티드가 붙어서 사슬이 길어지는 과정이 다르기 때문이다. 즉, 사

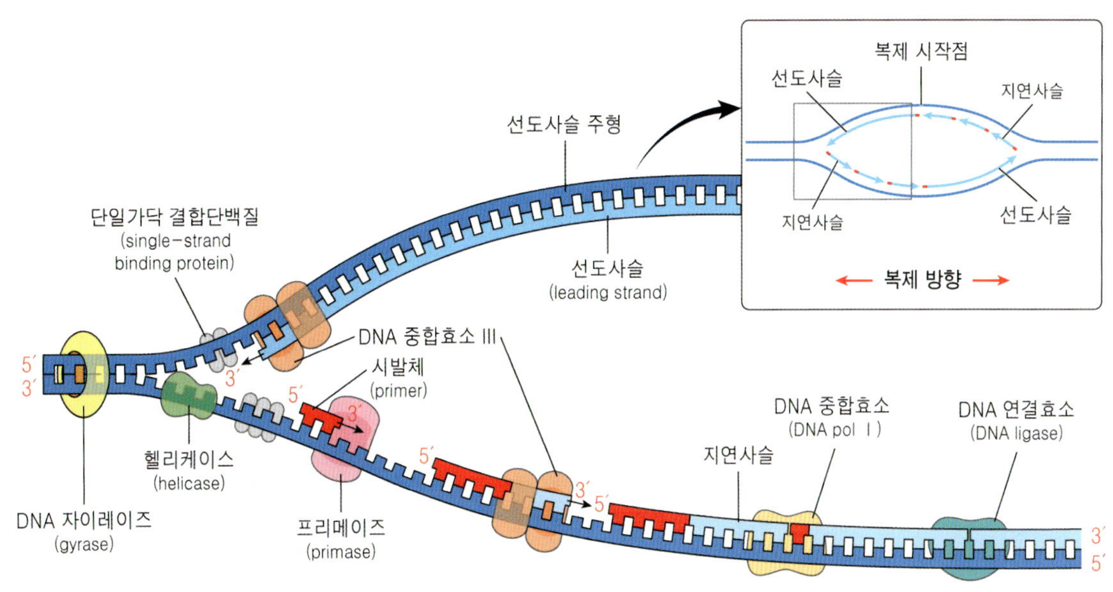


**그림 9-19.** DNA 복제 과정에 대한 도해.



슬이 길어지기 위해서는 반드시 5′에서 3′ 방향으로만 뉴클레오티드가 붙는다. 이는 이미 제2절 '핵산 구조'에서 기술한 대로 제3 탄소의 수산기(-OH group)와 그다음 뉴클레오티드의 제5 탄소에 있는 인산이 서로 결합하여 포스포디에스터 결합을 형성하기 때문이다. 그림 9-19에서 보는 것처럼 선도사슬은 별문제가 없다. 그러니까 새로운 사슬이 형성되는 방향이 5′에서 3′ 방향이기 때문이다. 그러나 지연사슬은 그 방향이 3′에서 5′의 방향으로 달린다. 따라서 이들은 다른 방법을 동원해야만 복제가 가능하다. 이 지연사슬은 **프리마제**(primase)가 만들어 낸 **프라이머**(primer)에 **DNA 중합효소 Ⅲ**(-重合酵素, DNA polymerase Ⅲ)가 새로운 뉴클레오티드를 그 역방향이면서 신장이 가능한 5′에서 3′ 방향으로 붙여 나간다. 이렇게 만들어진 DNA 조각을 우리는 **오카자키 절편**(-切片, Okazaki fragment)이라고 부른다. 그 다음 DNA 중합효소 Ⅰ에 의하여 프라이머가 제거되고, 오카자키 절편들은 다시 **DNA 연결효소**(-連結酵素, ligase)에 의하여 서로 붙어서 하나의 새로운 가닥을 만들어 내게 된다. 그리하여 그림 9-19에서 보는 것처럼 복제되는 방향은 결국 양방향이 된다. 이렇게 만들어진 새로운 DNA 사슬은 자식에게 온전히 전해질 것이다. 그렇다면 이런 DNA 복제 과정이 진핵생물에서도 동일하게 일어날까? 이제 진핵생물에서 일어나는 DNA 복제 과정을 원핵생물과 비교하여 알아보자[44,46].

### 2) 진핵생물

진핵생물의 DNA 복제도 기본적으로 원핵생물의 방법과 유사하다. 그러나 여러 가지 면에서 서로 약간씩 다르기 때문에 그 차이점을 알아보는 것도 중요하다. 우선 구조적인 면에서 원핵생물에는 없는 핵이나 소기관들이 진핵생물에는 있다. 그뿐만 아니라 염색체의 구조도 원핵생물이 원형인 데 반해 진핵생물은 선형, 즉 가닥으로 되어 있다. 이 차이점은 여러 가지 문제점을 야기하지만, 이 문제를 우선 집중적으로 다루어 보자. 먼저 복제기점에서 차이가 난다. 원핵생물은 복제기점이 한 개인 데 비하여 진핵생물은 그 기점이 여러 개이다(그림 9-20). 또한 복제 부위를 인식하는 효소도 원핵생물은 **Dna A 단백질**(Dna A protein)인 데 비하여, 진핵생물은 **복제기점 인식복합체**(origin recognition complex)가 담당한다. 복제 장소도 다를 수밖에 없다. 원핵생물은 복제가 세포질에서 일어나지만 진핵세포는 핵 안에서 일어난다. 복제가 일어나는 시기도 약간씩 다르다. 원핵생물은 세포분열이 이분법이나 출아법 등 어느 방법으로 일어나든지 간에 제일 먼저 일어나는 변화가 DNA 복제이다. 그러나 진핵세포는 세포주기를 가진다. 따라서 이들은 주로 DNA 합성기인 S기에 복제된다는 차이가 있다. 그렇지만 복제 속도는 원핵생물이 더 빠르다. 즉, 일부 세균에서는 초당 2천 개의 염기를 복제할 수 있지만, 진핵생물은 초당 100개 정도밖에 복제할 수 없다.

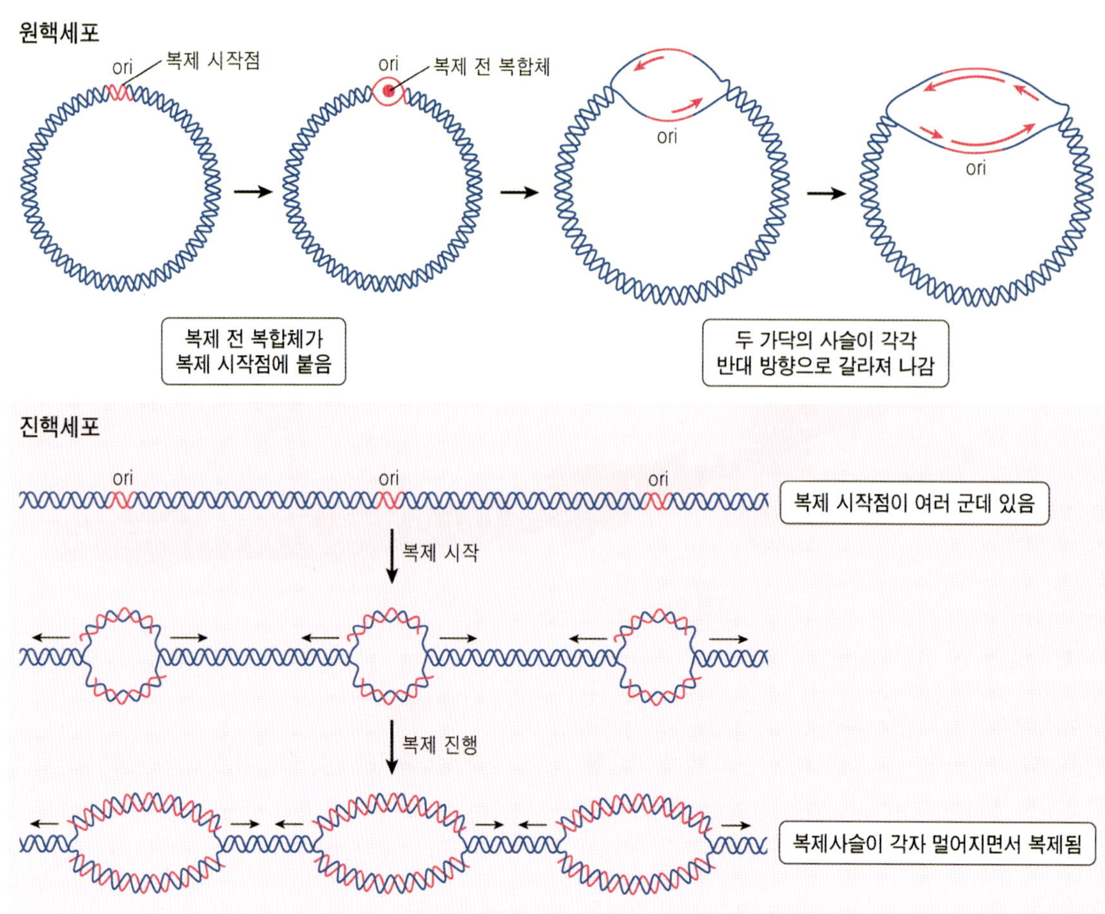


그림 9-20. 원핵생물과 진핵생물에서 DNA 복제 과정의 차이점.



따라서 복제에서는 원핵생물이 평균 20배 정도 빠르다고 할 수 있다. 복제 방향에서 본다면 그림 9-20에서 보는 바와 같이 양방향으로 보아야 한다. 그러나 원핵생물에서는 복제 분기점이 두 개인 반면 진핵생물은 아주 많이 있다는 것을 우리는 쉽게 이해할 수 있을 것이다. 복제에 사용되는 효소에서도 다소 차이가 있다. 나선효소나 프리마제, 단일가닥 결합단백질이나 연결효소 등은 같이 이용되지만, 회전효소에서는 이미 기술하였듯이 차이가 난다. DNA 중합효소도 진핵세포에서 더 다양한 종류의 중합효소를 가지고 있다. 예를 들면, 원핵생물에서 가닥을 신장시키는 효소가 DNA 중합효소 Ⅲ인데 비하여, 진핵생물은 DNA 중합효소 $\delta$ 및 $\varepsilon$가 담당한다. 그뿐만 아니라 RNA 프라이머를 제거하는 효소도 원핵생물이 DNA 중합효소 Ⅰ인 데 비하여, 진핵생물은 DNA 중합효소 $\beta$가 관여하고 있다. 오카자키 절편도 진핵생물에 비하여, 원핵생물이 더 길다.

진핵생물에서 제일 문제점으로 드러나는 부분이 바로 선형 염색체 때문이다. 그러니까 염색체가 원핵생물처럼 원형으로 되어 있지 않고 선형으로 되어 있기 때문에, DNA 복제 시에 **말단 복제문제**(末端複製問題, end replication problem)가 초래된다는 점이다. 이 말단 복제문제는 진핵생물의 DNA가 복제될 때마다 그 끝부분이 짧아진다는 것이다. 즉, 염색체를 보호하는 **텔로미어**(telomere, 그림 9-21)가 점점 짧아져서 그 기능을 소실한다는 의미이다. 그렇다면 왜 진핵생물에서 DNA가 세포가 분열할 때마다 짧아질까? 이 원인은 선형으로 된 진핵생물의 염색체에 있다고 할 수 있다. 특히나 지연사슬에서 이 문제가 나타난다. 지연사슬의 맨 끝에 붙은 프라이머에서 제공한 제3 탄소에 있는 수산기에 의하여 DNA 중합효소가 복제를 해낸다. 그러나 프라이머가 제거될 때 맨 마지막 프라이머가 붙어 있던 자리에는 제3 탄소에 수산기가 없다. 따라서 이 부분은 더이상 복제될 수가 없게 된다. 이런

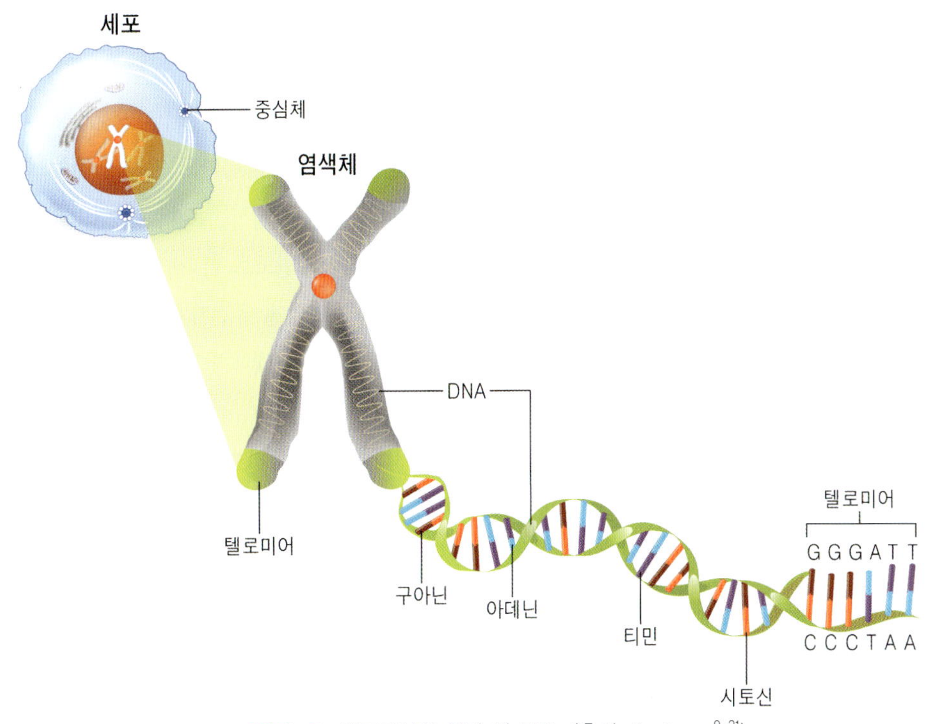


그림 9-21. 텔로미어의 위치 및 구조. (출처: Designua[9-21])

지연사슬의 말단 복제문제는 세포가 분열할 때마다 짧아지는 결과를 초래할 것이다. 그러면 염색체의 맨 끝에 붙어서 염색체끼리 서로 들러붙지 못하게 하고, 염색체 내부 구조를 보호해 주던 텔로미어는 점점 줄어들어서 그 기능을 잃게 될 것이다. 그렇다면 이런 문제점을 해결할 수 있는 방법은 없을까? 이때 등장하는 효소가 바로 **텔로머레이스**(telomerase, 그림 9-22)이다. 텔로미어가 TTAGGG로 구성된 염기가 수백 번 이상 반복되는 구조라면, 텔로머레이스는 RNA 역전사효소를 가지고 있어서 수산기가 달린 프라이머를 만들어 낼 정도로 DNA 구조를 추가시킬 수 있게 된다. 이렇게 만들어진 수산기를 이용하여 DNA 중합효소가 짧아진 DNA를 다시 원상 복구시켜 줄 것이다[7,45]. 그렇다면 텔로머레이스를 가지고 있지 않은 세포는 어떻게 될까? 또한 텔로머레이스를 가지고 있는 세포는 어떻게 될까? 이런 문제는 세포의 수명과

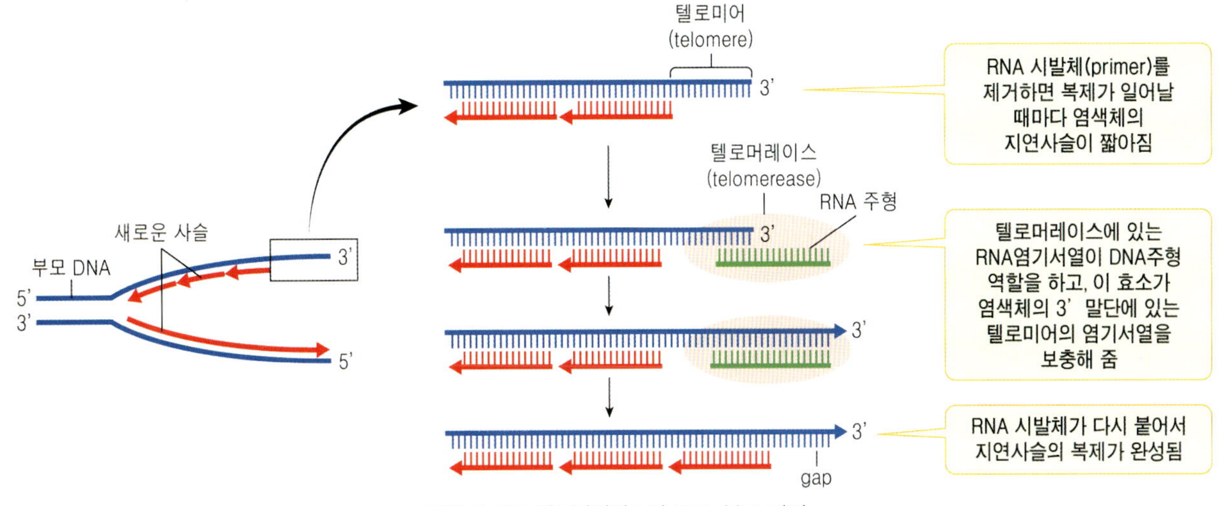


그림 9-22. 텔로머레이스의 DNA 복구 과정.

직결된다. 이에 관해서는 제11장 '생명의 노화' 편에서 집중적으로 다룰 것이다.

그렇다면 DNA 복제가 일어날 때 그 많은 염기쌍들이 제대로 아데닌과 티민, 시토신과 구아닌으로 완벽하게 짝을 이루고 있을까? 과연 이 짝을 만드는 과정에서 오류는 발생하지 않았을까? 그 이외에도 DNA는 화학구조물이기 때문에 여러 가지 원인에 의하여 손상 받을 것이다. 따라서 이번에는 이 손상 문제를 해결해 내는 방법에 대하여 알아보도록 하자.

### 3) DNA 손상 및 복구 기전

DNA는 유전정보를 가지고 있는 핵산으로서 오탄당, 인산 및 염기를 가지고 있는 뉴클레오티드 중합체이다. 따라서 여러 가지 원인에 의하여 손상되거나 변형될 수 있다. 어떤 원인들이 있을까? 우선 생체 내에서 발생하는 활성산소나, 지금까지 DNA 복제 과정에서 일어날 수 있는 오류 등이 여기에 속한다. 그 이외에 자외선, X-선이나 감마선, 독소나 화학물질 또는 가수분해나 고열에 의하여 얼마든지 DNA가 손상 받을 수 있다. 이렇게 DNA가 손상되면 어떤 결과가 초래될까? 그림 9-23은 그 해답을 정확히 제시해 주고 있다. 만약 손상 받은 세포가 정상으로 복구되지 못하고 계속 축적되어 간다면 결과적으로 그 세포는 노화되어 죽거나 암으로 진행된다는 것을 말해 주고 있다. 세포가 세포자살을 일으키거나 늙어 가는 것도 DNA 손상이 그 원인 중 하나이다. 그뿐만 아니라 DNA 손상이 인간의 최대 사망원인인 암을 유발시킨다는 사실은 대단히 중요한 일이다. 따라서 DNA 손상을 정상으로 복구시키는 시스템을 이해한다는 것은 필수적이라 할 수 있다. 그렇다면 얼마나 자주 DNA 손상이 일어날까? 대개 세포 한 개당 하루에 약 1만~100만 개 정도의 손상이 발생한다고 본다. 그렇다 하더라도 인간의 전체 염기 30억 쌍, 즉 60억 개의 염기 중에서는 대략 0.000165% 정도 발생한다고 할 수 있다. 그 빈도로 본다면 아주 낮은 수치이다. 그러나 이 중에서 종양억제 유전자가 타격을 입는다면 결과는 아주 치명적일 수 있다. 왜냐하면 종양을 억제시킬 수 있는 방법이 없기 때문이다.

그렇다면 어떤 기전으로 DNA 손상을 복구시킬 수 있을까? 먼저 DNA 복제 과정에서 DNA 중합효소가 염기를 불일치(mismatch)시키는 경우는 약 십만 개당 1개 정도 발생한다. 그러나 이렇게 발생된 오류는 다른 중합효소의 **교정**(proofreading) 과정을 통해서 100배 정도가 걸러진다. 따라서 결국 실제로 불일치가 일어나는 경우는 $10^7$개 중 하나 정도이다[38]. 이렇게 발생된 오류는 DNA 수선 기전 중에서도 주로 **불일치 복구**(mismatch repair; MMR, 그림 9-24)에 의해서 수선된다[5,40]. 이 불일치 복구 시스템은 듀크대학의 **폴 모드리치**(Paul Modrich, 1946~) 교수가 발견한 기전이다. 이 이외에도 많은 복구 시스템이 알려져 있다. 세포주기에서 만나는 검문소(checkpoint, 그림 6-2)의 역할은 이미 기술하였다. 또 다른 복구 기전에는 **직접복구**(直接復舊, direct reversal)라는 방법이 있다. 이는 자외선에 의하여 **티민 이합체**(離合體, thymine dimer)가 생기면, **DNA 광분해 효소**(光分解酵素, photolyase) 혹은 **광회복 효소**가 햇빛을 받아서

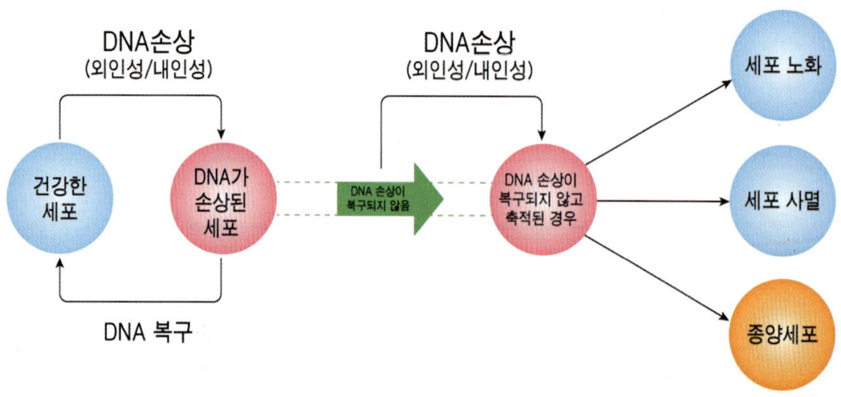


그림 9-23. DNA 손상과 수선 과정이 미치는 영향.

불일치 복구 (mismatch repair)

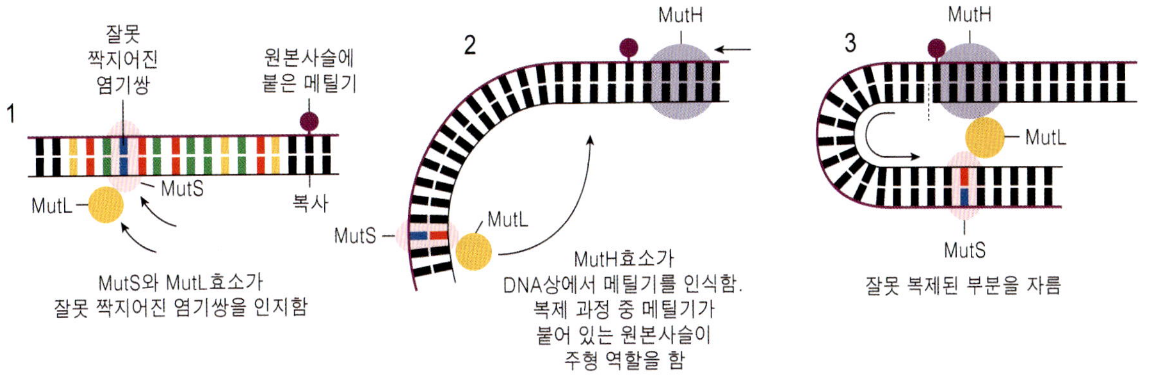


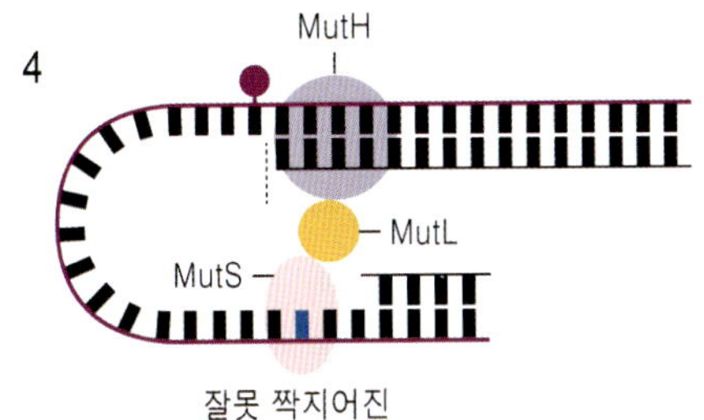


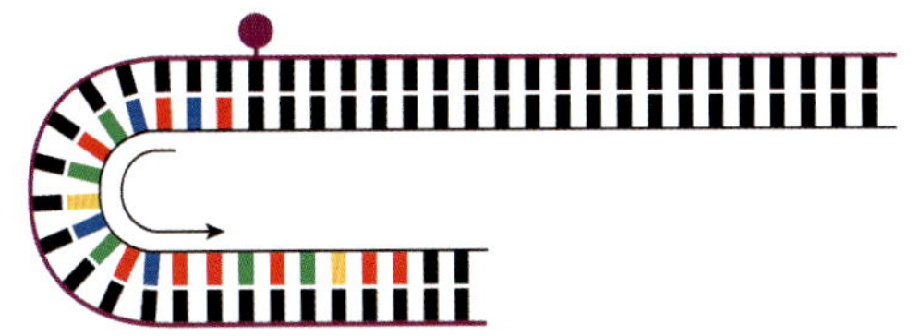


그림 9-24. DNA 복구 기전 중 불일치 과정에 대한 도해. (출처: The Conversation[9-24])

티민 이합체의 결합을 깨트리고 정상으로 만드는 과정을 말한다. 우리는 자외선이 손상시킨 것을 이보다 파장이 긴 파란 빛을 쪼여서 복구하는 형태를 **광재활성화**(光再活成化, photoreactivation) 혹은 **광회복**(光回復)이라고 부른다. 자외선에 의해서 파괴된 DNA에 다시 햇볕을 쪼여서 회복시키는 과정인 것이다. 이는 원시 지구에서 쏟아지는 자외선에 적응한 결과로 추정되며, 세균에서 포유동물 및 피자식물까지 광회복 효소를 가지고 있지만, 불행히도 인간에게는 이 효소가 없다[42].

DNA 이중나선 중 한 가닥에 손상을 입은 경우는 불일치 복구를 포함하여 **염기절단 복구**(鹽基切斷復舊, base excixion repair, BER)법이나 **뉴클레오티드 절단복구**(nucleotide excision repair; NER)법으로 회복시킬 수 있다. 염기절단 복구를 처음 알아낸 스웨덴 출신 **토마스 린달**(Tomas Lindahl, 1938~), 뉴클레오티드 절단복구를 처음 발견한 터키계 미국인 생화학자 **아지스 산자르**(Aziz Sancar, 1946~)와 폴 모드리치는 2015년 노벨화학상을 공동 수상하였다. 만약 이중나선 중 두 가닥 모두가 손상되면 그 수선방법은 더 복잡해진다. 이때 동원되는 방법은 **비상동 말단연결**(non-homologous end joining; NHEJ)이나 **상동재결합**(homologous recombination) 방법이 동원된다. 그러나 자외선 등에 의하여 DNA가 광범위하게 손상되어 복구가 힘들고 세포가 위기에 처하게 되면, 최후수단으로 **비상 복구**(非常復舊, SOS repair) 시스템이 작동한다. 이때 동원된 중합효소는 오류 지역을 넘어서 DNA를 복제해 나간다. 우리는 이런 복구를 **오류관통 합성**(誤謬貫通合成, translesion synthesis; TLS)이라고 부르지만, 손상이 발생한 지역을 완전히 복구시키지 못하는 결점이 있다. 이런 복구에는 오류가 남을 수 있기 때문에 **오류빈발 복구**(誤謬頻發復舊, error-prone repair)라 부르기도 한다[8,37].

그렇다면 결과적으로 어느 정도의 오류가 남아 있을까? 보통 세포 1회 분열 시 발생하는 오류는 약 3만 번으로 본다. 이 중에서 DNA 중합효소가 교정을 하게 되면, 그 오류율이 100배 정도 낮아져서 약 300개 정도의 오류가 생기게 된다. 만약 이 상태로 세포분열이 계속된다면, 4살이 채 되기도 전에 우리는 모두 암에 걸리게 될 것이다. 따라서 다시 DNA 복구 기전이 작동하여 이 오류를 복구시키면, 결과적으로 약 10억 번 복제 중에서 한 번 정도 오류가 발생된다고 본다[1]. 이런 확률들이 우리의 수명을 어느 정도 늘려 줄 것이다. DNA 복제가 많아질수록 DNA 손상 빈도는 늘어날 것이다. 여기서 DNA 복제가 많아진다는 것은 무슨 의미인가? 이것은 유전자가 노화와 암과 서로 밀접한 관련이 있다는 사실을 알려 주는 대목이라고 할 수 있다.

## 2. 단백질 합성

중심원리에서는 어떻게 DNA에서 단백질이 만들어지는지를 이해하는 것이 대단히 중요하다. 다시 그림 9-18로 되돌아가자. 염색체 속에 들어 있는 DNA의 정보를 RNA가 **전사**(轉寫, transcription)해서 핵 밖으로 나온다. 이 전사된 내용을 **번역**(飜譯, translation)한 것이 바로 단백질이다. 이를 더 쉽게 풀이하면 DNA라는 요리 책에 적힌 내용을 RNA가 복사를 해 와서 번역해 본 결과 그것이 빵이라는 것과 동일하다(그림 9-25). 이때 우리는 복사해 나오는 RNA를 전달자라는 의미를 붙여서 **전령 RNA**(傳令-, messenger RNA, mRNA)라고 부른다[5,40]. 그렇다면 이 전령 RNA가 복사해 오는 내용은 무엇일까? 이것은 아주 간단해서 그림 9-26에서 보는 바와 같이 DNA에 적힌 염기서열을 복사해 온 것에 불과하다. 즉, DNA 염기서열이 전령 RNA로 바뀔 때 티민이 우라실로 변하는 것뿐이다. 따라서 ACCAAACCG라는 DNA 글자를 전령 RNA는 UGGUUUGGC라는 글자로 복사한 것이 전부다. 이게 무슨 뜻인가? 우리는 이런 괴상한 글자를 미처 본 적이 없다. 최소한 보물 지도에 등장하는 이집트 상형 문자보다도 더 의미를 찾기가 어려워 보인다. 그러나 아무런 뜻이 없어 보이는 이 염기서열 속에 어마어마한 자연의 비밀이 숨어 있다는 것을 처음으로 알아낸 학자는 1966년 미국의 **마셜 니런버그**(Marshall Nirenberg, 1927~2010)와 **하르 고빈드 코라나**(Har Gobind Khorana, 1922~2011)이었다. 이들은 4개의 염기 중에서 3개가 모여서 하나의 아미노산을 의미한다

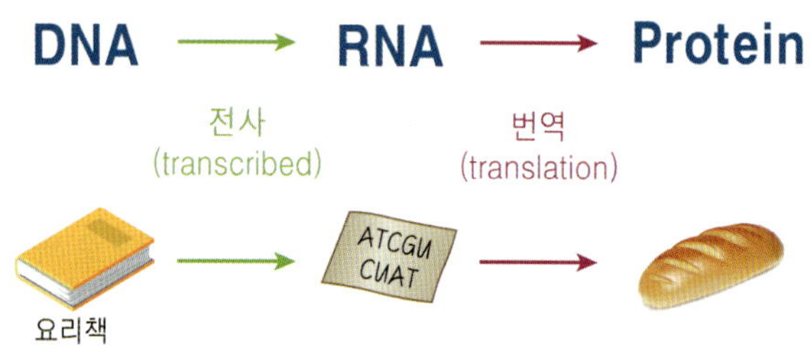


그림 9-25. 전사와 복사의 비유.

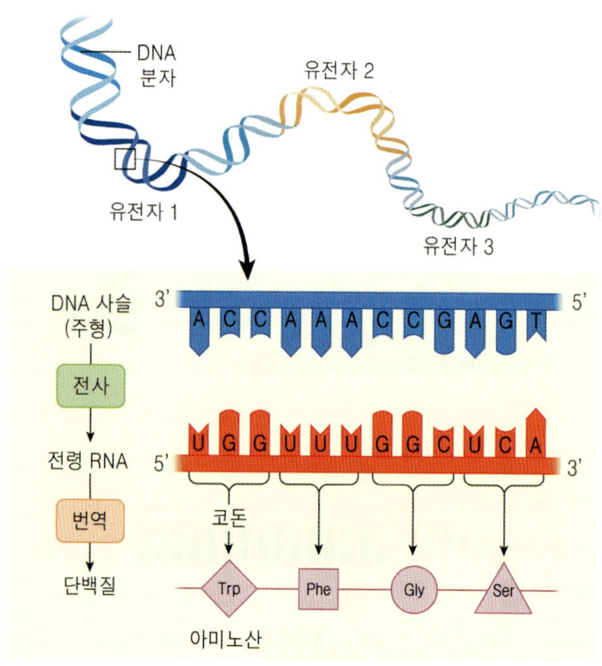


그림 9-26. 전사와 번역 및 단백질 생성 과정.

는 것을 최초로 완성시킨 학자들이다. 우리는 이것을 **유전암호**(遺傳暗號, genetic code)라고 부른다. 다시 말하면 전령 RNA에 적인 UGG의 의미는 20개의 아미노산 중 **트립토판**(tryptophan)을 뜻하였고 UUU는 **페닐알라닌**(phenylalanine)을, 그리고 GGC는 **글라이신**(glycine)을 의미하는 말이다. 따라서 우리는 인간의 역사에서 이러한 문자를 발견하고 그 뜻을 이해하게 된 시기가 겨우 60년밖에 안 되었다는 사실에 주목하여야 한다. 즉, 콩을 심었는데 콩이 나는 이유가 바로 이 ATGC라는 4개의 글자 속에 들어 있다는 믿기 어려운 사실이 인류에게 공개되었던 것이다. 그리하여 우리는 이와 같은 4개의 글자를 '신의 언어'라고 부른다고 해서 이상할 이유는 하나도 없다[10]. 그림 9-27에서 보듯이 64개의 유전암호 속에서 AUG는 **메티오닌**(methionine)을 뜻하면서 동시에 여기서부터 전사를 시작하라는 뜻을 가지고 있다. 그러므로 생명체 속에서 발견되는 단백질의 첫 번째 아미노산은 거의 대부분이 메티오닌으로 시작한다. 그뿐만 아니라 UAA, UAG 및 UGA의 의미는 전사를 여기서 끝내라는 의미이다. 따라서 실제 아미노산을 암호화하고 있는 유전암호는 61개가 되는 셈이다. 여기서 또 하나 우리를 놀라게 하는 사실은 바로 이런 유전암호가 거의 전 생명체에서 공통으로 사용되고 있다는 점이다[11]. 눈에 보이지도 않는 박테리아에서부터 짚신벌레나

| 첫 번째 염기 | U | C | A | G | 세 번째 염기 |
|---|---|---|---|---|---|
| U | UUU 페닐알라닌 | UCU 세린 | UAU 티로신 | UGU 시스테인 | U |
| U | UUC 페닐알라닌 | UCC 세린 | UAC 티로신 | UGC 시스테인 | C |
| U | UUA 류신 | UCA 세린 | UAA 종결 코돈 | UGA 종결 코돈 | A |
| U | UUG 류신 | UCG 세린 | UAG 종결 코돈 | UGG 트립토판 | G |
| C | CUU 류신 | CCU 프롤린 | CAU 히스티딘 | CGU 아르기닌 | U |
| C | CUC 류신 | CCC 프롤린 | CAC 히스티딘 | CGC 아르기닌 | C |
| C | CUA 류신 | CCA 프롤린 | CAA 글루타민 | CGA 아르기닌 | A |
| C | CUG 류신 | CCG 프롤린 | CAG 글루타민 | CGG 아르기닌 | G |
| A | AUU 이소류신 | ACU 트레오닌 | AAU 아스파라긴 | AGU 세린 | U |
| A | AUC 이소류신 | ACC 트레오닌 | AAC 아스파라긴 | AGC 세린 | C |
| A | AUA 이소류신 | ACA 트레오닌 | AAA 라이신 | AGA 아르기닌 | A |
| A | AUG 메티오닌(개시 코돈) | ACG 트레오닌 | AAG 라이신 | AGG 아르기닌 | G |
| G | GUU 발린 | GCU 알라닌 | GAU 아스파르트산 | GGU 글리신 | U |
| G | GUC 발린 | GCC 알라닌 | GAC 아스파르트산 | GGC 글리신 | C |
| G | GUA 발린 | GCA 알라닌 | GAA 글루탐산 | GGA 글리신 | A |
| G | GUG 발린 | GCG 알라닌 | GAG 글루탐산 | GGG 글리신 | G |

(두 번째 염기: U, C, A, G)

그림 9-27. 아미노산을 나타내는 유전암호.

아메바, 곰팡이나 버섯, 산과 들판을 가득 메운 풀과 나무들, 그리고 그 밑을 아기들처럼 뛰어다니는 다람쥐나 강아지들도 모두 다 똑같은 유전암호를 쓰고 있다는 점이다. 그렇다면 이것은 또 무슨 뜻인가? 모든 생명체는 제3장 '생명의 탄생' 편에서 소개한 바와 같이 최초로 탄생한 생명체(last universal common ancestor; LUCA, 루카)의 후손들이라는 아주 강력한 증거가 된다. 루카의 등장은 약 38억 년 전으로 거슬러 올라간다. 따라서 상상하기 어려운 엄청난 세월이 경과하면서 서로의 크기나 모양은 연관을 지을 수 없을 만큼 달라졌지만, 그들이 사용하던 태곳적 언어는 아직도 그대로 남아 있다고 할 수 있다. 다시 말하면 트립토판을 뜻하는 UGG는 박테리아도 인간의 세포도 모두 다 이 뜻을 알아듣는다는 의미이다. 우리는 이런 공통된 언어를 이용하여 박테리아로 하여금 인간이 필요한 인슐린이나 다른 유용한 물질을 만들어 내도록 유도하고 있다. 이들은 다시 제13장 '생명의 미래' 편에서 자세히 다룰 것이다. 다시 이야기를 단백질 합성과정으로 돌아가자.

전령 RNA에 적힌 내용이 번역되는 장소를 우리는 **리보솜**(ribosome)이라 부르고, 이 리보솜은 주로 **리보솜 RNA**(ribosomal RNA, rRNA)로 구성되어 있다. 이 리보솜은 전령 RNA와 운반 RNA가 작업할 공간을 제공한다. 실제 **운반 RNA**(運搬–, transfer RNA, tRNA)는 전령 RNA에 적힌 UGG라는 암호를 해석하여 트립토판을 끌고 오는 역할을 담당한다. 이 운반 RNA가 UGG를 알아보는 이유는 운반 RNA에 **안티코돈**(anticodon)이 들어 있기 때문이다. 이는 조금 후에 다시 설명할 것이다. 우선 원핵생물과 진핵생물에서 단백질 합성이 일어나는 과정에서 몇 가지 차이점을 먼저 기술하고자 한다.

### 1) 원핵생물

먼저 그림 9-28에서 보는 바와 같이 원핵생물은 특별한 핵이 없다. 따라서 전사나 번역 과정 모두가 세포질에서 일어난다. 특히 원핵생물에서는 전사와 번역이 세포질에서 일어나기 때문에 전사가 다 끝나기도 전에 번역이 일어나게 된다. 그러나 진핵세포에서는 이런 일이 일어날 수가 없다. 그뿐만 아니라 전령 RNA와 운반 RNA를 서로 연결시키는 리보솜도 그 침강속도가 다르다. 즉, 원핵생물은 70S이지만 진핵생물은 80S이다(그림 5-12 참고). 또한 원핵생물에서 전사가 일어나기 위해서는 **시그마 인자**(sigma factor)가 있어야 RNA 중합효소가 작동을 시작하고, RNA 중합효소가 멈출 때에는

**로 인자**(rho factor)가 필요하다. 그뿐만 아니라 원핵생물은 인트론(intron)이 없기 때문에 전령 RNA에서 **이어 맞추기**(splicing)와 같은 과정이 필요 없다. 이런 내용은 잠시 후 진핵생물 편에서 설명할 것이다.

## 2) 진핵생물

진핵생물은 DNA가 핵 속에 들어 있기 때문에 단백질 합성 과정이 원핵생물과는 다소 다른 편이다. 먼저 그림 9-29를 참고해 보자. 진핵생물은 이미 언급한 바와 같이 DNA가 핵

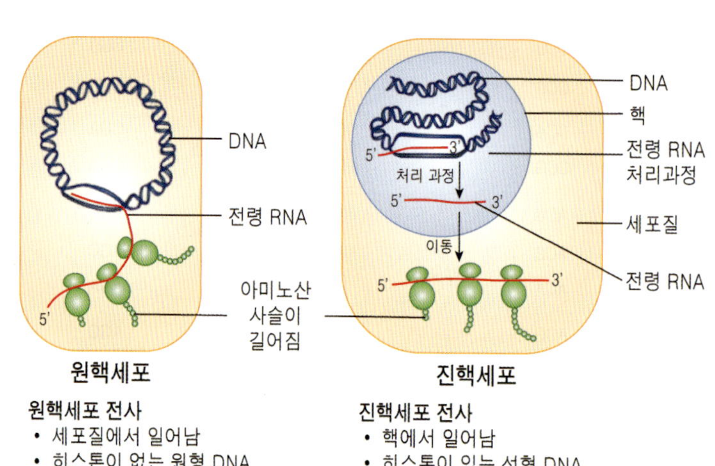


그림 9-28. 원핵세포와 진핵세포의 단백질합성 과정의 차이점.

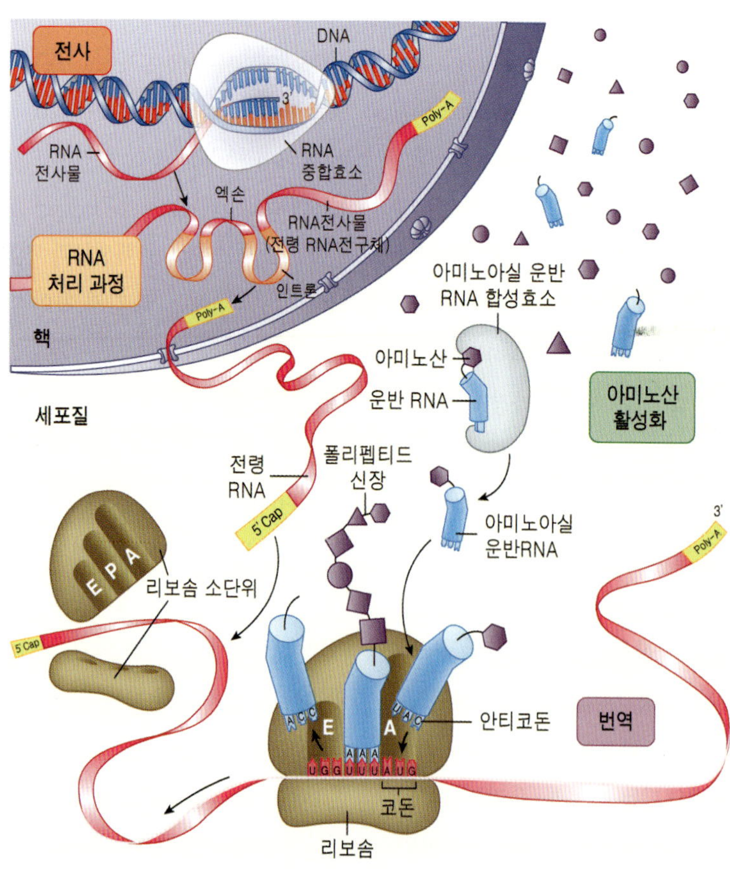


그림 9-29. 진핵세포의 단백질합성 과정에 대한 도해.

안에 보관되어 있다. 그리고 전령 RNA가 핵 안에서 전사를 해야 한다. 또한 진핵생물의 DNA에는 원핵생물과는 다르게 유전정보를 가지고 있지 않은 **인트론**(intron)이라는 **비발현 부위**(非發現部位)를 가지고 있다. 따라서 유전정보가 없는 인트론과 유전정보가 들어 있는 **엑손**(exon)을 가려내야 하는 작업이 필요하다. 이렇게 DNA를 전사해 낸 후 다시 엑손만 가려내는 전 과정을 **전령 RNA 처리과정**(RNA processing, 그림 9-30)이라고 부른다. 우선 인트론과 엑손이 같이 들어 있는 전령 RNA를 **전령 RNA 전구체**(precursor messenger RNA; **pre-mRNA**)라 한다. 또한 이 전령 RNA 전구체에서 다시 인트론을 제거하고 엑손만 담아내는 작업을 우리는 **이어 맞추기**(splicing, 그림 9-30)라고 따로 부른다[39]. 이러한 이어 맞추기 과정에도 특수한 RNA가 작용한다. 먼저 전령 RNA 전구체에 **소핵 핵산단백질**(small nuclear ribonucleo-protein; **snRNP**)과 다른 단백질이 붙어서 **이어 맞추기 소체**(spliceosome)를 만든다. 소핵 핵산단백질은 소핵 RNA(small nuclear RNA; snRNA)가 주축이 되어서 만들어진 핵산단백질 복합체이다. 이 중에서 소핵 RNA에 있는 염기쌍이 인트론의 양쪽 끝에 붙어서 이들을 잘라 낸다. 이어서 이어 맞추기 소체와 인트론이 떨어져 나가고 드디어 엑손만 있는 전령 RNA가 만들어지게 된다. 이렇게 완성된 전령 RNA는 5' cap과 3' 자리에 있는 poly-A라는 구조를 양끝에 달고서 세포질로 나올 것이다. 이들은 리보솜에 전령 RNA가 잘 붙을 수 있게 도와줄 뿐만 아니라 다른 효소로부터 전령 RNA를 보호하는 역할을 수행한다. 이들은 마침내 단백질 합성이 일어나는 리보솜에 도착할 것이다. 과연 이들이 가지고 온 메시지에는 무엇이 담겨져 있을까? 이 번역 작업이 리보솜에서 시작된다.

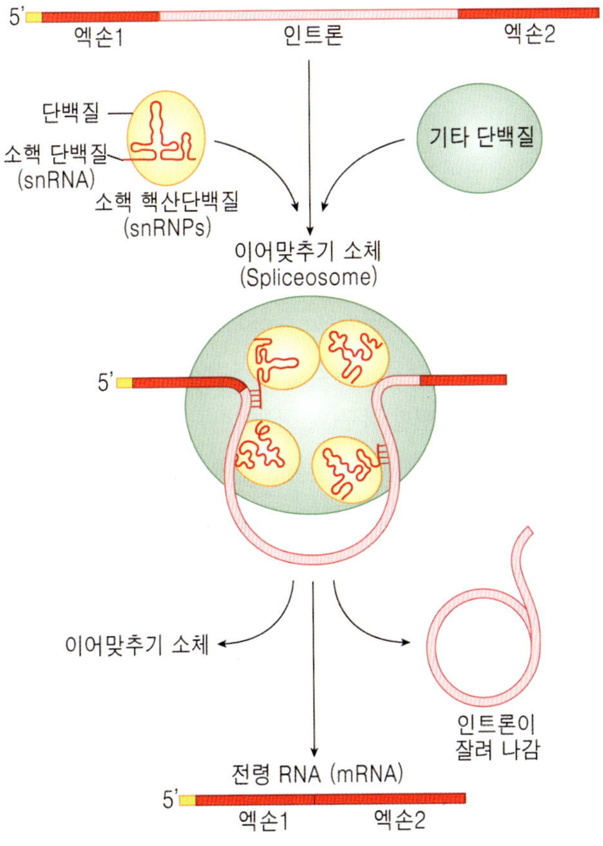

그림 9-30. 전령 RNA의 처리 과정.

리보솜에서 일어나는 일은 우선 전령 RNA에 적힌 유전암호에 따라 그 지시에 맞는 아미노산을 운반 RNA가 끌고 오는 것이다. 그렇다면 운반 RNA는 어떻게 이 지시 사항을 알아들을 수 있을까? 이들은 말로서 소통하는 것이 아니라 화학물질로 만들어진 문자로 소통한다(그림 9-31). 즉, 전령 RNA에 적인 GGU는 다시 운반 RNA에 의해서 CCA로 읽히고, 이 의미는 글라이신이라는 아미노산을 가져오라는 의미가 되는 것이다. 결국 중심원리인 단백질 합성은 DNA의 염기서열이 전령 RNA에 전달되고(유전암호), 이 염기서열은 다시 운반 RNA(안티코돈)로 전달된다. 그렇다면 원래 DNA에 있던 염기서열 순서가 운반 RNA에 그대로 전달되었을까? 우리는 그림 9-31에서 이를 확인해 볼 수 있다. 즉, 처음 DNA에 적힌 문자 순서가 그대로 운반 RNA로 전달되어 있다는 사실을 확인할 수 있을 것이다. 우리가 운반 RNA에 있는 우라실을 티민으로 바꾸기만 하면 말이다. 그래서 우리는 이런 문자를 옮겨 주는 messenger RNA(mRNA)를 메신저나 전령으로 부르는 이유를 알 수 있을 것이다. 이렇게 전령 RNA에 적힌 대로 불려 온 아미노산은 리보솜에서 각기 새로운 펩티드 결합을 형성하여 아미노산으로 연결된 사슬을 형성할 것이다[3,15,19]. 바로 이러한 구조가 일차 단백질 구조이다(그림 7-7 참고). 이런 일차 단백질 구조는 연결된 아미노산의 상호작용에 의하여 이차 단백질 구조가 되고, 삼차 및 4차 단백질 구조를 형성할 것이다. 이렇게 형성된 단백질은 생명체의 모든 화학반응과 생리작용을 조절하면서 생명이 탄생할 때부터 생명이

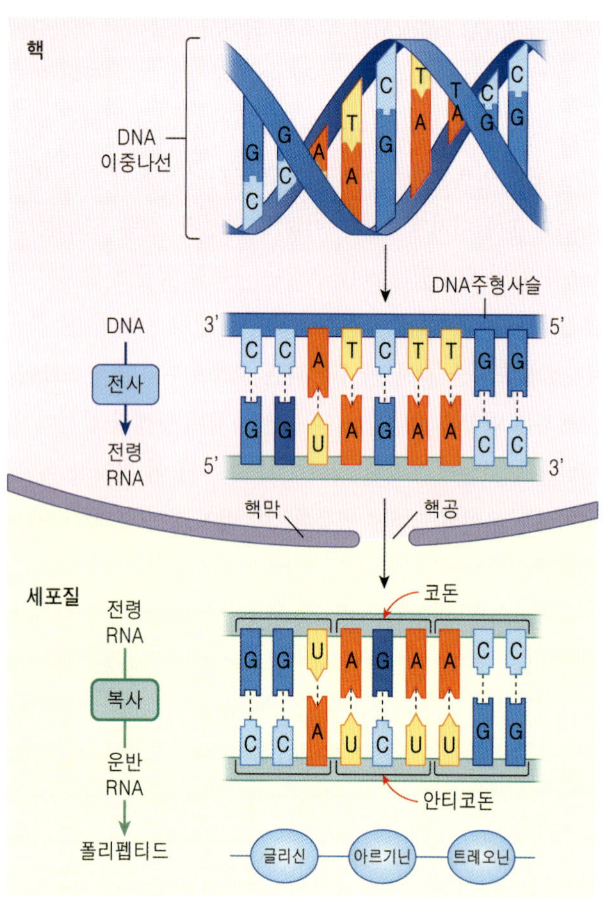

그림 9-31. 코돈과 안티코돈의 상호 관계.

소멸할 때까지 종의 특성을 유지하면서 그 역할을 충실히 수행해 나갈 것이다.

## 제5절 돌연변이

**돌연변이**(突然變異, mutation)는 여러 가지 원인에 의해서 유전자나 염색체에 영구적인 변화를 초래한 경우를 말한다. 유전정보를 가지고 있는 DNA도 일정한 화학구조를 가지고 있어서, 생체 내부나 외부의 원인에 의하여 손상되거나 변형될 수 있는 가능성은 상존한다고 볼 수 있다. 그래서 우리는 돌연변이를 일으키는 원인을 추적해 볼 필요가 있으며, 돌연변이가 일어나는 형태에 대해서도 알아보아야 한다. 그뿐만 아니라 돌연변이가 생기면 어떤 현상들이 나타날 것인지를 파악해 보는 것도 중요하다. 또한 돌연변이가 일어나는 세포의 종류에 따라 자식에게 유전되는 다양한 형태의 **유전병**(遺傳病, genetic disorder)에 대한 일반적인 이해도 필요할 것이다. 유전자 변형은 암이나 노화에도 직접적인 관련이 있기 때문에 제11장 '생명의 노화' 편에서도 다시 다룰 것이다. 더불어 돌연변이는 진화의 원동력이 될 수 있기 때문에 제10장 '생명의 진화' 편에서도 다시 등장할 것이다.

### 1. 원인

돌연변이의 원인은 크게 **자연돌연변이**(自然突然變異, spontaneous mutation)와 **유도 돌연변이**(誘導突然變異, induced mutation)로 구분해서 설명하고자 한다. 자연돌연변이는 어떤 특별한 원인 제공 없이 자연적으로 세포 안에서 생겨나는 돌연변이를 말한다. 우선 DNA 복제 과정에서 생겨나는 유전자 구조 변경을 생각해 보자. DNA를 구성하는 수소 원자의 위치가 잘못되어 수소결합에 변동이 생기면, 이로 인하여 염기쌍이 잘못 연결될 수가 있다. 이는 복제 직전에 일어나는 변화로 **토토머화**(tautomerism)라고 부르지만, 만약 이들이 **불일치 복구**(不一致復舊, mismatch repair) 시스템에 의하여 교정되지 않으면 당연히 돌연변이로 넘어갈 것이다. 일단 복구되지 않는 염기서열이 양쪽 가닥에 자리잡게 되면, 더이상 복구 효소가 이를 발견할 수가 없어서 영구적인 돌연변이로 남게 되는 것이다. 그뿐만 아니라 시토신에서 아미노기가 자연적으로 떨어져 나가서 우라실이나 티민으로 바뀌게 되는 **탈아미노반응**(deamination)도 유사한 결과를 초래한다. 또한 아데닌이나 구아닌이 오탄당에 붙는 결합 부위가 깨어져서 떨어져 나가는 **탈퓨린화**(depurination) 현상도 DNA 복구 시스템에 의하여 교정되지 않으면 돌연변이로 넘어갈 것이다. 이미 설명한 **오류빈발 복구**(誤謬頻發復舊, error-prone repair) 시스템 또한 돌연변이를 남길 수 있는 확률이 대단히 높다. 따라서 DNA 복제 과정이나 DNA 복구 시스템에 일어나는 오류들이 결국 돌연변이를 유발하는 원인이 될 것이다[33]. 그렇다면 염색체 수준에서는 어떤 돌연변이들이 일어날까? 우선 세포가 분열할 때 생기는 염색체 분리 이상에 의해서 염색체 수에 변동이 생길 수 있고, 감수분열에서 염색체 교차 시 일어날 수 있는 분리 이상으로 여러 형태의 돌연변이가 생길 수도 있다. 이들은 모두 한꺼번에 모아져서 조금 후에 다시 설명될 것이다.

자연적으로 발생하는 돌연변이의 원인 중에서 **전이인자**(轉移因子, transposon, transposable element)의 역할도 중요하다. 이 전이인자는 미국의 유전학자인 **바버라 매클린톡**(Barbara McClintock, 1902~1992)에 의하여 옥수수에서 발견되어 1983년 그녀에게 노벨상을 안겨 준 유전자이기도 하다. 이 전이인자는 유전체 안을 돌아다니면서 자신을 복사해서 붙여 넣기도 하고 절단하여 분리해 내기도 한다. 이들은 역전사 효소를 가지고 있어서 자신의 RNA를 원본 삼아 DNA를 만든 후 다른 부위에 삽입시킨다. 그뿐만 아니라 또 다른 그룹은 **트랜스포사아제**(transposase)를 이용하여 자신을 자른 후 삽입시키기도 한다[49]. 이리하여 이들은 돌연변이를 만들어 내는 중요한 원인 제공자이기도 하지만 진화 과정에서도 유전체 다양화에 많은 기여를 한다고 볼 수 있다.

유도 돌연변이는 환경으로부터 세포로 전달된 화학물질이나 자외선 같은 물리적 요인에 의해서 DNA의 구조가 변하는 경우를 말한다. 우리는 흔히 이런 물질을 모아서 **돌연변이원**(突然變異原, **mutagen**)이라 부르기도 한다. 이러한 돌연변이원은 방사선이나 자외선과 같은 요인들뿐만 아니라 수많은 화학물질도 여기에 속한다고 볼 수 있다. 우리 주위에 흔히 볼 수 있는 농약, 식품 첨가물, 의약품, 공해 물질 등 그 종류도 200만 종 이상이 될 것으로 추정하고 있다. 특히 자외선은 돌연변이를 일으키는 것으로 유명하다. 그러나 원시 지구에서 자외선이 없었다면 어떤 결과가 생겼을까?

고맙게도 **자외선**은 그가 가지고 있는 에너지를 이용하여 이 원시 지구에 수많은 화학반응이 일어나도록 주선해 주었을 것이다. 따라서 자외선이 없었다면 어떤 유기물도 만들어지기 힘들었을 것이고, 화학 진화를 유발하는 원천적인 힘도 사라졌을 것이다. 그러나 막상 생명체가 이 지구상에 등장했을 때는 오히려 이 자외선은 그 생명을 위협하는 커다란 존재가 되어 버렸다. 생명체는 어쩔 수 없이 자외선이 미치지 못하는 바다 밑으로 들어가 살지 않으면 안 되게 되었다. 또한 이렇게 생겨난 돌연변이가 꼭 나쁜 역할만을 맡고 있었던 것은 아니다. 오히려 돌연변이는 유전적 다양화를 촉발하여 자연선택 과정을 거쳐서 생명체가 진화하는 데 커다란 역할을 하기도 한다. 돌연변이가 진화의 커다란 원동력이 되고 있다는 것도 새겨 두어야 할 사실이다.

## 2. 종류

그렇다면 유전자에 생긴 돌연변이는 과연 어떤 모습으로 나타날까? 우리는 돌연변이를 크게 **유전자 돌연변이**(遺傳子突然變異, gene mutation)와 **염색체 돌연변이**(染色體突然變異, chromosome mutation)로 나누어서 생각해 보기로 하자.

### 1) 유전자 돌연변이

유전자 돌연변이는 뉴클레오티드 수준에서 일어나는 소규모 돌연변이를 말한다. 즉, 한 개 혹은 수 개의 염기서열에 변이가 나타나는 것이다. 따라서 이런 돌연변이를 단순히 **점돌연변이**(點突然變異, point mutation)라 부르기도 한다[14,22]. 유전자 돌연변이는 주로 3가지 형태를 보여 준다. 즉, 이들은 **치환**(置換, substitusion), **삽입**(揷入, insertion) 및 **결실**(缺失, deletion)과 같은 과정을 거쳐 염기서열에 변이가 일어난다(그림 9-32). 삽입과 결실은 틀이동 돌연변이에서 다루기로 하고 먼저 치환 과정부터 살펴보기로 하자.

#### (1) 점돌연변이

##### ① 치환

치환은 그림 9-32처럼 한 개의 염기가 다른 염기로 바뀌는 것을 말한다. 즉, 염기 중 다섯 번째 염기인 시토신이 빠지고 대신 아데닌이 들어간 경우이다. 따라서 염기가 치환된 경우이므로 전체 염기의 숫자는 변함이 없다. 그렇다면 치환은 어떤 염기들이 서로 바뀔까? 우선 같은 고리의 개수를 가진 염기끼리 치환되는 경우이다(그림 9-5 참고). 즉, 퓨린(purine)이 다른 퓨린으로 바뀌거나 피리미딘(pyrimidine)이 다른 피리미딘과 치환되는 것을 말한다. 우리는 이런 치환을 **전이**(轉移, transition)라고 부른다(그림 9-33). 이번에는 다른 개수의 고리를 가진 염기끼리 치환되는 경우를 생각해 보자. 다시 말해서 이들은 퓨린과 피리미딘 혹은 피리미딘과 퓨린이 치환되는 경우이다. 우리는 이런 경우를 **전환**(轉換, transversion)이라고 따로 부른다[48]. 그러나 이들은 단지 염기가 치환되었을 뿐이다. 따라서 한 부분만 변이가 일어났지만 변이된 이후의 염기서열에는 이상이 없다. 그러나 삽입이나 결실은 치환과는 완전히 다른 형태가 나타난다.

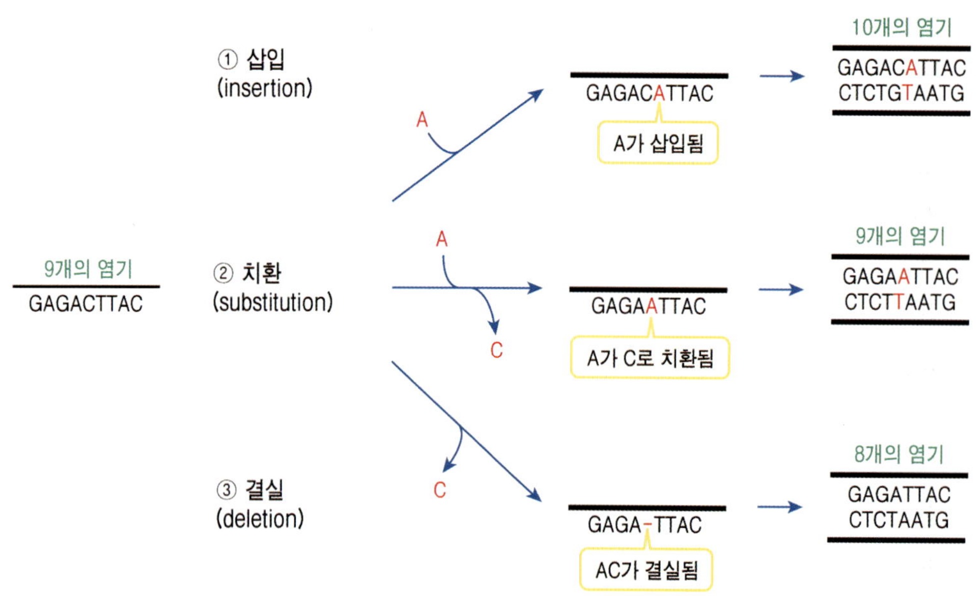

그림 9-32. 유전자돌연변이의 발생 기전에 대한 도해.



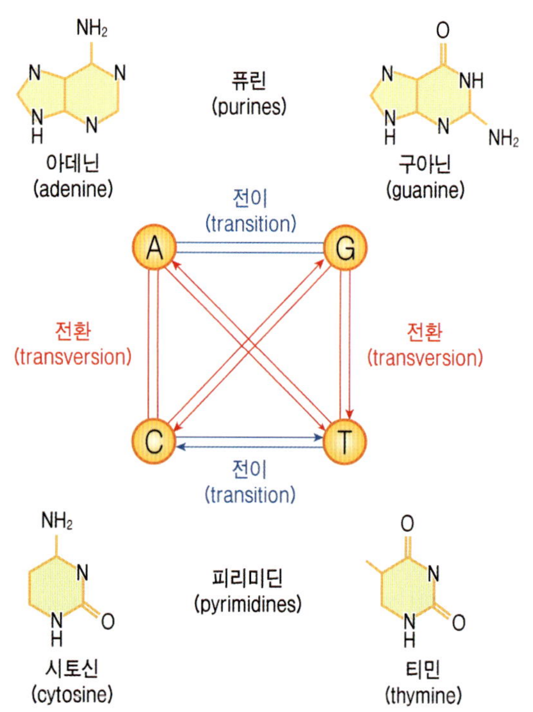

그림 9-33. 치환 중 전이와 전환에 대한 도해. (출처: Manudouz[9-33])

### (2) 틀이동 돌연변이

#### ① 삽입 및 결실

삽입 및 결실은 그림 9-32에서 보는 것처럼 전체 염기 수가 늘어나거나 줄어든다. 이는 치환과는 다른 결과이다. 그림 9-34는 이들이 어떤 결과를 초래하는지를 잘 보여 준다. 먼저 유전암호에서 AUG는 개시 코돈이자 메티오닌(methionine)을 암호화하고 있고, CGU는 아르기닌(arginine)을 암호화하고 있다. 만약 AUG와 CGU 사이에 아데닌(A)이 삽입되면, 이 유전암호가 완전히 바뀌어 버린다. 즉, AUG는 그대로이지만 CGU가 UCG로 바뀐다. 따라서 아르기닌이 엉뚱하게 세린(serine)이라는 아미노산으로 바뀌게 된다. 즉, 아데닌 하나가 삽입됨으로써 그 이하의 아미노산의 연결이 통째로 바뀌는 결과를 초래하게 된 것이다. 이것은 다시 원래의 염기서열에서 구아닌이 빠져서 결실이 일어난 경우에도 마찬가지 결과가 초래된다. 따라서 우리는 이런 경우를 **틀이동 돌연변이**(frameshift mutation)라 부른다. 이렇게 유전자 돌연변이는 작은 단위에서 일어나는 변이이지만, 이러한 단순한 변화가 과연 생명체에 어떤 영향을 미치게 될까? 한 예를 들어 보자. 그림 9-35는 **신경섬유종증 1형**(neurofibromatosis type Ⅰ) 유전자가 들어 있는 17번 염색체에 점돌연변이가 생겼을 때 그 영향이 어떻게 나타나는지를 잘 보여 주고 있다[55]. 즉, 유전자 중 단지 염기 하나가 바뀐 것이 인간의 질병으로 나타나는 결과는 끔찍하다고 할 수 있다. 이 신경섬유종증 1형은 전신에 신경섬유종이 나타날 뿐만 아니라, 이 섬유종으로 인하여 다양한 증상이 나타날 것은 충분히 예측할 수 있다. 따라서 우리는 단순하게 생각되는 점돌연변이 하나가 우리의 상상을 뛰어 넘는 위력을 발휘한다는 것을 충분히 이해할 수 있

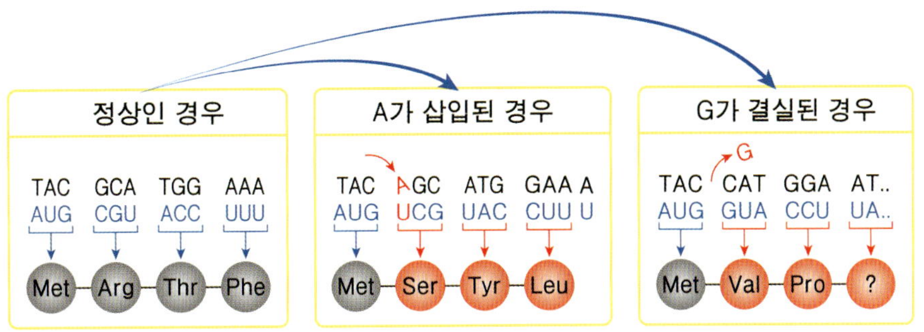

그림 9-34. 삽입과 결실에 의한 틀이동돌연변이에 대한 도해.

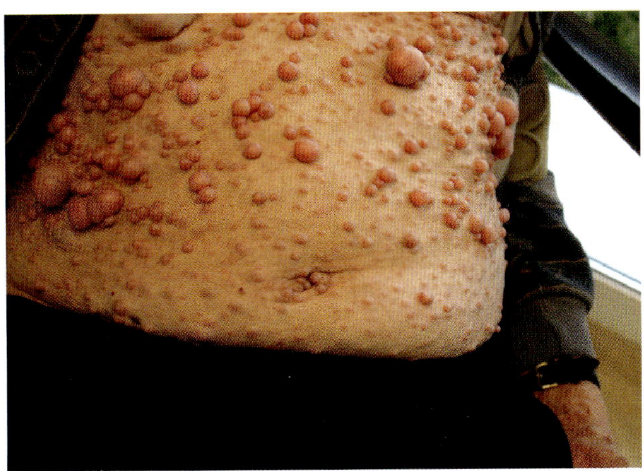
그림 9-35. 점돌연변이에 의하여 발생한 신경섬유종증 1형. (출처: Peter, Klaus D., et al.[9-35])

을 것이다. 이런 종류의 돌연변이는 유전성을 가지고 있기 때문에 조금 후에 다시 자세히 설명할 것이다.

## 2) 염색체 돌연변이

염색체 돌연변이는 점돌연변이와는 다르게 변이가 일어나는 규모가 훨씬 크다. 점돌연변이가 주로 DNA 복제 시에 생기는 오류에 의하여 발생한다면, 염색체 돌연변이는 주로 세포분열이나 감수분열 시 교차 오류에서 생긴다. 따라서 이 염색체 돌연변이는 그 구조나 수에 변이가 생겨난다[2]. 따라서 대단위 규모에서 변이가 생겨나기 때문에 염색체가 재배열되어 **종분화**(種分化, speciation)를 가능케 하는 기전이 되기도 한다.

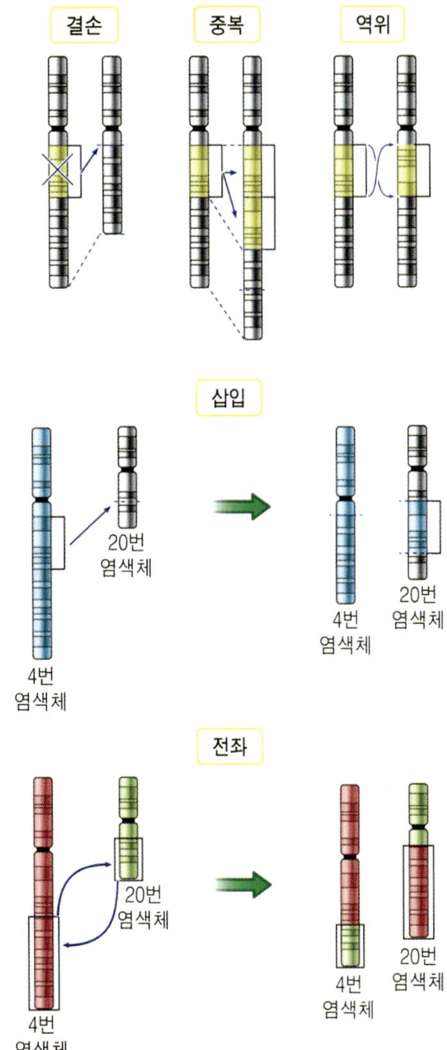

그림 9-36. 염색체 구조 변이에 대한 도해.

### (1) 구조 변화

먼저 염색체 구조에서 변이가 일어나는 과정을 살펴보자. 염색체의 구조가 바뀌는 것은 그림 9-36과 같이 다양한 형태가 있다. 먼저 **결실**(缺失, deletion)은 일정 부분의 염색체가 유전자 재조합 과정에서 떨어져 나간 경우이다. **중복**(重複, duplication) 형태는 진화 과정에서 자주 나타나는 현상으로 동물이나 식물의 형태를 만들어 주는 **혹스 유전자**(hox gene)를 다루는 제10장 '생명의 진화' 편에서 다시 등장할 것이다. **역위**(逆位, inversion)는 말 그대로 재조합 시에 거꾸로 붙는 경우를 말한다. **삽입**(插入, insertion) 과정도 떨어져 나간 염색체 조각이 다른 염색체에 가서 삽입되는 경우이다. **전좌**(轉座, translocation)는 그림처럼 서로 떨어져 나간 부분이 상대편 염색체에 가서 붙은 경우이다. 특히 인간에서 가장 흔하게 일어나는 **로버트슨 전좌**(Robertsonian translocation)는 대개 두 첨단 염색체 사이에서 주로 일어난다[56]. 이런 경우 가족성 다운 증후군이 발생할 가능성이 커진다. 제1절에서 언급되었듯이 침팬지는 염색체 수가 48개이다. 그러나 인간이 46개가 된 것은 영장류는 2번 염색체가 2개이었지만 이 두 개가 합쳐져서 한 개가 되는 바람에 인간에서는 염색체가 46개가 된 것이다. 이들도 염색체의 구조 변경에 의해서 초래된 현상이라고 할 수 있다.



### (2) 수의 변화

염색체 수의 변화는 우선 염색체가 배로 증가하거나 감소하는 **배수체**(倍數體, polyploidy) 형태와 염색체 수가 다른 **이수체**(異數體, aneuploin) 형태를 들 수 있다. 배수체는 주로 식물에서 같은 속에 포함되는 종에서 볼 수 있다. 우리의 관심을 끄는 것은 이수체이다. 우선 이수체는 주로 감수분열 시 발생하는 돌연변이다. 이들은 그림 9-37에서 보는 것처럼 주로 **비분리**(非分離, nondisjunction)에 의해서 생긴다. 이는 감수분열이 두 번 일어나는 과정 중에서 **상동염색체**(相同染色體, homologous chromosome)나 **자매염색체**(姉妹染色體, sister chromatid)가 분리될 때, 분리가 정확히 일어나지 못하여 생긴 현상이다(그림 8-2 참고). 그렇다면 우리는 두 가지 경우를 생각해 볼 수 있다. 먼저 우리가 흔히 볼 수 있는 질환 중 하나인 **다운 증후군**(Down syndrome)은 **상염색체**(常染色體, autosome)에 비분리가 일어난 이수체를 말한다. 따라서 다운 증후군은 21번 염색체에 한 개의 염색체가 추가되어 있다. 우리는 이런 형태를 **21 삼염색체 증후군**(三染色體症候群, trisomy 21 syndrome)이라고 부른다(그림 9-38). 이들은 성장에 지장을 받기도 하고 지적 수준이 떨어지면서 여러 가지 장애를 갖게 된다. 특히 다운 증후군은 산모의 나이가 40세가 넘어가면 급격히 증가하는 추세를 보이고 있다. 따라서 산과적으로 철저한 감시가 필요한 질환이기도 하다. 이런 현상은 비단 21번 염색체에서만 생기는 것은 아니다. 13번 염색체에 덤으로 한 개의 염색체가 더 있는 경우를 **파타우 증후군**(Patau syndrome, trisomy 13)이라 부르고, 18번 염색체에 한 개의 염색체가 더 있는 것을 **에드워드 증후군**(Edwards syndrome, trisomy 18)이라 부른다.

그렇다면 이번에는 상염색체가 아닌 **성염색체**(性染色體, sex chromosome)에 비분리 현상이 벌어지면 어떤 결과가 생길까? 우선 두 개의 XX 중에서 비분리가 일어나 한 개의 X를

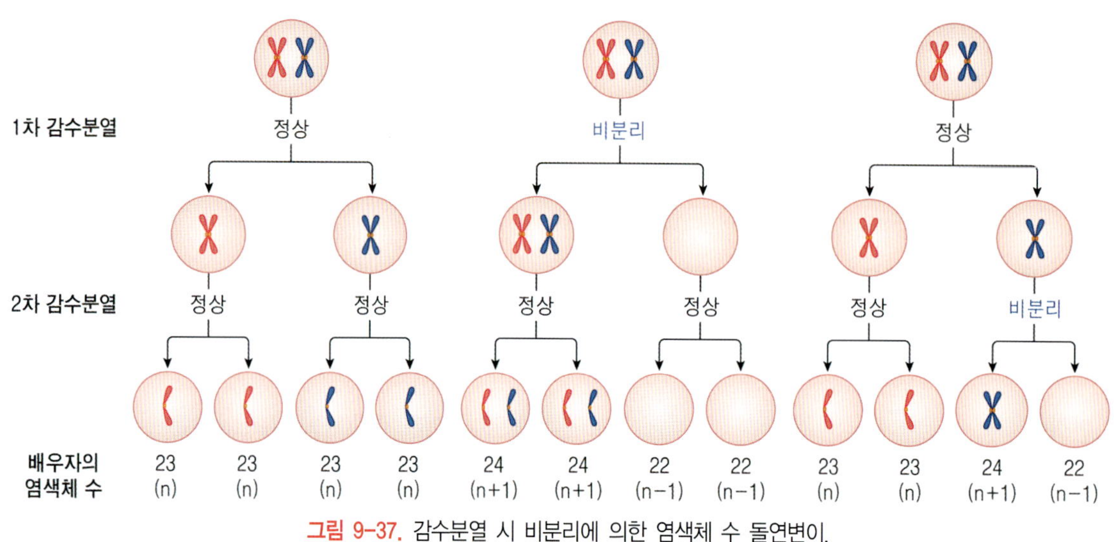

그림 9-37. 감수분열 시 비분리에 의한 염색체 수 돌연변이.

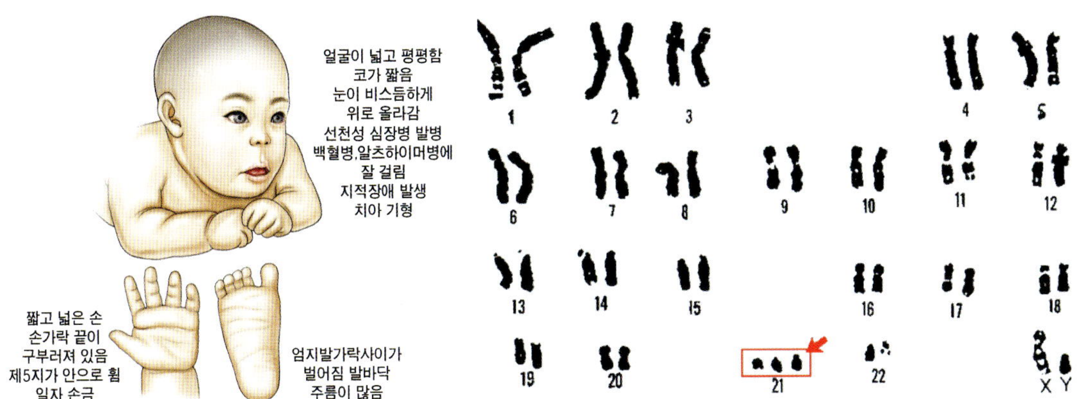


그림 9-38. 다운증후군과 그 핵형.

받지 못하면 어떻게 될까? 이들은 X 염색체 한 개가 없어서 염색체 수가 45, X 혹은 45, X0 상태가 된다. 우리는 이런 상태를 **터너 증후군**(Turner syndrome)이라 부른다. 또한 만약 비분리에 의해서 46, XXY 형태가 되면, 우리는 이런 질환을 **클라인펠터 증후군**(Klinefelter syndrome)이라고 부른다. 그렇다면 과연 이들은 어떤 모습을 하고 있을까?

그림 9-39는 이들의 외형을 보여 주고 있다[20]. 이들은 남성이면서도 여성적 체형을 가지고 있고, 여성이면서 남성적



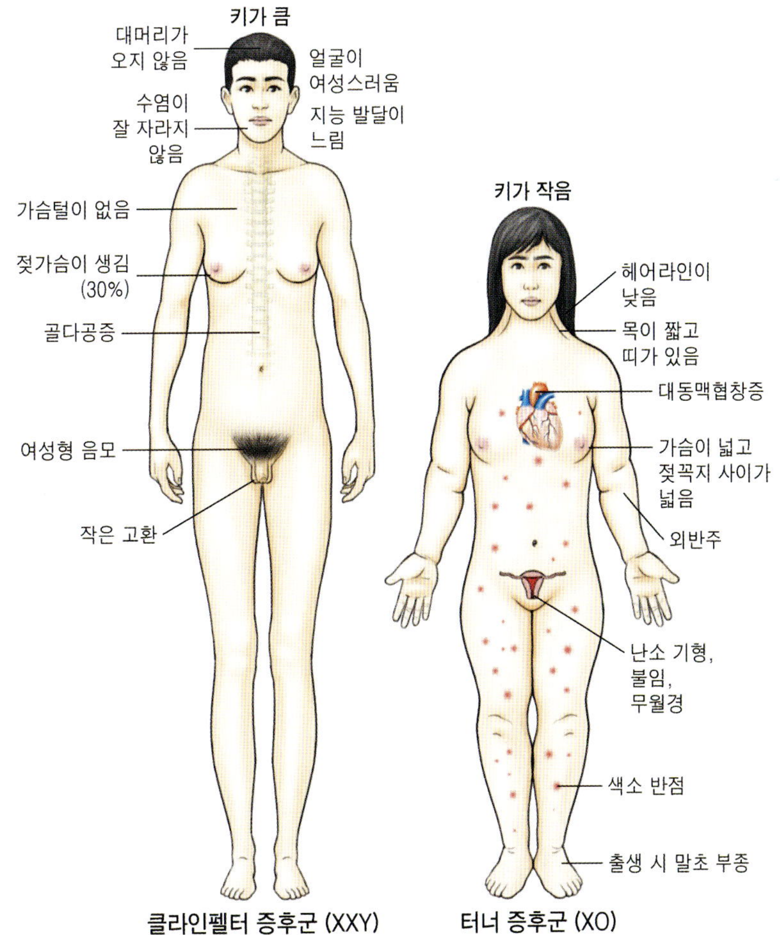


그림 9-39. 터너증후군과 클라인펠터증후군의 임상적 소견.

인 체형을 가지고 있다. 우리는 또 다른 돌연변이가 만들어 낸 우스꽝스러운 변덕을 보고 있는 것이다. 이들을 잘 보살펴야 하는 의무도 우리 인간에게 있다는 사실도 함께 느껴야 할 것이다.

## 3. 결과

어떤 원인과 형태에도 불구하고 일단 돌연변이가 발생하면, 돌연변이가 생기지 않은 정상 상태에 비하여 어떤 차이가 있을까? 이제 그 기능적인 차이점에 대하여 알아보기로 하자[33].

### 1) 기능적 결과

#### (1) 유해성 돌연변이



우선 돌연변이가 발생하면 득보다는 해가 되는 경우가 더 많다. 초파리를 대상으로 실험한 결과는 약 70%에서 해로운 것으로 나타났다. 따라서 돌연변이가 생겨서 일어나는 유해 정도와 이 DNA 손상을 복구하는 비용 간의 균형이 새로운 관심사로 떠오를 것이다. 또한 많은 염기쌍이 손상될수록 그만큼 더 큰 영향을 미칠 것은 쉽게 생각해 볼 수 있다. 이러한 **유해성 돌연변이**(有害性突然變異, harmful mutation)는 조금 후에 이들에 의해서 생겨나는 여러 종류의 질환들에서 다시 만나 볼 것이다.

#### (2) 유익성 돌연변이

그렇다면 돌연변이가 생기는 것이 무조건 해가 되는 결과만 초래할 것인가? 다음과 같은 경우에는 오히려 득이 되는 경우도 간혹 일어난다. 우리는 이런 경우를 **유익성 돌연변이**(有益性突然變異, beneficiary mutation)라 부른다.

바이러스는 돌연변이가 쉽게 일어나는 특징이 있다. 따라서 바이러스의 돌연변이는 그들이 서식할 수 있는 숙주의 면역체계를 회피할 수 있는 좋은 무기가 되는 셈이다. 그러나 바이러스에게는 득이 되지만, 숙주인 인간의 입장에서는 매우 불리한 상황이 될 것이다. 이런 일은 세균에서도 일어난다. 세균들은 자신의 몸속에 들어 있는 플라스미드라는 유전자를 세균끼리 교환하면서 항생제 **내성**(耐性, resistance)에 대한 정보를 서로 바꾼다. 그리하여 이들은 특정 항생제에 저항성을 가지는 돌연변이 유전자를 얻음으로써 그 항생제 효력을 무력화시킬 수 있다. 그러나 이런 세균끼리의 돌연변이 정보교환은 인간에게는 매우 불리하게 작용할 것은 너무나 당연한 일이다. 또 하나의 다른 예는 동양인에서 자주 나타나는 **유당불내증**(乳糖不耐症, lactose intolerance)이다. 젖당인 유당은 모유 수유기간 동안 아기에서 만들어지는 젖당분해효소인 **락타아제**(lactase)에 의하여 소장에서 소화된다. 그러나 이 락타아제는 이유기를 지나면 서서히 감소해 간다. 따라서 성인이 된 이후에 젖당이 들어 있는 우유를 먹으면, 심한 설사와 복통이 발생하여 우리를 당혹하게 만든다. 왜냐하면 젖당을 분해할 효소가 몸안에서 분비되지 못하여 장내 세균들이 이를 포도당과 갈락토스로 분해하여 생기는 증상들이기 때문이다[28]. 그러나 락타아제를 분비하는 유전자에 돌연변이가 생겨서 이유(離乳) 후에도 지속적으로 락타아제가 분비되는 사람들이 있다. 이들은 락타아제 분비 유전자의 돌연변이가 가져다준 행운아들인 것이다.

돌연변이의 유익성을 설명하는 데 더 적절한 예가 바로 **겸상 적혈구 빈혈**(鎌狀赤血球病, sickle cell anemia, 그림 9-40)이다. 이 빈혈증은 적혈구가 정상 모양이 아닌 마치 낫 모양의 적혈구를 만든다. 그래서 이들은 좁은 모세혈관을 쉽게 통과할 수 없어서 다양한 폐쇄성 혈관 질환 증세를 나타내게 된다. 뇌졸중에서부터 망막 질환을 거쳐 발끝까지 모두 다 문제를 일으킨다. 그러나 이 질환도 알고 보면 DNA 염기서열 중 티민이 아데닌으로 바뀐 점돌연변이가 일어나서, 결국 글루타민(glutamine)이 발린(valine)으로 바뀐 단순한 오류 때문에 생긴 질병이다. 이 겸상 적혈구 빈혈은 나중에 설명할 상염색체 열성유전병으로 아프리카계 후손에 특히 많다. 이들은 정상 적혈구 속에 들어 있는 헤모글로빈 A가 헤모글로빈 S로 바뀐다. 만약 두 개의 헤모글로빈 A가 모두 헤모글로빈 S로 바뀌면, 우리는 이런 경우를 겸상 적혈구 빈혈 환자라 부른다. 이들은 증상과 합병증이 심하여 오래 살지 못한다. 그러나 이 중에 한 개의 적혈구는 헤모글로빈 A이고 나머지가 헤모글로빈 S인 경우에는 겸상 적혈구 빈혈 **보균자**(保菌者, carrier)가 된다. 이들의 적혈구는 반이 정상이기 때문에 그렇게 증상이 심하지 않다. 그 대신에 다행히도 헤모글로빈 S에는 말라리아가 들어가 살기에는 부적절한 환경이다. 따라

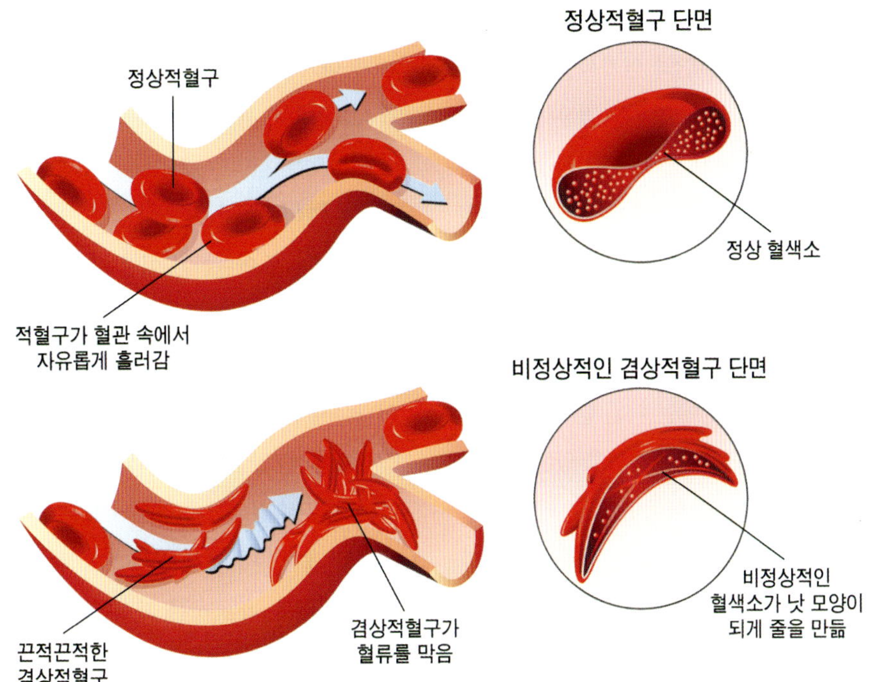


그림 9-40. 겸상적혈구빈혈에서 적혈구 모양과 혈관 폐쇄에 관한 도해. (출처: Diana grib[9-40])

서 헤모글로빈 유전자에 생긴 돌연변이가 말라리아에 저항성을 가지는 행운을 얻게 된 것이다.

무엇보다도 돌연변이의 유익성은 진화의 원동력이 되었다는 점이다. 이 점은 다음 장인 '생명의 진화' 편에서 다시 다룰 것이다. 그러나 이런 진화가 과연 돌연변이의 유익성으로만 다루어야 할 것인지에 대한 문제는 독자 여러분의 판단에 맡긴다.

### (3) 중립성 돌연변이

**중립성 돌연변이**(中立性突然變異, neutral mutation)는 돌연변이가 일어났지만, 아무런 득도 해도 없는 상태를 말한다. 즉, 생존에는 전혀 영향을 미치지 않는다는 의미이다. 이는 1968년 일본의 생물학자인 **모토 기무라**(Motoo Kimura, 1924~1994)에 의해서 알려졌다[35]. 중립성 돌연변이가 일어나는 이유는 유전암호(그림 9-27)에서 찾아야 한다. 생명체가 이용하는 아미노산은 20개 종류이다. 그러나 유전암호는 정지 코돈을 제외하면 61개에서 아미노산을 암호화하고 있다. 즉, 1개 이상의 유전암호가 한 개의 아미노산을 암호화한다는 의미이다. 이 뜻은 설령 염기서열에 점돌연변이가 일어난다고 해도 반드시 아미노산이 바뀐다는 것을 의미하지는 않는다는 것이다. 예를 들면, 발린을 암호화하고 있는 유전암호는 GUU, GUV, GUA 및 GUG로 네 가지나 되기 때문이다. 이렇게 돌연변이의 기능적 영향을 유해성, 유익성 및 중립성으로만 간단히 분류해서 설명할 수 없는 점들도 있다. 이번에는 다른 분류법을 하나 소개하고자 한다.

1946년 미국의 유전학자이자 노벨 수상자인 **허먼 멀러**(Hermann Muller, 1890~1967)는 돌연변이에 대한 기능적 분류를 보다 더 세심하게 분류해 놓았다. 첫 번째는 기능이 상실되는 돌연변이이다. 이 그룹에도 기능을 완전히 잃어버리는 **완전 소실형**(amorphic mutation)과 **일부 소실형**(hypomorphic mutation)이 여기에 속할 것이다. 두 번째는 기능을 획득하는 돌연변이를 들 수 있다. 이 그룹에 속하는 경우는 **기능 증가형**(hypermorphic mutation)이나 **기능 첨가형**(neomorphic mutation)을 들 수가 있을 것이다. 그리고 그는 잠시 후에 설명할 **잠재성 돌연변이**(潛在性突然變異, silent mutation)를 동형 돌연변이(isomorphic mutation)라 부르기도 하였다.

## 2) 구조적 결과

염색체 돌연변이가 일어난 경우는 이미 다루었으므로 점돌연변이가 발생한 경우 그 영향이 어떻게 나타나는지를 설명하고자 한다. 먼저 그림 9-41을 보자. 만약 염기서열이 GGC이었는데, 변이가 일어나서 GGA로 바뀐 경우는 같은 단백질이 만들어진다. 왜냐하면 GGC와 GGA는 둘 다 글리신을 암호화하고 있기 때문이다. 우리는 이런 경우를 **잠재성 돌연변이**(潛在性突然變異, silent mutation)라고 부른다. 비록 염기가 바뀌었지만, 현재는 어떤 문제점도 노출하지 않는다는 의미이다.

그러나 원래 CGT이었지만 구아닌이 아데닌으로 바뀌어 CAU가 된 경우는 어떻게 될까? 이번에는 다른 단백질이 만들어진다. 왜냐하면 CGT가 아르기닌을 암호화하고 있는 반면에 CAU는 히스티딘을 암호화하고 있기 때문이다. 우리는 이런 경우를 **과오 돌연변이**(過誤突然變異, missense mutation)라고 부른다. 이번에는 이들과는 다른 결과가 나타난다. 만약 원래 염기서열이 TAT이었는데 티민이 우라실로 되지 않고 아데닌으로 바뀌게 되면, 원래 트립토판(tryptophan)을 암호화하고 있던 것이 갑자기 정지 코돈인 UAA가 되면서 펩티드 결합이 정지되어 버린다. 따라서 이런 변이를 우리는 **정지 돌연변이**(停止突然變異, nonsense mutation, 난센스 돌연변이)라고 부른다. 이번에는 역으로 TAA에서 아데닌이 우라실로 바뀌게 되면, 펩티드 결합이 정지되어야 할 상황이 류신(leucine)으로 번역되면서 아미노산을 계속 읽어 가는 결과를 초래할 것이다. 우리는 이런 경우를 **번역초과 돌연변이**(飜譯超過突然變異, readthrough mutation)라고 부른다[21].

또한 이런 경우를 두 가지로 정리한다면 **동의 돌연변이**(同意突然變異, synonymous mutation)와 **비동의 돌연변이**(非同意突然變異, nonsynonymous mutation)로 분류할 수도 있다. 동의 돌연변이는 잠재성 돌연변이가 여기에 속할 것이고, 비동의 돌연변이에는 과오나 정지 혹은 번역초과 돌연변이가 여기에 속할 것이다. 지금까지 점돌연변이가 일어난 경우 그 결과가 어떻게 나타나는지를 알아보았다.

### 3) 유전적 결과

이번에는 돌연변이가 어떤 세포에 발생하는지에 따라 그 영향력이 완전히 달라진다. 즉, **체세포**(體細胞, somatic cell)와 **생식세포**(生殖細胞, germ cell) 중에서 어떤 세포에 변이가 일어나는지에 따라 그 결과가 다르다는 의미이다. 체세포와 생식세포는 제8장 '생명의 번식' 편에서 자세히 다루었다. 즉, 인간의 경우 수정 후 3주경부터 모든 세포는 이 두 가지 종류의 세포로 크게 나누어져 발생한다. 체세포는 **난소**(卵巢, ovary)나 **정소**(精巢, testis)를 제외한 우리의 몸을 만들어 낸다. 생식세포는 자손을 만들 세포들을 따로 만들어 내는 기관인 난소나 정소에서 만들어진다. 따라서 체세포에서 발생한 **체세포 돌연변이**(體細胞突然變異, somatic mutation)와 생식세포에서 발생한 **생식세포 돌연변이**(生殖細胞突然變異, germline mutation)는 그 양상이 아주 다를 것이다. 먼저 체세포 돌연변이부터 살펴보자.

#### (1) 체세포 돌연변이

체세포는 몸을 만들 재료가 되는 세포이다. 따라서 이들에 생긴 돌연변이는 당연히 자식에게 유전될 일은 일어나지 않는다. 그렇다면 이 세포에 생긴 돌연변이는 어떤 영향을 미치게 될까? 이들은 세포를 늙게 만들거나 우리를 괴롭히는 암으로 발전한다. 이들에 관해서는 제11장 '생명의 노화' 편에서 다시 다룰 것이다. 또한 사람과 쥐의 체세포를 관찰한 결과를

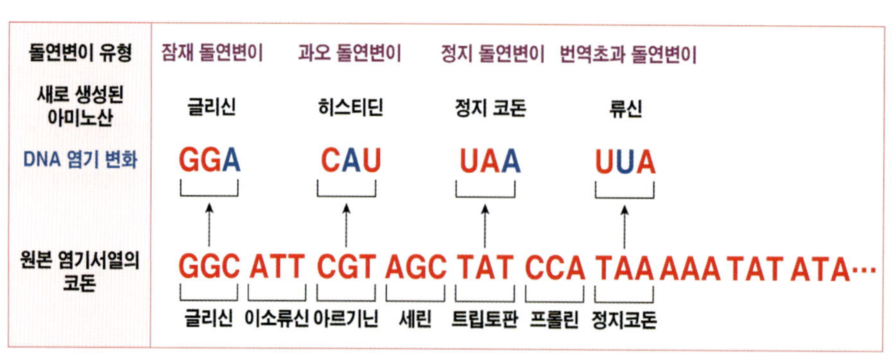

그림 9-41. 점돌연변이와 단백질합성과의 상관관계에 대한 도해.

보면, 체세포와 생식세포를 비교해 볼 때 체세포에서 10배 이상 돌연변이가 더 잘 생긴다. 또한 쥐는 사람보다 체세포나 생식세포에서 돌연변이가 발생할 가능성이 훨씬 더 높다. 아마도 이런 영향이 인간과 쥐의 수명에도 연관되어 있을 것이다.

### (2) 생식세포 돌연변이

만약 생식세포에 돌연변이가 생기면 어떤 결과가 초래될까? 우리는 이런 돌연변이가 자연히 자식에게 전달되리라는 것은 쉽게 유추해 볼 수 있을 것이다. 따라서 자식에게 전달되는 유전병은 염색체 중에서도 상염색체나 성염색체 중 어느 것에 돌연변이가 생겼는지에 따라 그 양상이 완전히 달라질 것이다. 이런 이유로 인하여 간단하게 유전병에 대한 개념을 정리를 해 보고자 한다. 먼저 **동형**(同型, homozygous)이란 의미는 대립유전자가 같은 형태라는 의미이며, **이형**(異型, heterogyous)이라는 의미는 대립유전자가 다르다는 것을 뜻한다. 또한 **우성**(優性, dominant)이라는 뜻은 대립유전자 중에서 한 개라도 돌연변이를 가지고 있으면 병이 나타난다는 의미이다. 이에 반하여 **열성**(劣性, recessive)은 대립유전자 두 개 중에서 둘 다 돌연변이가 있어야 병이 나타난다는 것을 뜻한다[5]. 그럼 먼저 상염색체에 돌연변이가 생긴 경우부터 알아보자.

#### ① 상염색체 유전

##### a. 상염색체 우성유전

**상염색체 우성유전**(常染色體優性遺傳, autosomal dominant inheritance)은 돌연변이가 상염색체에 있고, 그 유전 특성이 우성으로서 대립유전자 중에서 한 개라도 돌연변이가 있으면 질병이 나타난다는 것을 의미한다. 예를 들어, 부모 중 어느 한쪽이 이형 대립유전자(Aa)를 가져서 질병이 있고, 다른 한쪽은 질병이 없는 동형 대립유전자(aa)를 가지고 있는 경우를 **퍼넷 사각형**(Punnett square)으로 가정해 보자(그림 9-42). 이 경우를 보면 아빠나 엄마에 관계없이 한쪽이 질병이 있는 경우는 자식에서 이 돌연변이가 나타날 확률(빨간색)은 50%이다. 물론 상염색체에 돌연변이가 있기 때문에 아들이나 딸에 관계없이 50%의 확률로 나타난다. 따라서 상염색체 우성 유전 형태는 부모 중 한 사람은 질병이 있고 세대마다 질병이

|  | A | a |
|---|---|---|
| a | Aa | aa |
| a | Aa | aa |

그림 9-42. 상염색체우성유전에 대한 퍼넷 사각형.

나타나는 특징이 있다. 즉, 세대를 건너뛰는 경우는 드물다. 이런 형태로 유전되는 질병은 그림 9-35에서 본 신경섬유종증 1형과 **연골무형성증**(軟骨無形性症, achondroplasia) 등이 여기에 속한다. 연골무형성증은 4번 염색체에 생긴 점돌연변이가 인간을 난쟁이로 만드는 영향력을 발휘한 셈이다.

##### b. 상염색체 열성유전

**상염색체 열성유전**(常染色體劣性遺傳, autosomal recessive inheritance)은 대립 유전자 두 개가 모두 변이 유전자를 가진 경우에 나타나는 질환군이다. 이들은 열성이어서 부모 한쪽이 동형 혹은 이형인지에 따라 상황이 달라진다. 가령 부모 모두가 질병은 안 나타나지만, 보균 상태를 가진다면 자식에서 질병이 나타날 확률은 25%이다. 그러나 어느 한쪽이 질병이 있고 상대편은 보균 상태라면, 자식에서 질병이 나타날 확률은 반반씩일 것이다. 이들에 대한 퍼넷 사각형은 독자분들께서 직접 만들어 보시기 바란다. 이런 형태로 나타나는 유전병에는 그림 9-40에 등장한 겸상 적혈구 빈혈이나, 특히 백인에서 흔하게 나타나는 **낭포성 섬유증**(囊胞性纖維症, cystic fibrosis)이 이에 속한다. 낭포성 섬유종은 **염화이온통로**(鹽化-通路, chloride ion channel)에 이상이 초래되어서 인체에서 분비되는 분비액이 농축되어 분비관들이 잘 막히는 질병이다. 따라서 이 병을 앓고 있는 사람들은 폐렴에 잘 걸리고 남성에서는 정관이 막혀 불임이 되기도 한다[32].

#### ② 성염색체 유전

성염색체에 생기는 변이는 주로 X 염색체에 발생하고, Y 염색체에서는 극히 드물다. Y 염색체에 변이가 발생하였다면 당연히 아들한테만 전해질 것이다. 간혹 귀에 털이 많이 나 있는 것이 아들에게 유전되기도 하지만 극히 드물게 나타난다. 따라서 X 염색체에 생기는 질환만 다루기로 하자.

a. X 연관 우성유전

성염색체가 아빠는 XY이고 엄마는 XX라는 것은 모두가 알고 있는 사실이다. 따라서 **X 연관 우성유전**(-聯關優性遺傳, X-linked dominant inheritance)은 양쪽 부모 모두와 관련이 있다. 예를 들어, 아버지가 질병(xY)이 있고 어머니가 정상(XX)인 경우의 퍼넷 사각형은 어떻게 그려질까? 그림 9-43은 X 연관 우성유전은 아버지가 병이 있음에도 불구하고 아들들은 모두 정상이지만, 딸들은 모두 질병에 걸리는 특징을 보여준다. 왜냐하면 아버지의 변이가 있는 x 염색체(빨간색)는 오로지 딸에게만 전해지기 때문이다. 따라서 아버지가 아들에게 질병을 전해 주지는 않는다. 만약 아버지가 정상(XY)이고 어머지가 질병(xX)이 있는 경우는 자식의 50%가 질병에 걸리지만, 아들과 딸이 각기 반반씩 나타난다. 전반적으로 X 연관 우성질환은 여자에서 2배 정도 더 많이 나타날 것은 충분히 예측해 볼 수 있다. 또한 이들이 우성이기 때문에 세대를 건너뛰는 일은 잘 일어나지 않는다. **취약 X 증후군**(fragile X syndrome)이 여기에 속한다.

b. X 연관 열성유전

X 연관 열성유전(-聯關劣性遺傳, X-linked recessive inheritance)은 특징적으로 남자에 주로 발생한다. 왜냐하면 남자는 X 염색체가 한 개 있어서, 변이되면 바로 질병으로 이어지기 때문이다. 하지만 여성은 X 염색체가 두 개 있기 때문에 한 개에 변이가 있다 하더라도 열성이기 때문에 보균자가 되어도 질병은 나타나지 않는다(그림 9-44). 그뿐만 아니라 아버지에서 아들로 전해지는 경우가 없다. 왜냐하면 어머니의 X는 아들에 전해줄 수 있지만, 아버지는 딸에게만 전해주기 때문이다. 그러나 결과적으로 질병이 있는 아버지는 딸을 보균자로 만들지언정 병이 나타나게 하지는 않는다. 그러나 병이 없어 정상으로 보이는 보균자인 어머니는 아들만 병들게 만든다(아버지는 정상이고 어머니가 보균자인 경우). 이는 간혹 사회적 물의를 일으키는 비극을 초래하기도 한다. 이들도 열성인 특징을 가지고 있어서 세대를 건너뛰는 경우가 많이 있을 것이다. 대표적인 질병으로는 **뒤셴 근위축증**(-筋萎縮症, Duchenne muscular dystrophy)을 들 수 있다. 이는 보균자인 정상 어머니가 아들에게 물려주는 질환으로서 유아기부터 근육이 위축되면서 보행이 어려워지는 비극적인 질병 중 하나이다. 또 다른 경우는 혈우병(血友病, hemophilia A & B)이다. 이 혈우병은 혈액 응고 인자인 8 및 9인자가 부족하여 출혈이 잘 일어나는 질병을 말한다. 이 경우도 마찬가지로 어머니는 보균자로 정상적이지만, 이 어머니의 아들들은 응고인자가 부족하여 출혈이 멎지 않는 고통을 참고 살아야 한다. 혈우병은 영국의 빅토리아 여왕의 후손들에서 잘 밝혀져 있다[13,57].

| | x | Y |
|---|---|---|
| X | xX | XY |
| X | xX | XY |

**그림 9-43.** X 연관 우성유전에 대한 퍼넷 사각형.

| | X | Y |
|---|---|---|
| X | XX | XY |
| x | xX | xY |

**그림 9-44.** X 연관 열성유전에 대한 퍼넷 사각형.

## (3) 미토콘드리아 유전

기왕 돌연변이에 의한 유전병을 설명하는 김에 미토콘드리아 유전병에 대해서도 언급하고자 한다. 이 미토콘드리아 유전은 지금까지 설명한 멘델식 유전법을 따르지 않는다. 왜냐하면 이들은 오로지 어머니로부터 유전되기 때문이다. 이러한 이유는 정자와 난자의 수정 순간으로 거슬러 올라간다. 정자가 난자 속으로 들어가는 순간 정자 머리에 있는 핵은 들어가지만 정자의 미토콘드리아는 들어가지 못한다. 따라서 자식에게 전해지는 미토콘드리아는 오로지 어머니로부터 온 것이다. 미토콘드리아 DNA는 전자전달계에 필요한 효소들을 만드는 유전자만 가지고 있다. 따라서 이 유전자에 돌연변이가 생기면 미토콘드리아에서 만들어지는 ATP 생산에 막대한 지장을 초래할 것이다. 따라서 미토콘드리아에 생긴 돌연변이는 인체에서 에너지를 많이 소비하는 근육이나 뇌조직의 기능에 직접적인 영향을 미칠 것이다.

미토콘드리아는 모계유전이라는 점에 특히 주목한 학자는 뉴질랜드 태생의 미국 생화학자 **앨런 윌슨**(Allan C. Wilson, 1934~1991)이다. 그는 우리들의 미토콘드리아 조상을 찾아 어머니 쪽으로 타고 올라가면, 아마도 최초의 인간 어머니를 만날 것이라고 생각한 학자이다. 그는 이 최초의 어머니를 **미토콘드리아 이브**(mitochondria eve)라고 칭한 장본인이기도 하다. 그는 1987년 전 세계를 대표하는 147명의 미토콘드리아 DNA 유전자를 분류하여 133개의 유형을 확인하게 되었다. 이 유형을 간추린 것이 그림 9-45이다. 이 그림이 알려 주는 사실은 L3형이 아프리카를 벗어나 전 세계로 퍼졌다는 것이다(그림 9-46). 그는 약 20만 년 전 아프리카에서 현생 인류가 생긴 뒤 전 세계로 퍼져 나갔다는 사실을 과학적으로

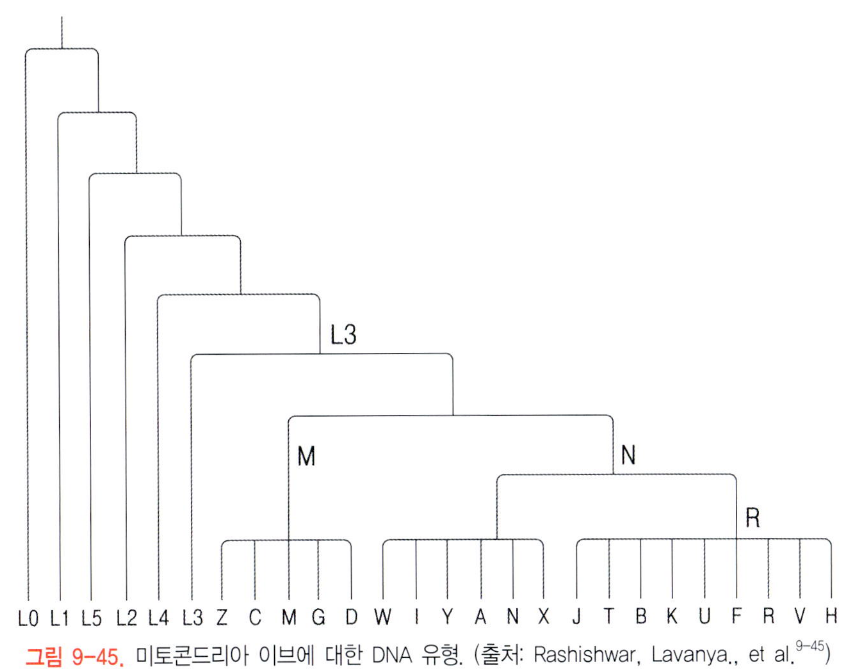


그림 9-45. 미토콘드리아 이브에 대한 DNA 유형. (출처: Rashishwar, Lavanya., et al.[9-45])

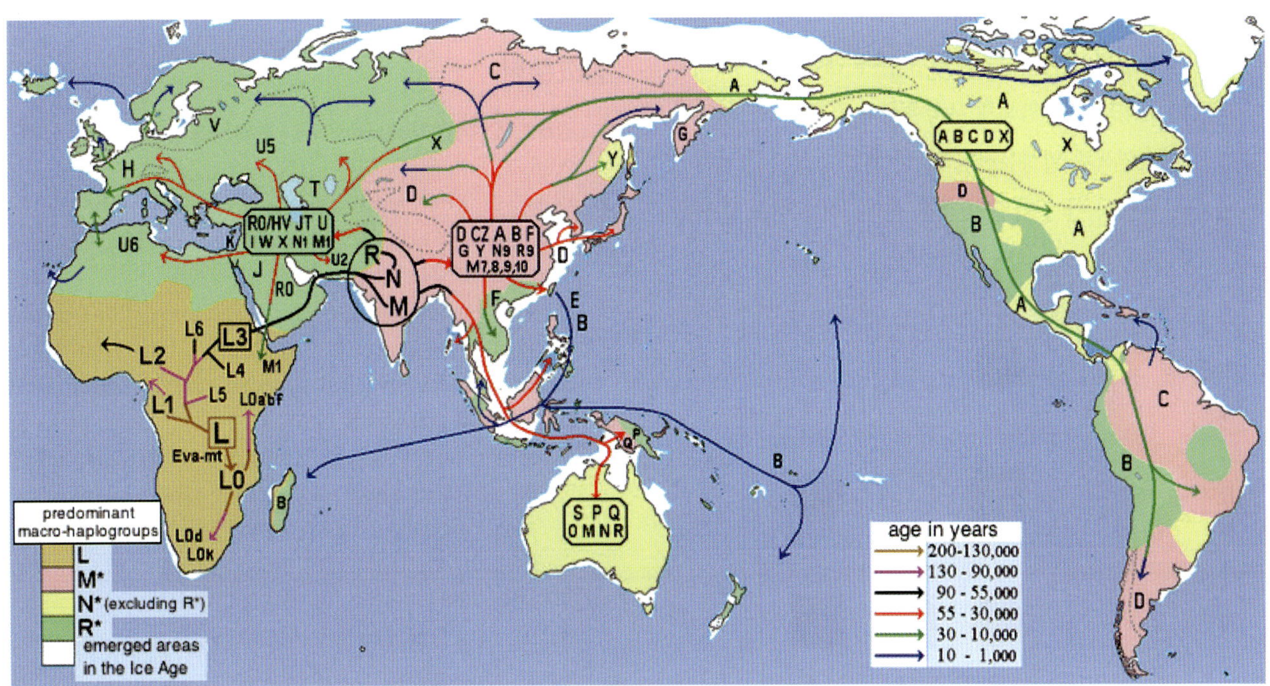


그림 9-46. 미토콘드리아 DNA의 확산 경로 및 분포에 관한 지도. (출처: Maulucioni[9-46])

입증한 학자라 할 수 있다[16,26,31,53].

### (4) 가계도

지금까지 우리는 돌연변이가 생식세포에 생긴 경우 그 영향이 어떻게 미치고 있는지를 살펴보았다. 기왕에 유전병에 대하여 유형별로 알아봤기 때문에 유전병을 유추해 볼 수 있는 **가계도**(家系圖, pedigree)에 대하여 간단히 알아보도록 하자[5]. 우선 그림 9-47에서 사각형은 남자를 뜻하고, 원형은 여자를 의미하여, 서로 결혼한 후 자식들에 대한 현황을 보여 주고 있다. 이 가계도는 할아버지부터 손자까지 표시되어 있다. 여기서 보이는 특징은 세대마다 질병을 가지고 있는 자손이 나타난다는 점이다. 그뿐만 아니라 남자에서 남자로 유전된다는 사실도 보여 준다. 이번에는 그림 9-48을 보자. 이 가계도의 특징은 세대마다 질병이 나타나지만, 주로 남자한테 질병이 나타난다는 점이다. 또한 이들은 남자에서 남자로 유전되는 경우를 보여 주지 않는다. 따라서 지금까지 기술한 내용을 종합하면 다음과 같은 결론을 내릴 수 있다. 가계도에서 첫 번째 관찰할 항목은 남자에서 남자로 유전되는지를 보는 것이다. 만약 남자에서 남자한테로 유전이 된다면, 이는 상염색체 유전이지 X 연관 유전은 아니다. 왜냐하면 X 연관 유전에서는 남자에서 남자한테로 질병이 유전되지 않기 때문이다. 만약 남자에서 남자로 유전이 된다면, 그다음 보아야 할 점은 다세대 간에 질병이 나타나는지를 보아야 한다. 즉, 각 세대에 질병이 나타나면 상염색체 우성유전이 될 것이고, 나타나지 않으면 상염색체 열성유전이 될 것이다. 그렇다면 남자에서 남자로 유전이 안 된다면 어떻게 될까? 이는 바로 X 연관 유전을 뜻하게 된다. 그다음 질병에 걸린 환자가 남자에서 많으면 X 연관 열성유전이 될 것이고, 여자에 많다면 당연히 X 연관 우성유전이 될 것이다. 이런 관점에서 그림 9-47이 왜 상염색체 우성유전이 되고, 그림 9-48이 X 연관 열성유전이 되는지를 생각해 보기 바란다. 그러나 유전 현상은 그 표현형과 유전형이 다양한 요인에 따라 달라질 수가 있다. 예를 들면, 환경이나 **침투성**(浸透性, penetration) 정도에 따라 질병이 나타나기도 하고, 나타나지 않을 수도 있다는 것을 염두에 두어야 한다.

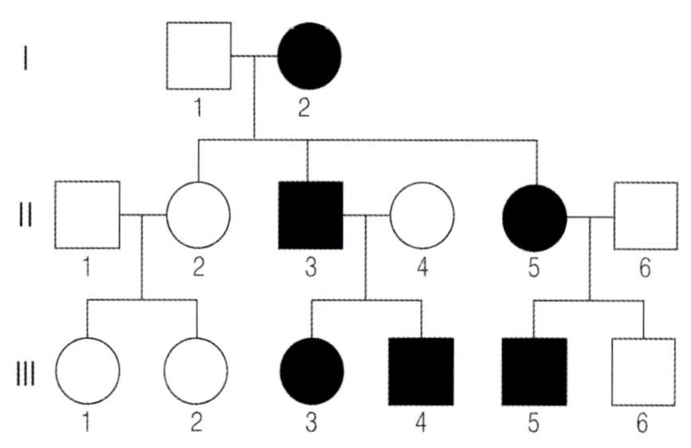

그림 9-47. 상염색체우성유전에 관한 가계도.

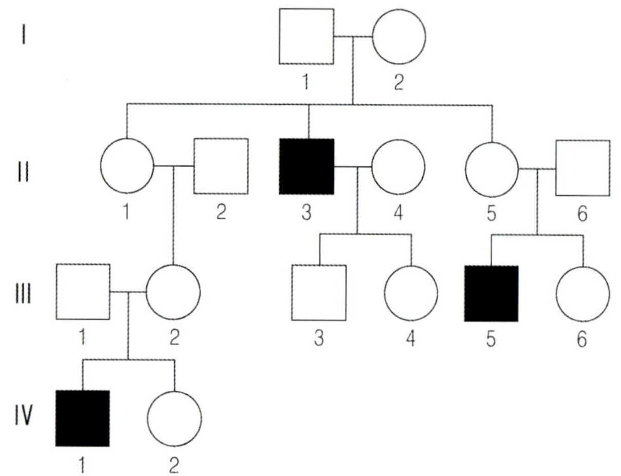

그림 9-48. X 연관 열성유전에 관한 가계도.

## 참고문헌


1. 김희준 외. *기원: The origin*. 서울: 휴머니스트 출판사, pp.172-178, 2016.
2. Bailey, R. *How chromosome mutations occur*. ThoughtCo. Available at: https://www.thoughtco.com/chromosome-mutation-373448 (접속일 2020년 8월 22일)
3. Baker, R. *Protein production: A simple summary of transcription and translation*. Owlocation. Available at: https://owlcation.com/stem/protein-production-a-step-by-step-illustrated-guide (접속일 2020년 8월 21일)
4. Biological principles. Georgia Tech Biology. Available at: http://bioprinciples.biosci.gatech.edu/module-4-genes-and-genomes/4-7-gene-regulation/ (접속일 2020년 8월 21일)
5. Campbell, N. A., Reece, J. B. *Biology*. (전상학 외 역. *생명과학, 7판*. 서울: 라이프사이언스, pp.251-331, 2006)
6. Central dogma. The University of Edinburgh. Available at: http://groups.inf.ed.ac.uk/bionlp/links/central-dogma.html (접속일 2020년 8월 21일)

7. Chan, S. R. W. L., Blackburn, E. H. *Telomeres and telomerase.* Philos Trans R Soc Lond B Biol Sci, 359(1441), pp.109-121, 2004. DOI: 10.1098/rstb.2003.1370
8. Chappell, B. *3 scientists win Nobel Prize in chemistry for DNA repair research.* National Public Radio. Available at: https://www.npr.org/sections/thetwo-way/2015/10/07/446532519/dna-repair-research-nets-chemistry-nobel-for-3-scientists
9. Charlesworth, B., Charlesworth, D. *Darwin and Genetics.* Genetics, 183 (3), pp.757-766, 2009. doi.org/10.1534/genetics.109.109991
10. Collins, F. S. *The language of god: A scientist presents evidence for belief.* (이창신 역. *신의 언어.* 서울: 김영사, pp.111-146, 2006)
11. Crick, F. *Of molecules and Men.* (이성호 역. *인간과 분자.* 서울: 궁리, pp.54-64, 2004)
12. CRISPR. Wikipedia. Available at: https://en.wikipedia.org/wiki/CRISPR (접속일 2020년 8월 21일)
13. Cummings, M. R. *Human heredity: Principles and issues, $8^{th}$ ed.* Belmont: Books/Cole, pp.258-283, 2009.
14. Dawkins, R. *The selfish gene.* (홍영남 역. *이기적 유전자.* 서울: 을유문화사, pp.87-90, 1986)
15. DNA, Genetics, and Evolution. Boston University School of Public Health. Available at: https://sphweb.bumc.bu.edu/otlt/MPH-Modules/PH/DNA-Genetics/DNA-Genetics3.html (접속일 2020년 8월 21일)
16. Eberhard-Metzger, C. *Das molekül des lebens.* (성현숙 역. *유전학 입문.* 서울: 자음과모음, pp.142-149, 2010)
17. Edelson, E. *Francis Crick & James Watson- And the building blocks of life.* (이한음 역. *DNA 구조의 발견과 왓슨 · 크릭.* 서울: 바다출판사, pp.24-29, 1998)
18. Edelson, E. *Gregor Mendel: The Roots of Genetics.* (최돈찬 역. *유전학의 탄생과 멘델.* 서울: 바다출판사, pp.114-127, 1999)
19. From gene to protein. University of Texas Austin. Available at: http://www.bio.utexas.edu/faculty/sjasper/bio212/proteins.html (접속일 2020년 8월 21일)
20. Genes and chromosomes 4: Common genetic conditions. Nursing Times. Available at: https://www.nursingtimes.net/clinical-archive/genetics/genes-and-chromosomes-4-common-genetic-conditions-17-09-2018/ (접속일 2020년 8월 22일)
21. Genes. UBC Blogs. Available at: https://blogs.ubc.ca/mrpletsch/2017/02/14/3-1-genes/ (접속일 2020년 8월 21일)
22. Genetics, mutation and cancer. University of Leicester. Available at: https://www2.le.ac.uk/projects/vgec/schoolsandcolleges/topics/genetics-mutation-and-cancer (접속일 2020년 8월 21일)
23. Histone modification. Abcam. Available at: https://www.abcam.com/epigenetics/histone-modifications (접속일 2020년 8월 21일)
24. Histone octamer. Wikipedia. Available at: https://en.wikipedia.org/wiki/Histone_octamer (접속일 2020년 8월 21일)
25. History of genetics. Wikipedia. Available at: https://en.wikipedia.org/wiki/History_of_genetics (접속일 2020년 8월 21일)
26. Human mitochondrial DNA haplogroup. Wikipedia. Available at: https://en.wikipedia.org/wiki/Human_mitochondrial_DNA_haplogroup (접속일 2020년 8월 21일)
27. Illustration of human Karyotype. National Human Genome Research Institute. https://www.genome.gov/genetics-glossary/Karyotype (접속일 2020년 8월 21일)
28. Lactose intolerance. Mayo Clinic. Available at: https://www.mayoclinic.org/diseases-conditions/lactose-intolerance/symptoms-causes/syc-20374232 (접속일 2020년 8월 22일)
29. Length of a human DNA molecule. Hypertextbook. Available at: https://hypertextbook.com/facts/1998/StevenChen.shtml (접속일 2020년 8월 21일)
30. Length of human DNA. Dodona, Ghent University. Available at: https://dodona.ugent.be/en/exercises/434589381/# (접속일 2020년 8월 21일)
31. Mitochondrial DNA build 17 update at family tree DNA. DNAeXplained.com. Available at: https://dna-explained.com/2017/03/24/mitochondrial-dna-build-17-update-at-family-tree-dna/ (접속일 2020년 8월 21일)
32. Mode of inheritance. University of Miami. Available at: http://hihg.med.miami.edu/code/http/modules/education/Design/Print.asp?CourseNum=1&LessonNum=3 (접속일 2020년 8월 22일)
33. Mutation. Wikipedia. Available at: https://en.wikipedia.org/wiki/Mutation (접속일 2020년 8월 21일)
34. Nucleic acid hydration. London South Bank University. Available at: http://www1.lsbu.ac.uk/water/nucleic_acid_hydration.html (접속일 2020년 8월 21일)
35. Neutral theory of molecular evolution. Wikipedia. Available at: https://en.wikipedia.org/wiki/Neutral_theory_of_molecular_evolution (접속일 2020년 8월 22일)
36. Orel, V. *Mendel.* (한국유전학회 역. *멘델.* 서울: 전파과학사, pp.24-34, 2008)
37. Paz-y-Mino-c, G. *2015 Nobel Prize in chemistry goes to curiosity-based research.* Evolution Literacy. Available at: https://evolutionliteracy.com/2015/10/13/2015-nobel-prize-in-chemistry-goes-to-curiosity-based-research/ (접속일 2021년 2월 26일)
38. Pray, L. A. *DNA replication and causes of mutation.* Nature Education, 1(1):214, 2008. Available at: https://www.nature.com/scitable/topicpage/dna-replication-and-causes-of-mutation-409/ (접속일 2020년 8월 22일)
39. Principles of cell biology. Memorial University of Newfoundland. Available at: http://www.mun.ca/biology/desmid/brian/BIOL2060/BIOL2060-21/CB21.html (접속일 2020년 8월 21일)
40. Sadava, D., Hills, D., Heller, C., et al. *Life: The science of biology, $9^{th}$ ed.* (강해묵 외 역. *생명: 생물의 과학.* 서울: 라이프사이언스, pp.572-608, 2012)
41. Samaki, E., Tatsumi, J. *100 wonders of human genetics.* (박주영 역. *인간유전 100가지.* 서울: 중앙에듀북스, pp.46-57, 2003)

42. Sancar, A. *Photoreactivation: Method of DNA repair for the recovery of UV induced DNA damages by phytolyase enzyme and visible light*. Easy Biology Class. Available at: https://www.easybiologyclass.com/photoreactivation-dna-repair-uv-induced-dna-damages/ (접속일 2020년 8월 21일)
43. Structure and function of RNA. Lumen Learning. Available at: https://courses.lumenlearning.com/microbiology/chapter/structure-and-function-of-rna/ (접속일 2020년 8월 21일)
44. Taylor, S. *Comparing & Contrasting DNA replication in prokaryotes and eukaryotes*. Sciencing. Available at: https://sciencing.com/comparing-contrasting-dna-replication-prokaryotes-eukaryotes-13739.html (접속일 2020년 8월 21일)
45. Telomeres and telomerase. Khan Academy. Available at: https://www.khanacademy.org/science/biology/dna-as-the-genetic-material/dna-replication/a/telomeres-telomerase (접속일 2020년 8월 21일)
46. The differences between eukaryotes and prokaryotes. University of Sydney. Available at: https://www.sydney.edu.au/science/molecular_bioscience/PHAR2811/PHARlectures/PHARlecture5/PHARlecture5notes.pdf (접속일 2020년 8월 21일)
47. The Human Genome Project. National Human Genome Research Institute. Available at: https://www.genome.gov/human-genome-project (접속일 2020년 8월 21일)
48. Transition. Wikipedia. Available at: https://en.wikipedia.org/wiki/Transition_(genetics) (접속일 2020년 8월 21일)
49. Transposable genetic elements. North Dakota State University. Available at: https://www.ndsu.edu/pubweb/~mcclean/plsc431/transelem/trans1.htm (접속일 2020년 8월 21일)
50. Urry, L. A., Cain, M. L., Wasserman, S. A., et al. *Campbell biology in focus, 2nd ed*. (전상학 외 역. *캠벨 생명과학 포커스*. 서울: 바이오사이언스, pp.214-318, 2017)
51. Using microbiology to discover the secrets of life. Openstar. Available at: https://openstax.org/books/microbiology/pages/10-1-using-microbiology-to-discover-the-secrets-of-life (접속일 2020년 8월 21일)
52. Watson, J. *A passion for DNA*. (이한음 역. *DNA를 향한 열정*. 서울: 사이언스북스, pp.25-30, 2000)
53. Watson, J. *DNA: The secret of life*. (이한음 역. *DNA: 생명의 비밀*. 서울: 까치글방, pp.256-291, 2003)
54. Watson, J. *The double helix*. (최돈찬 역. *이중나선*. 서울: 궁리, pp.34-37, 2006)
55. What is neurofibromatosis? National Human Genome Research Institute. Available at: https://www.genome.gov/Genetic-Disorders/Neurofibromatosis (접속일 2020년 8월 22일)
56. What to know about Robertsonian translocation. Medical and Health Information. Available at: https://www.medicalnewstoday.com/articles/robertsonian-translocation (접속일 2020년 8월 22일)
57. X-linked inheritance. Khan Academy. Available at: https://www.khanacademy.org/science/high-school-biology/hs-classical-genetics/hs-sex-linkage/a/sex-linkage-sex-determination-and-x-inactivation (접속일 2020년 8월 22일)

## 그림 인용 및 Links

그림 9-1. https://commons.wikimedia.org/wiki/File:Gregor_Mendel_2.jpg (접속일 2020년 9월 21일)
그림 9-2. https://courses.lumenlearning.com/microbiology/chapter/using-microbiology-to-discover-the-secrets-of-life/ (접속일 2020년 9월 21일)
그림 9-3. https://commons.wikimedia.org/wiki/File:Hershey_Chase_experiment.png (접속일 2021년 2월 2일)
그림 9-4. https://www.philosophicalanthropology.net/2012/03/origins-of-mankind-quo-vadis-past.html (접속일 2020년 9월 21일)
그림 9-5. https://courses.lumenlearning.com/ivytech-bio1-1/chapter/reading-structure-of-nucleic-acids/ (접속일 2020년 12월 8일)
그림 9-9. https://courses.lumenlearning.com/microbiology/chapter/structure-and-function-of-dna/ (접속일 2020년 9월 21일)
그림 9-10. https://commons.wikimedia.org/wiki/File:Difference_DNA_RNA-EN.svg (접속일 2020년 9월 21일)
그림 9-16. https://courses.lumenlearning.com/biology1/chapter/the-cell-cycle/ (접속일 2020년 9월 21일)
그림 9-21. https://www.shutterstock.com/ko/image-illustration/telomere-repeating-sequence-doublestranded-dna-located-439036300 (접속일 2020년 12월 8일)
그림 9-24. https://theconversation.com/nobel-prize-in-chemistry-highlights-how-our-bodies-can-repair-our-fragile-dna-48816 (접속일 2020년 9월 21일)
그림 9-33. https://commons.wikimedia.org/wiki/File:All_transitions_and_transversions.svg (접속일 2020년 9월 21일)
그림 9-35. https://commons.wikimedia.org/wiki/File:Neurofibroma03.jpg (접속일 2020년 9월 21일)
그림 9-40. https://commons.wikimedia.org/wiki/File:Risk-Factors-for-Sickle-Cell-Anemia_(1)2.jpg (접속일 2020년 9월 21일)
그림 9-45. https://commons.wikimedia.org/wiki/File:Dendrogram_showing_relationships_among_mtDNA_haplotypes_and_the_major_mtDNA_haplogroups.png (접속일 2020년 9월 22일)
그림 9-46. https://commons.wikimedia.org/wiki/File:Human_migrations_and_mitochondrial_haplogroups.PNG (접속일 2020년 9월 22일)

Chapter

# 10

# 생명의 진화

## 제1절 서문

유전학에 관해서는 **그레고어 멘델**(Gregor Mendel, 1822~1884)을 빼고 이야기할 수 없듯이, 진화론에 대해서는 **찰스 다윈**(Charles R. Darwin, 1809~1882)을 건너뛰고 이야기를 풀어 나가기 어려울 것이다. 그러나 이 두 거장이 걸어간 길은 완전히 다르다. 다윈은 할아버지와 아버지를 의사로 둔 부유한 집안 출신이지만, 멘델은 가난한 소작농의 아들로 태어난 차이가 있다. 그리고 다윈이 1859년 발표한 "종의 기원(On the origin of species)"은 세간의 집중적인 관심을 쉽게 불러일으켰지만, 1865년에 발표된 멘델의 유전법칙은 아무런 주목을 받지 못한 채 약 40년간 도서관에 파묻혀 있어야만 했다. 다윈은 **자연선택**(自然選擇, natural selection)이라는 현상을 발견하고 흥분해 있었지만, 실제 그 자연선택이 일어나는 기본적인 유전 구조에 대해서는 아는 바가 없었다. 만약 멘델이 보내 준 그의 논문을 다윈이 읽어 보았다면, 다윈의 진화설은 훨씬 더 설득력을 얻어서 **신다윈주의**(Neo-darwinism)의 시작을 앞당겼을 것이다. 왜냐하면 다윈의 진화론과 유전학의 결합을 누군가는 해야만 되는 일이었기 때문이다. 더군다나 다윈과 멘델의 학설이 합쳐지고 고생물학이나 분자생물학이 힘을 모으면서 만들어 낸 **현대종합**(現代綜合, modern synthesis) 이론도 그 속도가 훨씬 빨라졌을지도 모른다.

다윈이 **진화**(進化, evolution)라는 개념을 확신하게 된 것은 아마도 그의 비글호 승선이 계기가 되었을 것이다. 그가 1831년부터 1836년까지 비글호에서 보낸 5년간은 누구나 쉽게 얻을 수 있는 기회가 결코 아니다. 다양한 지역과 지형에 노출되면서 여러 종류의 생명체와 화석을 만나 본 그의 경험은 그를 엄청난 관찰과 상상력으로 몰고 갔을 것이다. 그림 10-1은 그가 누빈 6만 km의 항로를 표시하고 있다. 우리는 이 상황을 이해하기 위하여 1800년대 초반으로 거슬러 올라가 보도록 하자. 그는 영국해협 남단에 위치한 플리머스(Plymouth)를 출항하여 대서양을 건너 브라질의 바이아(Bahia)주의 주도인 사우바도르(Salvador)로 갔다. 그다음 남미를 돌고 갈라파고스섬을 거쳐서 태평양을 건너 호주에 도착하였다. 그는 다시 인도양을 건너고 희망봉을 돌아 사우바도르를 경유하여 영국으로 되돌아오게 되었다. 그가 영국으로 돌아왔을 때, 그의 손에는 5천 종 이상의 온갖 희귀한 표본 자료와 화석들이 함께 들려 있었다. 이것이 그를 진화론이라는 가장 획기적인 이론을 발표하게 된 바탕을 마련해 주었다고 할 수 있다[4]. 물리학에는 중력이 있다면, 생물학에는 진화론이 있다는 말로 표현될 만하다.

다윈이 비글호 승선을 마친 시기가 1836년이지만, 그가 "종의 기원"을 발표한 시기는 1959년이다. 즉, 23년이라는 세월이 흐른 후에야 책이 출간되었다. 그만큼 다윈은 이 책의 출판을 심사숙고했다는 의미이다. 진화론이란 무엇인가? 인류의 역사를 타고 도도히 흐르는 창조론적 사고에 정면으로 대치되는 이론을 발표한다는 것이 결코 쉬운 일은 아니었을 것

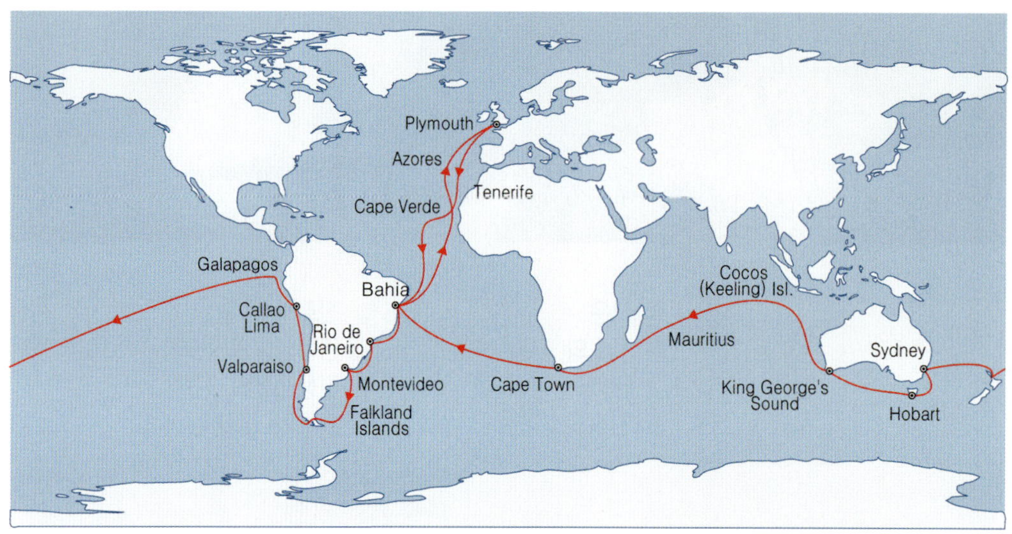


그림 10-1. 비글호에 승선한 다윈의 탐사 경로(1831~1836년). (출처: Sémhur[10-1])

이다. 그의 출판도 **월리스 선**(Wallace line)으로 유명한 **앨프리드 월리스**(Alfred R. Wallace, 1823~1913)가 똑같은 자연선택이라는 개념의 논문을 보내온 데 자극받은 결과물인지도 모른다. 이들은 각기 런던의 '린네 학회'에 이 사실을 발표한 후에야 "종의 기원"은 이 세상에 나오게 된다[44,45,125]. "종의 기원"은 우리에게 '인간은 하느님이 만들어 주신 선물이다'라는 사실을 전면적으로 부정한다. 우리는 모두 한 종의 공통조상으로부터 갈라져 나온 자손들이며, 우리가 보는 종들은 진화라는 과정에서 만들어진 생명체이지 창조주가 만들어 낸 작품이 아니라는 개념이다. 따라서 인간도 이 지구상에서 특별한 지위를 가지는 생명체가 아니라는 의미이다. 이러한 그의 주장은 철학이나 종교뿐만 아니라 사회적으로도 커다란 충격파를 던지게 되었다. 그 당시의 사회적인 분위기를 잘 드러낸 모습은 그림 10-2에 잘 나타나 있다. 인간도 원숭이의 후손일 수 있다는 다윈의 주장을 풍자화한 그림이다[59]. 이런 사회적 여론은 20세기로 넘어오면서 창조론과 진화론은 법정 다툼으로까지 번지게 되었다. 이는 '원숭이 재판'으로 잘 알려진 미국의 유명한 연방법원 판결이 그것이다. 이는 제3장 '생명의 탄생' 편에서 기술한 바 있다.

'진화란 무엇인가?'라는 질문에 가장 쉽게 설명할 수 있는 대답은 영국의 진화생물학자인 **리처드 도킨스**(Richard Dawkins, 1941~)의 설명에서도 찾을 수 있다. 도킨스는 지금부터 약 1억9천5백만 세대를 거슬러 올라가면, 우리의 직계 조상으로 어류를 만나게 된다고 주장한다. 우리는 제사상 차림으로 고급 생선을 올리는데, 만약 1억9천5백만 대의 제사를 우리가 지내야 한다면 이상한 광경이 벌어질 것이다. 즉, 제사상 위에 있던 감성돔이 영정 사진이 되어 제사 음식 앞에 놓이게 될 것이다[48]. 과연 이런 일이 일어날 수 있을까? 이것을 설명해 내는 것이 이 장을 써야 하는 중요한 이유이기도 하다.

그림 10-2. 다윈의 원숭이 풍자 만화. (출처: University College London Digital Collections[10-2])

먼저 현재 지구상에 살고 있는 모든 생명체의 공통조상 이야기부터 시작하려고 한다. 그다음 진화를 보여 주는 증거들을 목록별로 나열하고 그 기전과 유형에 관하여 기술할 것이다. 그런 다음 6계에 따라 원핵생물에서 시작하여 동물의 진화 과정까지를 간결하게 적어 나가 볼까 한다.

## 제2절 최초의 공통 선조

현재 지구상에 존재하는 생명체의 종 수는 정확하게 알려져 있지 않다. 아마도 천만에서 천4백만 종으로 추정하기도 하고, 심지어는 1조 종 이상이 이 지구에 살고 있을 것으로 보고 있기도 하다. 이 중에서 종의 이름이 붙어진 경우가 약 190만 종 정도 되고, 데이터베이스화된 경우는 약 160만 종에 이른다. 그렇다면 이들의 조상은 과연 누구일까? 앞으로 다루게 될 여러 가지 정황으로 보아, 이들은 공통조상을 가지고 있을 가능성이 아주 농후하다.

이러한 의심을 품게 된 첫 번째 과학자는 찰스 다윈이었다. 다윈은 1859년 "종의 기원"과 1871년에 발간된 "인간의 가계(Descent of man)"라는 저서에서 각각 이 지구상에 살고 있는 모든 생명체는 최초의 공통 선조로부터 갈라져 나온 후손이라는 것을 언급하였다. 우리는 이 최초의 공통조상을 **루카**(last universal common ancestor; **LUCA**)라고 부른다. 이 루카라는 말속에 'last'가 들어간 의미는 무엇인가? 그것은 최초에 이 지구상에 출현한 생명체 중에서 유일하게 자손을 남긴 제일 마지막 생명체라는 의미를 담고 있다. 얼마나 많은 생명체가 이 지구상에 출현했는지는 아무도 모른다. 그러나 그 중 한 생명체만이 자손을 남기고, 그 자손이 현재의 지구상에 있는 모든 생물상을 만들어 내는 공통조상이 되었다는 뜻이

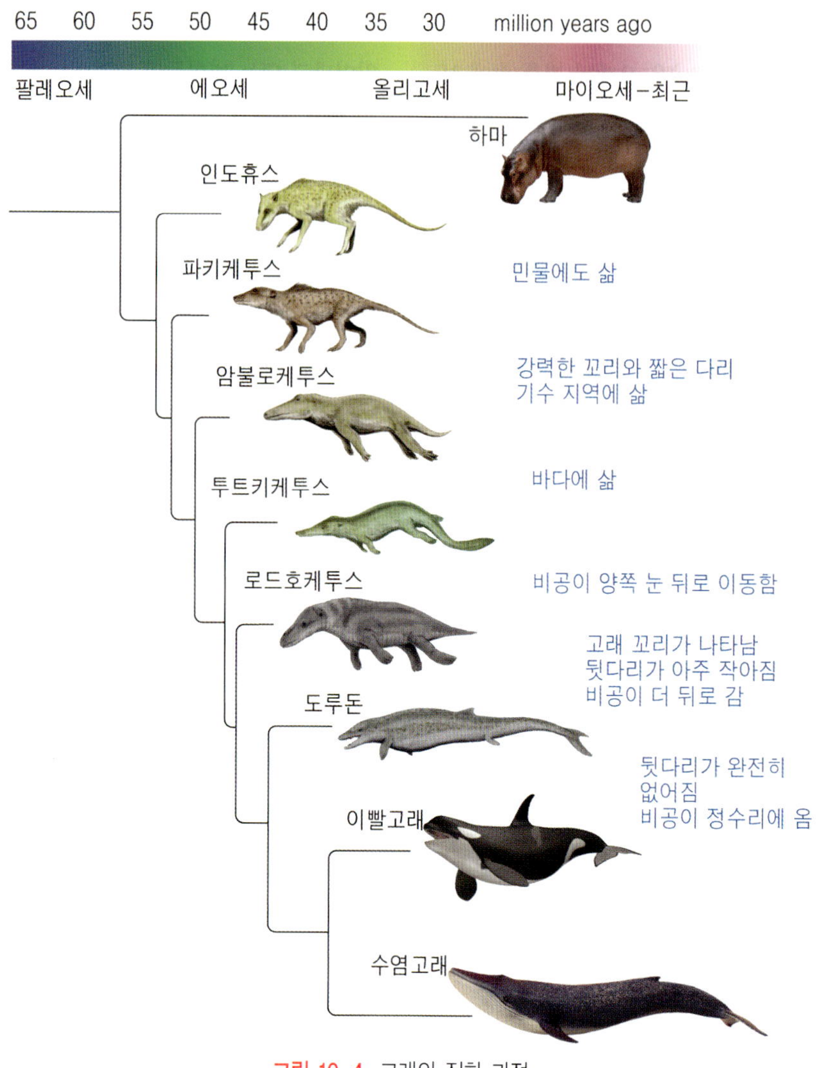


그림 10-4. 고래의 진화 과정.

상이 처음 등장한 것은 약 5천만 년 전인 신생대 제3기 에오세(시신세, 始新世, eocene)로 추정된다. 이 말의 조상 화석은 영국 동남부에서 발견된 **히라코테리움**(hyracotherium)이다. 이 히라코테리움은 그 크기가 약 40cm 정도로 작았으며, 앞발의 발가락도 원래는 4개였다. 그러나 약 3천5백만 년이 흐른 마이오세(중신세, 中新世, miocene) 중반기에는 그 덩치가 1m에 육박하고 발가락도 제5지가 퇴화하고 3개가 남게 된다. 그러나 이런 형태도 약 백만 년 전에는 비로소 현재와 같이 그 크기가 1.6m에 이르고 발가락도 제3지만 남아, 인간을 태우고 초원을 달리는 날쌘 동물로 변해 온 것이다[61].

그렇다면 고래는 어떻게 변해 왔을까? 고래의 조상은 우리가 예측하기 어려운 육상동물이었다. 이 최초의 고래 조상인 **파키케투스**(Pakicetus)는 주로 파키스탄 북부에서 많이 발견되어 붙여진 이름이다. 이 파키케투스는 발굽이 있는 유제류로서 이빨을 가지고 있었고, 주둥이가 길게 나와 있으며, 이 끝에 코가 달려 있던 포유류였다. 이들은 작은 동물이나 생선을 주로 먹고 살았을 것으로 추정한다. 그러나 이들은 육지 생활을 포기하고 다시 해양생활로 되돌아가는 진화의 길을 택하였다. 이들은 약 4천5백만 년 전후로 해서 **로드호케투스**(Rodhocetus)로 내려오면 서식지가 바다로 바뀌게 되고, 다시 약 5백만 년이 흐른 후에는 **도루돈**(Dorudon)이 되어 콧구멍이 뒤쪽으로 이동하기 시작하였다. 이렇게 콧구멍이 뒤로 이동해 가는 이유는 무엇일까? 사람이 수영하는 모습을 보고 있으면 그 이유를 쉽게 알아챌 수 있다. 우리가 수영을 할 때, 숨을 쉬기 위해서는 고개를 쳐들고 코나 입을 물 밖으로 내밀거나 고개를 옆으로 틀어서 숨을 쉬어야 한다. 그러나 육상동물인 고래의 선조가 물에서 영원히 살기로 작정했다면, 숨을 쉴 때마다 고개를 쳐든다는 것은 결코 쉬운 일이 아닐 것이다. 따라서 콧구멍이 머리 정수리로 올라가면, 호흡을 하기 위하여 이런 수고를 할 필요가 없어진다. 우리가 현재 볼 수 있는 고래는 콧구멍이 정수리로 옮겨가고, 양 눈이 옆으로 밀리는 리모델링 작업이 고래의 두개골에서 진행된 결과물이라 할 수 있다. 그뿐만 아니라 뒷다리는 완전히 퇴화하고 그 흔적만 남아 있을 뿐이다.

따라서 진화에 대한 화석의 증거는 우리에게 현실적으로 진화를 느끼게 해 주는 중요한 자료가 된다[136,151]. 그러나 화석이 지닌 가치에도 한계성은 따른다. 화석으로 만나는 종은 종 사이의 중간 형태가 잘 나타나지 않는 경우가 허다하다. 이러한 **단절 고리**(missing link)는 종의 진화를 설명하는 데 걸림돌이 된다. 또한 생물 종 중에서 화석화가 될 확률이 아주 낮을 수도 있고, 화석이 잘 안 되는 조건 속에서 살다가 죽는 경우도 우리는 생각해 보아야 한다. 그뿐만 아니라 화석은 주로 외부형태에 대한 정보를 전해 주는 제한성을 가지고 있다.

## 2. 해부학적 증거

진화의 증거 중에서 우리의 관심을 끄는 것은 해부학적 구조의 유사성이다. 먼저 그림 10-5를 보자. 우선 좌측에 있는 인간의 골격 구조와 우측에 있는 새의 골격 구조를 비교해 볼 때 우리는 무엇을 느끼게 될까? 새와 인간의 골격 구조가 예상 밖으로 서로 유사성을 가진다는 것을 단번에 알아볼 것이다. 오늘 밤 치맥용으로 닭의 날개를 안주로 주문했다고 가정해 보자. 우리는 닭 날개에 붙은 살코기를 발라서 먹고 그 안의 뼈는 버릴 것이다. 그런데 우리가 먹고 버린 그 뼈의 모양이나 개수가 우리의 팔에 있는 뼈의 모양과 개수와 똑같다는 것에 주목하는 사람은 아무도 없을 것이다. 물론 관심을 두지 않고 있기 때문이다. 체축에 붙어 있는 위 팔의 뼈는 한 개로 **상완골**(上腕骨, humerus)이라 부른다. 그다음에 붙어 있는 아래팔의 부분은 두 개의 뼈로 구성되어 있다. 바깥쪽으로 붙어 있는 **요골**(橈骨, radius)과 안쪽에 붙어 있는 **척골**(尺骨, ulna)이 그들이다. 이 요골과 척골의 말단 부위에 **손**(수부, 手部, hand)이 달려 있다. 손을 다시 세분하여 기술하지는 않겠다. 이렇게 상완골과 요골 및 척골 그리고 손으로 이어지는 골



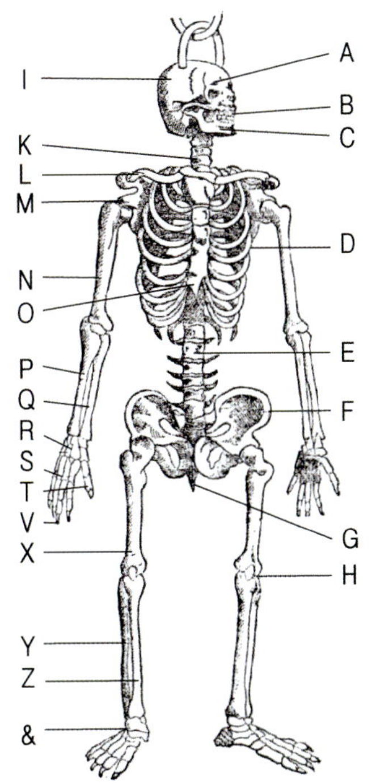


인간의 골격(human skeleton)

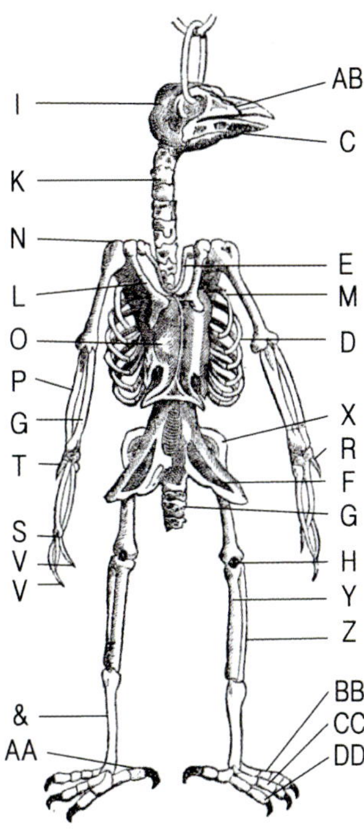


새의 골격(bird's skeleton)

그림 10-5. 인간과 새의 골격에 관한 비교. (출처: Popular Science Monthly Volume 34[10-5])

구조가 새나 사람에서 모두 동일하다. 이는 하지에도 똑같이 적용된다. **대퇴골**(大腿骨, femur)은 한 개의 굵은 뼈로 구성되어 있다. 그다음 부분인 종아리는 **경골**(脛骨, tibia) 및 **비골**(腓骨, fibula)로 두 개의 뼈로 되어 있고 그 밑에 발이 달려 있다. 이 또한 인간과 새에서 모두 동일하다. 따라서 우리는 상박이나 대퇴부에 해당하는 뼈를 **주각**(stylopodium)이라 부르고 **전완**(前腕, forearm)이나 장딴지의 2개의 뼈를 **액각**(zeugopodium)이라 부른다. 마지막으로 손과 발은 **자각**(autopodium)이라고 한다. 손과 발에 해당하는 자각은 어류에는 없지만, 척추동물에서만 나타나는 해부학적 구조물이다. 이 자각이 나타난 시기는 어류가 육지로 올라오기 시작하는 데본기인 3억6천만 년 전으로 보고 있다[60]. 이들은 '혹스 유전자' 편에서 다시 다룰 것이다.

### 1) 상동구조

**상동구조**(相同構造, homologous structure)는 그림 10-6에서 보는 것처럼 해부학적 구조는 유사하지만, 이들 구조물이 행하는 기능은 각기 다른 경우를 말한다. 예를 들면, 인간의 팔은 다양한 용도로 쓰일 것이고, 개나 말은 달리는 데 용이하도록 진화되어 있다. 그러나 박쥐나 새는 이 구조물을 이용하여 하늘을 날아다닌다. 또한 바다에 사는 바다표범은 이 팔을 이용하여 물을 휘젓고 다닐 것이다. 따라서 이들은 그 구조물이 어떤 기능을 하든지 간에 공통조상을 가지고 있다는 것을 의미한다[57]. 이렇게 상동구조가 환경에 적응하기 위하여 다양한 기능을 가지는 쪽으로 특수화되는 과정을 **적응방산**(適應放散, adaptive radiation)이라 부른다. 이렇게 적응방산이 일어나면서 개체가 점차 다양화되어 갈 것이고, 이렇게 퍼져 나가는 과정을 우리는 **발산진화**(發散進化, 분지진화, 分枝進化, divergent evolution)라고 한다. 말에서 발이 진화해 가는 과정을 우리는 그림 10-3에서 관찰해 보았다. 말은 점차 그 개수를 줄여서 빨리 달릴 수 있는 방향으로 진화해 왔다. 이런 개념을 처음으로 제시한 학자는 미국의 **새뮤얼 윌리스턴**(Samuel W. Williston, 1851~1918)이다. 그는 상동기관의 수가 줄어드는 방향으로 진화하지만, 그 기능 면에서는 훨씬 더 전문화되는 쪽으로 진화한다는 **윌리스턴 법칙**(Williston's law)을 만든 학자이기도 하다[130]. 이번에는 다른 개념인 상사구조를 알아보도록 하자.

### 2) 상사구조

**상사구조**(相似構造, analogous structure)는 그림 10-7에서와 같이 구조는 다르지만, 기능은 동일하다는 특징이 있다. 예를 들면, 나비와 같은 곤충의 날개와 새나 박쥐의 날개 구조물은 모두 다 하늘을 비행하는 데 그 목적이 있다. 그러나 이 날개들이 붙어 있는 구조물은 각기 다르다. 따라서 이들은 동일한 조상을 두고 있지도 않고, 진화상으로도 밀접한 연관성을 가지고 있지 않다. 다만 날기 위한 수단으로 날개를 만

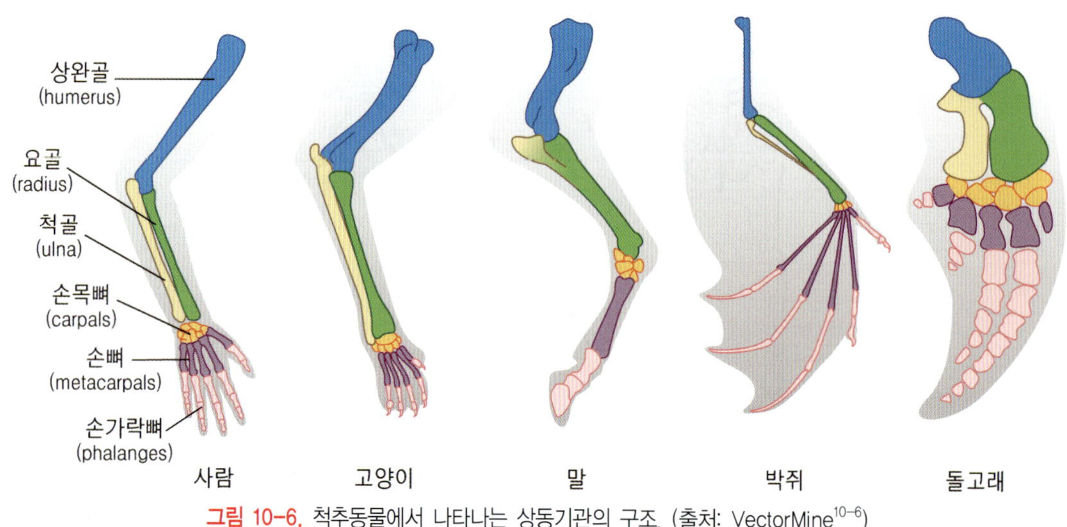


그림 10-6. 척추동물에서 나타나는 상동기관의 구조. (출처: VectorMine[10-6])

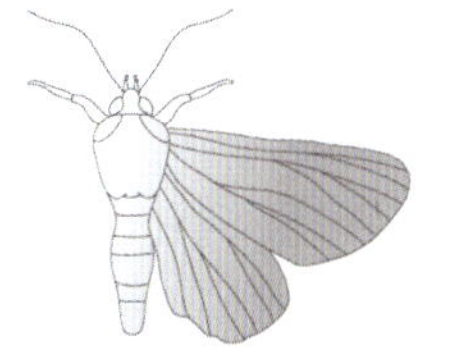
나방의 날개

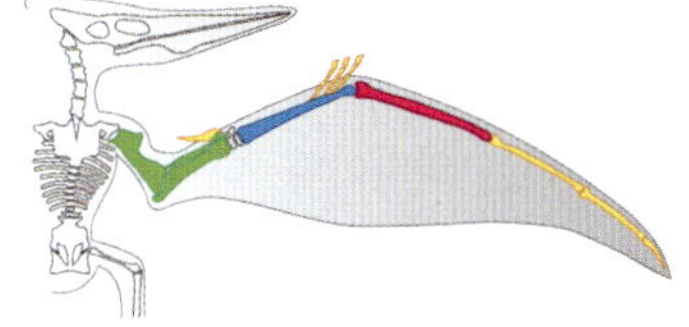
익룡의 날개

새의 날개

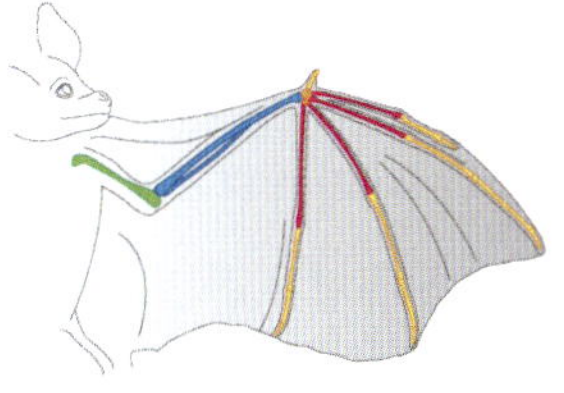
박쥐의 날개

그림 10-7. 곤충과 척추동물에서 나타나는 상사기관의 구조.

표 10-1. 상동구조와 상사구조의 차이점

| | 상동구조 | 상사구조 |
|---|---|---|
| 기능 | 다름 | 같음 |
| 기본구조 | 유사함 | 다름 |
| 조상 | 공통조상 | 조상이 다름 |
| 배 발생 | 유사함 | 다름 |
| 진화 유형 | 발산진화 | 수렴진화 |

들었을 뿐이다. 우리는 이런 형태의 진화를 **수렴진화**(收斂進化, convergent evolution)라고 부른다[97]. 이들은 다시 조금 후에 '제5절 진화의 유형' 편에서 만날 것이다.

그렇다면 이번에는 상동구조와 상사구조가 어떻게 차이가 나는지를 자세히 알아보도록 하자(표 10-1). 우선 상동구조와 상사 구조는 기능과 기본구조에서 차이가 난다. 상동구조는 기본구조가 유사하지만 그 기능이 다르고, 상사구조는 기본구조는 다르지만 그 기능이 같다는 특징이 있다. 그뿐만 아니라 상동구조는 공통의 조상을 가지지만, 상사구조는 공통 조상과는 거리가 멀다. 또한 진화 유형도 확연히 달라서 상동구조는 발산진화 형태를 취하지만, 상사구조는 수렴진화의 양상을 가지게 된다.

### 3) 흔적구조

**흔적구조**(痕跡構造, vestigial structure)란 조상 종에서는 활발히 이용되던 구조물이 현재에는 퇴화하여 더이상 기능을 발휘하지 못하고 흔적으로만 남아 있는 구조를 말한다. 먼저 인간에 남아 있는 흔적구조를 살펴보자. 우리는 누구나 제일 먼저 **맹장**(盲腸, 충수, 蟲垂, appendix)을 떠올릴 것이다. 맹장은 초식동물에서 잘 발달되어 있지만, 인간에서는 그 기능이 퇴화되어 흔적으로만 남아 있다. 그 길이도 약 10cm 정도에 불과하지만, 코알라에서는 무려 2m가 넘는 맹장을 가지고 있다. 인간에서의 맹장은 그 기능을 상실한 채 충수염을 일으켜서 수술대 위로 인간을 밀어 올리기도 한다. 또 다른 재미있는 흔적구조는 눈 속에 남아 있다. 우리의 눈 안쪽의 결막에 남아 있는 **반달주름**(semilunar fold, plica semilunaris, 그림 10-8)은 새나 파충류 및 포유류에 있는 **순막**(瞬膜, nictitating membrane)이 퇴화된 흔적구조이다. 순막은 이들 동물에서 눈을 보호하고 각막을 촉촉하게 해 주는 반투명 구조물로서 제3의 눈꺼풀(third eyelid)이라고 불리기도 한다. 그러나 인간에서는 퇴화되어 눈의 안쪽 가장자리에 흔적으로만 남아 있다. 치과 치료를 받아야 하는 **사랑니**(지치, 智齒, wisdom teeth)도 초식동물의 흔적이 인간에 남아 있는 것이고, 꼬리가 사라진 부위에 남아 있는 **미골**(尾骨, coccyx)도 옛 추억을 불러일으키는 흔적기관이다. 소나 토끼에서 잘

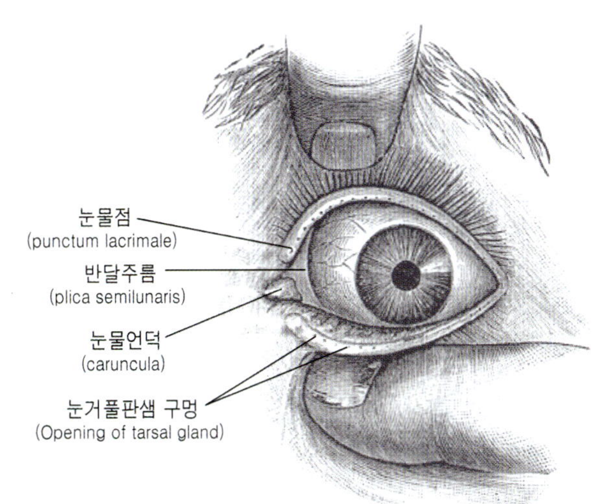


그림 10-8. 인간의 안구 속에 남아 있는 반달주름. (출처: Henry Gray[10-8])

볼 수 있는 **이각근**(耳殼筋, auricular muscle)도 인간의 귀에 흔적기관으로 남아서 귓바퀴를 움직이게 하는 능력을 보여 준다. 이러한 흔적기관은 인간에게만 남아 있는 것은 아니다. 고래나 덩치 큰 보아뱀에서 골반의 흔적이 남아 있는 경우도 이들의 과거를 추정해 볼 수 있는 진화적 단서를 제공해 준다고 할 수 있다[122].

## 3. 발생학적 증거

진화적 관점에서 발생학을 들고나온 학자는 독일의 유명한 생물학자였던 **에른스트 헤켈**(Ernst Haeckel, 1834~1919)이다. 헤켈은 제4장 '생명의 분류' 편에서 최초로 생명체를 원생생물과 식물 및 동물로 구분한 학자이기도 하다. 헤켈은 한 개체가 발생할 때는 그 개체의 조상이 지나온 발생 과정을 되풀이한다는 **발생반복설**(發生反復說, Recapitulation theory)을 주장하였다. 이 발생반복설은 '개체발생은 계통발생을 반복한다(Ontology repeats plylogeny)'라는 말로 압축된다[121]. 개체발생은 한 생명체가 태어나고 발육하여 성체가 되는 과정을 말하고, 계통발생은 한 생물 종이 새롭게 태어나서 번성하다가 멸종하게 되는 그 종의 역사를 말한다. 그러나 그의 발생반복설에 대한 도해가 지나치게 과장되어 그려졌다는 의구심에서 벗어나지 못하면서 학문적 가치를 많이 잃어버리게 되었다. 그러나 몇 가지 점에서는 발생학적 관점이 진화를 설명하는 좋은 증례가 되기도 한다. 예를 들면, 연체동물이나 환형동물의 유생 시기는 윤형동물과 유사하게 생긴 **트로코포어**(담륜자, 擔輪子, trochophore)라는 유생 시기를 같이 보낸다. 즉, 연체동물이나 환형동물의 일부 종은 그 유생 시기가 같다는 의미이다. 따라서 이들은 발생 과정을 지나면서 각기 연체동물과 환형동물로 분화되어 갔다는 것을 의미한다. 이런 경우는 갑각류에도 나타나서 다양한 갑각류의 일부는 **노플리우스**(nauplius)라는 유생 시기를 같이 보낸다. 이런 현상들은 발생이라는 과정 속에 진화의 속살이 녹아 있다고 할 만한 증거들이다.

또 다른 발생학적 증거의 증례는 **인두궁**(咽頭弓, pharyngeal arch, 그림 10-9)에서도 찾아볼 수 있다. 이 인두궁을 어류에서는 **아가미궁**(branchial arch, gill arch)이라고 부른다. 따라서 아가미궁은 어류, 파충류, 조류 및 하물며 인간에서도 나타난다. 인두궁과 아가미궁의 차이는 인두궁의 바깥쪽인 **인두구**(咽頭溝, pharyngeal groove, pharyngeal cleft)와 **인두낭**(咽頭囊, pharyngeal pouch)이 서로 개통되면 어류에서 아가미가 형성되고, 파충류나 새와 인간은 이 사이가 개통되지 않아서 얼굴과 목의 구조물로 바뀐 것이 인두궁이다. 즉, 제1 인두궁은 **중이**(中耳, middle ear)에 들어 있는 **침골**(砧骨, 모루뼈, incus)이나 **추골**(槌骨, malleus)이 되고, 고막을 잡아 주는 **고막장근**(鼓膜張筋, tensor tympani muscle)이나 음식물을 씹게 해 주는 **저작근**(咀嚼筋, mastication muscle) 등이 된다. 또한 이 제1 인두궁을 지배하는 신경은 **삼차신경**(三叉神經, trigeminal nerve)의 하악분지가 담당하게 된다. 이렇게 6개의 인두궁(제5 인두궁은 사람에서 퇴화

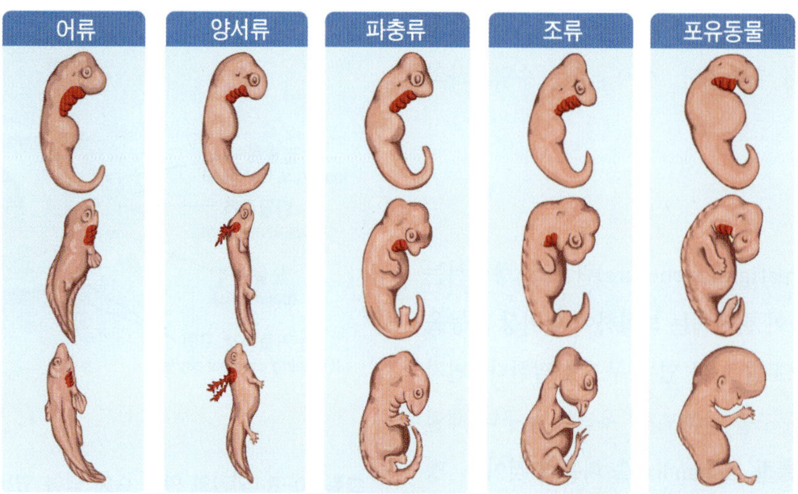

그림 10-9. 척추동물에서 발생 중 나타나는 인두궁 구조. (출처: stihii[10-9])

되어 버림)은 각기 연골이나 근육 및 고유한 신경에 의해서 지배받게 된다. 이러한 기본구조는 어류에서부터 출발한다. 이 아가미궁에 혈류를 공급하는 동맥들도 연골어류인 상어에서는 각기 6개의 아가미로 동맥궁(aortic arch)이 뻗어 있다. 이렇게 6개의 물고기 아가미 동맥궁은 **폐어**(肺魚, lungfish)에서 **폐순환**(肺循環, pulmonary circulation)이 생겨나고, 조류로 들어서면서 심장이 4개의 방으로 구성되게 된다. 또한 이러한 6개의 아가미 동맥궁이 각각의 척추동물에 따라 퇴화되거나 합쳐져서 현재의 혈관구조를 형성하고 있다. 따라서 현대 인간의 **대동맥궁**(大動脈弓, aortic arch)도 그 근본은 물고기에서 출발하고 있다. 또한 척추동물의 종에 따라 이루어지는 발생학적인 변화는 진화라는 현상을 유추해 볼 수 있는 충분한 근거가 된다[41].

## 4. 생화학적 증거

20세기 후반부터 개발되기 시작한 유전자 염기서열 분석법은 생명체를 이해하고 이를 분류하는 중요한 자료로 이용되고 있다. 따라서 생화학적 증거는 지금까지 나열한 진화의 증거들보다 더 정확하고 신뢰성이 높은 자료들이라 할 수 있다. 먼저 유전물질인 DNA부터 살펴보자.

모든 생명체는 DNA라는 동일한 분자를 유전물질로 이용하면서 그 구조와 기능이 모두 똑같다. 이들은 복제에 의하여 동일한 유전자를 자손에 물려줄 수가 있고, RNA를 이용하여 리보솜에서 단백질을 만들어 낼 수 있다. 이러한 과정 중에서 가장 결정적인 진화의 증거 중 하나가 바로 **유전암호**(遺傳暗號, genetic code)가 모든 종에서 동일하다는 점이다. 이 유전암호가 세균에서부터 인간에 이르기까지 모두 동일하다는 것은 무엇을 뜻하는가? 모든 생명체는 유전암호라는 공통의 언어를 가지고 있다고 할 수 있다. 수십억 년이 흐르면서 모양과 크기가 서로 달라졌지만, 그들이 사용하는 화학적 언어는 아직도 공통이라는 의미이다. 인간이 필요한 물질을 세균을 이용하여 만들어 낼 수 있는 것도 결국은 유전암호가 동일하기 때문이다(제9장 '생명의 유전' 편 참고). 그뿐만 아니라 세포 안에 들어 있는 **소기관**(小器官, organelle)들도 구조적으로나 기능적으로 서로 유사하다. 또한 근친 관계가 가까운 종일수록 면역학적으로 **항원항체반응**(抗原抗體反應, antigen-antibody reaction)이 더 강하게 일어난다는 사실도 중요한 진화적 증거이다.

### 1) DNA 염기서열 비교

DNA 염기서열을 분석하는 일은 종의 근친 관계나 진화에 따른 **계통수**(系統樹, phylogenetic tree, **evolutionary tree**)를 만드는 데 아주 중요한 일이다. 이는 이미 일리노이대학의 **칼 워즈**(Carl Woese, 1977~2012)에 의하여 생명의 계통수를 3개 영역으로 구분하는 데 이용되었다. 그는 1977년 16S ribosomal RNA의 유전자 서열을 분석하여 처음으로 세균, 고세균 및 진핵세포로 모든 생명체를 구분한 학자였다(제4장 '생명의 분류' 편 참고). 이렇게 유전자 서열을 종마다 분석하면 어떤 결과가 나타날까? 이는 그림 10-10에서 보는 바와 같이 인간 유전자의 99.5%가 침팬지의 유전자 염기서열과 같다는 결과를 얻게 된다. 쥐와는 88%, 닭과는 75%, 파리와는 60%에서 유전자 염기서열이 동일하다[75]. 이는 무엇을 뜻하는 것일까? 이 중에서 어떤 생명체가 인간과 더 가까운 근친 관계일까? 해답은 독자분들께서 이미 알고 계실 것이다.

10

| 생명체 | 원숭이 | 쥐 | 닭 | 초파리 |
|---|---|---|---|---|
| 인간 유전자에 대한 동일성(%) | 99.5 | 88 | 75 | 60 |

그림 10-10. 인간 유전자를 기준으로 하여 염기서열의 동일성을 나타낸 비율.

인간과 침팬지가 공통의 조상을 가졌다는 또 다른 증거를 제시하고자 한다. 이는 인간의 제2번 염색체 속에 숨어 있다. 인간을 제외한 모든 사람과(Hominidae), 즉 침팬지나 고릴라 및 오랑우탄 등은 모두 염색체가 24개 쌍으로 되어 있다. 그러나 인간은 이보다 한 개가 적은 23개이다. 이렇게 된 이유는 침팬지나 고릴라의 2번 염색체가 3개인 데 반해 인간은 2개이기 때문이다. 이는 그림 10-11과 같이 2번 염색체 3개 중 2개가 서로 붙어서 한 개가 된 것이다. 그렇다면 두 개의 염색체가 붙으면 어떤 결과가 생길까? **텔로미어**(telomere)가 가운데에 2개가 생길 것이고, **동원체**(動原體, centromere)도 2개가 만들어졌을 것이다. 그렇다면 이런 흔적이 현재 인간의 2번 염색체에 남아 있을까? 우리는 이들 흔적이 2번 염색체 장완(張腕)인 q arm에 남아 있다는 것을 알고 있다[34]. 이렇게 하여 인간에서 제2번 염색체는 두 번째로 큰 염색체가 되어 2억4천2백만 염기쌍이 들어 있고 전체 DNA의 8%를 차지하게 되었다. 이런 현상은 원숭이와 인간이 공통의 후손임을 말해 준다고 할 수 있다.



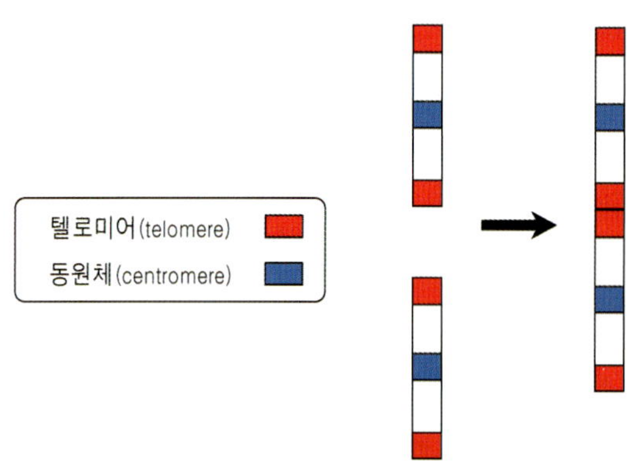


그림 10-11. 2번 염색체의 융합. (출처: Evercat[10-11])

## 2) 아미노산 서열 비교

아미노산이나 리보솜 또는 DNA나 RNA 중합효소들이 원시적인 세균에서부터 인간에 이르기까지 모든 생명체에 모두 들어 있다는 사실은 대단히 신기한 일이다. 또한 세포막을 구성하고 있는 지질 이중층(脂質二重層, lipid bilayer)의 구조도 모두 비슷하다. 그뿐만 아니라 아미노산이나 포도당 등의 **손성**(분자 비대칭성, chirality, 제5장 '생명의 구조' 편 참고)도 그대로 보존되어 있다. 그렇다면 아미노산 서열을 비교해 보면 어떤 결과가 나타날까? 그림 10-12는 종에 따른 아미노산의 차이점을 자세히 알려 준다. 우선 인간의 **혈색소**(血色素, hemoglobin)중 베타 사슬($\beta$-chain)에 들어 있는 아미노산은 146개이다. 이 중에서 인간과 고릴라의 아미노산 서열의 차이는 단 한 개에 불과하다. 그러나 인간의 혈액형 중 Rh형을 결정지어 주는 붉은털원숭이(rhesus monkey)와는 8개의 차이가 난다. 쥐와는 27개의 차이를 보이다가 개구리에서는 67개가 차이가 난다. 이런 차이점은 인간과 어떤 생명체 중 누가 더 가까운지를 과학적으로 설명해 준다고 할 수 있다[56]. 또한 우리에게 잘 알려진 효소 중 **사이토크롬 c**(cytochrome c)를 들어 보자. 이 사이토크롬 c는 미토콘드리아 내막에 존재하는 전자전달계에 필수적인 단백질로서 100여 개의 아미노산으로 구성되어 있다(제7장 '생명의 대사' 편 참고). 따라서 이 효소를 종마다 조사해 보면 어떤 결과를 얻을 수 있을까? 우

| 종 | 인간 | 고릴라 | 붉은털원숭이 | 쥐 | 닭 | 개구리 |
|---|---|---|---|---|---|---|
| 인간 혈색소 (146개 아미노산)와 차이를 보이는 아미노산의 수 | 0 | 1 | 8 | 27 | 45 | 67 |

그림 10-12. 종에 따른 혈색소 아미노산의 서열 차이.

선 닭이나 칠면조는 그 아미노산 서열이 동일한 상동관계에 있다는 것을 알게 된다. 그뿐만 아니라 돼지나 소와 양도 그 아미노산 서열이 모두 동일하다. 또한 사람과 침팬지도 동일하지만 붉은털원숭이하고는 한 개의 아미노산만 다를 뿐이다.

### 3) 대사과정 비교

거의 모든 세포는 **해당과정**(解糖過程, glycolysis)을 통해 포도당을 분해하여 ATP라는 에너지를 얻는다. 이 ATP가 에너지의 공통 화폐가 되는 셈이다. 따라서 거의 모든 생명체는 ATP라는 에너지를 이용하여 생명을 유지한다고 볼 수 있다. 이 ATP 생산도 산소가 있는 경우와 산소가 없는 경우에 따라 생산 공정이 달라진다. 산소가 없는 경우는 포도당이 젖산이나 알코올로 바뀌면서 소량의 ATP를 얻게 된다. 그러나 광합성이 일어난 이후, 대기에 증가한 산소 덕분에 피루브산이 전자전달계를 거치면서 대량의 ATP를 생산해 낸 후, 이산화탄소와 물로 바뀌게 된다. 이때에도 전자를 최종적으로 받아들이는 원자가 산소라는 점도 대부분의 진핵생물에서는 공통이다(제7장 '생명의 대사' 편 참고). 그뿐만 아니라 에너지를 담아내는 광합성도 세균이나 조류 및 식물에서 일어나는 화학적 과정이 모두 유사한 점도 진화를 부정하기에는 힘든 과학적 증거가 된다. 따라서 이러한 생화학적 경로가 유사할수록 근친 관계가 더 가깝다는 사실도 인정할 수밖에 없다.

## 5. 분류학상의 증거

생명체의 분류에 관해서는 제4장 '생명의 분류' 편에서 자세히 다룬 바 있다. 그러나 생명의 계통수를 그 형태나 형질에 따라 분류한다는 것은 생명의 진화 과정을 이해하는 데 아주 손쉬운 방법이라 할 수 있다. 이는 마치 러시안 인형처럼 분류 계층에서 **종**(種, species)은 **속**(屬, genus)에 포함되고, 다시 속은 **과**(科, family)에 포함되는 식의 구조를 가지게 된다. 이런 형태를 **내포계층**(內包階層, 중첩계층, 重疊階層, nested hierarchy, inclusion hierarchy)이라고 부른다. 이렇게 분류학은 조상을 찾아가는 가장 손쉬운 방법을 제시해 주기도 하고, 계통수 사이를 연결해 주는 중간형을 발견해 내는 데도 아주 요긴하다[103]. 예를 들면, **단공류**(單孔類, monotremata)는 난생 포유류이다. 따라서 단공류인 오리너구리는 젖꼭지가 없지만, 젖샘이 있어서 알에서 깨어난 새끼는 흘러나오는 젖을 핥아 먹으면서 성장한다. 젖을 먹이기 때문에 포유류로 분류되었지만, 태반이 없고 알을 낳는 점들은 오히려 파충류를 더 닮아 있는 형태라고 볼 수 있다. 이런 지식이 분류학이 보여 주는 진화의 증거라고 볼 수 있다.

## 6. 생물지리학적 증거

높은 산맥이나 깊은 협곡 또는 넓은 대양은 생명체의 진화에 깊이 관여되어 있다. 또한 식물이나 동물의 분포가 전 세계적으로 서로 연결되어 있지 않다는 점도 시사하는 바가 크다. 펭귄(penguin)은 왜 남극에만 살고 있을까? 혹은 북극곰은 왜 북극에만 살고 있을까? 호주에서 **유대류**(有袋類, marsupial mammal)인 캥거루나 코알라 등이 그렇게 번성하고 다양화된 이유는 무엇일까? 원래 호주는 대륙이 하나로 모인 판게아(Pangaea) 시절에서 다른 포유류가 번성하기 전에 판게아로부터 분리되어 나왔기 때문에 유대류가 제일 번성할 수 있었다. 이것은 제2장 '생명의 역사' 편에서 기술한 **알프레드 베게너**(Alfred Wegner, 1880~1930)의 대륙이동설이다. 이렇게 호주와 같이 대륙이 이동하여 대양으로 둘러싸이면, 이 지역에 서식하던 생명체들은 독자적으로 진화의 길을 걸었을 것이다. 이러한 대표적인 현상이 다윈이 관찰하고 진화의 폭발력을 제공한 갈라파고스 제도(Galapagos island)의 핀치새라는 방울새 종류이다. 갈라파고스 제도는 남미의 에콰도르에서 약 1,000km 정도 떨어진 남태평양상의 섬들이다. 이 방울새가 어떤 경로를 통해서 남아메리카 대륙에서 이 섬으로 이주를 해 오면, 이들은 점차 대륙 본토에 사는 방울새와는 다른 방향으로 진화를 해 갈 것이다. 이 방울새는 섬마다 주로 있는 먹이의 종류에 따라 부리의 모습이 바뀐다[147]. 그림 10-13은 우리에게 익숙한 다윈이 발표한 핀치새의 부리 모양들이다.

또 다른 생물지리학적 증거는 **윤상종**(輪狀種, ring species)에서도 그 모습을 찾아볼 수 있다(그림 10-14). 윤상종의 탄생은 커다란 지형학적 장애물을 만나는 경우에 생겨난다. 즉, 처음 있었던 생물 종이 극복할 수 없는 장애물을 돌아가면서 진화의 꼬리를 물다가, 드디어 장애물을 돌아서 만나게 될 때는 두 종의 간격이 너무 멀어져서 서로 교미가 불가능한 다른

그림 10-13. 핀치새의 부리 모양의 진화. (출처: John Gould[10-13])

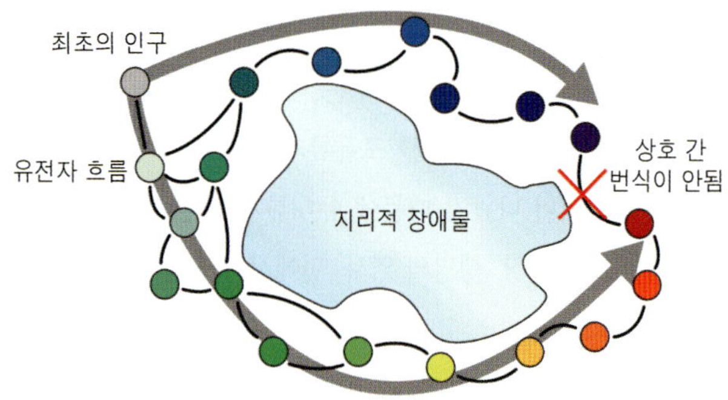


그림 10-14. 윤상종이 생겨나는 과정. (출처: Andrew Z. Colvin[10-14])

종으로 바뀌게 되는 경우를 말한다.

진화가 일어나는 과정은 곳곳에서 찾아볼 수 있다. 실제 인간의 몸도 진화의 과정 속에 놓여 있다고 볼 수 있다. 인간의 뇌도 신경세포를 둘러싸고 있는 **수초**(髓鞘, myelin sheath)가 있는 뇌세포와 수초가 없는 뇌세포가 혼재한다. 신경세포에 수초가 있을수록 신경전달 속도가 빨라진다. 환형동물인 지렁이는 수초가 없다. 따라서 지렁이의 신경전달 속도는 2사리 숫사에 불과하나. 이런 모습이 바로 우리가 산책길에서 만나는 지렁이의 걸음걸이를 보여 준다고 할 수 있다. 인간은 수초가 있는 덕분에 신경전달 속도가 3자리 숫자를 넘어서 1초에 약 120m의 속도로 내달린다. 이를 시속으로 환산하면, 약 432km를 달리는 셈이다. 만약 뇌의 모든 신경세포가 수초화된다면, 어떤 일이 벌어질까? 그 결과는 독자분들의 상상에 맡겨 놓도록 하자.

## 제4절 진화의 기전

진화를 신다윈주의적 개념으로 정리하면 **이종교배**(異種交配, interbreeding)를 하는 개체군에서 대립유전자의 빈도 변화라고 정의할 수 있다. 그러나 다윈이나 윌리스는 자연선택으로 진화를 설명하였다. 왜냐하면 그 당시 그들은 유전 현상에 대한 기전을 완전히 이해하지 못하고 있었기 때문이다. 진화는 장기적인 목적이 없이 일어난다. 따라서 다소 불안해 보이는 구석이 있다. 그렇지만 자연현상은 적자생존이라는 최우선 자를 선택하는 지혜로움이 있다. 그렇다면 진화가 일어나는 규모는 어떠할까? 우리는 개체단위에서 돌연변이나 유전자 재조합 등에 의하여 일어나는 소규모 진화를 **소진화**(小進化, microevolution)라고 부른다. 따라서 이들은 유전학적 관심을 받게 된다. 이에 반하여 **대진화**(大進化, macroevolution)는 종이 기본단위이다. 이들은 생존에 적합한 종이 자연선택되는 대규모 진화를 말한다. 따라서 이들은 고생물학적 관심을 불러일으킨다. 모든 **생물량**(生物量, biomass)의 반 이상을 차지하지만 눈에는 보이지 않는 박테리아에서부터 100m가 넘는 삼나무까지 모든 생명체는 루카에서 진화한 방대한 자손들이다. 그렇다면 과연 진화는 어떻게 일어날까? 이 해답을 찾기 위한 여정에 나서 보자[126].

### 1. 자연선택

**자연선택**(自然選擇, natural selection)의 근간은 **경쟁**(競爭, competition)과 **적자생존**(適者生存, survivial of fittest)이다[100]. 그림 10-15는 자연선택을 설명하기 위하여 자주 등장하는 동물인 기린이다. 이들도 동일한 종이지만 각기 다양한 특성을 가지고 있다. 이들은 음식이나 서식공간, 물 및 교배 상대를 두고 서로 경쟁할 것이다. 따라서 이러한 환경에 제일 잘 적응한 종은 생존 가능성이 높아질 것이고, 이 개체는 교미에 성공하여 더 많은 유전자를 퍼트릴 것이다. 이렇게 하여 적자생존에 성공한 유전자는 점차 증식하여 모집단의 주된 유전자가 될 것이다. 즉, 진화가 일어나는 것이다. 결국 목이 짧은 기린은 도태되고, 목이 긴 기린만이 살아남아서 유전자를 퍼트릴 것이다. 라마르크는 목이 짧은 기린도 열심히 목을 쓰다 보면 목이 길어진다는 **용불용성**(用不用說, theory

그림 10-15. 기린의 자연선택. (출처: AnutaBerg[10-15])

of use and disuse)을 믿고 있었다.

또한 자연선택의 특징은 방향성을 가진다는 것이다. 따라서 우리는 자연선택을 3가지 유형으로 나눌 수 있다(그림 10-16). 첫 번째는 **방향성 선택**(方向性選擇, directional selection)이다. 이 방향성 선택은 방향성 도태라고 불리기도 하지만, 자연선택의 방향이 한쪽으로 몰려가는 경우이다. 예를 들면, 꼬리가 긴 도마뱀이 있다고 가정하자. 이 도마뱀은 긴 꼬리 덕분에 포식자로 하여금 뱀으로 보일 가능성이 높다. 따라서 점차 꼬리가 작은 도마뱀은 도태되고, 꼬리가 긴 도마뱀이 많이 살아남게 되어 방향성 선택이 일어나게 된다. 두 번째는 **안정화 선택**(安定化選擇, stabilizing selection)이다. 꼬리가 긴 고양이와 짧은 고양이가 있고, 이 중에는 중간 정도의 길이를 가지는 고양이도 있다. 이 중 꼬리가 긴 고양이는 꼬리가 땅에 질질 끌려서 포식자에 대항하는 능력이 떨어질 것이고, 너무 짧은 고양이는 균형 잡기에 힘이 들어서 포식자에 쉽게 공격당할 가능성이 커진다. 따라서 중간 길이의 꼬리를 가진 고양이가 우세해지는 경우이다. 이런 이유로 도표상 가운데가 번창하는 결과를 가져온다. 마지막으로 **분단 선택**(分斷選擇, disruptive selection)을 들 수 있다. 이 분단 선택은 양쪽 끝이 우세한 경우이다. 예를 들어, 다람쥐를 생각해 보자. 꼬리가 짧은 다람쥐와 긴 다람쥐를 가정해 보자. 또한 중간 정도의 길이를 가지는 다람쥐도 있을 것이다. 우선 짧은 다람쥐는 땅 위에서 잽싸게 포식자를 피해서 도망갈 수 있다. 또한 긴 꼬리 다람쥐는 나무 위에서 손쉽게 균형을 잡아서 떨어지는 일이 적어질 것이다. 그러나 이번에는 어중간한 중간 정도의 길이를 가진 다람쥐가 적응에 밀릴 가능성이 높다. 따라서 자연선택은 양끝으로 몰리게 된다[74,126]. 이러한 분단 선택의 중요성은 종의 분화로 이어질 가능성이 높다는 점이다.

진화와 자연선택을 한 번에 잘 설명해 주는 증례를 하나 더 소개하고자 한다. 이는 이미 잘 알려진 **얼룩나방**(peppered moth) 이야기이다(그림 10-17). 18세기 중반부터 시작된 영

10

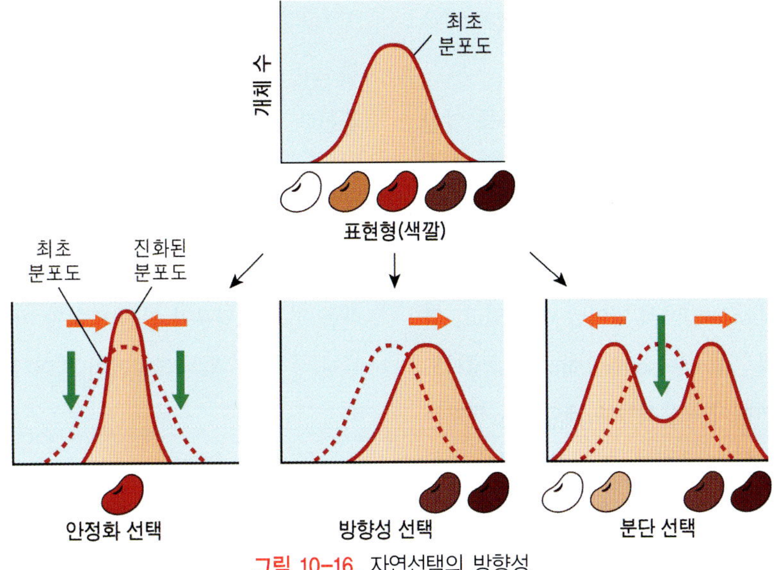

그림 10-16. 자연선택의 방향성.

그림 10-17. 얼룩나방의 진화. (출처: Branch Collective[10-17])

국의 산업혁명은 인간의 삶을 바꾸었을 뿐만 아니라 얼룩나방에도 영향을 미쳤다. 산업화의 상징인 굴뚝 산업은 주위 나무들을 검게 만들어서 다양한 색깔을 가진 얼룩나방에 시련을 가져다주었다. 검은 나무껍질에 붙은 흰색 나방은 쉽게 포식자의 눈에 띌 것이다. 그러나 검은 색깔의 나방은 포식자의 눈을 피할 수 있는 가능성이 높아진다. 따라서 흰색의 나방은 점점 사라지고 검은색 나방이 점차 우세해질 것이다[47,54]. 이는 진화와 자연선택을 동시에 보여 주는 좋은 예라고 할 수 있다. 따라서 자연선택은 개체군의 유전자 풀(gene pool)을 바꾸는 중요한 기전 중의 하나이다.

10

## 2. 돌연변이

자연선택은 특정 유전자를 가진 개체를 선택함으로써 유전자 풀이 변하는 과정이라면, **돌연변이**(突然變異, mutation)는 직접 유전자가 변하는 경우를 말한다. 돌연변이에 대한 기술은 이미 제9장 '생명의 유전' 편에서 자세히 다루었기 때문에 간단히 요약하고자 한다.

돌연변이는 DNA 염기서열의 순서가 바뀌는 경우를 말한다. 이런 일이 생기는 이유는 복제 시에 자연적으로 생길 수도 있고, 외부적으로 화학 약물이나 방사성 조사로 인해서 생길 수도 있다. 이렇게 발생한 돌연변이가 단지 **유전자 수준**(遺傳子突然變異, gene mutation)에서 일어날 수도 있고, **염색체 수준**(染色體突然變異, chromosome mutation)에서도 일어날 수 있다. 또한 돌연변이가 생식세포 계열에서 생기는지 혹은 체세포 계열에 생기는지에 따라 그 발현 양상이 달라진다. 생식세포 계열에 생긴 돌연변이는 자손에 전달되지만, 체세포 계열에 생긴 돌연변이는 자손에 전달되지 않는다. 돌연변이로 인하여 생기는 유전병에 대해서는 이미 제9장에서 설명하였다. 그러나 돌연변이가 직접적으로 우리들의 피부에 와닿은 경우를 하나 들어 볼까 한다.

우리는 겨울이 오면 인플루엔자 독감 예방주사를 맞아야 한다. 그것도 부지런하게 매년 접종해야만 한다. 왜 그럴까? 이는 바로 인플루엔자 A 바이러스에 생기는 돌연변이 때문이다. 인간에 특히 문제가 되는 인플루엔자 A 바이러스는 RNA 바이러스이다. 이 RNA 바이러스를 복제하는 데 필요한 바이러스 RNA 중합효소는 인간 DNA 중합효소보다 돌연변이를 만들 수 있는 가능성이 1,000배 이상 높다. 즉, 인플루엔자 A 바이러스에는 돌연변이가 아주 잘 발생한다는 뜻이다. 이렇게 돌연변이가 축적되면 인플루엔자 A 바이러스가 인간의 호흡 상피세포를 공격하는 주무기인 **적혈구 응집소**(赤血球凝集素, hemagglutinin, HA)와 **뉴라민 분해효소**(neuraminidase, NA)의 모양을 변화시켜 항원성이 변화된다. 즉, 적혈구 응집소와 뉴라민 분해효소를 만들어 내는 유전자에 돌연변이가 쌓이면, 이들 단백질의 아미노산이 변하여 항원성이 바뀐다는 의미이다. 따라서 지금까지 만들어져 있던 인간의 항체는 이들을 잘 알아보지 못하는 결과가 생긴다. 우리는 이런 형태를 **항원 소변이**(抗元小變異, antigenic drift)라고 부른다. 이렇게 유전자에 생긴 돌연변이 때문에 우리는 해마다 가을이면 독감 예방주사를 맞아야 한다. 한편 **항원 대변이**(抗元大變異, antigenic shift)도 일어날 수 있다. 이 항원 대변이는 아예 인플루엔자 A 바이러스의 종들 중 두 개가 **유전자 재편성**(遺傳子再編成, genetic reassortment)을 일으켜서 적혈구 응집소나 뉴라민 분해효소를 완전히 바꾸어 버리는 결과가 초래된다. 따라서 인간은 이런 항원에 대하여 노출된 적이 없기 때문에 전 세계 인간은 속수무책으로 이 인플루엔자 공격에 당할 수밖에 없다. 우리는 이런 상태를 **인플루엔자 대유행**(influenza pandemic)이라고 부른다. 돌연변이는 생물체에 해를 끼치는 경우가 훨씬 많지만 이 또한 진화의 주된 기전이 된다는 것은 매우 역설적인 일이다[77,84].

## 3. 유전적 부동

**유전적 부동**(遺傳的浮動, genetic drift) 현상은 자연선택과 다르게 우연히 일어나는 사건에 의해서 진화가 진행되는 경우를 말한다. 즉, 개체 수가 적은 소집단에서 우연적 요인에 의하여 대립유전자의 빈도가 변하여 특정 유전자가 증가하거나 감소하는 현상이다. 그러므로 유전적 다양성은 당연히 감소하게 된다. 이러한 **유전적 부동**은 다시 두 가지 종류로 구분된다.

첫 번째 소개할 유전적 부동 현상에는 **병목효과**(bottleneck effect)가 있다(그림 10-18). 지진이나 대형 산불과 같은 자연재해, 질병의 창궐 및 기아 등 우연히 일어난 사건에 의하여 대집단 속의 일부만 살아남게 된다고 가정하자. 이렇게 살아남은 소수의 생존자가 자손을 번식시킬 경우, 이는 사건 이전의 유전자 빈도와는 다른 양상의 유전자 분포를 나타낼 것이다. 좋은 예를 들어 보자. 1890년도부터 시작된 캘리포니아주의 코끼리바다표범의 무차별적인 사냥은 개체 수를 급격히 줄어들게 만들어서 약 20마리 정도만 살아남게 되었다. 그러자 사람들은 코끼리바다표범의 사냥을 금지하고 개체 수 증가에 힘을 쏟게 되었다. 그렇지만 이 작은 20마리에서 퍼져 나가는 유전적 다양성은 극히 제한적일 수밖에 없다. 따라서 남획 이전의 유전적 다양성은 병목효과를 내면서 많이 줄어들게 되어 유전자 분포가 달라지게 되었다. 이런 현상은 플로리다 팬더(Florida panther)에서도 찾아볼 수 있다.

두 번째는 **창시자 효과**(創始者效果, founder effect)이다. 창시자 효과도 병목효과와 같이 유전적 다양성이 떨어진다(그림 10-19). 만약 육지에 사는 곤충 한 쌍이 한적한 섬으로 이주를 했다고 가정하자. 따라서 섬에서 생겨나는 유전자 빈도는 분명히 육지의 빈도와는 다른 양상을 보일 것이다. 이런 창시자 효과는 다른 곳에서도 볼 수 있다. 만약 다양한 풀들이 자라는 초원에서 큰 새 한 마리가 그 풀 중에서 한두 개의 씨를 물고 멀리 떨어진 곳에 옮겨 놓았다고 가정하자. 이 새로운 땅에 떨어진 씨앗은 창시자가 되어 새로운 유전적 분포를 만들어 나갈 것이다. 또한 창시자 효과는 인간 사회에서도 볼 수 있는 현상이다. 바로 아메리카 대륙에 사는 인디언의 혈액형이 그러하다. 특히 남미와 중미 지역에 사는 인디언의



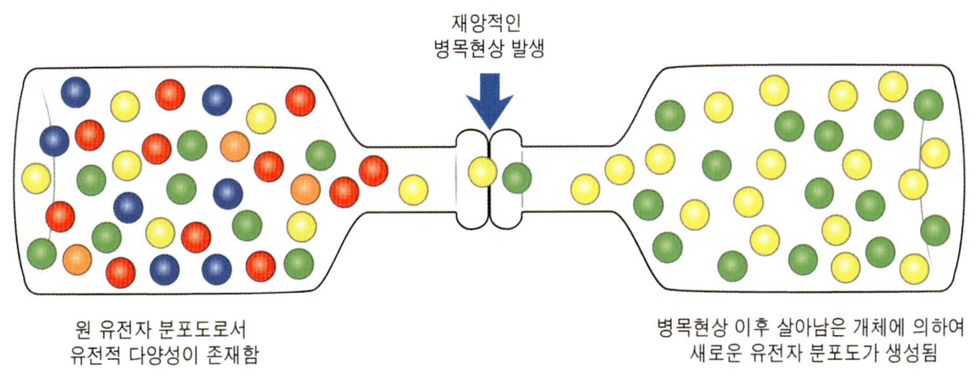

그림 10-18. 병목효과에 의한 진화 과정.

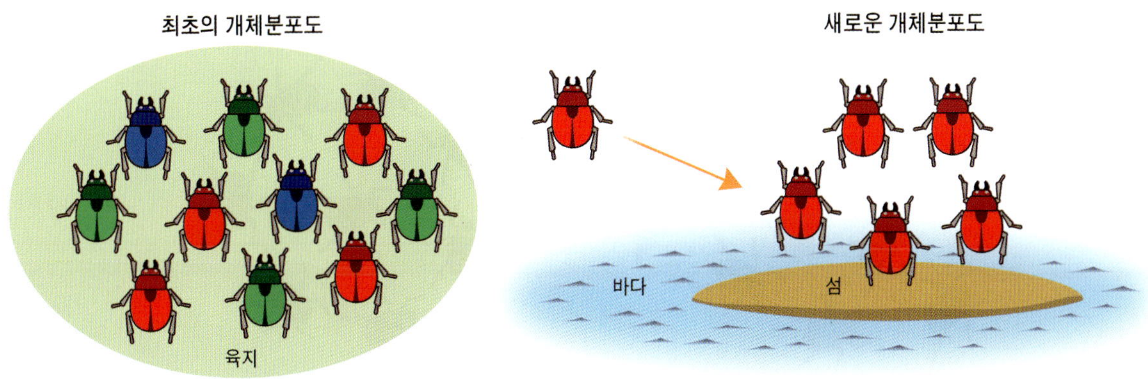

그림 10-19. 창시자효과에 의한 진화의 설명.

**표 10-2.** 자연선택과 유전적 부동의 차이점

| | 자연선택 | 유전적 부동 |
|---|---|---|
| 집단 크기 | 큼 | 작음 |
| 과정 | 작위적 | 무작위적 |
| 진행 속도 | 점차적이며 느림 | 급속하고 빠름 |
| 방향성 | 있음 | 없음 |
| 대립유전자 | 환경에 적응한 유전자만 남음 | 중요 대립유전자가 소실됨 |
| 유전적 다양성 | 증가함 | 감소함 |

혈액형은 거의 O형이다. 왜 이럴까? 이런 사실은 남미에 도달한 극소수의 아시아인들이 퍼트린 결과물이란 것을 알려주는 중요한 지표인 셈이다. 따라서 자연선택과 유전적 부동은 다른 형태를 보이는 진화 기전이다. 이들의 차이점을 정리해 볼 필요가 있다(표 10-2). 자연선택과 유전적 부동의 중요한 차이점은 집단 크기의 크고 작음과 유전적 다양성에서 차이가 난다는 점이다[5,23].



## 4. 유전자 이동

**유전자 이동**(遺傳子移動, genetic migration, 유전자 흐름, genetic flow)은 지리적 장벽을 넘어 인접한 개체군과 개체군 사이나 종과 종 사이에서 생식 가능한 개체가 이동하여 유전자 분포가 달라지는 경우를 말한다(그림 10-20). 따라서 유입된 개체군에서의 유전적 다양성은 증가할 것이다.

이러한 유전자 이동은 눈으로 보이지 않는 세균에서도 활발히 일어난다. 이는 제8장 '생명의 번식' 편에서 잘 소개되어 있다. 박테리아는 모세포에서 딸세포로 유전자가 전달되는 **수직적 유전자 전달**(垂直的遺傳子傳達, vertical gene transfer)뿐만 아니라, 같은 세대에서 같은 종이나 다른 종으로 유전자가 전달되는 **수평적 유전자 전달**(水平的遺傳子傳達, horizontal gene transfer)도 같이 일어난다. 이 수평적 유전자 전달을 **측면 유전자 전이**(側面遺傳子轉移, lateral gene transfer)라고 부르기도 한다. 따라서 세균과 세균 사이에 유전자가 이동하면 항생제에 내성이 없던 세균이 항생제에 내성을 가지는 세균으로 바뀐다. 즉, 유전적 변이가 일어난 것이다. 이러한 유전자 이동은 세균에서 효모에게 전달되기도 하고, 미토콘드리아나 엽록체에서 숙주의 핵 속으로 전달되기도 한다. 더 나아가서 세균과 고세균의 유전자 이동에 의하여 진핵세포가 탄생하였다는 주장도 제기되고 있어서 유전자 이동은 대단히 중요한 진화 기전에 속한다고 볼 수 있다.

## 5. 작위적 교배

진화의 기전 중 **작위적 교배**(作爲的交配, non-random mating, 그림 10-21)는 자연선택과 다르게 교배가 작위적으로 일어나서 유전자 분포가 달라지는 경우를 말한다. 작위적이란 뜻은 임의적이지 않다는 개념이다. 따라서 이 작위적 교배도 두 가지로 생각해 볼 필요가 있다. 먼저 **근친교배**(近親交配, 동계교배, 同系交配, inbreeding)를 들 수 있다. 근친교배는 유전적으로 아주 가까운 개체끼리 이루어지는 교배로 동물보다는 식물에서 더 빈번히 일어난다. 이러한 근친교배도 새로운 유전자 분포를 만들어 낼 수 있다. 작위적 교배의 의미는 집단 유전학에서 대표적으로 사용되는 **하디-바인버**

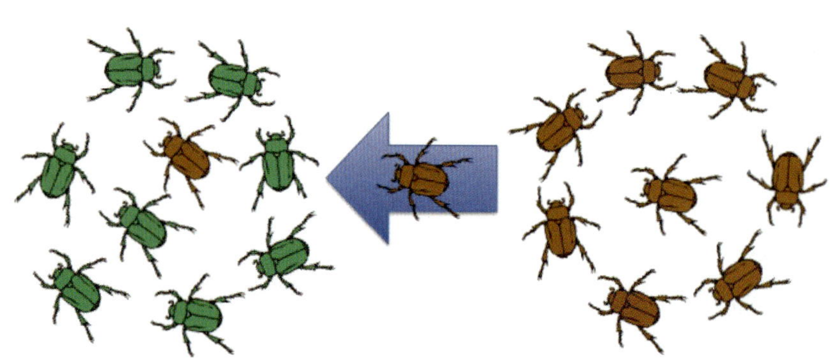

그림 10-20. 유전자 이동에 의한 진화 과정. (출처: Tsaneda[10-20])

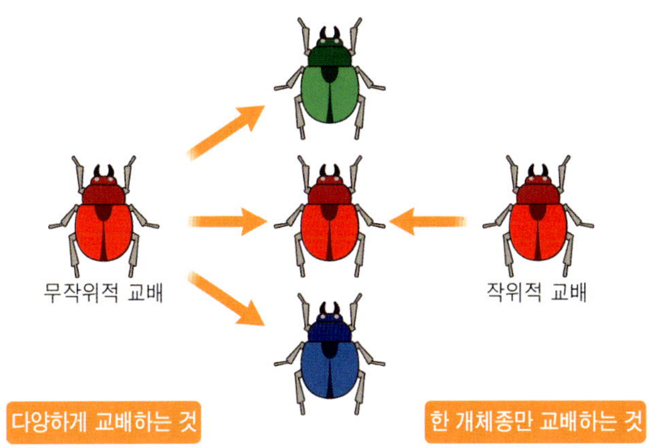


그림 10-21. 작위적 교배와 무작위적 교배의 차이점.

**그 원리**(Hardy-Weinberg principle)이다[3,74]. 즉, 생물집단이 크고 교배가 임의적으로 이루어진다면, 그 집단의 유전자 빈도는 변하지 않는다는 뜻이다. 따라서 작위적 교배는 유전자 분포를 바꾸어 놓을 가능성이 아주 높다. 또 다른 작위적 교배가 일어나는 경우는 **성 선택**(性選擇, sexual selection)이다. 성 선택은 암컷과 수컷 사이에 벌어지는 이성 간 선택 과정 중에서 특정 형질만을 선호할 때 발생하는 선택이다. 따라서 이는 임의적 선택이 아니라 작위적 선택이다. 성 선택에서 자주 등장하는 예는 공작새이다. 수컷 공작의 화려한 날개는 분명 포식자를 피하기에는 불리해 보이지만, 그 대신 번식 확률이 높아져서 서로 균형이 맞을 것으로 보고 있다[147].

## 제5절 진화의 유형

지금부터는 진화가 어떤 형태로 진행되는지를 구체적으로 살펴보고, 종 분화가 일어나는 과정과 궁극적으로 종이 멸종되어 사라지는 과정에 대하여 알아볼 것이다[141].

### 1. 발산진화

**발산진화**(發散進化, Divergent evolution)는 **분지진화**(分枝進化)라고도 알려져 있다. 그림 10-22에서 보는 발산진화는 한 조상 종이 다양한 서식지에 적응하기 위하여 여러 종으로 진화하는 경우를 말한다. 따라서 진화라고 하면 발산진화를 먼저 생각하듯이 가장 쉽게 떠오르는 진화의 유형이라고 할 수 있다.

그림 10-13에서 볼 수 있는 핀치새도 전형적인 발산진화의 모습을 보여 준다. 남미 대륙에서 갈라파고스섬으로 건너간 조상 새는 다양한 환경과 먹이에 적응하기 위하여 여러 종의 핀치새로 갈라져 나간다. 이렇게 짧은 시간 내에 많은 종으로 퍼져 나가는 현상을 **적응방산**(適應放散, adaptive radiation)이라고 부르는 이유를 우리는 쉽게 이해할 수 있을 것이다. 발산진화의 또 다른 예를 하나 들어 보자. 척추동물에서 5개의 손가락을 가진 앞발은 사람에서는 팔이 되었지만, 새에서는 날개가 되고 고래에서는 지느러미 발이 되었다. 이들은 서로 공통의 조상을 가졌지만, 다른 환경에 적응하기 위하여 각기 다른 구조로 진화된 결과물이다. 그러나 큰 그림에서 본다면 최초의 생명체에서 현재 지구상에 살고 있는 모든 생명체는 모두 발산진화에 의하여 이루어졌다고 볼 수도 있다.

### 2. 수렴진화

**수렴진화**(收斂進化, convergent evolution)는 발산진화처럼 퍼져 나가는 진화의 형태가 아니라 그림 10-22처럼 한 곳

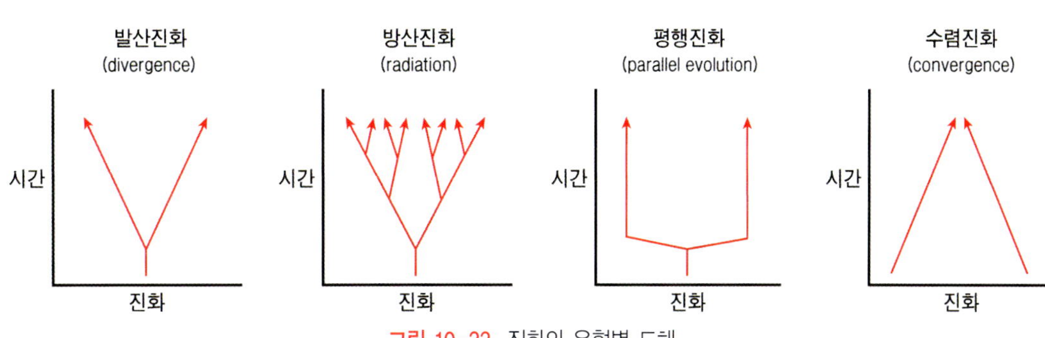


그림 10-22. 진화의 유형별 도해.

으로 모이는 진화 형태이다. 이들은 발산진화와 다르게 서로 종간에 관련성이 없다. 즉, 공통조상을 가지지 않는다. 그러나 이들은 살아야 하는 환경이 유사하기 때문에 서로 독립적으로 비슷한 형질을 발현시키는 진화 형태이다. 그림 10-23은 수렴진화를 잘 나타내 주는 사례이다. 즉, 상어는 어류이고 **어룡**(漁龍, ichthyosaur)은 멸종한 파충류이다. 펭귄은 새이고 돌고래는 포유류이다. 즉, 이들은 모두 조상이 다르다. 그러나 이들이 살아야 하는 환경은 물이다. 따라서 몸이 유선형으로 변하고 지느러미 형태를 만들게 된 역사가 바로 수렴진화를 뜻한다. 또 다른 예를 들어 보자. 하늘을 나는 **익룡**(翼龍, Pteradactyl)은 파충류이고 박쥐는 포유류이다. 이들도 조상은 다르지만, 하늘을 날아야 하는 환경은 공통이다. 따라서 이들은 날개를 발달시킨다. 박쥐는 손가락 사이에 날개를 만들고 무거운 뼈들은 그 형체만을 남기고 퇴화되어 있다.

## 3. 평행진화

**평행진화**(平行進化, parallel evolution)는 그림 10-22에서 보는 바와 같이 진화의 양상이 서로 평행적이다. 즉, 한 조상에서 나온 유사 종이 비슷한 환경에서 동일한 유사성을 유지하면서 독립적으로 진화한 경우를 말한다. 이들은 코끼리와 멸종한 매머드(mammoth)를 예로 들 수 있다. 또 평행진화는 **사람과**(hominidae)에서도 나타난다. 즉 인간, 침팬지, 고릴라, 오랑우탄 및 긴팔원숭이도 일정한 유사성을 유지하면서 독립적으로 진화해 가는 종으로 볼 수 있다.

## 4. 공진화

**공진화**(共進化, coevolution)는 전혀 다른 두 종이 서로의 진화에 영향을 미치는 상태를 말한다. 이 영향력은 그들의 관계에서 상호 의존성을 증가시키는 방향으로 진화해 간다. 공진화를 보여 주는 대표적인 사례는 아마존 우림 지역에 사는 벌새(hummingbird)와 켄트로포곤(centropogon) 꽃에서 찾을 수 있다(그림 10-24)[86]. 벌새는 이 꽃의 꿀샘에 관심이 있을 것이다. 그러나 꽃은 새의 머리에 화분을 묻혀서 내보내는 일에 초점이 맞추어져 있다. 만약 벌새의 주둥이가 길어지면 벌새는 쉽게 꿀을 빨아 먹을 수 있지만, 꽃은 화분을 옮길 기회를 잃게 된다. 따라서 꽃은 암술대를 더 길게 만들 수밖에 없다. 이러한 상호 관계에 의한 공진화는 벌새의 주둥이가 여실히 보여준다고 할 수 있다. 이런 현상은 주위에서 쉽게 찾아볼 수 있다. 브라질 호두와 들쥐의 일종인 아구티(agouti)에게도 공진화는 관찰된다. 아구티가 손쉽게 호두를 까먹을 수 있게 되면, 호두는 이를 어떻게 방어할 수 있을까? 호두는 그 껍데기를 더 단단하게 만들 것이다. 이러한 호두의 진화는 다시 아구티에게 작용하여 아구티로 하여금 더 강력한 턱과 이빨을 가지도록 공진화할 것이다. 이들은 게와 달팽이 사이에서도 나타난다. 게가 손쉽게 달팽이를 잡아먹으면 달팽이는 점차 더 껍데기를 두껍게 하고 돌기를 만들 것이다. 이런 달팽이의 진화는 게로 하여금 다시 더 강력한 집게발을 만들도록 유도할 것이다. 공진화는 마치 숙주 대 병원균 혹은 포식자와 피식자와의 관계처럼 유전적 군비경쟁을 유도하는 것

그림 10-23. 수렴진화.

그림 10-24. 공진화 증례. (출처: New Mexico 대학 Christopher C. Witt 교수 제공[10-24])

처럼 보이기도 한다.

## 5. 협동진화

**협동진화**(協同進化, evolution of cooperation)는 상호 호혜적 관계의 진화를 말한다. 즉, 서로에게 도움이 되는 방향으로 진화가 이루어진다는 의미이다. 이런 형태의 진화도 자연에서는 흔히 볼 수 있는 형태이다. 가장 대표적인 협동진화는 **균근**(菌根, mycorrhiza)과 식물의 협동진화이다. 균근은 곰팡이라는 의미와 뿌리라는 의미를 같이 가지고 있는 이름이다. 즉, 이들은 균류로서 곰팡이의 균사가 식물과 협동진화를 하는 형태이다. 균근은 아주 미세한 균사를 이용하여 식물의 뿌리가 미치지 못하는 지역으로부터 물과 미네랄을 흡수하여 식물에 제공한다. 식물은 그 대신 균근에게 광합성에서 얻은 다양한 유기물을 제공하여 균근이 잘 생장하도록 도와준다. 대부분의 나자식물이 균근과 협동진화의 양상을 보여 준다. 이러한 협동진화는 **린 마굴리스**(Lynn Margulis, 1938~2011)가 주장한 공생관계에서도 여실히 나타나고 있다. 즉, 미토콘드리아나 엽록체와 진핵세포 간의 내부공생관계(endosymbiosis)도 협동진화의 한 단면을 보여 준다고 할 수 있다[89]. 더 나아가 인간을 구성하는 체세포와 생식세포도 서로 협동진화의 한 예라고 할 수 있다. 체세포가 번식은 못 하지만, 개체를 안정적으로 유지함으로써 생식세포가 번식에 전념하게 할 수 있는 것도 협동진화의 한 단면을 보여 준다고 할 수 있다.

## 6. 이시성 진화

**이시성 진화**(異時性進化, heterochrony)를 설명하기 전에 우선 이런 상황을 먼저 생각해 보자. 인간에서 목 디스크를 일으키는 경추는 7개이다. 그러나 기린은 인간의 목보다 수십 배가 더 길다. 그렇다면 기린의 목뼈인 경추는 몇 개나 될까? 기린도 사람과 똑같이 경추가 7개인데도 왜 이렇게 목의 길이가 차이가 날까? 이 해답을 주는 진화의 방법이 바로 이시성 진화이다. 또한 이시성 진화를 이해하기 위해서는 우선 유전자의 역할을 좀 더 구체적으로 알아볼 필요가 있다. 유전자는 크게 **조절 유전자**(調節遺傳子, regulatory gene)와 **구조 유전자**(構造遺傳子, structural gene)로 구분해 볼 수 있다. 조절 유전자는 유전자의 발현을 조절하는 유전자로서 마치 스위치를 켜는 것과 같은 역할을 한다. 만약 이 스위치가 켜지면, 실제 아미노산을 만들어 내는 구조 유전자가 작동하게 될 것이다. 따라서 실제 일을 시행하는 구조 유전자를 조절하는 역할이 바로 조절 유전자가 하는 일이다(자세한 내용은 제10절 '동물의 진화' 편에서 자세히 다룰 것이다). 그러나 이때에도 조절 유전자가 언제 켜지는지 혹은 얼마나 오랫동안 켜져 있는지에 따라 구조 유전자의 작업량이 달라질 수가 있다. 이런 개념이 바로 이시성 진화 속에 녹아 있다. 이시성 진화를 처음 눈치챈 학자는 1875년 발생 반복설을 주장한 독일의 **에른스트 헤켈**(Ernst Haeckel, 1834~1919)이다. 그의 개념은 다시 1930년 영국의 유전학자인 **개빈 드 비어**(Gavin de Beer, 1899~1972)에 의하여 재조명받기 시작하였다.

이시성 진화를 요약하면 생명체의 **발생 과정**(發生過程, developmental process)에서 특정 형질이 나타나는 시점이나 속도가 조상 종에 비교하여 빨라지거나 늦어지는 경우라 할 수 있다. 또 시점을 기준으로 본다면, 발생 과정의 시작점과 종료 시점을 구분해서 생각해 볼 수 있다. 따라서 속도, 시작 시점 및 종료 시점에서 각기 빨라지는 경우와 늦어지는 경우를 가정해 보면, 이시성 진화는 6가지 종류로 구분해 볼 수 있다(표 10-3). 그러나 이 6가지 이시성 진화의 종류도 결국 **미진화**(未進化, paedomorphosis)와 **과진화**(過進化, peramorphosis)로 나누어진다. 미진화는 미숙아처럼 40주를 채우지 못하고 태어나는 인간의 아기와 같은 경우이고, 과진화는 40주를 넘어서 태어나는 아기여서 덩치가 크고 체중이 많

10

표 10-3. 이시성 진화의 종류

| | 미진화 (Paedomorphosis) | 과진화 (Peramorphosis) |
|---|---|---|
| 속도 | 느림 (유형성숙, neoteny) | 빠름 (촉진, acceleration) |
| 시작 시간 | 느림 (후출현, postdisplacement) | 빠름 (선출현, predisplacement) |
| 종료 시간 | 빠름 (조숙, progenesis) | 느림 (만숙, hypermorphism) |

이 나가는 것과 같다고 볼 수 있다. 즉, 미진화는 충분히 발달하지 못한 상태를 말하고, 과진화는 발달이 너무 진행된 상태를 말한다. 우선 발달 속도가 느린 경우를 **유형성숙**(幼形成熟, 유태성숙, 幼態成熟, neoteny)이라 말하고, 너무 빠른 경우를 **촉진**(促進, acceleration)이라고 말한다. 또한 발달 과정이 늦게 시작된 경우를 **후출현**(後出現, postdisplacement)이라 하고, 빨리 시작되는 경우를 **선출현**(先出現, predisplacement)이라고 부른다. 그뿐만 아니라 발달 과정이 끝나는 시점이 빠른 경우를 **조숙**(早熟, progenesis)이라 말하고, 느려지는 경우를 **만숙**(晩熟, hypermorphism)이라고 한다. 이들을 서로 비교하여 이차원적으로 표시한 것이 그림 10-25이다. 이런 과정을 살펴볼 때 미진화가 일어나는 경우는 유형성숙, 후출현, 조숙이 여기에 해당되고, 촉진이나 선

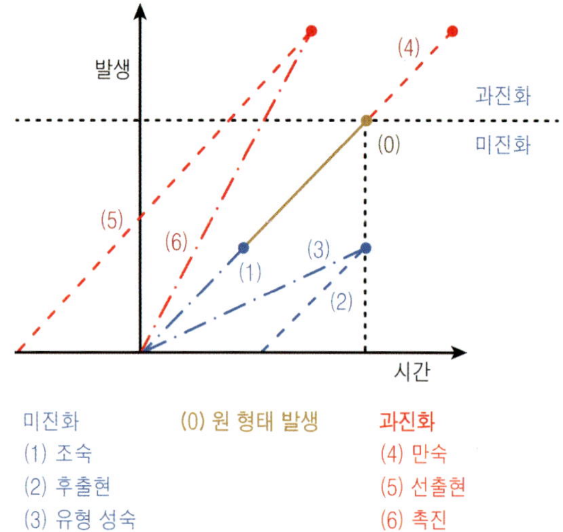


그림 10-25. 이시성 진화가 일어나는 과정. (출처: Buendía-Monreal, M., Stewart Gillmor, C.[10-25])

출현 및 만숙은 과진화에 해당할 것이다. 이러한 이시성 진화는 종 안에서 일어나는 **종내**(種內, intraspecific) 형태와 종과 종 사이에 일어나는 **종간**(種間, interspecific) 형태로 구분해 볼 수도 있다[24].

그렇다면 이시성 진화가 일어나는 현장을 찾아가 보자. 우선 조금 전에 소개되었던 기린의 목은 어떤 경우인가? 같은 경추를 가지고 있지만, 그 길이가 현저히 길어진 것은 경추의 과진화 현상으로 보아야 한다. 또한 진화의 증거에서 등장한 말의 진화도 과진화 현상으로 벌어진 일이다. 그렇다면 미진화 현상으로 벌어진 현상은 어떤 것이 있을까? 멕시코 수도 인근의 호수에서 발견된 **아홀로틀**(Axolotl)이 화제의 동물로 등장한 이유는 바로 유형성숙의 모습을 보이고 있기 때문이다(그림 10-26)[47]. 아홀로틀은 호수에 사는 물고기가 아니라 도롱뇽이다. 이 도롱뇽은 꼬리가 보존되어 있고 아가미도 퇴화하지 않은 채 그대로 남아 있다. 왜 이런 모습의 도롱뇽이 생겨났을까? 우선 도롱뇽은 양서류로서 유생기를 지나 성체로 발달한다. 그러나 이 아홀로틀은 유생기 시절의 신체적 특징이 소실되지 않고 남아 있는 상태에서 성적으로 성숙되어 버린 전형적인 미진화 상태를 보여 주는 동물이라고 할 수 있다. 따라서 이 아홀로틀은 변태가 진행되지 않은 상태로 성숙된 유형성숙의 경우이다. 이런 이유로 아홀로틀은 폐가 만들어지지 않아서 물속을 벗어날 수가 없고, 아가미로 호흡을 해야만 하는 운명에 빠져 버렸다. 변태가 일어나지 못한 이유는 갑상선호르몬에서 그 원인을 찾고 있다. 갑상선호르몬을 투여하면, 변태가 진행된다는 사실이 밝혀졌기 때문이다.

인간에서도 이시성 진화의 흔적들이 나타나 있다. 우선 남

그림 10-26. 아홀로틀 전경. (출처: PhotoSmileBeautiful[10-26])

성과 여성의 차이점을 이시성으로 설명한다. 즉, 여성이 2년 정도 먼저 어른이 되는 이유가 바로 이시성 때문이다. 여성은 미진화형이기 때문에 일찍 성장이 멈추어서 키가 작고 몸집이 작은 반면에, 남자는 과진화형이어서 육체적으로 더 크고 발달할 수 있는 이유가 되는 것이다.

그렇다면 종간 형태로서 인간과 침팬지의 태아를 비교하면 어떤 결과가 나타날까? 인간 성체의 뇌나 두개골은 침팬지의 유아형과 매우 유사하다. 즉, 침팬지는 태어남과 동시에 뇌의 발달이 멈추지만, 인간의 뇌는 출생 후에도 계속 커진다. 이는 침팬지에 비하여 인간의 뇌는 만숙의 이시성을 보이기 때문이다. 또한 두개골의 둥근 형태는 침팬지의 유년기 시절의 두개골과 유사하여 유형성숙을 보인다고 할 수 있다. 턱이 작고 얼굴이 평평한 것도 침팬지에 비하여 유형성숙 형태로 남아 있는 모습이 인간이라고 할 수 있다.

## 7. 종 분화

**종 분화**(種分化, speciation)는 종의 멸종과 함께 매우 중요한 진화의 한 형태이다. 종 분화는 말 그대로 조상 종이 두 개 이상의 후손 종으로 갈라지는 과정을 말한다. 지금부터 종 분화가 어떻게 일어나는지를 알아보도록 하자.

### 1) 종류

종 분화가 일어나는 방법은 4가지 정도로 요약할 수 있다(그림 10-27). 첫 번째는 **이소적 종 분화**(異所的種分化, allopatric speciation)를 들 수 있다. 이소적 종 분화의 특징은 지리적 장벽에 의하여 조상 종이 분리되어 후손 종으로 갈라지는 형태를 말한다. 종 분화 현상 중에서 제일 흔하게 발생하는 종 분화 형태이다. 두 번째는 **근소적 종 분화**(近所的種分化, peripatric speciation)를 들 수 있다. 근소적 종 분화는 소집단이 새로운 환경에 고립됨으로써 생긴다. 이 근소적 종 분화는 이소적 종 분화와는 다르게 격리된 집단의 크기가 훨씬 작다. 세 번째는 **접소적 종 분화**(接所的種分化, parapatric speciation)를 들 수 있다. 접소적 종 분화의 특징은 물리적 격리 없이 종 분화가 일어나는 특징이 있다. 마지막으로 **등소적 종 분화**(等所的種分化, sympatric speciation)는 물리적 격리나 서식지의 변화가 없는 것이 특징이다. 그러나 등소적 종 분화는 대단히 희귀한 편이다. 동물에서는 **잡종 교배**에 의하여 새로운 종을 만들 수 있지만, 대부분 불임이기 때문에 흔하게 일어나지 않는다. 불임이 되는 이유는 종이 서로 달라서 감수분열 시 상동염색체가 동일하게 분리되지 못하기 때문이다. 그러나 식물에서는 염색체가 **다배수체**(多倍數

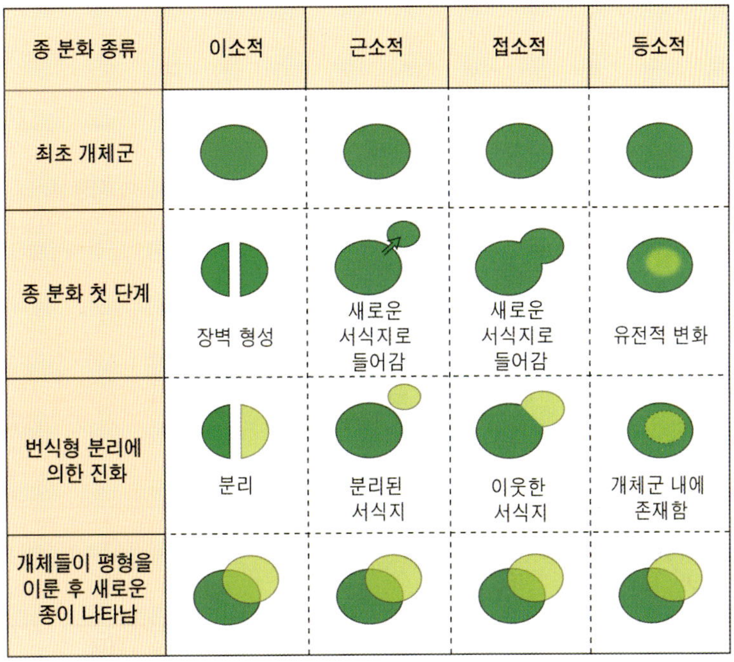

| 종 분화 종류 | 이소적 | 근소적 | 접소적 | 등소적 |
|---|---|---|---|---|
| 최초 개체군 | | | | |
| 종 분화 첫 단계 | 장벽 형성 | 새로운 서식지로 들어감 | 새로운 서식지로 들어감 | 유전적 변화 |
| 번식형 분리에 의한 진화 | 분리 | 분리된 서식지 | 이웃한 서식지 | 개체군 내에 존재함 |
| 개체들이 평형을 이룬 후 새로운 종이 나타남 | | | | |

그림 10-27. 종 분화 형태. (출처: Fvasconcellos[10-27])

體, polyploidy)이기 때문에 흔히 일어날 수 있는 종 분화 현상이다[74,127].

## 2) 계통 점진설

진화 현상을 설명하는 두 개의 개념 중 하나가 **계통 점진설**(系統漸進說, phyletic gradualism)이다. 이 계통 점진설은 다윈이 주장한 진화개념으로서 종은 오랜 시간에 걸쳐서 점진적으로 진화한다는 개념이다. 즉, 그림 10-28과 같이 종이란 공통조상에서 서서히 그 모양이 변해서 성적으로 격리되는 형태로 진화한다고 보았다. 그러나 실제 발견되는 화석에서는 이들을 연결해 주는 중간 종이 발견되지 않는 어려움이 있다.

## 3) 단속 평형설

**단속 평형설**(斷續平衡說, punctuated equilibrium)은 1972년 컬럼비아대학의 **나일스 엘드레지**(Niles Eldredge, 1943~)와 **스티븐 굴드**(Stephen Gould, 1941~2002)에 의해서 제기된 이론이다. 이 단속 평형설은 다윈이 주장한 것과는 달리 화석의 발견이 점진적인 변화의 양상을 보이지 않고, 어느 날 갑자기 새로운 종의 화석이 발견된다는 의미를 가지고 있다. 즉, 그림 10-28에서 보는 것처럼 긴 안정기를 가진 다음 짧은 변화 기간이 공존하는 형태로 진화한다. 화석 기록을 통해서 보면 한 종의 등장 이후 장시간의 정체기 혹은 평형기를 이루다가 갑자기 새로운 종이 나타나는 실제를 반영한 이론이라고 할 수 있다[79].

## 8. 멸종

멸종을 종의 진화 유형에서 마지막으로 넣은 것은 종의 운명도 멸종에서 끝나기 때문이다. 즉, 종도 종의 분화로 시작하여 멸종으로 사라지는 운명인 것이다. 지금까지 이 지구에 살았던 모든 종의 99.9%는 모두 멸종하였다. 지난 6억 년 동안 최소한 5번의 **대멸종**(大滅種, mass extinction)이 발생하였다. 이 대멸종에 대해서는 제2장 '생명의 역사' 편에서 자세히 다루었다[20]. 결국 생명의 멸종은 제한적인 자원에 대한 종간의 경쟁으로 인한 것이거나 대자연 재앙으로 일어난다. 그러나 한 종의 멸종은 다시 다른 종의 종 분화와 연결되어 있다. 우리가 보는 종 분화와 멸종의 속도는 거의 비슷하다고 보고 있다.

# 제6절 원핵생물의 진화

지구상에 살아 있는 모든 생명체를 구분한다면 **세균**(眞正細菌, bacteria), **고세균**(古細菌, archaea) 및 **진핵생물**(眞核生物, eukaryote)로 나눌 수 있다. 생물학에서 제일 중요한 일 중의 하나가 바로 **계통수**(系統樹, phylogenetic tree)를 만드는 작업이다. 그러나 인류 역사상 모든 생명체를 처음으

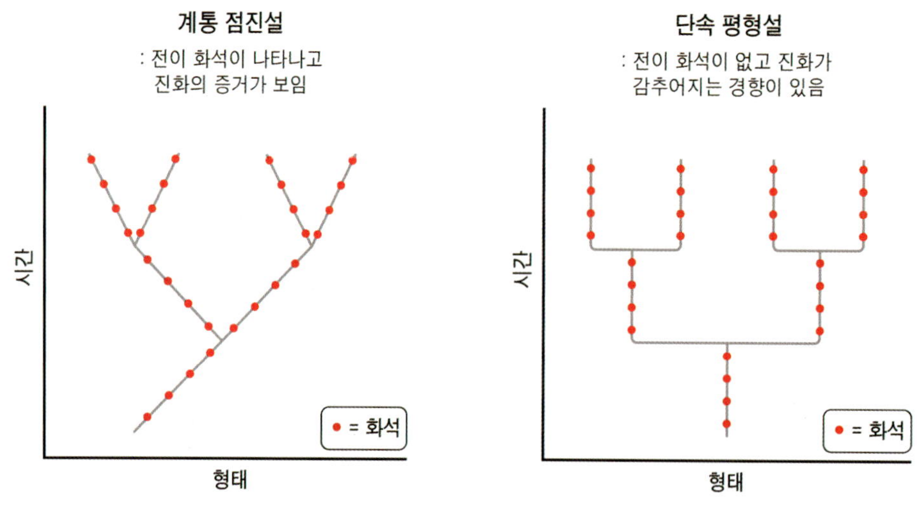


그림 10-28. 계통 점진설과 단속 평형설에 대한 도해. (출처: Faus[10-28])

로 3개의 영역으로 구분한 학자는 이미 제4장 '생명의 분류' 편에서 소개한 **칼 워즈**(Carl Woese, 1977~2012)였다. 그가 1977년 미국 일리노이주의 조용한 시골 마을인 어바나 샴페인(Urbana Champaign)에 있는 일리노이대학에서 찾아낸 **3영역 계통수**(Three domain tree, 그림 4-7)도 지금은 그 변화의 시점에 와 있다고 볼 수 있다. 1984년 미국의 진화생물학자인 **짐 레이크**(Jim Lake)가 처음으로 주장하였지만, 현재 영국의 **마틴 엠블리**(Martin Embley)와 독일의 **윌리엄 마틴**(William Martin)에 의해서 제기된 **2영역 계통수**(Two domain tree, 그림 10-29)가 바로 그것이다. 즉, 지구상의 모든 생명체를 2개의 영역인 세균과 고세균으로 구분하고 진핵생물은 세균과 고세균의 합병으로 진화해 왔다는 주장이다[145].

세균은 지구상의 어떤 서식지에도 적응해 잘 살고 있다. 그러나 다수의 고세균은 호열성 세균으로서 뜨거운 온천이나 해저의 열수 분출구에도 살고 있다. 이들은 왜 뜨거운 환경을 좋아하게 되었을까? 아마도 이들은 새로운 환경에 적응하기 어려워서 경쟁이 덜한 가혹한 환경에 살게 된 것이 아닐까 추측하기도 한다. 따라서 이들은 초창기 지구의 극한적인 환경에서 가장 번성했던 첫 번째 생명체였을 가능성이 높다. 그러나 세균이나 고세균은 동물이나 식물처럼 화석자료가 거의 없다. 따라서 우리는 원핵생물의 진화를 이해하는 데 한계점을 가질 수밖에 없게 된다[97,133]. 우리는 제2절에서 최초의 공통 선조에 대하여 알아보았다. 따라서 지금부터는 어떻게 원핵생물이 진핵생물로 진화해 갈 수 있었을지에 대한 이론들을 추려서 설명하기로 한다.

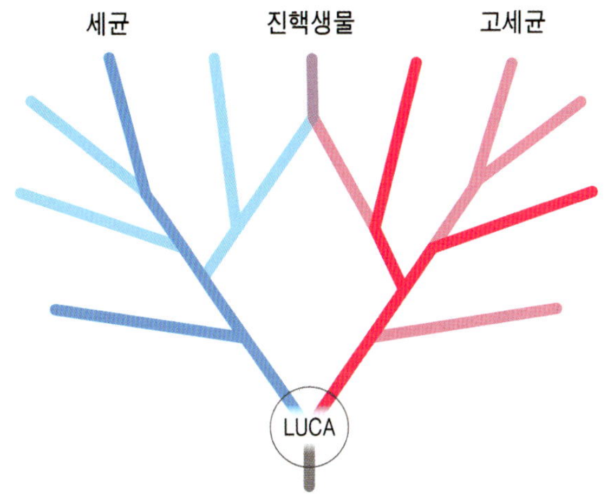

그림 10-29. 2영역 계통수. (출처: Weiss M. C., et al.[10-29], 게재 허가)

## 1. 원핵생물 우선설

원핵생물이 진핵생물로 진화해 가는 과정을 설명하는 데 항상 처음으로 등장하는 이론이 **원핵생물 우선설**(原核生物于先說, prokaryote-first theory)이다. 먼저 처음으로 이 지구상에 등장한 세균은 현재에도 남아 있는 **클로스트리디움**(Clostridium) 세균일 것으로 보고 있다. 이들은 인간에서 파상풍을 일으키거나 통조림 속에 숨어서 신경독을 전파하기도 한다. 또한 최초의 고세균도 현재 남아 있는 **메탄 생성균**(-生成菌, metanogen)일 가능성이 높다. 메탄 생성균도 혐기성으로 수소와 이산화탄소를 이용하여 에너지를 만들고, 메탄가스를 부산물로 내뿜는 고세균이기 때문이다. 원핵생물 우선설도 크게 두 가지로 분리해서 생각하여야 한다.

첫 번째로 유력한 이론은 세균과 고세균의 융합으로 진핵생물이 탄생하였다는 이론이다. 이 이론 역시 단순한 구조물에서 복잡한 구조물로 진화해 가는 사례로서 가장 많은 지지를 받고 있다. 즉, 고세균이 세균인 알파프로테오박테리아($\alpha$ proteobacteria)를 융합하여 **내부공생**(內部共生, endo-symbiosis)이 일어난다. 이들은 단순히 내부공생으로 끝나는 것이 아니라 알파프로테오박테리아가 고세균으로 하여금 덩치가 더 커지게 하고, DNA 양도 더 많아지게 만들어 주었을 것이다. 따라서 이러한 알파프로테오박테리아는 진핵세포가 되면서 미토콘드리아로 현재 남아 있게 되었다는 생각이다. 즉, 3영역 계통수를 2영역 계통수로 축소시킬 수 있다는 주장인 셈이다(그림 10-29). 그러나 이 이론도 모든 궁금증을 해결해 주는 것은 아니다. 예를 들면, 세균과 고세균의 구조적 차이 때문이다. 이미 표 5-2의 3영역의 구조적 차이점과 그림 5-15에서 보는 바와 같이 고세균의 세포막 지질은 **글리세롤-1인산**(glycerol-1-phosphate)이 주축이 되어 인지질과 **에테르 결합**(ether linkage)을 하는 반면, 세균과 진핵생물의 세포막은 **글리세롤-3인산**(glycerol-3-phosphate)이 주축이 되어 인지질과 **에스터 결합**(ester linkage)을 하고 있다. 따라서 세균과 고세균의 융합으로 진핵생물이 만들어졌다면, 이러한 세포막 구성이 다른 이유가 설명되지 않는다. 참고로 미토콘드리아나 엽록체의 세포막은 세균과 같은 에스터 결합을 하고 있다.

두 번째 가설은 고세균에서 직접 진핵생물이 진화했다는 이론이다. 이 이론의 큰 배경은 스웨덴 웁살라대학의 **티스 에테마**(Thijs Ettema)가 발견한 새로운 고세균 때문이다. 이 고세균은 북위 73° 근처의 대서양 중앙해령(mid-atlantic ridge) 주위에 있는 열수 분출공에서 발견된 고세균으로 **아스가드**(Asgard) 고세균상문(上門, superphylum)을 말한다. 이들은 그린란드와 노르웨이 사이에 있는 북대서양 해저에서 살고 있지만, 그 형태가 가장 진핵생물과 닮아 있다. 따라서 에테마는 이 중에서 약 20억 년 전에 진핵세포로 진화했을 것으로 추정하였다. 실제로 고세균은 대사과정이나 DNA 복제 및 전사나 번역 과정이 세균보다는 진핵생물에 더 가깝다[150]. 이 이론 역시도 세포막의 성분을 설명하는 데에는 한계점이 있다.

## 2. 진핵생물 우선설

**진핵생물 우선설**(眞核生物于先說, eukaryote-first theory)은 말 그대로 진핵생물이 먼저 탄생했다는 이론이다. 즉, 복잡한 진핵생물에서 간단한 구조를 가진 원핵생물을 만들기는 쉽고 간단하다는 주장이다. 그뿐만 아니라 한 개 혹은 두 개의 원핵세포로 진핵세포를 만드는 것보다 진핵세포에서 원핵세포를 만드는 게 더 간단하다는 의미이다.

## 3. 핵구획 공통설

**핵구획 공통설**(核區劃共通說, nuclear compartment commonality theory; NuCom)은 원시 핵을 가지고 있는 소위 PVC 세균에서부터 시작된다. 이 PVC 세균은 부유균문(Planctomycetes), 우미균문(Verrucomicrobia) 및 클라미디아(Chlamydia)의 상문을 뜻한다. 이들은 진핵생물과 같은 원시적인 핵막을 가지고 있다. 따라서 이들을 세균으로 취급하는 데 이의를 제기하는 학자들도 있다. 그러나 이들 중에서 16S rRNA를 이용한 분석에서 부유균이 제일 오래된 균으로 조사되었고, 우미균이 프로테오박테리아의 선조로 밝혀지기도 하였다. 따라서 이러한 원시 핵 구획을 가지고 있는 세균에서 진핵생물이 진화했다는 이론이다. 이렇게 되면 세포막을 구성하는 화학성분은 완전히 일치하게 된다. 왜냐하면 세균과 진핵생물의 세포막은 글리세롤-3인산이 주축이 된 에스터 결합을 하고 있기 때문이다. 그렇다면 대장균과 같은 전형적인 세균은 어떻게 탄생하였을까? 아마도 이들은 원시 핵막이 있는 PVC 세균에서 더 작고 덜 복잡한 방향으로 진화가 일어나서 핵이 사라졌다고 보고 있다.

## 4. 고세균 우선설

**고세균 우선설**(古細菌于先說, archaea-first theory)은 고세균에서 세균과 진핵생물이 진화해 나왔다는 이론이다. 이 이론의 배경은 고세균에서 세균과 진핵세포가 각기 진화하여 서로 **수평 유전자 이동**(水平遺傳子移動, Horizontal gene transfer)이 일어나면서 3개의 영역이 생겨났다고 생각한다.

우리는 루카에서 진핵생물이 등장하게 된 진화적 과정을 유추해 보았다. 그러나 이런 과정이 일어난 시기가 최소한 36억 년 전에 일어난 일들이고, 일어난 장소도 열수 분출구가 많은 지지를 받고는 있지만 아직도 확정적이지도 않다. 따라서 이러한 시기와 장소는 앞으로 연구되어야 할 중요한 과제 중의 하나가 될 것이다.

# 제7절 원생생물의 진화

**원생생물**(原生生物, protest, Protista)은 그림 10-30에서 보는 것처럼 모든 진핵생물의 출발점이자 우리가 눈으로 직접 볼 수 있는 최초의 생명체들이다. 먼저 원생생물은 동물이나 식물 및 균류를 제외한 모든 진핵생물을 가리키는 용어이다. 따라서 굉장히 다양하고 광범위한 생명체가 여기에 속한다고 할 수 있다. 이들은 대부분 단세포이지만 그 구조적 복잡성은 상당히 높은 편이다. 이는 그림 5-26에서 보는 짚신벌레와 같이 비록 단세포 구조이지만, 핵이 대핵과 소핵으로 나누어져 그 기능을 달리하고 있고, 입과 항문의 형태를 보여주기도 한다. 또한 이들은 생태계에서 중요한 먹이사슬인 주된 플랑크톤이 되고 있다. 이들이 광합성으로 만들어 낸 유기물은 그 상위 생물들을 먹여 살리는 중요한 역할을 담당한다. 따라서 생명의 계통수에서 처음으로 나타난 진핵생물인 원생생물은 그 생태학적 의미가 크다고 할 수 있다[97,137]. 최상위 그룹에 군림하고 있는 인간도 그 첫 출발점은 단세포 진핵세포인 수정란이다. 이 사실이 암시해 주는 뜻은 무엇일까? 그

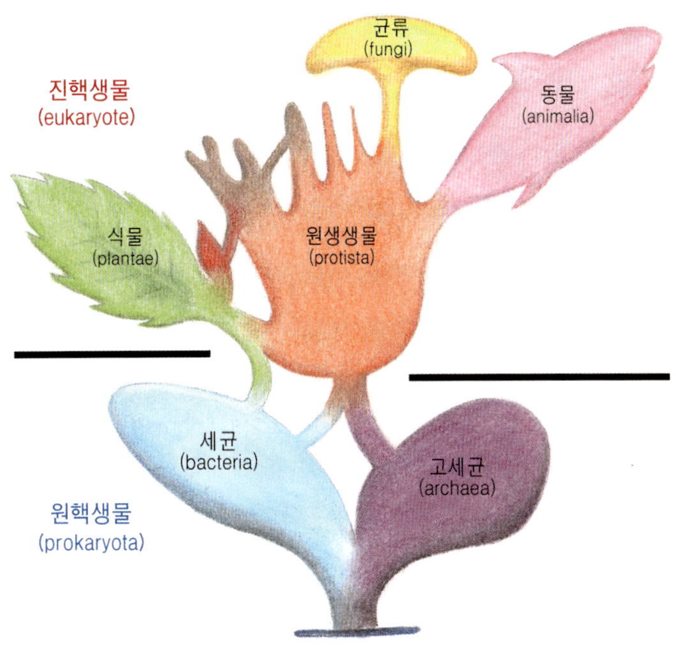


그림 10-30. 생명체의 계통수. (출처: Maulucioni y Doridí[10-30])

것은 우리 인간조차도 그 출발점은 원생생물 수준에서 출발한다는 의미이다. 따라서 원생생물은 그저 수정란인 단세포 진핵세포인 채로 그저 행복하게 살아간다. 그러나 이 단세포 수정란이 포배 상태까지 발전한 후에 더이상 발생하지 않고 그 상태로 머물러 사는 생명체들도 많다. 우리는 이런 생명체를 **포배 동물**(胞胚動物, blastaea)이라 부르고, 해면동물이 여기에 속한다. 이들은 그저 무배엽성으로 분화되지 않는 세포 덩어리로 살고 있는 셈이다. 그렇다면 포배 상태보다 더 진행된 낭배 상태까지 진행하는 동물들도 많다. 우리는 이런 동물을 **낭배 동물**(囊胚動物, gastraea) 혹은 이배엽성 동물이라고 부르고, 자포동물이 여기에 속한다. 따라서 자포동물은 중배엽이 없어서 입과 항문이 같다. 그렇다면 인간을 포함한 상위 동물들은 중배엽이 나타나는 삼배엽으로 진행된 생명체라는 것을 의미한다(제6장 '생명의 성장' 편 참고). 그러므로 인간은 삼배엽성 동물인 셈이다. 이런 개념을 처음으로 제시한 학자는 원생생물계(Kingdom Protista)를 1866년 처음으로 제시한 독일의 **에른스트 헤켈**(Ernst Haeckel, 1834~1919)이었다.

원핵생물에서 진핵생물로 진화한 시기는 언제쯤으로 추정해 볼 수 있을까? 우리가 흔히 말하는 진핵생물의 지질 대사물질인 **스테란**(sterane) 흔적이 발견된 것은 약 27억 년 전이다. 이 스테란은 콜레스테롤과 그 파생물질의 핵심 구성요소로서 진핵생물을 가리키는 생물지표(biomarker)로 이용되고 있다. 또한 화석 기록이 흔하지 않은 원생생물에서 가장 오래된 단세포 진핵생물의 화석이 발견된 시기가 약 17억 년 전이다. 따라서 이런 결과를 종합해 볼 때, 진핵생물이 이 세상에 등장한 것은 27억 년에서 17억 년 전 사이로 추정된다. 그뿐만 아니라 첫 번째 다세포 조류(藻類, algae)의 화석이 발견된 시기가 약 14억 년 전 정도로 보고되고 있다.

제6절 '원핵생물의 진화' 편에서는 세균이나 고세균 입장에서 어떻게 진핵세포로 진화해 갔는지를 집중적으로 분석해 보았다. 이제는 원생생물의 진화 과정을 현재 살아 있는 종들에서 그 흔적들을 찾아보는 방법으로 서술해 나가기로 하자.

## 1. 내부공생

먼저 원핵생물에서 진핵생물로 진화해 가는 과정 중에서 제일 많이 지지를 받고 있는 **내부공생**(內部共生, endosymbiosis)설을 좀 더 심도 있게 분석해 보기로 하자(제3장 '생명의 탄생' 편 참고). 내부공생설을 지지해 주는 증례로 자주 등장하는 소기관이 미토콘드리아와 엽록체이다. 미토콘드리아는 그 전신이 **알파프로테오박테리아**($\alpha$ proteobacteria)였고, 엽록체는 **남세균**(藍細菌, cyanobacteria)이었다고 보고 있다. 이

10

들은 그림 10-31에서 보는 것처럼 큰 세포가 작은 세포를 세포 안으로 합병시킨다. 이렇게 합병시키는 과정은 큰 세포가 작은 세포를 삼켰지만 소화되지 않고 살아남은 경우이거나, 기생 생활로 합병되었을 수도 있을 것이다. 우리는 이렇게 합병된 작은 세포를 **공생자**(共生者, symbiont)라 부르고, 합병시킨 큰 세포를 **숙주**(宿主, host)세포라 부른다. 이리하여 큰 세포인 숙주는 공생자에게 편안하고 안전한 숙소를 제공하는 대신 공생자는 산소를 이용하여 에너지를 만들어 주는 발전소와 같은 역할을 수행할 것이다. 이들은 처음에는 각자가 독립적인 대사 작용을 이어 가다가, 나중에는 공생자의 유전자가 숙주세포의 유전자로 이동하면서 점차 숙주세포의 소기관으로 자리잡게 되었다. 이렇게 탄생한 진핵세포는 현재 동물세포로 남아 있다. 또한 미토콘드리아를 소기관으로 발전시킨 세포가 이차 공생단계로 남세균을 합병하여 같은 과정을 거쳐서 소기관으로 발전한 엽록체는 식물세포로 현재 그 위세를 떨치고 있다. 이러한 미토콘드리아나 엽록체가 내부공생에 의하여 소기관이 되었다는 증거는 무엇인가? 우선 이들은 숙주와는 다른 DNA를 가지고 있고, 이 DNA가 세균과 같은 원형 모양을 하고 있다는 사실이다. 또한 이들은 자신만의 세포막을 가지고 있을 뿐만 아니라 그 세포막 구조가 세균과 닮아 있다[89]. 그뿐만 아니라 이들이 분열하는 방법은 세균들의 주된 방법인 **이분법**(二分法, binary fission)을 이용하고 있다. 그리고 엽록체는 남세균과 그 내부 구조 및 생화학적 과정이 매우 유사하다는 것을 우리는 잘 알고 있다.

지금부터 우리는 내부공생관계가 최근에 일어나서 아직 완전히 소기관으로 자리잡지 못한 숙주-공생자 관계를 두 개의 증례를 통하여 알아볼까 한다. 먼저 그림 10-31에서 보는 생명체는 **파울리넬라**(*Paulinella chromatophora*)라는 담수에 사는 아메바 종이다. 현재 식물세포에 있는 엽록체가 내부공생에 의하여 소기관으로 합병이 일어난 시기를 약 10억~15억 년 전으로 보고 있다. 그러나 이 파울리넬라와 남세균의 합병이 일어난 시기는 약 1억 년 전으로 추정된다. 따라서 파울리넬라는 식물에 들어 있는 엽록체보다 훨씬 짧은 합병 기간을 가진다는 의미이다[91]. 그렇다면 이들은 어떤 합병 단계를 거쳐 가고 있을까?

먼저 종속영양생물인 파울리넬라가 남세균을 합병하여 광합성이 가능한 독립영양생물인 아메바가 되었다는 것을 상기해 보자. 현재 파울리넬라 아메바 속에 들어 있는 남세균(synechrococcus)의 유전자를 살펴보면, 특이한 점이 발견된다. 즉, 아메바 속에 들어 있는 남세균 유전체는 원래 남세균

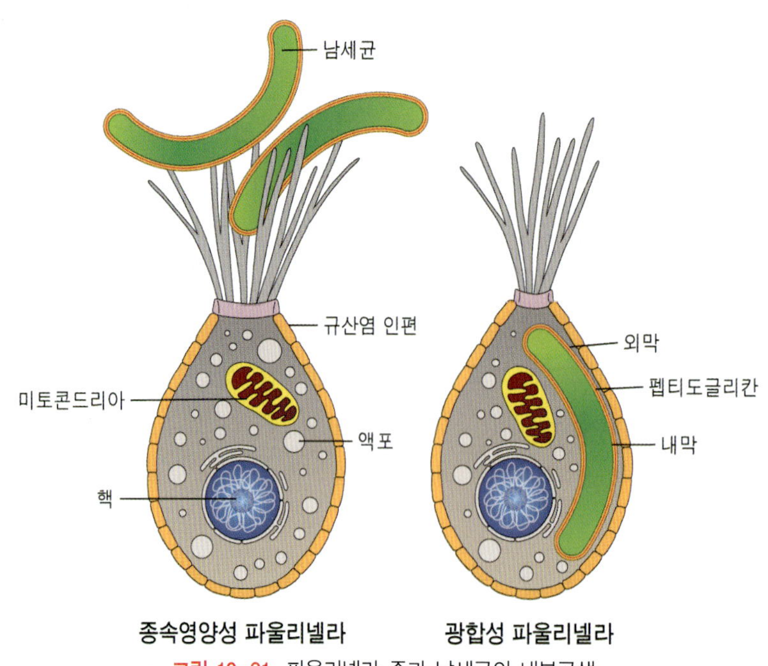


그림 10-31. 파울리넬라 종과 남세균의 내부공생.

유전체와 비교하면 약 1/3 정도밖에 되지 않는다. 유전체가 현저히 줄어든 것이다. 그렇지만 원래 식물에 들어 있는 엽록체에 비하면, 약 10배 정도 큰 유전체에 해당한다. 이 소실된 일부 유전자는 파울리넬라 유전체로 이동해 갔다. 따라서 이러한 유전자 이동을 수평이나 수직적 유전자 이동과 분리하여, 따로 **내부공생 유전자 이동**(內部共生遺傳子移動, endo-symbiotic gene transfer; EGT)이라고 부른다. 따라서 남세균이 합병됨으로써 원래에 비하면 유전체가 줄어들었지만, 식물에서 완전히 소기관이 된 엽록체에 비하면 엄청나게 많은 유전자를 아직도 가지고 있다는 의미이다.

그다음으로 파울리넬라 속에 든 남세균의 구조에 나타나는 특이점은 두 개의 막 사이에 **펩티도글리칸**(peptidoglycan)이라는 물질이 소실되지 않고 그대로 남아 있다는 점이다. 남세균도 그람 음성균이어서 세포막과 외막 사이에 세포벽을 구성하는 펩티도글리칸층이 들어 있다(그림 5-7 참고). 원래 식물세포 속에 들어 있는 엽록체에는 펩티도글리칸이 진화 과정에서 소실되고 발견되지 않는다(그림 5-22 참고). 그렇다면 남세균의 유전체가 줄어들었지만 엽록체보다는 훨씬 크고, 아직도 펩티도글리칸이 남아 있다는 의미는 무엇을 뜻하는가? 바로 파울리넬라 아메바 속에 든 남세균은 아직 완전한 합병이 일어나지 않은 상태라는 것을 말해 준다. 우리는 이런 중간 상태의 남세균을 엽록체나 색소체와는 다른 개념으로 **색소세포**(色素細胞, chromatophore, cyanelle)라고 따로 부른다. 따라서 파울리넬라는 남세균과 같이 내부공생이 일어나고 있는 현재형을 보여 준다고 할 수 있다. 그러나 이들도 수많은 세월이 흐른 후에는 서로가 완벽하게 공생관계를 발전시켜서 현재의 소기관처럼 서로가 떨어져서는 살 수 없는 공생자-숙주 관계로 발전할 것이다.

이번에는 동물이 엽록체를 합병하여 빈둥거리며 놀면서도, 끼니 걱정을 안 해도 되는 특이한 공생관계를 소개하고자 한다(제7장 '생명의 대사' 편에 간단히 기술하였다). **푸른민달팽이**(*Elysia chlorotica*)는 그림 10-32에서 보는 바와 같이 북미의 동부 해안에 서식하는 껍데기가 없고 마치 나뭇잎처럼 보이는 2~3cm 정도의 달팽이 종류이다. 이 달팽이는 황녹조류의 일종인 바우체리아(*Vaucheria litorea*)를 섭취한 후, 이 중에서 엽록체를 소화시키지 않고 자신의 세포 속으로

그림 10-32. 푸른민달팽이(*Elysia chlorotica*). (출처: Karen N. Pelletreau et al.[10-32])

받아들인다. 즉, 내부공생이 일어나는 것이다. 그러나 푸른민달팽이가 받아들인 조류는 한 달을 넘길 수 없다. 왜냐하면 조류가 살 수 있는 효소가 점점 동이 나기 때문이다. 이런 문제는 푸른민달팽이가 바우체리아를 섭취할 때 그 바우체리아의 유전자도 같이 섭취하여 자신의 염색체 속으로 옮기는 작업을 함으로써 최소한 9개월까지는 이 바우체리아를 작동시켜서 광합성을 하게 만들 수 있다. 이러한 형태는 다세포에서 다세포로 유전자가 이동하는 사례를 보여 준다고 할 수 있다. 따라서 달팽이는 종속영양생물에서 독립영양생물로 바뀌는 행운을 얻게 된다[124]. 우리는 이런 형태를 **색소체 탈취**(色素體奪取, kleptoplasty, 희랍어로 kleptes는 도둑이라는 의미)라고 부르기도 한다. 이러한 현상은 내부공생이 자연에서 흔히 일어날 수 있는 현상이라는 것을 말해 준다고 할 수 있다. 만약 엽록체를 인간의 세포에 공생시키고 광합성이 일어나게 하면 어떤 일이 일어날까? 우리도 하루에 한 번씩 햇볕이 쏟아지는 해변에 나가서 놀기만 해도 배고픔을 해결할 수 있을까? 이런 일이 일어나기 위해서는 식물의 엽록체를 공생시키는 문제도 고민거리지만, 우선 식물에서 엽록체를 생산하고 관리하는 3천 개 이상의 유전자를 먼저 인간 유전체에 합쳐야 할 것이다. 누군가 이 일을 해결해 낼 수만 있다면, 지구에 살고 있는 모든 인간들을 놀고먹는 건달로 만들기는

아주 쉬운 일일 것이다.

## 2. 다세포 진화

원생생물은 대다수가 단세포(單細胞, unicellularity)이다. 그렇다면 이들은 어떻게 **다세포**(多細胞, multicellularity)로 진화해 갔을까? 이 점이 원행생물의 진화에서 더 흥미로인 과제일 것이다. 가령 인간은 약 100조 개의 세포가 모여 있는 세포 집단군이라고 해도 틀린 말이 아니다. 우선 일정한 모양과 기능을 가진 세포들이 모여서 하나의 집단을 이룰 것이다. 그다음 이들은 일의 효율성을 높이기 위하여 노동에 대한 분업이 일어날 것이다. 만약 이러한 노동 분업이 더 효과적인 방법이라면, 이들은 마치 내부공생처럼 독립성을 버리고 한 개체로서 발전해 나갈 수 있을 것이다. 이러한 보기를 보여주는 증례가 있다. 바로 **볼복스**(volvox) 혹은 **좁쌀공말**이라고 부르는 공 모양의 녹조체 군체이다. 이 볼복스는 약 300년 전에 개량된 현미경으로 수많은 미생물을 관찰한 **안톤 판 레벤후크**(Antonie van Leeuwenhoek, 1632~1723)가 첫 번째 관찰자이다. 이 볼복스는 연못이나 호수의 플랑크톤으로 주로 성장하고, 그 크기도 직경이 2mm 정도여서 맨눈으로도 볼 수 있는 생명체이다. 이들은 종에 따라 5백~6만 개의 세포가 군집을 이루고 있다. 이 하나의 세포는 그림 8-30 및 8-31에서 보는 **클라미도모나스**(*Chlamydomonas reinhardtii*)를 닮았다. 즉, 이들은 길이가 비슷한 편모를 가지고 그림 10-33에서 보는 것처럼 편모를 밖으로 내놓고서 주변부를 둘러싸고 있다. 원래 클라미도모나스는 마치 자신이 **배우자**(配偶子, gamete)처럼 행동하지만, 그 배우자 모양이 모두 같아서 동형배우자(同型配偶子, isogamy)라고 부른다. 그러나 볼복스 종에서는 배우자가 동형배우자뿐만 아니라 **이형배우자**(異型配偶子, anisogamy) 및 더 나아가서 **난접합**(卵接合, oogamy)까지 다양한 배우자를 보여 준다.

또한 볼복스를 구성하고 있는 각각의 세포들은 고정되어 있을 뿐만 아니라 광합성이나 호흡 및 배설 기능 등은 모두 독립적이다. 그러나 운동과 이동은 서로 협동적으로 일어난다. 본래 볼복스(volvox)라는 이름 속에는 격렬하게 구른다는 의미가 있다. 이는 수많은 세포들이 군체를 이루고 있지만 운동이나 이동은 협동적으로 일어난다는 뜻이다.

또 다른 볼복스의 특징은 그 번식 방법에 있다. 즉, 번식 방법은 독립적이지 않고 군체적으로 일어난다. 볼복스는 공 모양이나 서양배 모양을 하고 있어서 뒤쪽에 있는 세포는 생식세포가 되어 번식에 관여하게 되고, 앞쪽에 있는 세포는 체세포가 되어 몸을 구성하는 부분이 된다. 즉, 볼복스는 수많은 세포들이 모여 있지만, 이들은 다세포의 가장 기본인 체세포와 생식세포로 나누어진다는 중요한 의미를 가지고 있다. 이는 100조 개의 세포로 구성된 인간의 세포도 발생 과정 중에서 처음으로 체세포와 생식세포로 나누어진다는 것은 이미 기술한 바 있다(제8장 '생명의 번식' 편 참고). 따라서 볼복스는 단세포에서 다세포로의 진화 과정과 세포의 분화에서도 많은 단서를 제공해 주고 있다고 말할 수 있다[101].

뒤쪽에 있는 생식세포는 무성적 번식을 하는 경우는 각 세포들이 분열한 후, 안으로 들어 있는 편모를 밖으로 돌리기 위하여 안쪽과 바깥쪽을 뒤집는 **역위**(逆位, inversion)가 일어난다. 이렇게 편모가 밖으로 향하게 되면 다시 헤엄칠 수

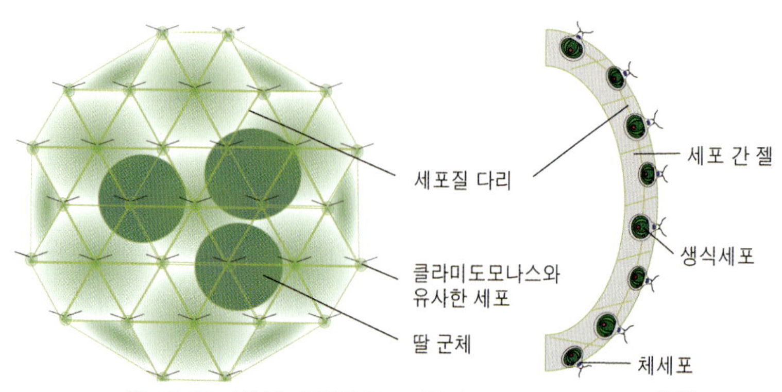


그림 10-33. 볼복스 군체의 구조. (출처: Sundance Raphael[10-33])

있는 구조가 될 것이다. 그런 다음 모 군체가 늙어서 해체되면 딸 군체가 다시 세상으로 나와 세대를 이어 갈 것이다(그림 10-34). 만약 이들이 유성생식을 하게 되면 생식세포들이 각기 **배우자낭**(配偶子囊, gametangia)을 만들어서 **장정기**(藏精器, antheridia)는 정자를 만들 것이고, **장란기**(藏卵器, oogonium)는 알을 만들게 될 것이다. 그러나 이들이 암수한몸인지 혹은 암수딴몸인지에 따라 수정란을 만드는 방법은 다소 달라진다. 하지만 이러한 클라미도모나스를 닮은 세포들이 많게는 6만 개 이상이 모여서 하나의 군체를 형성한 후 기본적인 노동의 분업이 일어나고 있다는 것은, 단세포에서 다세포로 진화해 가는 과정을 유추해 볼 수 있는 좋은 예를 보여 준다고 할 수 있다.

## 제8절 균류의 진화

곰팡이(filamentous fungi, mold)나 버섯(그림 4-22)으로 잘 알려진 **균류**(菌類, fungi)는 20세기 중반까지도 식물의 한 부류로 알려져 있었다. 그러나 균류는 식물과 동물과는 여러 가지 차이점 때문에 서로 다른 계열의 생명체임이 서서히 밝혀지게 되었다. 이들은 각기 그 구조적 성분이 다르다. 이들은 표 4-2에 잘 정리되어 있는 바와 같이, 식물의 세포벽은 **셀룰로스**(cellulose)로 되어 있는 반면, 균류는 **키틴**(chitin)이라는 글루코사민 중합체(glucosamine polymer)로 되어 있다. 따라서 버섯의 **자실체**(子實體, fruiting body)가 꼿꼿하게 서 있을 수 있는 것도 이 키틴 성분 덕분이다. 그뿐만 아니라 키틴은 동물의 구성성분이 되어 손톱이나 머리카락 속에 들어 있기도 하고, 갑각류나 곤충의 외골격 성분이 되기도 한다. 그러나 동물에서는 세포벽이 아예 없다. 그리고 먹고 사는 **영양방식**(營養方式, mode of nutrition)에서도 현저한 차이가 난다. 식물은 광합성을 통해서 자급자족이 가능한 독립영양생물인 반면, 동물이나 균류는 탄소를 고정시킬 수 있는 재주가 없는 종속영양생물이다. 동물은 다른 탄소원인 음식을 직접 잡아먹어야 한다. 그러나 균류는 움직이는 재주는 없지만, 주로 죽은 생명체를 먹어 치우는 재주를 가지고 있다. 따라서 균류를 **부생생물**(腐生生物, saprophyte, saprotroph)이나 **분해자**(分解者, decomposer)라 부른다. 또한 이들은 다른 숙주 속으로 들어가 기생 생활을 하거나 공생관계를 맺으면서 살아가기도 한다. 이들이 강력한 분해자가 될 수 있는 이유 중 하나가 식물에 들어 있는 **목질소**(木質素, lignin)를 분해할 수 있는 유일한 진핵생물이기 때문이다. 따라서 이들은 질긴 목질소에 들어 있는 유기물을 분해하여 탄소원으로 이용할 수 있는 능력이 있다. 그러나 이들은 에너지원인 죽은 생명체를 소화시키는 방법이 아주 다르다. 즉, 동물은 음식을 몸안에서 소화해서 흡수시키는 반면, 균류는 소화액을 음식물 주위로 분비한 후 이 소화액이 소화시켜 놓은 영양분을 흡수하는 방법을 취한다. 따라서 동물은 **내부 소화**(內部消化, internal digestion)를 하는 반면, 균류는 **외부 소화**(外部消化, external digestion) 방법을 취하고 있다. 그리고 이들 모두는 이끼류나 양치식물과 같이 포자를 만들어서 자손을 이어 간다. 이들이 포자를 만드는 이유는 생식뿐만 아니라 새로운 음식자원이 있는 다른 장소로 옮겨 갈 방법이 될 수도 있고, 유전자 재조합을 통하여 종의 다양성을 유도할 수도 있기 때문이다. 그뿐만 아니라 이들은 포자를 만들어서 열악한 환경을 극복하기도 한다. 또한 제8장 '생명의 번식' 편에서 기술한 바와 같이 무성생식이나 유성생식 방법을 통하여 포자를 만들어 낸다. 즉, 직접 **균사**(菌絲, hypae)에서 **분생포자**(分生胞子, conidia)를 만들어 내기도 하고, **포자낭**(胞子囊, sporangium)이나 자실체에서 만들어 내기도 한다. 최근 유전체 조사를 통하여 밝혀진 사실은 동물과 식물 그리고 균류가 서로 다른 이유를 정확히 설명해 준다. 이를테면 식물 유

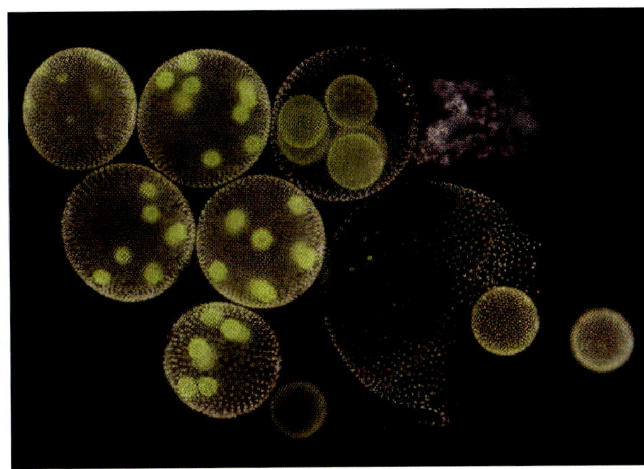

그림 10-34. 볼복스의 딸 군체가 모 군체에서 나오는 장면. (출처: Frank Fox[10-34])

10

전체에는 동물의 발생에 필요한 유전자 서열이 없다. 동물 유전체도 식물의 발생에 필수적인 유전자 서열이 없다. 그렇다면 균류에서는 어떤 유전체 구성을 보여 주고 있을까? 균류는 동물이나 식물에 있는 다세포 발생을 통제하고 조절하는 유전자 서열이 없다는 사실이 밝혀졌다. 따라서 이들은 확실히 다른 생명체 계열에 속한다. 곰팡이나 버섯은 광합성도 하지 못할 뿐만 아니라 움직이지도 못한다. 그렇지만 이들의 번식력이나 적응력은 동물이나 식물에 절대 뒤지지 않는다.

하지만 이들은 어떤 경로로 분지하면서 진화해 왔을까? 이 지구상에 진핵생물이 처음 등장한 시기가 약 27억 년에서 17억 년 전으로 추정한다. 원래 균류의 조상은 어떤 생물체였을까? 균류의 조상은 동물의 조상과 같이 물에 살면서 단세포이고, 편모가 있으며 세포벽이 키틴으로 구성되었던 원생생물이었을 것이다. 이들은 각기 약 10억 년 전에 식물과 균류 그리고 동물로 분기를 시작했다고 보고 있다. 이 중에서 식물이 약 6억 년 전에 먼저 분기하고 그다음 균류가 갈라져 나가게 된다. 따라서 균류는 식물보다 동물에 더 가까운 근연관계를 가지게 된다. 약 4억6천만 년 전에 이미 식물과 비슷하게 육상에서도 균류가 군체를 이루고 있었을 것이다. 따라서 물속에 살던 균류의 조상은 환경이 다른 육상으로 진출하면서 새로운 환경에 적응하기 위한 변화가 동반되었을 것이다. 이때 균류의 조상에 있었던 편모가 퇴화되어 사라지게 된다. 그러나 유일하게 아직도 포자에 편모가 남아 있는 균류는 **호상균류** 혹은 항아리곰팡이(壺狀菌類, chytridiomycota)이다. 가장 오래된 균류화석은 **토르토투부스**(Tortotubus protuberans)로 약 4억4천만 년 전으로 추정된다. 또한 실루리아기 후반에서 데본기까지 육상에 살았던 **프로토텍사이트**(prototaxites, 그림 10-35)는 둘레가 약 1m가 되고 키가 8m나 되는 큰 생명체이기도 하였다. 그 이후 석탄기 후기인 약 3억 년 전에는 현재 우리가 보고 있는 모든 균류가 나타났고, 2억5천만 년 전의 균류 화석은 아주 풍부하게 볼 수 있다[117]. 그렇다면 식물에 이어 균류가 등장하면서 이 지구는 어떤 변화에 직면하게 되었을까? 우선 식물과 균류가 육상으로 진출하면서 이들은 이 지구 행성을 물리적으로 아주 다양하게 바꾸어 놓았다. 즉, 식물과 균류의 공진화로 인하여 탄력을 받은 식물 종은 전 지역으로 급속하게 세력을 넓혀 나갈 수 있는 힘을 얻게 되었다.

그림 10-35. 실루리아기 후기에 살았던 균류인 프로토텍사이트(prototaxites) 복원도. (출처: Trismo in Canada[10-35])

그뿐만 아니라 균류에 의하여 식물의 셀룰로스나 리그닌이 소화될 수 있게 되어서 유기물의 재순환을 촉진시켜 동물과 함께 숲을 이루어 모두가 번성하는 길로 들어서게 된 것이다.

그렇다면 균류와 동물은 어떤 관계에 있을까? 우선 진핵생물군에서 동물과 균류가 동시에 속하는 계통군은 **후편모생물**(後鞭毛生物, opisthokont)군이다. 이들은 한 개의 편모가 세포 뒤에 붙어서 세포를 이동시키는 특징이 있다. 따라서 이러한 편모는 호상균류의 포자에 아직도 남아 있고, 동물의 정자에도 편모가 남아 있는 이유를 설명해 준다고 할 수 있다. 이 후편모생물은 다시 동물이 포함된 **홀로조아**(Holozoa)군과 균류와 그 연관종이 포함된 **홀로미코타**(Holomycota)군으로 구분된다. 또한 홀로조아 계통군에서 동물과 가까운 자매군은 **동정편모충류** 혹은 깃편모충류(chanoflagellate)를 들 수 있고, **해면동물**(海綿動物, Sponge)이 여기에 속한다(이들은 '동물의 진화' 편에서 다시 다룰 것이다). 반면에 균류가 포함된 홀로조아는 외부 소화 방법을 주로 이용하고, 실 같은 위족을 가지고 있는 **뉴클레아리드**(Nucleariid)가 균류와 가장 가까운 근연종으로 보고 있다. 또한 홀로조아 계통군에 속하는 호상균류는 이미 설명한 대로 균류 중에서 유일하게 포자에 편모가 달린 **유주자**(遊走子, zoospore)를 가지고 있다. 이들은 수생생활을 하는 단순한 균류로서 주로 물속에서 기생 생활이나 부생 생활을 한다. 그러나 이러한 특성으로 인하여 제일 고통받는 생명체는 양서류이다. 이 호상균류가 개구리의 피부에 감염되면, 피부가 두꺼워져서 제 기능을 소실하게 된다. 즉, 호흡을 할 수 없고 체온조절이나 수분 공급이 원활하지 못하여, 결국 전해질 불균형 등이 초래되어 개구리는 심부전으로 죽고 만다. 지금까지 호상균류에 의하여 멸종된 개구리나 도룡뇽이 200여 종에 달할 정도로 호상균류는 양서류에 치명적이다. 또 다른 균류와의 자매군은 **미포자충류**(微胞子蟲類, microsporidia)이다. 이 미포자충류는 동물세포의 세포 안으로 들어가서 기생 생활을 하는 특징을 가지고 있다. 따라서 대부분 곤충이나 일부 갑각류 및 어류에 감염되는 경향을 보인다. 그리고 이들은 세포 내에 미토콘드리아가 없는 구조를 가지고 있다. 원래 미포자충류는 원생생물로 취급되었지만, 최근의 분자 연구에서 균류계로 분류되었다. 이렇게 원생생물에서 균류계로 전환된 생명체에는 **폐포자충**(Pneumocystis)류도 여기에 포함된다. 이 폐포자충류는 **후천성 면역결핍증**(後天性免疫缺乏症, acquired immune deficiency syndrome; AIDS) 환자에서 기회감염으로 폐렴을 일으켜 환자를 사망하게 하는 것으로 유명해진 균류이다.

이제 균류계의 계통수를 압축하여 알아보도록 하자. 이는 이미 제4장 '생명의 분류' 편의 그림 4-19에서 소개한 바 있다. 그러나 이들을 진화적 관점에서 재조명해 본다면 그림 10-36과 같다[33]. 즉, 균류계는 편모를 가지고 있는 공통조상에서 출발한다. 따라서 이들은 **단계통**(單系統, monophyletic)군이다. 이들은 호상균류를 지나면서 편모를 잃어버리고 처음 나타나는 계통군이 바로 **접합균류**(接合菌類, zygomycetes)이다. 이들은 다세포로서 포자낭을 형성하고 대부분 무성생식을 주로 한다. 그리고 이들은 **격벽**(隔壁, septum)이 없고, 약 600여 종이 알려져 있다. 접합균류를 지나면 이들은 세포와 세포 사이에 격벽이 생겨나고 **이핵체**(二核體, dikaryotic stage) 단계로 접어든다(제8장 '생명의 번식' 편 참고). **자낭균류**(子囊菌類, ascomyceter)는 자낭을 가지고 있고 반 이상이 곧이어 설명할 지의류를 형성하고 있다. **담자균류**(擔子菌類, basidiomycetes)는 자낭균류와 다르게 포자를 만드는 구조가 자낭이 아니고 담자기를 가지고 있는 특징이 있다. 우리의 식탁에 오르는 버섯은 대개 담자균류이다. 따라서 균류는 처음 편모를 가진 물속에 사는 단세포 원생생물에서 출발하



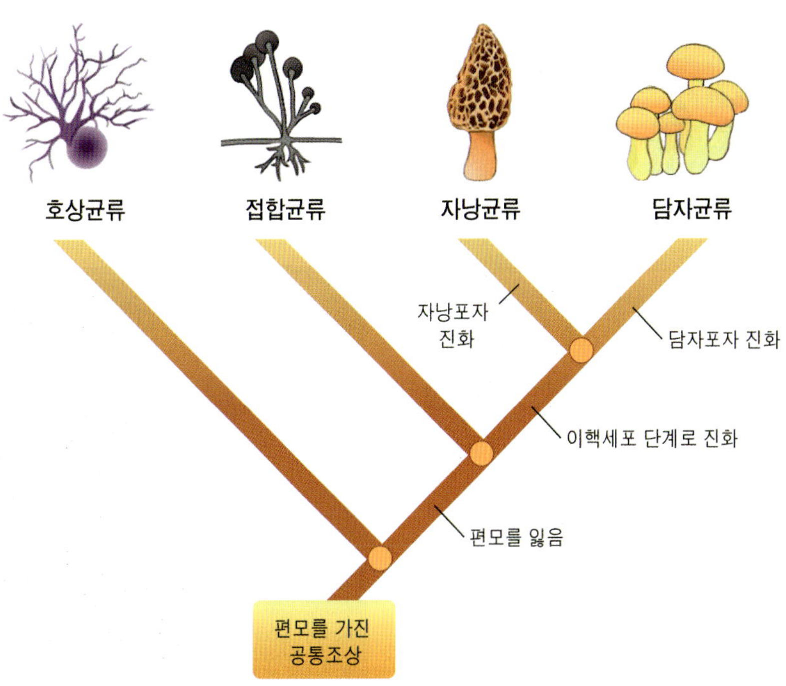

그림 10-36. 균류의 진화적 관점에서 본 계통수.

여 육상으로 진출하면서 편모를 잃어버렸다. 그 대신 기질 속으로 뿌리를 내리면서 실 같은 균사가 되어 땅 밑을 파고들게 된다. 이렇게 땅 속에서 가지를 치기 시작한 균사는 표면적이 엄청나게 큰 균사체로 발전하게 되고, 이러한 균사체는 다시 힘을 모아서 자실체를 형성하여 지상으로 생식기를 내밀었을 것이다. 따라서 유성생식에 의한 유전자 재조합이 일어나면서 더 쉽게 자연선택을 받게 되는 기회를 가지게 되었다. 이런 과정 끝에 등장한 생명체가 우리 식탁에 오르는 먹음직스러운 버섯으로 태어났다고 할 수 있다.

유성생식을 하지 않는 균류를 모아서 **불완전균류**(不完全菌類, imperfect fungi, deuteromycetes)라고 따로 부르기도 한다. 또한 **취균류**(聚菌類, glomeromycetes)는 나뭇가지 모양의 **균근**(菌根, mycorrhiza, 그림 10-37)을 형성하는 그룹이다. 이러한 취균류는 모든 식물의 약 80%에서 발견된다. 이리하여 식물이 지구라는 행성을 뒤덮을 수 있었던 이유 중의 하나도 이러한 취균류의 덕분으로 보아야 할 것이다. 균근은 식물과 균류의 공생관계를 보여 주는 증례이다. 즉, 균류는 그 미세한 균사를 이용하여 식물뿌리가 접근하지 못하는 공간에서 물과 무기물을 흡수하여 식물에 전달한다. 그 대신 식물은 광합성으로 만들어진 탄수화물을 균류한테 전달할 것이다. 또 다른 공생관계는 광합성이 가능한 남세균이나 녹조류와의 공생이다. 이러한 **지의류**(地衣類, Lichen)도 균류는 물과 영양분을 제공하고 남세균이나 녹조류는 유기물을 공급해 줄 것이다(그림 10-38). 이들 지의류는 대부분 자낭균류가 많이 참여하고, 그 형태에 따라 몇 가지 종류로 나눌 수도 있다. 그림 10-38에서 보는 바와 같이 **딱지형 지의류**(crustose licken)가 있는 반면, 잎처럼 생긴 **잎새형 지의류**(foliose lichen)도 있다. 그뿐만 아니라 **나뭇가지형 지의류**(fruticose lichen)도 쉽게 찾아볼 수 있다. 또한 이들은 대기오염과 밀접한 관계를 가지고 있어서 대기오염을 측정하는 모니터 역할을 수행하기도 한다[69].



균류를 잘 이해한다는 것은 대단히 중요한 일이다. 우리는 술상에 오르는 알코올을 인간이 만들어 낸다고 크게 착각하고 있다. 인간은 알코올을 만들어 낼 수 있는 재주가 없다. 이는 오로지 누룩곰팡이와 효모의 작품이다. 더군다나 균류가 없다면, 이 세상은 생명체가 죽은 사체들로 넘쳐날 것이다. 이들을 분해하여 자원을 재활용시킬 수 있는 능력의 소유자가 바로 균류들이다. 그뿐만 아니라 이들은 생합성 공장과 같다. 약을 만들고 항생제를 만들어 인간을 보호해 줄 뿐만 아니라 술이나 최고로 비싼 버섯요리도 제공해 준다. 그렇지만 이들은 인간을 짜증스럽게 만들기도 한다. 음식물이나 목재 및 의복 등을 망가트리고 알레르기를 유발할 뿐만 아니라

광합성 산물
(탄수화물)
물과 미네랄 영양분

그림 10-37. 균류와 식물 간의 균근에 대한 모식도. (출처: Nefronus[10-37])

그림 10-38. 바위 위에 사는 지의류. (출처: Kelly Martin[10-38])

독성물질을 생산해서 동물을 죽게 만들기도 한다. 또한 동물의 전염병은 세균이 많이 유발하지만, 식물에서는 곰팡이가 질병을 유발하는 원인이 되기도 한다. 따라서 균류를 더 잘 이해하기 위한 인간의 노력은 결코 헛되지 않을 것이다.

## 제9절 식물의 진화

### 1. 육상식물의 기원

우리가 살고 있는 이 지구가 우주 공간에 처음으로 등장한 시기는 지금부터 약 46억 년 전이다. 제2장 '생명의 역사' 편에서 집중적으로 논의된 바와 같이 생명체가 처음으로 등장한 시기는 약 40억 년 전으로 보고 있다. 따라서 지구가 만들어진 후 약 6억 년이 지나서 처음으로 생명체가 이 땅덩어리에 출현하게 된 셈이다. 이렇게 등장한 원핵세포에서 진핵세포가 나타나는 시기는 27억 년 전부터 17억 년 전 사이로 추정된다. 그런 다음 처음으로 육지에 생명체가 그 모습을 드러낸 시기는 **현생누대**(顯生累代, Phanerozoic Eon)에 들어서고 난 이후이다. 왜냐하면 가장 오래된 **육상식물**(陸上植物, land plant)의 화석이 발견된 시기가 오르도비스기(Ordovician Period) 중기인 약 4억7천만 년 전이기 때문이다. 물론 육상에 광합성을 하는 생명체가 등장한 시기를 12억 년 전으로 높게 보는 시각들도 있다. 그러나 전체적으로 육상에 생명체가 등장한 시기는 **고생대**(古生代, Paleozoic Era) 초기 이후라 할 수 있다. 그렇다면 생명체는 약 35억 년 동안 바닷속에서 살았다는 계산이다. 왜 이렇게 원시 생명체는 바닷속에서 오랫동안 머물러 있었을까? 우선 지상에서 생명체가 살 수 있는 환경이 조성되어 있지 않았기 때문일 것이다. 즉, 오존층이 발달하기 전에는 생명체가 지상에 거주하기에는 대단히 위험한 지역이었다는 것을 의미한다. 그러나 깊은 바닷속은 생물들이 살아갈 수 있는 적합한 환경을 제공해 준다. 즉, 물은 비열이 큰 매질이어서 온도변화가 심하지 않고, 깊은 바다는 거친 파도가 없는 조용한 환경을 제공해 주었을 것이다. 어린 시절 바닷속으로 들어가 본 기억은 이런 환경을 쉽게 이해할 수 있게 해 준다. 그뿐만 아니라 바닷속은 다양한 환경을 제공해 주고 서식지가 아주 넓어서 세력권을 두고 서로가 싸울 필요도 없었을 것이다. 우리가 바다를 동경하고 안락감을 느끼는 이유도 여기서 유래한 것인지도 모른다.

우리가 부르는 식물은 대개 육상식물을 말하는 경우가 많다. 즉, 육상식물은 **배**(胚, embryo)를 형성하는 식물들로서 **유배식물**(有胚植物, embryophyte)이라 부르기도 한다. 이들은 이끼 종류인 선태식물과 관다발식물을 모두 포함하는 개념이다. 따라서 물속에 사는 녹색 광합성 조류인 녹조류를 포함시키면, 우리는 이들을 **녹색식물**(綠色植物, green plant, Viridiplantae)이라고 따로 부른다. 그렇다면 과연 최초로 육지를 개척한 육상식물의 조상은 어떤 생물체였을까? 육상식물의 조상을 찾기 위해서는 우선 **엽록체**(葉綠體, chloroplast)부터 시작해야 할 것 같다.

엽록체가 인간 세계에서 처음으로 발견된 것은 1837년 독일의 식물학자였던 **후고 몰**(Hugo von Mohl, 1805~1872)이었다. 우리가 현재 사용하고 있는 **원형질**(原形質, protoplasm)이란 용어도 그가 만들어 낸 업적이다. 그리고 이때 발견된 엽록체가 **남세균**(藍細菌, cyanobacteria)과 닮았다는 사실을 처음으로 밝혀낸 사람은 역시 독일의 식물학자였던 **안드레아스 심퍼**(Andreas Schimper, 1856~1901)이었다. 현재 우리가 사용하는 엽록체라는 말을 처음으로 명명한 사람은 1984년 독일인인 **에두아르트 슈트라스부르거**(Eduard Strasburger, 1844~1912)이다. 그러나 실제 엽록체의 기원이 남세균이라는 사실이 밝혀진 것은 1905년 러시아 생물학자인 **콘스탄틴 메레슈코프스키**(Konstantin Mereschkowski, 1855~1921)에 의해서였다. 즉, 남세균이 식물의 엽록체가 되었다는 사실이 알려진 것이다[67]. 남세균은 그람 음성균으로서 두 막 사이에 얇은 펩티도글리칸(peptidoglycan)이 들어 있는 세균이다. 이러한 남세균이 광합성을 하지 못하는 진핵생물과 내부공생이 일어난 시기를 20억~10억 년 전으로 보고 있다.

이렇게 등장한 남세균과 진핵생물의 합작품은 **원시색소체 생물**(元始色素體生物, Archaeplastida)의 공통조상이 되었다. 이 원시색소체 생물은 진핵생물의 한 축을 담당하면서 다시 3개의 큰 분지로 나누어진다. 첫 번째 분지는 가장 원시적인 **회조식물문**(灰藻植物門, Glaucophyta)이다. 이 회조식물문은 조류로서 엽록체를 가진 첫 생명체 중의 하나이다. 이들은 원시색소체 생물 중에서 가장 초기에 갈라져 나온 계통으로서 아직도 남세균과 같이 이중막 사이에 펩티도글리칸을 가지고 있다. 따라서 회조식물문에 있는 엽록체를 따로 **뮤로플라스트**(muroplast)라 부르기도 한다. 이 회조식물문은 3개의 분류 중 가장 작고 희소해서 이차 공생이 잘 일어나지 않았다. 그다음 두 번째 그룹은 **홍조문**(紅藻門, rhodophyta)으로 상대적으로 깊은 바다에 살기 때문에 붉은색을 띠어서 홍조류(red algae)라고 불리기도 한다. 마지막은 **녹색식물**(綠色植物, Cloroplastida, Viridiplantae)이라 불리는 그룹이다. 이 녹색식물에서 **녹조류**(綠藻類, green algae)와 육상식물이 갈라져 나오게 된다. 이렇게 녹색식물로 발전하게 되면 펩티도글리칸은 소실되고, 현재 우리가 보는 엽록체를 만나게 될 것이다. 이렇게 홍조문과 녹색식물문에서 주로 이차 혹은 삼차 이상의 내부공생이 진행되면서, 다양한 식물군의 엽록체가 만들어지게 된다. 또한 이미 설명한 대로 아메바 일종인 파울리넬라가 남세균과 내부공생이 일어난 시기가 비교적 짧아서 약 1억 년 정도 된 것으로 알려져 있다[95]. 그리하여 아직도 이 남세균의 펩티도글리칸이 파울리넬라에 남아 있다는 사실은 많은 점을 시사해 준다고 할 수 있다. 그리고 녹색식물 중 초기 광합성 단세포 독립 영양생명체가 담수 녹조류인 다세포 **차축조류**(車軸藻類, charophyte, 차축조식물, 윤조식물)로 진화하여 현재 육상식물의 조상이 되었을 것이다(그림 10-39). 차축조류는 장정기와 장난기를 가지고 있을 뿐만 아니라 육상식물이 가지고 있는 동일한 엽록소 a 및 b를 가지고 있다.

그림 10-39. 차축조류의 일종인 *Chara braunii* 사진. (출처: Show_ryu[10-39])

식물의 진화를 연대별로 살펴볼 필요가 있다. 처음으로 육상식물이 등장한 시기는 약 4억7천만 년 전으로 본다. 이때 등장한 최초의 육상식물은 민물에 서식하는 차축조류와 비슷했을 것으로 보고 있으며, 뿌리 대신 머리카락과 같은 헛뿌리를 가지고 있었다. 최초의 육상식물이 바다에서 육지로 상륙한 시기의 지구는 어떤 모습이었을까? 우리가 살고 있는 지구의 모습은 항상 변한다. 현재 추정 가능한 초대륙은 약 10억 년 전에 등장한 **로디니아**(Rodinia) 초대륙이다. 이 당시의 지구는 현재 태평양으로 둘러싸여 있던 대륙들이 모두 한군데 모여 있었다. 이렇게 모인 로디니아 초대륙은 다시 8억~7억 년 전부터 각각의 대륙으로 분리되기 시작하였고, 현생누대가 시작되는 5억5천만 년경에는 대륙들이 다시 한군데에 모여 **파노티아**(Pannotia) 초대륙이 만들어졌다. 이 파노티아 초대륙도 다시 쪼개지기 시작하여 3억3천만 년경에는 **판게아**(Pangaea) 초대륙으로 다시 뭉쳐졌고, 이 초대륙도 약 1억7천만 년 전부터 다시 갈라지기 시작하였을 것이다. 판게아 초대륙은 중생대 초기에 **곤드와나**(Gondwana)와 **로라시아**(Laurasia)로 분리되었고, 판게아를 둘러싸고 있었던 **판탈라사**(Panthalassa) 대양도 현재의 태평양이 될 준비를 하고 있었을 것이다. 이러한 지구의 변화 속에서 처음으로 육상식물이 땅으로 첫발을 디디기 시작하였다[93].

첫 관다발식물인 양치식물이 이 지구상에 등장한 시기는 4억2천만 년 전인 실루리아기 중반이다. 처음으로 교목이 출현한 시기는 약 3억8천만 년 전으로 추정되며, 첫 종자식물인 겉씨식물이 등장한 때는 석탄기인 3억7천만 년 전으로 보고 있다. 그러나 속씨식물인 꽃식물이 출현한 시기는 약 2억 년 전인 트라이아스기 중반이다. 그렇지만 이러한 꽃식물이 번성한 시기는 그보다 뒤인 1억2천만 년 전인 백악기 때이다(그림 10-40). 이 지구상에 꽃이 만발하던 시기는 아프리카 및 호주 대륙의 북상으로 인하여 **테티스**(Tethys)해가 점차 축소되어 지중해나 흑해, 카스피해나 아랄해로 볼품없이 찌부러질 운명에 처한 시기이기도 하였다.

## 2. 육상식물의 적응

바닷속 녹조류가 육지로 진출하게 된 동기는 무엇이었을

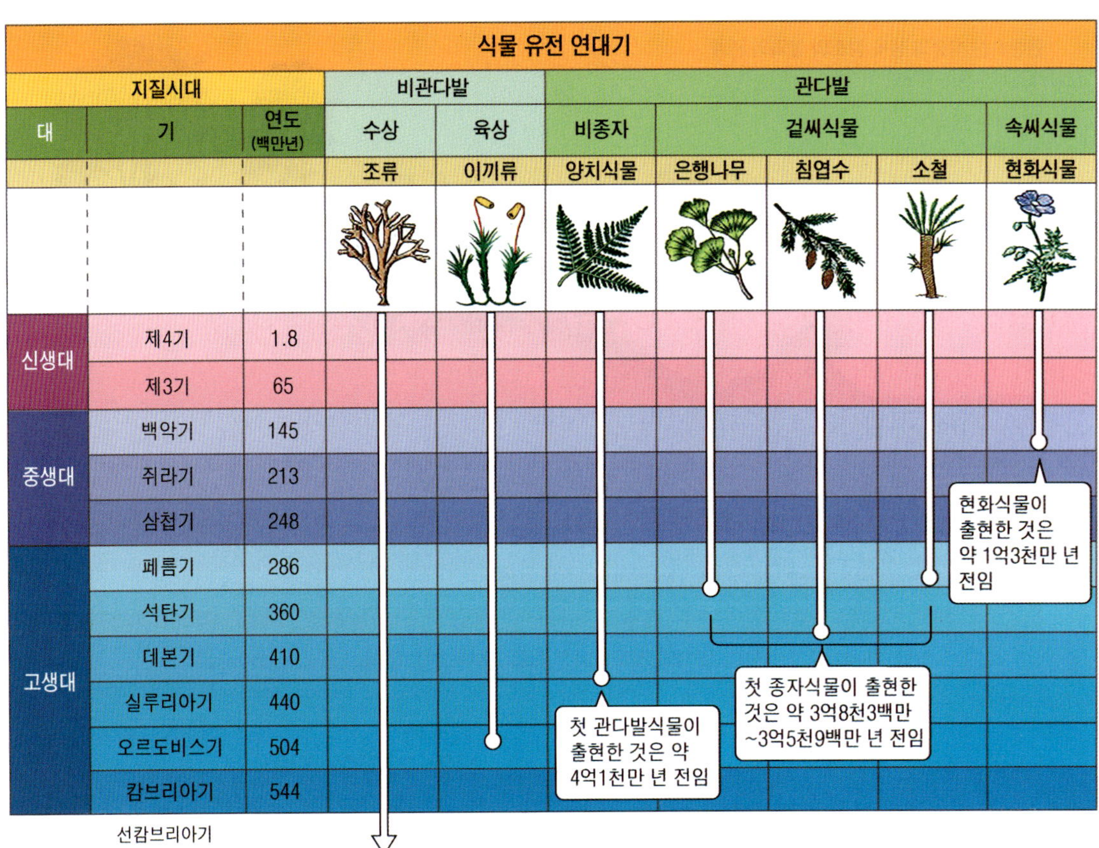


그림 10-40. 육상 식물의 출현 연대기.



까? 왜 녹조류는 바다에서 육지로 올라가기로 마음을 먹었을까? 우선 녹조류가 바다에 사는 경우와 육지에 사는 경우를 비교해 보도록 하자. 녹조류가 바닷속에 있게 되면 우선 햇빛의 투과가 약해서 많은 태양에너지를 받을 수가 없다. 또한 이산화탄소도 물속에 녹아 있어서 육지에 비하여 월등히 적은 양을 얻을 수밖에 없을 것이다. 그뿐만 아니라 바다 생물이 시간이 지나면서 과밀해져서 새로운 신천지를 개척해야 할 필요성이 대두되었을 것이다.

그러나 녹조류가 육지로 서식지를 옮김으로써 생기는 큰 문제는 어떻게 물을 손쉽게 공급받을 수 있는가 하는 것이다. 왜냐하면 모든 생물의 고향인 물속에서는 물을 무한정으로 공급받을 수 있는 절대적 장점이 있었기 때문이다. 또한 물속에서는 부력으로 인하여 생명체를 지지하는 특별한 구조물이 필요 없지만, 육지에서는 중력으로 인하여 이에 저항할 수 있는 지지물이 필요하게 된다. 그림 10-41은 바닷속 녹색색물이 육지로 진화해 가는 과정을 나타낸 그림이다. 먼저 원생생물에 속하는 홍조류와 갈조류 및 녹조류는 가시광선이 들어가는 깊이에 따라 분포 지역을 달리한다. 홍조류는 가장 깊은 곳에서, 제일 깊은 곳까지 도달할 수 있는 보라색을 주로 흡수함으로써 붉은빛을 반사시킨다. 반면에 녹조류는 가장 얕은 바닷속에서 살고 있다.

4억7천만 년 전에 처음으로 육지로 올라온 선태식물류는 물에서부터 멀리 떨어져 살 수 있는 재주가 없었다. 왜냐하면 이들은 물을 흡수하거나 실어 나를 수 있는 구조물이 없었기 때문이다. 이들은 거의 물을 벗어나서 건조한 육지에서는 살 수가 없다. 그러나 4억2천만 년 전 양치식물은 드디어 원시적인 뿌리를 만들어서 물을 흡수할 수 있는 구조와 물을 실어 올릴 수 있는 최초의 관다발을 개발하는 데 성공하게 되었다. 그렇지만 이들도 충분히 뿌리나 줄기로 발전하는 데는 한계가 있어서 완전히 물 근처를 벗어났다고는 말하기 힘들다. 그뿐만 아니라 선태식물과 양치식물은 녹조류가 하던 생식 방법을 그대로 따르고 있다. 즉, 이들은 장정기와 장난기를 가지고

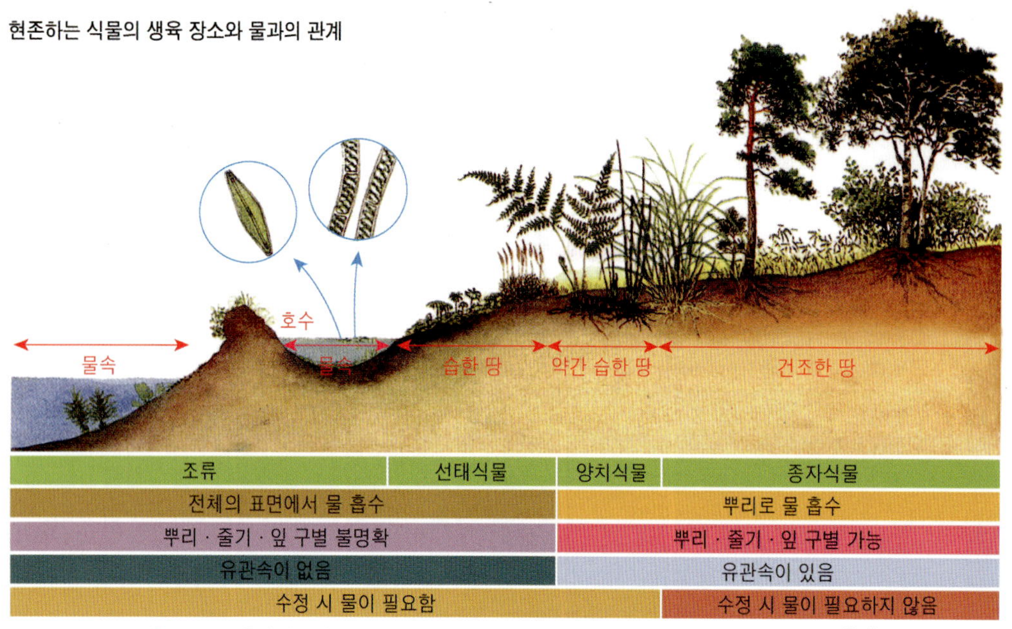


**그림 10-41.** 육상식물이 육지에 적응하여 진화해 가는 과정. (출처: JohnnyMrNinja[10-41])



있어서 장정기에서 만들어진 정자가 **수막**(水膜, water film)을 통하여 장정기에 들어 있는 난자로 헤엄쳐 가서 수정하게 된다. 따라서 이들은 물을 완전히 벗어나 살기는 힘들다.

그 뒤를 이어 3억7천만 년 전에 등장한 **종자식물**(種子植物, spermatophyte)은 획기적으로 뿌리와 줄기 및 잎이라는 식물의 기관을 진화시켜서 지하에서 물을 흡수하여 관다발을 통하여 지상의 잎으로 물을 퍼 올리는 방법을 개발하게 되었다. 그뿐만 아니라 세포벽을 구성하고 있는 셀룰로스의 그물막 사이로 질긴 탄수화물인 리그닌(lignin)이나 큐틴, 왁스 등이 차면서 육상식물은 점차 중력에 대항하여 키를 키울 수 있는 구조물을 가지게 되었다(그림 5-28 참고). 이들은 잎의 표면에 수분의 증발을 막아 줄 수 있는 큐티클층을 만들어서 물 문제를 해결하는 데 도움을 받고 있다. 이 큐티클층은 식물의 잎이 왜 그렇게 빤짝거리면서 윤이 나는지를 잘 설명해 준다. 또한 물이 있어야만 번식이 가능했던 선태식물이나 양치류와 달리 물이 없어도 번식할 수 있는 획기적인 방법을 종자식물은 개발해 내었다. 이들은 다시 조금 후에 '종자' 편에서 다시 다룰 것이다. 결국, 육상식물의 적응 과정은 물과의 싸움이라고 해도 과언이 아닐 정도로 물에서 벗어나는 진화의 과정이 육상식물의 역사가 되었다.

## 3. 식물 기관의 진화

지금부터는 식물의 각 기관이 어떻게 진화 과정을 겪으면서 오늘에 이르고 있는지를 살펴보도록 하자.

### 1) 잎

잎이 처음으로 출현한 시기는 약 3억9천만 년 전인 데본기 중기로 추정한다. 원래 최초의 육상식물에는 잎이 없었고, 광합성은 줄기에 일어나고 있었다. 그러나 데본기에 접어들면서 대기의 이산화탄소가 감소하기 시작하자, 이를 극복하기 위하여 잎이 진화한 것으로 보인다(그림 2-11). 잎의 종류는 크게 나누어서 **소엽**(小葉, microphyll)과 **대엽**(大葉, macrophyll)으로 구분한다. 소엽은 한 개의 잎맥을 가지면서 이 잎맥이 가지를 치지 않는다(그림 10-42). 그러나 대엽은 잎맥이 다수이면서 가지를 친다. 또한 **잎자루**(엽병, 葉柄, petiole)에 의해서 줄기에 붙어 있고, 줄기에 **엽극**(葉隙, leaf gap)을 남기면서 생겨나는 잎을 말한다. 소엽과 대엽은 각기 독자적으로 진화한 것으로 보고 있다.

먼저 소엽은 초기 식물화석에 나타나는 형태로서 줄기에 **가엽**(假葉, enation)이 마치 가시처럼 생장함으로써 만들어지는 잎을 말한다. 따라서 이들은 줄기에서 직접 성장하는 작은 잎이다. 이렇게 만들어지는 소엽을 **가엽설**(假葉說,

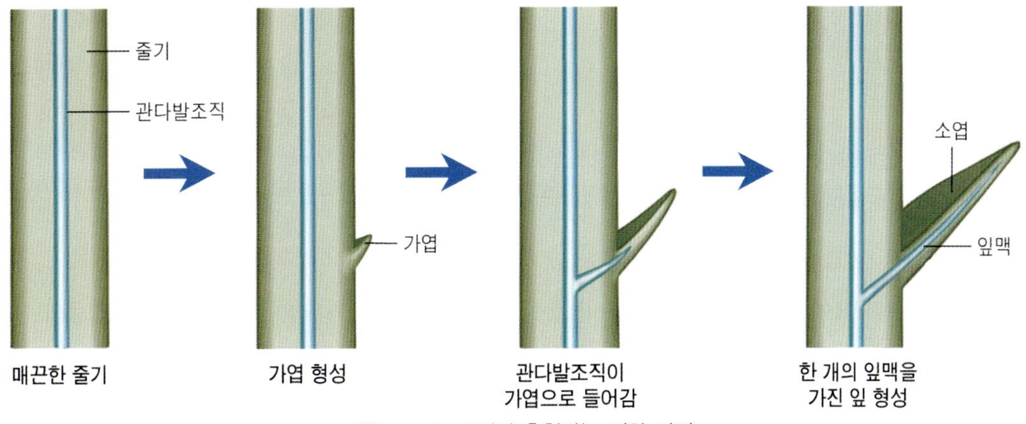


그림 10-42. 소엽이 출현하는 진화 과정.

enation theory)이라고 부른다[62]. 그러나 대엽은 그 진화 과정이 사뭇 다르다(그림 10-43). 우선 대엽은 먼저 **주축현상**(主軸現象, overtopping)이 제일 먼저 일어난다. 이 주축 현상은 두 가지 중 한 개가 현저히 차이가 나도록 커진다. 그다음에는 **편평화 과정**(扁平化過程, planation)으로 가지를 친 구조물이 한 평면으로 편평해진다. 마지막으로 이렇게 편평해진 가지 사이로 물갈퀴 같은 망이 형성되면서 여러 개의 잎맥을 가진 대엽이 생겨난다고 생각한다. 우리는 이런 이론을 **텔롬 이론**(telome theory)이라 부르고, 독일의 식물학자인 **월터 짐머만**(Walter M. Zimmermann, 1982~1980)이 주장한 강력한 이론이다[19]. 이렇게 생겨난 잎은 양 표면에 큐티클층을 바르고 **기공**(氣孔, stoma)을 통하여 숨을 쉬면서 이 지구상에 있는 종속영양생물을 먹여 살리는 엄청난 일을 해내고 있다(그림 7-11 참고).

잎의 구조에 영향을 미치는 요인들은 아주 다양하다. 온대 지방이나 타이거 지역에 있는 침엽수는 눈의 피해를 줄이고 수분 증발을 줄이기 위하여 바늘 모양의 잎을 하고 있다. 그리고 풍속이나 습도도 잎의 모양에 영향을 주는 중요한 요인이다. 키가 큰 나무는 바람의 영향을 고려하여 큰 잎을 가진 경우가 드물다. 잎의 구조에는 KNOX 유전자가 관여한다는 사실도 알려져 있다. 이 유전자에 돌연변이가 발생하면 당연히 잎의 구조가 변할 것이다. 예를 들면, 양배추의 잎이 곱슬곱슬하고 주름살이 진 형태가 된 것은 이 KNOX 유전자의 돌연변이가 작용한 결과이다. 기공은 뿌리나 줄기 및 잎보다도 먼저 생겨났다고 보고 있다. 더불어 잎의 배열인 **엽서**(葉序, phyllotaxy)도 태양에너지를 최대한으로 받아 내기 위한 배열인 것을 우리는 쉽게 알아차릴 수 있다. **어긋나기**(호생, 互生, alternative leaves)나 **마주나기**(대생, 對生, opposite leaves) 및 **돌려나기**(윤생, 輪生, Whorled leaves)도 우리들의 눈길을 끄는 이유는 식물들의 햇빛에 대한 집념을 알려 주



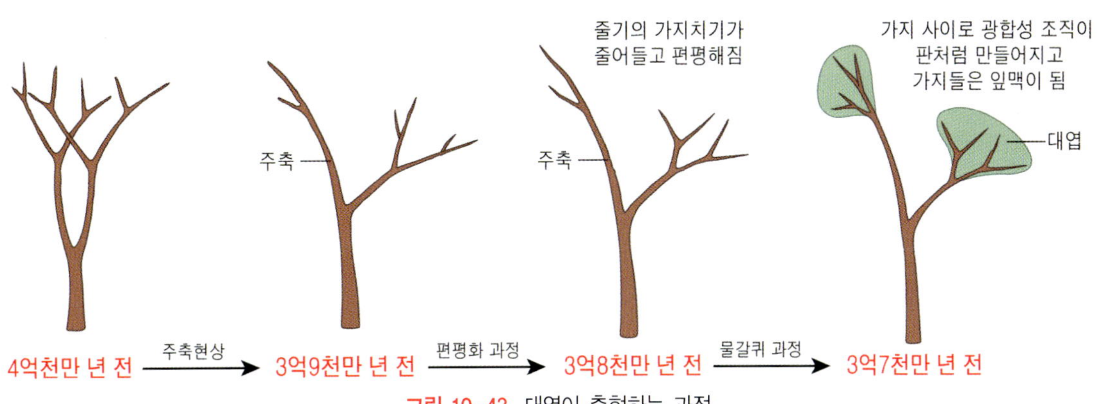


그림 10-43. 대엽이 출현하는 과정.

는 기교임을 알 수 있기 때문이다.

## 2) 뿌리

뿌리는 식물을 기질에 고정하고 토양에서 물과 영양분을 흡수하는 중요한 기능을 담당한다. 그러나 뿌리도 없고 잎도 없는 최초의 관다발식물로 보고 있는 **쿡소니아**(Cooksonia)를 재구성한 모습이 그림 10-44에 나타나 있다. 이런 모습을 한 관다발식물이 출현한 시기는 약 4억2천만 년 전으로 실루리아기 후반기이다. 따라서 실루리아기 이전에는 뿌리가 있는 식물이 나타나지 않았고, 데본기 초기에 뿌리 비슷한 조직이 나타나고 있다[52]. 또한 쿡소니아를 통해서 유추해 볼 수 있는 것은 이 시기의 식물에서는 광합성이 줄기에서 일어나고 있다는 것이다. 그뿐만 아니라 줄기의 끝에는 생식구조인 포자낭이 달려서 포자를 형성했을 것으로 추정한다. 그러나 이 시기의 식물들은 모두 허리 높이보다 더 큰 식물은 아직 이 지구상에 나타나지 않고 있다. 하지만 데본기 중기로 넘어가면서 대부분의 식물은 독자적으로 뿌리를 발생시키고, 뿌리가 커질수록 더 큰 나무를 지탱해 낼 수 있는 구도가 만들어졌다. 따라서 이런 구조를 바탕으로 물가를 떠나서 새로운 서식지를 개척해 낼 수 있는 여력이 생긴 셈이다. 현재 우리가 보는 식물들은 약 60m까지 뿌리를 내릴 수도 있고, 취균류와 더불어 균근을 형성하여 식물과 균류의 공생관계를 잘

그림 10-44. 최초의 관다발식물인 쿡소니아의 재구성 사진. (출처: Matteo De Stefano/MUSE[10-44])

발달시킬 수가 있다. 취균류는 이미 10억 년 전부터 지구상에 존재해 왔었고, 많은 육상식물과 균근 관계를 형성하고 있다고 보인다. 특히 관다발식물의 80% 이상이 균근을 가지고 있는 것으로 보고되고 있다.

## 3) 줄기

줄기는 식물의 키와 바로 연결된다. 식물의 키가 커지면 유리한 점들은 무엇일까? 우선 경쟁자에 비하여 키가 크면, 광합성을 위한 태양에너지를 더 많이 받을 수 있다는 절대적인 장점이 생긴다. 그뿐만 아니라 경쟁자에게 그늘을 주어서 경쟁자의 광합성의 효율을 떨어트려서 경쟁에서 유리한 입장에 설 수가 있다. 그리고 키가 크면 포자를 경쟁자보다 더 멀리 퍼트릴 수 있는 유리한 고지를 선점할 수 있게 된다. 그러나 키가 경쟁자보다 더 커지려면 우선 뿌리가 튼튼하게 고정되어야 하고, 더 강한 힘으로 관다발을 통하여 물을 길어 올려야 할 것이다. 또한 큰 덩치는 바람에 더 강한 저항을 받을 수 있기 때문에 식물의 지지구조가 더 튼튼해야 되는 조건들이 필요할 것이다. 따라서 이들은 **형성층**(形成層, cambium)을 가동하여 근계와 지상계를 건실하게 만들어야 하는 부담을 안게 될 것이다(그림 6-21 참고). 첫 번째 이차성장을 이루어서 **목질**(木質, wood) 부분을 만들어 낸 식물이 양치식물이다. 처음으로 물관세포가 진화를 시작한 시기는 실루리아기 초기로 추정되고, 데본기 중기에는 나무 모양의 석송과 같은 **인목**(鱗木, lepidodendron)이 등장하였다. 양치식물인 이 인목은 껍질이 뱀 가죽의 비늘처럼 생겨서 붙은 이름이다. 인목은 키가 30m 이상 되고 그 밑동의 지름이 1m 이상 되는 거대한 관다발식물로서, 석탄기에 전성기를 이루고 트라이아스 후기에 멸종된 식물이다(그림 10-45). 이 인목은 지하에 파묻혀서 석탄을 만들어 낸 중요한 식물 중의 하나가 되었다[72].

## 4) 종자

종자식물 중에서 가장 오래된 화석은 데본기 후반에 나타난 **원겉씨식물**(progymnosperm)이다. 이 원겉씨식물이 만들어 낸 종자는 여러 가지 면에서 식물의 진화에 지대한 영향을 미치고 있다. 우선 종자를 만들 수 있다는 것은 선태식물이나 양치식물이 가지는 장난기와 장정기와는 완전히 다른 기관들

그림 10-45. 인목의 재구성 사진. (출처: Tim Bertelink[10-45])

을 동원하여 번식을 할 수 있다는 의미이다. 즉, 선태식물과 양치식물은 장정기에서 만들어진 정자가 물을 통하여 난자가 있는 장난기로 헤엄쳐 이동하여 수정이라는 과정을 거쳐야만 한다. 이 뜻은 비록 육지에 서식지를 틀고 있지만, 생식 방법은 아직도 물을 벗어나지 못했다는 의미이다. 그러나 겉씨식물로 접어들면 장정기나 장란기는 사라지고 대신에 **암구과**(female cone)와 같은 **대포자낭**(大胞子囊, megasporangium)과 **수구과**(male cone)와 같은 **소포자낭**(小胞子囊, micro-sporangium)으로 바뀌게 된다. 다시 대포자낭은 **대배우체**(大配偶體, megagametophyte)를 만들어서 **배낭**(胚囊, embryo sac)을 만들고, 대포자 중 3개는 퇴화하고 한 개만 남아서 모든 에너지를 이 한 개에 몰아줄 수 있게 만들어 준다. 이 한 개의 세포는 이들의 힘을 받아서 3회의 세포분열을 일으켜서 난세포를 비롯한 7개의 세포가 만들어진다(그림 8-46 참고). 한편 소포자낭은 소배우체를 만들어서 종자식물의 정자에 해당하는 꽃가루인 **화분**(花粉, pollen grain)을 만들고, 속씨식물에서는 이중수정이 일어나면서 배와 **배젖**(endosperm)을 만들게 된다. 화분이 난자와 결합하는 과정은 특이하게 종자식물에서는 물 없이 일어난다. 이는 종자식물이, **화분관**(花粉管, pollen tube)을 만들어서 난자를 안내해 주기 때문이다. 따라서 종자식물은 물이 없어도 수정이 일어날 수 있는 진화적 발전을 이루어 내게 되었다. 그렇다면 종자를 만들게 되면 포자에 비하여 어떤 좋은 점들이 있을까? 종자를 만들게 되면 포자에 없는 배젖을 가지고 있기 때문에 생존 가능성이 월등히 높아진다(표 6-2 참고). 그뿐만 아니라 종자의 휴면이 가능하여 환경이 열악해지면 휴면상태를 유지하다가, 환경이 호전되면 발아할 수 있는 선택권을 가질 수 있게 된다. 또한 건조로부터 배를 보호할 수도 있고 동물을 매개하여 종자를 널리 퍼트릴 수 있기 때문에 자손을 번성시키는 데 아주 유리한 조건을 갖추게 된 셈이다. 따라서 약 30만 종의 식물 가운데 꽃식물인 속씨식물이 27만 종을 차지하고 있는 현실을 우리는 쉽게 이해할 수 있을 것이다.

10

### 5) 꽃

꽃식물이 번성하던 시기는 약 1억2천만 년 전 백악기 전반기이다. 이때의 지구는 판게아로 모인 초대륙이 다시 각각의 대륙으로 갈라져 나가던 시기였고, 그 주위를 태평양의 전신인 판탈라사가 둘러싸고 있었을 것이다. 또한 테티스해는 점차 축소되어 지중해와 흑해 및 카스피해와 아랄해로 고립될 운명에 처해 있을 때이다. 그러나 판게아 초대륙이 갈라지는 땅 위에는 지구상 처음으로 꽃들로 장식한 식물들이 산과 들을 메우고 있었을 것이다. 꽃은 속씨식물의 생식기관이 몰려 있는 곳이다. 따라서 식물의 역사상 가장 강력한 진화의 산물인 종자의 발명은 이 꽃에서 시작된다(그림 8-48 참고). 선태식물이나 양치식물에서 나타나는 장정기나 장난기와 겉씨식물에서 나타나는 소포자체와 대포자체가 사라지고, 아름다운 색깔과 향기가 넘쳐나는 꽃이라는 기관 속에 암수가 들어 있게 된 것이다(양성화인 경우를 말함). 속씨식물이 어떻게 종자를 만드는지에 대한 해설은 제8장 중 '식물의 번식' 편에 잘 소개되어 있다. 그러나 겉씨식물은 꽃이나 과일을 만들지 않고 밖으로 드러나 있는 종자를 만들뿐이다. 따라서 겉씨식물은 엄격한 의미에서 꽃식물이라 할 수 없다(그림 8-46).

그렇다면 꽃들의 기원에 관한 정보를 알아볼 수는 없을까? 다행히도 현존하는 꽃식물의 조상이라고 할 수 있는 암보렐라(*Amborella trichopoda*)가 프랑스령인 남서 태평양의 뉴칼레도니아 본섬 산간 지역에서 발견되었다[8]. 암보렐라의 유전체 분석은 이 상록성 관목이 모든 꽃의 조상이라는 사실을 말해 주고 있다(그림 10-46). 또한 꽃잎이나 꽃받침 및 수술이나 심피의 구조를 결정하는 전사인자인 **MADS 박스 유전자**가 꽃 발생에 중요한 역할을 한다는 사실이 밝혀져 있다. 이들의 돌연변이는 애기장대꽃에서 심피가 나올 자리에 꽃받침이 나오고, 꽃받침이 나올 자리에 심피가 나오는 기형꽃이 발생한다. 이런 전사인자는 동물에서 등장하는 혹스 유전자(Hox gene)와 유사한 점이 많다. 이러한 혹스 유전자는 곧이어 '동물의 유전' 편에서 다룰 것이다.

### 6) 포자체와 배우체의 진화

10

식물에서 나타나는 특이한 진화 과정 중의 하나가 **포자체**(胞子體, sporophyte)와 **배우체**(配偶體, gametophyte)의 진화이다. 이들은 그림 8-42에서 보는 바와 같이 이배체인 포자체와 반수체인 배우체가 모두 다세포이면서 교대로 일어난다. 따라서 우리는 이런 현상을 **세대교번**(世代交番, alternation of generation)이라고 부른다. 즉, 이들은 이배체인

그림 10-46. 암보렐라(*Amborella trichopoda*) 사진. (출처: Scott Zona[10-46])

포자체가 감수분열에 의하여 반수체인 포자를 만들고, 이 포자가 발아하여 다세포 배우체를 형성한다. 이때 배우체는 반수체이다. 이렇게 발아하여 성장한 배우체는 각기 암수 배우자를 만들고 이들이 수정하여 접합체가 될 것이다[131]. 다시 이 접합체는 수정 후 유사분열에 의하여 이배체인 포자체를 형성하는 생활사를 가질 것이다. 우리는 이런 형태의 생활사를 **단복상 생활주기**(單複相生活周期, haplodiplontic life cycle)라고 한다(그림 8-42, 8-51 참고).

그러나 하위 식물인 선태식물은 그림 8-43에서 보는 바와 같이 반수체인 배우체가 주도적인 역할을 담당한다. 그러나 양치식물로 올라가면 그림 8-44에서 보는 바와 같이 그 역할이 바뀌어서 포자체가 더 주도적인 역할을 담당하게 된다. 이런 현상은 겉씨식물이나 속씨식물에 올라갈수록 포자체의 위력이 더 강해진다(그림 10-47). 이렇게 진화된 이유는 무엇일까? 이들은 강한 햇빛 속에서 살아야 하는 환경 때문에 반수체 염색체보다 이배체 염색체를 가지는 것이 훨씬 더 손쉽게 유전자 손상을 수선할 수 있기 때문이다. 즉, 두 개의 염색체를 가지고 있는 경우는 한쪽이 손상되어도 다른 한쪽이 복사본이 될 수 있기 때문에 돌연변이의 수리가 더 용이하기 때문이다.

### 7) 광합성 경로의 진화

광합성은 많은 효소가 관여하여 일어나는 복잡한 화학적 과정이다. 그러나 이 중에서도 이산화탄소를 고정하는 데 제일 중요한 역할을 담당하는 효소가 루비스코(RuBisCO) 효소라 할 수 있다. 따라서 이 루비스코 효소가 그 많은 식물의 잎 속에 있는 엽록체에 들어 있기 때문에 이 지구상에서 제일 풍부한 효소라고 말할 수 있다. 일반적으로 루비스코 효소에 의하여 이산화탄소가 고정되어서 포도당이 만들어지는 식물을 **C3 식물**이라고 말한다(이들에 관해서는 제7장 중에서 '대사적 진화' 편을 참고 바란다). 그러나 육상으로 진출한 식물들이 항상 우호적인 환경에서만 살 수는 없다. 만약 더운 지방에 식물이 살게 되면, 수분 손실을 막기 위하여 기공을 막아야만 할 것이다. 기공을 막으면 수분 손실은 막을 수 있지만, 대신 이산화탄소가 들어오지 못하고, 산소가 밖으로 나가지 못한다. 결과적으로 산소 농도가 엽록체 안에서 높아지면,

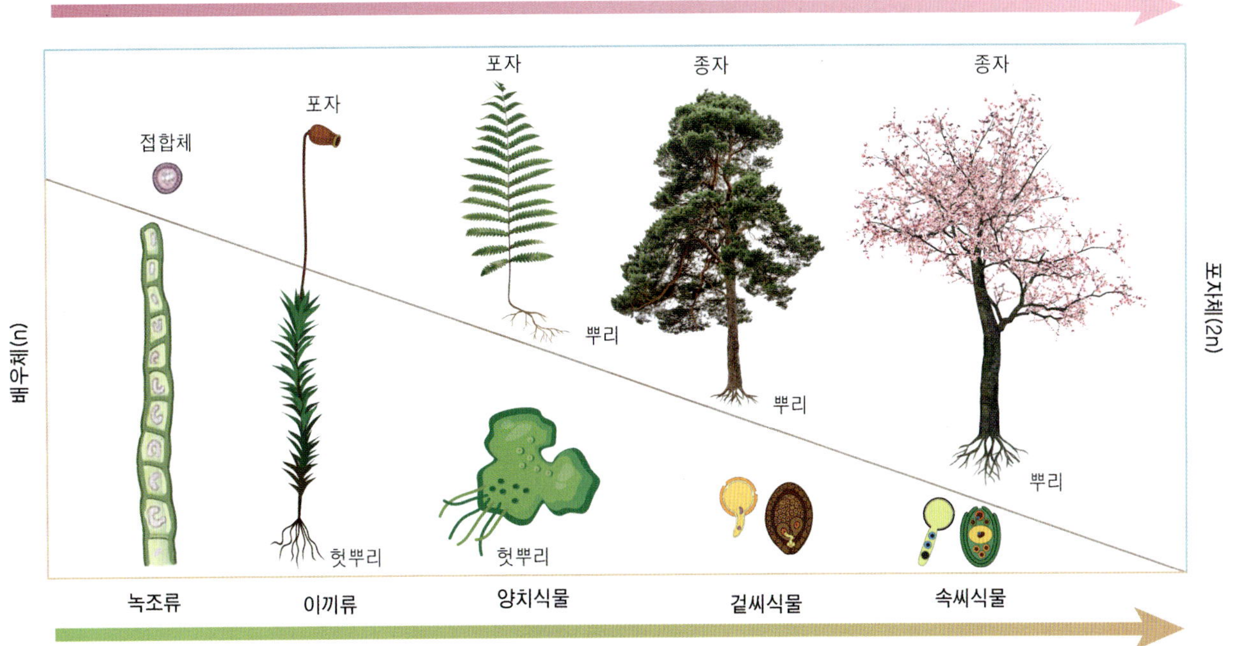


그림 10-47. 녹조류에서 속씨식물까지 포자체와 배우체의 진화 과정.



루비스코가 이산화탄소 대신에 산소와 결합해 버린다. 우리는 이런 현상을 **광호흡**(光呼吸, photorespiration)이라고 부른다. 광호흡이 일어나면 포도당을 만드는 효율이 현저히 떨어진다. 따라서 이러한 열대지방에 사는 식물들이 진화시킨 방법이 C4 **식물**이다. 이들은 잎의 구조를 바꾸어서 **유관속초 세포**(維管束稍細胞, bundle sheath cell)를 확장시켜서, 산소가 없는 유관속초 세포 안에서 루비스코 효소가 이산화탄소와 결합하게 만들어 준다(그림 7-40 참고). 즉, 이들은 공간적으로 루비스코 효소가 이산화탄소와 결합하는 장소를 분리해 주는 방법을 고안해 낸 것이다. 이러한 C4 식물이 등장한 것은 약 2천5백만 년에서 3천2백만 년 전인 **점신세**(漸新世, Oligocene) 기간이었고, 약 7백만 년 전인 **중신세**(中新世, Miocene)부터 생태학적으로 중요한 위치를 차지하게 되었다. 그뿐만 아니라 **CAM**(Crassulacean acid metabolism) **식물**은 장소를 분리하는 것이 아니라 시간적인 분리를 이용해서 밤에 이산화탄소를 받아들이고, 낮에는 기공을 닫은 채로 광합성을 하는 방법으로 사막 지역에 적응한 식물이다(그림 7-39 참고). 그러나 의외로 이러한 CAM 화학경로를 이용하는 제일 많은 식물은 꽃식물로 알려져 있다. 따라서 우리는 진화적 과정이 형태적으로만 일어나는 것이 아니라 화학적 과정을 통해서도 진화가 진행된다는 것을 알아 둘 필요가 있다.

## 4. 식물문의 진화

### 1) 선태식물

현존하는 식물 중에서 가장 원시적인 식물을 들라면 당연히 선태식물이다. 오르도비스 중기에 최초로 육상으로 진출한 생명체도 우산이끼(liverwort)와 비슷한 아주 작은 식물이었을 것이다. 이러한 선태식물은 관다발이나 뿌리나 잎들이 분화되지 않은 **엽상식물**(葉狀植物, thallophyte) 형태를 띠고 있다. 이들은 또한 장란기와 장정기를 가지고 있어서 수정을 위해서는 물이 필수적이다. 따라서 이들은 육지에 살지만 물가를 떠나서는 살 수가 없다. 또한 이들은 포자를 형성해서 번식한다. 그러나 이 포자를 생식세포라 할 수는 없다. 왜냐하면 포자는 자기 스스로 분열하여 다세포 성체가 될 수 있기 때문이다. 따라서 포자를 홑씨라고 부르는 이유도 여기에 있다. 그러나 생식세포는 스스로 분열하여 다세포 성체가 될 수가 없다. 왜냐하면 이들은 반드시 배우자를 만나서 이배체가 된 이후에야 비로소 분열이 일어나기 때문이다. 그러나 이 포자도 건조하거나 환경이 비우호적인 경우는 휴면에 들어가서 환경이 다시 호전될 때까지 기다릴 수가 있다. 이처럼 건조하면 휴면하고 습해지면 다시 살아나는 성질을 **변수성**(變水性, poikilohydry)이라고 부른다. 즉, 이들은 몸안의 수분을 일정하게 유지할 수 있는 능력이 없다는 것을 뜻한다.

## 2) 양치식물

양치식물은 선태식물과 같이 변수성 식물이지만 이들은 원시적인 관다발을 진화시켰다. 관다발은 말 그대로 식물의 몸 안에서 물을 포함한 물질의 이동이 가능한 통로가 만들어졌다는 것을 의미한다. 관다발을 형성하는 중요한 성분이 바로 **목질소**(木質素)라 부르는 **리그닌**(lignin)이다. 이 리그닌은 단단하고 질긴 탄수화물 분자로 구성되어서 물을 싫어하는 **소수성**(疏水性, hydrophobic) 성질을 가지고 있다. 따라서 방수 성질을 띠게 되어서, 관다발이 새지 못하게 하는 중요한 역할도 담당한다. 또 다른 리그닌의 특징 중 하나는 대부분의 생명체는 이 리그닌을 분해할 수 있는 능력이 없다는 점이다. 따라서 이들은 초식동물이나 기생충으로부터 관다발식물 자체를 보호해 주는 중요한 역할을 담당한다. 다행히도 초식동물은 위 속의 세균들이 이 리그닌을 소화해 주는 덕분에 종속영양생물이면서도 살아갈 수 있다. 또 다른 생명체 중에서 이 리그닌을 분해할 수 있는 종은 바로 균류이다. 우리가 종균을 죽은 나무에 박아서 버섯을 길러 낼 수 있는 것도 이들이 리그닌을 소화 분해할 수 있는 능력이 있기 때문이다. 양치식물은 선태식물에 비하여 관다발을 가지고 있지만, 아직도 완전히 물가를 떠나서 살 수는 없다. 왜냐하면 이들은 장란기와 장정기에서 정자와 난자를 만들어서 물을 통하여 수정하기 때문이다[63].

관다발식물이 이 지구상에 등장한 시기가 데본기 초기로 추정되지만, 이때에는 뿌리나 잎도 나타나지 않았다. 또한 식물의 키도 수 cm 정도의 크기밖에 되지 않는 식물상이 주를 이루고 있었다. 그러나 데본기 후반으로 가면서 양치식물과 더불어 속새류나 석송류 및 **원겉씨식물**(progymnosperm) 등이 진화하면서 원시 식물에 의한 숲이 처음으로 조성되기도 하였다. 또한 뿌리의 분화에 의하여 토양이 형성되기 시작하고 침전물이나 토양의 퇴적이 일어나는 계기를 만들어 주기도 하였다.

## 3) 겉씨식물

겉씨식물은 양치식물보다 더 발달된 관다발을 가지게 되었고 종자를 만들어 내는 진화적 발전을 가져왔다. 이 겉씨식물은 원겉씨식물의 일종인 **아르키오프테리스**(Archaeopteris)가 그 조상 종으로 보고 있다. 이 아르키오프테리스는 멸종된 식물로 잎은 양치식물과 닮았지만 교목과 같은 식물이었다. 또한 그 모양이 현존하는 침엽수와 비슷하였고 줄기의 구조 등에서 많은 공통점을 보여 준다(그림 10-48)[16].

겉씨식물은 양치식물보다 한 단계 진화된 개체로서 종자와 튼튼한 뿌리 및 관다발을 만들 수 있다. 따라서 이들에게는 드디어 물가를 완전히 떠나서 내륙으로 뻗어 나갈 수 있는 계기가 마련됐다고 볼 수 있다. 이들은 주로 바람을 이용하여 화분과 암술이 만날 수 있는 기회를 가질 것이다. 그러나 그 바람이 언제, 어디에서, 얼마나 강하게 불지는 겉씨식물로서는 예측하기 어려운 일일 것이다. 따라서 소나무들이 뿜어내는 송홧가루와 바람의 관계는 많은 것을 생각하게 해

그림 10-48. 아르키오프테리스(Archaeopteris) 복원 사진. (출처: Matteo De Stefano/MUSE[10-48])

10

준다. 이러한 겉씨식물은 데본기 후기에서 백악기 후기까지 이 지구상에서 우점종으로서의 위치를 차지하고 있었다. 그리고 데본기 말에 처음으로 등장한 첫 종자식물은 원시 절지동물을 자극하여, 이들 상호 간에 일어나는 **공진화**(共進化, coevolution)에 불을 붙인 결과를 초래하기도 하였다. 점차 석탄기로 접어들면서 석송류나 고사리류 및 종자 양치식물과 인목 등이 가장 우세한 식물군을 형성하여 육지를 초록의 바다로 만들었을 것이다. 이러한 대륙의 초록화와 식물의 대량 매장에 따라 대기 중 이산화탄소는 급격히 감소하여, 온실가스의 역할이 줄어들면서 기온이 하강하고 페름기 말 대멸종 사건으로 이어졌을 것이다.

#### 4) 속씨식물

속씨식물은 겉씨식물과 같은 종자식물이지만 그 내용 면에서는 완전히 다르다. 겉씨식물은 씨방이 없기 때문에 종자가 밖으로 드러나고 과일이나 열매를 만들 수가 없다. 그러나 속씨식물은 꽃을 만들고 이 꽃을 이용하여 씨방에서 종자가 들어가 있는 열매를 만들어 낼 수가 있다. 이 차이점은 생명체를 퍼트리는 과정에서 많은 도움이 될 것이다. 겉씨식물은 곤충이나 새를 유인할 매개체가 없기 때문에 단순히 바람을 이용하여 자손을 퍼트릴 수밖에 없다. 그러나 속씨식물은 열매나 과일 혹은 향기나 꿀 등을 이용하여 수정 확률을 더 높일 수 있고, 자손을 더 넓게 퍼트릴 수 있는 진화적 진전을 이루었다고 볼 수 있다. 또한 양치식물이나 겉씨식물이 가지고 있는 헛물관에 비하여 더욱더 효율적이고 완벽한 물관을 발달시켰다.

속씨식물은 일반적으로 겉씨식물에서 진화된 것으로 보고 있지만, 최근에는 페름기 초기 양치종자식물(pteridosperm, seed fern)에서 겉씨식물과 속씨식물이 유래했다는 주장이 제기된 상태이다. 양치종자식물은 처음에는 양치류와 소철류의 중간에 해당되는 식물로 보았지만, 현재는 양치류와는 관계가 먼 것으로 보고 있다[118]. 지금도 양치종자식물은 비공식적으로 속씨식물, 소나무류, 은행나무, 소철류가 아닌 종자식물을 부르는 이름으로 사용되기도 한다.

## 제10절 동물의 진화

### 1. 동물의 기원

우리 모두가 속해 있는 동물계의 조상을 찾아 나서는 일은 매우 흥미로운 일이다. 과연 우리들의 조상을 상식적으로 이해할 수 있는 시점까지 찾아 올라갈 수 있을까? 만약 올라갈 수 있다면 무슨 근거로 그렇게 이야기를 할 수 있을까? 우리는 많은 궁금증과 질문 앞에 서게 될 것이다. 지금부터 그 과정을 찾아 떠나 보기로 하자.

동물은 진핵생물 영역에 속하는 다세포 생물이다. 다세포는 단세포들이 모여서 만든 생명체이다. 따라서 동물의 기원을 찾아서 떠난다면 단세포부터 찾아야 할 것이다. 동물을 만들어 낸 단세포를 우리는 큰 틀에서 **후편모생물**(後鞭毛生物, opisthokonta, 뒤에 편모가 있다는 뜻)에서 알아보아야 한다. 이 후편모생물은 균류나 동물의 조상이 되는 단세포 원생생물을 한군데 모아 둔 곳이다(제8절 '균류의 진화' 편 참고). 이들은 동물의 정자나 **호상균**(壺狀菌, chytridiomycete)의 포자처럼, 한 개의 편모가 뒤에 붙어서 세포를 이동시킨다. 그러나 대부분의 균류에서는 이 편모를 잃어버렸다. 현재 동물의 조상이 되는 단세포 원생생물은 **깃편모충류**(**동정편모충류**, choanoflagellate)로 보고 있다[97]. 왜냐하면 가장 원시적인 동물 중 하나인 **해면동물**(海綿動物, sponges, Porifera)에 이 깃편모충류와 같은 **동정세포**가 들어 있기 때문이다(그림 4-30 참고). 그렇다면 현재 이 지구상에 존재하는 다세포 동물 중에서는 어떤 동물이 가장 원시적일까? 이는 1883년 독일의 동물학자인 **프란츠 슐츠**(Franz E. Schulze, 1840~1921)가 오스트리아 동물연구소 수족관에서 찾아낸 **판형동물**(板形動物, Placozoa)인 **털납작벌레**(*Trichoplax adhaerens*, 그림 10-49)를 들어야 할 것이다. 이 털납작벌레는 아메바처럼 생겼지만, 이들은 상하로 층을 가진 다세포 동물이다. 따라서 털납작벌레가 조상으로 따지면 최고의 지위에 올라 있다고 할 수 있다[113]. 털납작벌레보다 한 단계 높은 동물이 해면동물이다.

그렇다면 최초의 동물이 나타난 시점은 언제일까? 현재로서는 이 질문에 대한 정확한 대답을 찾아내기는 어려운 실정이다. 일반적으로 다세포 생물이 등장한 시기를 약 15억 년 전후로 보고 있다. 그러나 실제 동물의 화석이 발견된 시기는

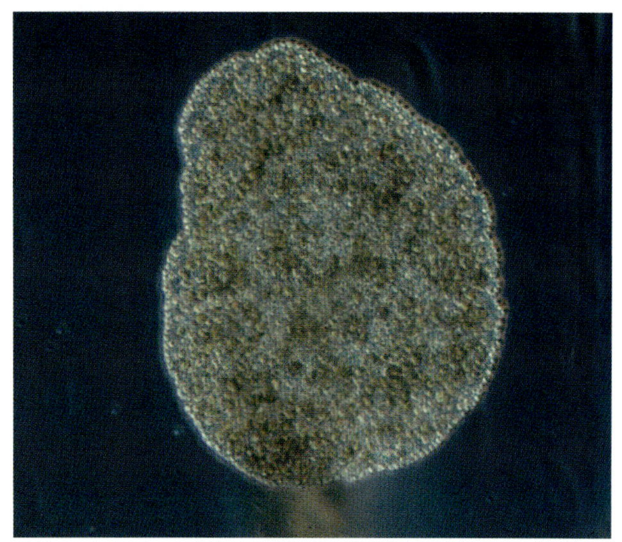

그림 10-49. 털납작벌레(*Trichoplax adhaerens*). (출처: Bernd Schierwater[10-49])

원생누대 말기인 **에디아카라기**(Ediacaran period)이다. 이 에디아카라기는 **크라이오제니아기**(Cryogenian period)를 계승하여 6억3천5백만 년 전부터 현생누대가 시작되는 고생대 시작 전까지인 5억4천백만 년 전까지, 약 9천4백만 년을 지칭한다. 이 시기에 나타나는 동물상을 **에디아카라 동물군**(Ediacaran fauna)이라고 부른다. 먼저 에디아카라 동물군을 알아보기 전에 에디아카라기의 전후 상황을 먼저 이해할 필요가 있다.

에디아카라기 이전에 있었던 크라이오제니아기는 7억2천만 년에서 6억3천5백만 년 사이에 있었던 지질시대로, 이 기간은 말 그대로 지구가 **눈덩이 지구**(snowball earth)인 채로 존재하던 시기였다. 이 기간에 나타난 2개의 큰 빙하기는 **스터트 빙하기**(Sturtian glaciation)와 **마리노** 혹은 **바랑거 빙하기**(Marinoan or Varanger glaciation)이다. 이런 거대한 빙하가 녹으면서 대륙의 영양분과 무기물질들이 바다로 녹아 흘러들었을 것이다(그림 2-12 참고). 이러한 지질적 환경이 처음으로 에디아카라 동물군을 만들어 내는 요인으로 작용했을 것으로 추정한다.

그렇다면 처음으로 다세포 동물들이 출현한 에디아카라 동물군은 어떻게 생겼을까? 에디아카라 생물군은 1946년 호주의 지질학자인 **레그 스프리그**(Reginald C. Sprigg, 1919~1994)가 호주 남부의 에디아카라 언덕에서 발견한 화석군으로, 현생 생물 중에서 비슷한 것을 찾기 힘들 정도로 낯선 생물체들이다. 이들은 그림 10-50에서 보는 것처럼 편평하면서 누빈 이불 모양의 방사대칭형을 보여 주기도 하고, 마치 원반이나 나뭇잎 혹은 달걀 모양처럼 보이기도 한다. 아마 이들은 얕은 바다에 살았을 것이고, 골격이 없는 연한 몸을 가진 해면동물이나 자포동물처럼 보이기도 하였다[53]. 그러나 이런 화석들도 에디아카라 후반기에 들어서면 점점 사라지기 시작하였고, 그 자리에 오늘날 우리가 볼 수 있는 새로운 동물들이 나타나기 시작하였다. 드디어 현생누대의 고생대에 접어들면서 또 한 번 동물 세계의 변동이 힘차게 요동친다.

현생누대 초반에 시작된 **캄브리아 대폭발**(Cambrian explosion)은 약 5억4천만 년 전에 시작하여 2천만 년 정도 지속된 동물문의 폭발적인 출현을 의미한다. 현존하는 약 35개 동물문이 이 시기에 모두 지구상에 등장한 것이다. 따라서 캄브리아 대폭발은 아직도 그 존재 여부가 논란거리로 남아 있긴 하지만, 동물의 출현 역사에서 빼놓을 수 없는 사건임은 틀림없다. 이러한 캄브리아 대폭발에 의하여 다양한 동물들이 출현하게 된 것을 우리가 알게 된 것은 1909년 스미소니언 박물관에서 행정관으로 근무하던 **찰스 월컷**(Charles D. Walcott, 1850~1927)에 의해서였다. 그는 캐나다의 브리티시 컬럼비아주의 요호 국립공원에서 무더기로 쏟아지는 화석

그림 10-50. 에디아카라 생물군. (출처: Maulucioni[10-50])

군들인 **버제스 셰일**(Burgess Shale) 동물상을 발견하게 되어, 캄브리아기의 생물상이 이 세상에 그 모습을 드러내게 된 것이다[30]. 또한 1984년 중국 운남성에서 발견된 **쳉장 화석군**(Chenjiang fauna)도 캄브리아기의 동물상을 유추해 볼 수 있는 중요한 정보를 제공해 준다고 할 수 있다. 그렇다면 캄브리아 대폭발이 일어난 원인은 무엇일까? 어떤 계기를 통하여 이렇게 다양한 동물들이 지구상에 등장한 것인가? 우리는 몇 가지 원인을 추정해 볼 수 있다. 첫째는 대기의 산소 농도의 증가를 들 수 있다. 이 산소 농도는 호기성 대사를 유도하여 더 많은 에너지를 만들어 낼 수 있는 대사적 변혁을 가져왔을 것이다. 그뿐만 아니라 대기의 산소는 오존층을 만들어서 우주에서 날아오는 살인적인 자외선을 차단해 주는 역할도 해 주었을 것이다. 두 번째는 바닷물에서 칼슘과 같은 화학적 구성에 변화를 초래하여 딱딱한 부분들이 많이 생겨나면서 체형의 다양화가 일어났을 것이다. 셋째는 대양의 이동에 의하여 석호와 같은 다양한 서식지가 제공됨으로써 동물의 다양화를 촉진했다고도 볼 수 있다. 마지막으로는 유전적 요인의 변화이다. 즉, **혹스 유전자**(Hox gene)를 포함한 마스터 조절유전자의 변화에 의하여 다양한 체형을 가진 동물들이 갑자기 증가했다고 보는 견해이다. 이런 유전적 진화 관계는 제5절에서 따로 기술할 것이다.

캄브리아기에 대표적으로 번성한 동물은 **삼엽충**(三葉蟲, trilobite, 그림 2-25)이다[68]. 그러나 이들은 오르도비스기에 이르러 쇠퇴하기 시작하여 페름기 말에 시작된 대멸절 시기를 넘기지 못하고 모두 멸종하고 말았다. 또한 캄브리아기에 최초로 등장한 어류는 실루리아기에 유악어류로 발전하면서 데본기에 들어서는 어류의 시대라 불릴 정도로 번창하게 되었다. 앞으로 현생누대를 시작으로 동물을 크게 무척추동물과 척추동물로 나누어서, 이들의 진화적 흥망성쇠를 시대별로 짚어 나갈 것이다.

## 2. 무척추동물의 진화

동물을 무척추동물과 척추동물로 구분하는 것은 그 명칭상 상식적이긴 하지만, 계통분류학적 내용을 담고 있는 명칭은 아니다. 그러나 우리는 무척추동물이라고 하면 쉽게 인식하는 편리함을 가지고 있다. 따라서 계통분류학적으로 동물을 분류해 본다면 그림 4-29와 그림 10-51을 기준으로 해야 할 것이다.

다세포 동물의 99%는 척추나 척색을 가지고 있지 않은 무척추동물이다. 이들은 어떤 진화 과정을 겪으면서 현재에 이



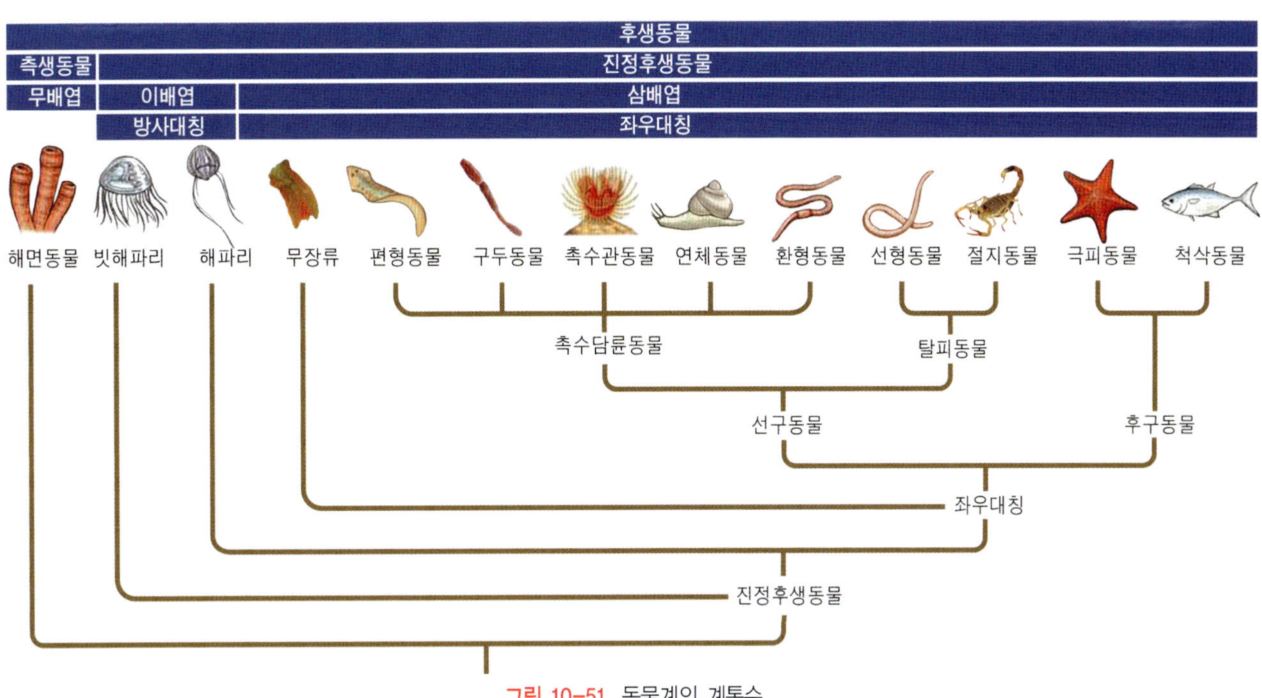


그림 10-51. 동물계의 계통수.

르고 있을까? 우선 무척추동물은 몸의 체계가 일부 기생성 동물을 제외하고는 모두가 복잡성이 증가하는 쪽으로 진화해 나간다. 이들은 환경에 적응하고 더 나아가 환경을 개척하기 위하여 다양한 기관을 진화시켰다. 이들은 외피를 만들고 신경이나 근육조직을 개발하여, 더 쉽게 땅을 파거나 기어다니거나 헤엄을 칠 수 있게 진화했을 것이다. 또한 날개를 개발하여 바다와 육지 및 하늘을 서식지로 삼을 수 있는 맹활약을 펼치게 되었다. 따라서 우리는 이들이 개발한 몸의 상태를 기준으로 삼아 이들의 진화 계통수를 만들 수 있을 것이다. 즉, 조직이나 기관의 발달 수준, 몸의 대칭성, 체절형성 여부, 체강의 종류, 발생단계의 배엽형성 정도, 원구의 이용 방향 등으로 진화의 밑그림을 그릴 수 있을 것이다(제4장 '동물의 분류' 편 참고). 자 그럼 지금부터 무척추동물이 걸어온 발자취를 더듬어 올라가 보자.

먼저 동물의 공통조상으로 추정되는 원생동물인 **동정편모충류**(깃편모충류, 입금편모충류, choanoflagellate)가 다른 세포들과 모여서 다세포를 형성하면서 가장 원시적인 동물인 **해면동물**(海綿動物, sponges, Porifera)을 만들 것이다(그림 4-30). 이 해면동물은 8~10개 정도의 세포 종류가 모여 있지만, 조직 수준으로 몸을 만든 동물들은 아니다. 이들은 단지 피층에 편평세포들이 모여 있고 안으로는 동정세포가 늘어서 있다. 이 가운데 층은 젤라틴 성분으로 구성된 중간층(mesohyl)이 있을 뿐이다. 이들은 편모를 움직여서 물이 안으로 들어가게 만든 후, 이 물을 따라 들어온 먹이 입자를 걸러서 섭식을 한다. 따라서 이들은 입이나 조직이 없고 앞과 뒤도 구분이 안 되는 원시적인 동물이다. 이들은 이렇게 원시적인 몸을 가지고 있지만, 약 8천 종의 해면동물이 민물과 바다에서 서식하고 있다는 것은 흥미로운 일이다. **판형동물**(板形動物, placozoa)은 한 개의 종으로 구성되어 있고, 이미 설명된 대로 털납작벌레도 원시 조직 수준의 동물에 속한다. 또한 해면동물은 그 세포의 개체 회복성에 놀라움을 보여 준다. 해면동물을 단세포로 각기 쪼개 놓고 일정 시간이 지나면 다시 모여서 개체를 형성하는 재주가 있다. 이는 세포가 분화될수록 재생이 어렵다는 것을 말해 준다고 할 수 있다. 우리는 동물계를 원생동물과 **후생동물**(後生動物, metazoa)로 크게 나누기도 한다. 이 후생동물도 세분하여 해면동물 등이 포함되는 **측생동물**(側生動物, parazoa)과 **진정후생동물**(眞正後生動物, eumetazoa)로 구분하기도 한다[29].

해면동물이 배엽이 형성되지 않는 무배엽성 동물이라면, 이번에는 외배엽과 내배엽을 가지는 이배엽 동물이 등장한다. 이들은 외배엽이 상피층을 형성하고 내배엽은 그 아래층을 형성한다. 이들은 그 몸체를 더 다듬어서 방사형 대칭 형태를 취한다. 우리는 이런 동물을 **방사대칭동물**(放射對稱動物, radiata)이라 부르고, **자포동물**(刺胞動物, Cnidaria)과 **유즐동물**(有櫛動物, 빗해파리류, Ctenophora)이 여기에 속한다. 우리에게도 익숙한 해파리 종류인 자포동물은 입과 항문이 동일하다. 즉, 물이 **위수강**(胃水腔, gastrovascular cavity, **강장**, coelenteron)으로 들어와서 이 속에 들어 있는 먹이를 세포 밖에서 분해하여 흡수한다. 자포동물은 말 그대로 **자포**(刺胞, nematocyst)를 가지고 있어서, 이를 먹이에 쏘아 마비시킨 다음 위수강으로 끌고 들어와서 소화시킨다. 이들은 이 자포를 사냥이나 방어용으로 사용하기 때문에 한여름 해수욕장에서 인간을 응급실로 실려 보낼 수 있을 만큼 파괴력을 가지고 있다. 자포동물에는 해파리뿐만 아니라 산호, 히드라도 여기에 속한다. 유즐동물에는 빗해파리가 있는데, 빗해파리에는 자포가 없기 때문에 자포동물이라 부르지 않고 유즐동물이라고 부른다. 이처럼 **강장동물**(腔腸動物, coelenterata)은 자포동물과 유즐동물을 포함하고 있지만, 그 계통분류상 논란의 여지가 많아서 주로 자포동물을 지칭하는 말로 사용되고 있다. 그리고 자포동물은 그 생활사에서 두 가지 형태가 나타난다(그림 10-52). 고착성인 폴립형은 산호나 말미잘에서는 나타나지 않지만, 자유형인 메두사는 히드로에서는 둘 다 나타난다. 그뿐만 아니라 자포동물이나 유즐동물에서는 안점이나 평형기와 같은 원시 신경계가 나타나지만, 순환계나 호흡계 및 배설을 담당하는 조직이나 기관은 아직 나타나지 않고 있다. 그렇지만 이배엽성 동물에서부터 원시적인 조직의 형태가 나타난다고 할 수 있다[108].

이배엽성이면서 방사대칭형이던 자포동물에서 한 단계 더 진화한 동물이 바로 **좌우대칭동물**(左右對稱動物, bilateria)이다. 동물의 체형이 방사대칭에서 좌우대칭으로 바뀌면서 어떤 변화가 일어날까? 이 결과는 훨씬 더 날렵하여 신속한 운동이 가능해지고 앞과 뒤가 나타나는 **극성**(極性, polarity)

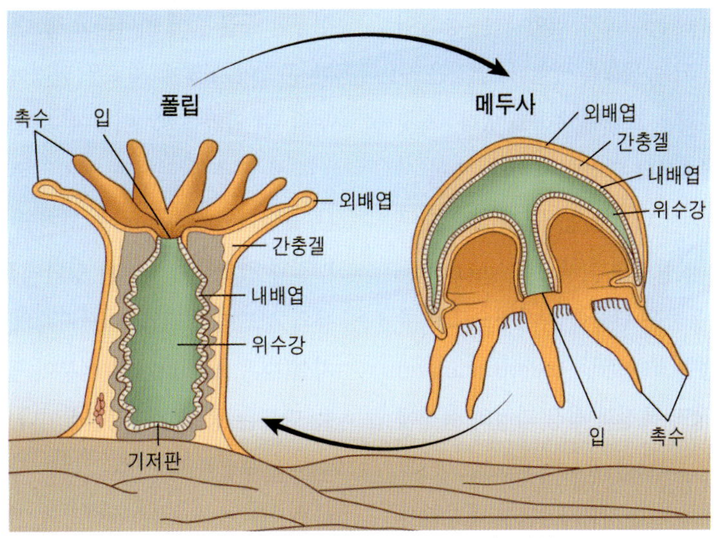


그림 10-52. 자포동물의 폴립형과 메두사형.

이 생겨난다. 그뿐만 아니라 외배엽과 내배엽 사이에 중배엽이 생겨남으로써 동물의 몸은 훨씬 더 다양한 기능을 수행하는 쪽으로 진화가 이루어지게 되었다. 즉, 환상근이나 종주근, 배설기관, 순환기관 및 생식기관을 만들면서 크기가 부쩍 증가했을 것이다. 또한 중배엽이 생겨나면서 동물의 몸에는 **체강**(體腔, body cavity, coelom)이 나타난다(그림 4-25). 즉, 몸안에 공간이 생겼다는 의미이다. 따라서 좌우대칭동물은 삼배엽 동물의 시작이면서 조직 수준을 넘어서 기관이나 기관계가 등장하고 체강이 생겨나는 구조를 갖게 되었다.

그렇다면 좌우대칭동물은 또 각기 어떤 특징적인 형질을 가지고 진화의 길로 들어설까? 우선 그림 4-25에서 보는 바와 같이 **무체강 동물**(無體腔動物, acoelomate)은 중배엽이 나타나지만, 내배엽과 외배엽을 가득 채우고 있어서 실제로 체강을 만들지 못한다. 따라서 이들은 삼배엽 좌우대칭동물 중에서 가장 원시적인 동물에 해당한다. 이 부류에 속하는 동물은 우리에게도 잘 알려진 플라나리아(planaria)와 같은 **편형동물**(扁形動物, platyhelminthes)이다. 이들은 중배엽 덕분에 근육조직이 생기고 자웅동체의 생식기관이나 삼투조절이 가능한 원신관을 가지게 되었다. 그러나 아직도 순환계는 나타나지 않고 있다. 우리 몸에 기생하는 간흡충이나 갈고리촌충도 편형동물에 속한다. 순환계는 편형동물을 지나 의체강 동물이나 진체강 동물에서 나타난다.

체강이 없는 편형동물과는 달리 요충이나 회충이 포함된 **선형동물**(線形動物, nematode)은 체강이 있지만, 그 형태가 약간 다르다. 선형동물이 가지고 있는 체강은 복벽 쪽에만 복막이 싸고 있고, 내배엽인 소화관 쪽에는 복막이나 근육이 싸고 있지 않다. 우리는 이런 형태의 체강을 **의체강**(擬體腔, pseudocoelomate)이라 부른다. 그러나 이 체강 속에는 체액이 차 있고 종주근이나 환상근이 작용함으로써 연동운동이 가능하게 되었다. 즉, 연동운동이 일어나는 기전은 물이 든 풍선을 생각해 보는 것이 좋을 것 같다. 우선 물풍선을 손으로 누르면 길고 가는 모양이나 짧고 두툼한 모양으로 변화시킬 수 있다. 따라서 이러한 **유체골격**(流體骨格, hydroskeleton)을 이용해서 꿈틀대거나 헤엄을 칠 수 있는 이동 방법이 생겨나게 된다. 또한 선형동물은 탈피동물에 속한다. 이러한 특징은 선구동물 중에서 절지동물과 같이 설명할 것이다.

**진체강 동물**(眞體腔動物, coelomates)은 종 수나 서식 분포 등에서 가장 성공한 후생동물이라고 보아야 할 것이다. 진체강은 말 그대로 체벽뿐만 아니라 안쪽의 내장까지 중배엽이 싸고 있는 진정한 형태의 체강을 뜻한다. 이는 그림 4-25에서 보는 바와 같이 복막이 등쪽과 배쪽에서 만나서 **장간막**(腸間膜, mesentery)을 형성하여 장을 고정시키고 있다. 인간에서는 배쪽에 있는 장간막은 퇴화되었고, 등쪽 장간막만 남아서 내장을 척주에 고정시키는 역할을 주로 담당하고 있다.

진체강 동물은 다시 크게 나누어서 **선구동물**(先口動物, protostomes)과 **후구동물**(後口動物, deuterostomes)로 분기한

다. 선구동물은 **원구**(原口, blastopore)가 입이 되는 동물이고, 후구동물은 원구가 항문이 되는 동물을 말한다. 인간은 보기와는 다르게 원구가 항문이 되는 그룹에 속하고 있다. 자칫하면 입이 더러워질 공산이 애초부터 있었던 셈이다. 또한 선구동물은 **난할**(卵割, cleavage) 시 나선형 형태를 취하고 할구의 운명도 발생 초기에 결정되는 **결정형**(決定形, determinate)이다. 이에 반하여 후구동물은 난할이 방사형으로 이루어지고 난구의 운명도 비결정형(非決定形, inderterminate)이다. 선구동물은 다시 그 발생적 특징과 성장 과정의 형질에 따라 크게 **촉수담륜동물**(觸手膽輪動物, Lophotrochozoa)과 **탈피동물**(脫皮動物, Ecdysozoa)로 분지한다. 먼저 촉수담륜동물부터 살펴보자.

촉수담륜동물은 **담륜자**(擔輪子, trochophora) 유충 단계를 거치거나 **촉수관**(觸手冠, lophophore)을 가지는 동물을 모아 놓은 그룹이다. 그러나 무체강 동물에서 소개한 편형동물도 이 촉수담륜자 동물에 포함된다. 따라서 모든 동물을 일률적으로 말하기 어려운 이유도 여기에 있다. 먼저 **연체동물**(軟體動物, Mollusca)을 보자. 대부분의 연체동물은 메뚜기와 같이 개방성 혈관계를 가지고 있다(그림 4-28). 신경조직도 신경절이 나타나면서 광범위한 신경망을 형성하고 특히 시각이 잘 발달하여 있다. 연체동물 중 **두족류**(頭足類, cephalopoda)는 머리 밑에 다리가 붙어 있다. 우리가 술안주로 즐기는 오징어의 몸통은 머리 위에 붙어서 인간의 몸과는 그 순서가 다르다. **이매패류**(二枚貝類, bivalvia)는 발이 도끼처럼 밖으로 나온다고 하여서 **부족류**(斧足類, pelecypoda)라고 부르기도 한다. 이들은 몸의 좌우로 납작한 패각을 가지고 있는 연체동물로서 대합이나 홍합 등이 여기에 속한다. 또한 **복족류**(腹足類, gastropod)는 배 밑으로 다리가 나오는 동물로 달팽이, 골뱅이, 전복, 소라 등이 여기에 속한다. 지렁이나 거머리가 속해 있는 **환형동물**(環形動物, annelid)은 특징적으로 체절을 형성하고 있는 동물이다. 이렇게 체절을 형성하는 동물은 환형동물 이외에 절지동물과 척추동물이 포함된다[140].

역시 선구동물인 **절지동물**(節肢動物, arthropod)은 선형동물과 함께 탈피동물에 속하지만, 갑각류나 거미류 및 곤충류로 나눌 수 있다. 그러나 이 중에서 곤충류가 현재 알려진 동물 총 수의 약 80%를 차지하고 있기 때문에 진화적으로 가장 성공한 동물 중에 하나라고 할 수 있다. 그러면 육상으로 진출한 곤충이 어떻게 새로운 환경에 적응하여 최대의 번성기를 누릴 수 있었을까? 이들이 찾아낸 진화적 과정을 알아보자.

우선 곤충을 포함한 절지동물은 키틴(chitin)질의 **외골격**(外骨格, exoskeleton)을 가지고 있다. 키틴은 다당류로서 단백질과 결합하여 딱딱한 당단백질을 형성한다. 이 키틴은 균류의 세포벽이 되고, 바닷가재의 껍데기가 되며, 연체동물의 **치설**(齒舌, radulae)의 성분이 될 뿐만 아니라, 어류의 비늘을 만드는 중요한 구성물질이다. 이렇게 만들어진 외골격은 수분의 증발을 막아 주고 내부 장기를 보호해 줄 뿐만 아니라 활동성을 높여 주는 진화적 발전을 이루었다. 그다음으로는 아주 효과적인 호흡 방법을 개발하였다. 이들은 몸 옆으로 뚫려 있는 **기문**(氣門, spiracle)을 통하여 산소를 끌고 들어와 호흡관을 통하여 직접 근육에 전달하고, 이산화탄소를 받아서 밖으로 내보낸다. 그뿐만 아니라 이들은 날개를 진화시켜서 서식지를 넓히고 포식자들로부터 쉽게 도피할 수 있는 방법을 찾아내었다. 또한 **변태**(變態, metamorphosis)라는 과정을 통해서 새로운 개체로 바뀜으로써 다른 환경에서 다른 먹이를 섭취할 수 있는 장점을 가지게 되었다. 곤충은 이러한 진화적 개혁을 통하여 이 지구의 환경에 아주 잘 적응한 동물 중의 하나로 자리잡고 있다.

마지막으로 원구가 항문이 되는 후구동물에는 **극피동물**(棘皮動物, echinoderm)과 **척삭동물**(脊索動物, chordate)이 여기에 속한다. 극피동물은 우리에게도 익숙한 불가사리나 성게, 해삼 등이 여기에 속해 있다. 이들의 유생은 모두 좌우대칭 형태이지만, 성체가 되었을 때는 방사대칭이 되는 특징이 있다. 우리는 극피동물까지가 무척추동물에 속한다는 것을 안다. 그다음 척삭동물부터는 따로 설명해 나가는 것이 좋을 듯하다.

## 3. 척추동물의 진화

### 1) 척삭동물의 진화

후구동물에는 극피동물과 **척삭동물**(脊索動物, Chordate)이 여기에 속한다. 척삭동물은 **척삭**(脊索, notochord) 혹은 **척색**이라 불리는 구조물을 가지고 있기 때문에 불린 이름이다. 척삭동물에는 다시 미삭동물과 두삭동물 및 척추동물이 들어 있다. 따라서 척추동물의 진화를 설명하는 데 척삭동물이 등장하는 것은 당연하다. 지금부터 척삭동물에 대하여 먼저 알아보고 그다음 척추동물이 진화해 온 과정을 살펴보도록 하자[65].

### (1) 미삭동물

**미삭동물**(尾索動物, urochordate, 'uro'는 꼬리라는 의미) 또는 **피낭동물**(被囊動物, tunicate)은 말 그대로 꼬리 부분에 척삭이 나타나는 동물을 말한다. 우리가 잘 알고 있는 **멍게**나 **미더덕** 같은 동물은 **해초강**(海鞘綱, Ascidiacea)으로 고착생활을 한다. 이들의 유생은 마치 올챙이 모양을 하고 있고, 꼬리에 척삭이 들어 있다. 그러나 성체가 되어 고착생활을 하게 되면 꼬리가 퇴화되면서 척삭도 사라진다. 여기서 중요한 관전 포인트는 우리가 알고 있는 멍게의 유생이 헤엄치는 올챙이처럼 생겼다는 것과, 이들이 고착생활을 하면 진화적으로 아주 귀한 구조물인 척삭도 버려 버린다는 점이다. 그림 10-53은 우리의 예상을 뛰어넘는 진화적 경이로움을 보여주는 그림이라고 할 수 있다. 우리가 술안주로 자주 찾는 멍게의 유생이 올챙이처럼 생겼다는 사실과, 이 멍게의 유생이 척추동물인 양서류의 개구리 유충과 서로 닮았다는 사실은 우리의 상상력을 자극하기에 충분하다고 할 수 있다. 미삭동물은 모두가 다 고착생활을 하는 것은 아니다. 현재 전 세계적으로 약 3천여 종이 알려져 있고, 부유 생활을 하는 미삭동물도 있다.

### (2) 두삭동물

**두삭동물**(頭索動物, Cephalochordate)도 미삭동물과 같이 척삭동물의 아문(亞門, subphylum)이다. 두삭동물은 한번 생긴 척삭이 미삭동물처럼 성장 과정에서 사라지지 않고 일평생 남아 있는 동물을 말한다. **창고기**(lancelet) 혹은 **활유어**(蛞蝓魚, amphioxus)가 대표적인 두삭동물이다. 이들이 창고기로 불리는 이유는 그 모습이 마치 작은 창(lance)처럼 생겼기 때문이고, 활유어는 올챙이나 달팽이를 뜻하지만 amphioxus라는 뜻은 양쪽 끝이 모두 뾰쪽하다는 의미를 담고 있다[25]. 창고기는 그림 10-54처럼 척삭이 등 신경삭(dorsal nerve cord)과 같이 몸의 지지대를 형성하고 머리에서 꼬리까지 뻗어 있다. 이러한 지지대를 중심으로 체절성 근육이 이들을 둘러싼다. 창고기는 암수딴몸으로 유성생식을 하며, 낮에는 모래 속에 숨어 있다가 밤에는 밖으로 나와 활발하게 헤엄치며 먹이활동을 한다. 이 창고기의 혹스 유전자는 모든 동

10

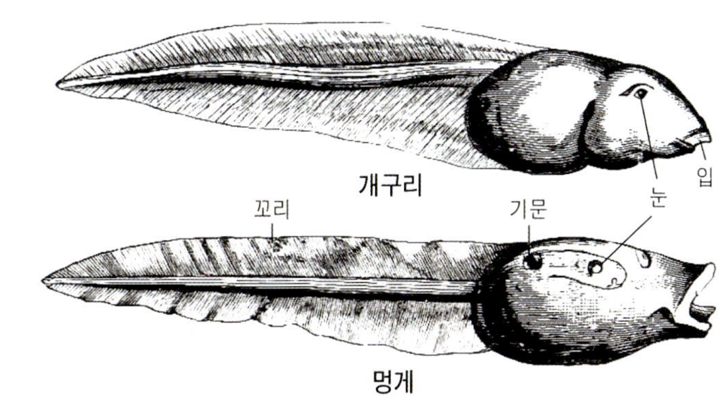

그림 10-53. 멍게와 개구리 유충의 해부학적 비교. (출처: British Museum[10-53])

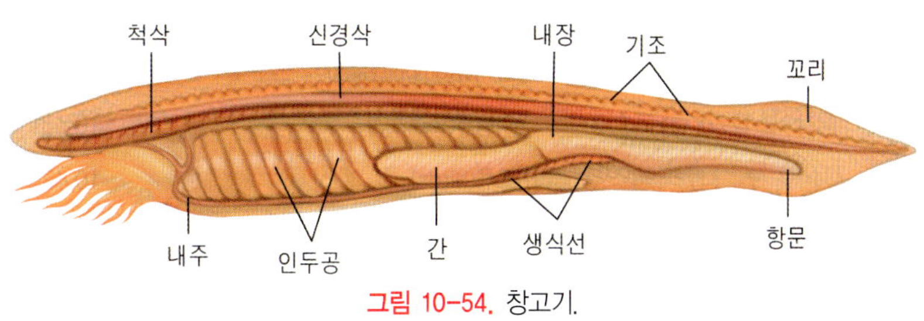

그림 10-54. 창고기.

표 10-5. 어류의 계통적 분류

| 상강(Superclass) | 강(Class) | 아강(Subclass) | 하강(Infraclass) | 예시 어류 |
|---|---|---|---|---|
| 무악어류상강 (Superclass Agnatha) | 먹장어강(Class Myxini) | | | 먹장어(꼼장어) |
| | 두갑강 (Class Cephalospidomorphi) | | | 칠성장어 |
| 유악어류상강 (Superclass Gnatostomata) | 연골어류강 (Class Chondrichthyes) | 판새어아강(Subclass Elasmobranchii) | | 상어, 홍어, 가오리 |
| | | 전두어아강(Subclass Holocephali) | | 은상어(chimaera) |
| | 경골어류강 (Class Osteichthyes) | 조기류아강(Subclass Actinopterygii) | 연질어류하강(Infraclass Chondrostei) | 철갑상어 |
| | | | 전골어하강(Infraclass Holostei) | 보우핀(bowfin) |
| | | | 진골어하강(Infraclass Teleostei) | 대부분 현존 어류 |
| | | 육기어류아강(Subclass Sarcopterygii) | 총기류하강(Infraclass Crossopterygii) | 실러캔스(Coelacanth) |
| | | | 폐어하강(Infraclass Dipnoi) | 폐어(lungfish) |



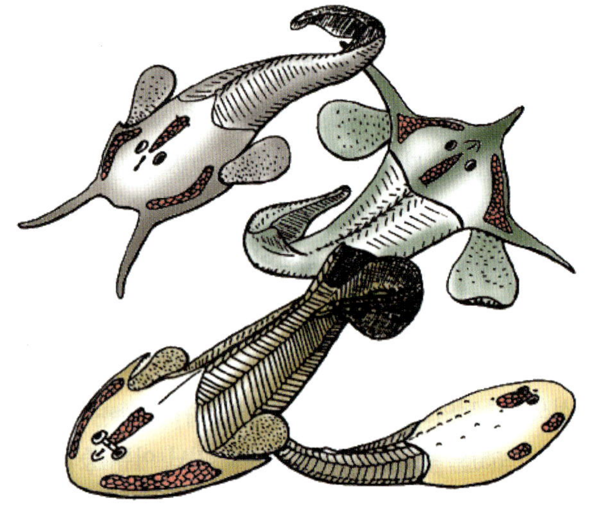

그림 10-55. 갑주어(Ostracoderm)의 복원 사진. (출처: Philippe Janvier[10-55])

ray-finned fish, actinopterygii, 그리스어로 pterus는 날개나 지느러미를 뜻함)와 **육기류**(肉鰭類, lobe-finned fish, sarcopterygii)로 나눌 수 있다[142]. 조기류는 보통 우리들 밥상에 오르는 생선들이 여기에 속하고, 폐어나 실러캔스가 포함되는 육기류는 사지동물과 연결되는 우리들의 조상이 된다. 따라서 이들은 각기 조금 후에 자세히 다루기로 하자.

## (2) 어류의 기원

최초의 척추동물이자 채식주의자도 즐겨 먹는 어류는 언제, 어떻게 이 지구상에 나타났을까? 그림 10-56은 무슨 단서를 제공해 줄 수 있을까? 이 그림에서 볼 수 있는 어류는 1999년 중국 훈난성에서 발견된 **하이쿠이크티스**(*Haikouichthys ercaicunensis*)로 5억3천만 년 전인 캄브리아 대폭발 시기에 등장한 어류이다[81]. 이는 아마도 초기 척추동물로서 모든 척추동물의 조상이 될 가능성이 높다는 것을 보여 준다. 우리는 다시 그림 10-53에서 보는 **멍게**의 유충을 그려볼 필요가 있다. 따라서 아마도 어류는 우렁쉥이와 같은 유생에서 진화해 나왔을 것으로 추정하고 있다. 또 다른 무악동물의 화석은 갑주어이다. 이 갑주어는 캄브리아 중기에 출현하여 오르도비스기와 실루리아기를 거친 후 데본기 후기에 멸종하고 말았다. 이는 실루리아기 초기에 등장한 유악어류인 **판피어**(板皮魚, placoderm)와 실루리아기 후기에 출현한 **극어류**(棘魚類, acanthodii, spiny shark)의 영향을 받았을 것으로 추정된다[87]. 왜냐하면 데본기에서 최상의 포식자는 역시 턱을 가지고 있었던 판피어류이었기 때문이다. 장차 판피어류는 현재

그림 10-56. 하이쿠이크티스(*Haikouichthys*)의 복원 사진. (출처: Nobu Tamura[10-56])

우리가 보고 있는 어류의 조상이 되었고, 극어류는 데본기 중기에 연골어류로 진화하게 되었다. 그러나 갑주어나 유악동물인 판피어나 극어류도 데본기 후기 대멸종기를 넘기지 못하고 모두 절멸하고 말았다. 우리는 데본기를 어류의 시대라고 불렀지만, 이제는 다시 석탄기의 양서류 시대로 넘어가는 시대적 변화기를 맞게 된 셈이다.

### (3) 무악어류

최초로 나타난 척추동물인 어류는 턱이 없는 무악어류였다. 이 중에서도 잘 알려진 갑주어는 특징적으로 머리와 몸통 앞부분이 단단한 껍질로 덮여 있었다. 또한 몸의 뒤편은 비늘로 덮여 있고 머리 뒤에는 한 쌍의 지느러미를 가지고 있었다. 따라서 이들은 머리와 몸통 및 꼬리로 구성된 몸을 가지고 있었던 셈이다. 턱이 없는 어류가 과연 얼마나 살아남을 수 있었을까? 그러나 아직도 그 명맥을 유지하고 있는 무악어류는 먹장어와 칠성장어이다. 먹장어는 우리가 쉽게 부르는 곰장어(꼼장어)이다. 이 장어를 먹장어라고 부르는 이유는 눈이 퇴화되어서 붙여진 이름이다. 따라서 이들을 장님뱀장어라고 부르기도 한다. 이 먹장어는 턱이 없기 때문에 이빨이 있는 혀를 이용하여 죽은 동물의 즙액을 빨아 먹으면서 산다. 또한 무악어류는 물을 빨아들인 뒤 인두의 **새궁**(鰓弓, gill arch)에서 물 안에 들어 있는 먹이를 걸러 먹는 **여과섭식**(濾過攝食, filter feeding)을 했을 것으로 보고 있다. 그뿐만 아니라 이들은 턱이 없기 때문에 둥근 입을 가지고 있다. 이런 이유로 먹장어는 칠성장어와 함께 **원구류**(圓口類, cyclostome)라 부르기도 한다. 또한 먹장어는 피부에 막대한 점액을 분비하여 신체를 방어하고, 매년 성을 바꾸는 성전환의 전문가이기도 하다. 칠성장어도 먹장어와 마찬가지로 턱이 없다. 따라서 이들도 큰 생선의 피부에 붙어서 입을 빨대 삼아 체액을 빨아 먹으면서 산다[43]. 그러나 우리가 알고 있는 갯장어(하모)나 붕장어(아나고) 및 민물장어인 뱀장어는 모두 유악어류이다.

### (4) 유악어류

턱을 가진 유악어류는 무악어류에서 진화해 왔을 것이다. 그렇다면 어떻게 턱이 진화되었을까? 지금부터 그 가능성이 높은 이론을 짚어 가 보자.

#### ① 턱의 기원

우선 초기 유악어류로 실루리아기 초기에 출현한 판피어(그림 10-57)는 머리와 가슴이 판으로 보호되고 있어서 붙은 이름이다. 이 판피어는 이 판과 판 사이에 관절이 형성되어 있다. 처음에 턱이 생긴 이유는 먹이활동을 하기 위함이 아니고 아가미로 물을 잘 퍼넣기 위하여 진화했다고 본다. 이 판피어는 7개의 **새궁**(鰓弓, **아가미궁**, gill arch, **인두궁**, 咽頭弓, branchial arch)을 가지고 있었다.

10

턱의 기원에 관하여 제일 지지를 많이 받는 이론은 바로 이 턱이 새궁에서 진화해 왔다는 것이다. 새궁이 턱, 즉 하악으로 진화되어 가는 과정은 그림 10-58과 같다. 먼저 무악어류에서는 턱이 없고, 입으로 들어온 물은 새궁을 통하여 밖으로 나간다. 이때 필요한 산소는 아가미에 있는 **대항류 교환**(對抗流交換, countercurrent exchange) 방식에 의하여 산소와 이산화탄소가 맞교환된다. 이 시스템에 대한 기술은 '어류의 기관' 편에서 다룰 것이다. 그러나 앞에 있던 V자 모양의 새궁이 그림에서처럼 전방으로 나오면서 위쪽 부분은 **상악**(上顎, upper jaw, **구개방형 연골**, palatoquadrate cartilage)이

그림 10-57. 판피어(placoderm)의 복원 사진. (출처: Nobu Tamura[10-57])

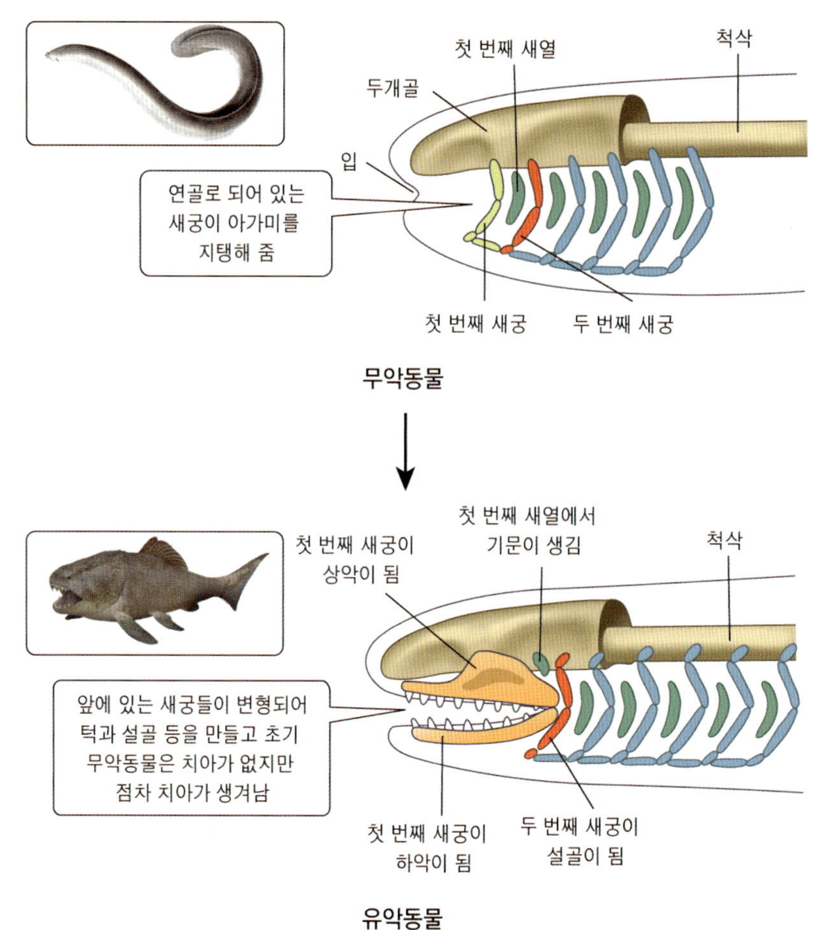


그림 10-58. 새궁(gill arch)에서 턱이 진화하는 과정.

되고, 밑부분은 **하악**(下顎, lower jaw, **메켈 연골**, Mackel's cartilage)이 된다. 이때 첫 번째 아가미궁과 두 번째 아가미궁 사이에 있는 첫 번째 **새열**(鰓裂, 아가미열, 아가미틈, gill slit)은 축소되어서 **분수공**(噴水孔, spiracle)이 되었다. 또한 두 번째 새궁은 턱을 고정시키는 **설골궁**(舌骨弓, hyoid arch)으로 변한다[25]. 이 설골궁 중에서 두개골과 턱을 연결시킬 수 있는 위쪽 구조물을 **설악연골**(舌顎軟骨, hyomandibular cartilage)이라고 부른다. 이렇게 형성된 구조물들이 어떻게 상호 연결되면서 두개골과 턱을 안정적인 구도로 진화되어 나가는지를 알아보는 것은 대단히 흥미로운 일이다. 우선 연골어류에서 나타나는 **설악주**(舌顎柱, hyostyly) 형태는 설악연골이 두개골과 구개방형 연골을 연결하는 형태를 취한다(그림 10-59). 그러나 **양악주**(兩顎柱, amphistyly) 형태는 구개방형 연골이 양쪽에서 두개골과 연결되어 있다. 이는 그림에서 보는 것처럼 설악주보다는 더 튼튼한 턱 고정이 이루어진 셈이다. 이러한 양악주는 전형적으로 우리가 흔히 보는 조기류에서 나타나는 턱의 형태이다. 그러나 이 형태보다도 더 진화된 형태가 **자동악주**(自動顎柱, autostyly) 형태이다. 이는 상악이 완전히 두개골에 가서 붙어 버리고 하악은 그 상악과 연결되는 형태를 취한다. 이 자동악주 형태에서는 설악연골이 하악궁을 지지하는 역할에서 벗어날 수 있게 된다. 이러한 형태는 주로 폐어류나 양서류에서 볼 수 있다. 이렇게 자유로워진 설악연골은 포유류로 올라오면 **이소골**(耳小骨, ossicle) 중에 **등골**(鐙骨, 등자뼈, stapes)로 진화하게 된다. 그 이외에도 구개방형 연골에서 떨어져 나온 방형 연골은 **침골**(砧骨, 모루뼈, incus)이 되고 메켈 연골의 일부가 변해서 마지막 이소골인 **추골**(槌骨, 망치뼈, malleus)이 된다[18,110]. 결국 우리가 귀로 들을 수 있는 도구들이 어류의 아가미에서 나왔다는 것을 기억해야 할 것이다. 이들은 '포유류' 편에서 다시 다룰 것이다.

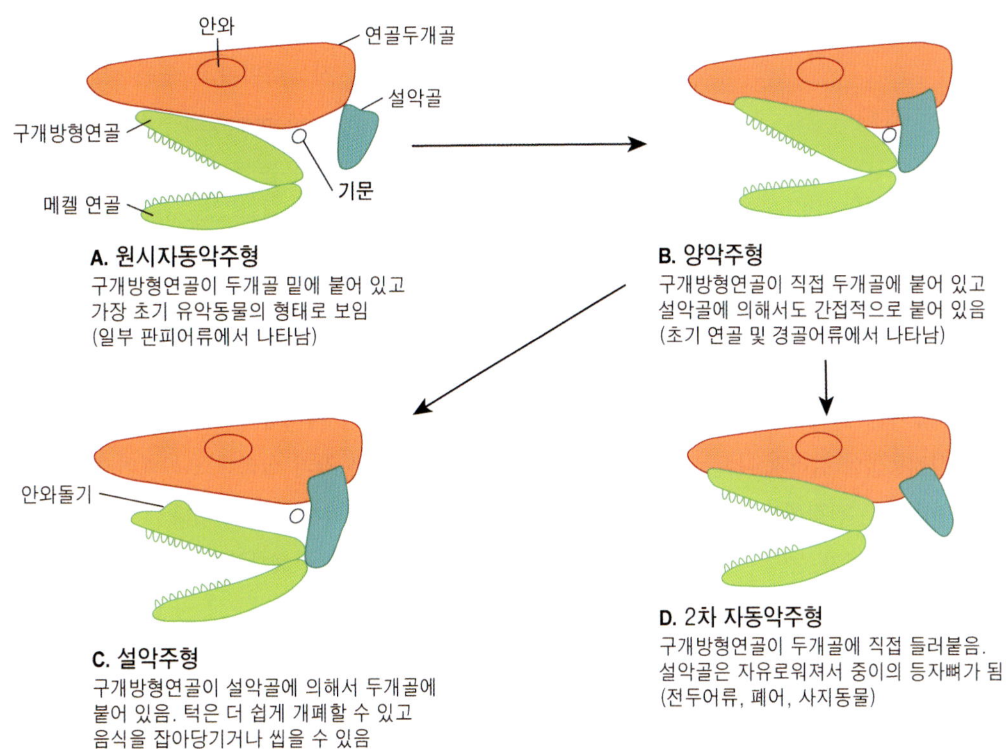


그림 10-59. 하악궁, 설골궁 및 두개골의 연결 형태.



② 연골어류

유악어류는 다시 크게 나누어서 **연골어류**(軟骨魚類, chondrichthyes)와 **경골어류**(硬骨魚類, osteichthyes)로 구분할 수 있다. 연골어류의 조상으로 추정되는 **극어류**(棘魚類, acanthodii, spiny shark)가 이 지구상에 등장한 것은 실루리아기 후기 정도로 보인다. 또한 이러한 극어류에서 연골어류가 진화한 것은 어류의 시대라 불리는 데본기 중기인 3억9천5백만 년 전으로 보고 있다. 이렇게 출현한 연골어류는 다시 **판새어류**(板鰓魚類, elasmobranchii)와 **전두어류**(全頭魚類, holocephali)로 대분된다. 판새어류는 5~7개의 아가미구멍과 비늘이 있는 반면, 전두어류는 한 개의 아가미구멍과 비늘이 없는 것으로 구별된다. 판새어류에 속하는 상어나 홍어 등은 부레가 없다. 이들은 간이나 조직에 지방을 축적하여 부력을 얻을 수 있지만, 경골어류에 비하여 부력이 약하다. 따라서 쉬지 않고 지느러미를 움직여야 가라앉지 않을 것이다. 이런 이유는 연골어류가 경골어류에 비하여 경쟁력이 떨어지는 요인으로 작용할 것이다.

또한 이들은 이빨이 겹겹이 배치돼 있다는 점과 입이 밑에 있다는 특징도 나타난다. 이들은 특이한 **방패비늘**(防牌-, placoid scale, **순린**, 楯鱗)을 가지고 있다. 이 방패비늘은 그림 10-60에서 보는 것처럼 비늘 외부를 에나멜(enamel)이 둘러싸고, 그 안쪽은 **상아질**(象牙質, dentine)로 구성되어 있으며, 이 속으로는 **치수강**(齒髓腔, pulp)이 위치한다. 여기서 중요한 진화적 발견은 바로 이런 구조물이 척추동물이 가지고 있는 이빨의 구조와 유사하다는 점이다. 우리의 치아가 상어의 비늘과 같은 구조를 가졌다는 것을 무엇을 뜻할까? 우리는 이런 껍데기를 **피치**(皮齒, dermal denticle)라 부른다. 우리가 상어를 만졌을 때 꺼칠한 느낌이 드는 것은 이런 방패비늘 때문이다[66]. 이런 방패비늘은 **은상어**(chimaera)에서도

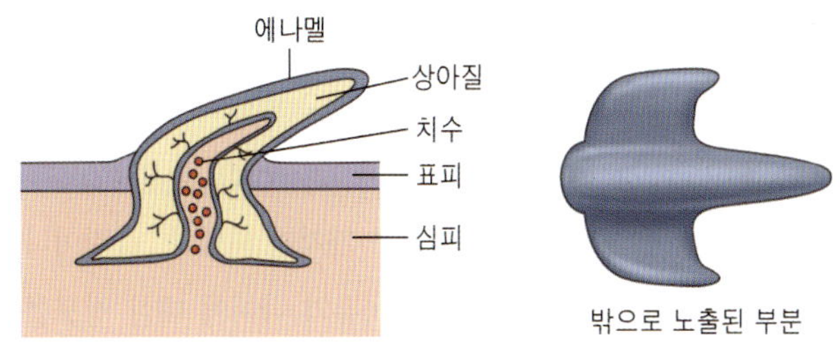


그림 10-60. 방패비늘의 구조.

나타난다. 전두어류는 대부분 멸종하고 은상어 정도만 남아 있다.

### ③ 경골어류

**경골어류**(硬骨魚類, osteichthyes)는 말 그대로 뼈의 일부 혹은 전체가 모두 딱딱한 뼈로 구성된 어류를 말한다. 이 경골어류도 크게 조기류와 육기류로 나누어진다. 경골어류에 대하여 집중해야 이유는 조기류 중 진골어류는 인간의 중요한 식량원으로 자리잡고 있다는 점 때문이다. 또한 육기류는 바로 우리들의 선조인 사지동물이 갈라져 나오는 중요한 진화적 사건을 만들어 낸 어류라는 관점에서 초미의 관심을 끈다. 우선 먼저 조기류부터 살펴보자.

#### a. 조기어류

**조기류**(條鰭類, ray-finned fish, actinopterygii, 줄기 지느러미)는 표 10-5에서 보는 것처럼 **연질어류**(軟質魚類, chondrostei), **전골어류**(全骨魚類, holostei) 및 **진골어류**(眞骨魚類, telestei)로 세분된다. 전골어류와 진골어류를 합하여 **신기어류**(新鰭魚類, neopterygii)라 부르기도 한다.

연질어류는 조기류 중에서 가장 원시적인 부류이다. 이 연질어류는 뼈대가 거의 연골로 되어 있고 일부만 골화되어 있으며, 등뼈가 분절되어 있지 않다. 이들은 데본기 전기에 출현하여 중생대 말기에 거의 사라지고 현재 남아 있는 종은 철갑상어 정도이다. 따라서 철갑상어는 현 조기어류의 생화석과 같은 위치를 지키고 있다. 이러한 연질어류에서 한 단계 진화한 형태가 전골어류이다. 전골어류에서는 점차 뼈들이 경골화가 진행되면서 부레가 생겨난다. 이러한 전골어류는 현재 보우핀(bowfin)이나 악어의 주둥이를 닮은 엘리게이터 가아(alligator gar) 정도가 남아 있다. 진골어류는 어류 전체의 90% 이상을 차지할 정도로 현재 번성하고 있는 어류이다. 이들은 중생대 말기인 백악기 경에 전골어류에서 진화해서 뼈들이 완전히 경골화되고, 비늘은 더욱 얇아져서 빗 모양의 **즐린**(櫛鱗, ctenoid)이나 **원린**(圓鱗, cycloid) 및 마름모 모양의 **경린**(硬鱗, ganoid)의 형태를 가지게 되었다. 즐린이나 원린은 동심선을 가지고 있어서 어류의 나이에 대한 정보를 알려 주기도 한다. 이들은 모두 진피에서 발달한 비늘들이다.

#### b. 육기어류

조기류를 줄기 지느러미라고 부른다면 **육기류**(肉鰭類, lobe-finned fish, sarcopterygii)는 살덩이 지느러미라고 불러야 할 것이다. 육기류는 조기류의 연질어류와 마찬가지로 산소가 부족해지는 환경에서는 공기를 삼키기 위하여 내장과 연결된 주머니를 만들기 시작하였다[102]. 이 주머니는 나중에 폐가 되거나 부레가 되어 진화의 엄청난 사건을 만들어 내게 될 것이다. 육기어도 다시 **총기어아강**(coelacanthimorpha), **폐어아강**(Dipnoi) 및 **사지형어아강**(tetrapodomorpha)으로 나누어진다. 이들은 각기 실러캔스나 폐어가 되고 이들로부터 사지형 동물이 갈라져 나갈 것이다. 이 과정은 진화 역사상 가장 획기적인 사건에 해당하여서 조금 후에 자세히 알아볼 것이다.

### (5) 어류의 기관

어류의 기관이 더 쉽게 비교될 수 있도록 인간의 몸을 구성하는 기관과 비교해 보도록 하겠다. 먼저 신경계부터 살펴보자. 인간은 머리와 목 및 내장에 분포하는 **뇌신경**(腦神經, cranial nerve)이 12개가 있다. 이 뇌신경은 척수에서 나오는 것이 아니라 뇌에서 직접 나온다. 그렇다면 어류나 양서류에도 이 12개의 뇌신경이 그대로 뇌에서 나올까? 대답은 '그렇다'이다. 다만 제11 뇌신경이 제10 뇌신경인 **미주신경**(迷走神經, vagus nerve)에 포함되어 있고, 제12 뇌신경인 **설하신경**(舌下神經, hypoglossal nerve)은 **척수신경**(脊髓神經, spinal nerve)에 포함되어 있을 뿐이다. 따라서 어류나 인간이 턱을 움직이게 하는 저작근은 모두 다 제5 뇌신경인 **삼차신경**(三叉神經, trigeminal nerve)이 담당하고 있다. 결론적으로 우리가 현재 보고 있는 어류의 뇌신경과 인간의 뇌신경에는 별 차이가 없다[40].

그렇다면 어류의 눈은 어떨까? 물론 생선의 눈에 눈꺼풀이나 눈물샘이 있을 필요는 없을 것이다. 그러면 이들도 안구를 움직이는 **외안근**(外眼筋, extraocular muscle)을 가지고 있을까? 이를 인간과 비교해 보면 어류는 단지 모든 축을 중심으로 회전이 가능한 3개의 외안근을 가지고 있는 반면, 인간은 좀 더 정밀하게 움직일 수 있는 6개의 외안근을 가지고 있다. 물고기도 사람의 눈과 비슷한 안구를 가지고 있다. 그러나 해마나 가자미 등은 카멜레온과 같이 두 개의 눈을 각각 독립적으로 회전시켜 두 개의 다른 시야를 처리할 능력을 갖추고 있다[42]. 그뿐만 아니라 육상 야행동물이 가지고 있는 망막 뒤의 **반사막**(反射膜, tapetum lucidum)을 상어도 가지고 있다. 반사막은 빛이 약한 밤에 그 빛을 망막으로 반사해줌으로써 야간 사냥이 가능하게 해 주는 구조물이다. 우리가 밤에 야행동물을 만나면 눈에 빛이 나는 이유는 이 반사막 때문이다. 따라서 이 반사막을 가지고 있는 상어는 밤에도 쉽게 사냥을 할 수 있다는 것을 우리는 쉽게 상상할 수 있을 것이다.

그렇다면 청각은 어떨까? 물고기는 외이와 중이가 없고 다만 내이만으로 구성되어 있다. 이 내이 속에는 반고리관(semicircular canal)이 들어 있어서 몸의 기울기나 방향 등을 알아낼 수 있다. 이러한 반고리관은 칠성장어부터는 2개 이상의 반고리관을 가지게 된다. 또한 턱의 진화 과정에서 기술한 것처럼 이소골이 새궁에서 만들어져서 감각세포를 이용하여 물속의 소리도 감지할 수 있게 되었다. 우리가 말하는 **측선**(側線, lateral line, 옆줄)도 구멍 사이로 물이 들어가서 우리의 귀에 들어 있는 **청모**(聽毛, auditory hair)와 같은 감각세포를 자극하여 주위의 물 흐름을 감지할 수 있게 해 준다. 이러한 측선도 인간의 내이와 비슷한 기능을 한다는 것은 신기로운 일이다. 후각이나 미각도 분포하고 있기 때문에 당연히 감지가 될 것이다[98].

어류의 호흡기관은 아가미이다. 이 아가미에서 산소와 이산화탄소가 교환되는 원리는 **대항류 교환**(對抗流交換, countercurrent exchange) 시스템이다. 이 시스템은 산소분압이 낮은 정맥혈과 산소분압이 높은 물의 흐름을 반대로 해줌으로써 분압이 높은 곳에서 분압이 낮은 곳으로 산소와 이산화탄소가 이동해 가는 장치를 말한다. 이러한 대항류 시스템은 우리의 신장에서도 이용되고 새들이 추운 겨울에 물에다 발을 넣고 있을 수 있는 이유를 설명해 주기도 한다. 이렇게 산소를 옮겨 실은 정맥혈은 물고기의 심장으로 돌아와 전신으로 다시 내보낼 것이다. 물고기의 심장은 한 개의 심방과 한 개의 심실로 구성된 폐쇄순환계이다. 이들도 혈액 속에 적혈구나 백혈구 및 혈소판 등의 혈액세포를 가지고 있고 어느 정도의 림프계도 형성되어 있다. 물고기에서 대사과정에 생성되는 질소 노폐물은 여러 형태로 배설된다. 경골어류는 대부분 암모니아 형태로 아가미로 배출되고 오줌으로는 약 20% 가량이 나간다. 또한 연골어류는 요소 형태로 배설하지만, 이들을 삼투압 조절용으로 이용하기도 한다.

### 3) 양서류의 진화

이 지구상에서 처음으로 네발을 가진 동물이 나타난 것은 양서류가 처음이다. 우리가 흔히 산책길에서 만나는 개구리는 물에다 알을 낳고 그 알이 올챙이가 된다. 이 올챙이는 아가미로 물속에서 숨을 쉬다가 어느 날 다리가 나오면서 꼬리가 들어간다. 서서히 아가미가 사라지고 물 밖으로 나와 공기를 폐로 마시면서 논두렁을 뛰어다닌다. 물고기와 같은 올챙이가 네발 달린 동물로 변신한 것이다. 우리는 단순히 이런 과정을 **변태**(變態, metamorphosis)라고 치부해 버리기 전에 그 진화적 의미를 찾아보는 것은 너무나 당연한 일이다. 지금부터 그 역사적 과정을 찾아 나서 보자.

#### (1) 바다에서 육지로

10

물속에서 헤엄치던 동물이 육지로 나와 걸어 다니는 동물로 변한 이야기는 먼저 육기류라는 물고기에서 시작되어야 한다.

#### ① 육기류

육기류(肉鰭類, lobe-finned fish, sarcopterygii)는 양서류가 아니고 어류이다. 그러나 육기류를 양서류에서 자세히 설명하고자 하는 이유는 **사지동물**(四肢動物, 네발동물, tetrapod)의 출발점을 육기류에서 시작하기 위해서다. 우선 육기류는 '어류의 진화' 편에서 소개한 것처럼 **총기어아강**(coelacanthimorpha), **폐어아강**(Dipnoi) 및 **사지형어아강**(tetrapodomorpha)으로 나눌 수 있다[35]. 먼저 총기어아강에 속하는 **실러캔스**(coelacanth)부터 알아보자.

실러캔스의 화석이 처음 발견한 것은 1839년 미국의 지질학자였던 **루이 아가시**(Louis Agassiz, 1807~1873)였다. 이때 발견된 실러캔스라는 어류는 그 구조가 다른 물고기와는 사뭇 다른 형태를 가지고 있었다. 즉, 지느러미가 근육으로 된 살덩어리로 구성되어 있었기 때문이다. 그러나 이런 물고기는 이미 멸종된 것으로 판단하고 있었다. 이 실러캔스가 다시 그 모습을 드러낸 것은 1938년 남아프리카의 찰룸나강

(Chalumna River)의 해안에서 어부의 저인망에 걸려들었기 때문이다. 이 실러캔스는 이의 발견에 공이 큰 **마저리 래티머**(Marjorie Courtenary-Latimer)의 이름과 찰룸나강의 이름을 섞어서 *Latimeria chalumnae*라는 학명을 갖게 되었다. 이러한 첫 발견 이후 60년이 지난 1998년 인도네시아에서도 실러캔스(*Latimeria menadoensis*, 그림 10-61)가 잡혀서 지금까지 2종이 지구상에 남아 있는 것으로 확인되었다. 사지동물이 어류에서 진화했다는 것은 누구나 다 안다. 그러나 더 정확히는 어류 중에서도 경골어류이고 이 중에서도 조기류가 아닌 육기류가 그 선조가 될 것이다. 또 다른 살덩어리로 된 지느러미를 가진 어류가 폐어이다[70].

**폐어**(肺魚, lungfish, 그림 10-62)는 말 그대로 허파 고기이다. 이 폐어는 아가미와 허파를 가지고 있어서 물이 마르면 진흙 속으로 파고 들어가서 공기 중의 산소를 마시며 몇 달 동안 버틸 수 있는 재주를 가지고 있다. 이 폐어가 주로 분포하는 지역은 아프리카, 남아메리카 및 호주이다. 이 지역들에만 사는 이유는 그림 2-19가 설명해 주고 있다. 즉, 이 폐어는 처음 판게아 초대륙에서 곤드와나 지역에만 살았다는 것을 짐작하게 해 준다. 그렇다면 실러캔스와 폐어 중 어느 종이 사지동

그림 10-61. 실러캔스(Latimeria menadoensis). (출처: Catmando[10-61])

그림 10-62. 호주에 서식하는 폐어(lung fish). (출처: Fishes of Australia[10-62])

물의 조상인지를 물어야 할 차례이다. 이 질문에 대한 대답은 2013년 시카고대학의 **닐 슈빈**(Neil Shubin, 1960~)과 그의 동료들에 의해서 밝혀졌다. 닐 슈빈은 시카고 시내의 자연사 박물관인 필드 뮤지엄(Field Museum)의 총책임자이기도 하지만, 우리에게는 "내 안의 물고기(Your inner fish)"라는 책과 조금 후에 소개될 틱타아릭을 발견한 학자로서도 유명하다[13,132]. 이들은 유전체 서열을 비교하여 폐어가 사지동물의 공통조상이라는 것을 밝혀내었다. 그렇다면 물속의 생명체들이 식물과 마찬가지로 육지로 올라오게 된 이유는 무엇일까?

### ② 육지로 상륙한 이유

무엇이 물속에서 지느러미로 헤엄치던 물고기를 다리가 생겨나면서 육지로 올라오게 만들었을까? 그 이유를 설명하는 데는 몇 가지 이론들이 있다. 먼저 1968년 하버드대학의 생물학 교수였던 **앨프리드 로머**(Alfred S. Romer, 1894~1973)는 **마른 물웅덩이 이론**(shrinking waterhole hypothesis)으로 이 과정을 설명하려고 노력하였다. 즉, 물이 많았던 한 웅덩이가 점차 말라 버리면, 다른 곳의 물이 있는 웅덩이를 찾아 옮겨가기 위해서 사지와 폐를 진화시켰다고 본 것이다. 이런 생각은 1980년대까지 이어졌다. 그러나 이 이론이 도전을 받게 된 것은 1987년에 발견된 아칸토스테가 화석 때문이다. 이 화석은 뒤이어 설명하겠지만, 육지를 걸어서 다른 웅덩이로 갈 만큼 체중을 감당할 사지 구조가 완성되지 못하고 있었다. 따라서 이들은 육지에 산 것이 아니고, 얕은 물에서 살았던 것으로 추정했다. 또한 2010년에는 폴란드 고생물학자인 **그레고즈 니에즈비즈키**(Grzegors Niedzweidzki, 1980~)는 이들이 내륙에 있는 웅덩이에 산 것이 아니고, **조간대**(潮間帶, intertidal zone)에 살았다고 추정하기도 하였다. 조간대는 만조와 간조 사이에 있는 해안선 구간을 말한다. 그뿐만 아니라 2011년에는 미국의 고생물학자인 **그레고리 레탈락**(Gregory J. Retallack, 1951~)은 초기 사지동물의 화석들이 대부분 습하고 숲이 우거진 범람원에서 발견되는 것으로 보아 숲속에 있는 작은 웅덩이에 있다가 점차 사지를 진화시켰다는 가설을 내놓기도 하였다[12].

데본기는 어류의 시대일 정도로 물고기가 번성하였다. 따라서 사지동물의 진화도 데본기 후반부터 시작된 것으로 보

고 있다. 이런 맥락으로 보면 석탄기는 양서류의 전성시대가 되리라는 것은 누구나 짐작할 수 있을 것이다. 왜냐하면 데본기 말에 커다란 대멸종 사건이 벌어져서 데본기의 최상위 포식자들이 사라져 버린 시기와 맞아 들어가기 때문이다. 또한 데본기에는 육상식물들이 번성한 시대이기도 하다. 따라서 많은 잎들이 강이나 개울로 떨어졌을 것이고, 이 때문에 해양식물이 잘 자랐을 것이다. 이런 변화는 다시 해양성 무척추동물을 불러 모으고 이들을 먹는 작은 물고기들이 몰려들었을 것이다. 그러나 얕은 물은 더워서 용존 산소가 낮았고 잎의 부패로 인하여 산소는 더욱 감소하였을 것이다. 따라서 이런 환경에서 살아야 할 큰 물고기들은 공기에서 산소를 얻어야 하는 절실한 현실에 봉착했을 것이다. 따라서 서식지 환경의 변화는 물고기로 하여금 지느러미를 팔과 다리로 개조시키는 마력을 부리게 만들었다고 할 수 있다. 그렇다면 화석 기록을 통하여 어떻게 지느러미가 팔다리가 되고 허파가 생겨나는지를 알아보도록 하자.

### ③ 상륙을 위한 진화 과정

화석 기록에 나타난 어류의 변화 과정은 그림 10-63에 잘 나타나 있다. 대개 육상에 식물과 동물이 올라온 시기는 오르도비스기로 보고 있지만, 더 일찍 올라왔다는 보고도 많이 있다. 그리고 현재의 육상 생태계가 형성된 시기는 데본기 후반인 3억8천 년에서 3억6천 년 전으로 보고 있다.

먼저 3억8천5백만 년 전의 화석인 **유스테놉테론**(Eusthenopteron, 사지형어아강에 속함)은 지느러미가 뒤에 주로 몰려 있다. 또한 이들은 다른 사지형 어류가 가지고 있는 **내비공**(內鼻孔, internal nostril)을 가지고 있을 뿐만 아니라 다른 초기 사지동물에서 나타나는 에나멜이 안쪽으로 접혀 있는 이빨을 가지고 있다. 또한 천장 모양의 두개골을 가지고 있어서 아칸토스테가와 비슷한 형태를 보인다. 그러나

10

그림 10-63. 어류에서 사지동물로 진화해 가는 과정. (출처: Maija Karala[10-63])

이들은 엄격한 수생동물이었고 덩치가 큰 것은 약 1.8m까지 자라기도 하였다. 이와 거의 동시대로 보이는 **판데리크티스**(Panderichthys)는 어떤 육기류보다 상박골(humerus)이 커서 사지동물에 가까워져 갈 뿐만 아니라, 두개골이 주둥이 쪽은 좁고 뒤로 갈수록 넓어지는 형태를 보인다. 그뿐만 아니라 초기 사지형 동물에서 보는 것처럼 등지느러미나 뒷지느러미가 퇴화하고 안 보인다. 판데리크티스는 2종이 보고되어 있는데 이들은 각기 1930년과 1960년에 발견되었다. 판데리크티스보다 더 사지형 동물로 진화한 아칸토스테가는 1987년에 발견되었고, 이 화석의 나이가 3억6천5백만 년으로 밝혀짐에 따라 3억8천만 년의 판데리크티스와 아칸토스테가를 연결해 줄 **이행형 화석**(移行型化石, transitional fossil)의 행방이 궁금해졌을 것이다. 이 화석이 발견된 시기는 2004년으로 이미 소개된 닐 슈빈에 의해서 캐나다 북부지방의 눈 덮인 엘즈미어섬(Ellesmere island)에서 발견되었다. 즉, 나이가 3억7천5백만 년인 **틱타알릭**(Tiktaalik)은 훌륭한 연결고리고서 닐 슈빈의 5년간의 고생을 말끔히 씻어 줄 만한 가치를 지닌 화석이었다. 이 틱타알릭은 어류와 양서류의 경계선을 이어 주는 화석으로 평가된다. 이들은 우리가 서해안에서 볼 수 있는 망둥어(mudskipper)처럼 가슴지느러미를 이용해서 육지로 잠시 기어 나올 수 있게 되었다. 이들은 머리 뒤에 숨을 쉴 수 있는 **기문**(氣門, spiracle, 숨구멍)을 가지고 있었다. 이는 아가미에 추가하여 폐로 호흡이 가능했다는 사실을 알려 준다. 따라서 폐호흡이 가능해지기 위해서는 단단한 흉곽이 만들어지는 쪽으로 진화의 방향이 잡혔을 것이다. 그리고 보통 물고기는 아가미를 덮고 있는 뚜껑 때문에 머리를 돌릴 수 없지만, 이 틱타알릭은 아가미 뚜껑이 없어서 목이 있는 물고기였다.

1987년 영국의 고생물학자인 **제니퍼 클랙**(Jannifer A. Clack, 1947~)에 의해서 그린란드 동부에서 발견된 **아칸토스테가**(Acanthostega)는 그림 10-63에서 보는 것처럼 앞다리에 8개의 손가락을 가지고 있는 모습을 볼 수 있다. 또한 이들 손가락 사이에는 여전히 물갈퀴가 처져 있다. 그러나 이들은 손목이 없어서 육지를 걸어 다니기에는 역부족이었다. 그뿐만 아니라 사지가 체중을 감당하기에는 너무 약했고, 갈비뼈가 너무 짧아서 호흡에 필요한 흉곽을 만들 수가 없었다. 이리하여 물 밖에 나오면 체중에 의하여 흉곽이 짜부라졌을 것이고, 꼬리지느러미도 땅에 질질 끌렸을 것으로 보인다. 따라서 이들이 육지에 살았다고 보기는 힘들고, 얕은 물에서 사는 포식자로 보고 있다. 그러나 이들은 물속에서도 머리를 들어서 공기를 마실 수도 있고, 목이 있어서 손쉽게 먹이 사냥을 할 수 있는 구조를 가졌다고 볼 수 있다. 그리고 이들은 다른 물고기와는 다르게 이빨이 두 줄로 배열되어 있고, 바깥쪽에는 커다란 송곳니 2개가 나열되어 있었다. 그림 10-64는 틱타알릭과 아칸토스테가의 단계에서 두개골과 팔 골격이 어떻게 좀 더 사지동물로 진화되어 가는지를 보여 준 해부학적 비교이다.

최초의 양서류 화석이라고 불리기도 하는 **이크티오스테가**(Ichthyostega, 나이 3억7천4백만 년~3억5천9백만 년, '물고기의 지붕'이라는 뜻)는 어류와 같은 꼬리와 아가미를 가지고

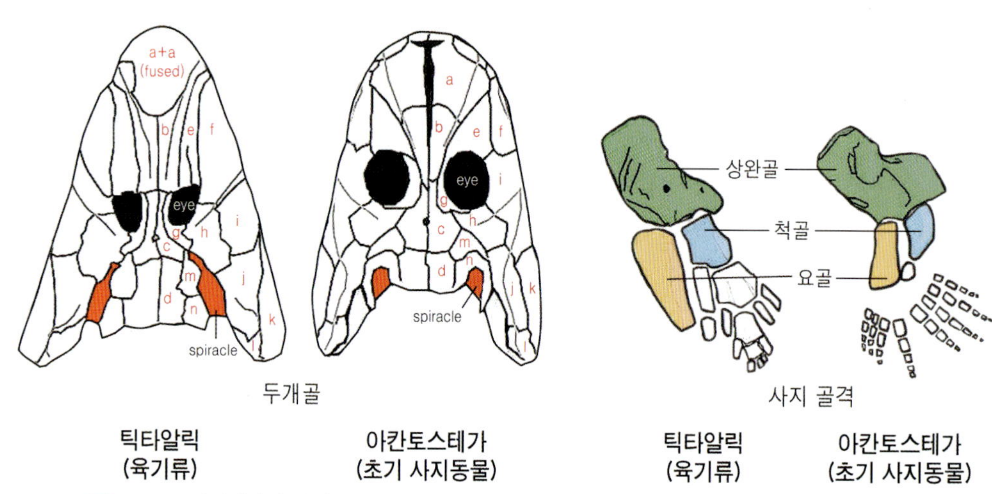


그림 10-64. 틱타알릭과 아칸토스테가의 골격의 비교. (출처: John Long, Flinders University[10-64])

있지만, 양서류와 같은 두개골과 사지를 가지고 있는 초기 양서류이다. 이런 이유로 인하여 이들은 아직도 아가미를 가지고 있지만, 다른 종에 비하여 육지를 더 잘 걷게 되었다. 이들은 뒷발에 각각 7개의 발가락을 가지고 있었으며, 갈비뼈로 지지된 안정된 흉곽을 가지고 있었다. 따라서 이들은 튼튼한 뼈대로 육지 생활에서 일어나는 중력의 압박감을 이겨 낼 수 있는 구조물이 형성되었다고 보인다.

1971년 스코틀랜드에서 발견된 **페데르페스**(Pederpes)는 나이가 3억4천7백만으로 석탄기 초기에 멸종한 종으로 보고 있다. 이 종은 더이상 어류로 볼 수가 없고 육기류에서 완전한 사지동물로 이행된 동물로 보고 있다. 그러나 아가미는 없어졌지만, 아직도 꼬리에는 어류의 특징이 일부 남아 있다. 이들은 거의 완전한 5개의 발가락을 가지고 있고, 다리가 측면으로 향하지 않고 앞쪽으로 있는 것으로 보아 육상생활에 비교적 잘 적응한 형태로 보인다[25,60,92,132]. 단지 육기류의 지느러미 안에 있는 단순한 뼈에서 점차 상박골과 요골 및 척골이 형성되고 손목과 손가락이 형성되어 가는 과정은 다시 제5절 '혹스 유전자' 편에서 다룰 것이다.

### (2) 육지 정착

이렇게 처음으로 육지로 올라온 초기 사지동물은 어떻게 육상이라는 환경에 적응할 수 있었을까? 이들은 점차 경쟁이 심해지고 포식자를 피해서 육상환경이라는 새로운 서식지를 개척하였지만, 여러 가지 문제점에 노출되었을 것이다.

먼저 수생 환경에서 육상환경으로 전환되었을 때 발생하는 문제점들을 짚어 보자. 이는 아마도 식물이나 무척추동물이 육상으로 진출했을 때와 동일한 상황에 봉착했을 것이다. 먼저 물의 보전 방법이다. 이들은 물을 떠나 건조라는 환경을 극복하지 못한다면, 육상생활에 적응할 방법이 없을 것이다. 무척추동물인 절지동물은 외골격을 만들어서 보호 역할과 방수 역할을 동시에 수행하고 있다. 그러나 양서류는 물 문제를 완전히 해결하지 못한 탓에, 아직도 물을 떠나 멀리 갈 수가 없는 형편이다. 다음 문제는 호흡이다. 이들은 아가미에서 폐호흡으로 전환해야만 한다. 처음 물고기가 공기를 들이마시면, 이는 내장과 연결된 주머니 속으로 들어간다. 이러한 주머니는 점차 허파의 기능을 가지면서 사지동물의 폐가 되었다. 그러나 이 공기주머니는 조기류에서는 부레가 되어 물속에서 부력을 조절하는 기능을 하게 되었다. 따라서 이들은 호흡과 내장의 기능을 동시에 발전시켜야 하는 숙제를 안게 되었다. 앞으로 이들은 **구개**(口蓋, palate)를 발전시키고 **인두**(咽頭, pharynx)와 **후두**(喉頭, larynx) 및 **후두개**(喉頭蓋, epiglottis)를 개발하여 후두와 식도가 분리되는 해부학적 변화를 가져올 것이다. 이렇게 형성된 구강의 해부학적 구도는 소리를 만드는 중요한 역할을 불러와서 언어발달에 중요한 몫을 담당할 진화적 조짐을 보인다고 할 수 있다. 또한 에너지 없이도 이용할 수 있었던 부력은 없어지고 대기가 짓누르는 중력에 맞서야 하는 문제에도 대응해야 했다. 따라서 이들은 외골격이나 내골격을 발달시켜서 몸을 보호하고 중력에 대항하여 이동이 쉽도록 적응하지 않으면 안 되게 되었다. 그뿐만 아니라 물 없이도 번식이 가능한 방법을 찾아야만 서식지를 더 넓혀서 내륙으로 전진할 수 있는 기회를 가질 것이다. 식물에서 나자식물이나 피자식물이 물을 극복하고 번식에 성공한 내용은 이미 '식물의 진화' 편에서 설명되었고, 파충류나 조류 및 포유류의 경우는 곧이어서 알아볼 것이다.



### (3) 양서류

**양서류**(兩棲類, Amphibian) 중에서 우선 개구리를 생각해 보자(그림 10-65). 우리의 유연기와 맞닿아 있는 올챙이와 개구리는 과연 우리에게 무슨 진화적 단서를 보여 줄 수 있을까? 개구리는 물에서 암컷과 수컷이 체외수정으로 수정란을 만든다. 이 수정란은 분열하여 올챙이가 되고, 이 올챙이는 아가미로 호흡하면서 다음 단계로 넘어갈 준비를 한다. 이 올챙이는 다시 아가미가 서서히 몸안으로 들어가면서 뒷다리가 나오기 시작한다. 이윽고 앞다리가 나오면서 꼬리가 들어가고 꼬마 개구리가 되어 물 밖으로 나와 폐로 호흡할 것이다. 이 과정은 마치 물고기에서 사지동물이 진화하는 과정을 한 여름 동안 보여 주는 진화의 완벽한 드라마와 같다고 할 수 있다. 이렇게 기나긴 진화의 쳇바퀴를 양서류처럼 계속 돌리고 있는 동물이 있는가 하면, 이 중에서는 다시 새로운 개척지를 찾아 몸을 개혁시키는 새로운 동물들도 있었을 것이다. 이러한 동물들인 파충류나 조류 및 포유류는 조금 후에 다시 다룰 것이다.

그림 10-65. 개구리의 생활사. (출처: Orin Zebest[10-65])

10

지금 지구상에 존재하는 양서류는 약 8천여 종이 있다. 이 중에서 90%가 개구리이다. 양서류는 크게 **무미류**(無尾類, anura)와 **유미류**(有尾類, urodela) 및 **무족류**(無足類, caecilian, 무족영원류)로 나누어진다[36]. 무미류는 우리가 잘 알고 있는 꼬리가 없는 개구리나 두꺼비가 여기에 해당되고, 꼬리가 있는 유미류에는 도롱뇽(salamander)이 여기에 속한다. 무족류는 말 그대로 다리가 없는 양서류로서 열대지방의 물기가 있는 습한 흙 속에 주로 산다. 개구리나 도롱뇽은 유생 시에는 아가미 호흡을 하지만 성체가 되면 폐호흡을 한다. 그러나 동시에 양쪽을 겸하지는 못하는 특징이 있다.

## 4) 양막류의 진화

**양막**(羊膜, amnion)이라는 구조는 진화 역사에서 등장한 엄청난 사건 중 하나이다. 양막의 등장으로 인하여 양서류의 한계를 뛰어 넘을 수 있는 원동력이 생겼다고 볼 수 있기 때문이다. 우선 양서류의 한계를 한번 정리해 보고 실제로 **알**(卵, egg)이 진화 과정에서 어떤 위치를 차지하는지를 알아볼 것이다[10]. 그다음 양막을 가진 동물들을 계통적으로 분류해 보고, 마지막으로 양막 동물들을 차례로 설명할 것이다.

### (1) 양막의 탄생

#### ① 내륙을 향하여

우리는 '양서류' 편에서 바다에 살던 동물이 육지로 올라오면서 겪어야 했던 과정들을 알아보았다. 이는 식물에서도 똑같이 일어나는 육상 생활의 적응 문제들이었다. 우선 양서류는 물과 육지를 오가면서 생활한다. 따라서 우리는 양서류를 완전히 물을 벗어난 동물이라고 말할 수 없다. 그러나 이들 중 일부가 내륙으로 진격하기 위해서는 추가적인 몇 가지 문제를 해결해야만 한다. 우선 중력에 대항하기 위해서는 더 견고한 내골격을 만들어야 하고, 피부를 두껍게 하여 물의 손실을 최소화해야 했을 것이다. 또한 이동과 먹이 사냥을 위하여 많은 에너지를 만들어 내야 하는 부담을 안게 되었을 것이다. 따라서 이러한 대사과정에서 발생하는 **활성산소종**(活性酸素種, reactive oxygen species; ROS)을 처리할 수 있는 시스템을 만들어야 할 필요가 생겨났다. 동물들은 이러한 **유리기**(遊離基, free radical)를 해결할 방법으로 처음에는 요오드(iodine, I)를 사용하였다. 이 요오드는 원자번호가 53번으로서 전자를 쉽게 받아들이는 특성이 있다(그림 1-13 참고). 따라서 이들이 활성산소종의 전자를 환원시키는 항산화 역할을 해낼 수 있게 되었다. 이들은 지금도 동물의 몸에 남아서 갑상선호르몬의 주성분으로 자리잡고 있다. 또 다른 절대적인 문제는 물에 있게 된다. 우선 물이 없으면 정자나 난자가 만날 방법이 없다. 식물에서는 화분을 만들어서 나자식물이나 피자식물에서 물 없이도 수정이 가능한 방법을 우리는 제8장에서 알아보았다. 그렇다면 동물에서는 이러한 난관을 어떻게 극복할 수 있을까? 과연 물 없이 수정이 일어나고, 그 수정란이 정상적으로 발생할 수 있을까? 지금부터 그 비밀의 과정을 찾아 나서 보자.

### ② 알의 진화

우선 양막을 설명하기 전에 어류의 알이 어떤 구조로 되어 있는지를 먼저 알아보자. 우리가 잘 알고 있는 어류의 알은 그림 10-66에서 보는 바와 같이 **장막**(漿膜, **융모막** 絨毛膜, chorion) 안에 **난황**(卵黃, yolk)과 **배**(胚, embryo)가 들어 있다. 즉, 물과 알의 경계막이 장막이다. 이 장막 안에 들어 있는 수정란인 배는 난황의 영양분을 이용하여 성장한다. 따라서 난황이 물고기 유생의 배에 붙어 있다. 그러나 양막이 있는 파충류나 조류 및 포유류는 알의 구조가 물고기와는 다르다. 즉, 이들은 물이 없어도 수정이 가능하고 배가 성장할 수 있는 구조의 알을 만들어 내야만 한다(그림 10-67). 먼저 우리의 식탁에 자주 오르는 달걀을 생각해 보자. 먼저 달걀은 맨 밖에 칼슘 성분으로 된 껍데기를 가지고 있고, 그 안으로 껍질막을 가지고 있다. 그리고 우리가 보았던 물고기의 장막이 껍질막 안에 들어 있다. 이 장막 안에 다시 양막이 있고 이 양막 안에 배가 들어 있다. 양막이 싸고 있는 **양막강**(羊膜腔, amniotic cavity) 속에는 **양막액**(羊膜液, amniotic fluid, 양수 羊水)이라는 물이 들어 있다. 따라서 배아는 물 밖에 있는 달걀이라는 알 속에 들어 있지만, 실제로는 물속에 있는 것과 똑같다. 이 양막강은 배아와 껍질이 직접적으로 접촉되는 것을 방지할 뿐만 아니라 온도를 일정하게 유지하게 해 주고, 외부 충격으로부터 배아를 보호해 주는 쿠션 역할을 해 주고 있다. 그뿐만 아니라 영양분이 들어 있는 난황은 난황막에 싸여 배아와 연결되어 있고, **요막**(尿膜, allantoic membrane)이 배아의 후장에서 자라나와 장막의 내부 표면과 접촉하게 된다. 이 요막은 장막과 연결되어 기체교환이 일어나고, 질소 노폐물을 보관하는 역할을 담당하게 된다. 따라서 파충류나 조류 및 포유류에서 나타나는 양막은 물이 없는 건조한 지역에서도 번식이 가능한 체계를 만들어 주어서, 이들이 물가를 떠나 내륙으로 진출하는 데 결정적인 계기를 마련해 주었

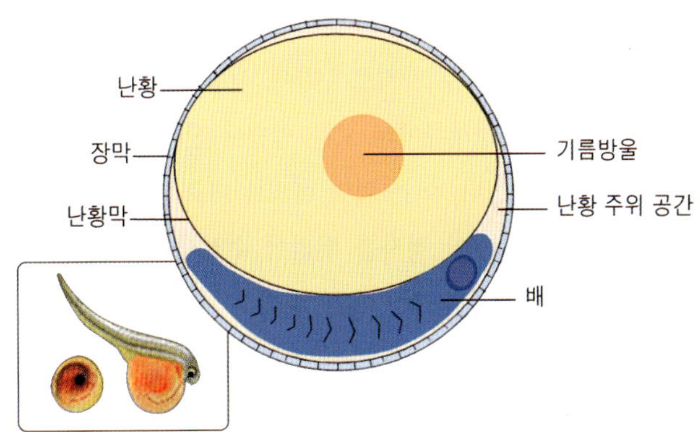

그림 10-66. 어류의 알 구조와 유생. (출처: Flowerchild207[10-66])

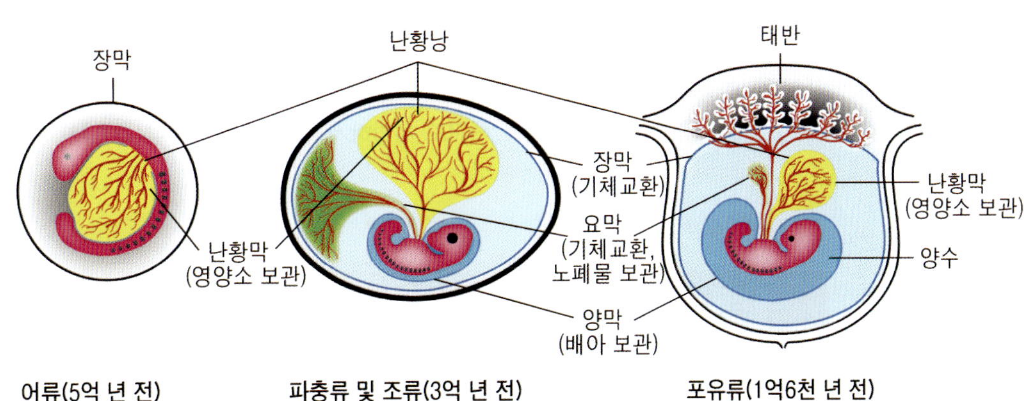

그림 10-67. 알이 어류에서 파충류, 조류 및 포유류로 진화하는 과정. (출처: Ross, et al./Nature communications[10-67])

다고 할 수 있다. 이들에서 나타나는 배아 밖에 있는 막을 **배외막**(胚外膜, extraembyonic membrane)이라 부르고 여기에는 양막, 요막, 난황막 및 장막이 포함된다. 따라서 이들의 역할을 종합해 보면, 장막은 외부 충격으로부터 배아를 보호하고, 요막은 기체교환과 노폐물 보관의 주된 임무를 수행한다. 또한 난황막은 영양분를 저장하고 있고, 장막은 요막과 같이 기체교환의 역할을 담당하게 된다.

이러한 양막란이 처음 등장한 시기는 약 3억2천만 년 전인 석탄기이다. 이 시기의 초기 파충류는 먹이 사냥을 위해서 물가로 나온 것이 아니라, 포식자를 피해 알을 낳기 위하여 물 밖으로 나왔을 것이다. 이런 변화는 알에 대한 포식자의 위험을 감소시켜서 알의 수는 비록 적지만, 난황을 많이 가진 큰 알을 낳을 수 있는 기회를 제공해 주었다. 따라서 이 알들은 양서류처럼 중간에 음식을 찾아야 하는 유생 단계를 거치지 않고, 발육이 상당히 진행된 상태의 새끼를 낳을 수 있게 되었다. 그러나 이러한 양막란도 포유류로 진화하면서 또 한 번 비약적인 진화적 발전을 이루어 낸다. 즉, 알껍데기가 없어지면서 장막이 모체의 자궁벽에 붙어서 직접 영양분을 받아들이는 구조로 진화해 나간 것이다. 인간의 경우를 들면, 달걀에서부터 등장한 장막은 태반이 될 것이고, 요막과 난황막은 탯줄이 되어 태아와 태반을 연결해 주는 다리 역할을 할 것이다. 또한 양막 안에 들어 있는 양막액은 양수가 되어 태아를 보호해 주는 쿠션 역할을 하기도 하고, 양수액 검사를 통하여 태아의 상태를 알려 주는 정보 제공자 역할을 하기도 할 것이다[2,119,123].

또한 번식 과정에서 알을 통하여 자손을 만드는 경우와 새끼를 직접 낳는 경우는 진화적인 의미가 상당히 다르다. 먼저 어류나 양서류에서는 암컷이 알을 산란하면, 그 위에 수컷이 사정을 하여 미수정란을 수정시킨다. 즉, 암컷은 미수정란을 물 밖으로 내보낸 것이다. 우리는 이를 **산란**(産卵, spawning)이라고 한다. 이는 전형적인 **체외수정**(外部受精, external fertilization)의 형태이다. 이러한 체외수정 형태는 수정률도 높지 않을뿐더러 비효율적이다. 따라서 외부수정 형태는 점차 **체내수정**(內部受精, internal fertilization) 쪽으로 진화해 가게 된다. 그 대신 체내수정을 위해서는 암수가 각기 생식기라는 구조를 개선해야 하고, 생식기 결합이라는 교미행위가 뒤따라야만 한다. 이렇게 체내에서 만들어진 알이 수정란이나 미수정란 상태로 배출된 것이 우리의 식탁에 오르는 달걀이다. 그러나 이번에는 몸안에서 만들어진 알이 점차 몸속에서 지내는 시간이 길어지는 쪽으로 진화해 나간다. 왜냐하면 몸밖으로 나간 알을 돌보는 것보다 차라리 몸안에 간직하면서 알을 보살피는 것이 훨씬 더 유리하기 때문이다. 이렇게 모체의 몸안에서 있으면서 알 속에 있는 난황의 영양분으로 성장하는 개체도 있을 것이다.

한편 이번에는 아예 난황을 내팽개치고 직접 모체의 몸에 붙어서 모체로부터 영양공급을 직접 받는 구조로 변할 수도 있다. 이를 종합하여 표 10-6에서 정리해 보았다. 즉, **난생**(卵生, oviparity)은 두 가지로 구분해 설명할 수 있다. 먼저 어류나 대부분의 양서류에서 보는 방법이 **산란 난생**(産卵卵生, ovuliparity)이다. 이는 이미 설명한 대로 암컷이 미수정란을 산란하면 수컷이 정자를 뿌려서 수정시키는 체외수정 방법이다. 이러한 산란 난생 동물은 어류나 양서류에서만 보이는 현상이 아니라, 무척추동물인 자포동물이나 극피동물 및 연체동물에서도 나타난다. 그다음 단계는 알을 몸안에서 수정시켜서 밖으로 내보는 난생 방법이다. 우리는 이런 난생을 **진정 난생**(眞正卵生, true oviparity)이라고 부른다. 우리의 식탁에 오르는 달걀도 닭의 난생 알을 중간에서 가로챈 전리품이다. 대부분의 조류나 파충류, 일부 어류 및 대부분의 절지동물이 이런 형태의 번식 방법을 택하고 있다. 포유류 중에서도 유일하게 알을 낳는 **단공류**(單孔類, monotremes)도

표 10-6. 난생과 태생의 진화 과정

| 산란 난생 (Ovuliparity) | → | 진정 난생 (True oviparity) | → | 난황영양성 태생 (Lecithotrophic viviparity) | → | 모체영양성 태생 (Matrotrophic viviparity) |
|---|---|---|---|---|---|---|
| 산란 및 외부수정 | 내부수정 방향으로 진화 | 내부수정 | 체내 발육이 점차 길어짐 | 난황으로 영양공급 | 배의 변형 및 암컷 생식기 변화 과정 | 모체에서 직접 영양공급 |

여기에 속한다. 그다음으로 만나는 **태생**(胎生, viviparity)은 알을 낳는 것이 아니라 살아 있는 새끼를 낳는 것을 말한다. 즉, 체내수정 단계에서는 알이 몸안에서 수정된다. 이리하여 몸안에 있는 알은 밖으로 알을 노출시키는 것보다 훨씬 더 안전하게 돌볼 수 있다. 이런 이유로 알은 점점 더 모체의 몸안에 오래 머무는 쪽으로 진화가 일어났을 것이다. 이러한 태생도 두 가지로 구분해서 알아보아야 한다. 즉, 몸안에서 알을 품지만, 실제 영양공급은 알이 원래 가지고 있던 난황에서 공급받는 구조가 있다. 우리는 이런 체계를 **난황영양성 태생**(卵黃營養性胎生, lecithotrophic viviparity)이라고 부른다. 이 난황영양성 태생은 **난태생**(卵胎生, viviparity)의 일종으로 볼 수 있으며, 일부 어류나 파충류 및 무척추동물에서 볼 수 있다. 이번에는 모체 안에 머무르던 알이 그 껍질을 벗어 버리고, 배외막을 이용하여 모체로부터 직접 영양분을 공급받는 구조로 변형된 동물들이 있다. 우리는 이런 형태를 **모체영양성 태생**(母體營養性胎生, matrotrophic viviparity)이라고 부른다. 즉, 이들은 배와 모체의 생식기 구조를 변경하여 모체로부터 영양분을 공급받을 수 있는 길을 찾아낸 것이다. 배외막 중 장막은 모체의 자궁벽에 붙어서 **태반**(胎盤, placenta)을 형성할 것이다. 태아는 양막으로 싸인 **양수**(羊水, amniotic fluid) 속에서 보호받고, 요막과 난황막으로 구성된 **탯줄**(제대, 臍帶, umbilical cord)에 의해서 태반과 연결될 것이다. 따라서 난황막은 **난황장관**(卵黃腸管, vitelline duct)이 되어 태아의 내장과 연결될 것이고, 요막은 방광과 총배설강으로 변해 갈 것이다. 이러한 진화적 발전은 단순한 물고기 알에서부터 태반을 통하여 모체로부터 영양공급을 받는 고도로 발달된 인간의 태아에 이르기까지 그 진화적 과정을 유추해 볼 수 있을 좋은 예를 제시해 준다고 할 수 있다[25].

### (2) 양막류의 기원

우리는 양막을 가지고 있는 동물을 **양막류**(羊膜類, amniotes)라고 부른다. 그만큼 양막의 출현은 진화적으로 의미가 크다. 이런 이유는 표 10-4에서도 나타난다. 즉, 척추동물의 계통적 분류에서 처음으로 기준을 삼은 것이 바로 양막의 유·무이다. 양막을 가지는 동물은 파충류와 조류 및 포유류뿐이다. 그렇다면 양막류를 구분하는 중요한 기준은 무엇인가? 그 기준이 바로 두개골의 특징에 있다. 우선 인간의 두개골을 포함하여 두개골을 구성하는 복잡한 뼈들을 설명하기보다는 먼저 두개골에 있는 큰 구멍에 주목하여야 한다(그림 10-68). 즉, 안구가 들어가는 안와(眼窩, orbit) 뒤에 구멍이 몇 개 있느냐에 따라 양막류는 구분된다. 말하자면 공통 선조가 다르다는 의미이다. 우리는 이러한 구멍을 측두창(側頭窓, temporal fenestra)이라고 부르고, 이들을 이용하여 양막류의 두개골을 4가지 형태로 나눌 수 있다. 먼저 **무궁류**(無弓類, anapsid,

10

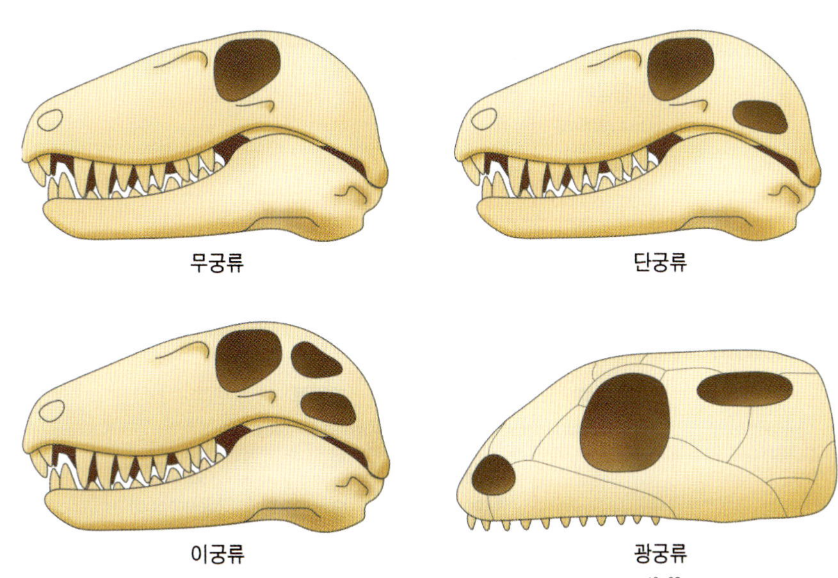


그림 10-68. 두개골의 특징에 따라 분류한 양막류[10-68].

라틴어 apsis는 아치 arch라는 궁을 뜻함)는 안와 뒤에 측두창이 없다. 이러한 형태의 두개골을 가지는 양막류는 거북류이다. **단궁류**(單弓類, synapsid)는 그림 10-68에서 보는 것처럼 안와골 뒤에 측두창이 한 개 있다. 이런 형태를 가지는 동물은 **반룡류**(盤龍類, pelycosaur)에 속하는 디메트로돈(Dimetrodon)이나 **수궁류**(獸弓類, therapsid)에 속하는 키노돈트(cynodont)가 여기에 속한다. 디메트로돈은 등에 부챗살처럼 생긴 돌기를 가지고 있고, 키노돈트는 개 이빨처럼 날카로운 송곳니를 가지고 있다. 특히 키노돈트가 포함된 수궁류는 **포유류형 파충류**(哺乳類型爬蟲類, mammal-like reptiles)라 불리면서, 인간을 포함한 포유류가 진화하는 선조에 해당한다(표 10-7). 따라서 인간의 두개골도 당연히 단궁류로서 한 개의 광대뼈라 불리는 **관골궁**(觀骨弓, 협골궁, 頰骨弓, zygomatic arch)에 둘러싸인 측두창이 한 개가 있다. 따라서 진화적 입장에서 관찰하면 만물의 영장이라는 인간도 그 두개골 앞에서는 자존감을 내세우기가 무척 어려워진다[135].

진화적 관점에서 보면 양서류의 두개골은 무궁류이다. 따라서 무궁류에서 단궁류가 진화되어 왔다고 볼 수 있지만, 실제로는 무궁류를 **용궁류**(龍宮類, 석형류 蜥形類, sauropsid)로 분리하여 단궁류를 다른 부류로 보는 견해도 많다. 따라서 양막류를 크게 나눈다면 단궁류와 용궁류로 나눌 것이다. 그 다음 두개골 형태는 **이궁류**(二弓類, diapsis)이다. 이궁류는 말 그대로 안와골 뒤에 측두창이 두 개 있는 경우를 말한다. 이 이궁류에는 우리가 알고 있는 뱀이나 악어 및 **공룡류**(恐龍類, dinosaur) 등이 여기에 포함된다. 특히 **수각류**(獸脚類, therapod)에서 조류가 진화되었다는 사실도 흥미로운 일이다. 이들은 다시 파충류와 조류 편에서 자세히 다룰 것이다.

마지막으로 소개할 두개골 형태는 **광궁류**(廣弓類, euryapsis)이다. 광궁류는 단궁류와 마찬가지로 안와 뒤에 측두창이 한 개가 있다. 그러나 단궁류의 창이 밑에 있는 반면,



**표 10-7.** 양막류의 계통적 분류

<table>
<tr><td rowspan="12">양막류<br>(Amniotes)</td><td rowspan="4">단궁류<br>(Synapsis)</td><td>반룡류<br>(Pelycosaur)</td><td></td><td></td><td></td><td></td><td></td><td></td></tr>
<tr><td rowspan="3">수궁류<br>(Therapsid)</td><td rowspan="3">→</td><td rowspan="3">포유류<br>(Mammal)</td><td>단공류<br>(Monotreme)</td><td></td><td></td><td></td></tr>
<tr><td>유대류<br>(Marsupial)</td><td></td><td></td><td></td></tr>
<tr><td>태반류<br>(Placental)</td><td></td><td></td><td></td></tr>
<tr><td rowspan="8">용궁류<br>(Sauropsid)</td><td>무궁류<br>(Anapsid)</td><td></td><td></td><td></td><td></td><td></td><td></td></tr>
<tr><td rowspan="7">이궁류<br>(Diapsid)</td><td>광궁류<br>(Euryapsid)</td><td></td><td></td><td></td><td></td><td></td></tr>
<tr><td>인룡류<br>(Lepidosaur)</td><td></td><td></td><td></td><td></td><td></td></tr>
<tr><td rowspan="5">조룡류<br>(Archosaur)</td><td>악어류<br>(Crocodilian)</td><td></td><td></td><td></td><td></td></tr>
<tr><td>익룡류<br>(Pterosaur)</td><td></td><td></td><td></td><td></td></tr>
<tr><td rowspan="3">공룡류<br>(Dinosaur)</td><td>조반류<br>(Ornithischian)</td><td></td><td></td><td></td></tr>
<tr><td rowspan="2">용반류<br>(Saurischian)</td><td>용각류<br>(Sauropod)</td><td></td><td></td></tr>
<tr><td>수각류<br>(Therapod)</td><td>→</td><td>조류<br>(Bird)</td></tr>
</table>

광궁류의 창은 안와 뒤의 상단 부위에 있다는 차이가 있다. 광궁류가 일반적으로 이궁류에 속하는 이유는 이궁류 두개골에서 밑에 있던 측두창이 소실되었다고 보기 때문이다. 광궁류에 속하는 양막류는 바다에서 공기를 숨 쉬고 살았던 **어룡**(漁龍, ichthyosaur)이나 목이 긴 **사경룡**(蛇頸龍, plesiosaur)이 여기에 속한다. 그러나 광궁류는 모두 멸종하고 현재 남아 있는 종은 없다[120]. 이제까지 양막류를 큰 틀에서 진화적 계통을 통하여 구분해 보았고, 지금부터는 각론으로서 파충류, 조류 및 포유류에 대하여 자세히 알아보도록 하자.

### (3) 파충류

파충류(爬蟲類, reptiles)를 이해하기 위해서 다시 표 10-7을 참고하여야 한다. 일단 양막류 전체를 보면 단궁류는 수궁류를 거쳐서 포유류로 진화하였고, 이궁류는 수각류를 거쳐서 조류로 진화해 나갔다. 따라서 양막류 중에서 포유류와 조류를 제외한 동물군을 생각해 보아야 한다. 이 중에서 단궁류는 용궁류와는 다른 동물군으로 포유류형 파충류라고 불리기도 하고 **초기포유류**(初期哺乳類, proto-mammals)라고 불리기도 한다. 따라서 우리가 흔히 부르는 파충류는 용궁류를 의미하는 경우가 많다. 이러한 용궁류는 약 3억1천만 년 전 석탄기 후기에 이 지구상에 등장하였다. 이들이야말로 양막을 만드는 재주를 가지고 처음으로 물가를 떠나 내륙으로 진격할 수 있었던 사지동물이었다. 그러나 실제 석탄기는 양서류가 지배하던 세상이었다. 고생대가 끝나던 대멸절 시기를 무사히 넘긴 파충류는 중생대를 주름잡는 최상의 포식자로 우뚝 서게 될 것이다. 이들은 과히 바다와 육지와 하늘을 지배한 거대한 사지동물로 이 지구를 점령하게 되었다.

파충류는 현재 약 만9천여 종이 보고되어 있고 이 중 절반 이상이 조류이다. 이 조류는 중생대의 지배종이었던 공룡이 유일하게 살아남은 자손이다. 이들이 이렇게 번성하게 된 이유도 조금 후 '조류' 편에서 다룰 것이다. 우선 파충류 중에서 큰 줄기를 차지하는 용궁류는 무궁류와 이궁류로 나누어진다. 따라서 우리는 제일 먼저 무궁류에 속하는 **거북류**(turtles)를 만나게 될 것이다. 거북은 갈비뼈가 확장되어 **등딱지**(배갑, 背甲, carapace)와 **배딱지**(복갑, 腹甲, plastron)를 만들어서 몸 전체를 숨길 수가 있다(그림 10-69). 그러나 이러한 등딱지와 배딱지 사이에 틈이 있어서 이쪽으로 다리를 내어 이동할 수 있게 된다. 광궁류에 속하는 어룡이나 사경룡은 멸종한 파충류들이다. 이 중 **어룡**(漁龍, ichthyosaurus, fish lizard, 물고기 도마뱀이라는 뜻)은 해양성 파충류로서 어류도 아니고 포유류도 아니다(그림 10-70). 이들은 고래와 비슷하게 생겼지만 포유류가 아닌 해양성 파충류를 대표한다고 할 수 있다[22].

그림 10-69. 배갑 및 복갑으로 둘러싸인 거북. (출처: Holbrook[10-69])

그다음으로 소개할 파충류는 **인룡류**(鱗龍類, lepidosauria)이다. 인룡류는 말 그대로 각질의 비늘로 몸 전체가 덮여 있는 파충류를 말한다. 이 인룡류는 파충류 중에서 두 번째로 많은

그림 10-70. 파충류인 어룡(Shonisaurus *popularis*)의 복원도. (출처: Nobu Tamura[10-70])

10

종을 거느리고 있고, 뱀이나 도마뱀과 투아타라(tuatara)가 여기에 속한다. 따라서 그림 8-10에 소개된 채찍꼬리도마뱀도 파충류에 속할 것이다. 이러한 인룡류는 피부가 각질의 비늘로 덮여 있기 때문에 수분 손실은 억제되지만, 피부호흡을 할 수 없어서 전적으로 폐호흡에만 의존해야 한다. 따라서 양서류보다 폐의 표면적이 훨씬 더 넓다. 또한 이들은 갈비뼈가 있는 흉벽을 풀무처럼 사용하지만, 심장은 3개의 방으로 구성되어서 다소 비효율적이다. 왜냐하면 심방이 두 개로 구분되어 있지 않아서 산소 농도가 높은 폐정맥의 피와 전신에서 돌아온 산소 농도가 낮은 피가 섞이기 때문이다. 따라서 이들은 혈압이 높고 대사율도 비교적 높은 편이다.

마지막으로 소개할 파충류는 방대한 동물을 거느리는 **조룡류**(祖龍類, archosaur)이다. 조룡류는 다시 크게 **악어류**와 **익룡류**(翼龍類, pterosaur, winged lizard, 날개 달린 도마뱀) 및 **공룡류**(恐龍類, dinosaur)로 나누어진다. 악어류는 우리에게 잘 알려진 파충류이지만, 익룡류는 좀 낯설다. 익룡은 멸종한 파충류이지만 간단히 소개하고자 한다. 익룡은 하늘을 날았던 파충류이지만 조류의 조상이 아니다. 또한 익룡은 공룡류에 속하지 않는다. 이들은 삼첩기 후기에서 백악기 말까지 살았으며, 척추동물 중 자체 동력으로 하늘을 날았던 첫 번째 동물이었다. 이들의 날개는 피부와 근육 등으로 구성되어 발목에서부터 손과 특별히 길어진 네 번째 손가락으로 연결되어 있다(그림 10-71). 또 이들은 많은 이빨과 긴 꼬리를 가지고 있었고, 일부 종에서는 조류와 같이 이빨이 없는 종도 발견되었다[134].

조룡류 중 마지막으로 소개해야 할 파충류는 **공룡류**(恐龍類, dinosaur, terrible lizard, 무서운 도마뱀이라는 뜻)이다. 공룡은 삼첩기 중기인 약 2억4천만 년 전에 출현하여 삼첩기와 쥐라기 사이에 발생한 대멸절 시기를 살아남으면서, 백악기가 끝날 때까지 약 1억5천만 년 동안 지구를 호령했던 지배종이었다. 우리는 다시 공룡류를 골반의 형태에 따라 **조반류**(鳥盤類, ornithischia)와 **용반류**(龍盤類, saurischia)로 구분한다. 우선 골반을 형성하는 뼈는 **장골**(腸骨, 엉덩뼈, ilium), **치골**(恥骨, 두덩뼈, pubis) 및 **좌골**(坐骨, 궁둥뼈, ischium)로 구성되어 있다(그림 10-72). 이들 이름은 순전히 인간 골반의 해부학적 구조와 역할을 중심으로 만든 용어이다. 치골은 두덩뼈로서 수치스러운 뼈라는 의미를 가진다. 이는 **음모**(陰毛, pubic hair)가 나 있는 곳에 있기 때문이다. 궁둥뼈로 알려진 좌골도 사람이 앉을 때 골반을 받치는 뼈가 좌골이기 때문이다. 장골은 말 그대로 내장을 보호해 준다는 의미로 붙여진 이름이다. 아무튼 조반류는 치골이 앞으로 향하면서 좌골과 평행한 구조를 가지고 있다. 이는 새들의 골반과 유사하다고 해서 붙은 이름이지만, 정작 조류는 조반류가 아닌 용반류에서 진화한 동물이다. 이에 반하여 용반류는 치골이 밑으로 향해 있다[51]. 먼저 **검룡**(劍龍, stegosaur)과 같은 조반류는 모두 초식동물로서 멸종하고 지금은 남아 있지 않다.

용반류는 다시 **용각류**(龍脚類, sauropod)와 **수각류**(獸脚類, therapod)로 나누어진다. 용각류는 목이 길고 덩치가 커서 우리에게 잘 알려진 공룡이 여기에 속한다. 이들은 거대한 초식 공룡으로 자연사 박물관을 압도한 채로 방문객을 맞이하고 있다. 이와는 반대로 티라노사우루스(tyrannosaurus)로 잘 알려진 수각류는 주로 육식 공룡이다. 이들은 날카로운 이빨과 발톱을 가지고 두 발로 총총거리면서 백악기를 주름잡고 다녔을 것이다(그림 10-73). 그러나 여러 가지의 과학적

그림 10-71. 익룡(*Sordes pilosus*)의 복원도. (출처: Dmitry Bogdanov[10-71])

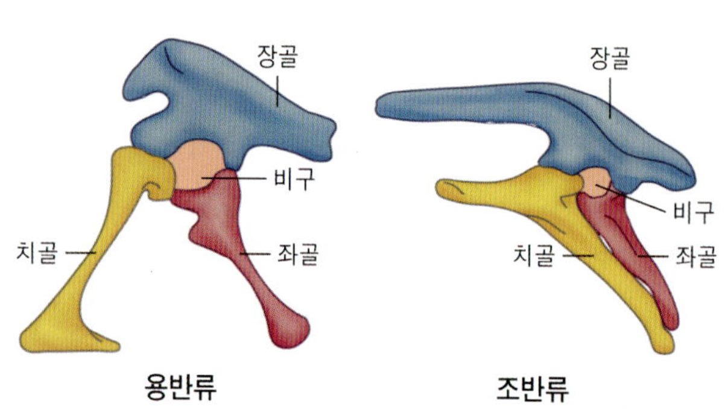

그림 10-72. 용반류와 조반류의 골반 구조 차이.

그림 10-73. 티라노사우루스 렉스(*tyrannosaurus rex*)의 복원도. (출처: Wikimedia Commons[10-73])

증거를 토대로 현재 우리가 보고 있는 새들이 이렇게 무시무시한 수각류에서 진화해 왔다는 사실은 우리를 당황하게 만들 수도 있다. 우리는 이 대목에서 많은 상상력을 동원할 수밖에 없다. 모든 공룡은 사라지고 그 후손만이 이들을 위로나 하듯이 하늘을 날면서 대를 이어 살아가고 있다. 인간의 선조는 공룡이 휘젓고 다녔던 중생대에는 땅으로 내려오지도 못하였다. 그러나 그들이 사라지고 난 이후 신생대는 포유류의 시대로 세상이 변하였다. 이는 진화가 전해 주는 산 교훈이다. 만약 치맥을 즐기는 인간들을 티라노사우루스가 하늘에서 내려다보고 있다면 과연 어떤 표정을 지을까?

### (4) 조류

동물이 하늘을 난다는 것은 이동수단이나 먹이활동에서 진화적으로 중요한 의미를 지닌다. 활공이 가능한 동물들도 있다. 날뱀이나 날도마뱀 또는 날개구리들이 여기에 해당될 것이다. 그러나 활공은 비행이 아니다. 자신의 동력에 의해서 하늘을 나는 것이 비행이다. 척추동물 중에서 비행기술을 터득한 종은 이미 멸종한 파충류인 익룡이나 현존하는 날짐승인 새 그리고 포유류 중에는 박쥐밖에 없다. 무척추동물 중에는 유일하게 절지동물인 곤충이 하늘을 날 수 있다. 새는 공룡류 중 용반류에 속하는 수각류에서 진화되었다는 것은 이미 '파충류' 편에서 기술한 바 있다. 그러나 파충류와 새를 연결해 줄 진화적 고리는 역시 **시조새**(始祖-, archaeopteryx)라서 여기서부터 출발하는 것이 좋을 것이다[17].

시조새가 최초로 발견된 것은 1861년 독일 남부에서 발견된 쥐라기 초기 것으로 보이는 화석이었다. 지금까지 12개의 시조새 화석이 발견되었는데, 그림 10-74에서 볼 수 있는 시조새 화석은 1970년대에 발견된 것으로 먼저 날개가 보이고 날개 끝에 발톱이 보인다. 즉, 이 화석은 파충류의 특징인 이빨, 발톱 및 꼬리뼈를 가지고 있고, 새의 특징인 깃털과 날개 및 부리 등을 가지고 있다. 특히 중국 랴오닝성에서 발견된 **미크로랍토르**(*Microraptor gui*)는 이족보행을 했던 백악기 초기 수각류로서 공룡의 비늘이 깃털로 변형된 모습을 잘 보여 주고 있다. 이 미크로랍토르는 길이가 약 77cm 정도 되고 무게가 약 1kg 정도 나가는 체형을 가지고 있는 가장 작은 비조류성 공룡으로 알려져 있다. 따라서 일부 수각류에서 나타나는 깃털은 체온 보호를 위하여 진화한 것이었지만, 새롭게 진화하면서 이 깃털은 날기 위한 도구로 이용되었다. 우리는 이런 경우를 **굴절적응**(屈折適應, 선택적 진화, exaptation)이라는 전문적인 용어를 사용한다. 깃털에 대해서는 조금 후에 다시 설명하기로 하자. 시조새가 가지고 있는 특징 중 하나가 **창사골**(暢思骨, 차골, 叉骨, furcula, wishbone)을 가지고 있다는 점이다(그림 10-74). 창사골은 마치 V자처럼 생겨서 포크 모양이라고 해서 붙은 이름이다. 이 창사골은 닭이나 칠면조 고기에서도 쉽게 발견된다. 이 창사골을 아이들이 양쪽에서 잡고 당기면 한쪽으로 부러질 것이다. 따라서 큰 조각의 뼈를 가진 아이에게 행운이 따른다는 속설이 있다. 이런 이유로 창사골은 위시본(wishbone)이라는 이름도 같이 붙어 있다. 이 창사골이 조류에서뿐만 아니라 일부 수각류에서도 발견된다. 인간에서는 이 창사골이 빗장뼈라고 불리는 **쇄골**(鎖

그림 10-74. 시조새 화석과 창사골. (출처: James L. Amos & Petko Yotov[10-74])

骨, clavicle)이 된다. 창사골도 수각류에서 조류가 진화했다는 강력한 증거 중 하나일 것이다[39]. 또한 수각류도 **내온동물**(內溫動物, endotherm)로 보고 있다. 내온동물은 외부환경에 따라 체온이 변하는 것이 아니라, 대사열에 의해서 체온을 일정하게 조절하는 동물을 말한다.

새는 공룡류 중에서 유일하게 백악기 말 대멸종에서 살아남아서 공룡류의 대를 이어 가고 있다. 이리하여 이미 사라진 익룡류의 한을 하늘에서 풀고 있는지도 모른다. 조류는 깃털이라는 보온용 무기를 날개로 개조하면서 하늘을 날 수 있었고, 거의 모든 기후에 적응할 수 있는 보온력을 가지게 되었다. 현재 이 지구상에 보고된 조류는 약 만여 종에 달하고, 이는 전 파충류의 절반을 차지한다. 따라서 공룡은 사라졌지만 그들의 후손은 번창하고 있다고 볼 수 있다. 조류를 계통분류학적으로 **조강**(鳥綱, Class Aves)으로 보면, 그 하위 계통으로 **신조아강**(神鳥亞綱, Neornithes)이 있다. 실제로 현재 지구상에서 볼 수 있는 새들은 신조아강에 속한다고 할 수 있다. 이 신조아강에는 다시 하강(下綱, infraclass)으로 **고악류**(古顎類, Palaeognathae)와 **신악류**(新顎類, Neognathae)로 구분할 수 있다. 고악류는 몸집이 크고 날 수가 없는 조류들이 여기에 포함된다. 즉 타조, 레아, 키위, 에뮤 등이 여기에 속한다. 신악류에는 30개가 넘는 목(目, order)들이 존재하지만, 우리가 잘 알고 있는 닭이나 기러기, 황새목 또는 맹금류, 비둘기류, 뻐꾸기류 등이 포함된다. 특히나 참새목이 포함된 연작류가 조류 중에서는 제일 많은 종이 포함되어 있다.

조류가 자체 동력을 이용하여 비행할 수 있는 제일 큰 요인은 깃털(feather)의 진화이다. 이 깃털은 공룡의 비늘에서 기원했다는 것은 이미 설명한 바 있다. 깃털은 인간으로 하여금 수려한 필체를 뽐내게 해 준다. 깃털에서 잉크가 묻는 자리가 **깃촉**(quill, calamus)이고 이 깃촉은 **깃대**(rachis)가 되어 깃털의 중심이 된다(그림 10-75). 이 깃대는 다시 수많은 **깃가지**(barb)를 내어 한 개의 깃판(vane)을 만들 것이다. 이 깃대는 앞다리 피부에서 자라 나오고 솜털은 깃대와 같이 체온을 유지해 주는 중요한 역할을 맡는다. 또한 깃대는 무게를 줄이기 위하여 속은 비어 있다. 이렇게 깃털의 진화는 조류가 다양해지고 광범위한 서식지를 가질 수 있는 동력을 제공해 준다고 할 수 있다. 그러나 이러한 조류의 비행에는 높은 에너

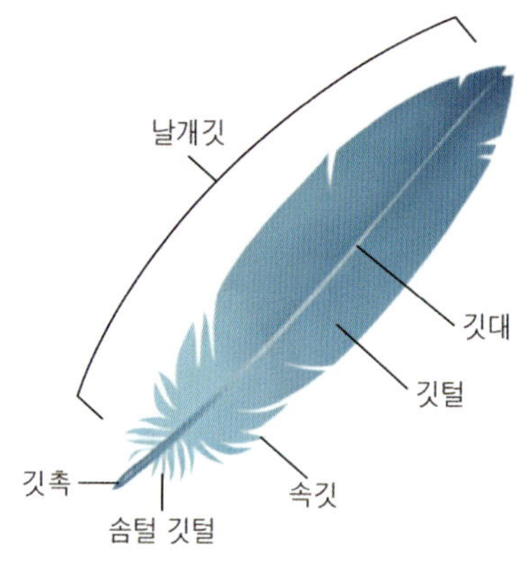

그림 10-75. 깃털의 구조. (출처: World Building[10-75])

지가 요구되는 것은 필연적이다. 새는 같은 체중의 도마뱀보다 무려 15~20배가량 높은 에너지를 소비한다. 그러면 조류는 어떤 방식으로 이 문제를 해결할까? 또한 히말라야 산맥을 넘을 수 있을 만큼 막대한 에너지와 산소를 어떻게 조달할 수 있을까?

먼저 산소 공급에 관해서 알아보자. 조류는 파충류와는 다르게 심장이 4개의 방으로 구성되어 있다. 즉, 전신에서 돌아온 산소 농도가 낮은 정맥 피와 폐에서 돌아온 산소 농도가 높은 폐정맥의 피가 파충류처럼 섞이지 않는다. 따라서 조직에 산소와 영양분의 공급이 훨씬 더 효율적이다. 이는 포유류에서도 동일하다(이것에 관해서는 '포유류' 편에서 자세히 다룰 것이다). 그러나 호흡기관의 구조는 포유류보다 오히려 조류에서 더 효과적인 방법이 채택되어 있다. 즉, 인간을 비롯한 포유류는 공기가 폐로 드나드는 구조로 되어 있지만, 새는 한번 폐로 들어간 공기는 한쪽 방향으로만 흐르는 특이한 구조를 가지고 있다. 인간의 폐는 마치 풀무를 쓰듯이 공기가 폐로 들락거린다. 그러나 새는 공기를 들이마시면 공기가 바로 폐로 들어가지 않고, 뒤쪽에 있는 공기주머니로 먼저 들어간다(그림 10-76). 이어서 숨을 내쉬면 뒤쪽 공기주머니가 압축되면서 이때 산소가 들어 있는 공기가 폐로 들어간다. 그다음 두 번째 공기를 들이마시면 폐에 있던 공기는 빠져나가 앞쪽에 있는 공기주머니로 모인다. 다시 숨을 내쉬면 앞 공기주머니도 수축되어 공기가 기관을 통해서 밖으로 나가게 된다. 따라서 들락거리는 호흡이 아니라 한쪽으로만 흐르는 구조로 되어 있다. 즉, 공기가 흐르는 순서는 흡기 시 뒤쪽 주머니에 모인 공기가 폐를 거쳐 앞쪽 공기주머니에 모여서 밖

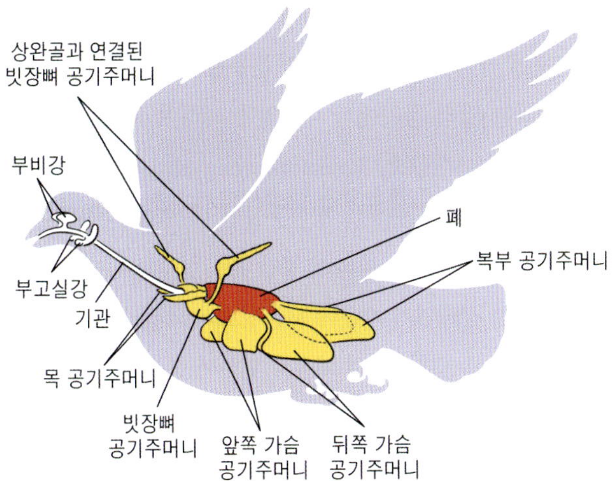


그림 10-76. 조류의 호흡기관의 구조. (출처: C. Abraczinskas[10-76])

으로 나가는 순서이다(그림 10-77, 하늘색은 처음 들어온 공기를 뜻함). 이리하여 한번 들어온 공기는 두 번의 호흡 주기

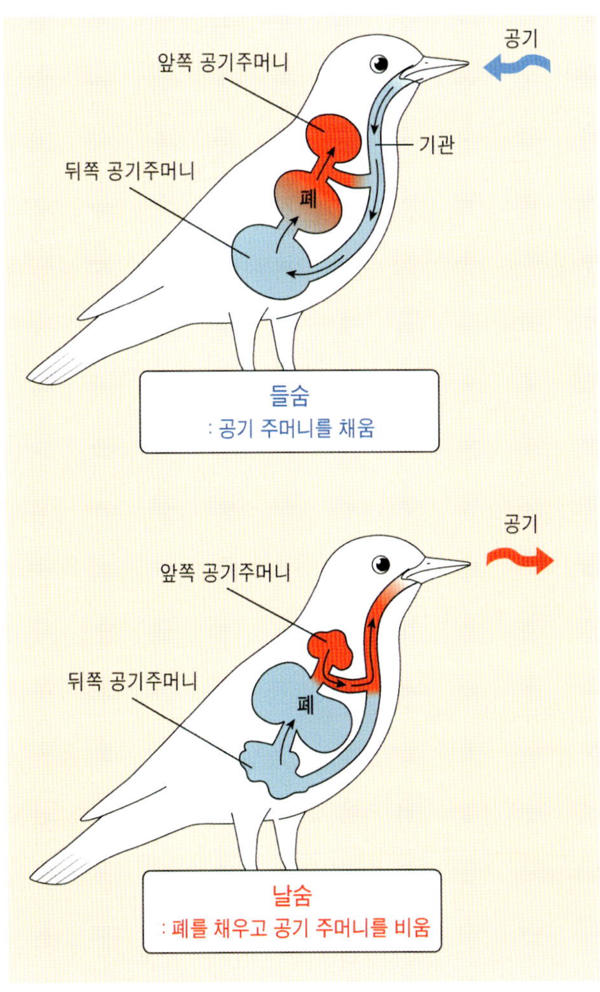


그림 10-77. 조류에서 폐의 공기 순환 과정.

동안에 폐에 머물러 있다는 뜻이다. 따라서 기체교환 수준에서 본다면 인간을 포함한 포유류보다 훨씬 더 효과적이다. 따라서 에너지가 소모되는 비행이나 높은 고도에서의 비행이 가능한 이유 중 하나가 될 것이다. 실제 이러한 공기주머니는 앞뒤를 합치면 8~9개 정도가 있다. 따라서 공기주머니를 가져서 효율적인 기체교환이 일어날 뿐만 아니라, 비행을 위하여 체중을 줄이는 절묘한 방법을 찾았다고도 볼 수 있다[38,128]. 그뿐만 아니라 이들 공기주머니는 뼈에 있는 골수와도 연결되어 더 몸을 가볍게 만드는 결과를 낳고 있다. 인간도 새처럼 호흡 구조를 바꾼다면 마라톤 신기록은 순식간에 깨질 것이다. 만약 양팔에서 깃털이 솟아난다면 우리도 하늘을 날 수 있을까? 그냥 해 본 소리다.

### (5) 포유류

#### ① 포유류의 출현

**포유류**(哺乳類, mammals)는 말 그대로 새끼에게 젖을 먹이는 젖먹이 동물을 말한다. 포유류를 뜻하는 mammal도 젖샘(mammary gland)에서 따온 말이다. 이런 내용은 누구나 다 아는 사실이다. 그러나 부모 중 어미가 자식에게 젖을 먹여서 키워 낸다는 것은 지금까지 봐 온 생명체 중에서는 처음으로 일어나는 일이다. 즉, 자식에게 젖을 먹여서 키운다는 것은 그만큼 모체와 자식 간의 강력한 유대관계가 형성된다는 것을 의미한다. 이러한 관계는 동물 세계에서 강력한 사회성을 형성할 수 있는 바탕을 마련해 준다. 인간도 젖을 먹이는 동물로서 포유류의 맨 끝에 서 있다. 그렇다면 이 포유류의 조상을 찾아보는 일은 대단히 중요하다.

우선 포유류의 조상을 찾는 작업은 척추동물 중에서 처음으로 완전히 육지에서 살게 된 **양막류**(羊膜類, amniotes)에서부터 시작하는 것이 좋을 것 같다. 양막류는 사지동물 중 양서류 다음으로 등장한 척추동물이다. 양막류가 이 지구상에 처음으로 나타난 것은 석탄기 때인 약 3억1천2백만 년 전이다. 따라서 처음 양막류가 출현했던 시기에는 이미 육지에 무척추동물인 곤충과 이끼류 및 양치류가 살고 있었다. 이러한 양막류는 수백만 년 안에 다시 단궁류와 용궁류로 분기되었다. 우리가 찾아가야 할 포유류 조상은 이미 '파충류' 편에서 기술한 바와 같이 단궁류이며 포유류형 파충류이다. 이 단궁류 중에서도 덩치가 크고 사나운 **반룡류**(盤龍類, pelycosaur)가 나타난 것은 페름기 초기였다. 또한 반룡류의 후손인 **키노돈트**(cynodont)와 같은 **수궁류**(獸弓類, therapsid)가 진화한 것은 페름기 중반인 약 2억6천2백만 년 전이었다.

포유류로 진화할 키노돈트는 약 2억5천만 년 전에 발생한 페름기 말 대멸종을 무사히 넘기고, 첫 수궁류가 생기고 난 약 4천만 년 이후에 드디어 최초의 포유류가 트라이아스 중기인 2억2천5백만 년 전에 등장하게 되었다. 그리고 트라이아스기 말에 발생한 또 다른 대멸종 시기를 무사히 넘기면서 이들은 살아서 쥐라기로 넘어가게 된다. 쥐라기는 우리가 잘 알다시피 공룡류가 이 지구상을 호령할 때이다. 그러므로 이 때 생존한 포유류는 공룡류의 위세에 눌려서 야행성으로 나무 위에서 살아야 하는 신세였다. 현재 우리에게 알려진 가장 오래된 **진수류**(眞獸類, eutheria) 화석은 2011년 중국에서 발견된 1억6천만 년 전 쥐라기 중기의 것으로 추정되는 화석(*Juramaia sinenis*)이다. 이 화석의 주인공은 몸길이가 약 7~10cm 정도 되는 쥐 모양을 하고 있다. 이 그림 10-78은 약 1억6천만 년 전의 인간의 모습을 보여 주는 사진이다[71]. 독자분들은 어떻게 생각할까? 궁금하다.

### ② 포유류의 특징

포유류는 다른 사지동물인 양서류나 파충류 및 **조류**와 해부나 생리학적 측면에서 어떤 차이점을 보일까? 포유류는 우선 단공류를 제외하고는 모두 태생이다. 즉, 새끼를 낳는다는 의미이다. 이는 모체의 자궁 속에서 탯줄을 통하여 태반과 연결되면서 영양분 공급과 배설기능을 동시에 수행하게 된다. 이는 이미 '알의 진화' 편에서 다룬 이야기다. 또한 포유류는 **내온성**(內溫性, endotherm) 동물이다. 내온성은 외부의 온도에 따라 체온이 변하는 **변온동물**(變溫動物, poikilotherm)과는 달리 몸안에서 대사열에 의하여 체온을 조절하는 **항온동물**(恒溫動物, homoiothermic animal)을 말한다. 대부분의 조류나 포유류가 항온동물인 데 반해 파충류나 양서류는 변온동물이다. 따라서 중생대는 현재보다 기온이 올라가 따뜻한 상태였기 때문에 내온성보다 외온성인 공룡류가 더 유리했을 수 있다. 이런 이유로 인하여 중생대에는 기온이 내려가는 밤에는 공룡류보다 포유류가 더 잘 활동할 수 있는 생리적 바탕을 가지고 있었던 셈이다. 낮에는 공룡의 세상이었지만, 밤에는 포유류가 나무에서 내려와 곤충을 잡아먹을 수 있었던 것도 내온성이라는 특성을 가지고 있었기 때문이다. 또 다른 특징은 이미 언급했듯이, 젖샘을 가지고 있다는 점과 땀샘을 가지고 있어서 체온을 떨어트릴 수 있다는 점이다. 그리고 체온을 보존하는 방법으로 털을 가진다는 점도 특징이다. 수각류에서도 파충류의 비늘이 보온을 위하여 털로 바뀌었고, 새는 이 보온용 털을 다시 하늘을 나는 깃털로 진화시키는 굴절적응에 성공한 동물이다. 그러나 인간은 털을 잃어버렸다. 그 대신에 열대지방 밖으로 이동을 할 때는 옷이라는 도구를 만들어서 보온하는 방법을 찾아내기도 하였다. 고래도 털이 없지만 이들은 두꺼운 피하지방층으로 털을 대신하고 있다. 그뿐만 아니라 포유류는 대뇌의 **신피질**(新皮質, neocortex)이 확장되면서 뛰어난 지능과 판단력을 보유할 수 있는 능력도 진화시켰다. 이와 더불어 해부학적으로도 많은 진화적 발전을 이루어 낸다. 즉, 심장 기능의 향상, 단일 뼈로 구성된 턱과 치아의 분화, 이차 구개의 진화, 턱관절 형성과 **중이**(中耳, middle ear)의 발달 등은 조금 후 '포유류의 기관별 진화' 편에서 다시 다룰 것이다.

그림 10-78. 가장 오래된 진수류 *Juramaia senensis*의 복원사진. (출처: Nobu Tamura[10-78])

### ③ 포유류의 계통적 분류

먼저 포유류를 계통적으로 분류해 내려온다면, 동물계 중에서도 척삭동물문에 속할 것이다. 다시 포유류는 척추동물아문에서 사지동물상강에 포함되는 포유강에 속한다고 볼 수 있다. 이 포유강도 아강으로 원수아강과 수아강으로 구분할 수 있다. 척삭동물에서부터 시작된 이 과정에 우리는 이미 익숙해져 있으리라고 생각된다.

포유류는 크게 **원수류**(原獸類, prototherian, 원수아강)와 **수류**(獸類, 짐승류, therian, 진수아강)로 구분된다. 원수류에는 **단공류**(單孔類, monotreme)가 여기에 포함된다. 단공류는 말 그대로 구멍이 하나라는 의미이다. 즉, 이들은 **총배설강**(總排泄腔, cloaca)이라는 하나의 구멍으로 배변과 배뇨 및 생식기능을 같이 한다. 현재까지 살고 있는 단공류는 오리너구리(platypus, 그림 10-79)와 4종의 바늘두더지로서 주로 호주와 뉴기니에서 발견된다. 단공류는 털이 있을 뿐만 아니라 항온동물이다. 그러나 이들은 새끼 대신 알을 낳지만, 알에서 깨어난 새끼는 젖을 먹고 자란다. 실제 단공류의 암컷에게는 젖꼭지가 없다. 단지 유선에서 흘러나오는 젖을 새끼가 핥아 먹는 수준이다. 걸음걸이도 마치 도마뱀처럼 걸어서 파충류와 포유류를 연결하는 중간 종처럼 보인다. 그러나 단공류를 포유류에 넣어야 하는 이유 중 하나는 비록 젖꼭지는 없지만 젖을 먹여서 새끼를 키운다는 사실 때문이다.

수류는 다시 크게 **유대류**(有袋類, marsupial)와 **진수류**(眞獸類, eutherian)로 나누어진다[142]. 먼저 유대류는 우리가 잘 알고 있는 바와 같이 호주에 사는 캥거루나 코알라가 대표적이다. 이 유대류는 약 350종이 알려져 있고, 새끼에게 젖을 먹이고 새끼를 운반할 수 있는 주머니를 배쪽에 가지고 있다는 특징이 있다. 유대류 중 반디쿠트(bandicoot) 일부에서만 아주 원시적인 태반이 잠깐 나타나지만 대부분의 유대류는 태반이 만들어지지 않는다. 따라서 유대류 태아는 태반을 통하여 모체로부터 영양공급을 받는 대신, 난황에서 영양을 받아야 한다. 유대류의 난자에는 아직도 알껍데기가 붙어 있고, 이 알이 난소에서 자궁으로 이동해서 수정이 된다. 그러나 태반이 형성되지 않아서 태아는 오래 자궁 안에 머물 수 없고 아주 미발달된 상태로 세상에 나오게 된다. 따라서 임신 기간이 12일에서 길어야 33일 정도 되어 진수류보다 훨씬 짧다. 이렇게 우리가 즐겨 먹는 과자인 젤리빈(jelly bean) 정도의 크기로 태어난 새끼는 앞발을 이용하여 주머니 속의 젖꼭지를 찾아서 위험한 여행을 하여야 한다. 이때의 새끼는 눈도 보이지 않고 털도 없는 보잘것없는 핏덩어리 새끼에 불과하다. 유대류는 치골 위에 따로 설치된 **상치골**(上恥骨, epipubic bone, 그림 10-80)이 받쳐 주는 주머니 속에서 이 핏덩어리를 성체로 키워 낼 것이다. 따라서 유대류는 포유류 중에서 태반을 가지는 진수류로 진화해 가는 과정 중에 있는 동물이라고 할 수 있다[55].

진수류는 유대류에 비하여 5천여 종이 보고되어 있을 만큼 방산이 일어난 포유류이다. 진수류는 대부분의 유대류에서 가지고 있지 않은 태반을 만들어 낸다. 이 태반은 모체의 면역체계로부터 태아를 보호해 줄 뿐만 아니라 영양공급을 모체로부터 직접 받을 수 있는 길을 열어 준 셈이다. 따라서 난황에서 영양분을 얻는 유대류보다 오랫동안 자궁 안에 머물 수 있다. 이렇게 임신 기간이 길어지면 태아는 충분히 발육이 진행된 상태에서 세상 밖으로 나올 수 있을 것이다. 따라서 생후 생존 가능성도 유대류보다 훨씬 높을 것은 당연하다. 그러나 유대류도 버틸 수 있는 방법들을 가지고 있다. 즉, 이들

10

그림 10-79. 단공류인 오리너구리. (출처: Travels Guide Online[10-79])

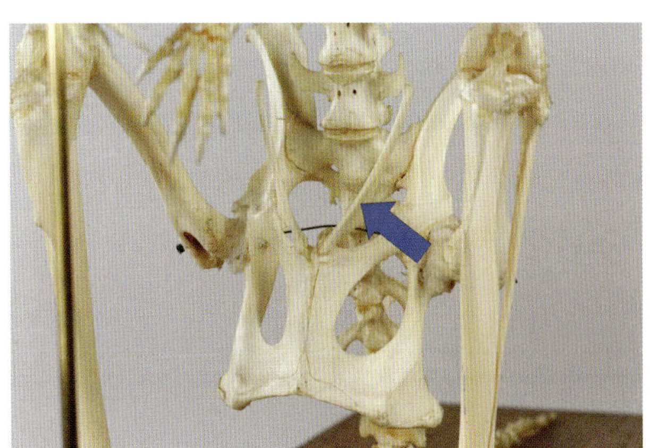

그림 10-80. 유대류에서만 나타나는 상치골(화살표). (출처: Pierre-Yves Beaudouin[10-80])

은 임신 기간이 짧고 난황에서 영양분이 공급되기 때문에 태아에 투자되는 비용이 진수류에 비하여 훨씬 적을 수밖에 없다. 따라서 이들은 새끼를 쉽게 포기할 기회를 항상 가지고 있다고 볼 수 있다.

현존 진수류는 약 20여 개의 그룹으로 나눌 수 있지만, 이 중에서 가장 많은 종을 보유하고 있는 동물은 **설치류**(楔齒類, rodents)로 약 2천3백여 종이 현존하고 있다. 설치류는 쥐류를 말한다. 설치류 다음으로 많은 종을 거느리는 동물은 **박쥐류**(익수류, 翼手類, chiroptera)이다. 이 박쥐류는 약 천백여 종이 현존하고 있다. 따라서 설치류와 박쥐류를 합치면 전 진수류의 2/3를 차지하게 된다. 진수류 중에서 영장류는 현재 약 393종이 보고되어 있다. 박쥐류는 새처럼 날아다닐 수 있는 유일한 포유류이다. 이들은 다람쥐처럼 활강하는 것이 아니고 실제 동력을 이용하여 비행한다. 과연 포유류인 박쥐는 무슨 재주로 하늘을 날 수 있을까? 이들의 손가락뼈는 칼슘 정도가 낮아서 다른 포유류에 비해서 유연하면서 아주 길다. 엄지손가락을 제외한 다른 4개의 손가락에 **비막**(飛膜, 익막, 翼膜, patagium)이 만들어지면서 박쥐는 하늘을 날게 된다. 이들의 골격 구조는 다른 포유류와 다를 바가 없다(그림 10-81). 박쥐의 무릎에 그대로 남아 있는 **무릎뼈**(슬개골, 膝蓋骨, patella)는 우리에게 상징하는 바가 크다[32].

진수류 중에서 풀이나 나뭇잎을 먹는 초식동물은 식물의 진화에 많은 영향을 미치게 된다. 즉, 식물은 초식동물이라는 천적을 피하기 위하여 가시를 발달시키고 잘 씹히지 않는 질긴 잎을 만들었다. 이에 따라 초식동물은 이빨의 구조를 바꾸고 소화계를 진화시켜서 공동진화를 촉발함으로써 육상경관을 바꾸어 놓고 있다. 또한 일부 진수류는 육상환경에서 수생 환경으로 되돌아간 동물들도 있다. 고래나 바다사자, 수달이나 매너티 등이 그들이다. 매너티는 인간이 즐기는 모터보트의 프로펠러에 등짝이 찢어지는 고통을 당하지만, 아직도 플로리다 바다에서 명맥을 이어 가고 있다. 진수류의 정점에 있는 인간은 제4절에서 따로 다루기로 하자.

### ④ 포유류의 기관별 진화

#### a. 심혈관계 진화

생체에서 효과적으로 필요한 물질을 구하는 일과 대사과정에서 생기는 노폐물을 버리는 일은 대단히 중요하다. 먼저 이러한 원시적인 물질교환은 **확산**(擴散, diffusion)이라는 단순한 물리적 현상에 의해서 일어난다. 해면동물이나 자포동물에서 일어나는 순환 방법이다. 그러나 생명체가 이배엽에서 삼배엽으로 구조가 복잡해지고 덩치가 커지면, 이러한 단순한 방법으로는 한계에 부닥칠 수밖에 없다. 이때 등장하는 구조가 바로 **개방혈관계**(開放血管系, open circulatory system, 그림 4-28)이다. 이 개방혈관계는 말 그대로 동맥과 정맥이 연결되어 있지 않다. 전해 주어야 할 물질을 실은 혈액이 조직 속으로 들어가고 다시 노폐물을 받아서 정맥을 통해 심장으로 돌아오는 구조이다. 이런 구조는 주로 연체동물이나 절지동물에서 나타난다. 그러나 이러한 방식은 물질교

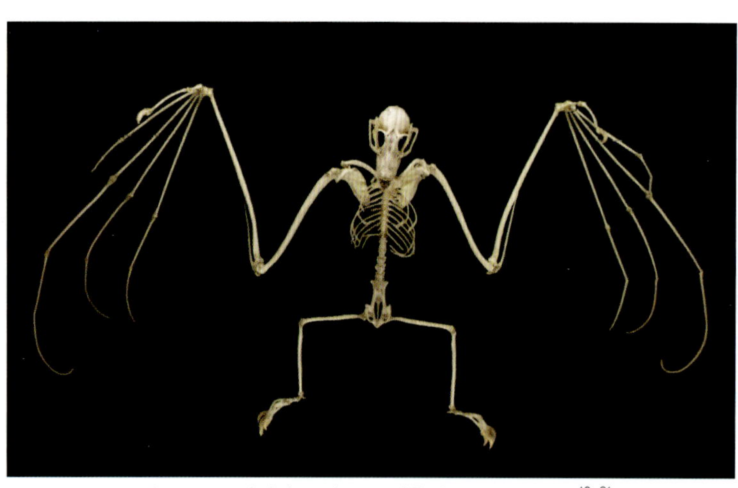

그림 10-81. 박쥐의 골격 구조. (출처: Ryan Somma[10-81])

10

환의 속도가 느리고 산소 공급에 제한적이라는 문제점을 안고 있다. 따라서 그다음으로 출현한 **폐쇄혈관계**(閉鎖血管系, closed circulatory system)가 이런 문제점을 해결해 주고 있다. 우선 무척추동물 중에서는 환형동물이나 극피동물에서 폐쇄혈관계가 나타난다. 그렇다면 척추동물은 심혈관계가 어떤 형태로 나타나는지를 살펴보자(그림 10-82)[109].

먼저 어류는 심장이 2개의 방으로 구성되어 있다. 즉, 전신에서 들어온 정맥 피는 심방으로 들어와서 심실을 거쳐 아가미로 보내질 것이다. 이 아가미에서 기체교환이 일어난 다음, 산소를 가득 실은 피는 다시 조직으로 보내질 것이다. 이 과정이 모두 모세혈관으로 연결되어 있는 폐쇄혈관계이다. 물고기에서는 질소 대사산물인 암모니아도 이 아가미를 통해서 밖으로 배출된다. 이는 다시 조금 후에 다룰 것이다.

그다음 양서류는 어떠한 심혈관 구조를 보일까? 양서류는 기체교환이 아가미가 아닌 폐에서 일어난다. 따라서 물고기에는 없는 폐순환이라는 구조가 드디어 나타날 것이다. 이런 이유로 전신에서 돌아오는 정맥혈은 우심방에 모여서 한 개밖에 없는 심실로 모이게 된다. 이 심실로 모인 정맥혈은 다시 양쪽 폐로 보내질 것이고 이들은 다시 심실로 돌아올 것이다. 즉, 이들은 두 개의 심방과 한 개의 심실을 가지고 있다. 따라서



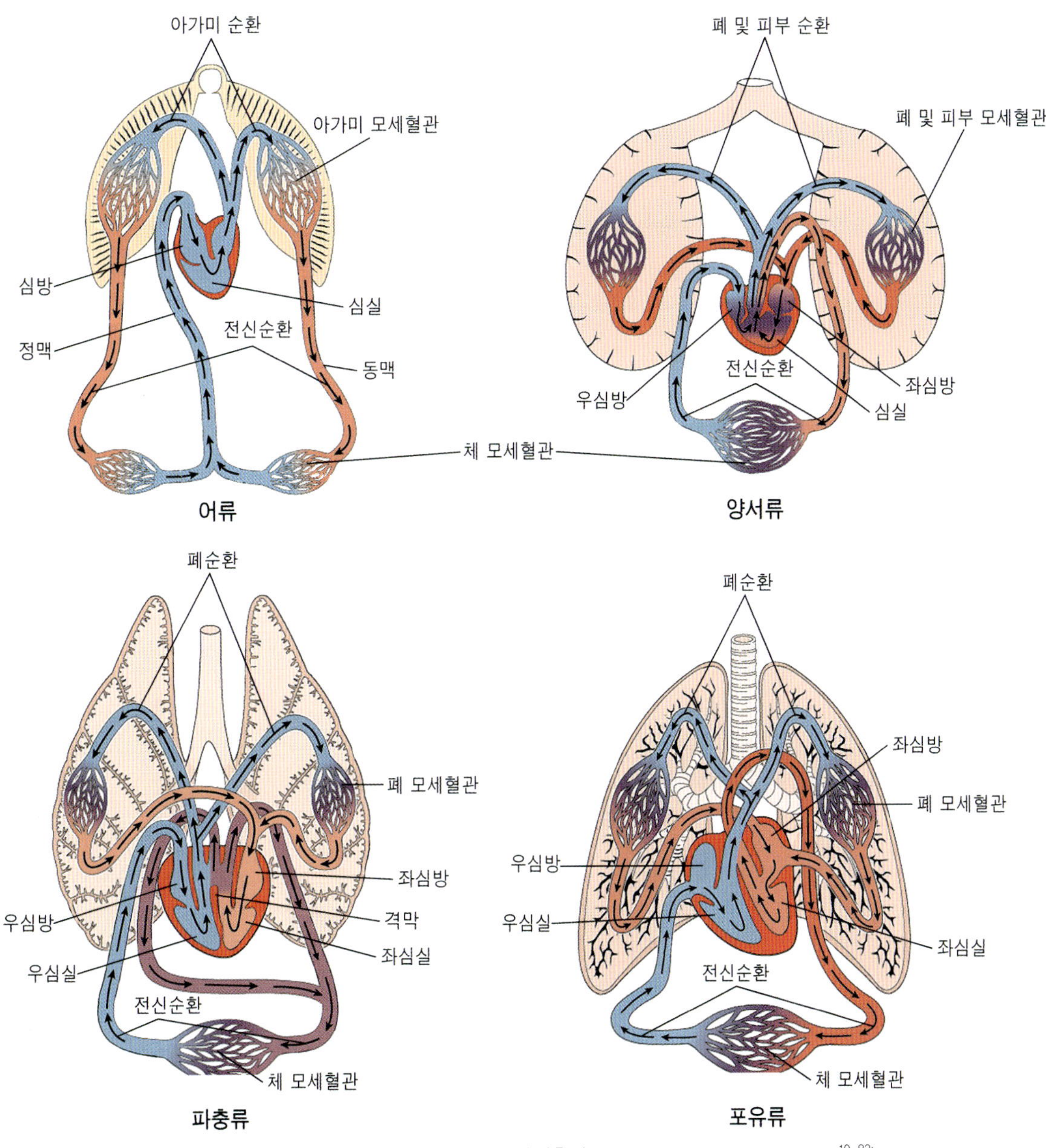

그림 10-82. 심혈관계가 진화해 가는 과정. (출처: BCcampus Open Textbooks[10-82])

이들은 폐로 가는 혈관과 전신으로 가는 혈관이 한 혈관으로 나가게 된다. 그러나 이런 현상은 개구리에서는 정상이지만, 만약 이런 구조가 인간에 발생되면 심장의 선천적 기형이 되고, 우리는 이것을 **총동맥간증**(總動脈幹症, truncus arteriosus)이라고 부른다. 인간에 나타나는 기형도 어쩌면 과거의 진화 과정에서 나타난 일들이 반복되는 것은 아닐까? 이런 구조는 전신에서 온 산소가 낮은 피와 폐에서 돌아온 산소가 높은 피가 심실에서 섞이기 때문에, 전신으로 나가는 혈액의 산소 농도가 낮을 수밖에 없다. 즉, 산소 공급 측면에서 비효율적이라는 의미이다. 이러한 구조는 파충류에 도달하면 한 개의 심실에 불완전하지만 칸막이가 생겨난다. 그러나 이 칸막이가 완전히 좌·우측 심실로 구별시키지 않고, 아직도 불완전하게 분리가 되어 있다는 뜻이다. 그렇지만 파충류는 아직도 2개의 심방과 1개의 심실을 가지고 있다. 그렇지만 심실이 불완전하게라도 칸막이가 생겼다는 것은 양서류의 구조보다는 진일보했다고 볼 수 있다. 마지막으로 조류나 포유류에 올라오면 심장은 완전히 2심방 2심실로 구분되어 폐순환에서 돌아온 피는 정맥피와 섞이지 않고 전신으로 나가게 된다. 척추동물에서 나타나는 특징적 소견을 개략적으로 정리해 보면 표 10-8과 같다.

### b. 이차구개의 진화

입안에 있는 혀를 이용하여 입천장을 더듬어 보자. 우리는 입안의 천장을 해부학적 명칭으로는 **구개**(□蓋, palate)라고 부른다. 이 구개 부위는 앞쪽으로는 뼈로 되어 있고 뒤쪽으로는 연조직으로 되어 있다. 따라서 앞쪽 부위를 **경구개**(硬□蓋, hard palate), 뒤쪽 부위를 **연구개**(軟□蓋, soft palate)라고 부르고, 연구개 중앙 끝에는 **목젖**(구개수, □蓋垂, uvula)이 달려 있다. 이러한 구개의 역할은 무엇일까? 이 입천장이 바로 구강과 비강, 즉 입안과 코 안을 갈라놓는 벽이 된다는 것이다(그림 10-83). 만약 구개가 발달하지 않으면 어떤 결과가 초래될까? 우리는 입과 코가 한 공간으로 통하게 될 것이다. 따라서 숨을 쉴 때와 먹을 때 당연히 문제가 발생한다. 우리와 같은 포유류나 일부 악어류 및 도마뱀은 이 구개가 잘



**표 10-8. 척추동물의 특징**

| | 무악동물 | 어류 | 양서류 | 파충류 | 조류 | 포유류 |
|---|---|---|---|---|---|---|
| 서식지 | 수중 | 수중 | 수중/육상 | 육상 | | |
| 수정 장소 | 체외수정 | | | 체내수정 | | |
| 척추 유·무 | 척삭 | 척삭→척추 | | | | |
| 신장 기원 | 전신 | 중신 | | 후신 | | |
| 질소 배설물 | 암모니아 | 암모니아, 요소 | 요소 | 요산 | | 요소 |
| 턱뼈 | 없음 | 있음 | | | | |
| 사지 | 없음 | | 있음 | | | |
| 피부 | 비늘(wet scale/skin) | | 점막(moist skin) | 비늘(dry scale) | 깃털 | 털, 기름, 땀샘 |
| 체온조절 | 변온동물 | | | | 정온동물 | |
| 심장 | 1심방 1심실 | | 2심방 1심실 | | 2심방 2심실 | |
| 횡격막 | 없음 | | | | | 있음 |
| 호흡 방법 | 아가미 | | 아가미/폐 | 폐 | | |
| 이빨 유·무 | 없음 | 있음 | 없음 | 있음 | 없음, 부리 발달 | 있음 |
| 양막 유·무 | 없음 | | | 있음 | | |
| 출산 방법 | 난생 | | | | | 태생 |
| 예 | 먹장어, 칠성장어 | 참돔 | 개구리 | 도마뱀, 거북, 악어 | 비둘기 | 사자 |

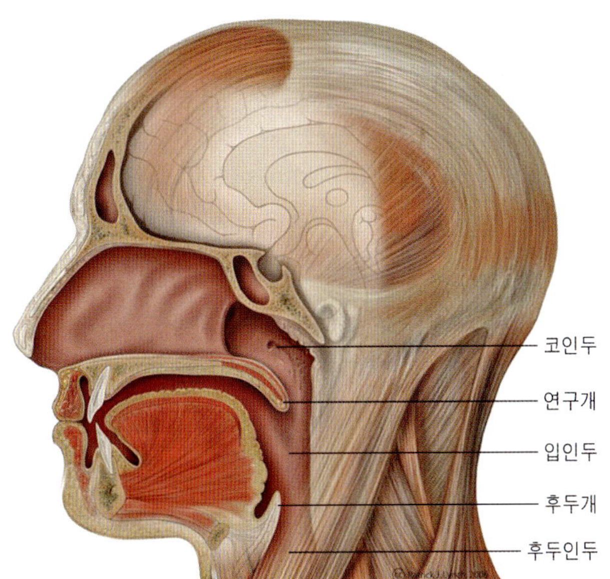

그림 10-83. 인간에서 구강과 비강의 구조. (출처: Patrick J. Lynch[10-84])

발달되어 있다. 따라서 음식을 먹거나 입을 다물고 있을 때도 숨을 편히 쉴 수 있다. 왜냐하면 공기가 들어가는 길과 음식이 넘어가는 길이 다르기 때문이다. 이런 해부학적 구조가 초원에 누워서 한가롭게 되새김질을 하는 목가적인 소를 상상할 수 있는 이유가 될 것이다. 그렇다면 다른 동물들도 모두 이런 구조를 가지고 있을까?

약 4억2천만 년 전의 초기 어류 화석에서 나타나는 **콧구멍**(비공, 鼻孔, nostril)은 두 개의 쌍으로 되어 있었다. 즉, 한 구멍으로 물이 들어가서 다른 구멍으로 물이 나오는 U자형의 구조이었고, 이들의 콧구멍은 입과 연결되어 있지 않았다. 이들은 순전히 후각 기능만을 담당하는 구조였던 것이다. 그러다 약 4억1천5백만 년경의 육기류에서는 이 콧구멍 중에서 물이 나오는 쪽이 입가로 이동해 가는 모습이 포착되었다. 이 이후에 나타나는 초기 사지류에서는 이 물이 나오는 구멍이 입안의 앞쪽으로 가게 된다. 즉, 이차 구개가 나타날 준비를 하고 있다고 볼 수 있다. 따라서 이런 구조를 가진 물고기나 양서류는 앞쪽 입천장 가까이에 안쪽 콧구멍(**내비공**, 內非孔, internal nare)을 가지고 있었다[88,105]. 이런 구조 때문에 이들은 음식이 입안 가득히 들어 있는 경우에는 숨을 참아야 하는 불편이 따를 것이다. 인간은 내비공이 이차구개의 끝인 목젖 바로 뒤에 있다. 그렇다고 마시는 물이나 음식이 코로 들어가지는 않는다. 왜냐하면 연구개가 이를 막아 주기 때문이다. 코와 입의 구조도 단번에 인간과 같은 구조로 변화된 것은 아니다. 특히나 인간에서는 이런 비강과 구강 및 인두와 후두의 구조로 인하여 다양한 소리를 만들어 낼 수 있는 해부학적 동굴이 만들어졌다고 볼 수 있다.

### c. 중이의 진화

처음부터 야행성이던 초기 포유류는 무엇보다도 청각과 후각으로부터 중요한 정보를 얻었을 것이다. 그렇다면 청각은 어떻게 발달해 왔을까? 이는 인간의 몸에서 가장 작은 뼈들인 **이소골**(耳小骨, ossicle)이 말해 준다고 할 수 있다. 인간의 귀는 그림 10-84처럼 다른 포유류와 같이 크게 3부분으로 나누어진다. 먼저 **외이**(外耳, external ear)와 **내이**(內耳,



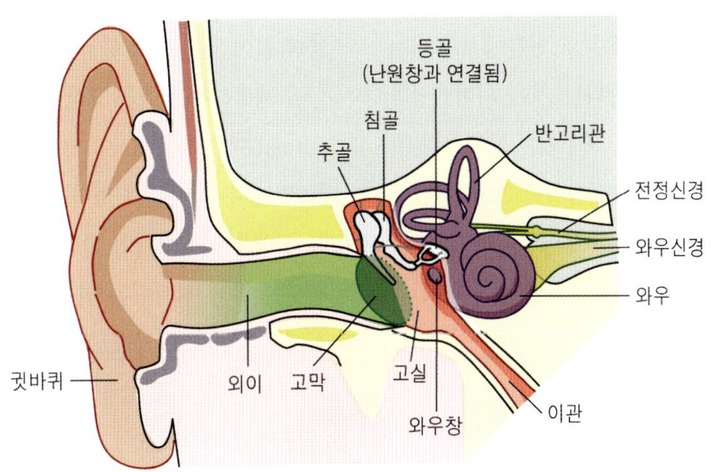

그림 10-84. 인간의 외이, 중이 및 내이의 구조. (출처: Lars Chittka[10-84])

internal ear)보다도 진화적 비밀은 **중이**(中耳, middle ear)에 관한 것이 더 많이 밝혀져 있다. 우선 그림 10-58과 10-59를 참고해서 같이 설명하기로 하자. 어류의 새궁 중에서 첫 번째가 장차 상악과 하악이 될 구개방형 연골과 메켈 연골을 형성하고, 두 번째 새궁이 설골궁을 형성할 것이다. 이 구개개방골은 다시 방형골과 관절골을 만들어 상악과 하악의 관절을 형성한다. 또한 구개방형 연골도 두개골과 연결되면서 새궁에서 갈라져 나온 상악과 하악이 두개골과 연결되는 모습을 갖추게 될 것이다. 이 형태가 양악주로서 우리에게 익숙한 조기류에서 볼 수 있는 형태다. 그러나 폐어나 양서류에 오게 되면, 아예 구개방형 연골이 두개골에 가서 붙어 버리고 여기에 턱에 관절이 형성된다. 따라서 설악연골은 더욱 축소되게 된다. 이런 형태가 자동악주이다. 그다음 단궁류이자 포유류형 파충류의 선조인 반룡류에 올라오면, 턱은 **치골**(齒骨, dentary bone)과 **각골**(角骨, angular bone)로 형성되고 관절골과 방형골 사이에 관절이 형성된다. 이때 방형골은 이미 **인상골**(鱗狀骨, squamosal bone)의 한 부분을 차지하고, 이 인상골은 인간으로 올라오면 **측두골**(側頭骨, temporal bone)의 큰 부분을 차지하게 될 것이다. 그다음 수각류로 진화하면 하악인 턱은 거의 대부분 치골이 차지하고, 방형골과 관절골로 연결된 두개골과의 관절 이외에 이 치골이 직접 인상골에 붙어서 관절을 형성하게 된다. 즉, 턱과 두개골의 관절이 두 개가 된 셈이다. 그다음 초기 포유류인 주머니쥐(opossum)로 진화하면, 이 두 개의 관절 중 치골과 인상골의 관절만 남고, 다른 관절을 형성하던 방형골과 관절골은 더욱 축소되어 침골과 추골로 그 기능을 바꾸게 된다. 따라서 아가미뼈인 새궁에서 출발하여 이런 뼛조각들이 포유류와 인간에 이르러서는 제일 작은 뼛조각인 이소골로 변했다는 것은 의미심장한 일이다. 따라서 종합적으로 정리하면, 처음에는 방형골과 관절골에 의한 한 개의 관절에서 치골이 인상골에 가서 붙는 두 개의 관절을 가지다가, 나중에는 치골과 인상골의 관절만 남게 되고 방형골과 관절골은 모두 이소골로 바뀌는 진화적 과정을 밟아 왔다고 할 수 있다.

### d. 질소 배설물의 진화

질소 대사물을 몸밖으로 내보내는 과정에 대한 진화도 흥미로운 일이다. 우선 탄수화물이나 지방은 대사가 완료되면, 최종산물은 물과 이산화탄소이다. 그러나 단백질이나 핵산은 최종산물 중에 반드시 질소 노폐물이 나온다. 이 질소 노폐물은 특히 신경조직에 독성이 강하여 반드시 신속하게 몸밖으로 내보내야 하는 노폐물이다. 그렇다면 동물들은 대사과정에서 나오는 질소 노폐물을 어떻게 처리하여 내보낼 수 있을까?

우선 가장 흔한 질소 노폐물은 **암모니아**(ammonia, $NH_3$)이다. 이 암모니아는 다른 **요소**(尿素, urea)나 **요산**(尿酸, uric acid)과 같은 대사물에 비하여 독성이 제일 강하다. 인간에서 간이 나빠지면 **간성혼수**(肝性昏睡, hepatic coma)에 빠진다. 왜냐하면 간이 제 기능을 하지 못하게 되면, 혈중에 있는 암모니아 농도가 높아져서 뇌조직에 치명적 결과를 초래하기 때문이다. 따라서 환자는 혼수상태에 빠지고 가족들도 못 알아보는 위기에 빠지게 된다. 그러나 암모니아는 독성이 강한 반면에 물에 잘 녹는 화학적 특성이 있다. 따라서 어류는 아가미를 통해서 혈액 속의 암모니아를 밖으로 내보낼 수 있다. 암모니아 형태로 배설하는 동물은 물에 사는 무척추동물이나 경골어류가 여기에 속한다. 암모니아보다는 독성이 훨씬 적은 요소의 배출은 포유류나 대부분의 양서류 및 연골어류에서 주로 이용하는 방법이다. 이 요소도 물에 잘 녹지만 많은 양의 수분이 소실되기 때문에, 배설계를 진화시켜 물을 재흡수하면서 농축된 오줌을 생산해 내는 체계를 가지게 되었다. 가장 독성이 적은 요산은 화학적으로 두 배의 질소를 내보낼 수 있는 장점이 있지만, 물에 잘 녹지 않는 단점을 가지고 있다. 따라서 이들은 요산을 오줌 속에 반고체 상태로 배출시킨다. 보통 조류는 총배설강을 가지고 있기 때문에, 새똥에 묻어 있는 흰색 물질은 요산이 배설된 것이다. 이렇게 요산을 배출하는 동물을 **요산배출동물**(尿酸排出動物, uricotelic animal)이라 부르고, 여기에 속하는 동물은 곤충, 파충류, 조류 및 일부 양서류가 있다. 그러나 생활사에 따라 질소 노폐물을 배출하는 방식이 달라지기도 한다. 양서류는 물에서 생활하는 유생 시기에는 암모니아 형태로 물속에다 버리지만, 성체가 되면 요소 형태로 주로 배설하게 된다. 또한 닭의 경우도 다양한 방법을 사용한다. 즉, 병아리 단계에서는 암모니아를 주로 배설하고, 그다음 단계는 요소 그리고 최종단계인 성체에서는 요산을 배출한다. 그렇다면 인간은 어떨까? 인간은 주로 간에서 암모니아를 독성이 덜한 요소로 만들어서 소변으로 배출시킨다. 그러나 요산도 혈액 100mL당 2~7mg 정도 들어 있다. 이들은 주로 핵산에서 나온 질소 노폐물로서 온도가 내려가면 요산의 용해도가 떨어진다. 따라서 인체 중 차가운 발 관절에 요산이 침착되어 관절이 붓고 통증이 오는 질병을 유발하게 된다. 우리는 이러한 질병을 **통풍**(痛風, gout)이라고 부른다. 또한 인간에서 소량의 암모니아는 콩팥에서 산-알칼리를 조절하는 중요한 매체로 이용하기도 한다. 그러나 질소 노폐물의 대사과정은 독성이 강한 암모니아에서 독성이 덜한 요소나 요산으로 바꾸어서 배출시키는 방향으로 진화해 왔음을 보여 준다고 할 수 있다[9,104].

### e. 치아의 진화

동물에서 나타나는 이빨은 그 개수나 형태 또는 종류나 배열에서 진화적 증거들이 많이 포착된다. 먼저 그림 10-85를 참고해 보자. 우선 파충류에서 원시 포유류로 진화하는 과정에서 이빨의 개수가 점차 줄어드는 대신, 그 기능은 더 분화되는 쪽으로 발달하였다. 따라서 **다수치**(多數齒, polydont)에서 정예화된 **소수치**(小數齒, oligodont)로 진화하는 경향을 보인다. 그뿐 아니라 어류를 포함해서 대부분 원시 동물들은 치아의 모양이 비슷한 **동형치**(同型齒, homodont)에서 모양이 다양한 **이형치**(異型齒, heterodont)로 변해 간다. 즉, 치아의 분업화가 일어나는 셈이다. 특히나 초기 포유류에서는 먹이를 쉽게 물고 찢을 수 있는 **송곳니**(견치, 犬齒, canine teeth)가 발달하지만, 진화가 진행되면서 점점 축소되었다. 또한 치아의 모양도 다양해져서 뾰쪽한 **융기**(隆起, cuspid)가 많아지고 다양화되는 방향으로 나아간다. 즉, **삼돌기치**(三突起齒, triconodont)에서 더 복잡한 어금니 구조를 가지는 **삼융기치**(三隆起齒, tribosphenic, trituberculate)로 진행되어 온 셈이다. 삼돌기치는 한 개의 배열로 늘어서 있고, 삼융기치는 치아면이 삼각형을 하고 있으면서 상·하 어금니가 서로 잘 물리는 형태를 취하고 있다. 또한 치아가 턱에 부착되는 정도도 점차 강하게 박히는 쪽으로 진화해 왔다. 주로 어류에서 볼 수 있는 **단생치아**(端生齒牙, acrodont)는 하악에 살짝 붙어 있는 형태로 되어 있다. 또한 양서류에서 볼 수 있는 **측생치아**(側生齒牙, pleurodont)는 하악의 안쪽으로 붙어 있는 형태이고, **조생치아**(槽生齒牙, thecodont)는 이빨의 뿌리가 턱뼈에 박혀 있는 상태이다. 따라서 포유류에서 만나는 치아는 조생치아이다[139]. 어류나 파충류는 두개골의 크기가 유생에서보다 성체의 두개골이 10배 이상 차이가 난다. 그래서 이들은 두개골이 커질 때마다 치아를 교체하여야 한다. 즉, **다생치**(多生齒, polyphyotond) 동물이다. 이들은 치아가 자주 교체됨으로써 교합(咬合, occlusion)이 잘 맞지 않게 된다. 그러나 상위 포유류는 신생아의 두개골이 비교적 크고 젖을 먹고 사는 기간이 길어서 이유기 시 이미 두개골이 약 80% 정도까지 성장하게 된다. 따라서 이들은 한 번의 치아 교체가 가능해지고 교합이 잘 맞는 특징이 있다. 이는 진화적 적응에 많은 도움을 줄 것이다. 우리는 이런 치아 교체를 **이생치**(二生齒, diphyodont)라고 부른다[31,50,139].

## 4. 인간의 진화

### 1) 영장류의 계통적 분류

진화 편에서 대미를 장식할 '인간의 진화'는 인류의 관심을 끌어모을 수 있는 뜨거운 과제이다. 왜냐하면 우리는 우리의

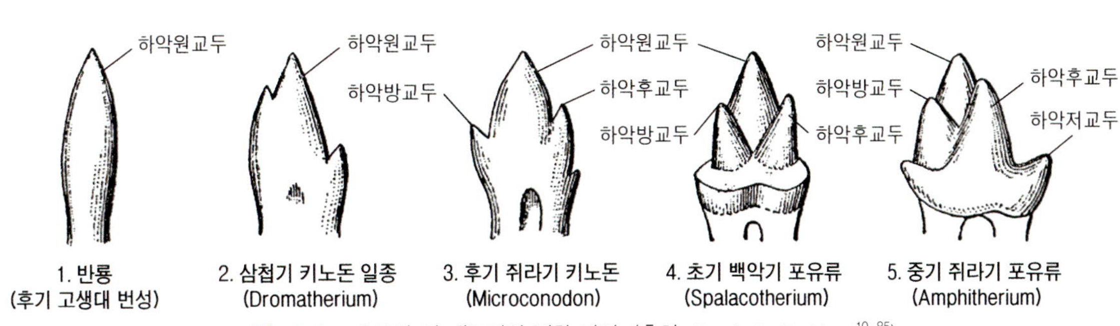


그림 10-85. 소구치 및 대구치의 진화 과정. (출처: Frank E. Beddard[10-85])

10

과거에 대하여 궁금해하는 경향을 보이고 있기 때문이다. 그러나 인간을 이해하기 위해서는 영장류를 알아야 하고, 영장류를 이해하기 위해서는 다시 포유류를 알아야 한다. 또한 영장류를 이해하기 위한 첫 번째 과정은 영장류를 계통적으로 분류하는 것에서부터 출발하여야 할 것이다. 왜냐하면 그 분류 방법이 학자마다 또는 시대별로 지칭하는 명칭들이 각기 다르기 때문이다. 따라서 이들을 이해하기 위해서는 영장류의 분류부터 정확히 정한 다음에 영장류를 기술하는 것이 매우 타당할 것이다.

먼저 표 10-9에 나타나 있는 영장류의 분류 방법에 대해서 알아보자. 우선 영장류는 계통적 분류에서 **영장목**(靈長目, primates)을 편의상 쉽게 부르는 이름이다. 따라서 영장목은 포유강의 수아강, 즉 진수류 혹은 짐승류에 속한다('포유류' 편 참고). 포유강은 다시 동물계 중 척삭동물문에 속하고, 이는 척추동물아문에서 사지상강으로 이어져서 포유강에 도달하게 될 것이다. 따라서 표 10-9에 나타나 있는 계통적 분류는 영장목에서 현생인간인 호모 사피엔스(*Homo sapiens*)까지의 단계적 분류를 나타내고 있다. 또한 이 도표에 나타나는 첫 번째 괄호 안의 이름은 학명을 나타내고, 두 번째 괄호 안의 이름은 이 분류에 속하는 구성원을 지칭할 때 부르는 이름이다. 마지막 괄호 안에 나타난 숫자는 백만 년 단위의 분기 시점을 추정한 숫자이다. 즉, 사람족에서 사람아족과 침팬지가 분지한 시기가 지금부터 약 750만 년에서 400만 년 전이라는 의미를 가지고 있다.

초기 영장류는 나무 위에 사는 **수상동물**(樹上動物, arboreal animal, tree-living animal)로 작은 쥐와 같은 크기로 야행성 **식충동물**(食蟲動物, insectivore)이었다. 이들은 분류 방법에 따라 다양하지만, 현재 약 300여 종이 알려져 있다. 이들의 최초 화석은 신생대 **팔레오세**(Paleocene, 효신세) 후기인 약 5천5백만 년 전의 것으로 추정되었지만, 실제 분자학적 연구에 따르면 영장류의 등장은 중생대 백악기 후기인 8천5백만 년 전까지 올라간다. 이 영장류는 먼저 **곡비원류**(曲鼻猿類, strepsirrhini, strepsis는 turning 돌아간, rhinos는 nose 코라는 의미)와 **직비원류**(直鼻猿類, haplorhini)로 나누어진다. 곡비원류는 말 그대로 구부러진 코를 가지고 있으면서 코가 젖어 있다. 따라서 이들은 코와 주둥이 부분이 개처럼 생겨 있고 물기가 많아서 축축하다. 이들은 대부분 야생성이며 나무 위에서 살고 있다. 곡비원류에 속하는 동물은 **여**

10

표 10-9. **영장류의 계통적 분류**(ma: million years ago, 단위: 백만 년)

<table>
<tr><th>목<br>(Order)</th><th>아목<br>(Suborder)</th><th>하목<br>(Infraorder)</th><th>소목<br>(Parvorder)</th><th>상과<br>(Superfamily)</th><th>과<br>(Family)</th><th>아과<br>(Subfamily)</th><th>족<br>(Tribe)</th><th>아족<br>(Subtribe)</th><th>속<br>(Genus)</th><th></th></tr>
<tr><td rowspan="10">영장목<br>(Primates)<br>(90~85 ma)</td><td rowspan="9">직비원류<br>(Haplorhini)<br>(60 ma)</td><td rowspan="8">진원류<br>(Simiformes)<br>(40 ma)</td><td rowspan="7">협비원류<br>(Catarrhini)<br>(35~29 ma)</td><td rowspan="6">사람상과<br>(Hominoidea)<br>(Hominoid)<br>(20~15 ma)</td><td rowspan="5">사람과<br>(Hominidae)<br>(Hominid)<br>(14 ma)</td><td rowspan="4">사람아과<br>(Homininae)<br>(Hominine)<br>(9~8 ma)</td><td rowspan="3">사람족<br>(Hominini)<br>(Hominin)<br>(7.5~4 ma)</td><td rowspan="2">사람아족<br>(Hominina)<br>(Homininan)</td><td>사람속(Homo)</td><td rowspan="2">인간<br>원생인류</td></tr>
<tr><td>아르디피테쿠스속<br>(Ardipithecus) 등</td></tr>
<tr><td>침팬지류<br>(Panina)</td><td></td><td rowspan="3">대형유인원<br>(great ape)</td></tr>
<tr><td>고릴라류<br>(Gorillini)</td><td colspan="2"></td></tr>
<tr><td>오랑우탄류<br>(Ponginae)</td><td colspan="3"></td></tr>
<tr><td>긴팔원숭이류<br>(Hylobatidae)</td><td colspan="4"></td><td>소형유인원<br>(lesser ape)</td></tr>
<tr><td>구세계원숭이류<br>(Cercopithecoidea)</td><td colspan="5"></td><td rowspan="2">원숭이<br>(monkey)</td></tr>
<tr><td>광비원류<br>(Platyrrhini)<br>신세계원숭이류</td><td colspan="6"></td></tr>
<tr><td>안경원숭이류<br>(Tarsiformes)</td><td>→</td><td>안경원숭이<br>(Tarsioidea)</td><td colspan="5"></td><td rowspan="2">원원류<br>(Prosimians)</td></tr>
<tr><td>곡비원류<br>(Strepsirrhini)</td><td>여우원숭이류<br>(Lemuriformes)</td><td>→</td><td>여우원숭이<br>(Lemuroidea)<br>로이스원숭이<br>(Lorisoidea)</td><td colspan="5"></td></tr>
</table>

**우원숭이류**(Lemuriformes)로서 여우원숭이와 로이스 원숭이가 여기에 속한다. 역시 영장류 아목에 속하는 직비원류는 곡비원류와 다르게 코와 주둥이 부분이 건조하고 털로 덮여 있으며 주로 주행성을 보인다. 이 직비원류는 다시 **안경원숭이류**(Tarsiformes)와 **진원류**(眞猿類, simifornes, simian)로 분기한다. 진원류는 **원원류**(原猿類, Posimians)와 대비되는 용어이다. 이 원원류는 곡비원류인 여우원숭이류와 직비원류에 속하는 안경원숭이를 묶어 부르는 이름이다. 따라서 진원류와 원원류로 영장류를 구분하면 안경원숭이가 문제를 일으킨다. 따라서 직비원류와 곡비원류로 영장류를 구분하는 것이 편리하다.

그다음 진원류는 다시 약 4천만 년 전에 **협비원류**(狹鼻猿類, Catarrrhini)와 **광비원류**(廣鼻猿類, Platyrrhini)로 갈라진다. 광비원류는 넓고 평평한 코를 가진 원숭이로서 신세계원숭이류가 여기에 속한다. 고함원숭이, 꼬리감는원숭이나 다람쥐원숭이와 같은 신세계원숭이는 대부분 수상생활을 하고, 콧구멍이 양쪽 옆으로 놓여 있으며, 콧구멍 사이 간격이 넓은 특징이 있다. 이들은 주로 중앙아메리카나 남아메리카에 산다. 코가 좁은 협비원류는 다시 **구세계원숭이류**(Cercopithecoidea)와 **사람상과**(Hominoidea)로 분기한다. 구세계원숭이와 광비원류인 신세계원숭이를 monkey라고 부른다. Monkey를 우리말로 옮기면 단지 원숭이가 되어서 혼란이 가중된다. 따라서 정확히 말하여 원숭이는 신세계원숭이와 구세계원숭이만을 원숭이라고 불러야 한다. 사람상과부터는 꼬리가 없어지고, 사람속을 제외한 사람상과를 **유인원**(類人猿, ape)이라고 부른다. 사람상과를 구성하는 구성원은 **호미노이드**(hominoid)라 부르고, 이들은 다시 **긴팔원숭이**(Hylobatidae)와 **사람과**(Hominidae)로 분기한다. 이제 영장목에서 사람과까지 내려온 셈이다.

**기번**(Gibbon)이라 불리는 긴팔원숭이는 **소형 유인원**(小型類人猿, lesser ape)이라고 불린다. 또한 사람과는 사람아족을 제외하면 **대형 유인원**(大型類人猿, great ape)이라 불리는 것은 당연할 것이다. 이 대형 유인원인 오랑우탄, 고릴라 및 침팬지를 **성성이과**(Pongidae)로 부르기도 하였지만, 오래된 용어로서 현재에는 잘 쓰지 않는다. 또한 긴팔원숭이를 제외한 사람과 구성원을 **호미니드**(hominid)라고 부른다. 다른 학자나 책에 따르면 이 호미니드를 사람아족과 혼동해서 사용하기도 한다. 약 천4백만 년 전 사람과에서 **오랑우탄류**(Ponginae)가 분기하고 **사람아과**(Homininae)가 남게 된다. 이 사람아과의 구성원은 **호미나인**(hominine)으로 불린다. 그다음 9백만~8백만 년 전 사람아과는 다시 고릴라류(Gorillini)가 분기하고 **사람족**(Hominini)이 남게 된다. 또한 사람족에 포함된 구성원은 **호미닌**(hominin)으로 불러야 한다. 사람족에 포함된 **침팬지류**(Panina)는 약 7백만 년 전에 분기하고 마지막으로 사람아족(homonina)만이 남는다. 이 사람아족에 속하는 구성원은 **호미니난**(hominінan)으로 불러야 하지만, 아직도 많이 알려지지 않은 용어이다. 사람아족에는 **사람속**(genus Homo)을 포함하여 인간의 가까운 근연종들이 포함된다[7,83,115,116]. 그러나 사람아족을 호미닌이나 심지어 호미니드로 부르는 경향도 있다. 따라서 이러한 혼돈이 영장류를 이해하는 데 장애물이 되기도 한다. 여기에서는 사람아족 중에서 현재 살아서 우리가 서로 마주 보고 있는 **현생인류**(現生人類, *Homo sapiens*, modern human)를 제외한 모든 사람아족은 **원생인류**(原生人類, 구인간, 舊人間, archaic human)라고 지칭할 것이다. 이제 용어정리를 끝내고 드디어 인간이 어떻게 진화해 왔는지를 찾아 나서 보자.

## 2) 영장류의 특징

영장류가 포유류에서 갈라져 나온 것은 약 9천만 년 전 백악기 후기이다. 이때 영장류는 다른 포유류 중 나무 위에서 사는 나무땃쥐(tree shrew)나 다람쥐와는 어떻게 다른 특징을 가지고 있었을까? 먼저 초기 영장류는 손이나 발가락이 5개이지만, 이들이 나머지 손발가락과 마주볼 수 있게 됨으로써 손과 발에 쥐는 힘이 생겨났다. 그뿐만 아니라 갈고리 손톱이나 발톱이 사라지고 우리가 볼 수 있는 손톱과 발톱이 생겨나게 되었다. 또한 포유류보다 치아 수가 적어지면서 분화되는 양상을 보인다. 이들의 안구는 안와라는 뼈로 둘러싸여서 보호를 받게 되고, 뇌용적은 포유류에 비해서 증가하기 시작하였다. 포유류는 원래 야행성이어서 색각을 잃게 되어 2색성 색각이나 단색성 색각으로 시각이 퇴화되었다. 이는 어류나 파충류 및 조류가 3색상 혹은 4색상인 것을 감안하면, 야생성이었던 포유류가 색각이 퇴화된 것을 쉽게 이해할 수 있

10

症, prognathism)이라고 부른다. 턱이 형성되는 과정은 어류에서부터 시작하여 이소골 변화까지는 이미 기술한 바 있다. 그림 10-88에서 보는 것처럼 안면각은 하등동물에서 고등동물로 진화하면서 점차 각도가 커지는 쪽으로 진화해 왔다. 즉, 예각에서 직각 쪽으로 발전한 것이다. 따라서 턱인 **하악**(下顎, mandible)도 유인원에서 훨씬 더 크다. 이는 턱과 이빨을 이용하여 어떤 음식을 먹는지에 따라 달라진 결과이다[82]. 즉, 인간은 **측두근**(側頭筋, temporal muscle)이 하등동물에 비하여 퇴화한 양상을 보인다. 이는 대단히 중요한 변화로 조금 후에 다시 기술할 것이다.

그다음은 **치열**(齒列, dental arcade)에 관해서 알아보자. 치열은 그림 10-89에서 보는 것처럼 유인원과 인간에서 차이를 보인다. 즉, 유인원은 치열이 U자 형태를 보이는 반면, 인간은 V자 형태를 나타낸다. 또한 유인원에서는 **치격**(齒隔, diastema)이 상 절치와 송곳니 사이에 생겨 있다. 치격은 이빨과 이빨 사이가 떨어져서 간격이 생긴 것을 두고 하는 말이다. 따라서 인간에서 생기는 치격은 우리의 과거를 알려 주는 역사라고 할 수 있다. 또한 치아에서도 차이가 나서 유인원은 송곳니(견치, 犬齒, canine)가 앞니(절치, 切齒, incisor)보다 더 크다.

10

그뿐만 아니라 우리의 관심을 끄는 것은 직립에 따른 **대공**(大孔, 대후두공, 大後頭孔, foramen magnum)의 위치이다. 대공은 말 그대로 큰 구멍으로서 두개골 속에 들어 있는 뇌조직에서 나온 신경다발이 척추로 내려가는 구멍을 말한다. 두개골에서 빠져나가는 구멍들이 많이 있지만, 그중에서 가장 큰 구멍이라는 의미이다. 따라서 이 대공이 이족보행에 따른 직립의 정도를 말해 준다고 할 수 있다. 왜냐하면 직립일수록 중력의 균형을 잡기 위하여 가운데에 가 있어야 하기 때문이다. 이는 그림 10-89에서 보는 바와 같이 유인원의 대공은 뒤쪽에 있는 반면, 인간의 대공은 중앙에 위치하고 있다. 또한 완전한 직립이 이루어지지 못하면, 앞쪽을 응시하기 위해서는 무거운 머리를 들어올리는 목 근육이 발달하여야 한다. 따라서 이러한 목 근육들이 두개골의 뒤쪽인 **후두부**(後頭部, occipital area)에 가서 붙는 자리가 넓어야 한다. 이런 이유로 인하여 인간의 **후경부**(後頸部, nuchal area)는 유인원에 비하여 훨씬 작다.

다음은 측두근을 비교해 볼 차례이다. 측두근은 그림 10-90에서 보는 바와 같이 유인원에서 월등히 크다. 이는 유인원이 섬유소가 더 많이 포함된 음식을 먹었다는 증거이기도 하다. 측두근은 하악의 **근돌기**(筋突起, coronoid process)에 가서 붙는다. 이 측두근은 **교근**(咬筋, masseter muscle)과 함께 음식물을 씹을 수 있게 해 주는 주된 역할을 수행한다. 따라서 비대한 측두근이 지나가기 위해서는 **관골궁**(觀骨弓, 협골궁, 頰骨弓, zygomatic arch)도 유인원에서 훨씬 크고 넓다.

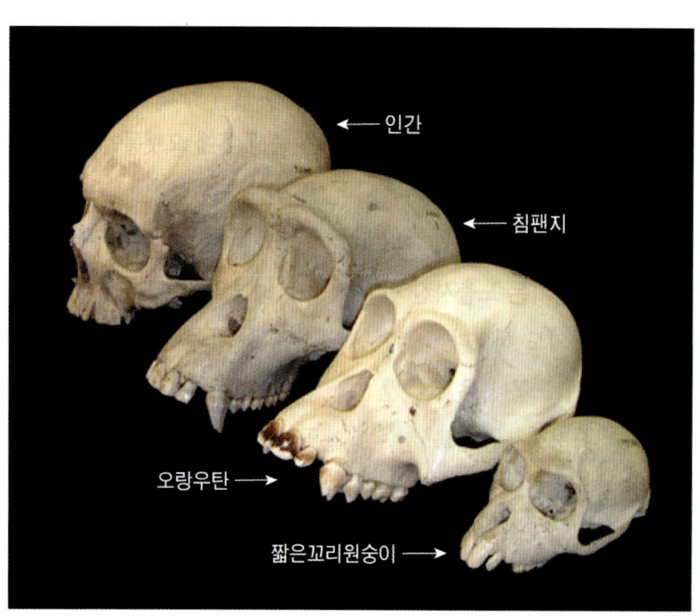


그림 10-88. 영장류의 안면각 변화. (출처: Christopher Walsh, Harvard Medical School[10-88])

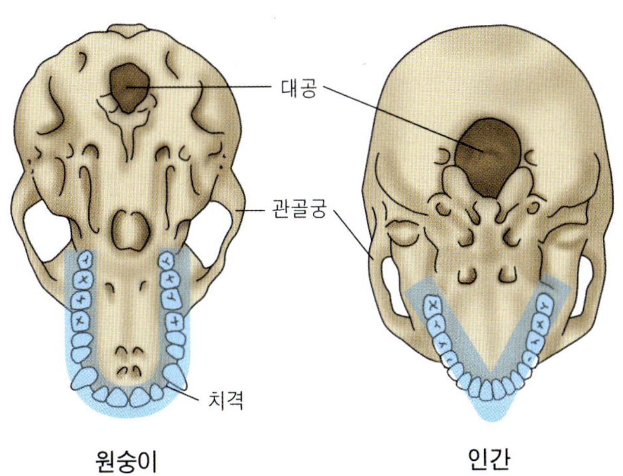

그림 10-89. 유인원과 인간의 치열 비교.

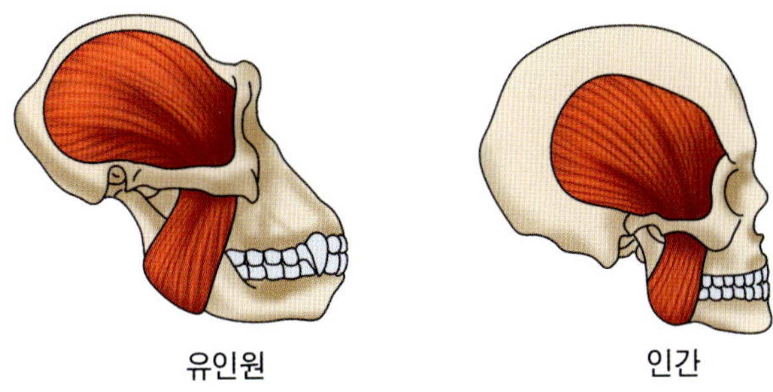

그림 10-90. 유인원과 인간의 측두근 비교.

또한 이렇게 큰 측두근이 양쪽에서 두개골에 붙기 위해서는 인간의 두개골에서 볼 수 없는 구조물이 유인원에서뿐만 아니라 일부 원생인류에서도 나타난다(그림 10-91). 즉, 투구처럼 두개골 정중앙에 산맥처럼 솟아 있는 **종단능선**(縱斷稜線, sagittal crest)이 나타나 있다는 점이다. 이 구도는 그림 10-90에서 측두근이 머리 정수리까지 붙어 있는 것을 감안하면, 이 종단능선이 어떤 역할을 할지는 짐작할 수 있을 것이다. 이것은 인간의 측두근에 비하여 확연히 차이가 날 정도로 크다는 것을 알 수 있다. 그렇다면 유인원이나 원생인류가 음식물을 씹을 때마다 두개골은 밑으로 잡아당겨지고 이 힘으로 턱이 위로 올라가면서 음식물을 씹었을 것이다. 이렇게 강력한 측두근에 의하여 두개골이 밑으로 주저앉거나 안와골이 짜부라질 가능성은 없을까? 그래서 이런 측두근의 수축에 대응하기 위하여 안면부와 안와를 유지시켜 주는 구조물을 유인원이나 원생인류에서 뚜렷이 볼 수 있다. 그림 10-91에서 보는 북경인의 두개골에서 눈 위의 뼈가 인간보다 월등히 크게 돌출된 모습이 바로 그 구조물인 **안와상 융기**(眼窩上隆起, supraorbital ridge, brow ridge)이다. 따라서 안와상 융기는 측두근의 작용에 대항하여 안면골과 안와를 보호해 주는 역할을 하게 된다[11,15]. 지금도 우리는 눈두덩이가 많이 튀어나온 사람을 만날 것이다. 우리의 과거는 우리 자신 속에도 숨어 있다고 말할 수 있다.

그림 10-91. 종단능선과 안와상 융기를 보이는 파란트로푸스(*Paranthropus aethiopicus*) 두개골. (출처: Nrkpan[10-91])

마지막으로 뇌가 커지는 **대뇌화**(大腦化, encephalization)에 대하여 기술하기로 하자. 오늘의 인간이 있기 위해서 우선 제일 먼저 꼽아야 할 진화적 산물은 두개골이 커지면서 **뇌**(腦, brain)가 커졌다는 사실이다. 큰 뇌를 가졌다는 것은 다른 동물과의 절대적인 차별점이다. 이 뇌는 원생인류 중에서 나중에 설명할 호모 하빌리스(*Homo habilis*)가 500cm$^3$를 넘기면서 커지기 시작하여, 호모 에렉투스(*Homo erectus*)에 도달하면 거의 1,000cm$^3$에 도달하게 된다. 현생인류의 뇌 용량이 약 1,500cm$^3$이기 때문에, 이들 원생인류의 뇌 용량 증가는 비약적이라고 할 수 있다[129]. 그렇다면 어떻게 두개골과 뇌가 이렇게 커졌을까? 이는 이미 그림 10-25에서 설명한 진화의 방법 중 하나인 **유형성숙**(幼形成熟, 유태성숙, 幼態成熟, neoteny)에 의해서 두개골이 커졌다고 보는 견해가 있다. 이 유형성숙은 신체발생이 지연되어 유년기의 형질을 그대로 보유하게 되었다고 보는 것이다. 침팬지와 인간의 유아기에는 두개골의 형태가 거의 비슷하여 둘 다 다른 신체에 비하여 훨씬 크다. 그러나 점차 성장하면서 인간의 두개골은 유아 형태를 유지하지만, 침팬지의 두개골은 많이 변한다는 의미이다.

즉, 인간에서 두개골이 커진 것은 유형성숙이 일어나서 뇌가 커졌다는 이론이다. 또 다른 이론은 호모속이 출현하던 시점에 인간의 유전자 중 **미오신 중사슬** 16(myosin heavy chain 16; MYH16)에 돌연변이가 발생하여서 인간의 측두근이 퇴화되기 시작했다는 이론이다[28]. 이렇게 측두근이 퇴화되기 시작하면 자연적으로 두개골을 밑으로 잡아당기는 힘이 줄어들 것이고, 이런 변화가 두개골이 커지면서 뇌가 덩달아서 커지는 현상으로 나타났다는 주장이다. 우리는 이렇게 커진 **대뇌피질**(大腦皮質, cerebral cortex)을 가지고 채집과 협동 사냥을 하고, 농업과 목축을 이끌어 낼 수 있는 재주를 가질 수 있게 되었다고 본다. 또한 이미 언급되었지만 이차구개가 생기면서 후두가 밑으로 내려가게 되어 다양한 발성이 가능해졌다는 것도 의미심장하다. 따라서 우리는 다양한 소리를 만들어서 상호 소통할 수 있는 방법을 찾은 것이다. 이제 다시 침팬지를 떠나 사람아족 속으로 들어가 보자.

## 4) 인간의 진화

### (1) 원생인류

다시 표 10-9에서 침팬지와 사람아족(Hominina)이 포함된 사람족(Hominin)에서부터 시작하기로 하자. 사람족에 포함된 구성원은 침팬지를 포함하여 모두 호미닌(Hominin)으로 부를 수 있다. 또한 사람아족 중에서 현재 살아 있는 **현생인류**(現生人類, *Homo sapiens*)를 뺀 그룹을 **원생인류**(原生人類, 구인간 舊人間, archaic human)로 규정한다는 내용은 이미 기술한 바 있다. 침팬지류가 갈라져 나간 원생인류는 어떤 과정을 겪으며 오늘에 이르고 있을까? 그 진화 과정 중에는 얼마나 많은 구인간종과 사람속(genus Homo)들이 생겨나고 사라져 갔을까? 그러나 아직도 모든 학자가 동의할 수 있는 보편적인 계통수가 만들어지지 못하고 있다. 그렇다고 무턱대고 이 과정을 짚어 나가는 것보다는 가능성이 있는 하나의 계통수를 선택해 놓고 진화 과정을 추적해 보는 것이 더 수월할 수도 있을 것이다(그림 10-92). 지금부터 약 7백만 년 전으로 추정되는 진화의 길을 더듬어 내려가 보자.

#### ① 초기 원생인류

호미닌에서 침팬지가 분기한 이후 처음으로 원생인류의 길을 걷기 시작한 구인류는 보통 3종으로 보고 있다. 즉, 2001년 케냐에서 발견된 **오로린 튜게넨시스**(*Orrorin tugenensis*),

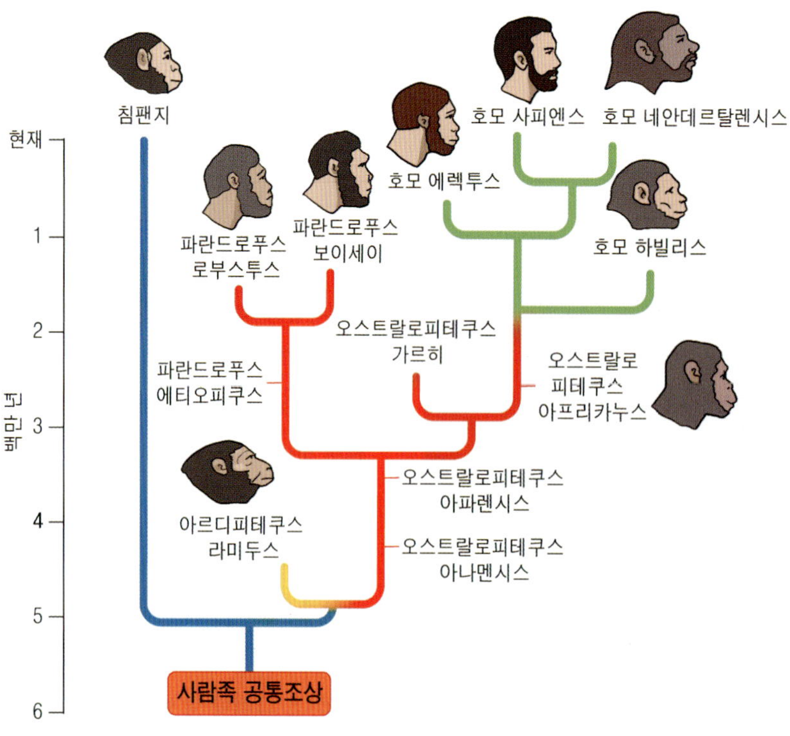


그림 10-92. 사람족부터 현생인류에 이르기까지의 추정 계통수.

2002년 중앙아프리카 차드에서 발견된 **사헬란트로푸스 차덴시스**(*Sahelanthropus tchadensis*)와 1992년 에피오피아에서 발견된 **아르디피테쿠스 라미두스**(*Ardipithecus ramidus*)를 들어야 할 것이다. 이들 3종류의 원생인류는 모두 침팬지와 원생인류가 분기한 시점에 살았던 구인류이다. 오로린 튜게넨시스는 이족보행을 한 흔적은 있지만 송곳니가 침팬지를 닮아 있다. 또한 사헬란트로푸스 차덴시스는 두개골이나 안면각과 치아를 근거로 해서 초기 원생인류라고 볼 수 있지만, 대공의 위치로 보아 이족보행이 의심되는 부분을 안고 있기도 하다. 또한 아르디피테쿠스속은 골반이나 대공의 위치로 보아 이족보행을 한 것으로 보이고, 이들은 사바나보다 숲속에서 살았던 것으로 추정되었다. 따라서 이 3개의 초기 원생인류 중 어느 종을 인간의 초기 종으로 볼 것인지는 지금도 논쟁 중이다. 그러나 여러 정황으로 보아 아르디피테쿠스가 인간의 초기 원생인류로 보는 의견들이 많다. 이러한 구인간에서 다음 세대를 이어받는 원생인류가 바로 오스트랄로피테쿠스속이다[25,49,85,97,147].

### ② 오스트랄로피테쿠스속

**오스트랄로피테쿠스**(Australopithecus)속이 처음 발견된 것은 1924년 남아프리카 공화국의 해부학자이자 인류학자였던 **레이먼드 다트**(Raymond Dart, 1893~1988)에 의해서였다. 그는 남아공의 케이프 지방의 타웅(Taung)이라는 채석장에서 턱과 치아가 포함된 온전한 안면골을 발견하게 되었다. 이 발견된 두개골은 침팬지의 두개골보다 크고 둥글었으며 이빨도 침팬지보다 작았다. 그는 이 새로운 종을 라틴어로 남쪽을 뜻하는 'australis'와 그리스어로 원숭이를 뜻하는 'pithekos'를 합쳐서 오스트랄로피테쿠스(Australopithecus)라는 이름을 붙이게 되었다. 말뜻대로 풀이하면 '남방 원숭이'라는 의미를 가지고 있는 셈이다. 이들은 약 4백만 년 전 동부 아프리카에서 기원하여 남아프리카, 사하라 사막 등에 생존하다가 약 2백만 년 전에 멸종한 원생인류라 할 수 있다. 그러나 이들의 후손은 호모속으로 이어 가면서, 현생인류의 탄생에 중요한 길목을 차지하고 있기도 하다.

오스트랄로피테쿠스속 중에서 가장 오래된 화석 중 하나는 1965년 하버드대학의 **브라이언 패터슨**(Bryan Patterson, 1909~1979)과 그 동료들에 의해 발견된 **오스트랄로피테쿠스 아나멘시스**(*Autralopithecus anamensis*)이다. 이 오스트랄로피테쿠스 아나멘시스는 약 420만 년에서 390만 년 전에 생존했던 원생인류로서, 이빨과 턱은 유인원을 닮았고 상지는 인간형이면서 이족보행을 했던 것으로 추정한다. 이 투르카나 호수(Lake Turkana)에서 발견된 오스트랄로피테쿠스 아나멘시스는 이어서 소개할 **오스트랄로피테쿠스 아파렌시스**(*Australopithecus afarensis*)의 조상으로 받아들여지고 있다.

오스트랄로피테쿠스 아파렌시스는 가장 잘 알려진 원생인류의 화석 중 하나로 1974년 미국의 고인류학자인 **도널드 조핸슨**(Donald Johanson, 1943~)에 의해서 발견되었다. 조핸슨이 이끄는 탐험대가 에티오피아 아파르(Afar) 지역에서 발견한 원생인류 화석은 가장 온전한 상태로 보존된 채로 그 모습을 드러냈다. 그들은 발굴 기간 동안 자주 들었던 비틀스 음악 중 'Lucy in the sky with diamonds'를 떠올리면서 이 원생인류 화석을 '**루시**'라고 부르게 되었다(그림 10-93)[94]. 이 루시는 플라이오세인 약 350만 년 전의 화석으로 밝혀졌

그림 10-93. 오스트랄로피테쿠스 아파렌시스(루시)의 복원도. (출처: GregGrabowski[10-93])

다. 또한 이들은 이 화석이 발견된 아파르 지역을 이름과 연결하여 오스트랄로피테쿠스 아파렌시스라고 명명하게 되었다. 이 오스트랄로피테쿠스 아파렌시스는 얼굴이나 두개골은 유인원과 많이 닮아 있다. 즉, 이마가 낮고 턱이 튀어나와 있으며 안와상 융기가 솟아 있는 형태를 취한다. 또한 이빨은 유인원과 인간의 중간 형태를 취하고, 대공은 인간만큼은 아니지만 그래도 앞으로 가 있는 모습을 하고 있다. 그리고 치열도 인간의 포물선형과 유인원의 직사각형의 중간 형태를 보여 주고 있다. 이들의 뇌는 작지만 아르디피테쿠스보다는 크고, 골반이나 다리 및 엄지발가락의 형태를 보아서 이족보행을 했을 것으로 추정한다. 오스트랄로피테쿠스 아파렌시스는 그림 10-92에서 보는 바와 같이 현생인류로 진화해 가는 중요한 길목을 차지하고 있는 원생인류이다[76,129]. 오스트랄로피테쿠스 아파렌시스는 다시 두 개의 가닥으로 분지하는데 그중 하나가 **파란드로푸스 에티오피쿠스**(*Paranthropus aethiopicus*)이다. 따라서 파란드로푸스는 오스트랄로피테쿠스에서 갈라져 나왔지만, 그 모습이 오스트랄로피테쿠스와 닮아서 오스트랄로피테쿠스 에티오피쿠스라고 부르기도 한다. 이 파란드로푸스 에티오피쿠스는 약 290만 년 전부터 220만 년 전까지 살았던 종으로, 이들은 다시 **파란드로푸스 로부스투스**(*Paranthropus robustus*)와 **파란드로푸스 보이세이**(*Paranthropus boisei*)로 분지하게 된다. 이 파란드로푸스 로부스투스와 보이세이는 형태가 굵고 둔탁할 뿐만 아니라 측두근이 발달하여 종단능선이 뚜렷한 건장한 오스트랄로피테쿠스에 속한다고 볼 수 있다. 나머지 오스트랄로피테쿠스는 얼굴이 작고 가냘픈 형태를 보여 준다. 오스트랄로피테쿠스 아파렌시스에서 혈통을 이어받아서 호모속으로 전달하는 오스트랄로피테쿠스는 이미 소개된 우리에게 잘 알려진 **오스트랄로피테쿠스 아프리카누스**(*Australopithecus africanus*)이다. 이 오스트랄로피테쿠스 아프리카누스는 레이먼드 다트에 의하여 1924년에 발견된 화석으로 '타웅 소년(Taung boy)'이라고 불리기도 한다. 이 화석의 주인공은 가냘픈 형에 속하는 오스트랄로피테쿠스로서 오스트랄로피테쿠스 아파렌시스보다는 얼굴이나 두개골에서 현생인류에 더 가까운 형태를 보여 주고 있다. 지금까지 소개한 오스트랄로피테쿠스는 아주 다양한 화석으로 구성되어 있기 때문에, 이들을 모아서 속으로 처리하기보다는 아예 사람족(Hominini)의 아족(subtribe)으로서 오스트랄로피테시나(Australopithecina)로 부르는 학자도 있다. 자 이제 우리는 더욱더 현생인류와 닮아 있는 호모속으로 넘어갈 것이다.

### ③ 호모속

오스트랄로피테쿠스와 호모속의 중요한 차이점은 오스트랄로피테쿠스에 비해 호모속이 뇌가 더 커지고 이빨이 작아진다는 것이다. 그뿐만 아니라 호모속은 도구를 사용할 수 있는 방법을 찾아내었고, 오스트랄로피테쿠스는 주로 아프리카에 국한되어 살았지만, 호모속으로 넘어오면서 점차 아프리카를 벗어나 확산을 보인다는 점이다. 호모속이 처음 이 지구상에 등장한 것은 플라이오세 후반기인 약 240만 년 전으로 보인다. 호모속 중에서 처음 출현한 **호모 하빌리스**(*Homo habilis*)는 말 그대로 손재주가 있어서 'handy man'이라는 뜻을 가지고 있다. 이 호모 하빌리스가 처음 발견된 곳은 1960년 탄자니아에 있는 올두바이 협곡(Olduvai Gorge)에서였다. 이때 발견된 원생인류는 키가 약 127cm 정도이며, 몸무게가 약 45kg 정도 되는 호모속으로 뇌 용량은 약 610~800cc 정도로 추정되었다. 특히 이들은 도구를 적극적으로 사용한 원생인류로서, 이들이 사용한 도구들을 그들이 발견된 지역의 이름을 따서 **올도완 도구 문화**(Oldowan tool culture)라고 부른다. 이들 도구의 특징은 큰 돌을 한 번만 강타하여 끝이 뾰족한 돌을 만들거나 동물의 뼈를 깨트려서 사용했다는 점이다. 이들은 150만 년 전에 멸종했지만 **호모 에렉투스**(*Homo erectus*)나 **호모 에르가스터**(*Homo ergaster*)의 조상으로 인정받고 있다.

호모 하빌리스의 후손으로 등장한 호모속은 **호모 에렉투스**이다. 호모 에렉투스는 말 그대로 똑바로 선 '직립인'이라는 뜻을 가지고 있다. 호모 에렉투스는 최초로 아프리카를 떠난 원생인류로서 주로 아프리카, 유럽, 동부 아시아 및 시베리아에서도 그들의 화석이 발견되고 있다. 우리에게 잘 알려진 **북경인**(北京人, Peking man)이나 **자바인**(Java man)은 모두 호모 에렉투스종들이다. 이들의 뇌 용량은 호모 하빌리스보다 훨씬 커서 평균 약 1,000cc에 육박하여 다른 호모속보다는 더 다양한 활동과 사회성을 가졌을 것으로 보인다. 이들은

10

처음으로 불을 사용하였고 고기를 요리해 먹을 줄 알았다[107]. 그리고 이들은 뇌 용적으로 보아 언어를 사용했을 것으로 추정한다. **호모 에르가스터**는 호모 에렉투스보다 뇌가 좀 작지만, 호모 에렉투스와는 자매 종으로 보인다. 호모 에르가스터는 아프리카를 떠난 호모 에렉투스 중에서 다시 아프리카로 되돌아간 종으로 추정된다. 호모 에렉투스는 오스트랄로피테쿠스에 비하여 팔의 길이가 짧아져 있다. 만약에 이런 호모 에렉투스의 모습을 복원하면 어떤 모습을 보여 줄까? 그림 10-94는 호모 에렉투스의 복원된 얼굴이 나타나 있다. 이런 모습이 바로 약 2백만 년 전 우리들의 진면목이라고 생각하면 우리는 무슨 생각에 젖어 들까? 한편 호모 에렉투스는 호모 하빌리스가 만들었던 도구보다 한 단계 더 발전된 것들을 사용하였다. 이들은 돌을 여러 번 강타하여 양쪽 면이 대칭적으로 뾰쪽한 도구나 손도끼를 만들어 사용하였다. 우리는 이런 도구 문화를 **아슐기 도구 문화**(Acheulean tool culture)라고 부른다.

다시 호모 에렉투스는 그 명맥이 **호모 하이델베르겐시스**(*Homo heidelbergensis*)로 이어진다. 이 하이델베르크인은 1908년 독일의 하이델베르크 근교에서 발견되어 붙여진 이름이다. 호모 하이델베르겐시스는 호모 에렉투스와 현생인류의 중간형으로 보인다. 이들은 큰 뇌와 짧은 턱을 가졌지만, 안와상 융기가 있고, 치아가 작지만 아직도 현생인류보다는 더 큰 특징을 가지고 있다. 이들은 다시 **호모 네안데르탈렌시스**(*Homo neanderthalensis*)와 **호모 사피엔스**(*Homo sapiens*)로 분기한 것으로 보고 있다.

호모 네안데르탈렌시스는 약 40만 년 전에 출현하여 4만 년 전까지 이 지구상에서 존재했던 원생인류이다. 이들의 화석은 1856년 독일의 네안데르탈(Neandertal, Neanderthal) 계곡에서 발견되어 학계의 주목을 받았다. 이 시기는 다윈이 "종의 기원"을 발간하기 3년 전이어서 다윈과 함께 인류 앞에 등장했다는 뜻이기도 하다. 네안데르탈인은 현생인류보다 덩치가 더 크고 뇌 용량도 더 큰 것으로 보인다. 또한 키도 더 크고 턱이 다소 튀어나와 있는 모습을 하고 있다(그림 10-95). 이들은 왜 갑자기 약 4만 년에서 2만8천 년 사이에 이 지구상에서 완전히 사라져 버렸을까? 이 네안데르탈인이 멸종한 이유에 대해서는 논란이 많지만, 현생인류인 호모 사피엔스에 의해서 멸종된 것이 아닌가 추측하고 있다. 이 네안데르탈인은 **모스테리안 도구 문화**(Mousterian tool culture)라는 더 복잡한 도구를 만들어 내기도 하였다. 그리고 이들은 매장 문화를 가지고 있었던 것으로 보인다. 2008년 시베리아 알타이산맥의 데니소바 동굴에서 발견된 **데니소바인**(Denisovan)은 약 8만 년에서 3만 년 경까지 우랄 알타이산맥과 동남아

그림 10-94. 호모 에렉투스의 복원도. (출처: frantic00/MUSEUM OF NATURAL HISTORY, AUSTRIA[10-94])

그림 10-95. 여성 네안데르탈인 복원도. (출처: Bacon Cph[10-95])

시아에서 생존했을 것으로 보고 있다. 이들은 미토콘드리아 검사상 현생인류보다 네안데르탈인과 더 가깝다는 점이 발견되었다. 그뿐만 아니라 네안데르탈인과 호모 사피엔스의 유전체를 비교한 결과, 이들은 서로 다른 종으로 밝혀졌고, 호모 사피엔스가 아프리카를 떠날 무렵인 약 8만 년에서 4만 년 사이에 두 종간에 교접이 일어났다는 사실도 밝혀졌다. 이에 관해서는 조금 후 호모 사피엔스에서 다시 다룰 것이다.

### (2) 호모 사피엔스

현생인류를 우리는 **호모 사피엔스**(*Homo sapiens*)라고 부른다. 아주 현명한 인간이라는 의미이다. 과연 인간이 현명한지에 대한 언급은 약간 주제를 벗어난다. 그러나 일부에서는 인간을 조롱 삼아 호모 인사이피엔스(Homo insipiens)나 호모 두플렉스(Homo duplex)라고 부르기도 한다. 이는 각기 어리석은 인간이나 이중적인 인간을 말하고 있다. 그러나 호모속 중에서 유일하게 살아남은 종이 호모 사피엔스이다. 이들은 약 20만 년 전에 아프리카에서 기원하여, 7~6만 년 전에 아프리카를 떠나서 전 세계로 펴져 나갔다. 따라서 이들은 그림 10-96처럼 약 만5천 년 전에 베링해를 건너서 북아메리카로 건너갔을 것이다. 그뿐만 아니라 이들은 이미 한 지역에 정착해 있던 다른 호모속들과 만나거나 교잡되었을 가능성이 높다. 그림에서 보는 바와 같이 호모 에렉투스는 약 170만 년 전부터 10만 년 전까지 아프리카와 유라시아에서 거주하고 있었을 것이다. 또한 호모 사피엔스는 네안데르탈인과도 교류하거나 충돌하는 과정이 나타났을 것이다[37,149]. 네안데르탈인이나 데니소바인의 뼈에서 DNA를 추출하여 현생인류와 비교한 결과 이들과는 제한적인 교배가 있었음이 증명되었다. 즉, 유라시아인의 전체 유전체 중 1~4%는 네안데르탈인 조상으로부터 받은 것으로 조사되었다. 그리고 동남아시아나 호주 원주민은 데니소바인의 유전자를 더 많이 가지고 있는 것이 밝혀지기도 하였다. 지금까지 호모 사피엔스가

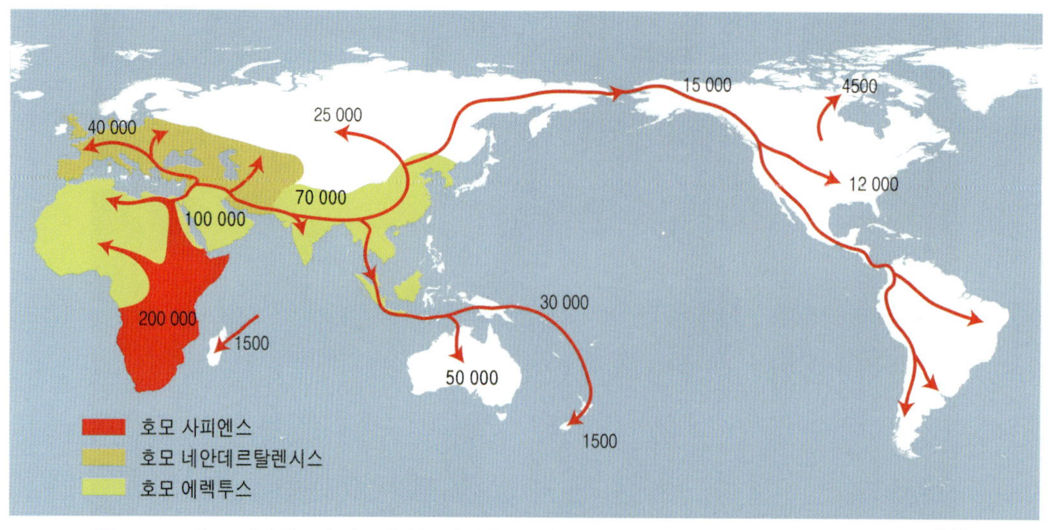


그림 10-96. 호모 사피엔스가 아프리카를 벗어나 전 세계로 퍼져 나간 과정. (출처: NordNordWest[10-96])

아프리카에서 기원했다는 **단일 기원설**(單一起源說, single-origin hypothesis)을 설명하고 있는 중이다. 이런 가능성은 모계 유전으로만 전해지는 미토콘드리아 DNA나 남자에게만 유전되는 Y 염색체[114,146] 및 더 나아가 상염색체 조사에서도 단일 기원설이 지지를 받고 있다. 이 단일 기원설에 대치되는 **다기원설**(多起源說, multiregional hypothesis)은 일명 촛대 이론이라고 불리기도 하는데 서로 연결되지 않는 다른 지역에서 기원했다고 보는 견해이다.

호모 사피엔스의 제일 큰 특징은 **대뇌피질**(大腦皮質, cerebral cortex)이 제일 크다는 사실이다. 대뇌피질은 각 부위마다 기능이 다르지만, 뇌가 크다는 것은 그만큼 생각하고 추리할 수 있으며, 기억력이 높아지고 모든 감각 정보를 종합하여 판단력이 높아진다는 것을 의미한다. 따라서 호모 사피엔스는 이런 정신적 무기를 이용하여 다른 호모속을 제압할 수도 있었을 것이다[148]. 이들은 우선 가장 발달된 **후기 구석기 시대 도구 문화**(Upper Paleolithic tool culture)를 만들어 내었다. 이들은 바느질을 할 수 있는 바늘을 만들었고, 물고기를 잡을 수 있는 작살과 낚싯바늘을 만들어 내었다. 이들이 이렇게 유용한 도구를 만들어 낸 시기는 약 만8천 년에서 만2천 년 경으로 특히 이 기간을 후기 구석기 시대 중에서도 **마들렌기**(Magdalenian culture)라고 부르기도 한다. 또한 뇌가 커진 덕분에 언어 능력이 발달하여 상호 소통이 가능해져서 협동으로 채집이나 사냥이 가능해졌다. 그뿐만 아니라 이들은 식물을 재배하여 농경 사회를 만들고, 동물을 가축화하여 정착 생활이 가능한 구조로 바뀌게 되었다. 따라서 인구가 증가하고 도시가 성장하면서 현재에 이르러서는 호모 사피엔스가 이 지구상에서 우점종이 될 수 있는 계기가 마련되었다고 볼 수 있다. 현생인류는 추상적인 단어를 만들어 내고 복잡한 문화와 전통을 이어 갈 수 있을 것이다. 문화는 유전적 변화가 필요하지 않아서 급격히 바뀔 수 있는 요소를 많이 가지고 있다. 문화는 유전자가 변하는 것이 아니라 생각이 바뀌는 것이기 때문이다.

## 5. 혹스 유전자

동물이나 식물의 진화를 설명하는 데 **혹스 유전자**(Hox gene)를 빠트릴 수가 없다. 왜냐하면 혹스 유전자를 이해하는 것이 바로 어떻게 동물이나 식물이 그 모양과 기능을 진화시켜 왔는지를 쉽게 이해할 수 있는 지름길이기 때문이다[65]. 먼저 혹스 유전자를 기술하기 전에 몇 가지 의문점을 생각해 보자. 생명체가 이 지구상에 등장한 것은 약 38억 년 전에서 35억 년 전이다. 이들은 이때의 크기가 마이크론(㎛) 단위로서 눈에 보이지도 않는 작은 생명체였다. 그러나 이 작은 생명체가 약 30억 년이 흐르는 동안 겨우 밀리미터(mm) 단위의 크기에 머물다가, 약 6억 년 전 선캄브리아 후기에 나타난 에디아카라 동물군(그림 10-50)에서 처음으로 센티미터(cm) 단위의 생물체가 나타나게 되었다. 그러나 다시 약 6억 년이 흐른 지금에는 미터(m) 단위의 생명체들이 수두룩하다. 이렇게 체형과 기능이 다양해졌다면 유전자는 어떻게 변해 왔을까? 또 다른 의문점은 만약 형태가 다른 종이라면 유전자도 이와 상응하게 많이 달라졌을까? 예를 든다면, 우리가 흔히 보는 쥐와 사람은 그 형태나 모양이 완전히 다르다. 그렇다면 쥐와 사람의 유전자는 형태가 다른 만큼 서로 확연하게 다를까? 실제로 쥐와 사람의 유전자 차이는 4%에 불과하다. 그렇다면 이 4%가 쥐와 사람의 차이를 만들어 내는 것일까?

먼저 유전자는 크게 **구조 유전자**(構造遺傳子, structural gene)와 **조절 유전자**(調節遺傳子, regulatory gene)로 나뉜다. 주로 우리가 말하는 유전자는 구조 유전자를 말한다. 구조 유전자는 제9장 '생명의 유전' 편에서 집중적으로 다루었다. 이에 반하여 조절 유전자는 구조 유전자를 조절하는 역할을 담당한다. 즉, 구조 유전자를 작동하거나 멈추게 하는 역할을 한다는 뜻이다. 따라서 이러한 조절 유전자를 **유전자 스위치**(genetic switch)라고 부르기도 한다. 아울러 이 유전자 스위치는 하나의 구조 유전자 주위에 아주 많이 존재한다. 따라서 이 유전자 스위치인 조절 유전자의 활동에 따라서 구조 유전자의 기능이 조절될 수 있다. 이는 구조 유전자의 개수가 중요한 차이가 아니라는 것을 의미한다. 인간의 예를 들어 보자. 인간의 유전체 중 약 1.5%에 해당하는 2만5천 개의 유전자는 구조 유전자를 의미한다. 나머지 98.5% 중 약 3%에 해당하는 1억 개의 염기서열이 조절 유전자로서의 역할을 담당하고 있다. 즉, 이 조절 유전자가 구조 유전자가 언제, 어디서, 어떻게 단백질을 만들 것인지를 조절하는 것이다. 이리하여 쥐와 인간과 같이 아무리 외형적으로 상이하다 하더라도 이들이 가지고 있는 유전자는 비슷하다. 간단히 말해 쥐가 아니라 우리의 낮잠을 방해하는 초파리를 만드는 유전자가 인간을 포함해서 다른 동물들도 만들어 내고 있다는 사실을 알아내는 것이 이 장의 저술 목적이다.

먼저 **혹스 유전자**(Hox gene)를 소개할 참이다. 혹스 유전자의 혹스(hox)는 **호메오박스**(homeobox)의 줄임말이다. 호메오박스는 **호메오도메인**(homeodomain)이라고 불리는 단백질을 암호화하고 있는 약 180개의 뉴클레오티드로 구성된 DNA 조각이다. 호메오도메인은 60개의 아미노산으로 구성된 단백질로, 전사인자로 작용하여 스위치 역할을 담당한다. 호메오박스를 가지고 있는 유전자를 **호메오박스 유전자**(homeobox gene)라 하고, 혹스 유전자도 호메오박스 유전자의 한 부류에 속한다.

혹스 유전자의 역사는 초파리에서부터 시작된다(그림 10-97). 초파리의 혹스 유전자는 크게 두 가지로 구분된다. 즉, **더듬이다리 집합체**(Antennapedia cluster)와 **이중흉부 집합체**(Bithorax cluster)가 그것이다. 이중흉부 집합체는 1915년 미국 컬럼비아대학의 **캘빈 브리지스**(Calvin B. Bridges, 1889~1938)에 의해서 알려졌다. 이중흉부 집합체는 뒷날개가 나올 자리에 앞날개가 발생하면서 가슴이 마치 두 개인 것처럼 보이는 기형을 얻게 되어서 붙은 이름이다. 더듬이다리 집합체는 더듬이가 나와야 할 자리에 다리가 나와서 붙은 이름이다. 더듬이다리 집합체는 5개의 혹스 유전자가 포함되고, 이중흉부 집합체에는 3개의 혹스 유전가 있어서 총 8개의 혹스 유전자가 초파리에 있게 된다. 이 중에서 lab와 Dfd는 머리의 구조를 만들고, Scr과 Antp는 가슴 체절을 만든다. pb는 성체에서 작용하지만 없는 경우는 촉수(안테나) 대신 다리가 나온다. 또한 Ubx는 세 번째 가슴 체절을 형성하는 데 필요하며, abdA와 AbdB는 배를 만드는 역할을 맡고 있다. 이들은 각각의 색깔로 그림 10-97에서 잘 나타나 있다.

그다음 우리를 놀라게 한 것은 이러한 초파리의 몸을 만드는 혹스 유전자가 다른 동물에서도 있다는 사실이다. 그림 10-98에서 우리는 초파리의 혹스 유전자를 볼 수 있을 것이다. 즉, 초파리의 혹스 유전자가 복제되거나 중복된 상태로 해면동물이나 환형동물, 연체동물이나 창고기 및 포유동물인 쥐에도 들어 있다. 이런 사실은 혹스 유전자의 형태가 유사할수록 근친종일 가능성이 높다는 것을 의미한다. 쥐는 창고기의 혹스 유전자 집합체 전체가 4번이나 중복되면서 만들어진 유전자이다. 이는 단지 쥐에서만 일어나는 일이 아니라 척추

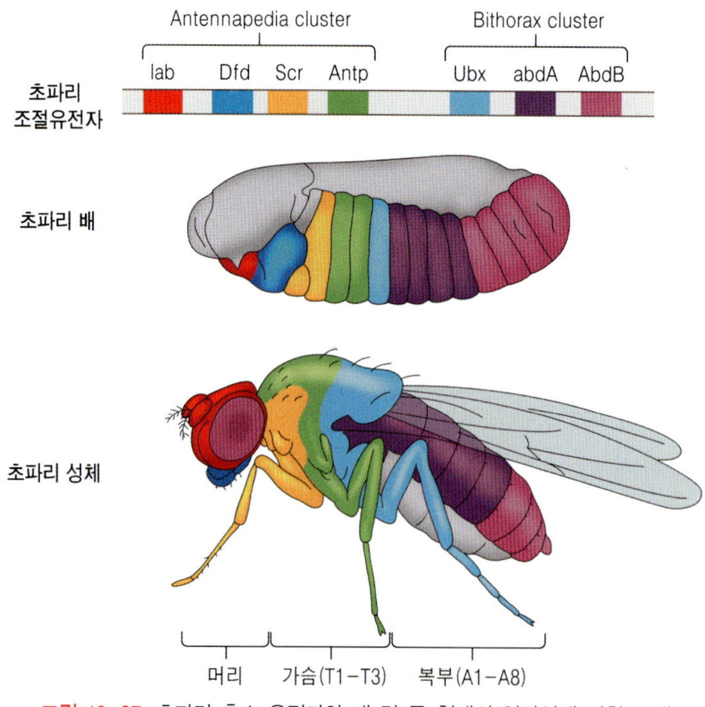


그림 10-97. 초파리 혹스 유전자와 배 및 몸 형태의 연관성에 관한 도해.

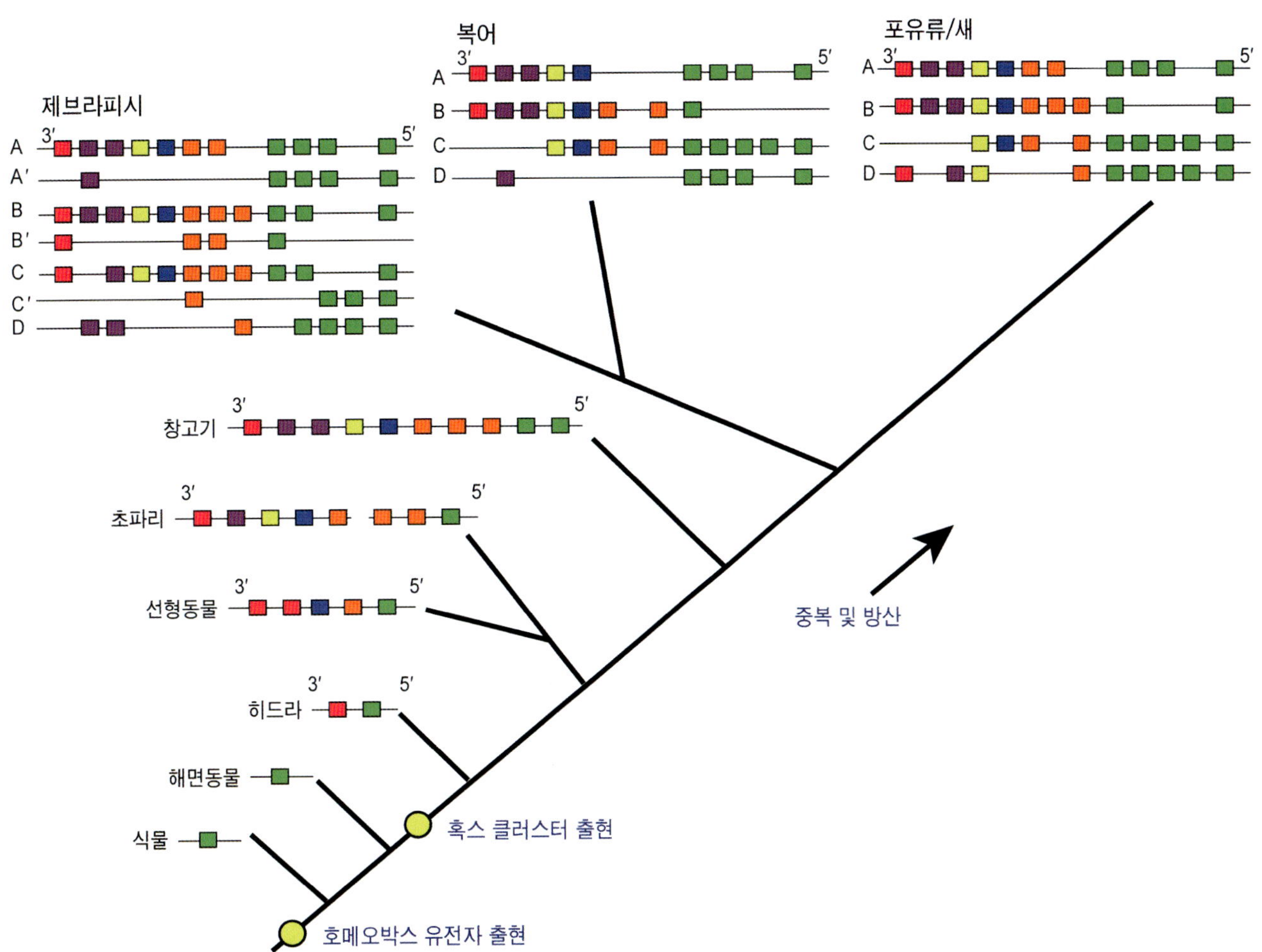


그림 10-98. 생명체에서 나타나는 혹스 유전자의 진화 형태. (출처: Terrence RJ Lappin, et al./UMJ[10-98], 게재 허가)

사지동물인 양서류, 파충류, 새 및 포유류에서 똑같이 일어난다. 다만 혹스 유전자가 일부 소실되거나 복제되어 다양한 구조로 변화될 뿐이다. 그러므로 이러한 혹스 유전자의 다양성이 바로 동물의 형태를 다양하게 만들어 내는 요소가 되었던 셈이다. 모든 동물이 다양하게 만들어지게 된 것은 새로운 유전자가 만들어져서 생긴 것이 아니라, 일종의 원시 혹스 유전자가 복제되고 중복되어 일어난 진화적 현상이라는 것을 의미한다. 다시 말하면 이 차이는 우리가 눈으로 볼 수 있는 표현형으로서, 단지 지렁이나 오징어가 인간과 엄청나게 다르게 생겼지만, 유전적으로 볼 때는 아주 간단한 차이에 불과하다는 뜻이다[27,151].

조금 더 보충 설명을 하기 위해서 초파리와 인간의 혹스 유전자 발현에 대해서 알아보자. 우선 그림 10-99에서 보는 것처럼 초파리의 혹스 유전자가 전체적으로 4번의 중복을 일으켜서 혹스 A 유전자에서 혹스 D 유전자까지 4줄로 되어 있다. 이들은 정확히 새로운 혹스 유전자가 생겨난 것이 아니라 초파리 혹스 유전자가 각기 그대로 전달되거나 중복되어 전달되기도 하고, 또 일부에서는 소실되어 없어지기도 한 상태를 보여 준다. 따라서 초파리의 혹스 유전자가 8개인 데 비하여 인간은 39개의 혹스 유전자를 가지고 있다. 또한 이들의 색깔이 보여 주듯이, 초파리에서 복부체절을 만들었던 abdA와 AbdB가 인간의 태아에서 어떤 부위를 만들고 있는지를 유의 깊게 보아야 할 것이다. 이는 쥐와 인간에서 그 몸이 만들어지는 과정은 아주 유사하다는 것을 진화를 통해 다시 보는 계기가 될 것이다[96].

더구나 혹스 유전자가 만드는 사지동물의 공간적 형태도 유전자만큼 인상적이다. 즉, 이들은 한 개의 모듈(module)을 만들고, 이들을 이용하여 각 동물을 다른 형태로 만들어 낸다.

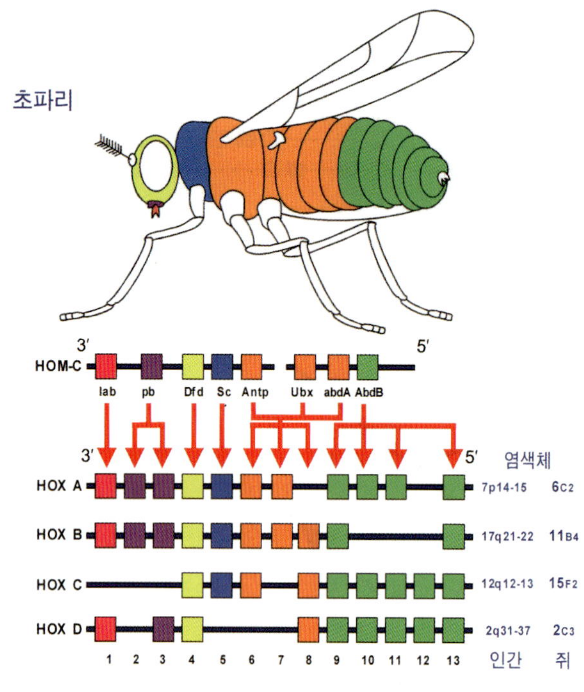


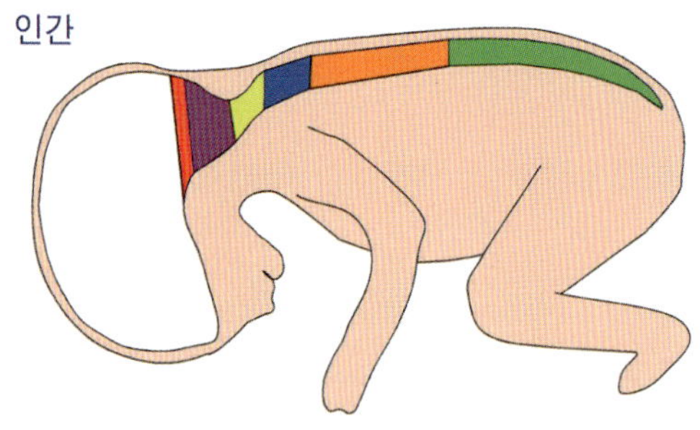


그림 10-99. 초파리와 인간의 혹스 유전자 연관성에 관한 도해. (출처: Terrence RJ Lappin, et al./UMJ[10-99], 게재 허가)

모듈식은 건축에서도 꼭 필요한 방식이다. 이것은 건축물의 기본구조를 만들어 놓고, 이들을 이용하여 쉽게 집을 짓는 것과 같다. 예를 들면, 사지동물에서는 팔다리를 만들어 내는 모듈이 존재한다. 사지의 가장 근위부인 상완골(上腕骨, humerus)이나 대퇴골(大腿骨, femur)을 우리는 **주각**(柱脚, stylopodium)이라고 부른다. 그다음 전완(前腕, forearm)과 종아리(calf) 부분을 **액각**(軛脚, zeugopodium, zygopodium)이라고 한다. 따라서 상하지의 액각 부위는 각기 2개의 뼈를 가져서, 상지에서는 요골(橈骨, radius)과 척골(尺骨, ulna), 하지에서는 경골(脛骨, tibia)과 비골(腓骨, fibula)이 있게 된다. 그다음 마지막으로 사지에 붙어 있는 뼈 구조를 **자각**(自脚, autopodium)이라고 한다. 이 자각은 그림 10-64의 오른쪽에서 보는 것처럼 데본기 후기에 처음으로 사지동물에 등장하는 구조이다. 이 자각은 다시 손목뼈(수근골, 手根骨, carpus)나 발목뼈(족근골, 足根骨, tarsus)를 말하는 **중각**(中脚, mesopodium), 손허리뼈(중수골, 中手骨, metacarpus)와 발허리뼈(중족골, 中足骨, metatarpus)를 말하는 **후각**(後脚, metapodiun) 및 손가락뼈(수지골, 手趾骨, palanx)와 발가락뼈(족지골, 足趾骨, palanx)를 말하는 **말각**(末脚, acropodium)으로 나눌 수 있다. 너무나 복잡한 해부학적 용어가 등장하여 흥미가 줄어들었을 수도 있다. 그러나 이러한 주각이나 액각 및 자각이 사지동물 전체에 동일한 모듈로 이용되고 있다는 점이 중요하다. 예를 든다면, 우리가 통닭을 먹을 때, 닭의 날개나 다리가 주각, 액각, 자각의 순으로 나열되어 있다는 것을 의미한다[99,143]. 즉, 닭의 날개와 인간 팔의 뼈 구조가 동일하다는 의미이다. 닭의 액각에 해당하는 부위에는 반드시 뼈가 두 개 있을 것이다. 독자분들도 통닭을 먹을 때 날개나 다리에서 두 개의 뼈를 찾아내는 재미를 느껴 보시기 바란다.

동물에서 나타나는 형태적 특징은 **대칭성**을 이루고 **극성**을 가져서 전후축(前後軸, anteroposterior axis)이나 등배축(배복축, 背腹軸, dorsal-ventral axis) 혹은 근원축(近遠軸, proximal-distal axis)으로 뻗어 나가는 규칙을 가지고 있다는 것이다. 그리고 반복되는 구조와 개수가 변하는 과정에서 신체의 부속지가 줄어들지만, 그대신 더 전문화하는 방향으로 진화를 해 간다. 예를 들면, 처음 사지동물의 발가락 수가 8개이던 것이 점차 줄어들었지만, 더욱더 전문화되는 방향으로 진화해 갔다는 뜻이다. 이러한 경향은 이미 기술한 대로 미국의 고생물학자 **새뮤얼 윌리스턴**(Samuel W. Williston, 1851~1918)의 이름을 따서 **윌리스턴 법칙**(Williston's law)이라고 부른다[130].

혹스 유전자가 부리는 마술은 도마뱀(그림 8-10)과 뱀에서도 잘 나타난다. 도마뱀은 다리가 있어서 날쌔게 달릴 수 있다. 그러나 뱀은 다리가 없다. 뱀은 왜 다리가 없을까? 도마뱀의 앞다리는 흉추와 경추가 만나는 부위에서 나온다. 뒷다리도 흉추와 요추가 만나는 부위에서 사지싹(limb bud)이 나와서 뒷다리가 된다. 그러나 뱀에서는 특히 혹스 a13과 d13 및 d12가 결핍되고, a10이 복제됨으로써 흉추가 엄청나게 불어난다. 따라서 경추와 흉추가 만나는 부위나 흉추나 요추가 만나는 부위가 밀려나 버려서 더이상 앞발과 뒷발이 생길 틈이 없어진다. 이런 이유로 뱀은 목을 형성하는 경추가 흔적만 남아 있고, 몸은 갈비뼈로 둘러싸인 흉추만 있게 된다. 그러나 팔다리가 없는 뱀은 그래도 땅을 기고 수영을 하며, 심지어 날뱀은 하늘을 나는 재주까지 가지고 있다. 그뿐만이 아니다. 혹스 유전자가 체축을 따라 이동한 결과 뱀은 목뼈가 거의 없는 반면에, 사람과 쥐는 경추가 7개이고, 거위는 오히려 목뼈가 17개로 불어나는 결과가 초래되었다. 거위가 긴 목을 빼고 연못을 거니는 것도 결국은 혹스 유전자의 변덕 때문이라는 것을 알 수 있을 것이다[106,112].

그렇다면 식물은 어떤 유전자들이 관여하여 그 화려한 꽃을 피워 낼까? 우선 호메오박스와 같이 **MADS 박스 유전자**(MADS box gene)를 소개할까 한다. MADS 박스 유전자는 처음에 이 유전자를 가지고 있는 것이 확인된 종의 머리글자를 딴 이름이다. 이 MADS 박스도 다양하지만 대개 168에서 180개의 염기쌍으로 구성된 DNA 조각으로 MADS 도메인(domain)을 암호화하고 있다. 이 MADS 도메인은 56개에서 60개의 아미노산으로 구성된 단백질로서 전사인자로 작용한다. 그러나 이 MADS 박스 유전자가 식물에만 있지 않고 동물이나 균류의 유전체에도 들어 있다. 그러나 동물이나 균류보다 훨씬 많은 유전자가 현화식물 유전체 속에 들어 있다. 이 식물 속에 들어 있는 MADS 박스 유전자는 다양한 기능을 수행하지만, 일부에서는 마치 동물의 혹스 유전자와 같이 현화식물에서 **호메오틱 유전자**(homeotic gene)의 기능을 하고 있다. 만약에 이 호메오틱 유전자에 돌연변이가 생기면 **상동이질형성**(相同異質形成)이라는 현상이 생긴다. 상동이질형성이란 배발생 과정에서 한 기관이 생겨야 할 자리에 다른 기관이 생기는 경우를 말한다. 즉, 초파리에서 촉수가 나와야 할 자리에 다리가 나오는 경우와 같은 것이다. 이러한 MADS 박스 유전자는 **기관결정 유전자**(器官決定遺傳子, organ identity gene)가 되어 꽃의 각 부분을 만들어 낼 것이다. 이는 그림 10-100에서 보는 바와 같이 3개의 호메오틱 유전자가 합작하여 심피, 수술, 꽃잎 및 꽃받침을 만든다. B와 C가 결합하면 수술을 만들어 낸다. 또한 A와 B가 결합하면 꽃잎을 만들어 낼 것이다. 만약 A에 돌연변이가 발생되면 꽃받침이 나와야 할 자리에 심피가 생기고, 꽃잎이 나와야 할 자리에 수술이 나오는 기형 꽃이 생길 것이다. 이런 경우는 각기 C나 B에 대해서도 생각해 볼 수 있다. 따라서 동물의 혹스 유전자의 기능을 하는 식물의 일부 MADS 박스 유전자도 뱀의 다리를 없애듯이 꽃의 수술도 없애 버리는 이유를 잘 말해 주고 있다[1,73].

그렇다면 혹스 유전자만이 동물에 있을까? 눈이나 심장을



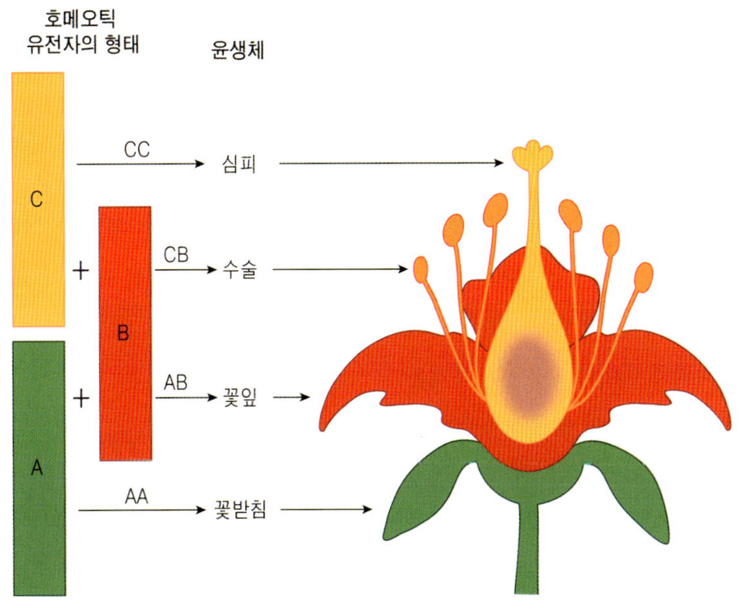


그림 10-100. 일부 MADS박스 유전자가 꽃을 만드는 과정. (출처: Ian Alexander[10-100])

만드는 유전자는 동물에 없을까? 초파리의 혹스 유전자가 체절을 만든다면, 초파리의 심장을 만드는 유전자는 다른 동물에서는 없을까? 또한 그들은 똑같이 다른 동물에서도 심장을 만들 수 있을까? 이제 우리에게 이 사연을 전해 줄 **마스터 조절유전자**(Master control gene, Toolkit gene)를 만나볼 차례이다. 지금까지 설명한 내용대로 혹스 유전자는 마스터 조절유전자이다. 왜냐하면 이 유전자는 초파리뿐만 아니라 모든 동물에서 같은 역할을 수행하고 있기 때문이다. 먼저 눈을 만드는 유전자에서부터 시작해 보자.

눈이 처음으로 나타난 동물은 삼엽충(三葉蟲, trilobite, 그림 2-25)이다. 눈을 가진다는 것은 그만큼 잔혹하고 경쟁적인 세상의 문을 열 수 있다는 뜻이기도 하다. 따라서 눈을 가진다는 것은 의외로 눈이 없는 동물에 비하여 엄청난 경쟁적 우위를 점령한다고 할 수 있다. 실제 동물 37개 문 중에서 눈을 가진 동물은 척삭동물, 절지동물과 연체동물 등 6개 문뿐이다. 이들이 다른 동물에 비해서 우점종이 되는 것은 당연할 것이다. 그렇다면 눈은 어떻게 만들어질까? 우선 초파리에서 발견된 **아이리스 유전자**(eyeless gene)가 초파리의 눈 형성에 관여한다는 것이 밝혀졌다[111]. 왜냐하면 이 아이리스 유전자에 돌연변이가 생기면, 초파리에서 눈이 생기지 않기 때문에 붙은 이름이다. 사람에서는 **아니리디아 유전자**(무홍채, aniridia)의 돌연변이 시 홍채가 기형이 되거나 아예 생기지 않는다. 또한 쥐에서도 눈에 기형이 생기거나 눈이 생기지 않는 유전자를 **스몰아이 유전자**(small eye gene)라고 부른다. 그러나 이들은 모두 같은 **팍스6 유전자**(Pax6 gene)에 속하며 상동 관계에 있다는 것이 밝혀졌다. 즉, 초파리의 눈 형성에 관여하는 유전자가 마치 혹스 유전자처럼 사람을 포함한 다른 동물의 눈 형성에도 관여하고 있다는 사실이다. 따라서 사람의 카메라식 눈에 관여하는 아니리디아 유전자와 겹눈을 만드는 아이리스 유전자가 동일하게 눈 형성에 관여하고 있다는 뜻이다. 따라서 만약 초파리의 아이리스 유전자 복제본을 생쥐의 배아에 이식하면, 정상적인 눈이 생쥐의 배아에 생겨난다. 또한 생쥐의 팍스6 유전자를 초파리의 배아에 이식하면, 초파리의 정상적인 눈이 배아에 생겨난다. 만약 사람의 팍스6 유전자 복제품을 거미의 배아에 이식하면 어떤 결과가 생길까? 거미의 배아에 거미의 정상적인 눈이 생겨난다. 즉, 눈을 만드는 유전자가 동물 전체에서 동일하다는 의미이다. 팍스6 유전자 발견에 공이 큰 스위스의 발달생물학자인 **월터 게링**(Walter J. Gehring, 1939~2014)은 이런 유형의 유전자에 **마스터 조절유전자**(Master control gene)라는 이름을 붙이게 되었다. 월터 게링이 예일대학에서 스위스로 다시 돌아온 후 그가 근무한 바셀대학(University of Basel)은 1983년 그의 동료들인 **윌리엄 맥지니스**(William McGinnis, 1952~), **마이클 레빈**(Michael Levine, 1939~) 등에 의해서 호메오박스가 발견되게 되었다. 우리는 지금까지 마스터 조절유전자로 혹스 유전자와 팍스6 유전자를 살펴보았다.

한편 사람을 포함한 척추동물에서 심장을 형성하는 데 필요한 유전자가 **틴먼(Tinman) 유전자**이다. 동화 "오즈의 마법사"에 나오는 심장이 없는 양철 나무꾼에서 따온 이름인 이 유전자는 쥐의 심장 발생에 관여할 뿐만 아니라 다른 포유동물의 심장 발생에도 똑같이 관여한다. 또한 초파리의 말단부를 형성하는 **디스탈리스 유전자**(Distal-less, DII, 말단결여 유전자)도 이 유전자가 없으면, 초파리의 다리가 제대로 발생하지 못하는 데서 붙은 이름이다. 이 디스탈리스 유전자에 돌연변이가 일어나면 병아리 다리, 나비의 날개, 물고기의 지느러미, 갑각류나 거미류의 부속지 발생에 기형을 초래하게 될 것이다. 그리고 초파리의 날개를 만드는 유전자도 동일하게 나비에서도 나타난다. 이러한 마스터 조절유전자도 결국 구조 유전자를 켜거나 끌 수 있는 스위치 역할을 하고 있는 것은 분명하다[26]. 이 절을 시작하면서 제시한 쥐와 사람이 외형적으로 다른 만큼 유전자도 그만큼 다른지에 대한 해답을 독자분들은 찾아냈을 것이다. 결국 이렇게 다양한 외형을 만드는 것이 유전자라면, 생명을 조절하는 것이 살아 있는 조직이 아니라 죽어 있는 무생물적인 유전자가 조절하고 있다는 것은 너무나 역설적인 사실이다.

## 참고문헌

1. 박성관. *종의 기원: 생명의 다양성과 인간 소멸의 자연학*. 서울: 그린비, pp.768-804, 2010.
2. 송계원. *알의 혁명*. 서울: 서울대학교 출판부, pp.26-34, 2009.
3. 이영록. *생명의 기원과 진화*. 서울: 고려대학교 출판부, pp.305-313, 2006.
4. 장병주. *과학과 기술의 역사*. 서울: 동명사, pp.208-217, 2002.

5. 최재천. *다윈지능*. 서울: 사이언스북스, pp.55-61, 2012.
6. Adovasio, J. M., Soffer, Loga., Page, Jake. *The invisible sex*. (김승욱 역. *누가 베이컨을 식탁으로 가져왔을까?* 서울: 알마, pp. 73-94, 2010)
7. Alternate primate order taxonomy. Palomar College. Available at: https://www2.palomar.edu/anthro/primate/table_primates_alternate.htm (접속일 2020년 8월 30일)
8. Amborella. Wikipedia. Available at: https://en.wikipedia.org/wiki/Amborella (접속일 2020년 8월 30일)
9. Ammonia. Wikipedia. Available at: https://en.wikipedia.org/wiki/Ammonia#Excretion (접속일 2020년 8월 29일)
10. Amnion. Wikipedia. Available at: https://en.wikipedia.org/wiki/Amnion (접속일 2020년 8월 30일)
11. Analysis of early hominins. Palomar College. Available at: https://www2.palomar.edu/anthro/hominid/australo_2.htm (접속일 2020년 8월 29일)
12. A new theory emerges for where some fish became four-limbed creatures. University of Oregon. Available at: https://uonews.uoregon.edu/archive/news-release/2011/12/new-theory-emerges-where-some-fish-became-four-limbed-creatures (접속일 2020년 8월 30일)
13. Animals: Vertebrates. Georgia Institute of Technology. Available at: http://organismalbio.biosci.gatech.edu/biodiversity/animals-vertebrates-1-2019/ (접속일 2020년 8월 29일)
14. Annona, G., Holland, N. D., D'Aniello, S. *Evolution of the notochord*. EvoDevo, 6 (30), 2015. https://doi.org/10.1186/s13227-015-0025-3
15. Ape vs. Hominin skulls. Pathwayz. Available at: https://www.pathwayz.org/Tree/Plain/APE+VS.+HOMININ+SKULLS (접속일 2020년 8월 29일)
16. Archaeopteris. Wikipedia. Available at: https://en.wikipedia.org/wiki/Archaeopteris (접속일 2020년 8월 30일)
17. Archaeopteryx. Wikipedia. Available at: https://en.wikipedia.org/wiki/Archaeopteryx (접속일 2020년 8월 30일)
18. Axial skeleton in vertebrates. Zoology Notes. Available at: https://www.notesonzoology.com/vertebrates/axial-skeleton-in-vertebrates-with-diagram-chordata-zoology/8799 (접속일 2020년 8월 29일)
19. Beerling, D., Fleming A. J. *Zimmermann's telome theory of megaphyll leaf evolution: A molecular and cellular critique*. Current Opinion in Plant Biology, 10 (1), pp.4-12, 2007.
20. Benton, M. J. *When life nearly died: The greatest mass extinction of all time*. (류 운 역. *대멸종: 페름기 말을 뒤흔든 진화사 최대의 도전*. 서울: 뿌리와 이파리, pp.173-215, 2007)
21. Bidlack, J. E., Jansky, S. H. *Stern's introductory plant bi ology, 12$^{th}$ ed*. (김성하 외 역. *식물학*. 서울: 라이프사이언스, p p.269-271, 2011)
22. Black, R. *Like whales and dolphins, prehistoric 'fish lizards' kept warm with blubber*. Smithsonian Magazine. Available at: https://www.smithsonianmag.com/science-nature/whales-and-dolphins-prehistoric-fish-lizards-kept-warm-blubber-180970958/ (접속일 2020년 8월 30일)
23. Bottlenecks and founder effects. University of California, Berkeley. Available at: https://evolution.berkeley.edu/evolibrary/article/bottlenecks_01 (접속일 2020년 8월 30일)
24. Buendia-Monreal, M., Gillmor, C. S. *The times they are A-changin': Heterochrony in plant development and evolution*. Front Plant Sci, 18, 2018. https://doi.org/10.3389/fpls.2018.01349
25. Campbell, N. A., Reece, J. B. *Biology*. (전상학 외 역. *생명과학, 7판*. 서울: 라이프사이언스, pp.666-704, 2006)
26. Carroll, S. B. *Endless forms most beautiful: The new science of Evo Devo and the making of the animal kingdom*. (김명남 역. *이보디보: 생명의 블랙박스를 열다*. 서울: 지호, pp.100-118, 2007)
27. Carroll, S. B. *Endless forms most beautiful: The new science of Evo Devo and the making of the animal kingdom*. (김명남 역. *이보디보: 생명의 블랙박스를 열다*. 서울: 지호, pp.119-150, 2007)
28. Carroll, S. B. *Endless forms most beautiful: The new science of Evo Devo and the making of the animal kingdom*. (김명남 역. *이보디보: 생명의 블랙박스를 열다*. 서울: 지호, pp.342-344, 2007)
29. Cavalier-Smith, T. *Origin of animal multicellularity: precursors, causes, consequences - The choanoflagellate/sponge transition, neurogenesis and Cambrian explosion*. The Royal Society, publishing, 2017. https://doi.org/10.1098/rstb.2015.0476
30. Charles Walcott. The Burgess Shale. Available at: https://burgess-shale.rom.on.ca/en/history/discoveries/02-walcott.php (접속일 2020년 8월 30일)
31. Cheek teeth. Wikipedia. Available at: https://en.wikipedia.org/wiki/Cheek_teeth (접속일 2020년 8월 30일)
32. Chiroptera: More on morphology. University of California, Berkeley. Available at: https://ucmp.berkeley.edu/mammal/eutheria/chiromm.html (접속일 2020년 8월 30일)
33. Choi, J. J., Kim, S. H. *A genome tree of life for the fungi kingdom*. PANS, 114(35), pp.9391-9396, 2017. https://doi.org/10.1073/pnas.1711939114
34. Chromosome 2. Wikipedia. Available at: https://en.wikipedia.org/wiki/Chromosome_2 (접속일 2020년 8월 30일)
35. Cladistic classification of Class Sarcopterygii. Wikipedia. Available at: https://en.wikipedia.org/wiki/Cladistic_Classification_of_Class_Sarcopterygii (접속일 2020년 8월 30일)
36. Class Amphibia. Sam Houston State University. Available at: https://www.shsu.edu/~bio_mlt/AMPHIBIA.html (접속일 2020년 8월 30일)
37. Cochran, G., Harpending, H. *The 10,00 year explosion: how civilization accelerated human evolution*. (김명주 역. *1만년의 폭발*. 서울: 글항아리, pp.43-86, 2009)
38. Comparative anatomy: The respiratory system. University of the Cumberlands. Available at: https://inside.ucumberlands.

104. Nitrogenous wastes. BC Open Textbook. Available at: https://opentextbc.ca/biology/chapter/22-4-nitrogenous-wastes/ (접속일 2020년 8월 30일)

105. Nose. Wikipedia. Available at: https://en.wikipedia.org/wiki/Nose (접속일 2020년 8월 30일) Opisthokont. Wikpedia. Available at: https://en.wikipedia.org/wiki/Opisthokont#cite_note-Stem_group_kingdoms-18 (접속일 2020년 8월 30일)

106. Origin of animal. University of Wisconsin. Available at: https://carollee.labs.wisc.edu/Evolution410_Reading/23.Animal-EvoDevo2017.pdf (접속일 2020년 8월 29일)

107. Otsuka. N. *Hi No Shinwagaku*. (송태욱 역. *호모 이그니스: 불을 찾아서*. 서울: 사계절. pp.27-38. 2012)

108. Overview of animal phylogeny and cnidarians. University of Maryland. Available at: https://www.geol.umd.edu/~tholtz/G331/lectures/331coral.html (접속일 2020년 8월 29일)

109. Overview of the circulatory system. Lumen Learning. Available at: https://courses.lumenlearning.com/boundless-biology/chapter/overview-of-the-circulatory-system/ (접속일 2020년 8월 29일)

110. Palatoquadrage. ScienceDirect. Available at: https://www.sciencedirect.com/topics/veterinary-science-and-veterinary-medicine/palatoquadrate (접속일 2020년 8월 29일)

111. Parker. A. *In the blink of an eye: the cause of the most dramatic event in the history of life*. (오숙은 역. *눈의 탄생: 캄브리아기 폭발의 수수께끼를 풀다*. 서울: 뿌리와 이파리. pp.255-303. 2007)

112. Pianka. E. R. *Evolution*. University of Texas Autstin. Available at: http://www.zo.utexas.edu/courses/THOC/Evolution.html (접속일 2020년 8월 29일)

113. Placozoa. Wikipedia. Available at: https://en.wikipedia.org/wiki/Placozoa#/media/File:Trichoplax_adhaerens_photograph.png (접속일 2020년 8월 30일)

114. Postel-Vinay. O. *La revanche du chromosome* X. (이화숙 역. *X 염색체의 복수*. 서울: 기린원. pp.24-57. 2008)

115. Primate characteristics. San Jose State University. Available at: https://www.sjsu.edu/people/tracey.orourke/courses/anth12/s1/mar1611PDF.pdf (접속일 2020년 8월 30일)

116. Primate: Classification. Encyclopedia Britannica. Available at: https://www.britannica.com/animal/primate-mammal/Classification (접속일 2020년 8월 30일)

117. Prototaxites. Wikipedia. Available at: https://en.wikipedia.org/wiki/Prototaxites (접속일 2020년 8월 30일)

118. Pteridospermatophyta. Wikipedia. Available at: https://en.wikipedia.org/wiki/Pteridospermatophyta (접속일 2020년 8월 30일)

119. Reef fish reproduction. Frank Baensch. Available at: https://www.frankbaensch.com/marine-aquarium-fish-culture/reef-fish-reproduction/ (접속일 2020년 8월 30일)

120. Reptiles. The City University of New York. Available at: https://opened.cuny.edu/courseware/lesson/756/overview (접속일 2020년 8월 30일)

121. Richardson. M. K.. Keuck. G. *Haeckel's ABC of evolution and deveolpement*. Biol Rev. 77. pp.495-528. 2002. Available at: http://citeseerx.ist.psu.edu/viewdoc/download?doi=10.1.1.578.2749&rep=rep1&type=pdf (접속일 2020년 8월 30일)

122. Rogers. K. *7 vestigial features of the human body*. Encyclopedia Britannica. Available at: https://www.britannica.com/list/7-vestigial-features-of-the-human-body (접속일 2020년 8월 29일)

123. Ross. C.. Boroiak. T. E. *Origin and function of the yolk sac in primate embryogenesis*. Nat Commun. 11 (3760). 2020. https://doi.org/10.1038/s41467-020-17575-w (접속일 2020년 8월 29일)

124. Rumpho. M. E.. Worful. J. M.. Lee. J. et al. *Horizontal gene transfer of the algal nuclear gene psbO to the photosynthetic sea slug Elysia Chlorotica*. 105 (46). pp.17867-17871. 2008. https://doi.org/10.1073/pnas.0804968105

125. Ruse. M. *The Darwinian revolution: Science red in tooth and claw. 2nd ed*. (류 운 역. *진화의 탄생*. 서울: 바다출판사. pp.273-332. 2010)

126. Sadava. D.. Hills. D.. Heller. C.. et al. *Life: The science of biology. 9th ed*. (강해묵 외 역. *생명: 생물의 과학*. 서울: 라이프사이언스. pp.427-439. 2012)

127. Sadava. D.. Hills. D.. Heller. C.. et al. *Life: The science of biology. 9th ed*. (강해묵 외 역. *생명: 생물의 과학*. 서울: 라이프사이언스. pp.467-482. 2012)

128. Sadava. D.. Hills. D.. Heller. C.. et al. *Life: The science of biology. 9th ed*. (강해묵 외 역. *생명: 생물의 과학*. 서울: 라이프사이언스. pp.1027-1029. 2012)

129. Sagan. C. *The Dragons of Eden: Speculations on the evolution of human intelligence*. (임지원 역. *에덴의 용: 인간 지성의 기원을 찾아서*. 서울: 사이언스북스. pp.103-132. 2006)

130. Samuel Wendell Williston. Wikipedia. Available at: https://en.wikipedia.org/wiki/Samuel_Wendell_Williston (접속일 2020년 8월 29일)

131. Sexual encounters of the floral kind. University of Miami. Available at: http://www.bio.miami.edu/dana/160/workshop/160S20_altgen.html (접속일 2020년 8월 30일)

132. Shubin. N. *Your inner fish*. (김명남 역. *내안의 물고기*. 서울: 김영사. pp.44-101. 2009)

133. Staley. J. *Domain cell theory supports the independent evolution of the eukarya, bacteria and archaea and the nuclear compartment commonality hypothesis*. Open Biol. 7(6). 170041. 2017. DOI: 10.1098/rsob.170041

134. Switek. B. *New golden age for pterosaurs, flying reptiles of the dinosaur era*. National Geographic. Available at: https://www.nationalgeographic.com/news/2014/4/140405-pterosaur-flying-reptile-museum-exhibit-paleontology-science/ (접속일 2020년 8월 30일)

10

135. Temporal fenestration and the classification of amniotes. Tree of Life Web Project. Available at: http://tolweb.org/accessory/Temporal_Fenestration_of_Amniotes?acc_id=463 (접속일 2020년 8월 30일)
136. The evolution of Whale. University of California, Berkeley. Available at: https://evolution.berkeley.edu/evolibrary/article/evograms_03 (접속일 2020년 8월 29일)
137. The origin and evolution of cells. The cell: A molecular approach, 2nd Ed. Available at: https://www.ncbi.nlm.nih.gov/books/NBK9841/ (접속일 2020년 8월 29일)
138. The principles of geology. Pennsylvania State University. Available at: https://www.e-education.psu.edu/marcellus/node/872 (접속일 2020년 8월 29일)
139. The teeth of vertebrate animals. University of the Cumberlands. Available at: https://inside.ucumberlands.edu/academics/biology/faculty/kuss/courses/Digestive%20system/TethOf%20Vertebrates.htm (접속일 2020년 8월 30일)
140. The wonderful world of Animalia. University of Miami. Available at: http://www.bio.miami.edu/dana/160/160S19_19.html (접속일 2020년 8월 30일)
141. Types of evolution. Spark Notes. Available at: https://www.sparknotes.com/biology/evolution/patternsofevolution/section1/ (접속일 2020년 8월 30일)
142. Vertebrate diversity. London's Global University. Available at: https://www.ucl.ac.uk/museums-static/obl4he/vertebratediversity/index.html (접속일 2020년 8월 30일)
143. Wagner, G. P., Chiu, C. H. *The tetrapod limb: A hypothesis on its origin*. J Exp zool, 291, pp.226-240, 2001. Available at: https://homepage.univie.ac.at/brian.metscher/Wagner01_FinLimbHypothesis.pdf (접속일 2020년 8월 31일)
144. Wayman, E. *Becoming human: The evolution of walking upright*. Smithsonian Magazine. Available at: https://www.smithsonianmag.com/science-nature/becoming-human-the-evolution-of-walking-upright-13837658/ (접속일 2020년 8월 30일)
145. Weiss, M. C., Sousa, F. L., Mrnjavac, N., et al: *The physiology and habitat of the last universal common ancestor*. Nat Microbiol, 1 (9), 16116, 2016. Available at: https://www.molevol.hhu.de/fileadmin/redaktion/Fakultaeten/Mathematisch-Naturwissenschaftliche_Fakultaet/Biologie/Institute/Molekulare_Evolution/Dokumente/Weiss_et_al_Nat_Microbiol_2016.pdf (접속일 2020년 8월 29일)
146. Wells, S. *The journey of man: A genetic odyssey*. (황수연 역. *최초의 남자*. 서울: 사이언스북스, pp.89-123, 2007)
147. Wilkins, Adam S. *Making faces: The evolutionary origins of the human face*. (김수민 역. *얼굴은 인간을 어떻게 진화시켰는가?* 서울: 을유문화사, pp.269-326, 2017)
147. William, G. C. *The pony fish's glow*. (이명희 역. *진화의 미스터리*. 서울: 사이언스북스, pp.51-73, 1997)
148. Wilson, E. O., Lumsden, C. J. *Promethean fire: Reflection on the origin of the mind*. (김성한 역. *프로메테우스의 불: 마음은 어떻게 발생하고 진화하는가?* 서울: 아카넷, pp.11-41, 2010)
149. Wilson, E. O. *The social conquest of earth*. (이한음 역. *지구의 정복자*. 서울: 사이언스북스, pp.106-110, 2013)
150. Zaremba-Niedzwiedzka, K., Caceres, E. F., Saw, J. H. et al. *Asgard archaea illustrate the origin of eukaryotic cellular complexity*. Nature, 541 (7637), 2017. DOI: 10.1038/nature21031
151. Zimmer, C. *Evolution: The triumph of an idea*. (이창희 역. *진화: 모든 것을 설명하는 생명의 언어*. 서울: 웅진지식하우스, pp.190-227, 2018)

## 그림 인용

그림 10-1. https://commons.wikimedia.org/wiki/File:Voyage_of_the_Beagle-en.svg (접속일 2020년 9월 22일)
그림 10-2. https://commons.wikimedia.org/wiki/File:Editorial_cartoon_depicting_Charles_Darwin_as_an_ape_(1871).jpg (접속일 2020년 9월 22일)
그림 10-3. https://commons.wikimedia.org/wiki/File:Horseevolution.png (접속일 2020년 9월 22일)
그림 10-5. https://commons.wikimedia.org/wiki/File:PSM_V34_D714_Skeletons_of_a_bird_and_man.jpg (접속일 2020년 9월 22일)
그림 10-6. https://www.shutterstock.com/ko/image-vector/homologous-structures-vector-illustration-biological-species-1603198606 (접속일 2020년 12월 12일)
그림 10-8. https://commons.wikimedia.org/wiki/File:Gray1205.png (접속일 2020년 9월 22일)
그림 10-9. https://www.shutterstock.com/ko/image-vector/different-stages-early-embryonic-development-vertebrates-180855338 (접속일 2020년 12월 13일)
그림 10-11. https://commons.wikimedia.org/wiki/File:Chromosome2_merge.png (접속일 2020년 9월 22일)
그림 10-13. https://commons.wikimedia.org/wiki/File:Darwin%27s_finches_by_Gould.jpg (접속일 2020년 9월 22일)
그림 10-14. https://commons.wikimedia.org/wiki/File:Ring_Species_(gene_flow_around_a_barrier).png (접속일 2020년 9월 22일)
그림 10-15. https://www.shutterstock.com/ko/image-vector/cartoon-giraffes-eating-foliage-acacia-trees-1309014526 (접속일 2021년 2월 7일)
그림 10-17. http://www.branchcollective.org/?ps_articles=nathan-k-hensley-and-john-patrick-james-soot-moth-biston-betularia-and-the-victorian-end-of-nature (접속일 2020년 9월 22일)
그림 10-20. https://commons.wikimedia.org/wiki/File:Gene_flow.jpg (접속일 2020년 12월 13일)
그림 10-24. Christopher C. Witt. Professor, Department of Biology. University of New Mexico. With permission.

그림 10-25. Buendia-Monreal M., Gillmor C. S. The times they are A-changin': Heterochrony in plant development and evolution. Front. Plant Sci. 18. 2018. https://www.frontiersin.org/articles/10.3389/fpls.2018.01349/full (접속일 2020년 12월 13일)

그림 10-26. https://www.shutterstock.com/ko/image-photo/axolotl-ambystoma-mexicanum-1180368415 (접속일 2020년 9월 22일)

그림 10-27. https://commons.wikimedia.org/wiki/File:Speciation_modes_edit.svg (접속일 2020년 9월 22일)

그림 10-28. https://commons.wikimedia.org/wiki/File:Fossils_in_Evolutionary_Biology.png (접속일 2020년 9월 22일)

그림 10-29. Weiss, M. C., Sousa, F. L., Mrnjavac, N., et al. The physiology and habitat of the last universal common ancestor. Nature Microbiology, 16116, 2016. DOI: 10.1038/NMICROBIOL.2016.116. https://www.molevol.hhu.de/fileadmin/redaktion/Fakultaeten/Mathematisch-Naturwissenschaftliche_Fakultaet/Biologie/Institute/Molekulare_Evolution/Dokumente/Weiss_et_al_Nat_Microbiol_2016.pdf (접속일 2020년 12월 13일), 게재 허가됨

그림 10-30. https://commons.wikimedia.org/wiki/File:Tree_of_Living_Organisms_2.png#mw-jump-to-license (접속일 2020년 9월 22일)

그림 10-32. https://commons.wikimedia.org/wiki/File:Elysia-chlorotica-body.jpg (접속일 2020년 9월 22일)

그림 10-33. https://commons.wikimedia.org/wiki/File:Volvox.svg (접속일 2020년 9월 22일)

그림 10-34. https://commons.wikimedia.org/wiki/File:Mikrofoto.de-volvox-17.jpg (접속일 2020년 9월 22일)

그림 10-35. https://turismoincanada.blogspot.com/2015/09/prototaxites-un-fungo-speciale-in-quebec.html (접속일 2020년 9월 27일)

그림 10-37. https://commons.wikimedia.org/wiki/File:Mutualistic_mycorrhiza_en.svg (접속일 2020년 9월 22일)

그림 10-38. https://commons.wikimedia.org/wiki/File:Custer_lichen.jpg (접속일 2020년 9월 22일)

그림 10-39. https://commons.wikimedia.org/wiki/File:Chara_braunii_1.JPG (접속일 2020년 9월 22일)

그림 10-41. https://ko.m.wikipedia.org/wiki/%ED%8C%8C%EC%9D%BC:Evolution_of_plants.jpg (접속일 2020년 9월 22일)

그림 10-44. https://commons.wikimedia.org/wiki/File:Cooksonia_sp._-_MUSE.jpg (접속일 2020년 9월 22일)

그림 10-45. https://commons.wikimedia.org/wiki/File:Lepidodendron.png (접속일 2020년 9월 22일)

그림 10-46. https://commons.wikimedia.org/wiki/File:Amborella_trichopoda_(3065968016)_fragment.jpg (접속일 2020년 9월 22일)

그림 10-48. https://commons.wikimedia.org/wiki/File:Archaeopteris_sp._-_MUSE.jpg (접속일 2020년 9월 22일)

그림 10-49. https://commons.wikimedia.org/wiki/File:Trichoplax_adhaerens_photograph.png (접속일 2020년 9월 22일)

그림 10-50. https://commons.wikimedia.org/wiki/File:Ediacaran_sea.png (접속일 2020년 9월 22일)

그림 10-53. https://en.wikipedia.org/wiki/File:Ascidia_005.png (접속일 2020년 9월 22일)

그림 10-55. https://commons.wikimedia.org/wiki/File:Osteostraci_Janvier.gif (접속일 2020년 9월 22일)

그림 10-56. https://commons.wikimedia.org/wiki/File:Haikouichthys_NT.jpg (접속일 2020년 9월 22일)

그림 10-57. https://commons.wikimedia.org/wiki/File:Placoderm_anatomy.png (접속일 2020년 9월 22일)

그림 10-61. https://www.shutterstock.com/ko/image-illustration/coelacanth-fish-over-white-thought-be-250440307 (접속일 2021년 2월 7일)

그림 10-62. https://fishesofaustralia.net.au/Home/family/170 (접속일 2020년 9월 22일)

그림 10-63. https://commons.wikimedia.org/wiki/File:Fishapod_evolution.jpg (접속일 2020년 9월 22일)에 근거하여 재작성함

그림 10-64. https://theconversation.com/life-on-earth-still-favours-evolution-over-creationism-23419 (접속일 2020년 12월 14일)

그림 10-65. https://www.flickr.com/photos/orinrobertjohn/6809211029/ (접속일 2021년 2월 7일)

그림 10-66. https://commons.wikimedia.org/wiki/File:Fish_Egg_Diagram_(1).jpg (접속일 2020년 9월 22일)

그림 10-67. Ross, C., Brorviak, T. E., Origin and function of the yolk sac in primate embryogenesis. Nature Communication, 11 (3760), 2020. https://doi.org/10.1038/s41467-020-17575-w

그림 10-68. https://courses.lumenlearning.com/biology2xmaster/chapter/reptiles/, https://en.wikipedia.org/wiki/Euryapsida (접속일 2020년 12월 14일)에 근거하여 재작성함

그림 10-69. https://commons.wikimedia.org/wiki/File:Clemmys_guttataHolbrookV1P11A_Flipped.jpg (접속일 2020년 12월 14일)

그림 10-70. https://commons.wikimedia.org/wiki/File:Shonisaurus_BW_2.jpg (접속일 2020년 9월 22일)

그림 10-71. https://commons.wikimedia.org/wiki/File:SordesDB.jpg (접속일 2020년 9월 22일)

그림 10-73. https://commons.wikimedia.org/wiki/File:T._rex_in_Sosnowiec_(white_background).png (접속일 2020년 9월 22일)

그림 10-74. https://commons.wikimedia.org/wiki/File:Archaeopteryx_fossil.jpg, https://commons.wikimedia.org/wiki/File:Furcula.jpg (접속일 2020년 9월 22일)에 근거하여 재작성함

그림 10-75. https://worldbuilding.stackexchange.com/questions/49204/using-feathers-as-fingers (접속일 2020년 9월 22일)

그림 10-76. https://lt.wikipedia.org/wiki/Vaizdas:Cranial_sinus_and_postcranial_air_sac_systems_in_birds.jpg (접속일 2021년 2월 27일)

그림 10-78. https://commons.wikimedia.org/wiki/File:Juramaia_NT.jpg (접속일 2020년 9월 22일)

그림 10-79. https://travelsguideonline.com/locality/oceania (접속일 2020년 9월 22일)

그림 10-80. https://commons.wikimedia.org/wiki/File:Paris_-_Universit%C3%A9_Pierre-et-Marie-Curie_-_Macropus_rufogriseus_17.jpg (접속일 2020년 9월 22일)

그림 10-81. https://commons.wikimedia.org/wiki/File:Pteropus_samoensis-3.jpg (접속일 2020년 9월 22일)

그림 10-82. https://opentextbc.ca/biology/chapter/21-1-overview-of-the-circulatory-system/ (접속일 2020년 12월 15일)

그림 10-83. https://commons.wikimedia.org/wiki/File:Midsagittal_view_of_the_mouth_and_nasal_cavities.jpg (접속일 2020년 9월 22일)에 근거하여 보완함

그림 10-84. https://commons.wikimedia.org/wiki/File:Anatomy_of_the_Human_Ear.svg (접속일 2020년 9월 22일)

그림 10-85. https://commons.wikimedia.org/wiki/File:Cambridge_Natural_History_Mammalia_Fig_039.png (접속일 2020년 9월 22일)

그림 10-87. https://commons.wikimedia.org/wiki/File:Ape_skeletons.png (접속일 2020년 9월 22일)

그림 10-88. https://commons.wikimedia.org/wiki/File:Primate_skull_series_with_legend_cropped.png (접속일 2020년 9월 22일)

그림 10-91. https://commons.wikimedia.org/wiki/File:Paranthropus_aethiopicus.JPG (접속일 2020년 9월 22일)

그림 10-93. https://www.shutterstock.com/ko/image-photo/museum-evolution-palace-culture-science-warsaw-1331481890 (접속일 2020년 9월 23일)

그림 10-94. https://www.shutterstock.com/ko/image-photo/24-march-2017-vienna-museum-natural-649176604 (접속일 2020년 9월 23일)

그림 10-95. https://commons.wikimedia.org/wiki/File:Reconstruction_of_Neanderthal_woman.jpg (접속일 2020년 9월 23일)

그림 10-96. https://commons.wikimedia.org/wiki/File:Spreading_homo_sapiens_la.svg (접속일 2020년 9월 23일)

그림 10-98. Lappin, T. RJ., Grier, D. G., Thompson, A., et al. *Hox genes: Seductive science, mysterious mechanism*. Ulster Med J, 75 (1), pp.23-31, 2006. https://www.ncbi.nlm.nih.gov/pmc/articles/PMC1891803/, PMCID: PMC1891803, PMID: 16457401, 게재 허가됨

그림 10-99. Lappin, T. RJ., Grier, D. G., Thompson, A., et al. *Hox genes: Seductive science, mysterious mechanism*. Ulster Med J, 75 (1), pp.23-31, 2006. https://www.ncbi.nlm.nih.gov/pmc/articles/PMC1891803/, PMCID: PMC1891803, PMID: 16457401, 게재 허가됨

그림 10-100. https://commons.wikimedia.org/wiki/File:ABC_Model.svg (접속일 2021년 2월 7일)

Chapter

# 11

# 생명의 노화

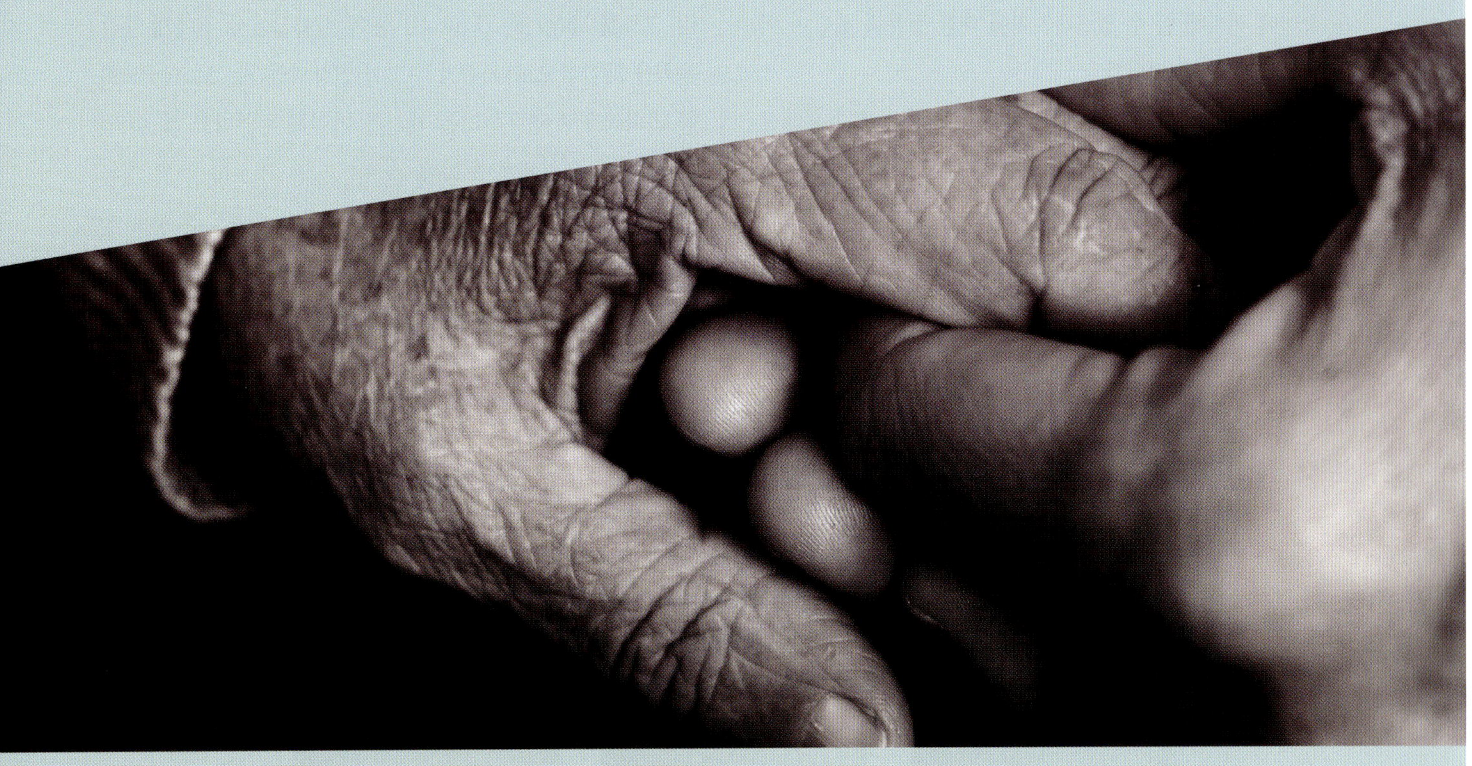

## 제1절 서문

**노화**(老化, aging, ageing, senescence)란 지구상에 살고 있는 거의 모든 생물들이 겪어야 할 필연적인 과정이다. 따라서 인류 역사상 노화를 극복하기 위하여 수많은 시도들이 있어 왔다. 노화는 곧바로 죽음과 연결된다. 우리는 모두 죽음의 전조증상으로 나타나는 노화를 피해갈 수는 없을까? 혹은 이 노화의 과정을 늦추거나 치료할 수 있는 방법은 없을까? 그뿐만 아니라 그림 11-1에서 보는 보와 같이 노화가 일어나는 이유는 무엇일까? 음식을 가려 먹지 않거나 운동을 하지 않으면 노화가 빨리 올까? 아마도 노화에 관해서는 수많은 질문들이 쏟아질 것이다. 이는 살아 있는 생물들의 절실한 현실이기도 하다. 과연 궁극적으로 현대 과학은 인간에서 불로불사(不老不死)나 불로장생(不老長生)을 유도할 방법을 가까운 장래에 제시해 줄 수 있을까? 이에 대한 질문과 해답이 이 장을 쓰는 주된 목적이다.

우리가 지금까지 저술해 왔던 내용 중 3역 6계 가운데에 잠재적으로 죽지 않는 생명체들이 존재한다. 가령 단세포 원핵생물인 세균은 **이분법**(二分法, binary fission)으로 분열을 한다. 이러한 박테리아는 분열이 바로 생식이다. 따라서 이들은 자신과 유전적으로 똑같은 딸세포를 만들어 낸다. 그렇다면, 이들은 세포에 노화가 일어나 죽었다고 말할 수 없다. 왜냐하면 자신과 똑같은 또 다른 자신을 만들어 내었기 때문이다. 예를 들면, 대장균은 환경이 우호적인 경우 20분마다 또 다른 자신을 복제해 낼 수 있다. 그러나 최근 보고에 의하면 박테리아도 분열해 가면서 모세포와 딸세포 간에 일말의 부분적인 노화가 일어난다고 주장하는 학자도 있다. 또 다른 예인 **줄기세포**(stem cell)와 **생식세포**(生殖細胞, germ cell)도 불사의 세포라 할 수 있다. 정자와 난자는 서로 만나서 수정란을 만들고, 이들은 왕성환 세포분열에 의하여 개체를 만들어 냄과 동시에 또 다른 생식세포를 만들어 낼 것이다. 이들에 관해서는 다시 제12장 '생명의 소멸' 편에서 구체적으로 다룰 것이다.

20세기에 접어들면서 노화를 바라보는 시각이 점차 변하기 시작하였다. 노화를 젊음의 샘(Fountain of Youth)이나 만병 통치약이 있다는 고전적 시각에서부터 노화를 과학적으로 연구하고, 이에 대한 대책을 찾아내려는 시도들이 이때부터 출발하였다고 볼 수 있다. 특히나 1934년 코넬대학의 **메리 크로웰**(Mary F. Crowell) 등이 실험실에서 쥐에게 주는 음식을 제한함으로써 쥐의 수명이 연장되었다는 보고는 노화를 과학적으로 연구하려는 계기를 마련해 주었다고 볼 수 있다[46]. 또한 우리에게 노화에 관해서 많은 정보를 주고 있는 예쁜꼬마선충(*Caenorhabditis elegans*)은 대개 2주 정도 살지만 인간은 100년을 살 수 있다. 선형동물인 예쁜꼬마선충과 인간이 같은 조상을 가지고 있다면, 어떤 유전적 변화에 의해서 인간의 수명이 약 2,000배 정도 더 늘어날 수 있었을까? 그뿐만 아니라 과연 수명에 관여하는 유전자가 생물의 몸속에 자리잡고 있는 것인가? 우리는 이러한 기본적인 질문

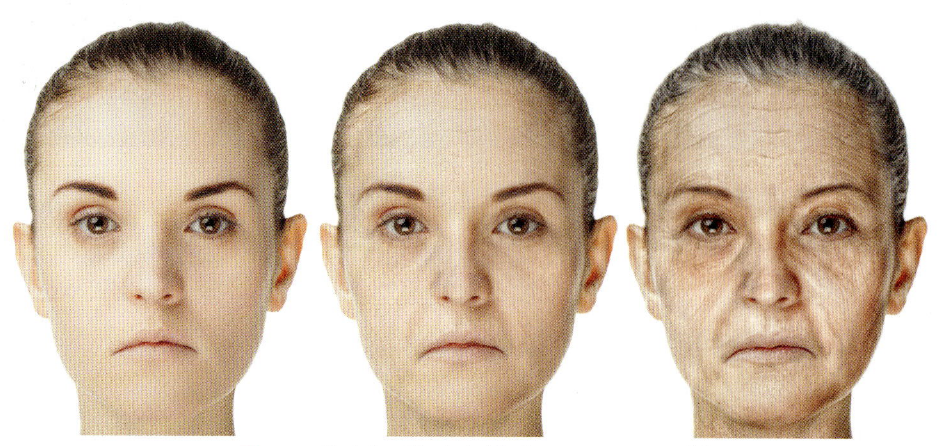

그림 11-1. 인간의 노화 과정. (출처: Leszek Glasner[11-1])

을 바탕으로 노화에 대한 역학적 관점, 노화의 정의 및 노화의 유형에 대해서 알아볼 것이다. 또한 가장 중요한 노화가 일어나는 원인적 분석을 기술하면서 이에 대한 대처법을 종합적으로 살펴볼 것이다.

## 제2절 노화 역학

현재 전 세계적으로 하루에 평균 약 15만 명이 사망한다. 이 중에서 2/3가량인 약 10만 명이 노화와 관련된 질환, 즉 암이나 심장병 또는 뇌졸중 등으로 죽음에 이른다. 따라서 노화가 모든 인간에서 가장 위험한 사망원인임을 알 수가 있다. 또한 현재 이 지구상에서 출생 시에 기대 수명이 이미 80세 이상인 나라가 33개국에 이르고 있다. 그렇다면 과연 생명체의 전반적인 수명 현황은 어떠하며, 이 중에서 가장 오래 살고 있는 생명체는 무엇인지를 알아보는 것으로 시작해 보자.

먼저 독자 여러분을 콜로라도 고원에 걸쳐 있는 유타주의 피시레이크 국유림(Fishlake national forest)으로 안내하고자 한다. 약 2,700m 고산에 위치한 **판도**(Pando, *Populus tremuloides*, 그림 8-8)는 사시나무 군락으로, 약 5만 주의 나무가 빽빽이 들어찬 숲이다. 이 사시나무는 바람이 불면 나뭇잎이 일제히 가지 끝에서 사지를 떨듯이 떤다. 우리가 흔히 '사시나무 떨듯이 떤다'라는 말도 여기서 유래하고 있다. 그러나 이 사시나무 숲인 판도는 모두 유전적으로 동일한 복제 나무들이다. 이는 마치 딸기가 땅을 기면서 **포복지**(匍匐枝, runner, stolon)를 만들어서 다시 새로운 개체를 만들듯이, 동일한 방법으로 자손을 불려 나간다. 이들이 펴져 있는 지면은 무려 106에이커(약 13만 평)에 달하고, 그 무게도 무려 6천 톤 이상을 능가한다. 따라서 이들은 현재 살아 있는 생명체 중 가장 무거운 기록을 소유하고 있다. 그뿐만 아니라 이들은 나이가 무려 8만 년이라는 추정치를 내놓고 있다. 현재 살아 있는 생물 군체 중 가장 나이가 많은 개체군으로 추측된다[51].

이번에는 다시 독자 여러분을 캘리포니아주와 네바다주의 경계 부위에 있는 화이트 마운틴(White mountain) 국유림으로 초대하고자 한다. 이곳에 자생하는 **강털소나무**(Bristlecone pine)는 그림 11-2에서 보는 바와 같이 그 모습이 세월의 연륜을 느끼게 한다. 왜냐하면 이 소나무의 나이가 무려 5천 년으로 보고 있기 때문이다. 이 소나무가 지구상에 태어난 시기는 대서양을 건너 이집트에서는 피라미드가 하늘로 솟아오르던 시절이었을 것이다. 따라서 강털소나무는 가장 나이가 많은 단일 생물체의 타이틀을 가지고 있다. 이 강털소나무가 사는 환경도 우리의 관심을 끈다. 이렇게 오래 살고 있는 생명체가 거주하는 환경은 어떤 곳일까? 이들이 살고 있는 지역은 과연 비옥하고 온화한 환경일까? 그러나 그 결과는 정반대이다. 이들이 사는 곳은 온통 바윗덩어리로 뒤덮여 있고, 알칼리성 토양에 건조할 뿐만 아니라, 추운 겨울이 기다리는 곳이다. 기껏해야 일 년에 약 6주 정도만이 성장이 가능한 극한적인 환경이라고 할 수 있다. 그러나 이런 환경은 역시 곤충이나 곰팡이 등 식물을 괴롭히는 천적들에게도 살기가 힘든 곳임에도 틀림없을 것이다[19]. 그러면 과연 인간에서는 그 수명이 어떤 형태로 나타나고 있을까? 우선 호모 사피엔스가 출현한 약 20만 년 전으로 올라가 볼 필요가 있다.

인간이 이 지구상에 출현하여 석기 시대를 이어 오면서 그 당시의 인간 평균 수명은 약 20세 정도로 보고 있다. 이는 고고학자가 발견한 유골에서 그 사망 나이를 추정해 낸 숫자이다. 또한 로마 시대의 평균 수명은 약 25세 정도로 보고 있으

그림 11-2. 강털소나무(*Pinus longaeva*). (출처: Dcrjsr[11-2])

며, 르네상스가 일어나던 시기에는 약 33세 정도로 보고되고 있다. 한국은 조선 시대 왕의 평균 수명이 46세였고, 이 당시 백성들의 수명은 평균 35세 정도로 보인다. 이는 영양 공급과 의료 혜택을 가장 많이 받았을 것으로 추정되는 왕의 수명이 일반 백성보다 높게 나타나는 것은 당연한 일일 것이다. 1900년을 넘어설 때 미국인 평균 수명은 47세로 추정되었다. 그렇지만 약 100년이 지난 지금에는 인류의 평균 수명은 약 배가 되는 80세를 넘어서고 있다[6,27,30,38]. 이는 인류의 역사를 되돌아볼 때, 획기적인 일이라 할 수 있다. 어떻게 이러한 평균 수명의 폭발적인 증가가 일어나게 되었을까?

세계 인구 측면에서 보면, 약 만 년 전 농경 사회가 형성된 시절의 세계 인구는 약 5백만에서 천만 명 정도로 보고되고 있다. 다시 **서력 기원**(西曆紀元, Common era)이 시작될 당시는 약 1억7천만 명 정도로 추산되었다. 이러한 세계의 인구는 **산업혁명**(産業革命, industrial revolution)을 기점으로 폭발적으로 늘어나기 시작하여 약 10억에 도달하였고, 다시 200년이 지나간 현재에는 70억 명을 넘어서고 있다[24]. 산업혁명이 시작되면서 인구가 급증한 이유는 아무래도 먹을 것이 풍부해진 것과 공공 위생시설의 발전이 그 중요한 원인으로 지목되고 있다. 그러나 지속적으로 인구가 증가할 수 있었던 이유 중 하나는 인구 조절 능력을 가지고 있었던 전염병을 인류가 극복할 수 있었다는 것이 더 큰 요인이라고 볼 수 있다. 인간이 박테리아를 다스릴 수 있는 항생제 발견은 가히 수명 연장의 1차 혁명이라 불러도 과언이 아닐 것이다. 우리는 앞으로 이 장에서 생명 연장의 2차 혁명이 일어날 수 있는 가능성을 계속 기술해 나갈 것이다. 그렇다면 인류의 역사상 가장 오래 산 사람은 몇 살까지 살았을까? 이 문제는 인간의 최대 수명을 알아볼 수 있는 중요한 자료가 되기 때문에 오랫동안 인류의 관심사로 자리잡고 있었다.

먼저 가장 오래 살았다는 인간은 성서에 등장한다. **노아**(Noah)의 할아버지인 **므두셀라**(Methuselah)는 969살을 살았고, 노아도 950년을 살았다. 또한 **아담**(Adam)도 930년을 살았었고, 그는 130살 때 아들 **세스**(Seth)를 낳았다. 이 세스도 912년이라는 장수를 누렸다. 그러나 이러한 장수의 나이는 성서의 번역과정에서 일어난 오역으로 므두셀라가 살았던 969년은 음력 달로 969개월에 해당하고, 이를 다시 양력으로 계산하면 약 78세가 된다고 주장하는 보고도 있다. 고구려 **태조**도 삼국사기나 삼국유사에 기록된 것으로는 118세까지 살았다고 알려져 있다[43]. 그렇다면 실제 인간 사회에서 공인된 가장 오래 산 사람들의 기록은 어떠할까?

우선 세계에서 장수촌으로 알려진 세 군데를 먼저 소개하기로 하자. 먼저 조지아 공화국(Soviet Georgia)은 흑해와 카스피해를 가로지르는 코카서스(Caucasus)산맥을 품고 있는 나라이다. 이 지역은 특히 러시아의 스탈린이 태어난 곳으로도 유명하다. 스탈린은 생전에 조지아에 장수촌이 있다는 말을 듣기 좋아했다고들 한다. 스탈린을 즐겁게 해 주기 위하여 아첨꾼들이 만들어 낸 장수촌이라는 의심을 받기도 한다. 그다음은 파키스탄에 있는 카라코람(Karakoram)산맥 지역이다. 마지막으로 남미 에콰도르 빌카밤바(Bilcabamba) 산악 지역이 이에 속한다. 장수촌으로 알려진 이곳 지역들의 공통적인 특징은 모두 문명과 동떨어진 오지라는 점이다. 그러나 장수를 연구하는 학자들은 이 지역 장수자의 나이를 곧이곧대로 믿으려고 하지 않는다. 왜냐하면 동일인의 나이가 세월이 흐를수록 점점 부풀려지는 경우가 흔히 나타났기 때문이다[42]. 따라서 인간의 최대 수명을 찾아내기 위해서는 엄격한 증빙 자료와 증언이 있어야만 한다. 이러한 작업을 진행하는 단체가 국제노인학연구단체(Gerontology Research Group; GRG)나 기네스북 단체(Guiness Book of Record)이다. 그렇다면 이들이 공인하는 역대 최고령자는 누구이었을까?

2018년 전까지만 해도 프랑스의 **잔 칼망**(Jeanne Calment, 1875~1997)이라는 여성이 살았던 122년 164일이 인류가 가지고 있었던 최고령 기록이었다. 그러나 이 기록은 2018년 제기된 의문점에 의하여 현재 논란에 휩싸여 있다. 그다음으로 의심의 여지가 없는 최고 기록자는 역시 여성인 미국 펜실베이니아주에 살았던 **사라 크나우스**(Sarah Knauss, 1880~1999)이다. 그녀는 생전에 5대가 한 시대에 살고 있었고 그의 외동딸도 101세를 살다가 사망하였다. 따라서 세라 크나우스가 기록한 119년 97이 공식적인 최고 기록으로 보아야 한다. 그녀는 2000년이 시작되기 33시간 전에 의자에 앉아 있다가 갑자기 사망하였다[40,41,49,61]. 또한 남자 중에서 제일 오래 산 공인된 기록은 일본의 **지로에몬 기무라**(Jiroemon Kimura, 1897~2013)로 116년 54일이다. 따라서 이러한 공인된 기록

11

을 종합해 보면, 아직도 120살을 정확히 넘겨서 오래 산 사람은 현재까지 아무도 없다. 또한 현재 생존하고 있는 장수인을 남녀별로 살펴보아도 이 기록이 쉽게 깨질 것 같지도 않다. 따라서 이런 사실은 실제 평균 수명은 급증하였지만, 최대 수명이라는 고비를 훌쩍 넘어서지 못하고 있는 모양새이다. 결론적으로 지금까지 이 지구상에 살았던 호모 사피엔스가 약 천억 명으로 추정되고 있는 상황에서, 인간이 제일 오래 살았던 공인된 나이가 120세 전후라는 사실을 말해 준다고 할 수 있다[55]. 따라서 이와 같은 현상은 유전적으로 상징하는 바가 크다고 할 수 있다.

한국의 현실은 아주 특이한 인구적 변화를 보여 주고 있다. 유엔이 정한 기준에 의하면, 총인구 중 65세 이상의 인구가 차지하는 비율이 7% 이상인 경우를 **고령화 사회**(高齡化社會, aging society)라 부르고, 14% 이상을 **고령사회**(高齡社會, aged society)라고 부른다. 그러나 아예 고령 인구가 20%를 넘어가면 **초고령사회**(超高齡社會, post-aged society)라고 따로 부른다. 한국은 2000년에 고령화 사회에 접어든 이후, 약 17년 만에 고령사회로 진입했다. 앞으로 9년 후에는 다시 초고령사회로 접어들 것으로 예상하고 있다. 그러나 이러한 인구 변화가 경제 사회적으로 미칠 영향력은 클 수밖에 없지만, 이들에 관한 사항은 이 책의 범위를 너무 벗어난다. 하지만 2050년에는 60세 이상 인구가 전 세계 인구의 22%를 차지할 것으로 추정되는 만큼, 이에 대한 대비책이 절실해 보인다[10]. 즉, 늘어난 수명이 축복이 아니라 재앙이 될 수 있는 시대를 막아야 한다는 의미이다.

## 제3절 노화의 정의

**노화**(老化, aging, ageing, senescence)란 그저 늙어간다는 단순한 의미를 가지고 있다. 영어로 말하는 senescence는 라틴어로 늙는다(old)는 'senex'에서 온 말로서 **생물학적 노화**(生物學的老化, biological aging)와 같은 의미를 가지고 있다. 그러나 노화를 더 세분하여 개체 수준이 아니라 세포나 기관 수준에서 일어나는 노화를 말하기도 한다. 또한 **노인학**(老人學)을 뜻하는 gerontology도 라틴어로 '노인'(geron)이라는 뜻과 '말하다'(speech)라는 뜻을 가진 'logos'의 합성어로 되어 있다. 즉, 노인을 연구하는 학문이라는 의미이다. 그뿐만 아니라 **노인의학**(老人醫學)을 뜻하는 geriatrics도 노인을 뜻하는 의미와 치료를 뜻하는 'iatros'가 합쳐진 말이다. 그렇다면 '노화란 무엇인가'라는 기본적인 질문부터 답해야 할 것이다.

노화도 역시 인식하기는 쉬워도 이것을 정의하기는 쉽지 않다. 노화는 개체의 전반적인 기능 저하가 점진적으로 일어나서 환경변화에 대한 반응이 떨어지고, 노인질환이 증가하는 과정이라고 할 수 있다. 따라서 노화는 성숙의 다음 단계를 의미하며, 시간이 갈수록 비가역적으로 나빠져서 사망으로 이어지는 과정이라고도 말할 수 있다. 또한 노화는 생리적 기능이 점차 약화되고 질병에 대한 취약성이 높아져서 생존능력이 줄어든다는 것을 뜻한다고도 볼 수 있다. 그렇다면 우리는 언제부터 늙는다고 말할 수 있을까?[67] 유성생식을 하는 모든 생명체는 수정의 순간부터 모든 일정이 시작된다. 이러한 생명체는 유한한 생존 기간을 가지기 때문에 실제 출발점은 죽음을 향한 첫걸음이라고도 볼 수 있다. 그러나 노화의 시작점을 수정단계로 잡는 것은 우리를 너무 서글프게 만든다. 따라서 생물학적 노화를 성장과 번식단계 이후부터 진행된다고 보는 것이 진화적으로도 타당할 것이다. 그렇다면 인간에서 몇 살 때부터 노인이라고 불러야 될까? **세계보건기구**(世界保健機構, World Health Organization; WHO)의 예를 들면, 60세에서 74세까지를 **연소 노인**(年少老人, young old)이라고 부르고, 75세에서 90세까지를 **노인**(老人, old), 90세 이상을 **초고령 노인**(超高齡老人, oldest old)이라 부르고 있다. 그러나 일반적으로 65세 이상을 노인이라고 부른다.

나이를 몇 가지 형태로 구분해 보자. 먼저 단지 태어나서 살아온 세월을 말하는 나이를 **역연령**(歷年齡, chronological age, 생활연령)이라고 말한다. 세계보건기구의 분류는 역연령을 기준으로 삼고 있는 셈이다. 이와 달리 살아온 세월을 기준으로 삼지 않고, 실제 인체가 유지하고 있는 기능을 기준으로 삼은 것을 우리는 **생물학적 연령**(生物學的年齡, biological age)이라고 부른다. 또한 **심리적 연령**(心理的年齡, psychological age)이나 **사회적 연령**(社會的年齡, social age)도 실제 역연령과는 다를 수 있다[15]. 그렇다면 우리는 과연 노화를 측정할 수 있는 표식자나 평가 방법이 따로 있는 것인가?

우선 노화의 **생체지표**(生體指標, biomarker)는 상당히 제한적이다. 즉, 머리가 희다거나 주름이 많다는 것으로 노화를 정확히 측정할 수는 없다. 또한 연령 자체가 노화를 측정하는 기준이 될 수도 없다. 따라서 개인의 노화를 측정하기는 쉬운 일이 아니다. 그러나 노화의 정도를 평가해야 하는 정책적 요구는 의사들로 하여금 다른 객관적인 방법을 동원하게 만든다. 예를 들면, **일상생활 수행능력**(activities of daily living; ADL)을 검사하거나 **인지기능**(mini-mental status examination, MMSE) 검사 등을 측정해 볼 수 있다. 그뿐만 아니라 폐활량이나 근력, 혈압과 같은 생물학적 지표나 성호르몬과 같은 생화학적 지표를 이용하여 노화 정도를 추정해 볼 수는 있다. 그렇다면 우리는 통계적으로 현재부터 얼마나 더 오래 살 수 있을지에 대한 해답을 찾을 수 있을까? 간단히 통계적 용어를 먼저 살펴보기로 하자.

먼저 한 나라의 **기대 수명**(期待壽命, life expectancy) 혹은 **평균 수명**(平均壽命, mean life)은 한 아이가 태어난 이후 그 아이가 살 수 있는 기간을 말한다. 즉, 이 아기가 태어난 순간의 **평균 여명**(平均餘命, average life expection)을 나타낸다고 말할 수 있다. 만약 어린아이의 절반이 5세 미만에 죽고 나머지가 90세까지 살았다 하더라도 기대 수명은 45세밖에 되지 않는다. 따라서 기대 수명을 늘리기 위해서는 유아사망률을 줄여야만 한다. 또한 이 기대 수명 동안 건강하지 못한 기간을 뺀 기간을 우리는 **건강 수명**(健康壽命, health expectancy)이라고 부른다[58]. 따라서 우리의 집중적인 관심은 기대 수명이 아니라 건강 수명에 모아진다는 사실을 기억해야 한다. 이는 **최장 수명**(最長壽命, maximum length of life)이나 타고난 수명을 다 누릴 수 있는 **잠재 수명**(潛在壽命, lifespan potential)보다 더 중요한 개념이라고 할 수 있다. 우리는 간혹 계산된 생존 확률인 **생명표**(生命表, life table)를 보고 있으면 어떤 생각이 들까? 내가 앞으로 평균 몇 년 후에 죽을 것인지를 보여 주는 생명표는 다음 해 생일을 기대하는 사람에게는 좋은 교훈이 될 것이다.



## 제4절 노화의 유형

노화의 형태를 유형별로 나누어 보는 것은 노화라는 과정을 이해하는 데 많은 도움을 준다. 특히 이 절에서는 조로증을 다룸으로써 노화 과정을 유전적으로 이해해 볼 수 있는 기회를 가질 것이다.

### 1. 정상 노화

**정상 노화**(正常老化, normal aging)는 우리가 일반적으로 인식하는 노화를 말한다. 즉, 시간에 따른 보편적인 현상을 지칭한다. 따라서 정상 노화를 **일반노화**(一般老化, usual aging) 또는 **일차 노화**(一次老化, primary aging)라 부르는 이유도 여기에 있다. 일차 노화는 정상 노화라는 개념 속에서 특별한 노화를 일으키는 질병이 없는 상태에서 일어나는 노화 현상을 말한다. 이는 마치 특이한 원인 없이 일어나는 고혈압을 일차성 고혈압이라고 부르는 것과 같은 방법이다. 그렇다면 노화를 자연현상으로 볼 것인지 혹은 노화를 질병으로 볼 것인지에 대한 토론은 의학계를 비롯하여 뜨거운 논쟁거리로 등장한 지 이미 오래되었다. 노화가 필연적으로 나타나는 자연현상을 우리는 일차 노화라고 부르고, 어떤 질병에 의해서 노화 현상이 나타나는 경우를 우리는 **이차 노화**(二次老化, secondary aging)라고 부를 것이다. 따라서 일차 노화는 나이와 연관되어 있고, 이차 노화는 질병과 관련되어 있다는 것을 알 수 있다. 이는 마치 고혈압이 어떤 질병에 의해서 온 것을 이차성 고혈압이라고 부르는 것과 같은 맥락이다. 만약 우리가 노화를 일종의 질병으로 간주한다면, 노화는 치료대상으로 등장하게 될 것이다. 노화를 지연시키거나 치료할 수 있는 방법은 과거부터 현재를 넘어 미래에도 인류의 꿈으로 등장할 것은 뻔한 사실이다. 그러나 노화와 질병의 경계를 구분한다는 것은 의학적으로 대단히 중요하다. 이들은 다시 병적 노화에서 자세히 다룰 것이다.

### 2. 성공 노화

**성공 노화**(成功老化, successful aging)는 말 그대로 정상 노화보다는 더 바람직한 노화 현상이라고 볼 수 있다. 따라서 성공 노화는 정신적인 것뿐만 아니라 육체적으로도 건강을 유지하고 있는 상태를 말한다. 특히 1987년 미국의 **존 로우**(John W. Rowe, 1944~) 등은 성공 노화라고 부를 수 있는 3가지 조건을 제시했다[59]. 즉, 질병이나 장애가 없어야 하고,

신체 및 인지 기능이 잘 유지되어 있어야 하며, 활발한 사회 활동과 참여가 있어야 한다는 개념을 정리하였다. 따라서 성공 노화는 정상 노화나 병적 노화와는 다른 의미를 가지고 있다.

## 3. 병적 노화

**병적 노화**(病的老化, pathological aging)는 정상 노화나 성공 노화와는 다른 형태의 노화이다. 즉, 병적 노화는 정상 노화에 노화 관련 질환이 더해져 있는 경우라고 할 수 있다. 예를 든다면, **알츠하이머병**(Alzheimer's disease)을 앓고 있는 사람이 포함되는 노화의 유형을 말한다고 할 수 있다. 그러나 노인에서 나타나는 경미한 망각증을 병적 노화라고 할 수는 없다. 이는 마치 눈가의 잔주름(Crow's feet, 까마귀 발톱 모양의 주름살을 의미함)을 병적 노화라 할 수 없는 것과 마찬가지이다. 그러나 **노안**(老眼, presbycusis)으로 인한 시력 장애와 **황반 변성**(黃斑變性, marcular degeneration)에 의한 시력 장애를 동일한 현상으로 취급할 수는 없을 것이다. 따라서 황반 변성을 동반한 경우는 질병으로서 병적 노화에 속한다고 볼 수 있다. 그렇지만 이러한 노화의 유형들을 정확히 구분할 수 있는 경계면을 설정하는 데는 한계가 있다.

## 4. 조로증

조로증을 설명하기 위하여 먼저 이 세상을 17년간만 살다가 간 **샘 번스**(Sam Berns, 1996~2014)를 소개하고자 한다. 그는 양친 모두가 소아청소년과 의사인 부모 밑에서 태어났지만, 너무 일찍 늙어 버리는 **조로증**(早老症, progeria)이라는 병을 앓게 되었다. 그가 이 병을 진단 받은 것은 태어난 지 2년이 채 되지 않은 시기였다. 이 조로증은 대개 1살 전후에는 정상으로 보이지만, 차츰 성장을 멈추고 피부가 노화되면서 관절이 변형되고 모든 혈관에 병변이 초래된다. 이들은 평균 수명이 약 13세 정도이고, 대부분 동맥경화증으로 인한 심장병으로 죽음에 이른다. 우리는 이런 질환을 **허친슨-길포드 증후군**(Hutchinson-Gilford syndrome; HGS)이라고 부른다[8,53,60]. 이런 증후군은 극히 희귀한 질환으로 약 800만 명 중에 한 사람 정도에서 나타나고, 현재 이 지구상에 약 200명 정도가 살고 있는 것으로 추정하고 있다. 이 질병이 세간의 관심을 끈 것은 노화 현상이 급속하게 나타난다는 점 때문이다. 그렇다면 이 질환의 원인은 무엇일까? 인간 세포 속에 들어 있는 핵막의 구조를 잡아 주는 섬유성 그물망인 **라미나**(lamina)라는 단백질에 결함이 있기 때문이다. 이 단백질은 LMNA라는 유전자에서 만들어지는데 이 유전자에 돌연변이가 발생되면 결손된 라미나가 만들어지고, 결과적으로 핵막의 구조가 이상해져서 생겨난 병으로 확인되었다. 따라서 유전자 돌연변이가 노화를 촉진시킨다는 강력한 증거를 보여 준 예라고 할 수 있다. 즉, 노화 자체가 단일 유전자에 의해서 조절될 수 있다는 것을 시사한다고 볼 수 있을 것이다. 그러나 이 증후군에서 모든 장기에 노화 현상이 나타나는 것은 아니다.

또 다른 조로증을 유발하는 질환 중의 하나가 **베르너 증후군**(Werner syndrome)이다. 이 증후군은 사춘기 이후에 증상이 나타나서 **성인 조로증**(adult peogeria)이라 부르기도 한다. 이들은 성인이 되면서 머리가 빨리 희어지고 근육이 쇠약해지며 생식기가 잘 발달하지 않고, 다양한 암에 잘 걸린다. 이들은 주로 50세 전후로 심혈관 질환이나 암으로 사망한다. 이러한 베르너 증후군의 원인도 유전자의 돌연변이에서 발견되었다. 이들은 그림 9-19에서 보는 것처럼 DNA 복제 과정에 필요한 **나선효소**(helicase)에 결손이 발생한 경우이다. 즉, 제8염색체에 있는 WRN 유전자에 돌연변이가 생겨서 비정상적인 나선효소가 생성된 결과, DNA 복제 과정이 원만하게 일어나지 못하게 되어서 생기는 병이다.

**코케인 증후군**(Cockayne synsrome)도 조로증을 유발하는 질병 중 하나이다. 이 증후군은 작은 체구를 가지면서 형태에 따라 다양하게 나타나지만, 대개 20대를 넘기지 못하고 사망하는 경우가 많다. 이 증후군의 원인도 손상된 DNA를 복구시키는 시스템에 장애가 발생되어 일어나는 질병이다. 또한 그림 9-38에서 보는 바와 같이 **다운 증후군**(Down syndrome)도 조로증을 유발한다. 다운 증후군도 세포분열 시 염색체 비분리에 의해서 21번째 염색체가 3개인 경우로서 40세 경에는 대부분 알츠하이머병이나 백혈병에 잘 걸리게 된다. 따라서 노화를 일으키는 원인 중에서 유전자의 역할이 중요하다는 것을 강력하게 시사한다고 볼 수 있다[22]. 이제부터는 과연 노화를 일으키는 원인이 무엇인지를 체계적으로 분석해 볼 차례이다.

## 제5절 노화의 기전

노화를 이해하기 위해서는 먼저 노화가 일어나는 원인을 알아내는 것이 급선무다. 그러나 노화의 원인을 꼭 짚어 말할 수 있는 근거는 어디에서도 발견되지 않는다. 심지어 러시아 출신 생물학자인 **조레스 메드베데프**(Zhores A. Medvedev, 1925~2018)는 1990년 노화의 원인으로 추정되는 것만 300 종류가 넘는다고 보고하고 있다[47]. 따라서 노화는 유전적 경향이나 환경 및 생활 습관 등과 연관되어 단일이론으로 설명될 수 없는 현상이다. 그러므로 여기서는 노화의 기전을 크게 **예정설**과 **과오설** 및 **진화설**로 구분하여 기술하고, 이들을 통합적으로 묶어서 마지막으로 설명하면서 바로 노화의 치료편으로 연결하고자 한다[2,32,56,70].

### 1. 예정설(Programmed theories)

오래전부터 노화의 기전으로 자리잡고 있는 이론이 예정설이다. 즉, 노화는 유전자에 들어 있는 정보에 따라 예정대로 늙어 간다는 이론이다. 이 예정설에 포함되는 것들은 예정 노화설, 내분비설 및 면역설을 들 수 있다.

#### 1) 예정 노화설(programmed senescence theory)

11

노화가 생물체 내에 프로그램화되어 있다는 개념은 1961년 미국의 세포생물학자인 **레너드 헤이플릭**(Leonard Hayflick, 1928~)에 의해서 더욱 각광을 받게 되었다. 즉, 세포분열이 영구적으로 일어나지 않고, 일정한 횟수만큼 분열한 이후 세포가 노쇠하여 죽고 만다는 것을 처음으로 알아낸 것이다. 왜 이렇게 세포는 정해진 만큼 분열한 이후 죽고 마는 것인가? 이들에 대한 자세한 내용은 '노화의 원인 및 특징' 편에서 자세히 다룰 것이다.

#### 2) 내분비설(endocrine theory)

노화가 생물체에서 분비되는 호르몬의 변화에 의해서 유발된다고 생각한 첫 번째 학자는 러시아 의사인 **블라디미르 딜만**(Vladimir Dilman, 1925~1994)이었다. 그러나 나이가 들면서 생기는 호르몬 분비 이상이 노화의 원인인지 혹은 노화의 결과인지는 분명하지 않으나, 노화와 내분비 기능이 긴밀한 연관성을 가지고 있는 것은 확실해 보인다. 먼저 나이가 들면 호르몬 분비샘이 퇴화되고, 그들 사이에서 일어나는 피드백(feedback) 조절 능력이 떨어진다. 따라서 호르몬 생산량이 변하고 호르몬에 대한 민감도가 떨어지게 된다. 예를 들면, **성장호르몬**(growth hormone)은 25세가 넘어서면 10년마다 14% 정도로 호르몬 분비가 감소하게 된다. 이렇게 성장호르몬이 줄어들면 심장병이 증가하고, 체지방이 늘어날 뿐만 아니라 골밀도가 감소한다. 그뿐만 아니라 남성호르몬인 테스토스테론(testosterone)이나 여성호르몬인 에스트로겐(estrogen) 및 프로게스테론(progesterone)도 50~80%가량 줄어든다. 그렇다면 나이가 들면서 증가하는 호르몬은 없을까? 가령 혈당을 조절하는 인슐린(insulin)이나 부신피질호르몬인 코르티솔(cortisol) 등은 변화가 없거나 약간 증가하는 양상을 보인다. 따라서 노인에서 흔히 보이는 당뇨병은 인슐린이 적게 분비된다기보다는 인슐린에 대한 수용체의 민감도가 떨어지기 때문으로 추정된다[11]. 이렇게 부족해진 호르몬을 투여하는 **대체요법**(代替療法, replacement therapy)은 어떤 결과를 가져올까? 예를 들면, 남성에서 테스토스테론을 투여하면 일부 유리한 결과를 기대할 수도 있지만, 오히려 전립선암이 유발되는 부작용을 초래할 수도 있다. 이는 여성에서 **폐경기**(閉經期, menopause) 이후 에스트로겐의 대체 투여가 가져 올 수 있는 동전의 양면성을 잘 저울질해 보아야 하는 것과 같은 맥락이다. 폐경기 이후의 증상을 완화시키기 위한 에스트로겐의 투여는 자칫하면 유방암이나 자궁내막암의 발생 빈도가 높아질 수 있다는 위험성을 내포하고 있기 때문이다.

특히 **생식 노화**(生殖老化, reproductive aging)면에서 남성과 여성은 현저한 차이점을 보인다. 여성의 경우 에스트로겐이 떨어지면서 폐경기에 이르지만, 남성의 경우는 여성과 다르게 테스토스테론이 갑자기 감소하지는 않는다. 그렇다면 여성에서 폐경이 일어나는 이유는 무엇일까? 먼저 생각해 볼 내용은 인간의 평균 수명이다. 선사 시대부터 비교적 최근에 이르기까지 인간의 유골들을 조사한 결과, 인간의 평균 수명은 20세에서 40세 정도로 추정되고 있다. 따라서 폐경은 현대인이 좀 더 오래 살게 되면서 나타난 부산물로 보는 견해이다. 실제 야생동물에서는 번식능력이 없어지고 난 뒤에도 오래 사는 종들이 잘 없지만, 동물원에서 잘 먹고 보호받은 동물들에서는 폐경이 나타나는 경우를 볼 수 있기 때문이다. 따라서 여성들은 생의 1/3가량을 번식능력 없이 살고 있는 셈이 된다. 그다음으로 폐경이 생겨 난 이유는 수명 연장이 아닌 다른 곳에서 찾고 있다. 즉, 여성은 나이가 들면서 엄청난 고통과 위험이 따르는 산통을 이겨 낼 능력이 부족해진다. 따라서 자신의 생식 능력은 종결시키면서, 자녀들이 아이들을 많이 낳을 수 있도록 도와주는 방향으로 진화해 왔다는 이론이다[21,69,71]. 어떤 주장이 옳은지는 판단할 수 없지만, 생식기능이 소실된 채 오래 산다는 것은 진화적으로 중요한 의미를 던져 준다고 볼 수 있다.

### 3) 면역설(immunologic theory)

점차 나이가 들면 면역기능의 쇠퇴가 나타난다. 노화가 진행되면 면역기능을 담당하는 대식세포나 과립세포 또는 수상돌기 세포나 임파구의 성능들이 우선 떨어지고, 이들 상호 간의 소통에도 문제가 발생하기 때문이다. 그뿐만 아니라 앞가슴 바로 밑에 있는 **흉선**(胸腺, thymus)이나 골수 등의 쇠퇴가 동반된다. 이러한 노화의 원인으로 면역설을 처음으로 주장한 학자는 UCLA의 병리학 교수였던 **로이 월포드**(Roy L. Walford, 1924~2004)였다. 면역과 관련된 노화의 예를 들어 보도록 하자. 어떤 조직에 세포 손상을 유발시키는 스트레스가 주어지면, 세포는 노화한다. 노화된 세포는 세포 안에서 **노화 관련 분비표현형**(SASP, senescence associated secretory phenotype, **노화분비 활성인자**)이라는 물질들을 분비한다(그림 11-14 참고). 이 노화분비 활성인자는 주로 염증을 유발하는 사이토카인(cytokine)이나 성장인자 등의 다양한 종류의 단백질로 구성되어서 세포의 표현형을 바꾸기 때문에 붙은 이름이다[16]. 이렇게 노화세포의 주위에 노화분비 활성인자가 분비되면, 이 세포를 제거하기 위하여 대식세포나 T 임파구가 몰려들어 이 노화세포를 제거해 버린다. 이처럼 제거된 노화세포의 빈자리는 다시 새로운 세포가 재생되어 그 자리를 메울 것이다. 이런 과정은 노화가 진행되기 전인 젊은 시절에는 쉽게 일어나는 일련의 생리적 과정이다. 그러나 노화가 진행되면 면역세포의 기능이 떨어져서 노화세포를 효과적으로 제거할 수 없게 될 뿐만 아니라, 주위 세포에도 염증을 퍼트려서 섬유화 현상이 일어나면서 노화 현상을 유발하게 된다. 이러한 노화분비 활성인자는 더 나아가서 노화세포에 들어 있는 **NF-kB**(Nuclear factor-kappa B)라는 전사인자에 의해서 조절 받는다. 이 NF-kB는 역전사 효소(reverse transcriptase)를 발견하여 노벨상을 수상한 캘리포니아 공과대학의 **데이비드 볼티모어**(David Baltimore, 1938~)에 의하여 1986년에 발견되었다. 이 NF-kB는 세포질에서 IkB(inhibitor-kappa B)라는 억제 물질과 붙어 있어 비활성화 상태로 존재한다. 만약 다양한 경로에 의해서 이 IkB가 분해되어 버리면, NF-kB는 활성화되어 핵 안으로 들어가서 다양한 유전자에 전사인자로 작용할 것이다. 따라서 NF-kB는 염증반응과 면역체계를 조절하고, 세포 자연사(apoptosis)나 조직 재생 및 발암물질(發癌物質, carcinogen) 등에 영향을 끼칠 것이다[72]. 따라서 노화를 일으키는 원인 중 면역 관련설도 중요한 의미를 가진다고 할 수 있다.

## 2. 과오설(Error theories)

**과오설**(過誤說)은 예정설과 더불어 양대 산맥을 이루는 노화 원인으로 **손상설**(損傷說, Damaged theory)이라고 부르기도 한다. 이 과오설은 유전적으로 프로그램화되어 있는 원인들이 아니고 환경으로부터 손상되거나 과오에 의해서 발생되는 경우를 말한다.

11

### 1) 마모설(wear and tear theory)

마모설은 말 그대로 조직이 닳아서 기능을 제대로 하지 못하는 경우를 말한다. 즉, 조직의 손상과 재생의 균형이 깨진 상태이다. 예를 들면, 나이가 들면 흔히 나타나는 **골관절염**(骨關節炎, osteoarthritis)을 들 수 있다. 이 골관절염은 손상된 정도와 재생되는 정도의 불균형에 의해서 생긴다고 보고 있다. 손상된 정도가 재생되는 정도보다 높아서 손상이 지속적으로 축적된 결과로 나타나는 것이 골관절염이라고 보는 것이다. 이 개념은 일찍이 1882년 독일의 생물학자였던 **아우구스트 바이스만**(August Weismann, 1834~1914)에 의해서 제안되었다. 이러한 마모설을 지지하는 실험 결과는 초파리에서도 나타난다. 태어난 지 1주일 정도 되는 초파리는 110분 동안 공중에서 날 수 있지만, 한 달 정도 된 늙은 초파리

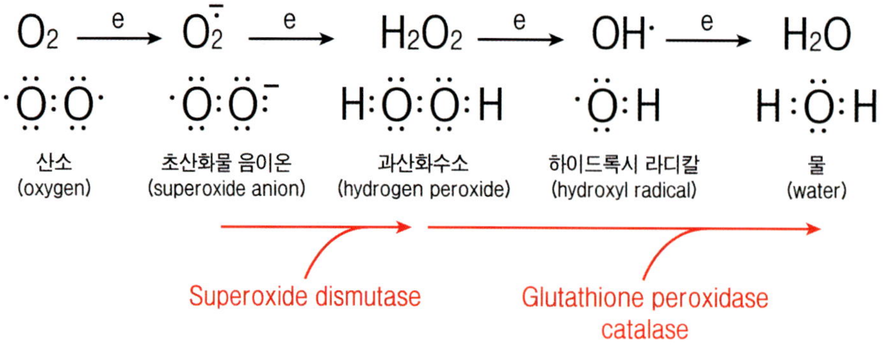

$O_2 \xrightarrow{e} O_2^- \xrightarrow{e} H_2O_2 \xrightarrow{e} OH\cdot \xrightarrow{e} H_2O$

산소 (oxygen) | 초산화물 음이온 (superoxide anion) | 과산화수소 (hydrogen peroxide) | 하이드록시 라디칼 (hydroxyl radical) | 물 (water)

Superoxide dismutase

Glutathione peroxidase catalase

그림 11-4. 활성산소종 생성 과정과 자유기 포착제의 역할.

이러한 포착제를 다량으로 투여하면, 인간의 수명이 혁신적으로 늘어날 수 있을까? 혹은 이들이 혈중에서 감소하면, 인간의 수명이 현저히 단축될까? 그러나 대다수의 보고는 수명과 **산화 방지제**(酸化防止劑, antioxidant)에 대한 연관성은 낮은 것으로 나타나고 있다. 왜냐하면 자유기에 의한 세포 손상은 복구하거나 교체할 수 있는 다른 방법들이 많이 존재하기 때문이다.

우리는 지금까지 활성산소종이 인체 세포에 막대한 손상을 입히는 과정과 그 방어기전에 대하여 알아보았다. 그러나 이렇게 해로운 활성산소종을 인체는 다시 교묘하게 인간을 괴롭히는 박테리아를 죽이는 데 이용하고 있다는 것은 흥미로운 사실이다. 면역계를 담당하는 **식세포**(食細胞, phagocytic cell)인 **호중구**(好中球, neutrophil)나 **단핵구**(單核球, monocyte)는 자체적으로 과산화수소를 만들고, 이 과산화수소에서 **차아염소산**(Hypochlorous acid)이나 하이드록시 레디칼을 만들어서 인체를 침입한 박테리아를 죽이는 데 이용하고 있다. 과산화수소는 약국에서 파는 소독약이라는 사실도 자유기를 이해하는 데 도움을 줄 것이다. 그뿐만 아니라 활성질소 산화물인 일산화질소는 물에 잘 녹는 활성 기체로서 혈관을 확장시킨다. 또한 신경 전달물질이 되어 뇌와 말초신경의 통신 전달 역할을 수행하기도 하고, 면역에도 관여하는 다양한 생물학적 역할을 해내고 있다. 일산화질소는 질소가 산소와 결합해서 생기는 활성질소종이다.

### 5) 체세포 돌연변이설(somatic mutation theory)

유성생식으로 태어난 모든 생명체는 크게 2가지 종류의 세포로 구성된다. 즉, **체세포**(體細胞, somatic cell)와 **생식세포**(生殖細胞, germ cell)가 그들이다. 이 중 체세포는 인간의 몸을 만들고, 생식세포는 다음 세대로 전달할 유전적 정보를 담고 있는 세포들이다. 따라서 체세포에 돌연변이가 생기는 경우와 생식세포에 돌연변이가 생기는 경우는 아주 다르다. 이 중에서도 체세포에서 생기는 돌연변이는 자손에 유전되지 않고, 노화나 암을 일으키는 요인으로 작용한다. 이들은 이미 제8장 '생명의 번식'과 제9장 '생명의 유전' 편에서 자세히 다루었다. 체세포의 DNA에 손상이 가해지면, 인체는 이를 복구하거나 수선하는 다양한 방법을 가지고 있다. DNA가 손상되면, 곧바로 DNA 수선 과정이 뒤따라야 한다. 만약 이러한 손상과 복구 과정의 균형이 깨어진다면, 우리는 심각한 상황에 빠질 것이다. 따라서 DNA가 손상되는 만큼 복구가 되지 않으면, DNA 손상은 계속 축적될 것이다. 따라서 이러한 DNA 손상에 의한 돌연변이가 축적된 결과로 나타나는 것이 노화의 원인이라고 보는 견해이다. 노화의 원인으로 이러한 돌연변이 축적이론을 처음으로 제시한 학자는 영국의 생물학자였던 **피터 메더워**(Peter B. Medawar, 1915~1987)였다[48]. 이러한 체세포 돌연변이 축적설은 초기 이론 중 하나이지만, 노화 현상이 DNA 손상과 돌연변이라는 관점을 부각시켜서 현대 노화 이론의 발전에 많은 공헌을 하고 있다. 이들은 곧이어서 '유전체 불안정성' 편에서 광범위하게 다룰 것이다.

## 3. 진화설(Evolutionary theories)

### 1) 일회용 체세포설(disposable soma theory)

노화의 원인을 설명하는 이론 중 하나인 **일회용 체세포설**

혹은 **신체 폐기이론**은 가장 설득력 있는 이론 중 하나이다. 이미 '노화의 역학' 편에서 설명한 대로 지난 10년간 인간의 평균 수명은 놀랄 정도로 증가하고 있지만, 실제 인간의 최대 수명은 아직도 큰 변화가 없다. 이런 사실은 인간의 수명이 환경요인보다 유전적 요인이 더 강하게 작용한다는 것을 시사한다고 볼 수 있다. 노화 이후에 뒤따라오는 죽음은 새로운 세대교체를 의미한다. 이 새로운 세대는 새로운 유전자 조합이 일어났다는 것을 의미한다. 따라서 노화나 죽음이 없으면 새로운 유전자 재조합이 없고, 새로운 유전자 조합이 없으면 진화는 더이상 진행되지 못한다. 따라서 노화는 한층 더 나은 세대로 나아가기 위한 진화적 현상으로 보아야 할 것이다. 그렇다면 노화는 진화가 낳은 하나의 결과물일까? 노화란 상식적으로 자연선택에서 살아남을 만큼 가치 있는 현상이 아닌데도 말이다.

우리는 다시 이 문제를 거론하면서 생각을 정리해 보자. 우선 우리 몸을 구성하는 세포의 종류는 약 270종 정도 된다. 그러나 이 세포들을 압축하여 분류하면 **체세포**(體細胞, somatic cell)와 **생식세포**(生殖細胞, germ cell)의 두 종류로 구분할 수 있다. 체세포는 우리의 육체인 몸을 형성하고, 생식세포는 우리의 정보를 다음 세대에 전달해 주는 특수한 임무를 띠고 있는 세포들이다. 따라서 체세포는 우리의 몸인 반면, 생식세포는 반쪽의 DNA를 가지고 있는 조직이다. 또한 우리의 육체는 유한한 반면, 정보를 가지고 있는 유전자는 불사의 존재가 된다. 따라서 우리의 몸은 단지 무생물인 유전자를 다음 세대에 전달해 주는 역할을 수행할 뿐이다. 이는 마치 달리기 선수가 자신의 **바톤**(baton)을 다음 주자에 넘겨주고 무대에서 사라지는 것과 같다. 나는 이러한 관점에서 생물체의 세대 연결을 **계주론**(繼走論, Relay race theory, 그림 11-5)에 비유하고 싶다. 그러나 왜 인간은 영원히 살지 못하고, 수백 명의 자녀를 낳지 못하는지에 대한 해답이 뒤따라야 할 것이다.

모든 생물체는 그 생명체의 시작에서부터 소멸되는 과정인 **생활사**(生活史, life history)를 가진다. 이러한 생활사는 그림 6-1에서 보는 것처럼 출생하여 성장하고 번식 과정을 거쳐 노화와 죽음으로 연결된다. 그렇다면 이러한 생활사에서 나타나는 특징적인 **형질**(形質, trait)들은 자연선택이라는 과정을 거쳐서 어떻게 진화되어 왔을까? 예를 들면, 한 종에서

그림 11-5. 유전자라는 바톤을 넘겨주는 계주론. (출처: vectorfusionart[11-5])

그 종이 낳은 자손의 수나 크기 또는 번식이 처음으로 일어나는 시기나 번식 기간 등이 하나의 형질이 되어, 진화의 자동 벨트 위에 올려질 것이다. 만약 자손을 많이 낳거나, 성숙한 채로 자손을 낳을 수 있는 종은 자연선택을 받아 번성할 것이다. 또한 번식을 일찍 시작할수록, 번식기간이 길수록 더 유리해질 것은 당연하다. 그렇다고 모든 종들이 좋은 것만 골라서 가질 수는 없다. 이것이 종들이 가질 수밖에 없는 한계점이다. 그 한 예로 번식 시기에 대한 적응이 어떻게 일어났는지를 살펴볼 필요가 있다.

우리가 잘 알고 있는 태평양 연어(그림 11-6)는 대서양 연어와는 달리, 본래 태어난 강기슭으로 올라와 산란을 하고 기진맥진하여 죽게 된다. 우리는 이런 번식 형태를 **일회 번식**(一回繁殖, semelparity, 'semul'은 한 번이라는 뜻을 가짐)이라고 부른다. 우리는 왜 이들이 이런 형태의 번식 방법을 택하였고, 어떻게 지속적으로 살아남는지에 대한 진화적 수수께끼를 찾아내야만 할 것이다. 이런 형태의 일회 번식은 태평양 연어뿐만 아니라 주머니쥐 일종인 안테키누스(Antechinus) 종에서도 일어난다. 이 안테키누스 수컷은 2주간 격렬한 짝짓기를 하는 동안 안드로젠은 8배 이상 증가하고, 스트레스 호르몬도 10배 이상 치솟아 오른다. 따라서 이들은 짝짓기가 끝나면 급격한 노화 현상이 일어나고, 면역계가 억제되어 수컷은 곧 죽고 만다. 그러나 암컷은 수컷과 달리 죽을 정도의 번식행위를 하지 않고, 살아남아서 출산 후 4개월 동안 새끼를 돌볼 수 있는 힘을 비축해 두고 있다. 이는 태평양 연어에서

그림 11-6. 태평양 연어의 일회 번식. (출처: Vimeo.com[11-6])

암수가 짝짓기 이후에 모두 죽는 것과는 다소 대조적이다. 이런 형태의 번식은 식물에서도 일어난다. 우리가 산책길에서 자주 만나는 **일년초**(一年草, 한해살이 식물, annual plant)들이나 잎이 용의 혓바닥 모양을 하고 있는 **용설란**(龍舌蘭, century plant)도 한 번 번식한 이후 모두 죽는다. 이들은 왜 이런 번식 방법을 선택하고 있을까? 이러한 일회 번식형이 자연선택을 받을 수 있는 이유는 이들의 사망 유형에서 그 해답을 찾아야 한다. 즉, **유년기 사망률**(幼年期死亡率, Juvenile mortality)보다 **성체 사망률**(成體死亡率, Adult mortality)이 높은 경우에는 성숙하자마자 바로 번식하는 게 유리하기 때문이다[20,63].

11

이에 반하여 생활사에서 한 번 이상 번식하는 형태를 **다회 번식**(多回繁殖, Iteroparity, 'itero'는 빈번한 'frequent'라는 뜻)이라고 부른다. 이 다회 번식은 인간을 포함한 대부분의 동물과 **다년생 식물**(多年生植物, perennial plant)들이 여기에 속한다. 이들은 성체 사망률보다 유년기 사망률이 높은 경우로서 일단 성체가 되면 오래 살 가능성이 높으므로, 유리한 다산 쪽으로 자연선택이 이루어졌다고 볼 수 있다. 이러한 번식 과정을 살펴보면, 가장 기본적인 방향이 **생존**(生存, survival)과 **번식**(繁殖, reproduction)이라는 두 개의 목적에 생명체의 모든 생활사가 적응해 있다는 사실을 알아차릴 수 있을 것이다. 이는 1990년대 "인간은 왜 늙는가? (Why we age?)"라는 책의 저자인 **스티븐 오스타드**(Steven N. Austad, 1946~)가 밝혀낸 사실과 일치한다. 즉, 포식자가 있는 경우는 많은 수의 새끼를 낳고 단명하는 반면, 포식자가 없는 경우는 다소 적은 수의 새끼를 오랫동안 낳는 경향을 보이는 것과 같은 현상이다. 따라서 우리는 모든 생물체의 생활사에서 생존과 번식이라는 두 개의 목적을 저울 위에 올려놓고 진화가 자연선택을 통하여 흘러왔다는 것에 주목하여야 한다. 그러나 이 둘 사이에서 가장 기본적인 개념은 경제용어인 **트레이드오프**(trade off, 상충관계, 相衝關係)라는 자연현상이다. 이렇게 트레이드오프가 작동하는 것은 생물체의 생활사를 꾸려 가는 과정에서 필요한 에너지와 자원이 제한되어 있기 때문이다. 즉, 자원의 제한 때문에 많은 수의 알을 산란하기 위해서는 알의 크기를 작게 만들어야만 한다. 이것이 어류의 알이 새의 알만큼 클 수가 없는 이유이기도 하다. 이러한 이율배반적인 트레이드오프는 한쪽을 취하기 위해서는 다른 한쪽을 희생해야 한다는 뜻이다. 이러한 개념이 바로 일회용 체세포 이론으로 설명될 것이다.

일회용 체세포 이론 혹은 신체 폐기이론을 설명하기 전에 먼저 세 사람의 학자를 소개하고자 한다. 오파린과 더불어 영국의 **홀데인**(John B. S. Haldane, 1892~1964)은 원시수프라는 개념을 제안한 학자로도 유명하지만, 홀데인은 **헌팅턴병**(Huntington's disease) 또는 헌팅턴 무도병(Hungtington's chorea)이라고 불리는 질병에 큰 관심을 가졌다[14,71]. 이 헌팅턴병은 1872년 미국 의사인 **조지 헌팅턴**(George Hungtington, 1850~1916)에 의해서 처음으로 기술된 질병으로서, 의사들은 이 병이 어떤 것인지를 잘 알고 있다. 즉, 이 병은 **상염색체 우성유전**(常染色體優性遺傳, autosomal dominant inheritance) 형태로 유전되는 질환으로 주로 40대 전후에서 발병한다. 이 병의 특징은 인간으로 하여금 말을 못하게 만들고, 제대로 걸을 수도 없으며, 결국에는 인지기능이 떨어져서 치매에 빠지게 되는 잔혹한 질병 중 하나이다. 이 우성 질환이 왜 세월이 흐르면서 자연선택에 의하여 사라지지 않고, 계속 인간 사회에 남아 있는 이유가 무엇인지를 생각해 본 학자가 바로 홀데인이다. 그는 이 질병이 40대 전후에서 발병하기 때문에 이 질병을 가지고 있는 환자들의 생식기가 거의 끝날 무렵에 발병한다는 점에 주목하였다. 즉, 임신이 불가능하기 전에 이미 자손을 보았다는 의미이다. 따라서 홀데인은 헌팅턴병이 생식에 영향을 주지 못하기 때문에 자연선택에 의하여 제거되지 못한다고 생각하였다. 더구나 **피터 메더워**

(Peter B. Medawar, 1915~1987)는 인간의 생활사를 생식 전 단계, 생식단계 및 생식 후 단계로 나누어 보았다[50]. 그는 생식단계까지는 자연선택이 작용하지만, 생식단계가 끝나면 자연선택이 치사 유전자를 제거하지 못한다고 생각하게 되었다. 즉, 노화라는 현상은 자연선택이 작용하는 범위를 벗어나 있다고 본 것이다. 모든 유전자는 생식하기에 충분할 정도로만 수명을 보장하지만, 생식이 끝난 이후는 그 효율성이 점차 떨어져서 노화가 발생된다고 생각하게 되었다. 더군다나 영국의 생물학자인 **토마스 커크우드**(Thomas B. L. Kirkwood, 1951~)는 1979년 한 걸음 더 나아가서, 생식기간이 끝난 육체는 폐기시켜 버리는 쪽으로 진화가 진행되어 왔다고 보게 되었다. 즉, 자손을 낳는 데 더 많은 자원을 투자할 것인지 혹은 육체를 보호하고 유지하는 데 더 많은 자원을 투자할 것인지에 대한 선택이 진화 여정 상 중요한 문제로 떠오른다는 의미이다. 이는 마치 그림 11-7처럼 제한된 자원을 육체의 유지 및 보수에 투자할 것인지 혹은 성장과 번식에 더 많이 투자할 것인지에 대한 트레이드오프인 셈이다. 따라서 적대적 환경에서는 자손을 낳는 데 더 많은 자원을 투자하는 것이 더 현명하다는 것을 누구나 공감할 것이다. 이런 결과로 인하여 육체는 폐기되고, 노화와 죽음이 뒤따라 오게 된다는 개념이 일회성 체세포설 혹은 신체 폐기이론인 셈이다. 그림 11-7은 번식에 치중하면 수명이 짧아질 것이고, 몸의 유지와 보수에 자원을 투자하면 번식이 빈약해지는 이율배반적인 트레이드오프를 잘 설명하고 있다[62]. 생물들이 살아가는 생활사는 육신의 불멸을 추구하는 데 투자하는 자원을 부질없거나 어리석은 것으로 보고 있다. 왜냐하면 인간의 육신을 끌고 가는 생명현상은 열역학 제2 법칙에 위배되고, 이를 극복하기 위해서는 무한정의 에너지가 필요하기 때문이다. 그러나 생명계에서 무한한 에너지를 공급받을 수 있는 방법은 어디에도 존재하지 않는다. 따라서 우리는 노화와 죽음이라는 과정을 이행하면서 계주론이 말해 주듯이, 우리의 육체는 우리가 무엇인지에 대한 정보를 다음 세대로 넘겨주는 유전자 운반체에 불과하다는 것을 신체 폐기이론은 말해 준다고 할 수 있다. 이들에 대한 자세한 설명은 제12장 '생명의 소멸' 편에서 다시 다룰 것이다.

### 2) 길항적 다면발현 이론(antagonistic pleiotropy)

다소 어려운 용어로 구성된 **길항적 다면발현 이론**(拮抗的多面發現理論, antagonistic pleiotropy)은 1957년 뉴욕주립대학의 생물학 교수였던 **조지 윌리엄스**(George C. Williams, 1926~2010)에 의해서 제기된 노화 이론이다[12,37]. **길항적**이라는 의미는 대립적 혹은 적대적이라는 의미를 담고 있는 의학용어이다. 다면발현이라는 의미는 한 개의 유전자가 다수의 형질을 발현시키는 것을 말한다. 즉, 생애 초기에는 번식을 11

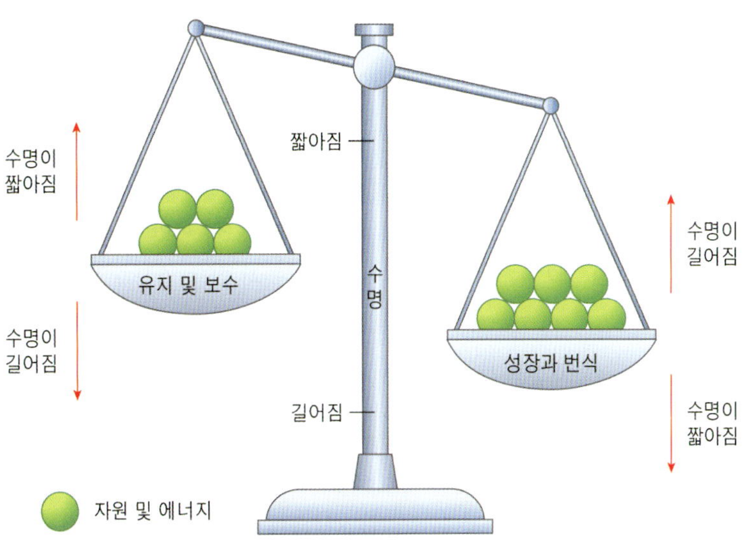


그림 11-7. 자원 및 에너지 분배에 대한 번식과 생존의 상충관계.

위하여 유리했던 유전자가 생애 후기에는 해로운 유전자가 된다는 의미이다. 따라서 초기 생존에는 유리하지만, 후기 생애에는 불리해지는 현상을 말한다고 할 수 있다. 그렇다면 왜 초기에는 유리하다가 후기에는 해롭게 작용하게 되는 것인가? 이는 생식 기간이 끝나면 대부분의 생명체들이 죽기 때문으로 추정된다. 즉, 해로운 작용이 나타날 때까지 대부분 살지 못하기 때문이라고 생각한 것이다. 따라서 길항적 다면발현은 초과 생존에 대한 부작용으로 나타난다고 할 수 있다. 예를 들면, 남성호르몬인 테스토스테론은 생애 초기에는 수컷으로 하여금 힘이 세고 공격적이면서 남성미를 과시하게 하여 짝짓기에 성공할 가능성을 높이지만, 후반기에는 전립선 비대나 전립선암을 빈번히 발생시키는 불리한 요인으로 작용하게 된다. 또한 혈중 칼슘 농도에 관여하는 호르몬들은 생애 초기에는 뼈를 튼튼하게 만들어 주지만, 후기에는 동맥벽에 침착되어 동맥경화를 유발하여 해로움을 끼치게 된다는 이론이다.

그림 11-8. 노화의 원인과 특징을 9가지로 구분한 도해. (출처: López-Otin, et al./Cell[11-8], 게재 허가)

## 4. 노화의 원인 및 특징

지금까지 우리는 노화의 원인에 관한 초기 이론들을 예정설, 과오설 및 진화설로 구분하여 알아보았다. 그러나 이러한 초기 이론들을 흡수하면서 새롭게 드러나고 있는 노화의 원인과 특징들을 보다 종합적으로 정리한 논문이 2013년 **카를로스 로페스 오틴**(Carlos Lopez-Otin, 1958~)과 그 동료들에 의해서 발표되었다. 이들은 노화의 특징을 9가지로 분류하고, 이들의 인과관계를 잘 따져서 정리하였다는 데 큰 의미가 있다고 할 수 있다[3,44,64]. 따라서 그림 11-8에서 보는 것처럼 각각의 노화 특징들을 이해하는 것이 노화를 알아 가는 좋은 지름길이 될 것으로 생각되어 이들을 소개하고자 한다.

### 1) 유전체 불안정성

우리 몸을 형성하는 기본단위인 **세포**(細胞, cell) 속에는 유전자가 들어 있는 **핵**(核, nucleus, 그림 5-19 참고)이 있다. 이 핵 속에 들어 있는 두 가닥으로 된 DNA 사슬은 그 길이가 약 2m 정도나 된다. 즉, 마이크론 단위의 세포 안에 2m가량의 사슬을 포장해서 넣어 두고 있는 셈이다. 그렇다면 이 엄청난 길이의 DNA 사슬은 언제나 안정된 상태로 유지될 수 있을까? 만약 이 유전체에 손상이 초래되면 어떤 결과가 나타날까? 결과적으로 **유전체 불안정성**(遺傳體不安定性, Genomic instability)은 세포에 가해지는 손상 중에서도 가장 중요한 의미를 가진다고 할 수 있다. 그러나 다행히도 정상 세포가 DNA에 손상을 입게 되면, 이를 복구하는 기전이 다양하게 작동하게 된다. 즉, 고장난 유전자를 고치는 시스템을 우리는 가지고 있는 셈이다. 그렇지만 이러한 복구 시스템이 나이가 들면서 점차 그 기능이 약화되면, DNA가 손상된 세포들이 지속적으로 축적될 것이다. 이는 이미 과오설 중에서 '체세포 돌연변이' 이론에서 언급된 내용이다. 이렇게 축적된 DNA 손상 세포가 그림 9-23에서 보는 것처럼 결국 **세포 노화**(細胞老化, senescent cell)를 일으키고, **세포자살**(細胞自殺, apoptosis)이나 돌연변이를 유발하게 된다. 더구나 DNA 손상세포는 더 나아가 암 발생의 중요한 원인을 제공하고 있다. 따라서 DNA 손상과 복구 기전은 대단히 중요한 시스템으로 조금 후에 다시 다룰 것이다. 그렇다면 먼저 DNA에 손상을 주는 경우는 어떤 것들이 있을까? 이들은 이미 제9장 '생명의 유전' 편에서 다루었지만 다시 간략하게 정리해 보자.

우선 가장 흔하게 나타나는 DNA 손상은 DNA 복제 시에 나타난다. 이는 세포분열에서 어쩔 수 없이 나타나는 복제 오류인 셈이다. 그뿐 아니라 X-선이나 자외선, 다양한 화학 약물 및 이미 기술된 활성산소에 의해서도 손상을 입게 된다. 또한 핵을 둘러싸는 핵막의 구조에 이상이 초래되어도 유전체가 불안정해질 것이다. 그렇다면 DNA 손상이 노화나 암을 발생시키는 역할만 하고 있을까? 이번에는 이 문제를 다른 면에서 생각해 보자. 우선 DNA 손상에 의해서 발생되는 돌연변이는 오히려 유전적 다양성을 초래해서, 자연선택에 의하여 진화의 원천이 될 수도 있다는 점이다. 따라서 유전체돌연변이는 어떤 면에서는 양날의 칼이라고 할 수도 있다.

우리의 몸을 구성하는 세포 안에는 유전자가 모두 핵 안에만 있는 것이 아니다. 에너지를 만들어 내는 미토콘드리아 속에도 자체 DNA가 있다는 것을 우리는 잘 알고 있다. 따라서 동물세포에서 미토콘드리아는 핵 이외에 유전정보를 가지고 있는 유일한 소기관이라고 할 수 있다. 특히나 미토콘드리아는 자유기설에서 기술한 대로 산소를 이용해서 에너지를 만들어 내는 공장이다. 따라서 90% 이상의 자유기는 미토콘드리아에서 만들어진다. 이 말은 그만큼 미토콘드리아 DNA가 손상 받을 위험성이 높다는 것을 의미한다. 그렇다면, 이 미토콘드리아 DNA가 손상을 받으면 어떤 결과가 초래될까? 이는 바로 에너지 생산과 직결되어 노화가 촉진되고 수명이 감소할 것이다. 이는 미토콘드리아 DNA에 돌연변이가 적게 일어나도록 유전적으로 조작하면, 노화가 지연되고 수명이 연장되는 것에서도 알 수 있다. 또한 미토콘드리아 DNA는 핵에 있는 DNA와는 다르게 산화적 미세환경에 놓여 있는 것 이외에도, DNA를 보호해 주는 히스톤(Histone)이 없을 뿐만 아니라, 핵의 DNA에 비하여 손상 복구 시스템의 효율성도 낮다. 따라서 미토콘드리아 DNA는 손상을 받기 쉽다는 것을 누구나 쉽게 이해할 수 있게 된다. 그리고 핵막 안에 섬유성 그물망을 형성해서 핵의 구조를 지지하기도 하고, DNA 복제 및 세포분열에도 관여하는 **라미나**(lamina)에 결함이 생겨도, DNA가 제대로 작동할 수 없게 된다. 이는 이미 조로증 중의 하나인 **허친슨-길포드 증후군**(Hutchinson-Gilford syndrome; HGS)에서 설명한 바 있다.

그렇다면 이번에는 DNA 손상을 다시 복구시키는 방법에 대해서 알아볼 차례이다. 우선 이 DNA 복구 시스템은 이미 제9장 '생명의 유전' 편에서 기술한 바 있듯이, 손상된 부위에 따라 다양한 방법으로 DNA를 원상으로 회복시키는 복구 시스템이 작동하게 된다. 대개 세포가 한 번 분열함에 따라 약 3만 개의 복제 오류가 발생한다. 그러나 이 복제 오류는 중합효소에 의해서 **교정**(校正, proofreading)되어 약 300개 정도로 줄어든다. 이렇게 오류가 줄어든다고 해도 인간의 경우 4살을 넘기지 못하고 암에 걸려 버릴 것이다. 다행히도 우리가 이러한 위기를 극복하고 오래 살 수 있는 이유는 DNA 손상에 대한 복구 기전이 따로 있기 때문이다. 결국 약 300개의 오류도 DNA 복구 기전이 발동하여 회복시킴으로써, 10억 번의 세포분열당 한 번 정도의 복제오류가 발생하게 된다. 따라서 DNA 복구 기전의 작동 여부는 노화나 암 발생에 매우 중요한 역할을 담당한다고 할 수 있다. 이러한 DNA 복구 기전에 대한 정보는 그림 11-9에 잘 나타나 있고, DNA 손상이 일어나는 형태에 따라 이를 복구하는 다양한 기전들이 소개되어 있다.

## 2) 텔로미어 마모

**텔로미어 마모설**(-摩耗說, telomere attrition)은 초기 이론 중 예정 노화설을 구체적으로 설명한 노화 이론으로 볼 수 있다. 텔로미어를 알기 위해서는 아무래도 미국의 세포생물학자인 **레너드 헤이플릭**(Leonard Hayflick, 1928~)을 먼저 소개해야 할 것 같다. 헤이플릭은 1961년 필라델피아의 위스타르 연구소(The Wistar Institute)에서 탯줄에서 떼어 낸 섬유아세포(纖維芽細胞, fibroblast)를 배양해 본 결과, 이 세포들이 50회 정도 분열한 후 더이상 분열을 하지 않고 일정 기간 살아 있다가 죽어 버리는 현상을 발견하게 되었다[1,17,62]. 이는 나중에 **헤이플릭 한계**(Hayflick limit)라고 이름 지어졌지만, 왜 이런 현상이 일어나는지에 대한 연구와 이 현상이 의미하는 생리학적 역할을 규명하는 데 중요한 화두를 던졌다고 볼 수 있다. 그 이후 약 10년이 경과된 1971년 러시아의 생물학자인 **알렉세이 올로브니코프**(Alexey Olovnikov, 1936~)는 이러한 헤이플릭 한계가 나타나는 것은 텔로미어라는 구조가 점점 짧아져서 일어나는 현상이라는 것을 처음으로 알아차리고, 아마도 이를 복구하는 텔로머레이스(telomerase)라는 효소가 있을 것으로 보았다. 그뿐만 아니라 이러한 텔로미어의 단축이 노화나 암 발생과 밀접한 연관이 있을 것으로 추정하였다. 이제부터 텔로미어의 정체를 찾아 나서 보자.

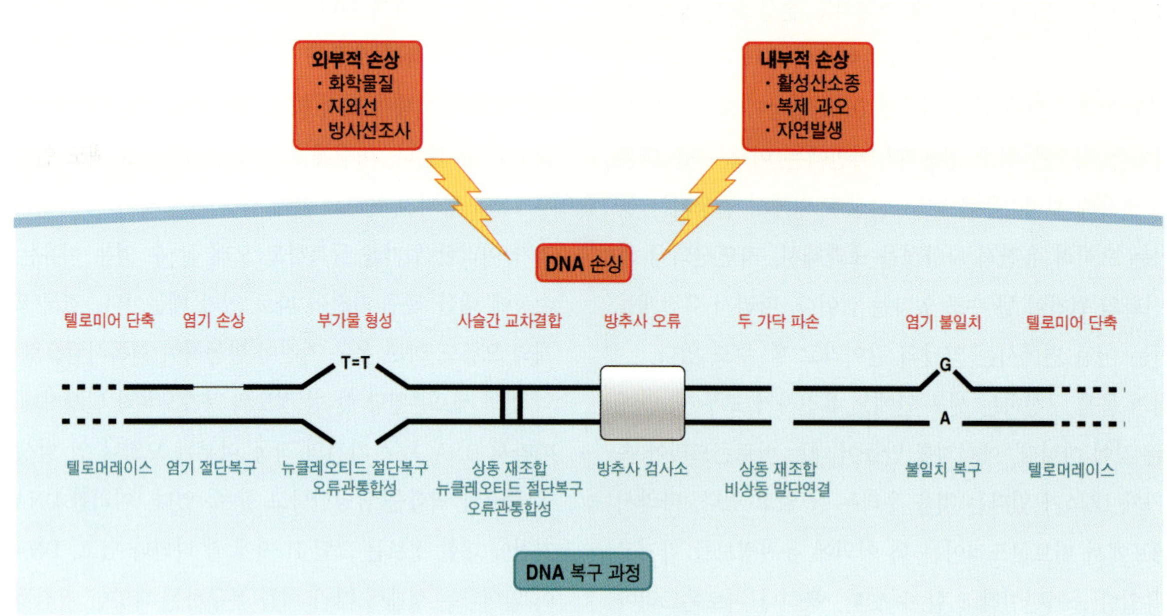


**그림 11-9.** DNA 손상과 복구 기전에 관한 도해. (출처: López-Otin, et al./Cell[11-9], 게재 허가)

11

텔로미어는 그림 9-21에서 보는 바와 같이 염색체 끝부분에 있는 특정 염기서열이 반복되는 구조를 말한다. 이 텔로미어의 기능은 염색체가 분해되거나 다른 염색체와 결합하는 오류를 막기 위하여, 마치 운동화 신발 끈의 끝에 **코팅**된 부분처럼 염색체가 풀리지 않게 해 주는 역할을 하고 있다[18]. 그러나 이러한 텔로미어는 DNA가 반복적으로 복제되면, 복제될 때마다 그 길이가 조금씩 짧아져서, 마침내 세포분열이 정지되는 사태가 발생하게 된다. 왜냐하면 DNA 복제효소인 **DNA 중합효소**(-重合酵素, DNA polymerase)는 이 텔로미어를 복제할 수 없기 때문이다. 이는 제9장 '생명의 유전' 편에서 이미 다룬 것과 같이, 진핵생물에서는 염색체가 **선형**(線形, linear)으로 되어 있기 때문에 이런 단축 현상이 생기게 된다. 그러나 염색체가 **원형**(原形, circular)으로 되어 있는 세균과 같은 원핵생물에서는 텔로미어 단축과 같은 문제는 생기지 않게 된다. 왜냐하면 원형의 이중나선이 복제되어 만나면 그만이기 때문이다. 하지만 선형으로 된 진핵생물의 염색체는 이와는 다르다. 특히나 **지연사슬**(遲延-, lagging strand)은 **오카자키 절편**(-切片, Okazaki fragment)에 의해서 복제되는 구조이기 때문에, 마지막에는 **프라이머**(primer)가 붙을 수 있는 자리가 없어서 자연적으로 텔로미어가 단축되게 된다. 따라서 모든 체세포는 세포분열 횟수에 한계를 가지게 되고, 최종적으로는 일정한 분열 후에는 세포가 자연적으로 소멸되는 과정을 겪게 되는 것이다. 따라서 진핵세포는 유한한 분열을 할 수밖에 없는 것이다. 그렇다면 텔로미어가 복구될 수 있는 방법은 없을까? 만약 텔로미어가 복구될 수 있다면, 세포나 더 나아가서 인간의 수명은 더 길어질 수 있을까? 우리는 다시 **텔로머레이스**(telomerase)라는 텔로미어를 복구시킬 수 있는 효소를 만나게 된다[9].

텔로머레이스는 유일하게 텔로미어를 복제해 낼 수 있는 **역전사 효소**(逆轉寫酵素, reverse transcriptase)이다. 대부분 포유류 체세포에서는 이 텔로머레이스가 발현되지 않고 있다. 그러나 이 텔로머레이스가 활성화되어서 텔로미어를 복구해 내면 그 세포는 죽지 않고 불멸의 세포로 남을 수가 있을 것이다. 우리의 몸속에도 이러한 텔로머레이스를 활성화시키고 있는 세포들이 있다. 대표적으로 정자나 난자를 뜻하는 **생식세포**(生殖細胞, germ cell)나 **줄기세포**(stem cell)가 여기에 속한다. 생식세포는 수정한 이후에도 계속 분열해야만 할 것이고, 이들은 다시 자식의 생식세포가 되어 대를 이어 번식해야 하기 때문에 이들은 분열을 정지할 수가 없다[56]. 그뿐만 아니라 우리 몸안에 있는 줄기세포도 무한정 분열해야 한다. 왜냐하면 피부나 혈액세포 등의 줄기세포는 개체가 생존해 있는 한은 지속적으로 분열해야만 하기 때문이다. 그리고 텔로머레이스를 가지고 있는 세포 중의 하나가 암세포이다. 이 암세포의 세포분열은 텔로머레이스 덕분에 통제받지 않고 무한정 분열할 수 있다. 그렇다면 체세포에서는 대부분 텔로머레이스가 활성화되지 않고, 일정한 세포분열 이후에는 세포가 스스로 죽고 마는 이유는 무엇인가? 우리는 세포들의 깊은 고민을 헤아려 보아야 할 것이다. 세포들은 세월이 지나면서 지속적으로 많은 유전자 돌연변이가 세포 안에 축적될 것이다. 돌연변이가 세포 속에 축적된다는 것은 바로 암이 발생할 가능성이 높아진다는 의미이다. 따라서 세포는 더이상 분열을 멈추고 스스로 죽음을 택하게 된다고 볼 수 있다. 즉, 헤이플릭 한계는 암에 대한 보호장치인 셈이다.

그렇다면 암을 유발하는 가장 큰 원인은 무엇일까? 암을 유발하는 가장 큰 원인은 바로 나이이다. 80세에 암으로 죽을 확률은 20세에 비해 무려 200배나 더 높은 이유도 여기에 있다. 또한 암의 발생 빈도에 영향을 미치는 중요한 요인 중 하나가 **종**(種, species)이다[7]. 이는 인간보다 쥐가 암에 걸릴 확률이 10만 배나 더 높다는 사실에서 알 수가 있다. 코끼리나 고래도 인간보다 훨씬 많은 세포 수를 가지고 있지만 수명은 인간과 비슷하다. 즉, 이들은 인간보다 더 암에 저항성이 있다고 할 수 있다.

암의 특징은 세포가 제어할 수 없는 부적절한 세포분열로 통제 없이 무한정 분열한다는 데 있다. 또한 암은 노화와 관련된 가장 일반적인 질병 중 하나이다. 따라서 암은 일종의 노인성 질환으로 볼 수도 있다. 이렇게 급격하게 분열하는 암세포는 충분한 영양분을 공급받기 위해서 왕성하게 새로운 혈관들을 만들어 낸다. 이렇게 암의 혈관들이 사방으로 뻗어나가는 모양을 형상화한 것이 암을 뜻하는 cancer이다. 이 cancer의 본래 의미가 그리스어로 게(crab)를 뜻하는 karkinos에서 왔다는 것도 이를 상징한다고 볼 수 있다. 그뿐만 아니라 이들은 혈관을 뚫고 주위나 먼 곳으로 펴져 나가는 **전이**(轉移, metastasis)라는 특징도 가지고 있다. 그렇다면 이러한 암이 자주 발생하는 장소는 어디일까? 당연히 세포분열이 왕성하게 일어나는 곳에서 더 많은 돌연변이가 축적될 것이고, 이런 기관에서 더 많은 암이 발생할 것은 당연할 것이다. 즉, 피부나 소화기관의 벽 또는 유방이나 전립선과 같은 생식기관 및 혈액 종양들의 발생 빈도가 높은 것도 이 때문이다.

그렇다면 암에서 텔로머레이스를 억제시키면 암을 치료할 수 있을까? 이론적으로는 가능할 것처럼 보인다. 그러나 모든 암세포의 텔로머레이스를 억제시킨다는 것이 현실적으로 가능할까? 그뿐만이 아니라 인체에 정상적으로 텔로머레이스를 가지고 있는 생식세포나 줄기세포를 파괴한다면, 어떤 결과가 초래될까? 물론 표적 치료제의 효용성이 남아 있다고 해도 효능과 독성의 저울질은 항상 필요해 보인다. 우리가 노화를 근본적으로 극복할 수 없듯이 암도 완벽하게 정복하지는 못하지만, 다스릴 수는 있는 수준으로 나아가고 있다는 것은 고무적이다.

### 3) 후성유전학적 변형

**후성유전학적 변형**(後性遺傳學的變形, Epigenetic alteration)이란 유전정보가 담겨 있는 염기서열에 변동이 생기는 것이 아니라, 염기서열에 담겨 있는 정보가 제대로 작동하는지의 여부를 말한다. 즉, 유전자의 발현이 변화된다는 의미이다. 이는 유전자가 담겨 있는 DNA나 이 DNA를 감고 있는 히스톤(histone), 더 나아가서 **염색질**(染色質, chromatin)에 작용하여 유전자의 발현이 변형되는 것을 말한다(그림 9-11, 9-12, 9-17 참고). 예를 들면, 진핵세포의 핵에 들어 있는 고도의 알칼리성 단백질인 히스톤에 **메틸기**(Histone methylation)가 붙으면, 히스톤 사이의 틈새가 벌어지면서 DNA에 접근하기가 쉬워진다. 따라서 자연적으로 유전자 발현이 증가할 것이다. 히스톤은 크게 5가지 종류로 구성되어 있어서, 이들이 효소에 의해서 각각 **메틸화**나 **아세틸화**(acetylation)가 되면, 그 유전자의 발현이 변하게 된다. 우리는 이런 경우를 **히스톤 변형**(histone modification)이라고 부르고 있다. 예를 들면, 히스톤의 일종인 H4K16의 아세틸화나 H3K9의 메틸화는 바로 노화와 관련된 유전자 발현에 영향을 미치게 된다. 따라서 이런 후성유전학적 변형이 일어나는 이유는 약물이나 환경오염, 더 나아가서 음식이나 운동 여부와 연관되어 있다. 특히 일란성 쌍둥이는 어릴 적에는 아주 똑같을 것이다. 왜냐하면 유선사가 모두 동일하기 때문이다. 그러나 세월이 흐를수록 점차 차이가 나는 것은 유전정보가 환경적 요인에 의해서 발현 정도가 달라지기 때문이다.

특히 노화와 연관되어 관심을 끄는 단백질 중 하나가 **시르**

**투인**(sirtuin)이다[29]. 왜냐하면 이 시르투인이 바로 히스톤에 있는 아세틸기를 떼어 내어서 후성유전학적 변형을 일으키기 때문이다. 즉, 시르투인은 **탈아세틸화 효소**(deacetylase)이다. 이 시르투인이 발견된 것은 비교적 최근인 1999년도이다. 매사추세츠 공과대학의 생물학 교수인 **레오나르드 구아렌테**(Leonard P. Guarente, 1952~)는 단세포 균류인 **효모**(酵母, yeast, *Saccharomyces cerevisiae*)의 실험에서 먹이인 포도당을 75%가량 줄임으로써 효모의 수명이 30%나 증가하는 현상을 발견하였다. 그의 연구팀은 왜 이런 현상이 생기는지를 연구하던 중 미토콘드리아 속의 NAD(Nicotinamide adenine dinucleotide, 그림 7-30 참고)가 증가되어서, 시르투인 단백질을 만들어 내는 유전자의 활동 증가로 이어져서 수명 연장으로 연결되었다는 사실을 밝히게 되었다. 그들은 이 효모에서 발견된 단백질을 **Sir2**(Silent mating-type information regulation 2의 약자)라고 부르게 되었다. 즉, Sir2를 만들어 내는 유전자는 바로 **장수 유전자**(長壽遺傳子, longevity gene)였던 셈이다. 이러한 장수 유전자의 발견은 노화를 유전학적으로 연구하는 데 기폭제가 되었다고 볼 수 있다. 더구나 이 효모에서 발견된 Sir2가 효모에게만 있었던 것이 아니고, 박테리아나 고세균에도 하나 내지 2개의 유전자가 있었고, 포유류에서는 7개의 시르투인 유전자가 있다는 사실이 알려지게 되었다. 따라서 시르투인은 우리가 미처 몰랐던 아주 잘 보존되어 광범위하게 진화되어 온 생물학적 경로였던 셈이다. 인간에서 발견되는 시르투인은 효모의 Sir2와 상동체인 SIRT1이 가장 잘 연구된 종류로 볼 수 있다[66]. 인간의 시르투인은 세포핵과 미토콘드리아 및 세포질 속에 각기 들어 있다. 세포핵 안에 들어 있는 시르투인은 SIRT1, SIRT6 및 SIRT7이고, 미토콘드리아 속에 들어 있는 시르투인은 SIRT3, SIRT4 및 SIRT5이다. 또한 세포질에 들어 있는 시르투인은 SIRT1 및 SIRT2가 여기에 들어 있다. 이들의 역할도 아주 다양하여 대사기능을 조절하고, 스트레스 저항성을 증가시키면서 체내 에너지양에도 관여한다. 또한 DNA 손상을 방지하고, 손상을 복구시키는 능력을 향상시켜서 노화를 지연시키고, 수명을 연장하는 능력을 가지고 있다. 그뿐만 아니라 생체시계와 미토콘드리아의 생체 내 합성을 조절하는 기능을 가지고 있다(그림 11-10).

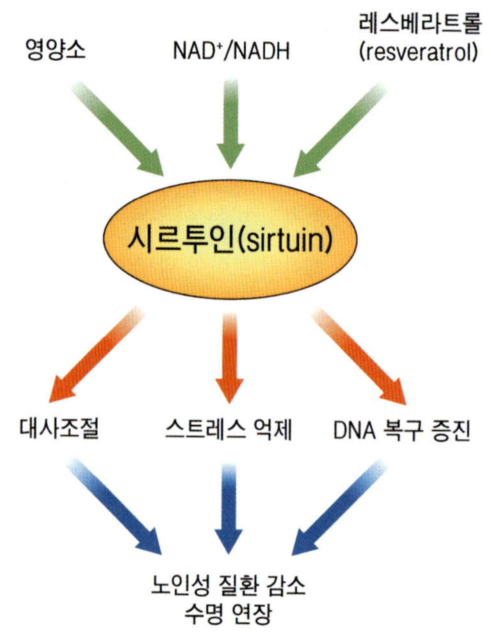


그림 11-10. 시르투인의 생성 및 기능.

또 다른 우리의 관심 사항은 적포도의 껍질에 많이 들어 있는 **레스베라트롤**(Resveratrol)이다. 적포도주에 많이 들어 있는 레스베라트롤은 SIRT1 유전자를 활성화시켜서 후성유전학적 변형을 초래하여, 수명이 연장되는 효과를 기대하고 있다. 한때 포도주를 많이 마시는 프랑스인의 자긍심을 높여 주기도 했던 레스베라트롤도 연구자에 따라 상반된 결과를 보고하고 있어서, 그 수명 연장 효과에 대해서는 아직도 그 가능성을 제시해 주는 선에서 머물러 있다고 할 수 있다.

### 4) 단백질 항상성 손실

단백질은 인체를 구성하는 중요한 물질일 뿐만 아니라, 모든 생물체들이 환경에 적응하면서 생존과 번식을 위하여 존재해야 하는 필수적인 고분자이다. 이런 이유로 생물체에 담겨 있는 유전정보가 만들어 내는 물질도 바로 이 단백질이다. 그러나 유전정보가 만들어 내는 것은 아미노산의 순서를 정하는 역할을 할 뿐이다. 단순히 아미노산이 일차적으로 서열이 정해졌다고 그 단백질의 기능이 완성된 것은 아니다. 이들이 접혀서 2차 및 3차 구조를 만들고, 더 나아가서 3차 구조들이 다시 모여서 4차 구조를 만들어 내어야만 완전한 단백질의 기능이 발휘되는 것이다(그림 7-7 참고). 그렇다면 한번 완성된 단백질 구조가 언제나 안정적으로 생체 안에서 유지될 수 있을까? 혹은 4차 구조까지 만들어지면서, 아무 탈 없이 온전한 단백질로 만들어질 수 있을까? 안정적으로 보이는 DNA가 손상을 입듯이, 완성된 단백질도 끊임없이 여러 가지 원인에 의하여 손상을 입게 된다. 그 대표적인 원인이 그림 11-11에서 보는 것처럼 산화 손상이나 **소포세**(小胞體, endoplasmic reticulum, 그림 5-20 참고) 스트레스 및 열충격 등을 들 수 있다. 이렇게 손상된 단백질은 몇 가지 방법에 의하여 정상으로 회복되거나, 제거해 버리는 방법으로 이를 개선하게 된다. 우리는 생명체에서 생체 환경을 항상 일정한 상태로 유지하려는 경향을 **항상성**(恒常性, homeostasis)이라고 부른다. 따라서 **단백질 항상성**(蛋白質恒常性, proteostasis, 단백질이라는 'protein'과 항성상이라는 'homeostasis'를 합성한 용어)이란 단백질의 구조를 항상 일정하게 유지하려는 성질을 말한다. 만약 이러한 단백질 항상성이 손상되거나 저해되면, 단백질은 제 기능을 잃어버리고 노화나 노화 관련 질병이 나타나게 될 것이다. 그렇다면 단백질이 손상되거나 그 구조가 바뀌어 잘못 접힌 상태가 되면 인체는 어떻게 이 문제를 해결할 수 있을까? 우선 잘 알려진 3가지 방법을 차례로 소개하고자 한다[34].

제일 먼저 **자가포식 시스템**(自家捕食-, autophagy-lysosomal system, ALS) 혹은 **자가소화작용**(自家消化作用, autophage)이라고 불리는 이 시스템은 그림 11-11의 맨 왼쪽에 그려져 있다. 이 자가소화작용은 이미 1962년 벨기에의 노벨 수상자인 생화학자 **크리스티앙 드 뒤브**(Christian de Duve, 1917~2013)에 의해서 명명되었지만, 이를 리소좀(lysosome)의 활약과 연결 지어 자가포식 시스템을 밝혀낸 학자는 일본의 세포생물학자인 **요시노리 오스미**(Yoshinori Ohsumi, 1945~)였다. 그는 도쿄 공과대학 교수로서 자가포식 시스템을 완성한 공로로 2016년 노벨 생리의학상을 단독 수상하는 영예를 안게 되었다. 이것은 그의 발견이 노화와 질병을 이해하는 데 중요한 역할을 했다는 것을 증빙한다고 할 수 있다. 먼저 이상 단백질(異常蛋白質, abnormal protein)이 세포질에 생겨나면, 막 구조를 가진 격리막(隔離膜, phagophore)이 이들을 둘러싸서 직경이 약 1㎛ 정도의 자가소화포(自家消化胞,

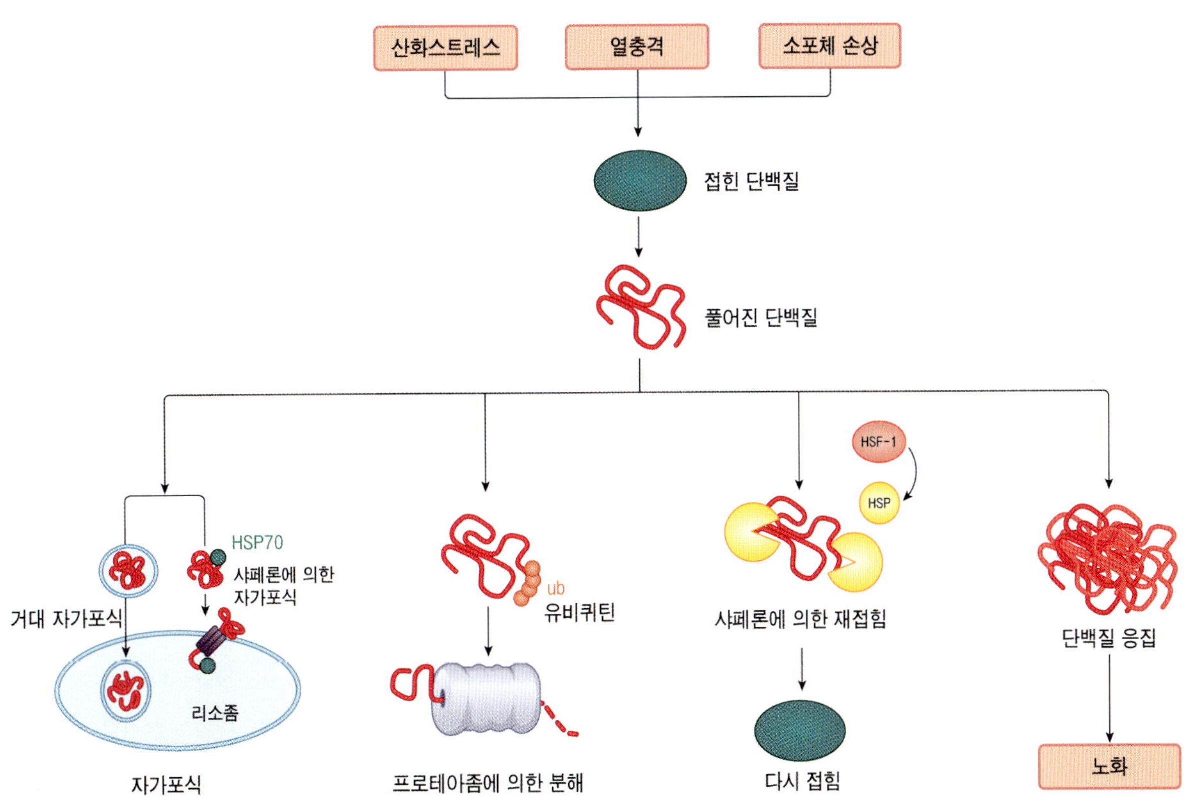


그림 11-11. 단백질 항상성 손상의 원인 및 복구 과정. (출처: López-Otin, et al./Cell[11-11], 게재 허가)

autophagosome)를 형성한다. 이 자가소화포는 다시 리소좀과 결합하여, 리소좀에 있는 다량의 가수분해효소에 의하여 펩티드 결합이 분해되면서 이상 단백질이 파괴되게 된다. 이렇게 분해된 아미노산은 재활용 과정을 통해 인체에서 다시 이용될 수 있을 것이다. 또 다른 자가포식 시스템의 작동은 곧이어 설명할 **샤페론**(chaperone)에 의해서 리소좀으로 들어와서 분해되는 과정을 말한다. 꼬마선충의 실험 결과는 나이가 들수록 자가포식 기능이 점차 감소한다는 것을 보여준다. 따라서 나이가 들어갈수록 비정상 단백질이 늘어나고, 이는 바로 노화나 퇴행성 질환 및 심장병과 더 나아가서 암으로 발전하는 원인을 제공해 준다고 할 수 있다. 그렇다면 실험적으로 자가포식 기능을 증가시키면 어떤 결과가 초래될까? 조금 후에 소개할 **라파마이신 표적 단백질**(Target of Rapamycin; TOR) 억제제인 **라파마이신**(rapamycin)은 자가포식 작용을 증진시켜서 쥐의 수명이 증가하는 결과를 보여주고 있다. 또한 자가포식 유도제인 **스퍼미틴**(Spermidine)도 면역억제 부작용 없이 수명 증대 효과를 보여 주기도 한다.

잘못 접힌 비정상 단백질을 제거하는 두 번째 방법은 **유비퀴틴-프로테아좀 시스템**(Ubiquitin-Proteasome system; UPS)이다. 이 방법도 이스라엘 생화학자인 **아브람 헤르슈코**(Avram Hershko, 1937~)가 그 동료들과 함께 2004년 노벨화학상을 수상했을 정도로 노화와 질병을 이해하는 데 중요한 생리적 과정 중 하나이다. 이 시스템은 의외로 간단히 설명할 수 있다. 즉, 유비퀴틴이라는 단백질이 마치 분리 수거가 필요하다는 것을 표시하는 스티커처럼 비정상적 단백질에 붙으면, 이를 확인한 프로테아좀이 잘못 접힌 단백질을 단백질 분해효소(protease)를 이용해서 파괴시키는 과정을 말한다. 따라서 이 과정은 단순히 노화에만 그 여파가 미치는 것이 아니라, 세포주기 조절이나 면역 및 염증반응과 더불어 인체에서 광범위하게 영향을 미치고 있다. 만약 유비퀴틴 제거효소를 억제하거나 프로테아좀을 활성화시키면 손상된 단백질이 더 효과적으로 제거될 수 있을 것이다.

마지막으로 잘못 접힌 비정상 단백질을 해결하는 방법은 샤페론에 의한 것이다. 이 방법은 대표적인 **열충격단백질**(熱衝擊蛋白質, heat shock protein, HSPs)인 샤페론이 잘못 접힌 단백질을 다시 정상적인 단백질로 바꾸어 주는 것이다. 만약 꼬마선충이나 초파리에서 샤페론의 발현을 증진시키면 이들의 수명이 늘어난다. 또한 쥐에서 샤페론을 파괴시키면 쥐에서 조로증이 발병하는 것으로 보아, 단백질 항상성은 노화와 노화 관련 질병과 밀접한 관련이 있다고 볼 수 있다.

## 5) 영양분 감지 체계의 손상

생명체가 종속영양생물이든 독립영양생물이든지 간에 영양분을 흡수하고, 이를 대사시켜서 에너지를 만들어 내는 것은 가장 기본적인 생존 과정 중 하나이다. 이렇게 만들어진 에너지는 생존을 위해 이용된 후, 그 잉여의 에너지는 저장되어 성장과 생식을 위하여 선택적으로 분배되어 사용될 것이다. 그렇다면 이러한 영양분의 존재와 그 과잉 정도를 알아내는 체계가 생명체 안에 내재되어 있을까? 그림 11-12에서 보여주는 **인슐린/인슐린 성장인자-1 신호전달체계**(Insulin/IGF-1 signal pathway; IIS pathway)가 그 대표적인 시스템이라고 할 수 있다. 이러한 인슐린/인슐린 성장인자-1 체계는 **FOX (Forkhead box)O**라는 단백질인 전사인자 집단을 통해서 노화를 조절하고 있고, 이미 기술한 **시르투인**(Sirtuins)을 통하거나 **포유류 라파마이신 표적 단백질**(mammalian target of rapamycin; mTOR), AMPK 등이 관여되어 있다. 포유류 라파마이신 표적 단백질은 다시 인산화 효소인 **S6 kinase**를 통하여 노화를 조절한다. 따라서 여기에 소개된 세 가지의 신호전달체계(Insulin/IGF-1, Sirtuins, mTOR)는 모든 생물체에 잘 보관되어 있는 노화와 연관된 유전적 신호전달체계라 할 수 있다[5]. 이러한 영양분 신호전달체계는 이미 설명한 **생활속도설**(Rate-of-living theory)이라는 기초 개념을 지지해 주는 좋은 증거를 제시해 준다고도 볼 수 있다. 그림 11-12에서 나타나는 영양분 감지 시스템을 자세히 설명하기 전에, 이러한 감지 시스템이 먼저 인류의 노화 연구에 등장하게 된 연유부터 찾아보는 것이 좋을 것 같다.

먼저 1935년 코넬대학의 생화학자이자 영양학자였던 **클라이브 멕케이**(Clive McCay, 1898~1967)를 소개하고자 한다. 그는 영국의 **홀데인**(John B. S. Haldane, 1892~1964)이나 **피터 메더워**(Peter B. Medawar, 1915~1987)가 생각했던 것처럼, 성숙 자체를 지연시키면 노화 속도도 지연시킬 수 있을 것이라는 가설을 설정하게 되었다[46]. 왜냐하면 성숙 자체를

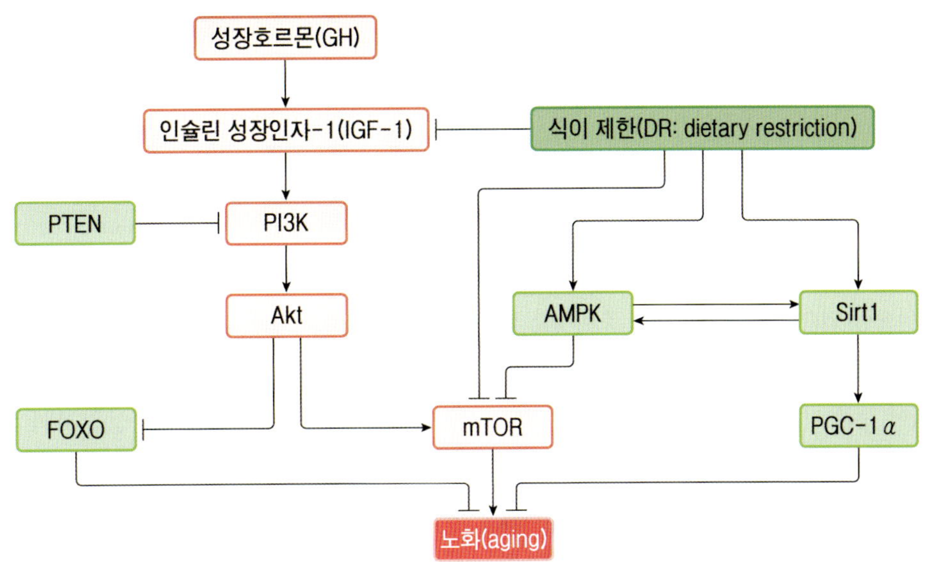


그림 11-12. 양양분 감지 체계인 인슐린/IGF-1, mTOR 및 시르투인 신호전달체계. (출처: López-Otin, et al./Cell[11-12], 게재 허가)

지연시킨다는 것은 자연선택이 작용할 수 있는 기간을 늘려 준다는 의미이기 때문이다. 따라서 그는 성적 성숙을 지연시키기 위하여 음식물 섭취를 제한하면, 노화가 지연될 것으로 생각하게 되었다. 실제 그는 쥐의 실험에서 **식이 제한**(食餌制限, Dietary restriction)을 시행한 결과 50%가량 수명이 연장되는 결과를 얻게 되었다. 물론 기아와 식이 제한은 다른 개념이다. 식이 제한은 기아 상태와는 다르게 단지 칼로리를 제한한다는 뜻이어서, 비타민이나 미네랄 등은 충분히 섭취할 수 있게 해 준다. 이러한 멕케이의 실험은 수명을 연장하거나 지연시킬 수 있는 연구가 활성화되는 계기를 마련해 주었다. 또한 1993년 캘리포니아대학교 샌프란시스코 캠퍼스의 **신시아 케년**(Cynthia Kenyon, 1954~)은 꼬마선충에서 환경이 비우호적이어서 대체 유충인 다우어(dauer) 유충으로 전환시키는 **daf-2**(dauer formation-2) 유전자에 돌연변이가 생긴 경우, 그 수명이 2배로 늘어난다는 사실을 발견하게 되었다. 그러나 이 daf-2 유전자가 인슐린이나 인슐린 성장인자 1의 수용체를 만드는 유전자와 동일하다는 사실이 나중에 밝혀지게 되었다. 따라서 이러한 발견들이 그림 11-12에서 보는 것과 같은 양양분 감지 체계를 찾아내는 데 중요한 역할을 수행했다고 볼 수 있다. 그렇다면 1993년 케년이 찾아 낸 daf-2 유전자는 장수를 촉진하는 **장수 유전자**(長壽遺傳子, longevity gene)일까? 혹은 노화를 촉진하는 **노화 유전자**(老化遺傳子, senescence gene)일까? daf-2 유전자가 정상적으로 작동하지 못하는 경우 수명 연장이 유도되었으므로, daf-2 유전자는 노화 유전자임에 틀림없다[23]. 따라서 그림 11-12에서 주황색으로 표시된 단백질은 노화를 촉진하는 물질들이고, 초록색으로 표시된 물질들은 노화를 억제하는 물질들이라는 것을 알 수 있다. 이제부터 모든 생명체 내부에 유전적으로 잘 보존되어 있는 노화와 관련된 영양분 감지체계에 대하여 자세히 알아보고, 이러한 **영양분 감지체계 손상**(營養分感知體系損傷, deregulated nutrient sensing)이 어떻게 노화와 연관되는지를 찾아 나서 보자.

11

먼저 **성장호르몬**(成長-, growth hormone)은 포유류의 뇌하수체 전엽에서 분비되어 성장을 자극하는 호르몬으로 잘 알려져 있다. 이 성장호르몬은 간으로 전달되어 이차 중재자인 **인슐린 성장인자-1**(Insulin-like growth factor-1; IGF-1) 혹은 **소마토메딘 C**(Somatomedin C)가 생성되고, 이는 다시 **PI3K**(Phosphoinositide 3-kinase)와 단백질 키나아제 B (protein kinase B)인 **Akt**라는 중간 단계를 거치게 된다. 우리는 이러한 과정을 **인슐린/인슐린 성장인자-1 신호전달체계**(줄여서 **IIS pathway**)라고 부른다. 만약 이 신호전달체계가 억제되면 FOXO라는 전사인자를 통해서 노화가 억제되는 효과가 나타난다. 그러나 만약 이 신호전달체계가 증가되면, FOXO를 억제하여 **포유류 라파마이신 표적 단백질**(mTOR)을 자극하게 된다. 이렇게 자극받은 라파마이신 표적 단백질은 다시 S6 kinase라는 중간물질을 경유하여 노화를 촉진시키게 될 것이다. 따라서 인슐린/인슐린 성장인자-1 신호체계가 증가될수록 노화가 촉진되고, 억제될수록 노화가 지연된다는 것을 알게 되었다. 그렇다면 지속적으로 인슐린/인슐린 성장인자-1 신호체계를 억제하면 분명히 노화는 억제될 것이다. 그렇다고 무조건 인슐린/인슐린 성장인자-1 신호체계를 낮출 수 만은 없다. 왜냐하면 이 신호체계를 너무 낮추게 되면, 대사기능이 억제되어 생존 자체가 불가능할 수도 있기 때문이다. 따라서 세포는 이 신호체계를 통하여 수명 증가와 세포의 생존 사이에서 줄타기를 하고 있다고 볼 수 있다. 인간에서 성인형 당뇨병인 제2형 당뇨병은 인슐린 양보다 인슐린 수용체의 민감도가 감소되어서 생긴 질병으로 보고 있다. 따라서 이런 관점에서 제2형 당뇨병을 바라본다면, 세포가 생존 기간을 늘리기 위한 하나의 고육지책이라고도 볼 수 있다.

이러한 인슐린/인슐린 성장인자-1 신호체계는 주로 포도당이라는 영양분을 감지한다. 그뿐만 아니라 포유류 라파마이신 표적 단백질은 높은 아미노산 농도를 감지한다. 따라서 인슐린/인슐린 성장인자-1 신호체계와 라파마이신 표적 단백질은 영양분이 풍부한 상황을 인지하여 **동화작용**(同化作用, anabolism)이 잘 일어나도록 유도한다. 이런 이유로 이들의 활동을 억제시키면 수명 연장 효과를 가져올 것이다. 그러나 이에 반하여 **AMPK**(AMP-activated protein kinase)나 **시르투인**(Sirtuins)은 각기 높은 AMP 농도 및 $NAD^+$ 농도를 감지하기 때문에, 영양분이 부족한 상태를 감지하는 체계여서 **이화작용**(異化作用, catabolism)을 촉진한다. 따라서 이들의 활동을 증가시키는 경우 수명 연장과 노화 억제 효과를 유도할 수 있을 것이다. 이러한 관점에서 본다면 **항노화 약물**(抗老化藥物, antiaging drug)의 실험적 유도나 제조는 의외로 쉽게 다가와 있는 것처럼 보일 수도 있다. 우선 하루에도 수많은 처방전으로 당뇨병 환자에게 투여되는 **메트포르민**(metformin)은 AMPK를 활성화시켜 선충이나 쥐에서 수명 연장 효과를 나타내고 있다. 또한 적포도주에 많이 들어 있는 **레스베라트롤**(resveratrol)도 같은 원리로 수명 연장 효과를 가져온다. 시르투인도 **PGC-1α**(peroxisome proliferator-activated receptor-gamma coactivator-1 alpha)라는 중간물질을 통하여 노화를 억제하는 역할을 맡고 있다. PGC-1α는 시르투인에 의하여 탈아세틸화되어 미토콘드리아의 생성을 촉진하고, 항산화 반응을 증진시켜 대사를 조절함으로써 노화를 지연시키는 것으로 보인다.

특히 **식이 제한**(食餌制限, caloric restriction)은 AMPK나 시르투인 과정을 거쳐서 결국 라파마이신 표적 단백질을 억제함으로써 노화를 지연시키는 역할을 하고 있다. 이러한 식이 제한은 노화 질환을 감소시킬 뿐만 아니라 스트레스에 대한 저항력을 증가시키고, 항상성을 효과적으로 유지시키며, 더 나아가 대사 반응을 효율적으로 증가시키는 효력을 가지고 있다[62]. 또한 식이 제한의 효과를 유발하는 라파마이신(rapamycin)은 라파마이신 표적 단백질을 억제하여 쥐의 수명을 증가시키는 기념비적 연구가 이미 발표되어 있다. 그렇다며 이러한 약제들이 인간의 숙원인 불로장생을 가져다주는 열쇠가 될 수 있을까? 이들은 다시 '노화의 치료와 예방' 편에서 다루기로 하자. 그러나 노화의 원인을 전체적으로 그려보면 유전체 불안정성, 텔로미어 마모, 후성유전학적 변형 및 단백질 항상성 손실로 인해 나타나는 현상이 양양분 감지 체계의 손상 및 미토콘드리아 기능장애로 이어지는 것이라고 볼 수 있다. 따라서 이번에는 미토콘드리아의 기능장애가 노화에 미치는 영향을 알아볼 차례이다.

### 6) 미토콘드리아 기능장애

미토콘드리아는 유일하게 자체 핵을 가지고 있는 세포 소기관으로서 에너지를 만들어 내는 세포 내 발전소 역할을 담당하고 있다. 즉, 미토콘드리아는 음식물 속에 들어 있는 수소를 변형시켜 산소를 이용하여 산화시키는 과정에서 에너지를 생산해 낸다. 따라서 만약 **미토콘드리아 기능장애**(mitochondrial dysfunction)가 발생된다면, 세포가 제 기능을 발휘하지 못하고 노화 과정이 촉진될 것이라는 것은 비교적 쉽게 이해할 수 있는 대목이다. 미토콘드리아 전자전달계 과정에서 전자 부산물과 산소가 결합하여 발생하는 활성산소는 이미 **자유기설**(自由基說, free radical theory) 편에서 자세히 설명한 바 있다. 이러한 활성산소는 미토콘드리아 속에 있는 자체 핵을 변형시킬 뿐만 아니라, 세포질 속에 있는 단백질을 산화시키기도 한다. 따라서 호흡 사슬에 있는 많은 단백질 복합체를 불안정하게 만들고, 막의 지질 구조를 변화시키기도 할 것이다(그림 11-13). 그뿐만 아니라 이상 단백질이 제거되는 것(그림 11-11)과 같이 손상된 미토콘드리아도 쉽게 제거되어야 하지만, 미토콘드리아를 제거하는 **미토파지**(mitophage) 체계에 문제가 생길 경우 노화 촉진뿐만 아니라 노화 관련 질환이 증가하는 것은 당연한 일이다. 미토파지도 이상 단백질처럼, 리소좀이 관여하여 비정상적인 미토콘드리아를 제거하는 시스템을 말한다.

미토콘드리아에서 발생하는 활성산소도 최근 연구에 의하면 활성산소의 증가가 오히려 선충이나 효모에서 수명이 연장된다는 보고가 나오고 있다. 이는 활성산소의 농도가 임계점을 넘어갈 정도로 높은 경우는 노화를 촉진하지만, 낮은 농도의 활성산소는 오히려 보상반응을 활성화시켜서 수명을 연장시킨다고 보는 견해이다. 우리는 이런 현상을 **호르메시스**(Hormesis)라고 부르고 있다. 이러한 호르메시스를 보여 주는 경우는 방사선 조사에서도 나타난다. 즉, 저선량의 방사선 조사는 오히려 면역력이 향상된다는 결과를 보여 주고 있다. 이러한 경우는 미토콘드리아에서도 나타나서, 심각한 미토콘드리아 기능장애는 노화나 다양한 질병을 유발할 수 있지만, 가벼운 기능장애는 오히려 수명을 증가시킨다는 결과를 가져오기도 한다. 우리는 이런 현상을 미토콘드리아와 호르메시스를 합쳐서 **미토호르메시스**(mitohormesis)라고 부른다[57]. 또한 미토콘드리아는 활성산소에 의한 손상과는 독립적으로 나이가 들면 미토콘드리아의 생산 자체에 문제가 발생한다. 이러한 미토콘드리아 생성(biogenesis) 조절에 이상이 생길 경우 세포의 대사기능은 손상되고, 뒤따라서 세포 노화가 촉진될 것은 당연하다. 이러한 미토콘드리아의 생산은 PGC-1$\alpha$에 의해서도 조절된다. 특히 시르투인(SIRT1)은 PGC-1$\alpha$를 통해서 미토콘드리아 생산 조절에 가담하고 있다. 또한 미토콘드리아의 핵과 세포 핵의 상호 신호 전달은 세포의 대사를 정상적으로 유지시키는 데 중요한 역할을 담당한다. 특히 시르투인이나 종양억제 단백질로 잘 알려진 P53, PGC-1$\alpha$와 샤페론 등이 세포핵과 미토콘드리아 핵과의 상보적 신호교환에 중요한 중간물질로 알려져 있다. 따라서 다양한 원인에 의해서 발생되는 미토콘드리아의 기능장애도 노화를 촉진하는 중요한 요인으로 작용한다.

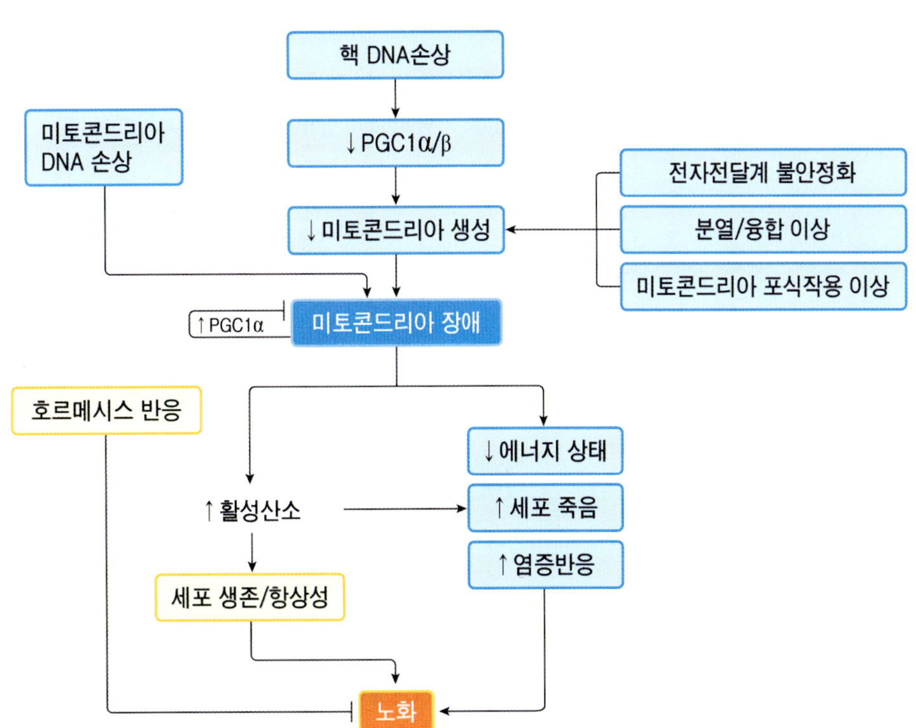


그림 11-13. 미토콘드리아 기능장애와 노화와의 상관관계. (출처: López-Otin, et al./Cell[11-13], 게재 허가)

## 7) 세포 노화

**세포 노화**(細胞老化, cellular senescence)도 미토콘드리아 기능장애와 마찬가지로 다양한 원인에 의하여 나타나는 노화 반응 중 하나이다. 세포 노화는 초기 이론으로 설명된 **예정 노화설**을 설명하는 헤이플릭 한계와 **면역설**을 합쳐서 설명하는 것이 이해를 돕는 데 효과적일 것이다. 우선 세포 노화는 **텔로미어**의 마모나 돌연변이 축적으로 인하여 더이상 세포분열을 하지 못하고, 세포주기가 세포 성장기(G1기)에 정지되어 있는 상태를 말한다. 따라서 노화에 빠진 세포는 신속하게 제거되거나 재생되어 새로운 세포로 교체되어야만 한다. 노화가 유발된 세포가 가야 할 운명은 그림 11-14에 잘 나타나 있다. 즉, 다양한 원인에 의하여 세포에 노화가 일어나면, 노화세포는 **노화 관련 분비표현형**(Senescence associated secretory phenotype; SASP, 노화분비 활성인자)으로 대표되는 아주 다양한 단백질을 분비하게 된다. 이러한 단백질들이 다시 대식세포를 포함한 염증세포를 불러 모아서, 노화된 세포는 제거하고 새로운 세포로 대체되어 재생된다면 노화 현상은 일어나지 않을 것이다. 그러나 새로운 세포로 재생되는 것보다 더 많은 세포가 노화된다면 어떻게 될까? 이들은 당연히 노화세포가 축적되거나 만성 염증을 유발하고, 섬유화가 일어나 조직이 탄력성을 잃게 될 것이다. 나이가 들수록 면역기능이 감퇴되기 때문에 이러한 노화세포가 지속적으로 축적될 것은 분명해 보인다. 그렇다면 다시 노화세포를 나이에 따라 처리해 나가는 과정을 비교해 볼 필요가 있다(그림 11-15).

우선 나이가 젊은 개체는 다양한 손상에 의해서 세포가 노화되면, 그림 11-14의 과정을 거쳐서 노화세포는 제거되고 새로운 세포로 교체되면서 조직이 재생된다. 따라서 손상된 세포가 증식될 기회가 적기 때문에, 암이 발생될 가능성이 줄어들 뿐만 아니라 노화 현상도 생겨나지 않는다. 그러나 이에 반하여 고령에 접어들면, DNA 손상은 지속적으로 축적될 것이고 그 복구율은 낮아질 것이다. 그뿐만 아니라 노화세포의 제거도 면역기능의 감소로 인하여 줄어들고, 재생능력도 떨어지게 된다. 따라서 노화된 세포는 증가하여 조직의 기능은 감퇴되고, 염증 현상은 증가할 것이다. 더 나아가 주변 세포에도 나쁜 영향을 미칠 뿐만 아니라 줄기세포도 고갈되는 현상이 생겨날 것이다. 이런 과정은 당연히 노화를 촉진하는 결과를 초래하게 된다. 만약 노화된 세포가 증식능력을 잃지 않고 계속 유지하고 있다면 어떤 결과가 예측될 수 있을까? 노화된 세포의 증식은 바로 암으로 발전될 가능성이 매우 높다

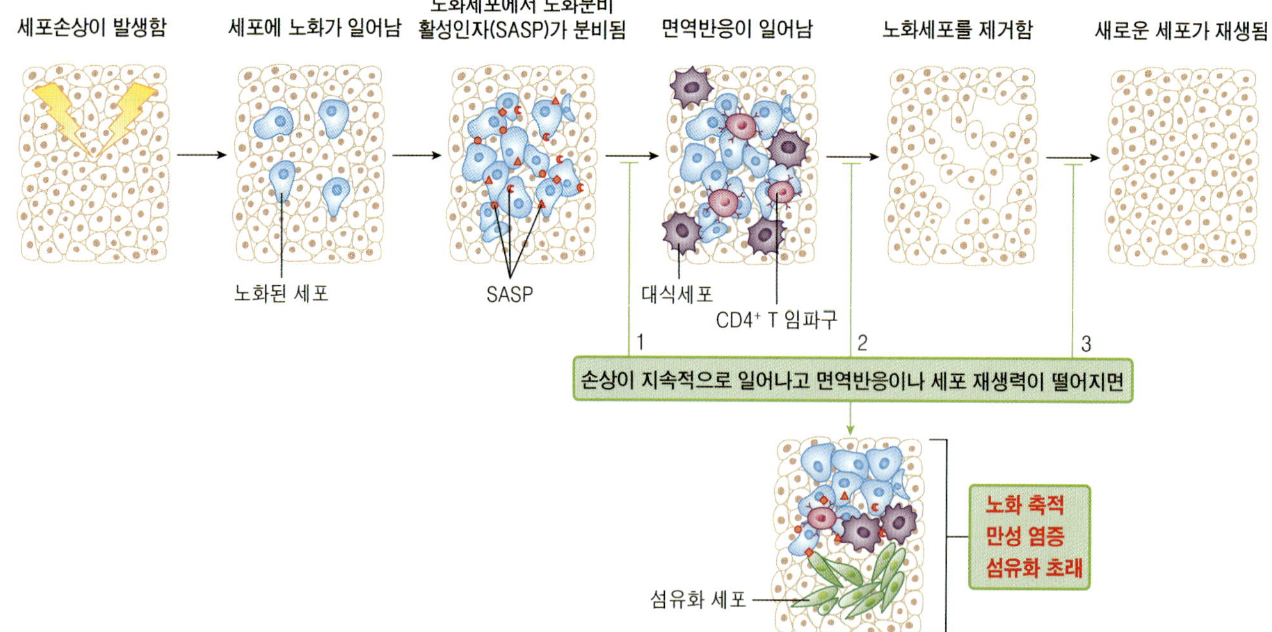


그림 11-14. 노화세포의 제거, 재생 및 축적의 결과를 나타낸 도해.

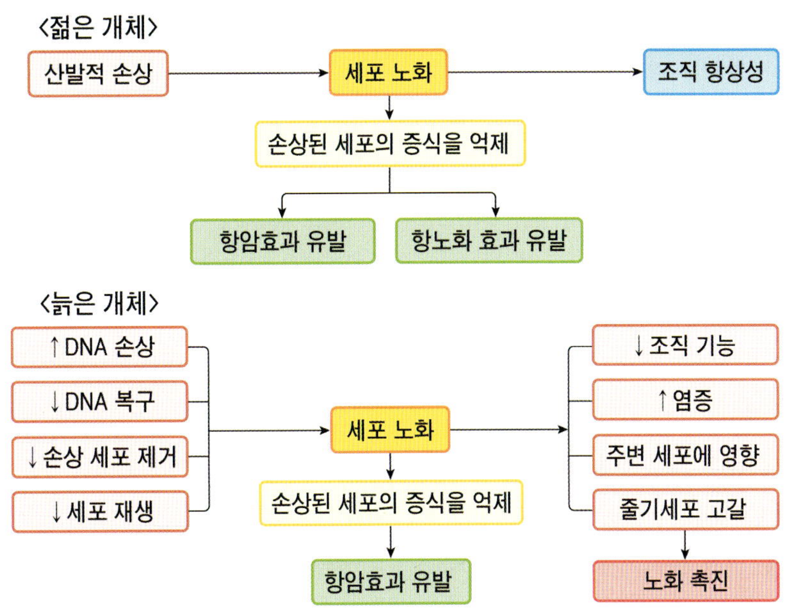


그림 11-15. 세포 노화 현상이 나이에 따라 복구되는 차이점. (출처: López-Otin, et al./Cell[11-15], 게재 허가)

는 것을 암시한다고 할 수 있다. 따라서 세포 노화는 암으로 진행되는 것을 막아 주는 방패 역할을 하고 있다고도 볼 수 있다. 이는 마치 텔로미어 마모가 암으로의 진행을 막아 주는 보호 역할을 하는 것과 같은 맥락으로 볼 수 있을 것이다. 이러한 노화의 특징들을 묶어서 정리해 보면, 영양분 감지 시스템 손상이나 미토콘드리아 기능장애 및 세포 노화 현상은 노화의 일차적 원인들에 대한 대응 반응이라고 볼 수 있다.

### 8) 줄기세포 고갈

**줄기세포 고갈**(-細胞枯渴, Stem cell exhaustion)은 세포간 소통 장애와 같이 노화의 종합적인 반응으로 나타나는 현상 중 하나이다. 노화의 가장 큰 특징 중 하나가 바로 조직의 재생능력의 감소를 들 수 있다. 따라서 나이가 들수록 줄기세포는 감소해 갈 것은 충분히 예측되는 소견이다. 줄기세포가 고갈되거나 기능이 저하되면, 면역세포 수가 감소하여 면역 노화가 동반될 것이다. 따라서 줄기세포의 고갈은 조혈모세포의 감소를 일으켜서 빈혈이나 골수질환으로 이행될 것이고, 골다공증이나 골절 후 골 재생이 느려져서 고생을 하는 경우가 빈번히 발생할 수 있다(그림 11-16). 또한 내장의 상피 줄기세포의 고갈은 장 기능을 저하시켜서 노인에서 발생하는 소화 장애를 설명해 준다고 할 수 있다. 그렇다면 줄기세포의 고갈을 막아 주는 것이 노화를 억제하는 길이 될 수 있을까? 이는 젊은 쥐와 늙은 쥐의 혈관을 연결하여 피를 공유한 경우 늙은 쥐의 신체 기능이 향상되었다는 보고가 그 해답을 주고 있다. 우리는 이런 경우를 **개체결합**(個體結合, parabiosis)이라는 용어를 사용한다[33]. 따라서 이러한 개체결

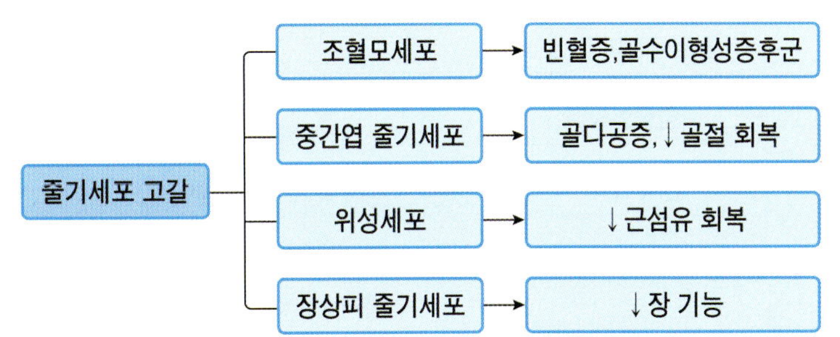


그림 11-16. 줄기세포 고갈과 노화와의 관계. (출처: López-Otin, et al./Cell[11-16], 게재 허가)

11

합이 노화 역전을 일으킨 사례라고 할 수 있다. 라파마이신도 라파마이신 표적 단백질 복합체를 억제해서 줄기세포의 기능이 개선되었다는 보고도 있다. 또한 74세 이상의 노인 세포를 이용하여 **유도만능 줄기세포**(誘導萬能-細胞, induced Pluripotent Stem Cell; iPS cell)를 만들어 주입한 경우 회춘에 성공한 사례도 보고되고 있다. 이 유도만능 줄기세포는 교토대학의 **야마나카 신야**(Shinya Yamanaka, 1962~) 교수가 만들어 낸 줄기세포로서 마지막 장인 13장 '생명의 미래' 편에서 다룰 것이다. 또한 세포주기 억제자로서 암 억제 단백질로 잘 알려진 p16 혹은 $p16^{INK4a}$도 줄기세포 기능을 감소시키는 것으로 알려져 있다. 줄기세포 고갈은 노화에서 수반되는 중요한 소견으로서 향후 많은 연구 소재로 등장할 것으로 예측된다.

## 9) 세포 간 소통 장애

다세포 생물에서 세포 간 소통은 원만한 기능을 수행하기 위해서는 필수 불가결한 요소이다. 따라서 세포 간 소통 장애가 노화의 중요한 원인으로 떠오르는 것은 당연해 보인다. 우선 세포 간 소통 장애가 발생할 수 있는 원인들은 그림 11-17에서 보는 것처럼 몇 가지로 추려 볼 수 있다. 주로 세포 사이의 소통은 내분기계와 신경계를 통하여 소통이 이루어진다. 내분비계는 마치 방송을 통하여 의사소통이 이루어지는 것처럼, 수용체라고 하는 전파 수신기만 있으면 가능하다. 따라서 광범위하게 전달되는 효과가 있다. 그러나 신경 전달은 직접적이고 신속하면서 선택적으로 의사소통이 가능한 수단이라 할 수 있다. 이러한 신경 내분비계에 이상이 발생할 경우 세포 간 소통에 장애가 발생할 것은 당연하다. 또한 세포가 노화되면 간극연접(gap junction)을 통하여 이웃 세포

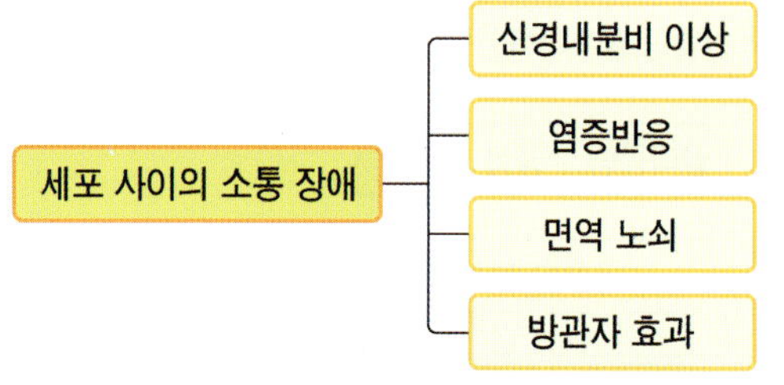


그림 11-17. 세포 간 소통 장애로 인한 상호 결과. (출처: López-Otin, et al./Cell[11-17], 게재 허가)

에도 활성산소나 독성물질이 전달되어, 방관자적 입장에 있던 이웃 세포한테도 노화가 번져 나간다. 우리는 이런 경우를 **전염성 노화**(傳染性老化, contagious aging) 혹은 **방관자 효과**(傍觀者效果, bystander effects)라고 부른다.

세포 간 소통 장애의 원인으로는 단연 염증반응에 관심이 집중된다. **염증**(炎症, inflammation)이란, 병원체나 이물질의 침입으로 생기는 외인성 요인과 세포손상과 같은 내인성 요인에 자극되어 나타나는 개체 보호반응이라고 할 수 있다. 이러한 염증반응이 지속적으로 진행되면, 주위 세포에 영향을 주어서 소통 장애가 발생될 것은 쉽게 유추해 볼 수 있다. 이렇게 발생한 노화 현상을 염증을 뜻하는 inflammation과 노화를 뜻하는 aging을 합쳐서 **염증 노화**(炎症老化, inflammaging)라고 부르기도 한다. 이렇게 염증이 지속되면 노화뿐만 아니라 감염, 자가면역질환, 비만, 제2형 당뇨병이나 상피 줄기세포의 기능 저하 등이 유발된다. 그렇다면 염증 노화가 생기는 원인에는 어떤 것들이 있을까?

우선 세포의 손상이 축적되어 염증반응이 촉진되는 경우를 들 수 있다. 이에 따라 비정상적인 세포를 제거해야 하는 면역기능에 장애가 있는 경우에도 염증 노화가 일어날 뿐만 아니라, 비정상적인 세포를 자가포식하는 기능에 장애가 있어도 발생한다. 또한 노화세포가 염증을 촉진시키는 사이토카인을 분비하여 면역 관련 전사인자인 **NF-kB**(Nuclear Factor Kappa-light-chain-enhancer of activated B cell)를 활성화시키는 경우도 상정해 볼 수 있다. 여기에서 잠시 NF-kB에 대하여 설명하고자 한다. 이 NF-kB는 DNA 전사를 조절하는 단백질 복합체로서 염증이나 면역, 세포 자연사(apoptosis)나 조직재생에도 관여할 뿐만 아니라 노화나 암 발생에도 관여하는 전사인자이다. 또한 그림 11-14에 등장하는 **노화 관련 분비표현형**(SASP, Senescence associated secretory phenotype, 노화분비 활성인자)을 유도하는 역할을 하기도 한다. 이 NF-kB는 1986년 역전사 효소(reverse transcriptase)를 발견하여 1975년 노벨상을 수상한 캘리포니아 공과대학 생물학 교수인 **데이비드 볼티모어**(David Baltimore, 1938~)에 의하여 발견되었다. 원래 B 림프구의 카파 체인(k chain)에서 발견되었지만, 실제 대부분의 세포에 존재해 있음이 밝혀졌다. 원래 NF-kB는 세포질에서 **IkB**(Inhibitor-kappa B)

와 결합상태에 있기 때문에 핵으로 들어갈 수가 없다. 따라서 이 IkB가 분해되는 경우에만, NF-kB가 활성화되어서 핵 안으로 들어가 전사인자로서 작용하게 될 것이다. 이렇게 NF-kB가 활성화되는 경우는 인슐린/인슐린 성장인자-1 신호전달체계 활성화나 라파마이신 표적 단백질의 활성화 및 활성산소종이나 염증 등을 들 수 있다. 또한 NF-kB를 억제시키는 경우는 시르투인이나 식이 제한 및 FOXO 등이 이에 해당한다. 그렇다면 실제 NF-kB가 과다 발현하면 어떤 결과가 나타날까? 이는 바로 노화가 촉진되는 결과로 이어질 것이고, 만약 NF-kB 억제제를 사용하면 늙은 쥐의 피부가 회춘하는 결과로 이어지게 된다. 따라서 NF-kB를 유전적으로나 약물로 억제시킬 수 있는 연구들이 앞으로 더 많은 각광을 받을 것으로 유추된다.

### 10) 결론

지금까지 2013년 **카를로스 로페스 오틴**(Carlos Lopez-Otin, 1958~)과 그 동료들에 의해서 발표되었던 내용을 자세히 알아보았다. 그러나 로페스 오틴의 논문이 주목을 받은 것은 단순히 노화의 원인과 특징을 나열한 것이 아니라, 이들이 상호 일정한 위계의 관계를 가진다는 점 때문이다. 즉, 그림 11-18은 노화를 계통적으로 잘 설명하고 있다고 볼 수 있다. 먼저 유전체 불안정성이나 텔로미어 마모, 후성유전학적 변형이나 단백질 항상성 손실과 같은 4가지 특징은 노화를 유발하는

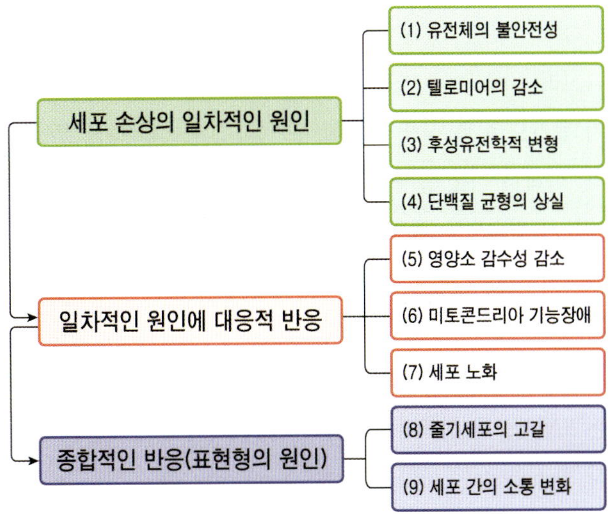


그림 11-18. 9가지 노화의 특징이 가지는 위계적 반응 단계. (출처: López-Otin, et al./Cell[11-18], 게재 허가)

원인으로 작용한다. 특히나 이들이 교정되거나 수선되지 못하고 시간이 지남에 따라 축적된다면, 그다음 단계인 대응적 반응을 일으키게 된다. 이러한 대응적 반응은 처음에는 모두 다 노화를 유발하는 요인이 되지 않고, 이들이 과도할 경우에만 다음 단계로 넘어가게 된다. 즉, 원인의 강도에 따라 다른 효과가 나타나는 단계라고 볼 수 있다. 예를 들면, 활성산소도 낮은 농도에서는 오히려 보상반응을 활성화시켜 수명이 연장되는 효과를 가져온다. 그뿐만 아니라 세포 노화도 개체를 암으로부터 보호해 주지만 과도할 경우 노화를 유발하는 단계를 말한다. 이러한 단계에 속하는 것들이 영양분 감지체계 손상, 미토콘드리아 기능장애 및 세포 노화를 들 수 있다. 따라서 이렇게 과도한 부정적 요인들이 지속적으로 유지되는 경우는 통합적 특징인 줄기세포 고갈이나 세포 간 소통 장애를 일으켜서 마지막 단계인 노화 현상에 빠져들게 된다는 점이다. 이러한 과정을 통하여 최근에 알려진 사실들은 노화라는 현상이 다른 생물학적 현상처럼 유전자에 의해서 조절된다는 점이다. 이들이 효모나 꼬마선충, 초파리나 애기장대에서뿐만 아니라 생쥐나 인간과 같은 포유류에서도 진화적으로 잘 보존되어 있다는 사실은 앞으로 노화를 연구하는 데 중요한 정보를 제공해 준다고 할 수 있다. 지금까지 잘 알려진 수명 연장에 관련된 진화적으로 보존된 체계는 세 가지로 **인슐린/인슐린 성장인자-1**, **시르투인** 및 **mTOR** 신호전달체계라고 알려져 있다. 그러나 여기에 소개된 노화의 원인들이 노화 현상의 모든 것을 설명한다고 할 수는 없다. 왜냐하면 노화는 너무나 복잡한 생명현상 중의 하나이기 때문이다. 그렇지만 노화를 이해하는 데 도움이 되는 지식들이 조금씩 쌓여 간다는 느낌을 지울 수는 없다. 이러한 노화에 대한 지식을 바탕으로 노화의 치료 및 예방을 다루어 볼 것이다.

11

## 제6절 노화의 치료 및 예방

노화를 예방하거나 지연시킬 수 있다는 것은 지금까지 살아온 인류의 숙원이자 희망이었을 것이다. 왜냐하면 인간에게 질병을 가져오는 가장 위험한 요인 중 하나가 노화이면서, 죽음의 주된 원인이 또한 노화이기 때문이다. 그러나 노화는 늙어 가면서 생기는 현상이다. 그렇다면 우리는 이 나이 자체

를 치료할 수 있을까? 그러나 인간은 불행하게도 나이를 치료할 수 있는 어떤 방법도 가지고 있지 않다. 그리고 인간은 전설적인 **만병통치약**(Elixir vitae)을 구하기 위하여 동서양을 막론하고 역사 속에 그 흔적을 남기고 있다. 특히 춘추전국시대를 마감하고 처음으로 중국을 통일한 진나라 **진시황**(秦始皇, 기원전 259~기원전 210)은 불로불사의 만병통치약을 구하기 위하여 500명의 젊은 남녀를 동해로 보냈지만, 그 누구도 돌아오지 않았다. 그는 열사병으로 50세를 채 넘기지 못하고 세상을 떠났다. 그렇다면 과연 21세기에 접어든 현재에 노화를 극복하기 위한 발전은 어디까지 와 있을까? 또 과연 노화는 의학의 발전에 결국은 굴복할 것인가? 이런 질문들에 대한 대답은 우리 모두의 초미의 관심사가 아닐 수 없다.

먼저 노화에 대한 기본적인 의문은 노화를 자연현상으로 볼 것인지 혹은 질병으로 볼 것인지에 대한 견해가 선행되어야 할 것 같다. 만약 노화를 자연현상으로 본다면 치료나 예방이라는 개념은 이치에 맞지 않을 것이고, 그렇다고 노화를 질병으로 보기에도 무리가 따른다[66]. 따라서 현재 인류 건강을 다루고 있는 국제기구들은 노화를 어떻게 보고 있을까? 먼저 미국식품의약국(FDA, Food and Drug administration)이나 유럽의약품기구(EMA, European Medicines Agency) 및 세계보건기구(WHO, World health organization)에서는 노화를 아직도 질병으로 보지 않고 있다. 그러나 2018년에 개정된 국제 질병분류(ICD-11, International classification of disease) 편에서는 노화 관련 질환을 원인별 분류로서 확장코드에 넣기 시작하였다. 이는 노화 자체를 질병으로 명확히 분류하고 있지는 않으나, 노화가 점차 질병으로 간주되기 시작한다는 의미를 담고 있다고 볼 수 있다. 따라서 이 절에서는 노화의 치료와 예방법을 소개하고, 그 전망을 통해 앞으로 발전 가능성에 대하여 설명할 것이다. 또한 노화 치료 약제에 대한 오남용이나 과대 선전에 대하여 현명하게 대처할 수 있는 방법도 알아볼 것이다.

## 1. 노화의 치료

### 1) 노화 원인 치료

우리는 이미 노화의 원인과 특징을 제5절에서 자세히 알아보았다. 또한 그림 11-8에서 보는 것처럼, 유전체 불안성 때문에 생긴 DNA 손상 세포는 이를 제거하면 될 것이다. 또한 텔로미어의 마모에 의해서 생기는 노화 증상은 텔로머레이스를 활성화시키면 해결될 것이다. 그러나 텔로머레이스를 활성화시키면 회춘은 가능할지 모르나 암이 생길 위험을 감수해야만 할 것이다. 만약 후생유전학적 변형에 의하여 유전자 발현에 이상이 초래된다면, 약물을 투여하여 이를 조정하면 되지 않을까? 예를 들면, 파노비노스타트(panobinostat)와 같은 항암제는 **히스톤 탈아세틸화 효소**(histone deacetylase; HDAC) 억제제로서 노화는 다소 지연시킬지 모르지만, 그 부작용을 감당해 내어야 하는 큰 부담을 안아야 될 것이다. 또한 이상 단백질로 인하여 노화가 빠르게 진행되는 경우는 샤페론이나 단백질 분해 체계를 활성화하여 이들을 제거하는 방법을 찾아내면 해결될 것이다. 만약 영양분 감지 체계의 손상에 의하여 노화가 촉진된다면, 그림 11-12에서 보는 것처럼 식이 제한이나 시르투인의 활성화, 인슐린/인슐린 성장인자-1 신호전달체계의 조절, FOXO 활성화나 포유류 라파마이신 표적 단백질을 억제시키는 약물을 사용해 볼 수 있을 것이다. 그리고 과다한 활성산소에 의해서 파괴된 미토콘드리아는 자가포식 기능을 활성화시킨다면, 이 문제도 쉽게 풀어갈 수 있을 것이다. 그뿐만 아니라 노화된 세포는 선택적으로 제거하거나, 줄기세포가 고갈된 경우는 이를 보충해 주는 방법을 개발할 수도 있을 것이다. 만약 염증에 의한 세포 간 소통 장애가 일어나는 경우는 염증을 잡아 주는 방법을 찾아내면, 노화를 방지하거나 치료할 가능성이 충분히 남아 있을 것이다[35,52,54,65].

그러나 에베레스트산을 정복한다는 목표는 말처럼 단순할지 몰라도 이를 실제 실천에 옮기는 것은 전혀 다른 문제이다. 따라서 이들 중에서 현재 실험 약물로 거론되고 있는 약제를 중점적으로 설명해 나가려고 한다.

### 2) 노화세포 제거 약물

**노화세포 제거제**(老化細胞除法劑, senolytics, senopotics)는 노화세포를 선택적으로 죽이거나 제거해 내는 약물을 말한다. Senolysis는 노화를 뜻하는 senescence와 분해를 뜻하는 lysis를 결합한 용어이고, senoptics는 노화와 세포자살의 뜻을 가진 apoptosis를 섞어서 만든 말이다. 즉, 이들은 항세포자살 경로나 세포생존 경로를 억제함으로써 노화세포를 선택적으로 제거하는 방법을 말한다. 이러한 약리작용을 가진 제제들은 아직까지 실험 약제로서 나비토클랙스(Navitoclax)나 BCL-2 억제제, 다사티닙(Dasatinib)이나 식물성 플라보놀(flavonol) 계열인 케르세틴(Quercetin) 및 피세틴(Fisetin)이 여기에 속한다. 이들도 노화세포를 제거하는 능력은 가지고 있지만, 아직도 독성과 부작용 때문에 노화 치료용으로 사용하기에는 넘어야 할 산이 많다고 볼 수 있다. 또한 그림 11-14에서 보는 것처럼 면역 체계를 이용하여 노화세포를 제거하는 방법도 생각해 볼 수 있다. 이들은 T 세포나 자연살해세포(Natural killer cell) 및 항체를 이용하여 노화된 세포를 제거할 수 있을 것이다.

### 3) 노화세포 조절제

**노화세포 조절제**(老化細胞調節劑, senomorphics)는 노화세포를 직접 죽이거나 제거하지는 않지만, 세포가 노화되는 것을 지연시키거나 변형시키는 능력을 가진 약제를 말한다. 이러한 노화세포 조절제에 속하는 약제들은 텔로미어 활성제, 식이 제한, 시르투인 활성제, 포유류 라파마이신 표적 단백질(mTOR) 억제제, 항산화제, 항염증제, 자가 포식 활성제 및 프로테아솜 활성제로 광범위한 약제들이 여기에 포함된다. 특히 이 중에서도 그림 11-14에서 보는 것처럼 노화세포에서 분비되는 **노화 관련 분비표현형**(SASP, Senescence associated secretory phenotype, 노화분비 활성인자) 인자는 노화 염증을 일으킬 뿐만 아니라, 노화 축적이나 섬유화를 초래하는 주범으로서 노화세포를 변형시킬 수 있는 물질로 각광받고 있다. 따라서 이러한 인자를 억제시킬 수 있는 약제들은 NF-kB(Nuclear factor-kappa B) 억제제, P38 억제제, 인터류킨 1$\alpha$(IL 1$\alpha$) 억제제, 라파마이신(rapamycin)이나 메트포르민(metformin), 당질 코르티코이드(glucocorticoid) 및 심바스타틴(Simvastatin)과 같은 스타틴 계열도 여기에 포함된다. 따라서 향후 아주 다양한 노화의 치료에 관련된 실험적 연구들이 등장할 것으로 예측된다.

### 4) 유전자 치료

**유전자 치료**(遺傳子治療, gene therapy)는 노화나 노화 관련 질환에 대한 저항성을 높이거나 개체의 수명을 연장하기 위하여 세포 안에 있는 유전자를 편집하는 방법을 말한다. 이들은 새로운 유전자를 추가해서 형질을 더해 주거나(transgenic), 일부 유전자를 제거해서 특정한 형질이 발현되지 못하게 하는 녹아웃(knockout) 방법들이 동원될 것이다. 실제로 예쁜꼬마선충에서 한 개의 유전자를 돌연변이 시킨 결과 수명이 약 10%가량 증가되었다는 보고도 있다.

## 2. 노화의 예방

실제로 우리의 관심을 끄는 것은 노화를 직접적으로 치료하는 것보다는 그 예방 쪽에 쏠려 있다는 것을 잘 알고 있다. 그러나 실제 노화를 예방하는 방법 중에서 우리를 만족시키거나 과학적 근거가 뚜렷한 약물이 아직까지 등장하지 않았다고 해서 조급해할 필요는 없다. 우리는 이미 조선 시대 백성들의 평균 수명이 약 35세 정도이었던 것을 현재 약 80세로 끌어올린 사실을 기억하고 있어야 한다. 그러나 노화의 예방적 측면에서 본다면 우리가 쉽게 행할 수 있는 생활방식의 개선과 노화 예방을 가져다줄 가능성이 큰 몇 가지 약물을 소개하는 것은 의미 있는 일이라 할 수 있다[39].

### 1) 생활방식

11

#### (1) 식이요법

식이요법 중에서 지금까지 알려진 바에 의하면, 특정 음식의 섭취 여부보다는 전체 칼로리를 제한하는 방법이 실험적으로 잘 알려져 있다. 그림 11-12에서 보는 바와 같이 **식이 제한**(食餌制限, dietary restriction)은 실질적으로 많은 동물의 수명에 영향을 미치고 있음이 실험적으로 밝혀져 있다. 그뿐만 아니라 식이 제한은 노화 관련 질환이 감소하고 활성산소에 대한 저항력이 증가될 뿐만 아니라, 항상성이 잘 유지되면서 대사 반응의 효율성도 높아지는 결과를 낳고 있다. 그렇다면 얼마만큼 먹는 양을 줄여야 할까? 실험동물에서는 쉽게 먹는 양을 줄여서 그 경과를 관찰할 수 있지만, 인간에서는 과연 얼나만큼 먹는 양을 줄여야 수명 연장 효과가 나타날 수 있을까? 2018년 미국에서 발표된 논문에 의하면 비만이 없는 사람에게서 2년 동안 15%의 칼로리를 제한한 결과, 체중이 줄면서 활성산소에 의한 손상이 줄어들었다는 긍정적인 보고를 한 바 있다. 그러나 인간에서 장기간에 걸쳐서 칼로리 제한이 성공적으로 유지될 수 있을지에 대한 의문이 제기될 것이다. 따라서 식이 제한보다 식이 제한의 효과를 가져올 수 있는 약물의 개발이 더 절실하다고 할 수 있다. 따라서 식이 제한에 대응하는 약물로 시르투인, AMPK 활성제, 라파마이신 표적 단백질 억제제 등이 유력한 대체 약물로 등장할 가능성이 높아 보인다.

#### (2) 수면

수명과 관련된 생활방식 중 **수면**(睡眠, sleep)도 많은 관심을 받고 있는 인자 중 하나이다. 그러나 수면 시간의 정형화된 보고 또한 아직도 나타나지 않고 있다. 즉, 5시간 이하의 수면은 심혈관 질환의 위험도가 2배 이상 증가된다는 보고도 있고, 9시간 이상의 수면 시간은 오히려 사망 위험이 2배 이상 증가한다는 보고도 있다. 따라서 적당한 수면 시간은 얼마나 되는지, 최소 혹은 최대 수면 시간은 어떻게 되는지에 대한 보고들이 더 많이 축적되어야 할 것이다. 그러나 숙면과 피로를 느끼지 않을 정도의 적당한 수면은 수명과 많은 연관이 있을 것으로 추정된다.

#### (3) 운동

육체적 운동과 노화 관련 질환이나 수명과의 관계도 다양한 이론들이 존재한다. 그러나 대부분에서 적당한 운동은 수명을 연장시키고, 노화 관련 질환에 저항성을 가지는 것으로 보고되고 있다. 그러나 어느 정도의 강도로 얼마만큼 운동을 해야 하는지에 대한 결론은 보고자마다 각기 다르다. 일반적으로 일주일에 500~1,000MET-분 정도의 운동량과 강도가 건강에 도움을 주는 것으로 보고되고 있다. 여기서 **MET**(metabolic equivalent task, 신진대사 해당치)란 1분당 체중 1kg이 소모하는 산소량을 말하는 것으로, 1MET는 조용히 앉아 있는 경우에 소모되는 에너지와 비슷하다[31]. 예를 들면, 시속 약 5km 속도로 걷는 경우는 3MET 정도가 된다. 즉, 조용히 앉아 있는 것의 약 3배의 에너지가 소모된다는 의미이다. 따라서 이런 속도로 1시간을 걷게 되면, 3×60이 되어서 180MET-분의 운동을 하게 되는 셈이다. 따라서 만약 일주일에 5일 동안 지속적으로 걸었다고 가정하면, 180×5가 되어 900MET-분 정도의 운동을 했다고 볼 수 있다. 이는 500~1,000MET-분 안에 들었으므로 건강에 도움을 받을 것으로 보인다. 만약 테니스를 복식으로 하는 경우는 5MET 정도의 강도이고, 조깅을 시속 9km 정도로 달린다면 8.8MET 정도가 된다. 따라서 우리는 쉽게 일주일간의 운동량을 측정해 볼 수 있을 것이다. 그러나 일부 보고에서는 운동과 수명은 결정적인 연관성이 없다는 보고도 발표되어 있다.

#### (4) 만성적 스트레스 피하기

만성적 스트레스에 노출되는 것은 수명과 연관성이 깊다. 이는 만성적 스트레스는 스트레스 호르몬인 코르티솔(cortisol)을 증가시켜서 면역계의 손상을 초래하기 때문이다. 따라서 면역계의 손상은 노화세포의 제거에 악영향을 주어서 노화를 촉진하는 중요한 계기가 될 수 있다. 또한 지속적인 스트레스는 아드레날린 분비를 증진시켜서 혈압을 상승시키고 동맥경화증이나 심장병을 초래할 가능성이 증가한다. 따라서 스트레스 관리는 생활방식 중에서 중요한 관심 사항이라 할 수 있다.

### 2) 약물치료

노화의 치료나 예방 목적으로 미국식품의약국으로부터 인가된 약품은 아직까지도 없는 실정이다. 이는 노화를 지연시키고 이를 예방하기를 원하는 노년층에는 반갑지 않은 소식이지만, 이런 내용은 대단히 중요한 의미를 담고 있다. 왜냐하면 노화 산업의 발달은 자칫 과대광고나 헛소문으로 노년층을 혼란스럽게 만들 수 있기 때문이다. 따라서 지금부터 열거할 약물들은 동물 모델에서는 노화를 지연시키지만, 인간에서는 아직까지 확실하게 증명된 것이 없다. 그러나 이런 약물을 소개하는 것은 앞으로 노화의 예방에 공헌할 가능성이 높은 약물들이기 때문이다.

#### (1) 레스베라트롤

레스베라트롤(resveratrol, 3,5,49-trihydroxystilbene)은 포도나 오디 등의 껍질에 많이 포함된 피토알렉신(phytoalexin)이다. 특히 적포도주에 많이 들어 있는 것으로 밝혀져서 프랑스 사람들을 들뜨게 만들었던 이 성분은 실제로는 포도가 곰팡이의 공격을 받은 경우 자신을 보호하기 위하여 분비하는 일종의 항균제에 해당한다. 이 레스베라트롤은 효모에서 시르투인을 활성화시켜서 수명을 연장시킨다는 것이 잘 알려졌다. 그뿐만 아니라 인슐린/인슐린 성장인자-1 신호전달체계를 억제시키고, AMPK를 활성화시켜서 수명 연장을 가져오기도 한다. 이러한 레스베라트롤도 동물 모델에서는 수명을 연장시키지만, 아직도 인간에서 수명을 연장시킨다는 결정적인 보고는 없는 상태이다. 따라서 와인 한두 잔을 곁들인 저녁 식사가 건강에 좋다는 이론적 근거가 되는 레스베라트롤도 아직은 수명 연장에 대한 영광을 얻기에는 좀 더 기다려 보아야 할 것이다.

### (2) 메트포르민

메트포르민(Metformin)은 프랑스 라일락(French lilac, *Galega officinalis*)이라는 다년생 허브에서 추출된 약물로서 제2형 당뇨병 치료제로 많이 처방되는 당뇨약이다[26]. 이는 간에서 생성되는 포도당의 배출을 억제시킴으로써 당뇨약으로 이용되고 있다. 이 메트포르민은 낮은 용량에서 생쥐의 생명을 연장시키는 것으로 알려져 있다. 그러나 쥐에서 효력이 있다고 인간에서 똑같은 결과를 기대하는 것은 어려운 일이다. 왜냐하면 실험실 쥐는 유전적 다양성이 인간에 비하여 훨씬 뒤떨어지고, 환경이나 식이요법이 인간보다는 아주 단순하기 때문이다. 그러나 이 메트포르민은 칼로리 섭취를 제한하지 않고, 이와 비슷한 효과를 낼 수 있는 약물로 관심을 모으고 있다[66]. 또한 메트포르민은 분자 수준에서 AMPK나 항산화제의 활성도를 증가시킬 뿐만 아니라 산화 손상과 만성 염증을 감소시키는 효과를 보이기도 한다.

### (3) 라파마이신

라파마이신(rapamycin)은 남태평양에 있는 칠레에 속하는 이스터섬(Easter island)에서 토양세균으로부터 채취된 약물이다. 이 이스터섬은 모아이(moai) 석상으로 잘 알려져 있지만, 원래 라파 누이(Rapa Nui)라고 불렸다. 따라서 라파마이신이라는 이름은 이 지명에서 따온 이름이다[66]. 원래 이 약은 미국식품의약국에서 장기이식을 위한 면역 억제제로 1999년에 승인된 약으로, 노화의 치료나 예방약으로는 승인된 적이 없다. 그러나 이 라파마이신은 낮은 영양 상태를 유발하여 쥐의 수명을 증가시키는 약리작용을 선보이고 있다. 특히 라파마이신이 그림 11-12에서 보는 것처럼 여러 경로가 모이는 **포유류 라파마이신 표적 단백질**(mammalian target of rapamycin; mTOR)을 억제한다는 사실은 이 약이 앞으로 면역 억제의 기능만 약화시킬 수 있다면, 강력한 노화 치료나 예방 약제로서 선두 주자로 나설 가능성을 충분히 지니고 있다고 볼 수 있다.

### (4) 보충제

보충제(supplement)는 약이 아니라 식품으로 분류되어서 미국식품의약국의 직접적인 통제하에 놓여 있지 않다. 2017년 미국의 **라이프 익스텐션**(life extension) 회사에서 만든 기능식품이자 영양 보조제인 에이지리스 셀(ageless cell)은 인공지능을 이용하여 만든 보충제로서, 의사 처방 없이 살 수 있는 노화 예방 물질로 광고되고 있다[4]. 그뿐만 아니라 AMPK 활성제도 제품화되어 팔리고 있다. 그러나 이러한 제품들도 약이 아니라 보충제에 불과하다는 것을 염두에 두어야 한다. 또한 산화 방지제로 알려진 비타민 A, C, E 등도 건강한 동물에 투여한 경우 수명에 유의한 통계적 가치가 없다는 것이 알려져 있다.

### (5) 호르몬 치료

항노화 산업으로 등장한 호르몬 치료는 다른 호르몬 대체요법만큼 논란이 많은 치료법이다. 노화의 원인에서 이미 밝혀졌지만 노화가 진행되면서 다양한 호르몬의 변화가 초래된다. 그러나 이러한 호르몬의 증가나 감소에 맞추어서 호르몬 치료를 시행하면, 어떤 결과가 초래될까? 이는 이미 앞서 등장한 '내분비설'에 자세히 기술되어 있다.

## 3. 치료 전망

그렇다면 향후 노화의 치료나 예방에 관한 전망을 어떻게 보아야 할까? 이 물음에 답하기 전에 우선 2000년 미국의 두 노화 학자의 에피소드부터 소개하고자 한다. 먼저 "인간은 얼마나 오래 살 수 있을까?"라는 책을 쓴 시카고 일리노이대학의 **스튜어드 올샨스키**(Stewart J. Olshanski, 1954~) 교수와 "인간은 왜 늙는가?"라는 책을 쓴 앨라배마대학 버밍엄 캠퍼스의 **스티븐 오스타드**(Steven N. Austad, 1946~)가 인간의 최대 수명에 관하여 내기를 한 이야기이다[13]. 즉, 오스타드는 인간의 최대 수명이 앞으로 150세에 도달할 것이라고 주장하였고, 올샨스키는 인간의 최대 수명을 130세로 주장하였다. 지금까지는 프랑스의 **잔 칼망**(Jeanne Calment, 1875~1997)이라는 여성이 살았던 122년 164일이 인류가 가지고 있던 최고령 기록이었다. 하지만 2018년에 이 기록에 대한 의문점이 발견되어서, 현재는 미국 여성인 **사라 크나우스**(Sarah Knauss, 1880~1999)가 살았던 119년 97일이 최고령 기록이다. 그렇다면 인간이 살 수 있는 최대 수명은 현재 120세 전후로 보지만, 올샨스키는 최대 수명을 130세로 보고 있고, 오스타드는 인간이 최초로 150회 생일을 맞을 것이라고 생각하고 있다. 즉, 올샨스키는 평균 수명은 증가했지만 최대 수명은 고정되어 있다는 점에서 향후 130세를 최대 수명으로 보았고, 오스타드는 노화의 치료나 예방 면에서 획기적인 발전이 이루어져서 150세가 최대 수명이 될 것으로 보고 있는 것이다. 누가 옳을지는 아무도 모른다. 이는 적어도 2130년이 지나 봐야 알 수 있는 일일 것이다. 우리가 아무도 그 결과를 모른다는 것은 우리가 2000년에 태어나지 않은 이상 우리 중에는 아무도 그때까지 살아 있을 사람이 없기 때문일 것이다.

그러나 앞으로 불로불사나 만병통치약은 아닐지라도 노화 방지약물이 몇십 년 안에 개발될 가능성은 매우 높을 것으로 보인다. 그렇다면 항노화 의학의 발달로 노화가 어느 정도 극복된다면, 우리 사회는 어떤 문제에 봉착할 것인가? 이는 사회적으로나 정치적으로뿐만 아니라 윤리적인 문제가 제기될 것은 당연해 보인다. 먼저 **사망률 압축 현상**(compressed morbidity)이 발생하여 85세 정도를 전후하여 사망률이 집중적으로 몰릴 것이다. 또한 병적 상태가 길어져서, 만성 질환을 안고서 오래 살아야 할 가능성이 높아질 것이다. 따라서 삶의 질이 현저히 떨어질 공산이 크다. 그렇다면 어떤 현상이 사회적으로 대두될까? 우리는 극단적으로 **조너선 스위프트**(Jonathan Swift, 1667~1745)가 풍자한 "**걸리버 여행기**(Gulliver's travels)"를 염두에 둘 필요가 있다. 즉, 영생이 저주라는 의미이다. 우리는 노화로 인한 질병으로 온갖 고통을 다 겪으며 저주스러운 영생을 살아야 된다는 것이다. 다시 말하면, 죽음이라는 행운이 찾아오길 학수 고대하고 있을 것이란 점이다. 그러나 대부분의 인간은 더 오래 살기를 원한다. 노인이 '빨리 죽고 싶다는 말'이 3대 거짓말에 속한다는 우스갯소리가 있는 것처럼. 하지만 또 다른 한편으로는 늙어간다는 것을 한탄하고 있을 필요는 없을 것 같다. 왜냐하면 노화라는 특권을 누리지도 못하고 이미 일찍 이 세상을 떠난 사람들도 많이 있기 때문이다.

## 참고문헌


1. 김우겸. *장수의 비결*. 서울: 서울대학교 출판부, pp.134-137, 2003.
2. 배영철, 이영진. *노인의학*. 서울: 고려의학, pp.24-39, 1996.
3. 성상현. *노화에 대한 분자 생물학적 이해와 응용 동향*. BRIC. Available at: https://www.ibric.org/myboard/print.php?Board=report&id=3252 (접속일 2020년 9월 2일)
4. 윤태진. *노화관련 약물과 식이요법, 그리고 인공지능 신약연구*. 사이언스온. Available at: http://scienceon.hani.co.kr/?act=dispMediaContent&mid=media&search_target=title_content&search_keyword=%EC%9C%A4%ED%83%9C%EC%A7%84&document_srl=553764 (접속일 2020년 9월 4일)
5. 이승재. *수명연장의 유전적 요인*. In silico biology. Available at: https://webcache.googleusercontent.com/search?q=cache:-YA-flo8lfoJ:https://www.bioin.or.kr/fileDown.do%3Fseq%3D25114%26bid%3Dtech+&cd=2&hl=ko&ct=clnk&gl=kr (접속일 2020년 9월 4일)
6. 조선시대 사람들의 평균 수명은? KISTI의 과학향기. Available at: http://scent.ndsl.kr/site/main/archive/article/%EC%A1%B0%EC%84%A0%EC%8B%9C%EB%8C%80-%EC%82%AC%EB%9E%8C%EB%93%A4%EC%9D%98-%ED%8F%89%EA%B7%A0-%EC%88%98%EB%AA%85%EC%9D%80;jsessionid=057B3E0711B91812A5472D2A1F780716.scent_right (접속일 2020년 9월 4일)
7. 최진호. *불로장생의 지혜*. 서울: 테일출판사, pp.20-22, 1998.
8. About progeria. Progeria Research Foundation. Available at: https://www.progeriaresearch.org/about-progeria/ (접속일 2020년 9월 4일)
9. A full explanation about the telomerase and the end replication problem. Available at: https://www.youtube.com/watch?v=ohm-avnDYcM (접속일 2020년 9월 4일)
10. Ageing. Wikipedia. Available at: https://en.wikipedia.org/wiki/Ageing (접속일 2020년 9월 4일)
11. Aging changes in hormone production. Medline Plus. Available at: https://medlineplus.gov/ (접속일 2020년 9월 4일)
12. Antagonistic pleiotropy hypothesis. Wikipedia. Available at: https://en.wikipedia.org/wiki/Antagonistic_pleiotropy_hypothesis (접속일 2020년 9월 4일)
13. Austad, S. N. *Why we age?* (김태원 역. *인간은 왜 늙는가?* 서울: 궁리, pp.8-9, 1997)

14. Austad, S. N. *Why we age?* (김태원 역. *인간은 왜 늙는가?* 서울: 궁리, pp.161-170, 1997)
15. Basaraba, S. *Defining chronological and biological age*. Very Well Health. Available at: https://www.verywellhealth.com/what-is-chronological-age-2223384 (접속일 2020년 9월 4일)
16. Basisty, N., Kale, A., Jeon, O. H., et al. *A Proteomic atlas of senescence-associated secretomes for aging biomarker development*. PLoS Biol, 18(1), 2020. e3000599. https://doi.org/10.1371/journal.pbio.3000599
17. Benecke, M. *Der traum vom ewigen Leven*. (권혁준 역. *노화와 생명의 수수께끼*. 서울: 창해, pp.28-35, 2004)
18. Blackburn, E., Epel, E. *The telomere effect*. (이한음 역. *늙지 않는 비밀*. 서울: 알에이치코리아, pp.26-27, 2017)
19. Bristlecone pines. National Park Service. Available at: https://www.nps.gov/grba/planyourvisit/identifying-bristlecone-pines.htm (접속일 2020년 9월 4일)
20. Crespi, B. J., Teo, R. *Comperative phylogenetic analysis of the evolution of semelparity and life history in salmonid fished*. Evolution, 56(5), pp.1008-1020, 2002. Available at: https://onlinelibrary.wiley.com/doi/pdf/10.1111/j.0014-3820.2002.tb01412.x (접속일 2020년 9월 4일)
21. Diamond, J. *The third chimpanzee*. (김정흠 역. *제3의 침팬지*. 서울: 문학사상, pp.185-204, 1996)
22. DNA repair deficiency disorder. Wikipedia. Available at: https://en.wikipedia.org/wiki/DNA_repair-deficiency_disorder (접속일 2020년 9월 4일)
23. Dorman, J. B., Shroyer, B., Kenyon, C. *The Age-1 and Daf-2 gene function in a common pathway to control the lifespan of Caenorhabditis Elegans*. Genetics, 141(4), pp.1399-1406, 1995. PMCID: PMC1206875
24. Estimates of historical world population. Wikipedia. Available at: https://en.wikipedia.org/wiki/Estimates_of_historical_world_population (접속일 2020년 9월 4일)
25. Ferrucci, L., Schrack, J. A., Simonsick, E. M. *Aging and the energetic cost of life*. J Am Geriatir Soc, 60(9), pp.1766-1769, 2012. DOI: 10.1111/j.1532-5415.2012.04102.x
26. Galega officinalis. Alchotron. Available at: https://alchetron.com/Galega-officinalis (접속일 2020년 9월 4일)
27. Gerontology. Wikipedia. Available at: https://en.m.wikipedia.org/wiki/Gerontology (접속일 2020년 9월 4일)
28. Hoeijmakers, J. H. J. *DNA damage, aging, and cancer: Molecular origin of cancer*. N Eng J Med, 361, pp.1475-1485, 2009. DOI: 10.1056/NEJMra0804615
29. Horio, Y. *Cellular and molecular effects of sirtuins in health and disease*. Clin Sci (Lond), 121(5), pp.191-203, 2011. https://doi.org/10.1042/CS20100587
30. How has the average human lifespan changed throughout history? Quora. Available at: https://www.quora.com/How-has-the-average-human-lifespan-changed-throughout-history (접속일 2020년 9월 4일)
31. Jeong, S. W., Kim, S. H., Chae, I. H., et al. *Mortality reduction with physical activity in patients with and without cardiovascular disease*. Eur Heart J, 40(43), pp.3547-3557, 2019. DOI: 10.1093/eurheartj/ehz564, PMID: 31504416
32. Jin, K. L. *Modern biological theories of aging*. Aging Dis, 1(2), pp.72-74, 2010. PMID: 21132086
33. Kamran, P., Sereti, K., Ardehali, R. *Parabiosis in mice: A detailed protocol*. J Vis Exp, 80(50558), 2013. DOI: 10.3791/50556, PMID: 24145664
34. Kaushik, S., Cuervo A. M. *Proteostatis and aging*. Nat Med, 21(12), 2015. DOI: 10.1038/nm.4001
35. Kim, E. C., Kim, J. R. *Senotherpeutics: Emerging strategy for healthy aging and age-related disease*. BMB report, 51(1), pp.47-55, 2019. DOI: 10.5483/BMBRep.2019.52.1.293
36. Krumm, A. *Reactive oxygen species detection*. BMG Labtech. Available at: https://www.bmglabtech.com/ru/reactive-oxygen-species-detection/ (접속일 2020년 9월 2일)
37. Lane, N. *Life ascending: The great inventions of evolution*. (김정은 역. *생명의 도약*. 서울: 글항아리, pp.437-459, 2008)
38. Late Adulthood: Guide to human development. Google Sites. Available at: https://sites.google.com/site/hdevguide/home/late-adulthood (접속일 2020년 9월 4일)
39. Life extension. Wikipedia. Available at: https://en.wikipedia.org/wiki/Life_extension (접속일 2020년 9월 4일)
40. List of the oldest living people. Wikipedia. Available at: https://en.wikipedia.org/wiki/List_of_the_oldest_living_people (접속일 2020년 9월 4일)
41. List of the verified oldest people. Wikipedia. Available at: https://en.wikipedia.org/wiki/List_of_the_verified_oldest_people (접속일 2020년 9월 4일)
42. Longevity claims. Wikipedia. Available at: https://en.wikipedia.org/wiki/Longevity_claims (접속일 2020년 9월 4일)
43. Longevity myths. Wikipedia. Available at: https://en.wikipedia.org/wiki/Longevity_myths#Korea (접속일 2020년 9월 4일)
44. López-Otin, C., Blasco, M. A., Partridge, L., et al. *The Hallmarks of aging*. Cell, 153(6), pp.1194-1217, 2013. https://doi.org/10.1016/j.cell.2013.05.039
45. Lord, C. J., Ashworth, A. *The DNA damage response and cancer therapy*. Nature, 18: 481(7381), pp.287-294, 2012. DOI: 10.1038/nature10760
46. McCay, C. M., Crowell, M. F., Maynard, L. A. *the effect of retarded growth upon the length of life span and upon the ultimate body size*. J Nutr. Available at: http://www.wealthandhealth.ltd.uk/over100/C.%20M.%20McCAY%201935.pdf (접속일 2020년 9월 4일)
47. Medvedew, Z. A. *An attempt at a rational classification of theories of aging*. Biol Rev, 65, pp.375-398, 1990. https://doi.org/10.1111/j.1469-185X.1990.tb01428.x


11

48. Mutation accumulation theory. Wikipedia. Available at: https://en.wikipedia.org/wiki/Mutation_accumulation_theory (접속일 2020년 9월 4일)
49. Oldest validated supercentenarians All-Time. Gerontology Wiki. Available at: https://gerontology.wikia.org/wiki/Oldest_Validated_supercentenarians_All-Time (접속일 2020년 9월 4일)
50. Olshansky, S. J. *The quest for immortality*. (전영택 역. *인간은 얼마나 오래 살 수 있는가?* 서울: 궁리, pp.63-74, 2002)
51. Pando (tree). Wikipedia. Available at: https://en.wikipedia.org/wiki/Pando_(tree) (접속일 2020년 9월 4일)
52. Pierira, S. M., Ribeiro, R., Lorarinho, E. *Approaches towards longevity: Reprogramming, senolysis, and improved mitotic competence as anti-aging therpies*. Int J Mol Sci, 20, 2019. DOI: 10.3390/ijms20040938
53. Progeria. Wikipedia. Available at: https://en.wikipedia.org/wiki/Progeria (접속일 2020년 9월 4일)
54. Proshkina, E., Shaposhnikov, M., Moskalev, A. *Genome-protecting compound as potential geroprotectors*. Int J Mol Sci, 21, 2020. DOI: 10.3390/ijms21124484
55. Ratner, P. *How many people have lived on planet earth?* Big Think. Available at: https://bigthink.com/paul-ratner/how-many-people-have-ever-lived-on-planet-earth (접속일 2020년 9월 4일)
56. Ricklefs, R. E., Finch, C. E. *Aging: The natural history*. (서유헌 역. *노화의 과학*. 서울: 사이언스북스, pp.43-105, 1995)
57. Ristow, M., Schmeisser, K. *Mitochormesis: Promoting health and lifespan by increased levels of reactive oxygen species (ROS)*. Dose-Response, 12, pp.288-341, 2014. DOI: 10.2203/dose-response.13-035.Ristow
58. Roser, M., Ortiz-Ospina, E., Ritchie, H. *Life expectancy*. Our World in Data. Available at: https://ourworldindata.org/life-expectancy (접속일 2020년 9월 4일)
59. Rowe, J. W., Kahn, R. L. *Successful aging*. Gerontologist, 37(4), pp.433-440, 1997. https://doi.org/10.1093/geront/37.4.433
60. Sam Berns. Wikipedia. Available at: https://en.wikipedia.org/wiki/Sam_Berns (접속일 2020년 9월 4일)
61. Sarah Knauss. Gerontology Wiki. Available at: https://gerontology.wikia.org/wiki/Sarah_Knauss (접속일 2020년 9월 2일)
62. Scientific American. *The science of aging: forever young*. (김시선 역. *노화의 비밀: 고령화 시대: 영원한 젊음은 가능한가?* 서울: 한림출판사, pp.26-172, 2013)
63. Semelparity and iteroparity. Wikipedia. Available at: https://en.wikipedia.org/wiki/Semelparity_and_iteroparity (접속일 2020년 9월 4일)
64. Senescence. Wikipedia. Available at: https://en.wikipedia.org/wiki/Senescence (접속일 2020년 9월 4일)
65. Senotherapy. Wikipedia. Available at: https://en.wikipedia.org/wiki/Senotherapy (접속일 2020년 9월 4일)
66. Sinclair, D. A. *Lifespan: why we age and why don't have to*. (이한음 역. *노화의 종말*. 서울: 부·키, pp.137-247, 2019)
67. Thane, P. *The long history of old age*. (안병직 역. *노년의 역사*. 서울: 글항아리, pp.30-42, 2012)
68. The cell's toolbox for DNA repair. The Nobel Prize. Available at: https://www.nobelprize.org/prizes/chemistry/2015/press-release/ (접속일 2020년 9월 4일)
69. Trevarthan, W. *Ancient bodies, modern lifes: How evolution has shaped women's health*. (박한선 역. *여성의 진화*. 서울: 에이도스, pp.283-308, 2010)
70. Trindale, L. S., Aigaki, T., Peixoto, A. A., et al. *A novel classification system for evolutionary aging theories*. Front Genet, 6, 2013. https://doi.org/10.3389/fgene.2013.00025
71. Weiner, J. *Long for this world*. (한세정 역. *과학, 죽음을 죽이다*. 서울: 21세기북스, pp.118-134, 2010)
72. Zhang, Q., Lenardo, M. J., Baltimore, D. *30 years of NF-kB: A blossoming of relevance to human pathology*. Cell, 168(1-2), pp.37-57, 2017. DOI: 10.1016/j.cell.2016.12.012

## 그림 인용 및 Links

그림 11-1. https://www.shutterstock.com/ko/image-photo/aging-process-rejuvenation-antiaging-skin-procedures-436064941 (접속일 2020년 9월 23일)
그림 11-2. https://commons.wikimedia.org/wiki/File:Big_bristlecone_pine_Pinus_longaeva.jpg (접속일 2020년 9월 23일)
그림 11-3. https://courses.lumenlearning.com/suny-nutrition/chapter/9-11-free-radicals-oxidative-stress/ (접속일 2021년 1월 12일)
그림 11-5. https://www.shutterstock.com/ko/image-photo/digital-composition-athlete-passing-baton-during-591422801 (접속일 2020년 9월 23일)
그림 11-6. https://vimeo.com/113197085 (접속일 2020년 9월 23일)
그림 11-8. López-Otin, C., Blasco, M. A., Partridge, L., et al. *The Hallmarks of aging*. Cell, 153(6), pp.1194-1217, 2013. https://doi.org/10.1016/j.cell.2013.05.039, 게재 허가됨
그림 11-9. López-Otin, C., Blasco, M. A., Partridge, L., et al. *The Hallmarks of aging*. Cell, 153(6), pp.1194-1217, 2013. https://doi.org/10.1016/j.cell.2013.05.039, 게재 허가됨
그림 11-11. López-Otin, C., Blasco, M. A., Partridge, L., et al. *The Hallmarks of aging*. Cell, 153(6), pp.1194-1217, 2013. https://doi.org/10.1016/j.cell.2013.05.039, 게재 허가됨
그림 11-12. López-Otin, C., Blasco, M. A., Partridge, L., et al. *The Hallmarks of aging*. Cell, 153(6), pp.1194-1217, 2013. https://doi.org/10.1016/j.cell.2013.05.039, 게재 허가됨
그림 11-13. López-Otin, C., Blasco, M. A., Partridge, L., et al. *The Hallmarks of aging*. Cell, 153(6), pp.1194-1217, 2013. https://doi.org/10.1016/j.cell.2013.05.039, 게재 허가됨
그림 11-15. López-Otin, C., Blasco, M. A., Partridge, L., et al. *The Hallmarks of aging*. Cell, 153(6), pp.1194-1217, 2013.

https://doi.org/10.1016/j.cell.2013.05.039. 게재 허가됨

그림 11-16. López-Otin, C., Blasco, M. A., Partridge, L., et al. *The Hallmarks of aging*. Cell, 153(6), pp.1194-1217, 2013. https://doi.org/10.1016/j.cell.2013.05.039. 게재 허가됨

그림 11-17. López-Otin, C., Blasco, M. A., Partridge, L., et al. *The Hallmarks of aging*. Cell, 153(6), pp.1194-1217, 2013. https://doi.org/10.1016/j.cell.2013.05.039. 게재 허가됨

그림 11-18. López-Otin, C., Blasco, M. A., Partridge, L., et al. *The Hallmarks of aging*. Cell, 153(6), pp.1194-1217, 2013. https://doi.org/10.1016/j.cell.2013.05.039. 게재 허가됨

Chapter 12

# 생명의 소멸

## 제1절 서론

생명이 **소멸**(消滅, extinction)된다는 것은 그 생명을 이루고 있던 어떤 형태가 사라진다는 것을 의미한다. 이렇게 사라진다는 것은 되돌릴 수 없는 **불가역적**(不可逆的, irreversible)인 현상이다. 즉, 한번 죽은 생명체는 영원히 다시 살아올 수 없는 절대성을 가지고 있다. 이러한 절대성과 불가역성은 인간으로 하여금 하늘이 무너지는 듯한 천붕지통(天崩之痛)의 한으로 다가올 것이다. 따라서 생명의 소멸, 더 나아가서 인간의 죽음은 인류의 문명과 문화 속에서 아직도 해결되지 못한 영원한 숙제로 남아 있다. 더구나 죽음에 따른 영혼과 육체에 대한 관심은 철학과 종교를 뛰어넘어서 인류의 지대한 관심사로 부각되어 온 지 오래이다.

그렇다면 생명의 소멸을 이해하기 위해서는 우선 인간을 포함하여 생명체 전반에서 일어나는 소멸 현상을 필히 관찰해 보아야만 가능한 일이다. 따라서 우리는 원핵생물인 세균에서부터 진핵생물인 원생생물을 거쳐 다세포 생물로 넘어가면서 각 생물계에서 일어나는 소멸 현상에 대해서 알아볼 것이다. 프랑스 해부학자이자 병리조직학의 창시자로 불리는 **사비에르 비샤**(Xavier Bichat, 1771~1802)는 프랑스 혁명 당시 단두대에서 사라진 수많은 생명들을 부검할 수 있는 기회를 가졌다. 그는 이러한 경험을 통해서 생명이란 '죽음에 저항하는 기능들의 총체'라는 유명한 말을 남겨 놓았다[27,96]. 지금부터 우리는 단세포를 거쳐 다세포의 죽음을 이해한 후 인간의 소멸 편으로 진행해 나갈 것이다. 또한 죽음의 정의에서부터 죽음에 대한 생리학적, 진화적, 물리학적, 철학적 및 종교적 견해를 살펴보고 마지막으로 안락사에 대한 기술로 이 장을 마칠 것이다.

### 1. 단세포 생명체 소멸

모든 생물체는 그림 4-10에서 보는 바와 같이 3역 6계로 구성되어 있다. 먼저 진정세균 영역, 고세균 영역 및 진핵세균 영역이 3역에 속할 것이고, 이들 다시 자세히 분류하면 세균계, 고세균계, 원생생물계, 균류계, 식물계 및 동물계로 나눌 수 있을 것이다. 우선 제일 바닥에 자리잡고 있는 **세균**(細菌, bacteria)은 어떻게 태어나고 어떻게 죽는지를 먼저 알아보도록 하자.

실제적으로 세균은 그 크기가 1~10㎛ 정도의 원핵생물로 우리 눈에는 보이지 않는 극히 작은 미생물이다. 따라서 육안으로 볼 수 있는 생명체의 노화나 죽음은 쉽게 알아볼 수 있지만, 세균의 세계에서는 이를 알아차리기가 쉬운 일은 아니다. 세균이 자손을 만드는 방법인 **이분법**(二分法, binary fission, 그림 6-4 참고)은 제8장 '생명의 번식' 편에서 이미 자세히 다루었다. 이 이분법은 한 개의 모세포가 두 개의 세포로 갈라지는 방법이다. 먼저 DNA가 복제되고 그다음 세포질이 분열하여 두 개의 세포로 나누어진다. 따라서 나누어진 두 개의 세포는 어떤 것이 모세포이고 어떤 것이 딸세포인지를 구분할 수 없게 된다. 왜냐하면 이 둘은 모두 다 유전적으로 동일하고, 크기나 모양이 모두 똑같기 때문이다. 우리는 **생물학적 영생**(生物學的永生, biological immortality)을 늙어서 죽는 현상이 일어나지 않는 것으로 정의한다. 즉, **자연사**(自然死, natural death)는 하지 않지만, 외부적인 원인에 의하여 죽을 수 있는 **외인사**(外因死, unnatural death)는 일어날 수 있는 경우를 말한다. 우리는 세균들이 생물학적 영생을 누리고 있다고 보고 있었다. 왜냐하면 이들이 가지고 있는 DNA는 원형으로 되어 있어서 텔로미어와는 무관하여, **세포 예정사**(細胞豫定死, programmed cell death)가 없을 뿐만 아니라 세포분열 시 대칭적으로 갈라지기 때문이다[25,28].

그러나 일부 세균 중에서 그람 음성균인 **카울로박터** 세균(*Caulobacter crescentus*)은 비대칭적으로 분열하기도 한다. 이 카울로박터 세균은 분열 시 새로운 극(極, new pole)을 가진 세포는 운동성이 있는 유주세포(swarmer cell)가 되고, 오래된 극(old pole)을 가진 세포는 자루세포(stalked cell)가 되는 특징이 있다. 이렇게 오래된 극을 가진 자루세포에서 세포분열 속도가 느려진다는 것이 밝혀졌다. 따라서 비대칭적으로 분열하는 카울로박터 세균이 노화를 보이는 첫 번째 세균으로 알려지게 되었다. 이러한 비대칭 분열은 단세포 진핵생물인 **효모**(*Saccharomyces cerevisiae*)에서도 나타난다. 맥주 효모균도 모세포가 해로운 노화 물질을 가지고 있지만, 딸세포에게는 이러한 노화 물질을 넘겨주지 않음으로써 딸세포가 **회춘**(回春, rejuvenation)하게 되는 길을 열어 주고 있다. 즉, 비대칭적 분열을 통해서 손상물질이나 부위를 한쪽으로 몰아줌으로써 새로운 딸세포를 만들어 주는 셈이다[26,32,62,72].

이런 현상은 생물학적 영생으로 생각되었던 대장균에서도 일어난다는 사실이 최근에 밝혀지기 시작하였다. 즉, 카울로박터 세균처럼 세포가 분열할 때, 노화와 연관된 손상된 DNA 가닥이나 단백질은 오래된 극을 가진 세포로 몰리게 되고, 새로운 극을 가진 세포는 그야말로 깨끗한 세포로 태어나서 회춘하게 된다는 사실이다. 이렇게 오래된 극과 노화 요소를 갖게 된 세포는 분열 속도가 점차 느려지는 노화 현상이 나타난다는 것이 보고되고 있다. 따라서 세균이 불로불사라는 생각을 바꾸어야 한다는 의미이다. 그러나 세균이 분열하는 이분법은 세균에서 소멸을 피해 가는 방법 중 하나일 수도 있다. 세균 하나를 우리가 즐겨 먹었던 건빵에 비교해 보자. 하나의 건빵은 이분법을 통해서 똑같은 두 개의 건빵으로 변하고, 다시 이들이 분열하여 4개의 건빵, 8개, 16개와 같은 방식으로 늘어날 것이다. 그러나 이들 중에서 몇 개가 없어졌다고 해서 이 건빵이 모두 다 사라졌다고 할 수는 없을 것이다. 세균의 불로불사 이론이 폐기되지 않는 이유는 이 건빵 모두가 동일하기 때문이다. 그렇지만 세균도 외인적인 요인에 의하여 죽을 수 있다. 예를 들면, 영양분 결핍이나 온도, 습도, 탈수 및 산도(pH)와 포식자나 박테리오파지에 의해서 얼마든지 죽을 수 있다. 그러나 앞으로 다루게 될 소멸에 대한 물리학적 견해로는 박테리아도 형태를 가진 생명체이기 때문에 언젠가는 소멸하는 것이 순리인 것으로 보인다.

원생생물도 대부분 단세포이지만 박테리아와는 다르게 진핵생물이다. 따라서 이들은 핵을 가지고 있다. 그러나 원생생물도 세균처럼 이분법으로 번식을 한다. 그림 8-27은 짚신벌레가 이분법으로 번식하는 과정을 보여 주고 있다. 그러나 단세포인 짚신벌레는 대핵과 소핵이라는 두 개의 핵을 가지고 있다. 대핵은 주로 대사기능을 담당하고, 소핵은 생식에 관여하는 구조로 되어 있다. 따라서 이들은 고등생물에서 볼 수 있는 체세포와 생식세포의 초기 형태를 보여 주는 셈이다. 이들도 이분법을 포함한 무성생식이 주를 이루지만, 환경이 열악해지면 유성생식으로 방법을 바꾸게 된다. 이렇게 유성생식으로 방법을 바꾸는 이유는 자손의 다양성을 높여서 변화되는 환경에 살아남을 가능성을 높이기 위한 방법이기 때문이다. 그러나 이들에게도 세균이나 효모에서 일어나는 회춘 현상이 벌어진다. 즉, 짚신벌레(*Paramecium tetraurelia*)는 무성생식적 이분법으로는 노화를 견디어 낼 방법이 없다. 이들은 그림 8-28처럼 **접합**(接合, conjugation) 과정에서 일어나는 감수분열을 통하여 오래된 대핵을 버리고 소핵으로 만들어진 대핵을 가짐으로써 새로운 세포로 태어난다. 즉, 회춘이 일어난 셈이다. 또한 그림 8-29도 감수분열에 의하여 **자가수정**(自家受精, autogamy) 방법으로 새로운 세포를 만들어 내는 과정을 보여 주고 있다. 이는 단순히 이분법에 의하여 생기는 노화 현상을 극복할 수 있는 좋은 방법인 것이다. 이런 과정들은 결국 고등생물로 이어지는 유성생식의 출발점라고도 볼 수 있다. 따라서 생명의 소멸은 결국 번식과 연계되어 있다고 말해야 할 것이다.

세균에서도 유전자 교환이 일부에서 일어난다. 이는 그림 8-22에서 보는 것과 같은 접합 과정이나 그림 8-23에서 보는 형질 전환과 그림 8-25에서 보는 형질도입 방법으로 일어난다는 것은 제8장 '생명의 번식' 편에서 자세히 다루었다. 그러나 세균에서 유전자 교환이 일어나지만, 실제 감수분열 형태를 띤 유전자 교환은 일어나지 않는다. 따라서 이들은 손상된 유전자 가닥이나 단백질을 한 세포에 몰아주어서 노화의 과정을 걷게 하고, 다른 세포는 깨끗한 상태로 만들어 회춘시킴으로써 소멸을 피해 가는 방법을 쓰고 있다. 이런 이유로 세균이 불노불사한 존재로 보는 견해에는 다소 무리가 있다고 보인다. 또한 원핵세포에서 진핵세포로 넘어오면서 처음으로 나타나는 원생생물은 짚신벌레에서 보듯이, 감수분열에 의하여 대핵을 새롭게 만들어서 회춘시킴으로써 노화의 길에서 빠져나와 소멸을 극복해 나간다고 볼 수 있다.



## 2. 다세포 생명체 소멸

단세포에서 다세포로 진화해 가는 과정은 10-33에서 보는 볼복스를 증례로 설명한 바 있다. 우리는 볼복스에서 보듯이, 체세포와 생식세포가 분리되면서, 유성생식의 길이 열리는 단계를 관찰해 보았다. 따라서 생명체의 소멸은 생명체가 다시 태어나는 번식 과정과 밀접하게 연결되어 있다. 생자필멸(生者必滅)과 같이 태어난 생명체는 반드시 죽는다. 그렇다면 생명체는 어떻게 죽음을 우회하여 대를 이어 나가는 방법을 찾아냈을까? 이들은 다시 제4절 '죽음에 대한 진화적 견해' 편에서 자세히 다룰 것이다. 만물의 영장이라고 불리는 인간

던지고 있다. 죽음이란 과연 무엇인가? 인간은 왜 죽어야만 하는가? 죽음 이후에 도대체 무슨 일들이 벌어질까? 영혼이란 정말 존재할까? 혹은 육체적 죽음 이후에 과연 나는 계속 존재할 수 있을까? 이러한 수많은 질문에도 누군가 나서서 대답해 줄 사람이 없다. 왜냐하면 죽음을 경험한 사람이 아무도 없기 때문이다. 현재까지 이 지구상에서 살다가 간 사람이 약 천억 명이나 되지만[43,78], 아무도 이 질문에 대답하는 사람이 없다. 문학은 주로 인간의 삶을 이야기한다. 그러나 인간의 삶은 죽음으로 끝난다. 우리는 아무도 그 질문에 대한 해답을 모른 채 살아가고 있다. 지금부터 대답 없는 질문을 향하여 하나씩 차근차근 풀어 나가보자.

먼저 그림 12-2를 소개하기로 하자. 우리는 시간이라는 축 위에서 출생과 사망이라는 그 기간 동안에만 존재한다. 태어나기 전에 우리가 어디에 있었는지는 아무도 모른다. 그뿐만 아니라 죽고 난 다음에 우리가 어디에 있게 될는지도 알 수가 없다. 오직 우리가 실존적으로 존재하는 구간은 태어나서 죽을 때까지일 뿐이다. 의학이나 과학이 접근할 수 있는 범위도 실존적 존재 구간으로 제한되어 있다. 오로지 종교만이 전 구간을 다루고 있는 셈이다. 특히나 종교는 죽고 난 이후의 세계에 더 많은 관심을 가지고 있는 듯하다.

죽음은 몇 가지 원초적인 특징을 가지고 있다. 먼저 죽음에 관한 확실성을 들어 보자. 우리에게 가장 확실한 것은 언젠가 우리는 반드시 죽는다는 사실이고, 따라서 죽음은 **필연성**(必然性, inevitability)을 동반한다. 또한 죽음은 언제, 어디서, 어떻게, 죽을지 모른다는 불확실성, 즉 **예측 불가능성**(豫測不可能性, unpredictability)을 나타낸다. 그뿐만 아니라 죽음은 도처에서 볼 수 있는 **보편성**(普遍性, ubiquity)을 가지고 있으면서, **가변성**(可變性, variability)까지 가지고 있다. 따라서 우리는 반드시 죽을 것이라는 사실을 알고 있으면서도, 그 현란한 예측 불가능성과 가변성 때문에 그저 나의 죽음 자체를 저 멀리 내팽개쳐 놓고 있을 뿐이다[58]. 또한 죽음은 절대적으로 **대체 불가능성**(代替不可能性, Irreplaceability)을 가진다. 누군가가 나 대신 죽어 줄 수 없다는 뜻이다. 저승길과 화장실은 대신 갈 수 없다는 우스갯소리가 그저 생긴 것은 아닐 것이다.

인간(*Homo sapiens*)이 이 지구상에 등장한 시기는 약 20만~30만 년 전으로 보인다. 따라서 인간이 남긴 죽음에 대한 기록들은 어떤 것이 있을까? 호모속 중에서 죽음에 대한 매장 의식은 인간의 사촌이라고 할 수 있는 **호모 네안데르탈렌시스**(*Homo neanderthalensis*) 시절부터 있었던 것으로 보인다. 이들이 죽은 사람을 매장했다는 것은 삶과 죽음의 의미를 고뇌하고 있었다는 증거일 수 있기 때문에, 이런 의식은 원시 종교적 형태로도 볼 수 있다. 호모 사피엔스가 등장한 이후 이들이 아프리카를 떠나 약 만7천 년 전 프랑스 남서쪽 **라스코 동굴**(Lascaux cave) 안에 그려 놓은 벽화(그림 12-3) 중 하나는 우리에게 그 시대의 상징적 의미를 던져 준다고 할 수 있다. 커다란 들소와 창이 놓여 있고, 그 옆에 쓰러져 죽어가는 인간의 모습이 그려져 있다. 이 그림은 원시시대의 사냥에 대한 풍요를 기원하는 주술적 의미가 담겨 있다고도 보인다. 또한 인간에서 죽음이 어떻게 일어나는지가 그림 속에 들



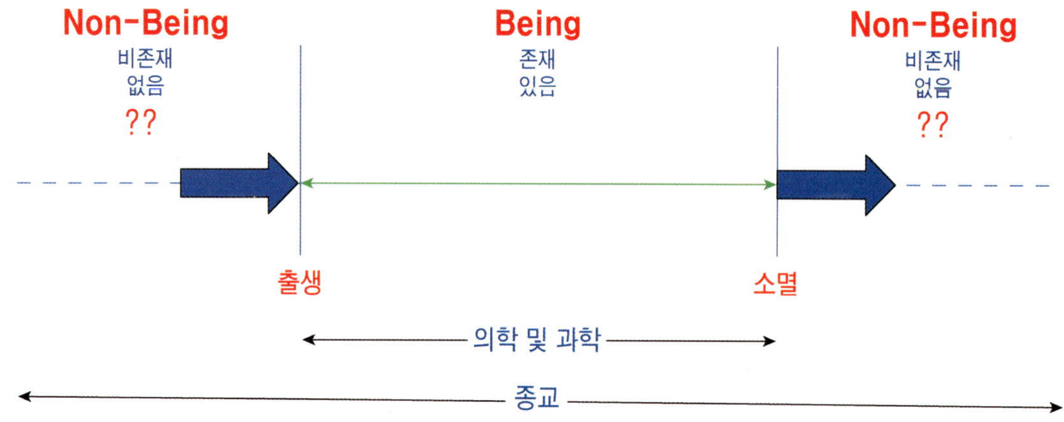


그림 12-2. 인간의 실존적 존재 여부와 지식의 한계.

그림 12-3. 라스코 동물벽화. (출처: Peter80[12-3])

어 있다고 할 수 있다.

인류 역사상 죽음에 관한 기록 중 알아 두어야 할 것은 고대 메소포타미아 수메르 지역에 있었던 우루크 왕에 대한 기록인 **길가메시 서사시**(Epic of Gilgamesh)를 들어야 할 것이다. 길가메쉬는 반신반인의 영웅이자 폭군으로 기록된다. 그는 친구의 죽음으로 인하여 영생의 비밀을 찾고자 노력했던 전설적인 왕이었다. 그는 죽음의 바다를 건너 명계에 다다르는 과정에서 대 홍수 속에서도 살아남은 신을 만나기도 하였다. 그가 도착한 바닷가 아름다운 정원에는 탐스러운 과일이 달려 있는 신들의 나무가 있었고, 그들이 가리켜 준 불노초는 뱀이 훔쳐 가 버렸다. 그는 결국 영생의 비밀을 발견하지 못하고 우르크 성으로 돌아온다는 기원전 약 2천 년경의 이야기이다. 지금부터 약 4천 년 전에 살았던 고대 문명인도 죽음을 영원히 극복해 보려는 열망과 그 노력에 대한 실망이 공존하고 있다는 사실을 알려 주는 서사시라고 할 수 있다[42]. 또한 기원전 1400년경에 쓰여진 고대 이집트의 **사자의 서**(死者-書, Book of the Dead)에서는 사후세계에서 일어나는 죄에 대한 강한 심판의식이 등장한다. 죽음과 부활의 신인 오시리스(Osiris)가 진행하는 심판은 죽은 자의 심장 무게를 달아서 죄의 많고 적음을 판단한다. 죄가 많은 사람은 저승으로 가지 못하고 이승을 떠도는 반면, 죄가 적은 사람은 육체를 다시 만나 부활한다는 내용이다[65]. 따라서 인간은 끝임없이 죽음과 사후세계에 대한 궁금증을 나타내고 있다고 볼 수 있다.

그리스 신화에 등장하는 죽음의 신은 **타나토스**(Thanatos)이다. 우리에게 잘 알려진 오스트리아의 정신과 의사인 **지그문트 프로이트**(Sigmund Freud, 1856~1939)는 과연 죽음에 대하여 어떻게 생각하고 있었을까? 그는 **에로스**(Eros)와 타나토스를 **욕구 이원론**(慾求二元論, dual-drive theory)으로 정리하였다. 즉, 삶의 욕구인 에로스와 죽음의 욕구인 타나토스가 대립적 관계에 있다고 본 것이다. 삶의 본능인 에로스는 이를 작동시키는 심리적 에너지인 **리비도**(libido, 성 충동)를 통하여 실현되며, 죽음에 대한 본능인 타나토스는 **데스트루도**(Destrudo)라는 심리적 에너지를 통하여 나타난다고 본 것이다. 따라서 인간은 항상 삶의 욕구와 죽음의 충동 사이에서 갈등과 타협 과정 속을 헤매고 있는 존재라고 할 수 있다[50]. 흡연을 좋아했던 프로이트는 결국 구강암으로 삶의 끝자락으로 내몰리자 의사인 친구의 도움으로 자살에 이르게 된다.

인간은 과연 죽음이라는 막다른 골목에 도달하면 대개 어떤 반응과 적응을 보일까? 이를 처음으로 잘 정리한 사람은 스위스계 미국인 정신과 의사인 **엘리자베스 퀴블러-로스**(Elisabeth Kübler-Ross, 1926~2004)였다. 그녀는 1969년 말기 질환 환자들을 면담한 결과를 토대로 저술한 "죽음과 죽어감(On death and dying)"이라는 책을 출판하면서, 이 환자들이나 그 가족들이 겪어 가는 **죽음의 5단계**(five stages of grief)를 발표하게 되었다[61]. 이 단계들을 정리해 보면 처음 나타나는 반응으로서 부정-분노-협상-우울-수용 단계를 밟아 간다는 뜻이다. **부정**(否定, denial) 단계는 일종의 쇼크 상태로 자신에게 불어 닥친 죽음에 대한 원인을 부정하는 단계이다. 그다음 단계로 나타나는 **분노**(憤怒, anger)는 왜 하필이면 나에게 이런 못된 병이 생기는지에 대한 분노이다. 이는 부정 단계를 지속시킬 수 없는 경우, 환자나 그 가족에 생기는 화나는 상태를 말한다. 이 두 단계를 지나면 대개 환자는 **협상**(協商, bargaining) 단계에 들어선다. 이는 아이들이 처음에는 심하게 졸라대다가 결국에는 공손하게 부탁하는 모습과 비슷하다. 즉, 피할 수 없는 죽음을 조금이라도 미루고 싶어서 신이나 절대자와의 협상 단계에 빠지는 과정이라고 볼 수 있다. 이러한 짧은 단계가 끝나면 환자들은 **우울**(憂鬱, depression) 단계에 빠져들고 심한 상실감에 사로잡히게 된다. 마지막 단계로 나타나는 현상은 **수용**(受容, acceptance)이다. 더이상 어쩔 수 없다는 현실적인 인식이 되돌아왔다는 의미이다. 이러한 과정을 잘 정리한 퀴블러-로스도 말년에는 뇌졸중으로 반신마비가 되어 애리조나주 스코츠데일의 요양원에서 '하늘나라로 돌아간다'는 말을 남기고 2004년에 생을 마감하였다.

인류 역사상 가장 중요한 숙제인 죽음이라는 현상을 좀 더 과학적인 측면에서 다루어 볼 기회는 비교적 늦게 찾아왔다. 실제 **죽음학**(thanatology)이라는 용어가 처음 등장한 것은 20세기 초였다. 죽음학이라는 thanatology는 그리스 신화의 죽음의 신인 타나토스와 학문이나 이성을 뜻하는 logos가 합쳐진 용어이다. 그러나 실체 logos는 그리스의 접미어인 logia에서 온 말로서 '말하다(speaking)'라는 뜻을 가지고 있다. 학문은 글보다 말로써 먼저 시작하는 것인가? 원래 타나토스는 어둠의 신인 에레보스(Erebos)와 밤의 여신인 닉스(Nyx)의 아들로 태어나고, 타나토스의 할아버지는 혼돈의 신인 카오스(Chaos)이다. 또한 타나토스의 쌍둥이 형제는 수면의 신인 히프노스(hypnos)인 점을 감안할 때 타나토스가 가지는 의미가 더욱 더 확실해진다고 볼 수 있다[88]. 죽음학이라는 용어를 처음 사용한 학자는 1903년 러시아 생물학자인 **엘리 메치니코프**(Elie Metchnikoff, 1845~1916)였다. 그는 처음으로 식세포(食細胞, phagocyte)를 발견하고, 그 면역기능을 밝힌 공로로 1908년 노벨 생리의학상을 공동 수상한 경력을 가진 학자이다[87]. 죽음학은 죽음과 연관된 일들을 과학적으로 연구하는 학문이어서, 호스피스(hospice)와 더불어 죽음을 준비하고 극복해 나가는 데 중요한 역할을 할 것으로 추정된다. 지금까지 생물권 전체에서 생명의 소멸을 관망해 보았다면, 다시 인간의 죽음으로 되돌아와서 이들에 대한 해석을 여러 각도에서 재조명해 보고자 한다.



## 제2절 죽음의 정의

죽음이란 산 자와 죽은 자를 갈라놓는 하나의 경계선이다. 그러나 의학과 과학의 발전은 이 경계선을 다소 혼란스럽게 만든다. 우리는 죽음이 무엇인지를 알게 되는 순간, 우리는 이미 존재하지 않는다. 따라서 우리의 죽음을 확인해 주는 사람은 죽은 자가 아니라 살아 있는 자의 몫으로 넘어온다. 현실 세계에서 죽은 자는 더이상 자연인으로 행세할 수가 없다. 모든 법적 권리와 의무가 달아나 버린다. 그리고 우리의 형체는 점차 분해되고 부패하여 지구화학적 순환 속으로 흩어져 버릴 것이다. 우리를 이끌고 왔던 의식이나 영혼은 어떻게 될까? 이 주제는 다시 제6절 '죽음에 대한 철학적 견해' 편에서 다룰 것이다.

죽음을 최종적으로 선언해야 할 남은 사람은 의사들이다. 의사들은 죽음을 진단하고 선언하여 그 죽음을 사회적으로 알릴 수 있게 하고, 이를 문서로 확인하는 작업을 하는 사람들이다. 사망 선언을 처음 해 봤던 경험을 의사들은 잊지 못한다. 그만큼 긴장되고 절박한 순간을 처음으로 경험하였기 때문이다. 의사들은 주로 사망을 익스파이어(expire)라고 말한다. 익스파이어라는 말의 어원은 '날숨'을 뜻한다. 즉, 숨을 내뿜은 이후 더이상 호흡이 없어졌다는 의미이다. 대개 심장박동보다 호흡이 먼저 없어진다. 왜냐하면 심장은 자율성(自律性, autonomy)이 있기 때문에 한동안은 뛸 수가 있다. 개구리에서 심장만을 떼어서 실험실 학생의 손바닥 위에 올려놓아도, 개구리 심장은 한동안 탈 없이 뛸 수가 있다. 인간의 죽음은 절체절명의 사건이다. 죽음에 대한 표현도 무려 30가지가 넘는다. 죽음을 어떻게 정의하고 확인하여야 할까? 이 과정은 죽음을 이해하는 데 필수적인 요인 중 하나이다. 따라서 이 절에서는 죽음의 정의를 구체적으로 분석하고 그 과정을 추적해 볼 것이다. 또한 뇌사는 다루어야 할 주제들이 많기 때문에 따로 기술하고자 한다.

### 1. 죽음의 형태

우리는 개인의 죽음 혹은 육체적 죽음을 **개체사**(個體死, somatic death), **신체사**(身體死) 또는 **임상사**(臨床死, clinical death)라고 한다. 그러나 이 개체사를 의학적으로나 법적으로 그 과정을 자세히 알아보기 위하여 크게 세 가지 범주로 구분하여 알아보기로 하자. 제일 먼저 사망의 형태로 들 수 있는 것은 **심폐사**(心肺死, cardiopulmonary death)이다. 심폐사는 말 그대로 심장과 폐가 영구적으로 그 기능을 상실한 경우를 말한다. 생명을 유지하는 중요한 장기로서 심장, 폐, 뇌를 생각할 수 있지만, 주로 심장과 폐 기능을 사망의 기준 잣대로 삼은 것이다. 이러한 심폐사가 전통적인 죽음의 개념일 뿐만 아니라 사망 진단서의 최종 사인에 해당하기도 한다. 따라서 원칙적으로 심폐사를 개체의 사망 시점으로 본다. 그렇다면 심장과 폐가 인공적으로 기능을 하고 있지만, 뇌가 영구히 죽었다면, 과연 그 개체는 죽었다고 할 수 있는가? 이렇게 논란의 중심으로 떠오른 죽음의 형태가 바로 **뇌사**(腦死, Brain death)이다. 이 뇌사는 장기이식과 맞물려서 의학적, 법적 및 윤리적 핵심 주제가 되었다[49]. 그렇다면 뇌사란 어떤 형태인가? 뇌사란 뇌간을 포함한 뇌 전체의 기능이 비가역적으로 정지된 상태를 말한다. 따라서 의사가 내릴 수 있는 사망의 형태는 심폐사와 뇌사를 들 수 있다. 뇌사는 곧이어서 따로 기술할 것이다.

그다음으로 들 수 있는 죽음의 형태는 **세포사**(細胞死, cellular death) 혹은 **분자사**(分子死, molecular death)이다. 이렇게 세포사라는 개념이 생기게 된 이유는 심폐 정지가 일어난 이후에 모든 세포들의 기능이 동시에 정지되지 않기 때문이다. 따라서 심장이나 폐가 기능을 멈추어도 다른 세포들은 일정 기간 살아 있을 수가 있다. 우리는 이렇게 개체사에서 완전한 세포사가 일어나기까지의 기간을 따로 **생사 중간기**(生死中間期, intermediate stage of life)라고 부른다[2]. 비록 개체는 법적으로 죽었다고 선언되었지만, 이러한 세포들로 인하여 생사 중간기에 일종의 생리적 반응이 나타날 수 있다. 우리는 이런 반응들을 **초생반응**(超生反應, supravital reaction)이라고 부른다. 예를 들면, 백혈구의 식균작용이나 정자 운동 또는 약물에 의한 혈관 수축작용 등이 생사 중간기에 나타날 수도 있다. 따라서 이러한 생사 중간기가 완전히 끝나고 모든 세포가 분자 수준에서 영구적으로 중단되었을 때, 우리는 생물학적 관점에서 개인의 완전한 죽음이 일어났다고 말할 수 있을 것이다. 이러한 세포사의 흔적들은 초기 죽음의 증상들로서 **사체냉**(死體冷, algor mortis), **사후경직**(死後硬直, rigor mortis) 및 **시반**(屍斑, livor mortis) 등으로 나타난다.

그러나 우리의 관심사는 법의학을 전공으로 하지 않는 한 주로 개체사에 집중되어 있다. 우리가 죽음이라고 받아들이는 개체사는 미국의 경우 1981년 제정된 **통일사망판정법**(Uniform determination of death act; UDDA)에 의해서 결정되었다[93]. 이 법률은 죽음을 판정하는 방법으로 두 가지를 강조하고 있다. 즉, 심장과 호흡의 비가역적 정지(심폐사)와 뇌간을 포함한 전 뇌 기능의 비가역적 정지(뇌사)를 죽음의 판정 기준으로 삼고 있다. 따라서 심폐사뿐만 아니라 뇌사도 죽음으로 판단할 수 있게 되어서 장기 이식술의 물꼬를 열어 주었다고 볼 수 있다. 사람이 죽으면 현실적으로 어떻게 될까? 모든 법적 구속력이 사라져서 어떤 범죄를 저질렀어도 모두 불기소 처분된다. 죽은 사람은 자연인으로서의 권한을 행사할 수 없기 때문에 그가 가지고 있던 모든 재산은 상속 단계로 전환될 것이다. 그뿐만 아니라 법적인 혼인 관계도 자연적으로 해소되는, 말 그대로 망자는 추억의 무대 속으로 사라져 갈 뿐이다.

## 2. 뇌사

우선 뇌사를 기술하기 전에 뇌의 구조를 간단히 이해하기 위하여 미국의 의사이자 신경과학자인 **폴 맥린**(Paul D. MacLean, 1913~2007)이 제의한 뇌의 **삼중구조**(三重構造, triune brain) 이론을 먼저 소개하기로 하자. 그는 인간의 뇌를 진화적으로 세 가지 구조로 분리해 보았다. 먼저 뇌의 가장 깊숙한 곳에 자리잡고 있는 **파충류 뇌**(爬蟲類腦, reptile brain) 혹은 **생리적 뇌**(生理的腦, physiological brain)라고 부르는 부위이다. 이 부위는 **뇌간**(腦幹, brainstem)과 **소뇌**(小腦, cerebellum)가 있는 곳으로, 동물의 본능적 기능인 생존과 번식을 담당할 뿐만 아니라 심장 박동이나 호흡, 혈압 및 체온을 유지하는 곳이다. 그뿐만 아니라 방향감각과 운동 조절 및 평형감각을 유지하는 장소로서 생존에 필요한 가장 기본적인 역할을 수행하고 있다. 따라서 뇌사에 등장하는 뇌간은 생명 유지에 필수적인 기본구조에 속한다고 할 수 있다. 그다음으로는 이러한 파충류 뇌를 감싸고 있는 **대뇌 변연계**(大腦邊緣界, limbic system)로서 **포유류 뇌**(哺乳類腦, mammalian brain) 혹은 **감성적 뇌**(感性的腦, emotional brain)라고 불리는 곳이다. 이 뇌는 진화 과정에서 초기 포유류에서 나타나고 있다. 이 부위는 주로 감정이나 정서, 사랑, 기억 및 학습에 관여하고 있다. 마지막으로 나타나는 뇌는 **신피질**(新皮質, neocortex)이라 불리는 인간의 뇌(human brain)가 여기에 속한다. 이 대뇌피질은 주로 논리적 사고나 판단, 의식과 언어 표현 및 고차원적 사고 능력을 가질 수 있게 해주는 뇌 영역이라고 할 수 있다[46]. 따라서 파충류 뇌라고 불리는 뇌간이 비록 살아 있어서 생명력을 이어 갈 수는 있어도, 대뇌피질이 손상되어 죽어 버리면 인간다운 삶은 보장되지 않을 것이라는 것은 쉽게 이해할 수 있을 것이다. 다시 뇌사에 대한 기술로 돌아가자.

우선 뇌조직은 전체 인간의 체중 중에서 약 2% 정도를 차지하지만, 전체 에너지의 20%를 사용하는 고비용 구조이다. 따라서 산소 공급이 원활하지 않는 **저산소증**(低酸素症, hypoxia)이 발생하면 아주 쉽게 뇌조직이 파괴되고 만다. 개인에 따라 다소의 차이는 있지만, 대개 3~4분 정도의 산소 공급 중단은 뇌조직이 영구적으로 죽기 시작하고, 10~15분이 지나면 생존 가능성이 거의 없어진다. 따라서 **심폐소생술**(心肺蘇生術, cardiopulmonary resuscitation; CPR)이 얼마나 신속히 행해져야 하는 이유를 설명해 준다고 할 수 있다.

만약 신피질이 파괴되어 죽어 버리고 뇌간만 살아 있어서 자발성 호흡이 가능하다면 어떻게 될까? 또한 뇌간까지 포함하여 전 뇌 기능이 죽어 버려서 인공호흡기로 호흡을 유지시키고 있는 경우도 생각해 보자. 우리는 전자를 **식물인간**(植物人間, vegetative state)이라고 부르고, 후자를 우리는 **뇌사자**라고 부른다. 따라서 뇌사자나 식물인간은 모두 심한 혼수 상태에 빠져 있지만, 그 상태에는 많은 차이가 있다. 즉, 식물인간은 대뇌 기능이 상실되어 있지만, 뇌간 부위는 살아 있어서 호흡과 순환이 가능하고 일부 운동 기능도 보존되어 있다. 이러한 식물인간은 장기 생존이 가능할 뿐만 아니라 실낱같은 희망이지만 회복 가능성을 기대해 볼 수 있는 상태라고 할 수 있다. 따라서 식물인간 상태의 환자는 장기 기증 대상이 될 수가 없다. 그러나 이와는 달리 뇌사자는 뇌간을 포함하여 전 뇌의 기능이 상실되어서 심박동 이외에는 호흡을 비롯한 모든 기능이 정지되어 있다. 이러한 뇌사자는 인공호흡기에 의하여 생명이 유지되는 상태이다. 따라서 이러한 뇌사 상태를 진단하고 결정을 내리는 것은 윤리적으로 대단히 중요한 문제이다.



뇌사에 대한 판정 기준이 처음으로 제시된 것은 1968년 하버드 의과대학 뇌사정의특별위원회(ad hoc committee)에 의해서였다. 이들이 제시한 판정 기준이 점차 인정되기 시작하였고, 1981년 미국 의학협회와 미국 변호사 협회가 승인한 **통일사망판정법**(Uniform determination of death act; UDDA)이 결정되면서 심폐사와 더불어 뇌사도 사망으로 판정되게 되었다. 심폐사는 심장과 호흡이 정지된 시점이 사망 시간이지만, 뇌사에서는 뇌사판정이 내려진 시점이 사망 시간이 된다. 따라서 뇌사판정 이후, 뇌사자의 장기 적출 문제는 아무런 법적인 제약을 받지 않게 된 셈이다. 한국은 1998년 '뇌사판정기준 및 뇌사자 장기 이식 기준 개정안'이 발표되었고, 1999년 '장기 등 이식에 관한 법률'이 제정되어서 뇌사자 장기 이식의 길이 법적으로 열리게 된 계기가 마련되었다. 이러한 뇌사판정은 각 뇌사판정 의료기관에서 뇌사판정 위원회를 통하여 엄격히 관리되고 있으며, **뇌사판정 기준**은 표 12-1과 같다[59]. 그러나 뇌사판정 기준을 자세하게 설명하기에는 주제를 너무 벗어나는 것으로서 단지 소개 정도로 만족할까 한다.

## 제3절 죽음에 대한 생물학적 견해

인간은 반드시 죽는다는 확실성과 언제, 어디서, 어떻게 죽을지 모른다는 불확실성이 혼재된 세상을 살고 있다. 따라서 수많은 갈등과 불안이 지뢰밭처럼 깔려 있는 지구 위에서 인간은 그저 죽음을 향하여 뚜벅뚜벅 걸어가고 있는 셈이다. 이미 기술한 대로 프로이트는 삶의 욕구인 에로스와 죽음의 욕구인 타나토스가 서로 대립적 관계에 있다고 말한 바 있다. 그렇다면 인간은 반드시 죽어야 한다는 사실에 대한 불안과 갈등을 어떻게 생리학적으로 극복하고 있을까? 또한 인간은 실제 죽음에 대항하여 이를 막아낼 수 있는 방어기전이 존재하는 것일까? 과학은 이러한 질문에 답을 해야만 할 것이다. 왜냐하면 이런 방어기전이 존재하지 않는다면, 우리는 쉽게 타나토스의 욕구를 뿌리치기 힘들 것이기 때문이다. 이러한 방패막이는 생리학적 반응과 심리학적 반응으로 크게 나누어서 기술할 것이다. 또한 세포 차원에서 영원히 죽지 않고 살아 있는 특징적인 헬라세포에 관한 이야기는 그다음으로 다룰 것이다. 마지막으로 죽음을 극복하고 영생을 누리는 생명체를 찾아 나서 볼 것이다.

인간이 만약 죽지 않고 영생을 누릴 수 있다면 과연 행복해질까? 영생에 관해서 모든 생물체가 경계해야 할 중요한 대목은 그리스 신화에 등장하는 **티토누스**(Tithonus)가 잘 말해준다고 할 수 있다. 원래 티토누스는 트로이 왕자로서 수려한 미모 때문에 새벽의 여신인 **에오스**(Eos)의 연인이 된다. 티토누스를 사랑한 에오스는 **제우스**(Zeus)에게 간청하여 티토누

표 12-1. 뇌사판정 기준

| | |
|---|---|
| 선행 조건 | 1. 원인 질환이 확실하고 치료될 가능성이 없는 기질적인 뇌병변이 있음<br>2. 깊은 혼수상태로서 자발호흡이 없고 인공호흡기로 호흡이 유지됨<br>3. 치료 가능한 약물중독(마취제, 수면제, 진정제, 근육이완제 또는 독극물 등에 의한 중독)이나 대사성 또는 내분비성 장애(간성혼수, 요독성 혼수 또는 저혈당성 뇌증)의 가능성이 없어야 할 것<br>4. 저체온 상태(직장 온도가 32℃ 이하)가 아니어야 할 것<br>5. 쇼크 상태가 아니어야 할 것 |
| 판정 기준 | 1. 외부 자극에 전혀 반응이 없는 깊은 혼수상태<br>2. 자발호흡이 되살아날 수 없는 상태로의 소실<br>3. 두 눈의 동공이 확대 고정되어 있을 것<br>4. 뇌간 반사가 완전히 소실되어 있을 것(다음에 해당하는 반사가 모두 소실된 것)<br>1) 광반사(light reflex)<br>2) 각막반사(corneal reflex)<br>3) 안구두부반사(oculo-cephalic reflex)<br>4) 전정안구반사(vestibulo-occular reflex)<br>5) 모양체척수반사(cilo-spinal reflex)<br>6) 구역반사(gag reflex)<br>7) 기침반사(cough reflex)<br>5. 자발운동, 제뇌강직, 제피질강직 및 경련 등이 나타나지 아니할 것<br>6. 무호흡 검사 결과 자발호흡이 유발되지 아니하여 자발호흡이 되살아날 수 없다고 판정될 것. 무호흡 검사가 불충분하거나 중단된 경우에는 뇌혈류 검사로 추가 확인하여야 함<br>7. 다음의 구분에 따른 방법에 따라 1)부터 6)까지의 규정에 따른 판정 결과를 재확인하였을 때에도 그 결과가 같을 것<br>1) 뇌사판정 대상자가 6세 이상인 경우: 1차 판정부터 6시간이 지난 후에 실시<br>2) 뇌사판정 대상자가 1세 이상, 6세 미만인 경우: 1차 판정부터 24시간이 지난 후에 실시<br>3) 뇌사판정 대상자가 생후 2개월 이상, 1세 미만인 경우: 1차 판정부터 48시간이 지난 후에 실시<br>8. 다음의 구분에 따른 방법에 따라 뇌파검사를 시행하였을 때에 평탄뇌파가 30분 이상 지속될 것<br>1) 뇌사판정 대상자가 1세 이상인 경우: 7)에 따른 재확인 이후에 실시<br>2) 뇌사판정 대상자가 생후 2개월 이상, 1세 미만인 경우: 7)에 따른 재확인 이전과 이후에 실시 |

스가 영원히 죽지 않고 살 수 있도록 부탁을 하게 되었다. 그러나 불사(不死)가 축복인지 혹은 저주인지를 보여 주는 대목은 티토누스가 죽지는 않고 마냥 늙어 간다는 사실이다. 왜냐하면 에오스가 불로불사 중 불노(不老)를 제우스한테 부탁하는 것을 깜박 잊었기 때문이다. 따라서 티토누스는 고통스럽게 늙어 가지만, 죽지 못하고 끙끙거리며 앓는 소리가 산속을 가득 메웠을 것이다. 결국 보다 못한 에오스는 이 불쌍한 연인을 매미로 만들어 버렸다[56]. 영생이란 죽지 않을 뿐 아니라 늙지도 말아야 한다. 과연 티토누스의 신세가 아닌 진정한 불로불사의 생명체들이 이 지구상에 과연 살고 있을까? 생물학은 죽음에 관하여 여러 가지를 생각하게 만든다.

## 1. 죽음에 대한 방어기전

### 1) 생리적 반응

만약 초원에서 뛰놀던 얼룩말이 숨어 있는 사자를 발견한다면 어떻게 반응할까? 혹은 백두 대간을 걸어가던 등산객이 커다란 곰을 만난다면 어떤 반응들이 일어날까? 이렇게 생명체가 극단적인 생존의 위협에 처하게 되면, 무의식적으로 이에 대항하는 반응이 신속하게 몸안에서 일어난다. 우리는 이러한 반응을 **투쟁도피 반응**(鬪爭逃避反應, fight or flight response)이라고 부르고, 유전적으로 잘 보존되어 내려오고 있다. 투쟁도피 반응을 처음으로 기술한 학자는 1915년 하버드 의과대학 생물학 교수였던 **월터 캐넌**(Walter B. Cannon, 1871~1945)에 의해서였다. 이러한 개념은 1936년 캐나다 내분비학자인 **한스 셀리에**(Hans Selye, 1907~1982)가 스트레스가 생명체에 미치는 영향을 **일반적응 증후군**(一般適應症候群, general adaptation syndrome; GAS)이라 명명하여 이속에 포함되기도 한다[33]. 셀리에는 스트레스가 생명체에 미치는 영향을 3단계로 구분하였다. 먼저 **경보단계**(警報段階, alarm phase)를 거치고, **저항단계**(抵抗段階, resistance phase)를 지나 마지막으로 **소진단계**(消盡段階, exhaustion stage)로 진행된다고 본 것이다. 즉, 동물실험을 통하여 스트

12

레스가 인체에 미칠 수 있는 나쁜 영향을 경고했다고 볼 수 있다. 따라서 캐넌이 주장한 투쟁도피 반응은 셀리에의 경보 단계에 해당한다고 할 수 있다. 그렇다면 투쟁도피 반응은 어떤 생리적 반응을 말하는 것일까?

우선 먹이사슬에 노출된 동물들이 생명이 위험한 상황에 부닥치게 되면, 이를 눈과 귀를 통하여 감정처리 장소인 대뇌변연계의 **편도체**(扁桃體, amygdala)로 그 정보를 전달한다. 이렇게 정보를 전달받은 편도체는 그 내용을 분석하여 위협적인 경우라고 판단되면, 다시 이 긴급 정보를 재난통제 지휘소라고 할 수 있는 **시상하부**(視床下部, hypothalamus)로 보내게 된다. 시상하부에서는 그림 12-4에서 보는 것처럼 우리가 알지 못하는 사이에 **교감신경**(交感神經, sympathetic nervous system)과 **시상하부-뇌하수체-부신 축**(hypothalamus-pituitary gland-adrenal gland; HPA axis)을 통하여 민첩하게 위험 상황에 대처하는 신체 반응이 일어날 수 있게 만들어 준다. 즉, 신경을 통한 반응과 호르몬을 통한 반응이 동시에 일어나는 셈이다. 교감신경은 분비샘뿐만 아니라 **평활근**(平滑筋, 민무늬근, smooth muscle)에 직접 작용하기도 하고, **부신 수질**(副腎髓質, adrenal medulla)에 작용하여 **에피네프린**(epinephrine)과 **노르에피네프린**(norepinephrien)을 분비하게 만든다. 또한 시상하부에서는 **부신피질 자극호르몬 방출인자**(副腎皮質刺戟-放出因子, corticotropin releasing factor; CRF)를 뇌하수체에 내려 보내면 뇌하수체는 다시 **부신피질 자극호르몬**(adrenocorticotropic hormone; ACTH)을 혈액으로 방출하여, 부신피질에서 코르티솔(cortisol) 등의 스트레스 호르몬을 분비하게 만든다[92].

이런 과정이 연쇄적으로 일어나면 생명체의 몸안에서는 어떤 반응이 일어날까? 먼저 심장 박동수가 증가하고 호흡이 빨라진다. 이는 비상사태에 대비하여 많은 산소를 근육이나 뇌조직으로 운반해 주기 위한 방법이다. 또한 근육으로 들어가는 혈관들은 확장되어서 많은 혈액이 공급되게 해 주고, 소화기 계통에 공급되는 혈관은 수축하여 혈액공급이 줄어들게

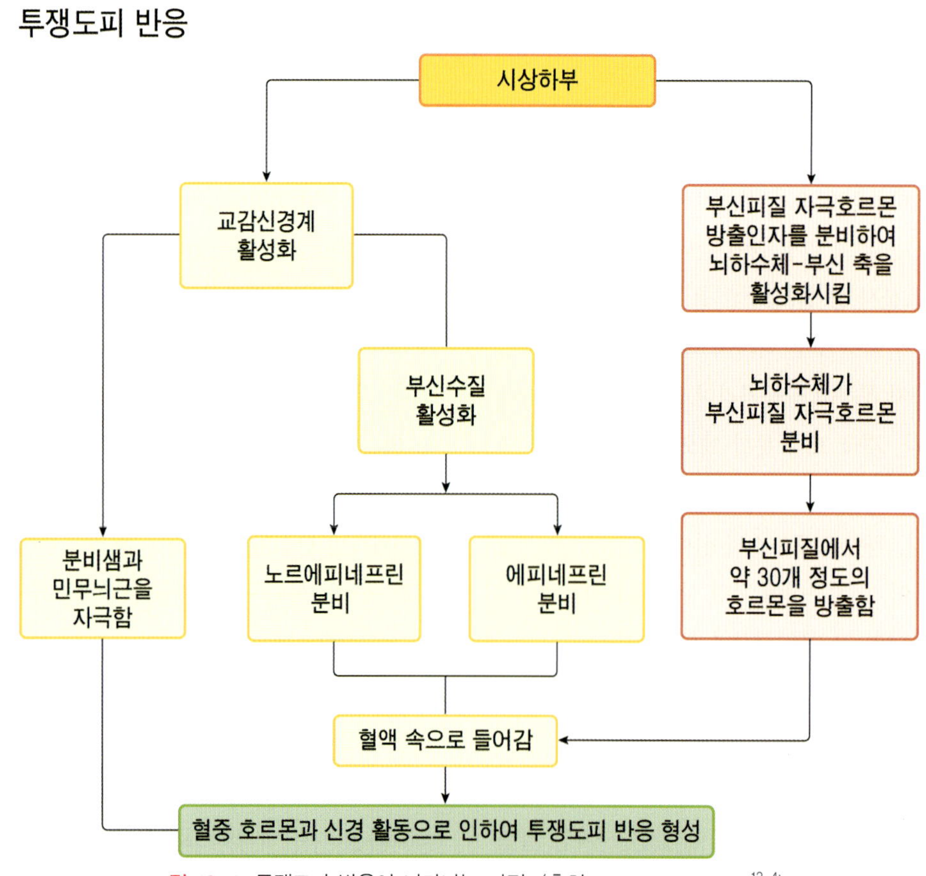


그림 12-4. 투쟁도피 반응이 나타나는 과정. (출처: Reasonably Well[12-4])

된다. 이는 전투에 대비하여 주된 역할을 수행할 근육에 더 많은 혈액을 공급해 주기 위한 비상조치인 셈이다. 또한 간에서는 비축된 글리코겐(glycogen)을 포도당으로 분해해서 근육이나 뇌로 공급해 줄 수 있게 에너지원을 보강해 준다. 그뿐만 아니라 동공은 확대되어 더 많은 빛이 눈으로 들어오게 만들어서 주위를 더 잘 볼 수 있게 만들어 준다. 또한 출혈에 대비하기 위하여 혈액 응고 기능도 증가되어서 비상사태에 대비한다고 볼 수 있다. 이러한 일련의 과정은 생명을 유지하고 죽음을 회피할 수 있는 유익한 방법으로서 진화적으로 잘 보존된 방어기전이다. 그러나 만약 만성적인 스트레스가 지속적으로 생명체에 가해진다면 몸안에서는 과연 어떤 변화가 일어날까? 이런 내용은 논제에서 많이 벗어나지만, 과중한 스트레스가 인간에서 혈압과 혈당을 높이고 성인병을 유발할 수 있는 가능성은 언제나 상존한다고 볼 수 있다.

### 2) 심리적 반응

스트레스의 첫 번째 조건은 변화이다. 이 변화가 자신의 내부에서 일어날 수도 있고, 외부적 환경 변화에 의해서도 일어날 수 있다. 그러나 이 변화가 자신에게 비우호적이거나 달갑지 않은 경우에 스트레스로 작용한다. 따라서 이러한 스트레스는 신체적으로나 정신적으로 긴장도를 높여서 몸안에 생리적 변화를 유발한다고 할 수 있다. 우리가 이미 알아본 투쟁도피 반응은 스트레스에 대한 전형적인 신체적 변화를 뜻한다. 그렇다면 스트레스에 대한 정신적 변화는 어떻게 일어날까? 특히 인간은 자신이 자신을 죽일 줄 아는 동물이다. 즉, 인간은 타나토스가 우세할 경우 **자살**(自殺, suicide)로 이어질 가능성이 아주 높은 동물인 셈이다. 다양한 원인에 의하여 생겨나는 불안과 갈등은 에로스보다는 타나토스를 선호할 가능성이 높다. 이런 이유로 우주에서 떨어지는 유성처럼 불안과 갈등이 인간의 마음속으로 쏟아진다면, 우리는 이러한 폭탄을 막아 줄 방공망을 가슴속에 가지고 있어야만 할 것이다. 이는 마치 외부 생명체의 침입을 면역계가 막아 주듯이 불안과 갈등으로 고조된 심적 긴장감을 우울증이나 죽음으로 연결시키지 않고 완화해 주는 시스템이 바로 **정신방어기전**(淨神防禦機轉, mental defense mechanism)이라고 할 수 있다. 따라서 자살을 시도한 사람은 일단 정신방어기전이 일시적으로 붕괴되었던 사람으로 보아야 할 것이다. 먼저 정신방어기전을 기술하기에 앞서서 인간의 정신(psyche) 혹은 마음(mind)에 대하여 프로이트의 주장을 다시 알아보도록 하자.

프로이트는 인간의 정신 혹은 마음을 처음에는 세 가지 구성 요소로 구분하였다. 먼저 **의식**(意識, consciousness), **전의식**(前意識, preconsciousness) 및 **무의식**(無意識, unconsciousness)이 그것이다. 의식은 우리가 알고 있는 일들이고, 무의식은 우리가 알지 못하는 부분에 들어 있는 것들이다. 전의식은 이 중간에 있는 단계로서 조금만 노력하면 의식 세계로 떠오를 수 있는 요소를 말한다고 할 수 있다. 그러나 그는 이런 지형학적 분류 방법을 버리고 구조적인 분류 방법을 택하게 된다. 즉, **원초아**(原初我, id), **자아**(自我, ego) 및 **초자아**(超自我, super-ego)가 그것들이다(그림 12-5). 원초아는 생리적 본능이 저장된 무의식적인 창고이다. 따라서 번식이나 죽음에 대한 본능이 주를 이루면서 이기적이고 유아적이며 쾌락주의적인 성향이 강하다. 그뿐 아니라 이러한 욕망과 갈구에 대한 만족이 즉각적으로 이루어지기를 원한다. 이에 반하여 초아자는 어린아이가 성장 과정에서 학습한 사회적

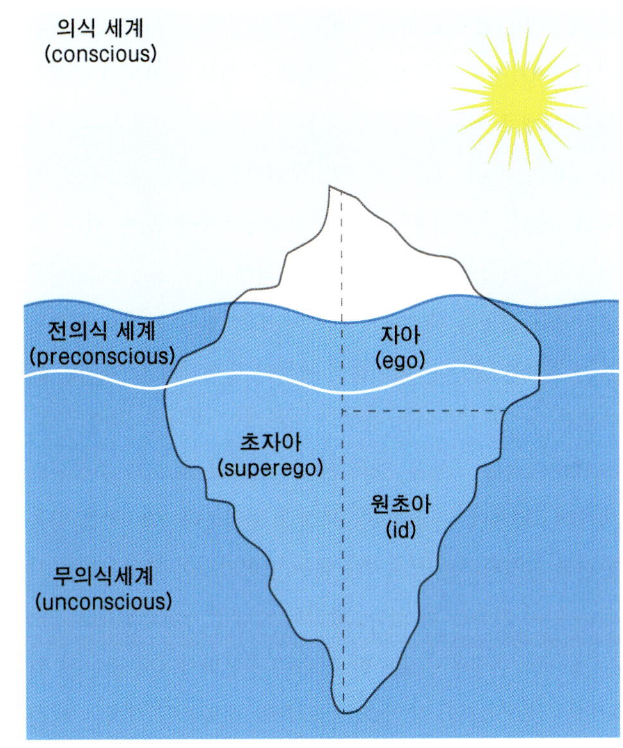


그림 12-5. 프로이트 학설에 대한 도표. (출처: historicair[12-5])

12

규범이나 관습 및 도덕성에 기초하고 있다. 따라서 좋고 나쁨에 대한 것과 옳고 그름에 대한 행동 기준을 가지고 있다고 할 수 있다. 따라서 원초아가 '본능적인 나'라면 초자아는 '도덕적인 나'라고 볼 수 있다. 그렇다면 우리 자신을 뜻하는 자아는 무엇일까? 프로이트가 말하는 자아는 이러한 원초아와 초자아, 즉 쾌락적 본능과 도덕적 규범 사이에서 양쪽을 모두 만족시키기 위한 중재자 역할을 수행하는 것이 자아라고 본 것이다. 따라서 원초아와 초자아의 마찰은 불안과 갈등을 유발하고, 이를 해결하지 못하는 경우에는 심각한 심리적 스트레스나 장애를 초래할 수 있을 것이다. 이러한 불안과 충동을 완화시키고 조정하여 타나토스를 억제해 나가는 기전이 바로 정신방어기전이라고 할 수 있다[91]. 정신방어기전도 대부분 무의식적으로 일어난다. 원초아가 완전히 무의식 수준에서 일어난다면 초자와와 자아는 일부분 의식 세계에 걸쳐 있기도 하다.

그렇다면 정신방어기전에는 어떤 것들이 있을까? 정신방어기전이 정확하게 몇 개인지는 아직까지 이론적으로 합의에 이르지 못하고 있다. 그러나 처음 프로이트와 그의 딸 **아나 프로이트**(Anna Freud, 1895~1982)가 1936년에 제시한 정신방어기전은 10개이다. 지금부터 대표적인 정신방어기전을 몇 가지 알아보기로 하자[20]. 먼저 **억압**(抑壓, regression)이란 정신방어기전은 의식적으로 수용하기 힘든 불안이나 갈등을 의식 세계로 떠오르지 못하게 무의식적으로 눌러 두는 현상을 말한다. 이는 가장 기본적인 방어기전으로서 주로 어린 시절의 충격적인 경험들이 억압된 경우에서 종종 볼 수 있다. 또한 어린아이들에서 자주 관찰되는 **퇴행**(退行, regression)은 불안이나 갈등을 해소하기 위하여 초기 발달 단계로 되돌아가는 현상을 말한다. 아이들이 동생이 태어나면 잘 가리던 대소변을 못 가리게 되는 경우가 대표적인 예이다. **부정**(否定, denial)이라는 기전은 엘리자베스 퀴블러-로스가 주장했던 죽음의 5단계에서 나타나는 부정과 동일하다. 즉, 악성 암을 발견한 환자가 처음으로 반응하는 방어기전이 부정이라는 사실은 이미 기술한 바 있다. **합리화**(合理化, rationalization)는 불쾌한 현실을 그럴듯한 이유로 정당화시켜서 불안을 회피하는 방어기전을 말한다. 합리화의 대표적인 사례는 이솝 우화에 나오는 여우와 신 포도를 들 수 있다. 여우는 포도나무에 걸린 잘 익은 포도를 딸 수가 없게 되자, 상처받은 마음을 달래기 위하여 "저 포도는 신 포도!"라고 외치며 돌아서는 기전이 바로 합리화이다. 우리 자신도 현실 속에서 얼마나 많은 합리화 과정을 거치고 있는지 생각해 볼 일이다. **투사**(投射, projection)는 수용하기 어려운 자신의 감정이나 욕구를 다른 사람 것으로 돌리는 기전을 말한다. 예를 들면, 남편을 미워하는 아내가 오히려 남편이 자기를 미워한다고 생각하는 기전이다. 이에 반하여 **승화**(昇華, sublimation)라는 기전은 바람직한 방어기전 중 하나이다. 이는 부정적인 감정이나 욕구를 사회적으로 수용될 수 있는 건설적인 방법으로 이들을 표출시키는 현상을 말한다. 예를 들면, 공격성을 가지고 있는 사람이 훌륭한 권투선수로 성장하는 경우를 들 수 있다. 따라서 다양한 정신방어기전이 어떻게 구성되어 작동하는지에 따라 개인의 인격 형성에 큰 영향을 미치게 될 것이다.

우리는 죽음이 비가역적이며 되돌아올 수 없는 여행길이라는 것을 9세 전후가 되어야 비로소 인식할 수 있게 된다. 9세 전후는 초등학교 2학년 정도가 되어야 비로소 죽음을 이해할 수 있다는 의미이다. 죽음이란 현상이 인간의 마음속에 자리잡게 되면, 비로소 우리는 에로스(Eros)의 리비도(libido)와 타나토스(thanatos)의 데스트루도(destrudo)가 만드는 대립 구조가 완성된다고 볼 수 있다. 따라서 생존이라는 과정 중에 일어나는 갈등과 불안을 막아 주는 정신방어기전이야말로 타나토스를 막아 주는 방패막이라고 할 수 있다. 이는 마치 면역계가 외부 미생물의 침입을 막아 주는 것과 같이 수많은 종류의 스트레스 침공으로부터 우리를 지켜 주는 방공망이 바로 정신방어기전이라고 할 수 있다.

## 2. 헬라세포

한국전쟁이 치열하게 진행 중이던 1951년 2월경으로 되돌아 가보자. 그때 31살이던 **헨리에타 랙스**(Henrietta Lacks, 1920~1951)라는 가난한 흑인 여자가 자궁경부암으로 볼티모어에 있는 존스홉킨스대학병원에서 수술을 받게 되었다. 랙스는 수술받은 지 8개월 후 사망했지만, 그 이후에 이상한 일들이 인류 최초로 벌어지기 시작하였다. 렉스의 자궁경부암 조직을 건네받은 **조지 가이**(George O. Gey, 1899~1970)라는 세포생물학자가 이 종양세포를 배양해 보기로 마음먹게 되었다. 그는 암연구소 실험실에서 랙스의 종양세포를 배양하자 일부는 살아서 증식하기 시작하였다. 이 증식은 몇 번의 분열 후에 멈추지 않고 영양분만 있으면 무한정 분열하는 특징을 나타내었다. 가이는 이 세포주를 헨리에타 랙스의 이름에 착안하여 **헬라세포**(HeLa cell, Henrietta Lacks)이라고 이름 짓게 되었다(그림 12-6). 따라서 헬라세포주는 인류가 가지게 된 첫 번째 불멸의 세포주가 된 것이다[85]. 가이는 처음에는 이 세포들을 무료로 동료들에게 연구용으로 나누어 주었지만, 사용처가 다양해지고 세포공장이 설립되면서 대량생산이 가능해져서 상업적 용도로 바뀌게 되었다. 이렇게 시작된 헬라세포는 지금까지 약 20톤가량이 배양되었고, 이 세포를 이용하여 만들어진 특허만도 약 만천 개에 이르고 있다. 그뿐만 아니라 이 헬라세포를 이용하여 발표된 논문만 하여도 2009년도까지 약 6만여 편에 달하고 있다. 따라서 헬라세포주는 점차 이용도가 높아져서 엄청난 돈을 벌게 해 주는 상품이 된 셈이다. 이러한 사실을 모르고 있었던 랙스 가족이 분쟁을 일으킨 것은 예상된 일이기도 하다. 왜냐하면 헬라세포주의 주인은 그들의 가족이었던 헨리에타 랙스였기 때문이었다. 따라서 이 분쟁은 결국 환자가 병원에서 수술을 받는 경우 수술 후에 남겨진 인체조직이나 암 덩어리 등이 환자 소유인지 혹은 의료기관 소유인지에 대한 법적 판단을 묻게 된 계기가 되었다. 결국 캘리포니아주 대법원은 수술 후 남겨진 인체조직은 의료기관 소유인 것이고, 이를 이용한 상업적 이용도 가능하다고 판결하게 되었다. 이는 영화배우이자 방송진행자인 오프라 윈프리(Oprah Winfrey)가 주연한 영화로도 만들어졌다.

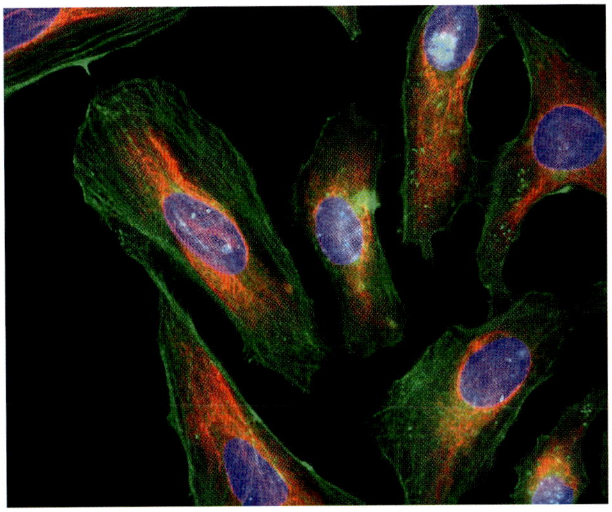

헬라세포를 장황하게 설명한 이유는 죽음을 탐구하는 우리에게 많은 점을 시사한다고 볼 수 있기 때문이다. 먼저 개체 수준에서는 이미 죽고 없지만, 세포 수준에서는 영원히 살 수 있는 가능성을 보여 준다는 점이다. 만약 랙스 가족들이 이 헬라세포를 보고 있다면 그들은 어떤 생각이 들까? 그 세포 앞에서 큰절이라도 해야 할까? 아니면 사랑한다고 애틋하게 말을 건네야 할까? 그렇다면 생명이나 죽음을 개체 수준과 세포 수준에서 각기 다르게 정의해야 할 것인가? 이는 이미 제1절 '다세포 생명체 소멸' 편에서 다룬 루돌프 쇤하이머가 주장한 분자 수준에서 출발하는 내용과 맥을 같이 하고 있다. 따라서 비록 개체는 사라졌지만, 그 개체를 구성하고 있던 세포들은 영원히 살 수 있는 능력을 갖추고 있다는 의미이다. 이 헬라세포는 정상 세포가 가지고 있지 않은 텔로머레이스(telomerase)를 가지고 있는 특징이 있다(제11장 '생명의 노화' 편 참고). 그뿐만 아니라 세포 수준에서 죽지 않고, 영원히 살아가는 또 다른 세포를 제4절 '죽음에 대한 진화적 견해' 편에서 다시 만나볼 것이다. 그렇다면 과연 개체 수준에서 죽지 않고 영원히 살아가는 생명체는 이 세상에 없는 것인가? 곧이어서 개체 수준에서 생물학적으로 죽음을 극복하고 살아가는 다세포 생명체를 만나볼 것이다.

그림 12-6. Actin(청색), vimentin(적색)의 항체를 이용한 염색에서 보이는 헬라세포. (출처: GerryShaw[12-6])

## 3. 죽음의 생리학적 극복

절대적으로 불가피한 죽음이라는 현상을 생물학적으로 극복할 수 있는 방법은 과연 없을까? 이것은 우리들을 흥분시키기에 충분한 주제가 아닐 수 없다. 먼저 단세포 생물인 박테리아나 원생생물인 아메바가 죽지 않고 영생할 수 있다고 믿을 수 있는 것은 이들이 이분법적으로 분열하기 때문이다. 즉, 모세포가 두 개로 갈라져서 두 개의 딸세포로 새롭게 태어나기 때문이다. 그렇지만 박테리아의 이분법에 의한 분열이 박테리아의 노화 현상과 연결되어 있다는 최근의 보고들은 이미 제1절 '단세포 생명체 소멸' 편에서 자세히 다루었다. 먼저 일부 박테리아에서 일어나는 죽음을 극복하는 방법에 대하여 알아보자.

우선 그림 8-21은 **내생포자**(內生胞子, endospore)가 형성되는 과정을 설명한 그림이다. 일부 박테리아가 열악한 환경을 만나서 죽음의 위협을 받게 되면, DNA를 복제한 후 이분법으로 분리되면서 딸세포는 모세포 안에서 단단한 껍질로 둘러싸여서 포자를 형성한다. 이 포자는 결국 모세포를 파괴하고 밖으로 나와서 열악한 환경을 이겨내고 살아남아서, 환경이 호전되면 다시 살아날 것이다. 파상풍이나 탄저균 등이 죽음을 극복하는 방법으로 사용하는 내생포자법은 **사비에르 비샤**(Xavier Bichat, 1771~1802)가 말한 생명이란 '죽음에 저항하는 기능들의 총체'라는 말을 되새기게 만든다.

죽음에 관하여 가장 흥미로운 동물을 하나 소개하고자 한다. 예전에는 **작은보호탑해파리**(*Turritopsis nutricula*)로 분류되었던 **홍해파리**(*Turritopsis dohrnii*) 또는 **불사 해파리**(immortal jellyfish)라고 불리는 자포동물이 그 주인공이다[53,66]. 이 홍해파리는 최대 직경이 약 4.5mm 정도로 아주 작은 해파리로서 카리브 해역에서 기원한 것으로 추정하였지만, 지금은 선박 평형수(平衡水, ballast water)에 의하여 전 세계로 퍼져 있는 해파리 종류이다(그림 12-7). 보통 해파리는 그리스 신화에 나오는 마녀를 뜻하는 **메두사**(medusa)라는 성체 단계에서 암수가 각기 생식세포를 생산하여 수정란을 만든다. 우리가 단순히 알고 있는 해파리는 메두사 단계를 말한다. 따라서 이 이배체로 형성된 메두사는 성체로서 부유 생활을 하는 셈이다. 이렇게 형성된 수정란은 평평한 배처럼 생긴 **플라눌라**(planula)라는 유생 단계를 지난다. 이 플라눌라는 물속을 헤엄쳐 다니다가 해저의 바위와 같은 딱딱한 표면에 붙어서 입과 촉수를 발달시키면서, 고착형인 **폴립**(polyp) 단계로 넘어간다(그림 12-8). 이렇게 고착생활을 하는 폴립은 다시 무성생식적으로 분열하여 싹(bud)을 만들고, 이 싹들이 물속으로 떨어져 나가서 **에피라**(ephyra)라는 부유성 유생 단계로 접어들게 된다. 이렇게 물속을 떠돌던 에피라 유생은 점점 성장하여 성체인 메두사로 자라나게 될 것이다. 따라서 해파리는 **메두사**라는 성체의 부유 생활과 **폴립**이라는 고착생활의 두 단계를 순환하는 생활사를 가진다고 볼 수 있다. 대부분의 해파리는 성체로 발달하여 성적으로 성숙하면 초기 단계로 돌아가지 못한다. 그러나 이 홍해파리는 먹잇감이 없어지거나 온도나 염도의 급격한 변화가 일어나서 환경이 열악해지면, 생활사를 거꾸로 돌려서 유생 단계로 다시 돌아갈 수 있는 능력을 가지고 있다. 즉, 이들은 환경이 비우호적으로 변하면, 우산 모양의 몸을 뒤집어서 촉수와 세포들이 몸안으로 흡수되면서 세포 덩어리로 다시 돌아갈 수 있다. 제13장 '생명의 미래' 편에서 자세히 소개하겠지만, 인간이 할 수 있는 세포 발생은 A라는 세포를 줄기세포로 바꾸고, 다시 줄기세포에서 B라는 세포를 만들어 내는 것이다. 이 방법을 개발한 학자는 교토대학의 **야마나카 신야**(Yamanaka Shinya, 1962~)이다. 그는 이 방법을 찾아내어서 2012년 노벨상을 받았다. 그러나 인간은 아직도 A세포를 B라는 세포로 직접 바꾸어 만들어 낼 수가 없다. 우리는 이렇게 줄기세포 단계를 생략한 분화를 **이형분화**(異形分化, transdifferentiation)라고 부른다. 그런데 이런 이형분화가 홍해파리에서 쉽게 일어난다는 사실은 우리를 놀라게 한다. 따라서 홍해파리는 환경이 불리해지면 성체가 다시 유생으로 되돌아갔다가, 환경이 유리해지면 다시 새로운 개체로 성장하는 놀라운 기술을 가지고 있고 볼 수 있다. 왜 홍해파리를 불사 해파리라고 부르는지를 우리는 알게 되었다. 인간도 만약 이 기술을 터득한다면 할아버지가 다시 어린 손자로 되돌아가서 새로운 삶을 살 수 있을 기회가 있지 않을까? 그러나 홍해파리가 가진 이 기술에 대해서는 아직 자세히 알려진 바가 없다. 아마도 노화나 제약 산업의 중요한 목표가 되어 있을 것은 틀림없다.



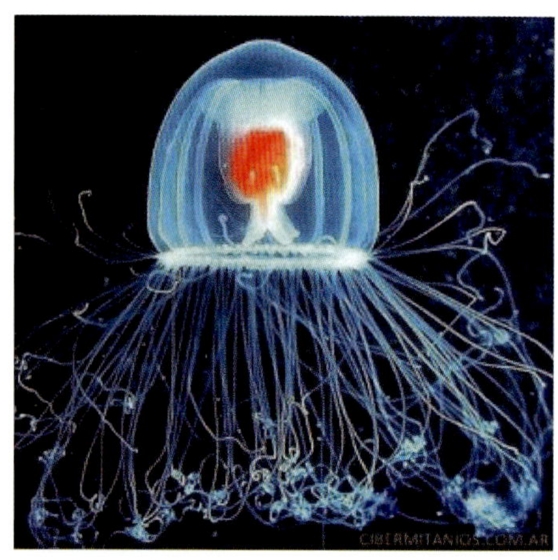

그림 12-7. 홍해파리(*Turritopsis dohrnii*). (출처: ES FEIN[12-7])

그리스 신화에서 이름을 얻은 또 다른 자포동물인 **히드라**(Hydra)는 왕성한 줄기세포의 역할 때문에 어떤 손상도 회복될 수 있는 재생능력을 갖추고 있다. 목을 여러 개 가지고 있

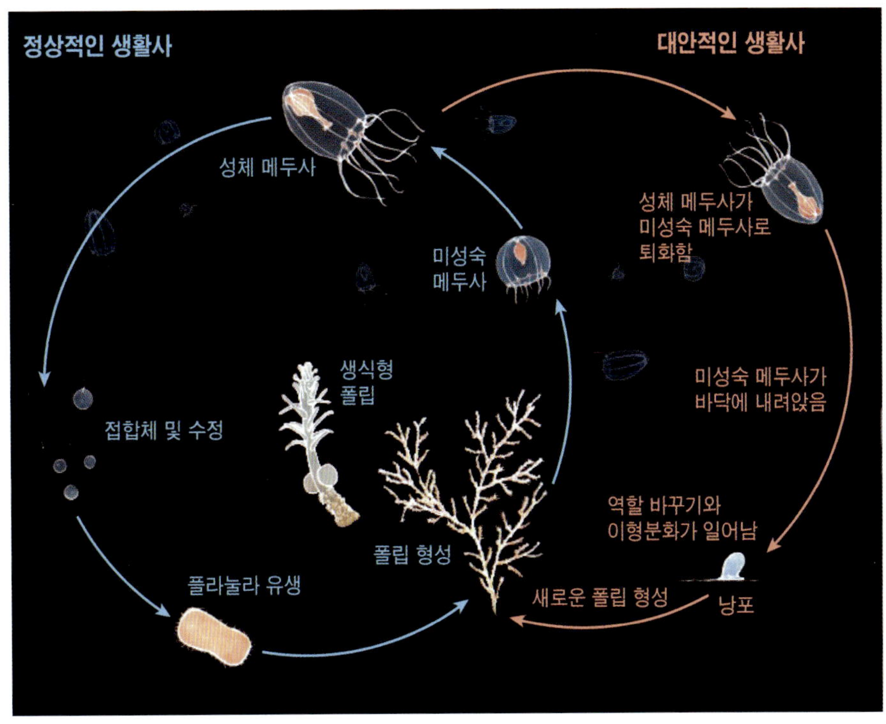


그림 12-8. 홍해파리의 생활사와 이형분화에 의한 대안적 위기 극복 방법. (출처: Yui Matsumoto, et al.[12-8])

는 신화 속의 히드라는 목을 한 개 치면 그 자리에 2개가 새로 생겨나는 것으로 묘사된 이유를 우리는 짐작할 수 있을 것이다. 이들이 가지고 있는 줄기세포는 계속해서 새로운 세포를 만들어 낼 수 있기 때문에 노화를 겪지 않는다. 따라서 이 10mm 정도 되는 히드라가 얼마나 살 수 있는지는 아직 정확하게 밝혀져 있지 않다. 최근 보고에 의하면 제11장 '생명의 노화' 편에서 등장했던 중요한 항노화 단백질인 FOXO가 히드라에 많이 들어 있다는 사실이 알려져 있다. 또한 그림 11-2에서 보는 강털소나무(Bristlecone pine)는 비록 나이가 5천년이 다 되어 가도 그들의 줄기세포인 **분열조직**(分裂組織, meristem)은 왕성하게 관다발조직을 회춘시키고 있을 것이다. 그들은 벼락을 맞거나 눈으로 가지가 부러져 나가서 외형상으로는 늙어 보이지만, 그들을 지탱하고 있는 줄기세포는 아직도 세월을 잊고 강털소나무를 이끌고 있을 것이다. 따라서 제11장 '생명의 노화' 편에서 강조되었던 줄기세포의 역할이 주목받게 된 이유도 여기에 있다고 볼 수 있다.

이어서 줄기세포의 기능을 알아볼 수 있는 또 다른 사례를 소개할까 한다. 미국 플로리다 지방으로 여행을 가게 되면, 식료품점에서 바위게(Stone crab, *Menippe mercenaria*)라는 돌처럼 딱딱하게 생긴 게를 만날 수 있다(그림 12-9). 그러나 식료품점에서 만나는 바위게는 몸통 전체가 아니라 집게발만 상점 안에 전시되어 있을 것이다. 만약 여러분이 주인한테 게의 몸통을 사겠다고 제안한다면, 그 주인은 당신이 여행객이라는 것을 금방 알아차릴 것이다. 왜냐하면 상점에는 게딱지가 있는 몸통은 없고 집게발만 있기 때문이다. 플로리다 지방의 어부들은 바위게의 능력을 잘 알고 있다. 그들은 통발

12

그림 12-9. 바위게의 집게발. (출처: Thomas Barrat[12-9])

에 걸린 바위게를 잡아서 우선 한쪽의 집게발을 부러트려서 바구니에 담고 나머지 모두는 다시 바다로 던져 버린다. 그들은 한쪽 발을 잃은 바위게가 3개월 후에는 다시 온전한 집게발이 생겨난다는 것을 알고 있기 때문이다[38]. 우리는 히드라 못지않게 재생능력이 뛰어난 갑각류가 있다는 것을 알고 있다. 따라서 이렇게 왕성한 줄기세포의 재생능력은 손상에 의한 죽음을 극복하는 최고의 방법이라고 할 수 있다. 그렇다면 인간에서는 이러한 줄기세포의 활동이 어느 정도까지 나타나고 있을까? 인간에서는 한쪽 팔이 절단된 경우 그 팔이 다시 원래대로 재생되지 않는다는 것을 우리는 잘 안다. 그러나 생체 간이식을 위하여 기증자의 간 일부를 절제하면, 그 간은 다시 재생되어 원래 모습을 만들어 낸다. 인간의 몸안에 있는 줄기세포의 기능이 제대로 발휘되지 못하면 우리는 얼마 살지 못하고 죽음을 맞이할 것이다. 인간의 몸속에 있는 줄기세포는 제13장 '생명의 미래' 편에서 자세히 다룰 것이다. 또한 인간의 몸안에서 불멸의 세포라고 할 수 있는 생식세포는 곧 이어서 '죽음에 대한 진화적 견해' 편에서 만나게 될 것이다.

## 제4절 죽음에 대한 진화적 견해

진화학적 관점에서 죽음이라는 자연현상을 조명해 보면 우리는 또 다른 새로운 질문들 앞에 서게 된다. 죽음이란 현상이 어떻게 자연선택을 받아서, 지금까지도 존재하는 이유는 무엇일까? 생명이 약 40억 년 전에 기원했다면 죽음이란 현상은 언제, 어떻게 나타났을까? 죽음이 생명권에 등장한 이후 어떻게 진화되어 왔을까? 그렇다면 미래에 죽음이란 현상이 어떻게 변해 갈까? 이런 의문점들이 금방 머리를 스치지만, 누구 한 사람 나서서 명쾌히 설명해 줄 현자는 아직도 없어 보인다. 우리가 그저 알고 있는 죽음 이야기는 에덴동산에 살던 아담과 이브, 그리고 뱀이 만들어 내는 **금단**의 열매 사건 이후에 죽음이라는 벌을 받게 되었다는 정도가 아닐까?[86] 아니면 그리스 신화에 등장하는 제우스 신이 만든 최초의 인간 여성인 판도라와 그 판도라 상자 이야기가 전부일 수도 있다. 죽음을 한 부분이라도 이해하기 위해서 우리는 다시 먼 태곳적 생명의 기원 시대부터 출발해서 더듬어 내려와 볼 필요가 있다.

### 1. 죽음의 탄생

현재 생물권을 형성하고 있는 모든 생명체의 공통조상, 즉 **루카**(last universal common ancestor, **LUCA**)가 이 지구상에 처음 등장한 것은 약 38억 년에서 40억 년 전으로 보고 있다. 이는 이미 제10장 '생명의 진화' 편에서 자세히 다루었다. 그러나 현재 약 200만 종의 대가족을 거느리는 최초의 루카가 나타났던 시기나, 그 이후에도 얼마나 많은 제2의 혹은 제3의 루카가 나타나서 자손을 남기지 못하고 사라졌는지는 아무도 모른다[35]. 이렇게 최초의 루카가 기원했던 시기는 주위 환경이 혹독했을 것으로 추정된다. 따라서 우리는 언제 죽음이 나타났는지를 알아보기 위해서는 죽음을 두 가지 측면에서 크게 생각해 볼 필요가 있다. 첫 번째는 죽음에 대한 원인이다. 즉, 생명체가 **사고사**(事故死, accidental death) 혹은 **외인사**(外因死, unnatural death)인지, 또는 **예정사**(豫定死, programmed death) 혹은 **자연사**(自然死, natural death)인지를 구분해서 생각해 볼 필요가 있다. 두 번째는 세포의 단위가 **단세포**(單細胞, unicellular)로 구성되었는지 혹은 **다세포**(多細胞, multicellular)로 구성되었는지를 살펴보아야 할 것이다. 먼저 루카를 생각해 보자. 루카는 단세포이다. 단세포란 말 그대로 한 개의 세포로 구성된 생명체를 말한다. 최초의 단세포 루카가 기원한 시기에는 주위에 많은 유기물들이 이미 만들어져 있어서 굶주림에 대한 걱정은 안 해도 될 시기였다고 볼 수 있다. 그러나 그림 3-13에서 보는 것처럼 개체 수가 점점 불어나자 생명 유지를 위하여 에너지를 얻기 위한 유기물 경쟁이 치열해졌을 것으로 추정된다. 그뿐만 아니라 화산폭발이나 지진 등으로 인한 급격한 환경 변화에 의해서 죽게 되는 생명체들이 생겨났을 것이다. 따라서 루카가 등장한 이후 얼마 지나지 않아서 사고사에 의한 죽음은 비교적 일찍 나타났다고 볼 수밖에 없다. 그렇다면 우리가 알고 싶어 하는 예정사 혹은 자연사는 언제 등장했을까? 우리는 다시 유전자 속을 들여다보아야 할 것이다.

과연 우리의 죽음은 유전자 속에 예정되어 있는가? 이 질문에 대한 대답은 이미 제11장 '생명의 노화' 편에서 다루었다. 예를 들면, 인간의 경우 평균 수명은 급격히 늘어났지만 아직도 120세를 넘겨서 생존하는 사람은 거의 없다. 그뿐만 아니라 일란성 쌍둥이의 사망 시기를 관찰하면 대개 36개월

상간으로 사망하지만, 임의로 선택한 형제들의 경우는 106개월간으로 차이가 크게 난다. 이는 죽음이라는 현상이 유전적인 영향을 받고 있다는 강력한 증거라는 것을 암시한다고 할 수 있다. 그렇다면 유전자에 내재된 예정사는 언제쯤 나타났을까?

먼저 첫 생명체가 지구상에 등장한 이후 생존을 위한 경쟁이 점차 치열해졌을 것이다. 이것은 먹이뿐만 아니라 안전한 환경을 차지하여 외인사를 줄이기 위한 노력이 결국 경쟁이라는 형태로 나타났다고 볼 수 있다. 그뿐만 아니라 이러한 경쟁에서 유리한 입장에 서기 위해서는 단세포보다는 덩치를 키운 다세포 형태의 생명체가 선택되는 방향으로 진화의 물결은 흘러왔을 것이다. 단세포에서 다세포로의 진화는 번식과 생존에 엄청난 영향을 미치게 되었다. 단세포가 다세포로 된 이유는 세포들이 모여서 이들이 각각 특화되어 다양한 기능을 발휘할 수 있게 되었기 때문이다. 단세포가 다세포로 진화된 과정은 이미 제10장 '생명의 진화' 편에서 다루었지만, 다시 한번 죽음이라는 관점에서 곧이어 다루게 될 것이다. 다세포의 등장은 진핵세포가 등장한 5억 년 이후인 15억 년 전으로 추정된다. 다세포는 그 특화 과정을 진화시키면서 가장 특이한 세포의 등장이 바로 **생식세포**(生殖細胞, germ cell)이다. 이 생식세포가 등장한 시기는 다세포가 생긴 이후 3억 년이 흐른 12억 년 경으로 보고 있다. 이 생식세포의 특징은 감수분열에 의하여 어미와 다른 생명체를 만들어 낼 수 있는 능력을 갖추고 있다는 점이다. 즉, **복상**(複相, 2n)의 유전자를 감수분열에 의하여 **단상**(單相, n)의 유전자로 변형시켜서, 다른 단상의 유전자를 가진 생식세포를 만나서 다시 복상의 유전자를 가진 새로운 생명체를 만들 수 있는 변화가 일어난 것이다. 이들은 유전자를 섞을 수 있기 때문에 유전자 손상에 의한 피해를 막아 낼 뿐만 아니라 한쪽의 유전자를 이용해서 손상된 유전자를 수선할 수 있는 길이 열리게 된 것이다. 생식세포와는 다르게 나머지 세포들도 유전자 손상을 수선하는 다양한 기전을 가지고 있지만, 이 유전자 손상을 완벽하게 수신하기에는 너무나 많은 에너지가 지속적으로 소비되어야 만 한다. 따라서 유전자 손상이 세포 내에 축적되어 돌연변이가 쌓이면 이 세포들은 노화되거나 암으로 변해 버린다. 따라서 생식세포를 제외한 **체세포**(體細胞, somatic cell)는 스스로 죽게 만드는 프로그램이 유전자 속에 생겨난 것으로 보고 있다. 이것이 바로 우리가 죽어야 하는 이유를 일부나마 설명해 줄 수 있다고 본다. 즉, 먹이 부족이나 기온 및 포식자 등에 의해서 죽게 되는 외인사는 생명체가 탄생한 이후 얼마 지나지 않아서 생겨났을 것이다. 그러나 우리가 알고자 하는 예정사는 단세포에서 다세포로 진화하고, 다시 다세포가 분화되어 생식세포가 등장하는 과정에서 생겨난 부산물로 여겨진다. 따라서 이런 과정을 종합해 보면, 예정사가 등장한 시기는 다세포가 등장하고 유성생식이 기원한 12억 년에서 15억 년 전경으로 보는 것이 타당할 것이다. 지금 우리가 논하는 자연사 혹은 예정사는 결국 다세포의 등장과 밀접한 관련이 있어 보이고, 유성생식은 오히려 죽음을 극복하는 방법으로 진화해 왔을 가능성이 아주 높아 보인다. 그렇다면 일단 죽음이 등장한 이후, 이들은 어떻게 진화되어 왔을까? 다음 항으로 넘어가 보자.

## 2. 죽음의 진화

우리는 다시 그림 12-1로 되돌아갈 필요가 있다. 최초의 생명체인 단세포는 이분법이라는 방법으로 모세포가 두 개로 갈라지면서 번식하는 방법이다. 이 갈라진 두 개의 세포는 새로운 세포로서 모세포와 딸세포를 구별하기 힘들어진다. 다시 말하면 단세포 생명체는 외인사에 의해서 죽지 않는 한 죽을 위험성이 극히 적다는 의미이다. 이러한 경향은 진핵세포군으로 넘어와서 처음 만나는 원생생물들도 대부분 단세포들이어서 외인사 이외의 실제적 죽음은 별로 없다. 즉, 세균이나 고세균은 방추사가 필요 없는 무사분열에 의하여 이분법적으로 번식하기 때문에 불사나 영생을 누린다고 할 수 있다. 그러나 이러한 경향은 핵이 있는 진핵생물로 발전하면 이야기가 달라진다. 즉, 핵 구조와 그 내용물이 커지고 복잡해지면서, 핵을 정확히 두 개로 나누어야 되는 부담이 생긴다. 따라서 이들은 무사분열 방법인 이분법을 변형시켜서, 방추사를 이용한 핵분열 방법인 유사분열을 개발하게 되었다. 이러한 유사 분열에 의한 핵의 분리는 체세포나 생식세포에서 동일하게 일어난다. 그러나 대개 체세포에서 일어나는 분열 방법을 유사분열이라고 부르고, 생식세포에서 일어나는 유사분열을 감수분열이라고 구분해서 부르고 있다. 이러한 분열방

죽음이란 현상이 진화적으로 꼭 선택받아야 할 바람직한 일인가? 만약 우리들이 25세에 죽지 않고 더 오래 살 수 있다면, 더 많은 자손을 퍼트릴 기회가 더 많아질 것이 아닌가? 현대 사회는 구석기 시대와는 딴판이다. 즉, 질병이나 기아 또는 맹수와 같은 포식자들로부터 잘 보호되어 있는 사회에서 살고 있다. 따라서 이렇게 오래 살 수 있는 환경이 앞으로 수백만 년간 지속된다면, 자연선택이 유전자로 하여금 우리를 더 오래 살게 하지는 않을까? 그러나 어떤 결과이든지 간에 한 생명체가 생명이 없는 무생물인 유전자 바톤(baton)을 단지 다음 생명체로 운반해 주는 역할만을 수행한다는 사실은 왠지 우리를 서글프게 만든다.

## 3. 죽음의 진화적 극복

그렇다면 생명체는 어떤 방법을 이용하여 불가피한 죽음을 극복해 낼 수 있을까? 죽음이라는 현상이 다세포와 유성생식과 밀접한 연관 관계에 놓여 있다는 것은 이미 기술한 바 있다. 그러나 단세포인 경우에도 환경이 열악해져서 죽음을 맞이하게 되면 과연 이들은 어떻게 죽음을 극복해 낼 수 있을까? 지금부터 몇 가지 예를 들어 보기로 하자. **짚신벌레**(paramecium)는 단세포 섬모충류이지만 입과 항문 구조를 가지고 있는 잘 발달된 원생동물이다. 이들은 특징적으로 두 개의 핵을 몸안에 가지고 있다. 이중 **대핵**(大核, macronucleus)은 주로 영양분을 합성하거나 분해하는 대사활동에 관여하고, **소핵**(小核, micronucleus)은 번식 활동에 관여한다. 이는 마치 세포는 아니지만 체세포나 생식세포의 전 단계쯤으로 보아도 이상하게 보이지 않을 것이다(그림 8-28). 이들은 환경이 우호적인 경우 박테리아들이 주로 하는 방법대로 이분법을 이용하여 번식하면서 유유자적하게 산다. 그러나 이들에게 가혹한 환경이 닥쳐서 죽음으로 내몰리게 되면, 유성생식의 전 단계에 해당하는 과정으로써 번식이 일어난다. 즉, 두 마리의 짚신벌레가 박테리아처럼 **접합**(接合, conjugation)을 하면서, 양쪽에서 대핵이 소실되고 소핵이 분열하기 시작한다. 대핵이 소실되는 것은 마치 체세포가 사라지는 것과 동일하다고 추정할 수 있다. 분열을 일으켜 두 개의 소핵을 만든 짚신벌레들은 이 소핵 중 하나를 교환하고, 각각에서 수정란의 핵을 만들면서 접합 상태에서 각각 떨어진다. 박테리아에서는 접합 후 일부의 유전자가 일방적으로 반대 측 박테리아한테로 전달되지만, 원생동물인 짚신벌레에서는 양측이 각자의 소핵을 상호 교환하는 차이점이 있다. 이는 박테리아에서 보다 훨씬 더 유성생식 전 단계를 보여 주는 사례라고 볼 수 있다. 이렇게 소핵을 교환한 짚신벌레는 다시 분열하여 대핵을 만들어서 완전한 4개의 짚신벌레로 재탄생하게 된다. 재탄생하였다는 의미는 각기 가지고 있는 대핵이나 소핵이 모두 다 새롭게 회춘했다는 의미를 가지고 있다. 따라서 이들은 유전적으로 다양성을 가지게 되어서 변화된 환경에 살아남을 수 있는 가능성이 높아질 것이다[77]. 즉, 죽음을 극복할 수 있는 기회가 높아졌다는 의미이다.

또 다른 예로는 원생식물인 **클라미도모나스**(Chlamydomonas)를 들고자 한다. 클라미도모나스는 단세포 조류로서 엽록체와 미토콘드리아를 가지고 있을 뿐만 아니라 안점과 두 개의 편모를 가지고 있는 특징이 있다(그림 8-31). 이들도 환경이 호전적인 경우는 이분법으로 분열하면서 평온하게 잘 지낸다. 그러나 환경이 열악해져서 생명이 위협받게 되면 이들도 무생생식적 방법을 버리고 유성생식과 유사한 방법으로 돌아선다. 이들은 영양세포들이 마치 정자와 난자처럼 **$mt^+$ 세포**(mating positive cell)와 **$mt^-$ 세포**(mating negative cell)로 갈라지면서 **배우자**(配偶子, gamete)로 변한다. 이들은 평소에 **반수체**(半數體, haploid, n) 형태로 살고 있기 때문에 편모를 이용하여 상호 결합한 다음, 핵을 합쳐서 이배체 수정란을 만든 후 감수분열을 통하여 유전적으로 다양한 새로운 영양세포를 만들어 내게 된다. 이 클라미도모나스의 특징은 하나의 세포가 각기 정자나 난자처럼 행동할 수 있다는 점이다. 우리는 이런 형태의 결합을 **개체접합**(個體接合, hologamy)이라고 부른다. 즉, 각자의 세포가 환경이 열악해지면, 생식세포처럼 행동한다는 것은 매우 흥미로운 사실이다. 이것은 죽음에 대항하는 생명체가 보여 주는 아주 원시적인 유성생식 전 단계로 보인다. 그러나 이러한 $mt^+$ 세포나 $mt^-$ 세포를 정자나 난자로 부를 수는 없다. 왜냐하면 이들은 모양이 똑같을 뿐만 아니라, 만들어지는 과정도 원시적인 단계를 벗어나지 못했기 때문이다.

그렇다면 처음으로 생식세포와 체세포가 등장하는 생물체 중 하나를 소개하고자 한다. 이 생물체는 이미 단세포에서 다세포로 진화되는 과정을 설명하는 사례에서 인용되었지만, **볼복스**(Volvox) 군체는 특이한 모습을 보여 준다(그림 10-33). 볼복스는 작게는 500개에서 많게는 6만여 개의 세포가 군집을 형성하고 있지만, 앞쪽에 있는 세포들은 체세포가 되어 몸을 형성하고, 뒤쪽에 있는 세포들은 생식세포가 되어 번식에 관여하게 된다[67,94]. 이들도 번식 과정을 통하여 모세포 군체를 파괴하고 새로운 세포들이 세상 밖으로 쏟아져 나올 것이다(그림 10-34). 따라서 우리는 번식이라는 과정이 얼마나 죽음과 연계되어 있다는 것을 알 수 있을 것이다.

그렇다면 죽음이 번식에 미치는 진화적 결과는 어떤 것들이 있을까? 이는 이미 제8장 '생명의 번식' 편에서 다루었지만, 죽음이라는 관점에서 재조명해 볼 필요가 있다. 번식의 형태를 구분해 본다면 인간은 **다회 번식**(多回繁殖, iteroparity)에 속한다. 즉, 자손을 여러 번에 걸쳐서 생산해 낼 수 있다는 뜻이다. 그렇다면 **일회 번식**(一回繁殖, semelparity)과는 어떤 유전적 차이점이 있을까? 이런 형태의 차이점은 바로 죽음의 형태와 직결되어 있다. 우선 일회 번식형은 성체 사망률이 유년기 사망률보다 높은 경우에 자주 일어난다. 즉, 이 경우는 성숙하자마자 바로 번식하는 것이 훨씬 유리할 것이다. 이런 형태를 선호하는 생명체는 우리에게 잘 알려진 태평양 연어나 일년초 식물들이 여기에 속한다. 이에 반하여 다회 번식은 반대로 유년기 사망률이 성체 사망률보다 높은 경우에 잘 일어난다. 즉, 다회 번식을 하는 생명체는 유년기에 많이 죽지만, 일단 살아남으면 오래 살 수 있는 그룹에서 선호되는 번식 방법이다[84]. 인간이 다회 번식에 속한다는 것은 그만큼 유아 사망률이 높다는 의미이다. 실제 초기 인류의 유아 사망률은 무려 50%에 육박하고 있다. 즉, 두 명의 신생아 중 생존 가능한 아이는 한 명에 불과하다는 의미이다. 따라서 번식 방법은 죽음을 피해 갈 수 있는 생명체가 발견한 위대한 발명품인 셈이다. 다시 인간의 예를 들어 보자. 만약 한 인간이 죽었다면 그를 구성하던 모든 세포가 다 죽었다는 뜻인가? 이 질문에 독자 여러분들은 사후에 일어나는 세포사를 먼저 생각하지 말기를 바란다. 우리가 비록 죽었다고 해도 내 몸을 떠난 몇 개의 생식세포는 이미 다른 짝을 만나서 새로운 생명체를 이어 간다는 사실을 간과해서는 안 된다. 비록 우리는 죽었지만, 우리를 떠난 감수분열된 정자나 난자라는 세포는 살아서 그 대를 이어 갈 것이다. 따라서 우리의 체세포인 몸은 유한하지만 우리가 만드는 생식세포는 무한한 삶을 살아간다고 볼 수 있다.

## 제5절 죽음에 대한 물리학적 견해

생명의 탄생을 하나의 물리적 현상으로 보고자 하는 시각이 처음 나타난 것은 20세기에 접어들면서부터이다. 과연 생명현상을 물리학적 관점에서 바라볼 때, 생명의 탄생과 죽음은 어떤 형태로 설명이 가능할까? 또한 원자들이 모여서 분자를 만들고 분자들이 모여서 복잡한 유기물을 만들어 간다면, 우리는 이들이 진행되어 가는 생화학적 과정에 작용하는 물리 법칙을 알아보아야 할 필요성이 대두될 것이다. 우선 물리학의 근간을 이루는 **열역학**(熱力學, thermodynamics)이라는 개념과 그 법칙들을 살펴보면서, 생명현상이 유지되는 원리와 그 유지가 종료되는 죽음에 대하여 알아보고자 한다.

### 1. 열역학 법칙

열역학은 **열**(熱, heat), **일**(work), **온도**(溫度, temperature) 및 **에너지**(energy) 사이의 관계를 연구하는 물리학의 한 분야라고 할 수 있다. 앞으로 전개될 **열역학 법칙**(熱力學法則, thermodynamic law)들도 이들을 **물리량**(物理量, physical quantity)으로 정의하고, 그 성질을 이해하는 데 초점이 맞추어져 있다. 인류는 1798년 이전까지 열을 에너지로 인식하지 못하고 있었다. 이전에는 열을 플로지스톤(phlogiston)이라는 하나의 물질로 생각하고 있었기 때문이다. 열이라는 물리적 현상이 운동의 한 형태임을 주장한 최초의 물리학자는 영국의 **벤저민 톰슨 경**(Sir Benjamin Thompson, Count Runford, 1753~1814)이었다. 그는 군인으로서 대포의 통을 만들 때 일을 많이 할수록 열이 더 많이 발생하는 과정을 지켜보면서 열은 입자가 아니라 물리량이라는 것을 알게 되었다. 열에 대한 이러한 개념들은 프랑스 물리학자이자 군인이었던 **사디 카르노**(Sadi Carnot, 1796~1832) 시대로 넘어오면서 새로운 발견으로 이어진다. 그는 열이 높은 온도에서 낮은 온도로 옮겨갈 때만 힘을 얻을 수 있고, 그 반대의 경우에는 오히려 열을 가해 주어야 한다는 사실을 알게 되었다. 이는 앞으로 설명할 열역학 제2 법칙의 기초로 자리잡게 되었다. 그뿐만 아니라 그는 열을 동력으로 전환시키는 과정을 연구하여 **카르노 순환**(Carnot cycle)을 제안하기도 하였다. 이러한 관찰은 다시 독일의 물리학자인 **루돌프 클라우지우스**(Rudolf Clausius, 1822~1888)로 넘어오면서 열역학 제1 법칙과 제2 법칙이 발견되었고, 그는 1865년 처음으로 **엔트로피**(entropy)라는 개념을 발표하게 되었다[89]. 지금부터 간명하게 열역학 법칙들에 대하여 기술하고자 한다.

먼저 소개할 열역학 법칙은 **제0 법칙**(zeroth law of thermodynamics)이다. 이 법칙은 실제 열역학 제1 및 제2 법칙이 발견된 후에 알아낸 것으로 온도를 정의하는 하나의 법칙이다. 즉, 만약 두 개의 **계**(系, system, 물리계, 物理系)가 다른 세 번째 계와 열역학적 평형 상태에 있다면, 첫 두 계는 각 계에 대하여 열역학적 평형상태에 있다고 할 수 있다. 우리가 온도계를 물속에 넣고 온도계의 수치를 읽어서 물의 온도를 알아내는 것은 바로 이 열역학 제0 법칙에 의해서 가능한 일이다. 따라서 열역학 제0 법칙은 열의 평형에 관한 원리를 담고 있다. 여기서 잠깐 계 혹은 물리계에 대하여 알아보도록 하자. 계란 **경계**(境界, boundary)에 의해서 **주위**(周圍, surrounding)로부터 분리되는 대상을 말한다. 예를 들어, 생수병을 생각해 보자. 우리가 자주 마시는 생수병은 병에 의해서 주위와 안쪽으로 갈라진다. 따라서 병의 바깥은 주위가 될 것이고 안쪽은 계가 될 것이다. 그러나 이 생수병에서는 물질은 경계에 의해서 교환되지 않지만, 에너지는 서로 교환될 수 있다. 우리는 이러한 계를 **밀폐계**(密閉系, closed system, 닫힌계, 폐쇄계)라고 부른다. 이번에는 보온병을 생각해 보자. 보온병은 병이라는 경계를 통해서 물질이나 에너지가 둘 다 통과하지 못한다. 따라서 우리는 이런 대상을 **고립계**(孤立系, isolated system)라고 부른다. 물론 보온병을 오래 두면 에너지가 빠져나갈 수는 있을 것이다. 따라서 실제로 완벽한 고립계는 존재한다고 보기 힘들다. 마지막으로 우리가 생각해 볼 수 있는 계는 **개방계**(開放系, open system)이다. 물이 끓는 냄비를 생각해 보자. 이 끓는 냄비는 주위로 물질과 에너지를 모두 교환할 수 있는 대상이라는 것을 쉽게 이해할 수 있을 것이다[55]. 그렇다면 우리가 알고 있는 이 우주는 무슨 계로 보아야 할까? 우주는 우주를 보는 시각에 따라 달라진다. 다시 열역학 법칙으로 돌아가자.

12

**열역학 제1 법칙**은 에너지에 관한 법칙으로서 에너지 보존의 법칙을 말한다. 즉, 에너지는 화학이나 전기 또는 운동이나 열에너지로 그 형태가 바뀔 수는 있지만, 전체 에너지양은 보존된다는 법칙이다. 따라서 에너지는 다른 형태로 전환될 수는 있지만 생성되거나 파괴될 수 없다는 의미이다. **엔탈피**(enthalpy)는 계가 가지고 있는 내부에너지를 말하고 있다.

**열역학 제2 법칙**은 **엔트로피**(entropy)에 관한 법칙이다. 엔트로피는 1865년 루돌프 클라우지우스가 발표한 물리량으로서 에너지의 방향을 말해 준다고 할 수 있다. 즉, 엔트로피는 물리학적으로는 무질서의 척도라고 할 수 있고, 통계학적으로는 일어날 수 있는 확률을 말한다고 할 수 있다. 즉, **질서**(秩序, order)가 있거나 발생할 확률이 낮은 경우는 엔트로피가 낮다고 할 수 있다. 그러나 **무질서**(無秩序, disorder)하거나 발생할 확률이 높은 경우는 엔트로피가 높다고 할 수 있다(그림 12-11). 이러한 엔트로피는 항상 낮은 쪽에서 높은 쪽으로 흘러간다는 것이 제2 법칙이다[41]. 예를 들어 보자. 정리정돈이 잘된 방은 질서가 있어서 엔트로피가 낮다. 그러나 지저분한 방은 질서가 없어서 엔트로피가 높다. 따라서 방은 어떤 쪽으로 자연적으로 흘러갈까? 당연히 엔트로피가 낮은 정리정돈된 방에서 엔트로피가 높은 지저분한 방으로 변해 갈 것이다. 이것이 자연의 법칙이고 열역학 제2 법칙이다. 만약 지저분한 방을 깨끗한 방으로 만들기 위해서는 어떻게 해야 할까? 누군가는 그 방을 치워야만 할 것이다. 따라서 에너지가 투입되지 않으면, 엔트로피가 높은 곳에서 낮을 곳으로 이동해 갈 수가 없게 된다. 이는 이어서 네겐트로피에서 다시

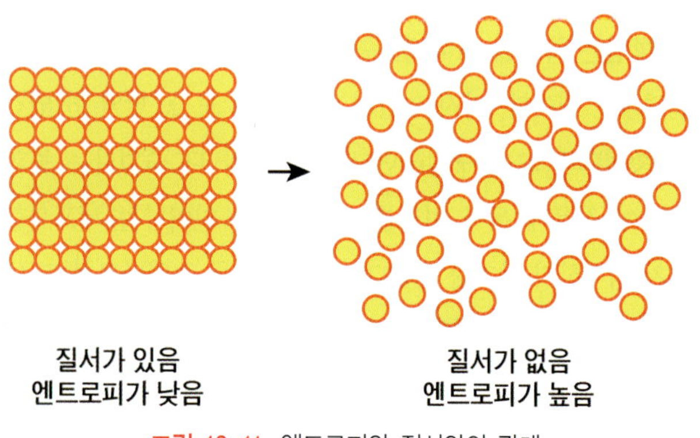


그림 12-11. 엔트로피와 질서와의 관계.

다룰 것이다. 엔트로피는 에너지가 흘러가는 방향을 설명하기 때문에 에너지 보존의 법칙이 설명하지 못하는 부분을 이해시켜 준다고 할 수 있다. 예를 들면, 서재에 놓아 둔 따뜻한 커피가 시간이 갈수록 차갑게 변할 것이다. 차갑게 된 만큼의 에너지는 방 안으로 사라졌을 것이다. 그러나 이 차가운 커피가 저절로 다시 뜨거운 커피로 되돌아가지 못한다. 이것이 자연의 법칙이자 에너지가 흘러가는 방향을 알려 주는 제2 법칙이다. 따라서 에너지가 다른 형태로 변환될 수는 있지만, 그때마다 그 물체가 가지고 있던 에너지는 엔트로피가 발생함에 따라 점차 줄어들게 된다.

**열역학 제3 법칙**은 온도에 관한 법칙이다. 우리는 온도가 내려갈수록 부피가 줄어든다는 것을 잘 알고 있다. 즉, 0℃에서 물이 얼지만, 절대온도인 0K는 부피가 없어져 0의 상태가 되는 온도를 말한다. 따라서 순수하고 완전한 결정체의 엔트로피는 0K에서 0이 된다는 법칙이다[63]. 우리가 잘 알고 있는 섭씨(℃)나 화씨(°F)도 온도의 측정 방법 중 하나이지만 절대온도(K)도 마찬가지로 온도를 나타내는 방법이다. 이 절대온도는 부피가 0이 되는 가상의 온도를 말하며 절대온도 0도(0K)는 섭씨로 -273도(−273℃)이고 화씨 -459도(−459°F)가 된다.

## 2. 네겐트로피

열역학 제2 법칙에서 쓰이는 엔트로피라는 물리학적 개념이 생명현상을 설명하는 데 동원되기 시작한 것은 20세기를 지나면서부터이다. 1910년 미국의 역사학자이자 친조부와 증조부가 미국 대통령이었던 **헨리 애덤스**(Henry Adams, 1838~1918)가 역사 이론을 설명하는 데 엔트로피를 처음으로 사용하였다. 하지만 생명현상에 엔트로피라는 개념을 끌어들인 장본인은 오스트리아 물리학자인 **에르윈 슈뢰딩거**(Erwin Schrödinger, 1887~1961)에 의해서였다. 슈뢰딩거는 '슈뢰딩거 고양이'라는 사고 실험으로도 유명하지만, 양자역학에 기여한 슈뢰딩거 방정식으로 1933년에 이미 노벨 물리학상을 받은 학자였다. 그가 1944년 발간한 "생명이란 무엇인가?(What is life?)"라는 저서에서 처음으로 **네겐트로피**(negentropy, netropy, **부엔트로피**)라는 용어를 사용하면서 생명현상을 엔트로피와 연관지어 설명하고자 하였다. 이 책은 젊은 **제임스 왓슨**(James Watson, 1928~)을 감동시켜서 그가 생물학으로 전공을 바꾸는 계기가 되었고, 마침내 역사적인 DNA를 발견하는 동기를 부여한 책이기도 하였다.

네겐트로피라는 말은 negative entropy라는 말을 줄인 용어이다. 이 의미는 무엇일까? 우선 그림 12-12를 보자. 열역학 제2 법칙은 엔트로피는 항상 증가하는 방향으로 반응이 일어난다는 것을 우리는 이미 잘 알고 있다. 즉, 생명이란 질서를 가지고 있다. 따라서 엔트로피가 낮다고 할 수 있다. 그러나 질서가 무질서 쪽으로 흘러가면서 엔트로피가 높아진다는 것은 생명의 입장에서 본다면 죽음을 의미한다고 볼 수 있다. 생명이라는 질서는 무질서라는 소멸로 이어질 수밖에 없다는 견해이다. 그렇다면 생명이란 어떤 현상을 말하는 것일까? 생명은 무질서에서 질서로, 엔트로피가 높은 곳에서 낮은 곳으로 가야 하는 현상을 말한다. 즉, 이는 열역학 제2 법칙에 위배되는 일이기 때문에 이러한 물리적 현상을 엔트로피가 반대로 가는 방향이라는 의미로 네겐트로피라는 용어를 사용하게 되었다. 따라서 생명이란 네겐트로피를 먹고 사는 물체라는 뜻을 담고 있다. 그러나 지구에서 일어나는 생물학적 반응들은 대부분 일정한 온도와 압력에서 일어남으로써, 미국의 물리학자인 **조사이어 기브스**(Josiah W. Gibbs, 1839~1903)가 주장한 **자유에너지**(Gibbs free energy)가 엔트로피보다 더 유용하게 사용되기도 한다. 이러한 기브스 자유에너지는 화학반응이 자발적으로 일어날 수 있는 가능성을 나타내 주기도 한다[40]. 그렇다면 생명이라는 현상이 열역학 제2 법칙을 위반한 상태에서 어떻게 생명을 이어 갈 수 있을까? 이는 다시 죽음의 물리학적 극복으로 이어질 것이다.

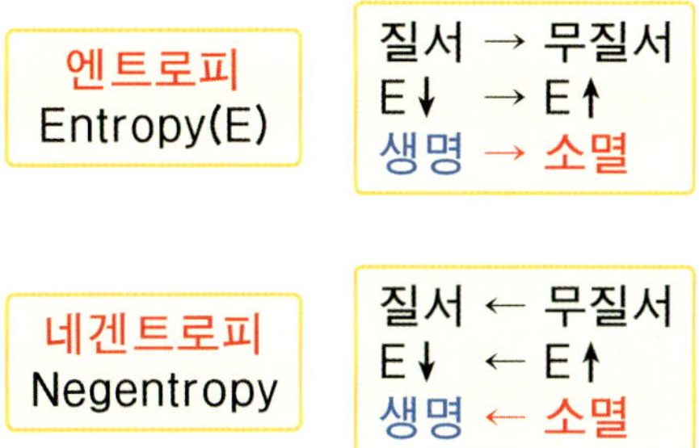

그림 12-12. 엔트로피, 네겐트로피 및 생명에 관한 도해.

### 3. 죽음의 물리학적 극복

생명이란 네겐트로피를 먹고 사는 존재이다. 즉, 엔트로피가 높은 곳에서 낮은 곳으로 흘러간다는 의미이다. 또한 무질서에서 질서로 흘러가는 열역학 제2 법칙을 위반하는 현상이 생명이라는 의미이다. 따라서 이렇게 엔트로피가 높은 곳에서 낮은 곳으로 흘러가게 하기 위해서는 반드시 에너지가 필요하게 된다. 마치 뜨거운 커피가 자연적으로 식는 것은 자연법칙이지만, 찬 커피가 저절로 뜨거운 커피가 되는 일은 절대로 일어나지 않는다. 이 사실은 열역학 제1 법칙은 위반하지 않지만, 에너지의 방향을 나타내는 열역학 제2 법칙에는 위배되기 때문이다. 따라서 무질서에서 질서 쪽으로, 엔트로피가 높은 곳에서 낮은 곳으로 옮겨가기 위해서는 반드시 추가적인 에너지가 필요하다. 찬 커피를 뜨거운 커피로 만들기 위해서는 데워야 한다는 의미이다. 따라서 모든 생명체는 살아 있는 한 끊임없이 에너지를 공급받아야만 살아갈 수가 있다. 이는 '숟가락을 놓으면 돌아가신다'는 옛말과 일맥상통한다고 볼 수 있다. 그렇다면 우리는 먹고, 마시고, 숨만 쉰다면 영원히 살 수 있을까? 즉, 생명체의 질서를 유지하기 위해서 충분한 에너지만 공급한다면, 우리는 영생할 수 있는지에 대한 질문이 뒤따를 것이다. 그러나 충분한 에너지를 영원히 공급한다 해도 우리는 결국 죽게 된다. 왜냐하면 생명을 조정하는 인자가 단지 에너지만 있는 것이 아니기 때문이다. 원자가 분자를 형성하고 분자가 유기물질을 형성하는 과정은 물체가 질서를 쌓아 가는 일이기 때문에 점차 엔트로피가 낮아진다. 따라서 유기물들도 다시 분자나 원자로 되돌아가려는 경향은 어쩔 수 없는 자연법칙이다. 따지고 보면 DNA도 핵산이라는 더 작은 물질들이 더 조직화된 구조라 할 수 있다. 따라서 DNA가 다시 뉴클레오티드로 붕괴되는 것은 당연한 자연의 이치이다.

물질이 붕괴하면 자연히 엔트로피가 높아질 것이다. 그렇다면 만약 엔트로피가 증가하는 속도보다 더 빠르게 물질들을 재구성하여 엔트로피를 낮출 수 있다면, 우리는 엔트로피 증가라는 문제에 대응해 나갈 수 있지 않을까? 이러한 의문은 처음 생각한 학자는 이미 '다세포 생명체 소멸' 편에서 다룬 독일계 미국인 **루돌프 쇤하이머**(Rudolf Schoenheimer, 1898~1941)이다. 그는 에르윈 슈뢰딩거가 "생명이란 무엇인가?"라는 저서를 발간하기 3년 전에 이미 조울증으로 자살한 비운의 학자이기도 하다. 그는 중질소($^{15}$N)를 이용하여 아미노산을 검사해 본 결과, 쥐 속에 들어 있는 아미노산의 질소가 끊임없이 새로운 질소로 교체되고 있다는 사실을 알게 되었다. 이런 현상은 분자 수준 차원에서 본다면 뼈나 치아 및 상피조직 등 모든 장기에서 일어나는 현상으로 보였다. 따라서 쇤하이머가 관찰한 생명현상도 결국 물질이 파괴되어 엔트로피가 높아지기 전에, 새로운 물질로 재구성하여 엔트로피를 지속해서 낮추어 가는 과정으로 볼 수 있다[80]. 그러나 물리학이 모든 생명과 죽음을 다 설명해 줄 수는 없지만, 열역학적 개념으로 이들을 설명할 수 있는 인류의 지혜는 생명 현상을 밝히는 데 더 많은 공헌이 있기를 기대해 본다.

## 제6절 죽음에 대한 철학적 견해

철학에서 보고 있는 죽음이란 과연 어떤 것일까? 죽음이란 현상을 철학은 우리에게 명쾌하게 설명해 줄 수 있을까? 우리는 철학이 이루어 놓은 죽음에 대한 이론을 몇 가지 부분으로 나누어서 생각해 보기로 하자. 우선 **영혼**(靈魂, Soul)이 도대체 무엇이며 그 존재성을 어떻게 보아야 할 것인지를 다루고, 생명의 진화 과정에서 영혼이란 어떤 위치를 차지하고 있는지를 살펴볼 것이다. 또한 영혼과 육체의 관계를 철학적 이론을 바탕으로 하여 정리할 것이며, 구체적으로 철학자들이 죽음을 보는 시각에 대하여도 알아볼 것이다. 그뿐 아니라 생리학이나 의학에서 보는 영혼에 대한 시각도 알아보고, 끝으로 과학적 관점에서 보는 영혼에 대해서 살펴볼 것이다.

### 1. 영혼의 존재

죽음에 항상 따라다니는 과제가 영혼이다. 영혼이란 말은 종교적 색채가 많이 묻어 있는 언어라고 할 수 있다. 그렇다면 영혼을 실제로 어떻게 정의해 볼 수 있을까? 예를 들면, 영혼이란 육체에 깃들어 있는 정신적이며 추상적인 실체라고 말할 수도 있고, 신체나 정신적 활동의 원동력이 되는 실체라고도 할 수 있다. 그러나 이러한 영혼에 대한 정의도 각 문화권이나 종교적 측면에서 그 의미가 아주 다양하게 달라진다. 따라서 영혼과 유사한 의미로 사용되고 있는 언어들은 **정신**

(精神, Spirit), **마음**(Mind) 또는 **의식**(意識, Consciousness) 등을 들 수 있다. 영혼이 다소 신학적인 의미를 가진다면 의식은 과학적인 뜻을 내포하고 있다고 볼 수 있다. 영혼은 **프시케**(Psyche, 혼, 魂)나 **프네우마**(Pneuma, 영, 靈)와 같은 용어로서 기독교 교리에 등장한다. 프시케나 프네우마는 둘 다 호흡이라는 의미를 가지고 있지만, **소마**(Soma, 육체, 肉體)와 더불어서 혼과 영이 합하여 인간을 형성한다고 보고 있다. 이렇게 소마(육체)와 프시케(혼) 및 프네우마(영)가 인간을 구성한다는 이론을 우리는 **삼분설**(三分說, Trichotomy, tripartite)이라 부르고, 이 이론은 동로마 제국에서 이어진 동방정교회에서 받아들이고 있다. 이때 혼인 프시케는 육체의 생명을 주도하고 영인 프네우마는 신과 연결되어 구원의 기능을 수행한다고 보고 있다. 그러나 서방기독교는 육체와 영혼이 인간을 형성한다는 **이분설**(二分說, Dichotomy, bipartite)을 받아들이고 있다[90].

이러한 이분설은 약 2,300년 전으로 올라가서 **아리스토텔레스**(Aristotle, 기원전 384~기원전 322)에 연결된다. 아리스토텔레스는 **질료형상론**(質料形狀論, hylemorphism)이라는 이론을 제창하였다. 즉, 모든 생명체는 **질료** 혹은 원질(原質)과 **형상** 혹은 체형(體刑)으로 구성된다고 주장하였다. 그는 질료 혹은 원질을 육체로 보고, 형상 혹은 체형을 영혼으로 보았다. 아리스토텔레스는 더 나아가서 이러한 영혼을 3가지 종류로 구분하였다. 먼저 **생혼**(生魂, Bios, vegetative soul)은 식물에 들어 있는 생명력의 근원으로서 성장을 위한 영양 섭취 및 번식 활동을 관장한다. 그러나 동물은 생혼뿐만 아니라 **각혼**(覺魂, Zoë, sensitive soul)을 가지고 있어서, 지각뿐만 아니라 움직일 수도 있게 되었다고 보고 있다[24]. 그러나 인간은 이러한 생혼 및 각혼과 더불어서 **지혼**(知魂, Psuchë, rational soul)을 더 가지게 되어서 이성적 판단이나 사고를 할 수 있다고 본 것이다(그림 12-13).

그렇지만 아리스토텔레스의 스승인 **플라톤**(Plato, 기원전 428~기원전 348)은 인간의 영혼을 다른 각도에서 세 종류로 구분하였다. 먼저 **지혼**(知魂, logos)은 머리에 있으면서 이성적인 생각을 할 수 있고, **기혼**(氣魂, thymos)은 감정이나 정신 및 남성적인 면모를 나타내면서 가슴 근처에 있다고 보았다. 마지막으로 **탐욕혼**(貪慾魂, eros)은 욕망이나 여성적인 면모를 나타내면서 복부에 위치한다고 생각하였다[75].

그렇다면 정신이나 의식은 어떻게 보아야 할까? 이들은 신학적인 개념보다는 실제적인 의미를 품고 있다고 볼 수 있다. 우선 의식 수준을 어떻게 파악할 수 있을까? 가령 교통사고나 산업재해를 당하여 머리를 다친 경우나 뇌출혈이나 뇌종양 등의 병변으로 정신이 또렷하지 않은 경우, 우리는 이런 상태를 어떻게 평가할 수 있을까? 의식을 평가하는 방법 중에 신경과학자나 의사들이 자주 사용하는 방법이 **글라스고 혼수 척도**(Glasgow coma scale)이다. 이 척도는 1974년 영국의 글라스고대학에서 개발한 것으로 **개안반응**(開眼反應, eye opening), **언어반응**(言語反應, verbal response) 및 **운동반응**(運動反應, motor response)을 통하여 점수를 매긴다. 개안반응은 자의적으로 눈을 뜨고 감을 수 있는 경우가 4점(정상)을 얻게 되고, 눈을 뜨라고 했을 때 겨우 뜰 경우는 3점,



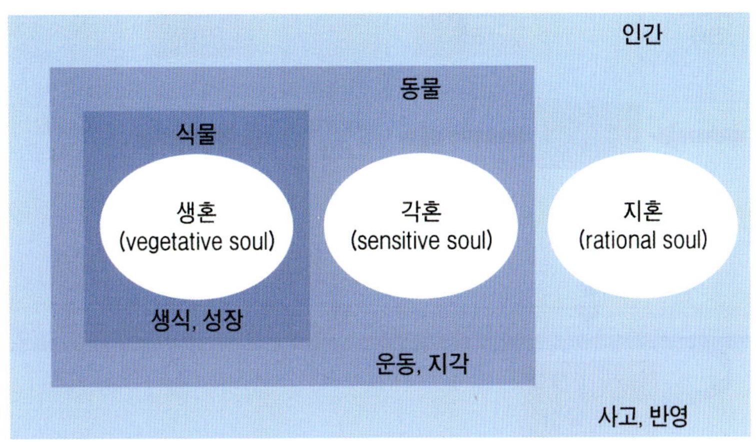


그림 12-13. 아리스토텔레스가 주장한 세 가지 영혼. (출처: Ian Alexander[12-13])

강한 자극을 주었을 때 눈을 뜨는 경우는 2점, 마지막으로 어떤 자극을 가해도 눈을 뜨지 않는 경우는 1점이 된다. 이렇게 개안반응에서 1점을 받게 된다는 것은 의식상태가 아주 중하다는 의미이다. 또한 언어반응도 장소나 날짜 및 시간 등의 인지기능이 있는 경우(정상)를 5점으로 계량화하고, 신음이나 전혀 알아들을 수 없는 소리를 할 경우는 2점, 전혀 반응이 없는 경우를 1점으로 본다. 운동반응도 어떤 통증 자극에도 반응이 없는 가장 나쁜 경우가 1점이다. 따라서 우리는 혼수 척도, 즉 의식 수준을 정상적인 15점에서 완전 혼수상태인 3점까지 점수화할 수 있는 방법을 가지고 있다. 그렇다면 이러한 의식은 육체의 어느 부분에 자리잡고 있을까? 이러한 의식이 뇌 속에 있다는 것은 누구나 다 인정하는 사실이다[95]. 그렇다면 뇌의 어느 부분에 의식이 존재하는가? 의식이 뇌의 특정 부위에 국소적으로 또는 단독으로 위치해 있다고 말하긴 어렵다. 의식 형성에 주된 역할을 하는 부위로는 **대뇌피질**(大腦皮質, cerebral cortex)이나 **시상**(視床, thalamus) 및 **뇌간 망상활성계**(腦幹 網狀活性系, brainstem reticular activating system)를 꼽고 있다.

그렇다면 우리는 새로운 질문에 봉착하게 될 것이다. 제4장 '생명의 분류' 편에서 확인한 계통수(그림 4-29)에서 내배엽과 외배엽을 가진 최초의 **이배엽 동물**(二胚葉動物, diploblasty)은 **자포동물**(刺胞動物, cnidaria)이다. 이 자포동물은 외배엽을 가지고 있기 때문에 표피나 신경조직을 가질 수 있다. 다시 이배엽 동물이 **삼배엽 동물**(三胚葉動物, triploblasty)로 진화해서 편형동물이나 선형동물로 올라서면 신경조직은 더 발달된 단계로 나아간다. 드디어 **척삭동물**(脊索動物, Chordata)에 다다르면 중추신경계가 그 모습을 드러내게 된다. 또한 우리가 잘 알고 있는 파충류나 포유류는 이미 기술한 바와 같이 뇌를 크게 나누어 파충류 뇌, 포유류 뇌 및 신피질로 구분되면서 인간에 이르고 있다. 이런 해부학적 각도에서 영혼이란 주제를 조망해 보면, 영혼이 존재하는 생물체는 어디부터라고 말할 수 있을까? 이 질문에 대한 대답은 의외로 인색하다. 유대교나 기독교는 오로지 인간만이 불사의 영혼을 가진다고 말하고 있다. 그러나 가톨릭 신학자인 **토마스 아퀴나스**(Thomas Aquinas, 1225~1274)는 영혼은 모든 생물체에 존재하지만, 단지 인간의 영혼만이 영생한다고 말하고 있다[82]. 인간은 생물계에서 인간 위주로 생각하는 경향이 심하다는 것을 보여주는 사례라고도 할 수 있다.

다시 영혼의 존재 여부에 대하여 생각해 보자[36]. 제1장에서 11장까지의 모든 과정은 그림 12-14에 녹아 있다고 볼 수 있다. 즉, 물질이라는 무생물에서 화학적 진화 과정을 거쳐서 최초의 생명체가 이 지구상에 등장했을 것이다. 이 최초의 생명체는 대사라는 에너지 생산 능력을 무기로 삼아서 번식과 진화라는 바퀴를 굴리며 약 40억 년이라는 세월을 이어 내려오고 있다. 모든 생명체는 소멸되어 끊임없이 무생물인 물질로 환원된다. 그다음 이 물질들은 다시 새로운 생명체를 만들

12

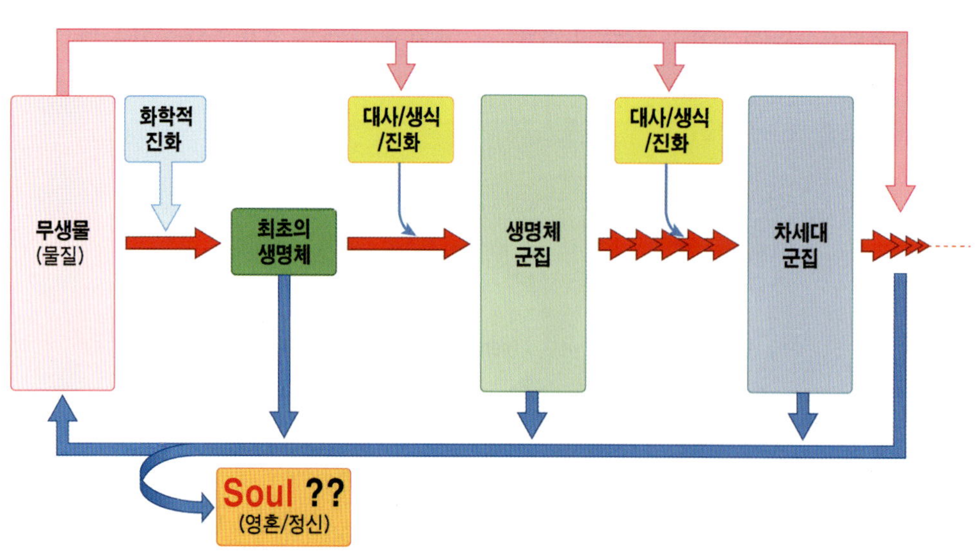


그림 12-14. 생명의 출현과 진화 과정에서 추정되는 영혼의 존재.

어서 대를 이어 가는 재료로써 이용될 것이다. 그렇다면 생명체가 소멸되어 다시 물질로 돌아갈 때, 과연 영혼이나 정신이 육체로부터 떨어져 나와서 어디론가 향해 가는 것인가? 간다면 어디로 갈 것이며, 모든 생명체에서 이 혼이 떨어져 나오는 것인지 혹은 일부 고등생물에서만 혼이 떨어져 나올 것인지도 의문이다. 또는 아예 이러한 영혼이 떨어져 나오는 일이 없는 경우도 생각해 볼 수 있다. 더 나아가서 이러한 모든 학문의 근본적 질문에 해당하는 '영혼의 존재'에 대한 확답이 내려진다면, 아마 인류는 엄청난 사회적, 문화적, 종교적, 과학적 대혼란 상태에 빠질 것이다. 한편으로는 영혼의 존재 여부가 불투명한 가운데 **사후생**(死後生, afterlife)이나 **내세**(來世, next life)의 존재를 믿는다는 것도 일부 모순적으로 보인다. 이러한 종교적 견해는 다음 절에서 자세히 다룰 것이다. 지금부터는 다시 영혼과 육체 혹은 마음과 몸에 대한 인류의 생각을 알아보기로 하자.

## 2. 일원론과 이원론

**일원론**(一元論, monism)과 **이원론**(二元論, dualism)은 영혼과 육체 혹은 정신과 몸을 어떻게 볼 것인지에 대한 철학적 큰 줄기라고 할 수 있다. 즉, 몸과 마음이 한 개라는 입장이 일원론인 반면, 몸과 마음이 각기 달라서 두 개라는 입장이 이원론이다[57]. 또한 이들은 종교와도 연결되어서 일원론은 **무신론**(無神論, atheism)의 기본개념으로 발전하고, 이원론은 **유신론**(有神論, theism)의 근간으로 자리잡게 되었다. 우선 몸과 마음의 특징을 구분해 보면, 마음이나 의식 또는 영혼은 **비물리적 물질**(非物理的物質, non-physical substance)이라 부를 수 있고, 우리가 인식할 수 있는 집이나 책상 혹은 몸 등은 **물리적 물질**(物理的物質, physical substance)이라 부를 수 있다. 따라서 마음은 비물리적 물질로서 **형이상학**(形而上學, metaphysics)적 개념을 내포하고 있고, 몸은 **형이하학**(形而下學, physics)적 의미가 들어 있다고 볼 수 있다. 지금부터 일원론과 이원론을 구체적으로 구분해 보기로 하자.

먼저 몸과 마음 혹은 물질과 정신 중에서 실제로 존재하는 것, 즉 **실재**(實在, reality)가 몇 개인지에 따라 크게 구분할 수 있다. 우리는 실재가 하나인 경우를 일원론이라고 부르고, 이 중에서도 하나가 정신인지 혹은 물질인지에 따라서 두 개의 큰 가지로 나눌 수 있다. 먼저 일원론 중에서 그 하나가 정신인 경우를 **관념론**(觀念論, idealism) 또는 **유심론**(唯心論, mentalism, spiritualism)이라 부른다. 만약 일원론 중에서 그 하나가 물질인 경우는 **물리주의**(物理主義, physicalism) 또는 **유물론**(唯物論, materialism)이라고 부르게 된다(그림 12-15). 따라서 유심론이나 유물론은 일원론의 하위 분류군이라 할 수 있다[68]. 만약 물질과 정신으로 실재가 두 개인 경우는 독자 여러분도 예상하다시피 이원론이라 부를 것이다. 따라서 물리주의나 유물론은 물질이 기본이어서 정신은 그 물질에서 파생되어 나온 것으로 보는 견해이고, 관념론이나 유심론은 정신이 기본이 되고 물질은 그 정신에서부터 파생되어 나온 것으로 본다. **중립적 일원론**(中立的一元論, neutral

12

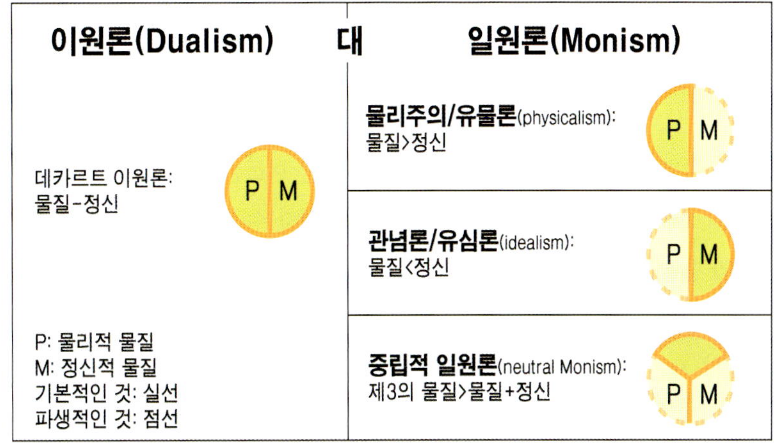

그림 12-15. 일원론과 이원론의 비교. (출처: Dustin Dewynne[12-15])

monism)은 관념론과 물리주의에서 중간에 위치하고 그 자체가 중립적이라는 의미를 가지고 있다. 다시 일원론과 이원론을 각기 따로 정리해 보도록 하자.

### 1) 일원론

일원론은 1728년 독일의 계몽 철학자인 **크리스티안 볼프**(Christian Wolff, 1679~1754)가 그의 저서인 "논리학(Logic)"에서 이 용어를 처음 사용하게 됨으로써 이 세상에 등장하게 되었다. 일원론은 말 그대로 정신과 육체가 겉과 속을 말하는 표리와 같아서 이 두 개를 하나로 본다는 개념이다. 그러나 이 중에서 관념론은 오직 정신만이 존재한다고 보는 견해이고, 이와는 반대 개념인 물리주의는 물질만이 존재하며 정신은 물질의 상호작용에 의하여 생긴다고 보는 견해이다. 정신만이 존재한다는 주장은 유심론에서도 동일하다. 따라서 우리는 관념론과 유심론을 동의어로 사용하는 경우도 많다. 그러나 이 두 개념을 엄밀하게 구분한다면 관념론은 인식론 영역에서 사용되는 개념이고, 유심론은 존재론의 영역에서 사용되는 개념이라고 볼 수 있다.

유심론과 대비되는 개념은 유물론이다. 이 유물론도 물리주의와 마찬가지로 오직 존재한다고 말할 수 있는 것은 물질이며, 모든 것은 물질로 구성되어 있어서 모든 현상은 이들 상호 작용에 의한 결과물이라는 견해를 취한다. 유물론은 다시 크게 나누어서 **기계적 유물론**(機械的唯物論, mechanical materialism)과 **변증법적 유물론**(辨證法的唯物論, dialectic materialism)으로 구분해 볼 수 있다. 기계적 유물론은 관념론적 유물론으로 불리기도 하지만, 세계의 근본이 되는 실제는 정신이 아닌 물질이라는 개념이다. 따라서 모든 현상은 역학적 법칙에 따라서 일어날 뿐만 아니라 다음 절에서 설명할 사랑이라는 개념도 옥시토신이라는 호르몬에 의하여 생겨나는 것으로 보고 있다. 그러나 변증법적 유물론은 역사적 유물론 또는 유물사관으로 불리면서, 역사를 발전시킨 원동력은 인간의 의식이나 관념이 아니라 물질을 토대로 한 생산 양식에 의존한다는 견해이다. 따라서 일원론이라는 철학적 개념은 인류의 경제적 이데올로기인 자본주의와 사회주의 혹은 공산주의의 기본 이념으로 발전한다는 것을 알 수 있을 것이다. 이러한 유물론은 물리주의와 동의어처럼 사용되기도 하지만, 물리주의는 물리학이 발전함으로써 유물론이라는 용어보다 더 자주 쓰이게 되었다. 일원론을 지지했던 철학자들은 고대 그리스의 **아리스토텔레스**(Aristotle, 기원전 384~기원전 322), 네덜란드 출신의 **바뤼흐 스피노자**(Baruch Spinoza, 1632~1677), 관념철학의 대표주자였던 독일의 **게오르크 헤겔**(Georg W. H. Hegel, 1770~1831), 독일의 철학자 **아르투어 쇼펜하우어**(Arthur Schopenhauer, 1788~1860), 공산주의 혁명가인 **카를 마르크스**(Karl Marx, 1818~1883), DNA 구조를 찾아낸 **프랜시스 크릭**(Francis Crick, 1916~2004) 등이 있다.

### 2) 이원론

이원론은 이미 기술한 바와 같이 비물리적인 정신 혹은 마음과 물리적인 몸 혹은 육체가 각기 다른 물질로서 서로 분리되어 있다는 생각이다. 이러한 이원론은 조금 후에 기술할 고대 그리스의 **소크라테스**(Socrates, 기원전 470~기원전 399)나 그의 제자인 **플라톤**(Plato, 기원전 428~기원전 348)에 의하여 주장되었지만, 실제로 체계화된 것은 17세기의 프랑스 철학자 **르네 데카르트**(René Descartes, 1596~1650)에 의해서였다. 데카르트가 주장하는 **심신 이원론**(心身二元論, mind-body dualism)은 인간은 육체라는 실체와 정신이라는 실체가 함께 공존하는 특별한 존재로 보는 견해이다[57]. 육체라는 물질은 일정 공간(rex extensa, things that have an extension)을 가질 수 있고, 마음이라는 것은 사유하는(res cogitans, things that think) 특징을 가진다는 개념이다. 우리는 이러한 데카르트의 이원론을 **실체이원론**(實體二元論, substance dualism)이라고 부른다. 그러나 데카르트의 실체이원론은 처음부터 구조적 모순을 가지고 있다는 것이 밝혀지기 시작하였다. 만약 육체와 정신이라는 실체가 분리되어 있다면 이들은 어떻게 상호 작용하여 인간이라는 생명체를 작동시킬 수 있는지에 대한 해답을 찾아야만 했었다. 데카르트는 궁여지책으로 이 육체와 정신이라는 실체는 뇌의 **송과선**(松果腺, pineal gland)에서 상호작용한다고 주장하게 되었다. 그러나 세월이 흐르면서 데카르트의 실체이원론이 점차 지지를 잃기 시작한 이후 새롭게 등장한 이원론이 바로 **속성이원론**(屬性二元論, property dualism)이다. 속성이원론은 비물질적인 정신과 물질적인 육체가 분리되어 존재하는 것이 아니라 한 실체 안에 공존하지만, 육체적인 속성과 정신적인 속성으로 존재한다는 이론이다. 따라서 하나의 실체로 받아들였지만, 단지 두 가지의 서로 다른 속성을 가진다는 의미이다. 이런 개념은 이원론적 개념에서 일원론적 개념을 섞어 넣은 형태로 보인다. 그러나 이런 과정을 겪으면서 이원론은 점차 지지를 잃게 되었고, 점차적으로 관념론과 유물론이 세력을 넓히게 된 계기가 되었다. 지금까지 정신과 육체 혹은 몸과 마음의 관계를 철학적 시각에서 개략적으로 알아보았다.

## 3. 철학과 죽음

### 1) 죽음의 철학

철학에서 가장 중요한 논제 중의 하나가 죽음이라는 현상일 것이다. 육체가 소멸되고 난 이후에 과연 영혼이 생존할 수 있을까? 혹은 육체 없이 영혼이 과연 존재할 수 있을까? 이렇게 수많은 질문들이 인류의 역사 속으로 던져졌을 것이다. 과연 그렇다면 인류는 죽음에 대하여 철학적으로 어떤 생각들을 하고 있었을까? 이 질문에 대하여 고대 그리스의 소크라테스 이야기부터 시작한다고 해도 아마 무리는 없을 것이다.

**소크라테스**(Socrates, 기원전 470~기원전 399)는 생전에 저서를 남기지 않은 철학자로도 유명하다. 그러나 그의 철학 사상은 제자인 플라톤에 의하여 지금까지 전해오고 있다. 소크라테스는 공자나 예수 및 석가와 더불어 세계 4대 성인다운 모습을 후세에 남겨 주었다. 그는 아테네 젊은이들의 정신을 타락시켰고 아테네가 인정하는 신들을 믿지 않는다는 죄명으로 고소되어 사형을 선고받게 되었다. 그러나 그의 부유한 친구인 크리톤이 탈옥을 권유했지만, 소크라테스는 아테네의 사법제도를 무너뜨릴 수 없다면서 독배를 스스로 마신다. 플라톤의 "소크라테스의 변론(Apology of Socrates)"이라는 저서에 보면 사형선고가 내려진 법정의 최후 진술에서 소크라테스는 다음과 같은 감명 깊은 변론을 마지막으로 남긴다[73]. "하지만 이제 떠나야 할 시간이 되었습니다. 각자 자기의 길을 갑시다. 나는 죽기 위해서, 여러분들은 살기 위해서. 어느 쪽이 더 좋은지는 오직 신만이 알 뿐입니다." 또한 플라톤의 "파이돈(Phaidon)"에서는 소크라테스가 마지막 독배를 마신 후 죽어 가면서 남긴 마지막 말을 적고 있다. 즉, 소크라테스는 그의 친구인 크리톤에게 "크리톤, 나는 아스클레피오스(Aesculapius, 의술의 신)에게 닭 한 마리를 빚졌네, 기억해 두었다가 빚을 갚아 주겠나?"라는 말을 남긴다[74]. 그가 목욕 후 독배를 마신 것이나 마지막으로 죽어 가면서 농담조로 진료를 받은 빚 이야기를 한다는 것은 현세를 깨끗이 정리하고 떠나고 싶은 소망이 들어 있었다고 보인다. 과연 그렇다면 소크라테스는 무슨 생각으로 흔쾌히 죽음을 품위 있게 맞이할 수 있었을까? 또한 그는 죽음에 대하여 어떻게 생각하고 있었을까?

그는 영혼을 의미하는 프시케는 형체가 없지만 영생하는 실재로 보았고, 죽음이란 영혼이 육체로부터 분리되는 것으로 생각하였다[57]. 그뿐 아니라 이렇게 분리된 영혼은 한 장소에서 다른 장소로 이동한다고 생각하였다. 비록 육체는 사라져도 영혼은 죽지 않는다고 믿었던 것이다. 2천 년도 훨씬 지난 지금 소크라테스는 그 어디엔가에서 탈옥하지 못한 것을 후회하고 있을까? 혹은 사약을 순순히 마신 것을 다행이라고 생각하고 있을까? 아니면 소크라테스는 죽은 이후 그것으로써 모든 것이 끝나 버린 것일까? 그러나 아직까지 이에 대하여 대답해 줄 사람은 소크라테스를 포함하여 이 세상에는 아무도 없다.

소크라테스 제자인 **플라톤**(Plato, 기원전 428~기원전 348)은 세계 최초의 교육기관인 아카데미아를 아테네에 세워서 제자 양성을 시작한 철학자로서, 우리가 사용하는 아카데미(academy)라는 말을 제공한 장본인이기도 하다. 그도 그의 스승과 같이 죽고 난 뒤에도 영혼은 존재하며, 이 영혼은 연속적으로 이어지는 육체에서 다시 태어난다는 **윤회**(輪廻, metempsychosis)적 사상을 가지고 있었다. 또한 그는 이미 기술한 대로 세 가지의 영혼 중 지혼만이 영생한다고 믿고 있었다. 그러나 플라톤의 제자인 **아리스토텔레스**(Aristotle, 기원전 383~기원전 322)는 그의 스승과는 달리 사람이 죽고 난 뒤에 영혼과 육체가 분리된다는 견해에 반대한 철학자이다. 그는 이미 기술한 질료형상론을 주장하여 영혼인 형상이 육체인 질료에 기능적으로 작용하기 때문에 서로 분리될 수 없다고 본 것이다. 따라서 소크라테스나 플라톤은 이원적 철학관을 가진 반면, 아리스토텔레스는 일원적 철학관을 가졌다고 할 수 있다. 또 한 사람의 고대 철학자 중 관심을 끄는 학자는 사모스 섬 출신 아테네 사람인 **에피쿠로스**(Epicurus, 기원전 341~기원전 270)이다. 그는 죽음이라는 것이 좋은 건지 혹은 나쁜 건지를 판단할 수 있는 것은 오로지 감각을 통해서 알 수 있는 현상이지만, 우리가 죽음에 도달하면 감각이란 지각을 인식할 수 없기 때문에 죽음을 무서워할 이유도 없다고 본 것이다. 따라서 그는 "우리가 존재하는 동안 죽음은 없고, 죽음이 존재할 때는 우리가 존재하지 않는다(While we exist, death is no present, and whenever death is present, we do not exit)"라는 유명한 말을 남겼다. 즉, 인간은 죽음 때문에 걱정할 필요가 없고 남은 삶을 즐겁게 지내야 한다는 것이 그의 철학이었다.

철학은 근대에 접어들면서 **르네 데카르트**(René Descartes, 1596~1650)가 주장한 실체이원론은 이미 기술하였다. 그러나 데카르트는 "나는 생각한다, 고로 존재한다(Cogito, ergo sum. I think, therefore I am)"라는 말로써도 우리에게 잘 알려져 있다. 그가 주장하는 것은 '나는 육체가 있다. 고로 나는 존재한다'라는 말이 아니다. 이는 자신의 존재를 육체보다는 더 확실한 생각에서 찾았다는 것을 의미한다. 영국의 정치철학자였던 **토머스 홉스**(Thomas Hobbes, 1588~1679)는 가톨릭교회에 대하여 비판적인 입장을 취하였다. 이탈리아 철학자인 **조르다노 브루노**(Giordano Bruno, 1548~1600)가 가톨릭교회를 비판한 죄로 화형에 처해진 것이나, 지동설을 주장하다가 종교재판에 회부된 **갈릴레오 갈릴레이**(Galileo Galilei, 1564~1642)는 가톨릭교회와 처음으로 대립하게 되었다. 그뿐 아니라 가톨릭교회가 주장하는 내세에 대한 믿음은 종교적 미신의 결과라고 주장하기도 하였다.



18세기에 등장한 프로이센 철학자인 **임마누엘 칸트**(Immanuel Kant, 1724~1804)도 비판철학적 관점을 가지면서 신의 존재나 영혼의 불멸에 대하여 확실하게 입증할 수 없음을 강조하였다[64]. 그리하여 그는 신을 믿는 종교인들로부터 비난을 받아야 했다. 일원주의자인 **아르투어 쇼펜하우어**(Arthur Schopenhauer, 1788~1896)도 내세에 대하여 부정적인 생각을 드러냈고, 무신론적 실존주의자로 평가받는 **프리드리히 니체**(Friedrich Nietzsche, 1884~1900)에 이르러서는 '신은 죽었다'라는 말로 표현되면서 허무주의로 빠져들게 된다.

이제까지 우리는 영혼과 육체, 정신과 몸과의 관계가 문명과 종교에 어떤 영향을 미치고 있는지를 철학적 관점에서 간략하게나마 살펴보았다. 그다음 종교적 관점에서 바라보는 영혼과 육체, 죽음과 내세에 관한 것은 제7절에서 다시 다룰 것이다. 이제는 과학의 측면에서 영혼과 육체, 정신과 몸의 관계를 살펴볼 차례이다.

### 2) 영혼의 무게

인류 역사에서 영혼의 무게를 잴 수 있다고 생각한 학자가 등장한 것은 20세기가 막 시작된 1901년도이다. 미국 메사추세츠주 헤이버힐(Haverhil) 의사였던 **던컨 맥두걸**(Duncan Macdougall, 1866~1920)은 영혼을 하나의 물질이라고 가정하여 이를 측정하는 방법을 생각하게 되었다. 그가 한 실험은 **21그램 실험**(21 gram experiment)으로도 유명하다[21]. 그는 임종을 앞둔 6명의 환자에서 정밀한 저울을 침대에 장착하여 사망 전후의 체중 변화를 측정하였다. 그 결과 사람이 죽고 난 이후 체중에서 21그램의 변동이 발생한다는 것을 알게 되었다. 따라서 이러한 21그램이 작아진 것은 인간의 영혼이 빠져나가서 생긴 것으로 보았고, 그 결과 영혼의 무게가 21그램이라고 생각하게 되었다. 그는 동일한 실험을 15마리 개에서도 시행하였지만, 죽음 전후에 체중의 변화가 없는 것으로 보아 동물에서는 영혼이 없다는 결론을 내리기도 하였다. 이러한 사실은 1907년 3월 11자 뉴욕 타임스에 크게 보도되기도 하였다. 그러나 다수의 학자에 의한 재실험 결과 이러한 영혼의 무게에 대한 학설은 비과학적이라는 결론을 내리고 있다. 인류는 죽음이라는 절체절명의 위기를 맞아서 무한한 질문과 그 대답을 스스로 만들어 왔던 역사라고도 할 수 있다. 따라서 삶과 죽음이라는 두 개의 큰 화두는 인류의 학문 속에 뿌리 깊게 자리잡고 있어 왔지만, 앞으로는 과학이 더욱 더 설득력 있게 이들을 설명해야 할 차례가 된 것 같다.

### 3) 영혼과 과학

이미 기술한 바와 같이 영혼의 존재 여부, 즉 영혼이 있느냐 혹은 없느냐에 따라서 인류의 문명이나 문화에 엄청난 파문이 일어날 것은 너무나 당연해 보인다. 지금까지 우리는 철학에서 보는 영혼의 존재 여부에 대하여 알아보았다. 그렇다면 과학은 죽음과 영혼, 영혼과 육체라는 개념을 어떻게 보고 있을까? 종교와 영혼에 대한 개념은 다음 절에서 다룰 것이다.

우리는 인간의 영혼이나 정신 혹은 의식이나 마음이 뇌 속에 들어 있다는 것은 누구나 쉽게 인정할 수 있는 일이다. 따라서 인간의 뇌 구조와 기능을 좀 더 자세히 알아보는 일은 매우 중요하다. 왜냐하면 철학에서 말하는 정신이나 의식을 단순한 기계적 유물론으로 치부하기에는 많은 정보가 이미 알려져 있기 때문이다. 뇌의 구조는 '뇌사' 편에서도 간단히 기술한 바와 같이 **뇌간**(腦幹, brainstem), **소뇌**(小腦, cerebellum) 및 **대뇌**(大腦, cerebrum)로 크게 나눌 수 있다. 먼저 뇌간과 소뇌는 폴 맥린이 파충류의 뇌 혹은 생리적 뇌라고 불렀던 부위이다. 먼저 뇌간은 대뇌와 소뇌를 **척수**(脊髓, spinal cord)와 연결시키는 부위로서 호흡이나 심박동, 체온이나 수면 및 각성 주기와 생리적 반사작용이 일어나는 부위이다. 소뇌는 대뇌 밑에 위치하면서 근육 운동의 조정이나 균형감각을 담당하고 있다. 대뇌는 뇌 중에서 가장 큰 부위를 차지하는 곳으로 마치 손의 양 주먹을 맞대고 있는 모양과 같이 두 개의 **대뇌반구**(大腦半球, cerebral hemisphere)가 서로 연결되어 있다. 이 두 개의 대뇌반구 중 주된 역할을 하는 반구를 대뇌 **우성반구**(優性半球, dominant hemisphere)라 부른다. 오른손잡이 인간은 이 우성 대뇌반구가 왼쪽에 있다는 것을 우리는 잘 알고 있다. 대뇌반구는 다시 크게 4개의 **뇌엽**(腦葉, brain lobe)으로 나누어진다(그림 12-16). 먼저 뇌의 뒤쪽에 위치한 **후두엽**(後頭葉, occipital lobe)은 시력이나 시야와 연관되어서 빛이나 색깔 및 물체의 운동을 인식하는 데 관여한다. **두정엽**(頭頂葉, parietal lobe)은 통증과 같은 감각을 인식하고 언어와 문자를 이해하며, 시력이나 청력에서 오는 정보를 해석하는 기능을 한다. 대뇌피질의 밑부분에 있는 **측두엽**(側頭葉, temporal lobe)은 언어를 이해하고 기억력에 관여하며 청력을 관장하는 곳이다. 그렇다면 **전두엽**(前頭葉, frontal lobe)은 어떤 역할을 담당할까? 뇌 앞부분을 차지하고 있는 전두엽은 감정이나 판단, 인격 형성이나 행동, 계획이나 문제해결, 지능과 자기 인식 및 집중력 등에 관여한다. 그뿐 아니라 일차 운동피질이 위치하여 사지 운동에도 관여한다. 대뇌피질의 각 부분의 기능을 나열한 이유는, 만약 이 부위에 손상이 발생하면 이러한 기능에 이상소견이 생긴다는 의미이다. 예를 들면, 전두엽에 병변이 발생하면 계획성이 없어지고 추상적 사고를 할 수가 없을 뿐 아니라 판단력과 기억력이 흐려진다. 흡사 우리의 정신이나 의식이 저하된 양상을 보이는 것이다.

또 다른 예로 뇌조직들이 얼마나 서로 밀접하게 연관되어 작동하는지를 보여 주는 사례를 들어 볼까 한다. 인간이 말을

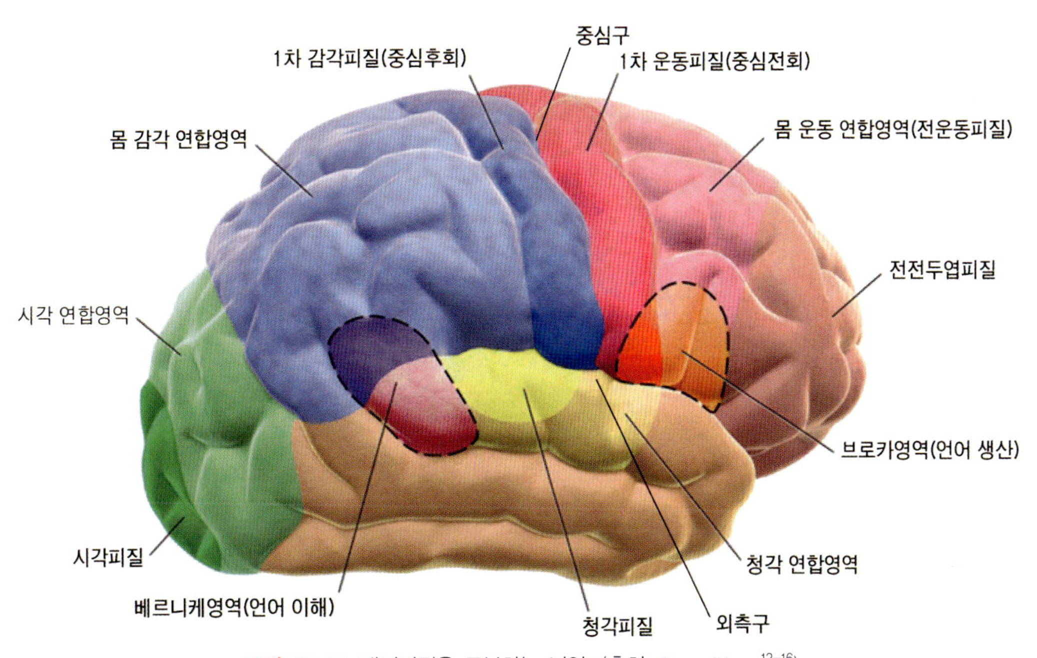


그림 12-16. 대뇌피질을 구분하는 뇌엽. (출처: BruceBlaus[12-16])

12

할 수 있다는 것은 다른 동물에 비해 대단히 획기적인 일이다. 대뇌 우성반구의 전두엽에 위치한 **브로카 영역**(Broca's area)은 1861년 프랑스 의사인 **폴 브로카**(Paul Broca, 1824~1880)에 의해서 밝혀진 뇌 부위이다. 만약 이 부위가 뇌 혈류 공급이 차단되어 나타나는 뇌졸중이 발병하면 환자는 말을 잘하지 못한다. 환자는 말을 하고 싶어도 말이 만들어지지 않아서 **실어증**(失語症, aphasis)에 빠진다. 우리는 이런 종류의 실어증을 **브로카 실어증** 혹은 **표현성 실어증**(expressive aphasia)이라고 부른다. 왜냐하면 말을 하고 싶어도 표현을 할 수 없기 때문이다. 이에 반하여 1874년 독일의 정신과 의사인 **칼 베르니케**(Carl Wernicke, 1848~1905)가 발견한 **베르니케 영역**(Wernicke's area)에 손상을 입어도 언어장애가 발생한다. 이 영역은 글자를 이해하고 말을 조리 있게 할 수 있는 능력을 부여하는 장소이다. 따라서 측두엽 상부에 있는 베르니케 영역이 손상되면 구강이나 인후를 통하여 말을 만들 수 있는 브로카 영역은 살아 있기 때문에 말은 잘할 수 있지만, 말의 뜻이 분명하지 않고 조리 있게 말을 할 수가 없게 된다. 우리는 이러한 실어증을 **베르니케 실어증** 혹은 **감각성 실어증**(receptive, sensory or fluent aphasia)이라고 부른다. 브로카 실어증은 중풍을 앓고 있는 환자들에서 자주 관찰되며, 말을 더듬게 되고 유창하게 말을 할 수가 없다. 그러나 베르니케 실어증은 말은 유창하게 하지만 알아들을 수 없는 말들을 늘어놓게 된다. 최소한 우리의 소통능력으로서 원활한 언어활동을 하기 위해서는 언어를 관장하는 브로카 영역과 베르니케 영역이 잘 보존되어 있어야 한다는 의미이다[31]. 만약 인간에서 언어 능력이 소실되고 글자를 이해하지 못할 뿐만 아니라 계산능력도 없어진다면, 우리는 이러한 상태의 의식이나 정신을 어떻게 보아야 할까?

12

인류의 역사 속에서 **세포**(細胞, cell)라는 용어가 처음으로 등장한 것은 중세 암흑기와 르세상스 및 종교개혁이 지난 시점인 1665년 영국의 **로버트 훅**(Robert Hooke, 1635~1703)에 의해서였다. 그러나 실제로 모든 생명체가 세포라는 기본단위로 구성되었다는 **세포설**(細胞說, cell theory)은 그로부터 약 170년이 흐른 1838년도였다. 이 세포설은 식물학자인 **마티아스 슐라이덴**(Matthias Schleiden, 1804~1881)과 동물학자였던 **테어도어 슈반**(Theodor Schwann, 1810~1881)에 의해서 발견된 획기적인 사건이었다. 바로 세포가 모든 생물을 이루는 기본단위일 뿐만 아니라 생물체는 한 개 이상의 세포로 구성되었다는 사실을 인류가 알아내게 된 것이다[81]. 그러나 신경계가 **뉴런**(neuron)이라는 기본 세포로 구성되었다는 것을 알게 된 것은 그로부터 약 50년이 더 지난 1891년 독일의 **빌헬름 봐루데야**(Wilhelm Waldeyer, 1836~1921)에 의해서였다. 이렇게 **수상돌기**(樹狀突起, 가지돌기, dendrite)나 **축삭**(軸索, axon) 및 **시냅스**(synapse)라는 구조가 발견된 것이 19세기 말이라는 사실에 우리는 주목해야 한다[22]. 왜냐하면 미국 독립전쟁이 터지고, 이어서 프랑스 혁명을 유발시킨 계몽주의를 정점에 올려놓았고, 신의 존재나 영혼 불멸에 대하여 비판적이던 임마누엘 칸트의 "순수이성비판"이 발행된 지 약 100년 후에야 비로소 인간은 뉴런이라는 세포를 찾아냈기 때문이다.

그렇다면 뉴런은 어떻게 생겼을까? 뉴런은 신경계를 이루는 기본단위인 신경세포를 말한다. 그러나 신경계에는 뉴런뿐만 아니라 이 뉴런을 보호하고 기능이 잘 유지되도록 도와주는 **신경아교세포**(神經阿膠細胞, neuroglial cell)가 실제로는 더 많다. 그러나 여기에서는 뉴런을 집중적으로 다루고자 한다. 뉴런은 그림 12-17에서 보는 것처럼 **세포체**(細胞體, cell body)와 **가지**(branch)로 형성되어 있다. 먼저 세포체는 뉴런의 관리센터로서 DNA를 보관하고, 에너지를 생산해 낸다. 세포체에서 뻗어 나가는 가지에는 두 종류가 있다. 먼저 다수의 수상돌기가 세포체에서 뻗어 나와서 앞에 있는 축삭과 서로 연결되어 신호를 받아들인다. 이렇게 들어온 신호는 다시 축삭을 따라 흐르다가 여러 개의 **축삭 말단**(軸索末端, axon terminal)으로 갈라져서 다음 뉴런의 세포체에 있는 수상돌기와 연결된다. 즉, 축삭은 들어온 신호를 다음 뉴런으로 전달하는 역할을 하는 셈이다. 그러나 실제로 축삭 말단과 수상돌기가 직접 접촉하지 않고 그 사이에 아주 좁은 틈이 있어서 이 사이로 전기 화학적 과정을 거쳐서 신호가 전달되게 된다. 그렇다면 이들 구조가 인간이 수정되면서부터 어떻게 생겨나고 성장해 가는 것인가? 즉, 우리가 알고자 하는 정신이나 의식이 어떤 과정을 통하여 형성되는지를 알아보기 위하여 지루한 설명이 필요했던 셈이다.

신경계는 이미 제6장 '생명의 성장' 편에서 다룬 것처럼 수

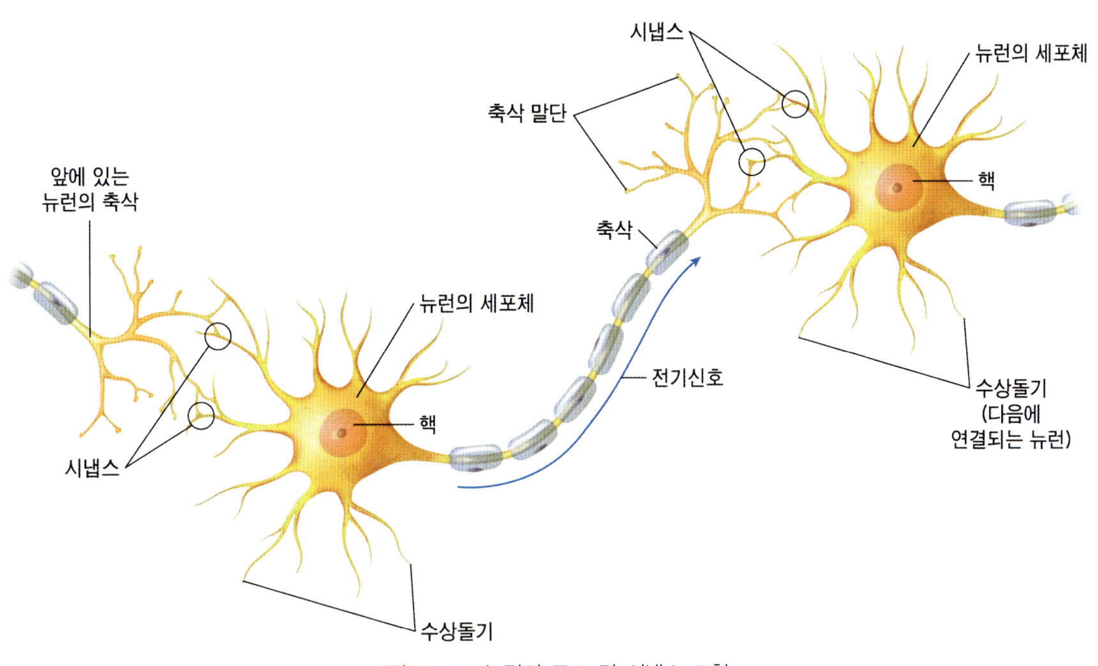


그림 12-17. 뉴런의 구조 및 시냅스 도형.

정 후 3주경부터 발생이 시작된다. 태아의 뇌는 필요한 뉴런의 약 2배 정도를 더 만들어 내지만, 출생 시에는 약 천억 개의 뉴런을 가지고 태어난다. 이는 우리 은하에 있는 별의 수만큼이나 많은 숫자이다. 나머지 여분의 뉴런은 자궁 안에서 퇴화되어 버린다. 이는 마치 난자가 실제 일생 동안 필요한 숫자보다 훨씬 더 많은 원시 난자가 태아에서 생기는 것과 비슷하다. 우리는 이 천억 개의 뉴런을 가지고 일생을 살아갈 것이다. 이렇게 뉴런의 수와 초기 배열을 만들어 내는 역할은 유전자 몫이다. 그러나 신생아가 성인으로 성장해 가면서 성숙해지는 것은 뉴런의 수가 아니라, 이 뉴런이 시냅스를 통하여 만들어 가는 네트워크, 즉 연결망의 수에 달려 있게 된다. 보통 출생 시 신생아는 뉴런당 2,500개 정도의 시냅스를 가지고 있지만, 2~3세에 이르면 한 뉴런당 약 만5천 개의 시냅스를 형성하게 된다. 따라서 시냅스를 통한 뉴런 간의 연결망은 기하급수적으로 늘어나는 셈이다[30]. 이렇게 급격히 늘어난 시냅스는 성인에서 필요한 시냅스 수의 2배가량의 연결망이 형성된 것이다. 이렇게 과잉으로 형성된 연결망은 성장해 가면서 가족이나 환경적 요인과 교류하면서 반복적으로 이용되는 시냅스는 강화되는 반면, 잘 이용되지 않는 시냅스는 **전지**(剪枝, 가지치기, pruning)에 의해서 제거된다. 이것은 마치 연결망이라는 진흙 덩어리를 환경이라는 조각가가 가지치기라는 작업을 통하여 인간이라는 조각품을 만들어 내는 과정과 유사하다고 볼 수 있다. 드디어 우리는 우리의 의식이나 정신이 네트워크를 통하여 형성되어 가는 과정을 추리해 볼 수 있게 되었다. 인간은 성인이 되었을 때 시냅스 연결은 약 천억 개의 뉴런이 약 천조($10^{15}$) 개의 시냅스 연결 구조를 가지게 될 것이다[98]. 그렇다면 실제 우리는 이러한 과정을 아기의 성장 과정을 통하여 관찰해 볼 수 있을까?

우리는 신생아가 가지고 태어난 천억 개의 뉴런이 형성한 연결망과 이들의 가지치기에 의해서 펼쳐지는 정신적 및 육체적 성장 과정을 지켜본 적이 있을 것이다. 아이가 목을 가눌 수 있을 정도가 되기 위해서는 3~4개월이 필요하고, 혼자서 앉을 수 있을 때는 다시 이 정도의 기간이 더 필요하다. 아기가 혼자서 걷을 수 있을 정도로 뇌가 발달하는 데는 15개월 정도를 기다려야 한다. 아이가 태어난 후 얼굴을 빤히 쳐다보거나 소리에 반응하고 옹알이를 할 수 있을 정도로 발전하기 위해서는 4주 정도가 더 필요하다. 그러나 '엄마'나 '아빠'라는 말을 할 수 있을 때까지는 40주가 걸린다. 정육면체인 큐빅을 2개 정도 쌓을 수 있는 공간 인식과 운동 조정 능력은 15개월이 넘어야 가능하고, 큐빅을 6개 정도 쌓을 수 있

**범신론**(汎神論, Pantheism)이라고 부르기도 한다. 또한 계몽주의 시대에 등장한 **이신론**(理神論, deism)은 신은 존재하지만 신의 계시나 기적 등은 없다고 보는 견해이며, 종교를 보다 더 이성적으로 판단하고자 하는 자세를 보이는 그룹이다. 따라서 이러한 다양한 시각에서 종교를 보고 종교에서 제일 중요하게 다루고 있는 죽음과 그 이후의 세계에 관하여 기술한다는 것은 제한적일 수밖에 없다. 방대한 종교에 대한 자료를 분석하고 통합시킨다는 것도 결코 쉬운 일은 아니다.

죽음은 자신이 확인할 수 있는 일이 아니라 타인에 의해서 확인될 일이다. 또한 죽음 이후에는 의학이나 과학 또는 철학이 관여할 일이라고는 아무것도 없다. 사회적으로 얽혀 있던 모든 계약이나 채무 또는 고소 및 고발 사건도 '공소권 없음'으로 불기소 처분된다. 심지어 결혼관계도 자연적으로 해소되어 버린다. 현실적으로는 그냥 '아무것도 없음' 상태로 한순간 사라져 버리는 것이다. 따라서 우리는 종교적으로 죽음을 이해하기 위해서는 먼저 그 죽음 자체를 이해하고 그다음에는 죽음 이후의 세계에 대하여 논하여야 할 것이다. 먼저 무교, 유교, 불교 및 그리스도교에서 보는 죽음과 그 이후의 세계에 대하여 알아보고, 사후생의 근거로 들고 있는 임사체험에 대하여 기술할 것이다. 그리고 끝으로 종교와 과학의 역사를 되돌아보면서 과학과 종교의 간격을 이해하기 위한 노력들을 살펴볼 것이다.

## 1. 무교

**무교**(巫敎, shamanism) 혹은 무속신앙은 **민속신앙**(民俗信仰, folk religion)으로서 한국인의 토속신앙이다. 이는 **무당**(巫堂, shaman)으로 불리는 중재자가 신령과 인간을 연결해 주는 종교라 할 수 있다. 따라서 무교의 기본구조는 신적인 존재로서 신령(神靈)과 사제에 해당하는 무당과 신도로 구성된다고 볼 수 있다. 이러한 기본 구도인 신령과 무당 및 신도가 함께 모여 종교의식을 펼치는 장소가 바로 굿판이다. 굿판은 망자의 한을 풀어 주어 저승길로 안내하는 종교 행사이다[6,10,18]. 우리에게 잘 알려진 굿판은 전라도의 씻김굿이나 경상도의 오구굿, 서울의 새남굿이나 해원굿 등이 잘 알려져 있다.

무속에서 떠받드는 신은 **자연신**(自然神)인 천신, 지신, 산신, 수신 등과 **인신**(人神)인 왕신, 장군신, 조상신 등 약 273 종류의 신령이 있다고 보고 있다. 따라서 무교는 범신론적 종교관으로 미신이라 불릴 만큼 원시적인 종교라고 할 수 있다. 그러나 우리가 한국인의 생사관을 이해하기 위해서는 무교를 알아야 그 뿌리를 이해할 수 있을 것이다. 왜냐하면 무교는 한국인의 죽음을 이해하는 가장 원형적인 기초를 제공하고 있기 때문이다. 이러한 무교는 고대 몽골 지역에서 처음으로 발원된 것으로 추정된다.

무교의 생사관에서 인간이 태어날 수 있는 것은 삼신(三神)의 점지에 의해서 일어난다. 첫 번째 신은 살을 줌으로써 아기를 가지게 하여 생명을 주고, 두 번째 신은 뼈를 줌으로써 아이를 낳게 해 주어 몸을 만들어 주고, 세 번째 신은 혼을 주어 아기를 크게 해 준다. 따라서 인간은 생명과 육체 및 몸으로 구성된다고 보았다.

우리는 무교를 육체를 떠난 혼령이 무사히 저승으로 돌아가게 하는 종교적 의례라고 말한다. 따라서 우리는 무교가 가지는 두 개의 세상을 알아차릴 수 있다. 즉, 우리가 삶고 있는 이 세상을 '이승'이라 부르고, 죽은 영혼이 사는 세상이 '저승'이 될 것이다. 따라서 사람이 죽으면 모두 저승사자를 따라 험한 길을 지나 저승 세계에 도착해서 심판을 받게 될 것이다. 그렇다면 무교가 보는 이승과 저승은 어떤 차이점이 있을까? 무교에서 보는 저승은 질적으로 전혀 다른 초자연적 세계가 아니고, 이승과 닮은 곳으로 더 맑고 깨끗한 곳으로 보고 있다. 또한 저승에 들어가기 전에 모든 혼령은 심판을 받고 정화단계를 거쳐서 저승으로 들어간다. 그렇다면 죽은 혼령은 어떻게 구분할 수 있을까? 먼저 '복받은 혼령'이다. 이 혼령은 복받은 죽음을 맞이한 사람으로서 곧바로 저승 세계로 들어간다. 그다음 단계는 '예비단계적 혼령'이다. 이 단계의 혼령은 더럽혀진 혼령을 지옥에서 고통과 죗값을 치른 후 정화단계를 거쳐서 저승에 들어갈 수 있다. '비명횡사하거나 억울하게 죽은 사람'은 이승을 떠나지 못하고 중간에서 방황하게 된다. 이렇게 방황하는 혼령은 가족이나 지인에게 부정적 영향을 주기 때문에 굿이라는 종교 의례를 통하여 저승으로 돌려보내야 한다. 따라서 굿이란 죽은 자에게 구원을 제공하는 방법이라 할 수 있다. 마지막으로 '극악무도한 혼령'은 지옥에서조차 정화를 받을 수 없기 때문에, 이승의 우마 축생으로 환생하여 정화단계를 거쳐서 저승으로 들어간다고 보고 있다[8]. 이러한 무교의 사생관도 고구려 소수림왕 2년인 372년 불교가 전래된 이후 민속 종교인 무교와 불교가 서로에게 영향을 주면서 현재에 이르고 있다. 우리 조상도 사람이 죽으면 그 혼령이 사라지지 않고, 혼령의 분류에 따라 저승으로 가는 길이 정해져 있다고 생각했던 것이다. 저승은 복받은 혼령들이 사는 세상이다. 우리의 민속신앙도 사후생에 대한 믿음을 가지고 있었다.

## 2. 유교

**유교**(儒敎, Confucianism)는 **공자** 또는 **공부자**(孔子, 孔夫子, Confucius, 기원전 551~기원전 479)가 춘추전국시대(기원전 770~기원전 221) 말기에 체계화한 유학을 종교적인 관점에서 지칭해 부르는 말이다. 이러한 유학은 자신을 먼저 갈고 닦아서 천하를 이상적으로 다스리는 것을 목표로 하는 수기치인(修己治人)이 그 핵심사상이다. 이렇게 중국에서 일어난 유학은 삼국시대 초기에 한민족에게 가장 먼저 외래 문화로 들어온 학문이자 종교라고 볼 수 있다. 따라서 유학은 삼국시대에서는 삼강오륜을 중심 사상으로 윤리 및 도덕적 규범으로 자리잡게 되고, 나아가서 종교보다는 학문이나 정부 조직, 직제 및 관료를 양성하는 쪽으로 뿌리를 내리게 되었다.

유교가 종교로서 기능을 한다는 것은 4대 의례인 관례(冠禮), 혼례(婚禮), 상례(喪禮), 제례(祭禮) 중에서 죽음과 관련된 의례가 두 개나 들어 있다는 사실에서도 찾아볼 수 있다. 그러나 일반적으로 유교는 도덕과 철학 및 종교가 혼합된 것으로, 삶의 총체적 방향을 제시해 주는 것으로 이해하는 사람들이 많다. 그렇다면 유교에서는 사람이 죽는다는 것을 어떻게 보고 있고, 죽음 이후에 어떤 일이 일어난다고 생각하고 있을까? 지금부터 그 해답을 찾아 나서 보자.

우선 사람이 임종에 가까워지면 고운 솜털을 코 밑에 대고 호흡 여부를 확인한다. 이런 과정을 우리는 속광(屬纊)이라고 부른다. 솜이 움직이지 않으면 망인의 적삼을 들고 지붕으로 올라가 떠나가는 혼을 세 번 부르는 것이 고복(皐復)이다[15]. 우리는 왜 유교적으로 혼을 부르는 것일까? 유교에서 보는 생명을 포함한 만물의 창조는 생기론적인 **기**(氣, Qi, material energy, vital energy)에서부터 출발한다. 이 기는 다시 **음양**(陰陽, yin yang)에 의해서 체계화되어 천지 만물을 만들어 낸다고 생각한다. 따라서 양인 신(神)이 모여서 인간의 정신이 되는 **혼**(魂, Hun)을 만들고, 음인 귀(鬼)가 모여서 인간의 육체를 만드는 **백**(魄, Po)이 된다. 이렇게 혼과 백이 만나 인간이 된 것이다. 그렇다면 인간이 죽으면 어떻게 될까? 유교는 생명이 다하면, 기가 다시 흩어져서 혼은 신으로 돌아가서 하늘로 올라가고, 백은 귀가 되어 몸과 함께 땅으로 묻히게 된다고 보고 있다[18,52]. 따라서 혼백은 귀신을 뜻하면서 서양 종교에서 말하는 영혼에 해당된다고 할 수 있다. 그러나 이러한 신과 귀가 곧바로 하늘로 올라가거나 몸과 함께 땅으로 사라진다고는 보지 않는다. 이들은 일정 기간 지상에 남아 있다가 하늘과 땅으로 사라진다. 이들이 지상에 머무는 기간은 고정된 이론이 없지만, 대개 주자학에서는 사대(四代)가 지나면 하늘로 올라간다고 보고 있다. 따라서 우리는 일반적으로 4대 조상까지만 제사를 지내는 경향이 있다. 우리는 이러한 조상의 혼백을 위패나 신주(神主)에 모시고 제사를 지낸다. 왜냐하면 위패나 신주는 부모나 조상의 상징적 육체이기 때문이다. 또한 지상에 머물던 귀신이 하늘로 올라가면, 이들은 조상이 머무는 조령 세계(祖靈世界)로 들어간다. 이런 개념은 세상을 살아가는 규범으로 작용하여 '죽어서 조상을 볼 면목'이 있도록 살아가기를 강요한다. 우리는 유교가 다른 종교에서 볼 수 있는 영혼불멸설(靈魂不滅說)을 주장하지 않고 **영혼수명설**(靈魂壽命設)을 주장하는 이유를 짐작할 수 있게 될 것이다. 따라서 유교는 사후생이나 내세에 대하여 구체적인 설명이 없는 편이다. 이는 사서오경 중 하나인 논어(論語)의 선진편(先進篇) 19장에 등장하는 공자의 말씀에 잘 묻어 있다고 할 수 있다. 공자의 제사인 계로(季路)가 "죽음이란 무엇입니까?"라고 공자에게 묻자, 공자는 "태어나는 것도 모르는데 어찌 죽음을 알겠느냐?(未知生 焉知死)"라고 대답한다. 유교에서 말하는 기(氣)는 공기나 호흡을 뜻한다고 할 수 있다. 따라서 유교는 무에서부터(Ex nihilo) 천지 만물이 생기는 것이 아니라, 기라고 하는 초자연적인 현상에서 생긴다는 견해를 보이고 있다.

## 3. 불교

고즈넉한 산사에서 들리는 풍경 소리는 지나가는 중생들을 끌어들이는 매력을 지닌다. 불교는 과연 삶과 죽음을 어떻게 보고 있을까? 먼저 유교에서는 **기**(氣)가 있다면, 불교에서는 **인연**(因緣)을 들어야 할 것 같다. 모든 현상이나 사물이 서로 인과적 관계에 의하여 의존적으로 태어난다는 교의가 바로 **인연 생기설**(因緣生起設, pratityasamutpada, depending arising) 혹은 **연기설**이기 때문이다. 인간이 태어나는 것도 모두 인연에 의하여 일어난다. 연기설에는 여러 가지가 있지만, **12 연기설**이 가장 널리 알려져 있다. 12 연기설은 서로 인과적 관계를 가지고 있기 때문에 '이것이 있음으로 저것이 있고, 이것이 사라지므로 저것이 사라진다'라고 쉽게 이야기할 수도 있다. 그러나 연기설은 불교의 기본 교리 중의 하나이기 때문에 자세히 알아볼 필요가 있다.

먼저 12 연기설은 **무명**(無明, Avidya-산스크리트어 범어, ignorance)에서부터 출발한다[1,13]. 무명은 말 그대로 빛이 없는 무지의 세계이다. 어떤 진리도 알지 못하는 단계를 말한다. 이러한 무명이 **행**(行, Sanskara, constructing activities)을 낳고, 행은 **식**(識, vijnana, consciousness)을 낳으며, 식은 **명색**(明色, nama-rupa, name and form)을 낳고, 명색은 **육입**(六入, sadayatana, six sensory gate)을 낳으며, 육입은 **촉**(觸, sparsa, contact)의 원인이 된다. 다시 촉은 **수**(受, vedana, feeling)를 낳고, 수는 **애**(愛, trsna, craving)를 낳으며, 애는 **취**(取, upadana, grasping)를 낳고, 취는 **유**(有, bhava, becoming)를 낳으며, 유는 **생**(生, jati, birth)을 낳고, 마지막으로 생은 **노사**(老死, jara-marana, old and death)를 초래한다. 이를 좀 더 쉽게 풀이해 보자. 먼저 무명은 행위를 낳고, 행위는 분별을 낳으며, 분별은 이름과 형태인 명색을 낳는다. 이 명색은 다시 감각을 낳고, 감각은 접촉을 낳으며, 접촉은 느낌을 낳고, 느낌은 애착을 낳으며, 애착은 집착을 낳고, 집착은 존재를 낳으며, 존재는 태어남을 낳고, 태어남은 늙음과 죽음의 원인이 된다는 의미이다. 이 12 연기설을 다시 역관(逆觀)으로 해석해 보면 무명이 사라지면 행위가 사라질 것이고, 행위가 사라지면 분별이 사라질 것이며, 분별이 사라지면 명색이 사라지고, …… 유가 사라지면 태어남이 사라지고, 태어남이 사라지면 늙고 죽는 일이 사라진다는 이론이 성립된다. 다시 조금 후에 기술할 **삼법인**(三法印)을 이해할 수 있는 단서가 여기에 있다고 할 수 있다. 이렇게 태어난 인간이란 존재는 **오온**(五蘊, panca khandha, the five aggregate concepts) 또는 **오음**(五陰)으로 구성되어 있다고 본다.

인간을 구성하는 다섯 가지 요소인 오온은 육체에 해당하는 **색온**(色蘊, rupa, physical body)과 정신에 해당되는 **수온**(受蘊, vedana, feeling), **상온**(想蘊, samjna, perception), **행온**(行蘊, samskara, internal formation) 및 **식온**(識蘊, discrimination)으로 구성되어 있다. 정신을 형성하는 오온은 느끼고 인식하고 형성해서 분별하는 과정을 말한다. 그렇다면 인간이 죽는다는 것은 무엇을 의미할까? 이렇게 인연에 의하여 모여서 쌓인 오온이 일시적으로 결합되어 인간이라는 형태를 만들었다가, 죽음과 동시에 다시 사라져 버리는 것을 말한다. 따라서 우리가 존재라고 부르는 것은 끝없이 변하고 있는 집합체에 불과하다고 볼 수 있다. 또한 불교에서는 인간의 존재 양식을 네 가지 종류로 구분해서 생각하고 있다. 즉, **생유**(生有), **본유**(本有), **사유**(死有), **중유**(中有)인 **사유**(四有)가 그것이다. 생유는 생명이 수태를 통해 형성되는 아주 짧은 찰나를 말하고, 본유는 생유 이후부터 임종 직전까지의 기간을 말한다. 사유는 생유가 끝나는 지점으로 최후의 임종을 맞이하는 마지막 찰나를 말한다. 그렇다면 중유는 무엇인가? 중유란 사람이 죽고 난 후에 다시 새로운 생명으로 태어나기 전까지의 기간을 말한다. 또한 이 기간에 있는 인간의 존재를 따로 **중음신**(中陰身)이라고 부른다. 인간이 중음신 상태로 지내는 기간은 49일이다. 즉, 죽은 날로부터 7일째마다 7회에 걸쳐서 출생의 조건을 만나 다시 태어나야 한다. 따라서 우리가 흔히 보는 **천도제**(薦度祭)나 **49제**는 죽은 영혼이 좋은 곳으로 다시 태어나도록 기도하고 제사를 지내는 것을 말한다[18]. 이러한 의식은 6세기경 중국에서 생겨난 것으로서 조상을 섬기는 유교의 조령 숭배 사상과 불교의 윤회 사상이 결합되어 나타난 것으로 보고 있다.

불교의 생사관에서 빼놓을 수 없는 것이 **업**(業, karma, deed)과 **윤회**(輪廻, samsara, reincarnation) 사상이다. 업이란 인간이 생유 기간 동안에 일어났던 행위들이다. 따라서 인간이 살아 있는 동안에 일어난 집착과 망집으로 인하여 좋은 행위인 선업이나 나쁜 행위인 악업이 쌓여서 결과적으로 업보(業報)나 과보(果報)로 나타난다고 보는 것이다. 따라서 불교에서는 죽음은 새로운 삶의 시작으로 이어지지만, 전생(前生)의 업보에 따라 금생(今生)이 결정되고, 금생의 업보에 따라 내생(來生)의 삶이 결정된다는 개념이다. 따라서 우리가 죽고 나면 이러한 업보에 따라서 **삼계육도**(三界六道)를 끝없이 윤회하는 과정 속으로 빠져들게 된다. 여기서 삼계는 욕망에 휘둘리며 살아가는 현세와 같은 **욕계**(欲界), 욕망은 극복했지만 여전히 육체적 속박에서 벗어나지 못하는 **색계**(色界) 및 육체적 속박에서 완전히 벗어난 **무색계**(無色界)를 말한다. 육도는 가장 고통이 심한 **지옥도**(地獄道), 지옥보다는 낫지만 굶주림으로 고통받는 **아귀도**(餓鬼道), 짐승과 벌레가 살고 있는 **축생도**(畜生道), 싸움과 분노로 가득 찬 **아수라도**(阿修羅道), 그다음이 인간이 사는 **인간도**(人間道)이고 마지막으로 신들이 사는 천상의 행복한 곳인 **천신도**(天神道)로 구분하고 있다. 따라서 인간은 죽어서 그 업보에 따라 어떤 세계로 갈 것인지를 결정하게 되어서 악업보다는 선업을 쌓아야 한다는 이론적 근거가 성립된다. 그렇지만 헌 옷을 버리고 새 옷을 입듯이, 낡은 몸을 버리고 새로운 몸으로 옮겨가는 윤회는 인간이 죽어도 결코 죽어서 사라지지 못하는 굴레를 만들어 놓게 된다. 그렇다면 우리는 어떻게 이 윤회의 굴레에서 벗어나 진정한 죽음을 맞이할 수 있을까?

업과 윤회를 뒤로하고 일체의 속박에서 벗어나 해탈(解脫)하는 최고의 경지를 우리는 **열반**(涅槃, nirvana)이라고 부른다. 열반은 일체의 번뇌나 고통으로부터 자유로워지며 깨우침을 완성하고 정신적 평안함에 놓인 상태이어서 이를 **열반적정**(涅槃寂靜)이라고 부르기도 한다. 열반은 원래 '번뇌의 불을 꺼버린다'는 의미를 가지고 있듯이 생사를 초월하여 불사의 길로 가는 길인 셈이다. 이러한 열반적정은 불교의 근본 교리인 **사법인**(四法印) 중 하나이다. 원래 사인법은 **삼법인**(三法印, three marks of existence)에서부터 시작한다. 처음에 삼법인은 **일체개고**(一切皆苦, Dikkha), **제행무상**(諸行無常, Anicca) 및 **제법무아**(諸法無我, Anatta)가 삼법인에 들어간다. 일체개고는 불교에서 삶은 행복이 아니라 무상한 실상과 욕망의 괴리로 인하여 생기는 고통(苦痛)으로 본다는 의미를 가지고 있다. **고**(苦)란 자기가 바라는 대로 되지 않는 상태를 말한다[9].

그렇다면 불교에서는 고통의 종류를 어떻게 보고 있을까? 우선 **사고팔고**(四苦八苦)에 대해서 알아보자. 먼저 사고는 **생로병사**(生老病死)를 말한다. 태어나고, 늙고, 병들고, 죽게 되는 고통을 말하여 **고고**(苦苦)라고도 부른다. 불교에서는 태어난다는 것조차도 고통으로 보는 것이다. 그다음은 무너지는 고통이라는 의미의 **괴고**(壞苦)로서 **애별이고**(愛別離苦), **원증회고**(怨憎會苦) 및 **구부득고**(求不得苦)가 여기에 속한다. 애별이고는 사랑하는 사람과 헤어지는 고통을 말하며, 원증회고는 미운 사람과 만나야 하는 고통을 말한다. 또한 구부득고는 구하려 해도 구하지 못하는 고통이라는 의미를 가지고 있다. 마지막으로 **행고**(行苦)에 해당하는 고가 **오음성고**(五陰盛苦)이다. 오음성고는 오음으로 인하여 생기는 고통을 말한다. 즉, 오음성고는 오음으로 이루어진 인간이 '나라고 할 수 있는 실체'가 있다고 집착하는 데서 오는 고통을 말한다.

그다음 제행무상은 무엇인가? 존재하는 모든 것은 무상하여 덧없으며 한 모양으로 머물러 있지 않고 시시각각으로 변한다. 따라서 일체 만물은 실체가 없으며 단지 일시적인 인연에 따라 모이고 흩어지는 것에 불과하다는 의미를 가지고 있다. 제법무아는 무엇을 의미하는가? 제생무상에 따라서 **나**(我, 아트만, atman)라는 실체가 없는 **무아**(無我, 안아트만, anatman) 상태가 제법무아인 셈이다. 따라서 고통은 나라는 실체에 대한 집착 때문에 생기는 현상이다. 만약 나라는 존재에 대한 집착이나 욕망을 없애 버리면, 연기설의 무명에서 시작되는 굴레가 돌지 않고, 태어남이나 생로병사도 없어진다는 개념이다. 따라서 이러한 상태를 우리는 열반적정이라 부를 수 있다. 삼법인에 열반적정이 더해지면 자연히 사법인이 될 것이다.

불교의 기본 교의 중 하나로서 아함경(阿含經)에 나오는 **사성제**(四聖諦, Four Noble Truths) 혹은 **사제**(四諦)는 **고집멸도**(苦集滅道)라는 네 글자로 압축된다. **고제**(苦諦, Dukkha, suffering)는 삶이란 고통이라는 의미이며, **집제**(集諦, Samudaya, arising of suffering)는 이 고통의 원인이 업과 번뇌에서 기원한다는 것이고, **멸제**(滅諦, Nirodha, end of suffering)는 이 고통을 소멸하기 위해서는 집착과 아집을 버려야 한다는 의미이다. 마지막으로 **도제**(道諦, Magga, path to the end of suffering)는 고를 소멸시키기 위한 방법으로 **팔정도**(八正道, the Noble of Eightfold Path)를 들고 있다.

팔정도는 **정견**(定見, right view)으로서 사물이나 현상을 바르게 보고, **정사**(正思, right intention)로서 바르게 생각한다는 의미이다. **정어**(正語, right speech), **정업**(正業, right action) 및 **정명**(正命, right livelihood)은 각기 바르게 말하고, 바르게 행동하고, 바르게 생활한다는 의미이다. 또한 **정근**(正勤, right effort), **정념**(正念, right mindfulness) 및 **정정**(正定, right concentration)은 각기 바르게 정진하고, 바르게 깨어 있고, 바르게 집중하라는 뜻이다. 따라서 사성제는 팔정도를 통하여 고에서 벗어날 수 있는 수행법을 가르쳐 준다고 할 수 있다.

불교에서 보는 인간은 **지수화풍**(地水火風)으로 구성되어 있을 뿐이다. 따라서 사후의 육체는 중요하지 않다. 그저 지푸라기 연화대 위에서 불에 태워져 본래대로 돌려보낼 뿐이다[16]. 불교에서 보는 인간의 죽음은 중유의 중음신이 되어 전생의 업에 따라 삼계육도의 윤회를 끊임없이 돌게 된다. 우리는 실재가 없는 '나'에 대한 집착을 버림으로써 12 연기의 무명이나 무지를 끊어 내고, 태어남과 늙고 병드는 일에서 벗어나 해탈에 들 수 있다는 교리를 불교는 말해 준다. 따라서 인간은 열반에 들지 않는 한 죽어도 진정으로 죽었다고 말할 수 없을 것이다. 해탈이야말로 진정한 죽음이자 불사인 셈이다. 삶과 죽음이 다르지 않은 **생사불이**(生死不二)이나, 태어남도 없고 죽음도 없는 **불생불사**(不生不死)야말로 제생무아와 12 연기를 이해하는 지름길이 될 것이다.

## 4. 그리스도교

죽음을 보는 그리스도교의 시각은 어떤 것일까? 우선 이 질문에 대한 답변을 찾아가기 전에 그리스도교에 대하여 자세히 알아볼 필요가 있다. 왜냐하면 근대 서양사를 이루고 있는 주된 흐름에는 **그리스도교**(Christianity)와 **헬레니즘**(Hellenism)이 깔려 있기 때문이다. 그리스도교는 **예수 그리스도**(Jesus Christ)의 명칭에서 유래된 것으로 **예수교**나 **기독교**(基督敎)로 불리기도 한다. 그러나 이 그리스도교가 합법적인 종교로 인정받은 시기는 313년 **콘스탄티누스 1세**(Flavius Valerius Constanius 1, 272~337, 재위 기간 306~337)에 의해서였고, 더구나 380년에는 **테오도시우스 1세**(Flavius Theodosius 1, 347~395, 재위기간 379~395) 때 로마제국의 국교로 격상되면서 급속한 발전이 이루어지게 되었다. 그러나 이러한 그리스도교는 서로마가 멸망하고 1054년 비잔티움 중심의 로마제국에서 동방교회가 서방교회로부터 분리되면서 **교회 대분열**(The Great Schism)이 일어나게 된다. 따라서 그리스도교는 **동방기독교**(Eastern Christianity)와 **서방기독교**(Western Christianity)로 분리되면서 서로를 파문하는 사건이 벌어지게 되었다. 서방기독교는 다시 1517년 **마르틴 루터**(Martin Luther, 1483~1546)에 의해서 시작된 **종교개혁**(宗敎改革, Reformation)에 의해서 현재의 **천주교**(天主敎, 로마 가톨릭교회, Roman Catholic church)와 **개신교**(改新敎, Protestantism)로 갈라진 것은 누구나 잘 아는 사실이다. 이러한 종교개혁 이후 개신교는 다시 루터교, 침례교, 장로교, 감리교, 성공회 등으로 분파해서 오늘에 이르고 있다. 이러한 개신교를 한국에서는 기독교로 부르기도 한다. 또한 동방기독교는 **동방정교회**(東方正敎會, Eastern Orthodox Church)가 되어 러시아와 동유럽 및 그리스에서 교세를 떨치고 있다[83]. 따라서 그리스도교는 크게 로마 가톨릭교회, 개신교, 동방정교회로 나눌 수 있게 된다. 또한 앞으로 알아보게 될 **유대교**(Judaism)나 그리스도교 및 **이슬람교**(회교, 回敎, Islam) 등을 합쳐서 그 기원을 따져 **아브라함 종교**(Abrahamic religion)라 부르기도 한다. 따라서 이렇게 방대한 아브라함 종교들이 보는 죽음의 견해를 통합적으로 본다는 것은 쉬운 일이 아니다.

우선 그리스도교의 죽음에 대한 인식을 이해하기 위해서는 먼저 고대 메소포타미아 문명, 고대 이집트, 신바빌로니아 및 페르시아 그리고 그리스 문명에 대한 이해도가 있어야 가능할 것 같다. 왜냐하면 그리스도교 신학의 기본이 이들의 대립과 융합에 있다고 해도 지나치지 않기 때문이다. 기원전 2600년경으로 추정되는 길가메시(Gilgamesh) 왕은 고대 메소포타미아의 수메르 왕조의 초기 인물로 등장한다. 길가메시 영웅에 대한 이야기는 죽음을 인간이 처음으로 점토판에 새겨 놓은 것으로서 **길가메시 서사시**(Epic of Gilgamesh)로도 잘 알려져 있다. 이 서사시에 등장하는 것 중에는 신들이 일으키는 홍수 이야기나 불로초를 구하는 과정, 또 뱀이 등장하여 이 불로초를 먹어 버리는 이야기들이 이미 등장한다. 이는 후세에 등장하는 **구약성서**(舊約聖書, Old testament)에 기록된 일부 내용과 유사성을 가지고 있다. 또한 길가메시 서사시에 나타나는 메소포타미아인들은 죽음이란 신들이 결정하는 인간의 운명이라는 사생관을 보여 주고 있다[11,76]. 또한 고대 이집트에서 알려진 **오시리스 신화**(Osiris myth)는 그의 누이이자 아내인 이시스(Isis)가 나일강에 뿔뿔이 흩어진 그의 남편인 오시리스의 몸을 다시 수습해 부활시키는 이야기를 담고 있다. 기원전 1400년경에 쓰여진 **사자의 서**(Book of the Dead)에서는 죽은 사람이 오시리스 심판대에 올라가서 자신의 심장 무게를 저울에 올려서 생전의 죄의 무게를 재게 된다. 따라서 이미 고대 이집트에서 심판과 부활 사상이 나타나 있었다고 볼 수 있다. 구약성서의 출애굽기에 나타나는 **모세**(Moses)가 이스라엘 민족을 이끌고 홍해를 가로지를 때 나타났다는 유명한 '홍해의 기적'은 시대적으로 이스라엘 민족이 이집트에서 흡수한 문화를 가늠해 볼 수 있는 중요한 자료가 된다고 볼 수 있다.

그뿐만이 아니라 기원전 6세기경 이스라엘 왕조가 신바빌로니아에 멸망하여 많은 유대인들이 바빌론으로 끌려가서 고난을 겪었던 **바빌론 유수**(Babylonian Captivity, -幽囚, 기원전 586~기원전 536)는 페르시아가 신바빌로니아를 멸망시킴으로써 풀려나게 된다. 다시 페르시아는 **다리우스 1세**(Darius 1, 기원전 550~기원전 486, 재위 기간 기원전 522~기원전 486) 때 아케메네스 왕조에 들어서서 가장 광범위한 영토를 차지하게 되었다. 그는 현재의 리비아와 이집트, 인도의 인더스강 동쪽과 터키 지역을 어우르는 광활한 영토를 차지하면서, 끝내는 그리스와 인류 역사상 최초의 동서양 대결인 그리스-페르시아 전쟁을 일으킨 장본인이기도 하다. 이때 페르시아를 이끌고 있었던 국교가 바로 불을 숭배하여 **배화교**(拜火敎)라고 이름이 붙은 **조로아스터교**(Zoroasterianism) 또는 **마즈다교**(Mazdaism)이다. 왜냐하면 조로아스터교의 창시자인 조로아스터는 유일신인 **아후라 마즈다**(Ahura Mazda, wise lord라는 의미)를 섬겼기 때문이다. 아후라 마즈다도 6단계에 걸쳐서 이 우주를 창조해 낸다. 먼저 하늘을 만들고 그다음으로 물을 만들어 낸다. 세 번째는 땅을 만들고 식물, 동물 및 마지막으로 인간을 만들어 낸다. 또한 사람이 죽으면 심판의 다리를 지나 선악의 무게를 달아서 낙원과 지옥으로 떨어지는 심판 사상도 들어 있다. 따라서 이런 사실들은 구약성서를 따르는 유대교나 기독교 및 이슬람교의 원형이 조로아스터교에서 출발했을 가능성을 높여준다고 할 수 있다[83].

이와 함께 시대적으로 그리스의 철학인 소크라테스와 플라톤의 영혼불멸설 및 영육이원론과 아리스토텔레스의 질료형상론은 헬레니즘 문화와 섞여서 그리스도교의 신학에 영향을 주었을 것은 당연해 보인다. 헬레니즘 문화는 **알렉산더 대왕**(Alexander Ⅲ Maguns, 기원전 356~기원전 323)이 기원전 334년 페르시아를 멸망시키고 인도로 진격한 **동방원정**(東方遠征, Eastern Expedition)과 밀접한 관련이 있다. 16세까지 아리스토텔레스의 가르침을 받았던 알렉산더 대왕의 동양 진출은 그리스 문화와 오리엔트 문화가 융합하는 중요한 계기를 마련해 주었다. 따라서 이렇게 소개된 동방 문화는 헬레니즘 문화와 섞여서 그리스도교의 신학에 영향을 미쳤을 것이다. 따라서 고대 이스라엘을 대표하는 **헤브라이즘**(Hebraism)은 구약성서를 근본으로 하여 고대 메소포타미아, 고대 이집트, 신바빌로니아와 페르시아 제국 및 헬레니즘 문화의 대립과 융합에 의하여 이루어진 것으로 볼 수 있다[7,8].

그렇다면 구약성서에서는 사람이 죽으면 어떻게 된다고 보고 있을까? 먼저 그 생명의 입김은 창조주이신 하나님께서 거두어 가고 육체는 땅과 먼지로 돌아간다고 본다. 영혼을 입히고 있는 옷과 같은 몸은 흙에서 나왔으니 흙으로 돌아간다는 의미이다. 또한 유대교의 성전인 타나크(Tanakh)에서는 사람이 죽어서 가는 곳이 하나님이 주관하는 어둡고 고요한 **셰올**(Shoel)이라는 시공간이다. 따라서 유대교의 사후세계는 불멸의 영혼이 셰올에서 영의 상태로 떠돌아다닌다고 생각한다. 그러나 그리스도교에서는 천국이 있고 지옥이 있을 뿐만 아니라 천주교에서는 **연옥**(煉獄, purgatory)까지 있다고 본다. 연옥은 인과응보적 심판 사상으로서 죽은 자들의 영혼이 정화되는 곳이다. 구약성서에서 보는 죽음은 죄의 성격이 짙다. 이것은 본래 하느님은 인간을 불사불멸하는 존재로 창조하였지만 인류의 원조인 아담과 하와(이브)가 하느님과의 약속을 어김으로써 고통과 죽음이라는 벌을 받게 되었다는 이론이다. 즉, 하와는 뱀의 유혹에 빠져서 하느님이 먹지 말라는 무화과를 아담과 함께 따먹은 죄의 대가로 죽음과 고통이 생겨났다는 것이다. 고통을 뜻하는 pain도 라틴어인 poena가 고대 프랑스어에서는 peine로 변하여 최종적으로 pain이 되었다. 그러나 원래 라틴어의 poena는 벌이나 처벌(penalty)을 뜻하고 있다. 따라서 아담과 하와가 저지른 죄를 원죄라고 부르고, 이 원죄의 처벌로 모든 인간은 죽어야 한다는 의미이다. 그런 이후 하느님은 인간과의 관계를 개선하기 위하여 자신의 아들인 예수를 인간 사회에 내려보내서, 인간의 원죄를 대신 짊어지고 십자가에 못 박히게 하여 인간과의 관계를 회복시켰다고 보고 있다. 그리스도교에서의 죽음은 죄에 대한 벌과 부활 및 구원으로 요약될 수 있다. 기독교는 사후에 상선벌악(賞善罰惡)에 의해서 최후의 심판을 받게 되고, 예수 그리스도를 믿고 그 가르침을 따르는 자는 최후의 심판에서 죄를 용서받아서 부활하여 천국에서 영생을 누릴 것이고, 예수를 믿지 않거나 그 가르침을 따르지 않는 사람은 지옥에서 영원히 고통스러운 삶을 살게 된다는 것이다. 구원은 하느님의 나라로 들어갈 수 있는 길을 말한다[12,29]. 따라서 구원을 받기 위해서는 예수 그리스도를 믿고 그 계명을 지켜야 한다는 유일 신앙적 의미를 담고 있다고 할 수 있다.

## 5. 사후생과 임사체험

유행가 가사 중에 많은 사람들이 따라 불렀던 내용이 있었다. '90세에 저세상에서 날 데리러 오거든, 알아서 갈 테니 재촉 말라 전해라'라는 가사다. 이는 마치 저세상이 존재하고 우리는 당연히 불려갈 처지에 있지만, 해학적으로 저승사자를 달래 보려는 의도가 있는 듯 보인다. 과연 **사후생**(死後生, life after death)은 존재할까? 우리는 **현생**(現生) 또는 **금생**(今生)과 대비되는 사후생을 **내세**(來世), **후세**(後世) 또는 저승 등으로 부르기도 한다. 이러한 사후생은 동서고금을 통하여 가장 호기심을 유발하는 미지의 세계이자 모든 사람들이 가장 궁금해하는 주제이기도 하다. 그러나 이 사후생은 불행히도 검증할 방법이 없다. 왜냐하면 모든 죽은 사람은 자신의 사다리를 들고 올라가 버리기 때문이다. 따라서 우리는 사후생에 대한 존재 여부를 검증할 방법이 없다. 하지만 대부분의 종교나 동서 문화는 사후생의 존재를 가정하고 있다. 따라서 만약 사후생이 존재하지 않는다는 것이 확실히 밝혀지면, 대다수 종교는 그 존립 자체가 최대의 위기에 봉착하게 될 것이다. 또한 만약 사후생이 확실히 존재한다는 것이 밝혀지면 과학의 패러다임도 혁명적으로 바뀌어야 할 것이다. 따라서 사후생의 존재 여부는 종교와 과학이 가장 첨예하게 충돌하는 주제 중 하나임이 틀림없다. 그러나 사후생은 관찰이나 경험적 대상이 아니기 때문에 과학의 영역에 속한다고 볼 수는 없다. 인류 역사상 사후생의 존재를 분명히 믿고 있었던 일들을 몇 가지 들어 보자. 먼저 고대 이집트에서 건설된 엄청난 피라미드나 미라는 이러한 사후세계와 영혼불멸설을 믿고 있었던 증거이며, 중국의 진시황이 만든 거대한 지하궁전도 사후생을 믿고 있었다는 사실을 말해 준다고 할 수 있다.

종교는 사후생을 강력히 지지한다. 따라서 우리는 종교별로 사후생을 어떻게 보고 있는지에 대해서 간략하게 다시 정리해 보도록 하자. 우선 무속신앙인 무교는 상선악벌에 대한 개념을 중요시하며, 원사나 횡사 등 온전하게 죽지 못했던 원혼들에 관심을 둔다. 또한 무속신앙은 죄에 대한 벌보다는 그 영혼의 정화에 초점을 맞추고 있다. 따라서 우리는 무교에서 보는 사후생의 주제를 **정화론**(淨化論)이라고 부른다. 유교적 관점에서 보는 사후생은 그 존재를 부정하지는 않으나, 다른 종교에 비하여 사후생에 대한 존재의 강도가 다소 약해 보인다. 유교에서는 죽은 후에 그 영혼이 한시적으로 존속하다가 조령세계(祖靈世界)로 사라진다고 보고 있다. 주자학에서 주장하는 사대봉사(四代奉祀)의 의미는 4대 조상까지 제사 지낼 것을 알려 주고 있다. 따라서 유교에서 보는 사후생의 개념은 **영혼수명론**(靈魂壽命論)이라고 할 수 있다. 인도에 기반을 두었던 전통 종교인 힌두교나 불교 등은 윤회와 환생을 주장한다. 즉, 사람이 죽으면 중유기간 중의 중음신 신분에서 49일 만에 다시 환생하여 다음 생을 살아가는 **윤회설**(輪廻說)이 주를 이루고 있다. 아브라함 계통의 종교인 유대교, 그리스도교, 이슬람교는 영혼 불멸을 믿어서 죽음 이후에 심판을 받아서 부활하여 천국이나 지옥에서 영원한 삶을 영위한다는 **부활론**(復活論)이 주된 사상이다. 그렇다면 현대 과학이 주장하는 죽음 이후는 어떤 모습일까? 즉, 인간의 의식은 뇌에 기반을 두고 있어서 사람이 죽게 되면, 그 죽음과 함께 완전히 소멸해 버린다는 생각이다. 우리는 이런 개념을 **소멸론**(消滅論) 또는 **단멸론**(斷滅論)이라고 부른다. 이는 마치 **스티븐 호킹**(Stephen W. Hawking, 1942~2018)이 주장한 것처럼 컴퓨터가 꺼지면 하드웨어와 소프트웨어가 동시에 멈추고 말듯이, 우리의 의식이나 영혼도 동시에 소멸해 버린다는 입장이다. 이러한 소멸론은 무신론과 함께 과학자들 사이에서 공감대를 넓혀 가고 있다. 그러나 종교에서 주장하는 사후생에 대한 가장 강력한 근거 중의 하나가 바로 **임사체험**(臨死體驗, near-death experience)이라는 현상이다. 따라서 임사체험에 대한 실태를 알아볼 필요가 있다.

임사체험은 죽음에 임박해서 절박한 상황에 내몰렸던 환자가 다시 살아나서 그 당시에 나타났던 생각이나 느낌을 말하는 것이다. 이러한 임사체험은 주로 심근경색에 의한 심장마비, 출산에 의해서 과다출혈로 인하여 생기는 저혈량성 쇼크(低血量性-, hypovolemic shock), 패혈증, 뇌손상이나 뇌경색, 질식사 등의 환자에게서 볼 수 있다. 특히 심장정지 상태에서 소생한 환자의 10~20%에서 임사체험이 보고되고 있다. 이들이 주로 느꼈던 임사체험은 어두운 터널을 통과하거나 다양한 빛이나 색채를 경험하기도 한다. 또한 자신이 죽었다는 인식이나 체외이탈 현상도 경험하게 된다. 체외이탈 혹은 **유체이탈**(遺體離脫, out of body experience) 경험은 자신이 공중에 떠올라서 침대에 누워 있는 자신을 내려다보거나, 수술 중에 있는 자신의 모습을 객관적으로 쳐다보고 있었다는 경험을 말한다. 또한 천국이나 지옥 같은 경관을 보기도 하고, 이미 사망한 사람을 만나거나 자신의 과거가 주마등처럼 스쳐지나가는 인생 회고를 체험하기도 한다. 특히 15년간 하버드 의과대학에서 신경외과 부교수로 근무하던 **이븐 알렉산더**(Eben Alexander, 1953~)가 대장균성 뇌막염으로 7일간 혼수상태에 있다 깨어나서 그가 느낀 임사체험을 기록한 "나는 천국을 보았다(Proof of heaven)"라는 책이 2012년 베스트셀러가 되면서 세간의 화제가 되기도 하였다[23].

그렇다면 이러한 임사체험은 어떻게 일어날까? 임사체험이 일어나는 기전을 크게 세 가지 측면에서 고려해 볼 수 있다. 우선 **영적 이론**(靈的理論, spiritual theory)이다. 이 영적 이론은 사후생이 존재하기 때문에 죽음이 임박한 경우 그 사후생의 일부를 체험한다는 이론이다. 이는 죽은 이후에도 영혼과 의식이 존재한다는 것을 주장하고 있다. 두 번째는 **심리적인 이론**이다. 이러한 심리적 해석은 임사체험을 생명이 위급한 상황에서 나타나는 특이한 심리적 반응이라고 보는 것이다. 마지막으로 임사체험을 **생리학적 이론**으로 해석해 보려는 견해이다. 이러한 생리학적 이론을 **뇌내이론**(腦內理論, in-brain theory)이라 부르기도 한다.

생리학적 이론 중에서 제일 먼저 등장하는 이론이 **산소결핍설**이다. 심근경색증에 의한 심장마비 환자를 가정해 보자. 심장 근육이 혈류 공급을 제대로 받지 못하여 기능이 떨어지면 심장에서 뿜어내는 혈류량이 줄어들 것이다. 우리의 심장이 쉬고 있을 때, 한 번 심장이 수축하여 뿜어내는 혈류량을 박출량(搏出量, stroke volume)이라 하는데, 이것은 대개 70mL 전후가 된다. 따라서 심장이 '쿵' 하고 한 번 뛸 때, 약 70mL의 혈액이 산소를 잔뜩 머금고 전신으로 퍼져 나갈 것이다. 만약 심장 기능이 떨어져서 박출량이 70mL보다 훨씬 떨어지면 어떤 현상이 생길까? 뇌의 각 영역도 필요로 하는 산소량의 차이가 있기 때문에 부위마다 활동이 정지되는 시간적 차이가 생길 것이다. 따라서 아직 완전히 활동이 정지되지 않는 영역을 통해서 임사체험을 할 수 있는 가능성은 충분히 있다고 볼 수 있다. 우리는 이런 상황을 '죽어 가는 뇌(dying brain)'라고 부를 수 있을 것이다. 만약 심장이 완전히 정지하여 박출량이 전무해지면 환자는 입술이 파래지고 전신이 청색증(靑色症, cyanosis)에 빠질 것이다. 이때부터는 환자의 회생 여부가 시간에 달려 있다고 할 수 있다. 이 시간이라는 절체절명의 순간은 1분 단위로 결정된다. 대개 1분당 회생 기회가 10%씩 줄어든다고 보고 있다. 따라서 1분이 지나기 전에 **심폐소생술**(心肺蘇生術, cardiopulmonary resuscitation; CPR)이 시행되면 소생할 가능성은 90% 정도 된다는 계산이다. 2분이 경과되면 소생 가능성은 80%로 떨어질 것이고, 5분이 경과하면 가능성은 50%로 떨어지게 된다. 이것은 다른 질환이 동반되지 않고 순수하게 심근 문제에만 국한되었을 경우를 말한다. 그렇다면 7분이 경과되었다면 소생할 가능성은 30% 이하로 떨어질 것이다. 만약 이때 소생한 환자가 죽음이 임박해서 의식에 남아 있는 잔재가 바로 임사체험이 될 수 있을 것이다. 그다음은 **약물설**이다. 임사체험에서 등장하는 진통 상태나 쾌감과 같은 느낌은 아마도 뇌에서 만들어지는 엔도르핀(endorphin)과 연관되어 있을 것으로 추정되고, 특히 마취제인 케타민(ketamine)을 주입함으로써 유체이탈과 같은 감각을 얻을 수 있게 된다. 이러한 유체이탈 감각은 간질 치료를 위하여 측두엽을 자극할 때에도 나타나기도 하는데, 측두엽 자극은 환자가 빛을 보았다는 경험을 낳기도 한다. 따라서 우리는 이런 과정을 **측두엽 이상 방전설**이라고 부르기도 한다. 또한 2013년 미국 미시간대학의 **짐보 보르지긴**(Jimbo Borjigin)의 발표에 의하면 쥐에서 심장정지를 유발시키면 심장이 멈춘 직후 몇 초 동안 쥐의 뇌에서 고도의 조직적인 뇌파 반응이 나타나는 것으로 보아서, 이러한 반응들이 인간의 임사체험을 설명해 줄 수 있는 가능성을 제시해 주었다고 볼 수 있다[4,69]. 임사체험이 과학적으로 설명할 수 있는 폭이 점점 늘어나게 되면 임사체험이 가져다 주는 신비한 의미도 많이 줄어들 것이다.

## 6. 종교와 과학

인간이 주도하는 과학의 발달은 초자연적 현상을 다루는 종교와는 다른 견해를 가질 수밖에 없는 구조를 가지고 있다. 따라서 인류의 역사를 통하여 어느 시점에서는 과학과 종교가 첨예하게 부딪치는 현장이 나타났을 것이다. 이러한 종교와 과학의 갈등 시기를 재조명해 보고, 앞으로 어떤 자세가 바람직한지에 대하여 고찰할 것이다. 먼저 서양사의 출발점이 되는 고대 그리스 시대로 올라가 보자.

인류 역사상 처음으로 '만물은 무엇으로 구성되었을까?'에 대한 해답을 제시한 학자는 그리스 철학자인 **엠페도클레스**(Empedocles, 기원전 490~기원전 430)이다. 그는 만물이 물, 불, 공기 및 흙으로 구성되어 있다고 주장하였고, 우리는 그의 학설을 **4원소설**이라고 부른다. 불교에서 흔히 쓰는 지수화풍(地水火風)은 마치 엠페도클레스가 주장하는 말과 닮아 있다. 공기가 바람으로 바뀌어 있을 정도의 차이만 있을 뿐이다. 이러한 엠페도클레스의 생각은 곧이어 **히포크라테스**(Hippocrates, 기원전 460~기원전 370)에 전달되면서, **4체액설**로 변화한다(그림 1-12 참고). 4체액설은 물, 불, 공기 및 흙에다 각각의 성질을 부여하고, 이어서 혈액, 점액, 황담즙 및 흑담즙이라는 체액으로 나타난다. 이런 생각은 다시 2세기경 로마의 이름난 의사였던 **갈레누스**(Claudius Galenus, 129~210, Galen)에 의해서 **체액 순환설**로 이어진다. 그는 내장에서 자연정기가 흡수되어 간으로 들어가고, 간에서 나간 자연정기는 폐에서 온 생명정기와 합쳐져서 뇌로 올라가서 동물정기가 된다고 생각하였다. 그 당시 로마는 인간의 부검을 허락하지 않았기 때문에, 동물 해부를 통해서 알아낸 사실들은 현재 우리가 알고 있는 순환계 기능에 상당히 근접하고 있다. 그러나 이어서 313년 콘스탄티누스 1세는 그리스도교를 정식으로 인정하고 로마 수도를 330년 현재 터키의 이스탄불인 비잔티움으로 옮기게 된다. 이런 역사적 흐름은 로마를 동로마와 서로마 시대로 구분하게 되는 중요한 계기가 되었다. 더구나 380년 테오도시우스 1세는 그리스도교를 국교로 선포하면서 팍스 로마나 시대(Pax Romana)의 후광을 등에 업고 그리스도교 신학은 중세의 여왕으로 등장하게 되었다. 그러나 서로마가 476년 멸망하면서 시작된 중세는 프랑크 왕국이 세워지지만, 분열과 정체의 기간으로써 중세 암흑기의 출발점이 되었다. 또한 이 기간 동안 이슬람 제국의 확장과 몽골의 침입은 중세 유럽을 더욱 혼란 속으로 밀어넣었다. 그뿐만 아니라 그리스도교와 이슬람교의 충돌로 야기된 십자군 전쟁은 결국 동로마를 역사 속으로 사라지게 만드는 계기를 만들어 주었다. 그러나 중세 암흑기의 끝에 휘몰아친 인류의 횃불은 르네상스 운동이자 문예 부흥 운동이 되어 인류의 역사에 등장하게 되었다. 이 운동은 바로 신이 중심이 되는 세상에서 인간이 중심이 되는 세상으로 되돌아가고자 하는 운동이다. 즉, 이들은 옛 그리스와 로마 문명을 되살리자는 운동이 전개된 것이다. 이와 함께 벌어진 종교개혁은 서양 교회를 로마 가톨릭교회와 개신교로 갈라놓게 된다. 이 무렵에 처음으로 종교와 과학이 충돌하는 사건이 벌어지게 되었다.

그리스도교가 교리로 삼았던 **지구중심설**(地球中心說, geocentrism) 또는 **천동설**(天動說)은 폴란드 천문학자인 **코페르니쿠스**(Nicolaus Copernicus, 1473~1543)가 1543년 "천구의 회전에 관하여"라는 저서에서 **태양중심설**(太陽中心說, heliocentrism) 또는 **지동설**(地動說)을 주장하면서 심각한 도전에 직면하게 되었다. 즉, 그리스도교는 이 우주의 중심은 지구이고 이 지구를 중심으로 태양이 돈다는 **프톨레마이오스**(Claudius Ptolemaeus, 100~170)의 주장을 교의로 삼고 있었던 데 반하여, 코페르니쿠스의 주장은 이와 정반대되는 개념이었다. 그러나 코페르니쿠스는 책이 출판된 그해에 뇌출혈로 사망하게 되었다. 출판과 더불어 찾아온 죽음이 오히려 그를 그리스도교의 박해로부터 구해 준 셈이 되었는지도 모른다. 그 뒤를 이어서 태양중심설을 주장한 천문학자는 이탈리아의 **갈릴레오 갈릴레이**(Galileo Galilei, 1564~1642)이었다. 그는 코페르니쿠스의 태양중심설을 지지한 이유로 1633년 종교재판에 넘겨져 유죄를 선고받았고, 로마에 감금되었다가 석방되기도 하였다. 그는 말년에 가택 연금되어 양 눈을 완전히 실명한 상태로 불행하게 최후를 맞게 되었다[70]. 그가 로마 교황 요한 바오로 2세로부터 정식으로 재판의 잘못을 인정받고 그의 사죄를 받은 것은 그가 죽은 후 350년이 지난 후였다. 곧이어 등장한 **계몽주의**(啓蒙主義, 뤼미에르, Lumières) 사상은 종교를 보는 시각에서 더욱더 무신론이나 이신론(理神論, deism) 쪽으로 흘러가게 만들었고, 진보적인 시민운동과 계몽주의 서적들은 1775년 **미국 독립전쟁**(American War of Independence)과 1789년 **프랑스 혁명**의 횃불이 되었다. 특히 몽테스키외 남작이 저술한 "법의 정신(The spirit of law)"이나 루소의 저서인 "사회계약론"이 그 대표적인 서적으로 꼽히고 있다. 19세기 접어들면서 발표된 다윈의 진화론도 종교와 부딪치는 커다란 원인이 되었다. 다윈이 창조론을 반박하고 원숭이가 우리의 선조라는 새로운 개념을 제시한 것은 종교계의 반발뿐만 아니라 문화적 충격으로 받아들여졌다(그림 10-2 참고). 다윈이 사회적 핍박이나 재판에 넘겨지지 않았던 이유는 아마도 종교에 대한 강박관념으로부터 다소의 내성이 생겨 있었기 때문으로 보인다. 그러나 창조론과 진화론의 대결은 세기를 넘겨서 1925년 미국 테네시주에서 열린 원숭이 재판(the monkey trial)이나 1928년 아칸소주, 1987년 루이지애나주의 법정 다툼으로 비화되었다. 드디어 1996년 교황 요한 바오로 2세가 진화론을 인정하면서 종교와 과학의 상생 방법에 대한 물꼬가 열렸다고 할 수 있다.

과학과 종교의 관계를 체계적으로 연구하기 시작한 것은 1960년대부터이다. 시카고대학에서 물리학 박사를 받은 **이언 바버**(Ian Barbour, 1923~2013)가 2000년에 제시한 종교와 과학의 관계 설정이 가장 영향력이 커서 간단히 소개하고자 한다. 첫 번째는 **충돌적 관계**(衝突的關係, the conflict model)이다. 지금까지 설명한 갈릴레오 갈릴레이의 주장이나 다윈의 진화이론은 종교와의 직접적인 충돌이나 갈등 관계를 낳았다고 볼 수 있다. 이 관계는 자칫하면 종교는 틀리고 과학은 옳다거나 혹은 그 반대의 상황을 낳게 되어서 상호 충돌할 수밖에 없다. 그러나 점차적으로 이런 관계를 주장하는 사람은 줄어드는 편이다. 두 번째는 **독립적 관계**(獨立的關系, the independence model, non-overlapping magisteria; NOMA)이다. 이는 과학과 종교는 서로 분리된 영역에서 다른 질문을 던지는 분야로 본다. 따라서 두 영역은 서로 겹치는 부분이 없게 된다는 의미이다. 이는 전문가 영역 사이에 겹치는 부분이 없다는 것은 두 영역 사이에 갈등이 없다는 것을 뜻하게 된다. 이런 입장을 제안한 사람은 우리에게 잘 알려진 미국의 진화생물학자인 **스티븐 굴드**(Stephen J. Gould, 1941~2002)였다. 또한 대부분의 개신교도 이러한 입장을 취하는 경우가 많다. 세 번째는 **대화적 관계**(對話的關係, the dialogue model)이다. 이 관계는 종교와 과학이 공생적 관계에 있다고 본다. 이것은 독립관계와는 다르게 두 분야에서 서로 공통적인 부분이 있어서 서로의 대화가 가능하다는 뜻이다. 즉, 분야는 서로 다를지 모르지만 공통적인 방법이나 개념 및 가정을 통하여 교류할 수 있다고 본다. 마지막으로 **통합적 관계**(統合的關係, the integration model) 설정은 더 광범위하게 과학과 종교를 통합하는 형태를 취한다. 통합적 관계는 종교와 과학이 서로 조화를 이루어서 진화론을 인정하고, 창조론에 대한 해석을 중요시하여 상호 분야에서 과학적 사실이나 신학적 의미를 찾아내 보려는 견해이다[51,79]. 이와 유사하게 2004년 스웨덴 웁살라대학교 신학과 교수인 **미카엘 스텐마르크**(Mikael Stenmark, 1962~)는 겹치는 부분이 없는 독립적 관계, 일정 부분이 겹치는 접촉성 관계 및 통합적 관계로 압축하기도 하였다.

## 제8절 안락사



### 1. 개요

**안락사**(安樂死, euthanasia, 'eu'는 good이란 의미이고, 'thanatos'는 death라는 의미)란 고통이나 아픔을 덜어 주기 위하여 의도적으로 사망에 이르게 하는 행위를 말한다. 즉, 불치의 중병 때문에 치료나 생명 유지 방법이 무의미하다고 판단될 때, 직접 및 간접적 방법으로 생명체를 고통 없이 죽음에 이르게 하는 행위라고 할 수 있다. 이러한 안락사에 관한 문제가 사회적 이슈로 떠오른 이유는 아무래도 평균 수명이 늘어난 데서 찾아야 할 것 같다. 노년기에 접어들면 대부분의 사람들은 건강하면서 오래 살기를 원한다. 불치의 병치

레를 하면서까지 오래 살고 싶은 사람은 많지 않을 것이다. 따라서 99세까지 팔팔하게 오래 살다가 2~3일 앓은 후에 죽기를 원하는지도 모른다. 이런 현상을 인구 통계적으로 살펴보면 **평균 수명**과 **건강 수명**의 차이에서 비롯된다고 할 수 있다. 2018년 통계청 조사에 의하면 평균 기대 수명은 82.7세인데 반하여 건강 수명은 64.4세로 나타나 있다. 그렇다면 기대 수명과 건강 수명은 약 15년 이상의 차이를 보인다. 이러한 차이의 기간을 자세히 구분해 보면, 신체노년기—질병발생기—병원입원기—요양생활기—임종기로 나누어 볼 수 있다. 우리는 이러한 과정을 다양하게 겪으면서 지나가지만, 누구나 임종기로 접어들게 될 것은 불가피하다는 것을 잘 알고 있다[3]. 만약 임종기 전에 참을 수 없는 고통 속에서 불치의 병과 사투를 벌이는 이가 있다면, 우리가 이들을 도와줄 수 있는 방법은 없을까? 로마의 역사가였던 **수에토니우스**(Suetonius, 69~130)는 황제열전에서 로마 초대 황제였던 **아우구스투스**(Augustus, 기원전 63~서기 14)도 임종기를 맞아서 고통 없이 빨리 죽기를 원했다는 기록을 남기고 있다. 따라서 안락사는 마지막 임종 순간까지 등 떠밀려서 당하는 죽음이 아닌, 죽음을 맞이하는 좋은 죽음을 뜻한다고 볼 수도 있다.

그렇다면 어떤 죽음이 좋은 죽음에 속한다고 할 수 있을까? 우선 좋은 죽음은 죽어야 할 적절한 시기를 인식할 수 있다는 점에 있다[17]. 미국의 윤리학자인 **다니엘 캘러핸**(Daniel Callahan, 1930~2019)은 좋은 죽음에 대한 개념을 다음과 같이 정리하였다. 먼저 직업적으로 인생의 과제가 어느 정도 성취된 시기에 맞이하는 죽음을 첫 번째 좋은 죽음의 조건으로 내걸었다. 두 번째는 자녀들을 포함하여 의무감이 있는 사람들에 대한 도덕적 책임으로부터 벗어났을 때 맞이하는 죽음을 들고 있다. 세 번째는 다른 사람에게 위협감이나 절망감 또는 분노를 유발하지 않는 죽음을 들었고, 마지막으로는 죽는 과정 중에 참을 수 없고 품위를 떨어뜨리는 통증을 유발하지 않는 죽음이라고 했다. 그렇다면 이런 좋은 죽음을 맞이하는 사람이 얼마나 될까? 우리는 앞으로 안락사의 유형과 이들에 대한 논쟁과 장단점에 대해서 구체적으로 알아볼 것이다. 또한 안락사의 유형에 대한 개념을 가지고 인류의 역사에서 안락사가 어떻게 진행되어 왔으며 현재 세계 각국에서는 어떻게 안락사 문제를 다루고 있는지에 대하여도 알아볼 것이다.



## 2. 유형 및 논쟁

안락사에 대한 유형은 크게 나누어서 수단이나 동의 여부 및 조력자살 형태로 나눌 수 있다[5,14,44].

### 1) 수단에 의한 유형

죽음에 이르게 하는 수단에 따라서 **적극적 안락사**(積極的安樂死, active euthanasia)와 **소극적 안락사**(消極的安樂死, passive euthanasia)로 나눌 수 있다. **적극적 안락사**는 불치병 환자나 식물인간 또는 아주 고통이 심한 환자 등에게 생명을 단축시킬 목적으로 치사량의 약물이나 독극물을 능동적으로 직접 주사하여 환자를 죽음에 이르게 하는 유형이다. 따라서 이는 선의의 살인행위라고 할 수 있으며, 의학적으로나 법률적으로 허용되지 않는다. 환자의 고통을 제거하기 위한 수단이었다고 해도 이는 위법 행위이다. 만약 환자가 명시적인 청탁이나 촉탁이 있었다면, 이는 촉탁이나 승낙에 의한 살인죄에 해당하고, 이러한 것이 없었다면 일반 살인죄가 성립된다. 이에 반하여 **소극적 안락사**는 약물이나 독극물을 주입하는 것이 아니라 생명을 연장할 수 있는 치료를 중단함으로써 환자를 죽음에 이르도록 하는 형태를 말한다. 생명을 연장할 수 있는 수단에는 인공호흡기나 신장투석, 항암제 투여 및 심폐소생술 등이 여기에 포함된다. 따라서 소극적 안락사는 선의의 죽음 방치 행위라고 부를 수 있다. 이를 우리는 **존엄사**(尊嚴死, death with dignity)라고 부르기도 한다. 현재 한국에서 시행되고 있는 안락사 형태가 이 유형에 해당한다고 볼 수 있다. 그러나 존엄사와 소극적 안락사를 구분하기도 한다. 존엄사는 소생이 불가능한 환자에 대해 의학적으로 더이상 의미가 없는 치료를 중단하는 의미이고, 소극적 안락사는 환자의 소생 가능성과는 무관하게 환자나 가족의 요청에 의해서 생명 유지에 필요한 치료를 중단하는 것을 말한다. 엄밀하게 보면 존엄사는 자연사에 더 가깝고, 소극적 안락사는 의도된 죽음이라는 개념에 더 가깝다고 볼 수 있다.

### 2) 동의에 의한 유형

다음은 환자의 동의 여부에 따른 형태이다. 먼저 **자발적 안락사**(自發的安樂死, voluntary euthanasis)는 환자의 직접적인 동의가 있는 경우이고, **비자발적 안락사**(非自發的安樂死, non-voluntary euthanasis)는 환자의 직접적인 동의가 없음에도 불구하고 가족의 요구에 의해서 환자를 죽음에 이르게 하는 행위이다. 또한 **반자발적 안락사**(反自發的安樂死, involuntary euthanasia)는 환자가 원하지 않음에도 불구하고 환자의 의사에 반하여 안락사가 시행되는 경우를 말한다. 이러한 반자발적 안락사는 살인행위에 해당되기 때문에 논의할 대상이 아니다. 자발적 안락사를 구체적으로 말하면 환자가 타인의 강요 없이 자유로운 의사로 동의한 경우를 말한다. 비자발적 안락사는 환자가 의식이 없거나 식물인간 상태 등에 빠진 경우, 본인의 동의가 없어도 가족의 요구에 의해서 시행되는 안락사를 말한다. 예를 든다면, 식물인간 상태를 유지하는 환자의 경우 가족의 요청에 의해서 생명 유지 장치를 제거하는 경우가 여기에 해당한다.

### 3) 의사 조력자살

**의사 조력자살**(醫師助力自殺, physician-assisted suicide; PAS)은 자발적 안락사 형태로서 죽기를 원하는 사람에게 의사가 자살에 필요한 수단이나 정보를 제공하여 환자 스스로 죽음에 이르도록 도와주는 것을 말한다. 따라서 지금까지 논의된 안락사 형태는 자신 이외의 사람에 의해서 죽음에 이르는 행태이고, 조력자살은 자신에 의해서 죽음에 이르는 형태라고 말할 수 있다. 이러한 다양한 형태의 안락사는 세계 각국마다 그 허용 범위가 제한적이어서 일률적으로 기술하기는 어려운 문제이다. 지금부터 각각의 안락사 형태와 이에 대한 논쟁에 대하여 살펴보도록 하자.

지금까지 알아본 안락사 유형 중에서 가장 논쟁거리로 등장하는 형태가 적극적 안락사와 비자발적 안락사이다. 이들은 다른 형태의 안락사보다 의료적으로 오판할 가능성이 있을 뿐만 아니라, 존엄사에 대한 의도가 악용될 소지가 있기 때문이다. 먼저 안락사를 지지하는 의견을 먼저 소개해 보자. 제일 먼저 인간은 자기의 운명을 스스로 결정할 수 있는 자기 결정권이 있다는 생각이다. 즉, 죽을 수 있는 권리(right to die)가 기본권이라는 의미이다. 따라서 죽음에 대한 결정권이 환자 자신에 있다는 점이다. 인간이 이 세상에 올 때는 어떤 도움을 주고 있으면서, 그들이 이 세상을 하직할 때에는 어떤 도움도 주어서는 안 된다는 것은 설득력이 없다는 뜻이다. 단지 병원 치료가 죽음의 연장에 불과하다면 선의의 안락사는 시행되어야 한다는 주장이다. 또한 환자 자신만이 누구보다도 자신의 삶의 질(quality of life)을 판단할 수 있다고 보는 것이다. 그뿐만 아니라 참을 수 없는 고통으로 괴로워하는 환자의 선택을 존중해 주는 것이 인도적 처우라고 주장한다. 또한 우리가 가족처럼 사랑하는 애완동물도 암 등으로 고통스러워할 때 적극적으로 잠들게 하는 현실도 인정해야 한다는 의견이다.

이와 반대로 안락사에 대하여 반대 입장에 있는 사람들은 다른 주장을 펼치고 있다. 먼저 모든 임종기의 환자들이 참을 수 없는 고통 속에 있지 않을 뿐만 아니라, 통증을 조절할 수 있는 대체 방법이 있다는 주장이다. 또한 안락사는 도덕적으로 허용이 안 되는 측면이 있으며 종교적으로도 받아들이기 어렵다고 본 것이다. 그뿐만 아니라 환자 자신이 스스로 안락사를 결정할 수 있는 충분한 정신적 능력을 가지고 있는지에 대한 의문을 제시하기도 한다. 또한 환자 자신이 치료비에 대한 경제적인 부담이나 정신적인 압박감과 가족에 대한 죄책감 때문에 안락사에 동의할 수 있는 가능성이 제기되기도 하였다. 만약 의사 조력자살이 허용되면 이것이 다른 의도로 악용되거나 다른 원칙들도 함께 무너져서, 인간 존엄성에 대한 경시 풍조가 만연할 것이라는 우려가 표현되기도 한다. 그렇다면 지난 역사는 안락사에 대하여 어떤 변화를 보여 왔고 현재 각 나라에서는 어느 정도 안락사를 인정하고 있는지를 알아보도록 하자.

## 3. 역사 및 현황

개인의 죽음을 촉진시킨다는 의미에서 안락사는 고대 그리스의 소크라테스에서도 나타난다. 소크라테스는 사형을 선고받고 미나리독(hemlock)을 마시고 죽음에 이르게 되었다. 그러나 에게해에 있는 케아섬(Kea Island)이나 마르세유(Marseilles) 지역에서도 이 미나리독이 죽음을 촉진하는 데 이용되었다는 기록들이 남아 있다. 안락사(euthanasia)라는 용어를 처음 사용한 것은 17세기 영국의 철학자이자 정치가였던 **프랜시스 베이컨**(Francis Bacon, 1561~1626)에 의해 서였다. 그가 사용한 이 용어는 18세기 독일의 대백과 사전에 그대로 남아 있다. 19세기 말에 접어들면서 미국의 윤리학자인 **펠릭스 아들러**(Felix Adler, 1851~1933)는 극복할 수 없는 고통으로 괴로워하는 환자에게는 자살할 권리가 주어져야 하고, 의사가 이들을 도와줄 수 있도록 허락해야 한다는 점을 강조하게 되었다. 20세기로 넘어오면서 스위스는 1937년 의사에 의한 조력자살을 합법화하였고, 1938년에는 미국에서 조력자살을 위한 안락사협회가 결성되기도 하였다.

1975년 **카렌 퀸란**(Karen A. Quinlan, 1954~1985) 사건은 미국에서 안락사에 대한 인식을 바꾸어 주는 계기를 만들어 주었다. 카렌은 친구 생일축하 파티에서 술과 신경안정제를 복용한 후 호흡부전으로 인하여 뇌손상을 받은 후 식물인간 상태에 빠지게 되었다. 퀸란의 부모는 담당 의사에게 인공호흡기를 제거해 주기를 요청했지만 거부당하자 소송을 제기했고, 결국 패소 판결을 받았다. 그러나 뉴저지주 대법원은 부모의 요청을 받아들여서 인공호흡기를 제거할 수 있도록 판결을 내리게 되었다. 존엄사가 미국 사회 일부에서 받아들여진 순간이었다. 또 다른 사건은 플로리다에서 발생한 **테리 시아보**(Terri Schiavo, 1963~2005) 사건이다. 1990년 테리가 심장마비로 식물인간이 된 후 영양공급 튜브를 통해서 연명해 가는 처지에 놓이자, 그의 남편은 튜브를 제거해 달라는 소송을 제기하였다. 테리의 부모는 이 튜브를 제거하는 것에 반대했지만, 결국 15년만인 2005년에 튜브를 제거하게 되었다. 이런 와중에 1994년 오리건주는 존엄사법을 통과시켰고, 2008년에는 워싱턴주도 이 법을 과반수 이상으로 통과시켰다. **브리타니 메이나드**(Brittany Maynard, 1984~2014)도 2014년 악성 뇌종양으로 생존 가망이 희박해지자 자신이 살던 캘리포니아주는 조력자살이 합법화되지 않아서 이를 실행해 줄 오레곤주로 이사해서 조력자살을 하게 되었다. 그녀가 사랑하는 남편의 생일을 마지막으로 같이 보낸 다음 날 생을 마감함으로써 많은 미국인을 울렸던 이 사건은 종교적 문화가 짙게 깔린 미국 사회에서 안락사에 대한 의미를 강렬하게 부각시키는 사건이었다고 할 수 있다. 2018년 호주의 식물학자이자 생태학자였던 **데이비드 구달**(David Goodall, 1914~2018)은 104세의 고령임에도 특별히 아픈 데는 없었지만, 삶의 질이 하락하는 것을 이유로 스위스로 날아가서 고용량의 페노바비탈(phenobarbital)을 맞고 베토벤 교향곡 9번을 들으면서 영면에 들게 되었다. 현재 의사 조력자살이나 소극적 안락사를 허용하고 있는 나라는 스위스, 벨기에, 룩셈부르크, 네덜란드와 미국의 오리건주, 워싱턴주, 콜로라도주, 뉴저지주, 버몬트주, 하와이주, 몬태나주 등이 여기에 포함된다.

한국은 1997년에 일어난 '보라매 병원 사건'과 2008년에 발생한 '김 할머니 사건'을 계기로 2016년 환자의 **연명의료 결정에 관한 법률**(**연명의료결정법**, 웰다잉법 또는 존엄사법)이 통과됨으로써 존엄사에 대한 법적 허용이 이루어지게 되었다[19]. 이 법은 암 등의 질병에 걸린 이후 적극적인 치료에도 불구하고 근원적인 회복 가능성이 없고 점차 증상이 악화되어 수개월 이내에 사망할 것으로 담당 의사 및 해당 분야 전문의 1인이 진단한 말기 환자이거나, 회생 가능성이 없고 치료를 계속해도 회복되지 않으며 급속도로 악화되어 담당 의사와 전문의 1인으로부터 사망이 임박한 상태에 있다고 판단받은 환자를 대상으로 한다. 이러한 환자에 대한 연명의료의 중단에 해당하는 것은 심폐소생술, 혈액투석, 항암제 투여, 인공호흡기, 수혈, 체외순환장치 및 혈압상승제 투여 등이 중단된다는 의미이다. 우리나라의 존엄사는 소극적 안락사 중에서도 상당히 제한적인 조치들이다. 그러나 평균 수명이 늘어나는 만큼 보다 더 적극적인 존엄사에 대한 요구가 거세질 것으로 보인다. 왜냐하면 암을 포함한 불치성 노인질환은 건강 수명의 연장이 아니라 죽음의 연장이라는 생각이 강하게 작용할 수 있기 때문이다. 실제로 안락사에 대한 여론조사에서 약 80% 이상이 찬성한다는 보고는 이를 뒷받침한다고 할 수 있다. 조력자살을 돕는 스위스의 **디그니타스**(Dignitas)나 **엑시트 인터내셔널**(Exit International)과 같은 단체에 한국인이 등록하고 있다는 사실은 우리에게 던지는 의미가 크다고 할 수 있다. 단순한 연명의료결정법에 머물 것이 아니라, 본격적으로 존엄을 지킬 수 있는 우아한 죽음을 위한 공론화가 한국에서도 필요한 시점에 와 있다고 보인다[39,45]. 끝으로 **레프 톨스토이**(Leo Tolstoy, 1828~1910)의 "죽음을 두려워하는 것은 죽음 자체에 대한 두려움이 아니라, 삶을 잘 살지 못한 것에 대한 두려움이다"라는 말을 인용하면서 '생명의 소멸' 편을 마치고자 한다.

## 참고문헌


1. 교양교재편찬위원회. *불교학 개론*. 서울: 동국대학교출판부, pp.98-115, 2009.
2. 권석만. *삶을 위한 죽음의 심리학: 죽음을 바라보는 인간의 마음*. 서울: 학지사, pp.54-58, 2019.
3. 권석만. *삶을 위한 죽음의 심리학: 죽음을 바라보는 인간의 마음*. 서울: 학지사, pp.107-117, 2019.
4. 권석만. *삶을 위한 죽음의 심리학: 죽음을 바라보는 인간의 마음*. 서울: 학지사, pp.687-755, 2019.
5. 권석만. *삶을 위한 죽음의 심리학: 죽음을 바라보는 인간의 마음*. 서울: 학지사, pp.825-844, 2019.
6. 기진오. *무속신앙 (무당)*. 고려신학원 신학과. Available at: http://www.theology.ac.kr/institute/dtdata/%EB%AA%A9%ED%9A%8C%EC%8B%A0%ED%95%99/%EB%AC%B4%EB%8B%B9.htm (접속일 2020년 9월 7일)
7. 김경재. *각 종교에서 죽음 이해*. 숨밭. Available at: http://soombat.org/wwwb/CrazyWWWBoard.cgi?db=article&mode=read&num=117&page=1&type=6&fval=&backdepth=1 (접속일 2020년 9월 6일)
8. 김조환. *종교별 죽음관*. 웰다잉 문화연구소. Available at: http://blog.naver.com/PostView.nhn?blogId=63252114&logNo=220776036154&categoryNo=0&parentCategoryNo=0&viewDate=¤tPage=1&postListTopCurrentPage=1&from=postList (접속일 2020년 9월 6일)
9. 동국대학교 불교문화대학 불교교재 편찬위원회. *불교사상의 이해*. 서울: 불교시대사, pp.89-123, 2009.
10. 무속신앙. Wikipedia. Available at: https://ko.wikipedia.org/wiki/%EB%AC%B4%EC%86%8D%EC%8B%A0%EC%95%99 (접속일 2020년 9월 7일)
11. 서울대학교 종교문제연구소. *종교와 역사*. 서울: 서울대학교 출판부, pp.633-687, 2006.
12. 서현. *죽음 이해의 유형론 중 기독교적 죽음 이해 연구: 기독교적 장례를 위한 제언*. 장로회신학대학교, 목회전문대학원, 석사 논문, 2014.
13. 십이연기설. Wikipedia. Available at: https://ko.wikipedia.org/wiki/%EC%8B%AD%EC%9D%B4%EC%97%B0%EA%B8%B0%EC%84%A4 (접속일 2020년 9월 7일)
14. 안락사. 위키백과. Available at: https://ko.wikipedia.org/wiki/%EC%95%88%EB%9D%BD%EC%82%AC (접속일 2020년 9월 7일)
15. 양승이. *한국의 상례: 한국인의 생사관에 대한 인문학적 성찰*. 서울: 한길사, pp.111-126, 2010.
16. 임윤수. *스님, 불들어 갑니다*. 서울: 불광사, pp.5-9, 2009.
17. 정현채. *우리는 왜 죽음을 두려워할 필요 없는가?* 서울: 비아북, pp.269-302, 2018.
18. 한국종교학회편. *죽음이란 무엇인가?* 서울: 창, pp.43-155, 2009.
19. 호스피스·완화의료 및 임종 과정에 있는 환자의 연명의료결정에 관한 법률(연명의료결정법). 보건복지부. Available at: http://www.law.go.kr/%EB%B2%95%EB%A0%B9/%EC%97%B0%EB%AA%85%EC%9D%98%EB%A3%8C%EA%B2%B0%EC%A0%95%EB%B2%95 (접속일 2020년 9월 7일)
20. 10 Defense mechanisms: What are they and how they help us cope. Healthline. Available at: https://www.healthline.com/health/mental-health/defense-mechanisms (접속일 2020년 9월 7일)
21. 21 grams experiment. Wikipedia. Available at: https://en.wikipedia.org/wiki/21_grams_experiment (접속일 2020년 9월 7일)
22. A Brief history of the discovery of the neuron. Milwarkee School of Engineering. Available at: https://cbm.msoe.edu/teacherWorkshops/ddtyResources/documents/historyOfTheNeuron2.pdf (접속일 2020년 9월 7일)
23. Alexander III, E. *Proof of heaven*. (고미라 역. *나는 천국을 보았다*. 서울: 김영사, pp.17-36, 2013)
24. Aristotle. Wikipedia. Available at: https://en.wikipedia.org/wiki/Aristotle#/media/File:Aristotelian_Soul.png (접속일 2020년 9월 6일)
25. Barras, C. *The animals and plants that can live forever*. BBC, Earth. Available at: http://www.bbc.com/earth/story/20150622-can-anything-live-forever (접속일 2020년 9월 6일)
26. Bhattacharyya, S. *Do bacterial age?* Indian Academy of Science. Available at: https://www.ias.ac.in/public/Volumes/reso/017/04/0347-0364.pdf (접속일 2020년 9월 6일)
27. Bichat, M. F. X. Encyclopedia.com. Available at: https://www.encyclopedia.com/ (접속일 2020년 9월 6일)
28. Biological immortality. Wikipedia. Available at: https://en.wikipedia.org/wiki/Biological_immortality (접속일 2020년 9월 6일)
29. Bowker, J. *The meaning of death*. (박규태 외 역. *세계 종교로 보는 죽음의 의미*. 서울: 청년사, pp.137-178, 2005)
30. Brain plasticity, An overview. University of Washington. Available at: https://faculty.washington.edu/chudler/plast.html (접속일 2020년 9월 7일)
31. Broca's area, Wernicke's area, and other language-processing area in the brain. McGill University. Available at: https://thebrain.mcgill.ca/flash/d/d_10/d_10_cr/d_10_cr_lan/d_10_cr_lan.html (접속일 2020년 9월 7일)
32. *Caulobacter crescentus*. Wikipedia. Available at: https://en.wikipedia.org/wiki/Caulobacter_crescentus (접속일 2020년 9월 6일)
33. Cherry, K. *How the fight or flight response works*. The American Institute of Stress. Available at: https://www.stress.org/how-the-fight-or-flight-response-works (접속일 2020년 9월 7일)
34. Collins, F. S. *The language of god: A scientific presents evidence for belief*. (이창신 역. *신의 언어*. 서울: 김영사, pp.163-173, 2006)
35. Cooper, K. *Looking for UCLA: the last universal common ancestor*. Astrobiology at NASA. Available at: https://phys.org/news/2018-12-luca-universal-common-ancestor.html (접속일 2020년 7월 19일). DOI: 10.1038/nmicrobiol.2016.116

36. Dawkins, R., et al. *Life*. (이한음 역. *궁극의 생명*. 서울: 와이즈베리, pp.280-282, 2016)
37. Dawkins, R. *The selfish gene*. (홍영남 역. *이기적 유전자*. 서울: 을유문화사, pp.172-176, 1986)
38. Declawing of crabs. Wikipedia. Available at: https://en.wikipedia.org/wiki/Declawing_of_crabs (접속일 2020년 9월 6일)
39. Dignitas. Available at: http://www.dignitas.ch/?lang=en (접속일 2020년 9월 7일)
40. Entropy and life. Wikipedia. Available at: https://en.wikipedia.org/wiki/Entropy_and_life (접속일 2020년 9월 7일)
41. Entropy. Research Gate. Available at: https://www.researchgate.net/figure/As-the-entropy-of-a-system-increases-it-becomes-less-ordered-increases-in-disorder-As_fig1_305856192 (접속일 2020년 9월 7일)
42. Epic of Gilgamesh. Wikipedia. Available at: https://en.wikipedia.org/wiki/Epic_of_Gilgamesh (접속일 2020년 9월 6일)
43. Estimates of historical world population. Wikipedia. Available at: https://en.wikipedia.org/wiki/Estimates_of_historical_world_population (접속일 2020년 9월 6일)
44. Euthanasia. Wikipedia. Available at: https://en.wikipedia.org/wiki/Euthanasia (접속일 2020년 9월 7일)
45. Exit International. Available at: https://exitinternational.net/ (접속일 2020년 9월 7일)
46. Farley, P. *A theory abandoned but still compelling*. Yale School of Medicine. Available at: https://medicine.yale.edu/news/yale-medicine-magazine/a-theory-abandoned-but-still-compelling/ (접속일 2020년 9월 7일)
47. Fraser, C. M., Gocayne, J. D., White, O. W., at el. *The minimal gene complement of Mycoplasma genitalium*. Science, 270 (5235), pp.397-404, 1995. DOI: 10.1126/science.270.5235.397, PMID: 7569993
48. Fukuoka, S. I. *Seibutsu to museibutus no aida*. (김소연 역. *생물과 무생물 사이*. 서울: 은행나무, pp.135-146, 2007)
49. Gardinar, D., Shemie, S., Manara, A., et al. *International perspective on the diagnosis of death*. Br J Anaesth, 108 (S1), i14-i28, 2012. DOI: 10.1093/bja/aer397 http://www.lchc.ucsd.edu/cogn_150/Readings/death_act.pdf
50. Gerber, T. *Eros and Thanatos: Freud's two fundamental drives*. Epoché. Available at: https://epochemagazine.org/eros-and-thanatos-freuds-two-fundamental-drives-50a82a11a389?gi=2fd7a13257c7 (접속일 2020년 9월 7일)
51. Giberson, K. *The relationship between science and religion*. Biologos. Available at: https://biologos.org/articles/the-relationship-between-science-and-religion/ (접속일 2020년 9월 7일)
52. Hun and po. Wikipedia. Available at: https://en.wikipedia.org/wiki/Hun_and_po (접속일 2020년 9월 7일)
53. Immortal jellyfish: The creature that defies death. Immortal Jellyfish. Available at: https://immortal-jellyfish.com/ (접속일 2020년 9월 6일)
54. Insel, T. R. *The challenge of translation in social neuroscience: A review of oxytocin, vasopressin, and affiliative behavior*. Neuron, 65(6), pp.768-779, 2010. https://doi.org/10.1016/j.neuron.2010.03.005
55. Isolated vs Closed system. UCLA Chemistry and Biochemistry. Available at: https://lavelle.chem.ucla.edu/forum/viewtopic.php?t=57768 (접속일 2020년 9월 7일)
56. Janko, R. *Tithonus, Eos and the cicada in the Homeric Hymn to Aphrodite and Sapphp fr. 58*. University of Michigan. Available at: http://www-personal.umich.edu/~rjanko/Tithonus%20Eos%20and%20the%20cicada.pdf (접속일 2020년 9월 7일)
57. Kagan, S. *Death*. (박세연 역. *죽음이란 무엇인가*. 서울: 엘도라도, pp.17-143, 2012)
58. Kagan, S. *Death*. (박세연 역. *죽음이란 무엇인가*. 서울: 엘도라도, pp.375-398, 2012)
59. Kim, Y. S., Kim, J. Y., Kwon, O. Y., et al. *Reflex and spontaneous movements of patients in the process of Determining brain death*. J Korean Neurol Assoc, 37(4), pp.345-351, 2019.
60. Kirkwood, T. B. L. *Understanding the odd science of aging*. Cell, 120 (4), pp.437-447, 2005. https://doi.org/10.1016/j.cell.2005.01.027
61. Kübler-Ross, E. *On death and dying*. (이진 역. *죽음과 죽어감*. 서울: 이레, pp.65-224, 2008)
62. Lasker, K., Mann, T. H., Shapiro, L. *An intracellular compass spatially coordinates cell cycle modules in Caulobacter cresentus*. Curr Opin Microbiol, 33, pp.131-139, 2016. DOI: 10.1016/j.mib.2016.06.007, PMID: 27517351
63. Laws of thermodynamics. Wikipedia. Available at: https://en.wikipedia.org/wiki/Laws_of_thermodynamics (접속일 2020년 9월 7일)
64. Levinas, E. *Dieu, la Mort et le Temps*. (김도형 외 역. *신, 죽음 그리고 시간*. 서울: 그린비, pp.230-234, 2013)
65. Mark, J. *Egyptian book of the death*. Ancient History encyclopedia. Available at: https://en.wikipedia.org/wiki/Epic_of_Gilgamesh (접속일 2020년 9월 6일)
66. Matsumoto, Y., Piraino, S., Miglietta, P. *Transcriptome characterization of reverse development inTurritopsis dohrnii (Hydrozoa, Cnidaria)*. G3 (Bethesda), 9 (12), pp.4127-4138, 2019. DOI: 10.1534/g3.119.400487
67. Miller, S. M. *Volvox, Chlamydomonas, and the evolution of multicellularity*. Nature education, (9):65, 2010. Available at: https://www.nature.com/scitable/topicpage/volvox-chlamydomonas-and-the-evolution-of-multicellularity-14433403/ (접속일 2020년 8월 30일)
68. Monism. Wikipedia. Available at: https://en.wikipedia.org/wiki/Monism (접속일 2020년 9월 6일)
69. Near-death experience. Wikipedia. Available at: https://en.wikipedia.org/wiki/Near-death_experience (접속일 2020년 9월 7일)

70. Numbers, R. I. *Galileo goes to jail and other myths about science and religion*. (김정은 역. *과학과 종교는 적인가 동지인가?* 서울: 뜨인돌, pp.111-124, 2010)
71. Neurons are organized into nervous systems. Macmillan Learning for Instructors. Available at: https://www.macmillanhighered.com/BrainHoney/Resource/6716/digital_first_content/trunk/test/hillis2e/hillis2e_ch34_6.html (접속일 2020년 9월 7일)
72. Nyström, T. *A bacterial kind of aging*. Plos Genet, 3 (12), e224, 2007. DOI: 10.1371/journal.pgen.0030224. Available at: https://journals.plos.org/plosgenetics/article/file?id=10.1371/journal.pgen.0030224&type=printable (접속일 2020년 9월 6일)
73. Plato. *apology of Socrates, Kriton, Phaidon, Phaidros*. (황문수 역. *소크파테의 변명, 크리톤, 파이돈, 향연*. 서울: 문예출판사, p.56, 2014)
74. Plato. *apology of Socrates, Kriton, Phaidon, Phaidros*. (황문수 역. *소크파테의 변명, 크리톤, 파이돈, 향연*. 서울: 문예출판사, pp. 193-194, 2014)
75. Plato's theory of soul. Wikipedia. Available at: https://en.wikipedia.org/wiki/Plato%27s_theory_of_soul (접속일 2020년 9월 7일)
76. Pryke, L. M. *The influence of Gilgamesh on the Bible*. University of Arizona. Available at: https://bibleinterp.arizona.edu/articles/influence-gilgamesh-bible (접속일 2020년 9월 6일)
77. Rani, R. *Reproduction in Paramecium*. Allama Iqbal college. Available at: https://www.allamaiqbalcollege.edu.in/uploads/download_2004051131.pdf (접속일 2020년 8월 17일)
78. Ratner, P. *How many people have lived on planet earth?* Big Think. Available at: https://bigthink.com/paul-ratner/how-many-people-have-ever-lived-on-planet-earth (접속일 2020년 9월 6일)
79. Religion and science. Stanford Encyclopedia of Philosophy. Available at: https://plato.stanford.edu/entries/religion-science/ (접속일 2020년 9월 7일)
80. Rudolph Schoenheimer. Wikipedia. Available at: https://en.wikipedia.org/wiki/Rudolph_Schoenheimer (접속일 2020년 9월 6일)
81. Sadava, D., Hills, D., Heller, C., et al. *Life: The science of biology, 9th ed*. (강해묵 역. *생명: 생물의 과학*. 서울: 라이프사이언스, pp.3-9, 2012)
82. Saint Thomas Aquinas. Stanford Encyclopedia of Philosophy. Available at: https://plato.stanford.edu/entries/aquinas/ (접속일 2020년 9월 7일)
83. Smart, N. *The world's religions*. (윤원철 역. *세계의 종교*. 서울: 예경, pp.293-385, 2004)
84. Semelparity and iteroparity. Wikipedia. Available at: https://en.wikipedia.org/wiki/Semelparity_and_iteroparity (접속일 2020년 9월 4일)
85. Skloot, R. *The immortal life of Henrietta Lacks*. (김정한 외 역. *헨리에타 렉스의 불멸의 삶*. 서울: 문학동네, pp.56-66, 2012)
86. Spangenberg, I. J. J. *On the origin of death: Paul and Augustine meet Charles Darwin*. Scientific Electronic Library Online. Available at: http://www.scielo.org.za/scielo.php?script=sci_arttext&pid=S0259-94222013000100090 (접속일 2020년 9월 7일)
87. Stambler, I. *The legacy of Elie Metchnikoff*. LongevityHistory.com. Available at: http://www.longevityhistory.com/the-legacy-of-elie-metchnikoff/ (접속일 2020년 9월 7일)
88. Thanatos. Wikipedia. Available at: https://en.wikipedia.org/wiki/Thanatos (접속일 2020년 9월 7일)
89. Thermodynamics. Wikipedia. Available at: https://en.wikipedia.org/wiki/Thermodynamics (접속일 2020년 9월 7일)
90. Tripartite (theology). Wikipedia. Available at: https://en.wikipedia.org/wiki/Tripartite_(theology) (접속일 2020년 9월 7일)
91. Unconscious mind. Wikipedia. Available at: https://en.wikipedia.org/wiki/Unconscious_mind (접속일 2020년 9월 7일)
92. Understanding the stress response. Harvard Health Publishing. Available at: https://www.health.harvard.edu/staying-healthy/understanding-the-stress-response (접속일 2020년 9월 7일)
93. Uniform determination of death act. University of California San Diego. Available at: http://www.lchc.ucsd.edu/cogn_150/Readings/death_act.pdf (접속일 2020년 9월 7일)
94. Wagner, A. *Paradoxical life: Meaning, matter and the power of human choice*. (김상우 역. *생명을 읽는 코드, 패러독스*. 서울: 와이즈북, pp.86-91, 2009)
95. What is the Glasgow Coma Scale? Brainline. Available at: https://www.brainline.org/article/what-glasgow-coma-scale (접속일 2020년 9월 7일)
96. Bichat, X. Wikipedia. Available at: https://en.wikipedia.org/wiki/Xavier_Bichat (접속일 2020년 9월 6일)
97. Yong, Ed. *Why a little mammal has so much sex that it disintegrates*. National Geographic. Available at: https://www.nationalgeographic.com/science/phenomena/2013/10/07/why-a-little-mammal-has-so-much-sex-that-it-disintegrates/ (접속일 2020년 9월 7일)
98. Zhang, J. *Basic neural unit of the brain: Neurons, synapses, and action potential*. Cornell University. Available at: https://arxiv.org/abs/1906.01703 (접속일 2020년 9월 7일)
99. Zou, Y. *The Germ-plasma: a theory of heredity (1893), by August Weismann*. The Embryo Project Encyclopedia. Available at: https://embryo.asu.edu/pages/germ-plasm-theory-heredity-1893-august-weismann (접속일 2020년 9월 7일)

## 그림 인용 및 Links

그림 12-3. https://commons.wikimedia.org/wiki/File:Lascaux_01.jpg (접속일 2020년 9월 23일)
그림 12-4. https://www.reasonablywell.net/2013/04/yay-for-adrenaline.html (접속일 2021년 1월 16일)
그림 12-5. https://commons.wikimedia.org/wiki/File:Structural-

Iceberg.svg (접속일 2020년 9월 23일)

그림 12-6. https://commons.wikimedia.org/wiki/File:HeLa_cells_stained_with_antibody_to_actin_(green)_,_vimentin_(red)_and_DNA_(blue).jpg (접속일 2020년 9월 23일)

그림 12-7. http://wondergressive.com/hydra-immortality-linked-to-human-lifespan/ (접속일 2020년 9월 23일)

그림 12-8. https://www.ncbi.nlm.nih.gov/pmc/articles/PMC6893190/#!po=7.89474 (접속일 2021년 1월 16일)

그림 12-9. https://www.shutterstock.com/ko/image-photo/beautiful-florida-stone-crabs-187902983 (접속일 2020년 9월 23일)

그림 12-13. https://commons.wikimedia.org/wiki/File:Aristotelian_Soul.png (접속일 2021년 1월 16일)

그림 12-15. https://commons.wikimedia.org/wiki/File:Dualism-vs-Monism.png (접속일 2020년 9월 23일)

그림 12-16. https://commons.wikimedia.org/wiki/File:Blausen_0102_Brain_Motor%26Sensory_(flipped).png (접속일 2020년 9월 23일)

Chapter 13

# 생명의 미래

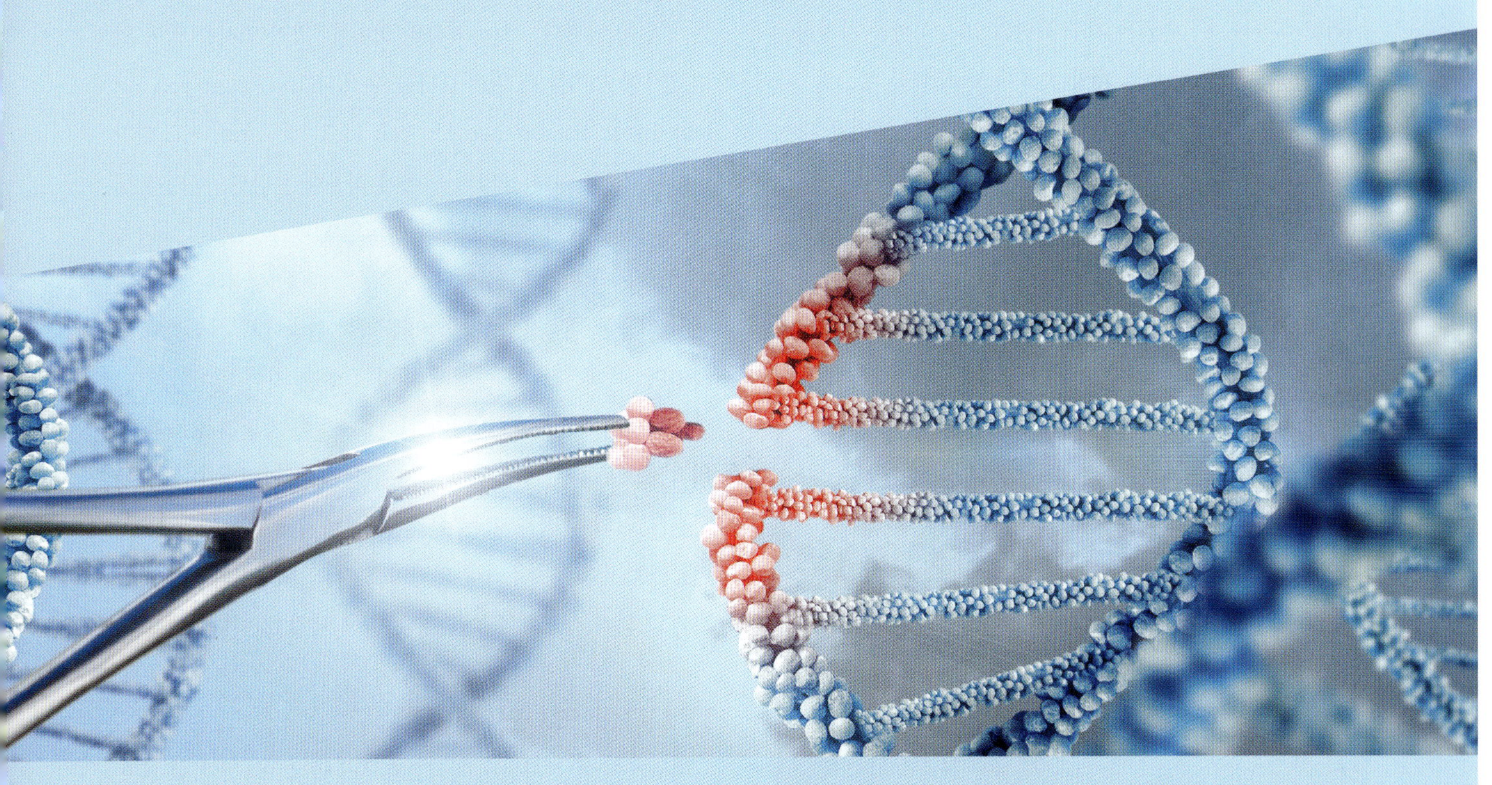

## 제1절 서론

우리가 아는 한 생명체는 지구라는 행성 위에만 둥지를 틀고 약 40억 년간 살아왔다. 지구는 태양을 도는 행성 중의 하나이다. 따라서 우리는 '생명의 미래'라는 거대한 주제를 다루기 위해서는 최소한 태양의 미래도 함께 생각해 보아야만 한다. 우리가 사는 이 지구만 하더라도 인간의 발걸음으로 돌아다니기에는 너무나 넓은 무대이다. 그러나 지구를 권역별로 나누어 생각해 본다면 4가지로 구분해 볼 수 있다(그림 13-1). 먼저 우리가 걸어 다니는 **지권**(地券, lithosphere)은 암석권이라 부르기도 한다. 땅속에서 뿜어져 나온 **용암**(熔岩, lava)이 암석을 만들고 이 암석은 풍화작용을 받아서 흙으로 변한다. 이러한 땅덩어리 위에 물이 고여서 다시 호수나 바다를 만들었다. 우리는 물이 만든 권역을 **수권**(水圈, hydrosphere)이라고 부른다. 이 수권은 지구 표면의 70% 이상을 차지하는 아주 넓은 지역으로 주로 **대양**(大洋, ocean)이라 부르고, 대륙을 둘러싸면서 하나로 연결되어 있다. 이러한 대양은 다시 바람이나 지구 운동을 타고 양극을 오가는 **해류**(海流, ocean current)가 만들어져서, 열대지방의 따뜻한 물을 차가운 극지방으로 옮겨 주기도 한다. 그뿐만 아니라 물의 97%는 바다에 담겨 있고 빙하 속에 들어 있는 물은 약 2% 정도에 불과하다.

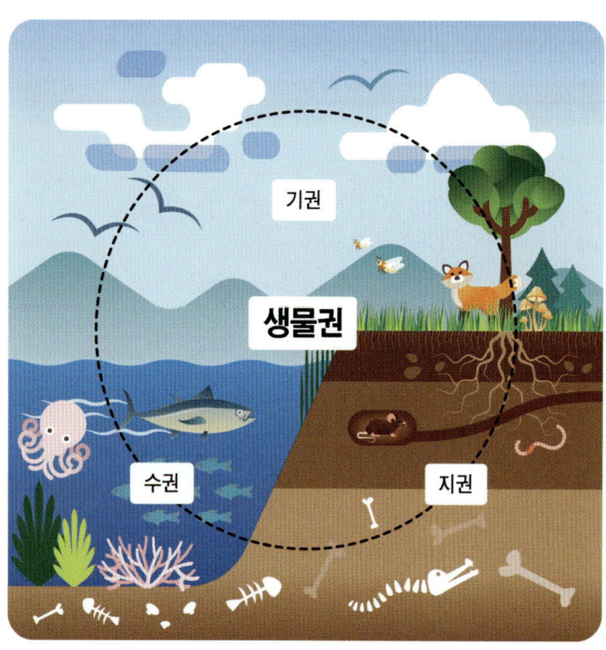


그림 13-1. 지구의 권역별 구분. (출처: VectorMine[13-1])

땅과 바다가 맞닿아 있는 곳이 바로 하늘이다. 하늘은 대기로 가득 차 있고 우리는 이 권역을 **기권**(氣圈, atmosphere)이라고 부른다. 또한 우리는 땅 위를 걷고, 물속을 헤엄치며, 하늘을 날 수 있는 지역에 살고 있는 모든 생명체를 **생물권**(生物圈, biosphere)이라고 말한다. 따라서 생물권이 이러한 권역들과 밀접한 관련성을 지니는 것은 너무나 당연하다. 만약 어느 한 곳의 권역에 수용 범위를 벗어난 변화가 초래된다면 당연히 생물권에도 영향을 미칠 것이다. 이런 현상은 각각의 권역들이 서로 조화롭고 상호 보완적인 관계를 유지할 수 있을 때만이 지구라는 환경이 온전히 유지될 수 있다는 것을 의미한다. 따라서 생명의 미래는 이들 권역들과 밀접한 연관성을 가진다고 보아야 할 것이다.

제2차 세계대전이 끝나갈 무렵 영국의 **윈스턴 처칠**(Winston Churchill, 1874~1965)은 왕립의학회의 연설에서 다음과 같은 명언을 남겼다. 그는 역사의 의미를 "과거 역사를 많이 알면 알수록 미래를 더 멀리 내다볼 수 있다(The longer you can look back, the further you can look forward)"라고 설파하였다. 만약 이를 생명의 미래에 적용해 본다면, 우리가 생명의 역사를 많이 알면 알수록 생명의 미래를 더 멀리 내다볼 수 있다는 의미가 될 것이다. 따라서 제2장 '생명의 역사' 편에서 기술한 내용을 '생명의 미래'라는 관점에서 재조명해 볼 것이며, 특히 대멸종 사건에 대하여 연관 지어 알아볼 것이다. 또 생명체에 대한 미래의 위험요소들을 자연적 요소와 인위적 요소로 나누어서 알아볼 것이다. 특히 인위적 요소 중에서는 우리의 관심을 끄는 유전공학, 줄기세포와 생물 복제, 인공지능 및 뇌-컴퓨터 인터페이스 기술, 핵무기와 기후변화 그리고 외계 생명체에 대하여 기술해 나갈 것이다.

### 1. 지구의 역사와 대멸종

지구가 태어난 시점은 지금으로부터 약 45억4천만 년 전으로 올라가야 한다. 태양계가 생겨난 시점도 지구 나이와 같다. 왜냐하면 지구도 태양계의 일부이기 때문이다. 그렇다면 이 우주는 언제쯤 태어났을까? 우주는 지구보다 훨씬 더 일찍 태어나서 약 138억 년의 나이를 먹고 있다. 따라서 지구는 우주의 역사 속에서 약 2/3가량은 존재하지도 않는 행성이었다(제1장 '모든 것의 시작' 편 참고). 그렇다면 최초의 생명체는 언제쯤 이 지구상에 등장했을까? 최근의 보고에 의하면 약 40억 년 전으로 올라간다. 즉, 지구가 생겨난 이후 약 5억 년 후에 생명체가 생겨난 것이다. 생명체가 어떻게 기원했는지에 대한 문제는 제3장 '생명의 탄생' 편에서 다루었다.

이렇게 처음 등장한 **원세포**(原細胞, protocell)는 세균에서부터 출발하여 약 40억 년이 지난 현재에는 그 모습이 완전히 달라져 버렸다(그림 3-13 참고). 이는 마치 일란성 쌍둥이 형제가 어린 시절 각기 한국과 미국에서 떨어져 살다가 중년이 되어 만났을 때 느끼는 차이 정도가 아니다. 눈에도 보이지 않았던 세균들은 그 자손들이 번성하여 자신의 모습을 훨씬 뛰어넘는 외모와 능력의 소유자로 바뀌어졌기 때문이다. 즉, 키가 100m를 넘는 미국 삼나무에서부터 30m가 넘는 거대 몸집을 가진 대왕고래까지 아주 다양하게 변해 버린 것이다. 이 중에는 단신이지만 영리하고 추리력이 뛰어난 인간이라는 종도 들어 있을 것이다. 이들은 각기 살아온 과거가 너무나 길고 달라서 서로가 소통할 수 있는 방법은 이미 사라져 버렸다.

그러나 이들의 몸속에 간직되어 있는 유전자 혈통만은 아직도 이들이 같은 종족의 자손이라는 증거를 보여 주고 있다. 즉, '신의 언어'라고 불리는 4가지 염기인 아데닌(adenine), 티민(thymine), 구아닌(guanine), 시토신(cytosine)이 그들이다. 이들은 아직도 모든 생명체의 유전자 속에 그대로 남아 있다. 이들이 사용하는 유전암호는 세균에서부터 미국 삼나무까지 모두가 다 알아듣는다(그림 9-27 참고). 즉, '아우그(AUG)'라는 말을 우리는 귀로 알아듣지 못하지만, 세균에서부터 대왕고래까지 '아우그'란 말이 '메티오닌과 단백질 합성을 시작하라는 뜻'이라는 것을 유전자 수준에서는 모두가 다 알고 있다는 의미이다. 따라서 모든 생명체는 이 네 가지의 언어를 이용하여 아직도 소통할 수 있다는 사실을 말해 주고 있다. 영리한 인간은 이런 언어를 이용하여 세균들을 필요한 물품을 만들어 내는 공장으로 부려먹을 수 있는 방법을 찾아냈다. 우리는 이 방법을 **생명공학기술**(生命工學技術, biotechnology)이라 부르며[22], 이것은 제2절 '**유전공학**'(遺傳工學, genetic engineering) 편에서 자세히 다룰 것이다.

최초의 생명체인 원세포가 혐기성 세균을 거쳐서 광합성 세균으로 진화해 가는 과정은 지구상에 불어닥친 최초의 **대멸종**(大滅種, mass extinction) 사건으로 기록될 것이다. 왜냐하면 기아 상태에 빠진 혐기성 세균 중에서 태양에너지를 이용하여 물을 분해하고 대신 전자를 얻어서 유기물을 만들어 내는 재주를 광합성 세균이 찾아냈기 때문이다. 그러나 이러한 결과는 뜻밖에 산소라는 부산물을 대기 중으로 뿜어내는 부작용을 불러왔다. 그 당시 지구의 대기에는 산소가 없었기 때문에 산소의 등장은 생명체를 큰 시련에 빠트리게 되었다. 왜냐하면 산소는 아주 활성도가 높아서 다른 원소와 결합하여 산화물을 만들어 버리기 때문이다. 우리는 이런 사건을 **산소 대재앙**(酸素大災殃, oxygen catastrophe, oxygen crisis, great oxygen event)이라고 부르고, 이는 약 25억 년 전에 일어났다. 그러나 다행히도 이러한 산소 대재앙으로부터 살아남은 생명체가 바로 유기호흡을 할 수 있는 호기성 세균이라고 할 수 있다. 그 뒤를 이어 약 20억 년 전에는 진핵세포가 이 지구상에 처음으로 모습을 드러내었고, 그로부터 약 5억 년 후에는 이들이 모여서 다세포 생명체를 만들기 시작하였다. 또한 12억 년 전에는 성의 기원이 되는 감수분열이 등장하게 되었다. 다시 7억 년 전의 지구는 얼음으로 뒤덮인 혹한기를 맞이하게 되었고, 약 9천만 년 동안 지속된 **눈덩이 지구**(snowball earth)는 빙하가 적도까지 진출하는 냉한기를 맞기도 하였다. 또한 약 6억 년 전에는 조직적이고 체계화되지는 못하였지만, 다양한 생명체가 나타나는 **에디아카라 동물문**(Ediacaran fauna) 시기를 지나게 된다. 드디어 5억4천만 년 전에 시작된 **캄브리아 대폭발**(Cambrian explosion)은 현존하는 35개 동물문이 이 시기에 등장하면서 현생누대에 접어든다는 사실을 우리는 이미 잘 알고 있다. 이렇게 현생누대에 들어선 생명체에게는 꽃길만이 펼쳐져 있었을까?

1982년 시카고대학 고생물학자였던 **잭 셉코스키**(Jack J. Sepkoski, 1948~1999)와 **데이비드 라웁**(David M. Raup, 1933~2015)은 사이언스 잡지에 5대 멸종에 대한 획기적인 논문을 발표하였다[89]. 즉, 현생누대에 접어들어서 다섯 번의 대멸종과 20회가 넘는 소규모 멸종 사건이 일어났다는 사실을 알려 주었다. 5대 멸종 사건은 종이 50% 이상 사라진 사건만을 말한다(그림 2-17 참고). 그러나 선캄브리아기에 살았던 생물 종은 단단한 껍질을 가지지 못하여 화석화될 가능성이 아주 낮기 때문에 실제로 얼마나 많은 멸종 위기가 나타났는지는 가늠하기가 힘들다.

고생대에서는 오르도비스 후기와 데본기 후기에 대멸종이 나타난다. 그러나 멸종 사건 중 가장 크다고 할 수 있는 사건은 고생대와 중생대를 가르는 페름기 후기이다. 이 페름기-트라이아스기 대멸종은 2억5천만 년 전에 발생한 사건으로 생물 종의 96%가 사라지는 지상 최대의 위기를 맞게 되었다. 이 사건은 고생대가 중생대로 넘어가는 계기를 마련해 주었다고 볼 수 있다. 중생대에는 트라이아스 말기의 멸종 사건과 중생대와 신생대를 가르는 백악기 후기 대멸종 사건으로 이어진다. 백악기-제3기 대멸종은 지금부터 약 6천5백만 년 전에 일어난 사건으로 공룡의 시대가 저물고 포유류의 시대가 열린 대사건 중 하나이다. 이런 과정의 추이를 관찰하면, 멸종 사건이 대략 2천6백만 년에서 3천만 년 간격으로 주기적으로 일어나는 것처럼 보이기도 한다.

그렇다면 이러한 대멸종은 왜 일어난 것일까? 제일 먼저 생각해 보아야 할 것은 화산폭발이다. 대규모 화산폭발은 먼지와 에어로졸을 대기로 뿜어내어서 먹이사슬의 기저층에서 일어나는 광합성을 방해함으로써 생태계를 파괴시킨다. 그뿐만 아니라 산화황을 방출하여 환경을 파괴시키고, 특히 이산화탄소의 배출은 수증기와 같이 지구 온난화를 촉발하는 중요한 요인으로 작용하였을 것이다. 그다음으로 지목받는 원인 중 하나가 운석 충돌이다. 그림 2-2는 현재 가장 잘 보존된 충돌구라고 평가받고 있는 **베링거 충돌구**(Barringer Crater)를 보여 주고 있다. 그러나 그림 2-3에서 보는 **칙술루브 충돌구**(Chicxulub Crater)는 지름이 무려 180km가 넘고 충돌 운석의 크기도 지름이 10km가 넘을 것으로 추정되었다. 이러한 칙술루브 충돌구의 충돌 사건은 거대한 체구의 공룡들을 지구상에서 사라지게 한 백악기 후기 대멸종의 주범으로 추정되고 있다. 그다음은 해수면 하강을 들 수 있다. 그림 2-14는 지구 역사상 일어났던 해수면의 높이 변화를 보여 주고 있다. 해수면의 높이는 기후변화와 밀접한 연관 관계를 가지고 있어서, 기온이 떨어져서 빙하기에 들어서면 해수면은 낮아질 것이다. 그러나 기온이 상승하면 빙하가 녹아서 해수면이 올라갈 것은 당연할 것이다. 꼭 기온만이 해수면에 관여하는 것은 아니다. 예를 들면, 대서양 중앙해령이 주저앉으면 당연히 해수면은 내려갈 것이다. 이러한 해수면의 높낮이는 현재 해수면을 기준으로 하여 -130m에서 400m 사이를 오르내리고 있다. 해수면이 약 500m 정도 차이가 난다는 계산이다. 해수면이 내려가면 **대륙붕**(大陸棚, continental shelf)이 노출되면서 가장 생산성이 높은 해양지역이 육지로 변할 것이다. 또한 해수면이 올라가면 육지는 바닷속으로 잠겨 버릴 것이다. 그 이외에도 대륙의 이동이나 지구 냉각화 및 지구 온난화 또는 초신성 폭발 등이 대멸종의 원인으로 떠오르기도 한다.

## 2. 생명체에 대한 위험요소

지금까지 살펴본 생명의 위협 요소는 화산폭발이나 생성의 충돌 등과 같이 대부분이 자연적인 것들이었다. 그러나 금세기에 들어서면서 과학기술의 급격한 발달은 오히려 생명체를 위협하는 새로운 요인으로 떠오르고 있다. 다시 생명체를 위협하는 요소들을 체계적으로 정리해 보도록 하자.

### 1) 자연적 요소

자연적 요소는 이미 대멸종 편에서 다룬 내용을 포함하고 있다. 혜성이나 소행성의 충돌은 이미 다루었고, 100광년 이내의 초신성 폭발도 생명의 미래를 위협하는 중요한 요인 중 하나이다. 태양계를 이끌고 있는 태양의 미래는 지구에 살고 있는 생명체에게는 절대적 중요성을 가지고 있다. 왜냐하면 지구에 사는 거의 모든 생명체는 태양이 주는 에너지에 의존하고 있기 때문이다. 태양은 수소를 태워서 헬륨으로 핵융합이 일어나면서 에너지를 만든다(제1장 참고). 그렇다면 태양을 형성하고 있는 주성분인 수소는 무한정 공급될 수 있을까? 이 질문에 대한 해답은 모두가 예측하고 있을 것이다. 즉, 수소의 공급은 제한성을 가지기 때문에 태양의 수명은 약 123억 년이라는 사실도 잘 알려져 있다. 또한 현재 태양의 나이가 약 45억 년 정도 지나고 있기 때문에 태양의 기대 수명이 약 70억 년 정도 남았다고 보인다. 그러나 태양 핵의 수소가 고갈되고 핵 주위의 수소가 타기 시작하면, 태양은 서서히 덩치가 커지면서 적색거성으로의 발걸음을 옮기기 시작할 것이다. 이렇게 태양의 **광도**(光度, luminosity)가 서서히 높아지면 지구는 어떻게 변해 갈까? 즉, 10억 년 후에 태양의 광도가 10% 정도 높아지면, 지구의 온도는 어떻게 변해 가고 지구에 살고 있을 생명체는 어떤 영향을 받게 될 것인가? 이 문제는 제6절 '생물과 기후변화' 편에서 지구의 빙하기와 같이 자세히 다룰 것이다.

다시 관심을 암석권으로 되돌려 보자. 우리가 서 있는 이 땅덩어리는 언제까지나 이런 지도를 그리면서 존재하고 있을 수는 없다. 땅이 변한다는 사실은 그림 2-19에서 잘 보여 주고 있다. 즉, 약 2억5천만 년 전 이 지구는 **판게아**(Pangaea)라고 불리는 한 덩어리의 땅이었다. 이 판게아는 약 2억 년 전 중생대 삼첩기에 접어들면서 서서히 분리되기 시작하였다. 즉, 북미와 유럽이 한 덩어리가 된 **로라시아**(Laurasia)와 남미와 아프리카, 호주와 남극이 한군데 모인 **곤드와나**(Gondwana)로 나누어졌다. 이런 과정을 거친 결과가 현재 우리가 보는 세계 지도이다. 그러나 이 지도도 3만 년에서 5만 년 정도 지나면 나이아가라 폭포(Niagara Falls)가 위로 올라가서 미국 쪽 버팔로 땅으로 붙어 버릴 것이고, 10만 년 후쯤에는 하와이섬이 서북쪽으로 9km 정도 올라가 있을 것이다. 그뿐만 아니라 5천만 년 후가 되면 지중해가 완전히 사라지고 유럽과 아프리카가 한 덩어리로 합쳐질 것이다. 또한 호주도 인도네시아와 충돌하여 합쳐질 것이다. 따라서 약 2억 5천만 년 정도가 경과하면, 다시 지구는 아메리카와 아프리카가 합쳐지면서 새로운 초대륙인 **판게아 얼티마**(Pangaea Ultima, Pangea Proxima)로 재탄생될 것이다. 이런 역사는 과거에도 그 흔적을 찾을 수 있다. 약 10억 년 전 원생누대 말기로 올라가면 **로디니아**(Rodinia)라는 초대륙이 있었고, 7억 년 전에 분리되기 시작하여 현생누대가 출발하기 전인 약 5억 7천만 년 전에 **파노티아**(Pannotia)라는 초대륙으로 뭉쳐졌다. 이 파노티아는 다시 2억5천만 년이 흐른 후에는 판게아라는 초대륙으로 모였다[72]. 지금까지 알아본 자연적 위험요소는 생명체 스스로가 해결할 수 있는 요인들이 아니다. 최초의 공통 조상인 루카(LUCA, last universal common ancestor)는 40억 년 동안 온갖 역경을 이겨 내면서 현재의 우리가 볼 수 있는 엄청난 생물권을 일구어 냈다. 그렇지만 앞으로 인간이라는 종들이 만들어 낼 인위적인 위협요인들이 이 지구상에 가해진다면 생명의 미래는 다시 암울해질 수밖에 없을 것이다.

### 2) 인위적 요소

2014년 미국 보스턴에서 창립된 '미래생명연구소(The Future of Life Institute; FLI)'는 생명을 위협하는 요인으로서 **인공지능**(人工知能, artificial intelligence; AI), **생명공학**(生命工學, biotechnology), **핵무기**(核武器, nuclear weapons) 및 **기후변화**(氣候變化, climate change)를 우선적으로 꼽고 있다[50]. 이들에 대한 내용은 각기 다음 절에서 다룰 것이다. 그러나 생명을 위협하는 인위적 요인은 이 이외에도 더 많은 것들을 예상해 볼 수 있다. 나노 기술(nanotechnology)의 악용이나 물리학적 실험에 의해서 야기되는 재앙, 더 나아가서 고병원성 바이러스 질환의 창궐이나 자원 고갈도 충분히 추정되는 위협요인들이다. 또한 앞으로 예견된 외래 생명체와의 관계도 중요한 변수로 작용할 것이다.

1950년대 이후부터 2007년까지 인간에 의해서 약 10%의 생물 종들이 사라져 버렸다. 따라서 현재와 같은 속도로 생물 종의 소멸이 진행된다면, 앞으로 수백 년 안에 약 30%의 생물 종이 사라질 것으로 보고 있다. 현재 지구 표면의 약 1/3가량은 인간에 의하여 이미 변형되었다. 따라서 다른 생물 종의 서식지는 점차 줄어들고 있는 실정이다. 그뿐만 아니라 지구 온난화를 초래하는 이산화탄소는 산업혁명 이후 30% 이상 증가하고 있다. 따라서 인간에 의한 인위적 위협이 실질적으로 일어날 가능성이 매우 높아 보인다. 2019년의 보고에 의하면 현재 지구상에 존재하는 생물 종은 약 800만 종으로 보고 있고, 이 중에서 약 100만 종이 이미 생존을 위협받고 있는 것으로 조사되고 있다. 따라서 우리는 이러한 우려를 **제6 대멸종**(The Six Mass Extinction) 혹은 **충적세 대멸종**(Holocene extinction)이라고 부르고 있다[68]. 다시 생명의 위험요소가 될 수 있는 큰 요인들을 각기 알아보고, 이들이 미래에 어떻게 세상을 바꾸어 나갈 것인지를 알아볼 차례이다.

## 제2절 유전공학

생명의 미래를 추정하기 위해서 **유전공학**(遺傳工學, genetic engineering)을 다루어야 하는 이유는 간단하다. 최근에 급속도로 발전하기 시작한 유전공학이 인간의 질병을 치료하고 인류의 복지를 향상시키는 긍정적인 효과를 기대하는 대신, 생명의 미래에 커다란 재앙이 될 수도 있다는 우려가 커지고 있기 때문이다[55]. 따라서 유전공학이 무엇이며 이들이 어떻게 발전되어 가고 있는지를 알아보는 것은 대단히 중요한 일이다.

우리는 제9장 '생명의 유전' 편에서 DNA와 유전자에 대해서 충분히 알아보았다. 우선 생명체의 모든 정보를 담고 있는 유전자 전체를 **유전체**(遺傳體) 혹은 **게놈**(genome)이라고 부른다. 게놈은 유전자를 뜻하는 gene과 염색체를 뜻하는 chromosome의 합성어로 구성되어 있다. 인간 게놈은 약 32억 개의 DNA 염기쌍으로 구성되어 있고, 이들은 약 2만1천 개 정도의 유전자를 형성하고 있다. 인간보다 훨씬 적은 염기쌍을 가지는 세균들은 이러한 유전체가 한 가닥의 동그란 줄 속에 다 들어 있지만, 인간에서는 이들 염기쌍이 약 5천만에서 2억5천만 개의 염기로 구성된 23개의 염색체 속에 들어 있다. 물론 단순히 게놈의 크기로 생물체의 복잡성이나 진화 정도를 알아볼 수는 없다. 왜냐하면 인간의 게놈 크기는 쥐나 개구리의 게놈 크기와 비슷하지만, 도롱뇽보다는 10배 정도 작기 때문이다.

이러한 게놈은 모든 생명체가 가지고 있는 유전정보의 총체라고 볼 수 있다. 그러나 만약 영리한 인간이 이러한 유전체를 붙이거나 잘라 내서 편집할 수 있다면 과연 어떤 현상이 벌어질까? 우리가 상식적으로 알고 있는 콩 심은 데 콩이 나지 않고 팥이 나는 세상이 벌어질 수 있다는 의미이다. 우리는 이렇게 생명의 절대 신비였던 유전자를 바꾸거나 조작하는 학문을 유전공학이라고 부른다. 따라서 유전공학을 **유전자 재조합**(遺傳子再組合, genetic recombination) 혹은 **유전자 조작**(遺傳子操作, genetic manipulation)이라고 부르는 이유를 알 수 있을 것이다. 이러한 신기술이 가능해진 이유는 우리가 세균이 어떻게 바이러스와 싸우는지를 알게 되면서 터득한 기술 때문이다. 즉, 바이러스의 공격을 받은 세균이 침범한 바이러스의 게놈을 잘라 버리는 **제한효소**(制限酵素, restriction enzyme)를 발견하면서부터 시작되었다. 그러나 인간은 이 세균들의 기술을 오히려 생명체의 유전체를 편집하는 용도로 개발한 것이다. 따라서 유전자를 편집할 수 있는 원천 기술은 세균이 보유하고 있다고 볼 수 있다. 이렇게 인간이 가지고 있는 특이한 대뇌피질의 창조성은 이들 기술을 차용하여 자연 질서를 해칠 수 있는 우려를 낳고 말았다. 이러한 유전체 조작은 그림 13-2에서 보는 것처럼 그리스 신화 속의 키메라를 만들어 낼 수 있는 기술을 인간이 가지게 되었다는 의미이다. 즉, 머리는 사자이지만 몸통과 꼬리는 양과 뱀이라는 신화 속의 괴물을 우리가 실제로 만들 수 있다는 현실을 찾아 나서 볼 것이다. 먼저 유전공학의 역사를 간단히 알아보고 유전자 재조합 기술이 어떤 것인지를 기술할 것이다. 마지막으로 이러한 유전공학이란 기술을 인간은 어떻게 이용하고 있고, 이들이 어떤 방향으로 발전해 나갈 것인지를 분야별로 알아볼 것이다.

그림 13-2. 그리스 신화에 등장하는 키메라. (출처: Carole Raddato[13-2])

## 1. 유전공학의 역사

지구상의 생명체는 맨눈으로는 보이지 않은 작은 세포 형태로 출발하여 40억 년이 지난 현재에는 형태적으로 완전히 다른 생명체로 변해 왔다. 즉, 마이크론 단위에서 미터 단위로 덩치가 커졌다는 의미이다. 그렇다면 이들은 어떻게 이런 변화를 가져왔을까? 두말할 나위 없이 진화라는 자연선택에 의해서 유전자가 변해 왔다는 것을 우리는 잘 알고 있다. 인간도 이미 역사시대에 접어들면서 자연선택이 아닌 인위 선택이라는 과정을 통해서 가축이나 농작물을 개량하는 **선택적 육종**(選擇的育種, selective breeding) 방법을 알고 있었다. 이러한 육종 과정도 결국은 유전자의 변형을 초래하는 행위이기 때문에 인류는 일찍부터 유전자를 변형시키는 방법을 터득하고 있었다고 볼 수 있다. 그뿐만 아니라 현재에는 종자에 직접 방사선을 가하거나 화학 약물로 돌연변이를 유도하여 우수 종을 찾아내는 방법을 사용하고 있다. 실제로 생명체의 유전자는 끊임없이 변하고 교란된다. 이러한 자연 돌연변이는 인간의 경우 몸 전체에서 초당 약 백만 개가 생겨난다. 또한 장 상피세포와 같이 증식 속도가 빠른 세포는 60세에 이를 때까지 한 세포의 게놈에 들어 있는 염기가 최소한 한 번 이상 돌연변이를 일으키는 것으로 보고 있다. 이러한 돌연변이는 인체의 기능을 망가트려서 노화나 암을 유발하기도 하지만, 진화를 유발하는 원동력이 되기도 한다. 따라서 유전자 변이는 양날의 칼이라고 할 수 있다. 그러나 이러한 자연선택에 의한 유전자 변화는 장구한 세월에 걸쳐서 일어난다. 그렇지만 유전공학은 이러한 변화를 실험실 안에서 간단하게 만들어 낼 수 있다는 점이 우리의 환호와 우려를 동시에 불러 온다고 볼 수 있다. 우선 유전공학의 출발을 이해하기 위해서는 **찰스 다윈**(Charles R. Darwin, 1809~1882)이 진화의 종소리를 울리기 시작한 1859년과 1865년 유전물질을 처음으로 인식하고 고민했던 **그레고어 멘델**(Gregor Mendel, 1822~1884)에서 시작해야 할 것 같다. 다윈은 진화의 주체인 유전자를 알지 못했고, 멘델은 유전인자는 인식했지만 이들이 어떻게 생겼는지는 알 수가 없었다(인류가 DNA라는 유전물질을 알아 가는 과정은 제9장 '생명의 유전' 편에 자세히 기술되어 있다). 처음으로 유전공학이라는 용어가 등장한 것은 DNA 구조가 밝혀지기 2년 전인 1951년 미국의 공상과학 소설가인 **잭 윌리엄슨**(Jack Williamson, 1908~2006)이 그의 소설 "용의 섬(Dragon's island)"에서 처음으로 사용한 것으로 기록되어 있다.

먼저 DNA라는 판도라 상자를 맨 먼저 연 사람은 **제임스 왓슨**(James Watson, 1928~)과 **프랜시스 크릭**(Francis Crick, 1916~2004)이라는 것은 누구나 잘 아는 사실이다. 이렇게 유전자의 구조가 밝혀지면, 누구나 이 생명의 설계도를 변경해 보고 싶은 강한 충동을 느끼게 될 것은 당연해 보인다. 이렇게 설계도를 변경할 수 있는 가능성을 알리는 첫 신호가 1970년에 나타났다. 이는 미국의 **다니엘 네이선스**(Daniel Nathans, 1928~1999)와 **해밀턴 스미스**(Hamilton O. Smith, 1931~)가 인플루엔자(*Haemophilus influenzae*)에서 **제한효소**(制限酵素, restriction enzyme)를 발견함으로써 시작되었다. 제한효소는 이미 설명한 대로 인플루엔자 세균이 자신을 침범한 바이러스의 유전물질을 잘라 버려서 자신을 방어하는 무기 중 하나이다. 이렇게 제한효소가 유전물질을 자르는 성질을 이용하여 유전자를 자르고 붙여서 이들을 다시 재조합한 첫 번째 학자는 1972년 스탠퍼드대학의 **폴 버그**(Paul Berg, 1926~)였다. 그는 세균 바이러스인 람다 파지와 대장균의 갈락토스 오페론(galactose operon)을 원숭이 바이러스인 시미안 바이러스 40(SV40)과 결합해서 최초의 재조합 DNA를 만드는 데 성공하게 된 것이다. 실제로 유전공학이 출발한 시점은 그다음 해인 1973년도이다. 플라스미드를 세균에 도입하는 과정을 연구하던 스탠퍼드대학의 **스탠리 코헨**(Stanley N. Cohen, 1935~)과 제한효소에 관심이 많았던 캘리포니아대학교 샌프란시스코 캠퍼스(UCSF)의 **허버트 보이어**(Herbert W. Boyer, 1936~)는 공동으로 DNA를 플라스미드에 재조합시키고 이를 다시 세균 속으로 집어넣어서 자연적으로 복제시키는 데 성공하게 되었다. 즉, 박테리아의 유전자에 다른 외부 유전자를 끼워 넣어서 유전자를 바꾸는 공정에 성공한 것이다. 실질적인 유전공학의 시대가 약 40년 전에 인류 최초로 우리에게 활짝 열렸다고 볼 수 있다. 1974년에는 미국 매사추세츠 공과대학의 **루돌프 재니쉬**(Rudolf Jaenisch, 1942년~)는 최초로 외부 DNA를 쥐의 배아에 집어넣어서 유전적으로 변형된 동물인 쥐를 만들어 내게 되었다. 이어서 1976년 허버트 보이어 등이 설립한 회사인 제네텍(Genetech)에서는 대장균이 만들어 낸 **소마토스타틴**(somatostatin)이 생산되었고, 1978년에는 당뇨병 환자가 사용하는 **인슐린**(insulin)을 대장균에서 만들어 내게 되었다[55,56]. 인간은 배 속에 들어 있는 대장균을 이용하여 인간에 필요한 물질을 만들어 내는 농장으로 사용하기 시작한 것이다.

1986년에는 제초제에 저항성을 보이는 유전적으로 변형된 담배가 처음으로 시험 재배되기 시작하였고, 1994년에는 잘 무르지 않는 **플레브 세이브 토마토**(Flavr Savr tomato)가 미국식품의약국에 의하여 승인을 받아 시판되었다. 드디어 유전자 변형 토마토를 창고에 오래 보관하여도 물러지지 않고 싱싱하게 먹을 수 있는 길을 인간이 찾아내게 된 것이다. 이어서 콩, 옥수수, 카놀라, 목화 등 유전자 변형 식물들이 속속 등장하게 되었다. 이들은 다시 '농축산 분야'에서 다룰 것이다. 1995년에는 세균 중에서는 최초로 인플루엔자(*Haemophilus influenzae*)의 유전자 서열이 밝혀지고, 효모 및 꼬마선충의 유선사 염기서열노 알려지게 되었다. 인간 게놈 프로젝트가 완료된 2003년에는 애완용인 제브라피시(zebrafish)를 유전적으로 변형시켜 더 색깔이 곱고 화려한 글로피시(glofish)가 등장하게 되었다(그림 13-3). 2010년에는 미국의 생물학자

13

그림 13-3. 유전자 변형 형광 물고기인 글로피시. (출처: Lumen Learning[13-3])

인 **크레이그 벤터**(Craig Venter, 1946~)에 의해서 최초로 인간이 만든 합성 유전체를 세균에 집어넣어서 복제시킨 실험실 세균(Mycoplasma laboratorium)이 탄생하는 새로운 시대에 접어들게 되었다(이러한 인공 생명체에 관해서는 제3절 '생명의 창조' 편에서 자세히 다룰 것이다). 2012년에는 앞으로 유전자 가위에서 다룰 **크리스퍼**(CRISPR)가 **제니퍼 다우드나**(Jannifer A. Daudna, 1964~)와 **에마누엘 샤르팡티에**(Emmanuelle Charpentier, 1968~)에 의해서 발견되었고, 2015년에는 유전자 변형 연어가 상업적으로 판매가 허용된 시기이기도 하다[40].

2015년은 유전공학이 인류에 던진 심각한 사건이 중국에서 일어났다. 중국 광저우에 있는 중산대학교 **준쥬 황**(Junjiu Huang)은 체외수정 과정 중 생겨나서 어차피 폐기해야 할 인간 배아를 크리스퍼를 이용하여 편집한 사건이 벌어졌다. 인간의 성체 세포가 아닌 배아세포가 편집 당하는 일이 벌어진 것이다. 더군다나 2018년 심천(深圳, Shenzhen) 남방과학기술대학교 교수인 **허젠쿠이**(He Jiankui, 1984~)는 스탠퍼드대학에서 크리스퍼 편집 기술을 익힌 후 중국으로 돌아가서 세계 최초로 맞춤형 쌍둥이 아기를 탄생시키게 되었다. 그는 2개의 인간 배아에서 CCR5라는 유전자를 무력화시켜서 에이즈 병에 저항성을 가진 아기들을 이 지구상에 등장시킨 것이다. 인간의 배아 편집에 대한 세계적인 합의가 이루어지지 않은 상황에서 일어난 이 일은 그를 감옥으로 밀어넣은 사건으로 번지게 되었다. 과연 인간은 어떤 윤리적인 기준으로 유전공학을 발전시키고 제어해야 할 것인가? 이제 유전자 재조합 기술이 어떤 것인지를 알아보도록 하자.

## 2. 유전자 재조합 기술

### 1) 박테리오파지

유전자 재조합 과정을 이해하기 위해서는 먼저 **박테리오파지**(bacteriophage, 파지)를 알아야 할 것 같다. 박테리오파지는 말 그대로 '박테리아를 먹는다'라는 의미를 가지고 있다. 이는 1917년 캐나다 출신 미생물학자인 **펠릭스 데렐**(Felix d'Herelle, 1873~1949)이 처음 붙인 이름이기도 하다[49]. 바이러스는 단지 DNA나 혹은 RNA와 같은 핵만을 가지고 있다. 이들 핵은 내구성이 아주 강한 **캡시드**(capsid)라는 보자기에 싸여 있다. 이 캡시드도 모양이 다양하여 아름다운 20면체의 형태가 있는가 하면, 우주선 다리 모양을 하고 세포의 표면에 내려앉기도 한다. 이러한 바이러스는 핵만 가지고 있기 때문에 자신의 단백질을 만들어 내기 위해서는 그 능력을 갖추고 있는 세포 속으로 잠입해 들어가야만 한다. 따라서 동물세포를 주로 공격하는 바이러스를 동물성 바이러스, 식물세포에 침입하는 것을 식물성 바이러스라 하고 세균에 주로 침입하는 바이러스를 세균성 바이러스 혹은 박테리오파지라고 부르고 있다. 이 박테리오파지는 흙이나 물, 온천이나 빙하 속 또는 인간의 내장 속에서도 발견되며, 이 지구상에 존재하는 박테리오파지의 수는 무려 $10^{31}$개 정도로 추산된다. 이는 감염시킬 모든 세균보다 10배 이상 많은 수치이다. 또한 바닷물 속에 있는 세균들의 40%는 파지에 감염되어 죽는 것으로 보고 있다. 따라서 이들은 세균 속으로 필사적으로 들어가서 살아야 하는 관계로 진화되어 온 셈이다. 이들은 어떻게 세균 속으로 들어가서 그들의 생명을 이어 갈 수 있을까? 우선 그림 13-4는 바이러스가 세균 속으로 들어가서 살아가는 두 가지 방법을 보여 주고 있다. 먼저 세균과 접촉한 바이러스는 자신의 유전물질인 DNA 혹은 RNA를 세균 속으로 밀어넣는다. 이렇게 세균 속으로 들어간 바이러스 핵은 세균들의 모든 구조를 이용하여 자신의 단백질을 만들어 낼 것이다. 즉, 설계도를 들고 들어가서 세균 속에 있는 자재와 도구를 이용해

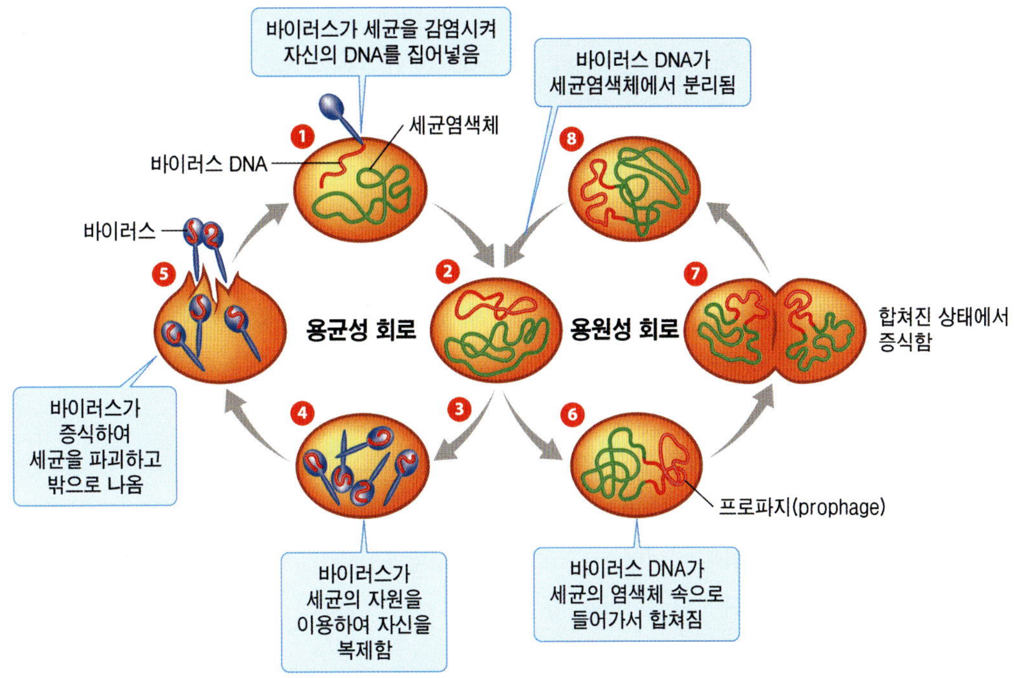


그림 13-4. 바이러스의 용균성 및 용원성 회로. (출처: EreborMountain[13-4])

서 자신의 집을 스스로 만들어 내게 된다. 이렇게 복제된 바이러스는 그 팽창하는 압력으로 숙주인 세포를 파괴하고 밖으로 나와서 다른 이웃 세포를 공격할 것이다. 환경이 호전적인 경우는 박테리오파지 한 개가 몇 시간 안에 세균 집단 전체를 전멸시킬 수도 있을 정도이다. 우리는 이런 생활사를 **용균성 회로**(溶菌性回路, lytic cycle)라고 부른다.

두 번째는 **용원성 회로**(溶原性回路, lysogenic cycle)라고 부르는 생활사다. 이 방법은 세균 안으로 들어간 바이러스 게놈이 세균의 게놈 속으로 끼어들어 가서, 이들이 복제될 때마다 같이 복제되다가 적당한 기회에 도달하면 다시 용균성 생활사로 바꾸는 경우를 말한다[124]. 여기서 주목해야 할 대목은 바이러스가 자신의 게놈을 세균의 바이러스에 끼워 넣을 수 있는 재주를 가졌다는 의미이다. 이런 재주를 눈치챈 영리한 인간은 자신이 원하는 유전자를 바이러스 게놈에 붙여 넣으면, 바이러스가 인간이 원하는 유전자를 세균의 게놈에다 옮겨 줄 수 있다는 것을 알게 되었다(이는 곧 이어서 유전자 운반체에서 다시 설명할 것이다). 그렇다면 세균은 바이러스의 침범에 무저항으로 당하고만 있을까? 세균이 개발한 방어기전 중 하나가 바로 이미 설명한 제한효소이다. 세균들은 자신의 DNA는 미묘한 화학적 변화를 주어서 제한효소에 의한 파괴를 막으면서 외래 침입자인 바이러스 DNA만 잘라 버리는 방법을 개발해 두고 있다. 또한 이들은 박테리오파지가 만든 구멍을 막아 버려서 바이러스 게놈이 안으로 못 들어오게 하거나 아예 바이러스의 단백질 분자가 세균의 세포 표면에 들러붙지 못하게 하는 방법도 사용한다. 그뿐 아니라 침입한 바이러스가 증식하기 전에 세균 스스로 자살해 버리는 이타적 행위를 하는 경우도 볼 수 있다. 또 다른 방어 전략은 최근에 알려진 크리스퍼 활동이다. 따라서 현재 인간이 이용하고 있는 게놈 편집 기술은 오로지 세균이 바이러스에 대항하는 기술을 차용해 왔다고 볼 수 있다. 또한 바이러스는 항상 숙주 안에만 있는 것은 아니다. 이 바이러스가 숙주를 떠나 외부 환경에 노출된 바이러스를 우리는 따로 **비리온**(virion)이라고 부른다. 따라서 비리온은 원래의 숙주를 떠나 새로운 숙주로 옮겨가기 위한 형태일 뿐만 아니라 세포를 침범할 수 있는 능력을 갖추고 캡시드에 잘 싸여 있는 상태를 말한다고 할 수 있다.

### 2) 유전자 운반체

유전자 운반체를 설명하기 전에 박테리오파지를 먼저 기술한 이유는 박테리오파지의 특성을 이해하는 것이 유전자 운

13

반체를 이해하는 데 도움이 되기 때문이다. 유전자 운반체는 인간이 원하는 유전자를 세균에 전달해 주는 매체를 말한다. 따라서 바이러스를 유전자 운반체로 이용하는 경우를 **바이러스 운반체**(viral vector, recombinant virus)라 하고, 바이러스를 이용하지 않는 경우를 **비바이러스 운반체**(non-viral vector, naked DNA)라고 부른다[83]. 먼저 바이러스 운반체는 그림 13-5와 같이 원하는 새로운 유전자를 바이러스 게놈에 재조합시키면, 바이러스가 세포 속으로 들어가서 새로운 유전자와 함께 숙주의 게놈 속에 유전자를 심어 주게 된다. 이렇게 심어진 새로운 유전자는 이미 기술한 대로 인슐린이나 소마토스타틴과 같은 물질을 생산해 낼 것이다. 그러나 이 운반체로 쓰이는 바이러스는 증식을 담당하는 바이러스 자체 유전자를 제거했기 때문에 바이러스에 의한 세포감염은 일어나지 않는다. 이렇게 유전자를 운반하는 바이러스로 자주 이용되는 것들은 레트로바이러스(retrovirus), 아데노바이러스(adenovirus), 렌티바이러스(lentivirus)나 아데노연관바이러스(adeno-associated virus) 등이 있다. 따라서 인간은 어떤 세포든지 간에 효율적으로 잠입할 수 있도록 진화한 바이러스의 특성을 인간이 원하는 유전자를 전달해 주는 운반체로 이용한다고 볼 수 있다.

바이러스 운반체는 비바이러스 운반체에 비하여 유전자 발현 정도가 높아서 유전자 전달 효과는 높을 수 있지만, 바이러스에 대한 인간의 면역반응이 발동한다는 단점이 있다. 또한 바이러스가 달고 들어간 새로운 유전자는 대부분 정크 DNA에 삽입되기 때문에 문제가 없지만, 간혹 암 억제 유전자 근처에 삽입되어 이 유전자를 억제하는 부작용이 나타날 수 있어서 암이 발생할 수 있는 단점을 가지고 있다. 이러한 부정확한 삽입을 감소시키기 위하여 최근에는 아데노연관바이러스를 사용하기도 한다.

비바이러스 운반체는 말 그대로 운반체로서 바이러스를 이용하지 않고 히스톤이 제거된 DNA, 즉 쉽게 전사가 될 수 있는 상태의 DNA(naked DNA)를 세포 안으로 직접 집어넣어 주는 방법을 말한다. 따라서 이렇게 세포 안으로 들어간 DNA는 핵으로 들어가지 않고 세포질에 떠다니면서 단백질을 합성하게 될 것이다. 따라서 이들은 복제가 안 되기 때문에 서서히 소모되면서 수주 혹은 수개월 후에는 효과가 사라지게 된다. 이런 이유로 비바이러스 운반체는 각기 유효기간을 달리할 수 있다는 장점이 있다. 그 이외에도 좋은 점은 대량생산이 가능하고 숙주의 면역체계를 피할 수 있다는 것이다. 그러나 유전자 발현 효율이 낮아서 치료 효과가 덜하다는 단점

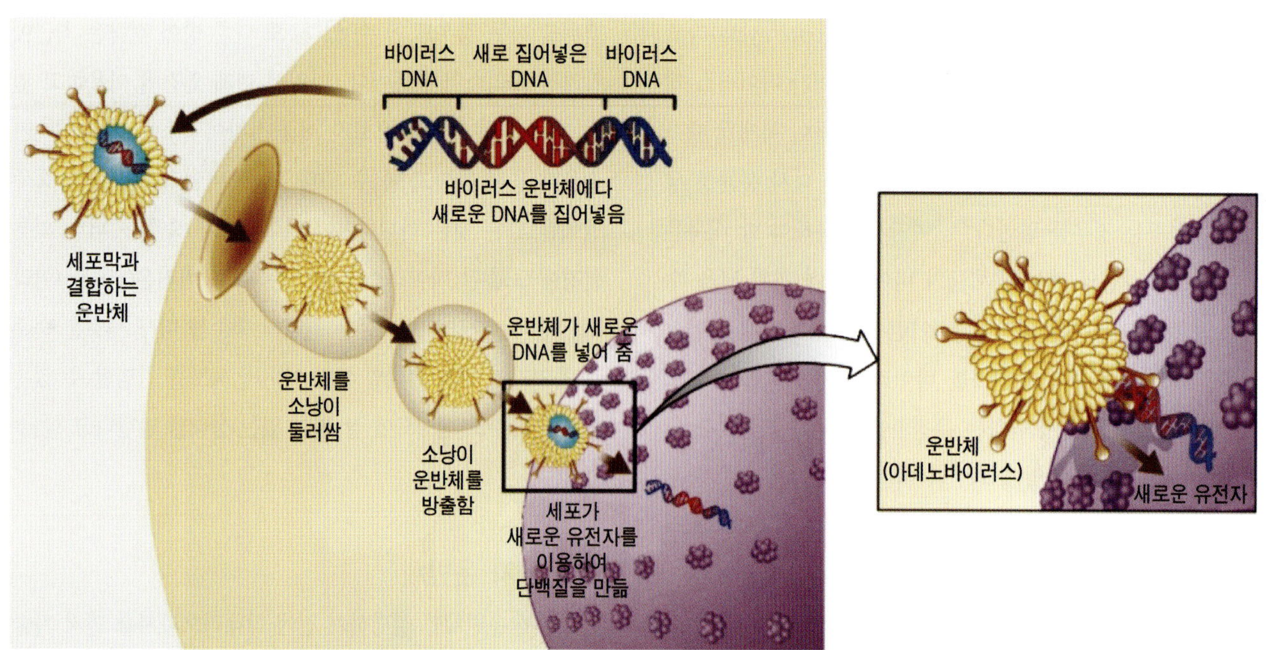


그림 13-5. 바이러스 벡터가 유전자를 운반하는 모식도. (출처: Lumen Learning[13-5])

이 나타난다. 이러한 비바이러스 운반체를 세포 안으로 주입시키는 방법은 히스톤이 제거된 DNA를 직접 주입하거나 전기 천공법(electroporation), 유전자 총(gene gun)이나 초음파를 이용하는 방법 등이 있다.

### 3) 유전자 가위

**유전자 가위**(遺傳子-, genetic scissors) 또는 **분자 가위**(分子-, molecular scissors)는 세포 속에 들어 있는 특정 염기서열을 인식하고, 이들을 원하는 대로 자르고 붙여서 유전자를 편집할 수 있게 해 주는 도구를 말한다(그림 13-6). 이러한 유전자 가위는 원래 세균들이 바이러스에 대항하기 위하여 만든 방어 무기인 제한효소에 바탕을 두고 있다. 제한효소는 현재 약 3천여 종이 연구되어 있고 약 600여 종이 상업화되어 있다. 따라서 이러한 제한효소는 자연적인 유전자 가위라고 부를 수 있다. 그러나 인간은 이러한 제한효소의 성능을 다소 개량하여 인위적인 유전자 가위를 만들어 냈다. 인간이 만든 유전자 가위는 1세대라고 불리는 **징크핑거 뉴클레이즈**(zinc finger nucleases; ZFNs), 2세대라고 불리는 **탈렌**(transcription activator like effector nucleases; TALENs), 그리고 3세대로 불리는 **크리스퍼**(CRISPR)를 들 수 있다[44]. 따라서 이들에 대한 개략적인 내용도 중요하지만 특히 크리스퍼 유전자 가위에 대하여 자세히 알아보도록 하자.

먼저 징크핑거 뉴클레이즈는 아프리카 발톱개구리(African clawed frog)의 유전자를 연구하던 중 특이한 단백질이 발견되면서 알려지게 되었다. 이 단백질은 손가락 모양을 하고 그 가운데에는 아연(Zn) 이온이 들어 있는 상태로 개구리 유전자를 움켜쥐고 있는 모습에 따라서 붙여진 이름이다. 이 징크핑거 뉴클레이즈는 1996년 존스홉킨스대학의 **스리니바산 찬드라세가란**(Srinivasan Chandrasegaran)에 의해서 개발되어 유전자 가위로서 위용을 자랑했지만, 제작이 쉽지 않고 경비가 많이 드는 단점이 있었다. 그다음으로 개발된 탈렌은 2009년부터 연구되어 2011년 말부터 활용되기 시작한 유전자 가위였지만, 개발되자마자 바로 2012년 크리스퍼가 등장하게 되어서 크리스퍼 그늘에 가려지는 신세가 되었다. 이러한 징크핑거 뉴클레이즈나 탈렌은 제한효소로서 FokI을 사용하였다.

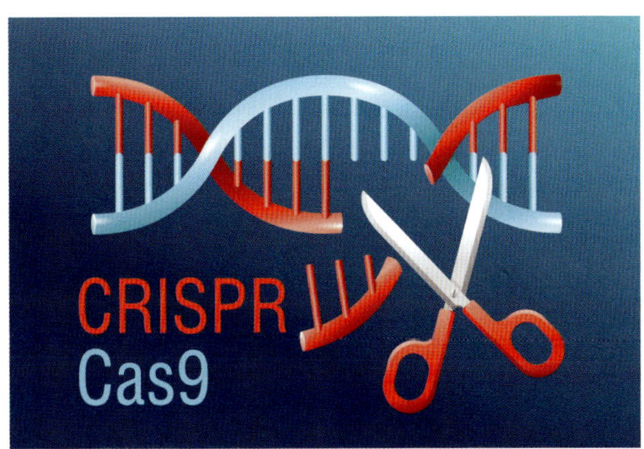

그림 13-6. 유전자 가위의 역할에 대한 모식도.
(출처: Dmitry Kovalchuk[13-6])

곧이어서 개발된 유전자 가위인 크리스퍼가 주목받은 이유는 그 방법이 쉽고 간단하며 비용이 적게 들고 작업 시간이 짧다는 큰 장점이 있기 때문이다. 인간은 누구나 사용할 수 있고 누구나 원하는 대로 어떤 생명체의 유전자라도 편집할 수 있는 도구를 가지게 되었다는 것은 과히 혁명적이라 할 수 있다. 원래 **크리스퍼**(clustered regularly interspaced short palindromic repeats)는 긴 이름을 가진 유전자 집단으로 세균이나 고세균의 게놈에서 발견되는 DNA 서열이다. 이러한 DNA 서열 집단을 처음 발견한 학자는 1987년 오사카대학의 **요시즈미 이시노**(Yoshizumi Ishino, 1959~)였다. 그러나 그는 이 구조물의 의미를 눈치채지 못하고 단지 기술하는 데 그치고 말았다. 실제 크리스퍼라는 용어를 처음으로 제시한 학자는 2002년 네덜란드의 루드 얀센(Ruud Jansen)으로 알려져 있다[36].

우리가 흔히 부르는 크리스퍼는 CRISPR-Cas9 구조를 간단히 부르는 이름이다. 먼저 각각에 대한 구조와 역할을 알아보도록 하자. 크리스퍼 구조에는 반복 서열과 그 사이에 위치하는 **스페이서**(spacer)로 구성되며 인접한 곳에 카스 유전자가 배치되어 있다. 이 스페이서의 DNA 서열은 이미 세균이나 고세균을 침범한 바이러스의 DNA 서열이 새겨져 있는 곳이다. 그렇다면 새로운 박테리오파지가 침범하면 어떻게 될까? 이 파지와 동일한 염기서열이 스페이서 서열에 서장되세 될 것이다. 따라서 만약 이 파지가 다시 침범하면, 이 정보를 이용하여 동일 파지를 파괴시킬 수 있는 일종의 획득면역 역할을 하는 셈이 된다. 이는 스페이서가 일정 부분의 염기서열을 정확히 인식한다는 뜻이고, 따라서 우리는 이런 특징을 유전자 가위로 이용하는 것이다. 이렇게 반복서열과 스페이서가 들어 있는 유전자는 복제되어 **크리스퍼 RNA**(CRISPR RNA, crRNA)가 되고, 여기에 크리스퍼 RNA의 생성에 필수적인 **트레이서 RNA**(Trans-activating tracrRNA)가 따라붙게 된다. 이렇게 크리스퍼 RNA와 트레이서 RNA를 합쳐 놓은 것을 **가이드 RNA**(Guide RNA, gRNA)라고 부른다. 그렇다면 **카스9 단백질**(CRISPR-associated protein 9, Cas9 protein)은 무슨 역할을 하는가? 이 카스9 단백질은 제한효소로서 원하는 염기서열을 자르는 역할을 맡게 된다. 따라서 가이드 RNA가 정확히 자를 부위로 안내하면, 카스9 단백질이 그 부위를 정확히 자를 수 있는 기능이 완성되는 것이다(그림 13-7)[40]. 이렇게 원하는 장소에 정확히 염기서열을 자르게 되면 어떤 일이 벌어질까? 우선 세포는 유전자가 손상된 것을 알아차리고 두 가지 방법으로 이를 교정하려고 할 것이다. 먼저 **비상동 재조합**(非相同再組合, non-homologous end-joining) 방법으로 주형 가닥에 의존하지 않기 때문에 유전자의 기능이 소실된다. 두 번째는 주형 가닥을 원본으로 삼아 정확하게 복구를 해내는 **상동 재조합**(相同再組合, homologous re-combination)이 일어난다. 이러한 상동 재조합 방법을 이용하여 원하는 유전자 서열을 붙여 넣으면 쉽게 유전자를 교정하거나 삽입할 수 있게 된다. 다우드나는 크리스퍼 유전자 가위를 개발한 공로로 2020년 노벨 화학상을 수상하였다.

지금까지 우리는 이 지구상의 거의 모든 생명체의 유전자를 인간이 손쉽고 싼값으로 빠른 시간 내에 32억 개의 염기쌍 중에서 단 한 개의 잘못된 염기라도 찾아서 고칠 수 있는 방법을 찾아내게 되었다. 그렇다면 과연 이 방법은 무엇을 의미하는 것일까? 그뿐만 아니라 우리는 이제 모든 생명체의 진화를 인간이 인위적으로 통제할 수 있다는 사실을 알게 되었다. 우리의 진화 방향도 우리가 스스로 결정할 수 있는 마법의 세상에 들어서 있다는 것을 말해 준다고도 할 수 있다. 예를 들어 보자. 2012년에 개발된 크리스퍼 방법을 이용하여 2013년에 게놈을 편집한 생명체는 제브라피시, 세균, 생쥐, 인간 세포, 효모, 초파리, 개구리뿐만 아니라 쌀, 수수, 밀 등이 있다[99]. 2014년에는 토끼, 돼지, 염소, 멍게, 원숭이뿐만 아니라 콩, 토마토, 오렌지, 옥수수 등이 편집 당했다. 왜 우리는 이들의 유전자를 편집했을까? 또한 이러한 게놈의 편집이 생명의 미래에 어떤 영향을 줄 수 있을까? 다음 항으로 넘어가 보자.

## 3. 유전공학의 미래

인간이 유전자 운반체를 통하여 원하는 유전자를 원하는 생명체의 세포로 전달할 수 있는 크리스퍼는 우리를 생각지도 않은 새로운 세상으로 인도할 것이다. 더구나 인간 게놈의 염기서열 분석 비용이 인간게놈 프로젝트가 어느 정도 마무리가 되어 가던 2001년에는 무려 12억여 원에 달하였다. 하지만 이 비용은 점차 낮아져서 10년 후인 2011년에는 1,100만 원 정도로 저렴해지다가 2014년경에는 120만 원 정도인 천 불 시

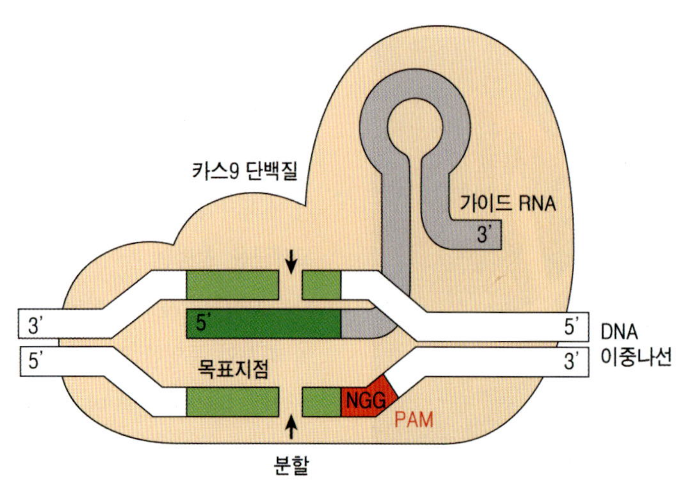


그림 13-7. 가이드 RNA와 Cas9가 DNA를 자르는 모식도. (출처: Mariuswalter[13-7])

대에 접어들게 되었다. 이렇게 저렴해진 게놈의 염기서열 분석 비용과 크리스퍼의 개발로 인해 유전공학이 어느 방향으로 발전해 갈지를 예측하기가 매우 어려워 보인다. 지금부터 앞으로 각 분야별로 유전공학이 어떻게 진행되고 있으며, 이것이 생명의 미래에 어떤 영향을 미칠 것인지를 생각해 보자.

## 1) 의료 분야

### (1) 유전자 치료

제일 먼저 인간의 질병을 치료하거나 예방할 수 있는 분야에 적용되는 유전공학을 다루어 보자. **유전자 치료**(遺傳子治療, gene therapy)는 유전공학을 이용하여 비정상적인 유전자를 정상적인 유전자로 대체시키거나 편집하여 인간의 질병을 치료하거나 예방하는 것을 말한다. 이러한 유전자 치료는 1989년부터 시작해서 2018년까지 2,900개 이상의 임상시험이 시행되었고, 이 중에서 절반 이상은 임상시험 1단계가 진행 중이다. 또 2017년까지 몇 종류의 의약품들은 미국식품의약국의 승인을 받아 시판되고 있다.

유전자 치료법은 크게 두 가지 종류로 나눌 수 있다. 먼저 **체세포 유전자 치료**(體細胞遺傳子治療, somatic cell gene therapy; SCGT)는 특정 조직이나 세포에 생긴 유전적 결함을 치료하는 방법으로 질병 치료의 주된 목표가 된다[40,73]. 왜냐하면 이들은 유전적으로 자손에게 그 형질이 전달되지 않기 때문이다. 특히나 이 방법은 주로 단일 유전자 질환인 유전성 면역결핍증이나 혈우병(血友病, hemophilia), 지중해빈혈증(地中海貧血症, thalassemia)이나 낭포성 섬유증(囊胞性纖維症, cystic fibrosis) 등이 아주 좋은 적응증이 된다. 이에 반하여 **생식세포 유전자 치료**(生殖細胞遺傳子治療, germline cell gene therapy; GGT)는 정자나 난자 또는 수정란의 게놈을 미리 변화시키게 된다. 따라서 아직 태어나지도 않은 생명의 게놈을 미리 손본다는 것이 과연 윤리적으로나 안전성 면에서 허용될 수 있을까? 이런 이유로 호주, 캐나다, 독일, 스위스, 네덜란드 등의 나라에서는 생식세포 유전자 치료를 금지하고 있다. 그리니 만약 유전질환이 있다면 태어난 후 성인이 되었을 때는 엄청난 세포로 불어나기 때문에 유전적 결손을 모두 교정한다는 것은 사실상 불가능한 일이다. 그러나 수정란 단계에서 이러한 유전적 결손을 교정할 수 있다면, 그 이후의 모든 세포들은 정상적인 유전자를 가지게 될 것이다. 따라서 생식세포 유전자 치료는 질병의 원인을 근본적으로 교정할 수 있는 좋은 기회라고 할 수 있다. 유전자 치료의 원리는 간단하다. 즉, 바이러스를 비롯한 유전자 운반체를 이용하여 필요한 유전자를 세포 속으로 전달하여, 유전자를 세포의 핵에다 심거나 크리스퍼 방법을 이용하여 직접 유전체를 편집하는 방법이 있을 것이다.

유전자 치료가 처음으로 시도된 것은 1980년 캘리포니아 대학교 로스앤젤레스 캠퍼스의 **마틴 클라인**(Martin Cline, 1934~)에 의해서였지만 그는 실험 데이터를 공개하지 않아서 설득력을 얻지 못하고 있다. 실질적으로 첫 유전자 치료가 시행된 것은 1990년 미국의 **프렌치 앤더슨**(French Enderson, 1936~)에 의해서였다. 그가 유전자 치료를 시도한 환자는 4살의 여자아이인 아산티 데실바(Ashanti Desilva)였다. 그녀는 아데노신 탈아미노효소(adenosine deaminase; ADA)가 선천적으로 생성되지 않아서 면역세포인 T 세포가 죽게 되어 발생하는 **중증복합면역결핍증**(重症複合免疫缺乏症, severe combined immunodeficiency; SCID)을 앓고 있었다[26]. 이런 아이들은 감염을 방지하기 위하여 멸균된 풍선 속에서 살아야 하기 때문에 **버블 아기병**(bubble baby disease)이라 부르기도 한다. 따라서 이 병을 앓고 있는 아기는 합성 아데노신 탈아미노효소를 평생 먹어야 하지만, 점차 주사제에 대한 저항이 생겨나서 약효가 떨어지게 된다. 그뿐 아니라 반복되는 골수이식이나 거부반응도 환자를 치료하는 궁극적인 방법이 될 수 없을 것이다. 따라서 앤더슨은 아산티의 혈구를 채취해서 바이러스를 이용하여 정상적인 아데노신 탈아미노효소 유전자를 혈구에 삽입하여, 6개월 만에 T 세포가 정상으로 돌아와서 학교에 다니게 만들어 주었다. 이러한 앤드슨의 성공은 유전자 치료에 관한 연구를 촉발시키는 계기를 만들어 주었다.

그러나 유전자 치료가 밝은 미래만 있는 것은 아니다. 우선 체세포치료이기 때문에 치료 효과가 짧다는 단점이 있을 뿐 아니라, 면역반응과 바이러스에 대한 문제가 생길 가능성이 높다. 실제로 유전사 치료 중에 년역 거부반응이나 백혈병으로 사망한 사례가 발표되었기 때문이다. 특히 백혈병으로 사망한 경우는 유전자가 삽입된 장소가 종양 억제 유전자가 있는 민감한 부위에 삽입되어서 생긴 것으로 밝혀졌다. 그뿐

(He Jiankui, 1984~)는 CCR5라는 유전자를 돌연변이 시켜서 후천성 면역결핍증후군(acquired immune deficiency syndrome)인 에이즈(AIDS)에 저항성을 가지는 쌍둥이 자매를 탄생시킨 사건은 이러한 일이 실제로 일어났다는 것을 알려 주고 있다. 그는 인류 최초의 맞춤형 아기를 탄생시킨 주인공이 되었지만 법을 어긴 죄로 감옥살이 처벌이 주어졌다.

그러나 체외수정은 착상 전 유전자 검사가 가능하지만 성행위에 의해서 수정되는 경우는 이 검사가 불가능하다. 따라서 우리는 아기가 엄마의 자궁 속에 들어 있을 때 시행하는 **산전 진단**(産前診斷, prenatal diagnosis)인 **양수검사**(羊水檢査, Amniotic fluid analysis)나 **융모천자채취**(絨毛穿刺採取, chorionic villi sampling)를 통해서 태아의 유전적 결함 여부를 검사해 볼 수도 있다. 그러나 실제로 이런 검사를 이용하여 유전적 결함이 있다는 사실을 알게 되어도 아기의 부모가 결정할 수 있는 길은 두 가지뿐이다. 즉, 임신 상태를 그대로 유지하거나 유산시키는 방법밖에는 도리가 없다. 따라서 향후 자궁 내 유전자 치료가 크리스퍼 등을 이용하여 진전된다면, 유전병이나 심장질환 및 당뇨병 등 심각한 질병으로부터 해방될 수 있는 가능성이 높다고 할 수 있다.

### (3) 연구 분야

유전공학이 의료 분야에 공헌하는 것 중 하나가 인간 질병에 대한 동물 모델을 만들 수 있다는 점이다. 즉, 인간의 질병을 동물에서 유발시켜 그 질병에 관한 연구와 치료를 인간을 대신해서 시행해 볼 수 있다. 우선 가장 많이 이용되는 동물은 집 생쥐(*Mus musculus*)이다. 이 생쥐는 인간의 유전자와 99%가 같을 뿐만 아니라 면역계나 신경계, 심혈관계나 근골격계 등이 사람과 생리적으로 유사하기 때문이다. 또한 이들은 온순하고 번식력이 높을 뿐만 아니라 사육하는 데 비용이 적게 들고, 수명이 짧아서 질병의 전 과정을 손쉽게 알아볼 수 있는 이점을 제공해 준다. 현재 질병 모델에 따라서 3만 종 이상의 **형질전환**(形質轉換, transformation) 생쥐가 있다. 또한 원숭이도 인간을 대신해서 비만이나 암, 알츠하이머병 등에 대한 질병 연구 대상으로 이용되고 있다.

형질전환은 위와 같이 외부에서 들어온 유전물질에 의해서 그 형질이 바뀌는 것을 말한다. 이 중에서도 다른 종의 유전자가 이식된 경우를 **이종유전자 이식동물**(異種遺傳子移植動物, transgenic animal)이라고 부르고, 동일한 종의 유전자가 이식된 경우를 **동종유전자 이식동물**(同種遺傳子移植動物, cisgenic animal)이라고 부른다. 이렇게 이식 생물체를 만들게 되면 그 유전자의 기능을 알아낼 수도 있다. 따라서 유전공학은 유전자 기능을 알아내는 데 중요한 역할을 한다고 볼 수 있다. 동물에서 유전자를 변형시키는 방법은 4가지 정도로 압축할 수 있다. 먼저 **기능손실**(機能損失, loss of function)로서 한 개 이상의 유전자가 활동을 못하게 차단하는 것을 말한다. 우리는 이렇게 기능을 소실한 동물을 **녹아웃 동물**(knockout animal)이라고 부른다. 이와는 반대로 유전자를 첨가하여 어떤 기능이 추가로 생기는지를 알아보는 것을 우리는 **기능획득**(機能獲得, gain of function)이라고 부른다. 또한 원하는 단백질의 위치나 그 상호작용을 알아보기 위해서 색깔을 내는 형광물질 단백질을 분비하는 유전자를 첨가하여 관찰하는 추적 연구나, 특수한 단백질이 어디서 언제 만들어지는지를 알아보는 유전자 발현 연구에도 유전공학은 유용하게 이용되고 있다[110].

## 2) 제약 분야

유전공학이 제약산업에 공헌한 업적도 대단하다고 할 수 있다. 우선 인간에게 필요한 성분의 유전자를 운반체를 이용하여 대장균의 게놈 속으로 잠입시킨다. 이렇게 형질전환된 대장균은 인간이 필요한 단백질을 만들어 낼 것이고, 우리는 이 대장균이 분비한 단백질을 가을에 추수하듯이 거두어들이면 될 것이다. 성장호르몬의 작용을 억제하는 소마토스타틴(somatostatin)은 1976년 대장균에서 생산되었고, 당뇨병 치료에 필요한 인슐린(insulin)은 1978년에 생산되어 1982년 미국식품의약국에서 사용 허가를 해 주기도 하였다[47].

이렇게 대장균을 이용하여 생산해 내는 바이오 의약품은 이 두 가지 이외에도 인간의 **성장호르몬**, 암이나 바이러스 치료에 사용되는 인터페론(interferon), 알부민(albumin), 불임치료에 이용되는 난포자극 호르몬(follicle stimulating hormone), 단일클론 항체(monoclonal antibody), 혈우병 치료에 필요한 항혈우인자(antihemophilic factor) 등을 들 수 있다. 단지 대장균이나 효모 같은 생물체만 바이오 의약품을 생산하는 데 이용되는 것은 아니다. **제약농업**(製藥農業, Pharming) 혹은 **분자농업**(分子農業, molecular farming)이라고 불리는 형태는 바이오 의약품 생산을 위해서 유전자를 조작한 동물이나 식물을 직접 기르는 것을 말한다. 제약농업을 뜻하는 pharming은 제약이라는 'pharmaceutical'과 농업이라는 'farming'이 합해져서 생겨난 말이다. 이러한 제약농업이 이루어지는 과정은 그림 13-9에서 보는 바와 같이 먼저 암양에게 배란 유도제를 투여해서 배란하게 한 후 수정란을 만든다. 그다음 이 수정란에 인간에게 필요한 바이오 의약품을 생산해 낼 수 있는 유전자를 삽입시킨다. 이렇게 게놈이 조작된 수정란을 대리모 역할을 하는 양에게 착상시켜서 새끼를 낳게 한다. 그다음 인간에게 필요한 바이오 의약품을 생산하는 양을 골라낸 다음, 그 우유 속에서 의약품을 추출하여 인간에 투여하는 공정을 거치면 될 것이다. 이렇게 이용되는 동물 중에는 양, 돼지, 염소 및 소가 있다. 따라서 유전공학이 제약산업에 접목된 시간이 점점 길어짐에 따라서 앞으로 희귀한 의약품이나 고가의 약품들을 쉽게 인간에게 공급해 줄 수 있는 길이 열려 있다고 볼 수 있다.

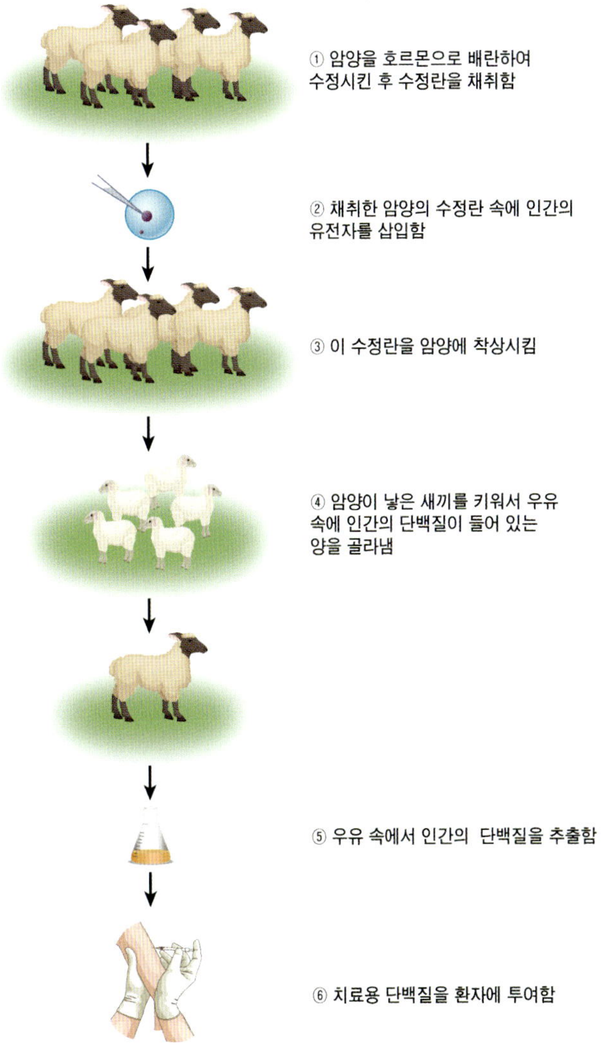

① 암양을 호르몬으로 배란하여 수정시킨 후 수정란을 채취함

② 채취한 암양의 수정란 속에 인간의 유전자를 삽입함

③ 이 수정란을 암양에 착상시킴

④ 암양이 낳은 새끼를 키워서 우유 속에 인간의 단백질이 들어 있는 양을 골라냄

⑤ 우유 속에서 인간의 단백질을 추출함

⑥ 치료용 단백질을 환자에 투여함

그림 13-9. 제약농업의 바이오 의약품 생산 과정.

### 3) 농축산업 분야

인간이 동물이나 식물의 유전자를 변형시키기 위한 노력은 이미 만2천 년 전부터 시작되었다고 볼 수 있다. 농경이 시작되면서 가축을 키우고 인위선택이나 육종을 통해서 더 나은 품종을 얻고자 했던 인간의 노력이 우리의 역사 속에 등장하는 첫 번째 유전자 변형 시도라고 볼 수 있다. 그러나 유전공학적 방법으로 생물체의 유전자를 실험실에서 단시간 내에 변형시킨 첫 번째 사건은 스탠퍼드대학의 **폴 버그**(Paul Berg, 1926~)라는 사실은 이미 '유전공학의 역사' 편에서 기술하였다. 폴 버그는 그가 이룩해 놓은 유전자 변형 기술이 자칫 인류를 위험에 빠트릴 수 있다는 위기의식 때문에, 1975년 캘리포니아 주립 해안인 아실로마(Asiloma)에 모여서 유전공학에 대한 다양한 연구 가이드라인을 토의하기도 하였다. 우리는 **유전자 변형 생물**을 GMO(genetically modified organism)라고 부른다[54]. 처음으로 미국식품의약국의 승인을 받아서 시판에 들어간 첫 번째 농산물은 **플레브 세이브 토마토**(Flavr Savr tomato)였다. 이 토마토는 1994년 칼젠(Calgene)이라는 회사가 개발한 유전자 변형 토마토로서 숙성 기간이 길어서 긴 유통 과정 중에도 무르지 않고 오랫동안 보관할 수 있는 토마토로 유명하다. 이렇게 시작된 유전자 변형 농작물은 옥수수, 목화, 쌀, 콩, 호박, 파파야, 카놀라 등이 상업적 경작을 승인받아 재배되고 있다. 2015년에는 미국에서 경작하는 옥수수의 92%, 목화 94% 및 콩 94%가 유전적으로 변형된 작물들로 재배되고 있는 실정이다.

옥수수를 예로 들어서 유전자 변형 농작물의 득실을 알아보자. 우선 유전사 변형 옥수수는 7% 이상 수확량이 증가되어서 매년 8천8백만 명 이상을 더 먹여 살릴 수 있는 능력을 가지고 있다. 그뿐만이 아니라 제초제도 6% 이상 적게 사용되어 농부의 수입도 증대되는 장점을 가지고 있다. 유전적으로 변형된 연어도 크기나 무게가 2배 이상 차이가 나게 된다(그림 13-10)[109]. 따라서 유전자 변형 농수산물은 인류에 이득이 되는 부분을 많이 가지고 있다. 우선 해충이나 잡초에 강해서 수확량이 증가할 뿐 아니라 농약 사용을 줄일 수 있기 때문에 환경을 보호할 수 있고, 플레브 세이브 토마토처럼 유통 과정에서 부패되지 않기 때문에 방부제를 사용하지 않고도 오래 보관할 수 있는 장점이 있다. 또한 소금이나 추위 또는 가뭄에 강한 농작물을 만들 수 있기 때문에 재배 환경을 넓혀 나갈 수 있는 장점도 있다. 그뿐 아니라 영양 성분을 높이거나 특정 영양분을 강화한 농작물을 만들어서 인류의 건강 증진에 이바지할 수도 있다. 그러나 유전자 변형 농작물에 전혀 문제점이 없는 것은 아니다. 우선 제일 먼저 등장한 논란거리가 바로 안전성 문제이다. 실제 유전자 변형 농작물로 인한 안전성 문제가 현실로 밝혀진 것은 없지만, 아직도 안전성 문제에 의문을 제기하는 사람들이 많이 있다. 그다음은 환경 문제이다. 유전자 변형 식물들은 해충이나 잡초에 저항성이 강하기 때문에 앞으로 이러한 저항성을 뚫고 더 강력한 슈퍼 잡초나 해충이 출현할 것이라는 우려도 있다. 또한 유전자 변형 농작물에 대한 특허나 지적 재산권에 대한 분쟁 등이 단점으로 지적될 수도 있다. 실제 동물세포에 비하여 식물세포는 세포벽이라는 두꺼운 장벽을 가지고 있기 때문에 유전자를 변형시키는 데 어려움이 많다. 식물에서는 유전자 운반체로 아그로 박테리아의 Ti 플라스미드에 있는 T DNA라는 부분을 운반체로 쓰기도 하고, 유전자 총이나 전기를 이용하여 DNA를 세포 속으로 보내기도 한다.

유전자 변형 연어
길이: 61cm
무게: 3kg

양식 연어
길이: 33cm
무게: 1.3kg

두 마리 모두 18개월 키움

그림 13-10. 유전자 변형 연어와 양식 연어의 차이[13-10].

더불어 유전공학이 농산물에 기여할 부분은 농작물에 생기는 질병을 해결해 줄 수 있다는 점이다. 보리에 생기는 흰가루병인 **백분병**(白粉病, powdery mildew)은 Mlo라는 유전자 돌연변이에 의해서 생기는 질병이지만, 크리스퍼를 이용하여 이 돌연변이를 교정해서 완전 치유시킨 경우가 좋은 사례라고 볼 수 있다. 앞으로 유전자 변형 기술을 이용하여 뿔이 자라지 않는 소를 만들거나, 마이오스타틴 유전자를 돌연변이시켜서 더 큰 근육질을 가진 군견이나 경찰견이 군인이나 경찰을 도울 수 있는 시대에 접어들고 있다. 또한 척박하고 건조한 땅에서도 잘 자라는 농작물을 개발하여 사막지대를 농토로 이용할 수 있는 연구가 진행되고 있고, 짠물이 스며 있는 간척지도 좋은 농토로 이용할 수 있을 것이다. 또한 추위에 강한 식물은 얼어붙은 땅에서도 농산물을 생산해 줄 것이다. 크리스퍼를 이용한 유전자 변형 농작물이나 수산물의 미래는 인류를 식량부족에서 해결해 줄 수 있는 방법 중 하나로 떠오르고 있다.

### 4) 산업 분야

산업 분야에서 유전자 편집 기술은 다양한 분야에서 이용되거나 발전하고 있다. 그림 13-11은 인간에 의해서 저질러진 환경 피해가 얼마나 심각한지를 보여 주는 사진이다. 이렇

그림 13-11. 기름 유출 사건으로 인한 환경피해. (출처: Governor Jindal's office[13-11])

게 쏟아진 기름을 인간의 힘으로 제거하기는 불가능한 경우가 많다. 이미 슈도모나스(pseudomonas) 세균을 유전적으로 변형시켜서 기름으로 오염된 바다나 강을 청소하는 방법이 1970년대부터 시작되고 있다. 이러한 세균이나 균류를 이용하여 긴 사슬의 탄화수소(hydrocarbon)를 소화시켜서 물과 이산화탄소로 바꾸어 주는 유전자 변형 세균은 인간과 동식물을 재해로부터 동시에 구조해 주는 유익한 생명체로 인식될 것이다. 그뿐만 아니라 유독성이 강한 산업 폐기물도 이들 미생물을 이용하여 처리할 방법들이 유전공학 속에 들어 있을 수 있다. 또한 유전자 변형 세균을 이용하여 디젤이나 가솔린을 생산해 낼 수 있다면, 인류의 미래는 더 밝아질 것이다. 이는 소크연구소(Salk Institute)와 캘리포니아대학교 버클리 캠퍼스의 과학자들이 공동으로 대장균을 유전적으로 변형시켜서 디젤이나 가솔린을 만들 수 있는 방법을 연구하고 있다. 즉, 이것은 대장균으로 하여금 탄수화물 덩어리이자 식물의 골격을 형성하는 셀룰로스(cellulose)를 분해하여 이를 포도당으로 만들고, 다시 이 포도당을 긴 사슬의 탄화수소로 전환시켜서 디젤 기름을 만드는 프로젝트이다. 그뿐만 아니라 짧은 사슬의 탄화수소로 전환시키면 우리가 자동차에서 사용하는 가솔린을 대장균이 만들어 낼 수도 있을 것이다.

미국 유타주립대학의 유전학 교수인 **랜디 루이스**(Randy Lewis)는 프레클스(freckles)라는 거미줄을 만들어 내는 거미 염소를 만들어 내었다. 원래 거미줄은 강도나 탄성 좋고 물에 녹지 않아서 방탄복이나 타이어 등의 제조에 요긴하게 쓰일 수 있는 재료이다. 그는 염소의 젖을 생산하도록 지시하는 유전자 옆에 아메리카 무당거미(Nephila clavipes)의 유전자를 끼워 넣었다. 즉, 그는 염소의 난자 속에 무당거미의 유전자를 붙여 넣은 후 이 수정란을 대리모 역할을 하는 염소에 착상시켜서 새끼를 낳게 만들었다(이 과정은 '줄기세포' 편에서 자세히 다룰 것이다). 이렇게 낳은 새끼는 성체가 되면 거미줄이 들어 있는 젖을 분비하게 될 것이다[98]. 이런 과정은 앞으로 직물 산업의 역동적인 개편으로 이어질 가능성이 높아 보인다. 제한효소에서 시작된 인간의 유전자 변형 기술은 크리스퍼에서 기술적 한계가 풀리면서, 앞으로 인간과 이 지구상에 사는 생명체에 축복이 될 것인지 혹은 재앙이 될 것인지는 결국 인간의 손에 달려 있다고 할 수 있다.

## 제3절 줄기세포 및 생물 복제

1960년대부터 불붙기 시작한 **줄기세포**(-細胞, stem cell, 幹細胞) 열풍은 인류의 역사상 질병을 극복할 수 있는 가능성과 인류를 재앙으로 몰아넣을 수 있는 가능성을 동시에 가지고 있다는 점에서 관심을 끄는 과제이다. 따라서 줄기세포의 역사와 종류 및 특징을 다루고, 각각의 줄기세포에 따른 장단점 및 이용 분야에 대하여 기술할 것이다. 또한 줄기세포 기술로 인하여 파생된 인간을 포함한 생물 복제 문제와 최근에 진행되고 있는 합성 유전자에 의한 생명의 창조라는 개념이 어디까지 진행되고 있는지에 대해서도 알아볼 것이다.

### 1. 개요 및 역사

줄기세포는 생물체를 구성하는 모든 세포를 만들어 낼 수 있는 능력을 갖춘 미분화 세포라고 말할 수 있다. 즉, 인간은 270여 종의 세포를 가지고 있고 이 모든 세포를 만들어 낼 수 있는 세포가 줄기세포이다. 따라서 줄기세포는 당연히 생명체의 성장과 재생에 밀접한 연관 관계를 가진다고 할 수 있다. 그러나 줄기세포는 다른 세포를 만들어 내는 재주만 있는 것이 아니라 끊임없이 자신도 스스로 만들어 내는 **자가재생**(自家再生, self-renewal)도 일어나야 한다. 따라서 줄기세포가 새로운 세포를 만들어 내고 자신도 만들어야 하는 과제는 두 가지 방법으로 일어난다. 첫째는 **비대칭 세포분화**(非對稱細胞分化, asymmetrical cell division) 방법이다. 이 방법은 세포분열이 일어나면, 자신과 동일한 세포 한 개와 다른 세포가 될 딸세포로 분열한다. 그다음 방법은 **확률적 세포분화**(確率的細胞分化, stochastic differentiation)이다. 이 방법은 비대칭 세포분화와는 다르게 한 개의 줄기세포는 두 개의 딸세포로 갈라지고, 다른 줄기세포는 자신과 동일한 두 개의 줄기세포를 만들게 된다[108]. 이렇게 줄기세포는 텔로머레이스(telomerase)가 풍부한 점을 이용하여, 다른 세포로 분화되어 갈 딸세포와 자기를 스스로 만들어 내면서 줄기세포의 고갈 현상이 오지 않게 분열하고 있다.

또 다른 줄기세포의 특징은 줄기세포가 수정란에서 시작하여 분할이 진행되면서 **분화능**(分化能, differentiation potential)에 차이가 생긴다는 점이다. 분화능은 그림 13-12에

13

13

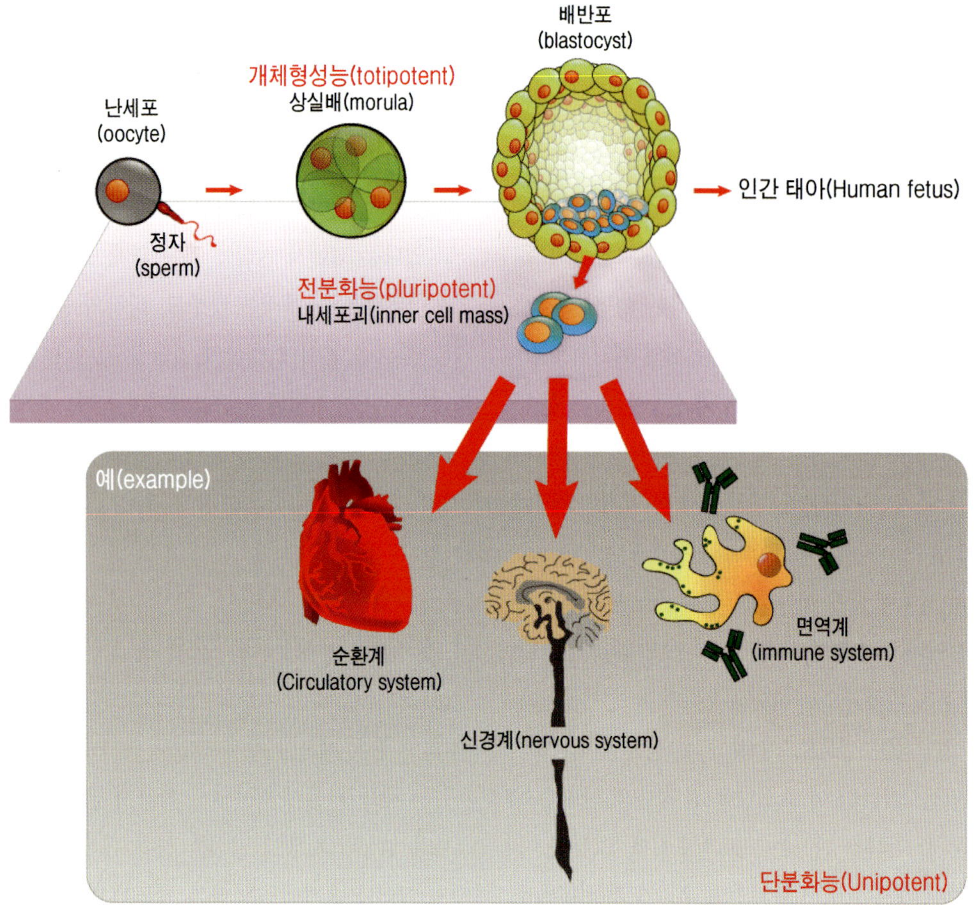


그림 13-12. 줄기세포의 분화능에 관한 도해. (출처: Mike Jones[13-12])

서 보는 것처럼 단 한 개의 세포인 수정란에서 시작한다. 먼저 수정 후 3~4일이 지나면 수정란이 분할하여 8개 정도의 세포로 늘어나서 **상실배**(桑實胚, morula) 단계에 접어든다(그림 6-31, 6-32 참고). 이 단계에 있는 세포들은 각기 하나의 완전한 개체로 자라날 수 있는 충분한 능력을 갖추고 있다. 따라서 우리는 이 단계에 있는 세포의 분화능력을 **개체형성능**(個體形成能, totipotent)이라고 부른다. 우리가 보는 일란성 쌍둥이는 이 시기에 배가 두 개로 갈라져서 생겨난 것이다. 다시 상실배가 1~2일이 더 지나면 **배반포**(胚盤胞, blastocyst) 단계에 접어들면서 **영양막**(營養膜, trophoblast)과 **내세포괴**(內細胞塊, 내괴, inner cell mass, embryoblast)가 생겨난다. 영양막은 앞으로 태반을 형성할 것이고, 이 시점에서 내세포괴의 세포는 50~150여 개가 된다. 이렇게 생겨난 내세포괴는 삼배엽인 내배엽, 중배엽, 외배엽을 형성하여서 개체를 만들 것이다. 따라서 이 상태의 분화능을 **전분화능**(全分化能, pluripotent)이라고 부른다. 그렇다면 전분화능이 있는 세포는 모든 것을 만들어 낼 수 있지만 단 한 가지 구조를 만들 수가 없다. 아마도 눈치가 빠른 독자분들은 이 구조가 무엇인지를 알아차렸을 것이다. 바로 태반이다. 우리가 말하는 좁은 의미의 줄기세포는 **배아**(胚芽, embryo)를 파괴하고 그 안에 들어 있는 내세포괴 세포를 꺼내어서 세포배양을 한 것이다. 이러한 분화능은 배아가 분열해 갈수록 점점 좁아져서, 다양한 세포를 만들 수가 없고 제한적인 세포만 만들 수 있게 된다. **다분화능**(多分化能, multipotent) 줄기세포는 관련된 유형의 몇 개의 세포로만 분화될 수 있고, **이분화능**(二分化能, Bipotent) 줄기세포는 두 개의 세포로만, **단분화능**(單分化能, unipotent) 줄기세포는 단 한 개의 세포로만 분열할 수 있게 된다[6]. 따라서 포유류의 분화능은 단순한 생명체에 비하여 세포 수가 엄청나게 많기 때문에 이들을 유지 관리하기 위하여 각 세포가 가지고 있는 자유를 빼앗아서 그

세포의 능력을 제한한다고 볼 수 있다. 이러한 양상을 영국의 생물학자인 **콘래드 와딩턴**(Conrad H. Waddington, 1905~1975)은 1950년대 후생유전학적 풍경(epigenetic landscape)이라는 말로 잘 표현하였다. 즉, 개체형성능 줄기세포가 산꼭대기에서 밑으로 떨어지는 구슬과 같이 갈라진 골짜기를 타고 내려와서 드디어 한 개의 세포로 탄생하는 것에 비유한 것이다. 그는 이렇게 골짜기를 내려와서 한 개의 세포로 분화되어 버리면, 다시 옛날의 개체형성능이나 전분화능 줄기세포인 산꼭대기로 되돌아갈 수 없다고 생각하였다. 그러나 실제 약 60년이 흐른 지금에는 산기슭의 세포가 다시 산꼭대기로 올라갈 수 있는 방법을 인간은 찾아내게 되었다.

이러한 세포의 분화능 차이는 결국 포유류나 인간은 세포 재생에 많은 제약을 가질 수밖에 없다. 그러나 세포 구조가 간단한 편인 편형동물에 속하는 플라나리아(planaria)는 자신의 몸을 279개로 잘라도 그 한쪽만 있으면 다시 성체 플라나리아로 재생될 수 있다. 그뿐만 아니라 식물은 단 한 개의 세포로부터 다 자란 식물을 다시 만들어 낼 수 있다. 예를 들면, 당근 뿌리의 세포를 배양해서 그중 한 세포를 키우면 다시 당근으로 성장시킬 수 있게 된다. 그러나 인간을 포함한 포유류는 한쪽 팔이 잘려져 나가면 다시 새로운 팔이 생겨날 수가 있을까? 이들은 복제 배아 줄기세포나 유도만능 줄기세포에서 해답을 줄 것이다.

인간이 이용할 수 있는 줄기세포는 크게 4가지 종류로 분류할 수 있다. 제일 먼저 설명해야 할 줄기세포는 **배아 줄기세포**와 **복제 배아 줄기세포**이다[73]. 이들은 배아에서 줄기세포를 얻기 때문에 붙여진 이름이다. 그다음은 **성체 줄기세포**로서 성체에 존재하는 줄기세포를 말한다. 마지막으로 **유도만능 줄기세포**는 체세포의 핵을 이용하여 줄기세포를 만드는 획기적인 방법을 말한다. 이들은 바로 다음 항에서 자세히 다룰 것이다.

줄기세포라는 용어가 처음으로 제안된 것은 20세기 초반인 1908년 베를린 혈액학회에서 러시아계 미국인인 시카고대학의 해부학 교수였던 **알렉산더 막시모프**(Alexander Maksimov, 1874~1928)에 의해서였다. 그는 러시아 혁명 후 공산주의를 피해서 미국으로 망명한 학자였다. 2012년 노벨 생리의학상을 받은 영국의 생물학자인 **존 거든**(John Gurdon, 1933~)은 1962년 줄기세포 연구에서 중요한 실험과 발견을 이루었다. 그는 개구리 난자에 자외선을 쪼여서 핵을 제거한 후 올챙이 소장의 상피에 있는 핵을 이식해서 올챙이로 발생시키는 데 성공하였다. 그는 이미 분화되어 골짜기로 떨어진 세포도 다시 전분화능을 회복시킬 수 있다는 결론을 내리게 되었다. 이 실험의 결과는 **체세포 핵치환술**(體細胞核置換術, Somatic cell nuclear transfer, SCNT)이 되어 복제 양 돌리를 탄생시키고, 유도만능 줄기세포를 만들어 낼 수 있는 기반을 마련해 주었다고 할 수 있다[66,106]. 이어서 1년 후에는 캐나다 토론토대학의 세포생물학자인 **어니스트 매컬로치**(Ernest McCulloch, 1926~2011)와 그의 동료들에 의해서 최초로 줄기세포가 존재한다는 사실이 증명되었다.

1978년에는 이미 기술한 바와 같이 영국의 산부인과 의사인 **패트릭 스텝토**(Patrick Steptoe, 1913~1988)와 그의 동료들에 의하여 체외수정 방법으로 최초의 시험관 아기를 탄생시킴으로써 인간을 포함한 동물의 복제 기술에 초석을 놓았다고 할 수 있다. 드디어 1981년 영국의 생물학자 **마틴 에번스**(Martin Evans, 1941~)는 최초로 생쥐에서 배아 줄기세포를 만들어 2007년 노벨 생리의학상을 수상하게 되었다. 또한 1996년에는 존 거든이 가능성을 제시한 체세포 핵이식술을 이용하여 영국의 **이언 윌머트**(Ian Wilmut, 1944~)가 복제 양 돌리를 탄생시키게 되었다. 복제 양 돌리의 등장은 인간이 핵을 이식하여 동물을 복제할 수 있다는 사실이 현실로 다가왔음을 알리는 신호탄이 되었다. 마틴 에번스가 생쥐의 배아 줄기세포를 만든 지 얼마 지나지 않아 미국 위스콘신대학의 **제임스 톰슨**(James Thomson)은 최초로 인간의 배아 줄기세포를 만드는 데 성공하였다. 그 뒤를 이어 일본 이화학연구소의 **와카야마 데루히코**(Wakayama Teruhiko)가 처음으로 생쥐 복제 배아 줄기세포를 만들어 내었다. 한국에서는 서울대 수의학과 황우석 교수의 불미스러운 일이 벌어진 때가 2004년이다. 그는 최초로 인간 복제 줄기세포를 만들었다고 발표했지만 거짓으로 밝혀져서 모두를 실망시키기도 하였다. 드디어 2006년 가장 획기적인 유도만능 줄기세포가 일본의 **야마나카 신야**(Yamanaka Shinya) 교수에 의해 쥐에서 만들어졌다. 그는 바로 뒤이어서 2007년 인간에서 유도만능 줄기세포를 만들어 내는 기염을 토해 낸다. 그의 경력은 대단히 특이하다. 그는 원래 정형외과를 전공한 임상 의사였지만, 이 직업을 포기하고 기초의학 연구자로 변신하였고, 유도 2단이자 마라톤을 수차례 완주한 경력을 가진 학자였다. 그와 똑같은 경쟁 관계에 있던 위스콘신대학의 제임스 톰슨은 먼저 인간의 배아 줄기세포를 만들었지만, 유도만능 줄기세포를 쥐에서 먼저 만든 사람은 야마나카 신야 교수였다. 그러나 인간만능 줄기세포의 성공 발표는 2007년 같은 날 동시에 발표하게 되었다. 야마나카 신야는 2012년 영국의 존 거든과 같이 노벨 생리의학상을 공동 수상하였다. 또한 같은 해에는 미국 오리건주 보건과학대학교 **슈크라트 미탈리포프**(Shoukhrat Mitalipov, 1961~)가 원숭이에서 복제 배아 줄기세포를 만들었고, 2014년에는 황우석 교수가 거짓 보고한 인간 복제 배아세포가 그에 의해서 완성되었다. 2004년 일본판 황우석 사건이라고 불리는 자극야기 다능성 획득세포인 스탭(stimulus-triggered acquisition of pluripotency; STAP) 사건이 벌어진다. 이화학연구소의 오보카타 하루코는 약산성 용액으로 이 세포들을 얻었다고 보고했지만 거짓으로 판명되었다. 이런 사실들은 줄기세포 연구가 전 세계적으로 얼마나 치열하게 진행되고 있는지를 보여 주는 현장이라고 할 수 있다. 앞으로 다양한 줄기세포의 발전과 유전공학의 혼합이 인간과 생명체 전체를 어떻게 끌고 갈 것인지는 무척 흥미 있고 걱정스러운 면을 동시에 가진다고 할 수 있다. 지금부터 줄기세포의 종류와 이들이 어떤 과정을 거쳐서 만들어지는지를 살펴보자.

## 2. 줄기세포

### 1) 배아 줄기세포

**배아 줄기세포**(胚芽-細胞, embryonic stem cell)는 배아에서 만드는 줄기세포를 말한다. 즉, 수정란이 4~5일이 지나면 상실배기를 거쳐서 배반포 시기에 도달한다. 배반포는 그림 13-12와 같이 바깥쪽으로 태반이 만들어질 **영양막**(營養膜, trophoblast)이 둘러싸고, 안으로는 50~150여 개의 세포가 들어 있는 **내세포괴**(內細胞塊, 내괴, inner cell mass, embryoblast)가 생겨난다. 이 내세포괴는 그림 6-32와 같이 **상판**(上板, 배반엽 상층, epiblast)과 **하판**(下版, 배반엽 하층, hypoblast)으로 나누어지고, 다시 이 중간으로 중배엽이 생기면서 **외배엽**(外胚葉, Ectoderm), **중배엽**(中胚葉, Mesoderm) 및 **내배엽**(內胚葉, Endoderm)이 완성될 것이다. 따라서 내세포괴에 있는 세포들은 그 분화능이 태반을 제외한 모든 세포들을 만들 수 있는 능력이 있다. 우리는 이런 분화능을 이미 기술한 대로 **전분화능**(全分化能, pluripotent)이라고 부른다. 이 배아 줄기세포는 그림 13-12에서 보는 대로 착상이 되면 태아로 성장할 수 있는 배반포를 파괴해야만 줄기세포를 얻을 수 있다. 즉, 이 내세포괴를 끄집어내 배양을 해야 얻을 수 있는 세포가 배아 줄기세포이다. 따라서 인간 배아 줄기세포는 윤리적 문제를 야기시키고 면역 거부반응이 생긴다. 그뿐만 아니라 왕성한 분화능력의 조절이 어려워서 암으로 진행될 가능성이 높다는 단점이 있다. 그러나 대량 증식이 가능하며 모든 신체의 세포로 분화시킬 수 있다는 장점이 있다. 생쥐에서 배아 줄기세포가 처음 만들어진 것은 1981년 **마틴 에번스**(Martin Evans, 1941~)에 의해서였고, 인간 배아 줄기세포가 성공한 것은 1998년 위스콘신대학의 **제임스 톰슨**(James Thomson)이 처음이었다. 인간 배아 줄기세포의 역사는 현재 20년이 조금 지나고 있는 실정이다.

### 2) 복제 배아 줄기세포

배아 줄기세포에서 한 단계 더 발달한 형태가 **복제 배아 줄기세포**(複製胚芽-細胞, cloned embryonic stem cell)이다. 이것은 같은 배아 줄기세포지만 만드는 과정이 다르다. 먼저 원숭이 복제 배아 줄기세포를 만드는 과정을 살펴보자. 처음 암컷 원숭이에서 난자를 채취해서 핵을 제거한다. 그다음 다른 원숭이의 체세포에서 핵을 추출한 후 이 핵을 이미 핵이 제거된 난자에 넣어 준다. 즉, 핵을 바꿔치기한 셈이다(그림 13-13). 이렇게 핵이 바뀐 채로 분할을 시작한 세포를 배양해서 만들어 낸 세포가 복제 배아 줄기세포이다. 그러나 만약 핵이 바뀐 세포를 대리모에 착상시킨다면 어떤 결과로 이어질까? 이는 핵을 제공한 공여자의 복제 원숭이가 태어나게 된다. 만약 이런 방법을 인간에게 적용하면 어떻게 될까? 우리는 가장 우려하는 **인간 복제**(人間複製, human cloning)가 일어나는 셈이다. 생물 복제에 관해서는 조금 후에 다시 다루기로 하자. 복제 배아 줄기세포를 만드는 과정은 핵을 바꾸는 방법이다. 따라서 우리는 이런 방법을 **체세포 핵치환술**(體細

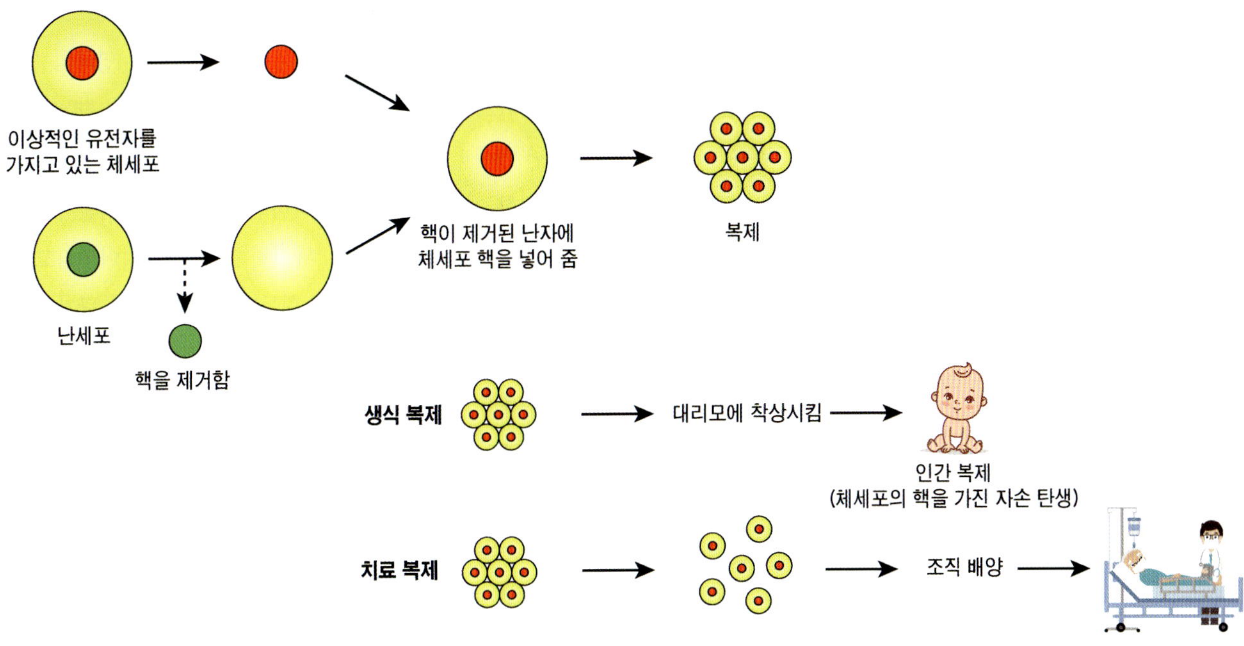


그림 13-13. 체세포 핵치환술에 관한 모식도. (출처: Wikibob[13-13])

胞核置換術, somatic cell nuclear transfer)이라고 부른다. 그렇다면 어떻게 성체의 원숭이 체세포의 핵이 난자 속으로 이식되면, 분화가 이미 완성된 체세포가 다시 개체형성능을 획득할 수 있을까? 이는 콘래드 와딩턴이 주장했던 분화능과는 다른 결과가 나타난다는 뜻이다[93]. 즉, 골짜기로 내려간 세포가 다시 꼭대기로 올라가는 일이 벌어진 것이다. 이런 생각은 이미 1962년 존 거든의 개구리 실험에서도 증명된 사실들이다. 이 개념은 조금 후에 기술할 유도만능 줄기세포에서 다시 다룰 것이다. 복제 배아 줄기세포를 생쥐에서 처음 만든 사람은 2001년 일본 이화학연구소의 와카야마 데루히코였고, 원숭이에서 성공한 사람은 2007년 미국 오리건주 보건과학대학의 슈크라트 미탈리포프 교수였다. 그는 이어서 6년 후에 인간 복제 배아 줄기세포를 만드는 데도 성공하였다. 그렇다면 복제 배아 줄기세포는 어떤 단점을 가지고 있을까? 먼저 윤리적 문제는 배아 줄기세포와 마찬가지로 당연히 제기될 것이고 거부반응도 우려될 것이다. 또한 높은 분화능으로 인하여 암으로 번질 가능성도 배제할 수 없다.

### 3) 성체 줄기세포

**성체 줄기세포**(成體-細胞, adult stem cell)는 우리 몸안에 들어 있는 줄기세포를 말한다. 몸안에 성체 줄기세포가 있어야 하는 이유는 인체를 구성하는 세포들의 손상이나 노화에 대하여 수선이나 교체 등을 위해서이다. 주로 있는 장소는 골수, 혈액, 혈관, 골격근, 뇌, 피부 및 간 등에 있게 된다. 예를 들어 보자. 피부세포는 2~4주마다 떨어져 나가고 새로운 세포가 자라 나온다. 위나 소장의 상피세포는 3~5일마다 새로운 세포로 대치된다. 왜냐하면 강한 산성의 위액이 상피세포를 손상시키기 때문이다. 따라서 이렇게 손상된 세포를 대체하거나 수선하는 세포가 바로 성체 줄기세포라 할 수 있다. 우리가 흔히 성체 줄기세포를 추출할 수 있는 곳은 대퇴골이나 장골 또는 흉골에서 골수를 채취하거나, 지방흡입술을 이용하여 지방조직에서 얻거나, 말초 혈액에서 얻을 수 있다. 그 이외에도 출생 직후 아이의 탯줄인 **제대혈**(臍帶血, umbilical cord blood)에서도 얻을 수 있다. 이렇게 얻은 성체 줄기세포는 분화능이 배아 줄기세포나 복제 배아 줄기세포에 비하여 제한적이다. 예를 들면, 골수 속에 있는 **조혈모세포**(造血母細胞, hematopoietic stem cell)는 혈액이나 임파구로만 분화할 수 있다. **중간엽 줄기세포**(中間葉-細胞, mesenchymal stem cell)도 뼈나 연골조직 및 지방세포로 분화될 수 있지만 다른 세포로는 분화될 수 없다. 환자에게서 추출한 성체 줄기세포는 자신에게 직접 투여할 수 있기 때문에 면역반응은 걱정하지 않아도 될 것이고 윤리적 문제가 일어나지도 않는다. 이런 성체 줄기세포의 이식은 예전부터 **골수이식**(骨髓移植, bone marrow transplantation)술로서 환자 치료에 널리 이용되어 왔다. 그러나 성체 줄기세포도 단점을 많이 가지고 있다. 이것은 대량 생산이 어려울 뿐 아니라 배아 줄기세포에 비하여 분화능력이 낮다는 단점을 가지고 있다. 즉, 피부 줄기세포는 피부세포로만 분화할 수 있다는 의미이다.

### 4) 유도만능 줄기세포

유전공학에서 크리스퍼의 등장이 엄청난 파장을 일으킨 것과 같이 줄기세포의 연구 분야에서 충격적인 사건은 아마도 **유도만능 줄기세포**(誘導萬能-細胞, 인공 다기능 줄기세포, induced pluripotent stem cell; iPS cell)의 출현일 것이다[64]. 유도만능 줄기세포는 말 그대로 체세포를 인공적으로 전능성을 가진 줄기세포로 다시 만들 수 있다는 의미이다. 예를 들면, 성체 피부 줄기세포는 피부세포로밖에 분화되지 못한다. 그러나 분화가 다 끝난 피부세포를 어떤 방법을 동원하여 전능성을 가진 줄기세포로 다시 바꿀 수 있다는 것은 줄기세포 연구의 혁신적인 기술이라고 할 수 있다. 왜냐하면 수정란은 분열할 때마다 분화능은 잃어버리는 대신 전문성을 획득하기 때문이다.

그렇다면 어떤 방법으로 피부세포를 다시 줄기세포로 바꿀 수 있을까? 이 문제의 해답을 제시해 준 사람은 영국의 생물학자이자 노벨 생리의학상을 수상한 존 거든이다. 그는 이미 1962년 개구리 실험을 통해서 올챙이 소장의 상피세포를 핵을 제거한 개구리 알에다 이식하면 올챙이가 태어난다는 것을 알아차린 학자이다. 즉, 완전히 분화능을 잃어버리고 소장의 상피세포라는 전문성을 획득한 세포의 핵이 난자 안에만 들어가면 다시 분화능을 되살린다는 것이다. 우리는 이렇게 피부세포 등이 줄기세포로 변하는 과정을 **초기화**(初期化, reset, 역전사) 또는 **재프로그래밍**(reprogramming)이라고 부른다. 따라서 난자 속에는 분화능이 사라진 세포의 핵을 다시 분화능을 회복시키는 무엇인가가 있을 것이라고 생각한 학자가 일본 교토대학의 **야마나카 신야**(山中伸弥, Yamanaka Shinya, 1962~)와 미국 위스콘신대학의 **제임스 톰슨**이었다. 제임스 톰슨은 이미 1998년 인간 배아 줄기세포를 만든 학자이기도 하다. 우선 야마나카 이야기부터 해 보자. 야마나카는 배아 줄기세포 속에 활발히 작용하는 100개의 유전자를 4년에 걸쳐서 24개로 압축하고 최종적으로 4개의 초기화 유전자를 찾아내게 되었다. 이 유전자가 **야마나카 인자**(Yamanaka factors)로 알려진 Oct3/4, Sox2, Klf4 및 c-Myc이다(그림 13-14). 즉, 어떤 몸안의 체세포라도 이 4가지 유전자를 바이러스를 이용해서 세포핵 안으로 주입하면, 이 세포는 다시

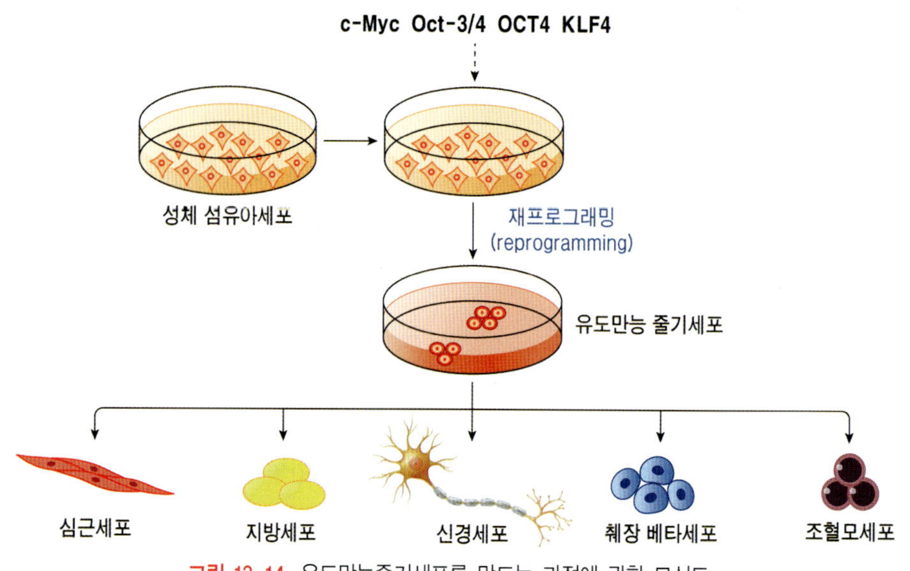


그림 13-14. 유도만능줄기세포를 만드는 과정에 관한 모식도.

분화능을 회복하고 초기화되어 전능성을 가진 줄기세포로 바뀌는 것이다. 우리가 유도만능 줄기세포에 감탄하는 이유가 여기에 있다. 이렇게 만들어진 유도만능 줄기세포는 간세포나 심장세포 또는 신경세포 등으로 분화시켜 환자를 치료할 수도 있을 것이고, 질병 모델링으로 사용하거나 신약에 대한 효과 여부를 실험할 수 있는 좋은 재료가 될 것이다. 야마나카는 실제 **섬유아세포**(纖維芽細胞, fibroblast)에 4개의 유전자를 주입시켜 유도만능 줄기세포를 만드는 데 성공하였다. 그가 생쥐에서 유도만능 줄기세포를 만든 것은 2006년이고, 그다음 해인 2007년에는 인간 유도만능 줄기세포를 만드는 데도 성공하게 되었다. 그는 이런 업적으로 인하여 최단기간인 2012년 존 거든과 같이 노벨 생리의학상을 수상하게 되었다. 한편 2007년 11월 20일 야마나카 신야 교수는 유도만능 줄기세포에 관한 논문을 "세포(Cell)" 지에 게재하였고, 같은 날 제임스 톰슨 교수도 "과학(Science)" 지에 동일 내용을 발표하게 되었다. 제임스 톰슨 교수는 초기화를 시키는 유전자로 Oct3/4와 Sox2는 야마나카와 같지만, 나머지 2개는 달라서 Nanog, Lin28이라는 유전자를 사용한다[111,112,129]. 그들이 굳이 유도만능 줄기세포를 'iPS' 세포라고 소문자를 고집하는 이유는 그 당시 애플사의 휴대 음악 플레이어인 iPOD가 유명했기 때문이다.

그렇다면 유도만능 줄기세포에는 문제점이 없을까? 우선 이 세포를 만들기 위해서는 바이러스를 이용하기 때문에 바이러스에 대한 문제점이 야기될 것이다. 리트로바이러스 운반체를 이용하여 유전자를 삽입시킬 때, 유전자 삽입 부위가 잘못되는 경우는 유전공학에서 다루었던 복잡한 합병증이 생길 수 있다. 즉, 정상적인 유전자의 기능이 소실되어 암이 생겨날 가능성이 있다. 그뿐 아니라 환자의 체세포를 유도만능 줄기세포로 만들려면 많은 경비와 시간이 걸린다는 단점도 있다. 또한 일반적인 줄기세포의 문제점이긴 하지만, 줄기세포를 우리가 원하는 심장세포나 신경세포 혹은 간세포 등으로 분화시킬 수 있는 확실한 방법을 아직까지 제대로 찾지 못하고 있다는 점이다. 그러나 면역반응이 없고 윤리적인 문제가 발생되지 않는 것은 당연하다. 유도만능 줄기세포가 우리의 최종 목표는 아니다. 유도만능 줄기세포는 예를 들어 피부세포를 줄기세포로 만들어서 다시 간세포로 만들어야 한다. 만약 우리가 피부세포를 바로 간세포로 만들 수 있다면 또 다른 세상이 우리에게 열릴 것이다. 지금까지 살펴본 각 줄기세포에 대한 장단점을 종합하여 간단히 압축하면 표 13-1과 같다.

### 5) 줄기세포의 이용

성체 줄기세포를 제외한 다른 줄기세포는 형태와 기능이 정해지지 않은 미분화 세포들이다. 또한 이들은 **텔로머레이스**(telomerase)를 가지고 있기 때문에 무한정 분열할 수 있는 능력을 갖추고 있다. 그뿐만 아니라 이들은 다른 세포로

표 13-1. 줄기세포에 대한 장단점 비교

| | 배아 줄기세포 | 복제 배아 줄기세포 | 성체 줄기세포 | 유도만능 줄기세포 |
|---|---|---|---|---|
| 세포의 기원 | 배아세포 | 핵이식 배아세포 | 태아 및 성체 줄기세포 | 체세포 |
| 분화능 | 높음 | 높음 | 낮음 | 높음 |
| 증식능력 | 높음 | 높음 | 낮음 | 높음 |
| 암 발생 가능성 | 높음 | 높음 | 낮음 | 높음 |
| 거부반응 | 있음 | 있음 | 없음 | 없음 |
| 난자 제공 | 필요함 | 필요함 | 필요 없음 | 필요 없음 |
| 생명 복제 가능성 | 없음 | 있음 | 없음 | 없음 |
| 바이러스 운반체 문제 | 없음 | 없음 | 없음 | 있음 |
| 윤리적 문제 | 있음 | 있음 | 없음 | 없음 |

13

분화되어 간다고 해도 줄기세포 자체가 고갈되지도 않는다. 왜냐하면 분열 후 일부는 다시 줄기세포로 되돌아오기 때문이다. 그렇다면 질병이 무엇 때문에 생기는지를 생각해 보자. 질병 원인의 상당수는 세포가 손상되어도 이 세포를 재생하거나 수선할 수 없기 때문에 발생한다. 만약 뇌졸중을 앓아서 반신이 마비된 환자에게 줄기세포를 이용하여 뇌신경세포를 재생시켜 준다면 어떻게 될까? 또한 인슐린 분비 세포가 손상되어서 당뇨병이 와 있는 환자에게 줄기세포를 이용하여 인슐린 분비 세포를 재생시켜 주면 어떻게 될까? 만약 척추를 다쳐서 하반신을 못쓰는 환자에게 척수 신경세포를 이식해서 재생시켜 준다면 어떤 일이 벌어질까? 결국 이러한 질병의 원인을 근본적으로 치료할 방법 중에서 줄기세포만큼 효과적인 방법은 없을 것이다. 따라서 우리는 줄기세포를 이용하여 인간을 치료할 수 있는 질병의 종류는 아주 다양하다고 할 수 있다. 좀 더 구체적으로 기술하면 성체 줄기세포를 제외한 다른 줄기세포들은 분화능이 높아서 어떤 세포로도 분화해 갈 수 있는 능력이 있다. 그러므로 새로운 기능과 형태를 가진 세포로 분화시킬 수만 있다면, 거의 모든 질환을 우리가 고칠 수 있다는 의미가 된다.

만약 우리가 한 개인의 체세포를 이용하여 복제 배아 줄기세포를 만들었다고 가정해 보자. 이 복제 배아 줄기세포는 그 개인의 유전자를 고스란히 가지고 있다. 그다음 이 줄기세포를 그 개인이 필요로 하는 신경세포나 근육세포, 골세포, 심지어 모세포(毛細胞, hair cell) 등으로 분화시킬 수 있다면 우리는 쉽게 난치병을 치료할 수 있을 것이다. 중풍을 고치고 알츠하이머병이나 파킨슨병을 어렵지 않게 완치시킬 수 있을 것이다. 또 관상동맥을 뚫어서 심장마비를 예방할 수 있을 것이고, 심장마비로 약해진 심근육을 회복시켜 줄 수도 있을 것이다. 또한 탈모로 마음고생하는 사람들의 고민을 손쉽게 해결해 주는 엄청난 위력을 발휘할 수도 있을 것이다. 아울러 개인의 배아 줄기세포에 의해서 만들어진 세포들을 실험모델로 이용하여, 약의 효과나 용량 등을 미리 검사해 볼 수 있는 **개인 맞춤형 치료**(personalized medicine, tailored treatment)가 가능한 시대로 접어들 것이다.

그러나 줄기세포에 대한 기술적 한계점은 아직 이 **세포치료**(細胞治療, cell therapy, cytotherapy)가 초기 단계에 머물러 있다는 것을 뜻한다. 왜냐하면 줄기세포를 원하는 세포로 분화시킬 수 있는 기술이 부족하고, 주입한 세포가 암으로 갈 가능성이 존재하며, 면역 거부반응이 생기고, 이식된 세포가 얼마나 오래 살 수 있는지에 대한 보장이 없기 때문이다. 또한 대량생산에 문제가 많고, 유전자를 옮기는 바이러스가 유발하는 문제점들이 상존하고 있다. 이런 결과는 아직도 미국식품의약국에서 판매 허가가 된 줄기세포 치료제가 없다는 점에서도 나타난다. 아직은 주입된 줄기세포들이 어떤 분화 과정을 거쳐서 정착되는지에 대한 정보가 부족하고 신뢰할 수 있는 효과를 측정하기에 어려움이 있기 때문이다. 한국은 2001년부터 현재까지 4개의 줄기세포 치료제가 승인을 받고 있다. 그렇지만 그 치료 효과 측면에서 충분한 수준에 도달했다고 말하기는 어려운 실정이다. 일본은 한국과는 다르게 조건부 승인이라는 제도를 통하여 의사의 판단하에 환자의 동의를 얻으면 줄기세포 치료를 할 수 있는 길을 열어 놓고 있다. 향후 줄기세포의 치료 가능성은 매우 높다고 할 수 있지만 좀 더 인내심을 가지고 지켜보아야 할 것이다.

## 3. 생물 복제

우리가 잘 아는 미국의 가수이자 영화배우인 **바브라 스트라이샌드**(Barbra Streisand, 1942~)는 2017년 애견인 사만다(Samantha)가 죽자 사만다의 구강과 입에서 채취한 세포를 이용하여 두 마리의 사만다 복제견을 만들어 입양하였다[19]. 그렇다면 과연 복제 생물은 어떻게 만들 수 있고 이들은 어떤 모습으로 살아갈 것인가? 더불어 이들의 운명은 원본 생물과 어떤 차이를 보일 것이며, 궁극적으로 생물의 복제는 어떤 의미를 지닐 것인지에 대한 의문들이 떠오를 것이다. 먼저 생물 복제가 자연에서는 어떻게 일어나고 있는지를 알아보자.

복제를 뜻하는 클론(clone)은 식물의 잔가지인 twig에서 온 말이다. 복제생물은 유성생식적으로 만들어진 생명체가 아니고 무성적으로 만들어진 것을 말한다. 그렇다면 복제라는 말이 왜 식물의 가지에서 왔을까? 클론을 쉽게 만들 수 있는 계통이 식물이기 때문이다. 우리는 복제 기술인 꺾꽂이를 이용해서 포도나 무화과 나무 또는 베고니아나 삼나무 등을 쉽게 복제해 낼 수 있다. 그뿐만 아니라 휘묻이나 접붙이기도 쉽게 식물을 복제하는 방법들이다. 이렇게 만들어진 복제 식물들은 농사를 짓는 데 아주 유용하게 사용된다. 즉, 자연 농법은 봄에 씨앗을 뿌리고 가을에 추수하는 방법을 써야 하지만, 클론 농사는 온실을 사용하여 1년 내내 수확할 수 있는 장점이 있다. 또한 씨앗으로 자란 농산물은 품질이 일정하지 않지만, 클론 농법으로 키운 작물은 품질이 일정한 장점도 있다. 그뿐만 아니라 당근은 뿌리에서 한 개의 세포를 떼어 내서 배양한 후 흙으로 옮겨 심으면 각 세포들이 한 개의 당근으로 성장하는 개체 성장능을 가지고 있다.

그렇다면 동물에서 일어나는 복제는 어떤 의미를 가질 것인가? 먼저 **체세포 핵치환술**(體細胞核置換術, somatic cell nuclear transfer; SCNT)의 개념은 이미 복제 배아 줄기세포에서 기술하였지만, 이것은 줄기세포의 발전사에서 가장 중요한 개념 중 하나로 자리잡고 있다. 처음 체세포 핵치환술을 실험하고 확인한 학자는 1962년 **존 거든**(John Gurdon, 1933~)이었다[58,73]. 존 거든이 개구리에서 했던 실험이 동물에서 처음으로 시행되어 최초의 복제 동물이 태어난 것은 그로부터 34년이 지난 1996년이다. 이 역사적 업적을 이루어 낸 학자는 영국 에든버러대학의 **이언 윌머트**(Ian Wilmut, 1944~)이었다. 그가 체세포 핵치환술에 의해서 복제 양 **돌리**(Dolly, 그림 13-15)를 탄생시킨 과정은 그림 13-16에 자세히 도식화되어 있다. 먼저 암양(A)의 유방조직에서 세포를 떼어낸 후 핵을 추출한다. 그다음 다른 암양(B)의 난자를 얻어서 핵을 제거한 후 암양 A에서 추출한 핵을 주입시킨다. 이렇게 발생한 초기 배아를 또 다른 암양(C)의 자궁에 착상시켜 키우면, 암양 A와 유전적으로 동일한 복제 양인 돌리가 태어나는 것이다. 윌머트가 복제 양에게 돌리라는 이름을 붙인 것은 그 당시 가슴이 풍만한 미국의 유명한 가수인 돌리 파튼(Dolly Parton, 1946~)에 착안한 것이다. 이 과정은 우리에게 무엇을 상기시켜 주는가? 먼저 암양 A의 유방세포는 분화능이 종착역에 도달한 세포이다. 이렇게 분화능이 전혀 없는 세포의 핵이 암양 B의 난자 속에 들어가면, 원래의 분화능을 회복하여 개체형성능을 가지게 된다는 것이다. 이러한 개념은 이미 유도만능 줄기세포의 탄생 과정에서도 기술되었다. 돌리는 다른 양들이 사는 평균 수명을 다 채우지 못했다. 보통 양들의 수명이 평균 11~12년인 데 비하여 돌리는 6년 7개월 만에 진행성 폐질환으로 안락사하게 되었다. 왜 돌리는 평균 수명을 누리지 못했을까? 이는 돌리를 만든 핵의 주인인 암양 A의 나이가 그 당시 6세였다는 것으로 결국 돌리는 암양 A의 여명만을 살았다고 볼 수 있다. 즉, 이미 나이가 들어서 돌연변이가 많이 축적된 핵을 받았다는 증거이기도 하다. 그뿐만 아니라 복제 동물은 수정이라는 과정 없이 태어난 동물이기 때문에 단명하거나 유산 혹은 사산이 흔하게 일어난다. 윌머트의 복제 양의 탄생은 다른 동물을 복제하는 기폭제로 작용하게 되었다. 1998년에는 쥐와 소가 복제되고 2000년에는 돼지가 복제되었다. 또한 2005년에는 한국에서도 최초로 스누피(Snuppy)라는 강아지가 복제되어 태어나게 되었다.

그림 13-15. 복제 양 돌리의 박제품. (출처: TimVickers/Royal Museum of Scotland[13-15])

또한 복제 양 돌리의 탄생은 생명체를 복제하는 것뿐만 아니라 이 기술을 이용하여 복제 배아 줄기세포를 만들 수 있는 길을 열어 놓았다. 왜냐하면 체세포 핵치환술을 이용하여 만든 배아를 자궁에 착상시키지 않고, 배아를 파괴시켜 내세포괴를 끄집어내어서 배양한 결과가 복제 배아 줄기세포이기 때문이다. 이런 과정을 통하여 일본의 와카야마 데루히코가 2001년 생쥐 복제 배아 줄기세포를 만드는 데 성공하였고, 인간 복제 배아 줄기세포는 2013년 슈크라트 미탈리포프가 완성시키게 되었다.

그렇다면 윌머트가 돌리를 만드는 과정 중에서 만약 암양 A, B, C를 인간으로 바꾸면 어떤 결과가 생겨날까? 우리는 인간의 복제라는 현실을 눈앞에 두게 된 셈이다. 인간 A의 체세포인 피부세포에서 핵을 추출하고 인간 B의 난자에서 핵

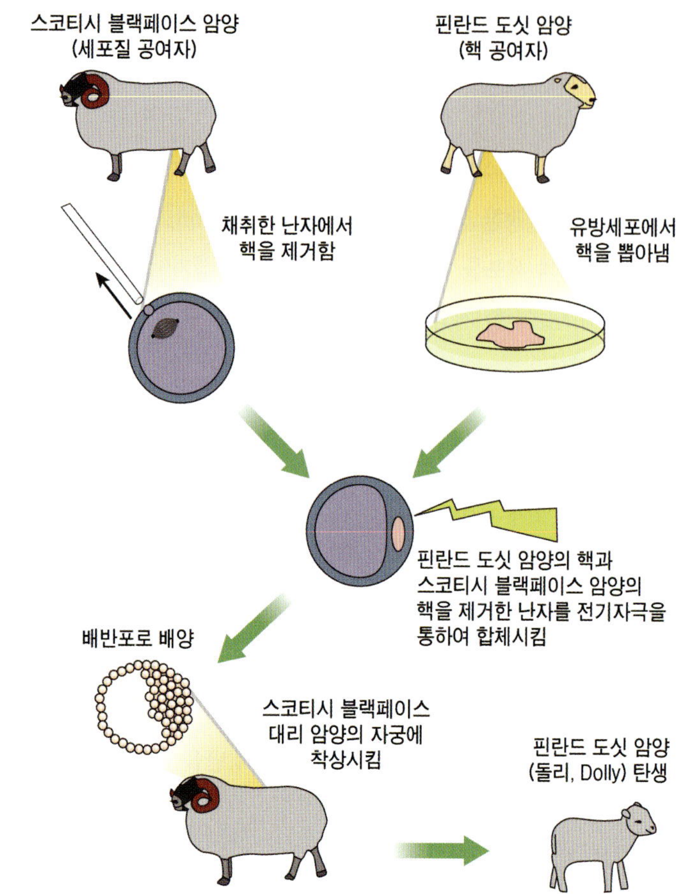


**그림 13-16.** 체세포 핵치환술에 의한 돌리의 탄생 과정. (출처: Squidonius[13-16])

을 제거한다. 그다음 인간 A의 추출된 핵을 인간 B의 핵이 제거된 난자에 집어넣고 발생시킨 후 배아를 인간 C의 자궁에 착상시켜 임신을 유지한다. 이렇게 태어난 아기는 결국 동일한 핵을 가진 인간 A의 복제인간이 되는 셈이다. 나와 유전적으로 똑같은 일란성 쌍둥이인 나의 복제인간을 만들 수 있는 시대가 성큼 다가와 있다고 할 수 있다[73]. 실제 1998년 미국의 **호세 시벨리**(Jose Cibelli) 등은 인간의 다리에 있는 세포에서 핵을 추출하고 소의 난자 핵과 치환시켜서 인간과 소의 잡종 세포를 만드는 데 성공하였다. 이들은 결국 이 잡종 배아를 12일이 지나자 폐기시키고 말았다[30]. 또 다른 인간 복제 시도는 2008년 **사무엘 우드**(Samuel H. Wood)가 자신의 피부세포를 인간 난자 핵과 치환시켜서 자신의 복제 배아를 만들어 낸 것이다. 그는 이 배아를 배반포까지 자라게 한 후 파괴시켜 버렸다. 우드의 자식들은 그의 유전자를 1/2만 가지고 있다. 그러나 우드의 복제 배아는 그의 유전자를 100% 가지고 있다[48]. 우드가 자신의 유전자를 가진 배반포를 파괴시킬 때 그는 무슨 생각을 하고 있었을까?

바브라 스트라이샌드가 죽은 애완견인 사만다를 복제한 후 그녀가 관찰한 사만다 복제견은 어떤 모습이었을까? 그녀가 "타임스" 지와의 인터뷰에서 밝힌 내용은 사만다의 복제견이 사만다와는 사뭇 달랐다는 것이다. 과연 그렇다면 복제 인간은 원본 인간과는 어떤 차이점이 있을까? 아마도 여러분들은 이 복제 인간이 원본 인간과 똑같을 것이라고 생각할 것이다. 예를 들어 보자. 일란성 쌍둥이로 태어난 두 아이는 성장 과정과 주어진 환경이 서로 같을 수 없기 때문에 성장이 진행될수록 차이가 난다. 비록 유전자가 동일하다고 하더라도 유전자는 환경에 의해서 절대적인 영향을 받게 된다. 따라서 여러 가지 유전자가 관여하는 고혈압이나 당뇨병 같은 질환이 서로 다르게 나타날 것이다. 그러나 이들이 겪어야 할 환경이나 성장 과정은 동시대에 진행된다는 특징이 있다. 그렇지만 인간 복제에서는 다를 수밖에 없다. 즉, 인간 A의 나이가 60세인 경우 그의 복제 인간 D는 인간 A에 비해서 나이가 60살이나 어리다. 따라서 비록 인간 A와 D가 같은 유전자를 가진 일란성 쌍둥이 관계라 하더라도 똑같을 수는 없다. 왜냐하면 인간 A와 복제 인간 D가 살아갈 환경과 문화가 서로 다르기 때문이다. 따라서 처음부터 일란성 쌍둥이로 태어난 경우보다 복제 관계의 일란성 쌍둥이가 훨씬 더 차이를 보일 것으로 추정하고 있다.

인간의 복제는 크게 두 가지 종류로 구분해서 생각해 볼 필요가 있다. 먼저 생식 목적의 복제 인간을 만드는 것이다. 현재 유엔 총회의 결정에 따라 100개국 이상이 생식 목적의 인간 복제를 금지하고 있다. 생식 목적의 인간 복제를 금지해야 하는 이유를 우리는 알고 있다. 그러나 이런 경우는 어떨까? 결혼한 부부가 한쪽의 결함으로 인하여 아기를 가지지 못하는 불임 부부라면 이들이 아기를 갖기 위해서는 제삼자의 개입이 꼭 필요하다. 즉, 남편의 정자와 다른 여성의 난자가 결합되어야 할 것이고, 반대로 부인의 난자와 제3의 남성 정자가 필요할 것이다. 만약 생식 목적의 인간 복제가 가능하다면 제삼자의 개입 없이 부부 중 한 사람의 유전자만으로 아기를 가질 수 있을 것이다. 이런 경우는 동성애 커플인 게이 커플이나 레즈비언 커플에게도 똑같이 적용될 수 있다. 그러나 이러한 인간 복제는 당연히 윤리적 문제와 기형이나 건강상의 문제를 야기할 위험이 따를 것이다. 또 다른 목적으로 이용되는 **치료용 복제**(治療用複製, therapeutic cloning)는 각국이 금지 조약을 체결하지 않고 연구 결과를 지켜보고 있는 중이다. 만약 인간의 복제 배아 줄기세포가 인간의 질병 치료에 이용된다면 어떤 결과들이 나타날까? 이는 복제 배아 줄기세포 및 줄기세포 이용 편에서 다루었다.

실제 인간 복제가 일어난 경우는 아직 보고되지 않았을 뿐만 아니라 불법이기도 하다. 그러나 다음과 같이 세 부모가 관여된 인간의 **미토콘드리아 대체요법**(mitochondrial replacement therapy)은 2015년 처음으로 영국 정부의 승인을 받았다. 이 미토콘드리아 대체요법은 미토콘드리아의 유전적 결함으로 인하여 생기는 질병에 한해서 시행할 수 있다는 조건이 붙었다. 미토콘드리아의 유전자는 오직 **모계**만을 통해서 유전된다는 것을 우리는 잘 알고 있다[69]. 그러면 미토콘드리아에 생긴 유전적 결함을 피해 갈 수 있는 방법은 어떤 것이 있을까? 그림 13-17은 이 과정을 잘 설명해 주고 있다. 우선 미토콘드리아에 결함이 있는 부인 A와 남편 B의 수정란에서 수정 핵을 추출하고, 정상적인 미토콘드리아를 가지고

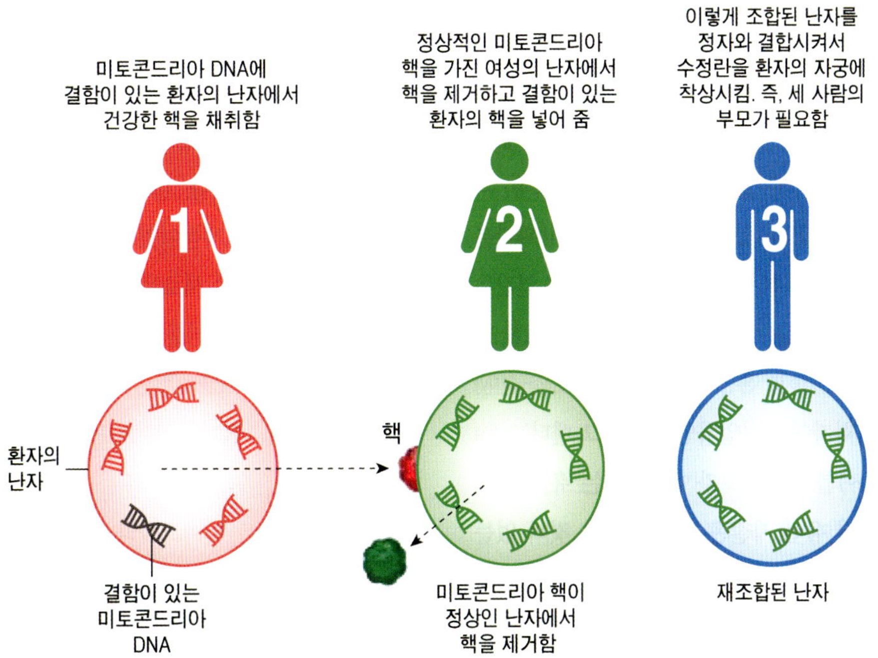


그림 13-17. 미토콘드리아 대체요법에 관한 도식도. (출처: Fertilitypedia[13-17])

는 시스템, 이성적으로 생각하는 시스템과 마지막으로 이성적으로 생동하는 시스템이었다[2,97]. 과연 인간은 이러한 시스템을 갖춘 인공지능을 만들 수 있을까? 우리는 이 결론을 얻기 위해서는 좀 더 기다려 보아야 할 것이다. 그런데 인공지능을 비행기에 비교한 학자가 있다. 인간은 새처럼 날고 싶다는 욕망을 가지고 있었다. 그래서 날갯짓을 하는 비행기를 만들고 싶었지만 번번이 실패하였다. 이런 과정을 거친 후 라이트 형제는 날갯짓을 하는 대신, 엔진을 실어서 하늘을 날게 만드는 데 성공한 것이다. 따라서 인공지능이 인간과 똑같은 방법으로 구현될 필요가 있을까? 왜냐하면 날갯짓을 하지 않은 비행기도 새보다 더 높이 더 멀리 날 수 있기 때문이다. 또한 컴퓨터는 인간의 뇌가 가지지 못한 큰 장점을 가지고 있다. 우선 인간의 뇌는 물리적인 한계를 가지고 있어서 다른 사람보다 10배 이상 큰 뇌를 가질 수가 없다. 그러나 컴퓨터에서는 상황이 다르다. 즉, 컴퓨터 한 대가 할 수 있는 일을 100대로 하면, 그 효과가 100배로 늘어난다는 것은 너무나 당연할 것이다. 이리하여 인공지능은 인간의 지능을 넘어설 공간 확대가 충분히 가능하다는 의미이다.

그러면 인간의 뇌와 컴퓨터를 한번 비교해 보자(그림 13-19). 초파리는 약 10만 개의 신경세포가 있는 뇌를 가지고 있다. 이들은 이러한 뇌의 구조를 가지고 날 수도 있고 볼 수도 있다. 그뿐 아니라 이들은 음식을 찾아낼 수도 있고 번식을 할 수 있는 능력을 갖추고 있다. 이런 일을 해내는 뇌는 겨우 1mg 정도의 무게를 가지면서 1mW 정도의 동력을 사용한다. 그렇다면 인간의 뇌는 어떠한가? 인간은 약 천억 개의 신경세포를 가지면서 이들이 상호 연결되어 약 천조 개의 시냅스를 형성하고 있다[130]. 이러한 신경세포는 태어나면서 가지고

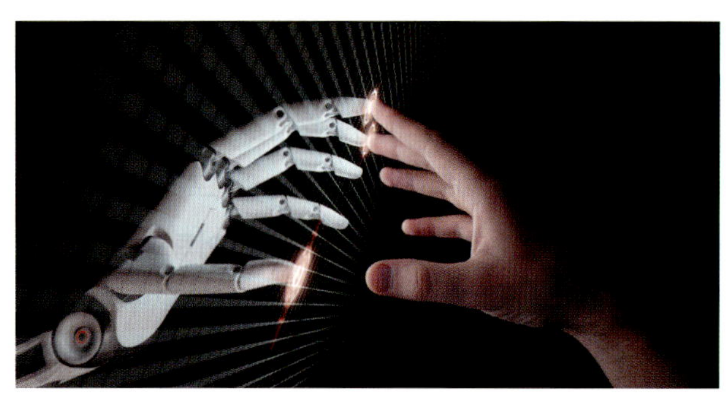
그림 13-19. 인간과 인공지능. (출처: maxuser[13-19])

있던 것을 그대로 보유하면서 살아가다가 노쇠해지면 점차 그 수가 줄어들 것이다. 그러나 이들이 형성하는 시냅스 수는 그 양상이 다르다. 이들은 2~3세에 도달하면 그 수가 최고조에 도달한 후, 차츰 환경적 요인에 의하여 **가지치기**(전지, 剪枝, pruning)가 진행되어 성인에서는 약 **천조** 개의 시냅스 형태를 가지게 된다. 이렇게 많은 신경세포와 시냅스가 자리할 수 있게 된 이유는 **대뇌피질**(大腦皮質, cerebral cortex)에 고랑이 파이고 뇌이랑이 생긴 덕분으로 넓은 면적을 가질 수 있기 때문이다. 따라서 대뇌피질은 오로지 포유동물의 특허이자 발명품이라고 할 수 있다. 인간의 뇌는 전 체중의 2% 정도를 차지하지만, 몸 전체를 움직이는 에너지의 약 20%를 사용한다. 그뿐만 아니라 뇌의 구동에 필요한 전력도 20W 정도에 지나지 않는다[114]. 그러나 인간이 만든 천조 바이트, 즉 $10^{15}$바이트(페타바이트, petabyte)를 가지는 슈퍼컴퓨터는 어떠할까? 이들은 날지도 못하고 번식도 할 수 없다. 그뿐만 아니라 이 엄청난 슈퍼컴퓨터를 구동하기 위해서는 인간의 뇌가 사용하는 전력량보다 25만 배나 많은 5MW의 전력이 필요하다. 또한 인간 대뇌피질은 입방밀리미터당 수십억 개의 뉴런 및 시냅스를 가질 수 있지만 컴퓨터에서는 약 만 배 정도로 아주 작다. 따라서 현재의 컴퓨터 역량은 인간의 뇌를 능가할 수 있는 경지에 와 있지는 않다. 그렇다고 인공지능이 인간의 미래에 위협적이지 않다고 말할 수 있을까? 우리는 이 질문에 대한 해답을 찾아서 이 장을 이끌고 갈 것이다.

우리는 인공지능을 등급별로 나누어서 그 유형을 정리해 볼 수도 있다. 이런 방법은 인공지능의 개념을 파악하는 데 도움을 줄 것이다. 먼저 1단계는 단순한 제어 단계의 인공지능을 말한다. 이는 단지 청소기나 에어컨 등의 가전제품에 탑재된 인공지능 정도이다. 2단계는 입력과 출력 관계가 형성되어 탐색과 추론이 활용되는 단계를 말한다. 3단계 인공지능은 데이터를 기반으로 한 **기계학습**(機械學習, machine learning) 알고리즘을 받아들인 인공지능을 뜻한다. 마지막으로 4단계 인공지능은 **딥러닝**(심층학습, 深層學習, deep learning)을 탑재한 인공지능을 의미한다고 볼 수 있다. 기계학습과 딥러닝은 현대 인공지능을 이해하는 지름길이기 때문에 곧이어 따로 기술할 것이다. 그러나 우리가 흔히 인공지능이지만 이를 인식하지 못하고 지내는 경우도 많다. 예를 든다면, 구글

검색에서 'brain'이라는 검색어를 입력하면 불과 1초도 안 되는 사이에 130만 개의 관련 자료를 찾아서 보여 준다. 우리는 이렇게 검색엔진이나 음성인식 또는 문자식별 등을 인공지능이라고 불러 왔다. 하지만 많은 사람들이 그 원리를 알고 난 이후에는 더이상 인공지능이 아니라고 생각하는 경향이 있다. 우리는 이런 현상을 **인공지능 효과**(人工知能效果, AI effect)라고 부른다.

그러나 인공지능은 딥러닝이라는 새로운 기술이 개발됨으로써 우리의 예상보다도 더 빠른 속도로 진화하고 있다. 그렇다면 인간의 지능을 완벽하게 컴퓨터로 구현시킬 수 있을까? 더불어 인간의 뇌를 컴퓨터의 일종으로도 볼 수 있을까? 인간의 뇌가 전기회로인 시냅스로 서로 연결되어 있는 것이라면, 컴퓨터도 전기회로로 연결되어 있다고 볼 수 있다. 우리는 다시 점점 미궁 속으로 빠져들어 가는 느낌이 든다. 마치 인공지능을 비행기와 새에 비교한 예를 생각해 보면 더욱더 그렇다. 인간의 뇌는 우리가 잘 알지 못하는 과정을 통하여 일생 동안 일어난 방대한 데이터를 뇌 안에 저장하고 있다. 뇌는 이러한 데이터를 접수하고 저장하며 다시 꺼낼 수 있는 훌륭한 운영체계라고 말할 수 있다. 이런 운영체계가 바로 생명체 중에서 인간을 가장 뛰어난 학습 능력 보유자로 만들어 주는 구조물이라고 말할 수 있을 것이다. 그렇다면 앞으로 인간 지능을 구현하고 이를 관리할 수 있는 운영체계를 어떤 개인이나 단체가 가질 것인지는 인류의 미래에 지대한 영향을 미칠 것이다.

## 2) 인공지능의 역사

인간의 지능을 기계에다 불어넣을 수 있는 재주를 인간은 과연 가질 수 있을까? 이는 수학과 양자 역학, 컴퓨터 과학 등에 조예가 깊었던 헝가리 출신 미국인 **존 폰 노이만**(John von Neuman, 1903~1957)은 이렇게 미래를 이미 내다보고 있었다. 그는 "당신은 기계가 할 수 없는 어떤 것이 있다고 주장한다. 만약 당신이 그 기계가 할 수 없는 것이 무엇인지를 정확하게 이야기해 준다면 나는 언제든지 그 일을 수행할 수 있는 기계를 만들 수 있다"라고 인간과 기계의 관계를 점치고 있었다. 어쩌면 그는 컴퓨터라는 기계가 바둑이라는 심오한 게임에서 인간을 이길 뿐 아니라 하수로 취급하게 될 것이라는 미래를 이미 읽고 있었는지도 모른다. 우리는 지금부터 인공지능이 어떻게 시작해서 어떤 전철을 밟으면서 성장해 왔는지를 살펴볼 것이고, 이러한 인공지능이 미래에는 어떤 위상으로 인간과의 관계를 설정해 나갈 것인지에 대하여 알아볼 것이다.

지금까지 인공지능이 발전해 온 과정을 살펴보면 두 번의 호황기와 두 번의 침체기를 거쳐서 세 번째 호황기로 접어들고 있다는 사실을 알게 될 것이다(그림 13-20)[5,77]. **인공지능**(人工知能, artificial intelligence)이라는 용어는 1956년 다트머스대학에서 열린 워크숍에서 **존 매카시**(John McCarthy, 1927~2011)가 처음으로 사용하였다. 이 콘퍼런스는 그 당시 인공지능 분야에 두각을 나타내던 **알렌 뉴엘**(Allen Newell, 1927~1992), **마빈 민스키**(Marvin Minsky, 1927~2016) 등

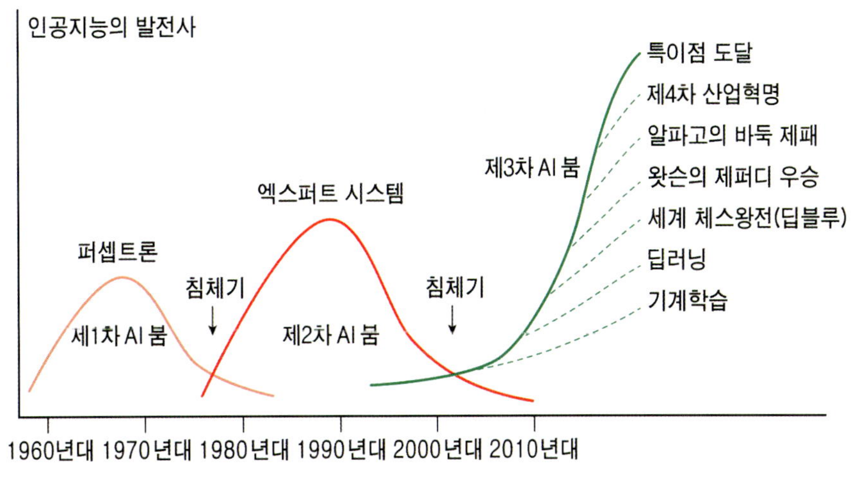


그림 13-20. 인공지능의 발전사.

13

이 참석한 연수회로서 인공지능의 발전사에서 출발점을 알리는 신호탄이라 할 수 있다. 그러나 실제로 컴퓨터와 인공지능의 서막을 알린 학자는 영국의 수학자이자 컴퓨터 과학자였던 **앨런 튜링**(Alan M. Turing, 1912~1954)을 들어야 할 것이다[125]. 그는 이미 1936년 기계가 계산을 할 수 있는 가상의 장치인 **튜링 머신**(Turing machine)을 개발하여, 영국의 전자식 컴퓨터인 **콜로서스**(Colossus)와 미국의 **에니악**(Electronic Numerical Integrator & Computing; ENIAC)의 기본 모델로 자리잡게 되었다. 이런 그의 업적 때문에 우리는 그를 현대 컴퓨터 과학과 인공지능의 아버지라고 부르고 있다. 그러나 그는 1952년 동성애 혐의로 체포되어 유죄판결을 받고 화학적 거세를 당하는 수모 끝에 자살하고 말았다. 1950년 전후에서 수학이나 철학 또는 공학계에 이미 기계에 인간의 지능을 불어넣을 수 있다는 생각들이 다트머스대학의 콘퍼런스로 모아졌다고 볼 수 있다.

곧이어 1958년 최초의 단층 **인공신경망**(人工神經網, artificial neural network)인 **퍼셉트론**(perceptron)이 **프랭크 로젠블렛**(Frank Rosenblatt, 1928~1971)에 의해서 도입되었다. 이 퍼셉트론은 1943년 미국의 **워렌 맥컬록**(Warren S. McCulloch, 1898~1969) 등이 처음으로 시작한 인공신경망 개념을 기초로 하고 있다. 이어서 1964년 개발된 첫 번째 대화 시스템인 **엘리자**(ELIZA)가 매사추세츠공과대학 **조셉 와이젠바움**(Joseph Weizenbaum, 1923~2008)에 의해서 등장하면서 인공지능에 대한 기대치가 점점 더 높아지게 되었다. 그 당시 인공지능의 대가라고 불리던 **허버트 사이먼**(Herbert Simon, 1916~2001)은 1965년 "앞으로 20년 이내에 기계가 인간이 할 수 있는 모든 일을 해낼 것이다"라고 말하는가 하면, 1970년 민스키는 "3~8년 안에 우리는 평균 정도의 인간 지능을 가진 기계를 가지게 될 것이다"라는 낙관론으로 이어졌다. 그러나 이들이 전망한 장밋빛 미래는 인공지능 학계의 비판적 시각과 연구비 지원의 감축으로 위기를 맞게 되었다. 특히 이 당시의 컴퓨터는 메모리나 처리 속도 면에서 충분하지 못하였고 기대를 모았던 퍼셉트론도 한계를 드러내면서 침체기에 빠져들게 되었다. 제1차 호황기는 인공지능의 발전사에서 추론과 탐색의 과정을 발전시키는 계기를 마련해 주었다고 할 수 있다. 또한 단층 신경망인 퍼셉트론의 등장으로 인공지능을 다시 호황기로 이끌어 줄 기계학습의 기초가 되었다는 데 큰 의미가 있다고 볼 수 있다.

제2차 인공지능의 호황기를 이끈 주된 아이템은 **엑스퍼트 시스템**(expert system)으로 컴퓨터에 지식을 불어넣어 전문가 역할을 하게 만든 기계 때문이다. 이 전문가 시스템은 인간이 가지고 있는 전문적인 지식과 경험을 컴퓨터에 정리해 두고 비전문가들에게 필요한 전문적 지식을 제공해 주는 시스템을 말하고 있다. 즉, 1980년 대의 인공지능은 지식의 시대로 대변된다고 할 수 있다. 먼저 1965년 **에드워드 파이겐바움**(Edward Feigenbaum, 1936~) 등에 의해서 첫선을 보인 **덴드랄**(DENDRAL)은 분광계를 이용하여 미지의 유기화합물을 특정해 주는 전문가 역할을 수행하였다. 또한 1972년 스탠퍼드대학에서 개발한 **마이신**(Mycin) 프로그램은 500가지 준비된 질문에 순서대로 대답하면, 감염된 세균을 특정해서 항생제를 처방해 주는 의료 전문가 역할을 선보였다. 그뿐만 아니라 1984년부터 시작된 **사이크**(Cyc) 계획은 일반인들이 알고 있는 상식적인 지식을 컴퓨터에 입력시키는 계획이었다. 그러나 1987년부터 애플과 IBM에서 값싸고 성능이 빨라진 데스크탑 컴퓨터가 시판되면서 인공지능 하드웨어의 시장이 급격히 붕괴하기 시작하였다. 전문가 시스템은 산업적으로 어느 정도 혜택이 돌아왔지만, 지식을 전부 컴퓨터에 입력시킨다는 것은 어려운 일이라는 것이 알려지면서, 다시 제2의 침체기로 접어들게 되었다.

제2차 인공지능의 침체기에서 인공지능 산업을 구출해 준 학문적 발전은 1990년대부터 시작된 **기계학습**(機械學習, machine learning)과 **심층학습**(深層學習, 딥러닝, deep learning)을 꼽아야 할 것이다. 현대 인공지능의 핵심이라고 할 수 있는 기계학습과 심층학습은 기계가 스스로 학습을 할 수 있다는 가능성을 보여줌으로써 제3차 인공지능의 호황기를 이끌어 내는 계기가 되었다. 우선 처음으로 인터넷에 웹사이트가 등장한 것은 1990년 영국의 컴퓨터 공학자인 **팀 버너스리**(Tim Berners-Lee, 1955~)가 만든 'info.cern.ch'에 그 영예가 돌아간다. 이러한 발전은 우리의 생활방식이나 산업구조를 혁신적으로 바꾸어 놓은 계기가 된 것이다. 이어서 1996년 IBM에서 만든 **딥블루**(DeepBlue) 슈퍼컴퓨터가 세계 체스 챔피언이었던 러시아 **가리 카스파로프**(Garry Kasparov,

1963~)에게 도전했지만 1차전에서는 패배하였다. 그러나 1년 뒤에 진행된 2차전에서 딥블루가 체스 인간 챔피언을 꺾는 이변이 일어나면서 컴퓨터가 인간을 제압하는 시대에 접어들었다고 할 수 있다. 2005년에는 스탠퍼드대학에서 만든 **스탠리**(Stanley)가 미국 국방성 산하 방위고등연구계획국(DARPA)이 주최한 무인 자동차 경주 대회에서 우승하게 되었다. 이 무인 자동차는 한 번도 가보지 않은 비포장 도로인 사막을 212km나 달려서 200만 불의 상금을 획득하였다(그림 13-21)[107]. 2007년에는 애플사에서 개발한 **아이폰**(iPhone)이 등장하면서 스마트폰이 새로운 이동통신 시대를 열게 되었다.

2011년 2월에도 인공지능이 새로운 역사를 쓰는 순간이 다가왔다. IBM사에서 개발한 **왓슨**(Watson)이라는 컴퓨터가 미국의 인기 방송 프로인 **제퍼디**(Jeopardy) 퀴즈 쇼에 등장한 것이다. 왓슨은 질문에 대답하는 프로그램을 탑재하고 있는 컴퓨터로서 두 명의 뛰어난 역대 챔피언들을 물리치고 우승 상금 100만 불을 챙기는 기염을 토하게 되었다. 체스와 퀴즈 쇼에서 인간을 능가하기 시작했다는 의미이다. 그림 13-22에서 인간 대신 컴퓨터가 서 있는 장면을 우리는 기억해 두어야 할 것 같다[75]. 이어서 2013년 구글은 딥러닝의 일인자라고 알려진 토론토대학의 **제프리 힌튼**(Geoffrey E. Hinton, 1947~)을 영입하고, 페이스북은 뉴욕대학의 **얀 르쿤**(Yann LeCun, 1960~)을 영입하였다. 또한 구글이 다시 영국의 작은 스타트업 회사인 **딥마인드**(DeepMind Technology)를 무려 4억 불에 인수했다는 소식은 우리 모두를 놀라게 하였다. 이 회사는

그림 13-21. 사막길을 달리는 무인 자동차 스탠리. (출처: Thrun, S., et al./J Field Robot[13-21], 게재 허가)

그림 13-22. 컴퓨터 왓슨이 제퍼디 퀴즈 쇼에서 우승. (출처: Tumblr[13-22])

**데미스 허사비스**(Demis Hassabis, 1976~)가 창업한 회사로 12명의 전문가로 구성된 작은 회사였기 때문이었다. 특히 이 딥마인드사는 기계학습 분야 중에서도 강화학습이 전문인 회사로서 이들이 무슨 일을 하는지는 곧이어 기술할 것이다. 이어서 2014년 중국도 비록 2017년에 사임했지만, 스탠퍼드대학의 **앤드류 응**(Andrew Ng, 1976~)을 바이두(Baidu)에서 영입하여 인공지능 시대를 개척하는 경쟁에 뛰어들었다. 특히 2016년 한국에서 진행된 알파고(AlphaGo)의 등장은 세간의 이목을 집중시켰다. 알파고는 구글이 인수한 딥마인드사가 개발한 바둑을 두는 게임 프로그램이다. 격자가 각기 19칸으로 구성된 바둑판은 361개의 격자점을 가지고 있다. 따라서 이론적으로 생길 수 있는 경우의 수가 $10^{170}$ 정도로 상상을 초월한다. 관측 가능한 우주 전체에 있는 수소 원자 수가 약 $10^{80}$개로 알려진 것을 감안하면, 엄청난 경우의 수가 있다는 것을 짐작할 수 있을 것이다. 그렇다면 한 수가 진행될 때마다 다음 수에 대한 경우의 수를 슈퍼컴퓨터로 계산을 한다고 해도 하루가 넘어갈 것이다. 그러면 알파고는 어떻게 다음 수를 손쉽게 찾아낼 수 있을까? 이는 딥마인드사가 자랑하는 강화학습의 효과에서 나타난 결과물이다. 즉, 이들은 바둑 정석을 이용하여 보상값이 최대가 되는 학습을 진행한 결과로 바둑을 두어 나간다. 한국의 바둑기사로 등장한 이세돌 9단은 30년 이상 바둑을 수련하고 10년 이상 세계 바둑계를 정평해 나간 최고의 프로 바둑기사 중 한 사람이다. 그러나 알파고는 만들어진 지 3년이 채 안 되었지만, 현존하는 기보를 통해 학습한 결과, 이세돌 9단을 완파하고 인공지능의 승리를 전 세계에 알리게 되었다(그림 13-23). 이제 인간은 바

13

그림 13-23. 알파고가 이세돌 9단과 대국하는 장면. (출처: CSDN.net[13-23])

둑이라는 심오한 게임에서 인공지능을 이길 수가 없다. 그뿐 아니라 인공지능은 인간 최고의 고수를 2점 바둑으로 굴복시키는 재미에 들어 있다[11]. 알파고를 만든 딥마인드의 창업자 허사비스는 이 사실을 인간의 달 착륙에 비유할 정도로 인공지능의 학습능력을 보여 준 쾌거라고 자랑하였다. 구글이 왜 4억 불을 주고 고작 사원이 수십 명인 회사를 인수했는지를 우리가 알 수 있는 대목이다. 앞으로 인간은 영원히 바둑이라는 게임에서 인공지능을 이길 수 없는 상황에 도달했다. 그렇다면 인공지능은 인간 세상에 어떤 영향을 미칠 것인가? 이는 다시 '인공지능의 미래' 편에서 다룰 것이다.

지금까지 인공지능의 발전사를 통해서 우리가 알 수 있는 발전 방향을 세 가지 줄기로 정리해 볼 수 있을 것이다. 먼저 **기호주의**(記號主義, symbolism)적 인공지능의 발전이다. 이는 초창기 인공지능을 연구했던 한 방법론으로서 인간의 지능을 기계적 계산 과정으로 보아서, 이들을 기호로 상징화시켜 계산해 보려는 시도가 나타났다. 이러한 흐름은 전문가 시스템으로 발전하였지만, 실제적인 형상을 모두 다 기호화하기에는 역부족이었다는 한계점을 드러내게 되었다. 그다음은 **연결주의**(連結主義, connectionism)적 방법론으로서 인간의 지능을 뇌 구조의 신경망으로 구현시키려는 시도를 말한다. 이는 1957년 등장한 단층 신경망 구조인 퍼셉트론의 등장으로 그 가능성을 암시했지만, 컴퓨터 속도가 느리고 데이터가 부족한 상태여서 결국 침체기로 빠지게 되었다. 그러나 이러한 신경망 구조는 현재에 접어들면서 메모리와 혁신적인 컴퓨터의 연산속도 개선 및 데이터 축적에 따라 심층학습으로 발전하면서 제3의 인공지능 호황기를 이끈 주인공이 되었다. 마지막으로 등장하는 **통계기반 인공지능**(statistics-based AI) 형태는 인공지능을 통계적인 방법으로 풀어 보려는 시도를 말한다. 이들은 특징 설계와 평가 과정 및 최적화 과정을 통해서 **음성인식**(音聲認識, speech recognition), **자연어 처리**(自然語處理, natural language processing; NLP), **컴퓨터 비전**(computer vision) 등에 널리 사용되고 있다.

그렇다면 지금부터 인공지능의 핵심이라고 할 수 있는 기계학습과 딥러닝에 대해서 알아볼 차례이다.

### 3) 기계학습과 딥러닝

기계학습과 딥러닝은 침체기에서 인공지능을 구출해 준 핵심기술이라고 할 수 있다. 그렇다면 인공지능은 기계학습, 더 나아가 딥러닝과 어떤 관계일까? 먼저 기계학습은 인공지능을 구현하는 방법 중 하나이며 딥러닝은 기계학습의 방법 중 하나이다. 특히 딥러닝은 인공신경망을 이용하기 때문에 인공신경망의 한 종류로도 볼 수 있다. 따라서 기계학습은 인공지능의 하위 계층이고, 딥러닝은 기계학습의 하위 계층인 셈이다.

먼저 기계학습부터 다루어 보자. **기계학습** 또는 **머신러닝**(machine learning)은 컴퓨터가 스스로 학습하여 인공지능을 구현하는 방법을 말한다. 여기서 **기계**(機械, machine)란 프로그래밍이 가능한 컴퓨터를 말한다. 즉, 인간이 학생을 가르치듯이 컴퓨터를 학습시키거나 컴퓨터가 자발적으로 학습을 시행하여 어떤 결과물을 도출할 수 있는 인공지능을 말한다고 할 수 있다(그림 13-24). 기계학습이란 용어는 1959년

그림 13-24. 기계학습의 개념도. (출처: Sarah Holmlund[13-24])

IBM 인공지능 연구원이었던 **아서 사무엘**(Arther L. Samuel, 1901~1990)이 체커 게임 논문에서 처음으로 사용하였다. 그는 머신러닝을 '컴퓨터가 명시적으로 프로그램 되어 있지 않고도 학습할 수 있도록 하는 연구 분야(field of study that gives computers the ability to learn without being explicitly programmed)'라고 정의하고 있다. 그렇다면 인간은 어떤 방법으로 컴퓨터를 학습시킬 수 있을까?

컴퓨터를 학습시키는 방법은 크게 세 가지로 구분할 수 있다. 먼저 기계학습의 방법은 **레이블**(label)의 유·무에 따라서 **지도학습**(指導學習, supervised learning)과 **비지도학습**(非指導學習, unsupervised learning)으로 구분할 수 있다[2,38]. 여기서 레이블은 학습 데이터의 속성 중에서 무엇을 분석할지에 따라 결정되는 데이터를 말한다. 만약 사진을 주고 이 사진 속에서 고양이를 찾게 학습시킨다면, 사진은 학습 데이터가 되고 고양이는 레이블이 되는 것이다. 따라서 인간이 입력값인 x와 결과값인 y, 즉 레이블값을 미리 주고 학습을 시킨다. 이것은 마치 어린아이에게 고양이 사진을 보여 주면서 고양이라고 교육시킨 후 어린아이가 다른 그림에서 고양이를 찾아내는 것과 같은 학습 요령이다. 예를 들어, 공부 시간과 시험 성적과의 관계를 알아보고자 한다면, 다음과 같은 지도학습이 이루어질 수 있다. 입력값인 공부 시간은 x가 되고 시험 성적은 레이블인 y가 된다. 그리고 9시간 공부를 한 경우 시험 성적은 74점이고, 14시간을 공부한 경우는 81점이라는 훈련용 데이터(training data)를 컴퓨터에 학습시킨다. 그런 다음 공부 시간이 40시간인 경우의 시험 성적을 컴퓨터가 계산해 내도록 하는 방법이 지도학습이다. 따라서 훈련용 데이터가 많을수록 그 결과값이 정확해질 것은 누구나 예상할 수 있다. 이런 이유로 학습 데이터가 적으면 오류가 커질 가능성이 높으므로 데이터양이 충분히 많아야 한다는 것을 예측할 수 있게 된다. 또한 인간이 직접 레이블을 달아 주어야 함으로써 제한적일 수가 있고, 입력 데이터양이 적을 수밖에 없다는 문제점을 안고 있다. 지도학습의 대표적인 기법으로 **분류**(分類, classification) 모델로는 KNN(K nearest neighbor), 서포트 벡터 머신(support vector machine; SVM), 의사결정트리(decision tree) 등이 있고, **예측**(豫測, prediction) 모델로는 선형 및 로지스틱 회귀(regression) 모델 등이 있다[2,3,7].

비지도학습은 지도학습과는 다르게 인간이 레이블 없이 입력값 x만을 주어 학습시키는 경우를 말한다. 즉, 입력값은 주지만 레이블이 없기 때문에 정답이 없는 문제를 푸는 것과 같은 학습방법이다. 이는 현재 인터넷에 있는 거의 모든 데이터가 레이블이 없기 때문에 비지도학습은 이런 환경에 아주 적합한 학습 방법이라고 할 수 있다. 그러나 비록 데이터가 방대하다 하더라도 데이터 상호 간의 거리에 따라서 몇 종류의 군집으로 나눌 수는 있을 것이다. 따라서 컴퓨터는 입력값만 가지고도 데이터를 군집화할 수 있게 된다. 그러나 컴퓨터가 레이블이 없이 입력값인 x만 가지고 학습을 해야 하기 때문에 고도의 연산능력을 가진 컴퓨터 시스템이 필요하게 된다. 이러한 비지도학습에는 분포 추정이나 **군집**(群集, clustering) 모델이 있다.

마지막으로 **강화학습**(强化學習, reinforcement learning)은 지도학습으로 분류되기도 하고 독립적인 영역으로 분류되기도 한다. 왜냐하면 학습 중에 인간을 포함한 환경으로부터 피드백이나 지도를 받기 때문에 지도학습으로 분류되기도 하지만, 그 원리는 사람과 동물이 시행착오에 의해서 배워 나가는 원리를 컴퓨터에 적용한 것으로 독립적인 영역으로 보기도 한다. 이 강화학습은 현재 인공지능의 핵심이라 할 수 있는 학습방법으로서 이미 알파고의 파괴력에서 그 효력을 충분히 입증했다고 볼 수 있다. 이는 마치 어린아이가 백지 상태에서 점차 하나씩 배워 나가는 것과 같은 알고리즘이라고 할 수 있다. 강화학습은 특징적으로 현재의 **상태**(狀態, state)에서 어떤 **행동**(行動, action)을 하는 것이 최적인지를 학습한다. 강화학습에서는 행동이 이루어질 때 환경으로부터 **보상**(報償, reward)이 주어지기 때문에 이 보상을 최대화시키는 방향으로 학습이 진행된다. 더군다나 행동에 대한 보상이 즉시 주어지지 않고, 나중에 이 행동이 어떤 결과로 나타나는지에 따라서 보상이 달라질 수도 있다. 즉, 어떤 행동이 나중에 미칠 결과에 따라서 보상값의 종합이 최대화되도록 행동을 조절해 나가야만 한다. 그래서 이러한 지연 보상은 바둑을 두는 알파고가 이 한 수가 나중에 미칠 결과를 충분히 예측하여, 승리라는 보상을 최대화시키는 방향으로 행동을 해야 한다는 것을 의미한다[2]. 따라서 우리는 왜 구글이 직원 수가 수십 명에 달하는 딥마인드라는 영국의 스타트업 회사를 4억 불

13

이나 주면서 사들인 이유를 알 수 있을 것이다. 이 딥마인드 회사의 주된 연구 분야가 바로 강화학습에 있었기 때문이다.

그렇다면 다시 인공신경망을 핵심 기술로 하는 딥러닝에 대하여 알아보도록 하자. **딥러닝**(심층학습, 深層學習, deep learning)은 침체의 늪에 빠진 인공지능을 구해 준 핵심 기술이자 대혁신이라고 할 수 있다[3,77]. 이는 마치 처음 태어난 아이가 이 세상을 조금씩 알아 가는 것과 비슷하게 데이터를 학습해 나간다. 즉, 딥러닝은 인간이 데이터의 **특징**(特徵, feature)을 알려 주는 것이 아니라, 컴퓨터 스스로가 그 특징을 알아내고, 그 특징을 바탕으로 지식을 만들고, 이 지식들을 이용하여 다시 새로운 특징을 찾아가는 자율학습을 행한다는 사실이다. 이러한 딥러닝은 인간의 뇌 속에 들어 있는 신경세포, 즉 뉴런의 구조를 모방하고 있다. 이는 이미 '인공지능의 역사'에서 다루어졌지만, 딥러닝은 **인공신경망**(人工神經網, 신경망, neural network)을 근간으로 하고 있다. 따라서 먼저 인공신경망의 역사를 간단히 짚어 볼 필요가 있다. 인공신경망에 대한 개념을 처음으로 제창한 학자는 1943년 워렌 맥컬록이었고, 이는 바로 1958년 프랭크 포젠블렛에 의해서 최초의 단층 인공신경망인 **퍼셉트론**(perceptron)으로 연결되었다. 이러한 단층 인공신경망이 어떻게 뉴런의 구조를 모방하고 있는지는 그림 13-25가 잘 보여 주고 있다.

인간의 뇌 속에는 약 천억 개의 뉴런이 존재하고 이들은 그림 12-17에서 보는 것처럼 **세포체**(細胞體, cell body)에 **수상돌기**(樹狀突起, dendrite)가 뿔처럼 솟아 있다. 또한 세포체에서는 **축삭돌기**(軸索突起, axon)가 뻗어 나와서 **축삭 말단부**(軸索末端部, axon terminal)로 이행되면서 이어지는 뉴런의 수상돌기와 연결되게 된다. 즉, 수상돌기로 들어온 입력값은 세포체에 모이게 되고, 이렇게 모인 값이 일정 용량을 넘어서면, 이 정보가 축삭을 타고 말단부로 전달되어 시냅스를 통과하여 다음 수상돌기로 전달된다. 이 과정을 모방한 신경망이 바로 단층 인공신경망인 퍼셉트론이다. 인간은 약 천억 개의 뉴런이 생후 3년이 되면 그 시냅스 수가 약 천조 개에 이르게 되어 최고조에 도달한다. 그러나 이러한 시냅스는 나이가 들면서 가지치기가 시작되어 성인에 이르게 되면 시냅스 수는 약 100조에서 500조 정도를 유지하게 된다. 또한 고령으로 접어들면서 하루에 약 10만 개 이상의 뉴런이 죽어 나가기도 한다. 이러한 결과는 한 개의 뉴런이 만 개 정도의 시냅스를 형성하지만, 성인이 되면 약 7천 개의 시냅스를 형성하고 있게 된다. 따라서 인간의 뉴런은 약 7천 개의 입력값을 가지고 있다는 계산이다.

그러나 실제 딥러닝은 단층 인공신경망이 아닌 **다층 인공신경망**(多層人工神經網, multi-layer neural network)으로 구성되어 있다(그림 13-26). 따라서 입력층으로 들어온 정보들은 **가중치**(加重値, weight)의 적용을 받아서, 이들의 합이 **시그모이드 함수**(sigmoid function)에 의해서 조정되어 **활성화 함수**(活性化函數, activation function)가 된 후 다음

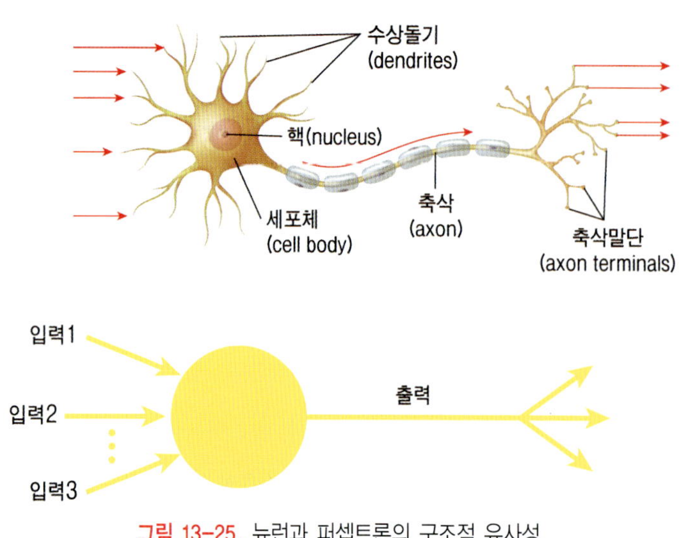


그림 13-25. 뉴런과 퍼셉트론의 구조적 유사성.

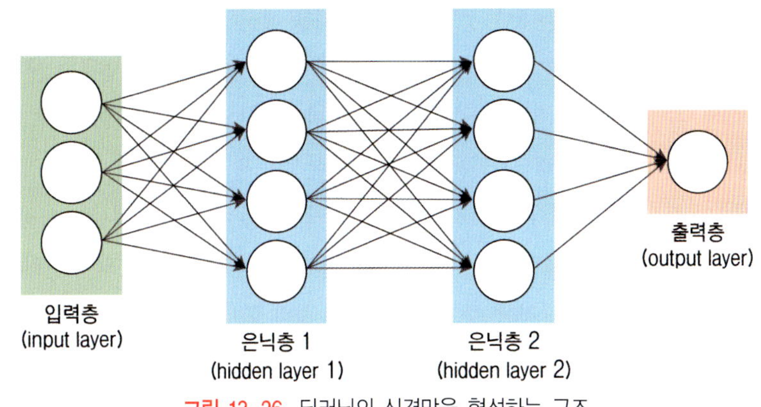


**그림 13-26.** 딥러닝의 신경망을 형성하는 구조.

층으로 연결된다. 딥러닝에서의 다음 층은 **은닉층**(隱匿層, hidden layer)이라 불린다. 은닉층은 입력층과 출력층 사이에 있는 층을 지칭한다. 이렇게 층이 2~3개 정도로 구성된 신경망을 쉘로우 러닝(shallow learning)이라 부르고, 그 이상의 층으로 구성되어 있는 것을 딥러닝이라 부르게 된다. 그렇다면 층이 많을수록 정확성은 증가할 수 있지만, 그 연산도의 복잡성은 제곱 수로 늘어나게 될 것이다. 따라서 층의 수를 무작정 늘릴 수만은 없는 노릇이다. 딥러닝에서 핵심적이면서 가장 많이 사용되는 학습 알고리즘은 **역전파**(逆傳播, back propagation) 기능이다. 인공신경망의 입력층으로 들어간 정보가 은닉층을 거쳐서 출력층으로 전달되는 과정을 **피드포워드**(feedforward) **신경망** 형태라고 부른다. 즉, 정보 값은 앞으로 진행되어 출력값을 만들어 낸다. 그러나 만약 출력값과 실젯값이 차이가 생기면, 이러한 오차를 어떻게 조정하여 출력값과 실젯값이 같아지도록 만들어 낼 수 있을까? 이것을 해결하는 방법이 오차가 생긴 출력값을 다시 거꾸로 돌려보내서 실젯값에 접근하도록 가중치를 조정하는 기법, 즉 역전파이다. 따라서 오차가 큰 경우는 이러한 역전파 기술을 여러 차례 진행한다면 가중치가 조정되어 출력값과 실젯값이 근사값에 접근하게 될 것이다[2,3,79].

또 다른 딥러닝의 장점 중 하나는 머신러닝은 학습 데이터가 많아지더라도 어느 시점 이후에는 그 성능이 향상하지 않는 데 반해, 딥러닝은 데이터가 많을수록 성능이 지속해서 향상된다는 점이다. 이런 장점이 결국 미래에는 누가 얼마나 더 많은 데이터를 가지고 있는지에 따라 딥러닝의 성패가 달려 있다고 할 수 있다. 그러나 딥러닝도 아직은 많은 단점을 가지고 있다. 이 중에는 딥러닝이 실시간 학습이 불가능하다는 점이다. 천 개의 물체를 인식할 수 있지만 만약 새로운 물체를 한 개 추가하려면, 이 천 개의 물체 인식에 대한 학습을 모두 지우고 다시 시작해야 한다는 것이다. 그뿐 아니라 기계학습은 훈련 데이터가 적고 훈련 시간이 짧지만, 딥러닝은 훈련 데이터가 많아야 하고 훈련 시간도 길다는 단점을 가지고 있다. 이에 반해 기계학습은 인간이 특징을 선택해 주어야 하지만 딥러닝은 컴퓨터가 스스로 할 수 있다는 장점도 있다. 결과적으로 딥러닝이 성공할 수 있었던 비결은 기존 신경망의 한계를 극복할 수 있는 알고리즘의 개발과 인터넷의 발달로 축적된 방대한 학습자료와 이들을 연산해 낼 수 있는 컴퓨터 성능의 발달이 함께 어우러졌기 때문이다. 특히 그래픽 장치(graphics processing unit; GPU)의 발달은 딥러닝의 방대한 자료를 연산하는 데 큰 공헌을 세우고 있다. 대표적인 딥러닝 모델은 이미지를 인식해 주는 CNN(convolutional neural network)과 음성과 글자를 인식해 주는 RNN(recurrent neural network) 등이 있다.

### 4) 인공지능의 미래

인간과 인공지능의 관계가 미래에 어떤 방향으로 전개될 것인지에 관한 물음은 우리를 숙연하게 만드는 화두이다. 과연 인공지능은 인간의 생존에 위협적인 존재가 될 것인가? 특히나 강화학습을 기반으로 하는 딥러닝 기술은 이미 알파고를 통해서 인간에게 경종을 울리기에 충분하다고 볼 수 있다. 특히나 인공지능의 학습 속도는 인간의 학습 속도와는 비교되지 않을 만큼 빠르다. 세계 최정상의 바둑기사가 30년

이상 수련을 통하여 쌓은 바둑 실력을 알파고는 3년 정도의 학습으로 완전히 제압해 버렸다. 이것을 인간에 비유하면 첫 돌을 맞을 때, 이미 박사 학위를 취득하는 것과 같은 학습 속도이다. 인간이 만물의 영장 자리를 굳건히 지킬 수 있는 이유는 덩치가 제일 크고 힘이 제일 강해서가 아니다. 오로지 지능적으로 똑똑하기 때문이라는 것은 누구나 인정할 것이다. 이는 포유류에서 시작되는 대뇌피질 면적의 급격한 증가에 기인한다는 것도 잘 알고 있다. 따라서 만일 지능 면에서 인간보다 더 우월한 어떤 물체가 이 지구상에 등장한다면 인간은 어떤 지위로 밀려날 것이라는 것은 너무나 상식적인 추측에 불과하다. 지금 우리가 만나는 인공지능은 모두 **약인공지능**(弱人工知能, weak AI) 또는 **제한적 인공지능**(narrow AI)으로 얼굴 인식이나 인터넷 검색, 더 나아가서 자율 주행 자동차 정도이다. 그러나 인간과 비슷하거나 더 우월한 지능을 가진 **강인공지능**(强人工知能, strong AI) 혹은 **포괄적 인공지능**(general AI)이 등장하게 되면 어떤 세상이 펼쳐질까? 인간 사회에서 지능이 요구되지 않는 일은 아무것도 없다. 따라서 인공지능의 등장은 인간 사회 전반에 걸쳐서 심각한 영향을 미칠 수밖에 없다[15]. 먼저 앞으로 수십 년 안에 벌어질 인공지능에 대한 사회적 파급효과에 대해서 짚어보도록 하자.

먼저 자율 주행차의 등장은 인간 사회의 풍속도를 완전히 바꾸어 놓을 것이다. 우선 택시나 트럭 운전사가 사라질 것이고 음주 운전이나 졸음운전이란 말이 없어질 것이다. 출퇴근 시간에는 서류를 보거나 식사를 하고 술을 마실 수 있는 시간으로 변할 것이고, 속도 위반이나 불법 주차라는 용어도 사라질 것이다. 또한 구태여 승용차를 소유할 필요가 없기 때문에 주차할 필요가 없어질 것이다. 따라서 도시 주차장은 다른 용도로 사용될 것이다. 그뿐만 아니라 차량 절도도 사라질 것이고 고속도로의 효율성은 지금보다 훨씬 더 좋아질 것이다. 현재 추세로 보아서 향후 약 10년에서 15년 사이에 택시나 트럭이 사라질 것이고 일반 승용차도 20년 후에는 없어질 것이다. 이러한 파급 효과는 단지 자율 주행자에게만 미치는 것이 아니라 비행기 조종사나 지하철 기관사도 우리의 직업군에서 없어질 것이다.

언어나 문서를 번역하고 동시에 통역이 가능한 인공지능은 전 세계를 한 곳으로 모으는 글로벌화를 주도할 것이다. 또한 의사를 대신하여 인공지능이 사진을 판독하고 피부질환을 진단하게 될 것이다. 특히 법무나 세무 및 금융산업은 인공지능이 파고들기 쉬운 직업군이다. 변호사들보다 법령 조회나 판례 분석이 훨씬 신속하게 이루어질 것이고, 현재에도 뉴욕 증권 거래소는 이미 75% 이상이 인공지능으로 자동화되어 있는 실정이다. 농업도 자동화되어 인력시장의 변화를 주도할 것이고, 경비 회사나 방범을 위한 경찰의 역할도 줄어들 것이며, 화상 인식 정밀도의 향상으로 인하여 광고업 시장이 큰 변화를 겪게 될 것이다. 교육은 학교라는 틀에서 벗어나 가정에서 무료 개방형 온라인 강좌로 바뀔 것이며, 디지털 개인 교사의 등장으로 맞춤형 교육이 자연스럽게 자리잡을 것이다. 심지어 정치인으로서 공정과 정의를 내세운 인공지능 로봇이 등장할 날도 그리 멀지 않은 것 같다. 군사적인 측면에서 인공지능을 보는 시각은 매우 우려스럽다. 우선 전투기나 전차 등은 인공지능으로 자동 조절될 것이고, 무인 조종기나 드론 및 인공지능을 내장한 곤충 크기의 소형 병기의 등장은 전쟁의 양상을 완전히 바꾸어 놓을 가능성이 아주 높다. 그렇다면 앞으로 인간은 인공지능의 등장에 의하여 얼마만큼 일자리를 잃게 될까? 이에 대한 보고는 아주 다양하여 가늠하기가 힘들지만, 이미 약인공지능이 할 수 있는 일들이 비약적으로 늘어날 것은 충분히 예측되는 상황이라고 할 수 있다[77,102].

그뿐만 아니라 인공지능이 **사물 인터넷**(internet of thing; IoT)이나 클라우드 컴퓨팅 및 대용량 데이터와 결합되어 시작된 **제4차 산업혁명**(four industrial revolution; 4IR)은 우리의 상식을 뛰어넘는 세상으로 안내할 것이다[100]. 일차 산업이 증기기관과 수력에 의해서 유발되었다면, 이차 산업은 전기에 의한 대량생산이 주도하였고, 삼차 산업은 컴퓨터와 자동화가 이끌어 왔다고 볼 수 있다. 이는 마치 과거 산업혁명이 기계에 근육을 만들어 주는 과정이었다면, 제4차 산업혁명은 기계에 두뇌를 불어넣은 혁명적인 사건이라고 할 수 있다. 특히나 사물 인터넷은 2020년에는 약 300억 개의 사물 인터넷 기기들이 설치되었고, 2025년에는 약 410억 개에 달할 것으로 보고 있다. 따라서 이로 인하여 생겨나는 데이터가 약 79.4제타바이트(zettabyte, $10^{21}$bytes)에 이를 것으로 국제 데이터 코퍼레이션(International Data Corporation; IDC)은 추정하고 있다. 인터넷 주소도 2011년에 이미 인터넷 프로토콜 4판인 IPv4가 소진되어 현재는 IPv6로 전환되어 있다.

그렇다면 과연 인공지능은 인간의 지능을 뛰어넘어서 인류에게 최대의 위협적인 존재로 등장할 것인가? 이는 이미 작고한 영국의 물리학자인 **스티븐 호킹**(Stephen W. Hawking, 1942~2018)이나 마이크로소프트 창시자인 **빌 게이츠**(Bill Gates, 1955~) 및 전기 자동차인 테슬러를 창립한 **일론 머스크**(Elon R. Musk, 1971~)가 인공지능의 위험성을 일찍이 경고하고 나선 이유를 알아야 할 것이다. 인공지능은 이미 기술한 바와 같이 그 학습속도가 인간의 속도보다는 비교가 되지 않을 정도로 빠르다. 따라서 그림 13-27처럼 인간의 지능을 초월하는 것은 단지 시간문제로 보인다. 특히나 미국의 미래학자인 **레이 커츠와일**(Ray Kurzweil, 1948~)은 인공지능의 진화가 **특이점**(特異點, singularity)에 도달하는 시기를 2045년으로 예측하고 있다. 특이점이란 수학이나 물리학에서 사용하는 용어로서 어떤 함수값이 극한값에 수렴하는 점을 말한다. 즉, 특이점은 어느 순간에 도달하면 인공지능이 제어할 수 없을 정도로 지능이 폭발적으로 증가한다는 것을 은유적으로 표현한 말이라 할 수 있다. 인공지능은 인간의 지능을 능가하고, 다시 자신의 지능보다 조금이라도 더 나은 인공지능을 만들어 내기 시작하면, 그 지능은 과히 기하급수적인 폭발성을 가지고 증가할 것이다[119]. 만약 1.1이란 숫자를 천 번 곱하면 그 값이 $10^{41}$이 되는 것처럼 인공지능이 증가할 가능성이 크다. 그렇다면 우리는 어떤 미래로 나아갈 것인가? 생명체가 진화해 온 과정을 그림 13-28에서 보는 것처럼 인공지능과 연계해 보면, 우리가 무엇을 걱정해야 하는지를 알아낼 수 있을 것이다. 우리는 맨 처음 생명체로부터 태어난 것이 아니라 자연적으로 이 지구상에 등장했다. 그 과정 중에 화학적 진화에 의해서 RNA라는 핵산이 만들어지고, 이는 다시 DNA라는 유전물질로 변화되면서 진핵세포와 다세포로 진화되어 왔다. 이는 RNA 세계(RNA world)로서 제3장 '생명의 탄생' 편에서 자세히 기술하였다. 이렇게 등장한 진핵세포는 다시 신경망과 언어라는 도구를 만들면서 대뇌피질을 확장하여 인간으로 진화되어 온 것이 사실이다. 이렇게 지능이라는 기능을 가진 인간은 그 창조성을 발휘하여 기계로 하여금 학습하게 할 수 있는 방법을 알아내었다. 이러한 인공지능은 인간의 지능을 폭발적으로 능가하여 미래에는 어떤 모습으로 생명체를 이끌고 나갈 것인지에 대한 우려가 깊어지고 있는 실정이다. 결국 우리는 뇌의 세상에서 디지털 세상으로 바뀌는 현실을 머지않아 맞이하게 될 것이다. 더 나아가 인간의 두뇌와 기계의 융합은 새로운 종의 세상으로 우리를 안내할 수도 있을 것이다. 이는 곧이어 뇌와 컴퓨터의 연결이 어떤 것인지를 알게 되면 **바이오 디지털 융합**(Bio-digital fusion)의 실체를 이해할 수 있게 될 것이다[67].

만약 인공지능에 치명적인 작업을 하도록 설계된 경우에 우리는 과연 어떻게 될까? 자율 병기에 살상 프로그램이 설치되어 있다는 상상을 하고 싶지는 않을 것이다. 그러면 인공지능끼리 처절한 전쟁을 치르는 상황을 예측해서는 안 되는 것인가? 인공지능은 목표를 달성하는 데는 아주 뛰어난 능력을 갖

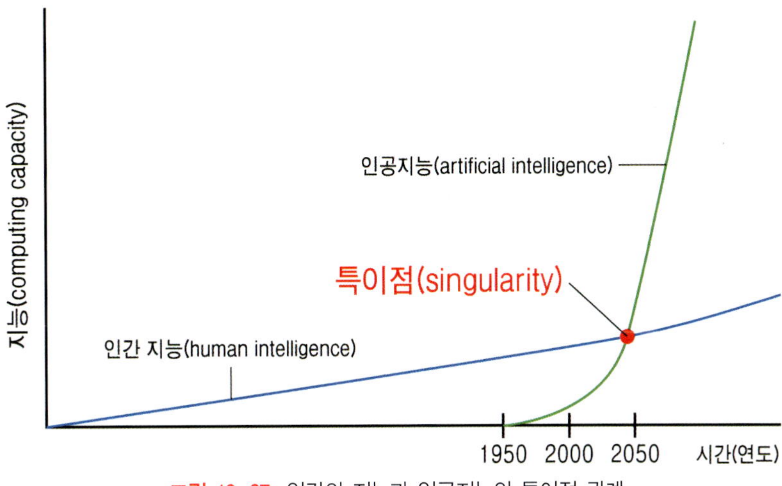


그림 13-27. 인간의 지능과 인공지능의 특이점 관계.

13

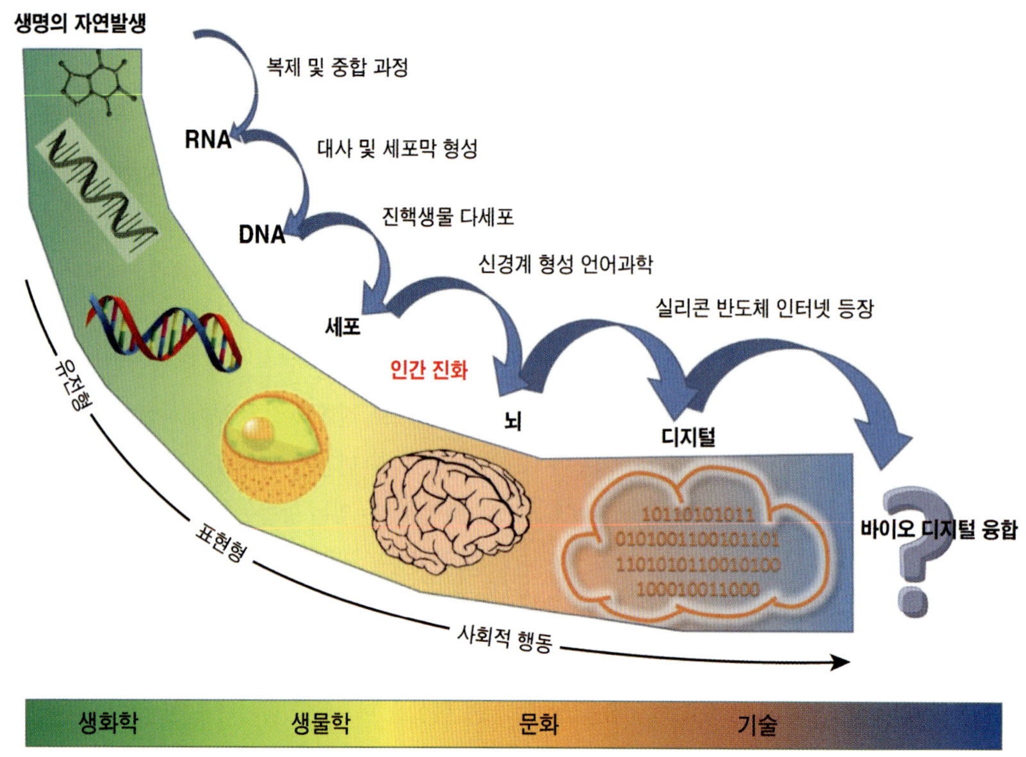


그림 13-28. 생명체의 진화 과정과 인공지능의 연결 모식도. (출처: Myworkforwiki[13-28])

추고 있다. 만약 인공지능의 목표가 인간의 목표와 일치하지 않는다면 어떤 문제가 생겨날 수 있을까? '생명의 미래' 편에서 인공지능을 다루어야 하는 이유가 여기에 있다고 할 수 있다.

## 2. 뇌-컴퓨터 인터페이스

인공지능은 사람이 컴퓨터를 학습시켜서 지능을 기계에 장착시켜 주는 과정을 말한다. 인공지능이 다시 살아날 수 있었던 중요한 계기 중 하나가 바로 인공신경망이다. 이 인공신경망은 인간의 뇌 구조를 모방하여 만들었다는 것을 우리는 잘 알고 있다. 따라서 뇌와 컴퓨터의 연산 과정은 전기적 회로로서 서로 유사한 점을 공유하고 있다. 이러한 공통점을 이용하여 우리의 뇌와 컴퓨터를 연결할 방법은 없을까?

우리가 컴퓨터와 접속할 수 있는 유일한 방법은 마우스나 키보드를 이용하여 무생물적인 컴퓨터와 소통하는 길뿐이다. 간혹 마우스나 키보드가 고장났을 때 느끼는 당혹감이 바로 이 사실을 깨닫게 해 준다. 따라서 마우스와 키보드는 인간과 컴퓨터를 연결해 주는 인터페이스라고 할 수 있다. 우리는 뇌와 컴퓨터를 연결해 줄 수 있는 장치를 **뇌-컴퓨터 인터페이스**(brain-computer interface; BCI) 혹은 **뇌-기계 인터페이스**(brain-machine interface; BMI)라고 부른다[23]. 만약 뇌의 신호를 키보드나 마우스의 조작 없이 바로 컴퓨터로 연결시켜서 이 신호의 의미를 해독하고, 다시 이 해독 결과를 바탕으로 마비된 신체를 움직이게 만들거나 로봇의 팔다리를 움직이게 만들 수 있다면 어떤 세상이 전개될 수 있을까? 지금부터 그 발전 과정과 원리를 찾아 나서 보자.

기계가 인체 장애를 개선하는 데 사용되기 시작한 것은 **신경보철학**(神經補綴學, neuroprosthetics)이라는 분야에서 출발하였다. 우리는 노인성 난청을 치료하기 위하여 보청기(補聽器, hearing aid)를 사용한다. 이 보청기는 단순히 소리를 증폭시켜 주는 역할을 담당하고 있다. 우리가 소리를 들을 수 있는 것은 일차적으로 귓바퀴에 의해서 소리가 외이로 모여서 고막에 전달되면, 고막에 붙어 있는 **이소골**(耳小骨, ossicle)이 소리 에너지를 증폭시켜서 내이로 전달한다. 내이로 전달된 소리 에너지는 다시 **달팽이관**(와우관, 蝸牛管, cochlear duct)의 **유모세포**(有毛細胞, hair cell)에 의해서 전기 에너지로 바뀌고, 이 전기 에너지는 청신경을 타고 뇌의 청신경 중추로 올라가서 비로소 우리는 소리를 인지하게 된다. 따라서 보청기는 단지 내이가 정상적으로 살아 있을 때 가능한 치료 방법 중 하나이다. 그러나 내이의 유모세포조차 손상을 받아서 제 기능을 못하는 경우는 어떻게 될까? 우리는 내이 임플란트인 인공와우를 이용하여 마이크에 달린 전극으로 직접 청신경을 자극하여 소리를 인지할 방법을 쓸 수 있을 것이다. 처음으로 내이 임플란트를 환자에 이식한 학자는 1961년 미국의 이비인후과 의사인 **윌리엄 하우스**(William House, 1923~2012)였고, 상업적으로 판매되기 시작한 것은 1972년부터였다. 이는 시각 장애인에게도 동일하게 나타난다. 우리가 보는 사물은 유리창이라 할 수 있는 각막을 통하여 눈으로 들어와서 수정체인 렌즈에 의해서 굴절되어 망막에 영상이 맺히게 된다. 이 망막은 빛에너지를 전기에너지로 바꾸어서 시신경 경로를 통하여 뇌에 있는 시신경 충추로 전달될 것이다. 우리가 이용할 수 있는 인공 망막은 인공와우와 동일한 역할을 한다는 것을 우리는 알아차릴 수 있다. 이러한 인공보철 시술은 1990년대에 접어들면서 뇌 속에다 직접 **탐침**(探針, probe)을 집어넣어서 뇌를 자극하거나 조절하는 **뇌 임플란트**(brain implant) 수준으로 발전하였다. 이는 정위적 뇌수술의 발달로 인하여 뇌 속의 특정 위치에 넣고자 하는 장치를 정확하게 도달시킬 수 있는 기술이 개발되었기 때문이다. 따라서 **심부뇌자극술**(深部腦刺戟術, deep-brain stimulator; DBS)은 **뇌조율기**(腦調律器, brain pacemaker)를 뇌 속의 특정 부위에 삽입시켜 질병을 치료할 수 있는 강력한 방법으로 등장하게 되었다. 미국식품의약국은 1997년 손떨림의 일종인 **수전증**(手顫症, essential tremor) 치료로 심부뇌자극술을 승인하였고, 파킨슨병은 2002년에 승인되면서 현재 3만 명 이상이 이 수술을 받고 있다. 이제는 뇌를 컴퓨터에 직접 연결시키는 방법이 개발되면서 새로운 시대에 접어들고 있다[82]. 이는 인간의 생각을 컴퓨터가 읽어 내고, 그 해독한 내용을 어떤 방법으로든 실현시킬 수 있는 세상에 들어와 있다는 것을 의미한다. 먼저 몇 가지 역사적인 증례를 살펴보기로 하자.

월남전 참전 용사인 53세 **조니 레이**(Johnny Ray)는 뇌졸중으로 감금증후군으로 알려진 **락크-인 증후군**(locked-in syndrome)에 빠지게 되었다. 이 질병은 말 그대로 온 사지가 마비되어 움직일 수 없어서 몸이 열쇠로 잠겨 버린 것과 같은 상태를 말한다[59]. 환자는 의식이 분명하지만, 오로지 자신의 의사를 표현할 수 있는 방법은 눈을 깜박거리는 것뿐이다. 따라서 그가 유일하게 소통할 수 있는 수단은 이것밖에 없다. 이와 비슷한 질병으로는 **근위축성 측색경화증**(筋萎縮性側索硬化症, amyotrophic lateral sclerosis; ALS) 혹은 **루게릭병**(Lou Gehrig's disease)을 들 수 있다. 이 질병 또한 필자가 경험한 가장 안타까운 질병 중 하나이다. 루게릭병도 특징적으로 운동 신경세포만 죽어 버려서 움직일 수가 없다. 환자는 눈을 깜박거리는 것으로 유일하게 외부와 소통할 수 있다. 어머니 간병 때문에 혼기를 놓친 과년한 딸이 벽에다 붙인 한글 자음과 모음을 가리키면서 어머니와 소통한다. 'ㅅ'과 'ㄹ' 'ㅏ' 정도를 어머니가 눈 깜빡임으로 조합시키면, 노련한 딸은 이 말을 '사랑해'라고 번역해 낸다. 이 환자가 괴로운 것 중 하나가 모기이다. 모기가 얼굴에 붙어서 피를 빨아먹어도 이 환자는 그저 기다리는 수밖에 없다. 우리는 레이나 이 환자의 생각을 읽어 낼 수는 없을까? 또한 모기를 쫓고 싶은 마음을 읽어서 다른 방법으로 모기를 쫓아낼 수는 없을까?

뇌-컴퓨터 인터페이스에서 제일 먼저 소개할 학자는 미국 에모리대학의 신경과학자인 **필 케네디**(Phil Kennedy)이다. 그는 원숭이 실험을 통하여 얻어낸 결과를 토대로 1998년 신경외과 의사인 **로이 베케이**(Roy Bakay)의 도움을 받아서 레이의 뇌에다 기계 장치인 전극을 삽입한 첫 번째 학자이다. 이 전극이 삽입된 레이의 뇌 부위는 왼팔 움직임을 관장하는 영역인 **운동 피질**(運動皮質, motor cortex) 영역이다. 다행히도 우리는 뇌의 어떤 부위가 왼팔을 움직이는 곳이라는 것을 알고 있다. 따라서 그림 13-29와 같이 레이의 앞에 있는 컴퓨터 모니터에 떠 있는 커서는 레이의 생각과 연계되어 있다. 먼저 레이가 자신의 왼손을 움직인다고 생각한다. 커서를 위로 움직이고 싶으면 왼손을 위로 올리는 생각을 하고, 커서를 밑으로 움직이고 싶으면 왼손을 아래로 움직인다고 생각한다. 이러한 생각은 레이의 왼손 부위 운동 피질의 세포를 활성화시키고, 이 활성화된 정보는 전극을 타고 컴퓨터로 연결된다. 레이는 이런 과정의 훈련을 통해서 몇 달 후에는 커서를 이용하여 이름이나 문장을 타이핑할 수 있게 되었고, 마침내 '배고프다'라는 말을 소통하는 데 성공하였다. 이러한 사실은 인간이 생각하는 것만으로도 컴퓨터를 작동시키는 결

13

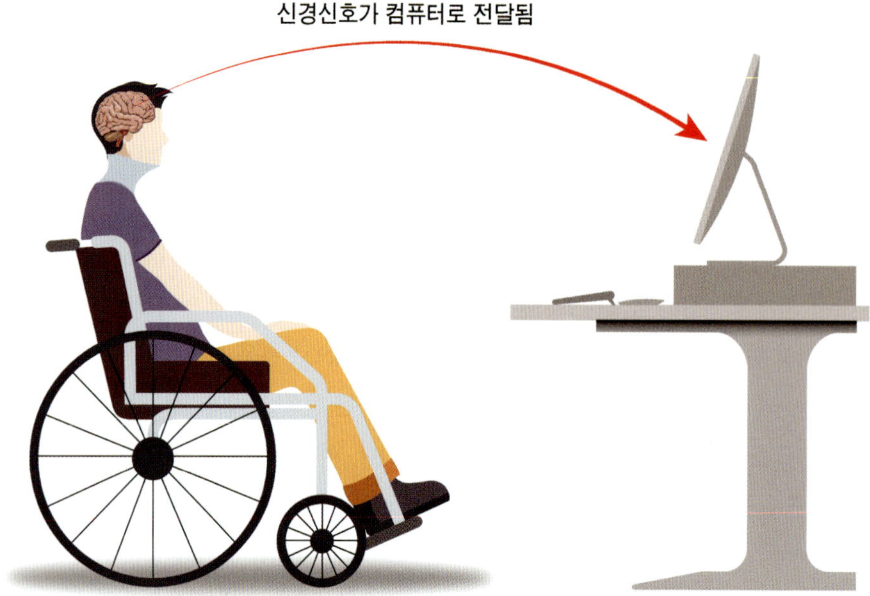


그림 13-29. 뇌의 신호가 컴퓨터로 연결되는 인터페이스 모식도.

과를 만들어 내는 쾌거를 이루었다고 할 수 있다[82,86]. 그뿐 아니라 듀크대학의 **미겔 니코렐리스**(Miguel Nicolelis, 1961~)는 2003년 붉은털원숭이의 뇌 속에 700개의 전극을 꽂아서 조이스틱으로 로봇 팔을 조종할 수 있게 훈련시킬 수도 있었다.

미국의 **윌리엄 도벨**(William Dobell, 1941~2004)도 뇌-컴퓨터 인터페이스에 커다란 업적을 남긴 학자이다. 그는 39세인 아무것도 볼 수 없었던 엔스 나우만(Jens Naumann)을 통나무를 자르고 주차장에서 운전을 할 수 있게 만든 학자이기도 하다. 그는 2002년 카메라가 부착된 안경을 쓰게 하고 이 카메라에 잡힌 시각 신호를 컴퓨터로 보낸다. 그다음 이 신호를 컴퓨터가 전기신호로 변환시켜서 전극을 통하여 뇌의 시각피질에 있는 신경세포에 전달하면 엔스의 시각중추는 그 신호를 알아차릴 수 있다. 이것이 엔스가 통나무를 팰 수 있는 시각정보를 얻는 방법이다. 이러한 도벨의 방법은 시신경까지 손상되어 더이상 인공망막을 사용할 수 없는 시각장애인의 희망이 되어 줄 것이다[16].

우리는 몇 가지 증례를 통하여 뇌와 컴퓨터가 상호 연결될 수 있는 통로가 있다는 사실을 확인하였다. 그러나 이런 방법은 **개두술**(開頭術, craniotomy, 머리를 절개하여 시술하는 것)에 대한 부담이 따르게 된다. 이와 달리 수술이 따르지 않고 비교적 사용하기가 수월한 방법이 **뇌파**(腦波, brain wave)를 이용하는 방법이다[23]. 뇌파는 심전도와 같이 뇌신경 세포에 흐르는 전기적 흐름을 찾아내는 방법을 말한다. 이러한 뇌파는 이미 1924년 독일의 정신과 의사였던 **한스 버거**(Hans Berger, 1873~1941)에 의해서 밝혀졌다. 그가 밝힌 알파 파(alpha wave)는 눈을 감고 안정된 상태에서 나타나지만 눈을 뜨면 줄어든다. 따라서 루게릭병에 걸린 환자가 눈을 깜짝거리는 것으로 소통하듯이 간단한 뇌파를 관찰함으로써 환자의 생각을 읽어 낼 수 있는 가능성은 충분하다고 할 수 있다. 이러한 뇌파는 기능성 자기공명영상(functional MRI; fMRI)과 같이 비침습적인 방법에 속하여 인체에 무해하다는 장점이 있다. 또한 뇌파를 이용하는 경우, 측정 비용이 저렴하고 뇌 정보를 실시간으로 얻을 수 있다는 장점이 있는 반면, 잡파가 들어가는 현상을 피하기 어렵고 분석에 어려움이 따른다는 단점을 가지고 있다(그림 13-30).

그렇다면 앞으로 뇌-컴퓨터 인터페이스는 어떻게 발전해 나갈 것인가? 또한 이러한 신기술은 인류에게 어떤 문화적 파장을 몰고 올 것인지를 추적해 보도록 하자. 먼저 중풍으로 인하여 **실어증**(失語症, aphasia)에 빠져서 말을 못 하는 환자는 말을 만들어 내는 부위의 뇌에 들어 있는 전극을 통하여 컴퓨터가 대신 말을 해 주는 세상이 펼쳐질 것이다. 사지 마비 환자는 뇌의 전극에서 얻은 정보를 컴퓨터를 통하여 로봇

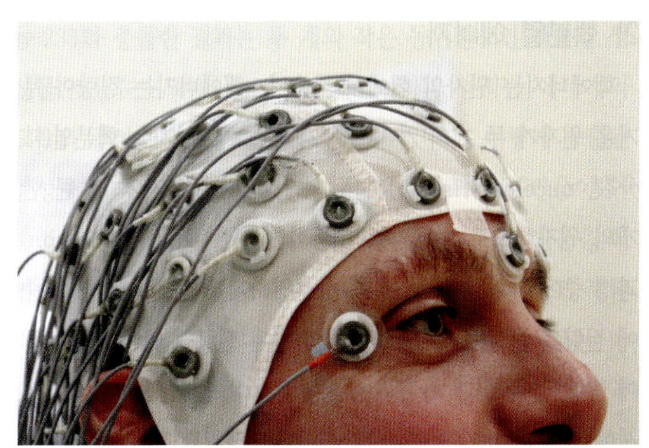
그림 13-30. 뇌파를 측정하는 방법. (출처: Chris Hope[13-30])

의 팔로 전달하고 로봇이 음식물을 입에 넣어 주는 서비스를 받을 것이다. 그뿐만 아니라 컴퓨터를 통하여 직접 척수나 근육으로 환자의 의사를 전달하여 이들을 일으켜 세울 수도 있을 것이다. 인간의 생각을 컴퓨터로 연결시킬 수 있다는 것은 컴퓨터에서 일어날 수 있는 모든 가능성이 포함된다는 것을 의미한다. 한 개인의 생각이 컴퓨터로 전달되고 그 생각이 다른 사람의 뇌로 전달된다면, 우리는 굳이 언어나 문자로 의사소통을 할 이유가 없을 것이다. 그뿐만 아니라 컴퓨터에서 발송되는 일괄적인 사고의 전달은 군사적 목적뿐만 아니라 정치적으로나 사회적으로 엄청난 파문을 불러올 것이다. 따라서 우리가 사용하는 전 세계적인 정보공간인 WWW(World Wide Web)와 비슷하게 전 세계 사람들이 생각을 공유하는 공간인 WWM(World Wide Mind)가 생겨날 것이다[82]. 또한 우리는 교육이라는 과정을 통하여 지식을 습득할 필요가 없어질 수도 있다. 수학에 대한 지식은 컴퓨터 뇌 인터페이스로 업그레이드시키면 될 것이고, 외국어에 대한 이해도 컴퓨터를 통해서 주입 받는 것으로 대신할 수 있을 것이다. 또한 골퍼들의 염원인 타이거 우즈의 스윙을 스스럼없이 할 수 있는 시대가 다가올 것이다. 즉, 타이거 우즈가 스윙을 하는 뇌 신호를 모아서 컴퓨터로 보내고, 이 정보를 다시 다른 사람의 뇌로 전송시키면, 그 사람은 자동적으로 타이거 우즈의 스윙을 할 수 있게 될 것이다. 따라서 컴퓨터에 기반을 둔 뇌를 가진 인간이 신경세포인 뉴런의 뇌를 가진 인간보다 더 효율적인 시대가 올 가능성이 커진다. 인간의 뇌는 복잡하고 종합적인 일을 컴퓨터보다 잘할 수 있다. 그러나 컴퓨터는 계산이나 분류, 검색이나 추출 등의 작업은 인간보다 수백만 배나 더 빠르게 진행할 수 있다. 따라서 컴퓨터의 신속성과 정밀성 및 거대한 기억용량 등과 인간의 뇌 기능을 합친다면 그림 13-28에서 보는 바이오 디지털 융합은 가까운 미래에 만날 수 있는 신세계가 될 가능성이 높다. 인공지능의 특이점을 예견한 미국의 미래학자 레이 커즈와일은 한 인간의 뇌를 스캔하여 그 정보를 컴퓨터에 보관하고 이를 다른 사람에서 전달할 수 있다는 가능성을 예측하고 있다. 따라서 뇌-컴퓨터 인터페이스는 4차 산업과 함께 등장한 인공지능과 더불어 미래에 새로운 세상을 열어 줄 신기술임에는 틀림없어 보인다.

13

## 제5절 생물과 핵무기

**핵무기**(核武器, nuclear weapon)를 '생명의 미래' 편에서 꼭 다루어야 하는 이유는 우리가 모두 공감하는 주제이기 때문이다. 그래서 우리는 '핵무기란 무엇인가'라는 단순한 질문에서부터 시작해 보도록 하자. 핵무기는 원자핵의 **핵분열**(核分裂, nuclear fission)이나 **핵융합**(核融合, nuclear fusion)에 의해서 발생하는 방대한 에너지를 이용하여 살상 무기용으로 만든 폭발물을 말한다. 우리는 흔히 핵분열에 의해서 만들어진 무기를 **분열폭탄**(分裂爆彈, fission bomb) 혹은 **원자폭탄**(原子爆彈, atomic bomb, A-bomb)이라 부르고, 핵분열과 핵융합 반응을 결합해서 만든 무기를 **열핵폭탄**(熱核爆彈, thermonuclear bomb) 혹은 **수소폭탄**(水素爆彈, hydrogen bomb, H-bomb)이라고 부른다[85]. 우리가 핵무기를 왜 이렇게 부르는지에 대해서는 잠시 후에 다시 기술할 것이다.

이러한 핵무기의 위력은 흔히 **TNT**(trinitrotoluene)의 파괴력에 비유하여 설명한다. 즉, 이 핵무기의 위력은 TNT 몇 톤(ton)이 폭발할 때의 위력과 같다는 식으로 표현한다. 우리가 흔히 알고 있는 히로시마에 투하된 우라늄 폭탄인 **리틀 보이**(Little Boy)는 TNT 20kt에 해당하는 폭발물이다. 이는 TNT 2만 톤이 폭발하는 위력과 같다는 의미를 담고 있다. 그러나 현재 이 지구상에 배치되어 있는 핵무기는 수소폭탄들이다. 러시아가 자랑하는 SS-9 단일 핵탄두의 위력은 18-25Mt의 폭발력을 가지고 있기 때문에, 히로시마에 떨어진 리틀 보이에 비하여 그 파괴력이 무려 1,000~1,250배가량 증가하였

로 어떻게 알아냈을까? 이러한 핵융합 반응은 태양이 스스로 빛을 내는 방법으로 이용되고 있으며, 밤하늘의 별들이 빛을 발하는 원동력이 된다는 것을 우리는 마침내 알게 되었다. 우주의 역사에서 처음으로 별들이 빛나기 시작한 시기는 약 135억 년 전으로 추정한다. 왜냐하면 빅뱅에 의해서 태어난 우주의 나이가 137억 년이고, 그로부터 2억 년이 흐른 후에야 처음으로 첫 별이 빛나기 시작했기 때문이다. 우리의 태양은 그로부터 약 85억 년이 더 지난 다음에야 비로소 이 우주에 등장하였다. 태양은 지구보다 약 30만 배나 무거워서 대기 속의 가벼운 수소도 붙잡아 둘 수 있다. 따라서 이 수소가 태양을 빛나게 해 주는 원료인 셈이다. 태양의 중심온도는 천 5백만℃ 정도여서 수소 기체가 제4의 물질 상태인 플라스마(plasma) 형태로 있게 된다. 그뿐 아니라 엄청난 무게에 대한 중력이 작용하여 태양의 중심부는 극도의 고압 상태에 놓여 있을 것이다. 따라서 이러한 환경에서는 수소 원자가 음전기를 띤 전자와 양전기를 띤 양성자로 서로 분리될 것이다. 또한 강력한 태양의 중력은 양전기를 띤 양전자들의 반발력 혹은 척력을 무시하고 서로 융합하여 더 무거운 헬륨을 만들어 내기에 적합한 장소가 될 것이다. 따라서 태양은 끊임없이 경수소에서 헬륨이 만들어지면서 에너지가 쏟아져 나오게 된다. 태양은 초당 약 6억 톤의 수소를 소모한다. 지구의 무게가 $1.35 \times 10^{21}$톤 정도이므로 지구만 한 수소 덩어리면 약 7만 년 정도 태울 수 있을 것이다. 태양이 이렇게 만들어 내는 에너지는 전기로 따지면 초당 $4 \times 10^{26}$와트에 해당하고, 현재 모든 인류가 약 50만 년 동안 사용할 수 있는 에너지를 일 초에 생산해 내는 셈이다. 이를 우리가 다루고 있는 수소폭탄에 비유한다면 태양은 초당 1메가톤의 열핵폭탄을 1조 개나 터트리는 것과 동일한 에너지를 만들고 있다[62]. 결국 지구의 거의 모든 생명체를 먹여 살리는 햇빛은 핵무기를 만드는 핵융합이라는 과정으로 만들어지고 있다는 뜻이다. 그렇다면 태양은 영원히 태울 수 있는 수소를 얼마나 가지고 있을까? 원래 태양이 50억 년 전에 탄생했을 때, 약 100억 년 정도 태울 수 있는 수소를 가지고 있었다. 그러나 지금 현재 50억 년이 지났으므로, 앞으로 약 50억 년 후에는 태양도 서서히 적색거성으로 변하면서 이 우주에서 사라질 것이다. 지구의 생명체가 살아온 역사가 약 40억 년이다. 따라서 우리가 살아온 세월만큼 생명체의 시대가 남아 있다는 것은 확실해 보인다. 인간이 이 지구상에 등장한 것은 채 30만 년이 넘지 못하고 있다. 이 짧은 시간 동안에 인간은 135억 년 전의 비밀을 알아내었고, 이 방법을 이용하여 마음에 들지 않는 다른 인간을 죽이는 데 이용할 수 있는 엄청난 무기를 만들었다. 따라서 인간의 영특함에 탄복하기 전에 먼저 불안한 전율이 머릿속을 스치는 것은 그저 기우만은 아닐 것이다.

## 2. 핵무기 개발

### 1) 핵무기 역사

인간이 핵무기를 개발해 가는 과정은 전쟁의 역사와 관련되어 있다. 전쟁은 사람을 죽여도 합법적으로 인정되는 인간의 치욕이다. 따라서 핵무기는 인간을 한 번에 대량으로 죽일 수 있도록 만들어진 폭발물이다. 인간은 과연 자연 속에서 일어나는 현상을 이용해서 사람을 죽일 수 있는 기구를 어떻게 만들었을까? 역사는 다시 20세기가 열리는 시점으로 올라가야 한다.

처음으로 우라늄 광석에서 방사선이 나온다는 것을 알아차린 학자는 여성 최초의 노벨 수상자이자 두 번이나 노벨상을 받은 프랑스의 **마리 퀴리**(Marie Curie, 1867~1934)와 그의 남편인 **피에르 퀴리**(Pierre Curie, 1859~1906)였다. 전자를 발견했던 **조지프 존 톰슨**(Joseph John Thomson, 1856~1940)의 제자인 **어니스트 러더퍼드**(Ernest Ruthford, 1871~1937)는 1919년 양성자를 발견했을 뿐만 아니라 원자가 쪼개져서 다른 원자로 바뀐다는 사실을 알게 되었다. 또한 그는 중성자의 존재를 예견하였고, 이는 그의 제자였던 **제임스 채드윅**(James Chadwick, 1891~1974)에 의해서 1932년에 중성자가 실제 발견되었다. 그러나 그다음 해에 집권한 나치 정권은 유대인 과학자를 억압하는 정책으로 인하여 많은 핵물리학자들이 영국이나 미국으로 도피하는 신세가 되었다. 헝가리 출신 **레오 실라르드**(Leó Szilárd, 1898~1964)도 그중 한 명이었다. 그는 1933년 우라늄이 핵 연쇄반응을 일으킬 수 있는 가능성과 그 임계질량에 대한 개념을 인식하였지만, 영국을 거쳐서 미국으로 도피하여 맨해튼의 컬럼비아대학에 자리를 잡게 되었다. 이러한 연쇄반응에 대한 연구는 미국의 **엔리코 페르미**(Enrico Fermi, 1901~1954)에 의해서도 확인되었고,

1938년 독일의 **오토 한**(Otto Hahn, 1879~1968)과 **프리츠 슈트라스만**(Fritz Strassmann, 1902~1980)에 의해서도 밝혀졌다. 그들은 중성자로 우라늄에 충격을 가하면 바륨이 생긴다는 핵분열 현상을 알아내게 되었다. 이러한 사실들은 전쟁 가능성이 고조되어 가던 시점에서 미국으로 망명한 학자들에게는 일말의 불안감으로 작용하게 되었다. 즉, 가공할 폭발력을 가진 새로운 무기가 히틀러 정권에 의해서 먼저 개발될 수 있다는 가능성을 걱정한 것이다[61,118]. 이를 먼저 인식한 레오 실라르드는 초대형 폭탄이 개발될 가능성과 이 폭탄이 나치 정권에 의해서 먼저 개발될 수 있다는 사실을 알리는 편지를 쓰게 되었다. 그는 1939년 8월 2일 아인슈타인의 서명을 받아서 그 당시 미국의 **루스벨트**(Franklin D. Roosevelt, 1882~1945. 4. 12.) 대통령에게 편지를 보내게 되었다. 아인슈타인은 실라르드가 알려줄 때까지 핵에너지의 정체에 대해서 알지 못하고 있었다.

드디어 1939년 9월 1일 히틀러가 폴란드를 침공하면서 시작된 **제2차 세계대전**(1939. 9. 1.~1945. 9. 2.)은 핵무기 개발을 촉진시키는 결과를 초래하였다. 루스벨트 대통령은 그 당시 미국 표준연구소에 근무하던 **라이먼 브리그스**(Lyman Briggs, 1874~1963)에게 우라늄 자문위원회를 만들어서 이 편지 내용을 자세히 확인하도록 지시하였다. 그는 몇 차례 회의를 진행한 이후 루스벨트 대통령에게 가공스러운 폭탄의 등장 가능성을 알리게 되었다. 그는 핵무기 개발의 필요성을 느끼고 이를 진행하기로 결정하였지만 그 진행 속도는 매우 느렸다. 그 사이 전쟁의 여파가 미국에도 불어닥쳤다. 일본이 1941년 12월 7일 진주만을 공격하자 미국은 그 뒷날 바로 일본에 선전포고를 하고 제2차 세계대전에 참전하게 된 것이다. 이 전쟁은 우라늄 자문위원회를 통해서 핵폭탄 계획을 적극적으로 추진시키는 결과를 낳게 되었다. 실제로 자문위원회는 12월 18일 회의에서 우라늄 235를 농축시키기 위한 방법 중 전자기적 분리 방법은 캘리포니아대학이 진행하도록 하고, 기체 확산법에 의한 분리는 카네기연구소, 열확산 분리법은 해군연구소가 맡도록 결정하게 되었다. 그러나 미국 전역에서 벌어지는 핵개발을 총괄할 필요성을 느낀 루스벨트 대통령은 그 당시 미국 육군 공병대의 **레슬리 그로브스**(Leslie Groves, 1896~1970) 장군을 **맨해튼 계획**(Manhattan Project, 1942~1946)의 총 책임자로 임명하게 된다. 맨해튼 계획은 미국이 핵무기 개발을 위하여 만든 조직으로 그 암호명이라 할 수 있다[74].

그러나 실제 핵개발 계획은 영국이 앞서 나가고 있었다. 그들은 **튜브 앨로이스**(Tube Alloys, 특수강관이라는 의미)라는 암호명으로 이미 핵개발을 진행하고 있었던 것이다. 그러나 전시 재정으로는 핵개발이 힘들다는 것을 알게 된 영국 수상 **윈스턴 처칠**(Winston Churchill, 1874~1965)은 루스벨트 대통령과 퀘백 협정을 통해서 1943년 모든 정보를 미국으로 이관하여 맨해튼 계획으로 흡수시키게 되었다. 독일도 핵무기 개발에 대한 계획을 가지고 있었지만, 충분한 투자가 이루어지지 못해서 지지부진한 상태에 놓여 있었다. 일본은 전쟁 기간 동안 미국이 핵폭탄을 개발하기는 어려울 것으로 판단하고 있었다.

맨해튼 계획은 미국 정부의 전폭적인 지원을 받아서 미국과 캐나다에 30개 이상의 지역에 기반시설을 건설하고(그림 13-33), 핵폭탄 설계 및 생산을 위한 비밀 연구소를 뉴멕시코주 로스앨러모스(Los Alamos)에 설립하였다. 그 연구소의 책임자는 '원자폭탄의 아버지'라고 불리는 캘리포니아대학 버클리 캠퍼스의 **로버트 오펜하이머**(J. Robert Oppenheimer, 1904~1967)가 임명되었다. 그로브스가 맨해튼 총 책임자로 임명된 이후 제일 먼저 한 일 중 하나는 우라늄 광석을 확보하는 일이었다. 그러나 광석 확보보다 더 중요한 일은 자연 우라늄 광석에서 핵분열이 일어나는 우라늄 235를 분리하는 일이었다. 왜냐하면 자연 우라늄 광석에는 99.3%가 핵분열을 일으키지 않는 우라늄 238이었고, 핵분열이 일어나는 우라늄 235는 0.7%밖에 되지 않기 때문이었다. 따라서 우라늄 235를 농축하여 임계질량에 도달할 수 있는 양을 확보하는 길이 제일 중요한 과제로 떠올랐다. 이들 분리 과정은 주로 테네시주 오크리지(Oak Ridge)에서 진행되었다. 그러나 핵분열이 일어나지 않는 우라늄 238에다 중성자를 충돌시키면, 핵붕괴가 일어나서 넵투늄 239(Neptunium-239)가 되고, 최종적으로 **플루토늄 239**(Plutonium-239)가 되어 핵분열이 일어난다는 것을 나중에 알게 되었다. 따라서 이러한 플루토늄 239를 농축하기 위하여 미 육군 공병대는 1943년 워싱턴주 핸포드(Hanford)에 공장을 짓고 이것을 생산하게 되었다. 이러한 농축 핵물질을 이용하여 로스앨러모스에서는 우

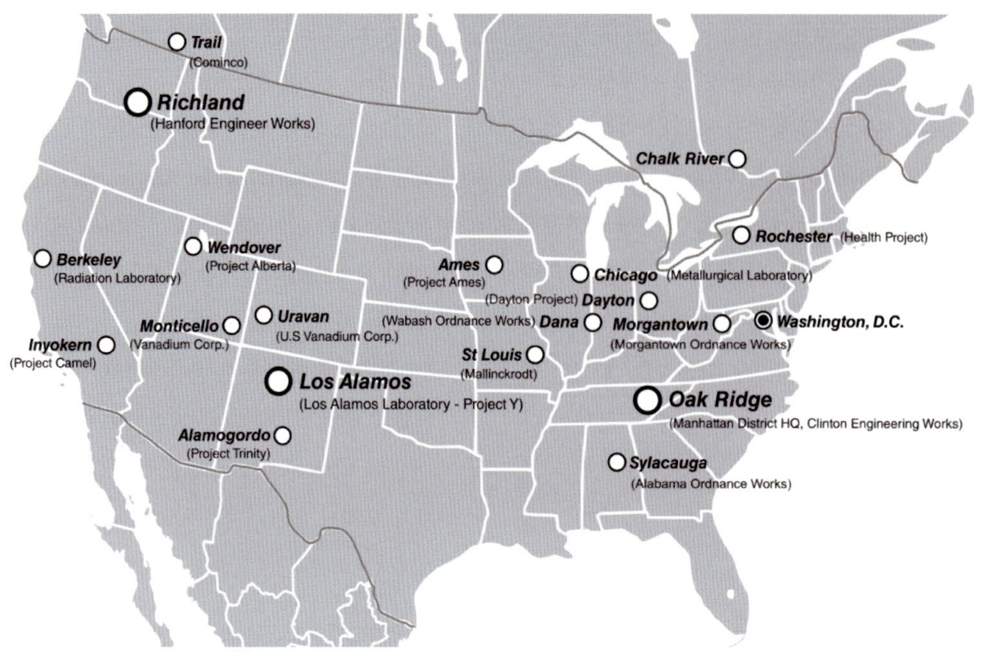


그림 13-33. 맨해튼 계획의 기반시설이 있는 미국 및 캐나다 지역 지도. (출처: Fallschirmjäger[13-33])

라늄 235를 이용한 **포신형** 핵분열 무기(gun-type fission weapon)와 플루토늄 239를 이용한 **내폭형** 핵분열 무기(implosion-type fission weapon)를 제작하게 되었다. 이들은 다시 핵무기 종류 편에서 다시 설명할 것이다.

이렇게 제조된 핵무기의 첫 실험은 1945년 7월 16일 사상 최초로 로스앨러모스에서 남쪽으로 약 400km 떨어진 뉴멕시코주 앨라모고도(Alamogordo)에서 **트리니티 실험**(trinity test)이라는 암호명으로 시행되었다. 이 실험에 사용된 핵무기는 플루토늄으로 만든 내폭형 핵무기로 22kt TNT의 가공할 위력을 선보이게 되었다. 독일은 이 실험이 있기 전인 1945년 5월 8일에 이미 항복을 했기 때문에 핵무기의 첫 희생에서 빗겨 갈 수 있게 된 것이다. 미래는 내다볼 수 없지만 돌이켜 보는 과거는 때때로 허망해 보이기도 한다.

이렇게 핵무기의 실험 성공은 바로 독일의 포츠담 회담(1945. 7. 17.~8. 2.)에 참석하고 있던 트루먼(Harry S. Truman, 1884~1972) 대통령에게 보고되었다. 루스벨트 대통령은 첫 핵무기 실험을 보기 전에 뇌출혈로 1945년 4월 12일 사망하였기 때문에 부통령이던 트루먼이 유일한 고졸 출신으로 대통령직을 승계하게 되었다. 트루먼은 핵실험 성공 사실을 처칠과 **스탈린**(Joseph Stalin, 1878~1953)에게 알렸지만 스탈린은 별다른 반응을 보이지 않았다. 왜냐하면 그는 이미 맨해튼 계획에 잠입한 소련 스파이로부터 이 정보를 미리 알고 있었기 때문이다. 핵무기의 존재를 밝히지 않은 상태에서 포츠담 선언은 일본의 항복을 강력하게 요구하였지만 일본은 이를 거절하였다. 인류 최초로 전장에서 핵무기가 폭발하는 광경을 보게 될 시간이 점점 다가오고 있었다. 일본에 핵무기 투하는 장소 선정과 시기 등이 얽힌 신중한 판단이 요구되었을 것이다. 일부에서는 사람이 살지 않는 곳에 투하하여 그 위력을 과시함으로써 일본의 항복을 받고자 하는 주장도 제기되었다. 그러나 트루먼은 강력한 메시지를 전하고 일본 본토 상륙으로 인한 연합군의 인명피해를 줄이기 위하여 두 개의 일본 도시에 투하할 것을 결정하였다.

드디어 1945년 8월 6일 미국 육군 항공대에 의해서 우라늄 포신형 핵폭탄인 **리틀 보이**(Little boy)가 히로시마에 투하되고, 3일 뒤인 8월 9일 플루토늄 내폭형 핵폭탄인 **팻 맨**(Fat Man)이 나가사키에 투하되었다[18](그림 13-34, 13-35). 단 두 개의 핵폭탄은 약 20만 명의 민간인과 군인들을 순식간에 죽음에 이르게 하는 가공할 위력을 과시하면서 마침내 일본은 1945년 8월 15일 무조건 항복을 선언하게 되었다. 1942년에 본격적으로 시작된 맨해튼 계획은 약 13만 명의 고용 인원과 2018년 기준으로 약 230억 불이 투자된 채로 막을 내리고, 이 조직은 1947년 1월 미국 원자력위원회로 이관되었다.

그림 13-34. 히로시마(A)와 나가사키(B)의 핵폭발 장면. (출처: George R. Caron & Charles Levy[13-34])

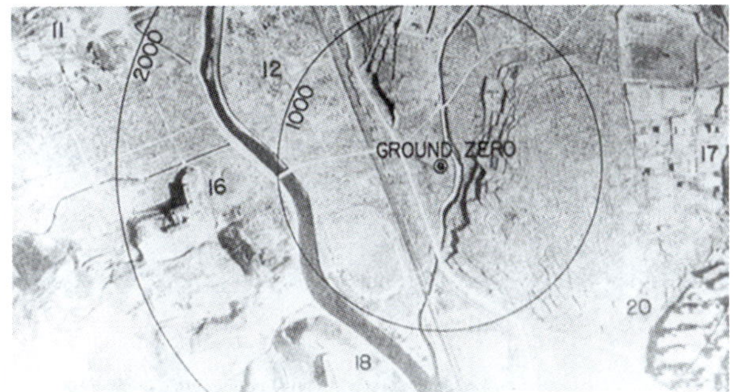


그림 13-35. 핵폭탄 투하 전후의 나가사키현 모습. (출처: Fastfission & U.S. National Archives[13-35])

다시 정리해 보자. 핵분열 에너지가 연쇄반응에 의해서 가공할 위력을 발휘할 수 있다는 이론이 1930년대에 성립되어서 실제 핵무기가 탄생한 1945년까지 걸린 시간이 약 15년이다. 이런 시간 간격을 DNA 구조 발견이나 이를 편집할 크리스퍼의 발견, 유전공학이나 인공지능 등에다 대비시킨다면 과학의 발전과 진전에는 반드시 윤리적 제한과 인간의 자제력이 필요하다는 생각을 지울 수가 없다.

## 2) 핵무기 종류

핵무기는 핵 에너지를 얻는 방법에 따라 두 가지로 크게 나눌 수 있다. 먼저 가장 대표적인 핵무기는 **핵분열을 이용한 무기**이다. 이 무기의 핵분열 물질은 우라늄 235와 플루토늄 239가 이용되리라는 것은 쉽게 알 수 있을 것이다. 우라늄은 그림 13-31과 같은 과정을 거쳐서 핵분열이 가능한 우라늄 235가 만들어진다. 그러나 실제로 우라늄 235가 연쇄 폭발을 하기 위해서는 임계질량 이상이 모여야 가능하다. 우리가 원자폭탄이라고 불리는 핵분열 무기는 우라늄 235가 90% 이상 농축되어 있어야 연쇄반응에 의해서 폭발하게 된다. 실제 93.5%로 농축된 우라늄 235의 임계질량 크기는 핸드볼 공 정도의 크기(약 17cm)이다. 그러나 핵분열 에너지를 이용하는 원자력 발전소는 우라늄이 3~5% 정도 농축되어 있어서 핵분열이 서서히 일어날 수 있다. 그뿐만 아니라 중성자를 흡수하여 반응 속도를 줄일 수 있는 제어봉이나 고농도 붕산수를 냉각수에 넣어서 핵분열 반응을 조절할 수 있다. 이러한 방법의 발견이 핵분열 에너지를 평화적으로 이용할 수 있는 길을 열어 준 것이다. 핵분열 물질로 사용되는 플루토늄은 자연 상태에서는 매우 드물게 발견되기 때문에 인공적으로 생산한 후 이를 농축하여야 한다. 먼저 그림 13-36에서 보는 것처럼 우라늄 238에 중성자를 가하면 우라늄 239로 변한다. 이 우라늄 239는 불안정하기 때문에 다시 넵투늄(neptunium) 239

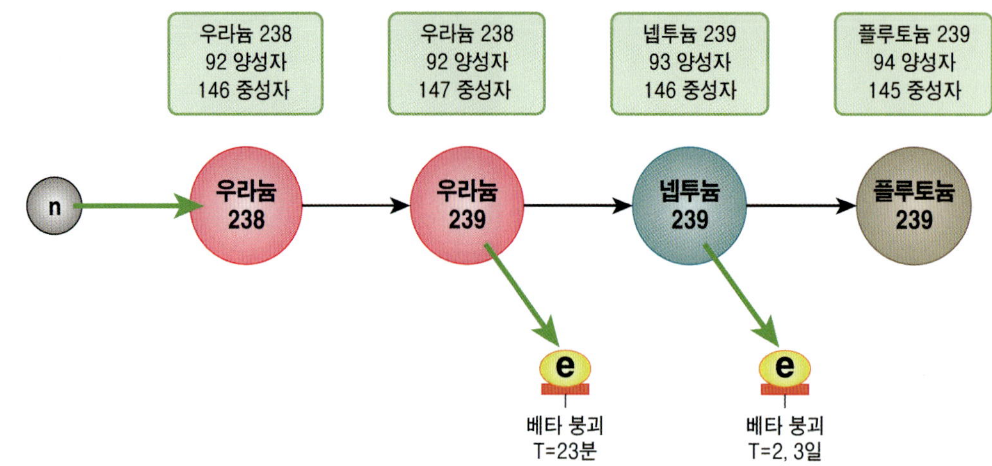


그림 13-36. 핵분열 물질인 플루토늄의 생성 과정.

로 변하고, 여기에 다시 중성자가 가해지면 전자가 방출되면서 핵분열이 일어나는 플루토늄 239로 변하게 된다. 그러나 이렇게 생성되는 플루토늄은 매우 적기 때문에 핵폭탄을 만들기 위해서는 이를 농축하여야만 한다. 또한 이들을 실제 핵폭탄으로 조립하는 데도 두 가지 방법이 동원된다. 먼저 **포신형**(砲身型, gun-type) 폭탄은 그림 13-37과 같이 재래식 폭약을 먼저 터트려서 한 개의 임계질량 이하의 우라늄 235와 또 다른 임계질량 이하의 우라늄 235를 합쳐지게 만든다. 이렇게 두 개의 우라늄 235가 합쳐져서 임계질량에 도달하도록 만들어서 폭발하게 만든 형태의 폭탄을 말한다. 이러한 내폭형 폭탄이 히로시마에 투하된 리틀 보이 핵폭탄이다. 이에 반하여 **내폭형**(內爆型, implosion-type) 폭탄은 그 기폭 방법이 더 복잡하고 다르다. 즉, 플루토늄 핵물질을 공 모양으로 가운데 배치하고 그 주위를 폭약으로 둘러싸서 이 폭약이 폭발할 때 핵물질에 순간적으로 압력을 가하여 임계상태에 도달하게 만들어 폭발시키는 방법이다[85]. 이러한 내폭형 폭탄은 나가사키에 투하된 팻 맨이 이 형태의 핵폭탄이다.

그림 13-37. 포신형과 내폭형의 핵무기 구조. (출처: Fastfission[13-37])

두 번째는 **핵융합을 이용한 핵무기**이다. 이는 우리에게 열핵폭탄 혹은 수소폭탄으로 알려져 있고, 핵분열 무기보다 수백 배 더 큰 위력을 가지고 있다. 이 수소폭탄은 핵분열 폭탄에 의해서 생긴 에너지를 이용하여 핵융합 반응을 유도하게 된다. 따라서 우리가 아는 수소폭탄은 핵분열 에너지와 핵융합 에너지를 같이 이용한다고 볼 수 있다. 이 핵융합 무기는 핵분열 생성물이 많이 만들어지지 않아서 핵분열 폭탄보다 **낙진**(落塵, nuclear fall)이 적다. 현재 기록상으로 가장 크고 위력적인 수소폭탄은 소련이 보유하고 있는 차르 봄바(Tsar bomba)로 TNT 50메가톤의 에너지를 방출할 수 있다. 이는 히로시마에 투하된 리틀 보이의 위력보다 무려 2천 배 이상의 괴력을 보인다고 할 수 있다. 그림 13-35를 상기시켜 보면 이 차르 봄바의 위력이 얼마나 될지는 독자분들의 상상에 맡길 수밖에 없다. 그 이외에도 낙진의 양을 늘리는 핵무기나 중성자를 이용해서 대량 살상을 유도하는 중성자 폭탄 등이 있다.

또 다른 관점에서 핵무기를 분류해 보면 **전술 핵무기**(戰術核武器, tactical nuclear weapon)와 **전략 핵무기**(戰略核武器, strategic nuclear weapon)로 구분할 수 있다. 먼저 전술 핵무기는 그 위력이 킬로톤 이내의 전술적 무기를 말한다. 이러한 전술 핵무기는 핵 지뢰나 핵 어뢰 등으로 제조되어 직사포나 박격포 등으로 사용될 수 있는 핵무기를 말한다. 이에 반하여 전략 핵무기는 적국의 영토나 대도시를 파괴할 목적으로 사용되는 핵무기를 말한다. 이들이 어떻게 목표 지점에 도달하는지는 조금 후에 다룰 것이다.

### 3) 핵실험 및 운반체

인류 최초의 핵실험은 미국이 제2차 세계대전이 막바지로 치닫기 시작한 1945년 7월 16일 뉴멕시코주 앨라모고도(Alamogordo)에서 트리니티 실험(trinity test)이라는 암호명으로 시행된 것이 그 첫 번째 기록이다(그림 13-38). 이때 사용된 핵폭탄은 플루토늄으로 만든 내폭형 폭탄으로 22kt의 TNT에 해당하였다[74]. 이 핵실험의 성공은 인간의 역사상 가장 최대의 폭발력을 가진 무기를 만들었다는 것과 동시에 가장 처참하게 대량으로 인간을 포함한 모든 생명체를 죽일 수 있는 방법을 가졌다는 것을 의미한다. 인간은 이 첫 핵실험 이후 60군데에서 2천 회 이상의 핵실험을 강행했다는 것은 무엇을 의미할까? 이 중 1945년부터 1980년 사이에 무려 500회 이상의 대기 핵실험이 벌어졌다는 것은 더욱 놀라운 일이다. 이러한 대기 핵실험으로 벌어지는 방사능 낙진이 인간의 관심을 받게 된 것은 1954년 이후에 일어난 일이다. 실제 핵실험은 대기에서만 실시된 것은 아니다. 이 실험들은 지하에서뿐만 아니라 심지어 **외기권**(外氣圈, exoatmosphere)과 수중에서도 실시되었다. 1945년 8월 6일과 8월 9일에 히로시마와 나가사키에 투하된 핵폭탄의 위력을 실감한 인류는 서로 경쟁적으로 이 새롭고 파괴적인 무기를 가지기 위하여 피나는 경쟁을 펼치게 되었다. 1949년 8월 29일 소련도 최초의 원자폭탄 실험에 성공하였고, 뒤이어 1952년 미국은 최초의 수소폭탄 실험에 성공하였다. 연이어서 소련의 수소폭탄 실험과 더불어 영국, 프랑스, 중국이 이 무시무시한 경쟁에 뛰어들게 되었다. 특히나 1958년부터 1962년 사이에 미국과 소련은 우주 공간에서 11차례에 걸쳐서 핵실험을 감행하였다. 드디어 인간은 서로를 아낌없이 죽일 수 있는 거대한 무기를 장착하게 된 것이다.

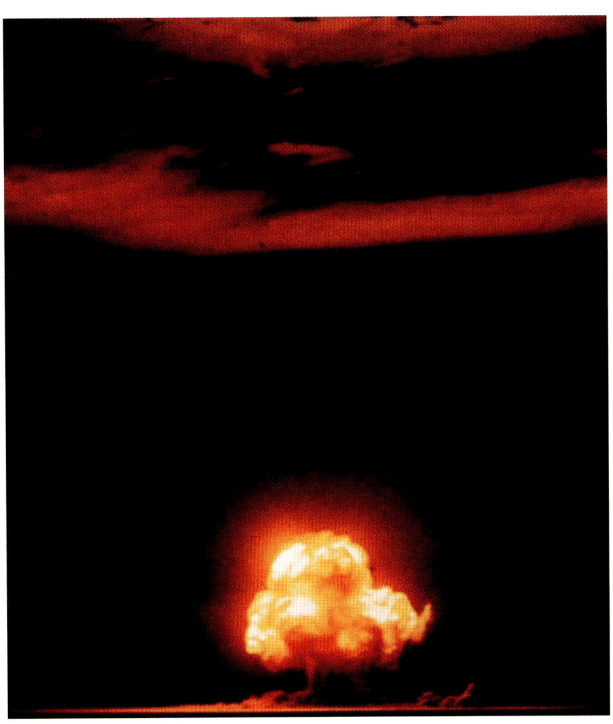

그림 13-38. 최초의 핵실험인 트리니티 실험. (출처: Jack W. Aeby[13-38])

더구나 핵무기 운반체의 발전은 우리를 더욱 공포 속에 몰아넣기에 충분하다. 핵출력이 커지면 탄두의 무게와 덩치도 커져서 이를 목표 지점에 운반하는 데 장애가 될 것이다. 따라서 핵무기의 위력과 운반체의 능력은 핵무기 전략에서 중요한 요인으로 작용하게 되었다. 또한 핵무기 보유국은 이들을 목표 지점에 정확히 도달시키기 위하여 핵무기를 소형화시키는 작업에 몰두하고 있다. 강대국들이 경쟁하고 있는 운반 수단은 **대륙간 탄도미사일**(intercontinental ballistic missiles; ICBMs)이나 **잠수함발사 탄도미사일**(submarine-launched ballistic missiles; SLBM) 또는 **공중발사 순항미사일**(air-launched cruise missiles; ALCMs) 등을 들 수 있다. **다탄두 각개목표 재돌입체**(multiple independently targetable reentry vehicles; MIRVs)라 불리는 핵탄두가 미사일 한 개 속에 여러 개의 핵탄두가 들어 있고, 이들이 각기 다른 목표를 겨냥할 수 있다는 것은 우리를 더욱 공포스럽게 만든다.

13

## 3. 핵무기 위험성

### 1) 핵무기 현황

과연 이 지구상에는 얼마나 많은 핵무기가 배치되어 있으며 총 위력은 얼마나 될까? 우리는 이 질문에 대한 정확한 해답을 구할 수가 없다. 핵무기는 그만큼 국가 간의 초특급 비밀사항이기 때문이다. 우리는 유엔 총회의 결의에 따라 1970년부터 발효된 **핵확산 금지조약**(核擴散禁止條約, Nuclear Non-Proliferation Treaty; NPT)에 의해서 핵 보유국으로 인정받은 나라는 5개국으로 미국, 러시아, 영국, 프랑스, 중국뿐이다. 그러나 핵확산 금지조약에 미가입 상태에서 핵을 가지고 있는 국가로 인도와 파키스탄이 등장한다. 북한은 처음에 핵확산 금지조약에 가입했지만 2003년 탈퇴하고 현재 핵무기를 보유하고 있는 것으로 추정하고 있다. 이스라엘은 핵 보유를 선언하지는 않았지만 핵 보유국으로 인정받고 있다[122].

지금 현재 이 지구상에는 약 만5천 개 이상의 핵무기가 배치되어 있고, 이들은 대부분 열핵폭탄으로 그 위력이 훨씬 더 큰 수소폭탄으로 구성되어 있다. 이 중에서 미국과 소련이 가지고 있는 핵무기가 만4천 개에 육박한다는 것은 현 인류의 힘의 균형이 어떻게 분포되어 있는지를 가늠해 볼 수 있다고 할 수 있다. 또한 이렇게 배치된 핵폭탄은 약 1,800개가 즉시 발사체계를 갖추고 있어서 수분 안에 발사되어 핵전쟁으로 돌입할 준비 상태에 있다고 본다. 북한도 논란의 여지가 있지만 2016년 1월 핵융합 무기를 실험했다고 주장하고 있다. 이렇게 전략 핵무기가 지구 대기권에 날아다닐 수 있다는 가능성은 우리를 불안하게 만든다. 그러나 전략 핵무기는 **상호확증파괴**(相互確證破壞, mutually assured destruction; MAD)라는 개념에 의해서 다소간 억제될 수 있는 요인을 가지고 있다. 이 상호확증파괴는 한쪽이 전략 핵무기를 사용하면 다른 쪽도 핵무기를 사용하기 때문에 서로가 확실히 파괴될 수 있다는 논리에 의해서 핵 사용이 억제되는 개념을 말한다. 이는 아무리 선제공격에 의해서 핵무기를 파괴시킨다고 하더라도 남아 있는 핵무기나 잠수함에서 발사되는 핵무기에 의해서 공격한 세력도 동시에 파괴될 수밖에 없다는 것이 확인되었기 때문이다[80]. 그러나 핵무기에 대한 국가 간의 전략이나 현황은 이 책의 범주를 벗어나 있다. 따라서 이러한 핵무기가 가져올 결과만을 조명해 보도록 하자.

### 2) 폭발 규모 및 피해

현재 북한이 보유하고 있을 것으로 추정되는 100kt급 핵폭탄이 서울 상공에서 폭발한다면 어떤 결과가 초래될 수 있을까? 이에 대한 답변으로 2004년 미국 **국방위협 감소기구**(Defense Threat Reduction Agency; DTRA)에서 시뮬레이션한 결과를 인용해 보도록 하자. 이 규모의 핵탄두는 히로시마에 투하된 리틀 보이보다 5배 이상 더 강력한 핵폭탄으로 추정된다. 만약 이러한 핵탄두가 서울 상공에서 폭발하면 약 31만 명이 즉사할 것을 포함하여 630만 명의 사상자가 발생할 것으로 추정하고 있다. 또한 엄청난 방사능 낙진은 북서풍을 타고 수도권의 서남부 쪽으로 퍼져서 엄청난 피해를 볼 것으로 보고 있다[8]. 이러한 핵무기는 전쟁 목적 이외에도 다양한 실수에 의해서 인류와 지구의 생명체를 위협할 수 있다. 핵무기가 테러에 이용될 수도 있고 핵무기 사고나 실수 또는 가짜 경보에 의한 핵전쟁이나 도난 등으로 인류는 예기치 못한 핵 피해의 소용돌이로 내몰릴 수가 있을 것이다. 실제 현재까지 일어난 핵무기 사고에 대한 실태를 알아보자. 1945년과 1946년에 로스앨러모스 실험실에서 치사량의 방사선에 노출된 물리학자가 두 명이나 사망하는 사고가 발생하였다. 이렇게 본다면 처음으로 우라늄 광석에서 방사선이 방출된다는 사실을 알게 된 마리 퀴리도 그 피해자 중 한 사람으로 볼 수 있다. 그녀의 남편은 교통사고로 사망하였지만, 마리 퀴리는 과다한 방사선 노출에 의하여 혈액암으로 사망했기 때문이다. 또한 실제로 핵무기가 분실된 첫 번째 사건이 1950년 2월 13일 미 공군의 B-36 비행기가 핵무기 훈련 도중 엔진에 불이 붙어서 브리티시 컬럼비아산에 충돌하면서 분실된 사건이 발생하였다. 그뿐 아니라 공중 급유기와 충돌하거나 훈련 중 비행기가 필리핀 해역으로 추락하여 핵무기 사고가 일어나기도 하였다. 이렇게 하여 1950년 이후 발생한 핵무기 사고는 무려 32건에 달하고 있다. 이들은 사고에 의해서 발사되거나 화재나 폭발 또는 도난이나 분실 등이 주된 사고의 원인으로 꼽히고 있다. 그리고 지금까지 분실된 핵무기는 6개에 달하는 것으로 나타나고 있다[85].

핵무기는 단시간 내에 지구에 살고 있는 생명체를 대량으로 파괴시킬 수 있는 유일한 장치라고 할 수 있다. 그렇다면 과연 핵무기 폭발에 의한 피해는 어느 정도로 나타날까? 우선 지구에 있는 만5천여 개의 핵무기 중에 약 6%에 해당하는 1,000개의 핵폭탄만이 터진다 해도, 우리가 살고 있는 이 행성은 생명체가 살 수 없는 불모의 땅으로 변할 것이다. 이러한 피해는 2017년 노벨 평화상을 받은 **핵무기 폐기 국제운동**(International Campaign to Abolish Nuclear Weapons; ICAN) 단체에서 제시하는 내용을 인용해 보기로 하자. 먼저 핵폭탄이 터진 제로 지점(ground zero)의 생명체는 즉사하지만, 폭발로 인한 거대한 충격파가 수백 km에까지 퍼져 나가면서 폐나 귀 손상을 초래할 뿐만 아니라 내장파열까지 유발시킬 것이다. 그리고 강력한 열 발생으로 제로 지점은 순식간에 증발해 버리고, 심한 화상이나 화재가 발생할 것은 너무나 당연해 보인다. 비록 대피소 안에 피해 있더라도 산소결핍이나 일산화탄소 중독으로 사망하게 될 것이다. 또한 고농도의 방사선 낙진은 세포나 기관을 손상시킬 뿐 아니라 암을 발생시키고, 더 나아가서 유전자 돌연변이를 유발하여 다음 세대에서 기형 발생이 초래될 것이다.

만약 히로시마에 투하된 핵무기의 100배 정도의 핵무기가 폭발하면 연기와 먼지의 발생으로 태양 빛의 약 10%가 차단될 것이다. 따라서 **핵겨울**(nuclear winter)이 뒤따라오면서 약 20억 명의 인구가 기근에 직면하게 될 것으로 보고 있다. 또한 인간 종이 완전히 멸종하지는 않겠지만 지금까지 이룩해 놓은 현대 문명은 완전히 파괴되고 말 것이다. 이러한 자원의 고갈은 전염병 창궐과 계층 간의 갈등을 증폭시킬 것이다. 만약 지구에 있는 모든 핵무기가 사용된다면 약 1억5천만 톤의 먼지와 매연이 성층권에 도달하여, 강우량은 45%가량 감소하고 지표 온도는 영하 7~8℃로 냉각되어 버릴 것이다. 더구나 오존층의 파괴에 의하여 인간을 비롯하여 농작물 피해나 해양 생물의 생태계도 완전히 무너져 버릴 것이다. 만약 미국과 러시아가 전면적인 핵전쟁을 벌려서 약 500여 개의 핵탄두를 교환하게 된다면, 첫 30분 안에 약 1억 명의 사망자가 발생하고 수백만 명이 부상당할 것으로 추정된다. 그뿐만 아니라 엄청난 방사능 낙진으로 인하여 수개월 안에 미국 및 러시아인 대부분이 사망할 것으로 추정하고 있다[29].

그렇다면 핵무기를 보유하고 있는 나라들이 이를 유지하기 위하여 쓰고 있는 경비는 얼마나 될까? 이들 나라들이 소비하는 경비는 매년 천50억 불로 하루에 약 3억 불(3,600억 원) 정도를 쓰고 있다. 실제로 미국이 1940년부터 1998년까지 핵무기 관련 투자 비용이 1996년도 달러 가치로 약 5조5천억 불에 달한 것으로 조사되었다. 이는 1998년 **미국 정부 총 부채**(total public debt)가 5조3천억 불로 조사되어서 핵무기 개발 및 유지에 들어간 돈이 결국 미국 총 부채와 맞먹는 결과를 초래하게 되었다[117]. 전 세계적으로 수십만 명이 질병과 기아로 죽어 가고 있는데도 불구하고 서로를 죽이기 위한 핵무기 개발과 유지에 엄청난 돈을 쏟아붓고 있는 현실은 영리한 인간에게는 치욕적인 수치일 수밖에 없다.

그렇다면 이러한 핵전쟁의 가능성은 현재 어느 정도에 머물고 있을까? 1947년 원자과학자회보(Bulletin of Atomic Scientists)에 의해서 만들어진 운명의 날 시계(Doomsday Clock)는 우리들의 현실을 은유적으로 암시한다고 볼 수 있다(그림 13-39). 이 기록에 의하면 미국과 소련이 수소폭탄 실험에 성공했던 1953년에 최고 수준으로 올라서 자정 2분 전으로 표시되었고, 1991년 미국과 소련이 전략적 핵무기 감축

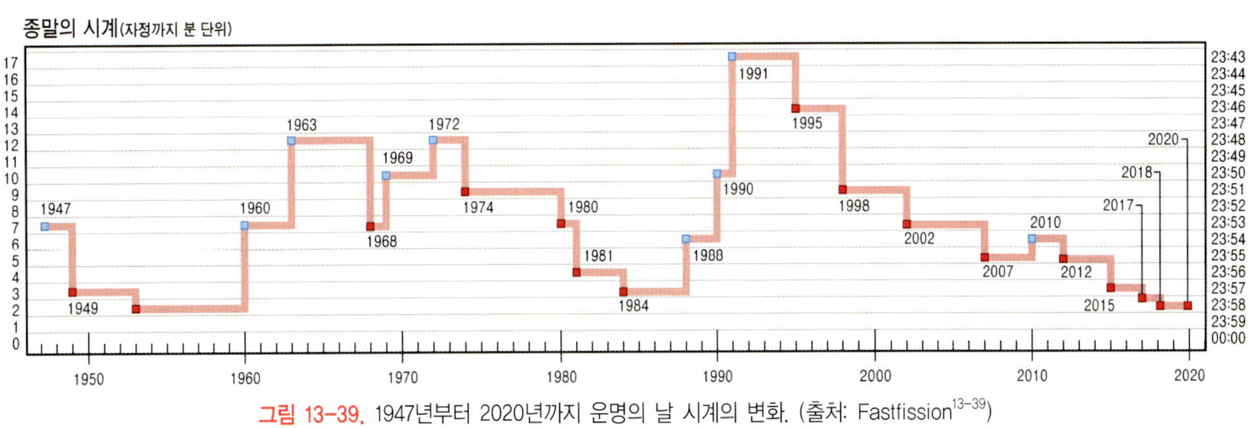


그림 13-39. 1947년부터 2020년까지 운명의 날 시계의 변화. (출처: Fastfission[13-39])

13

조약을 체결했을 때 자정 17분 전으로 가장 완화된 시기로 보았다. 그러나 2016년 미국과 중국 및 러시아의 갈등이 증폭되고 북한의 제4차 핵실험이 실시되면서 자정 3분 전으로 조정되었다. 다음으로 2018년에는 미국과 북한의 핵 위기와 관련하여 2분 전으로 낮아졌고, 2020년은 핵전쟁에 대한 기우와 기후 변화의 위협에 대한 대처가 실패함에 따라 핵전쟁 위험이 자정에 가장 근접한 100초 전으로 조정되었다. 즉, 인간의 핵 역사상 가장 핵전쟁이 발발할 위험성이 높아졌다는 것을 의미한다. 우리는 핵전쟁이 일어난다고 가정하는 자정 앞 100초 전에 서 있다는 사실을 직시하고 있어야 할 것이다[39].

## 제6절 생물과 기후변화

**기후**(氣候, climate)는 지구환경이 만들어 낸 30년간의 평균 날씨를 말한다. 따라서 날씨가 일시적인 기상 상태를 나타낸다면, 기후는 장기간의 평균적인 기상 현상을 말해 준다고 할 수 있다. 원래 기후라는 말인 climate는 고대 그리스어의 klima, 즉 inclination(경향)라는 말에서 온 뜻이다. 장기간의 날씨에 대한 경향을 나타낸 것이라고 할 수 있다. 그렇다면 이 지구 역사상 기후는 변하지 않고 일정하게 유지되어 왔을까? 우리는 왜 현재 이 기후변화에 대하여 이렇게 민감하게 대처해야만 할까? 그 이유는 20세기 중반부터 전례가 없을 정도의 기후변화가 이 지구상에 나타나고 있기 때문이다[21,43].

따라서 이 절에서는 기후변화의 역사를 통해서 지구에서 일어난 추적 가능한 변화를 알아보고, 이들이 인간의 관심 속으로 들어오게 된 과정을 살펴볼 것이다. 아울러 이러한 기후변화가 초래되는 원인들을 알아보고 이런 변화가 지구에 미치는 영향이나 충격에 대해서도 알아볼 것이다. 마지막으로 기후변화에 의해서 일어날 재앙에 대하여 예측해 보고, 현재 인간이 이에 대처하고 있는 대응 방안에 대하여 개략적으로 기술할 것이다.

### 1. 기후변화의 역사

46억 년의 나이를 가진 지구의 대기 온도, 즉 **기온**(氣溫, temperature)을 정확히 알아낸다는 것은 쉬운 일이 아니다. 우선 그림 13-40과 2-13은 우리에게 많은 정보를 알려 준다. 먼저 선캄브리아기 중에서 두 번의 커다란 기온변화가 감지될 것이다. 처음으로 나타난 기온변화는 초기 원생누대인 24억~21억 년 전의 일로서 **남세균**(藍細菌, cyanobacteria)의 출현과 밀접한 관련이 있다. 이 남세균은 우리가 이미 잘 알고 있듯이 광합성이라는 엄청난 화학적 공정을 알아낸 생명체이다. 이들은 대기의 이산화탄소와 대지의 물을 이용하여 탄수화물을 만들어 내었다. 이 과정에서 발생된 산소는 바다에 녹아서 철과 결합하여 산화철이 되어 물속으로 가라앉았다. 이들이 우리가 현재 보고 있는 호상철광층(그림 2-16)이다. 드디어 철 성분이 모두 바다 밑으로 가라앉자, 산소가 대기 중

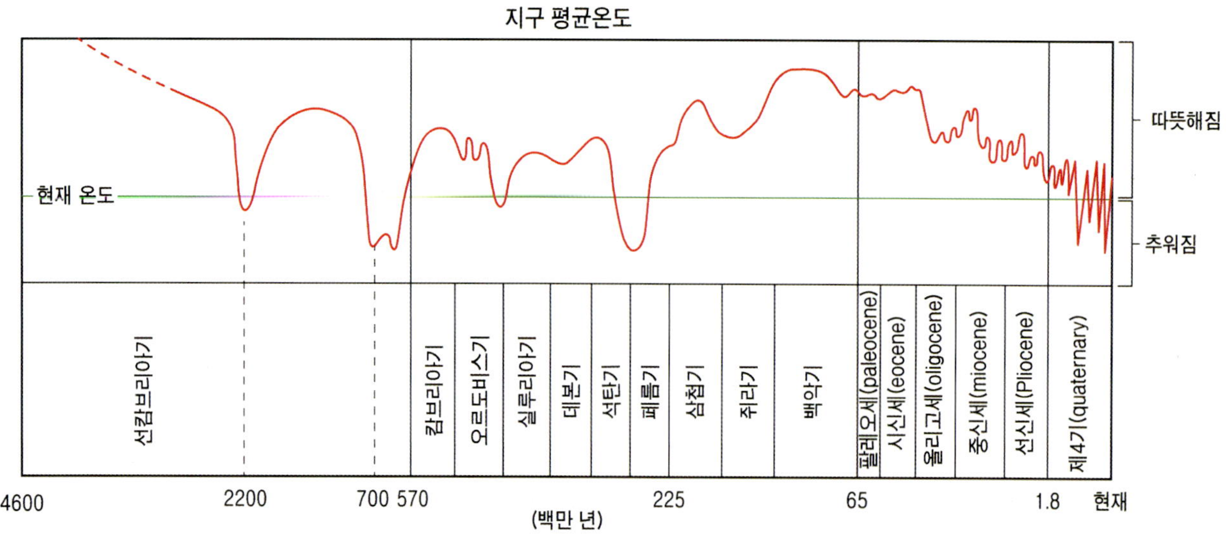


그림 13-40. 46억 년간 지구의 기온변화.

에 증가하기 시작했을 것이다. 이렇게 증가한 산소는 대기 중의 메탄과 결합하여 이산화탄소와 물로 바뀌는 화학적 변화가 유발되었다. 따라서 대기 중 메탄의 급격한 감소는 온실기체의 감소로 연결되어 대기의 기온은 떨어지게 되었다. 왜냐하면 메탄가스의 **온실화 지수**(溫暖化指數, global warming potential; GWP)가 이산화탄소에 비하여 20배나 높기 때문이다. 이렇게 일어난 기온 저하를 **휴론 빙하기**(Huron ice age)라고 부른다. 이러한 변화를 초래한 원인이 눈에도 보이지 않는 세균이라는 것을 우리는 기억해 두어야 할 것이다. 산소의 등장은 그 당시 주축을 이루고 있던 혐기성 세균에게는 치명적인 독이 되어 이들이 살 수 없는 대재앙이 벌어지게 되었다. 우리는 이런 현상을 **산소 대재앙**(酸素大災殃, great oxygen event)이라고 부르고 있다(제2장 2절 참고). 그다음은 현생누대가 시작되기 전에 일어난 **눈덩이 지구**(snowball earth)라 불리는 빙하기이다. 이 눈덩이 지구가 생긴 크라이오제니아기에는 빙하가 적도까지 발달되어 그야말로 지구 전체가 눈덩이가 되었던 역사를 말해 준다고 할 수 있다[60].

현생누대에 접어들면 고생대의 오르도비스기 말 생명의 대량 멸종이 발생한 시기에 나타나는 **안데스-사하라 빙하기**(Andean-Saharan ice age)와 더 큰 멸종이 일어나는 석탄기와 페름기에 걸쳐서 일어나는 **카루 빙하기**(Karoo ice age)가 나타난다. 특히 카루 빙하기는 데본기 초기에 진화한 육상 식물의 등장으로 일어난 기후변화이다. 이렇게 진행된 기온 변화는 중생대와 신생대의 고제3기와 신제3기의 중신세까지 현재보다 높은 기온을 유지하다가 플라이오세에 접어들면서 하강하기 시작한다(그림 2-13 참고). 이어서 신생대 제4기의 플라이스토세에 접어들면 빙하기가 반복적으로 나타나기 시작하여, 우리는 이때를 **4기 빙하기**(Quaternary ice age)라 부른다. 이러한 플라이스토세 빙하기가 충적세에 접어들면서 점차 기온이 상승하여 약 만 년가량 안정적인 추세를 보이고 있다. 따라서 우리는 현재 4기 빙하기의 간빙기에 들어 있다고 보는 것이 정확하다. 우리는 이렇게 안정되고 온화한 기후를 바탕으로 인간이 이 지구상에서 찾아볼 수 없는 전대미문의 인간 문명을 이루어 낼 수 있었다고 보는 것이다. 그러나 이러한 추이는 최근에 접어들면서 그림 2-13에서 보는 것처럼 기온이 급격히 증가하는 양상을 보이고, 이는 2050년과 2100년에는 각각 4℃ 및 8℃ 정도로 높아질 것으로 추정하고 있다. 이러한 기온의 상승은 이산화탄소의 대기 농도가 그림 13-41과 같이 최근 들어서 급격히 상승하고 있다는 데서 그 원인을 찾고 있다[28]. 이 그림에서 빨간색과 초록색 선은 이산화탄소를 직접 측정한 값을 나타내고 파란색의 도표는 **대리 측정**(代理測定, proxy measurement)에 의해서 추정하는 값으로 곧이어 설명할 것이다. 이러한 이산화탄소가 거의 수직으로 상승한 결과는 그림 13-42에서 보는 바와 같이, 1951년

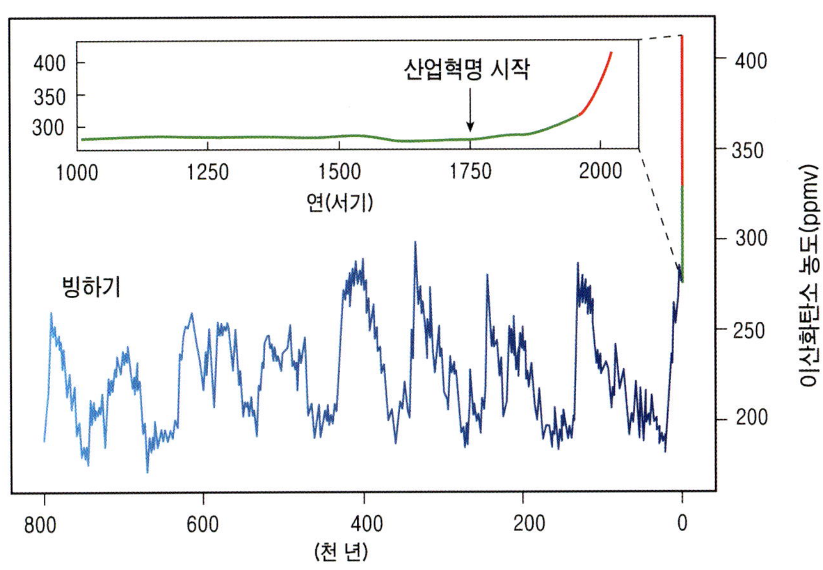


그림 13-41. 지난 80만 년간 대기의 이산화탄소의 농도 변화. (출처: Femke Nijsse[13-41])

에서 1978년까지의 평균기온에 비하여 2010년부터 2019년까지의 기온 평균이 전 지구상에서 붉게 물들면서 상승하고 있다는 것을 나타내고 있다. 특히나 북극지방은 그 온난화 정도가 훨씬 심하게 나타나서 **북극 증폭**(北極增幅, Arctic amplification) 현상을 보인다는 특징이 있다. 이러한 북극 증폭 현상은 3항에서 다룰 것이다.

그렇다면 인간은 언제부터 이러한 지구 온난화라는 문제를 인식하고 연구해 왔을까? 우리는 18세기 중반부터 시작된 **산업혁명**(産業革命, Industrial Revolution, 1760~1820)을 잘 이해하고 있다. 산업혁명은 인류의 역사를 바꾸어 놓은 중대한 변환점이다. 말이 끌던 수레를 증기기관이라는 기계가 끌기 시작한 것이다. 우리는 인간이나 동물이 해야 할 노동을 대신할 기계를 얻게 되었다. 그러나 이 기계는 끊임없이 화석연료라는 에너지를 이용하지 않으면 일을 할 수가 없다. 이는 다시 다음 항에서 자세히 다룰 것이다. 이러한 산업혁명이 끝나갈 무렵 프랑스 물리학자인 **조제프 푸리에**(Joseph Fourier, 1768~1830)는 1824년 처음으로 가시광선은 대기를 통과해서 지표면을 데우지만, 지표에서 나가는 적외선은 대기가 잘 통과시키지 않는다는 것을 처음으로 알아내었다. 이어서 1859년 아일랜드 물리학자인 **존 틴들**(John Tyndall, 1820~1893)은 질소나 산소는 적외선이 뚫고 지나가지만, 수증기나 메탄 또는 이산화탄소는 적외선을 흡수한다는 사실을 알게 되었다. 이것은 그가 **온실기체**(溫室氣體, greenhouse gases; GHGs)의 존재를 알아내고 이를 측정한 학자로 알려진 이유이다[20].

실제 인간은 언제부터 대기의 온도를 측정했을까? 가장 오래된 측정 기록은 1659년 영국에서 시작되었지만 부정확하였고, 1850년 영국 기상청 해들리연구소(UK Meteorological Officer's Hadley Center)의 측정도 미흡한 부분이 많이 발견되었다. 실제로 지구의 대기 온도를 정확하게 측정한 시기는 1880년으로 NASA의 고다드우주연구소(NASA's Goddard Institute for Space Studies)와 미국 해양대기연구소 및 해들리연구소에 의해서 측정되기 시작하였다. 따라서 이런 이유로 인하여 1988년 설립된 유엔 기구체인 **기후변화에 관한 정부간 협의체**(Intergovernmental Panel on Climate Change; IPCC)에서 1850년부터 1900년 사이의 평균 지표 온도를 산업화 이전 온도로 기준점을 잡게 되는 이유가 되었다[57]. 그렇다면 1850년 이전의 지구 대기 온도는 어떻게 알 수 있을까? 우리는 빙하에서 그 해답을 찾아낼 수 있다. 빙하는 수백만 년에 걸쳐서 형성된 얼음 덩어리이다. 눈이 쌓이고 겹겹으로 눌려진 눈은 엄청난 크기의 빙하가 되고, 이 빙하에 갇혀 있는 공기 방울 속에는 그 당시의 이산화탄소 농도가 들어 있을

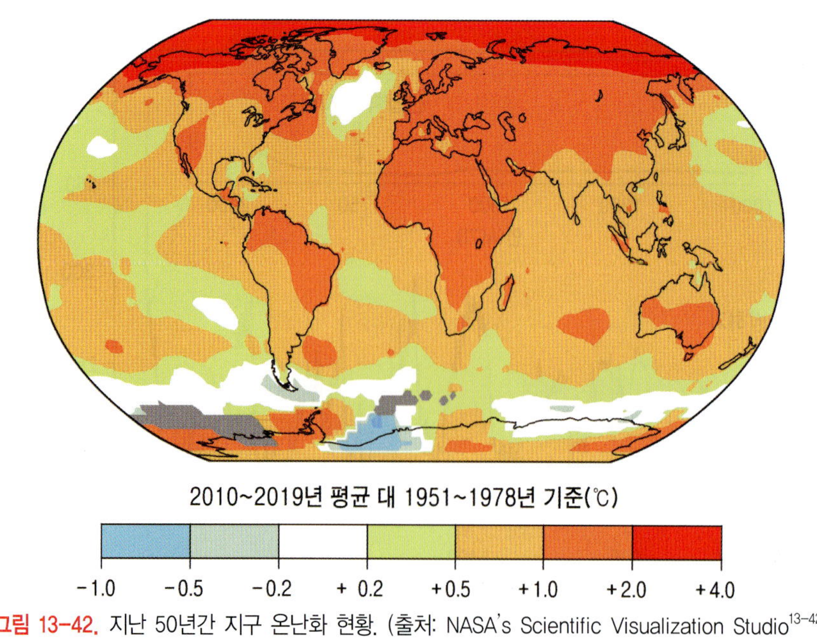


그림 13-42. 지난 50년간 지구 온난화 현황. (출처: NASA's Scientific Visualization Studio[13-42])

것이다. 우리는 이렇게 얻은 정보를 대리측정이라고 부른다. 이 대리측정 방법에는 **빙하핵**(氷下核, ice core)이 이용될 뿐만 아니라 암석이나 퇴적물, 나이테나 산호 및 조개껍데기나 미화석, 더 나아가서 식물의 **화분**(花粉, pollen)까지도 기온을 알려 주는 열쇠가 된다. 더군다나 벽화나 무용담 등도 고기후를 알려 주는 자료가 될 수 있다.

실제로 이산화탄소가 증가하면 기온이 증가하고 이에 따라 대기 수증기가 증가하는 피드백(feedback)을 알아내어서 처음으로 기후 모델을 만든 학자는 1896년 스웨덴의 물리학자인 **스반테 아레니우스**(Svante Arrhenius, 1859~1927)였다. 그는 대기 이산화탄소의 증가가 지구 온난화로 이어질 것으로 예측하였다. 그러나 실제로 **온실효과**(溫室效果, greenhouse effect)라는 용어가 등장한 것은 1901년 스웨덴 기상학자인 **닐스 에크홀름**(Nils Ekholm, 1848~1923)에 의해서였다.

기후변화의 역사 중에서 가장 인상적인 업적을 남긴 학자는 미국 노스웨스턴대학에서 수학한 **찰스 킬링**(Charles D. Keeling, 1928~2005)을 들어야 할 것 같다. 그가 해발 4,000m가 넘는 하와이 빅아일랜드의 마우나 로아(Mauna Loa) 천문대에서 1958년부터 측정한 이산화탄소의 농도는 인류가 온난화라는 문제점을 인식하는 데 중요한 증거를 마련해 주었다고 할 수 있다(그림 13-43). 지구는 서서히 더워져 간다. 1975년 이후 **기후변화**(氣候變化, climate change)라는 용어가 우리의 관심 속으로 들어오기 시작하였다[20,28]. 그러나 점차 늘어나는 폭염과 가뭄 및 태풍 등의 **기상이변**(氣象異變, extreme climate)이 증가하면서 기후변화라는 용어가 점차 **기후위기**(氣候危機, climate crisis) 또는 **기후비상**(氣候非常, climate emergency)이라는 말로 변해 가고 있는 실정이다. 기후변화에 대한 위기의식이 고조되어 간다는 의미일 것이다. 그렇다면 기후변화가 일어나는 이유는 무엇일까?

## 2. 기후변화의 원인

기후변화의 원인을 분석하기 위해서는 우선 지구의 내적 변동에 의한 것인지 혹은 외적 변동에 의한 것인지를 구분해서 생각해 볼 필요가 있다. 이러한 지구 에너지의 평형 구조를 이해하기 위해서는 **기후계**(氣候界, climate system)와 물질의 순환에 관한 개념 정리가 필요할 것이다.

### 1) 기후계 및 탄소순환

지구의 기후를 결정하는 데 영향을 미치는 권역들을 기후계라고 부른다. 우리는 기후계의 상호작용을 이해하는 것이

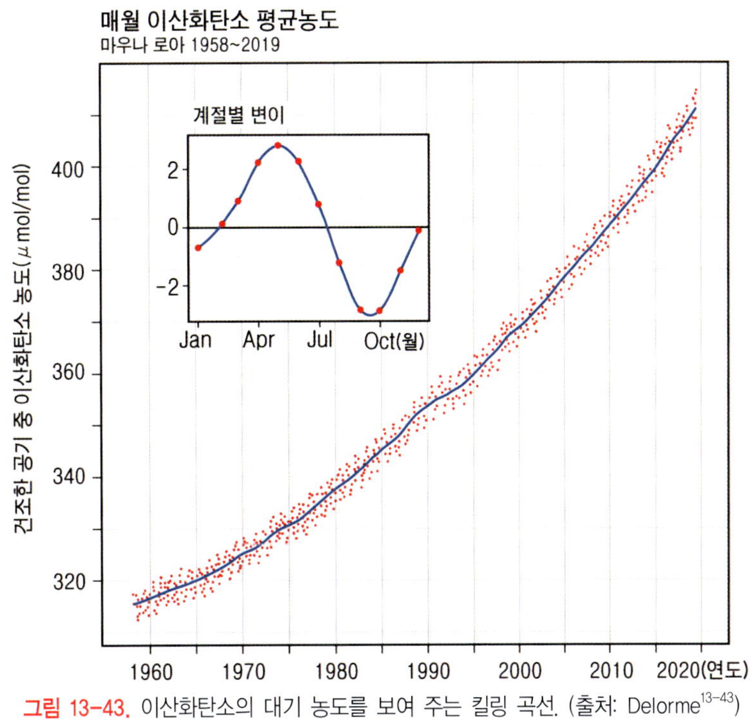

그림 13-43. 이산화탄소의 대기 농도를 보여 주는 킬링 곡선. (출처: Delorme[13-43])

기후변화의 메커니즘을 분석하는 데 결정적인 역할을 한다는 사실을 잘 알고 있다. 이 장의 서론에서도 이미 다루었듯이 지구는 권역별로 **대기권**(大氣圈, atmosphere), **암석권**(岩石圈, lithosphere), **수권**(水圈, hydrosphere) 및 **생물권**(生物圈, biosphere)으로 구분하지만, 기후계는 수권 중에서 **빙권**(氷圈, cryosphere)을 따로 구분해서 생각한다. 왜냐하면 빙권이 기후에 미치는 영향력이 크기 때문이다. 빙권은 얼음이나 **동토층**(凍土層, permafrost)으로 구성된 권역을 말하며 물이 고체 상태로 있는 지역이다. 북반구가 남반구에 비하여 대륙이 많기 때문에 눈으로 덮인 지역이 더 많지만 **해빙**(海氷, sea ice)은 서로 비슷하다. 대부분 얼음은 동토층과 그린란드 및 남극에 존재하고 있다[35].

이렇게 구성된 5개의 기후계로 들어오는 에너지는 거의 대부분이 태양으로부터 들어온다. 그러나 일부는 지구의 핵에서 나오는 **지열**(地熱, geothermal energy), 달에서 주로 나오는 **조석력**(朝夕力, tidal energy), 방사능 물질에서 나오는 방사선 붕괴에너지(decay energy)에서도 에너지가 들어온다. 이렇게 들어온 에너지는 다시 외계로 방출될 것이다. 따라서 들어온 에너지와 나간 에너지를 말하는 지구의 **에너지 예산**(-豫算, energy budget)은 은행의 통장 잔고처럼 적자이거나 흑자일 것이다. 들어온 에너지가 많으면 지구는 더워질 것이고 나간 에너지가 많으면 지구는 냉각될 것이다. 그렇다면 지구가 더워지면 어떤 현상이 일어나고 추워지면 어떻게 반응할까? 이렇게 지구가 반응하는 과정을 **피드백**(feedback)이라고 부른다. 열대지방에 집중적으로 들어온 태양에너지는 바람이나 해류를 통해서 추운 극지방으로 운반될 것이다. 지구는 자체적으로 에너지 평형을 위하여 움직이는 피드백 체계를 보유하고 있다. 이러한 과정이 어떤 원인에 의하여 방해받게 되면 기후변화가 초래될 것은 당연하다.

지구의 자원이 권역별로 순환된다는 것을 우리는 잘 알고 있다. 예를 들면, 물은 수권에서 기온이 올라가면 에너지를 빨아들이면서 증발하여 기체가 되어 대기권으로 들어간다. 이 대기권으로 들어간 수증기는 차가워져 무거워지면 다시 에너지를 방출하면서 응축하여 빗방울이 되어 수권으로 되돌아온다. 수증기가 응축할 때 방출하는 에너지를 **잠열**(潛熱, latent heat)이라 부르고 대기의 일차 에너지가 된다. 질소도 마찬가지이다. 대기 중에 있는 질소는 비활성 상태여서 이를 고정하는 것은 유일하게 질소고정 세균들이다. 그러나 토양에 비료를 다량으로 사용하면서 질소 순환에 방해가 될 가능성이 커진다. 그러나 질소순환은 이 책의 기술 범위를 벗어난다. 왜냐하면 질소는 적외선을 흡수하지 않기 때문이다. 무엇보다 우리의 관심을 끄는 것은 **탄소순환**(炭素循環, carbon cycle)이다[115]. 이는 바로 **이산화탄소**(二酸化炭素, $CO_2$)와 온난화 지수가 아주 높은 **메탄**(methane, $CH_4$)과 관련이 깊기 때문이다.

탄소순환은 그림 13-44에서 보는 것처럼 대기 중 이산화탄소는 동물이나 식물의 호흡으로부터 대기로 방출된다. 동물이나 식물과 같은 생명체가 죽은 후의 부패 과정에서도 이산화탄소가 대기 중으로 배출되지만, 이들이 화석화되어 생기는 석탄이나 석유 및 천연가스의 연소를 통해서도 대기 중으로 이산화탄소가 쏟아져 들어갈 것이다. 이렇게 인간에 의해서 방출되는 이산화탄소의 양은 화산폭발에 의해서 생기는 이산화탄소보다 훨씬 많다는 것이 밝혀져 있다. 이렇게 대기 중으로 방출된 이산화탄소는 적외선이 외계로 달아나는 것을 막아서 지구를 데울 것이다. 또한 기권과 지권 및 수권도 상호작용하여 탄소순환에 큰 역할을 담당하고 있다. 즉, 대기 중 이산화탄소가 증가하면 기온이 상승하고, 기온 상승은 물의 증발을 유도하여 강우량이 증가할 것이다. 이렇게 불어난 수권은 대지를 침식시켜 대부분의 암석을 차지하는 규산염 암석인 **규회석**(硅灰石, wollastonite, $CaSiO_3$)에 **풍화작용**(風化作用, weathering)이 일어나게 만들 것이다. 이 규회석이 이산화탄소와 물을 만나게 되면, 칼슘이온과 **이산화규소**(二酸化硅素, $SiO_2$) 및 **중탄산염**(重炭酸鹽, $HO_3^-$)으로 분해될 것이다. 이산화규소는 규산으로 불리기도 하지만 모래나 석영에서 발견되고 유리나 콘크리트의 주성분을 이루고 있다. 그다음 단계는 칼슘이온이 중탄산염과 반응하여 **탄산칼슘**(calcium carbonate, $CaCO_3$, **탄산석회**)을 만들어 낼 것이다. 이 탄산석회는 물에 녹지 않아서 바닷속 깊은 곳으로 가라앉게 된다. 그리고 이들은 조개나 굴의 껍데기를 만들 원료가 될 것이고, 이들이 쌓여서 만든 지층은 융기하여 석회암 동굴의 종유석이나 석순이 될 뿐 아니라 분필이 되어 칠판 위에 그림을 그릴 것이다. 그러나 이렇게 형성된 탄산석회나 이

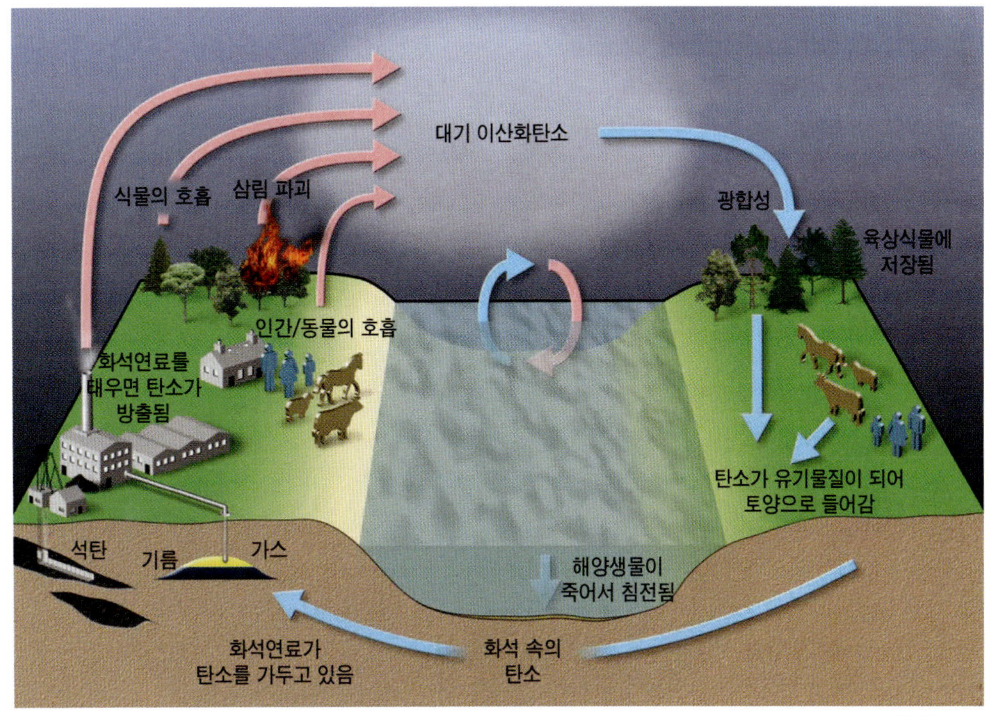


그림 13-44. 기후계의 탄소순환 과정. (출처: Peter Reid/Scottish Centre for Carbon Storage[13-44])

산화규소는 다시 지각판의 **삽입**(揷入, subduction)에 의하여 대륙판 밑으로 들어가서 지열에 의하여 다시 규회석과 이산화탄소로 바뀔 것이다[27]. 이렇게 바뀐 이산화탄소는 다시 화산폭발로 인하여 대기권으로 되돌아갈 것이다. 이러한 과정을 보여 주는 화학반응을 정리하면 다음과 같다.

$$CaSiO_3+2CO_2+H_2O \rightarrow Ca^{2+}+SiO_2+2HCO_3^- \rightarrow Ca^{2+}+HCO_3^- \rightarrow CaCO_3$$

따라서 우리는 풍화작용에 의하여 암석과 땅이 탄소를 품고 있는 중요한 **탄소 흡수원**(炭素吸收原, carbon sink) 역할을 하고 있다는 사실을 알게 되었다. 이러한 대지의 표면은 대기로부터 연간 이산화탄소 약 110톤가량을 제거할 수 있고, 이것은 이산화탄소 배출량의 약 29%를 땅이 흡수한다는 것을 의미하고 있다. 이러한 탄소 흡수원은 지표면을 광범위하게 덮고 있는 식물도 광합성을 통하여 탄소를 고정시킴으로써 중요한 탄소 흡수원으로 자리잡고 있다. 또한 더 넓은 대양도 중요한 탄소 흡수원의 기능을 수행하고 있다. 즉, 바다는 이산화탄소를 물에 녹게 하고, 이들이 화학반응을 통해서 바다 밑에 축적되게 하는 방법으로 대기의 이산화탄소 증가에 대응해 나갈 힘을 가지고 있다.

## 2) 내부 원인

기후변화의 내적 변동은 지구 기후계 자체의 변화에 의해서 일어나는 경우를 말한다. 먼저 수권과 대기권의 변동에 의하여 기후변화가 초래되는 경우부터 알아보자.

### (1) 해양-대기 변동

수권과 대기권은 서로 같이 작동하면서 지표 열을 재분배시키는 중요한 역할을 담당한다. 만약 열대지방의 높은 열기를 극지방으로 이동시키는 과정에 이상이 생긴다면 당연히 지역적으로 대단히 큰 기상이변이 생기기라는 것은 너무나 당연하다. 먼저 수권과 대기권이 이루어 내는 바람의 정체를 찾아 나서 보자.

그림 13-45는 바다와 땅과 지구의 자전이 만들어 내는 바람의 마술을 보여 주고 있다. 열내지방의 높은 열기는 바닷물을 데워서 수증기를 만들어서 높은 하늘로 올라가게 만든다. 즉, 저기압이 발생하게 된다. 이렇게 하늘로 올라간 더운 공기는 공기가 차가운 극지방으로 방향을 틀 것이다. 그러나 극

13

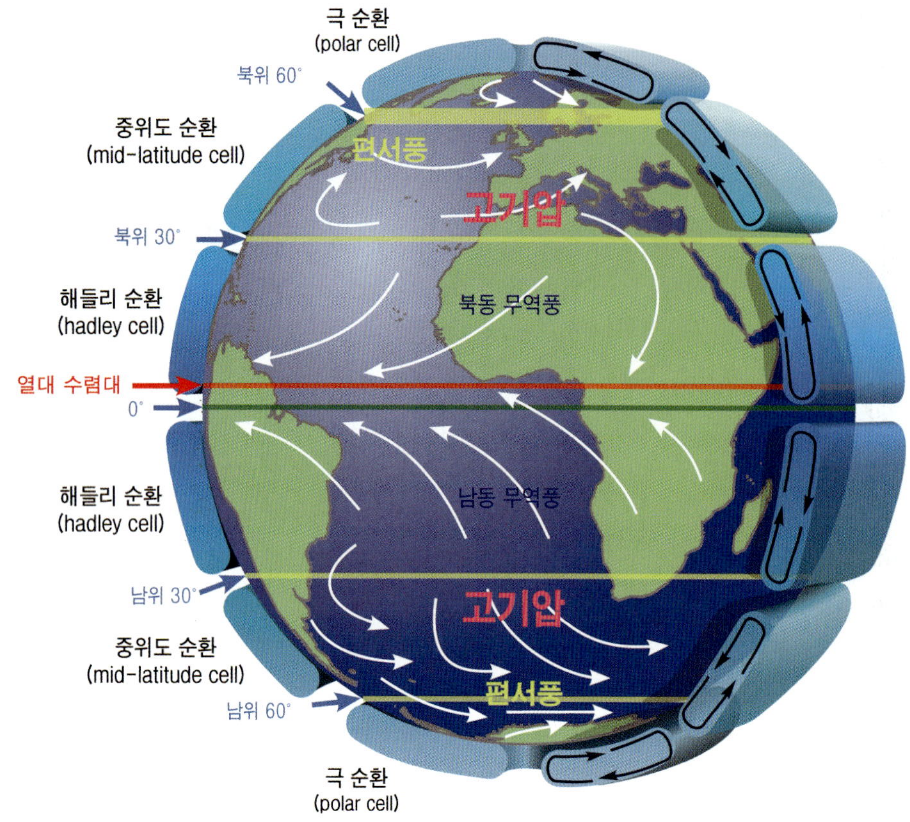


그림 13-45. 지구 반구의 위도별 바람 방향의 발생 과정. (출처: Kaidor[13-45])

지방으로 방향을 돌린 더운 공기는 북위 또는 남위 30° 근처에 도달하면 점차 식어서 건조하고 차가운 공기로 변하여, 더 이상 극지방으로 진행하지 못하고 지표면으로 내려오게 된다. 이렇게 차가워진 공기는 적도지방으로 몰려가면서 똑같은 순환을 이어 가게 될 것이다. 우리는 이러한 바람을 **저위도 환류**(低緯度環流, Hadley circulation cell) 또는 **해들리 순환**이라고 부른다. 이렇게 건조한 바람이 내려오는 북위 30° 언저리에 거대한 사막들이 형성되어 있는 것은 너무도 당연한 일일 것이다. 이러한 저위도 환류는 지구가 자전하는 데 큰 영향을 받게 된다. 지구가 서쪽에서 동쪽으로 돈다는 사실과 적도가 도는 거리와 북위 30°에서 도는 길이가 서로 다르다는 데 유의하여야 한다. 즉, 적도에 있는 도시보다 북위 38°에 있는 서울이 더 빨리 돌게 된다. 이것은 적도를 중심으로 지구를 반으로 쪼개서 팽이처럼 돌린다면, 제일 윗면보다 아랫면이 더 빨리 도는 것과 같은 이치이다. 따라서 이러한 저위도 환류는 서쪽으로 휘게 된다. 우리는 이런 현상을 **코리올리 효과**(Coriolis effect)라고 부른다. 코리올리 효과는 프랑스 과학자인 **코리올리**(Gaspard-Gustave de Coriolis, 1792~1843)에 의해서 발견된 현상이다. 이렇게 서쪽으로 휜 북동풍을 **무역풍**(貿易風, trade wind)이라고 부른다. 무역풍은 그 당시 동력이 없는 배를 유럽에서 북아메리카로 밀어 주었기 때문에 붙여진 이름이다. 이런 현상은 북위 또는 남위 30°에서 60° 사이에서도 일어난다. 우리는 이러한 바람을 **중위도 환류**(中緯度環流, Ferrel circulation cell) 또는 **페렐 순환**이라고 부르고, 60° 이상에서는 **고위도 환류**(高緯度環流, Polar circulation cell) 또는 **극환류**라고 부른다. 또한 중위도 환류가 만들어 내는 탁월풍은 **편서풍**(偏西風, westerlies)이라 부르고, 고위도 환류가 만드는 것은 **극동풍**(極東風, polar easterlies)이 될 것이다. 우리가 중국이나 몽골에서 발생한 황사나 먼지를 피할 수 없는 이유도 바로 이 편서풍 때문이다[17]. 그러면 이러한 바람의 변동은 어떻게 기후에 영향을 미칠 수 있을까? 지금까지 가장 잘 연구된 현상 중의 하나인 **엘니뇨**(El Nino-Southern Oscillation; ENSO) 또는 **난방진동** 현상은 동태평양 열대지방에 나타나는 바람과 수온의 주기적 변화를 말한다. 이러한 엘니뇨는 무역풍이 약해져서 동태평양의 뜨거운 해수를 서쪽인 필리핀 쪽으로 밀어 주지 못해서 발생하는 현상이다. 즉, 서태평양 지역의 기압이 높아서 동태평양 쪽인 남미 해안의 수온이 올라가는 경우를 말한다. 이와 반대로 남미 해안의 수온이 낮아지는 **라니냐**(La Nina) 현상은 서태평양 열대지방의 기압이 낮아서 동태평양의 뜨거운 해수가 서태평양 지역으로 더 많이 밀려갔기 때문이다. 엘니뇨와 라니냐는 '남자아이'와 '여자아이'를 의미하는 스페인어이다. 따라서 각 지역의 수온 차이는 기온이나 강수량 및 습도와 기압에 많은 영향을 미치게 된다[126]. 이런 이유가 내적 요인인 해양과 대기 변동이 기후변화를 초래하는 원인을 설명하고 있다.

### (2) 해류변동

**쿠로시오 해류**(흑조, 黑潮, Kuroshio current)는 적도 부근의 필리핀 동쪽에서 시작하여 대만을 거쳐 일본열도로 올라가는 두 번째로 큰 해류로서, 적도의 따뜻한 바닷물을 북태평양으로 밀어 올려서 그 열기를 전달하는 난류성 해류이다. 그러나 세계 최대의 난류인 **멕시코 만류**(Gulf stream)는 적도 부근의 카리브해에서 데워진 바닷물이 멕시코만을 통과하여 미국 동부 해안을 따라 북상하다가 대서양을 가로질러 유럽 쪽으로 방향을 바꾸면서 북극해의 초입에 있는 그린란드 앞에 도달하게 된다. 이렇게 도달한 멕시코 만류는 점차 식어지면서 염류 성분이 증가하여 비중이 무거워질 것이다. 이렇게 무거워진 멕시코 만류는 심해수가 되어 바다 밑으로 흐르게 된다. 이러한 심층 해류는 대서양을 지나면서 두 갈래로 나누어진다. 이 중에서 인도양으로 흘러든 심층 해류는 북인도양에서 **용승**(湧昇, upwelling)하여 표층 해류가 되고, 태평양에서 오는 뜨거운 해류와 만나 다시 대서양으로 들어갈 것이다(그림 13-46). 그러나 다른 한 가닥은 남극 대륙 앞을 지나서 북태평양으로 들어가서 수면으로 솟아올라서 다시 반대 방향으로 흐르게 된다. 우리는 이런 해류를 **열염순환**(熱鹽海流, thermohaline circulation)이라고 부른다. 이렇게 바다 깊이 흐르던 물줄기가 표면으로 올라오는 용승 지역은 인간이 노리는 유명 어장이 될 것이다. 만약 이러한 열염순환에 변동이 생길 수 있는 기후조건이 생성된다면 기후변화가 초래될 것은 너무나 당연하다[120].

13

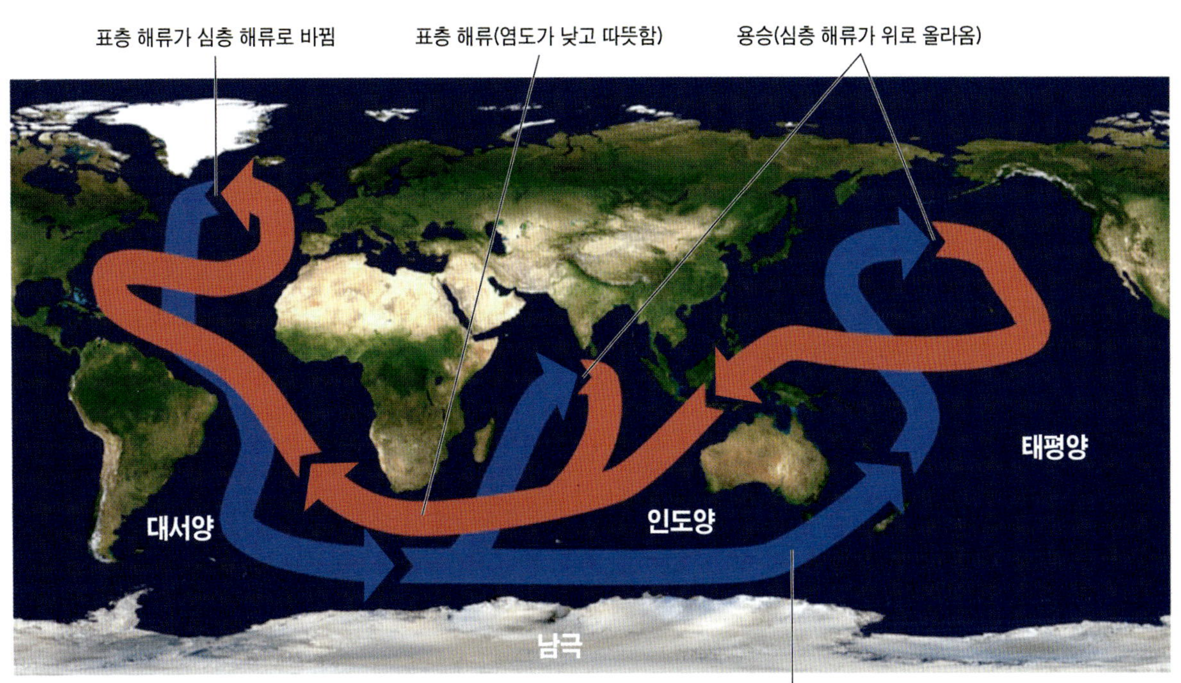


그림 13-46. 대양의 표면과 심층에서 흐르는 열염순환 해류. (출처: Lumen Learning[13-46])

13

### (3) 생명체 활동

지구에 사는 생물체들이 기후를 바꿀 수 있다는 것은 이미 휴론 빙하기에서 기술한 바 있다. 이는 약 23억 년 전 남세균의 출현으로 이루어진 광합성의 결과물이다. 남세균은 광합성을 통하여 대기 중에서 이산화탄소를 흡수하고 산소를 내보내서 대기 중의 메탄 농도를 떨어트렸다. 이런 과정은 대기의 온실기체의 농도를 감소시켜서 세상이 얼어붙은 빙하기를 초래하게 되었다. 그뿐만 아니라 약 3억 년 전 데본기 말기에 관다발 식물이 지각변동에 의하여 대량으로 지하에 매립되면서 대기의 이산화탄소가 감소하여 빙하기가 도래되었다. 이 빙하기는 5대 생명체 대량 멸종 사건과 연계되어 있다. 또한 5천5백만 년 전에는 식물성 플랑크톤이 번성하여 기온이 떨어졌고, 약 4천9백만 년 전에는 80만 년 동안 수생 양치류인 물개구리밥(Azolla)이 번성하여서 이들이 바닥으로 가라앉아 이산화탄소가 매장되면서 빙하가 유도되기도 하였다. 따라서 이렇게 생물권이 기후변화를 초래할 수 있다는 사실은 화석연료의 연소가 문제가 되는 현재에 더욱더 교훈적이라는 것을 말해 준다고 할 수 있다.

## 3) 외부 원인

외적 요인에 의해서 발생하는 기후변화를 외부 **기후 강제력**(氣候强制力, climate forcing)이라고 부른다. 이는 5개의 권역별로 구성된 기후계의 외부에서 생기는 원인을 말한다. 지금부터 외부 변동에 의한 기후변화의 원인을 찾아보자.

### (1) 온실기체

외부 기후 강제력 중에서 가장 중요시되는 요인이 **온실기체**(溫室氣體, greenhouse gases; GHGs)에 의한 **지구 온난화**(地球溫暖化, global warming) 현상이다. 온난화 현상은 온실기체로 인하여 나타나는 **온실효과**(溫室效果, greenhouse effect)가 그 원인이다. 온실효과는 온실기체가 열을 품고 있는 적외선을 외계로 내보내지 않고 가두어 두는 특징 때문에 생긴다. 이는 마치 지구를 담요로 싸고 있는 것과 같다는 생각에서 붙인 이름이다. 그러나 정확히 들여다보면 온실효과라는 말은 잘못된 호칭이다. 왜냐하면 온실은 **대류**(對流, convection)성 열의 소실을 차단하지만, 온실기체는 **복사**(輻射, radiation)열의 손실을 막고 있기 때문이다. 그러나 둘 다 모두 온도가 올라간다는 공통점은 있다. 온실효과를 좀 더 자세히 살펴보면 그림 13-47에서 보는 것처럼 지구로 들어오는 태양에너지의 50% 정도만 지표에 흡수되고, 2% 정도는 구름이나 에어로졸에 의하여 외계로 다시 되돌려 보내지며 20%는 지구의 대기에 흡수된다. 이렇게 들어온 태양에너지는 지표면의 복사열로 외계로 돌아가야 하지만 온실기체에 막혀서 지표면으로 재흡수될 수 있다. 따라서 온실기체는 지구의 온도를 유지시켜 주는 중요한 역할도 담당한다고 할 수 있다. 만약 화성처럼 대기가 없다면, 낮에는 기온이 26℃까지 올라가고 밤에는 -100℃ 이하로 떨어지는 결과를 초래할 것이다. 따라서 지구의 기온이 평균 15℃를 유지할 수 있는 것은 모두 온실기체 덕분이다. 그러나 이 온실기체가 더 많이 대기에 축적된다면 문제는 달라진다. 특히나 대기에 축적된 이산화탄소는 수백 년 동안 대기에서 사라지지 않기 때문에 문제가 더 심각해진다고 할 수 있다.

그렇다면 온실기체에는 어떤 종류가 있을까? 온실기체는 일부를 제외하고는 두 가지 이상의 서로 다른 원자가 결합하면 모두 온실기체로서 작용할 수가 있다. 그러나 가장 흔한 온실기체는 이산화탄소($CO_2$), 메탄($CH_4$), 대류권에 있는 오존($O_3$), 아산화질소($N_2O$)와 냉장고의 냉매로 쓰이는 염화플루오린화 탄소(Chlorofluorocarbon, CFCs) 등을 들 수 있다. 그렇지만 온실기체가 온실효과에 기여하는 정도를 분석하면 **수증기**(水蒸氣, water vapor)가 72%를 차지하고 이산화탄소 9%, 메탄 4%, 오존 3% 정도의 분포를 보인다. 그러나 수증기는 온실기체의 많은 부분을 차지하지만 이들은 기후변동에 대한 피드백이라는 기능을 가지고 있다. 즉, 이들은 수증기가 대기 중에 많아지면 다시 응축하여 비가 되어 지표면으로 쏟아질 것이다. 메탄은 인간이나 자연에 의해서 생성된다. 주로 쓰레기 매립지에서 부패 현상으로 발생하거나 반추동물의 소화 과정에서도 생긴다. 또한 동물 배설물을 이용한 유기질 비료에서도 생길 것이다. 이 메탄은 이산화탄소보다 더 활동적인 온실기체지만 다행히도 대기 속에 이산화탄소보다 적게 들어 있다. 아산화질소는 화석연료를 연소시킬 때나 유기물 비료를 사용할 경우에도 생기지만, 온난화 지수는 이산화탄소를 1로 보았을 때 310 정도로 아주 강력하

13

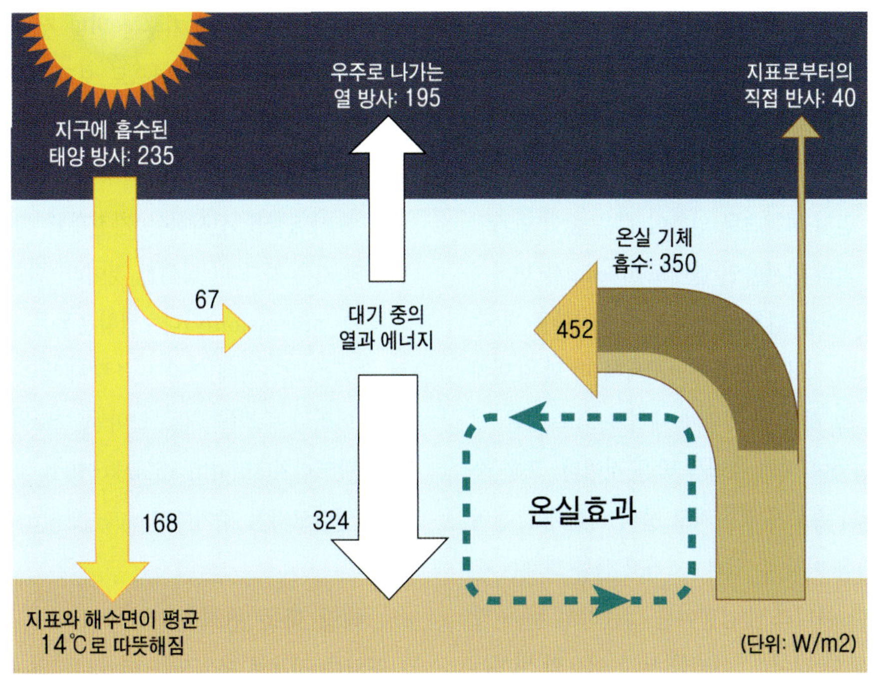


그림 13-47. 지표, 대기 및 우주의 에너지 흐름과 온실효과와의 관계. (출처: Robert A. Rohde[13-47])

다. 그러나 다행히도 메탄과 같이 대기 속의 농도는 대단히 낮은 편이다. 염화플루오린화 탄소는 프레온 가스로도 잘 알려진 물질로서 온실기체보다 오존층을 파괴하는 물질로 더 잘 알려져 있다. 이 프레온 가스는 1987년 몬트리올 의정서(Montreal Protocol)에 의해서 국제적으로 성공리에 관리되고 있는 유해물질 중 하나이다. 현재 가장 주목받고 있는 온실기체는 이산화탄소이다[34,51]. 그림 13-41에서도 나타나고 있듯이 80만 년 동안 빙하 핵에서 얻은 자료를 보면 이산화탄소의 농도는 180~270ppm 수준을 유지해 오고 있었다. 그러나 산업혁명이 일어난 이후 지금까지 약 150년 동안 지구의 이산화탄소의 농도는 급격히 상승하여 2013년에는 드디어 400ppm을 넘어섰고, 2020년 4월에는 413ppm을 기록하고 있다. 따라서 지구 온난화를 막기 위해서는 화석연료를 태워서 발생하는 이산화탄소의 배출량을 줄이는 것이 급선무로 다가와 있다고 볼 수 있다. 인간의 활동과 비례하여 이산화탄소의 배출이 증가한다는 것은 지구 온난화의 유책 사유가 인간에게 있다는 것을 일러 준다고 할 수 있다.

### (2) 화산폭발

화산폭발은 기후계 중 암석권에서 일어나는 현상이지만, 외부 강제력에 속한다. 화산폭발은 용암과 더불어 화산 쇄설물과 화산 가스 등이 대기 속으로 뿜어져 나오는 폭발이기 때문이다. 이 화산 가스 중에는 이미 기술한 대로 이산화탄소가 포함되어 있다. 그러나 이 이산화탄소의 배출은 실제 인간의 활동에 의하여 뿜어져 나오는 이산화탄소의 2% 정도밖에 되지 않는다. 그러나 이 화산가스 속에 들어 있는 이산화황($SO_2$)은 상층 대기인 성층권까지 올라가서 물과 반응하여 황산 구름을 형성하게 된다. 이렇게 형성된 구름은 햇빛을 반사시켜서 지표면에 들어오는 태양에너지를 떨어트릴 것이다. 따라서 지구는 일정 기간 냉각기에 빠지게 된다. 예를 들어, 1816년 인도네시아 숨바와섬의 탐보라산(Mount Tambora)의 화산폭발은 '여름 없는 해(year without a summer)'로 불릴 만큼 기후변화를 초래한 화산폭발 중 하나이다. 이 화산폭발로 인하여 세계 연평균기온이 5℃ 정도 하강하였고, 북유럽과 미국 북동부 및 캐나다 동부에 치명적인 농작물 피해가 발생하게 되었다. 따라서 활화산의 대형 폭발은 기후변화를 일으키는 중요한 요인 중 하나라고 볼 수 있다.

### (3) 토지이용 변화

현재 지구 기후변화의 주요 원인으로 토지이용의 변화가 주

13

목받고 있다. 지표면을 뒤덮고 있는 산림은 탄소 흡수원으로서 중요한 기능을 수행한다는 것은 이미 기술하였다. 그러나 인구의 증가와 식생활의 변화로 인하여 육류나 목제, 농산물 등의 재배가 늘어나면서 산림 벌목이 기후를 변동시키는 중요한 요인이 되었다. 먼저 벌목으로 인하여 검은 숲이 반짝이는 초원으로 바뀌면, 빛의 반사율인 알베도(albedo)를 변화시켜서 더 많은 태양에너지를 외계로 반사시키는 역할을 할 수도 있다. 그러나 벌목은 지표면을 황폐화시켜서 더 많은 먼지를 대기 속으로 불어 낼 것이다. 이렇게 대기 속으로 나온 먼지는 에어로졸을 형성하여 빛의 유입을 막을 것이다. 또한 숲이 없는 대지는 바람의 속도가 달라지고 물의 순환에도 관여하여 강수량에도 영향을 미칠 수 있다. 그리고 산불 화재는 온실기체를 방출할 뿐만 아니라 숯검뎅이를 방출하여 눈이 잘 녹게 하는 역할을 수행할 것이다. 이러한 토지 이용의 변화는 탄소 흡수원의 역할을 가로막아서 대기 이산화탄소를 증가시켜 지구 온난화의 새로운 주역으로 떠오르고 있다.

### (4) 지구 운동 변화

만약 지구의 운동에 변동이 생기면 기후변화가 뒤따른다는 것은 당연할 것이다. 우선 제2장에서 다루었지만 지구 운동을 3가지 측면에서 살펴보도록 하자(그림 13-48). 먼저 지구가 태양을 중심으로 한 바퀴를 도는 과정에서 변동이 생기는 경우이다. 태양을 공전할 때 **이심률**(離心率, eccentricity)의 변화는 공전하는 궤도를 달라지게 한다. 즉, 이심률이 증가한다는 것은 원형에서 타원형으로 공전한다는 것을 의미한다. 따라서 당연히 지구의 기후는 변할 것이다. 이렇게 이심률이 변하는 간격은 약 10만 년으로 보고 있다. 그다음은 기울기, 즉 **자전축**(自轉軸, tilt/obliquity)의 차이이다. 자전축은 약 4만 년마다 22.1°에서 24.5° 사이로 변하게 된다. 따라서 우리에게 사계절을 선사하는 자전축도 기울기에 따라 겨울과 여름의 기온 차가 더 심해질 것이다. 마지막으로 **세차운동**(歲差運動, precession)이다. 세차운동은 팽이가 돌 때처럼 어떤 각도로 도는지에 따라 일조량이 달라진다는 의미이다. 우리는 이러한 주기를 처음 알아낸 세르비아 물리학자인 **밀루틴 밀란코비치**(Milutin Milankovitch, 1879~1958)의 이름을 따서 **밀란코비치 주기**(Milanckvitch cycle)라고 부른다[25].

### (5) 태양 활동 변화

태양은 지구로 유입되는 열에너지의 주된 원천이다. 따라서 태양에너지의 변화는 당연히 지구의 기후 변화에 영향을 미칠 것이다. 태양 표면에 있는 흑점의 폭발은 지구의 오존층을 파괴시킬 뿐만 아니라 지구의 기온을 상승시키는 역할을 하게 된다. 그러나 1960년대부터 측정한 일조량은 변화가 없는 것으로 보아 현재 지구 온난화와는 무관한 것으로 보고 있다. 태양은 30억~40억 년 전에는 현재의 약 75% 정도의 에너지를 방출했을 것으로 추정하고 있고, 앞으로 그 광도가 점점 증가하여 다음 50억 년경에는 적색거성으로 바뀌면서 지구도 종말을 고하게 될 것이다. 우리는 지금 생명의 미래를 다루고 있지만 태양이 살아 있을 기간은 앞으로 약 50억 년으로 보고 있다.

밀란코비치 주기

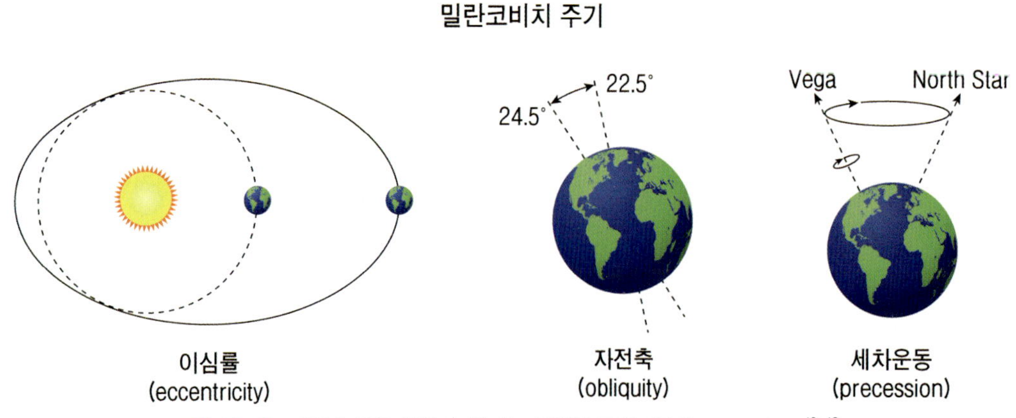


그림 13-48. 지구의 운동 변화가 생기는 경우별 도해. (출처: John Cook[13-48])

13

(6) 기타

제2장에서 다루었던 대륙이동과 판구조론도 기후변화에 막대한 외적 강제력을 발휘한다고 볼 수 있다. 또한 약 500만 년 전에 형성된 중미의 파노라마 지협(Ismuth of Panorama)은 대서양과 태평양의 바다 흐름을 완전히 막아 버렸다. 따라서 멕시코 만류의 방향과 강도가 완전히 바뀌어서 북미의 대서양 연안과 북유럽의 기후에 큰 변화가 초래되었다. 이러한 판구조의 변화는 특히 3억5천만 년 전 석탄기에 대량의 관다발 식물을 지하에 매장시킴으로써 대기의 이산화탄소의 감소로 이어지면서 빙하기를 초래한 것은 잘 알려진 사실이다. 이렇게 대륙이동은 판게아에서 남극 대륙이 혼자 대양에 남겨진 신세가 되었고, 이 주위를 **남극 환류**(南極環流, Antarctic circular current)가 감싸고 돌면서 현재의 남극 빙하가 유지되는 원인을 제공해 주었다고 볼 수 있다[12]. 또한 거대한 운석 충돌도 기후변화에 중요한 원인으로 작용한다. 66만 년 전 멕시코 유카탄반도에 충돌한 거대 운석인 **칙술루브 운석**(Chicxulub asteroid)은 다량의 황산염을 대기 중으로 뿜어내게 하여서, 대기의 온도를 영하로 떨어트리고 공룡을 멸종시키는 기후변화를 초래한 장본인이기도 하다. 또한 제5절에서 다룬 핵무기도 기나긴 핵겨울을 초래할 것으로 추정된다. 그렇다면 기후변화는 과연 어떤 결과를 초래할까?

## 3. 기후변화의 영향

주로 인간에 의해서 저질러지고 있는 기후변화는 과연 어떤 결과를 초래할까? 우리가 예상하는 정도에서 끝날 것인지 혹은 생물권이 감당할 수 없는 재앙까지 몰고 갈 것인지에 대한 판단이 필요하다[32-34,116]. 지금부터 기후변화가 우리에게 미칠 영향에 대해서 순차적으로 알아보도록 하자.

### 1) 기후에 미치는 영향

지구 온난화에 따라 대기 온도와 습도가 증가하고 바다 온도와 해수면과 같은 기후지표들은 증가하는 반면 눈 면적(snow cover)이나 빙하 및 해빙은 감소하는 추세를 유발한다. 또한 폭염이나 가뭄, 사이클론이나 폭설 및 폭풍우와 같은 **기상이변**(氣象異變, extreme weather)은 증가하고 있다(그림 13-49). 실제로 미국에서 가장 피해가 컸던 20개의 기상 재앙이 1980년 이후에 일어나고 있고, 그중 8개는 2010년 이후에 발생하고 있다. 그리고 2017년에는 무려 한 해에 4개가 발생하여 그 빈도가 점점 높아져 가면서 더 강력해지는 경향을 보이고 있는 실정이다. 그뿐만 아니라 집중적인 강우로 인한 홍수와 산사태, 토지 파괴나 농작물 피해도 점점 늘어가고 있다. 실제로 기온이 1℃ 높아질 때마다 습도는 7%씩 증가하고, 열대지방에서는 강우량이 10%씩 늘어나고 있다. 2100년경에는 강수량이 16~24% 정도 증가할 것으로 추정된다. 여기에 폭염이 기승을 부려서 극히 더운 여름을 지나야 하는 지역이 50~100배 정도 많아질 것으로 보고 있다. 습도가 높은 폭염은 인간의 건강에 위험요소로 작용할 것이고 습도가 낮은 폭염은 산불 발생의 위험이 커질 것이다. 폭염에 의한 피해가 허리케인이나 홍수 등에 의한 인명피해보다 더 커질 가능성이 높아지고 있다[105].

그림 13-49. 멕시코만을 통과하는 허리케인 카트리나. (출처: NASA[13-49])

### 2) 대지에 미치는 영향

기온의 증가는 더 많은 수증기를 발생시켜서 집중 호우에 의한 홍수를 유발할 가능성이 커진다. 특히나 해수면이 증가하면 연안의 홍수는 더 위험해질 것이다. 또한 지구 온난화는 산불이나 들불의 자연 발화를 높일 위험성이 있다. 최근 들어서 호주는 35℃ 이상 되는 일수가 증가하고 살인적인 산불이 발생된 것도 지구 온난화와 연관되어 있다고 볼 수 있다.

### 3) 빙권에 미치는 영향

기후변화에 가장 민감한 지표 중 하나가 빙하이다. 4기 빙하는 이미 기술한 바 있듯이 약 50만 년 전 **홍적세**(洪積世, Pleistocene) 기간 중에 빙기와 간빙기가 주기적으로 나타나다가, 약 만2천 년 전인 **충적세**(沖積世, Holocene) 기간 중에 간빙기에 접어들어 있다(그림 2-13 참고). NASA에서 관찰한 그린란드의 빙하는 2002년부터 녹기 시작하여 2009년부터 그 속도가 급속도로 빨라지기 시작하였다. 그림 13-50에서 노란색과 빨간색은 빙하가 녹아내린 부위를 나타내고, 흰색만이 2002년부터 녹지 않고 남아 있는 부위를 가리키고 있다[52].

그렇다면 실제 빙하가 녹으면 어떤 현상이 벌어질까? 먼저 북극 생태계가 붕괴될 것은 뻔한 일이고, 전 인구의 약 1/6이 빙하와 눈으로 물 공급을 받고 있기 때문에 빙하의 퇴각은 식수 공급에 심각한 타격을 줄 가능성이 높다. 또한 해수면은 당연히 상승할 것이다[24]. 약 2만5천 년 전 홍적세 기간 중에 빙기에 접어들어서 현재보다 해수면이 130m나 낮았던 것으로 추정된다. 그러나 이보다 약 5천 년 전에는 해수면이 현재보다 15~25m 정도 높았을 것으로 추정한다(그림 2-14 참고). 해수면 상승보다 더 큰 변화는 지구 자전축의 변화이다. 이는 그림 13-48에서 보는 바와 같이 각운동의 변화가 자전축의 변화로 이어질 것이다. 우리는 스케이트 선수가 팔을 벌리고 회전을 하다가 팔을 몸 쪽으로 모으면 속도가 빨라지는 것을 자주 보아 왔다. 마찬가지로 극지방에 있던 빙하가 녹아서 대양으로 흘러 들어가서 회전축에서 멀어지면, 지구는 천천히 돌게 되고 낮의 길이도 약 2msec(천분의 2초) 정도 길어질 것이다. 그뿐만 아니라 빙하의 엄청난 무게가 지각을 누르고 있다가 빙하가 녹아 버리면 눌린 지각이 융기하면서 그야말로 지각변동이 일어날 가능성이 커진다.

여기에 그림 13-42에서 보는 바와 같이 북극지방의 온난화 현상은 더 두드러지게 나타날 것이다. 우리는 이런 현상을 **북극 증폭**(北極增幅, arctic amplification)이라고 부른다. 그렇다면 왜 특별히 북극에만 심하게 온난화 현상이 나타날까? 이는 북극해를 둘러싸고 있는 시베리아나 알래스카 및 캐나다 지방의 온난화가 심해지면서 북극의 빙하가 녹기 시작할 것이다. 이렇게 빙하가 녹기 시작하면 그 결과로 태양 반사율이 낮아져서 빙하가 더 빨리 녹아 가는 양성 피드백이 형성되

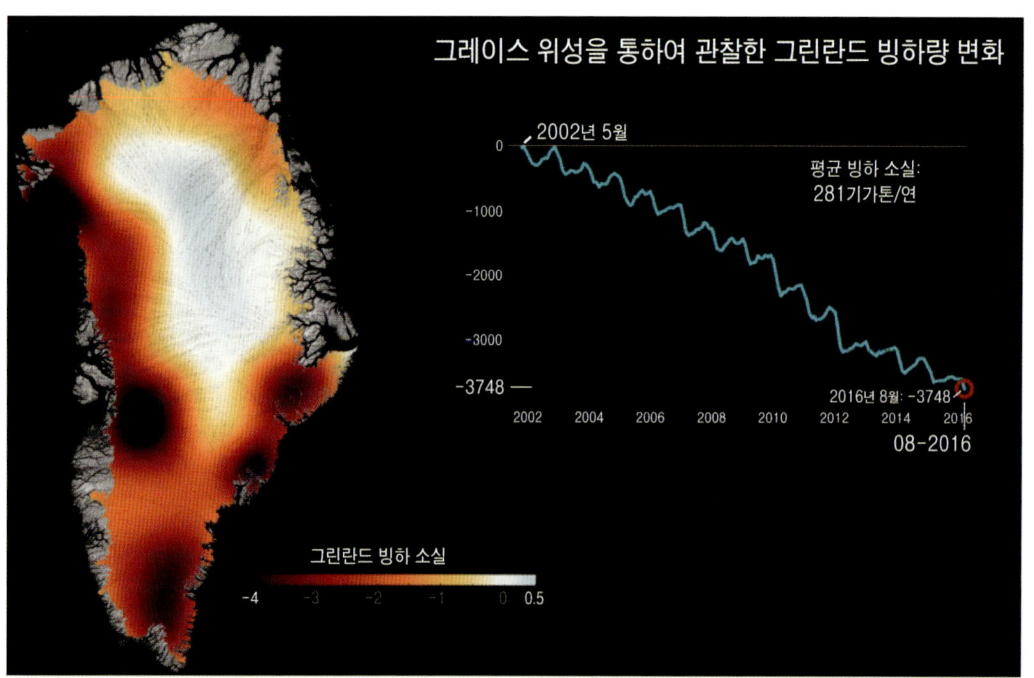


그림 13-50. 그린란드 빙하가 2002년부터 2016년 사이의 변화된 양상. (출처: Courtesy NASA/JPL-Caltech[13-50])

는 것이 주원인으로 추정된다. 그러나 최근에는 온난화로 인하여 북극해로 올라가는 최대 난류인 멕시코 만류(Gulf stream)의 온도가 올라가서 북극 증폭 현상이 생기는 것으로 보는 시각도 있다. 그러나 남극 빙하의 퇴각 속도는 그린란드 빙하가 녹는 속도보다는 느리다. 이는 남극을 휘감아 돌고 있는 한류인 남극 환류의 덕분이라고 추정된다.

### 4) 해양에 미치는 영향

대양은 지구 온난화로 인하여 발생하는 여분의 열 중 90% 정도를 흡수할 수 있다. 그러나 바닷물의 온도 증가는 해수면 상승으로 이어질 것이다. 해수면이 상승하는 이유는 빙하를 녹여서 올라가기도 하지만, 바닷물이 더워지면 물이 팽창해서 올라가기도 한다. 대양은 이산화탄소를 흡수하는 탄소 흡수원으로서의 역할을 수행하기도 한다. 이렇게 이산화탄소가 해양에 녹으면 바닷물이 산성화될 것이다. 그뿐만 아니라 수온이 올라가면 바닷물에 녹은 산소의 양이 줄어들어서 용존 산소가 감소하게 된다. 따라서 해양생물에 직접적인 위협으로 작용할 것이다. 기후변화에 관한 정부 간 패널인 IPCC의 특별 보고서에 따르면 1901년부터 2016년 사이의 해수면 상승을 16cm로 보고했지만, 최근 들어서 해수면 상승이 가파르게 상승하는 것으로 나타나고 있다. 그리하여 저지대에 사는 수천만 명이 곧 큰 곤경에 빠질 위험성에 노출되어 있다. 더 큰 문제는 오늘 당장 온실가스 배출을 완전히 줄인다고 하더라도 해수면 상승을 막을 수 없다는 점이다. 왜냐하면 대기 중의 이산화탄소는 수백 년 동안 대기에서 사라지지 않고 남아 있기 때문이다. 실제 그린란드 빙하는 1~4℃ 정도의 기온 상승으로 완전히 녹아내릴 수도 있고, 이렇게 될 경우 해수면은 약 7m까지 높아질 가능성이 크다. 더군다나 빙산이 녹아서 꼭대기가 낮아지면, 고도가 낮아져서 빙산이 더 빨리 녹아내리는 양성 피드백이 작동할 것이다. 왜냐하면 고도가 낮아질수록 기온이 올라가기 때문이다. 그뿐만 아니라 그린란드와 남극의 빙하가 녹아내리면 급속한 해수면의 상승은 물론 바닷물의 염도 하락이 열염순환에 영향을 미쳐서 해류의 방향과 강도가 변하게 될 것이다. 이런 변화는 변곡점이 되어 비가역적 과정으로 넘어가는 중대한 사건으로 번질 것이다.

### 5) 생물권에 미치는 영향

지구 온난화는 생물권에도 직접적인 영향을 미칠 것이다. 우선 대양의 수온 상승은 열대성 해양 동물이나 식물들을 차가운 극지방 쪽으로 이동시키는 결과를 초래할 것이다. 그러나 이러한 환경에 적응하지 못한 종들은 대량 멸종으로 이어질 것이 분명하다. 대양의 산성화도 해양 생태계를 파괴하는 주범이 되어 산호를 백화시키고 어업에 손상을 주어서 안정적인 식량 공급을 위협하게 될 것이다. 산호초의 백화현상은 수천 종의 해양 동물의 서식지가 사라지는 결과를 낳게 되고, 수온이 1.5℃ 정도만 증가되어도 대부분의 산호초는 사라질 것이다. 그뿐만 아니라 기수지역의 생태계에 중요한 맹그로브(mangrove)나 해초 등도 위기에 처할 것이다. 영구동토층의 해동은 메탄가스를 배출시켜서 지구 온난화를 더욱 가속화시킬 것이고, 이로 인하여 인류가 공들여서 만든 사회 기반시설들이 파괴될 것이다. 또한 지구 온난화는 북극곰을 볼 수 없게 만들고, 겨울철에도 죽지 않고 살아남은 소나무 풍뎅이가 침엽수로 덮인 숲을 파괴하게 만들 것이다. 꽃들은 조기 개화를 맞게 될 것이고 급속한 식물상의 변화는 지구의 사막화를 촉진시킬 것이다. 생물권의 파괴는 인간의 생존에도 직결되어 있다.

### 6) 인간에 미치는 영향

기후변화가 인간의 역사를 바꾼 사례는 흔히 볼 수 있다. 약 만 년 전 홍적세의 마지막 빙하기에 형성된 베링해의 결빙은 호모 사피엔스가 아메리카 대륙으로 이주해 가는 다리 역할을 해 주었다. 그뿐만 아니라 중앙 아메리카에서 번성하던 마야 문명도 강수량의 변화로 인한 가뭄으로 역사의 뒤안길로 사라져 버렸다. 그리고 칭기즈칸의 서방 원정도 스텝 기후가 만들어 준 초원이 길을 내어 주어서 가능했을 것이다. 1281년 우리에게 익숙한 쿠빌라이 칸의 몽골군이 대한해협을 건너 일본을 공격할 때 불어온 **가미카제**(신풍, 神風) 태풍은 일본을 몽골로부터 구원해 준 기후변화라고 할 수 있다.

기후변화에 대한 취약성은 나라마다 지역마다 다르다. 일반적으로 부유한 나라가 대부분의 이산화탄소를 배출하지만, 지구 온난화로 타격을 받는 나라는 실제로 가난한 국가들이라는 이중성이 있다. 먼저 식량의 안정적 공급에 위험이 도사

잃어버리기 전에 인간은 자신을 죽이는 우를 스스로 범하지 않아야 할 것이다.

## 제7절 외계 생명체

먼저 그림 2-6으로 돌아가서 이야기를 시작하기로 하자. 이 그림에서 보는 광경은 우리가 흔히 지구상에서 볼 수 있는 지형이다. 메마른 미국의 서부지역이라고 소개하더라도 의심할 여지가 없어 보인다. 어딘가 돌멩이 하나를 들어올리면 그 밑에서 지네라도 한 마리 나올 것 같은 풍경이다. 그러나 이 사진은 1997년 화성 탐사를 목적으로 발사된 패스파인더(Pathfinder)가 찍어서 지구로 전송한 사진 중 하나이다[123]. 과연 이런 모습을 하고 있는 화성에는 생명체가 살고 있을까? 살고 있다면 어떤 형태의 생명체가 살고 있을까? 또한 그들은 어느 정도의 지능을 가지고 있을까? 우리는 수많은 질문과 의문점 앞에 놓이게 될 것이다. **외계 생명체**(外界生命體, extraterrestrial life, alien life)를 이 장에서 다루어야 하는 이유는 이들이 만약 존재한다면 지구 생명체에 어떤 영향을 미칠 것인지를 알아보기 위해서이다. 그러므로 우선 지구와는 다른 환경과 생명을 다루는 **우주생물학**(宇宙生物學, astrobiology)에 대하여 기술할 것이며, 인류가 외계 생명체에 대한 탐구의 역사를 간추려 볼 것이다. 또한 외계 생명체가 살 수 있는 **거주가능 영역**(居住可能領域, Habitable zone)에 대하여 알아볼 것이다. 이어서 마지막으로 여러 가지 과학적인 추측에도 불구하고 외계 생명체가 발견되지 않은 이유와 앞으로의 전망에 대하여 기술할 것이다.

### 1. 우주생물학

우주생물학은 지구에서의 생물학을 우주의 범위로 확대한 것이라고 볼 수 있다. 왜냐하면 우주는 지구와는 다른 환경을 가지고 있기 때문에 만약 외계 생명체가 살고 있다면, 그들은 지구 생명체와는 다른 생리적 구조와 기능을 가지고 있을 것이기 때문이다. 우선 외계 생명체는 지구 밖에 사는 가상의 생명체를 말한다. 우리가 알고 있는 생물학에서 우주라는 개념을 학문적 영역으로 끌어들인 사람은 다윈과 더불어 진화론에 불을 지핀 **알프레드 월리스**(Alfred R. Wallace, 1823~1913)이었고, 이를 우주생물학으로 탄생시킨 사람은 "코스모스(Cosmos)"의 저자인 **칼 세이건**(Carl E. Sagan, 1934~1996)이라고 할 수 있다[10]. 일단 주인 별(host star)을 돌고 있는 **행성**(行星, planet)에 생명체가 살기 위해서는 액체 상태의 물과 대기가 있어야 한다. 이러한 대기는 태양으로부터 오는 자외선이나 고에너지의 입자를 막아 주고 행성의 자원 순환에 중요한 역할을 하기 때문이다. 그뿐만 아니라 에너지를 이용하는 **자가영양생물**(自家營養 生物, autotroph, 제7장 참고)이 있어야만 먹이사슬의 밑바탕을 만들어 줄 것이다.

먼저 지구상에 살고 있는 생명체는 29개의 화학원소로 구성되어 있고, 이 중에서 6대 원소인 탄소(C), 수소(H), 질소(N), 산소(O), 인(P) 및 황(S)이 95%를 차지하고 있다. 즉, 이 6개의 원소가 지구 생명체의 주축을 이루고 있고 나머지는 극히 일부분을 차지한다는 의미이다(그림 1-13 참고). 이 중 탄소는 4개의 팔을 가지고 다른 물질과 결합할 수 있는 재주를 가지고 있다. 이들이 만들어 내는 탄소 화합물이 생명의 구조를 만드는 기본이 된다는 것은 누구나 잘 알고 있다(제1장 참고). 인은 인산염을 만들어서 생명체가 이용할 수 있는 에너지 화폐로도 이용되고, 황은 단백질의 삼차원 구조를 만드는 데 이바지하고 있다. 또한 지구에 살고 있는 생명체는 70%가 물로 구성되어 있다. 우리는 모두 물이 만든 조형물로서 물이 없으면 살아남을 생명체가 이 지구상에는 아무도 없을 것이다. 그렇다면 생명체에 필요한 원소들이 지구 밖에는 없을까? 우주에 있는 원소들을 많은 순서대로 기술한다면 당연히 수소가 제일 많을 것이다. 그다음은 헬륨과 산소가 뒤를 잇고, 탄소가 네 번째로 많은 원소임을 우리는 알고 있다. 그렇다면 지구 밖에서도 생명체가 태어날 수 있는 가능성은 원소 차원에서는 가능하다고 볼 수밖에 없다. 따라서 자연히 외계 생명체는 물의 존재 여부에 달려 있다고 볼 수 있다. 우리가 거주가능 영역에서 제일 먼저 물의 존재를 확인하는 것은 이러한 이유 때문이다. 물을 좀 더 자세히 알아보기 전에 **물질**(物質, matter)의 **상**(相, phase)에 대하여 먼저 생각해 보기로 하자[87,101].

물질은 대개 4가지의 상, 즉 **고체**(固體, solid), **액체**(液體, liquid), **기체**(氣體, gas, vapour) 및 **플라스마**(plasma) 상태로 구분된다(그림 13-52). 플라스마는 뜨거운 항성에 있는 물

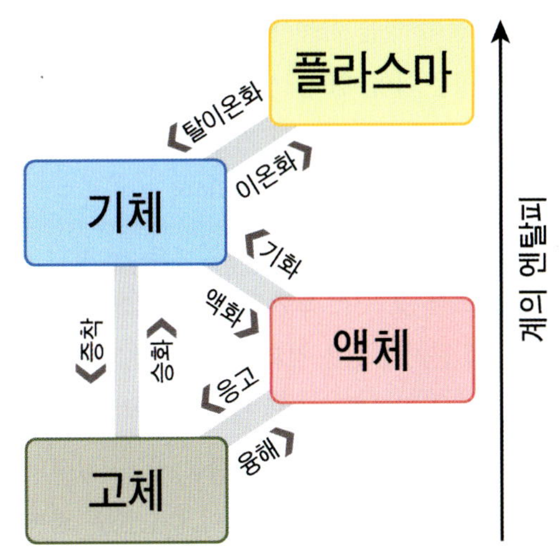


그림 13-52. 물질의 상전이. (출처: Flanker, penubag[13-52])

질의 상태를 말한다. 이들은 이온화된 기체로서 원자나 분자가 이온화되어 원자핵과 전자로 분리되어 있는 전기적 중성 상태를 말한다. 그러나 보통 기체와는 달리 전기를 잘 전도시키며 전자기장에 잘 반응한다. 대부분 우주에 존재하는 물질들은 99%가 플라스마로 이루어져 있다. 그러나 지구에서도 번개와 같이 강한 전압이 순간적으로 흐르면 공기 중의 기체가 플라스마 상태가 될 수도 있다. 또한 태양의 플라스마 입자가 지구의 자기장에 이끌려서 대기 속으로 들어오는 오로라 정도가 우리가 물질의 플라스마 상태를 유추해 볼 수 있는 경우이다. 그러나 이렇게 물질이 엄청난 고열 상태의 플라스마 상태에 놓여 있다면 생명체의 탄생을 기대하기는 어려울 것이다.

우리는 물의 **상전이**(相轉移, phase transition) 또는 **상변화**(相變化, phase change)에는 익숙하다. 우리가 마시는 물은 고체인 얼음이 되었다가 기체인 수증기로 바뀐다. 이들은 우리의 일상에서 흔히 일어나는 상변화이다. 우리가 사는 지표면은 1기압을 유지하고 있다. 따라서 기온이 0℃ 이하가 되면 물은 얼음이 되고 100℃가 되면 기화하여 수증기로 물의 상이 변한다. 즉, 기온이 0℃ 인 경우는 액체와 고체가 공존하고 100℃가 되면 액체와 기체가 공존한다. 그렇다면 기체와 고체가 공존하거나 기체와 액체 및 고체가 동시에 존재하는 지점은 없을까? 그림 13-53은 물의 **상평형**(相平衡, phase equilibrium) 그림을 보여 준다. 우선 파란색 선은 **융해 곡선**(融解曲線, melting curve)을 뜻한다. 즉, 고체와 액체가 **상경계**(相境界, phase boundary)를 나타낸 곡선이라고 할 수 있다. 그러나 대부분의 물질과는 다르게 물은 융해 곡선이 음의 값을 가져서 왼쪽으로 휘는 점선 모양의 곡선을 보여 준다. 녹색 곡선은 액체와 기체의 경계를 압력과 온도에 따라 나타내는 것으로 **증기압력 곡선**(蒸氣壓力曲線, vapor pressure curve)이라고 부른다. 또한 붉은 선은 **승화 곡선**(昇華曲線, sublimation curve)으로 고체와 기체의 경계를 나타내는 곡선이라고 볼 수 있다. 예를 들면, 1기압에서 온도

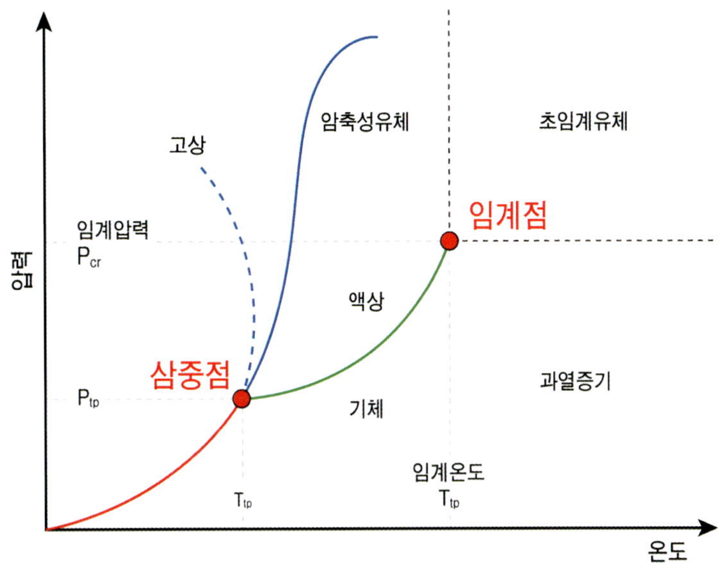


그림 13-53. 물의 고체, 액체 및 기체의 상평형 그림. (출처: Maksim[13-53])

의 증감에 따라 상이 변한다는 것을 우리는 잘 알고 있다. 즉, 저온에서 0℃로 접근하면 고체인 얼음은 액체인 물로 변할 것이고, 온도가 계속 올라가서 100℃가 되면 액체의 물은 기화하여 기체로 변할 것이다. 그런데 물이 액체와 기체 및 고체의 상이 한 곳에 평형을 이루어 공존할 수 있는 지점은 바로 **삼중점**(三重點, triple point)이 된다. 삼중점은 세 개의 곡선이 만나는 지점인 셈이다. 삼중점은 1873년 열역학 창시자이자 절대온도로 잘 알려진 켈빈 경의 형인 제임스 톰슨(James Thomson, 1822~1892)에 의해서 붙여진 명칭이다. 순수한 물의 삼중점은 0.01℃(32.01°F, 273.16K)와 0.006기압(611pa, 6.116mbar)이다. 따라서 이 삼중점 이하에서는 고체가 액체를 거치지 않고 바로 기체로 가거나 기체가 바로 고체로 변하게 된다. 또한 증기압력 곡선을 따라 온도와 압력이 올라가면 우리는 **임계점**(臨界點, critical point)이라는 특이점에 도달하게 된다. 임계점에 도달하면 기화 과정이 더이상 일어나지 않아서 액체와 기체가 구분되지 않는 상태에 도달한다. 우리는 임계점에 도달한 온도를 **임계온도**(臨界溫度, critical temperature; Tcr), 이때의 압력을 **임계압력**(臨界壓力, critical pressure; Pcr)이라고 부른다. 순수한 물의 임계점은 217.7기압과 373.946℃이다. 그렇다면 이 임계점을 지난 물은 어떤 형태가 될까? 이들은 우리가 흔히 부르는 **초임계유체**(超臨界流體, supercritical fluid)가 된다. 이렇게 액체도 아니고 기체도 아닌 상태의 초임계유체는 물질을 잘 용해시키는 성질이 있다. 특히 이산화탄소의 초임계유체를 이용하여 일반 커피에서 디카페인 커피를 만들 수 있고, 식품가공에도 유익하게 이용되고 있다. 특히 이산화탄소의 승화곡선은 우리가 흔히 사용하는 냉각제인 드라이아이스(dry ice)를 생각나게 만든다. 삼중점 이하에서 만들어진 드라이아이스는 온도가 올라가면 고체에서 기체로 승화해 버린다. 이때 주위로부터 승화열을 흡수하기 때문에 냉각제로 이용한다. 얼음이 녹으면 물이 생겨나지만, 드라이아이스는 이산화탄소인 기체가 되어 날아가 버려서 냉각제로서 안성맞춤이다. 그러나 물은 고압 상태에서 복잡한 상평형 그림(phase diagram)을 가지지만 그림 13-53에서는 나타내지 않았다.

지금까지 장황하게 물질의 상에 대하여 설명한 이유는 이런 개념이 태양계 행성 중에서 **금성**(金星, venus)과 **화성**(火星, mars)에 물이 있을 가능성을 이해하는 데 도움이 되기 때문이다. 금성은 이미 제6절 '생명과 기후변화' 편에서 폭주온실효과로도 다루었다. 금성의 기압은 그 표면이 95기압에 이르고, 이산화탄소의 온실효과에 의하여 표면 온도가 500℃를 넘어선다. 따라서 금성에 물이 있었다면, 그 물은 현재 임계점 근처에 있을 것이다. 또한 화성은 기압이 낮고 기온이 낮아서 삼중점 근처에 있을 것으로 추정한다. 그러나 다행히도 지구는 적당한 기압과 기온의 영향으로 액체 상태의 물이 표면에 존재하는 행운을 누리고 있다고 볼 수 있다 그렇다면 꼭 물만이 물질의 상호작용이 일어날 수 있는 **용매**(溶媒, solvent)로 이용될 수 있을까? 우리는 물 대신 암모니아나 메탄 및 에탄과 같은 탄화수소 액체로 물을 대체해 볼 수도 있을 것이다. 2010년 미국의 우주생물학자인 펠리사 울프-사이먼(Felisa Wolfe-Simon)이 **인**(燐, phosphorus) 대신 **비소**(砒素, arsenic)를 이용할 수 있는 세균을 발견했다는 보도는 외계 생명체에 대한 상상력에 날개를 달아 주는 것처럼 보였다. 왜냐하면 인과 같은 족에 속하는 비소가 비록 독성이 강할지라도 인의 역할을 담당해 줄 수 있다는 것은 외계 생명체의 가능성을 높여 주기에 충분하기 때문이었다. 그러나 2년 후에 그녀의 실험이 잘못된 것으로 밝혀지면서 외계 생명체에 대한 기대가 실망감으로 뒤바뀐 사례를 우리는 기억하고 있다[90,128]. 그러나 완보동물의 일종인 *Milnesium tardigradum*은 남극 바다에서 많이 발견된다. 이들은 물의 비등점 이상에서도 견딜 수 있고 우주의 추운 진공상태에서도 잘 견딘다. 또한 *Rhizocarpon geographicum*과 같은 지의류가 기압이 낮아서 액체상의 물이 없고, 복사열이 너무 낮아서 광합성을 할 수 없는 극한적인 환경에서도 생존할 수 있다는 것은 아직도 외계 생명체에 대한 미련을 접을 수 없다는 것을 말해 준다고 할 수 있다[70].

## 2. 탐구 역사

외계 생명체의 존재 여부에 대하여 생각해 본 사람은 고대 그리스의 **에피쿠로스**(Epicurus, 기원전 341~기원전 271)였다. 그는 에피쿠로스 학파를 이끌었던 학자로서 죽음에 대한 탁월한 식견을 전해 주기도 했지만(제12장 참고), 우주가 무한하여 우리가 알 수 없는 생명체들이 수많은 곳에서 살고 있을 것으로 본 학자이기도 하였다. 그러나 우주라는 공간에 대한 개념에 사실적으로 접근하게 된 시기는 16세기 폴란드의 천문학자인 **코페르니쿠스**(Nicolaus Copernicus, 1473~1543) 시대라고 해야 할 것이다. 모든 세상이 지구가 이 우주의 중심이라고 알고 있던 시절에 그는 과감히 이러한 사실이 잘못되었음을 지적하였고, 우주의 중심은 지구가 아니라 태양이라는 사실을 밝혔다. 그가 1543년 "천구의 회전에 관하여"라는 저서에서 이 사실을 밝힌 그해에 그는 뇌출혈로 사망하게 되었다. 그가 밝힌 **태양중심설**(太陽中心說, heliocentrism) 또는 **지동설**(地動說)로 인하여 종교적 박해를 받지 않은 것은 그가 발표 후 바로 사망하였기 때문일 것이다. 우리는 이런 발견을 코페르니쿠스 혁명이라고 부르기도 한다[121]. 한편 이탈리아의 철학자인 **조르다노 브루노**(Giordano Bruno, 1548~1600)는 코페르니쿠스와 유사하게 우주는 무한하고 그 중심이 없다는 우주관을 주장하였다. 이 때문에 그는 로마 교황청의 유죄선고를 받고 1600년에 공개적으로 화형에 처해지는 불운을 맞게 되었다. 그 뒤를 이어서 개량된 망원경으로 천체를 관찰한 천문학자는 이탈리아의 **갈릴레오 갈릴레이**(Galileo Galilei, 1564~1642)이었다. 그도 태양중심설을 굽히지 않은 신념 때문에 가톨릭교회로부터 가택 연금을 당하여 불행하게 최후를 마치게 되었다. 그러나 이들이 발견한 우주의 실제 모습은 우주를 똑바로 이해하는 길목이 되었다고 할 수 있다. 이들 모두가 무한한 우주 속에서 인간 이외의 다른 외계 생명체가 살고 있을 것이라고 믿고 있었다. 외계 생명체의 존재를 믿고 있었던 천문학자들은 독일의 **요하네스 케플러**(Johannes Kepler, 1571~1630), 네덜란드의 물리학자인 **크리스티안 하위헌스**(Christiaan Huygens, 1629~1695), 18세기 천왕성을 발견한 독일계 영국인 **윌리엄 허셜**(William Herschel, 1738~1822) 등이 있다. 19세기 후반에는 화성에 생명체가 살고 있다는 증거로 **화성 운하**(martian canal)가 세간의 관심사로 떠올랐지만, 이는 더 좋은 성능의 망원경이 개발되면서 시각적 착시 현상이었다는 것이 밝혀지기도 하였다.

20세기에 접어들면서 영국의 **에드워드 마운더**(Edward W. Maunder, 1851~1928)는 그의 저서에서 처음으로 외계 생명체가 살 수 있는 영역이 있을 것이라는 개념을 1913년에 소개하게 되었다. 그러나 실제 곧이어 다루게 될 **거주가능 영역**(居住可能領域, habitable zone)이라는 용어를 만들어 낸 학자는 1959년 중국계 미국인 **수슈 후앙**(Su-Shu Huang, 黃授書)이었다[31]. 또한 이 해에는 원자폭탄을 만든 맨해튼 계획에도 참여했던 **필립 모리슨**(Philip Morrison, 1915~2005) 등이 마이크로파를 이용해서 항성 간 신호를 탐색할 수 있다는 논문을 발표하게 되었다. 실제로 이런 방법을 이용하여 1960년에는 시카고 태생인 **프랭크 드레이크**(Frank Drake, 1930~)가 푸에르토리코에 있는 **아레시보 천문대**(Arecibo Observatory)에서 외계 생명체를 찾는 프로젝트를 시행하게 되었다. 뒤이어서 그는 1961년 **드레이크 방정식**(Drake Equation)을 고안해 내면서 외계 생명체를 찾는 과정을 주도하게 되었다. 이 드레이크 방정식과 1974년 허큘리스 대성단으로 보낸 **아레시보 메시지**(Arecibo message)는 조금 후에 다룰 것이다.

외계 생명체가 살 수 있는 거주가능 영역이라는 개념은 좀 더 구체적으로 표현되어서, 1993년 미국의 **제임스 카스팅**(James Kasting, 1953~)에 의해서 **항성주위 거주가능 영역**(恒星周圍居住可能領域, circumstellar habitable zone; CHZ)이라는 모델이 제시되었다. 태양만을 염두에 둔 것이 아니라 우주에 있는 별인 항성을 중심으로 거주가능 영역을 알아본다는 생각이다. 이러한 생각은 더 진전되어 2000년에는 미국의 **피터 워드**(Peter D. Ward, 1949~)와 **도날드 브라운리**(Donald E. Brownlee, 1943~)에 의해서 **은하 거주가능 영역**(銀河居住可能領域, galactic habitable zone)으로 확대되었다. 즉, 은하의 중심을 기점으로 삼아 거주가능 영역을 살펴보자는 의도이다. 또한 이들은 **칼 세이건**(Carl E. Sagan, 1934~1996)과 그 친구인 프랭크 드레이크가 주장한 **평범성 원리**(平凡性原理, mediocrity principle, Copernican principle, 보통원리)에 반대되는 개념을 발표하였다. 평범성 원리란 지구는 평범한 암석 행성 중 하나로서 특별할 것이 없으며, 지구에 사는 생명체도 특이할 것이 없다는 생각이다. 즉, 이 우주에는 수많은 암석형 행성이 있고 수많은 생명체가 살고 있을 것이라는 개념이다. 그러나 피터 워드와 도날드 브라운리는 **희귀 지구가설**(稀貴地球假設, rare earth hypothesis)을 내세워서 지구와 같이 생명체가 살기 좋은 곳이 이 우주에 매우 희귀하다는 가설을 주장하게 되었다. 즉, 이 우주에는 수많은 생명체가 살기에 적당한 곳이 많지 않다는 개념이다[88].

13

이러한 거주가능 영역은 2013년에 접어들면서 좀 더 세분화 되었다. 즉, **행성주위 거주가능 영역**(行星周圍居住可能領域, circumplanetary habitable zone, habitable edge)은 르네 헬러(Rene Heller)와 로리 반스(Rory Barnes)가 제안한 것으로서 행성 주위를 돌고 있는 **자연 위성**(自然衛星, natural satellite)의 거주가능 영역을 말한다고 할 수 있다. 지금부터 본격적으로 거주가능 영역에 대한 탐구에 나서 보기로 하자.

## 3. 거주가능 영역

외계 생명체의 **거주가능 영역**(居住可能領域, habitable zone, **goldilocks zone**)은 이들이 생존할 수 있는 환경이 유지되는 구간을 말한다. 예를 들면, 태양계에서 행성이 태양에 너무 가까우면 뜨거워서 살 수가 없고, 너무 멀면 추워서 살 수가 없는 경우를 들 수 있다. 이는 우리의 속담 속에도 들어 있다. 권력에 너무 가까우면 타서 죽고, 너무 멀면 얼어서 죽는다는 말과 비슷하다. 영국 동화에 나오는 골디락스라는 소녀가 숲속에서 길을 잃고 곰이 사는 집으로 들어가서 식탁에 있는 너무 덥지도 않고 너무 차지도 않은 적당한 온도의 죽을 먹는다는 이야기에서 골디락스 영역이라는 말이 나온 것과 유사하다. 우리는 **항성**(恒星, fixed star)을 별이라고 부른다. 항성을 붙박이 별이라고도 부르지만 실제로 항성이 움직이지 않는 것은 아니다. 지구에서 가장 가까운 항성은 태양이다. 항성인 태양은 스스로 빛을 낼 수가 있지만, 태양을 도는 지구를 포함한 8개의 **행성**(行星, planet)은 스스로 빛을 낼 수가 없고 태양의 빛을 받아서 반사할 뿐이다. 우리가 부르는 행성은 떠돌이 별이라고 부른다. 태양을 돌고 있는 8개의 행성 중 암석이나 고체 상태로 되어 있는 행성을 **지구형 행성**(地球型行星, terrestrial planet, 암석형 행성, rocky planet)이라 부르고, 수성과 금성 및 지구와 화성이 여기에 속한다. 그러나 주로 수소와 헬륨 가스로 구성된 거대 행성을 우리는 **목성형 행성**(木星型行星, gas giant planet, 기체형 행성)이라고 부르고, 목성, 토성, 천왕성, 해왕성이 여기에 포함된다[113]. 또한 행성 주위를 도는 천체를 우리는 **자연 위성**(自然衛星, natural satellite)이라고 한다. 왜냐하면 인간이 쏘아 올린 많은 **인공위성**(人工衛星, artificial satellite)이 행성 주위를 돌고 있기 때문이다.

지금부터 거주가능 영역을 태양계와 은하계로 나누어서 알아보고 이러한 거주가능 영역에 과연 외계 생명체가 얼마나 많이 살고 있는지를 기술할 것이다. 또한 이러한 외계 생명체를 찾기 위한 노력들이 어떻게 진행되고 있는지도 알아볼 것이다.

### 1) 구분

#### (1) 태양계

지구는 태양을 돌고 있는 3번째 행성이다. 우리는 이 지구라는 행성에 살고 있다. 그렇다면 다른 행성에도 생명체들이 살고 있을까? 외계 생명체에 대한 가장 쉬운 질문들이 태양계에 몰려 있는 것은 당연해 보인다. 지구가 생겨난 것은 약 46억 년 전이다. 최근의 보고에 의하면 최초의 생명체가 이 지구상에 등장한 것은 그로부터 약 6억 년이 지난 40억 년 전으로 올라간다. 따라서 태양계가 생긴 초창기에 지구상에 생명체가 등장했다면 다른 행성에도 생명체가 생겨났을 가능성이 커 보인다. 그러나 현재 우리가 가지고 있는 기술과 정보력으로는 아직도 태양계에서는 지구를 제외한 그 어떤 행성과 위성에도 생명체는 발견되지 않고 있다. 그림 13-54는 태양계의 거주가능 영역을 **천문단위**(天文單位, astronomical unit; AU)로 표시한 내용이다. 1천문단위는 태양과 지구 사이의 거리를 단위로 삼은 것으로서 약 1억5천만 km의 거리를 말한다. 따라서 3천문단위는 태양과 지구 거리의 3배 정도 되는 거리라는 뜻을 담고 있다. 태양으로부터 너무 뜨겁거나 너무 춥지 않는 골디락스 영역은 0.38~3.0천문단위로 보고되어 있지만, 10천문단위까지 확장되기도 하여 아주 다양하다. 수성과 금성이 각각 태양으로부터 0.39, 0.72천문단위만큼 떨어져 있기 때문에 수성과 금성도 골디락스 영역에 일부 포함된다고 볼 수 있다. 토성은 태양으로부터 9.58천문단위만큼 떨어져 있기 때문에 토성까지도 확대해서 보면 골디락스 영역에 포함된다고 볼 수도 있다. 물론 표면 온도가 5,500℃가 넘는 태양과 같은 항성에 생명체가 살 것으로 추정하는 과학자는 없을 것이다. 지금부터 태양의 행성들을 차례대로 알아보자.

대기가 거의 없고 평균온도가 179℃ 정도인 **수성**(水星, Mercury)은 태양에 너무 가까워서 생명체가 살기에는 어려

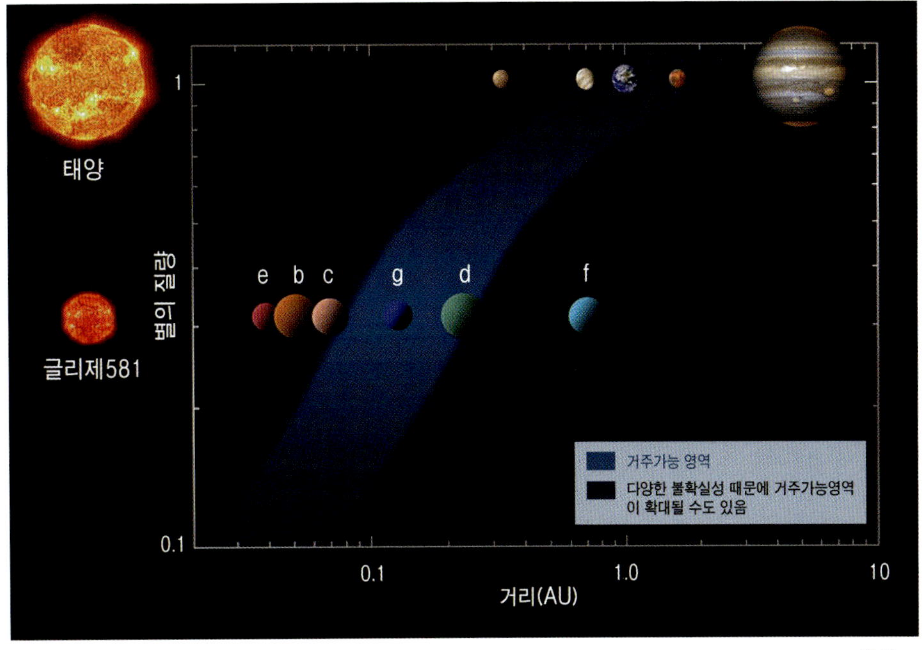


그림 13-54. 태양과 적색왜성인 글리제 581의 생명체 거주가능 영역. (출처: ESO & Henrykus[13-54])

울 것으로 보고 있다. 그러나 2020년 발표에 의하면 지하 지역의 일부에서 원시적인 미생물이 존재할 가능성이 제시되기도 하였다. **금성**(金星, Venus)은 20세기 초까지 지구와 같이 생명체가 있었을 것으로 생각되었다. 하지만 대기가 대부분 이산화탄소로 구성되어 있고 대기압도 95기압에 달하여 생명체가 살기에는 너무 혹독한 환경으로 추정되었다. 특히 금성은 이산화탄소에 의한 온실효과로 일어나는 폭주 현상으로 액체의 물이 모두 증발한 상태로서 물의 임계점 근처에 도달해 있는 것으로 보인다. 그러나 50~65km의 고도 사이에서는 기온과 기압이 지구와 비슷해서 극한생물이 있을 가능성을 점쳐 보기도 한다. 가장 우리의 관심을 끄는 행성은 바로 우리 이웃인 **화성**(火星, Mars)이다. 이웃이라고 해도 화성의 공전 거리에 따라서 가장 가까울 때 약 5천6백만 km 정도 떨어져 있다. 지금까지 발사된 우주선을 기준으로 보면 화성까지 도달하는 데 대강 200일 정도 걸린다. 2013년 게일 분화구(Gale Crater)에 도착한 큐리오시티 로버가 보내온 자료에 의하면 고대에 생명체가 살 수 있는 민물 호수가 있었다는 것을 강력히 암시하고 있다. 그러나 화성의 대기압은 0.006기압 정도에 불과하고 일부 지역에서는 기온이 0℃ 이상이어서 물이 삼중점 근처에 있다는 것을 알게 되었다. 과연 화성에 생명체가 살 수 있는 액체 상태의 물이 존재하는지에 대한 의문은 우리의 중요한 관심사로 남아 있을 것이다.

우리는 화성과 **목성**(木星, Jupiter) 사이에 **소행성대**(小行星帶, asteroid belt)가 있다는 사실을 잘 알고 있다. 이 소행성대 중에서 지름이 약 970km 정도 되는 가장 크고 무거운 **왜행성**(矮行星, dwarf planet)인 **세레스**(Ceres)가 주목받는 것은 수증기가 포함된 대기를 가지고 있다는 점 때문이다. 따라서 세레스에 생명체가 있을 가능성이 높다. 목성은 태양에서 5.2천문단위나 떨어져 있는 거대 기체 행성이다. 따라서 보편적인 골디락스 영역에서 벗어나 있고, 지구와 같은 암석형 행성이 아니라 기체로 된 행성이기 때문에, 생명체가 살 가능성은 없어 보인다. 그러나 이 거대한 기체 행성을 도는 자연 위성들의 사정은 완전히 다르다. 이렇게 목성의 달들인 **유로파**(Europa)나 **가니메데**(Ganymede) 및 **칼리스토**(Callisto)는 생명체가 살 가능성이 있는 위성들이다. 특히 유로파는 1610년 갈릴레이가 발견한 목성의 달로서 내부에 지하 바다가 있는 것으로 파악되고 있다. 따라서 이 지하 호수에 생명체가 살고 있을 가능성이 있다고 볼 수 있다. 태양으로부터 9.58천문단위만큼 떨어져 있는 **토성**(土星, Saturn)도 목성과 같은 기체 행성으로서 그 위성들이 주목받고 있다. 특히 **타이**

13

**탄**(Titan)과 **엔셀라두스**(Enceladus)가 그 위성들이다[46]. 이 중 특히 타이탄은 태양계에서 유일하게 의미 있는 대기를 가지고 있는 달로 알려져 있고, 특히 지표면에 액체성 탄화수소로 구성된 호수가 있다는 사실이 알려지면서 더 많은 관심을 받게 되었다(그림 13-55). 그 이외에도 **이오**(Io)나 해왕성의 가장 큰 위성인 **트리톤**(triton)도 생명체가 살 것으로 추정되는 장소이기도 하다.

### (2) 은하계

은하계 차원에서 생명체 거주가능 영역을 판단한다는 것은 훨씬 더 어려운 일이어서 아직도 초보적 단계에 머물러 있다고 할 수 있다. 예를 들면, 은하계에 지구형 행성이 등장하기 위해서는 은하계 중심으로 다가가야 한다. 왜냐하면 중심에 가까울수록 중원소 함량이 높아서 지구형 행성이 만들어질 가능성이 커지기 때문이다. 그러나 은하의 중심에는 대개 블랙홀이 있는 것으로 추정되어서 지구형 행성이 살아남을 가능성이 낮아질 것이다.

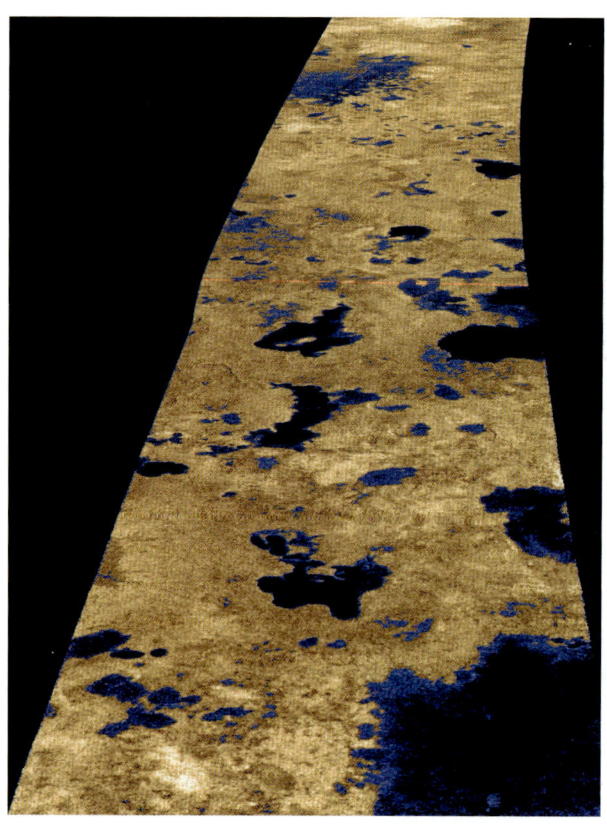

그림 13-55. 타이탄에서 발견된 탄화수소 호수. (출처: NASA/JPL-Caltech/USGS[13-55])

우선 우리의 태양계가 속해 있는 **우리 은하**(Milky Way Galaxy)에 대하여 알아보자. 우리 은하는 끝에서 끝까지가 무려 10만 광년에 해당하는 크기이고, 그중 우리 태양계가 머물고 있는 자리는 은하의 중심부에서 약 25,000광년 이상 떨어진 교외로 오리온 팔이라는 구역이다. 또한 우리 은하에는 약 2천억 개의 별이 있는 것으로 파악되고 있다. 2013년 케플러 망원경 자료에 의하면 태양 크기의 별과 **적색왜성**(赤色矮星, red dwarf)에서 생명체 거주가능 영역을 돌고 있는 지구 크기의 행성이 약 400억 개나 있는 것으로 추정되었다. 더구나 이 중 110억 개는 태양 크기의 항성을 돌고 있는 것으로 보인다. 적색왜성은 태양 크기보다 작은 별로서 별의 진화 단계에서 **적색거성**(赤色巨星, red giant star)으로 가지 못하고 **백색왜성**(白色矮星, white dwarf star)으로 변해 버리는 별을 말한다. 그러나 대부분의 별들을 차지하는 적색왜성은 덩치가 큰 별들에 비하여 수명이 길기 때문에 생명체가 진화할 시간이 더 많다는 장점을 가지기도 한다[91].

태양계 밖에서 발견되는 행성인 **외계 행성**(外界行星, exoplanet, extrasolar planet) 중 우리와 가장 가까운 거리에 있는 행성이 **프록시마 센타우리 b**(Proxima Centauri b)이다. 이 외계 행성은 적색왜성인 프록시마 센타우리를 돌고 있는 행성이라고 할 수 있다. 그림 13-54에서 보는 **글리제 581**은 지구로부터 약 20광년 떨어진 적색왜성이다. 이 별을 돌고 있는 글리제 581c 행성은 별의 거주가능 영역에서 발견된 첫 번째 태양계 밖 지구형 행성이지만, 실제로 지구와 비슷한 환경을 가질 것으로 추정되는 행성은 글리제 581d로 보고 있다. 또한 우리의 관심을 끄는 **케플러-186** 적색왜성을 돌고 있는 케플러-186f도 지구와 약 490광년 떨어져 있지만, 지구와 비슷한 환경일 것으로 추정되어 강력한 생명체 거주 행성으로 보고 있나[71]. 2020년 6월 1일까지 발견된 외계 행성은 3,154 행성계에서 4,268개에 이른다.

우리가 별이라는 항성에서 거주가능 영역을 생각할 때에는 그 별의 수명과도 연관지어 판단해야 할 것이다. 예를 들어, 태양이라는 항성에 대하여 계산해 보자. 태양의 수명은 약 100억 년으로 추정되고, 이 중에서 약 1/2이 지난 상태이기 때문에 앞으로 약 50억 년의 세월이 남아 있다고 할 수 있다. 그러나 태양이 중심부의 수소를 모두 태우고 외곽의 수소를 태우기 시작하면, 태양은 그 덩치가 부풀어 올라서 적색거성으로 변할 것이다. 이렇게 태양이 거대해지면 현재와 같은 생명체 거주가능 영역이 유지될 수 없게 될 것은 너무나 당연하다. 즉, 적색거성 상태에 도달한 태양은 수성, 금성과 지구를 모두 불덩어리 속으로 삼켜 버려서 실제적인 거주가능 영역은 7~22 천문단위로 확대될 것이다. 아마 이쯤 되면 토성의 달인 타이탄이 지구 온도와 같은 상태에 도달하게 될 것이다. 이런 상태로 진행될 시간은 얼마나 남았을까? 학자마다 의견이 다르지만, 앞으로 10억 년 이상이 지나면 우리는 더이상 지구에 살 수 없는 신세가 될 것이다. 만약 그때까지 인간이라는 종이 이 지구상에 남아 있다면 말이다. 따라서 거주가능 영역은 영원하지 않다는 것을 알려 준다고 할 수 있다. 이제 외계 행성이 아니라 **외계 위성**(外界衛星, exomoon, extrasolar moon)의 후보자들이 등장하는 시대에 접어들어 있다.

### 2) 드레이크 방정식

우리는 거주가능 영역을 통해서 생명체가 살 수 있는 태양계나 태양계 밖의 외계 행성들에 대해서 알아보았다. 그렇다면 과연 외계 생명체가 이 우주에 얼마나 많이 살고 있는 것인가? 이 물음은 누구나 한 번쯤 생각해 볼 수 있는 질문이기도 하다. 이 물음에 대한 대답을 가장 합리적으로 추리한 학자는 1961년 캘리포니아대학 산타크루즈 캠퍼스의 천문학자였던 프랭크 드레이크로, 그가 만든 **드레이크 방정식**(Drake Equation)을 들어야 할 것이다. 이 방정식은 결과가 중요한 것이 아니라 우리가 외계 생명체를 추정해 가는 과정을 합리적으로 보여 주는 사례라는 점에서 가치가 있다. 먼저 드레이크 방정식은 $N=R^{*}\times f_p\times n_e\times f_l\times f_i\times f_c\times L$이라고 표현된다. 여기서 N은 우리 은하에 활동적이고 대화가 가능한 외계 문명 수가 얼마인지를 나타내 주는 숫자라고 할 수 있다.

그렇다면 과연 이 수치는 어떻게 계산해 낼 수 있을까? 먼저 $R^{*}$는 우리 은하에서 일 년에 별들이 몇 개나 생겨나는지를 나타내는 숫자이다. 즉, 우리 은하에 있는 별들의 수를 그 별의 평균 수명으로 나눈 값에 해당한다고 할 수 있다. 그렇다면 우리 은하에 있는 별들의 수나 그 평균 수명을 정확히 알 수 있을까? 따라서 이런 항목은 많은 변수를 가지고 있을 것이다. 그다음 $f_p$는 항성 중에서 행성을 가지고 있을 비율을 뜻한다. 왜냐하면 불타서 녹고 있는 항성에 생명체가 살 것이라고는 생각하지 않기 때문이다. 즉, 항성이 중요한 것이 아니라 행성이 생명체한테는 중요하다는 의미이다. 여기서 p는 행성을 뜻하는 planet에서 따온 것이다. $n_e$는 행성이 아무리 많아도 생명체가 살 수 있는 환경이 되지 않는다면 아무 의미가 없을 것이다. 따라서 이 값은 서식 가능한 영역에 있는 평균 행성의 수를 말한다. $f_l$은 행성이 생명체 거주가능 영역에 속한다고 하더라도 실제로 생명체가 있을 수 있는 행성의 비율을 뜻한다. $f_i$는 생명체가 있더라도 문명을 이룰 수 있는 지적 생명체가 진화할 수 있는 비율을 말한다. 또한 $f_c$는 지적 생명체가 있다 하더라도 자신의 존재를 탐지 가능한 신호로 바꾸어 우주로 내보낼 수 있는 기술을 가진 문명이 얼마나 있는지를 나타내는 지표이다. 비록 인간의 역사가 6천 년이라고 하더라도 인간이 우리의 존재를 전파 형태로 우주로 내보낼 수 있는 기술을 확보한 것은 약 100년 정도밖에 되지 않기 때문이다. 그리고 마지막으로 L은 비록 그러한 문명을 발달시켰다 하더라도 그 기술 문명이 존속하는 기간을 예측하는 의미를 담고 있다. 그러나 이 7개의 항목을 어떻게 보느냐에 따라 N의 값은 아주 다양하게 나타날 수 있다. 처음 드레이크가 계산한 문명 수는 최소 20개에서 최대 5천만 개 정도로 보았지만, 결과적으로 우리 은하에는 약 1,000개에서 최대 1억 개의 문명이 있을 것으로 보았다. 그러나 현재의 판단으로는 15,600,000개 정도의 문명이 있지 않을까 생각한다[41,42]. 그러나 여러 가지 과학적 근거상 외계 생명체가 존재할 가능성이 높다고 하더라도 이는 어디까지나 추측에 불과할 뿐 아직까지 외계 생명체가 발견된 경우는 어디에도 없다.

### 3) SETI

그렇다면 인간은 외계 생명체를 찾기 위해 어떤 노력들을 진행해 왔을까? 먼저 외계 생명체를 찾기 위한 일련의 활동을 총체적으로 **외계 지적생명 탐사**(外界知的生命探査, search for extra-terrestrial intelligence; **SETI**)라고 부른다. 이러한 탐사는 수동적 외계 지능탐사와 능동적 외계 지능탐사로 구분할 수 있다. 수동적 탐사는 외계로부터 오는 신호를 받아서 그들의 존재를 확인하는 방법이고, 능동적 탐사는 외계인에게 신호를 보내서 능동적으로 찾아 나서는 방법을 말한다.

13

13

이러한 탐사의 첫 시작은 1960년 푸에르토리코에 있는 아레시보 천문대에서 프랭크 드레이크에 의해서 시작되었다. 그는 그 이듬해에 드레이크 방정식을 발표하였고 SETI에 대한 첫 학술대회가 미국에서 열리게 되었다. 실제로 능동적 탐사의 한 방법으로 1974년 11월 아레시보 천문대에서 허큘리스 대성단을 향해서 내보낸 전파 방송인 **아레시보 메시지**(Arecibo Message)는 상징적인 의미가 크다고 할 수 있다[13]. 그림 13-56은 그냥 보기에는 어떤 의미를 가지고 있는지를 알 수가 없다. 이는 드레이크가 주축이 되어서 만든 메시지로서 2진수의 1,679자리로 이루어져 있고 약 210바이트의 크기이다. 우선 제일 위의 그림은 1에서 10까지의 숫자를 표시하고 그다음은 생명체를 구성하고 있는 구성 원자인 수소, 탄소, 질소, 산소, 인의 원자번호를 담고 있다. 그다음은 핵산을 구성하는 뉴클레오티드의 당과 염기의 화학식과 뉴클레오티드의 수와 DNA의 이중나선 구조를 상징하고 있다. 그다음은 인간의 모습인 평균 남성의 크기 및 지구에 사는 인간의 개체 수를 상징하고, 태양계와 메시지를 발송하는 전파 접시가 있는 아레시보 천문대의 모습을 상징하고 있다. 그렇다면 이러한 의미심장한 뜻을 알아차릴 외계 생명체가 과연 있을까? 게다가 이 메시지가 허큘리스 대성단에 도달하는 데는 약 2만5천 년이 걸리므로 실제로 2만7천 년경에나 대성단에 도착할 것이다. 이 메시지가 도착할 때가 되면 과연 허큘리스 대성단은 그 자리에 그대로 있을 수 있을까? 만약 이들이 이 뜻을 알아차리고 다시 답장을 한다고 하더라도 다시 2만5천 년이 소요된 5만2천 년경에나 소식을 들을 수 있을 것이다. 현재 우리는 단지 2천 년을 조금 지나고 있을 뿐이다. 실제로 SETI 연구소가 설립된 것은 1984년이다. 이 연구소는 비영리 재단으로 캘리포니아 마운틴뷰에 본부를 두고 있다. 이러한 외계의 지적 생명체를 찾기 위한 노력은 비록 다양한 대학과 국가기관들이 참여하고 있지만, 일부에서는 국가 예산 낭비라는 지적을 받아서 미국은 정부 지원이 축소된 실정이다. 그러나 인간의 탐사 욕망은 다양한 기업들의 후원을 받아서 지금도 진행되고 있다. 우리나라도 한국우주전파관측망을 통해서 수집된 전파는 한국과학기술정보연구원의 컴퓨터를 통해 분석되고 있다[4].

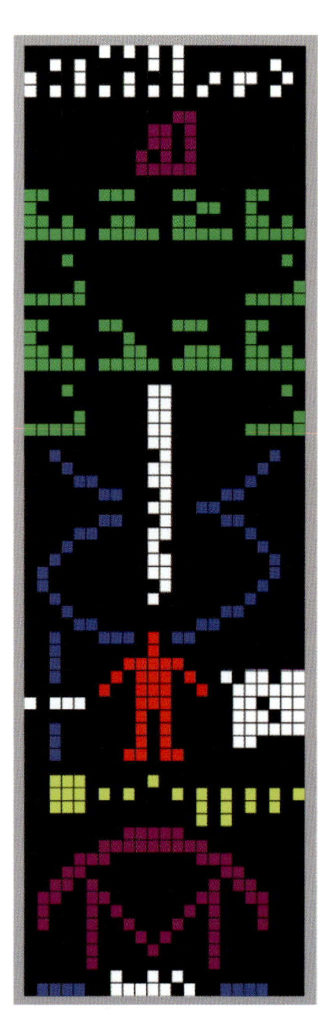

그림 13-56. 아레시보 메시지. (출처: Arne Nordmann[13-56])

## 4. 페르미 역설과 전망

우리는 드레이크 방정식을 통해서 수많은 외계 문명이 있을 것으로 추정하고 있다. 그렇다면 왜 우리는 그들과 접촉할 수 없는가? 그리고 과연 그들은 어디에 있는 것인가? 사실 이러한 질문을 던진 사람은 유명한 핵물리학자인 이탈리아계 미국인인 **엔리코 페르미**(Enrico Fermi, 1901~1954)였다. 그는 미국의 핵 개발이 진행되었던 로스앨러모스에서 1950년대에 동석한 과학자들에게 던진 그의 질문은 **페르미 역설**(Fermi paradox)로 우리에게 남아 있다. 우리가 그들을 찾아내지 못하는 이유는 어디에 있을까? 몇 가지로 생각해 보기로 하자[63]. 우선 외계인이 있어서 이미 지구를 방문하였지만 우리는 그것을 알아차리지 못하고 있을 수 있다. 또한 외계인이 있어도 그들이 아직 이 지구를 방문하지 않았을 수도 있을 것이다. 혹은 외계인이 아직도 지구를 방문할 수 있는 기술을 터득하지 못했을 수도 있고, 아예 이 우주에는 외계인이 존재하지 않을 수도 있다. 오직 이 지구만이 이 우주에서 생명체가 있는 유일한 행성일 수 있다는 의미이다. 결과적으로 과학적 근거들은 생명체를 가진 수많은 행성이 있다는 사실을 알려 주고 있지만, 실제로 우리는 그들의 존재를 아직도 밝혀내지 못하고 있다. 가령 외계인들이 지구를 방문한다면 어떤 결과들이 예측될 수 있을까? 외계인 방문은 **크리스토퍼 콜럼버스**(Christopher Columbus, 1450~1506)의 아메리카 상륙과 같은 결과를 초래하지는 않을까? 그의 상륙은 원주민에게는 치명적인 결과를 초래했던 역사를 들려 주기 때문이다. 이러한 걱정은 이미 작고한 영국의 이론물리학자인 **스티븐 호킹**(Stephen W. Hawking, 1942~2018)이 2010년 주장한 내용 속에도 담겨 있다. 그는 지구에 사는 인간은 외계인과 접촉해서는 안 된다고 경고하고 있다. 그들은 지구의 자원을 약탈할 수도 있고 지구를 식민지화할 수도 있을 것이다. 따라서 능동적 외계 지능 생명체를 찾는 방법은 오히려 지구인에게 위험하고 적대적인 외계인들에게 인류를 노출시키는 결과를 초래할 수도 있다는 것이다.

그러나 다시 한번 생각을 가다듬어 보자. 우리와 가장 가까운 행성인 프록시마 센타우리 b까지의 거리는 무려 39조 km에 달한다. 만약 인간 중에 제일 빠르다는 우사인 볼트가 밤낮없이 달려도 1억 년 이상이 걸린다. 2006년 명왕성 탐사 임무를 띠고 발사된 무인 우주선인 뉴 허라이즌스(New Horizons)도 8만 년을 날아야 도달할 수 있는 거리에 있다. 인간이 지구를 떠나 가장 멀리 가 본 땅은 빛이 1초 정도면 도달하는 달이 전부다. 또한 인간이 만든 물체 중 가장 먼 곳을 날아가고 있는 비행체는 1977년 발사된 보이저 1호(Voyager 1)라 할 수 있다. 현재 보이저 1호는 태양계의 끝이라고 할 수 있는 **태양권계면**(太陽圈界面, heliopause)을 겨우 벗어나고 있다. 이 태양권계면은 광년 단위도 아닌 겨우 19광시(光時, light-hour)에 그치고 있다. 멕시코의 이론물리학자인 **미겔 알쿠비에레**(Miguel Alcubierre, 1964~)가 주장하는 **워프 항법**(warp drive)을 이용하는 우주선이 가능해진다면 인간이 우주로 진출하는 계기가 될 수도 있을 것이다. 워프 항법은 땅에서 이용하는 축지법과 같이 시공간을 구부려서 빛보다 더 빨리 달릴 수 있는 공간 이동 장치를 말한다. 이는 중력을 이용하여 우주선 뒤쪽의 공간은 급속히 팽창시키고 앞쪽의 공간은 수축시켜서 광속보다 더 빠른 이동이 가능하다는 주장이다[127]. 인간이 처음으로 달 표면에 발자국을 남긴 시기가 1969년 7월 20일이다. 그다음 우리는 화성에 발자국을 찍을 날을 기다려 보아야 할 것 같다.



## 참고문헌


1. 기후변화 2014 종합보고서, IPCC, Intergovernmental Panel on Climate Change. Available at: https://ipcc.ch/site/assets/uploads/2018/02/ar5-syr-spm_korean.pdf (접속일 2020년 9월 14일)
2. 김의중. *인공지능, 머신러닝, 딥러닝 입문*. 서울: 위키북스, pp.21-290, 2016.
3. 박성호 외. *인공지능: 보건의료 전문가를 위한 길라잡이*. 서울: 군자출판사, pp.71-97, 2020.
4. 외계의 지적생명탐사. 위키백과. Available at: https://ko.wikipedia.org/wiki/%EC%99%B8%EA%B3%84%EC%9D%98_%EC%A7%80%EC%A0%81%EC%83%9D%EB%AA%85%ED%83%90%EC%82%AC (접속일 2020년 9월 15일)
5. 인공지능. Wikipedia. Available at: https://ko.wikipedia.org/wiki/%EC%9D%B8%EA%B3%B5%EC%A7%80%EB%8A%A5 (접속일 2020년 9월 14일)
6. 줄기세포. Wikipedia. Available at: https://ko.wikipedia.org/wiki/%EC%A4%84%EA%B8%B0%EC%84%B8%ED%8F%AC (접속일 2020년 9월 14일)
7. 한규동. 인공신경망 개념 (Neural network). Brunch. Available at: https://brunch.co.kr/@gdhan/6 (접속일 2020년 9월 14일)
8. 핵무기. 위키백과. Available at: https://ko.wikipedia.org/wiki/%ED%95%B5%EB%AC%B4%EA%B8%B0 (접속일 2020년 9월 14일)
9. 5 strategies that achieve climate mitigation and adaptation simultaneously. World Resources Institute. available at: https://www.wri.org/blog/2020/02/climate-change-mitigation-adaptation-strategies (접속일 2020년 9월 15일)
10. A history of astrobiology. NASA. Available at: https://astrobiology.nasa.gov/about/history-of-astrobiology/ (접속일 2020년 9월 15일)
11. AlphaGo seals 4-1 victory over Go grandmaster Lee Sedol. The Guardian. Available at: https://www.nytimes.com/2011/02/17/science/17jeopardy-watson.html (접속일 2020년 9월 14일)
12. Antarctic circumpolar current. Wikipedia. Available at: https://en.wikipedia.org/wiki/Antarctic_Circumpolar_Current (접속일 2020년 9월 15일)
13. Arecibo message. Wikipedia. Available at: https://en.wikipedia.org/wiki/Arecibo_message (접속일 2020년 9월 15일)
14. Artificial cell. Wikipedia. Available at: https://en.wikipedia.

org/wiki/Artificial_cell (접속일 2020년 9월 14일)

15. Artificial intelligence. Wikipedia. Available at: https://en.wikipedia.org/wiki/Artificial_intelligence (접속일 2020년 9월 14일)
16. Artificial vision for the blind. Seeing with Sound. Available at: https://www.seeingwithsound.com/etumble.htm (접속일 2020년 9월 14일)
17. Atmospheric circulation. Wikipedia. Available at: https://en.wikipedia.org/wiki/Atmospheric_circulation (접속일 2020년 9월 15일)
18. Atomic bombing of Hiroshima and Nagasaki. Wikipedia. Available at: https://en.wikipedia.org/wiki/Atomic_bombings_of_Hiroshima_and_Nagasaki (접속일 2020년 9월 14일)
19. Barbra Streisand had her dog Samantha cloned- twice. BBC. Available at: https://www.bbc.com/news/entertainment-arts-43212343 (접속일 2020년 9월 14일)
20. Behringer. B. *Kulturgeschichte des Klimas*. (이은선 역. *기후의 문화사*. 서울: 공감. pp.321-349. 2009)
21. Bercovici. D. *The origin of everything in 100 pages more or less*. (박병철 역. *모든 것의 기원*. 서울: 책세상. pp.171-205. 2016)
22. Biotechnology. Wikipedia. Available at: https://en.wikipedia.org/wiki/Biotechnology (접속일 2020년 9월 14일)
23. Brain-computer interface. Wikipedia. Available at: https://en.wikipedia.org/wiki/Brain%E2%80%93computer_interface (접속일 2020년 9월 14일)
24. Bryson. B. *A short history of nearly everything*. (이덕환 역. *거의 모든 것의 역사*. 서울: 까치글방. pp.439-453. 2010)
25. Buis. A. *Milankovitch (orbital) cycles and their role in earth's climate*. NASA's Jet Propulsion Laboratory. Available at: https://climate.nasa.gov/news/2948/milankovitch-orbital-cycles-and-their-role-in-earths-climate/ (접속일 2020년 9월 15일)
26. Campbell. N. A.. Reece. J. B. *Biology. $7^{th}$ Ed.* (전상학 외 역. *생명과학. 7판*. 서울: 라이프사이언스. pp.398-404. 2006)
27. Carbonate-silicate cycle. Wikipedia. Available at: https://en.wikipedia.org/wiki/Carbonate%E2%80%93silicate_cycle (접속일 2020년 9월 15일)
28. Carbon dioxide in earth's atmosphere. Wikipedia. Available at: https://en.wikipedia.org/wiki/Carbon_dioxide_in_Earth%27s_atmosphere (접속일 2020년 9월 14일)
29. Catastrophic harm. International Campaign to Abolish Nuclear Weapons. Available at: https://www.icanw.org/nuclear_arsenals (접속일 2020년 9월 14일)
30. Cibelli. J. B.. Lanza. R. P.. West. M. D.. et al. *The first human cloned embryo*. Sci Am. 286(1). pp.44-51. 2002. DOI: 10.1038/scientificamerican0102-44. PMID: 11799617
31. Circumstellar habitable zone. Wikipedia. https://en.wikipedia.org/wiki/Circumstellar_habitable_zone (접속일 2020년 9월 15일)
32. Climate change impacts. National Oceanic and Atmospheric Administration. Available at: https://www.noaa.gov/education/resource-collections/climate/climate-change-impacts (접속일 2020년 9월 15일)
33. Climate change indicators. United State Environmental Projection Agency. Available at: https://www.epa.gov/climate-indicators/weather-climate (접속일 2020년 9월 15일)
34. Climate change primer. Warm Heart Worldwide. Available at: https://warmheartworldwide.org/climate-change/?gclid=Cj0KCQjwqfz6BRD8ARIsAIXQCf1ZB0VHST7XjR5lQVAu0YF-8ANwEbhd8ESUZPt0ypANMEEzMtN9GhsaArL9EALw_wcB (접속일 2020년 9월 15일)
35. Climate system. Energy education. Available at: https://energyeducation.ca/encyclopedia/Climate_system (접속일 2020년 9월 15일)
36. CRISPR. Wikipedia. Available at: https://en.wikipedia.org/wiki/CRISPR (접속일 2020년 9월 14일)
37. Dawkins. R. *Life*. (이한음 역. *궁극의 생명*. 서울: 와이즈베리. pp.253-281. 2016)
38. Donalek. C. *Supervised and Unsupervised Learning*. California Institute of Technology. Available at: https://www.astro.caltech.edu/~george/aybi199/Donalek_Classif.pdf (접속일 2020년 9월 14일)
39. Doomsday clock. Wikipedia. Available at: https://en.wikipedia.org/wiki/Doomsday_Clock (접속일 2020년 9월 14일)
40. Doudna. J. A. *A crack in creation: Gene editing and the unthinkable power to to control evolution*. (김보은 역. *크리스퍼가 온다: 진화를 지배하는 놀라운 힘. 크리스퍼 유전자 가위*. 서울: 프시케의숲. pp.219-254. 2017)
41. Drake equation. Space. Available at: https://www.space.com/25219-drake-equation.html (접속일 2020년 9월 15일)
42. Drake equation. Wikipedia. Available at: https://en.wikipedia.org/wiki/Drake_equation (접속일 2020년 9월 15일)
43. Ehrlich P. R.. Ehrlich. A. H. *The dominant animal*. (하윤숙 역. *진화의 종말*. 서울: 부·키. pp.389-421. 2011)
44. Eid. A.. Mahfouz. M. M. *Genome editing: The road of CRISPR/Cas9 from bench to clinic*. Exp Mol Med. 48(10). e265. 2018. DOI: 10.1038/emm.2016.111
45. Energy from matter: Chemical energy. atomic energy. and annihilation. Quirky science. Available at: https://www.quirkyscience.com/energy-from-matter/ (접속일 2020년 9월 14일)
46. Extraterrestrial life. Wikipedia. Available at: https://en.wikipedia.org/wiki/Extraterrestrial_life (접속일 2020년 9월 14일)
47. Freeman. Scott. *Biological science. $4^{th}$ ed.* (안정선 외. *프리드만 생명과학*. 서울: 바이오사이언스. pp.338-344. 2011)
48. French. A. J.. Adams. C. A.. Anderson. L. S.. et al. *Development of human cloned blastocysts following somatic cell nuclear transfer with adult fibroblasts*. Stem Cells. 26. pp.485-493. 2008.
49. Fruciano. D. E. *Phage as an antimicrobial agent: d'Herelle's heretical theories and their role in the decline of phage*

*prophylaxis in the West*. Can J Infect Dis Med Microbiol. 18(1). pp.19-26. 2007. DOI: 10.1155/2007/976850

50. Future of life. Future of life institute. Available at: https://futureoflife.org/?cn-reloaded=1 (접속일 2020년 9월 14일)
51. Greenhouse effect. Wikipedia. Available at: https://en.wikipedia.org/wiki/Greenhouse_effect (접속일 2020년 9월 15일)
52. Greenland ice loss 2002-2016. Jet Propulsion Laboratory. NASA. Available at: https://gracefo.jpl.nasa.gov/resources/33/greenland-ice-loss-2002-2016/ (접속일 2020년 9월 14일)
53. Gene therapy. Wikipedia. Available at: https://en.wikipedia.org/wiki/Gene_therapy (접속일 2020년 9월 14일)
54. Genetically modified organism. Wikipedia. Available at: https://en.wikipedia.org/wiki/Genetically_modified_organism (접속일 2020년 9월 14일)
55. Genetic engineering. Wikipedia. Available at: https://en.wikipedia.org/wiki/Genetic_engineering (접속일 2020년 9월 14일)
56. Genetic timeline. National Human Genome Research Institute. Available at: https://www.genome.gov/Pages/Education/GeneticTimeline.pdf (접속일 2020년 9월 14일)
57. Global surface temperature data sets. World Meteorological Organization. Available at: https://www.wmo.int/pages/prog/wcp/wcdmp/GCDS_3.php (접속일 2020년 9월 15일)
58. Gurdon. J. B. *The developmental capacity of nuclei taken from intestinal epithelium cells of Feeding tadpoles*. J Embryol Exp Morphol. Nature. 10. pp.622-640. 1962. PMID: 13951335
59. Harari. Yuval N. *Sapiens*. (이태수 역. *사피엔스*. 서울: 김영사. pp.561-586. 2015)
60. Historical temperatures. C3 headlines. Available at: https://www.c3headlines.com/temperature-charts-historical-proxies.html (접속일 2020년 9월 14일)
61. History of nuclear weapons. Wikipedia. Available at: https://en.wikipedia.org/wiki/History_of_nuclear_weapons (접속일 2020년 9월 14일)
62. How much energy does the sun produce? Boston Globe. Available at: http://archive.boston.com/news/science/articles/2005/09/05/how_much_energy_does_the_sun_produce/ (접속일 2020년 9월 14일)
63. Howell. E. *Fermi paradox: Where are the aliens?* Space. Available at: https://www.space.com/25325-fermi-paradox.html (접속일 2020년 9월 15일)
64. Induced pluripotent stem cell. Wikipedia. Available at: https://en.wikipedia.org/wiki/Induced_pluripotent_stem_cell (접속일 2020년 9월 14일)
65. In vitro fertilization. Wikipedia. Available at: https://en.wikipedia.org/wiki/In_vitro_fertilisation#History (접속일 2020년 9월 14일)
66. John Gurdon. Wikipedia. Available at: https://en.wikipedia.org/wiki/John_Gurdon (접속일 2020년 9월 14일)
67. Kemp. D. J.. Hilbert. M.. Gillings. M. R. *Information in the Biosphere: Biological and Digital Worlds*. Trends Ecol Evol. 31(3). pp.180-189. 2016. DOI: 10.1016/j.tree.2015.12.013. PMID: 26777788
68. Kottasova. I. *The sixth mass extinction is happening faster than expected*. CNN. Available at: https://edition.cnn.com/2020/06/01/world/sixth-mass-extinction-accelerating-intl/index.html (접속일 2020년 9월 14일)
69. Lane. N. *Power. sex. Suicide: Mitochondria and the meaning of life*. (김정은 역. *미토콘드리아: 박테리아에서 인간으로, 진화의 숨은 지배자*. 서울: 뿌리와이파리. pp.362-385. 2005)
70. List of microorganisms tested in outer space. Wikipedia. Available at: https://en.wikipedia.org/wiki/List_of_microorganisms_tested_in_outer_space (접속일 2020년 9월 15일)
71. List of nearest terrestrial exoplanet candidates. Wikipedia. Available at: https://en.wikipedia.org/wiki/List_of_nearest_terrestrial_exoplanet_candidates (접속일 2020년 9월 15일)
72. List of supercontinents. Wikipedia. Available at: https://en.wikipedia.org/wiki/List_of_supercontinents (접속일 2020년 8월 29일)
73. Loomis. W. F. *Life as it is*. (조은경 역. *생명전쟁: 생명연구의 최전선에서는 무슨 일이 벌어지는가?* 서울: 글항아리. pp.597-132. 2010)
74. Manhattan project. Wikipedia. Available at: https://en.wikipedia.org/wiki/Manhattan_Project (접속일 2020년 9월 14일)
75. Markoff. J. *Computer wins on 'Jeopardy': Trivial. it's not*. The New York Times. Available at: https://www.nytimes.com/2011/02/17/science/17jeopardy-watson.html (접속일 2020년 9월 14일)
76. Mass-energy equivalence. Wikipedia. Available at: https://en.wikipedia.org/wiki/Mass%E2%80%93energy_equivalence (접속일 2020년 9월 14일)
77. Matsuo. Y. *Jinkouchinou wa ningen wo koeruka*. (박기원 역. *인공지능과 딥러닝*. 서울: 동아엠앤비. pp.39-178. 2015)
78. Mitochondrial donation. Fertilitypedia. Available at: https://fertilitypedia.org/edu/therapies/mitochondrial-donation (접속일 2020년 9월 14일)
79. Multi-layer neural network. Stanford University. Available at: http://deeplearning.stanford.edu/tutorial/supervised/MultiLayerNeuralNetworks/ (접속일 2020년 9월 14일)
80. Mutually assured destruction. Wikipedia. Available at: https://en.wikipedia.org/wiki/Mutual_assured_destruction (접속일 2020년 9월 14일)
81. Myostatin. Wikipedia. Available at: https://en.wikipedia.org/wiki/Myostatin (접속일 2020년 9월 14일)
82. Naam. R. *More than human*. (남윤호 역. *인간의 미래: 생명공학이여, 질주하라*. 서울: 동아시아. pp.171-294. 2014)
83. Nayerossadat. N.. Maedeh. T.. Ali. P. A. *Viral and nonviral delivery systems for gene delivery*. Adv Biomed Res. 1:27. 2012. DOI: 10.4103/2277-9175.98152. PMID: 23210086
84. Nuclear fusion. Wikipedia. Available at: https://en.wikipedia.

13

org/wiki/Nuclear_fusion (접속일 2020년 9월 14일)

85. Nuclear weapon. Wikipedia. Available at: https://en.wikipedia.org/wiki/Nuclear_weapon (접속일 2020년 9월 14일)
86. Neurotrophic electrode. Wikipedia. Available at: https://en.wikipedia.org/wiki/Neurotrophic_electrode (접속일 2020년 9월 14일)
87. Phase transition. Wikipedia. Available at: https://en.wikipedia.org/wiki/Phase_transition (접속일 2020년 9월 15일)
88. Rare earth hypothesis. Wikipedia. Available at: https://en.wikipedia.org/wiki/Rare_Earth_hypothesis (접속일 2020년 9월 15일)
89. Raup, D. M., Sepkoski, J. J. *Mass extinctions in the marine fossil record*. Science, 215 (4539), pp.1501-1503, 1982.
90. Reaves M. L., Sinha S., Rabinowitz J. D., et al *Absence of detectable arsenate in DNA from arsenate-grown GFAJ-1 cells*. Science, 337 (6093), pp.470-473, 2012. DOI: 10.1126/science.1219861
91. Redd, N. T. *Red dwarfs: The most common and longest-lived stars*. Space. Available at: https://www.space.com/23772-red-dwarf-stars.html (접속일 2020년 9월 15일)
92. Responding to climate change. NASA. Available at: https://climate.nasa.gov/solutions/adaptation-mitigation/ (접속일 2020년 9월 15일)
93. Rojahn, S. Y. *Human embryonic stem cell cloned*. MIT technology review. Available at: https://www.technologyreview.com/2013/05/15/178423/human-embryonic-stem-cells-cloned/ (접속일 2020년 9월 14일)
94. Roston, E. *The carbon age: How life's core element has become civilization/s greatest threat*. (문미정 외 역. *탄소의 시대: 생명과 문명과 당신의 이야기*. 서울: 21세기북스, pp.222-241, 2011)
95. Runaway greenhouse effect. Wikipedia. Available at: https://en.wikipedia.org/wiki/Runaway_greenhouse_effect (접속일 2020년 9월 15일)
96. Russel, P. J., Wolfe, S. L., Hertz, P. E., et al. *Biology: The dynamic science, 1st ed*. (홍영남 외 역. *생명과학: 현상의 이해, 1판*. 서울: 라이프사이언스, pp.315-317, 2010)
97. Russel, S., Norvig, P. *Artificial intelligence: A modern approach, 3rd ed*. Upper Saddle River: Pearson, pp.1-2, 2010.
98. Rutherfold, A. *Creation: The origin of life: The future of life*. (김학영 역. *크리에이션: 생명의 기원과 미래*. 서울: 중앙북스, pp.218-235, 2013)
99. Sadava, D., Hills, D. M., Heller, H. C, et al. *Life: The science of biology, 11th ed*. (정종우 외 역. *생명: 생물의 과학, 11판*. 서울: 라이프사이언스, pp.388-397, 2018)
100. Schwab, K. *The fourth industrial revolution*. (송경진 역. *클라우스 슈밥의 제4차 산업혁명*. 서울: 새로운현재, pp.24-50, 2016)
101. Schwartz, M. *Phase transition*. Harvard University. Available at: https://scholar.harvard.edu/files/schwartz/files/9-phases.pdf (접속일 2020년 9월 15일)
102. Sejnowski, T. J. *The deep learning revolution*. (안진환 역. *딥러닝 레볼루션*. 서울: 한국경제신문, pp.136-175, 2019)
103. Sixth assessment report. 2019 IPCC Report. Available at: https://www.ipcc.ch/2019/ (접속일 2020년 9월 15일)
104. Sleator, R. D. *JCVI-syn3.0: A synthetic genome stripped bare*. Bioengineered, 7(2), pp.53-56, 2016.
105. Soentgen, J., Reller, A. *CO2*. (유영미 역. *이산화탄소: 지질권과 생물권의 중재자*. 서울: 자연과생태, pp.208-226, 2015)
106. Somatic cell nuclear transfer. Wikipedia. Available at: https://en.wikipedia.org/wiki/Somatic_cell_nuclear_transfer (접속일 2020년 9월 14일)
107. Stanley: The robot that won the DARPA Grand Challenge. Stanford University. Available at: http://robots.stanford.edu/papers/thrun.stanley05.pdf (접속일 2020년 9월 14일)
108. Stem cell. Wikipedia. Available at: https://en.wikipedia.org/wiki/Stem_cell (접속일 2020년 9월 14일)
109. Stop genetically engineered salmon from reaching your plate. Institute for responsible technology. Available at: http://action.responsibletechnology.org/p/dia/action/public/?action_KEY=12466 (접속일 2020년 9월 14일)
110. Study of gene functions. Shanghai model organisms. Available at: https://www.modelorg.com/en/models-service/applications-of-animal-models/study-of-gene-functions (접속일 2020년 9월 14일)
111. Takahashi, K., Tanabe, K., Ohnuki, M., et al. *Induction of pluripotent stem cells from adult Human fibroblasts by defined factors*. Cell, 131(5), pp.861-872, 2007. https://doi.org/10.1016/j.cell.2007.11.019
112. Takahashi, K., Yamanaka, S. *Induction of pluripotent stem cells from mouse embryonic and adult fibroblast cultured by defined factors*. Cell, 126(4), pp.663-676, 2006.
113. Terrestrial planets, gas-giant planets. Cliffsnotes. Available at: https://www.cliffsnotes.com/study-guides/astronomy/the-solar-system/terrestrial-planets-gas-giant-planets (접속일 2020년 9월 15일)
114. The brain works with 20watts: This is enough to cover our entire thinking ability. Munich RE. Available at: https://www.munichre.com/topics-online/en/digitalisation/interview-henning-beck.html (접속일 2020년 9월 14일)
115. The carbon cycle. NASA earth observatory. Available at: https://earthobservatory.nasa.gov/features/CarbonCycle (접속일 2020년 9월 15일)
116. The effects of climate change. NASA. Available at: https://climate.nasa.gov/effects/ (접속일 2020년 9월 15일)
117. The hidden costs of our nuclear arsenal: Overview of project findings. Brookings. Available at: https://www.brookings.edu/the-hidden-costs-of-our-nuclear-arsenal-overview-of-project-Indings/ (접속일 2020년 9월 14일)
118. The road to a world free of nuclear weapons. International

Campaign to Abolish Nuclear Weapons. Available at: https://www.icanw.org/nuclear_weapons_history (접속일 2020년 9월 14일)

119. The singularity. University of Pennsylvania. Available at: https://www.seas.upenn.edu/~cis391/Lectures/TheSingularity-AnOpinion.pdf (접속일 2020년 9월 14일)
120. Thermohaline circulation. Energy education. Available at: https://energyeducation.ca/encyclopedia/Thermohaline_circulation (접속일 2020년 9월 15일)
121. Tipler, F. J. *A brief history of the extraterresterial intelligence concept*. Q J R Astro Soc, 22, pp.133-144, 1981. Available at: http://articles.adsabs.harvard.edu//full/1981QJRAS..22..133T/0000133.000.html (접속일 2020년 9월 15일)
122. Treaty on the non-proliferation of nuclear weapons (NPT). United Nations. Available at: https://www.un.org/disarmament/wmd/nuclear/npt/ (접속일 2020년 9월 14일)
123. Twin peaks in super resolution- right eye. NASA Jet Propulsion Laboratory. Available at: https://photojournal.jpl.nasa.gov/catalog/PIA02406 (접속일 2020년 9월 15일)
124. Urry, L. A., Cain, M. L., Wasserman, S. A., et al. *Campbell biology in focus, 2nd ed.* (전상학 외 역. *캠벨 생명과학 포커스*. 서울: 바이오사이언스, pp.344-350, 2017)
125. Wagner, A. *Paradoxical life: Meaning, matter and the power of human choice*. (김상우 역. *생명을 읽는 코드*. *패러독스*. 서울: 와이즈북, pp.321-342, 2009)
126. What is El Nino-Southern oscillation? National Weather Service. Available at: https://www.weather.gov/mhx/ensowhat (접속일 2020년 9월 15일)
127. What is the Alcubierre WARP drive? Phys.org. Available at: https://phys.org/news/2017-01-alcubierre-warp.html (접속일 2020년 9월 15일)
128. Wolfe-Simon F., Blum J. S., Kulp T. R., et al. *A bacterium that can grow by using arsenic instead of phosphorus*. Science, 332 (6034), pp.1161-1166, 2011. DOI: 10.1126/science.1197258
129. Yu, J., Vodyanik M. A., Sumuga-Otto, K., et al. *Induced pluripotent stem cell lines derived from human somatic cells*. Science, 318 (5858), pp.1917-1920, 2007. DOI: 10.1126/science.1151526
130. Zhang, J. *Basic neural unit of the brain: Neurons, synapses, and action potential*. Cornell University. Available at: https://arxiv.org/abs/1906.01703 (접속일 2020년 9월 7일)

## 그림 인용 및 Links

그림 13-1. https://www.shutterstock.com/ko/image-vector/biosphere-vector-illustration-labeled-all-natural-1520499716 (접속일 2020년 12월 18일)

그림 13-2. https://de.wikipedia.org/wiki/Datei:The_Chimera_of_Arezzo,_c._400_BC,_found_in_Arezzo,_an_ancient_Etruscan_and_Roman_city_in_Tuscany,_Museo_Archeologico_Nazionale,_Florence_(22636282885).jpg (접속일 2020년 12월 18일)

그림 13-3. https://courses.lumenlearning.com/boundless-biology/chapter/historical-basis-of-modern-understanding/ (접속일 2020년 9월 23일)

그림 13-4. https://www.shutterstock.com/ko/image-illustration/simplified-illustration-lytic-lysogenic-cycle-1658959831 (접속일 2020년 12월 18일)

그림 13-5. https://courses.lumenlearning.com/suny-microbiology/chapter/gene-therapy/ (접속일 2020년 9월 23일)

그림 13-6. https://www.shutterstock.com/ko/image-vector/crispr-cas9-gene-editing-system-dna-1834825261 (접속일 2020년 12월 18일)

그림 13-7. https://commons.wikimedia.org/wiki/File:GRNA-Cas9-colourfriendly.png (접속일 2020년 9월 23일)

그림 13-8. https://commons.wikimedia.org/wiki/File:BlancBleuBelge.jpg (접속일 2020년 9월 23일)

그림 13-11. https://www.flickr.com/photos/lagohsep/4666757323 (접속일 2020년 9월 23일)

그림 13-12. https://commons.wikimedia.org/wiki/File:Stem_cells_diagram.png (접속일 2020년 12월 18일)

그림 13-13. https://commons.wikimedia.org/wiki/File:Cloning_diagram_english.svg (접속일 2020년 12월 18일)에 근거하여 보완함

그림 13-15. https://commons.wikimedia.org/wiki/File:Dollyscotland_(crop).jpg (접속일 2020년 9월 23일)

그림 13-16. https://commons.wikimedia.org/wiki/File:Dolly_clone.svg (접속일 2020년 12월 18일)

그림 13-17. https://fertilitypedia.org/edu/therapies/mitochondrial-donation (접속일 2020년 9월 23일)

그림 13-18. Callaway, E. *Minimal cell raised stakes in race to harness synthetic life*. Nature, 531, pp.557-558, 2016. DOI: 10.1038/531557a. https://www.nature.com/news/minimal-cell-raises-stakes-in-race-to-harness-synthetic-life-1.19633, 게재 허가됨

그림 13-19. https://www.shutterstock.com/ko/image-illustration/hands-robot-human-touching-virtual-reality-651441421 (접속일 2020년 12월 18일)

그림 13-21. Thrun, S., Montemerio, M., Dahlkamp, H., et al. *Stanley: The robot that won the DARPA Grand Challenge*. J Field Robot, 23 (9), pp.661-692, 2006. DOI: 10.1002/rob.20147, http://robots.stanford.edu/papers/thrun.stanley05.pdf, 게재 허가됨 (접속일 2021년 1월 25일)

그림 13-22. https://aiartificialintelligence.tumblr.com/post/51422168929/ibm-watson-il-supercoputer-in-grado-di-rispondere (접속일 2020년 9월 25일)

그림 13-23. https://blog.csdn.net/shareviews/article/details/83017698 (접속일 2020년 9월 11일)

그림 13-24. https://www.shutterstock.com/ko/image-illustration/

robot-child-lying-on-floor-reading-275149358 (접속일 2020년 12월 19일)

그림 13-28. https://commons.wikimedia.org/wiki/File:Major_Evolutionary_Transitions_digital.jpg (접속일 2020년 9월 25일)

그림 13-30. https://commons.wikimedia.org/wiki/File:EEG_Recording_Cap.jpg (접속일 2020년 9월 25일)

그림 13-31. https://commons.wikimedia.org/wiki/File:Nuclear_fission.svg

그림 13-32. https://commons.wikimedia.org/wiki/File:FusionintheSun.svg (접속일 2020년 9월 25일)

그림 13-33. https://en.wikipedia.org/wiki/File:Manhattan_Project_US_Canada_Map_2.svg (접속일 2020년 9월 25일)

그림 13-34. https://commons.wikimedia.org/wiki/File:Atomic_bombing_of_Japan.jpg (접속일 2020년 12월 19일)

그림 13-35. https://commons.wikimedia.org/wiki/File:Nagasaki_1945_-_Before_and_after_(adjusted).jpg (접속일 2020년 9월 25일)

그림 13-37. https://commons.wikimedia.org/wiki/File:Fission_bomb_assembly_methods.svg (접속일 2020년 9월 25일)

그림 13-38. https://commons.wikimedia.org/wiki/File:Trinity_shot_color.jpg (접속일 2020년 9월 25일)

그림 13-39. https://commons.wikimedia.org/wiki/File:Doomsday_Clock_graph.svg (접속일 2020년 9월 25일)

그림 13-41. https://commons.wikimedia.org/wiki/File:Carbon_Dioxide_800kyr.svg (접속일 2020년 9월 25일)

그림 13-42. https://commons.wikimedia.org/wiki/File:Change_in_Average_Temperature.svg (접속일 2020년 9월 25일)

그림 13-43. https://commons.wikimedia.org/wiki/File:Mauna_Loa_CO2_monthly_mean_concentration.svg (접속일 2020년 9월 25일)

그림 13-44. https://theconversation.com/amazon-carbon-sink-is-in-decline-as-trees-die-off-faster-38946 (접속일 2020년 9월 25일)

그림 13-45. https://commons.wikimedia.org/wiki/File:Earth_Global_Circulation_-_en.svg (접속일 2020년 9월 25일)

그림 13-46. https://courses.lumenlearning.com/geophysical/chapter/deep-currents/ (접속일 2020년 9월 25일)에 근거하여 보완함

그림 13-47. https://commons.wikimedia.org/wiki/File:Greenhouse_Effect.svg (접속일 2020년 9월 25일)

그림 13-48. https://www.skepticalscience.com/Why-does-CO2-lag-temperature.html (접속일 2020년 9월 25일), https://climate.nasa.gov/news/2948/milankovitch-orbital-cycles-and-their-role-in-earths-climate/ (접속일 2020년 12월 19일)

그림 13-49. https://commons.wikimedia.org/wiki/File:Rita_2005-09-21_1915Z.jpg (접속일 2020년 9월 25일)

그림 13-50. https://gracefo.jpl.nasa.gov/resources/33/greenland-ice-loss-2002-2016/ (접속일 2020년 9월 25일)

그림 13-51. https://commons.wikimedia.org/wiki/File:All_forcing_agents_CO2_equivalent_concentration.svg (접속일 2020년 9월 25일)

그림 13-52. https://ko.wikipedia.org/wiki/%EC%83%81%EC%A0%84%EC%9D%B4#/media/파일:Phase_change_-_ko.svg (접속일 2020년 9월 25일)

그림 13-53. https://ko.wikipedia.org/wiki/%EC%83%81%ED%8F%89%ED%98%95_%EA%B7%B8%EB%A6%BC (접속일 2020년 9월 25일)

그림 13-54. https://commons.wikimedia.org/wiki/File:Gliese_581_-_2010.jpg (접속일 2020년 9월 25일)

그림 13-55. https://commons.wikimedia.org/wiki/File:Liquid_lakes_on_titan.jpg (접속일 2020년 9월 25일)

그림 13-56. https://commons.wikimedia.org/wiki/File:Arecibo_message.svg (접속일 2020년 9월 25일)

# 찾아보기

## 국 문

## 기타



# 영 문

## A

## Q



## R

## S